油田油气集输与处理技术手册

（上册）

《油田油气集输与处理技术手册》编委会　编

石油工业出版社

内 容 提 要

本手册是在总结我国油田油气集输技术成果的基础上,根据各油田设计院技术特点,组织部分具有技术特长和丰富经验的专家编写而成。

手册共有23章及两个附录,分上、中、下三册。本册为上册,主要内容包括常用术语、油田采出物组成与性质及质量标准、油气集输、原油处理、原油储运、伴生气处理及轻烃回收、天然气凝液储运、油气集输管道。

本手册是一部数据资料丰富、功能齐全、方便实用的工具书,可供从事油田油气集输工程的技术和管理人员以及石油院校相关专业师生参考使用。

图书在版编目(CIP)数据

油田油气集输与处理技术手册. 上册 /《油田油气集输与处理技术手册》编委会编. —北京 :石油工业出版社,2023.4

ISBN 978 – 7 – 5183 – 4779 – 7

Ⅰ. ①油… Ⅱ. ①油… Ⅲ. ①油气集输 – 技术手册 Ⅳ. ①TE86 – 62

中国版本图书馆 CIP 数据核字(2021)第 148228 号

出版发行:石油工业出版社

　　(北京安定门外安华里 2 区 1 号　 100011)

　　网　　址:www. petropub. com

　　编辑部:(010)64523535　 图书营销中心:(010)64523633

经　　销:全国新华书店

印　　刷:北京中石油彩色印刷有限责任公司

2023 年 4 月第 1 版　 2023 年 4 月第 1 次印刷

787 × 1092 毫米　 开本:1/16　 印张:50

字数:1120 千字

定价:298. 00 元

(如出现印装质量问题,我社图书营销中心负责调换)

《油田油气集输与处理技术手册》
编 委 会

主　　编：汤　林　徐英俊

名誉主编：苗承武

执行主编：白晓东　赵雪峰　张志贵　王铁军　梁　平

副 主 编：班兴安　吴　浩　章卫兵　张维智

编 写 人：（按姓氏笔画排序）

卜明哲	于红侠	于　涛	于　博	万　丽	么金红	马天怡
马绪军	王大庆	王　石	王兴刚	王　坤	王　郁	王宗科
王春刚	王胜利	王　洋	王晓东	王　超	王辉文	王　憎
牛春庆	邓　煜	卢　浩	田　晶	付　玥	付金辉	付　勇
付跃有	白晓东	兰后东	曲　虎	乔攀尧	刘子健	刘发安
刘兴煜	刘贤明	刘洪锋	刘雪梅	刘清华	齐德珍	许艳春
孙春芬	孙洪升	孙　淼	杜廷召	杜明俊	杨学军	杨　健
李玉春	李　庆	李　岩	李　彦	李　雪	李　楠	李慧静
李　蕾	连洪江	吴晓磊	何玉辉	何国栋	沈　杨	宋广通
宋尊剑	张东波	张京龙	张春刚	张维智	张　琳	张新平
张燕霞	陈长青	陈　宁	陈宏健	陈　辉	邵艳波	邵颖丽
苗永保	苑井玉	范　欣	林　森	尚增辉	周　磊	庞鑫峰
宗大庆	赵永军	赵　超	袁海涛	贾　庆	贾雪松	夏　蓉
徐　东	徐　峰	栾　庆	郭东红	郭南南	郭胜利	唐德志
黄燕飞	曹毅渊	戚　涛	崔慧娟	章　瑶	梁　平	梁　明
董荟思	敬辉阳	蒋　新	焦文龙	谭为群	樊梦芳	戴　滨
魏　哲						

审 稿 人：（按姓氏笔画排序）

卫　晓	王金国	王瑞泉	孙铁民	杨清民	李玉春	李延春
李勇浩	吴　玮	吴　迪	何　莉	张汉沛	张春刚	张德发
苗承武	曹广仁					

前　言

　　油田地面工程是控制投资、降低成本的重要源头，是安全生产、提质增效的关键环节，是实现油田高效开发、体现开发效果和水平的重要途径。油气集输与处理是油田地面工程中的一个重要系统，是生产合格原油和伴生气产品最为关键的工艺过程。为适应目前油田多种开发方式并存，指导不同类型油田油气集输与处理系统设计、生产管理与决策咨询，中国石油油气和新能源分公司、中国石油规划总院、大庆油田工程建设有限公司、中国石油工程建设有限公司华北分公司、中国石油工程项目管理公司天津设计院、重庆科技学院、石油工业出版社等单位在充分借鉴《油田油气集输设计技术手册》(上下册)(石油工业出版社，1994年，1995年)编写经验及技术成果的基础上，共同编写了《油田油气集输与处理技术手册》(上中下册)，以适应新形势下地面工程建设以及提质增效、精益生产、提高设计质量和人员技术水平的需要。

　　本手册的编写充分贯彻了继承性、科学性、先进性和实用性的指导思想，全面总结了中国油田地面工程60多年技术发展脉络，广泛吸取了地面工程近十年来技术创新和发展成果，充分展现了中国石油油田地面工程优化简化、标准化设计、完整性管理、数字化油田建设、化学复合驱油田开发等特色技术体系，努力做到规范化、系统化和图表化，力图为广大工程技术和管理人员提供一部功能齐全、数据可靠、方便实用的工具书。

　　本手册共分为23章和两个附录。第一章至第八章为上册，第九章至第十五章为中册，第十六章至附录为下册。第一章由白晓东、陈辉和张维智编写；第二章由魏哲、杨学军、付玥、马天怡和谭为群编写；第三章由田晶、夏蓉、王超、李慧静和栾庆编写；第四章由马绪军、董荟思、李慧静、王石和刘兴煜编写；第五章由连洪江、赵超、沈杨、曹毅渊、庞鑫峰、于涛、苗永保、于博、王超、付金辉、孙淼和苑井玉编写；第六章由李彦、梁平、齐德珍、刘贤明和王大庆编写；第七章由何国栋、崔慧娟、贾雪松和袁海涛编写；第八章由邵艳波和曲虎编写；第九章由何玉辉、宋尊剑、王恺、赵永军、王辉文、李岩、乔攀尧和吴晓磊编写；第十章由蒋新、刘洪锋、宗大庆、郭胜利、王洋、章瑶、李蕾、邓煜、王宗科、张新平、么金红、王晓东、焦文龙、牛春庆和王胜利编写；第十一章由王春刚编写；第十二章由万丽、张东波、王兴刚、戴滨和范欣编写；第十三章由李雪、敬辉阳、徐峰、郭东红和兰后东编写；第十四章由刘雪梅、黄燕飞、于红侠、王郁、付跃有、樊梦芳、张京龙和张琳编写；第十五章由邵艳波、刘清华、杜廷召、杨建和卢浩编写；第十六章由杜明俊和卜明哲编写；第十七章由梁明编写；第十八章由王坤和李庆编写；第十九章由付勇和陈宏健编写；第二十章由贾庆、林森和郭南南编写；第二十一章由尚增辉编写；第二十二章由孙春芬和徐东编写；第二十三章由张燕霞、崔慧娟、周磊、陈宁、陈长青和刘子健编写；附录一由许艳春、邵颖丽、孙洪升、宋广通和李楠编写；附录二由白晓东和陈辉编写。全书由白晓东、何禹、戚涛和刘发安统稿，由汤林、徐英俊进行全面技术审定把关。

本手册编写过程中，得到苗承武、王瑞泉、曹广仁、王怀孝、盂宪杰、孙铁民、赵玉华、卫晓、张箭啸、何莉等专家的大力支持和悉心指导，在此表示衷心的感谢。同时，本书还利用了部分油气田公司相关技术总结材料，在此表示诚挚的谢意。

本手册内容丰富、技术性强，但限于编者经验及水平，错误和疏漏在所难免，恳请读者批评指正。

总　目　录

上　册

第一章　常用术语

第二章　油田采出物组成、性质及质量标准

第三章　油气集输

第四章　原油处理

第五章　原油储运

第六章　伴生气处理及轻烃回收

第七章　天然气凝液储运

第八章　油气集输管道

中　册

第九章　采出水处理

第十章　配注系统

第十一章　油田含油污泥处理

第十二章　数字化油田与油气计量

第十三章　防腐与绝热

第十四章　辅助及公用工程

第十五章　设备与容器

下　册

第十六章　管道材料及管道附属件

第十七章　管线与站库启动投产

第十八章　油气田地面建设标准化设计

第十九章　油气田管道完整性管理

第二十章　油气集输和水处理化学剂

第二十一章　安全、环境保护、职业卫生与节能

第二十二章　工程投资及经济评价

第二十三章　油气集输与处理常用软件

附录 A　常用基础资料

附录 B　油田地面工程常用规范

目　录

第一章　常用术语 ……………………………………………………………（ 1 ）

　第一节　油气集输与处理术语 ……………………………………………（ 1 ）

　第二节　注入系统术语 ……………………………………………………（ 7 ）

　第三节　采出水处理系统术语 ……………………………………………（ 10 ）

　第四节　系统及公用工程术语 ……………………………………………（ 11 ）

　第五节　安全、环保、职业卫生和节能术语 ……………………………（ 23 ）

　参考文献 …………………………………………………………………（ 25 ）

第二章　油田采出物组成、性质及质量标准 ………………………………（ 26 ）

　第一节　原油组成、性质及质量标准 ……………………………………（ 26 ）

　　一、原油的分类 …………………………………………………………（ 26 ）

　　二、原油的化学组成及测定 ……………………………………………（ 44 ）

　　三、原油物理化学性质及测定 …………………………………………（ 59 ）

　　四、原油质量标准 ………………………………………………………（ 75 ）

　第二节　油田伴生气组成、性质及质量标准 ……………………………（ 77 ）

　　一、油田伴生气的分类 …………………………………………………（ 77 ）

　　二、油田伴生气的组成及测定 …………………………………………（ 78 ）

　　三、油田伴生气的物理性质 ……………………………………………（ 88 ）

　　四、油田伴生气质量标准 ………………………………………………（119）

　第三节　油田采出水组成、性质及质量标准 ……………………………（126）

　　一、油田采出水的分类 …………………………………………………（126）

　　二、油田采出水的组成和性质 …………………………………………（127）

　　三、采出水组成和性质的测定方法 ……………………………………（132）

　　四、采出水水质标准 ……………………………………………………（138）

　参考文献 …………………………………………………………………（144）

第三章　油气集输 ……………………………………………………………（145）

　第一节　油气集输在油田建设中的地位、任务及工作内容 ……………（145）

一、油气集输在油田建设中的地位 ……………………………………… (145)

二、油气集输的任务 ……………………………………………………… (145)

三、油气集输的工作内容 ………………………………………………… (145)

第二节　油气集输工程设计要求及编制依据 ……………………………… (147)

一、油气集输工程设计要求 ……………………………………………… (147)

二、油气集输工程设计的编制依据 ……………………………………… (150)

第三节　油气集输总流程、总体布局和建设规模 ………………………… (151)

一、油气集输总流程 ……………………………………………………… (151)

二、总体布局 ……………………………………………………………… (152)

三、建设规模 ……………………………………………………………… (153)

第四节　油田原油集输 ……………………………………………………… (154)

一、布局要求 ……………………………………………………………… (154)

二、布站方式 ……………………………………………………………… (154)

三、原油集输工艺 ………………………………………………………… (158)

第五节　油田伴生气集输 …………………………………………………… (186)

一、伴生气集输工艺 ……………………………………………………… (186)

二、伴生气管道输送工艺 ………………………………………………… (188)

第六节　采油井场、计量站、集油阀组间和增压站工艺 ………………… (188)

一、采油井场 ……………………………………………………………… (188)

二、计量站和集油阀组间 ………………………………………………… (191)

三、增压站 ………………………………………………………………… (198)

参考文献 ……………………………………………………………………… (204)

第四章　原油处理 ………………………………………………………… (205)

第一节　油气水分离 ………………………………………………………… (205)

一、气液分离 ……………………………………………………………… (205)

二、三相(油、气、水)分离 ……………………………………………… (224)

三、油气分离缓冲设备 …………………………………………………… (230)

第二节　原油脱水 …………………………………………………………… (232)

一、原油乳状液及其性质 ………………………………………………… (232)

二、原油破乳剂的优选及加入 …………………………………………… (235)

三、原油脱水工艺选择 …………………………………………………… (238)

四、原油热化学脱水工艺流程 ·· (240)

五、原油热化学脱水设备 ·· (245)

六、原油电脱水工艺 ·· (251)

七、原油电脱水设备 ·· (253)

第三节　原油稳定 ·· (256)

一、原油稳定的目的及工艺 ·· (256)

二、原油稳定塔的设计计算 ·· (262)

第四节　原油除砂 ·· (269)

一、原油除砂工艺 ·· (269)

二、原油除砂设备 ·· (270)

第五节　原油脱盐 ·· (273)

一、原油脱盐工艺 ·· (273)

二、原油脱盐设备 ·· (276)

第六节　原油脱硫 ·· (278)

一、原油脱硫的目的及主要工艺 ·· (278)

二、原油气提脱硫工艺经济比对 ·· (280)

第七节　储罐烃蒸气回收 ·· (281)

一、烃气回收的目的及工艺 ·· (281)

二、烃气回收工艺计算 ·· (281)

参考文献 ··· (282)

第五章　原油储运 ··· (283)

第一节　原油储存 ·· (283)

一、储油区工艺 ·· (283)

二、储罐数量及罐容的确定 ·· (286)

三、储罐的分类及选用 ·· (289)

四、储罐附件 ··· (292)

五、储罐加热与保温 ·· (299)

六、储罐组防火堤 ·· (314)

七、油品蒸发损耗 ·· (316)

第二节　管道运输 ·· (322)

一、线路工程 ··· (322)

二、线路用管 ……………………………………………………… （336）

三、管道穿越 ……………………………………………………… （346）

四、管道跨越 ……………………………………………………… （366）

五、输油工艺选择 ………………………………………………… （388）

六、输油工艺计算 ………………………………………………… （391）

七、输油站场及阀室 ……………………………………………… （414）

八、输油设备选择 ………………………………………………… （422）

第三节 铁路运输 …………………………………………………… （443）

一、装车工艺 ……………………………………………………… （443）

二、卸车工艺 ……………………………………………………… （450）

三、设备选型 ……………………………………………………… （459）

第四节 公路运输 …………………………………………………… （465）

一、装车工艺 ……………………………………………………… （465）

二、卸油工艺 ……………………………………………………… （467）

三、设备选型 ……………………………………………………… （468）

第五节 水路运输 …………………………………………………… （470）

一、码头原油装卸工艺设计有关资料和数据 …………………… （470）

二、码头装卸工艺 ………………………………………………… （476）

三、设备选型 ……………………………………………………… （479）

参考文献 ……………………………………………………………… （485）

第六章 伴生气处理及轻烃回收 ………………………………… （486）

第一节 概述 ………………………………………………………… （486）

一、伴生气处理简述 ……………………………………………… （486）

二、产生水合物的状态因素 ……………………………………… （490）

三、焦耳－汤姆孙效应 …………………………………………… （494）

四、伴生气饱和含水量和注入防冻剂 …………………………… （499）

第二节 伴生气脱水 ………………………………………………… （504）

一、伴生气溶剂吸收脱水 ………………………………………… （504）

二、伴生气吸附脱水 ……………………………………………… （522）

三、伴生气低温脱水 ……………………………………………… （540）

第三节 伴生气脱硫 ………………………………………………… （541）

一、脱硫工艺分类与选择 ……………………………………………………… (541)

二、溶剂吸收法 ………………………………………………………………… (548)

三、除硫剂法 …………………………………………………………………… (564)

四、其他脱硫方法 ……………………………………………………………… (568)

第四节 凝液回收与处理 …………………………………………………………… (574)

一、凝液回收目的 ……………………………………………………………… (574)

二、凝液回收方法 ……………………………………………………………… (575)

三、烃组分气液平衡 …………………………………………………………… (594)

四、浅冷分离工艺计算 ………………………………………………………… (605)

五、深冷分离工艺 ……………………………………………………………… (611)

六、㶲分析应用 ………………………………………………………………… (624)

七、主要设备选择 ……………………………………………………………… (628)

第五节 气体处理排放 ……………………………………………………………… (633)

一、排放标准 …………………………………………………………………… (633)

二、工艺选择 …………………………………………………………………… (635)

参考文献 ……………………………………………………………………………… (652)

第七章 天然气凝液储运 ……………………………………………………………… (654)

第一节 凝液储存 …………………………………………………………………… (654)

一、储存方法 …………………………………………………………………… (654)

二、储存方式的选择 …………………………………………………………… (654)

三、罐容的确定 ………………………………………………………………… (655)

四、储罐选型 …………………………………………………………………… (657)

五、储罐储存的辅助设施 ……………………………………………………… (663)

六、储罐的接管、附件及检测仪表 …………………………………………… (665)

第二节 管道运输 …………………………………………………………………… (668)

一、输送工艺 …………………………………………………………………… (669)

二、输送工艺计算 ……………………………………………………………… (669)

三、输送设备 …………………………………………………………………… (671)

四、管道设计和注意事项 ……………………………………………………… (674)

第三节 铁路运输 …………………………………………………………………… (676)

一、装卸车工艺 ………………………………………………………………… (676)

二、液化石油气铁路罐车运输 ………………………………………… (679)

三、设备选型 ……………………………………………………………… (684)

第四节 公路运输 …………………………………………………………… (687)

一、装卸车工艺 …………………………………………………………… (687)

二、液化石油气公路罐车运输 ………………………………………… (688)

三、设备选型 ……………………………………………………………… (698)

参考文献 ……………………………………………………………………… (699)

第八章 油气集输管道 ………………………………………………… (700)

第一节 概述 ………………………………………………………………… (700)

一、油气集输管道的分类 ……………………………………………… (700)

二、各设计阶段的技术要求 …………………………………………… (701)

三、工艺设计应注意的问题 …………………………………………… (702)

第二节 原油集输管道 ……………………………………………………… (705)

一、集输油管道工艺计算 ……………………………………………… (705)

二、油气混输管道工艺计算 …………………………………………… (733)

第三节 伴生气集输管道 …………………………………………………… (758)

一、伴生气集输管道的特点和设计应注意的问题 ………………… (758)

二、伴生气集输管道水力计算和管径设计 ………………………… (759)

三、集输气管网计算 …………………………………………………… (768)

四、伴生气集输管道热力计算 ………………………………………… (771)

五、伴生气管道中水合物的形成及其防止方法 …………………… (772)

六、伴生气集输管道壁厚计算 ………………………………………… (775)

七、管道允许跨度核算 ………………………………………………… (779)

第四节 掺介质(水、液、油、蒸汽)管道 ……………………………… (780)

一、掺介质管道特点 …………………………………………………… (780)

二、掺水管道工艺计算 ………………………………………………… (780)

三、掺液管道工艺计算 ………………………………………………… (782)

四、掺油管道工艺计算 ………………………………………………… (782)

五、掺蒸汽管道工艺计算 ……………………………………………… (783)

参考文献 ……………………………………………………………………… (784)

第一章 常用术语

为提高本技术手册编写质量与应用水平,进一步规范油田地面工程技术术语在本技术手册使用中的内涵与外延,避免引发歧义,按照油气集输与处理、注入系统、采出水处理系统、系统及公用工程、安全环保职业卫生和节能等五大类分别给出了油田地面工程技术常用术语,并对其内容进行了定义。

第一节 油气集输与处理术语

1. 油气集输　oil–gas gathering and transportation

在油田内,将油井采出的油、气、水汇集、处理和输送的全过程。

2. 原油凝点　freezing point of crude oil, solidifying point of crude oil

原油试样在规定条件下,冷却至停止流动时的最高温度。

3. 原油倾点　pour point of crude oil

原油试样在规定条件下,冷却至能流动的最低温度。

4. 原油反常点　abnormal point

原油由牛顿流体转变为非牛顿流体的温度。

5. 黏温曲线　visco–temperature curve

反映原油试样黏度(表观黏度)与温度之间关系的一条或一族曲线。

6. 结蜡　wax deposition

原油在储运过程中,由于蜡晶析出附着在器壁而形成附着层的现象。

7. 原油触变性　thixotropy of waxy crude

在低温条件下,含蜡原油的剪切应力(表观黏度)随时间延长而不断变小直至平衡的性质。

8. 轻质原油　light crude

在20℃时,密度小于或等于$0.8650g/cm^3$的原油。

9. 中质原油　middle crude

在20℃时,密度为$0.8651\sim0.9160g/cm^3$的原油。

10. 稠油　viscous crude

温度在50℃时,动力黏度大于400mPa·s,且温度为20℃时,密度大于$0.9161g/cm^3$的原油。按黏度大小可分为普通稠油、特稠油、超稠油。

11. 特稠油　extra - viscous crude

温度为50℃时，动力黏度大于10000mPa·s，且小于或等于50000mPa·s的稠油。

12. 超稠油　extremely - viscous crude

温度为50℃时，动力黏度大于50000mPa·s的稠油。

13. 高凝原油　high solidifying point crude

含蜡量大于30%，且凝固点高于35℃的原油。

14. 起泡原油　foamy crude

由于降压、升温等原因，从原油中析出的溶解气泡上浮至原油液面后不立即消失，在原油液面形成泡沫层，具有这种性质的原油称起泡原油。起泡原油的密度、黏度一般较高，气液分离的难度较大。

15. 乳化原油　emulsified crude oil

与水呈油包水、水包油等形式的原油。

16. 原油处理　crude oil treating

从原油内分离出伴生气、采出水、盐、砂和其他杂质，使其达到商品原油质量要求的过程。

17. 气液分离　gas - liquid separation

在一定压力温度下，将物流分离成液态和气态物料的过程。

18. 原油脱水　crude oil dehydration

将水从含水原油中脱除的工艺技术，主要有热化学脱水、电脱水等。

19. 原油脱盐　crude oil desalting

在原油中加入淡水溶解其含盐，对原油进行脱水，同时降低原油含盐量的过程。

20. 净化原油　purified crude

经脱除游离和（或）乳化状态的水、脱盐、脱酸后，符合产品标准和工艺要求的原油。

21. 稳定原油　stabilized crude

稳定后，饱和蒸气压符合产品标准的原油。

22. 商品原油　treated crude oil

在矿场经过净化和稳定处理后，达到相关质量标准要求的原油。

23. 气油比　gas - oil ratio

通常指的是生产气油比，即生产井在标况下每日伴生气产量（m³）与原油产量（t）的比值。

24. 井场　well site

油井、气井和水井生产设施的场所。

25. 站场　station

具有石油天然气收集、计量、净化处理、储运功能的站、库、厂、场、油气井场的统称,简称油气站场或站场。

26. 分井计量站　well‑testing station

油田内完成分井计量油、气、水的站,简称计量站。日常生产管理中也称计量间。

27. 交接计量站　lease custody metering station

对外销售原油、天然气与用户进行交接计量的站。在油田也称外输计量站。

28. 接转站　transfer station,pumping station

在油田油气收集系统中,以对液体增压为主的站。日常生产管理中也称转油站或接收站。

29. 放水站　free water knockout station

将含水较高的原油预脱除大部分游离水,然后将低含水原油和含油污水分别输往原油脱水站和含油污水处理站,担负上述生产任务的站称为放水站。与接转站合建的放水站,称为转油放水站。

30. 原油脱水站　crude dehydration station

担负原油脱水和增压输送的站。

31. 集中处理站　central gathering station

油田内部主要对原油、天然气、采出水进行集中处理的站,也称联合站。

32. 矿场油库　lease oil tank farms

油田内部储存和外输(运)原油的油库。

33. 蒸发损耗　vaporization loss

在石油及其产品储存过程中以蒸气形式发生的物料损失,主要包括自然通风损耗、收发油作业损耗(大呼吸损耗)和静止储存损耗(小呼吸损耗)等。

34. 收发油损耗　working loss

固定顶油罐和外浮顶油罐蒸发损耗的一种主要形式。固定顶油罐由于收油时液位上升引起的油气排放和发油时液体迅速排出后导致油气大量蒸发而呼出。外浮顶油罐发油时,浮顶随液面下降,在罐壁上黏附的一层油品直接暴露于大气,造成蒸发损耗。俗称大呼吸损耗。

35. 呼吸损耗　breathing loss

固定顶油罐因环境温度昼夜变化,导致蒸发空间油气的胀缩而引起的损耗。俗称小呼吸损耗。

36. 出油管道　crude flow lines

自井口装置至油气计量分离器的管道,或井口装置至多井汇集的集油管道之间的管道。

37. 注采合一管道　combined injection‑production lines

从井口至分井计量站的注蒸汽、出油功能合一的管道。

38. 集油管道　crude gathering lines

油田内部自油气计量分离器（或多井汇集点）至有关站和有关站间输送气液两相的管道，或未经处理的液流管道。

39. 原油储罐　stock tank, crude oil storage tank

油田用于储存净化原油或稳定原油的罐。

40. 事故油罐　emergency crude storage tank

油田站场在事故状态下用于储存原油的作业罐。正常生产时应保持空闲状态。

41. 沉降脱水罐　settling tank

油田站场用于沉降脱水的作业罐。

42. 水力冲砂　hydraulic sand removal

用带压的水,清除容器内在生产过程中积存的砂等沉积物的一种方法。

43. 原油外输　crude exportation

油田对外销售原油,向用户提供商品原油的输送过程。

44. 油气混输　oil and gas mixture transportation

在油气输送过程中,液相和气相的流体在同一管道中输送的方式。

45. 分输　delivery

在管道沿线中间某处通过管道支线输送部分介质的方式。

46. 输差　measurement shortage

输送过程中因油气损耗与计量误差的原因导致的输量偏差。

47. 掺液输送　liquid – blended crude transportation

向输送原油的管道中掺入一定量的水或加热后的原油等液体,以降低流体在管内流动摩阻的输送方式。

48. 伴热输送　flow line with heat tracing

在外部热源的伴随下,保持出油管道内流体所需输送温度的输送方式。

49. 允许安全停输时间　allowable safe shutdown time

热油管道在一定条件下停输后,从停输到能够再次安全启输前的最长时间间隔。

50. 凝管　gelation of crude pipeline, restart failure of crude pipeline

热油管道在运行过程中,特别是停输再启动后,发生的出站压力已达到或超过管道的最大允许运行压力(MAOP),而管道中却仍然没有流量的极端事故工况。

51. 预热投油　preheating commissioning

以热水或热的轻质原油对管道和周围土壤进行预热,而后充装含蜡原油的投产方式。

52. 冷投　commissioning without preheating

管道不经预热,直接充装含蜡原油的投产方式,通常应用于轻质原油的投运或辅以降凝剂的方式。

53. 加剂综合热处理输送　pipelining heat – treated crude

对原油添加降凝剂并加热到一定温度,而后以一定速率和方式冷却到规定温度进行输送的方式。

54. 水击　surge

在液体管道中,由于流速改变引起管道内压力急剧变化的现象。

55. 水击超前保护　surge pre – protection

管道发生水击时,为了防止水击波到达时管道超压而提前采取的保护措施。

56. 降黏剂　viscosity reducer,viscosity depressant

能使原油黏度降低的化学添加剂。

57. 降凝剂　pour point depressant(PPD)

用于降低管输原油凝点的化学添加剂。

58. 井口回压　wellhead back pressure

采油井的出口压力,其数值一般等于出油管道水力摩阻、位差和第一级油气分离器压力的总和。

59. 滩海陆采油田　shallow water coastal oilfield(terrestrial development mode)

距岸较近、有路堤与岸边相连,并采用陆地油田开发方式的滩海油田。

60. 净化天然气　purified natural gas

经脱除硫化氢、二氧化碳、水分或其他有害杂质后符合产品标准的天然气。

61. 酸性天然气　sour gas

含有水和硫化氢的天然气,当气体总压大于或等于0.4MPa(绝),气体中的硫化氢分压大于或等于0.0003MPa(绝)时,称为酸性天然气。

62. 天然气凝液　natural gas liquid(NGL)

从天然气中回收的液体烃类混合物的总称,一般含有乙烷、液化石油气和轻烃,也称混合轻烃。

63. 液化石油气　liquefied petroleum gas(LPG)

以丙烷和丁烷为主要成分的液态石油产品,一般有商品丙烷、商品丁烷和商品丙烷与丁烷的混合物。

64. 液化天然气　liquefied natural gas(LNG)

天然气在低温下液化形成的主要由甲烷组成,可能含有少量的乙烷、丙烷、丁烷、氮或通常存在于天然气中的其他组分的一种无色液态流体。

65. 稳定轻烃　natural gasoline

从天然气凝液中提取的,以戊烷及更重的烃类为主要成分的液态石油产品,其终沸点不高于190℃,在规定的蒸气压下,允许含有少量丁烷,也称天然汽油。

66. 天然气水合物　gas hydrates

在一定的温度和压力下,天然气中的甲烷、乙烷、丙烷、丁烷和二氧化碳等与水形成的冰雪状晶体,也称可燃冰。

67. 增压站　compressor station

在矿场或输气管道上,用压缩机对天然气增压的站。

68. 天然气凝液回收工厂　NGL plants

从天然气中回收天然气凝液的工厂(包括回收乙烷、液化石油气、轻烃或它们的混合物)。

69. 集气管道　gas gathering lines

油气田内部自一级油气分离器至天然气的商品交接点之间的气管道。

70. 天然气净化　natural gas purification

脱除天然气中的杂质或脱水、脱液烃,使其符合产品标准或管输要求的工艺过程。

71. 天然气脱水　natural gas dehydration

采用吸附、吸收或制冷方法,脱除天然气中水蒸气,使其水露点符合相关标准的过程。

72. 常温分离　normal temperature separation

天然气在水合物形成温度以上进行气液分离的工艺过程。

73. 低温分离　low temperature separation

天然气在水合物形成温度以下进行气液分离的工艺过程。

74. 商品天然气　commercial natural gas

经过净化处理后,达到天然气质量标准的天然气。

75. 三相分离器　three－phase separator

能够分离气、油和水并分别排入三个独立系统中的设备。

76. 原油稳定塔　crude stabilization tower

原油稳定装置中使油气分离、达到原油稳定的立式圆筒形板式或填料塔。

77. 输油泵机组　oil pump unit

输油泵、原动机及其他辅助部件的总称。

78. 给油泵　oil feed pump

设置于储油罐与输油泵之间,用于满足输油泵吸入性能要求的泵。

79. 压缩机组　compressor unit

压缩机、原动机及其他辅助部件的总称。

80. 电驱压缩机组　electric motor－driven compressor unit

由电动机驱动的压缩机组。

81. 燃驱压缩机组 gas turbine – driven compressor unit

由燃气轮机或燃气发动机驱动的压缩机组。

82. 清管设施 pigging systems

为提高管道输送效率而设置的清除管内凝聚物和沉积物的全套设备。其中包括清管器、清管器收发筒、清管器指示器及清管器示踪仪。

83. 火驱采油 fire flooding

用电、化学等方法使油层温度达到原油燃点，并向油层注入空气使地下油藏中部分重质组分作为燃料就地燃烧，不断向油层传递热量和驱动能量来提高采收率的一种热力采油方法。

84. 直井火驱 in – situ combustion, vertical fire flooding

由注气井向油层注入空气，通过附近的直井生产井采油的火驱采油工艺。直井火驱一口注气井可对应多口生产井。

85. 水平井火驱 combustion assisted gravity drainage, horizontal well fire drive

由注气井向油层注入空气，在重力的辅助作用下通过对应的水平井采油的火驱采油工艺。水平井火驱注气井和生产井是一一对应的关系。

86. 火驱采出气 produced gas by fire flooding

通过火驱生产井或生产观测井采出的含有硫化氢和二氧化碳等酸性组分的采出气。

87. 火驱采出气处理站 produced gas treatment station

对火驱采出气进行净化、利用或回注的站。

第二节 注入系统术语

1. 注水 water injection

为了保持油层压力、提高采收率而将水注入油层的工艺。其方式式有：正注、反注、合注、分质注水、混注、轮注、间歇注水。

2. 注水站 water – injection station

向注水井供给注入水和洗井水的站。

3. 正注 conventional water injection

注入水自注水井油管注入油层。

4. 分压注水 fractional – pressare water injection

因井的注水压力不同而建设的分压注入系统。

5. 注水系数 injectivity index

考虑注水不平衡所确定的计算日注水量与油田开发要求确定的日平均注水量的比值。

6. 注水压力　water injection pressure

为保持油层压力,将水注入油层所需的井口压力。

7. 配水间　distributing room for water injection

接受注水站的来水,经控制、计量分配到所辖注水井的操作间。

8. 生产井　producing well

用以采出石油的井。

9. 注入井　injection well

以提高采收率、保持地层压力为目的,向目的层注入某种流体的井。按注入介质可称为注水井、注聚井等。

10. 井口装置　well head

指井的表层套管顶部法兰管口以上部分。

11. 聚合物配制站　polymer disposal station

将聚合物与水按比例混合,配制成聚合物母液的站。

12. 注聚站　polymer injection station

将聚合物母液升压、稀释后输至注入井的站。

13. 注水用水　water for injection

符合注水水质要求的水。其数量通常等于注入水、洗井水和损耗水量的总和。

14. 注入水　injected water

在注水工艺中,符合注水水质要求并注入目的油层的水。

15. 合注　commingled water injection

注入水体自井的油管及套管环形空间同时注入油层。

16. 反注　inverse water injection

注入水自注水井油管与套管之间的环形空间注入油层。

17. 分质注水　split water injection

在同一注水系统中,不同质的注入水分井注入油层。

18. 混注　mixed water injection

在同一注水系统中,不同质的注入水混合后注入油层。

19. 轮注　alternate water injection

在同一注水系统中,不同质的注入水交替注入油层。

20. 间歇注水　intermittent water injection

根据采油工艺要求或设备、环境等因素的限制,将注入水间断注入油层。

21. 洗井　well – flushing

用水清除并携出注水井内沉积物和井壁截留杂质,以改善井的吸水性能的一项作业。具体方式有正洗和反洗。

22. 正洗　conventional well – flushing

洗井水由油管进入井筒经套管返回地面。

23. 反洗　inverse well – flushing

洗井水由套管环形空间进入井筒经油管返回地面。

24. 洗井水　well – flushing water

用于注水井洗井作业的水。

25. 洗井周期　time between well – flushings

同一注水井两次洗井作业的间隔时间。其单位以 d 表示。

26. 洗井强度　intensity of well – flushing

单位时间内洗井水的体积流量。其单位以 m^3/h 表示。

27. 洗井历时　well – flushing time

一次洗井作业的水流冲洗时间。其单位以 h 表示。

28. 洗井废水　well – flushing waste water

注水井洗井作业返出地面的水。

29. 注配间　water injecting and distributing house

由单台或多台注水泵与高压配水阀组组成,设计规模一般较小。

30. 驱替液　displacing liquid

为保护聚合物段塞(目的液)后缘不被吸附、稀释而注入的液体。

31. 聚合物　polymer

由大量简单分子(单体)聚合而成的天然或合成的物质。油田用聚合物,主要有聚丙烯酰胺,相对分子量通常为 $800 \times 10^4 \sim 2300 \times 10^4$。聚合物分干粉、胶体及液态等多种形态,油田主要使用的是聚合物干粉。

32. 前置液　prepositive liquid

为保护聚合物段塞(驱替液)前缘不被吸附、稀释而注入的液体。

33. 聚合物母液　primary polymer liguor

被水溶解成高浓度的聚合物溶液。一般聚合物母液质量浓度在 5000mg/L 左右。

34. 管道标志　pipeline marker

为便于发现和寻找埋地管道准确位置,满足维护管理的需要,在管道沿线设置的永久性地面标志。如:里程桩、转角桩、测试桩、交叉标志和警示标志。

第三节　采出水处理系统术语

1. 油田采出水　oil produced water

油田开采过程中产生的含有原油的水,简称采出水。

2. 原水　raw water

流往采出水处理站第一个处理构筑物或设备的水。

3. 净化水　purified water

经处理后符合注水水质标准或达到其他用途及排放预处理水质要求的采出水。

4. 污油　waste oil

采出水处理过程中分离出的含有水及其他杂质的原油。

5. 污泥　sludge

采出水处理过程中分离出的含有水的固体物质。

6. 采出水处理　produced water treatment

对油田采出水(包括注水井洗井废水)进行回收和处理,使其符合注水水质标准、其他用途或排放预处理水质要求的过程。

7. 污泥处理 sludge treatment

对含油污泥进行浓缩、脱水、干化或焚烧等的处理过程。

8. 污水回收　sewage water recovery

在采出水处理过程中,回收过滤器反冲洗排水及其他构筑物排出废水的过程。

9. 设计规模　design scale

采出水处理站接受、处理外部来水的设计能力。

10. 气浮机(池)　air – flotation machine（pond）

利用气浮原理将油和悬浮固体从水中分离脱除的处理设备或构筑物。

11. 水力旋流器　hydrocyclone

采出水在一定压力下通过渐缩管段,使水流高速旋转,在离心力作用下,利用油水的密度差将油水分离的一种除油设备。

12. 过滤器　filter

采用过滤方式去除水中原油及悬浮固体的水处理设备,主要包括重力过滤器、压力过滤器。

13. 除油罐　oil removal tank

主要用于去除采出水中原油的构筑物。

14. 沉降罐　settling tank

用于采出水中油、水、泥分离的设施。

15. 调储罐　control–storage tank

用于调节采出水处理站原水水量或水质波动使之平稳的构筑物。

16. 回收水罐(池)　water–recovering tank(pond)

在采出水处理过程中,主要接收储存过滤器反冲洗排水的构筑物。

17. 缓冲罐(池)　buffer tank(pond)

确保提升泵能够稳定运行而设置的具有一定储存容积的构筑物。

18. 密闭处理流程　Airtight treatment process

采用压力式构筑物或液面上由气封、油封或其他密封方式封闭,使介质不与大气相接触的常压构筑物组成的处理流程。

第四节　系统及公用工程术语

1. 油气田地面工程　oil and gas field surface engineering

对油气田地面的生产设施、辅助生产设施和附属设施进行建设或组织生产管理的总称。

2. 自动化仪表　automation instrumentation

对被测变量和被控变量进行测量和控制的仪表装置和仪表系统的总称。包括各种现场仪表,以及综合控制系统、火灾报警系统、程序控制系统和联锁系统、现场监控与通信系统等。

3. 现场仪表　site instrument

安装在控制室仪表盘(柜、台、箱)之外的所有仪器、仪表设备的总称。

4. 就地仪表　local instrument

一般安装在被测对象和被控对象附近,不需要与远方的仪表进行信号传输,仅具有就地显示和控制功能的仪表。

5. SCADA 系统　supervisory control and data acquisition system

通过通信网络连接多个远程终端监控单元、具有远程监测与控制功能的计算机系统,也称监控和数据采集系统。

6. 分散控制系统　distributed control systems(DCS)

一种控制功能分散、操作显示集中,采用分级结构的智能网络计算机控制系统。

7. 可编程序控制器　programmable logic controller(PLC)

将逻辑运算、顺序控制时序、计数以及算数运算等控制程序用一串指令形式存放到存储器中,然后根据存储控制内容,经过模拟、数字等输入输出部件,对生产设备和生产过程进行控制的装置。

8. 远程终端装置　remote terminal unit(RTU)

将末端检测仪表和执行机构与主计算机远程连接的装置。其作用是采集检测信息，进行控制和运算处理，编码后通过通信介质向主计算机发送，接收主计算机的操作指令，控制末端的执行机构动作。

9. 调度控制中心　control center

油气生产运行的监控、调度、管理中枢。

10. 站控系统　station control system(SCS)

对站场的生产过程、工艺设备及辅助设施实行自动控制的计算机系统，它可以接受来自调度控制中心的控制命令并向其传送实时数据。

11. 紧急停车系统　emergency shutdown

当生产过程出现紧急情况时，在允许的时间内发出保护信号，使管道或现场设备安全停运的系统。

12. 火灾自动报警系统　automatic fire alarm system, fire alarm system(FAS)

检测火焰和火灾，并自动报警的安全系统。一般由触发器件、火灾警报装置以及具有其他辅助功能的装置组成。

13. 在役管道　in - service pipeline

已投入运营的管道。

14. 管件　pipe fitting

弯头、弯管、三通、异径接头和管封头等管道专用部件的统称。

15. 线路截断阀室　pipeline block valve station

油气管道线路截断阀及其配套设施的总称。

16. 线路截断阀　block valve

管道沿线设置的用于截断管输介质流动的阀门。

17. 单向阀　check valve, one - way valve

用于限制流体朝指定方向流动的特殊阀门，也称止回阀。

18. 泄压阀　relief valve

当压力超过设定值时，通过手动或自动开启实现介质泄放的阀门。

19. 油罐呼吸阀　breathing valve

设置在储罐顶部，通过罐内外压差自动吸入罐外气体或排出罐内气体以保持罐内气压在允许范围内的阀门。

20. 酸性环境　sour service

暴露于含有 H_2S 并能够引起金属材料的硫化物应力开裂(SSC)的油气环境。

21. 水线腐蚀　waterline corrosion

由于气/液界面的存在,沿着该界面发生的腐蚀。

22. 应力腐蚀　stress corrosion

由残余或外加应力和腐蚀联合作用导致的腐蚀损伤。

23. 应力腐蚀开裂　stress corrosion cracking(SCC)

由腐蚀和拉伸应力(残留的或施加的)共同作用所引起的材料开裂。

24. 垢下腐蚀　deposit corrosion

由于腐蚀产物或其他物质的沉积,在其下面或周围发生的局部腐蚀。

25. 微生物腐蚀　microbiologically influenced corrosion(MIC)

微生物代谢活动导致或受微生物代谢活动影响的金属腐蚀,也称细菌腐蚀。

26. 煤焦油瓷漆　coal tar enamel

由高温煤焦油分馏得到的重质馏分和煤沥青,添加煤粉和填料,经加热熬制所得的制品。

27. 辐射交联聚乙烯热收缩带　radiation crosslinked polyethylene heat shrinkable tape

聚乙烯片材经辐射、拉伸、涂胶等工艺后,在一定温度下能够产生纵向收缩的防腐绝缘材料。

28. 石油沥青防腐层　asphalt coating

以石油沥青为主要材料的防腐层,由多层石油沥青和玻璃布复合构成。

29. 熔结环氧粉末防腐层　fusion bonded epoxy coating

环氧粉末涂料经静电喷涂熔融结合涂装工艺在金属表面固化后形成的防腐层。

30. 聚乙烯胶黏带防腐层　polyethene tape coating

将聚乙烯胶黏带缠绕在涂有底胶的管道外壁形成的防腐层。

31. 挤塑聚乙烯防腐层　extruded PE coating

通过挤塑机将聚乙烯包覆在涂好底胶的管道上而形成的防腐层。分为二层结构和三层结构两种。二层结构(LPE)的底层为胶黏剂层,外层为聚乙烯层;三层结构(LPE)的底层通常为环氧粉末涂层,中间层为胶黏剂层,外层为聚乙烯层。

32. 衬里　lining

储罐或管道内表面用来进行腐蚀防护的保护层。

33. 干膜厚度　dry film thickness

涂装在基材表面的涂料完全干燥以后,附着在基材表面上的干漆膜厚度。

34. 湿膜厚度　wet film thickness

指涂料刚涂装完成时的湿漆膜厚度。

35. 防腐层缺陷　defect of coating

防腐层上所有的异常,包括不均匀处、不规则处、剥离区和漏点等。

36. 剥离　disbondment

防腐层与金属表面或其底层材料粘接不牢或分离,其外观基本保持不变的现象。

37. 漏点　leaking point

防腐层上的不连续处,导致未被保护的表面暴露于环境中。

38. 现场补口　field joint coating

特指在两根管子对接焊缝处进行的防腐作业。

39. 阴极保护　cathodic protection

将被保护金属结构作为阴极,施加一定电流使其产生阴极极化,从而抑制其腐蚀的方法。

40. 强制电流保护　impressed current protection

由外部电源提供保护电流所达到的电化学保护。

41. 牺牲阳极保护　anodic sacrifice protection

由牺牲阳极提供阴极保护电流所达到的电化学保护。

42. 自然腐蚀电位　free corrosion potential

没有净电流(外部)从金属表面流入或流出的腐蚀电位。

43. 极化电位　polarization potential

在构筑物/电解质界面处的电位,是腐蚀电位与阴极极化电位值之和,也称极化后电位。

44. 最大保护电位　maximum protective potential

施加阴极保护时,为不引起被保护金属涂层剥离或金属表面氢脆所允许的绝对值最大的负电位值。

45. 最小保护电位　minimum protective potential

施加阴极保护时,被保护金属达到完全保护所需的绝对值最小的负电位值。

46. 管地电位　pipe‒to‒soil potential

管道与其相邻电解质(土壤)的电位差。

47. 土壤氧化—还原电位　soil redox potential

土壤中氧化—还原反应的可逆平衡电位。常用铂电极相对甘汞电极测定。

48. 通电电位　on‒potential

阴极保护系统持续运行时测量的构筑物对电解质(土壤)电位。

49. 断电电位　off‒potential

在断开施加阴极保护电流的所有电源后立刻测量出的构筑物对电解质(土壤)电位。通常情况下,应在同步切断所有电源后和极化电位尚未衰减前立刻测量。

50. 阴极保护准则　criteria for cathodic protection

实现阴极保护有效性的最低指标。

51. 阴极保护电流密度 cathodic protection current density

保护电位范围内某一稳定电位值所对应的流入金属单位面积的电流。

52. 过保护 over protection

在电化学保护中,保护电位超过最大保护电位值时产生的效应。

53. 阴极保护屏蔽 shelding

阻止或使阴极保护电流偏离其预定的流通路线。

54. 开路电位 open-circuit potential

无电流流过时电极相对于参比电极的电位。

55. 通电点 drain point

与被保护构筑物电连接的阴极电缆连接位置,通过此连接点,保护电流流回其电源,也称汇流点。

56. 牺牲阳极 sacrificial anode

靠原电池作用为阴极保护提供电流的电极。常用的牺牲阳极有镁基、锌基和铝基三类。

57. 柔性阳极 flexible anode

类似于电缆的长线性辅助阳极,阳极材料被预包装在直径狭小的焦炭填料编制纤维袋中。

58. 混合金属氧化物阳极 mixed metal oxide anode ribbon

在表面烧结了一层混合金属氧化膜,导电性能得到提高的钛基材阳极。

59. 地床 groundbed

埋地或浸没在水中的牺牲阳极或强制电流辅助阳极系统。

60. 参比电极 reference electrode

具有稳定可再现电位的电极,在测量其他电极电位值时用以作为参照。例如用于土壤和水中构筑物电位测量的铜/饱和硫酸铜参比电极。

61. 电连续跨接 bond

采用一种金属导体(通常为铜质),连接同一构筑物或不同构筑物上的两点,是用于保证两点之间的电连续性的一种用法。

62. 电绝缘 electric isolation

与其他金属构筑物或环境呈电气隔离的状态。

63. 绝缘装置 isolating joint

插入在两管段之间防止电连续的电绝缘部件。例如:整体绝缘接头、绝缘法兰和绝缘管联节。

64. 接地电池 electrolytic grounding cell

采用一对或几对牺牲阳极,互相用绝缘垫隔开,再用填料填充并包扎,通过填料的电阻耦合起来,以消除强电电涌冲击。

65. 测试桩　test post

从埋地管道上引出的用于测量阴极保护参数的装置。

66. 回填料　backfill

阴极保护系统中用于填充阳极四周空间降低阳极接地电阻的导电性材料。

67. 杂散电流　stray current

沿规定回路以外途径流动的电流,包括直流杂散电流和交流杂散电流。

68. 动态杂散电流　dynamic stray current

大小和方向随时间变化的杂散电流。

69. 直流干扰　DC interference

在大地中直流杂散电流作用下,引起埋地构筑物腐蚀电位的变化。这种变化发生在阳极场叫阳极干扰,发生在阴极场叫阴极干扰。

70. 交流干扰　AC interference

交流电通过阻性、感性或容性耦合在邻近金属结构上产生的电效应。按交流电干扰时间的长短,交流干扰可分为瞬间干扰、持续干扰和间歇干扰三种。

71. 排流　electrical drainage

将管道中流动的干扰电流,通过人为形成的通路使之直接或间接地流回干扰源的负回归网络,从而减弱管道的直流干扰影响,达到防止管道电蚀的目的,这种保护管道的技术称为排流。

72. 电容排流　capacitance drainage

在管道和排流接地体之间通过大电容连接的方法。

73. 嵌位式排流　limiting potential drainage

在管道和排流接地体之间通过多只硅二极管连接的,起排流和阴极保护双重作用的方法。

74. 牺牲阳极排流　galvanic anode drainage

用牺牲阳极作为排流接地的,起排流和阴极保护双重作用的方法。

75. 直流去耦装置　DC decoupling device

用在电路中的,允许交流双向流动,切断或极大地降低直流流动的装置。

76. 极化电池　polarization cell

由两片或多片浸在适宜电解质溶液中的惰性金属极板所组成的直流去耦装置。极化电池的电特性是对直流电位呈高电阻,而对交流呈现低阻抗。

77. 电屏蔽　electric shield

采用外壳、网格或其他物体,通常为导电性物体,来充分地减弱由屏蔽物另一侧电气装置或回路在被屏蔽侧的电场影响。

78. 管道外腐蚀直接评价　external corrosion direct assessment（ECDA）

评价外壁腐蚀对管道完整性影响的方法,由预评价、间接检测和评价、直接检测和评价以及后评价4个步骤组成。

79. 管道内腐蚀直接评价　internal corrosion direct assessment（ICDA）

评价内壁腐蚀对管道完整性影响的方法,由预评价、间接检测、详细检查和后评价4个步骤组成。

80. 腐蚀探针　corrosion probe

安装于管道内用于探测管内介质腐蚀性的元件。

81. 腐蚀试片　coupon

已知质量、表面积、材质的标准试片,用于定量分析腐蚀程度或评价所实施阴极保护的有效性。

82. 在线腐蚀监测　on-line corrosion monitoring

在钢质管道、设施正常运行的情况下,可连续测量其内部介质腐蚀速率的腐蚀测量技术。

83. 保护率　coverage range of protection

对所辖金属构筑物施加阴极保护后,满足阴极保护准则部分的比率。

84. 电火花检漏　electric spark leak detection

用电火花检漏仪按规定电压对金属防腐层直接进行缺陷检测。

85. 地面音频检漏　audio detecter of coating holiday

利用音频信号发生器向埋地管道发送高频调制信号,通过地表探测器探测地下管道防腐层破损情况。

86. 直流电压梯度测量　direct current voltage gradient survey（DCVG）

一种通过测量沿着管道或管道两侧的由防腐层破损点漏泄的直流电流在地表所产生的地电位梯度变化,来确定防腐层缺陷位置、大小以及表征腐蚀活性的地表测量方法。

87. 交流电压梯度测量　alternative current voltage gradient survey（ACVG）

一种通过测量沿着管道或管道两侧的由防腐层破损点漏泄的交流电流在地表所产生的地电位梯度变化,来确定防腐层缺陷位置的地表测量方法。

88. 交流电流衰减法　alternating current attenuation survey

一种在现场应用电磁感应原理,采用专用仪器测量管内信号电流产生的电磁辐射,通过测量出的信号电流衰减变化,来评价管道防腐层总体情况的地表测量方法。

89. 密间隔电位测量　close-interval potential survey（CIPS）

一种沿着管顶地表,以密间隔(一般1~3m)移动参比电极测量管地电位的方法。

90. 远参比法　reference electrode method remote from pipeline

将参比电极置放于距被测管道较远(地电位趋于零)的地面测量管地电位的方法。

91. 通—断电电位测试　on/off potential test

通过周期性同步中断阴极保护电流，同时测得阴极保护通电电位和瞬间断电电位的方法。

92. 牺牲阳极消耗率　anode consumption rate

产生单位电量所需要消耗的阳极质量，单位为 $kg/(A \cdot a)$。

93. 电流效率　current efficiency

实际发生电量与理论发生电量的百分比。

94. 跨步电压　step voltage

在大地表面上相距一步距离的两点间的电位差。

95. 接地电阻　ground resistance

接地极与远方大地之间的电阻。

96. 缓蚀剂　corrosion inhibitor

用于阻止或者减缓腐蚀的化学剂。

97. 缓蚀效率　inhibitor efficiency

添加缓蚀剂后金属腐蚀速率降低的百分比。

98. 硫酸盐还原菌　sulfate reducing bacteria(SRB)

能使硫酸盐、亚硫酸盐和硫代硫酸盐等化合物中的硫氧化以及硫还原成 H_2S 的厌氧性细菌。

99. 最大允许运行压力　maximum allowable operating pressure(MAOP)

油气管道处于水力稳态工况时允许达到的最高压力。

100. 最大许用环向应力　maximum allowable hoop stress

油气管道允许作用在垂直于管道轴线的截面管壁上的最大环向应力。

101. 碳钢　carbon steel

包含有碳元素和锰元素以及一定量的其他合金元素的铁碳合金，但不包括为了脱氧而有意加入的一定量的元素，通常是硅和(或)铝。

102. 低合金钢　low alloy steel

合金元素总量少于 5%（大约含量），但多于碳钢规定的合金元素含量的钢。

103. 耐腐蚀合金　corrosion - resistant alloy(CRA)

能够耐油气田环境中均匀和局部腐蚀的合金材料，在这种环境碳钢会受到腐蚀。

104. 不锈钢　stainless steel

含铬 10.5% 以上的钢，可能添加其他元素以保证获得特殊的性能。

105. 双相不锈钢　duplex stainless steel

奥氏体—铁素体不锈钢。室温下显微组织主要由奥氏体和铁素体混合组成的不锈钢。

106. 镍基合金 nickel-based alloy

以镍金属为基体,添加了铜、铬和钼等元素的合金材料,可细分为镍基耐热合金、镍基耐蚀合金和镍基耐磨合金等。

107. 硫化物应力开裂 sulfide stress cracking(SSC)

在有水和 H_2S 存在的情况下,与腐蚀和拉应力有关的一种金属开裂。SSC 是氢应力开裂(HSC)的一种形式,在硫化物存在时会促进氢的吸收,原子氢能扩散进金属,降低金属的韧性,增加裂纹的敏感性。高强度金属材料和较硬的焊缝区域易于发生 SSC。

108. 分压 partial pressure

在同样温度下混合气体中一种组分单独充满该混合气体所占的体积产生的压力。

109. 双金属复合管 bimetal pipe

由外层基体钢管和内层耐腐蚀合金衬层两部分组成的复合钢管,主要有内覆(冶金结合)和衬里(机械结合)两种工艺类型。

110. 高压玻璃纤维管线管 high pressure fiberglass line pipe

采用无碱增强纤维为增强材料,环氧树脂和固化剂为基质,经过连续缠绕成型、固化而成。根据所采用的树脂种类,高压玻璃纤维管线管主要有酸酐固化高压玻璃纤维管线管和芳胺固化高压玻璃纤维管线管两种。

111. 钢骨架增强聚乙烯复合管 steel skeleton polyethylene composite pipes

以钢骨架为增强体、以热塑性塑料(聚乙烯)为连续基材,采用一次成型、连续生产工艺,将金属和塑料两种材料复合在一起成型。根据增强层的结构不同,分为钢丝焊接骨架增强聚乙烯复合管、钢板网骨架增强聚乙烯复合管和钢丝缠绕骨架增强聚乙烯复合管。

112. 增强热塑性塑料复合管 reinforced thermoplastic composite pipes

以热塑性塑料管为基体,通过缠绕芳纶纤维增强带、聚酯纤维、钢带或钢丝等材料增强,再挤出覆盖热塑性塑料外保护层复合而成的管材。芳纶纤维增强热塑性塑料复合管、柔性复合高压输送管、塑料合金防腐蚀复合管、钢骨架增强热塑性树脂复合连续管等均是采用不同增强材料的增强热塑性塑料复合管。

113. 热塑性塑料管 thermoplastics pipe

以聚乙烯树脂(常用 PE80 和 PE100)为主要原材料,经连续挤出生产的管材。

114. 管道完整性 pipeline integrity

指管道始终处于安全可靠的服役状态。包括以下内涵:
(1)管道在结构上和功能上是完整的;
(2)管道处于受控状态;
(3)管道管理者已经并仍将不断采取措施防止管道事故的发生。

115. 管道完整性管理 pipeline integrity management

管道管理者为保证管道的完整性而进行的一系列管理活动。具体指对管道面临的风险因素进行识别和评价,采取各种风险减缓措施,将风险控制在合理、可接受的范围内,经济合理地保证管道安全运行。

116. 风险评价　risk assessment

识别对管道安全运行有不利影响的危害因素,评价失效发生的可能性和后果,综合得到管道风险水平,并提出相应风险控制措施的分析过程。

117. 完整性评价　integrity assessment

采取适用的检测技术,获取管道本体状况信息,通过材料与结构可靠性分析,对管道的安全状态进行全面评价,从而确定管道适用性的过程。常用的完整性评价方法有:管道内检测、试压和直接评价等。

118. 适用性评价　fitness for service(FFS)

对含缺陷或损伤的在役构件结构完整性的定量评价过程,包括剩余强度评价和剩余寿命预测。

119. 风险削减　risk mitigation

通过技术和管理手段,降低风险的过程。

120. 最低合理可行原则　as low as reasonably practical principle(ALARP)

在当前的技术条件和合理的成本下,将风险降低到最低程度。

121. 高后果区　high consequence areas(HCAs)

管道泄漏会造成较大不良影响的敏感区域(如人口稠密区域、敏感水域等)。高后果区内的管段为实施风险评价和完整性评价的重点管段。

122. 系统可靠性　system reliability

管道或管网系统在规定的条件下和规定的时间内完成管输介质的能力。对于可维修系统,机器设备常用可靠度、平均故障间隔时间、平均修复时间、可用度、有效寿命和经济性等指标表示;对于不可维修系统,机器设备常用可靠度、可靠寿命、故障率、平均寿命等指标表示。

123. 内检测　in-line inspection(ILI)

利用在管道内运行的可实时采集并记录管道信息的检测器所完成的检测。

124. 剩余强度　remaining strength

遭受腐蚀或(和)机械损伤后管道剩余承压能力。

125. 第三方损坏　third-party damage

管道企业及与企业有合同关系的承包商之外的个人或组织无意或蓄意损坏管道系统的行为,如管道上方的挖掘活动、打孔盗油(气)、针对管道的恐怖袭击等。

126. 失效　failure

管道系统的某些设施损坏、功能缺失或性能下降,不能继续安全可靠地使用。

127. 安全预警　security and pre‑warning

在油气管道遭到外部入侵和破坏之前进行报警和定位。

128. 设防周界　perimeter

管道系统需要进行防护的某些建构筑物或区域的边界。

129. 管道泄漏监测系统　pipeline leak detection system

对油气输送管道进行实时监测,判断是否存在管输介质泄漏,并确定漏点位置的系统。

130. 管道地质灾害　pipeline geological hazard

对管道输送系统安全和运营环境造成危害的地质作用或与地质环境有关的灾害。

131. 基线检测　baseline inspection

管道实施的第一次完整性检测,包括中心线、变形检测和漏磁内检测以及其他检测活动。

132. 基线评价　baseline assessment

在全面检测的基础上开展的首次管道完整性评价。基线评价包括初始数据采集、高后果区识别、风险评价和基线检测等。

133. 直接评价　direct assessment(DA)

一种采用结构化过程的完整性评价方法,为了确定管道的完整性,通过整合物理特性、管道系统的运行记录或检测、检查和评价结果的管段等信息给出预测性评价结论。

134. 物理寿命　physical life

管道经过老化过程,丧失原有的设计承压能力等性能的年限。

135. 经济寿命　economic life

管道的使用费和维护费处于合理范围的年限。

136. 可检出率　possibility of detection(POD)

特征能被内检测器探测到的概率。

137. 超出概率　probability of exceedence(POE)

使用内检测器预测到的异常尺寸大于临界值尺寸的概率。

138. 误报概率　probability of false call(POFC)

内检测过程中不存在的特征被当成特征报告的概率。

139. 识别概率　probability of identification(POI)

内检测过程中能够正确识别被检测到的异常或其他特征的概率。

140. 地面工程标准化设计　standardization engineering design of surface engineering

地面工程标准化设计的内涵是标准化工程设计、模块化建设、市场化运作和信息化管理,具体包括标准化工程设计、规模化采购、工厂化预制、组装化施工、标准化计价和数字化建设等内容。

141. 标准化工程设计　standardization engineering design

在油气田地面工程建设项目的实施中,针对油气田开发生产实际情况,突出共性条件,对同类型站场,制定统一的标准和模式,开展的技术成熟先进、经济合理、通用性强的工程建设方式。内容涵盖油气田地面建设的整个过程和各个方面。

142. 工厂化预制　factory prefabricating

指工艺管道、钢结构等焊接工程量较大的装备,在专业加工厂房内完成制作,施工现场只进行少量对接组焊的一种施工方法。

143. 组装化施工　assembling construction

指在特定的工厂中,将成套大型油气田设备、设施预制组装在一个特殊的模块上,运送至施工现场进行安装、连接。

144. 标准化计价　standardization valuation

工程造价采用标准化计价数据库中标准化站场、站外管线、井口装置及井场工艺安装、钢制储罐、输供电线路及柱上变压器、标准化站场构筑物、标准化井场、水源井、数字化项目、管线穿跨越、金属外表面喷涂、阴极保护工程等一系列标准化预算指标,实现预算数据的规范性和统一性。

145. 标准化模块　standardization module

标准化设计和施工预制的基本单位,可以组合和变换并独立地完成一定功能。

146. 标准化文件体系　standardization document system

指导标准化设计全过程工作开展的所有制度、规定、规范与图纸等文件资料按照一定的系统规则组合而成的有机整体。

147. 一体化集成装置　integrated device

将多个工艺设备、自控仪表等按一定工艺要求安装在橇座上,具有多功能和智能控制等特点,能够替代油气田中型站场、小型站场或大型站场生产单元的生产设施。

148. 油气田地面工程数字化建设

以油气田开发生产管理的业务流程为主线,通过自动检测控制、通信网络、数据交换等技术手段,实现井场、站(厂)、管道等生产过程实时监控,为油气田数字化管理提供基础数据。

149. 站场监控中心

对本站及所辖井场、站(厂)、管道等生产运行过程进行集中监控的场所。

150. 区域生产管理中心

对油气田作业区所辖的井场、站(厂)、管道等生产单元进行生产监视和调度的管理中心。可依托作业区综合公寓设置,也可单独建设。

第五节　安全、环保、职业卫生和节能术语

1. 挥发性有机物　volatile organic compounds

在293.15K条件下蒸气压大于或等于10Pa,或者特定适用条件下具有相应挥发性的全部有机化合物(不包括甲烷),简称VOCs。

2. 最高允许排放浓度　maximum allowable emission concentration

指处理设施后排气筒中污染物任何1h浓度平均值不得超过的限值,或指无处理设施排放一定高度的排气筒任何1h所排放污染物的质量不得超过的限值,单位为mg/m³。

3. 最高允许排放速率　maximum allowable emission rate

指一定高度的排气筒任何1h所排放污染物的质量不得超过的限值,单位为kg/h。

4. 挥发性有机液体　volatile organic liquid

含挥发性有机物成分10%(质量分数)以上的液体。

5. 泄漏排放源与逸散排放源　leak sources and fugitive emission sources

泄漏排放源是指各种内部含VOCs物料(气体/蒸汽、轻质液、重质液)的装置和设备,包括阀门、法兰及其他管道连接设备、泵、压缩机密封系统放气管、泄压装置、开口阀门及管线、搅拌器密封口、通道门密封、储蓄槽通风管等。

逸散排放源是指含有VOCs物料(气体/蒸汽、轻质液、重质液)的收集、储存设备及其敞开液面以及含有VOCs的生产工艺废水、废液的收集储存和净化处理设施的敞开液面。

(1)气体/蒸汽:指在正常的作业条件下,设备管线中的工艺流体为气态。

(2)轻质液:指在正常的作业条件下,设备管线中的工艺流体为液态,且满足:①293.15K时,有机组分蒸气压大于300Pa;②293.15K时,流体中含蒸气压大于300Pa的VOCs成分占其质量分数不低于20%。

(3)重质液:除气体/蒸汽和轻质液以外的介质。

6. 单位周界　unit perimeter

指单位与外界环境接界的边界。通常应依据法定手续确定边界;若无法定手续,则按目前的实际边界确定。

7. 总悬浮颗粒物　total suspended particle(TSP)

指环境空气中空气动力学当量直径不大于100μm的颗粒物。

8. 噪声敏感建筑物　noise-sensitive buildings

指医院、学校、机关、科研单位、住宅等需要保持安静的建筑物。

9. 释放源　source of release

可释放能形成爆炸性气体混合物的位置或地点。

10. 应急撤离区域　emergency evacuate distance

发生硫化氢泄漏时，人员需要撤离的距离。

11. 搬迁区域　remove area

假定发生硫化氢泄漏时，经模拟计算或安全评价，空气中硫化氢浓度可能达到 $1500mg/m^3$（1000ppm）时，应形成无人居住的区域。

12. 阈限值　threshold limit value（TLV）

在硫化氢环境中未采取任何人身防护措施，不会对人身健康产生伤害的空气中硫化氢最大浓度值［SY/T 6277—2017《硫化氢环境人身防护规范》中规定的阈限值为 $15mg/m^3$（10ppm）］。

13. 安全临界浓度　safety critical concentration

在硫化氢环境中 8h 内未采取任何人身防护措施，可接受的空气中硫化氢最大浓度值［SY/T 6277—2017《硫化氢环境人身防护规范》中规定的安全临界浓度为 $30mg/m^3$（20ppm）］。

14. 危险临界浓度　dangerous threshold limit value

在硫化氢环境中未采取任何人身防护措施，对人身健康会产生不可逆转或延迟性影响的空气中硫化氢最小浓度值［SY/T 6277—2017《硫化氢环境人身防护规范》中规定的危险临界浓度为 $150mg/m^3$（100ppm）］。

15. 事故应急池　accident emergency pool，emergency sumps for accidents

储罐区应急事故产生时保护其他储罐不受溢油影响而设置的保护单体储罐的方形区域。

16. 泄压放空系统　pressure–relief and blow–down system

用于释放输气管道紧急泄压、维抢修或压缩机组切换排出气体的设施，包含泄压设备、泄压管线、放空管或放空火炬等。

17. 防火堤　fire dike；围堰　bund wall

在围绕储罐一定距离处用泥土或混凝土建造，用来容纳溢出液体，防止液体外流和火灾蔓延的低矮构筑物。

18. 消防系统　fire extinguisher system

由消防泵、稳压泵、增压泵、消防总管和环网、自动喷淋系统等组成的以水等灭火介质开展消防作业的系统。

19. 个人防护设备　personal protective equipment（PPE）

为防御物理、化学和生物等外界因素伤害所穿戴、配备和使用的各种防护用品的总称。

20. 职业病危害因素　occupational hazard factor

职业活动中存在的各种有害的化学、物理和生物因素以及在作业过程中产生的其他职业有害因素。

21. 毒物　toxic substance

能够对机体产生有害作用的天然或人工合成的任何化学物质。一般只是将较小剂量即可引起机体功能性或器质性损害,甚至危及生命的化学物称为毒物。

22. 耗能工质　energy transfer medium

在生产过程中所消耗的不作为原料使用,也不进入产品,在生产或制取时需要直接消耗能源的工作物质。

23. 能源折算值　equivalent coefficient of primary energy consumption

单位数量的一次能源及生产单位数量的电、氢气和耗能工质所消耗的一次能源,折算为标准燃料的数值。

24. 统一能源折算值　specified equivalent coefficient of primary energy consumption

根据石油化工行业平均用能水平分析确定的能源折算值。

25. 设计能源折算值　estimated equivalent coefficient of primary energy consumption

根据设计条件计算的能源折算值。

26. 实际能源折算值　actual equivalent coefficient of primary energy consumption

根据企业生产实际计算的能源折算值。

27. 能耗　energy consumption

耗能体系在生产过程中所消耗的各种燃料、电、氢气和耗能工质,按规定的计算方法和单位折算为一次能源量(标准燃料)的总和。

28. 单位能耗　unit energy consumption

耗能体系加工单位数量原料或生产单位数量产品的能耗。

29. 设计能耗　design energy consumption

按燃料、电、氢气及耗能工质的设计消耗量计算的能耗。

30. 实测能耗　practical energy consumption

按燃料、电、氢气及耗能工质的实测消耗量计算的能耗。

31. 标准能耗　standard energy consumption

同一时期内,同类工艺装置(或系统单元或全厂)的先进单位能耗平均值。

32. 标准能耗系数　standard energy consumption ratio

工艺装置(或系统单元)标准能耗与基准装置标准能耗的比值。

33. 能耗因数　energy consumption factor

工艺装置(或系统单元)标准能耗系数按其原料(或产品)量折算至基准装置原料(或产品)量的值。

参 考 文 献

冯叔初,等,2005. 石油地面工程英汉术语词汇[M]. 北京:石油大学出版社.

第二章 油田采出物组成、性质及质量标准

油田采出物包含原油、油田伴生气及油田采出水。

原油通常是指未经加工处理的石油,是具有特殊气味的流动或半流动状态的黏稠性液体,绝大多数原油呈暗色,从褐色至黑色,亦有呈赤褐色、浅黄色乃至无色的。原油是烷烃、环烷烃、芳香烃等烃类以及含氧化合物、含硫化合物、含氮化合物等非烃类的混合物,主要成分是碳和氢两种元素,还有少量的氧、硫和氮以及微量的镍、钒、铁、铜、铅、氯、砷、硅和磷等元素。各油田原油的化学组成不同,原油的外观和性质也都有不同程度的差别。

油田伴生气是天然气的一种,是指与原油共存于地下岩层空隙或裂缝中,采油过程中与原油同时被采出,经油气分离后所得的天然气。油田伴生气是由烃类气体和非烃类气体组成的混合气体,主要成分是甲烷、乙烷和丙烷等烷烃类气体,有时还含有极少量的环烷烃(如甲基环戊烷、环己烷)及芳香烃(如苯、甲苯),另外还含有非烃类气体,一般为氮气、氢气、二氧化碳、硫化氢、水蒸气以及微量的惰性气体,如氦气、氩气等。不同地区油气藏中采出的油田伴生气组成差别很大,甚至同一油气藏的不同生产井采出的伴生气组成也会有区别。

油田采出水是油田开发过程中的天然伴生物,在油田开采过程中产生的含有原油的水,称为油田采出水,简称采出水,或称为含油污水。它是油田回收利用的重要水源。油田地质条件比较复杂,油层埋藏深度也不一样,油层温度和压力也不一致,油层地下水流经地层矿床各异,与矿床接触时间也不相同,主要离子含量差异较大,所以各油田的采出水的性质也不一样,或者同一油田开采层位不同,采出水的性质差异也很大。

本章介绍了油田各采出物分类、组成、主要物理化学性质及其测定方法(标准)和质量标准。

第一节 原油组成、性质及质量标准

一、原油的分类

原油分类方法有许多种,通常从商品、地质、化学或物理等不同角度进行分类,广为应用的为化学分类法和商品分类法。

1. 化学分类法

原油的化学分类法以原油的化学组成为基础,通常用与原油化学组成直接有关的参数作为分类依据,如特性因数分类、关键馏分特性分类、相关指数分类、石油指数和结构族组分分类等,其中以前两种分类法应用最为广泛。依据这两种方法分类,可对原油的特性有概况性认识,易于对比。

1）特性因数分类

原油根据特性因数 K 值大小可分为石蜡基、中间基和环烷基三类原油。特性因数 K 是表示原油馏分的相对密度、平均沸点与其化学组成之间关系的数值，其计算见式（2-1-1）。它在一定程度上反映了原油的组成特性，该方法为欧美各国普遍采用。其分类标准见表 2-1-1。

$$K = \frac{1.216 \sqrt[3]{T}}{d_{15.6}^{15.6}} \qquad (2-1-1)$$

式中　K——特性因数；

　　　T——原油馏分的平均沸点，以热力学温度表示；

　　　$d_{15.6}^{15.6}$——原油的相对密度。

表 2-1-1　按特性因数分类方法

特性因数 K	$K > 12.1$	$11.5 < K \leqslant 12.1$	$10.5 < K \leqslant 11.5$
原油类别	石蜡基	中间基	环烷基

石蜡基原油（$K > 12.1$）一般烷烃含量超过 50%，其他族烃类相对含量较少，其特点是蜡含量较高、凝点高、密度小、硫含量和胶质含量低。其直馏汽油辛烷值低，柴油十六烷值高，润滑油黏温特性好。我国大庆油田原油是典型的石蜡基原油。

环烷基原油（$10.5 < K \leqslant 11.5$）的特点是密度较大、凝点低、重质原油中含有大量的胶质和沥青质。其直馏汽油含有较多的环烷烃，辛烷值较高，可得到密度大、冰点低的喷气燃料，但柴油十六烷值较低，润滑油的黏温性质差。

中间基原油（$11.5 < K \leqslant 12.1$）的性质介于石蜡基原油和环烷基原油之间。

由于原油组成复杂，因此采用特性因数法对原油进行分类存在其局限性：

（1）无法表明原油中低沸点馏分和高沸点馏分中烃类的分布规律，因此不能反映原油中轻、重组分的化学特性。

（2）由于原油的特性因数 K 难以准确求得，用其他参数计算或查特性因数 K 也容易造成误差，因此特性因数分类法并不完全符合原油组成的实际情况。

为了全面科学地概括原油的特性，通常多采用关键馏分的特性分类。

2）关键馏分特性分类

关键馏分特性分类法是将原油进行蒸馏，在常压下获得 250～275℃ 的第一关键馏分，减压蒸馏获得常压 395～425℃ 的第二关键馏分。分别测定两个关键馏分的密度，对照表 2-1-2 确定两个关键馏分的基属，再根据表 2-1-3 确定原油的类别。

表 2-1-2　关键馏分基属分类表

关键馏分	指标	石蜡基	中间基	环烷基
第一关键馏分 （250～275℃）	d_4^{20}	< 0.8207	0.8207～0.8560	> 0.8560
	API 度，°API	> 40	33～40	< 33
	K	> 11.9	11.5～11.9	< 11.5

关键馏分	指标	石蜡基	中间基	环烷基
第二关键馏分 （395~425℃）	d_4^{20}	<0.8721	0.8721~0.9302	>0.9302
	API 度,°API	>30	20~30	<20
	K	>12.2	11.5~12.2	<11.5

注：d_4^{20} 为20℃时关键馏分的密度与4℃时水的密度之比。

表 2-1-3　关键馏分特性分类方法

序号	第一关键馏分	第二关键馏分	原油类别
1	石蜡基	石蜡基	石蜡基
2	石蜡基	中间基	石蜡—中间基
3	中间基	石蜡基	中间—石蜡基
4	中间基	中间基	中间基
5	中间基	环烷基	中间—环烷基
6	环烷基	中间基	环烷—中间基
7	环烷基	环烷基	环烷基

2. 商品分类法

商品分类法又称工业分类法,是化学分类法的补充。商品分类法根据很多,如按原油的密度、硫含量、氮含量、蜡含量、胶质含量和酸值等分类。

国际市场常用的原油计价标准是按 API 度和硫含量分类。其分类标准见表 2-1-4 和表 2-1-5。

表 2-1-4　按 API 度分类方法

类别	API 度,°API	密度(20℃),g/cm³
轻质原油	>31.1	<0.8661
中质原油	31.1~22.3	0.8661~0.9162
重质原油	22.3~10	0.9162~0.9968
特重原油	<10	>0.9968

其中 API 度是由美国石油学会制定的用来表示相对密度的特定函数,按式(2-1-2)计算：

$$°API = \frac{141.5}{d_{15.6}^{15.6}} - 131.5 \qquad (2-1-2)$$

表 2-1-5　原油分类的按硫含量分类方法

硫含量,%（质量分数）	<0.5	0.5~2.0	>2.0
原油类别	低含硫	含硫	高含硫

原油分类的其他商品分类法见表2-1-6。

表2-1-6 原油分类的其他商品分类方法

原油分类		数值范围
含蜡量 %	低含蜡	0.5~2.5
	含蜡	2.5~10.0
	高含蜡	>10.0
胶质含量 %	低含胶	<5
	含胶	5~15
	高含胶	>15
酸值 mg(KOH)/g	低酸值	≤0.500
	中酸值	0.501~1.00
	高酸值	>1.00

3. 我国典型原油的类别

我国对原油的分类采用关键馏分特性分类法和硫含量分类法相结合的分类方法,把硫含量分类作为关键馏分特性分类法的补充,更有利于对比各种原油,具有一定的科学性。表2-1-7列举了我国典型原油按关键馏分特性与硫含量相结合的分类结果。

表2-1-7 我国典型原油分类结果

典型原油来源	硫含量 %(质量分数)	20℃密度 kg/m³	第一关键馏分			第二关键馏分			原油类别
			API度 °API	20℃密度 kg/m³	特性 因数K	API度 °API	20℃密度 kg/m³	特性 因数K	
中国石油大庆喇嘛甸油田	0.11	867.7	41.52	813.7	12.07	35.14	845.2	12.61	低硫石蜡基
中国石油大庆萨尔图油田北部	0.11	868.3	41.06	815.9	12.04	34.84	846.7	12.59	低硫石蜡基
中国石油大庆萨尔图油田中部	0.10	867.4	41.44	814.1	12.07	35.41	843.8	12.63	低硫石蜡基
中国石油大庆萨尔图油田南部	0.10	864.0	41.88	812.0	12.10	35.57	843.0	12.64	低硫石蜡基
中国石油大庆杏树岗油田北部	0.10	858.6	41.67	813.0	12.08	35.82	841.7	12.66	低硫石蜡基
中国石油大庆杏树岗油田南部	0.10	854.7	41.82	812.3	12.10	35.55	843.1	12.64	低硫石蜡基

续表

典型原油来源	硫含量%（质量分数）	20℃密度kg/m³	第一关键馏分			第二关键馏分			原油类别
			API度°API	20℃密度kg/m³	特性因数 K	API度°API	20℃密度kg/m³	特性因数 K	
中国石油大庆葡萄花油田	0.10	846.5	41.35	819.8	12.06	35.27	844.5	12.62	低硫石蜡基
中国石油大庆太阳升油田	0.11	861.1	41.21	815.2	12.05	35.35	844.1	12.63	低硫石蜡基
中国石油吉林扶余油田	0.11	877.0	38.98	826.1	11.90	37.70	832.7	12.80	低硫中间—石蜡基
中国石油吉林长春油田	0.12	862.7	39.27	825.2	11.92	33.38	854.3	12.48	低硫中间—石蜡基
中国石油吉林新木油田	0.11	884.5	37.07	835.5	11.76	33.40	854.2	12.48	低硫中间—石蜡基
中国石油吉林乾安油田	0.07	850.4	41.69	813.0	12.09	35.96	841.1	12.67	低硫石蜡基
中国石油吉林新民油田	0.11	876.6	31.49	828.4	11.86	32.86	856.9	12.44	低硫石蜡基
中国石油辽河曙光油田四区	0.21	895.7	39.11	825.4	11.91	33.51	853.6	12.49	低硫中间—石蜡基
中国石油辽河曙光油田二区	0.19	889.2	39.11	825.3	11.91	29.35	875.9	12.17	低硫中间基
中国石油辽河兴隆台油田	0.15	869.6	35.92	843.3	11.68	29.66	874.0	12.20	低硫中间基
中国石油辽河油田注38块	0.27	957.0	30.94	867.4	11.34	19.80	931.8	11.45	含硫环烷基
中国石油辽河油田冷家堡五区	0.459	998.3	—	—	—	—	—	—	—
中国石油大港油田	0.176	902.5	35.39	843.9	11.65	33.07	855.9	12.46	低硫中间—石蜡基
中国石油华北油田中质	0.545	880.9	41.63	813.2	12.08	35.92	841.2	12.67	含硫石蜡基

续表

典型原油来源	硫含量 %（质量分数）	20℃密度 kg/m³	第一关键馏分			第二关键馏分			原油类别
			API 度 °API	20℃密度 kg/m³	特性 因数 K	API 度 °API	20℃密度 kg/m³	特性 因数 K	
中国石油华北油田 轻质	0.131	838.4	41.33	814.6	12.06	33.94	851.4	12.52	低硫石蜡基
中国石油华北二连 油田	0.143	861.4	42.18	810.6	12.12	34.51	848.4	12.56	低硫石蜡基
中国石油冀东油田	0.105	854.2	38.91	826.3	11.89	32.18	860.6	12.39	低硫中间 石蜡基
中国石油长庆油田 杨山输油站	0.0815	844.7	39.36	824.1	11.92	32.90	856.8	12.44	低硫中间— 石蜡基
中国石油长庆油田 庆咸首站	0.0808	841.5	39.03	825.7	11.90	31.88	862.2	12.36	低硫中间— 石蜡基
中国石油长庆油田 宁夏石油储备库	0.0776	846.4	39.38	824.0	11.93	32.62	858.3	12.42	低硫中间— 石蜡基
中国石油长庆油田 咸阳输油站	0.0940	846.3	39.34	824.2	11.92	32.77	857.5	12.43	低硫中间— 石蜡基
中国石油长庆油田 洛川站	0.0905	845.3	39.46	823.6	11.93	32.75	857.6	12.43	低硫中间— 石蜡基
中国石油玉门油田	0.0768	848.5	41.31	814.7	12.06	32.86	857.0	12.44	低硫石蜡基
中国石油青海油田	0.366	854.3	41.84	812.2	12.10	34.59	848.0	12.57	含硫石蜡基
中国石油新疆油田 红浅	0.113	949.3	29.37	875.8	11.23	20.32	928.5	11.49	低硫环烷— 中间基
中国石油新疆油田 9 区 426 线	0.170	942.0	31.21	865.8	11.35	22.27	916.6	11.64	低硫环烷— 中间基
中国石油新疆油田 陆梁	0.0280	844.4	41.38	814.4	12.06	33.09	855.8	12.46	低硫石蜡基
中国石油吐哈油田	0.0994	850.3	38.10	830.3	11.84	29.55	874.8	12.19	低硫中间基
中国石油塔里木油 田轮南	0.851	870.2	39.85	821.7	11.96	27.27	887.5	12.02	含硫中间基
中国石油塔里木油 田牙哈	未检出	779.4	40.81	817.1	12.02	—	—	—	低硫石蜡基

典型原油来源	硫含量 %（质量分数）	20℃密度 kg/m³	第一关键馏分			第二关键馏分			原油类别
			API度 °API	20℃密度 kg/m³	特性因数 K	API度 °API	20℃密度 kg/m³	特性因数 K	
中国石化胜利油田中质	0.650	888.4	—	818.0	12.01	—	874.6	12.19	含硫石蜡中间基
中国石化胜利油田重质	1.94	934.1	33.15	855.4	11.59	25.20	899.2	11.85	含硫中间基
中国石化西北油田	1.959	952.8	—	—	—	—	—	—	高硫—环烷—中间基
中国石化中原油田	0.74	863.6	—	811.8	12.1	—	844.3	12.6	含硫石蜡基
中国石化南阳油田	0.183	897.6	—	—	—	—	—	—	低硫中间—石蜡基
中国石化塔河油田	1.94	926.9	37.6	833.1	11.8	23.3	910.4	11.7	含硫中间基
中国石化江汉油田	1.169	863.7	41.78	—	—	33.17	—	—	含硫石蜡基
中国海油蓬莱油田	0.31	927.9	29.0	877.7	11.2	22.0	921.5	11.6	低硫环烷中间基
中国海油渤南油田	—	863.8	—	—	—	—	—	—	低硫中间基
中国海油文昌油田	—	841.7	38.9	826.0	11.9	28.8	878.6	12.1	低硫中间基
中国海油番禺油田	0.1022	875.4	40.0	—	—	31.7	—	—	低硫石蜡基
中国海油西江油田	0.071	867.9	38.98	—	—	31.93	—	—	低硫中间—石蜡基
俄罗斯莫大线	0.052	840.7	38.32	829.2	11.85	27.73	884.9	12.05	含硫中间基
哈萨克斯坦中哈管道	0.375	818.8	39.88	821.6	11.96	31.62	863.6	12.35	低硫中间石蜡基
蒙古国塔木察格19区块	0.10	837.6	42.20	810.5	12.12	35.22	844.8	12.62	低硫石蜡基
蒙古国塔木察格21区块	0.19	866.5	41.52	813.7	12.07	34.50	848.5	12.56	低硫石蜡基

　　给出了我国主要油区典型原油的组成和性质数据，其中，中国石油所属陆上原油36种，中国石化所属陆上原油7种，中国海油所属海上原油5种，另外还给出了陆运（管输或车运）至我国的国外原油4种，总计52种典型原油。见表2-1-8至表2-1-14。

表2-1-8　典型原油的组成和性质数据（一）

原油来源		大庆喇嘛甸油田	大庆萨尔图油田北部	大庆萨尔图油田中部	大庆萨尔图油田南部	大庆杏树岗油田北部	大庆杏树岗油田南部	大庆葡萄花油田	大庆太阳升油田
取样时间		2011年	2011年	2011年	2011年	2011年	2011年	2011年	2011年
原油分类		低硫石蜡基	低硫石蜡基	低硫石蜡基	低硫石蜡基	低硫石蜡基	低硫石蜡基	低硫石蜡基	低硫石蜡基
API度，°API		30.86	30.75	30.91	31.55	32.56	33.30	34.88	32.09
密度(20℃)，kg/m³		867.7	868.3	867.4	864.0	858.6	854.7	846.5	861.1
运动黏度 mm²/s	40℃	68.44	145.9	69.22	50.66	147.3	32.77	30.55	58.64
	50℃	29.65	29.26	29.25	24.86	18.82	16.90	14.10	21.66
动力黏度 mPa·s	40℃	58.42	124.6	59.06	43.05	124.4	27.54	25.42	49.66
	50℃	25.09	24.78	24.77	20.95	15.75	14.08	11.63	18.19
凝点，℃		33	33	33	32	31	33	31	32
闪点(开口)，℃		51	49	47	48	—	43	36	—
燃点，℃		62	61	59	59	44	60	46	43
饱和蒸气压 kPa	37.8℃	9.8	9.7	15.3	17.4	16.7	17.6	18.2	16.8
	45.0℃	13.8	13.8	21.8	23.5	23.8	22.8	23.6	23.6
酸值，mg(KOH)/g		0.009	0.010	0.007	0.006	0.007	0.009	0.007	0.007
蜡含量，%(质量分数)		30.6	29.6	30.2	29.8	28.3	27.6	28.4	29.4
胶质，%(质量分数)		8.12	7.62	8.08	7.32	6.46	6.12	6.74	6.59
沥青质，%(质量分数)		0.640	0.560	0.590	0.442	0.440	0.572	0.44	0.38
残炭，%(质量分数)		3.76	4.11	3.48	3.13	2.50	2.49	2.07	3.25
灰分，%(质量分数)		0.007	0.006	0.005	0.006	0.007	0.003	0.003	0.006
水分，%(质量分数)		0.05	0.08	0.10	0.08	0.05	0.10	0.10	0.05
盐含量，mg(NaCl)/L		5	6	4	4	5	8	6	5
机械杂质，%(质量分数)		0.02	0.05	0.07	0.05	0.04	0.04	0.03	0.04
硫含量，%(质量分数)		0.11	0.11	0.10	0.10	0.10	0.10	0.10	0.11

续表

原油来源	大庆喇嘛甸油田	大庆萨尔图油田北部	大庆萨尔图油田中部	大庆萨尔图油田南部	大庆杏树岗油田北部	大庆杏树岗油田南部	大庆葡萄花油田	大庆太阳升油田
氮含量,μg/g	1822	1785	1684	1704	1462	1342	1292	1517
平均相对分子质量	391	396	329	317	313	273	273	330
金属含量 μg/g Ni	2.54	2.66	1.98	2.54	1.76	2.15	1.87	2.22
金属含量 μg/g V	0.06	0.05	0.07	0.13	0.10	0.11	0.08	0.08
金属含量 μg/g Fe	2.06	2.11	1.53	1.78	2.31	2.13	2.91	1.98
金属含量 μg/g Cu	0.02	0.02	0.04	0.08	0.12	0.06	0.03	0.04
金属含量 μg/g As	0.67	0.55	0.42	0.39	0.25	0.25	0.31	0.51
实沸点收率 %(质量分数) <100℃	2.67	2.88	1.26	1.86	1.62	2.00	4.01	2.37
实沸点收率 %(质量分数) 100~200℃	7.21	7.36	6.03	6.61	7.47	8.10	9.32	8.00
实沸点收率 %(质量分数) 200~350℃	16.33	20.68	22.40	18.58	20.05	20.02	18.58	17.26
实沸点收率 %(质量分数) 350~500℃	25.41	20.82	24.06	26.33	26.05	28.19	25.07	25.58
实沸点收率 %(质量分数) >500℃	48.38	48.26	46.25	46.62	44.81	41.69	43.02	46.88

注：原油外输口数据。

表2－1－9 典型原油的组成和性质数据（二）

原油来源	吉林扶余油田	吉林长春油田	吉林新木油田	吉林乾安油田	吉林新民油田	辽河曙光油田四区	辽河曙光油田二区	辽河兴隆台油田
取样时间	2005年	2005年	2005年	2005年	2005年	2005年	2005年	2005年
原油分类	低硫中间—石蜡基	低硫中间—石蜡基	低硫中间—石蜡基	低硫石蜡基	低硫石蜡基	低硫中间基	低硫中间—石蜡基	低硫中间基
API度,°API	29.15	31.79	27.80	34.13	29.22	26.97	25.83	30.51
密度(20℃),kg/m³	877.0	862.7	884.5	850.4	876.6	889.2	895.7	869.6
运动黏度 mm²/s 40℃	50.19	33.50	148.3	44.78	50.80	61.31	135.2	34.59
运动黏度 mm²/s 50℃	34.01	21.82	49.21	20.48	35.11	32.54	77.10	24.22

续表

原油来源		吉林扶余油田	吉林长春油田	吉林新木油田	吉林乾安油田	吉林新民油田	辽河曙光油田四区	辽河曙光油田二区	辽河兴隆台油田
动力黏度 mPa·s	40℃	43.33	28.30	128.6	37.45	43.84	53.46	119.3	29.61
	50℃	29.13	18.34	42.34	16.98	30.07	28.15	67.51	20.56
凝点,℃		23	32	32	33	19	31	30	3
闪点(开口),℃		63	28	58	—	56	47	55	26
燃点,℃		77	33	83	34	82	57	79	35
饱和蒸气压 kPa	37.8℃	11.0	10.4	10.0	19.2	11.6	15.4	11.6	17.5
	45.0℃	14.1	12.4	12.9	24.7	14.8	19.6	14.1	19.2
酸值,mg(KOH)/g		0.04	0.14	0.05	0.02	0.04	0.39	0.22	0.23
蜡含量,%(质量分数)		26.75	28.42	16.60	23.54	13.12	18.69	19.80	12.28
胶质,%(质量分数)		7.98	7.25	9.63	12.39	14.04	19.06	13.12	5.84
沥青质,%(质量分数)		0.88	1.04	1.08	0.82	1.04	1.11	0.80	0.99
残炭,%(质量分数)		4.28	4.47	8.95	5.54	4.35	4.37	6.55	3.42
灰分,%(质量分数)		0.007	0.007	0.011	0.008	0.007	0.022	0.026	0.012
水分,%(质量分数)		0.09	0.02	0.05	0.18	0.04	0.84	0.27	0.02
盐含量,mg(NaCl)/L		5	2	5	5	3	22	16	5
机械杂质,%(质量分数)		0.026	0.014	0.014	0.016	0.015	0.016	0.022	0.011
硫含量,%(质量分数)		0.11	0.12	0.11	0.07	0.11	0.19	0.21	0.15
氮含量,μg/g		2162	1769	2093	1491	1758	3175	4373	2088
平均相对分子质量		397	296	346	300	592	455	541	402
金属含量,μg/g	Ni	4.18	18.6	2.79	0.86	4.21	69.27	37.68	19.84
	V	0.11	0.28	0.08	0.04	0.14	1.21	0.59	0.32
	Fe	3.74	13.01	2.28	4.13	3.17	29.35	21.26	4.23
	Cu	0.18	0.44	0.65	0.20	0	1.01	0.65	0.07
	As	0.05	0.06	0.04	0.04	0.05	0.08	0.07	0.06

续表

原油来源		吉林扶余油田	吉林长春油田	吉林新木油田	吉林乾安油田	吉林新民油田	辽河曙光油田四区	辽河曙光油田二区	辽河兴隆台油田
实沸点收率 %（质量分数）	<100℃	1.68	3.83	1.81	3.19	1.73	3.53	2.00	5.17
	100~200℃	7.10	12.02	6.86	9.34	6.94	8.66	5.71	13.58
	200~350℃	18.71	24.59	15.78	22.30	19.39	17.61	16.10	24.06
	350~500℃	22.50	29.85	26.45	27.91	27.26	21.85	19.73	26.02
	>500℃	49.73	29.48	48.83	37.03	44.44	48.13	56.25	30.93

注：原油外输口数据。

表2-1-10 典型原油的组成和性质数据（三）

原油来源		辽河油田注38块	辽河油田冷家堡五区	大港油田	华北油田中质	华北油田轻质	华北油田二连	冀东油田	长庆油田杨山输油站
取样时间		2005年	2012年	2012年	2012年	2012年	2012年	2012年	2012年
原油分类		含硫环烷基	—	低硫中间—石蜡基	含硫石蜡基	低硫石蜡基	低硫石蜡基	低硫中间石蜡基	低硫中间—石蜡基
API度,°API		15.84	9.79	24.65	28.45	36.48	32.03	33.40	35.23
密度(20℃),kg/m³		957.0	998.3	902.5	880.9	838.4	861.4	854.2	844.7
运动黏度 mm²/s	40℃	1215							
	50℃	541.2	—	56.99	34.31	6.960	14.72	7.430	5.312
动力黏度 mPa·s	40℃	1143							
	50℃	505.9							
凝点,℃		2	44	24	35	31	28	30	18
闪点(开口),℃		87							
燃点,℃		112							
饱和蒸气压 kPa	37.8℃	8.6							
	45.0℃	10.2							

续表

原油来源	辽河油田注38块	辽河油田冷家堡五区	大港油田	华北油田中质	华北油田轻质	华北油田二连	冀东油田	长庆油田杨山输油站
酸值,mg(KOH)/g	4.20	3.17	0.984	0.378	0.140	未检出	0.512	未检出
蜡含量,%(质量分数)	15.89	5.54	16.6	21.7	18.4	19.20	16.4	14.60
胶质,%(质量分数)	9.59	19.1	15.6	16.1	7.79	6.97	7.52	7.36
沥青质,%(质量分数)	3.41	7.10	0.0661	0.23	0.0859	0.07	0.218	0.48
残炭,%(质量分数)	10.39	9.95	5.40	6.36	2.77	3.54	2.92	2.42
灰分,%(质量分数)	0.056	0.089	—	—	—	0.005	—	0.008
水分,%(质量分数)	0.10	—	—	—	—	0.15	—	0.025
盐含量,mg(NaCl)/L	6	—	—	—	—	8	—	12
机械杂质,%(质量分数)	0.018	—	—	—	—	—	—	—
硫含量,%(质量分数)	0.27	0.459	0.176	0.545	0.131	0.143	0.105	0.0815
氮含量,μg/g	4000	7300	2770	3055	1330	2394	1431	1641
平均相对分子质量	800	—	—	—	—	—	—	—
金属含量 μg/g　Ni	50.86	91	25	13	3.4	15	2.4	2.4
金属含量 μg/g　V	1.72	3.0	0.24	0.92	0.13	0.13	0.16	0.88
金属含量 μg/g　Fe	15.38	26	15	19	3.6	3.5	3.8	8.6
金属含量 μg/g　Cu	0.97	0.22	—	—	—	0.41	—	—
金属含量 μg/g　As	0.07	—	—	—	—	—	—	0.040
实沸点收率 %(质量分数)　<100℃	1.41	—	2.58	6.95	3.87	3.63	4.98	6.53
实沸点收率 %(质量分数)　100~200℃	4.25	—	5.09	13.21	7.31	9.09	12.39	13.53
实沸点收率 %(质量分数)　200~350℃	16.16	—	19.06	25.71	20.24	22.16	26.82	24.62
实沸点收率 %(质量分数)　350~500℃	26.13	—	29.84	30.67	30.02	27.74	33.58	30.59
实沸点收率 %(质量分数)　>500℃	51.92	—	43.43	23.46	38.56	37.38	22.23	24.73

注：原油外输口数据。

表2-1-11 典型原油的组成和性质数据（四）

原油来源		长庆油田庆阳首站	长庆油田宁夏石油储备库	长庆油田咸阳输油站	长庆油田洛川站	玉门油田	青海油田	新疆红浅	新疆油田9区426线
取样时间		2012年	2012年	2012年	2012年	2012年	2012年	2012年	2012年
原油分类		低硫中间—石蜡基	低硫中间—石蜡基	低硫中间—石蜡基	低硫中间—石蜡基	低硫石蜡基	含硫石蜡基	低硫环烷中间基	低硫环烷中间基
API度，°API		35.86	34.90	34.92	35.12	34.50	33.38	17.12	18.16
密度（20℃），kg/m³		841.5	846.4	846.3	845.3	848.5	854.3	949.3	942.0
运动黏度 mm²/s	40℃	—	—	—	—	—	—	—	—
	50℃	5.276	6.605	5.912	5.658	8.060	12.48	1218	997.9
动力黏度 mPa·s	40℃	—	—	—	—	—	—	—	—
	50℃	—	—	—	—	—	—	—	—
凝点，℃		14	14	16	16	14	29	24	13
闪点（开口），℃		—	—	—	—	—	—	—	—
燃点，℃		—	—	—	—	—	—	—	—
饱和蒸气压 kPa	37.8℃	—	—	—	—	—	—	—	—
	45.0℃	—	—	—	—	—	—	—	—
酸值，mg（KOH）/g		未检出	未检出	未检出	未检出	未检出	0.267	8.25	5.70
蜡含量，%（质量分数）		15.30	17.8	17.00	16.10	15.0	20.6	3.37	2.34
胶质，%（质量分数）		6.24	7.76	7.26	7.16	8.89	6.26	7.54	9.70
沥青质，%（质量分数）		0.26	0.56	0.51	0.49	0.632	0.180	0.06	0.07
残炭，%（质量分数）		2.03	2.42	2.58	2.62	3.91	3.58	5.47	6.40
灰分，%（质量分数）		0.006	0.006	0.004	0.007	—	—	—	0.107
水分，%（质量分数）		0.05	0.25	0	0.075	—	—	—	0.40
盐含量，mg（NaCl）/L		8	82	14	20	—	—	—	8
机械杂质，%（质量分数）		—	—	—	—	—	—	—	—

续表

原油来源	长庆油田庆咸首站	长庆油田宁夏石油储备库	长庆油田咸阳输油站	长庆油田洛川站	玉门油田	青海油田	新疆红浅	新疆油田9区426线
硫含量,%（质量分数）	0.0808	0.0776	0.0940	0.0905	0.0768	0.366	0.113	0.170
氮含量,μg/g	1486	1613	1799	1841	2070	2023	3049	3762
平均相对分子质量	—	—	—	—	—	—	—	—
金属含量 μg/g — Ni	0.96	3.1	2.5	2.7	22	7.9	7.5	15
金属含量 μg/g — V	0.80	1.1	0.87	0.74	2.4	1.0	0.30	0.26
金属含量 μg/g — Fe	1.9	56	5.2	7.0	5.8	8.7	7.9	7.5
金属含量 μg/g — Cu	0.020	0.29	未检出	0.090	—	—	—	0.30
金属含量 μg/g — As	—	—	—	—	—	—	—	—
实沸点收率 %（质量分数）— <100℃	7.53	7.36	6.92	6.90	5.82	4.91	—	—
实沸点收率 %（质量分数）— 100~200℃	13.96	12.96	13.02	13.20	15.14	10.46	2.21（<200）	1.61（<200）
实沸点收率 %（质量分数）— 200~350℃	24.82	24.01	24.93	25.04	25.12	24.10	16.44	16.39
实沸点收率 %（质量分数）— 350~500℃	30.35	30.17	30.15	30.08	25.12	28.39	27.60	27.76
实沸点收率 %（质量分数）— >500℃	23.34	25.50	24.98	24.78	28.80	32.14	53.75	54.24

注：原油外输口数据。

表2-1-12 典型原油的组成和性质数据（五）

原油来源	新疆油田陆梁	吐哈油田	塔里木油田轮南	塔里木油田牙哈	中国石化胜利油田中质	中国石化胜利油田重质	中国石化西北油田	中国石化中原油田
取样时间	2012年	2012年	2012年	2012年	2010年	2003年	2012年	1999年
原油分类	低硫石蜡基	低硫中间基	含硫中间基	低硫石蜡基	含硫石蜡中间基	含硫中间基	高硫—环烷—中间基	含硫石蜡基
API度,°API	35.29	34.15	30.40	49.06	27.06	19.40	—	31.7
密度（20℃）,kg/m³	844.4	850.3	870.2	779.4	888.4	934.1	952.8	863.6

原油来源		新疆油田陆梁	吐哈油田	塔里木油田轮南	塔里木油田牙哈	中国石化胜利油田中质	中国石化胜利油田重质	中国石化西北油田	中国石化中原油田
运动黏度 mm²/s	40℃	—	—	—	—	15.87(80℃)	71.00(80℃)	84.67(80℃)	7.74(80℃)
	50℃	8.117	8.006	9.722	0.8652	36.45	314.0	418.2	16.72
动力黏度 mPa·s	40℃	—	—	—	—	—	—	—	—
	50℃	—	—	—	—	—	—	—	—
凝点,℃		16	2	-13	8	32	14	-2	23
闪点(开口),℃		—	—	—	—	<22	149	—	—
燃点,℃		—	—	—	—	—	—	—	—
饱和蒸气压 kPa	37.8℃	—	—	—	—	—	—	—	—
	45.0℃	—	—	—	—	—	—	—	—
酸值,mg(KOH)/g		未检出	0.278	0.246	未检出	0.74	1.52	0.11	0.22
蜡含量,%(质量分数)		8.23	6.58	5.37	7.73	12.57	12.03	15.2	15.3
胶质,%(质量分数)		3.02	7.79	4.42	0.48	0.19	18.83	13.79	13.0(+沥青质)
沥青质,%(质量分数)		0.08	0.13	2.64	0.07	—	1.90	16.1	—
残炭,%(质量分数)		3.09	4.35	6.14	0.01	—	7.68	—	5.1
灰分,%(质量分数)		0.002	0.004	0.012	0.001	0.013	0.026	0.116	0.04
水分,%(质量分数)		0.05	0.05	无	无	0.09	0.75	0.41	无
盐含量,mg(NaCl)/L		28	4	20	2	64	63.80	482.7	14.2
机械杂质,%(质量分数)		0.0280	0.0994	0.851	未检出	0.650	—	—	—
硫含量,%(质量分数)		—	—	—	未检出	—	1.94	1.959	0.74
氮含量,μg/g		719	2295	1679	—	3884	5100	1210	3800
平均相对分子质量		—	—	—	—	—	—	785	—
金属含量 μg/g	Ni	2.4	13	7.44	0.076	—	19.5	8.30	2.12
	V	0.083	0.40	88	未检出	—	2.80	183	183
	Fe	0.60	3.0	1.42	1.40	—	17.9	43.7	11.46
	Cu	0.20	0.060	0.17	0.12	—	<0.2	—	0.59
	As	—	—	—	—	—	—	—	—

续表

原油来源		新疆油田陆梁	吐哈油田	塔里木油田轮南	塔里木油田牙哈	中国石化胜利油田中质	中国石化胜利油田重质	中国石化西北油田	中国石化中原油田
实沸点收率 %（质量分数）	<100℃	4.78	7.29	5.21	23.43	—	1.27	3.05	2.22
	100~200℃	13.86	21.88	14.09	26.47	6.89（<175）	10.43	6.67	11.50
	200~350℃	29.04	19.63	26.98	33.20	21.70（180~350）	23.33	17.22	24.26
	350~500℃	26.58	21.89	23.71	16.90	28.73	8.2	24.11	28.14
	>500℃	25.74	29.31	30.00	0	40.98	56.77	48.95	33.88

注：原油外输口数据。

表 2－1－13　典型原油的组成和性质数据（六）

原油来源		中国石化南阳油田	中国石化塔河油田	中国石化江汉油田	中国海油蓬莱油田	中国海油渤南油田	中国海油文昌油田	中国海油番禺油田	中国海油西江油田
取样时间		2010年	2001年	2005年	2011年	2009年	2009年	2005年	2003年
原油分类		低硫中间—石蜡基	含硫中间基	含硫石蜡基	低硫环烷中间基	低硫中间基	低硫中间基	低硫石蜡基	低硫中间—石蜡基
API度，°API		25.51	20.6	31.63	20.4	31.52	—	29.5	30.94
密度（20℃），kg/m³		897.6	926.9	863.7	927.9	863.8	841.7	875.4	867.9
运动黏度 mm²/s	40℃	73.9	55.79（100℃）	21.59	628.4（20℃）	4.259（80℃）	0.29（20℃）	20.31	21.41
	50℃	—	629.8	—	95.46	8.168	4.501	—	—
动力黏度 mPa·s	40℃	—	—	—	27.08	—	—	—	—
	50℃	—	—	—	15.02	—	—	—	—
凝点，℃		33	-17	30	-33	27	4	35	33
闪点（开口），℃		<25	—	24	-34	—	—	65	46
燃点，℃		—	—	—	98	—	—	—	—
饱和蒸气压 kPa	37.8℃	—	—	—	—	—	—	—	—
	45.0℃	—	—	—	—	—	—	—	—
酸值，mg（KOH）/g		1.36	—	0.20	4.38	—	—	0.18	0.24

续表

原油来源		中国石化 南阳油田	中国石化 塔河油田	中国石化 江汉油田	中国海油 蓬莱油田	中国海油 渤南油田	中国海油 文昌油田	中国海油 番禺油田	中国海油 西江油田
蜡含量,%（质量分数）		22.22	3.4	19.56	3.56	—	—	—	33.23
胶质,%（质量分数）		12.14	14.6	12.19	17.51	—	—	16.67	7.03
沥青质,%（质量分数）		0.22	8.5	0.34	0.45	—	—	1.47	1.29
残炭,%（质量分数）		—	12.17	—	—	—	—	—	4.35
灰分,%（质量分数）		0.033	0.041	0.008	0.087	0.01	0.04	0.117	0.007
水分,%（质量分数）		0.42	痕迹	0.16	1.2	痕迹	痕迹	0.03	0.18
盐含量,mg(NaCl)/L		25.16	34.7	348.4	146.4	8.5	19.6	6.03	无
机械杂质,%（质量分数）		0.019	—	0.11	—	—	—	—	—
硫含量,%（质量分数）		0.183	1.94	1.169	0.31	—	—	0.1022	0.071
氮含量,μg/g		2660	2800	2983.3	3800	3500	2300	619.2	0.099
平均相对分子质量		—	—	—	—	—	—	—	—
金属含量 μg/g	Ni	—	27.3	—	—	4.5112	5.94	—	2.6
	V	—	194.6	—	—	0.1841	0.22	—	2.7
	Fe	35.1	1.03	—	18.50	1.3694	11.12	—	1.8
	Cu	未检出	<0.01	—	0.41	0.0042	0.18	—	痕
	As	—	—	—	—	—	—	—	—
实沸点收率 %（质量分数）	<100℃	2.11	3.15	7.66 (80~180)	0.84	4.65	8.4	—	1.54
	100~200℃	7.15	8.82	11.16 (130~230)	5.05	11.31	15.0	9.76 (<200)	9.07
	200~350℃	25.63	19.46	24.53	20.75	26.15	32.6	25.57	26.05
	350~500℃	51.03	23.42	25.73	31.57	27.31	21.5	37.1	33.52
	>500℃	14.08	45.15	30.92	41.80	30.58	22.5	27.57	29.82

注：原油外输口数据。

表 2-1-14　典型原油的组成和性质数据(七)

原油名称		俄罗斯莫大线	哈萨克斯坦中哈管道	蒙古国塔木察格19区块	蒙古国塔木察格21区块
取样时间		2012年	2012年	2016年	2016年
原油分类		含硫中间基	低硫中间石蜡基	低硫石蜡基	低硫石蜡基
API度,°API		36.02	40.46	36.63	31.08
密度(20℃),kg/m³		840.7	818.8	837.6	866.5
运动黏度 mm²/s	40℃	—	—	—	—
	50℃	4.090	2.929	5.252	18.64
动力黏度 mPa·s	40℃	—	—	—	—
	50℃	—	—	4.283	15.75
凝点,℃		-31	-4	18	30
闪点(开口),℃		—	—	—	—
燃点,℃		—	—	—	—
饱和蒸气压 kPa	37.8℃	—	—	—	—
	45.0℃	—	—	—	—
酸值,mg(KOH)/g		未检出	0.237	<0.1	<0.1
蜡含量,%(质量分数)		2.42	6.61	19.6	29.2
胶质,%(质量分数)		6.10	4.78	2.0	3.2
沥青质,%(质量分数)		0.22	0.07	0.10	0.05
残炭,%(质量分数)		2.06	1.74	1.85	3.90
灰分,%(质量分数)		0.004	0.004	—	—
水分,%(质量分数)		0.025	0	0.100	0.150
盐含量,mg(NaCl)/L		8	10	0.0018	0.0023
机械杂质,%(质量分数)		—	—	—	—
硫含量,%(质量分数)		0.512	0.375	0.10	0.19
氮含量,μg/g		1194	1018	1000	2700
平均相对分子质量		—	—	—	—
金属含量 μg/g	Ni	4.9	3.7	1.68	13.56
	V	12	6.8	0.036	0.022
	Fe	0.25	3.0	26.5	1.58
	Cu	未检出	0.13	0.04	0.01
	As	—	—	0.44	0.18
实沸点收率 %(质量分数)	<100℃	9.82	13.24	6.43	3.36
	100~200℃	15.75	18.48	12.84	7.02
	200~350℃	27.24	26.64	26.33	18.4
	350~500℃	23.66	23.24	32.04	32.77
	>500℃	23.53	18.40	22.36	38.45

注:原油外输口数据。

二、原油的化学组成及测定

从原油化学组成来看，以大庆油田原油为典型，我国原油总体特点是硫含量低，蜡含量高，金属含量低，胶质含量较高，沥青质含量低，轻馏分少，低硫石蜡基原油居多。

我国原油硫含量一般都低，大部分原油硫含量小于0.5%，属于低硫原油。中国石化原油硫含量普遍稍高，胜利油田、西北油田、塔河油田、江汉油田和中原油田原油硫含量为0.7%～1.9%，属于含硫原油。中国石油的塔里木油田和华北油田部分原油硫含量为0.5%～0.9%，俄罗斯漠大线进口原油硫含量为0.5%～0.6%，也属于含硫原油。

我国原油蜡含量一般都高，大部分原油蜡含量大于10%，属于高含蜡原油。中国石油克拉玛依油田、塔里木油田和吐哈油田部分原油，中国石化塔河油田原油，中国海油蓬莱油田原油，这些原油蜡含量为3%～8%，属于含蜡原油。俄罗斯漠大线进口原油、哈萨克斯坦中哈管道原油的蜡含量为2.4%～6.6%，属于含蜡或低含蜡原油。

我国原油金属含量一般都低，中国石油辽河油田一些原油镍（Ni）含量达到30～70μg/g。几乎所有油田原油镍钒比均大于1，中国石油塔里木油田和中国石化塔河油田原油镍钒比小于1，金属钒（V）含量达到90～190μg/g。

我国原油胶质含量一般都较高，大部分原油胶质含量为5%～15%，属于含胶原油。中国石油辽河油田和中国石化胜利油田部分原油，中国海油蓬莱油田和番禺油田原油胶质含量为16%～19%，属于高含胶原油。

我国原油沥青质含量一般都低，大部分原油沥青质含量小于1%，中国石油辽河油田和塔里木油田部分原油，中国石化塔河油田原油沥青质含量为3%～8%。中国石化西北油田原油沥青质含量达到约14%。

我国原油含轻馏分一般都少，小于200℃馏分含量一般仅占原油的10%左右，大部分为10%～20%。中国石油塔里木油田和吐哈油田部分原油的小于200℃馏分含量超过30%。俄罗斯漠大线进口原油、哈萨克斯坦中哈管道原油的小于200℃馏分含量较高，为25%～32%。

描述原油化学组成的方式有几种，包括以元素组成的方式、以烃类及非烃类的方式、以原油沸程分布的方式。另外，原油中往往还存在水、盐及机械杂质等杂质成分。原油化学组成的表示方式见表2-1-15。

表2-1-15　原油化学组成的表示方式

原油化学组成表示方式	具体表示项目（测定项目）
原油元素组成	碳元素、氢元素、氧元素、硫元素、氮元素、金属元素、其他非金属元素
原油烃类组成	烷烃、环烷烃、芳香烃、不饱和烃（轻端组分、族组成、正构烷烃组成、蜡含量）
原油非烃类组成	含氧化学物、含硫化合物、含氮化合物、胶质、沥青质
原油中杂质	水分、盐分、机械杂质、沉淀物
原油沸程分布	沸程分布（馏程、简易蒸馏、模拟蒸馏、实沸点蒸馏）

1. 原油元素组成

原油主要组成元素是碳（C）、氢（H）、氧（O）、硫（S）和氮（N）。其中碳的含量占83%～

87%,氢含量占11% ~14%,两者合计达96% ~99%,其余的氧含量为0.05% ~2%、硫含量为0.05% ~8%、氮含量为0.02% ~2%,还有一些微量的金属和其他非金属元素。金属元素最重要的是镍(Ni)、钒(V)、铁(Fe)、铜(Cu)和铅(Pb),还有钙(Ca)、钛(Ti)、镁(Mg)、钠(Na)、钴(Co)和锌(Zn)等,其他非金属元素中主要有氯(Cl)、砷(As)、硅(Si)和磷(P)等。原油中的非碳氢原子都称为杂原子。我国原油大部分都含硫低、含氮较高,镍钒比基本上都大于1,在油田开发上称为陆相成油。

1)碳元素和氢元素

从元素组成可以看出组成原油的主要化合物是烃类即碳氢化合物,原油中的烃主要是烷、环烷、芳香这三族烃类。原油中一般不存在不饱和烃。从组成原油烃的形态看有气态烃、液态烃和固态烃。

H/C 原子比是用来反映原油属性的一个参数,通过 H/C 原子比可大致了解原油组成、分子结构及加工难易程度等信息。表 2 - 1 - 16 列举了各种油品的 H/C 原子比。

表 2 - 1 - 16 各种油品的 H/C 原子比

油品	天然气	液化气	汽油	柴油	轻质油
H/C 原子比	3. 90	2. 20	1. 90 ~2. 20	1. 60 ~1. 80	1. 80 ~2. 0
油品	普通原油	重质油	减压渣油	沥青	石油焦
H/C 原子比	1. 50 ~1. 90	约1. 50	1. 40 ~1. 70	1. 10 ~1. 20	0. 30 ~0. 40

各种烃类 H/C 原子比大小顺序是:烷烃 > 环烷烃 > 芳香烃,即 H/C 原子比越小,芳香化程度越高。

2)氧元素

原油中氧元素含量一般都在千分之几的范围内。原油中的氧元素大部分含在胶质、沥青质和环烷酸中,以含氧化合物的形式存在,在原油中的大多数含氧化合物对原油的生产和使用都是不利的。胶质和沥青质在燃料和润滑油中,会形成积炭,增加磨损,降低机械效率,还会影响油品的安定性,环烷酸易溶于石油烃类导致设备腐蚀。

3)硫元素

硫元素是原油中常见的组成元素之一,硫元素在原油馏分中的分布一般是随馏分沸程升高而增加,大部分硫元素均集中在渣油馏分段中,以含硫化合物的形式存在。不同地区、不同原油其硫元素的含量是不同的。原油硫含量通常作为评价原油质量的一项重要指标,其大小能反映油品一系列特性。一般原油的硫含量低,则重金属含量及氮含量也很低;原油的硫含量高,如果这些硫多数以有机硫大分子形式存在,则原油的黏度就大,重金属含量也高,在原油的加工炼制过程中,对设备的腐蚀和对催化剂的影响也就大。

明确原油硫含量,对原油的勘探开发、集输、加工及按质论价都有重要的意义。我国绝大部分原油硫含量均低于5‰,属于低硫原油。

4)氮元素

原油中氮元素含量一般在万分之几到千分之几,个别地区也有达到1% ~2% 的,我国大多数原油氮含量均低于5‰。原油中含氮化合物可分为碱性和非碱性两类。所谓碱性化合物是指能用高氯酸在醋酸溶液中滴定的氮化物，非碱性氮化物则不能。碱性氮化物大多是吡啶、喹啉及吖啶的同系物，而非碱性氮化合物主要是吡咯、吲哚和咔唑及它们的同系物，还有一些金属卟啉化合物。虽然氮化物含量极少，但在原油加工中对催化剂也会造成很大的影响。另外，某些氮化物在原油储运中，容易受热或光的作用而叠合或氧化成胶质。

5）氯元素

原油氯元素含量是指存在于原油中氯元素的总量。一般原油中存在的氯元素包括两部分，即以氯代烃形式存在的有机氯和以氯化钠、氯化镁和氯化钙等形式存在的无机氯，这两种形式存在的氯元素均可造成在原油深度加工过程中催化剂中毒和设备腐蚀。为了防止无机氯化物水解而发展的深度脱盐工艺可将原油含盐量控制在 $2mg(NaCl)/L$ 以下，但是电脱盐工艺并不能脱除有机氯化物。原油中的有机氯一般来源于油田生产过程中加入的采油集输化学助剂，有机氯是造成石油加工装置腐蚀的重要因素之一，因此在 GB 36170—2018《原油》中对有机氯含量指标做出明确规定：原油204℃前馏分中有机氯含量不大于 $10\mu g/g$。我国各油田对原油中有机氯含量都严格控制，严格控制原油中混入有机氯成分，我国外输原油的有机氯含量都不高，一般不超过该指标。

6）金属元素及其他非金属元素

几乎所有的原油中都含有微量的金属元素。原油中金属元素的来源大致有两种：一种是天然的金属有机物，包括螯合物、金属皂类和油溶性烷基金属盐；另一种是原油开采、储运和加工过程中的污染物，如锈蚀金属和磨损金属等，这些物质主要以胶状物或悬浊物的形态存在。

在我国的主要原油中可以检测出镍、钒、铁、钠、钙、铅、锰、钾、铜和砷等40多种金属元素。这些元素可以为石油地质提供主要的信息，用以确定母岩性质及进行地层划分对比、研究成岩作用等。有地球化学工作者将镍钒比作为判断原油成因的指标之一，认为镍钒比大于1为陆相生油，反之则为海相生油，我国迄今所开采的油田除塔里木油田和塔河油田原油外，镍钒比均大于1。

有些金属元素是石油加工过程中十分有害的杂质或污染环境的来源，如砷是催化重整催化剂致命的毒素；镍会改变催化剂的选择性；钒会降低催化剂活性，对选择性也有一定影响；此外铁、铜、钠和钙也可导致催化剂活性中心被碱中和，失去活性等，使得新鲜催化剂的补充量和失活催化剂的外甩量增大，同时沉积某些金属（如镍）的催化剂具有很强的脱氢和氢解活性，会导致裂解产物中甲烷和氢等轻组分气体的增加、轻油收率降低，严重影响了催化裂化的产品分布，降低催化裂化过程的经济效益。原油中的一部分金属元素会在加工过程中进入馏分油及其产品中，因此对这些金属元素含量的测定是十分重要的。

2. 原油烃类组成

原油的主要成分是烃类。由于烃分子中所含碳氢原子数量及化学结构不同，可形成链状烃、环状烃、饱和烃及不饱和烃。将结构和性质相似的烃最终归为烷烃、环烷烃和芳香烃三类烃组成，原油中一般不含烯烃等不饱和烃，只有在二次加工产品中才会产生。

不同产地的原油，各种烃类的结构和所占比例相差较大，通常以烷烃为主的原油为石蜡基原油，以环烷烃和芳香烃为主的为环烷基原油，介于两者之间的为中间基原油。

原油轻端组成是从化学角度描述原油烃类组成的方法之一，一般是指存在于原油中的正辛烷(C_8)及其以前的所有单体烃组成。原油轻组分含量数据是油田矿场加工规划设计及炼化规划设计的重要基础资料。为了降低原油蒸发损耗,降低原油蒸气压,减少输送与储存时的轻组分损失,并减少输送过程中由于轻组分气化而造成安全隐患及气阻,通常是在油田上建造原油稳定装置将轻组分收集,收集的轻组分用来生产液化石油气产品和稳定轻烃产品,或者直接将轻组分(轻烃)作为化工原料供给炼化企业。

原油族组成也是从化学角度描述原油烃类组成的方法之一,原油族组成一般指原油中饱和烃、芳香烃、极性物及沥青质(正庚烷不溶物)各组分,其含量以质量分数表示。其组成含量,对于正确掌握原油性质,充分利用原油资源,满足原油集输和加工的设计及油田化学剂的筛选和研制等方面,都有十分重要的意义。

1)烷烃

直链或带支链而无环状结构的正构烷烃和异构烷烃是原油的主要组分。原油中的烷烃根据类别不同含量最高可达 50% ~70%,或低至 10% ~15%,原油中的正构烷烃一般比异构烷烃含量高。随沸点的增高,原油中的正构烷烃和异构烷烃的含量逐渐降低。

烷烃分子结构特点是碳原子间以单键相连成链状,其余价键为氢原子所饱和。一般条件下,烷烃化学性质很不活泼,安定性好,在储存过程中不易被氧化。常温常压下,C_1—C_4 的烷烃为气态,是天然气的主要成分;C_5—C_{16} 的烷烃为液态,是液体燃料的主要成分,主要存在于汽油馏分和煤油馏分中,低分子烷烃的沸点低,易挥发,对油品性质影响很大;C_{16} 以上的正构烷烃为固态,大都存在于柴油馏分和润滑油馏分中,通常当温度降低时,即以固态结晶析出,称为蜡,蜡含量的多少对油品低温性能影响很大。

原油蜡主要由直链烷烃组成。按结晶形状不同又分为石蜡和地蜡,石蜡结晶较大,呈板状结晶,地蜡则呈细微结晶。

从来源看,石蜡由原油的中间馏分(300 ~400℃)中分离,而地蜡由原油的高沸点馏分中分离。因此,地蜡是比石蜡具有更高分子量的烃类。一般石蜡分子量为 300 ~500,分子中碳原子数为 20 ~25,熔点为 30 ~70℃;地蜡分子量为 500 ~700,分子中碳原子数为 35 ~55,熔点为 60 ~90℃。

从理化性质看,地蜡比石蜡活泼,地蜡的分子量、相对密度和黏度等都比相应的石蜡高,未精制以前其颜色也比石蜡深。

从化学组成看,石蜡主要成分为正构烷烃,尤其在商品石蜡中其正构烷烃含量更高,此外还含有少量异构烷烃,环烷烃以及极少量的芳香烃;地蜡则以环烷烃为主体,正构烷烃和异构烷烃的含量不高。

原油中含有蜡会严重影响原油的低温流动性,故对原油的集输、加工及产品的质量都存在影响。而另一方面,蜡又是重要的石油产品,除可作裂化原料外,由于具有良好的绝缘性能和化学安定性,还可广泛应用于电气工业、化学工业、医药和日用品工业。

2)环烷烃

环烷烃是饱和的环状碳氢化合物,也是原油的一种主要组分,其结构是碳原子以单键相连接成环状,其他价键为氢原子所饱和,原油中大量存在的环烷烃主要是环戊烷和环己烷的化合物。其化学性质与烷烃相类似,在常温常压下安定性能好。按环数多少分为单环、双环和多环

三类环烷烃,环的连接方式以并联为主。

环烷烃的沸点、熔点和密度比相同碳数的烷烃高。环烷烃是喷气燃料的理想组分,可使喷气燃料具有较大热值和密度,以及良好的燃烧性能和低温性能。

3）芳香烃

芳香烃在原油中普遍存在,是分子中含有苯环结构的烃类,一般苯环上带有不同的烷基侧链,可分为单环、多环和稠环三类芳香烃。

单环芳香烃分子中只含有一个苯环,如甲苯、二甲苯、乙苯等。多环芳香烃分子中含有两个或两个以上的苯环,根据苯环相互联结的方式,又可分为:①多苯代脂烃,如二苯甲烷、三苯甲烷等;②联苯和联多苯,如联苯、联三苯、联四苯等;③稠环芳香烃,如萘、蒽、菲、茚、芴、苊、芘、蔻等。

芳香烃具有良好的抗爆性能,是汽油的优良组分。但其燃烧极限较小,在高空易熄火,会影响喷气燃料的燃烧性能,因此喷气燃料要限制其含量。

4）不饱和烃

分子中碳原子之间具有双键或三键的烃类称为不饱和烃,含有双键的是烯烃,分子中含有三键的是炔烃。根据双键所在位置和数量等结构特点,烯烃可分为单烯烃（简称烯烃）、二烯烃和环烯烃等。

原油中一般不含烯烃,但在加工过程中,大分子烷烃和环烷烃受热分解,生成烯烃和二烯烃,因而石油产品中会含有不同数量的不饱和烃。

不饱和烃类分子中的双键不稳定,很容易发生加成、氧化和聚合各种反应。分子中具有两个双键的二烯烃更容易发生上述反应。因而含烯烃和二烯烃的油品在常温储存时容易发生氧化变质,生成高分子黏稠物如胶质等,在储存管理中应特别注意采取必要的预防措施。

3. 原油非烃类组成

原油中的氧、硫和氮等元素以非烃化合物形式存在,这些元素的含量虽仅 1% ~4%,但其非烃化合物的含量却相当高,可达到百分之十几。它们在各馏分中的分布是不均匀的,大部分集中在重馏分特别是渣油中。非烃化合物对石油加工、油品储存和使用性能方面都存在很大影响。石油中的非烃化合物主要包括含氧化合物、含硫化合物和含氮化合物以及胶质和沥青质等。

1）含氧化合物

原油中 80% ~90% 的氧元素都集中在胶质和沥青质中,其余部分主要为酸性含氧化合物——环烷酸、脂肪酸及酚类,另外还有微量的醛和酮等中性含氧化合物。

酸性含氧化合物中约 90% 为环烷酸。所有原油均含有环烷酸,含量一般在 1% 以下,我国的大港油田和克拉玛依油田原油中环烷酸含量较多。

2）含硫化合物

原油中的硫元素只有少量是以单质硫（S）和硫化氢（H_2S）的形式存在,大多数是以有机硫化物状态存在,包括硫醇和硫醚等。随着馏分沸点升高,硫含量也随之增加,大部分硫集中在重馏分和渣油中,渣油中集中了约 70% 的硫。原油中的硫化物,根据其对金属腐蚀性的不同,可分为活性硫化物和非活性硫化物。

（1）活性硫化物。

在常温下，活性硫化物腐蚀性很强，可直接腐蚀金属设备，如储运设备、输油管线、加工设备等。主要包括单质硫（S）、硫化氢（H_2S）和低分子硫醇（RSH）。

原油中的单质硫和硫化氢大多是其他含硫化合物的分解产物，两者可相互转变。硫化氢是无色有毒气体，其水溶液呈酸性，能强烈腐蚀金属。

原油中硫醇含量不高，其沸点较低，大多存在于低沸点馏分中。硫醇分子式中的 R 可以是烷基、环烷基或芳香基。硫醇具有特殊的臭味，通常会将低分子硫醇如甲硫醇（CH_3SH）和乙硫醇（C_2H_5SH）作为臭味剂添加在民用天然气中，以便当天然气泄漏时及时发现。硫醇呈弱酸性，能与金属直接作用，从而腐蚀金属设备；其受热分解后可生成烯烃和硫化氢，更会加剧腐蚀作用。

（2）非活性硫化物。

非活性硫化物有硫醚（R—S—R′）、二硫醚（R—S—S—R′）、环硫醚和噻吩等，多集中在高沸点馏分中。非活性硫化物化学性质较稳定，不会直接腐蚀金属，但燃烧后能生成二氧化硫和三氧化硫，不仅污染空气，遇水后生成的硫酸和亚硫酸会间接腐蚀金属设备。

原油中的硫化物对储存、石油加工和使用性能都有很大危害。硫化物能加速油品氧化生成胶状物质趋势，使油品变质，严重影响油品的储存安定性。硫化物还能引起储油设备、加工装置等的严重腐蚀。含硫油品燃烧后会生成二氧化硫和三氧化硫，遇水会成为硫酸和亚硫酸。加工过程中生成的硫化氢和低分子硫醇以及二氧化硫和三氧化硫废气，会严重污染大气。同时硫还会使某些金属催化剂中毒。但在某些情况下，硫化物的存在还有有利的一面，如在石油炼制的加氢精制与裂化原料中加硫黄形成二氧化硫，可以避免反应器中的高硫催化剂因失硫而丧失活性。

3）含氮化合物

含氮化合物和其他非烃类化合物一样，随着馏分沸点升高，氮含量也随之增加，约90%集中于减压渣油中。含氮化合物按其酸碱性一般分为碱性含氮化合物和非碱性含氮化合物，碱性含氮化合物包括吡啶、喹啉、氮杂蒽和氮杂菲等；非碱性含氮化合物包括吡咯、吲哚、咔唑和卟啉类化合物等。对多数原油而言，碱性氮含量约占总氮含量的 $1/4 \sim 1/3$。通常在较轻馏分中的氮主要为碱性氮，而在较重馏分及渣油中的氮则为非碱性氮。

原油中氮化物对于储运及加工有很大影响。在储运过程中，因为光、温度和氧气的作用，含氮化合物很容易生成胶质，极少量的生成物就会导致油品颜色变深，使油品不能长期储存。此外，含氮化合物还会使原油加工中的催化剂中毒。因此，一般需要采用酸洗或催化加氢精制等方法脱除油品中部分含氮化合物。

4）胶质

原油胶质在原油非烃化合物中占比较大，是由 C、H、O、S 和 N 等元素组成的非烃化合物的复杂混合物。其含量较高，在重质油中最高可达 40% ~ 50%。胶质能很好地溶于石油馏分、苯、氯仿、二硫化碳中，但不溶于乙醇。胶质溶解在石油产品中可形成真溶液。胶质进一步氧化可形成沥青质。

胶质是呈红褐色至暗褐色的黏稠液体或半固态物质，具有延性，其密度为 $1000 \sim 1100 \text{kg/m}^3$，平均相对分子质量为 600～800,最高可达 1000 左右。从不同沸点馏分中分离出来的胶质,其分子量随着馏分的沸程升高而依次增大,且比所在馏分的平均分子量高,其颜色也逐渐变深,从浅黄、深黄以至深褐色。

胶质的分子结构复杂,是由不长的烷基(如—CH_2—和—CH_2—CH_2—等)将带少数短侧链的芳香环、环烷环及含硫、氮、氧原子的杂环构成的稠环连接起来形成的。馏分油中的胶质主要以双环为主,减压渣油中的胶质则以高度稠化的稠环为主。

胶质是道路沥青、建筑沥青和防腐沥青等的重要组分之一,它的存在可提高石油沥青的延伸性。但在油品中含有胶质,则会使油品在应用时生成炭渣,能造成机器零件磨损和堵塞。

5) 沥青质

原油沥青质同胶质一样也是由 C、H、O、S 和 N 等元素组成的非烃化合物的复杂混合物,其含量一般不超过 4%～5%。原油中 90% 以上的氧、80% 以上的氮和 50% 以上的硫都集中在胶质和沥青质中。沥青质不溶于低沸点的饱和烃(如石油醚、正庚烷)和乙醇中,但可溶于苯、氯仿及二硫化碳中。按国际标准化组织(ISO)的石油工业术语解释:"沥青质是不溶于正庚烷但溶于苯的不含蜡的组分"。

从外表形态看,沥青质是呈暗褐色或黑色脆性的非晶型固体粉末,其成分不固定。沥青质密度稍高于胶质,是原油中相对分子质量最大,分子结构最为复杂的组分。沥青质不具有挥发性,且全部集中在渣油中。沥青质的碳氢比(C/H)一般在 10～11。它受热时不会熔融,当温度高于 300℃ 时会全部分解成焦炭状物质和气体。与胶质在石油产品中形成真溶液不同,沥青质先吸收溶剂膨胀,然后均匀分散成胶体溶液,因而在原油中沥青质部分呈胶体溶液,部分呈悬浮状态。沥青质也是商品沥青的重要组成部分。

有些烃类与空气接触,经过一段时间便被氧化产生胶质,使油品颜色变深。胶质进一步变成相对分子质量更大的沥青质。在热加工过程中,沥青质又进一步转变为油焦质和炭青质。原油及其产品的颜色与其中所含的胶质和沥青质有密切关系。胶质和沥青质含量越高,原油及其产品的颜色越深。我国原油沥青质含量不高,但胶质含量一般都较高。

4. 原油中杂质

原油中含水分、含盐和含泥沙等杂质会对原油集输和炼制造成很大影响。不仅增大了液体量、降低设备和管路的有效利用率,还增加了集输过程中的动力和热力消耗,而且会引起金属管路和设备的结垢和腐蚀,使其寿命降低,同时,也会破坏炼制生产的正常进行。

1) 水分

原油中的水分含量一般是指存在于原油中游离水、乳化水和溶解水等各种相态水的总量。

原油中或多或少总要含有一定量的水分,水分进入原油中的途经主要有 3 种:一是原油在开采过程中都会夹带一些地下水;二是为了保持油层压力,便于原油的开采,随着原油的不断采出需同时向油层内注入大量的水,在采出的原油中由于脱水不完全就会含有水;三是在原油的储存和运输中,由于昼夜气温的变化,储罐等容器中的原油和气体就会不断地进行膨胀或收缩,随着储罐内原油和气体的胀缩,罐内就交替地排出气体或吸入空气,由于空气的不断吸入,空气中的水蒸气就会不断地进入储罐中,使得原油中的水分不断增加。另外,还有由于储存和运输设备不严密,而使雨水进入原油中等原因。

原油中的水分的存在形式一般有以下几种：

（1）悬浮水。悬浮水是以微小颗粒状悬浮在油中，主要是悬浮在黏性油中，其颗粒直径大于 $5\mu m$。这部分水，在经过一定时间之后，会自然沉降到油罐底部而聚集成底部游离水。其沉降速度与原油温度和黏度有关，即原油温度越高、黏度越小，水分沉降速度越快。

（2）游离水。游离水是与原油分为两层，而以水相单独存在的水。游离水在常温下用简单的沉降法短时间内便可从油中分离出来，大部分游离水在油、气、水分离时都可被脱出。

（3）溶解水。溶解水是溶解于原油之中和油成为一体而存在的，其颗粒直径小于 $5\mu m$。原油中溶解水的含量决定于原油的化学成分和温度，温度越高，水能溶解于油的含量就越多。

（4）乳化水。乳化水是油和水均匀乳化在一起的水，这部分水很难用沉降法从原油中分离出来，它与原油的混合物称为油水乳状液。含水原油中乳状液的性质直接影响原油脱水的难易。

原油中含有的各种表面活性物质（如环烷酸、脂肪酸、胶质、沥青质等），增产措施、提高原油采收率注入地层表面活性剂和聚合物等，它们可吸附在油水界面，对液珠有稳定作用，水分很难用沉降法脱除，往往需要采用热法、电脱法和化学破乳法。

原油中的水分对油水分离、输送、原油加工和使用，都会产生一些不良的影响。同时，原油含水还会给原油计量带来误差，造成油量计算不准确。更重要的是，在矿场加工或炼油过程中不但会增加蒸馏装置的能耗，还会影响催化剂作用效果，而且由于在高温下水和油同时汽化，体积迅速膨胀，使系统压力降增加，动力消耗随之增加，导致装置操作波动，有时会造成冲塔等事故。原油含水带入的无机盐类（如 $CaCl_2$、$MgCl_2$ 等）会加剧加工装置的腐蚀，降低加工装置的寿命。另外，原油中水分含量的多少直接影响油田储运设施负荷、输油动力消耗及管线腐蚀，作为燃料时水含量过多还会降低其发热值。

作为商品原油交接时，水含量是反映原油品质的指标，在计算原油数量时要扣除水分含量。原油在出矿以前要进行脱水，GB 36170—2018《原油》中根据不同基属原油脱水的难易程度，对水含量进行了指标限定：石蜡基或石蜡—中间基原油不大于 0.5%，中间基或中间—石蜡基或中间—环烷基原油不大于 1.0%，环烷基或环烷—中间基原油不大于 2.0%。

2）盐分

原油中的盐含量是指存在于原油中可溶于水的氯盐含量。原油中所含的无机盐类一般是溶解于原油所含的水中，有时也有一部分以微小的颗粒状态悬浮在油中。各种原油所含盐分的组成是不同的，主要是钠、钙和镁的氯化物，其中以 NaCl 的含量为最多。据统计，一般 NaCl 占 75% 左右，$CaCl_2$ 占 10% 左右，$MgCl_2$ 占 15% 左右。

盐含量是原油重要质量控制指标之一，主要因为这些盐分的存在对矿场加工及炼油装置危害极大。在管式加热炉或换热器等设备中，随着温度升高水分蒸发，盐分也就沉积在管壁上形成盐垢。这会使传热困难，燃料的消耗增加，甚至会因管道堵塞或炉管烧坏导致被迫停工，缩短开工周期。更为严重的是，盐分的存在还会对设备造成腐蚀，其原因主要是 $CaCl_2$ 和 $MgCl_2$ 水解生成具有很强腐蚀性的 HCl，尤其是当它溶于水中形成盐酸时，腐蚀就更为严重。

$$CaCl_2 + 2H_2O == Ca(OH)_2 + 2HCl$$

$$MgCl_2 + 2H_2O == Mg(OH)_2 + 2HCl$$

在加工含硫原油时，含硫化合物分解产生的 H_2S 对设备有腐蚀作用，但其生成的腐蚀物 FeS 附着在金属表面上，能对金属起部分的保护作用。但当同时有 HCl 存在时，就会与 FeS 反应而破坏保护层，从而生成的 H_2S 又会进一步与铁反应，使腐蚀加重。

$$FeS + 2HCl === FeCl_2 + H_2S$$

由此可见，必须采取有效措施脱去盐分，否则会使设备严重腐蚀，导致设备穿孔漏油造成火灾。另外，原油中盐含量过高时，经蒸馏后，盐类大多留在重馏分和渣油中，这将直接影响某些产品的质量，例如使石油焦的灰分增加、沥青的延度降低等。同时，也会使二次加工原料油中重金属含量增加，加剧催化剂的污染。因此，无论从平稳操作、减轻设备腐蚀、保证安全生产、延长开工周期和提高二次加工产品质量等各方面来看，对原油进行充分的脱盐，控制其盐含量是完全必要的。

世界各国对原油脱盐的做法不一样。美国和苏联在油田脱水、原油进炼厂后会再进行深度脱盐。苏联标准中规定商品原油盐含量按 100mg/L，300mg/L 和 1800mg/L 分为三级。西欧一些炼厂要求商品油盐含量为 55～85mg/L。在过去，一般炼厂要求进入蒸馏装置的原油盐含量不大于 50mg/L，而现在由于技术的发展，国内外较先进的炼厂都要求原油盐含量不大于 10mg/L，甚至要求小于 5mg/L。

在我国绝大多数原油经油田预处理后盐含量都在 200mg/L 以下，经炼厂两段脱盐后，盐含量可以达到低于 5mg/L 的要求。大多炼厂都建有脱盐装置，因此，在 GB 36170—2018《原油》中，对原油盐含量一项只要求提供实测值，而不作为一项限制性指标，这就避免了油田脱盐装置的重复再建。

3）机械杂质（沉淀物）

机械杂质（沉淀物）是指存在于原油中的所有不溶于原油和规定溶剂的沉淀或悬浮物质。原油中机械杂质（沉淀物），其来源主要是在原油开采过程中带入的泥沙和岩屑等，还有储运管道、容器不清洁等带入的泥沙。

原油中机械杂质（沉淀物）含量过大时，不但会增加机械设备的磨损，堵塞输油及加工系统管线，还会影响某些石油产品的质量。因此，原油机械杂质（沉淀物）含量是反映原油品质的指标，原油中的机械杂质（沉淀物）对原油来说是无效成分，在计算原油数量时，有时要扣除机械杂质（沉淀物）含量。机械杂质（沉淀物）基本上都是无机成分，在原油脱水时一般都会一并脱除。

GB 36170—2018《原油》中规定原油中机械杂质的含量不大于 0.05%（质量分数）。

5. 原油沸程分布

原油的沸程分布数据是评价原油质量的重要指标，也是确定原油加工及制订原油调配方案的重要依据。测定原油的沸程分布可以为矿场加工及炼油提供重要信息，例如潜在的产品收率等。不同原油的各馏分含量差别较大，与国外原油相比，我国主要油田原油中高于 500℃ 的减压渣油含量都较高（40%～50%），低于 200℃ 的汽油馏分含量较少（一般在 10% 左右）。

1）馏程

在规定的蒸馏测试仪器上，测得的原油馏出量与该样品沸腾温度范围之间的数字关系称为馏程。液体加热到一定温度时,产生的饱和蒸气压和外部压强相等时,便产生沸腾。纯液态物质的沸点在一定压力下是一个常数,而原油是由各种不同烃类及很少量非烃类组成的复杂混合物,因此并没有固定的沸点,只能测出其沸点范围即沸程,也称为馏程。馏程一般是以一定蒸馏温度下馏出物的体积分数或馏出物达到某一体积分数时对应的蒸馏温度来表示。有关馏程的术语如下:

(1)初馏点。在标准条件下进行蒸馏时,从冷凝器末端滴下第一滴冷凝液的瞬间观测到的温度计读数。

(2)回收体积或回收百分数。与温度计温度同时观察到在接受量筒内的冷凝液的体积。

油品的沸点范围因所用蒸馏设备不同,测定的数值也有差别。用精密的分馏设备蒸馏时,馏出时的气相温度接近于馏出物的沸点。而生产控制和工艺计算中使用的是简便的恩氏蒸馏设备,恩氏蒸馏是粗略的蒸馏设备,得到的馏分组成结果是条件性的,不能代表馏出物的真实沸点范围,由于精馏作用很差,存在于该油品中的最轻的烃分子的沸点比初馏点低,而最重的烃分子的沸点比终馏点高。所以,它只能用于油品馏程的相对比较,或大致判断油品中轻重组分的相对含量。虽然如此,恩氏蒸馏数据在原油评价中尤其是油品规格中,却很重要。

馏程是评定液体燃料蒸发性的最重要的质量指标,原油的馏程数据在生产、使用和储存等方面都有着重要的意义。在确定原油的加工方案时,必须通过测定其馏程,知道其中各馏分(汽、煤、轻柴等馏分)数量的多少。在石油炼制中,一些装置的操作条件也需以馏程数据为基础,而且从馏程数据亦可看出生产装置的分馏效果。从馏程范围还可大致鉴定其蒸发性。另外,定期测定原油的馏程,可以了解原油的蒸发损失及是否混有其他种类的原油。

2)简易蒸馏

原油简易蒸馏方法是美国矿务局于1941年提出的,是通过一种半精馏的蒸馏装置,将原油以固定的切割馏分温度进行蒸馏,该装置称为简易蒸馏装置,又称汉柏(Hempel)蒸馏装置。其特点包括:使用的样品量少(每次300mL)、仪器结构简单、操作方便。美国矿务局建立此方法后,对世界各地所产原油均用此仪器进行蒸馏,并结合一些其他分析手段进行简单评价。由于该方法切割馏分的温度、分析项目都是固定的,初步推算的半产品也是固定的,这样前后分析的原油可进行比较。目前美国矿务局仍把它作为原油评价的蒸馏手段,主要用于原油的简单评价和分类,并初步推算汽油、煤油、柴油和润滑油的近似收率。

在 GB 36170—2018《原油》中则要求通过简易蒸馏的方法获得常压沸点范围为 250~275℃的第一关键馏分和常压沸点范围为 395~425℃的第二关键馏分,进而确定原油的基属。

3)模拟蒸馏

原油模拟蒸馏是运用气相色谱技术来测定原油沸程范围分布的一种方法。因其是模拟经典的原油实沸点蒸馏的结果,故称为模拟蒸馏。模拟蒸馏分析技术具有分析速度快、精确度高、自动化程度高和样品用量少的优点,能够快速准确测定原油的沸程分布,特别是高温模拟蒸馏,能够实现减压蒸馏无法测定的大于550℃的沸程分布。为适应原油来源多变、原油性质差别较大的情况,越来越多的原油加工企业已采用色谱模拟蒸馏方法来指导生产,以保证装置平稳运行。在国际原油经贸交往中,原油模拟蒸馏标准方法的数据已经成为评价原油蒸馏性能优劣的共同指标。

4）实沸点蒸馏

在原油评价中常用的用来考察原油馏分组成的重要方法为原油实沸点蒸馏。实沸点蒸馏指在实验室中采用比工业上分离效果更好的设备，将原油按照沸点高低分割成许多馏分。所谓实沸点蒸馏也就是分馏精确度比较高，其馏出温度和馏出物质的沸点相接近，但并不代表能够分离出一个个的纯烃组分。

原油实沸点蒸馏可按馏出体积或馏出温度进行窄馏分切割，以馏出温度为纵坐标，累计馏出质量分数为横坐标，即可绘制出原油实沸点蒸馏曲线，该曲线上的某一点表示原油馏出某累积收率时的实沸点温度。从原油实沸点获得的各窄馏分仍然是复杂的混合物，因此，所测得的窄馏分的性质是组成该馏分的各种化合物性质的综合表现，具有平均的性质。在绘制原油性质曲线时，假定测得的窄馏分性质表示该窄馏分馏出一半时的性质，这样标绘的性质曲线称为中比性质曲线。

原油中比性质曲线表示了窄馏分的性质随沸点的升高或累积馏出百分数增大的变化趋势。通过此曲线，也可预测任意窄馏分的性质。但是中比性质曲线有一定的局限性，因为原油的性质除相对密度外，其他性质都没有加和性，所以只能表明原油的各窄馏分各种性质的变化情况，不能用作原油加工方案或切割方案的根本依据，而应采用更为可靠的产率—性质曲线。

将从原油实沸点蒸馏获得的窄馏分根据产品的需要，把相邻的几个窄馏分按其在原油中的含量比例混合起来得到宽馏分，测定宽馏分的性质，根据实验数据绘制产率—性质曲线。与中比性质曲线不同，产率—性质曲线表示的是累积的性质，曲线上的某一点都表示相应于该产率下的产品的性质。

在得到了原油的实沸点蒸馏数据和曲线、中比性质曲线以及产率—性质数据和曲线以后，就完成了原油初步的评价，对原油的性质有了较全面的了解，为原油的矿场加工方案及进一步的炼制加工方案提供基础参数和理论依据。

6. 原油化学组成的测定方法

原油化学组成的测定主要包括金属元素和非金属元素的测定、烃类和非烃类化合物的测定、杂质的测定、沸程分布的测定等 4 类参数。

1）取样方法

原油取样的主要目的是对代表性样品进行测定，因此取样是测定的基本环节，其重要性不低于测定工作本身，尽管有些输油管道安装了在线测量仪表，可以对少部分性质（如密度、水含量）进行在线测量，但在线测量数据通常只用来监测，因此需要现场采集具有代表性的样品，用实验室测定方法最终确定原油的各项性质。原油取样方法标准见表 2 − 1 − 17。

表 2 − 1 − 17　原油取样方法标准

序号	取样方法标准	选用基本条件
1	GB/T 4756《石油液体手工取样法》	生产装置工艺参数稳定，管输原油含水率稳定且分布均匀
2	GB/T 27867《石油液体管线自动取样法》	管输原油含水率或密度不稳定
3	SY/T 7504《原油中正辛烷及以前烃组分分析 气相色谱法》附录 A	密闭取样，避免原油中轻端组分损失

2）元素测定方法

原油主要组成元素是碳（C）、氢（H）、氧（O）、硫（S）和氮（N），还有一些微量的金属和其他非金属元素，金属元素最重要的是镍（Ni）、钒（V）、铁（Fe）、铜（Cu）和铅（Pb），还有钙（Ca）、钛（Ti）、镁（Mg）、钠（Na）、钴（Co）和锌（Zn）等，其他非金属元素中主要有氯（Cl）、砷（As）、硅（Si）和磷（P）等。测定方法包括元素分析仪法、能量色散 X 射线荧光光谱法、化学发光法、原子吸收光谱法和电感耦合等离子体发射光谱法、原子荧光光谱法和库仑滴定法等。相关测定方法标准见表 2 - 1 - 18。

表 2 - 1 - 18　原油中元素测定方法标准

序号	项目	测定方法标准
1	碳、氢	SH/T 0656《石油产品和润滑剂中碳、氢、氮测定法（元素分析仪法）》
2	硫	GB/T 17040《石油和石油产品中硫含量的测定 能量色散 X 射线荧光光谱法》 GB/T 17606《原油中硫含量的测定 能量色散 X 射线荧光光谱法》
3	氮	GB/T 17674《原油中氮含量的测定 舟进样化学发光法》
4	氧	采用差减法计算，暂无相应标准方法
5	金属元素	GB/T 18608《原油和渣油中镍、钒、铁、钠含量的测定 火焰原子吸收光谱法》 SH/T 0715《原油和残渣燃料油中镍、钒、铁含量测定法（电感耦合等离子体发射光谱法）》
6	其他非金属元素	SY/T 0528《原油中砷含量的测定 原子荧光光谱法》 GB/T 18612《原油有机氯含量的测定》

（1）碳、氢、氧、氮和硫的测定。

原油中碳元素和氢元素含量的测定使用元素分析仪，通过在纯氧的条件下，使原油样品在高温下燃烧，转化为二氧化碳及水，经分离后进入检测器测量。通常碳元素和氢元素是在一次仪器过程中同时测定的。测定结果以 mg/kg 或%（质量分数）表示。

原油中氮含量是采用基于化学发光法的氮元素分析仪来测定，通过进样器将载有原油样品的石英舟送入高温燃烧管，氮在富氧的条件下氧化成一氧化氮，一氧化氮与臭氧接触转化为激发态的二氧化氮，激发态的二氧化氮衰减时的发射光被光电倍增管检测，由所测得信号值计算原油中的氮含量。测定结果以 mg/kg 或%（质量分数）表示。

原油中硫含量使用能量色散 - X 射线荧光光谱仪来测定，将原油样品置于 X 射线源发出的射线束中，测定硫的特征 X 射线谱线强度，并将累积的谱线强度与标准样品的谱线强度相比较，从而获得硫含量。测定结果以 mg/kg 或%（质量分数）表示。

原油中氧含量一般是从其他元素（碳、氢、氮、硫）的总和与 100% 的差额估算出来的，而不直接测定，误差相对要大一些，但目前国内外均采用这种方法。

（2）微量金属元素及其他非金属元素的测定。

目前国内对原油中金属和其他非金属元素含量测定方法只有部分制定了国家标准和行业标准。

原油中镍、钒和铁含量的测定通常采用酸解制样法对样品进行无机化处理，即将样品用硫酸加热烘干消解，将残炭在 525℃ 高温炉内燃烧成灰，所得灰分用硝酸溶解，蒸发至干，再加入稀硝酸定容,定容后溶液经原子吸收光谱仪或电感耦合等离子体发射光谱仪进行测量。测定结果以 mg/kg 表示。

原油中钠含量测定是通过有机溶剂制样法对原有样品进行溶解后,经原子吸收光谱仪或电感耦合等离子体发射光谱仪进行测量。测定结果以 mg/kg 表示。

其他金属元素也均采用原子吸收光谱法或电感耦合等离子体发射光谱法进行测定。

原油中砷含量使用原子荧光分光光度计来测定,首先通过加酸后采用密闭微波消解的方法使样品无机化,加入硫脲－抗坏血酸使砷还原为三价砷,在酸性条件下,三价砷转化为砷化氢,经原子化器原子化后,通过测定砷元素的原子蒸气在辐射能激发下所产生的荧光强度来确定砷含量。测定结果以 mg/kg 表示。

原油中氯含量使用氧化微库仑计来测定,通过测定馏分中氯含量,进而换算至原油的氯含量。方法原理是将馏分注入高温燃烧管中,使有机氯转变为氯化物和氯氧化物,与电解池中银离子反应,消耗的银离子由库仑计电解作用进行补充,根据法拉第电解定律即可求出馏分的氯含量。测定结果以 mg/kg 表示。

3）烃类及非烃类化合物测定方法

原油中烃类化合物主要由烷烃(P)、环烷烃(N)和芳香烃(A)三类烃组成,非烃类化合物主要存在于胶质和沥青质中。一般通过测定轻端单体烃、族组成、烃类、蜡、胶质和沥青质等参数反映原油中烃类及非烃类化合物。测定方法包括气相色谱法和柱层析测定法等。相关测定方法标准见表 2－1－19。

表 2－1－19 原油化学组成测定方法标准

序号	项目	测定方法标准
1	轻端组分	SY/T 7504《原油中正辛烷及以前烃组分分析 气相色谱法》
2	族组分	SY/T 5119《岩石中可溶有机物及原油族组分分析》
3	烃类	SY/T 5779《石油和沉积有机质烃类气相色谱分析方法》
4	蜡含量	GB/T 26982《原油蜡含量的测定》 SY/T 7550《原油中蜡、胶质、沥青质含量的测定》
5	胶质含量	SY/T 7550《原油中蜡、胶质、沥青质含量的测定》
6	沥青质含量	SH/T 0266《石油沥青质含量测定法》 SY/T 7550《原油中蜡、胶质、沥青质含量的测定》

（1）轻端组分的测定。

原油轻端组分一般是指存在于原油中的正辛烷(C_8)及其以前的所有单体烃组分。原油轻端组成中各单体烃组分含量是采用气相色谱法来测定。单体烃组分的定性采用色谱标准样品、保留指数或色质联用仪三种定性方法,定量采用内标法或叠加法。测定结果以%（质量分数）表示。

（2）族组成的测定。

原油族组成一般指原油中饱和烃、芳香烃、极性物及沥青质（正己烷不溶物）各组分。原油族组成通常采用柱层析法来测定。原油中的沥青质用正己烷沉淀,滤液部分通过硅胶氧化铝层析柱,采用不同极性的溶剂,依次将其中的饱和烃、芳香烃和胶质组分分别淋洗出来,挥发溶剂后称量、恒重,计算各族组分的含量。测定结果以%(质量分数)表示。

（3）烃类（正构烷烃）组成的测定。

烃类（正构烷烃）组成采用气相色谱仪进行测定。将原油样品采用分流或无分流进样方式注入气相色谱仪的汽化室,汽化后的样品随载气进入毛细柱分离,经氢火焰离子化检测器（FID）检测,由色谱工作站采集、处理数据并输出谱图及测定结果。原油全烃组分中的正构烷烃、姥鲛烷、植烷采用峰面积归一化方法计算其质量分数,由此可计算 CPI 等 8 项地化参数。测定结果以%(质量分数)表示。

（4）原油蜡含量的测定。

原油蜡是指将原油溶于特定的溶剂,然后在一定温度下结晶析出的固体蜡状物,主要由直链烷烃组成。一般采用柱层析法测定,用石油醚溶解原油样品,通过氧化铝色谱柱吸附分离出油蜡部分,再以苯－丙酮混合物为脱蜡溶剂,在－20℃下用冷冻结晶法脱蜡,经洗涤恒重获得蜡含量。测定结果以%(质量分数)表示。

测定方法主要采用 SY/T 7550《原油中蜡、胶质、沥青质含量的测定》,但在中俄原油贸易协议时则采用 GB/T 26982《原油蜡含量的测定》。

（5）沥青质含量的测定。

原油中沥青质通常指不溶于正庚烷但溶于甲苯的组分。沥青质采用溶剂回流法测定,即原油用正庚烷加热溶解、沉淀,滤出不溶物,进一步用正庚烷回流除去不溶物中夹杂的油蜡及胶质后,剩余不溶物即为沥青质,用甲苯回流溶解沥青质,除去溶剂,获得沥青质的含量。测定结果以%(质量分数)表示。

（6）胶质含量的测定。

原油中胶质是采用差减法计算。首先采用柱层析法用石油醚溶解原油样品,通过氧化铝色谱柱吸附分离出油蜡部分,然后采用溶剂回流法测定出不溶于正庚烷但溶于甲苯的组分,通过差减法用原油样品总量减除油蜡含量和沥青质含量得出胶质含量,结果以%(质量分数)表示。

4）杂质测定方法

原油中的杂质包括水、无机盐及机械杂质或沉淀物。测定方法包括离心法、蒸馏法、库仑滴定法、电量法、电脱法、抽滤法和抽提法等。相关测定方法标准见表 2－1－20。

表 2－1－20　原油中杂质含量测定方法标准

序号	项目	测定方法标准
1	水含量	GB/T 6533《原油中水和沉淀物的测定 离心法》 GB/T 8929《原油水含量的测定 蒸馏法》 GB/T 260《石油产品水含量的测定 蒸馏法》 GB/T 11146《原油水含量测定 卡尔·费休库仑滴定法》 GB/T 26986《原油水含量测定 卡尔·费休电位滴定法》 SY/T 5402《原油水含量的测定 电脱法》

序号	项目	测定方法标准
2	盐含量	GB/T 6532《原油中盐含量的测定 电位滴定法》 SY/T 0536《原油盐含量测定法（电量法）》
3	机械杂质含量	GB/T 511《石油和石油产品及添加剂机械杂质测定法》
4	沉淀物含量	GB/T 6531《原油和燃料油中沉淀物测定法（抽提法）》

（1）水分含量的测定。

通常采用蒸馏法测定，通过在试样中加入与水不混溶的溶剂，并在回流条件下加热蒸馏，冷凝下来的溶剂和水在接收器中连续分离，水沉降到接收器中带刻度部分，溶剂返回到蒸馏烧瓶中。读出接收器中水的体积，并计算出试样中水的含量，结果以%（质量分数）表示。

除此之外，原油水含量测定方法还包括卡尔·费休滴定法、离心法和电脱法。其中卡尔·费休滴定法进样量较少，样品代表性差，很难获得准确的测定结果；离心法虽操作简单、快速，但只能粗略地获得水和沉淀物的总体积分数，精度较差；电脱法则只适用于原油含水在10%以上的水含量测定。这几种方法的测定结果均以%（质量分数）表示。

（2）盐含量的测定。

原油中无机氯盐的含量一般采用电位滴定法和电量法来测定。

电位滴定法过程是称取一定量混合均匀的样品，溶解于65℃的二甲苯中，用乙醇、丙酮和水在规定的抽提装置中进行抽提，抽提液脱除硫化物后，用电位滴定仪测定其中的总卤化物含量，然后折合成氯化钠的含量，结果以%（质量分数）表示。

电量法原理是原油在极性溶剂存在下加热，用水抽提其中包含的盐，离心分离后用注射器抽取适量抽提液，注入含一定量银离子的醋酸电解液中，试样中的氯离子即与银离子发生反应生成氯化银沉淀，反应消耗的银离子由发生电极电生补充。通过测量电生银离子消耗的电量，根据法拉第定律即可求出原油盐含量，结果以 mg（NaCl）/L 表示。

（3）机械杂质、沉淀物含量的测定。

原油中机械杂质和沉淀物的含量均采用重量法测定。原油中机械杂质含量测定方法是称取一定量的试样，溶于所用溶剂，用已恒重的孔径为 $4 \sim 10 \mu m$ 的滤纸或微孔玻璃过滤器过滤，被留在滤纸或微孔玻璃过滤器上的物质即为机械杂质。而沉淀物是通过将试样装在孔径为 $10 \sim 16 \mu m$ 的耐火多孔材料的套筒中，用热甲苯抽提，直到残渣达到恒重。测定结果均以%（质量分数）表示。从过滤器孔径大小可以判断：同一样品，沉淀物的测定结果低于机械杂质的测定结果。

5）沸程分布的测定

原油是由多种不同沸点的有机物构成的混合物。一般通过测定馏程、简易蒸馏、实沸点蒸馏和模拟蒸馏等参数反映原油沸程分布。测定方法包括蒸馏法和气相色谱法。相关测定方法标准见表 2－1－21。

表 2 - 1 - 21　沸程分布测定方法标准

序号	项目	测定方法标准
1	馏程	GB/T 26984《原油馏程的测定》
2	简易蒸馏	GB/T 18611《原油简易蒸馏试验方法》
3	模拟蒸馏	SH/T 0558《石油馏分沸程分布测定法(气相色谱法)》 ASTM D7169《用高温气相色谱法测定原油、常渣及减渣样品沸点分布的标准试验方法》
4	实沸点蒸馏	GB/T 17280《原油蒸馏标准试验方法 15—理论塔板蒸馏柱》

(1) 馏程的测定。

将 100mL 原油在规定的条件下,在环境大气压和设计约为一个理论分馏塔板的情况下,用实验室间歇蒸馏仪器进行蒸馏,系统地观察温度计读数和对应的回收体积,观测的温度读数需事先进行大气压修正。回收体积以%(体积分数)表示。

(2) 简易蒸馏的测定。

使用简易蒸馏装置对原油进行常压、减压蒸馏并收取馏分。常压蒸馏的馏程范围为初馏点至 200℃;减压蒸馏为二段进行,第一段在 1.33kPa 压力下蒸馏到 287.3℃(相当于标准压力下 450℃),第二段是在 0.266kPa 压力下蒸馏到 290.4℃(相当于标准压力下 500℃)。可按实际需要切割温度。

(3) 实沸点蒸馏的测定。

原油实沸点蒸馏是使用实沸点蒸馏仪,将原油装入蒸馏釜内,按要求的切割温度蒸馏到最高温度为常压相当温度 400℃,蒸馏柱的效率在全回流时具有 14 ~ 18 块理论塔板数。根据记录的温度和每个切割馏分的质量。计算各馏分质量收率(以%表示),绘制实沸点蒸馏曲线。

(4) 模拟蒸馏的测定。

原油模拟蒸馏是使用气相色谱仪来测定,将原油导入能按沸点增加次序分离烃类的气相色谱柱,于程序升温的柱条件下,检测和记录整个分离过程的色谱图及其面积。在相同的条件下,测定沸程范围宽于被测原油的已知正构烷烃混合物,由此得到保留时间—沸点校正曲线。从这些数据可获得被测原油的沸程分布。模拟蒸馏所得沸程分布基本上相当于实沸点蒸馏所得的馏程结果。

三、原油物理化学性质及测定

从原油物理化学性质来看,我国原油以大庆油田原油为典型,总体特点是中质原油居多,凝点高,酸值低。

一般原油的密度(ρ_{20})为 0.75 ~ 1.00g/cm³,我国原油的密度一般为 0.83 ~ 0.89g/cm³,大多属于中质原油。中国石油辽河油田和新疆油田等的部分原油,中国石化胜利油田、西北油田和塔河油田等的部分原油,中国海油蓬莱油田原油的密度为 0.93 ~ 1.00g/cm³。

我国原油凝点一般都高,大部分原油凝点为 14 ~ 34℃,这主要与我国原油普遍高含蜡有关。不同油田原油的凝点差别比较大,在 -33 ~ 44℃之间。中国石油塔里木油田和中国石化塔河油田等的部分原油凝点为 -17 ~ -13℃,中国海油蓬莱油田原油约为 -34℃。俄罗斯漠大线进口原油凝点约为 -31℃。

我国原油酸值低，大部分原油酸值小于 0.5mg(KOH)/g，属于低酸值原油。中国石油大港油田和冀东油田原油酸值为 0.51~0.98mg(KOH)/g，属于中酸值原油。中国石油辽河油田、新疆油田的部分原油，中国石化胜利油田、南阳油田部分原油，中国海油蓬莱油田原油的酸值为 1.4~8.3mg(KOH)/g，属于高酸值原油。

我国原油残炭一般为 2%~5%。中国石油吉林油田、辽河油田、华北油田、新疆油田和塔里木油田等的部分原油，中国石化胜利油田部分原油残炭为 6%~9%。中国石油辽河油田部分原油、中国石化西北油田和塔河油田等部分原油残炭超过 10%，为 10%~16%。

我国原油灰分一般在 0.02% 以下。中国石油辽河油田部分原油，中国石化塔河油田原油，中国海油蓬莱油田和文昌油田原油灰分为 0.04%~0.09%。中国石油新疆油田部分原油，中国石化西北油田原油，中国海油番禺油田原油灰分超过 0.1%，为 0.11%~0.12%。

原油物理化学性质包括原油一般性质、原油流变性质和原油安全性质。

1. 原油一般性质

1）密度

原油的密度是指在规定温度下，单位体积内所含原油的质量数，以符号 ρ 表示。通常以 g/cm^3 或 kg/m^3 为单位，也可以用 g/mL 或 kg/L 为单位。在我国，20℃ 密度被规定为原油的标准密度，以 ρ_{20} 表示。

原油密度在开发、生产、销售、使用、计量和设计等方面都是一个重要指标。在商品原油交接计量中，原油的密度主要用于体积与质量之间的数量换算及交货验收的计算。在原油贸易与加工利用时，依据密度可初步判断原油性质。

原油密度大小取决于组成它的烃类分子的大小和结构。通常情况下，原油密度随其碳、氧、硫含量的增加而增大，因而含芳香烃多、含胶质和沥青质多的原油密度较大，而含环烷烃多的原油密度居中，含烷烃（石蜡烃）多的原油密度较小。对原油密度有较大影响的因素除了组成原油的碳氢化合物的化学性质以外，还可能由于蒸发作用导致了原油轻端组分的损失，而使原油密度增大，如果这种轻端组分的挥发是在自然条件下（风化）进行的，则通常会伴有某些氧化作用的副反应发生，这些副反应的结果会令原油胶质含量增加，进而愈加提高了其密度。

原油密度的大小反映了原油化学组成上的差别，一般密度小的轻质原油，其轻端组分含量高，含硫、含氮量少，胶质和沥青质含量相对也少；密度大的原油则相反。

2）平均相对分子质量

相对分子质量是单质或化合物分子的相对质量，在数值上等于分子中各原子的原子量总和。由于原油是各种化合物的复杂混合物，所以原油及其馏分的相对分子质量是其中各种组分相对分子质量的平均值，因而称为平均相对分子质量更为合适。原油馏分的相对分子质量随其沸程的增高而增大，因此原油的平均相对分子质量也大致反映其组成。一般来说轻端组分越多，则其相对分子质量越小；反之亦然。

原油平均相对分子质量常用来计算油品的汽化热，油蒸气的体积和分压以及原油馏分的化学性质等，是工艺计算中重要的基础参数。通常采用查图来求定原油平均相对分子质量。

3) 酸值

酸值是反映原油品质的指标,酸值越小品质越好,原油酸值不仅影响原油的输送和炼制,而且会影响到石油产品的品质。原油中的酸性物质包括有机酸、无机酸及一些酸性化合物(如酯类、酚类、树脂、沥青质等)。但由于一般原油中不含或含极少量的水溶性酸(无机酸和低分子有机酸),因此酸值实际上是表示原油中所含高分子有机酸的数量。原油中的高分子有机酸主要是环烷酸,此外也包括在储存过程中因氧化而生成的酸性物质。

原油中酸性物质的存在,对其储存容器和输送管道会产生腐蚀,一般原油的酸值大,其腐蚀性也相对较强。高酸值原油加工基本有两种工艺:一种是原油中酸性物质经催化裂化、加氢裂化(精制)装置转化为烃、CO_2 和 H_2O 等;另一种是原油中的酸性物质直接用碱中和,然后进入碱渣处理装置提取出环烷酸出售。酸值是原油的固有性质,原油的生产和销售方不可能对含酸原油进行脱酸处理,所以 GB 36170《原油》中没有对原油酸值进行指标限定。

4) 灰分

原油中的灰分含量极少,一般为万分之几或十万分之几。其颜色由组成灰分的化合物所决定,通常为白色、淡黄色或赤红色。

原油灰分的组成和含量是根据原油的种类、性质和加工方法不同而异的。原油灰分主要是指利用蒸馏方法不能除去的可溶性矿物盐。这些盐包括含油岩层中的盐和硅酸盐类、溶解于原油含水中的盐类、有机金属化合物等;另外还包括在生产、储存、运输和使用过程中,由于设备、管线和金属容器腐蚀生成的金属盐类、氧化生成的铁锈、油漆的溶解和灰尘的污染等因素而增加的灰分以及在加工过程中加入的某些添加剂。原油灰分中已发现的元素有 30 多种,常见的元素有硫、硅、钙、镁、铁、钠、铝、锰、钒、铜、镍和磷等,其中镍和钒是原油中普遍存在并具有成因意义的两种微量元素。由此可见,如果原油中含有较多金属化合物,则灰分含量就高。

原油灰分含量高,则其加工后的石油产品灰分也大。若重质燃料油灰分过大,会沉积在设备中,不但使传热效率降低,还会降低设备的使用寿命。灰分通常对于石油产品更为重要,例如:燃料灰分高,会增加汽缸壁磨损;对使用的润滑油分析灰分,可以看出金属磨损情况等。

5) 残炭

残炭是指在特定的高温条件下,原油经过蒸发及热裂解过程后形成的残留物,其含量以质量分数表示。

原油中能形成残炭的主要成分是胶质和沥青质及多环芳香烃等。烷烃只起分解反应,不参加聚合反应,不会形成残炭。不饱和烃和芳香烃在形成残炭的过程中起着很大的作用,但不是所有芳香烃的残炭值都很高,而是随其结构而异。残炭生成的倾向一般是:烯烃 > 芳香烃 > 环烷烃 > 烷烃,因此从原油的残炭值可大致看出其组成倾向。

测定油品的残炭值,可用来表征油品的相对生焦倾向,用于指导原料的选择及油品的生产工艺,对生产、设计和科研等工作都具有重要意义,如:残炭在润滑油规格中,作为间接检查精制程度的指标,润滑油精制深度越大,其残炭值越小;测定焦化原料的残炭,能间接查明可得到的焦炭产量,残炭值越大,焦炭产量越高。

2. 原油流变性质

1）凝点和倾点

原油凝点和原油倾点物理意义基本相同,都是以温度表示原油低温流动性的条件性指标,是原油物理状态发生转变的温度分界点。原油凝点是指在规定条件下,原油失去流动性的最高温度;原油倾点是指在规定条件下,被冷却的原油尚能流动的最低温度。我国一直以凝点作为控制原油储存、输送温度的一个重要参数,而国际上则普遍采用的是倾点。

凝点或倾点的高低仍然取决于原油烃类的组成,含烷烃(石蜡)较多的原油凝点和倾点较高,含有胶质和沥青质时却能降低其凝点和倾点,因胶质和沥青质会阻碍油中石蜡的结晶,破坏石蜡结晶的结构,使其不能长大从而形成网状骨架或海绵体状结构,以致其凝点和倾点有所下降。另外,低凝油的凝点和倾点还受油品中的水分和高结晶点烃类(如苯)的影响,如油品中含有千分之几的微量水,就可以造成凝点和倾点的上升。

在低温时,原油失去流动性主要有两方面原因:一方面随着温度的降低,油品中所含的蜡逐渐结晶析出长大,连接成网格结构,形成结晶骨架,这种结晶骨架把尚处在液态的油包裹其中,使整个油品丧失了流动性,这种现象称为构造凝固。而另一方面随温度降低其黏度快速增大,当黏度增大到某个程度,就会变成无定形的黏稠的玻璃状物质而失去流动性,这种现象常称为黏温凝固。对于环烷基型的原油,其低温下流动性的"丧失"主要取决于后一因素。

由于原油是一种组成复杂的混合物,其凝固过程有一定的温度范围,即稠化阶段,因此,所谓凝点或倾点只是代表其中某一点的温度,测定凝点或倾点也是一种条件实验。所以原油凝点或倾点不是原油的理化特性,而是一种公称性质,与原油实际流动情况没有严密关系,也就是说它不能代表原油的实际低温流动性,但可用来判断原油的低温流动性,是决定原油低温使用性能和储运条件的一项主要条件性指标。所以凝点或倾点在评价原油及生产、运输和使用方面都具有重要意义。

2）析蜡温度

原油析蜡温度也称为析蜡点,是指原油中蜡全部熔化后,在规定条件下冷却,最初出现蜡结晶时的温度,用℃表示。

原油析蜡点从物理意义上讲与石油产品的浊点(或苯类结晶点)相似。原油析蜡点反映了原油由液态向固态变化的最初点,析出的蜡会逐渐沉积在输油管道的管壁上,导致管道输送能力下降,因此在原油集输过程中有较大意义。另外原油析蜡也是一个随温度逐渐变化的过程,并伴有热效应,对不同原油来说,析蜡的热特性参数不同,具有特征性,因此原油析蜡点也是研究原油热性质的重要参数。

3）黏度

原油黏度是评价流动性能的指标,也是最主要的使用指标。在油品的流动和输送过程中,黏度对流量和压力降的影响很大,因此在集输工艺计算中是不可缺少的物理参数。

黏度一般指运动黏度(ν)和动力黏度(η)。运动黏度是在重力作用下流动时内摩擦力的量度,其值是液体的动力黏度与相同温度下的密度之比,它是液体在重力作用下流动阻力的尺度,在国际单位制(SI)中,运动黏度通常使用的单位为 mm^2/s。动力黏度是在剪切应力作用下流动时内摩擦力的量度,其值是所加于流动液体的剪切应力和剪切速率之比,在国际单位制

(SI)中,动力黏度通常使用的单位为 mPa·s。

此外,还有表观黏度、恩氏黏度、赛氏黏度、雷氏黏度、振动黏度等,以及测定高黏产品的旋转黏度计和便于测定高压下黏度用的落球式黏度计。这些黏度都是采用特定仪器、在规定条件下进行测定的,其表示方法和单位往往各不相同,但可以进行换算。

一般来说,英国和美国等国多采用赛氏和雷氏黏度,德国和西欧一些国家多用恩氏黏度和运动黏度,我国则主要采用运动黏度。20 世纪 80 年代初国际标准化组织(ISO)规定了统一采用运动黏度,因此各国也逐步改用运动黏度。采用运动黏度的优点是:

(1)测量方法简单,采用自由流下式(又称重力式)毛细管黏度计就可简单测得运动黏度值,测量精度高,便于推广使用,因此大量用于实际测量。

(2)便于进行单位换算。

(3)在工程上计算雷诺数时,用运动黏度比用动力黏度更方便。

原油的黏度与其化学组成密切相关,它反映了烃类组成的特性。当油品平均沸点相同时,随着特性因数 K 值的减小,黏度则增加;当相对密度增大,平均沸点增高时,即当油品中烃类化合物分子量增大时,黏度亦增大。

当温度增高时原油黏度会急剧下降,当压力增高时原油黏度也会增大,但当有游离气存在时,原油中的溶解气量会因压力增高而增加,导致黏度降低。

4)屈服值

原油屈服值是原油流变性特征之一,是集输工艺中停输再启动压力计算的重要参数。

在含蜡原油管道输送过程中,遇到故障停输或预计停输时,随着管路温度的降低,蜡晶不断析出,在凝点附近的温度条件下,蜡晶与原油中的胶质、沥青质这些天然沉淀剂形成三维网格结构,即胶凝体系,表现出屈服流动的特性,屈服值是使胶凝体系流动的最小应力,以 kPa 表示。

由于受测量方法、仪器系统、原油胶凝结构条件等因素的影响,屈服值的准确测量一直是原油流变参数测量中的难点。

3. 原油安全性质

1)闪点及燃点

原油闪点和燃点是原油储存、运输及使用安全管理方面的一个重要指标。

闪点是在规定条件下,加热油品所逸出的蒸气和空气组成的混合物与火焰接触发生瞬间闪火时的最低温度。闪点分为闭口闪点和开口闪点。用规定的闭口杯闪点测定器所测得的闪点称闭口闪点。用规定的开口杯闪点测定器所测得的闪点称开口闪点。

闭口闪点和开口闪点的区别在于加热蒸发及引火条件的不同,所测得闪点数值也相差很大。在闭口闪点仪中,油品的蒸发是在密闭的容器中进行的,而在开口闪点仪中,蒸发的油蒸气可自由扩散到空气中,而且容易分散开来。在闭口闪点仪中发生闪火爆炸的混合气所需的油蒸气量比较容易达到,因此,同一油品闭口闪点比开口闪点低,而且两者差别比较大,一般会相差 10 ~ 30℃。

在测定开口闪点以后,如果继续升高油品温度,引火后则可以继续发生闪火,生成的火焰越来越大,熄灭前所经历时间也越来越长,引火后所生成的火焰能够持续燃烧 5s 的最低油温称为燃点。

油品闪点测定方法是一个严格的条件性试验，油品的升温速度、蒸发空间的大小、油面的高低及仪器的型式等都必须严格按规定执行，才能对各种油品的闪点作相对比较。

原油的闪点和燃点均与其化学组成有关，一般轻端组分含量较高的原油，其闪点和燃点较低，反之亦然。大气压力对闪点和燃点也有一定的影响，因此通常测定的闪点都是以标准压力101.3kPa下的温度数值来表示。实验测定，每当降低压力133Pa时，闪点降低 0.033 ~ 0.036℃，根据这个数据就可以做出大气压力校正表，低于101.3kPa时的校正值为正值，高于101.3kPa时的校正值为负值。

2）爆炸极限

可燃液体蒸气与空气混合都有一个爆炸浓度范围，在这个浓度范围内遇到足够能量的火源便产生爆炸，范围的下限值叫爆炸下限，范围的上限值叫爆炸上限。原油爆炸极限是指原油在某一温度时，其蒸气与空气混合后，遇到足够能量的火源产生爆炸的浓度范围。低于这一范围则油气不足，高于这一范围则空气不足，均不能发生闪火爆炸。闪点其实就是一种微小的爆炸，通常测得的闪点是爆炸下限时的油温。

应尽可能避免原油在储存和运输时所生成的油蒸气和空气混合物的浓度达到爆炸浓度范围，这样就减少原油在接近火焰时发生闪火与爆炸的风险。但由于爆炸极限值是条件性参数，是在实验方法规定条件下获得的，而现场的情况千变万化，所以不能说浓度在爆炸极限外就一定不会发生闪火与爆炸；反之亦然。尽管如此，爆炸极限还是可以作为对闪火与爆炸可能性的一种衡量，因此，原油爆炸极限值，是工程设计中危险性分类的基础数据，对原油加工、应用和设计及有关防火与防爆等问题有重要的意义。

3）蒸气压

原油蒸气压是指在规定条件下，原油在适当的仪器中，气液两相达到平衡时，液面蒸气所显示的最大压力。以帕（Pa）或千帕（kPa）表示。

原油蒸气压是衡量商品原油质量的主要指标之一，它的大小与原油的组成有直接关系。一般情况下，原油轻端组分含量越多，其蒸气压就越高，反之，原油轻端组分含量越少，其蒸气压相对就越小。在原油储运过程中，可根据原油的蒸气压的大小，初步估算油罐的蒸发损耗。若原油蒸气压较大，为减少挥发损耗，需要对原油进行矿场加工，即采用原油稳定装置，回收轻烃。另外，在原油储运的设计中，还经常使用原油蒸气压的数据来校核输油泵的吸入高度。同时蒸气压也是安全和环保指标，蒸气压过高，会造成储运过程中原油轻端组分挥发到空气中的量增大，进而增加安全风险、加大环境危害。

考虑到以上因素，GB 36170—2018《原油》中对原油蒸气压进行了指标限定：交接温度下蒸气压不大于66.7kPa。

4. 原油物理化学性质的测定方法

1）一般性质测定方法

原油一般性质包括密度、平均相对分子质量、酸值、灰分及残炭等。相关测定方法标准见表 2 - 1 - 22。

表2-1-22　原油一般性质测定方法标准

序号	项目	测定方法标准
1	密度	GB/T 1884《原油和液体石油产品密度实验室测定法(密度计法)》 GB/T 13377《原油和液体或固体石油产品 密度或相对密度的测定 毛细管塞比重瓶和带刻度双毛细管比重瓶法》 SH/T 0604《原油和石油产品密度测定法(U形振动管法)》
2	平均相对分子质量	GB/T 17282《根据黏度测量值确定石油平均相对分子质量的方法》
3	酸值	GB/T 18609《原油酸值的测定 电位滴定法》
4	灰分	GB 508《石油产品灰分测定法》
5	残炭	GB/T 18610.1《原油 残炭的测定 第1部分:康氏法》 GB/T 18610.2《原油 残炭的测定 第2部分:微量法》 SH/T 0160《石油产品残炭测定法(兰氏法)》 SH/T 0170《石油产品残炭测定法(电炉法)》

(1)密度的测定。

原油密度测定方法包括玻璃密度计法、比重瓶法及U形振动管法。根据实际需要,结果以 kg/m^3 或 g/cm^3 表示,其换算关系为 $1kg/m^3 = 0.001g/cm^3$。

① 玻璃密度计法原理是使试样处于规定温度,将其倒入温度大致相同的密度计量筒中,将合适的密度计放入已调好温度的试样中,让它静止。当温度达到平衡后,读取密度计刻度读数和试样温度。用石油计量表把观察到的密度计读数换算成标准密度。如果在测定期间温度变动太大,需要将密度计量筒及内装的试样一起放在恒温浴中进行测量。该方法适用于测定雷德蒸气压不大于100kPa的油品,适用范围广,操作简单。

② 比重瓶法原理是将试样装入比重瓶,恒温至测定温度,称量试样的质量。由这一质量除以在相同温度下预先测得的比重瓶中水的质量(水值)与其密度之比值,即可计算出试样的密度。比重瓶法适用于测定雷德蒸气压不大于50kPa的油品及初馏点不低于40℃的油品,较适合测定特重原油。

③ U形振动管法原理是指把少量样品(一般少于1~2mL)注入控制温度的试样管中,记录振动频率或周期,用事先得到的试样管常数计算试样的密度。试样管常数是用试样管充满已知密度标定液时的振动频率确定的。目前,U形振动管法仪器自动化程度高,具备内置恒温调节功能、黏度修正功能及温度补偿功能,精度较高,但由于进样量少,液体的均匀性、气泡等都可能会对结果的准确性造成一定的影响。

GB 36170—2018《原油》中规定采用GB/T 1884《原油和液体石油产品密度实验室测定法(密度计法)》测定原油的密度。

(2)平均相对分子质量的计算。

目前,国内一般根据黏度测量值来确定原油的平均相对分子质量,适用于平均相对分子质量250~700。方法要求首先测定原油在37.8℃和98.9℃时的运动黏度,通过37.8℃时的运动黏度查表2-1-23得到相应的 H 函数值,利用 H 值和98.9℃时的运动黏度就可以在黏度、H 函数、平均相对分子质量关系图(图2-1-1)上查出该原油的平均相对分子质量。

表 2 - 1 - 23　运动黏度(37.8℃)与 *H* 函数值关系

运动黏度(37.8℃) mm²/s	0	0.2	0.4	0.6	0.8
2	−178	−151	−126	−104	−85
3	−67	−52	−38	−25	−13
4	−1	9	19	28	36
5	44	52	59	66	73
6	79	85	90	96	101
7	106	111	116	120	124
8	128	132	136	140	144
9	147	151	154	157	160
10	163	166	169	172	175
11	178	180	183	185	188
12	190	192	195	197	199
13	201	203	206	208	210
14	211	213	215	217	219
15	221	222	224	226	227
16	229	231	232	234	235
17	237	238	240	241	243
18	244	245	247	248	249
19	251	252	253	255	256
20	257	258	259	261	262
21	263	264	265	266	267
22	269	270	271	272	273
23	274	275	276	277	278
24	279	280	281	281	282
25	283	284	285	286	287
26	288	289	289	290	291
27	292	293	294	294	295
28	296	297	298	298	299
29	300	301	301	302	303
30	304	304	305	306	306
31	307	308	308	309	310
32	310	311	312	312	313
33	314	314	315	316	316
34	317	317	318	319	319
35	320	320	321	322	322
36	323	323	324	325	325
37	326	326	327	327	328
38	328	329	329	330	331
39	331	332	332	333	333

续表

运动黏度(37.8℃) mm²/s	0	1	2	3	4	5	6	7	8	9
40	334	336	339	341	343	345	347	349	352	354
50	355	357	359	361	363	364	366	368	369	371
60	372	374	375	377	378	380	381	382	384	385
70	386	387	388	390	391	392	393	394	395	397
80	398	399	400	401	402	403	404	405	406	407
90	408	409	410	410	411	412	413	414	415	415
100	416	417	418	419	420	420	421	422	423	423
110	424	425	425	426	427	428	428	429	430	430
120	431	432	432	433	433	434	435	435	436	437
130	437	438	438	439	439	440	441	441	442	442
140	443	443	444	445	445	446	446	447	447	448
150	448	449	449	450	450	450	451	451	452	452
160	453	453	454	454	455	455	456	456	456	457
170	457	458	458	459	459	460	460	461	461	461
180	461	462	462	463	463	463	464	464	465	465
190	465	466	466	466	467	467	468	468	468	469

运动黏度(37.8℃) mm²/s	0	10	20	30	40	50	60	70	80	90
200	469	473	476	479	482	485	487	490	492	495
300	497	499	501	503	505	507	509	511	512	514
400	515	517	518	520	521	523	524	525	527	528
500	529	530	531	533	534	535	536	537	538	539
600	540	541	542	543	544	545	546	547	547	548
700	549	550	551	551	553	552	554	554	555	556
800	557	557	558	559	560	559	561	562	562	563
900	563	564	565	565	566	566	567	567	568	569

运动黏度(37.8℃) mm²/s	0	100	200	300	400	500	600	700	800	900
1000	569	574	578	583	587	591	594	597	600	603
2000	605	608	610	612	614	616	618	620	621	623
3000	625	626	628	629	631	632	633	634	636	637
4000	638	639	640	641	642	643	644	645	646	647
5000	648	649	650	651	652	652	653	654	655	656
6000	656	657	658	658	659	660	660	661	662	662
7000	663	664	664	665	665	666	666	667	667	668
8000	668	669	670	670	671	671	671	672	672	673
9000	673	674	674	675	675	676	676	677	677	677

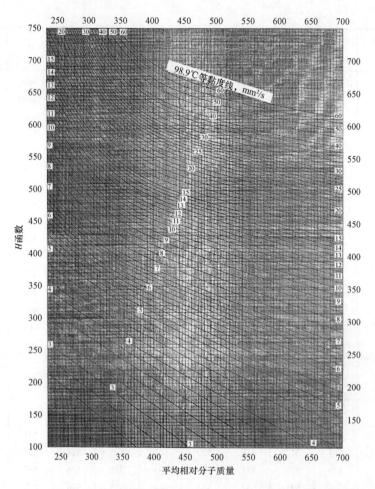

图 2-1-1　黏度、H 函数与平均相对分子质量关系图

（3）酸值的测定。

原油酸值是表示油品中酸性物质的总含量，以中和 1g 试油所需的氢氧化钠为计量单位，用 mg（KOH）/g 表示。根据油品的特性，测定酸值的方法分为两大类：一类是颜色指示滴定法，即根据所用指示剂颜色的变化来确定终点；另一类是电位滴定法，即根据电位的变化来确定滴定终点。因为原油颜色一般较深，很难通过指示剂颜色变化判断终点，故测定原油的酸值通常采用电位滴定法。

电位滴定法原理是将原油样品溶解在有甲苯、异丙醇和少量蒸馏水组成的溶剂中，在使用玻璃电极和 Ag/AgCl 参比电极的电位滴定仪上，用氢氧化钾-异丙醇标准溶液滴定，以电位读数和所消耗的标准溶液体积作图，取曲线的突跃点为滴定终点，计算原油的酸值。

（4）灰分的测定。

原油灰分的测定是用无灰滤纸作引火芯，点燃盛放在瓷坩埚中的试样，使其燃烧到只剩下灰分和残留的碳，再将残留物置于 775℃ 高温炉中煅烧转化为无机灰分，然后冷却并称重，结果以 %（质量分数）表示。

（5）残炭的测定。

原油残炭根据测定仪器的不同可分为兰氏残炭、康氏残炭、电炉残炭及微量残炭。结果以%（质量分数）表示。

① 兰氏残炭是将适量样品装入特制的带有毛细管的玻璃焦化瓶中，置于550℃±5℃的金属炉内，将试样迅速地加热到所有挥发性物质（包括分解和没有分解的）都从瓶口逸出的温度，而较重的残留物则留在瓶内进行裂化、焦化反应。在规定的加热周期之后，将焦化瓶从炉内取出，冷却、恒重后所测得的残炭。

② 康氏残炭是将瓷坩埚中的样品预热约10min至冒烟，点燃油蒸气且使油蒸气燃烧约13min，对残余物加强热约7min后得到的残炭。

③ 电炉残炭是将盛有样品的瓷坩埚置于520℃电炉中加热蒸发致使其裂解而测得的残炭。

④ 微量残炭是将样品瓶中的样品，于惰性气流中加热至500℃，使样品热解后而形成的残炭。微量法残炭是近年来普遍采用的一种简便而高效的残炭测定方法，样品用量少，准确度好，仪器自动化程度高。目前，测定原油中残炭含量主要采用微量法。

2）流变性质测定方法

原油流变性质是指原油在外力作用下发生流动和变形等的性质，其参数包括原油凝点、倾点、析蜡温度、黏度、屈服值等。相关测定方法标准见表2-1-24。

表2-1-24　原油流变性质测定方法标准

序号	流变性质参数	测定方法标准
1	凝点	SY/T 0541《原油凝点测定法》
2	倾点	GB/T 26985《原油倾点的测定》
3	析蜡温度	SY/T 0521《原油析蜡点测定 显微观测法》 SY/T 0522《原油析蜡点测定 旋转黏度计法》 SY/T 0545《原油析蜡热特性参数的测定 差示扫描量热法》
4	运动黏度	GB/T 265《石油产品运动黏度测定法和动力黏度计算法》 GB/T 11137《深色石油产品运动黏度测定法（逆流法）和动力黏度计算法》 NB/SH/T 0870《石油产品动力黏度和密度的测定及运动黏度的计算 斯塔宾格黏度计法》
5	动力黏度	GB/T 265《石油产品运动黏度测定法和动力黏度计算法》 GB/T 11137《深色石油产品运动黏度测定法（逆流法）和动力黏度计算法》 NB/SH/T 0870《石油产品动力黏度和密度的测定及运动黏度的计算 斯塔宾格黏度计法》 GB/T 28910《原油流变性测定方法》
6	流变曲线、黏度曲线	GB/T 28910《原油流变性测定方法》
7	黏温曲线	GB/T 28910《原油流变性测定方法》
8	屈服值	SY/T 7547《原油屈服值的测定 旋转黏度计法》 GB/T 28910《原油流变性测定方法》
9	反常点	GB/T 28910《原油流变性测定方法》

（1）凝点的测定。

原油凝点是通过将预热后的原油装入试管中，在低温恒温浴中以 0.5～1℃/min 的冷却速度冷却试样至高于预期凝点 8℃，每降 2℃ 观测一次样品的流动性，直至将试管水平放置 5s 而样品不流动时的最高温度即为凝点。结果以 ℃ 表示。

（2）倾点的测定。

原油倾点是通过将试样预热至 45℃±1℃ 后，按规定的试样转移温度逐级转移至不同温度的冷浴中冷却，并每间隔 3℃ 观察其流动特性。将观察到试样能够流动的最低温度记录为倾点。结果以 ℃ 表示。

（3）析蜡温度的测定。

原油析蜡温度的测定方法包括旋转黏度计法、显微观测法和差示扫描量热法，其中旋转黏度计法不适用于测定初始析蜡速率较慢、蜡含量较低的原油；显微观测法确定的析蜡点与试片厚度及透光亮度有关，结果受主观因素影响较大；差示扫描量热法基本消除了显微观测法和旋转黏度计法固有的人为因素，且具有操作简便、适用范围广、准确性高、再现性好的特点。各方法原理如下：

① 旋转黏度计法是将原油置于旋转黏度计测量系统中加热至其中固态蜡转变为液态后，再以 0.2～1.0℃/min 的速率降温，在 10～600s^{-1} 范围内的某一合适固定剪切速率下测定，记录剪切应力或黏度—温度的对应值，绘成半对数曲线。温度降至一定值后，均质液态原油中析出蜡晶，致使曲线开始发生转折，此点对应的温度即为析蜡点。结果以 ℃ 表示。

② 显微观测法是将原油加热至蜡全部熔化后，以 0.5～1.0℃/min 的速度降温冷却，经图像监控系统的监视器观测，最初出现蜡结晶时的温度即为析蜡点。结果以 ℃ 表示。

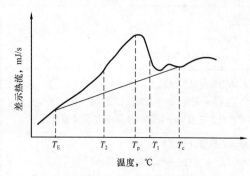

图 2-1-2　DSC 曲线示例

T_c—析蜡点；T_1～T_2—析蜡高峰温度区间；
T_p—析蜡峰温；T_E— -20℃

③ 差示扫描量热法在差示扫描量热仪上将原油样品加热至其析蜡点温度以上，再以一定速度降温，记录各温度点下样品和参比物的差示热流（或功率差值）。以差示热流（或功率差值）为纵坐标，温度为横坐标绘制原油析蜡差示扫描量热曲线，也称 DSC 曲线，如图 2-1-2 所示。当降温通过样品析蜡区时，由于析蜡放出潜热引起差示热流（或功率差值）变化，在 DSC 曲线上表现为其偏离基线形成放热峰。随温度继续降低，析蜡释放热量逐渐减小，差示热流（或功率差值）也随之减小。最终曲线回复到基线，此时析蜡过程结束。DSC 曲线开始偏离基线的温度为原油析蜡点，以 ℃ 表示；曲线峰顶温度为原油析蜡峰温；根据析蜡点（T_c）与 -20℃ 之间样品放热量及质量，还可以计算析蜡热焓 ΔH。

（4）运动黏度的测定。

原油运动黏度可通过玻璃毛细管黏度计法和斯塔宾格黏度计法来测定。结果以 mm^2/s 表示。

① 毛细管黏度计法原理是在恒定温度下，测定一定体积的液体在重力作用下流过经标定的玻璃毛细管黏度计的时间，黏度计的毛细管常数与流动时间的乘积，即为该温度下测定液体的运动黏度。我国测定原油运动黏度通常采用玻璃毛细管黏度计法，如平氏毛细管黏度计用于测量浅色原油的运动黏度；而对于颜色较深、黏度大的原油，通常使用逆流毛细管黏度计测量。

② 斯塔宾格黏度计法是通过将样品注入精确控温的测量池中，测量池由一对同心旋转的圆筒和一个 U 形振动管组成。通过测定试样在剪切应力下内圆筒的平衡旋转速度和涡流制动（与校准数据相关）得到动力黏度，通过测定 U 形管的振动频率（与校准数据相关）得到密度。运动黏度由动力黏度与密度的比值计算出来。

（5）动力黏度的测定。

原油动力黏度的测定方法包括旋转法、细管法、高压细管法和多孔介质法。测定结果以 mPa·s 表示。

① 旋转法是采用旋转流变仪测定原油流变性最常用和最普遍的方法。旋转流变仪按测量系统的结构分类，可分为同轴圆筒、锥板、平行板旋转流变仪或黏度计；按其受控物理量（应力或速率）可分为控制应力流变仪、控制速率流变仪；按旋转体可分为内旋转式流变仪、外旋转式流变仪。

在测试温度和压力条件下，同轴圆筒、锥板和平行板等测量系统置于被测流体中并使其产生相对旋转位移，由于流体的黏滞性，将会使与其有同轴心的另一个物体被动地旋转并产生一定大小的力阻，流体的黏度越大，力阻就越大。通过传感系统测得主动旋转物体的旋转速度，被动旋转物体所产生的力矩大小，就可以计算出被测流体所受的剪切应力和产生的剪切速率，得到流体的动力黏度。用式（2-1-3）计算：

$$\eta = \frac{\tau}{\gamma} \qquad (2-1-3)$$

式中　η——动力黏度，Pa·s；

　　　τ——剪切应力，Pa；

　　　γ——剪切速率，s^{-1}。

② 细管法是通过毛细管黏度计法测得运动黏度，动力黏度由运动黏度与密度的之积计算得到：

$$\eta_t = \nu_t \rho_t \qquad (2-1-4)$$

式中　η_t——在温度 t 时的动力黏度，mPa·s；

　　　ν_t——在温度 t 时的运动黏度，mm^2/s；

　　　ρ_t——在温度 t 时的密度，g/cm^3。

③ 高压细管法是在恒温与恒速（恒压）的条件下，原油通过一根细管时，测定进出口两端的压差（流量），当压差稳定后，记录流量和压差，计算出相应的剪切应力和剪切速率，进而计算得到动力黏度。由高压细管法测得的流变性更真实地表征原油在管道中的流动，有利于原油管道输送工程设计。

④ 多孔介质法是在恒温与恒压的条件下，原油以一定的流量通过多孔介质，当压差稳定后，记录流量和压差，计算出相应的剪切应力和剪切速率，进而计算得到动力黏度。多孔介质法可以表征原油在油藏的渗透特性，得出的结果更接近于油藏实际情况。

（6）流变曲线和黏度曲线。

流变曲线是在一定温度、压力下，流体的剪切应力与剪切速率之间的对应关系曲线，如图 2-1-3所示。而黏度曲线是在一定温度、压力下，流体的动力黏度与剪切速率之间的关系曲线，如图 2-1-4 所示。测定方法如下：

① 采用旋转法测试样品，在测试温度和压力条件下，由低到高改变剪切速率，至少进行 5 个剪切速率下的测定，记录相应剪切速率对应下的剪切应力和动力黏度。

② 采用高压细管法测试样品，在恒温与恒压条件下，设定最少 5 个不同流量，从低到高测定不同流量下原油通过细管时的压差。压差稳定后，记录流量、温度和压差。根据流量计对应的压差计算剪切速率和剪切应力。

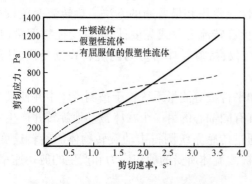

图 2-1-3 原油流变曲线图示例

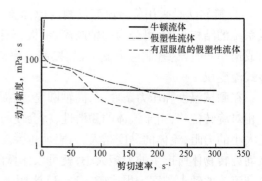

图 2-1-4 原油黏度曲线图示例

（7）黏温曲线。

原油黏温数据是原油管道工艺计算的重要物性参数，在一定剪切历史条件下，流体的动力黏度随温度的变化曲线可通过下列方式绘制黏温曲线，如图 2-1-5 所示：

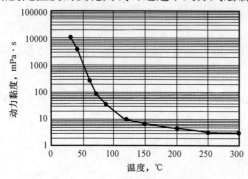

图 2-1-5 原油黏温曲线图示例

① 采用旋转法测试样品，在同一剪切历史下，从低温到高温或从高温到低温进行动力黏度测定。根据动力黏度与温度的关系，绘制黏温曲线。

② 采用高压细管法测试样品，改变试验温度（一般不少于 5 个），在同一流量下，测定原油通过细管时的压差。压差稳定后，记录流量、温度、进出口压力和压差。根据动力黏度与温度的关系，绘制黏温曲线。

（8）屈服值的测定。

原油屈服值测定方法包括恒定剪切速率法、剪切速率连续增加法、剪切应力连续增加法、连续阶梯式增压法和曲线外延法。结果以 Pa 表示。

① 恒定剪切速率法是使用控制剪切速率型流变仪在一个较低的剪切速率下测量剪切应力随时间的变化曲线,找出曲线的极大值对应的剪切应力值,得到屈服值。

② 剪切速率连续增加法是使用控制剪切速率型流变仪从零开始连续增加剪切速率,测量剪切应力随剪切速率的变化曲线,原油开始流动时对应的剪切应力即为屈服值,如图 2 - 1 - 6 所示。

③ 剪切应力连续增加法是使用控制应力型流变仪逐渐连续地施加剪切应力,测量原油开始流动时对应的剪切应力即为屈服值。

④ 连续阶梯式增压法是采用连续阶梯式增压的方法,驱替细管或多孔介质内的原油,测定原油开始流动时对应的压差,计算该压差对应的剪切应力即为屈服值。

⑤ 曲线外延法是将实测剪切速率范围内的流变曲线向剪切速率低的方向外延至剪切速率为零,取对应的剪切应力即为屈服值。

(9) 反常点的测定。

原油反常点是指由牛顿流体特性到非牛顿流体特性的温度转变点,是原油呈现牛顿流体特征的最低温度。结果以℃表示。

① 在不同剪切速率下测定黏温曲线,绘制于同一坐标系中,找出直线段与放射线段的分界点对应的温度即为反常点,如图 2 - 1 - 7 所示。

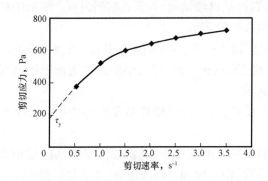

图 2 - 1 - 6 原油屈服值测定曲线图示例

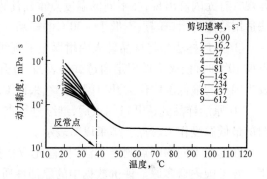

图 2 - 1 - 7 原油反常点测定曲线图示例

② 在不同流量下测定黏温曲线,绘制于同一坐标系中,找出直线段与放射线段的分界点对应的温度即为反常点。

3)安全性质测定方法

原油安全性质参数包括原油闭口闪点、开口闪点、燃点、蒸气压及爆炸极限。相关测定方法标准见表 2 - 1 - 25。

表 2 - 1 - 25 原油安全性质测定方法标准

序号	项目	测定方法标准
1	闭口闪点	GB/T 261《闪点的测定 宾斯基 - 马丁闭口杯法》 GB/T 5208《闪点的测定 快速平衡闭杯法》 GB/T 21775《闪点的测定 闭杯平衡法》

序号	项目	测定方法标准
2	开口闪点和燃点	GB 267《石油产品闪点与燃点测定法（开口杯法）》
3	爆炸极限	氧原子数计算法
4	蒸气压	GB/T 11059《原油蒸气压的测定 膨胀法》

（1）原油闪点、燃点的测定。

目前，国内传统上采用宾斯基－马丁闭口杯法测定原油的闭口闪点，但当闪点低于室温而无法给出确切数据或样品量较少等因素，无法采用宾斯基－马丁闭口杯法进行测定时，可以选择平衡闭杯法测定闭口闪点。开口闪点和燃点采用由ГОСТ 4333《润滑油和深色石油产品闪点和燃点开口杯测定法（布林克法）》转化的国家标准GB 267进行测定。

① 闭口杯法是将样品倒入密闭的试验杯中，在90～120r/min的速率下连续搅拌，以5～6℃/min速率升温，从预期闪点以下23℃±5℃开始点火，每升高1℃点火一次，使样品蒸气发生瞬间闪火，且蔓延至液体表面的最低温度。闭口杯法适用范围为闭口闪点不低于40℃的样品。结果以℃表示。

② 闭杯平衡法是将2mL样品注入保持在预期闪点温度下的试验杯中，经过1min后，点火并观察有无闪燃出现，在不同的温度点重新注入新样品继续试验，直到观察到闪点。平衡闭杯法适用范围为闭口闪点不低于－30℃的样品。结果以℃表示。

③ 开口杯法是将样品装入内坩埚至下刻线处，以3～5℃/min的速率升温，当到达预期闪点前10℃时，使火焰按规定通过试样表面，每升高2℃点火一次，以火焰使试样表面上的蒸气发生闪火的最低温度作为开口闪点。结果以℃表示。

④ 原油样品到达开口闪点后，继续进行点火试验，直至火焰使样品发生燃烧并可持续5s时的最低温度作为燃点。结果以℃表示。

在选择不同的闪点测定方法时，首先应根据产品标准的要求，其次要考虑方法的适用范围。参考国内众多原油评价数据中的原油性质发现，由于原油含轻质组分，无法提供的闪点数据多为低于30℃而不能给出确切的结果，不利于原油储存、运输和取样的安全。

在进行原油闪点测定时，除需要注意方法的适用范围、升温速度、开始点火温度和点火次数等常规因素外，还应特别关注原油含水及加热取样过程轻端组分的损失对测定结果的影响。

（2）爆炸极限的计算。

国外，20世纪50年代美国、苏联、西德和日本等一些国家就进行了大量的测试可燃气体爆炸极限的研究工作，但目前尚没有制定出国际标准，并且也没有一个统一的测试方法。所见到的相关标准主要有：德国DIN 51649《气体和空气中气体混合物爆炸界限的确定》和美国ASTM E681－85《易燃性化学物质浓度极限的标准方法》在这两个标准中均没有关于原油、爆炸极限（界限）测定方面的内容。

我国自20世纪60年代以来，先后在煤炭、公安和机械等行业开展过可燃气体爆炸极限的研究工作，但迄今还没有原油爆炸极限的行业标准或国家标准。

相关研究机构虽较系统地进行过可燃气体、可燃蒸气爆炸极限测定的研究工作,并试制了测定装置,对甲烷、乙烷和丙烷等单一组分可燃气体以及甲醇、乙醚和丙酮等单一组分可燃蒸气进行过测定,但对多组分的可燃气体和多组分的可燃蒸气则没有专门加以研究和测定。

除实际检测外,爆炸极限范围可通过燃烧所需的氧原子数来进行计算:

$$N_{下} = \frac{100}{4.85(m-1)+1} \qquad (2-1-5)$$

$$N_{上} = \frac{100}{1.21(m+1)} \qquad (2-1-6)$$

式中　$N_{下}$,$N_{上}$——爆炸下限及爆炸上限,%(体积分数);

　　　m——燃烧一个短分子所需的氧原子数。

两组分或多组分燃料气体的爆炸范围可近似地用式(2-1-7)求取:

$$混合气爆炸上限 = \frac{100}{\dfrac{a_1}{N_1} + \dfrac{a_2}{N_2} + \cdots + \dfrac{a_n}{N_n}} \qquad (2-1-7)$$

式中　N_1,N_2,$\cdots$,N_n——混合气中各组分的爆炸上限(或爆炸下限);

　　　a_1,a_2,$\cdots$,a_n——各组分的体积分数,$a_1 + a_2 + \cdots + a_n = 100$,%。

(3)蒸气压的测定。

采用膨胀法蒸气压测定仪测定原油蒸气压,其原理是将一定体积的原油在一定温度下充满至具活塞的真空测量室内,通过移动活塞扩大测量室的体积,达到所需的气液比,并将测量室的温度调节到测量温度,同时振荡5~30min,当温度和压力达到平衡后,测得的压力即为原油在测试条件下的蒸气压。结果以 kPa 表示。

四、原油质量标准

原油是一种矿产品,也可以说是中间产品,不是终端产品。在成为终端产品(如汽油)之前要经过一系列加工处理,将危害人身安全、污染环境的有害元素(如硫)脱除,用来生产附属产品(如硫黄)。现代原油炼制工艺完全能够在生产出满足安全环保要求的石油产品的同时,排放也能满足国家相关法规要求。因此,确定原油质量参数及限值时,既要考虑反映原油本身品质参数,也要考虑对最终产品质量的影响,还要考虑原油参数是否满足原油加工装置及工艺要求。

自 20 世纪 80 年代末期,国内的原油生产和贸易中,对原油的质量控制一般按 SY 7513—1988《出矿原油技术条件》执行,但是由于该标准质量参数较少,具有一定的局限性。所以,在 SY 7513—1988《出矿原油技术条件》的基础上,增加了密度、硫含量、酸值、机械杂质含量和有机氯含量等反映原油质量、安全和环保方面的参数,制定了 GB 36170—2018《原油》。

1. SY 7513—1988《出矿原油技术条件》

该质量标准适用于出矿商品原油。质量指标和试验方法见表2-1-26。

表 2 - 1 - 26　出矿原油的质量指标和试验方法

项目	原油类别			试验方法
	石蜡基 石蜡—混合基	混合基 混合—石蜡基 混合—环烷基	环烷基 环烷—混合基	GB/T 18611
水含量,%（质量分数）　不大于	0.5	1.0	2.0	GB/T 260
盐含量,mg/L	实测			GB/T 6532
饱和蒸气压,kPa	在储存温度下低于油田当地大气压			GB/T 11059

2. GB 36170—2018《原油》

该质量标准适用于商品原油。

原油首先按照 GB/T 18611 进行简易蒸馏,得到常压沸点范围 250 ~ 275℃ 的第一关键馏分和常压沸点范围为 395 ~ 425℃ 的第二关键馏分。再按 GB/T 13377 或 SH/T 0604 测定两个关键馏分 20℃ 的密度,根据表 2 - 1 - 27 确定关键馏分基属。

表 2 - 1 - 27　关键馏分的基属分类表

馏分基属分类	密度（20℃）,kg/m³	
	第一关键馏分	第二关键馏分
石蜡基	<820.7	<872.1
中间基	820.7 ~ 856.0	872.1 ~ 930.2
环烷基	>856.0	>930.2

根据关键馏分的基属分类,按照表 2 - 1 - 28 确定原油的基属。

表 2 - 1 - 28　原油基属分类表

原油基属	第一关键馏分基属	第二关键馏分基属
石蜡基	石蜡基	石蜡基
石蜡—中间基	石蜡基	中间基
中间—石蜡基	中间基	石蜡基
中间基	中间基	中间基
中间—环烷基	中间基	环烷基
环烷—中间基	环烷基	中间基
环烷基	环烷基	环烷基

质量指标和试验方法见表 2 - 1 - 29。

表 2－1－29　原油的质量指标和试验方法

项目		石蜡基或 石蜡—中间基	中间基或 中间—石蜡基或 中间—环烷基	环烷基或 环烷—中间基	试验方法
水含量[①]（质量分数），%	不大于	0.50	1.00	2.00	GB/T 8929
交接温度下蒸气压[②]，kPa	不大于		66.7		GB/T 11059
机械杂质含量[①]（质量分数），%	不大于		0.05		GB/T 511
204℃前馏分有机氯含量，μg/g	不大于		10		GB/T 18612
盐含量（以氯化钠的质量分数计）[③]，%			报告		GB/T 6532
密度（20℃）[④]，kg/m³			报告		GB/T 1884 GB/T 1885
硫含量[⑤]（质量分数），%			报告		GB/T 17606
酸值[⑥]（以氢氧化钾计），mg/g			报告		GB/T 18609

① 特殊情况下，双方可按约定执行。

② 只针对敞口贮存和运输的交接原油。

③ 也可采用 SY/T 0536 或 SN/T 2782 进行测定，结果有异议时，以 GB/T 6532 方法为准。

④ 也可采用 SH/T 0604 或 NB/SH/T 0874 进行测定，结果有异议时，以 GB/T 1884 和 GB/T 1885 方法为准。

⑤ 也可采用 GB/T 17040 或 GB/T 11140 进行测定，结果有异议时，以 GB/T 17606 方法为准。

⑥ 也可采用 GB/T 7304 进行测定，结果有异议时，以 GB/T 18609 方法为准。

第二节　油田伴生气组成、性质及质量标准

一、油田伴生气的分类

油田伴生气的分类方法目前尚不统一，我国通常从烃类组成、酸性气体和商品等级等不同角度对油田伴生气进行分类。

1. 按烃类组成分类

油田伴生气按烃类组成分类可分为富气和贫气、湿气和干气。

1）富气

每立方米气中丙烷及以上烃类（C_{3+}）含量按液态计大于 $100cm^3$ 的油田伴生气。

2）贫气

每立方米气中丙烷及以上烃类（C_{3+}）含量按液态计小于 $100cm^3$ 的油田伴生气。

3）湿气

通常将随着原油一起采出，经油气分离后，进入浅冷或深冷轻烃装置入口前的油田伴生气称为湿气。

4）干气

通常将经过浅冷或深冷轻烃装置处理后的油田伴生气称为干气。

此外，还习惯将脱水（脱除水蒸气）前的油田伴生气称为湿气，脱水后水露点降低的油田伴生气称为干气。干气与贫气、湿气与富气之间的划分通常不十分严格，经常会相提并论。

2. 按硫化氢（H_2S）和二氧化碳（CO_2）含量分类

1）净气（甜气）

油田伴生气中 H_2S 和 CO_2 含量很少，不需要脱除即可符合管输要求或达到商品天然气气质量指标的油田伴生气。

2）酸性天然气

油田伴生气中 H_2S 或 CO_2 含量较高，需要脱除才能符合管输要求或成为商品天然气的油田伴生气。

根据油田伴生气中 H_2S 的含量，可对油田伴生气进行划分。

低含硫气：H_2S 含量小于 0.3%（体积分数）；

中含硫气：H_2S 含量为 0.3% ~ 5%（体积分数）；

高含硫气：H_2S 含量大于 5%（体积分数）；

当油田伴生气中 H_2S 含量 ≥5%（体积分数），CO_2 含量 ≥10%（体积分数），称为高酸性油田伴生气。

3. 按商品等级分类

经过处理的油田伴生气按管输商品天然气的等级进行分类，根据高位发热量、总硫以及硫化氢和二氧化碳含量可分为一类气和二类气。

一类气应满足高位发热量 ≥34.0MJ/m^3，总硫含量 ≤20mg/m^3，硫化氢含量 ≤6mg/m^3，二氧化碳含量 ≤3.0%（摩尔分数）。

二类气应满足高位发热量 ≥31.4MJ/m^3，总硫含量 ≤100mg/m^3，硫化氢含量 ≤20mg/m^3，二氧化碳含量 ≤4.0%（摩尔分数）。

二、油田伴生气的组成及测定

油田伴生气是由烃类气体和非烃类气体组成的混合气体，主要成分是烷烃类气体，有时还含有极少量的环烷烃及芳香烃，另外还含有氮气、氢气、二氧化碳、硫化氢、水蒸气、氦气和氩气等非烃类气体。油田伴生气的组成并非固定不变，不同地区油田伴生气的组成差别较大。

我国部分油田油田伴生气的组成数据，见表 2 - 2 - 1。

表 2 - 2 - 1　我国部分油气田油田伴生气的组成数据　单位:%（摩尔分数）

油气田	甲烷	乙烷	丙烷	异丁烷	正丁烷	异戊烷	正戊烷	C_{6+}	二氧化碳	氮气	氦气	氢气
大庆油田	89.76	3.24	0.48	0.01	0.03	0.00	0.00	0.00	4.96	1.52	0.00	0.00
吉林油田	90.37	1.47	0.08	0.00	0.00	0.00	0.00	0.01	2.22	5.76	0.07	0.00
辽河油田	89.27	4.89	2.42	0.79	0.84	0.31	0.23	0.36	0.42	0.47	0.00	0.00

续表

油气田	甲烷	乙烷	丙烷	异丁烷	正丁烷	异戊烷	正戊烷	C_{6+}	二氧化碳	氮气	氦气	氢气
华北油田	94.60	2.81	0.47	0.07	0.09	0.03	0.02	0.04	0.89	0.98	0.00	0.00
大港外输	89.56	7.46	0.34	0.00	0.00	0.00	0.00	0.00	1.96	0.65	0.01	0.02
冀东油田	83.28	11.00	0.55	0.00	0.00	0.00	0.00	0.00	5.10	0.07	0.00	0.00
吐哈油田	78.28	9.60	5.13	1.71	1.43	0.60	0.40	0.67	0.05	2.11	0.02	0.00
长庆油田	54.97	14.21	15.39	2.47	5.71	1.18	1.31	0.05	0.03	4.74	0.00	0.00
青海油田	88.00	4.94	1.28	0.32	0.34	0.08	0.08	0.09	0.03	4.75	0.09	0.00

注：油田伴生气外输口数据。

1. 油田伴生气中烃类气体组成

油田伴生气中烃类气体通常以甲烷为主，还包括乙烷、丙烷、丁烷、戊烷及少量己烷以上烷烃，有时还含有极少量的环烷烃（如甲基环戊烷、环己烷）及芳香烃（如苯、甲苯）。油田伴生气中不含不饱和烃。

2. 油田伴生气中主要非烃类气体组成

油田伴生气中非烃类气体一般包括氮气、氢气、二氧化碳、硫化氢、水蒸气及汞、粉尘和微量的氦气、氩气等惰性气体。油田伴生气中一般不含氧气和一氧化碳，某些油田伴生气中检测出的氧气是由于取样或运输过程中混入了空气的缘故。

1）硫化氢（H_2S）

硫化氢为无色、易燃、有刺激性臭味的酸性气体，是急性剧毒物质，高浓度吸入可致人立即昏迷、甚至死亡。其蒸气压在25.5℃时为2026.5kPa，闪点小于 −50℃，熔点为 −85.5℃，沸点为 −60.4℃；易溶于水、乙醇，溶于水生成氢硫酸，水中溶解度为1∶2.6；相对密度（空气为1）为1.189。其化学性质不稳定，在较高温度时可分解生成氢气和硫；在空气中点火可燃烧，完全燃烧时可生成二氧化硫和水，不完全燃烧时可生成单质硫和水；硫化氢还具有较强的还原性。

GB 17820—2018《天然气》所规定的两类商品天然气的硫化氢含量指标中，一类气的指标 6mg/m³ 已经接近国际水平，适合于长输管道输配系统。

2）有机硫化物

油田伴生气中除可能含有 H_2S 外，还可能含数量不等的有机硫化物，如硫醇（CH_3SH、C_2H_5SH）、硫醚（CH_3SCH_3）及羰基硫等非活性硫化物。有机硫化物多数具有特殊的臭味，在极低浓度下就能凭嗅觉察觉到，因此甲硫醇和噻吩常用作天然气加臭剂，以便输配气管道发生泄漏时能及时察觉。

3）二氧化碳（CO_2）

二氧化碳是油田伴生气中无色、无味、不可燃的酸性组分。能溶于水生成碳酸，对管道和设备具有腐蚀性，尤其当 H_2S 和 CO_2 与水同时存在时，对钢材的腐蚀更加严重。密度比空气大，为 1.977g/L。化学性质不活泼，既不能燃烧，也不支持燃烧。大多数国家的天然气气质标准中对二氧化碳含量规定为不大于2%（摩尔分数），在我国，根据天然气工业发展的实际水平，规定进入长输管道的天然气应符合一类气的质量要求，即二氧化碳含量不应大于3%（摩尔分数）。

二氧化碳在低浓度时，对呼吸中枢呈兴奋作用，高浓度时则产生抑制甚至麻痹作用。中毒机制中还兼有缺氧的因素。人进入高浓度 CO_2 环境，在几秒钟内迅速昏迷倒下，反射消失、瞳孔扩大或缩小、大小便失禁、呕吐等，更严重者出现呼吸停止休克，甚至死亡。固态（干冰）和液态 CO_2 在常压下迅速汽化，能造成 $-80 \sim -43℃$ 低温，引起皮肤和眼睛严重的冻伤。

4）氮气（N_2）

氮气是无色、无味的气体，其沸点为 $-196℃$。氮气是油田伴生气中常见的气体组分。

5）氦气（He）

氦气是无色、无味的惰性气体，其沸点为 $-268.95℃$。氦气是少数油气藏中可能存在的微量组分。

6）汞（Hg）

汞是一种重金属元素，俗称水银，在常温常压下呈液态，银白色，易流动，密度为 $13.59g/cm^3$，沸点为 $356.6℃$，熔点为 $-38.87℃$。在常温下能与硫生成硫化汞。汞蒸气会导致铝热交换器和管道产生严重腐蚀。

7）水蒸气

油田伴生气中水蒸气含量过高可能引起水凝析、形成水合物或结冰造成输送管道的冰堵，在 H_2S 和 CO_2 同时存在时还会导致管线腐蚀，给天然气的生产、运输和使用都带来极大的隐患。

GB 17820—2018《天然气》中明确指出"在天然气交接点的压力和温度条件下，天然气中应不存在液态水"。

3. 固体颗粒

由于地层、管壁腐蚀和磨蚀等原因，使油田伴生气中夹带一定量固体杂质，在管输过程中，这些杂质会磨蚀阀件，也可能沉积在设备及管道中，从而影响设备的正常运转。GB 17820—2018《天然气》中虽未具体规定固体颗粒含量，但明确指出"天然气中固体颗粒含量不影响天然气的输送和利用"。

4. 油田伴生气组成的测定方法

油田伴生气化学组成的测定包括烃类组成和非烃类组成的测定，其测定方法均采用已发布的国家标准、石油行业标准等标准方法。

1）取样方法

油田伴生气取样的主要目的是为了获得有代表性的样品进行组成及性质测定。油田伴生气取样方法标准见表 2 - 2 - 2。

表 2 - 2 - 2　油田伴生气取样方法标准

序号	取样方法标准
1	GB/T 13609《天然气取样导则》
2	GPA 2166《气相色谱法分析天然气样品的取样方法》

2）烃类组成测定方法

自 20 世纪 60 年代以来,天然气分析技术已逐步进入精确、高效和标准化阶段。气相色谱法作为多组分气体含量分析手段被广泛采用。在油田伴生气的勘探开发和综合利用过程中出于不同的目的,对组成分析也有不同的要求。如只测定甲烷至丁烷含量的快速分析,测定甲烷直至 C_{6+} 含量的常规分析,对于 C_5 以上烃类组成浓度相对较高的油田伴生气,为获得较准确的热值、相对密度和压缩因子等数据,还可将烃类组成延伸分析至 C_8、C_{10} 甚至 C_{16} 以上。较高碳数烃组成对烃露点影响很大,例如在样品中加入体积分数为 0.28×10^{-6} 的 C_{16} 烃时,其烃露点上升 40℃,故应进行延伸的碳数组成分析。

油田伴生气中多组分烃类均采用多阀多柱气相色谱仪进行测定,测定结果以%（摩尔分数）表示,各组分含量总和应进行归一化处理。相关测定方法标准见表 2 - 2 - 3。

表 2 - 2 - 3 油田伴生气中烃类组成测定方法标准

序号	测定方法标准
1	GB/T 13610《天然气的组成分析 气相色谱法》
2	GB/T 17281《天然气中丁烷至十六烷烃类的测定 气相色谱法》
3	GB/T 27894.3《天然气 在一定不确定度下用气相色谱法测定组成 第3部分:用两根填充柱测定氢、氦、氧、氮、二氧化碳和直至 C_8 的烃类》
4	GB/T 27894.4《天然气 在一定不确定度下用气相色谱法测定组成 第4部分:实验室和在线测量系统中用两根色谱柱测定氮、二氧化碳和 C_1 至 C_5 及 C_{6+} 的烃类》
5	GB/T 27894.5《天然气 在一定不确定度下用气相色谱法测定组成 第5部分:实验室和在线工艺系统中用三根色谱柱测定氮、二氧化碳和 C_1 至 C_5 及 C_{6+} 的烃类》
6	GB/T 27894.6《天然气 在一定不确定度下用气相色谱法测定组成 第6部分:用三根毛细管色谱柱测定氢、氦、氧、氮、二氧化碳和 C_1 至 C_8 的烃类》

油田伴生气中烃类组成含量测定方法的原理是将具有代表性的多组分气体样品,注入多阀多柱色谱系统内,采用程序升温进行分离,各组分经火焰离子化检测器(FID)或热导检测器(TCD)检测。定量结果可通过含有与被测气体样品中相同组分的标准混合气,采用外标法,通过峰面积比计算出被测气体样品中相应的组成含量,各组分含量的总和应进行归一处理。各方法标准的方法提要如下。

GB/T 13610:具有代表性的气样和已知组成的标准混合气（以下简称标准气）,在同样的操作条件下,用气相色谱法进行分离。样品中许多重尾组分可以在某个时间通过改变流过柱子载气的方向,获得一组不规则的峰,这组重尾组分可以是 C_5 和更重组分,C_6 和更重组分,或 C_7 和更重组分。由标准气的组成值,通过对比峰高、峰面积或者两者均对比,计算获得样品的相应组成。

GB/T 17281:天然气样品被注入甲基硅氧烷类的毛细色谱柱内,采用程序升温进行分离,组分用火焰离子化检测器(FID)进行检测。丁烷至十六烷的定量测定结果或用含有丁烷的标准气体混合物进行标定,并由此计算其余所有烃类的响应,或者用 GB/T 13610 所测的戊烷含量进行计算。当分析结果是和 GB/T 13610 所得的结果合并起来进行计算时,测定各组分含量的总和应归一到 100%。

GB/T 27894.3:用两根色谱柱气相色谱法测定 N_2、CO_2 和 C_1 至 C_8 的烃类组分。与热导检测器(TCD)相连的 13X 分子筛柱用于分离和检测 H_2、He、O_2 和 N_2,依次与热导检测器(TCD)和火焰离子化检测器(FID)相连的 Porapak R 柱用于分离和检测 N_2、CO_2 和 C_1 至 C_8 的烃类。这两个分析过程独立进行,其结果统一处理。如果用分子筛检测出 O_2 的摩尔分数大于 0.02%,则应该由分子筛分析 N_2 含量。如果 O_2 含量低于 0.02%,同时假设气样中没有 H_2,那么 N_2 含量可以由 Porapak R 柱分析。由工作参比气体确定 TCD 的响应值,结合 FID 的相对响应因子得出定量结果。天然气各组分含量应归一到 100%。

GB/T 27894.4:用两根在 Chromosorb PAW(酸洗红色硅藻土载体)上涂渍了 DC – 200(甲基硅油)的色谱柱(一根短柱和一根长柱),通过反吹方式,用气相色谱法测定氮气、二氧化碳、甲烷、乙烷、丙烷、丁烷和戊烷。短柱保留比正戊烷重的烃类,这些组分在反吹后以 C_{6+} 累加峰流出。长柱用于测定氮气、二氧化碳、甲烷至正戊烷,检测通过热导检测器(TCD)来完成,氧气、氩气、氢气和氦气不能用该方法测出。

GB/T 27894.5:通过气相色谱使用三根色谱柱切换/反吹的方法测定氮气、二氧化碳、C_1—C_{6+}。三根色谱柱通过用于控制进样/反吹操作的两个六通阀(或用一个十通阀代替)连接在用于定量的热导检测器(TCD)。样品首先进入按沸点分离的长、短两根色谱柱。C_6 及更重的烃最初被保留在短柱部分,长柱部分保留 C_3—C_5烃。更轻的组分(氮气、甲烷、二氧化碳和乙烷)迅速地并且不被吸收地通过沸点分离柱到达适于它们保留和分离的多孔高分子聚合物柱。接下来,对接近检测器的短柱进行快速的反吹,较重的 C_{6+} 组分(作为一个合并的“虚拟组分”被检测到而不是通过测定单个组分的累加)最先流出,并作为一个独立的峰被定量。接着,C_3—C_5烃在离检测器较远的长柱部分分离并由 TCD 定量。最后,通过改变载气方向到多孔聚合物柱,较轻的组分如氮气、甲烷、二氧化碳和乙烷被分离并被检测器定量。在检测 C_3—C_5期间,另一个六通阀既可将该柱与载气相连也可以旁通它。色谱柱分离作用如下:柱 1 保留 C_{6+} 组分,作为一个组合峰被反吹。柱 2 分离丙烷、异丁烷、正丁烷、新戊烷、异戊烷、正戊烷(当 C_{6+} 流出柱 1 后,这些组分才流出)。柱 3 保留并分离氮气、甲烷、二氧化碳和乙烷(当正戊烷流出柱 2 后,这些组分才流出)。

GB/T 27894.6:通过气相色谱法运用三根毛细柱测定氢气、氦气、氮气、二氧化碳和 C_1 至 C_8 的烃类。使用一根 PLOT 预柱分离二氧化碳和乙烷。用一根分子筛 PLOT 柱来分离氦气(He)、氢气(H_2)、氧气(O_2)、氮气(N_2)和甲烷(CH_4)这些永久性气体。用一根涂有极性固定相的厚膜 WCOT 色谱柱分离 C_3—C_8(及更重的)烃类。永久性气体氦气(He)、氢气(H_2)、氧气(O_2)、氮气(N_2)和甲烷(CH_4)通过热导检测器(TCD)来检测。C_2—C_8的烃类用火焰离子化检测器(FID)来检测。

3)非烃类组成测定方法

油田伴生气中主要的非烃类组成包括硫化氢、总硫、二氧化碳、氮气、氦气和水等,相关测定方法标准见表 2 – 2 – 4。

表 2 – 2 – 4 油田伴生气中非烃类组成测定方法标准

序号	分析项目	测定方法标准
1	硫化氢	GB/T 11060.1《天然气 含硫化合物的测定 第 1 部分:用碘量法测定硫化氢含量》 GB/T 11060.2《天然气 含硫化合物的测定 第 2 部分:用亚甲蓝法测定硫化氢含量》 GB/T 11060.3《天然气 含硫化合物的测定 第 3 部分:用乙酸铅反应速率双光路检测法测定硫化氢含量》
2	总硫	GB/T 11060.4《天然气 含硫化合物的测定 第 4 部分:用氧化微库仑法测定总硫含量》 GB/T 11060.5《天然气 含硫化合物的测定 第 5 部分:用氢解 - 速率计比色法测定总硫含量》 GB/T 11060.8《天然气 含硫化合物的测定 第 8 部分:用紫外荧光光度法测定总硫含量》
3	二氧化碳、氮气	GB/T 13610《天然气的组成分析 气相色谱法》 GB/T 27894.3《天然气 在一定不确定度下用气相色谱法测定组成 第 3 部分:用两根填充柱测定氢、氦、氧、氮、二氧化碳和直至 C_8 的烃类》 GB/T 27894.4《天然气 在一定不确定度下用气相色谱法测定组成 第 4 部分:实验室和在线测量系统中用两根色谱柱测定氮、二氧化碳和 C_1 至 C_5 及 C_{6+} 的烃类》 GB/T 27894.5《天然气 在一定不确定度下用气相色谱法测定组成 第 5 部分:实验室和在线工艺系统中用三根色谱柱测定氮、二氧化碳和 C_1 至 C_5 及 C_{6+} 的烃类》 GB/T 27894.6《天然气 在一定不确定度下用气相色谱法测定组成 第 6 部分:用三根毛细管色谱柱测定氢、氦、氧、氮、二氧化碳和 C_1 至 C_8 的烃类》
4	氦气	GB/T 13610《天然气的组成分析 气相色谱法》 GB/T 27894.3《天然气 在一定不确定度下用气相色谱法测定组成 第 3 部分:用两根填充柱测定氢、氦、氧、氮、二氧化碳和直至 C_8 的烃类》 GB/T 27894.6《天然气 在一定不确定度下用气相色谱法测定组成 第 6 部分:用三根毛细管色谱柱测定氢、氦、氧、氮、二氧化碳和 C_1 至 C_8 的烃类》
5	汞	GB/T 16781.1《天然气 汞含量的测定 第 1 部分:碘化学吸附取样法》 GB/T 16781.2《天然气 汞含量的测定 第 2 部分:金 - 铂合金汞齐化取样法》
6	水含量	GB/T 17283《天然气水露点的测定 冷却镜面凝析湿度计法》 GB/T 18619.1《天然气中水含量的测定 卡尔费休 - 库仑法》 GB/T 22634《天然气水含量与水露点之间的换算》 GB/T 27896《天然气中水含量的测定 电子分析法》
7	固体颗粒	GB/T 27893《天然气中颗粒物含量的测定 称量法》

（1）硫化氢含量的测定。

油田伴生气中的硫化物常用硫化氢含量和总硫含量表示。确定油田伴生气中硫化氢含量的目的在于控制输配系统的腐蚀,以及控制对人体的危害。硫化氢含量不大于 $6mg/m^3$ 时,对金属材料无腐蚀作用;含量不大于 $20mg/m^3$ 时,则对钢材无明显腐蚀或其腐蚀程度在工程所能接受的范围内。

国内常用的测定油田伴生气中硫化氢含量的方法有碘量法、亚甲蓝法及乙酸铅法,测定结果均以 mg/m^3 表示。

① 碘量法:用过量的乙酸锌溶液吸收气样中的硫化氢,生成硫化锌沉淀,加入过量的碘溶液以氧化生成的硫化锌,剩余的碘用硫代硫酸钠标准溶液滴定。在 GB 17820 中规定该方法为硫化氢含量测定的仲裁方法。

测定方法为 GB/T 11060.1《天然气 含硫化合物的测定 第 1 部分:用碘量法测定硫化氢含量》。

② 亚甲蓝法:用乙酸锌溶液吸收气样中的硫化氢,生成硫化锌,在酸性介质中和三价铁离子存在下,硫化锌同 N,N-二甲基对苯二胺反应,生成亚甲蓝,采用分光光度计在波长 670nm 处测量溶液中生成的亚甲蓝的吸光度。

测定方法为 GB/T 11060.2《天然气 含硫化合物的测定 第 2 部分:用亚甲蓝法测定硫化氢含量》。

③ 乙酸铅法:气体样品以恒定流量经加湿后,流经乙酸铅纸带,硫化氢与乙酸铅反应生成硫化铅,纸带上产生棕黑色色斑,反应速率及产生的颜色变化速率与样品中硫化氢浓度成正比,采用光电检测器检测反应生成的硫化铅黑斑,产生的电压信号经采集和一阶导数处理后得到的响应值,通过已知硫化氢标准气的响应值相比较来确定样品中的硫化氢含量。

测定方法为 GB/T 11060.3《天然气 含硫化合物的测定 第 3 部分:用乙酸铅反应速率双光路检测法测定硫化氢含量》。

（2）总硫含量的测定。

油田伴生气中的硫化合物主要包括两类,即硫化氢和有机硫化合物,两者含量之和称为总硫。

GB 17820—2018《天然气》参考欧洲标准 EN 16726—2016《燃气基础设施 气体质量 H 组》,对一类气总硫的指标规定为 $20mg/m^3$,体现了控制总量的技术思路。

目前,常采用氧化微库仑法、氢解-速率计比色法和紫外荧光光度法测定伴生气中总硫的含量,测定结果均以 mg/m^3 表示。

① 氧化微库仑法:含硫气样在石英转化管中与氧气混合燃烧,硫转化为二氧化硫,随氮气进入滴定池与碘发生反应,消耗的碘由电解碘化钾得到补充。根据法拉第电解定律,由电解所消耗的电量计算出气样中总硫的含量。

测定方法为 GB/T 11060.4《天然气 含硫化合物的测定 第 4 部分:用氧化微库仑法测定总硫含量》。

② 氢解-速率计比色法:气样以恒定的速率进入氢解仪内的氢气流中,在 1000℃ 或更高的温度下,气样和氢气被热解,含硫化合物全部转化为硫化氢,硫化氢与乙酸铅的反应结果由比色反应速率计检测读出。

测定方法为 GB/T 11060.5《天然气 含硫化合物的测定 第 5 部分:用氢解-速率计比色法测定总硫含量》。

③ 紫外荧光光度法:气样通过进样系统进入高温燃烧石英管中,在富氧的条件下,气样中的硫被氧化成二氧化硫,将经滤膜过滤器干燥后的二氧化硫暴露与紫外线中,由于二氧化硫分子吸收紫外线中的能量后被转化为激发态的二氧化硫,当二氧化硫分子从激发态回到基态时释放出荧光,所释放的荧光被光电倍增管所检测,根据获得的信号可检测出气样中的总硫含

量。该方法为 GB 17820 规定的仲裁方法。

测定方法为 GB/T 11060.8《天然气　含硫化合物的测定　第 8 部分：用紫外荧光光度法测定总硫含量》。

（3）二氧化碳、氮气和氦气含量的测定。

油田伴生气中二氧化碳、氮气和氦气都是不可燃组分，从燃气的角度看，它们影响油田伴生气的发热量，对管道的输气效率有影响。另外，二氧化碳对大气温室效应、管道腐蚀都有影响。

油田伴生气中二氧化碳、氮气和氦气含量的测定方法与烃类组成的测定方法相同，均采用气相色谱法，在测定出烃类的同时，这些组分也被测定出。

（4）汞含量的测定。

油田伴生气中可能存在一定量的汞，如果含量较高，应进行净化处理，既可避免处理和输送过程中汞的凝析，又符合气体销售的要求。汞含量的测定方法包括碘化学吸附取样法和金 - 铂合金汞齐化取样法，结果以 $\mu g/m^3$ 表示。

① 碘化学吸附取样法：气体通过装有碘浸渍硅胶的玻璃管，气体中以元素汞或有机汞化合物［如二甲基汞 $Hg(CH_3)_2$ 或二乙基汞 $Hg(C_2H_5)_2$］形式存在的汞被化学吸附。

$$Hg + I_2 \longrightarrow HgI_2$$

$$Hg(CH_3)_2 + I_2 \longrightarrow HgI_2 + 2CH_3I$$

在实验室用碘化胺/碘溶液［$(NH_4I)/I_2$］溶解生成的碘化汞（HgI_2），并用真空汽提除去烃凝析物。以水溶性络合物形式存在的汞被碱性锡盐（Ⅱ）溶液还原成元素汞。用惰性气体将汞从溶液中汽提出来，将汞蒸气转移至冷原子吸收光谱仪或原子荧光光谱仪，在波长 253.7nm 处进行测定。用汞标准溶液进行校准。

测定方法为 GB/T 16781.1《天然气　汞含量的测定　第 1 部分：碘化学吸附取样法》。

② 金 - 铂合金汞齐化取样法：取样应在温度高于气样露点至少 10℃ 的条件下进行，气体通过两支串联的、充填一系列精细金 - 铂合金丝的石英玻璃取样管；汞在其上通过汞齐化作用而被收集。然后，将每支取样管分别加热到 700℃，使汞从汞齐中脱附。被释放的汞随空气流转移至充填金 - 铂合金丝的分析管（二次汞齐化）。然后将分析管加热到 800℃，将汞转移到原子吸收光谱或原子荧光光谱仪，在波长 253.7nm 处测量。为了避免汞从表面扩散到金 - 铂合金丝内部，从而降低在规定转移条件下汞的回收率，必须在取样后一周内测定收集的汞。

测定方法为 GB/T 16781.2《天然气　汞含量的测定　第 2 部分：金 - 铂合金汞齐化取样法》。

（5）水含量的测定。

油田伴生气中水含量指标的规定大致可分为两种方式，即水含量的绝对值或管输条件下的水露点。水含量与水露点可以通过 GB/T 22634《天然气水含量与水露点之间的换算》进行换算。

油田伴生气的饱和含水量取决于油田伴生气的温度、压力和组成等条件。每立方米伴生气所含水的质量（以 g 计）即为该气体的绝对湿度。一定条件下伴生气中可能含有的最大水汽量，即与液态水平衡时的含水汽量称为饱和含水量。在给定条件下，伴生气含水量与其饱和含水量之比，则为相对湿度。

油田伴生气中水含量测定方法包括冷却镜面凝析湿度计法和电子分析法的现场测量方

法,以及卡尔费休－库仑法的实验室测量方法。

① 冷却镜面凝析湿度计法:利用冷却镜面法湿度计,通常是通过测定气体相对应的水露点来计算气体中的水含量,冷却镜面法湿度计带有一个镜面(一般为金属镜面),当样品气流经镜面时,降低镜面温度并准确测量,镜面温度被冷却至凝析物产生时,可观察到镜面上开始结露。当低于此温度时,凝析物会随时间延长逐渐增加,高于此温度时,凝析物则减少直至消失,此时的镜面温度即为被测气体的露点。

测定方法为 GB/T 17283《天然气水露点的测定 冷却镜面凝析湿度计法》。

② 电子分析法:采用氧化铝(Al_2O_3)涂层电容式传感器时,在水蒸气存在的情况下,电介质 Al_2O_3 膜会使电容器的电容发生变化,输出值可以和测量压力条件下的水露点值建立直接的对应关系;采用电极镀有五氧化二磷(P_2O_5)涂层的电解式传感器时,加在电极间的电压使 P_2O_5 涂层吸收的水发生电解反应,从而在电极间产生电流,产生的电流与水蒸气的浓度成正比;采用电极由石英晶体(QCM)为材料的压电式传感器时,当传感器加有电压时,会产生一个非常稳定的振动,传感器的表面镀有吸湿性聚合物涂层,振动频率随聚合物吸收水含量的变化而成比例的改变;采用激光式传感器时,激光器发射的光经过样品室,到达尽头后返回光学头的检测器,部分发射光被水分子吸收,吸收的光强度与水含量成正比。

测定方法为 GB/T 27896《天然气中水含量的测定 电子分析法》。

③ 卡尔费休－库仑法:当一定体积的气体通过一个装有已预先滴定过的卡尔费休试剂的滴定池,气体中的水分被溶液吸收并与卡尔费休试剂反应,测定溶解的水所需要的碘通过电解溶液中的碘化物电解补充,消耗的电解电量与产生的碘的质量成正比,因此也与被测水分的质量成正比。

测定方法为 GB/T 18619.1《天然气中水含量的测定 卡尔费休－库仑法》。

(6) 固体颗粒含量的测定。

油田伴生气中的固体颗粒是指去除附着水的大于 $0.5\mu m$ 固体粒子,其中包括颗粒物吸附的经过干燥没有挥发掉的微量成分。油田伴生气中的固体颗粒含量采用滤膜称重法进行测定,将一定体积的伴生气通过已恒重的滤膜,颗粒物被阻留在滤膜上,经干燥后称重,根据颗粒物质量和通过的气体体积计算出颗粒物含量。

5. 油田伴生气组成的表示方法

1) 按分数表示及相互换算

油田伴生气作为气体混合物,其中的组分 i 的浓度可以由摩尔分数 y_i,体积分数 φ_i 或质量分数 ω_i 表示,由于体积分数是以标准状态下($101.325kPa$,$0℃$)的测量值为基础得到的,因此它约等于摩尔分数。

(1) 摩尔分数 y_i 表示法:

$$y_i = \frac{n_i}{\sum n_i} \tag{2-2-1}$$

式中 n_i——组分 i 的物质的量,mol;

$\sum n_i$——混合物中所有组分的物质的量的总和,mol。

（2）体积分数 φ_i 表示法：

$$\varphi_i = \frac{V_i}{\sum V_i} \qquad (2-2-2)$$

式中 V_i——标准状态下组分 i 占有的体积，m^3；

$\sum V_i$——标准状态下测得的混合物的总体积，m^3。

（3）质量分数 ω_i 表示法：

$$\omega_i = \frac{m_i}{\sum m_i} \qquad (2-2-3)$$

式中 m_i——组分 i 的质量，kg；

$\sum m_i$——混合物的总质量，kg。

（4）分数换算：

由摩尔分数（或体积分数）换算为质量分数，质量分数换算为摩尔分数（或体积分数），按以下算式进行：

$$\omega_i = \frac{y_i M_i}{\sum (y_i M_i)} \qquad (2-2-4)$$

$$y_i(\text{或 } \varphi_i) = \frac{m_i / M_i}{\sum (m_i / M_i)} \qquad (2-2-5)$$

式中 M_i——组分 i 的摩尔质量，g/mol。

2）按质量浓度表示及相互换算

组分浓度也常用单位体积气体中某物质的质量表示，称作质量浓度。单位为 g/m^3 或 kg/m^3 等。

（1）由 mg/m^3 换算到体积分数 φ_i：

$$\varphi_i = \frac{\rho_i V_{m(i)}}{M_i \times 10^4}\% \qquad (2-2-6)$$

式中 $V_{m(i)}$——组分 i 的在标准状态下的摩尔体积，L/mol；

ρ_i——组分 i 的质量浓度，mg/m^3。

（2）由体积分数 φ_i 换算到 mg/m^3：

$$\rho_i = \frac{M_i \varphi_i}{22.4 \times 10^{-4}} \qquad (2-2-7)$$

3）体积校正

在标准状态下，理想气体的摩尔体积为 $0.0224m^3/mol$（或 $22.4L/mol$）。油田伴生气中不同气体组分在标准状态下的摩尔体积均接近 $22.4L/mol$ 的某个数值，见表 2-2-5。

表 2 - 2 - 5　某些组分在标准状态下的摩尔体积

组分	摩尔体积 V_m,L/mol	组分	摩尔体积 V_m,L/mol
甲烷	22.36	氧	22.39
乙烷	22.18	氢	22.43
丙烷	21.89	空气	22.40
异丁烷	21.42	二氧化碳	22.26
正丁烷	21.48	一氧化碳	22.40
氮	22.42	硫化氢	22.14
氮	22.40	水蒸气	23.45
正戊烷	20.88	二氧化硫	21.89

对于不同状态下工作的气体，根据标准均需在接近室温、大气压力的状态下采取试样，为了便于对比和换算，一般需要将气体换算成计量基准状态下的体积。其换算公式为：

$$V_s = \frac{293pV}{0.101 \times (273 + T)} \qquad (2 - 2 - 8)$$

式中　V_s——计算基准状态体积，m^3；

　　　p——压力，MPa；

　　　V——体积，m^3；

　　　T——温度，℃。

4）混合气体组分的换算举例

已知油田伴生气各组分摩尔分数，计算其质量分数的计算过程见表 2 - 2 - 6。

表 2 - 2 - 6　油田伴生气组分换算示例计算过程

组分	已知摩尔分数 y_i %	摩尔体积 V_m L/mol	物质的量 n_i mol	各组分相对分子质量	各组分质量 m_i kg	质量分数 ω_i $\left(\omega_i = \dfrac{m_i}{\sum m_i}\right)$ %
甲烷 CH_4	97.0	22.36	4.34	16.04	69.61	93.16
乙烷 C_2H_6	1.5	22.18	0.067	30.07	2.01	2.69
丙烷 C_3H_8	0.5	21.89	0.023	44.09	1.01	1.35
正丁烷 nC_4H_{10}	0.2	21.48	0.009	58.12	0.52	0.70
正戊烷 nC_5H_{12}	0.1	20.88	0.0048	72.15	0.35	0.47
二氧化碳 CO_2	0.5	22.26	0.022	44.01	0.97	1.30
氮 N_2	0.2	22.40	0.0089	28.01	0.25	0.33
合计	100	—	4.4747	—	$\sum m_i = 74.72$	100

三、油田伴生气的物理性质

油田伴生气中常见烃类和某些气体的基本性质见表 2 - 2 - 7 和表 2 - 2 - 8。

表2-2-7 常见烃类的基本性质(20℃,101.325kPa)

项目	甲烷	乙烷	丙烷	正丁烷	异丁烷	正戊烷	异戊烷	己烷	正庚烷	正辛烷	壬烷	癸烷	十一烷	十二烷
分子式	CH_4	C_2H_6	C_3H_8	nC_4H_{10}	iC_4H_{10}	nC_5H_{12}	iC_5H_{12}	C_6H_{14}	C_7H_{16}	C_8H_{18}	C_9H_{20}	$C_{10}H_{22}$	$C_{11}H_{24}$	$C_{12}H_{26}$
相对分子质量	16.04	30.07	44.10	58.12	58.12	72.15	72.15	86.17	100.20	114.23	128.26	142.28	156.31	170.34
干摩尔体积,m³/kmol	24.00	23.84	23.63	23.34	23.40	0.2	0.12	0.13	0.15	0.16	0.18	0.19	0.21	0.23
密度,kg/m³	0.6685	1.2613	1.8660	2.4899	2.4841	625.7627	621.5137	661.6650	682.4270	704.1776	720.8617	731.2404	742.1816	749.3778
相对密度	0.5170	0.9755	1.4431	1.9256	1.9212	0.6258	0.6215	0.6617	0.6824	0.7042	0.7209	0.7312	0.7422	0.7494
临界温度 T_c,K	190.55	305.43	369.82	425.16	408.13	469.6	460.39	507.44	540.1	569.1	594.8	617.1	640.0	679.0
临界压力 p_c,kPa(绝)	4604	4880	4249	3797	3648	3369	3381	3031	2740	2490	2300	2110	1970	1920
临界比容 V_c,m³/kmol	0.099	0.148	0.203	0.255	0.263	0.304	0.306	0.37	0.432	0.492	0.548	0.603	0.66	0.713
理想高发热值,kJ/m³	39829	69759	99264	128629	128257	158087	157730	39829	69759	99264	128629	128257	158087	157730
理想低发热值,kJ/m³	35807	63727	91223	118577	118206	146025	145668	35807	63727	91223	118577	118206	146025	145668
爆炸下限,%(体积分数)	5.0	2.9	2.1	1.8	1.8	1.4	1.4	1.2	1.1	0.8	0.8	0.6	2.0	0.6
爆炸上限,%(体积分数)	15.0	13.0	9.5	8.4	8.4	8.3	8.3	6.0	6.7	6.5	2.9	5.5	8.0	+∞
比定压热容 c_p,kJ/(kg·K)	35.884	52.548	74.473	97.533	96.932	161.495	157.623	184.899	210.855	238.353	265.447	292.179	320.193	345.889
比热比 c_p/c_v	1.306	1.195	1.135	1.104	1.104	—	—	—	—	—	—	—	—	—
动力黏度,mPa·s	0.0111	0.0092	0.0080	0.0071	0.0073	0.2302	0.2250	0.3130	0.4134	0.5468	0.7100	0.9062	1.1471	1.4299
气体常数 R,kJ/(kg·K)	0.5170	0.2740	0.1852	0.1388	0.1391	—	—	—	—	—	—	—	—	—
自燃点,℃	645	530	510	490	460	260	420	244	204	206	206.1	205	481	203.9
理论燃烧温度,℃	1830	2020	2043	2057	2057	—	—	—	—	—	—	—	—	—
燃烧1m³气体所需空气量,m³	9.54	16.70	23.86	31.02	31.02	38.18	38.18	45.34	52.5	59.66	66.82	73.98	81.14	88.3
最大火焰传播速度,m/s	0.67	0.86	0.82	0.82	0.36	—	—	—	—	—	—	—	—	—
凝固点,℃	-182.45	-182.79	-187.62	-159.59	-138.35	-129.71	-159.89	-95.3	-90.6	-56.8	-53.5	-29.7	-26	9.6
沸点,℃	-161.51	-88.59	-42.07	-11.79	-0.51	36.05	27.83	68.7	98.5	125.6	150.8	174.1	195.9	216.3

表2-2-8 伴生气中常见气体的基本性质(20℃,101.325kPa)

项目	氢	氮	氦	一氧化碳	二氧化碳	硫化氢	空气
分子式	H_2	N_2	He	CO	CO_2	H_2S	—
相对分子质量	2.016	28.01	4.00	28.01	44.01	34.08	28.96
千摩尔体积,$m^3/kmol$	24.04	24.06	24.04	23.91	23.86	24.05	24.04
密度,kg/m^3	1.1651	0.1664	1.1651	1.8403	1.4284	1.2043	1.1651
相对密度	0.06952	0.9671	0.1381	0.9672	1.5289	1.1896	1.00
临界温度 T_c,K	33.2	126.0	5.2	132.92	304.19	373.5	132.4
临界压力 p_c,kPa(绝)	1297	3399	227.5	3499	7382	9005	3771
临界比容 V_c,$m^3/kmol$	0.065	0.90	0.058	0.093	0.094	0.098	0.094
理想高发热值,kJ/m^3	12789	—	—	—	—	25141	—
理想低发热值,kJ/m^3	10779	—	—	12618	—	23130	—
爆炸下限,%(体积分数)	4.0	—	—	12.5	—	4.3	—
爆炸上限,%(体积分数)	74.2	—	—	74.2	—	45.5	—
比定压热容 c_p,$kJ/(kg \cdot K)$	28.340	29.169	20.801	29.125	38.345	34.474	29.149
比热比 c_p/c_V	1.410	1.402	1.666	1.403	1.285	1.329	1.402
动力黏度,$mPa \cdot s$	0.0086	0.0181	0.0196	0.0180	0.0143	0.0118	0.0182
气体常数 R,$kJ/(kg \cdot K)$	4.1256	0.2967	2.0771	0.2967	0.1878	0.2420	0.2871
自燃点,℃	510	—	—	610	—	290	—
理论燃烧温度,℃	2210(热量计)	—	—	2470(热量计)	—	1900	—
燃烧$1m^3$气体所需空气量,m^3	2.39	—	—	2.93	—	7.227	—
最大火焰传播速度,m/s	4.85	—	—	1.25	—	7.16	—
凝固点,℃	-259.14	-209.86	-272.2	-199.15	-87.25	-85.45	—
沸点,℃	-252.87	-195.8	-268.9	-191.5	-78.5	-59.65	—

1. 理想气体状态方程

$$pV = nRT \qquad\qquad (2-2-9)$$

式中　p——绝对压力,kPa;

　　　V——体积,m^3;

　　　T——气体的热力学温度,K;

　　　n——物质的量,kmol;

　　　R——气体常数,$kJ/(kmol \cdot K)$。

理想气体在20.0℃,101.325kPa物理标准状态下每千摩尔体积为24.055m^3。在压力低于0.4MPa时,在工程计算中一般按理想气体状态方程计算已足够准确。

2. 真实气体状态方程

在压力较高时需按真实气体计算其温度、压力与容积的关系。在工程计算中一般在理想气体状态方程式中引入修正系数,即压缩因子 Z,其方程式如下:

$$pV = ZnRT \qquad (2-2-10)$$

式中 Z——压缩因子(压缩系数)。

依据状态方程,已知气体在 p_1、T_1 及 Z_1 条件下的体积 V_1,换算成 p_2、T_2 及 Z_2 条件下的体积 V_2,按式(2-2-11)计算:

$$V_2 = \frac{Z_2 T_2 p_1}{Z_1 T_1 p_2} \times V_1 \qquad (2-2-11)$$

3. 气体常数

每千摩尔气体的气体常数 R,对于不同的气体具有相同的数值,又称通用气体常数。在标准状态($T_0 = 273.15\text{K}$,$p_0 = 101.325\text{kPa}$)下:

$$R = \frac{p_0 V_0}{T_0} = 8.3144 \text{kPa} \cdot \text{m}^3 / (\text{kmol} \cdot \text{K}) \qquad (2-2-12)$$

每千克气体的气体常数 R_1,对于不同的气体具有不同的数值。其与通用气体常数的关系为:

$$R_1 = \frac{R}{M}$$

式中 M——千摩尔气体的质量,其值等于气体的相对分子质量,kg/kmol;

R_1——每千克气体的气体常数,kJ/(kg·K)。

4. 虚拟临界参数及对比参数

(1)虚拟临界温度和虚拟临界压力计算。

当计算伴生气的某些物理参数时,常采用虚拟临界常数值(或称视临界常数值)。混合气体虚拟临界温度和虚拟临界压力是指按混合气体中各组分的摩尔分数求得的平均临界温度和临界压力。伴生气的虚拟临界特性如图2-2-1所示,或按下式计算:

$$T_c = \sum_{i=1}^{n} (T_{ci} y_i) \qquad (2-2-13)$$

$$p_c = \sum_{i=1}^{n} (p_{ci} y_i) \qquad (2-2-14)$$

式中 T_c——虚拟临界温度,K;

p_c——虚拟临界压力,kPa(绝);

T_{ci}——组分 i 的临界温度,K;

p_{ci} ——组分 i 的临界压力,kPa(绝);

y_i ——组分 i 的摩尔分数。

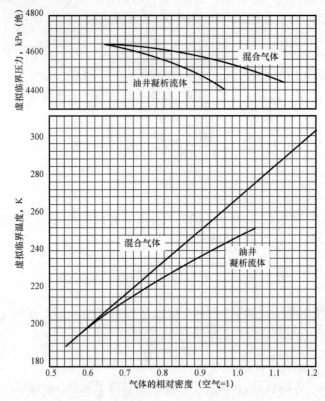

图 2 – 2 – 1 虚拟临界特性图

（2）对比温度和对比压力计算。

$$T_r = \frac{T}{T_c} \tag{2 – 2 – 15}$$

$$p_r = \frac{p}{p_c} \tag{2 – 2 – 16}$$

式中 T_r ——混合气体的对比温度;

p_r ——混合气体的对比压力;

T ——混合气体的操作温度,K;

p ——混合气体的操作压力,kPa(绝);

T_c ——混合气体的虚拟临界温度,K;

p_c ——混合气体的虚拟临界压力,kPa(绝)。

5. 平均相对分子质量

（1）根据混合气体中各组分在混合气体中所占的份额计算。

$$\overline{M} = \sum_{i=1}^{n} M_i y_i \qquad (2-2-17)$$

式中　$\overline{M}$——混合气体平均相对分子质量；

　　　M_i——组分 i 的摩尔质量；

　　　y_i——组分 i 的摩尔分数。

（2）根据相对密度计算。

设混合气体对某气体（相对分子质量为 M）的相对密度为 γ，则混合气体的平均相对分子质量为：

$$\overline{M} = \gamma M \qquad (2-2-18)$$

式中　γ——混合气体对某气体的相对密度；

　　　M——某气体的摩尔质量，g/mol。

6. 压缩因子

（1）按 GB/T 11062—2014 进行计算。

考虑到混合气体的非理想性，在计算发热量、密度和相对密度时，需要对气体体积进行修正。对体积非理想性的修正是通过使用压缩因子 Z 来进行的，压缩因子按式（2-2-19）计算：

$$Z = 1 - \left(\sum_{i=1}^{n} y_i \sqrt{b_i} \right)^2 \qquad (2-2-19)$$

式中　$\sqrt{b_i}$——组分 i 的求和因子。

标准中列有各组分在不同计量参比条件下的求和因子的数值，同时给出了各组分的压缩因子 Z_i（假想压缩因子），摘列于表 2-2-9，其中 b_i 是通过关系式 $b_i = 1 - Z_i$ 获得的。

表 2-2-9　各组分在不同计量参比条件下的压缩因子和求和因子

组分	Z_i		$\sqrt{b_i}$	
	101.325kPa 273.15K	101.325kPa 293.15K	101.325kPa 273.15K	101.325kPa 293.15K
甲烷	0.9976	0.9981	0.0490	0.0436
乙烷	0.9900	0.9920	0.1000	0.0894
丙烷	0.9789	0.9834	0.1453	0.1288
丁烷	0.9572	0.9682	0.2069	0.1783
2-甲基丙烷	0.958	0.971	0.2049	0.1703
戊烷	0.918	0.945	0.2864	0.2345
2-甲基丁烷	0.9377	0.953	0.2510	0.2168
己烷	0.892	0.919	0.3286	0.2846
氢气	1.0006	1.0006	-0.0040	-0.0051
水	0.930	0.952	0.2646	0.2191
一氧化碳	0.9993	0.9996	0.0265	0.0200

续表

组分	Z_i		$\sqrt{b_i}$	
	101.325kPa 273.15K	101.325kPa 293.15K	101.325kPa 273.15K	101.325kPa 293.15K
氦气	1.0005	1.0005	0.0006	0.0000
氩气	0.9990	0.9993	0.0316	0.0265
氮气	0.9995	0.9997	0.0224	0.0173
氧气	0.9990	0.9993	0.0316	0.0265
二氧化碳	0.9933	0.9944	0.0819	0.0728
空气	0.99941	0.99963	—	—

（2）根据对比参数求压缩因子。

对绝大多数气体来说，压缩因子可近似地看作对比温度 T_r 和对比压力 p_r 的函数。根据伴生气的虚拟对比温度和虚拟对比压力，由图 2-2-2 求得压缩因子。这是计算压缩因子 Z 值最简便的方法。

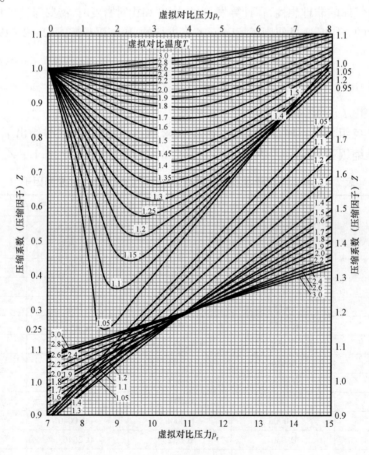

图 2-2-2　压缩因子（压缩系数）图

（3）根据平均压力和查表求压缩因子。

图 2 - 2 - 3 根据集输管道起点和终点压力可得出平均压力 p_m，根据平均压力 p_m、相对密度 γ 和平均温度 T_m，可得出压缩因子 Z。

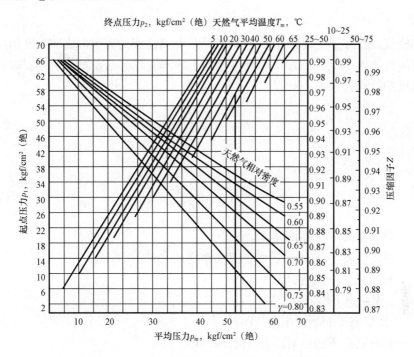

图 2 - 2 - 3　平均压力和压缩因子(压缩系数)图

（4）工业上还用一些经验公式计算压缩因子。

① 美国加利福尼亚天然气协会（CNGA）公式。该式适用于 $\gamma = (0.55 \sim 0.7)$，$p_m = 0 \sim 6.89\mathrm{MPa}$，$T_m = 272.2 \sim 333.3\mathrm{K}$ 的天然气。

$$Z = \frac{1}{1 + \dfrac{5.274 \times 10^6 p_m \times 10^{1.785\gamma}}{T_m^{3.825}}} \qquad (2 - 2 - 20)$$

式中　p_m——集输管内气体平均压力，MPa（绝）；

　　　T_m——集输管内气体流动平均温度，K；

　　　γ——气体的相对密度。

② 苏联气体研究所公式。

$$Z = \frac{100}{100 + 2.916p_m^{1.25}} \qquad (2 - 2 - 21)$$

其中

$$p_m = \frac{2}{3}\left(p_1 + \frac{p_2^2}{p_1 + p_2}\right) \qquad (2 - 2 - 22)$$

式中 p_m ——集输管内气体平均压力，MPa（绝）；

$\quad\quad p_1$ ——集输管起点压力，MPa（绝）；

$\quad\quad p_2$ ——集输管终点压力，MPa（绝）。

7. 密度

气体的密度是指在规定的状态下，气体的质量与其体积的比值。它随温度和压力而变化。

（1）真实气体在0℃，101.325kPa标准状态下的密度数据见表2－2－10，其在任意温度和压力下的密度的计算公式为：

$$\rho_{(re)} = \rho_0 \frac{pT_0}{p_0 TZ} \quad\quad\quad (2-2-23)$$

或

$$\rho_{(re)} = \frac{pM}{ZRT} \quad\quad\quad (2-2-24)$$

式中 ρ_0 ——标准状态时气体密度，kg/m³；

$\quad\quad \rho_{(re)}$ ——任意温度、压力下的气体真实密度，kg/m³；

$\quad\quad T_0$ ——标准状态下温度，K；

$\quad\quad T$ ——工作状态下温度，K；

$\quad\quad p$ ——工作状态下的绝对压力，kPa；

$\quad\quad p_0$ ——标准状态下的绝对压力，101.325kPa；

$\quad\quad M$ ——千摩尔气体的质量，kg/kmol；

$\quad\quad Z$ ——压缩因子（压缩系数）；

$\quad\quad R$ ——通用气体常数，取8.31441kJ/（kmol·K）。

表2－2－10 组分的理想相对密度和理想密度

组分	γ	ρ, kg/m³	
		101.325kPa、273.15K	101.325kPa、293.15K
甲烷	0.5539	0.7157	0.6669
乙烷	1.0382	1.3416	1.2500
丙烷	0.5224	1.9674	1.8332
丁烷	2.0067	2.5932	2.4163
2－甲基丙烷	2.0067	2.5932	2.4163
戊烷	2.4910	3.2190	2.9994
2－甲基丁烷	2.4910	3.2190	2.9994
己烷	2.9753	3.8448	3.5825
氢气	0.0696	0.0899	0.0838
水	0.6220	0.8038	0.7489
一氧化碳	0.9671	1.2497	1.1644
氦气	0.1382	0.1786	0.1664

续表

组分	γ	ρ, kg/m³	
		101.325kPa、273.15K	101.325kPa、293.15K
氩气	1.3792	1.7823	1.6607
氮气	0.9672	1.2498	1.1646
氧气	1.1048	1.4276	1.3302
二氧化碳	1.5195	1.9635	1.8296
空气	1.0000	1.2922	1.2041

（2）混合气体的密度服从叠加规律，可按以下方式计算：

0℃标准状态下

$$\rho_{\mathrm{m}} = \frac{1}{22.414} \sum_{i=1}^{n} (\varphi_i M_i) \qquad (2-2-25)$$

20℃标准状态下

$$\rho_{\mathrm{m}} = \frac{1}{24.055} \sum_{i=1}^{n} (\varphi_i M_i) \qquad (2-2-26)$$

任意温度与压力下

$$\rho_{\mathrm{m}} = \sum_{i=1}^{n} (\varphi_i \rho_i) \qquad (2-2-27)$$

式中　ρ_{m}——混合气体的密度，kg/m³；

　　　ρ_i——任意温度、压力下 i 组分的密度，kg/m³；

　　　φ_i——组分 i 的体积分数；

　　　M_i——组分 i 的千摩尔质量，kg/kmol。

（3）GB/T 11062—2014《天然气 发热量、密度、相对密度和沃泊指数的计算方法》中规定了当已知混合气体的摩尔组成时，用各组分的物性值计算密度。混合气体密度可按式（2-2-28）计算：

$$\rho_{(\mathrm{re})} = \frac{\rho_{(\mathrm{id})}}{Z} \qquad (2-2-28)$$

式中　$\rho_{(\mathrm{re})}$——混合气体的真实密度，kg/m³；

　　　$\rho_{(\mathrm{id})}$——混合气体的理想密度，kg/m³；

　　　Z——混合气体压缩因子（压缩系数）。

8. 相对密度

相对密度是指在规定温度和压力条件下，气体的密度与具有标准组成的干空气的密度之比。GB/T 11062—2014《天然气 发热量、密度、相对密度和沃泊指数的计算方法》中规定了当已知混合气体的摩尔组成时，用各组分的物性值计算相对密度。

（1）理想气体的相对密度计算：

$$\gamma_0 = \sum_{i=1}^{n} \left(y_i \times \frac{M_i}{M_{air}} \right) \qquad (2-2-29)$$

式中　γ_0——理想气体的相对密度；

　　　M_i——组分 i 的摩尔质量，kg/kmol；

　　　M_{air}——标准组成的干空气的摩尔质量，kg/kmol。

（2）真实气体的相对密度计算：

$$\gamma = \frac{\gamma_0 Z_{air}}{Z} \qquad (2-2-30)$$

式中　γ——真实气体的相对密度；

　　　Z——混合气体的压缩因子；

　　　Z_{air}——标准组成的干空气的压缩因子。

9. 黏度

气体在低压下的黏度随温度的升高而增加。随着压力的增加，温度升高对黏度增大的影响越来越小，当压力很高（10MPa 以上）时，气体的黏度随温度的升高而降低。同温度下气体黏度随压力的上升而增加。

（1）纯烃气体在低压下的黏度可由图 2-2-4 查得。该图由实验数据绘制而成，其平均误差范围为 1%~2%，适用对比压力范围 $p_r < 0.6$。

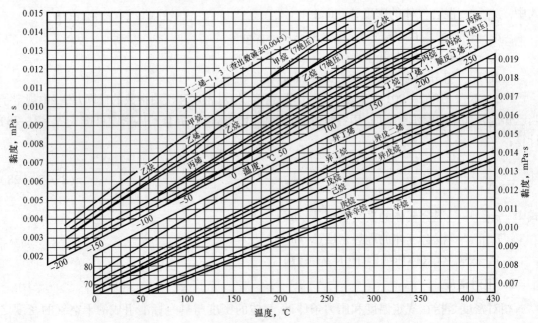

图 2-2-4　烷烃、烯烃、二烯烃和炔烃蒸气黏度图

（2）一般气体在常压下的黏度可由图2-2-5查得,误差为1%～2%。图中2-2-5中 X 和 Y 值由表2-2-11查取。

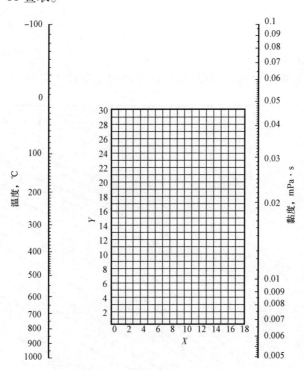

图2-2-5　一般气体在常压下黏度图

表2-2-11　各组分在图2-2-5中的 X 和 Y 值

序号	组分	X	Y	序号	组分	X	Y
1	空气	11.0	20.0	10	硫化氢	8.6	18.0
2	氧	11.0	21.3	11	二氧化硫	9.6	17.0
3	氮	10.6	20.0	12	甲烷	9.9	15.5
4	氩	10.5	22.4	13	乙烷	9.1	14.5
5	氖	10.9	20.5	14	丙烷	9.7	12.9
6	氢	11.2	12.4	15	丁烷	8.7	14.3
7	水蒸气	8.0	16.0	16	戊烷	7.0	12.8
8	二氧化碳	9.5	18.7	17	己烷	8.6	11.8
9	一氧化碳	11.0	20.0	—	—	—	—

（3）一般工程计算中纯物质气体低压下的黏度可用物质临界参数计算,平均误差约为5%。计算公式如下:

$$\mu = 0.001612 M^{0.5} p_c^{0.667} T_r^{0.965} / T_c^{0.167} \qquad (2-2-31)$$

式中　M——相对分子质量；

　　　p_c——临界压力，MPa；

　　　T_c——临界温度，K；

　　　T_r——对比温度；

　　　μ——动力黏度，mPa·s。

气体的黏度随温度和压力的升高而增加，也可用对比参数从图 2-2-6 求得。

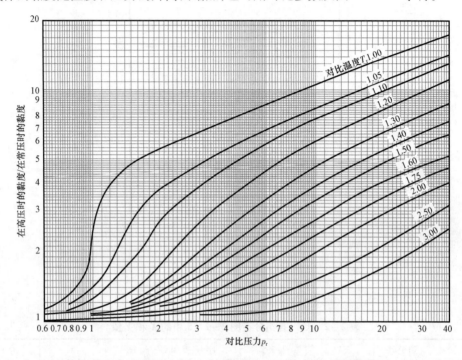

图 2-2-6　气体在不同压力和常压下的黏度比值

（4）混合气体在低压下的黏度计算：

$$\mu = \frac{\sum y_i \eta_i M_i^{0.5}}{\sum y_i M_i^{0.5}} \qquad (2-2-32)$$

式中　μ——混合气体的动力黏度，Pa·s；

　　　y_i——组分 i 组分的摩尔分数；

　　　η——组分 i 组分的动力黏度，Pa·s；

　　　M_i——组分 i 组分的相对分子质量。

如果已知伴生气的相对分子质量和温度，也可由图 2-2-7 查出该气体在 101.325kPa 下的黏度。伴生气中含有 N_2、CO_2 和 H_2S 气体会使黏度增加，图中给出了有关的校正值。

当非烃类气体含量不高时，伴生气的黏度也可根据气体的相对密度、温度和压力，由图 2-2-8 直接查出。

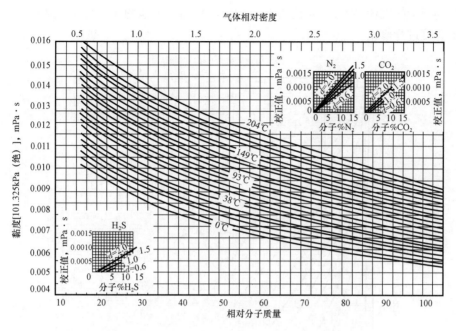

图 2 - 2 - 7　在 101.325kPa 压力下气体的相对分子质量和相对密度与黏度的关系

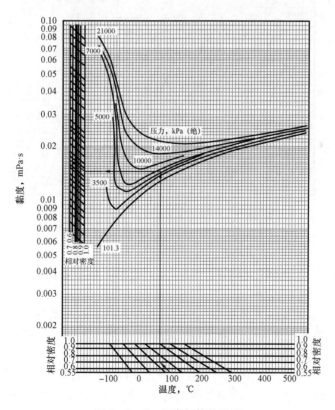

图 2 - 2 - 8　烃类气体的黏度

（5）高压下的气体黏度，当对比压力 $p_r > 0.6$ 时，高压气体的黏度可按图 2 - 2 - 9 对求得常压下的黏度进行修正。

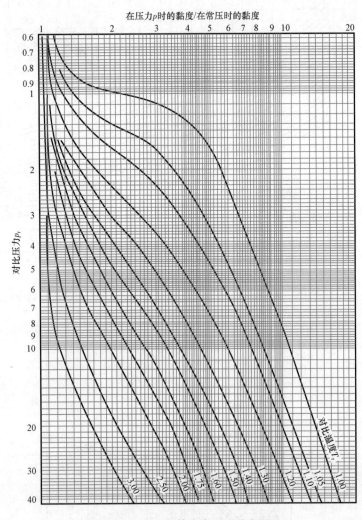

图 2 - 2 - 9　气体在高压下黏度图

10. 发热量

油田伴生气可作为工业和民用燃料，因此，发热量是一项重要的质量要求，可分为高位发热量和低位发热量，单位为 kJ/m^3。

高位发热量是指规定量的气体在空气中完全燃烧时所释放出的热量，在燃烧反应发生时，压力保持恒定，所有燃烧产物的温度降至与规定的反应物温度相同的温度，除燃烧中生成的水在该温度下全部冷凝为液态外，其余所有燃烧产物均为气态。

低位发热量是指规定量的气体在空气中完全燃烧时所释放的热量，在燃烧反应发生时，压力保持恒定，所有燃烧产物的温度降至与指定的反应物温度相同的温度，所有的燃烧产物均为气态。

高位发热量指标是与经济利益直接相关的,由于中国目前尚未采用能量计量,此项指标的重要性难以体现,规定比较宽松,导致在天然气贸易交接中并未充分反映按质论价的基本原则。GB 17820—2018《天然气》中规定一类气高位发热量不低于34.0MJ/m³;二类气高位发热量不低于31.4MJ/m³。

在实际燃烧中,烟气排放温度均比水蒸气冷凝温度高得多,水蒸气并没有冷凝,其冷凝潜热不能利用。所以一般在工程计算中,均采用低位发热量(又称净热值)。

(1)理想气体体积发热量计算:

$$H_{(id)} = \sum_{i=1}^{n} y_i H_{i(id)} \qquad (2-2-33)$$

式中　$H_{(id)}$——混合气体的理想气体发热量(高位或低位),kJ/m³;

　　　　$H_{i(id)}$——组分 i 的理想气体体积发热量(高位或低位),kJ/m³;

　　　　y_i——组分 i 组分的摩尔分数。

(2)真实气体体积发热量计算:

$$H_{(re)} = \frac{H_{(id)}}{Z} \qquad (2-2-34)$$

式中　$H_{(re)}$——混合气体的真实气体体积发热量(高位或低位),kJ/m³;

　　　　Z——混合气体的压缩因子。

各组分在不同计量参比条件下的理想高位发热量和低位发热量见表2-2-12。

表2-2-12　各组分的理想高位发热量和理想低位发热量

组分	101.325kPa,273.15K		101.325kPa,293.15K	
	高位发热量,kJ/m³	低位发热量,kJ/m³	高位发热量,kJ/m³	低位发热量,kJ/m³
甲烷	39840	35818	37044	33367
乙烷	69790	63760	64910	59390
丙烷	99220	91180	9229	84940
丁烷	128660	118610	119660	110470
2-甲基丙烷	128230	118180	119280	110090
戊烷	158070	146000	147040	136010
2-甲基丁烷	157760	145690	146760	135720
己烷	187530	173450	174460	161590
氢气	12788	10777	11889	10050
水	2010	0	1840	0
一氧化碳	12620	12620	11760	11760

11. 沃泊指数

在规定参比条件下的体积高位发热量除以相同规定计量参比条件下的相对密度的平方根即得到沃泊指数。

$$W = \frac{H}{\gamma} \qquad (2-2-35)$$

式中　W——沃泊指数，℃；

　　　H——混合气体高位发热量，kJ/m^3；

　　　γ——混合气体相对密度。

假设两种燃气的发热量和相对密度均不同，但只要其沃泊指数相等，就能在同一燃气压力下和同一燃具或燃烧设备上获得同一热负荷。因此沃泊指数可作为燃气互换性的一个判定指数，只要两种燃气沃泊指数相同，则这两种燃气具有互换性。因此，沃泊指数对于集输和使用都有十分重要的意义。

各国一般规定，在两种燃气互换时，沃泊指数的允许变化率不大于 $\pm(5\% \sim 10\%)$。在两种燃气互换时，热负荷除与沃泊指数有关外，还与燃气黏度等性质有关，但在工程上这种影响可忽略不计。

12. 理论燃烧温度

$$t = \sum_{i=1}^{n}(t_i y_i) \qquad (2-2-36)$$

式中　t——混合气体理论燃烧温度，℃；

　　　t_i——组分 i 的理论燃烧温度，℃。

13. 爆炸极限

可燃气体和空气的混合物遇明火而引起爆炸时的可燃气体浓度范围称为爆炸极限。两种以上可燃气体棍合物的爆炸极限可按式(2-2-37)计算：

$$L = \frac{100}{\sum_{i=1}^{n}\left(\dfrac{\varphi_i}{L_i}\right)} \qquad (2-2-37)$$

式中　L——混合气体的爆炸上(下)限，%(体积分数)；

　　　L_i——混合气体中组分 i 的爆炸上(下)限，%(体积分数)；

　　　φ_i——混合气体中组分 i 的体积分数，%。

影响混合气体爆炸极限的主要因素有温度、压力、惰性介质含量、混合气体存在空间及点火能量等。温度越高、压力越大，则爆炸极限范围扩大。惰性气体含量增加，爆炸极限范围缩小。容器、管子直径越小，爆炸极限范围缩小，当管径(火焰通道)小到一定程度(临界直径)时，火焰便会中断熄灭。点火能的强度高、热表面的面积大、点火源与混合气体的接触时间长均会使爆炸极限扩大。

14. 比热容

单位物质温度升高 1K 所需要的热量称为比热容，单位是 $J/(kg \cdot K)$。

比热容因加热过程不同(定压过程或定容过程)又分比定压热容与比定容热容。气体的比热容随温度和压力的升高而增加。

1) 低压气体的比热容

在 0 ~ 0.1MPa 低压下的气体,接近理想气体,其比热容只与温度有关。

(1) 理想气体各种温度下的比热容可按式(2 - 2 - 28)计算:

$$c_p^0 = A + 10^{-2}BT + 10^{-5}CT^2 + 10^{-9}DT^3 \qquad (2 - 2 - 38)$$

式中　c_p^0——理想气体的比定压热容,J/(mol·K);

　　　T——气体温度,K;

　　　A, B, C, D——系数,不同气体的值见表 2 - 2 - 13。

表 2 - 2 - 13　比定压热容计算式中的系数

组分	系数			
	A	B	C	D
甲烷	19.251	5.213	1.197	-11.317
乙烷	5.409	17.811	-6.938	8.713
丙烷	-4.224	30.626	-15.864	32.146
正丁烷	9.487	33.130	-11.082	-2.822
异丁烷	-1.390	38.473	-18.460	28.952
正戊烷	-3.626	48.734	-25.803	53.046
异戊烷	-9.525	50.660	-27.294	57.234
氢	27.143	0.927	-1.381	7.654
氮	31.150	-1.357	2.680	-11.681
一氧化碳	30.869	-1.285	2.789	-12.715
二氧化碳	19.795	7.344	-5.602	17.153
硫化氢	31.941	0.144	2.432	-11.765
水蒸气	32.243	0.192	1.055	-3.596

(2) 理想气体在各种温度下的比定压热容见表 2 - 2 - 14。

表 2 - 2 - 14　理想气体的比定压热容

组分	不同温度下的比定压热容,J/(mol·K)								
	-25℃	0℃	10℃	25℃	50℃	75℃	100℃	125℃	150℃
甲烷	34.301	34.931	35.199	35.717	36.744	37.870	39.201	40.529	41.986
乙烷	47.131	49.822	50.904	52.666	55.723	58.819	62.114	65.294	68.556
丙烷	64.176	68.783	70.605	73.524	78.561	83.585	88.820	93.820	98.838
正丁烷	85.277	91.270	93.685	97.477	105.326	110.334	117.024	123.326	130.400
异丁烷	83.476	90.078	92.690	96.815	103.624	110.408	117.340	123.932	130.521
正戊烷	105.133	112.603	115.565	120.211	130.686	136.160	144.452	152.182	161.48
异戊烷	101.897	110.369	113.675	118.792	127.335	135.581	144.029	152.011	159.99
空气	29.048	29.067	29.078	29.098	29.141	29.196	29.262	29.339	29.429
水蒸气	33.383	33.474	33.488	33.572	33.678	33.832	34.032	34.207	34.424
氧	29.131	29.240	29.265	29.361	29.481	29.647	29.870	30.045	30.274

续表

组分	不同温度下的比定压热容,J/(mol·K)								
	-25℃	0℃	10℃	25℃	50℃	75℃	100℃	125℃	150℃
氮	29.079	29.114	29.029	29.114	29.116	29.140	29.196	29.219	29.279
氢	28.290	28.611	28.687	28.802	28.964	29.065	29.126	29.158	29.178
硫化氢	33.313	33.673	33.815	34.028	34.379	34.729	35.080	35.434	35.792
一氧化碳	29.087	29.123	29.105	29.146	29.150	29.193	29.263	29.319	29.405
二氧化碳	34.700	35.962	36.411	37.122	38.212	39.261	40.290	41.199	42.095

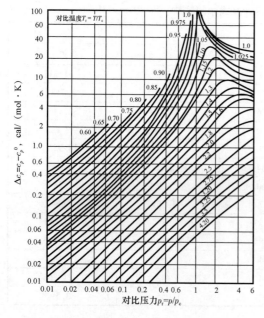

图 2-2-10 真实气体的比热容校正图

2）压力对比容的影响

气体的比定压热容与压力有关,当压力大于 0.35MPa 时,即应做压力校正。用对比参数从图 2-2-10 查得 Δc_p 值。

$$c_p = c_p^0 + 4.186\Delta c_p \qquad (2-2-39)$$

3）混合气体的比热容

混合气体在低压下的比定压热容可按式 (2-2-40) 计算:

$$c_{pm}^0 = \sum y_i c_{pi}^0 \qquad (2-2-40)$$

式中　c_{pm}^0——混合气体低压下的比定压热容, J/(mol·K);

c_{pi}^0——组分 i 在低压下的比定压热容, J/(mol·K);

y_i——组分 i 的摩尔分数。

当混合气体压力大于 459kPa 时,应按以下方式进行压力校正:

$$c_{pm} = c_{pm}^0 - \frac{R}{M}\left(\frac{\tilde{c}_p^0 - \tilde{c}_p}{R}\right) \qquad (2-2-41)$$

$$\frac{\tilde{c}_p^0 - \tilde{c}_p}{R} = \left(\frac{\tilde{c}_p^0 - \tilde{c}_p}{R}\right)^{(0)} + \omega\left(\frac{\tilde{c}_p^0 - \tilde{c}_p}{R}\right)^{(,)} \qquad (2-2-42)$$

$$\omega = \sum_{i=1}^{n} y_i \omega_i \qquad (2-2-43)$$

式中　c_{pm}——气体混合物比定压热容, J/(mol·K);

R——气体常数,取 8.3144J/(g·mol);

M——相对分子质量;

$\left(\dfrac{\tilde{c}_p^0 - \tilde{c}_p}{R}\right)^{(0)}$ ——简单流体比定压热容的压力校正项,可由图 2 – 2 – 11 查得;

$\left(\dfrac{\tilde{c}_p^0 - \tilde{c}_p}{R}\right)^{(,)}$ ——非简单流体比定压热容的压力校正项,可由图 2 – 2 – 12 查得;

ω ——偏心因子;

ω_i ——组分 i 的偏心因子。

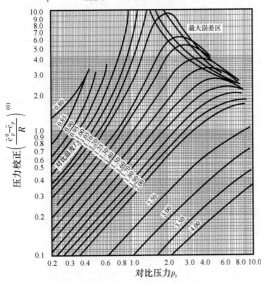

图 2 – 2 – 11　气体比定压热容压力校正图
（简单流体）

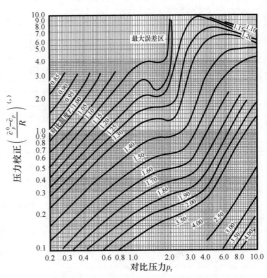

图 2 – 2 – 12　气体比定压热容压力校正图
（非简单流体）

15. 绝热指数

气体可逆绝热过程的指数称为绝热指数,用 k 表示。

$$k = \frac{c_p}{c_V} \qquad (2 - 2 - 44)$$

式中　k ——绝热指数,烃类气体可由图 2 – 2 – 13 查得。

16. 导热系数

导热系数是指在稳定传热条件下,1m 厚的材料,两侧表面的温差为 1℃ 或 1K,在 1s 内通过 1m² 面积传递的热量,单位为 W/(m·℃) 或 W/(m·K)。

1）气体在低压下的导热系数

甲烷等烃类气体在低压下的导热系数见表 2 – 2 – 15。

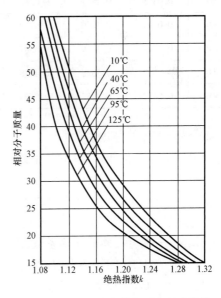

图 2 – 2 – 13　烃类气体的近似绝热指数

表2－2－15　烃类气体在低压下的导热系数

t, ℃	导热系数, W/(m·K)						
	甲烷	乙烷	丙烷	丁烷	异丁烷	戊烷	异戊烷
0	0.0316	0.0191	0.0151	0.0116	0.0140	0.0136	0.0128
20	0.0336	0.0212	0.0171	0.0137	0.0159	0.0154	0.0144
40	0.0361	0.0236	0.0193	0.0158	0.0180	0.0172	0.0164
60	0.0386	0.0262	0.0216	0.0183	0.0206	0.0194	0.0185
80	0.0414	0.0288	0.0240	0.0207	0.0229	0.0216	0.0207
100	0.0442	0.0316	0.0265	0.0231	0.0252	0.0237	0.0227
120	0.0475	0.0349	0.0294	0.0258	0.0278	0.0263	0.0250
140	0.0507	0.0378	0.0322	0.0286	0.0305	0.0286	0.0277
160	0.0543	0.0407	0.0349	0.0314	0.0330	0.0312	0.0300

常用气体在常压下的导热系数见表2－2－16。

表2－2－16　常用气体在常压下的导热系数

t, ℃	导热系数, W/(m·K)							
	空气	氢	氮	氧	一氧化碳	二氧化碳	硫化氢	水蒸气
0	0.0244	0.1745	0.0243	0.0245	0.0147	0.0144	0.0154	0.0162
100	0.0321	0.2163	0.0315	0.0329	0.0228	0.0240	0.0216	0.0239
200	0.0393	0.2582	0.0385	0.0407	0.0309	0.0320	0.0285	0.0330
300	0.0461	0.3000	0.0449	0.0480	0.0391	0.0380	0.0354	0.0434
400	0.0521	0.3419	0.0507	0.0550	0.0472	0.0484	0.0431	0.0550
500	0.0575	0.3838	0.0558	0.0615	0.0549	0.0552	0.0515	0.0679
600	0.0622	0.4257	0.0604	0.0675	0.0621	0.0622	0.0598	0.0822

2）混合气体的导热系数

已知混合气体的组成,其导热系数可按式(2－2－45)计算:

$$\lambda_m = \frac{\sum y_i \lambda_i (M_i)^{1/3}}{\sum y_i (M_i)^{1/3}} \qquad (2-2-45)$$

式中　λ_m——混合气体的导热系数,W/(m·K);

λ_i——组分 i 的导热系数,W/(m·K);

y_i——组分 i 的摩尔分数;

M_i——组分 i 的相对分子质量。

当已知常压混合气体的相对分子质量时,也可由图 2 - 2 - 14 查出混合气体常压下的导热系数(误差 ±10%)。

3) 压力对气体导热系数的影响

非理想气体的导热系数值随压力升高而增加,当压力高于 0.35MPa 时,由表 2 - 2 - 14 和表 2 - 2 - 15 求得的导热系数需按图 2 - 2 - 15 进行压力校正。

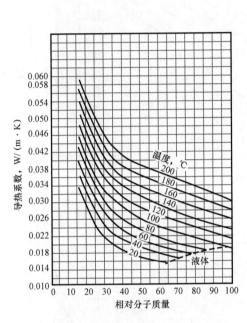

图 2 - 2 - 14　在 101.325kPa(绝)的压力下
混合气体的导热系数

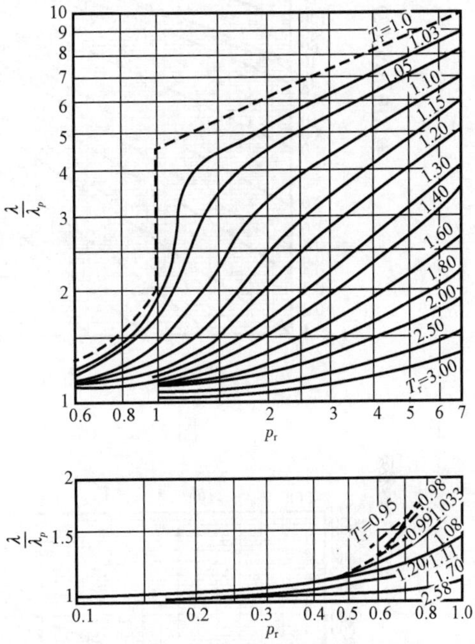

图 2 - 2 - 15　高压下气体导热系数图

17. 凝析液蒸气压

蒸气压是指处于密闭容器中的烃类混合物在一定温度条件下,液体及其蒸气处于动态平衡时蒸气所表现的绝对压力。饱和蒸气压与容器大小及液量无关,与凝析液组成及温度有关。温度升高时,饱和蒸气压增大,轻组分比重组分饱和蒸气压大。

当系统压力不高,气相可视为理想气体,其平衡液相可视为理想溶液时,液体混合物的总蒸气压可由道尔顿和拉乌尔定律通过加和法进行计算。

$$p = \sum_{i=1}^{n} x_i p_i^0 \qquad (2 - 2 - 46)$$

式中　p——液体混合物的蒸气压,kPa(绝);

p_i^0——组分 i 的饱和蒸气压,可由图 2 - 2 - 16 或图 2 - 2 - 17 查得,kPa(绝);

x_i——组分 i 在平衡液中的分子分数。

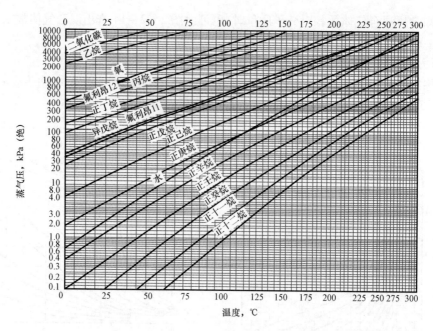

图 2 - 2 - 16　轻组分烃类高温下的蒸气压

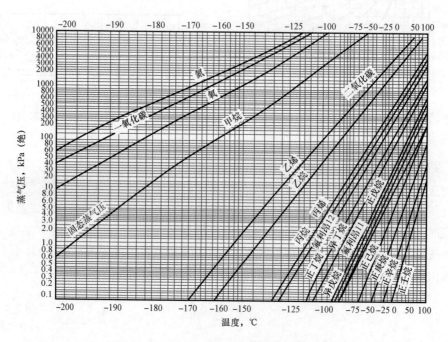

图 2 - 2 - 17　轻组分烃类低温下的蒸气压

18. 凝析液汽化潜热

液体在沸腾时,1kg 饱和液体变成同温度的饱和蒸气所吸收的热量,称为汽化潜热。蒸气液化时放出凝结热,凝结热与相同条件下液体汽化时的汽化潜热相等。

1）温度对凝析液汽化潜热的影响

汽化潜热与汽化时的压力和温度有关,液体的汽化潜热随温度的升高而减少,达到临界温度时,汽化潜热等于零。汽化潜热与温度的关系可用式(2-2-47)表示:

$$r_1 = r_2 \left(\frac{T_c - T_1}{T_c - T_2} \right)^{0.38} \qquad (2-2-47)$$

式中　r_1——温度为 T_1 的汽化潜热,kJ/kg;

　　　r_2——温度为 T_2 的汽化潜热,kJ/kg;

　　　T_c——临界温度,K。

某些烃类的汽化潜热与温度的关系如图2-2-18及图2-2-19所示。

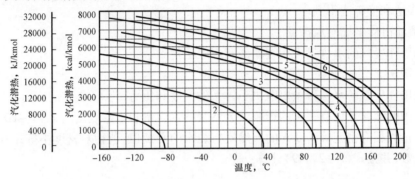

图2-2-18　某些烷烃的气体汽化潜热与温度关系图

1—甲烷;2—乙烷;3—丙烷;4—异丁烷;5—正丁烷;6—异戊烷;7—正戊烷

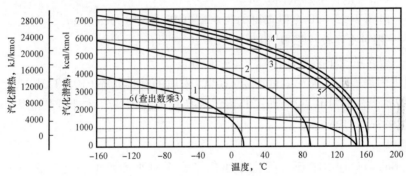

图2-2-19　某些烯烃的气体汽化潜热与温度关系图

1—乙烯;2—丙烯;3—1-丁烯;4—顺-2-丁烯;5—反-2-丁烯;6—异丁烯

2）凝析液的汽化潜热

某些烷烃在压力101.325kPa下,沸点温度时的汽化潜热列于表2-2-17。

表2-2-17　某些烷烃在沸点时的汽化潜热

名称	甲烷	乙烷	丙烷	正丁烷	异丁烷	正戊烷
汽化潜热,kJ/kg	510.8	485.7	422.9	383.5	366.3	355.9

凝析液是各种烃类的混合物,其汽化潜热 r_1 可按下式计算:

$$r_1 = \sum \omega_i r_i / 100 \qquad (2-2-48)$$

式中　ω_i——伴生气凝析液中组分 i 的质量分数,%;

　　　r_i——伴生气凝析液中组分 i 的汽化潜热,kJ/kg。

19. 水露点和水含量

油田伴生气的水含量也可用水露点表示。在一定压力下与饱和含水量对应的温度称为水露点。经处理的油田伴生气的水露点范围一般为 $-25 \sim 5℃$,在相应的气体压力下,水含量范围为 $5 \times 10^{-6} \sim 200 \times 10^{-6}$(体积分数)。在特殊环境下,水露点范围也可能更宽。水含量可用查图法、查表法和换算法得到。

1)无硫油田伴生气的水含量

无硫油田伴生气的水含量可用查图法和查表法得到。

(1)查图法。

无硫油田伴生气的水含量主要取决于体系的温度和压力,此外,气体的相对密度及与之平衡的液态水中的盐含量也有一定的影响。天然气的水含量和水露点由图 2-2-20 查得,图中纵坐标水含量为相对密度等于 0.6 的天然气与纯水的平衡值,若相对密度不等于 0.6,应乘以图中修正系数,并按式(2-2-49)计算:

$$W = 0.983 W_0 C_{RD} C_B \qquad (2-2-49)$$

式中　W——天然气饱和水含量,mg/m³;

　　　W_0——由图 2-2-20 左侧查得的含水量(GPA 标准),mg/m³;

　　　C_{RD}——相对密度校正系数,由图 2-2-20 查得;

　　　C_B——盐含量校正系数,由图 2-2-20 查得。

注:算图中为美国气体加工者联合会(GPA)采用的标准状态(101.325kPa,15℃)。我国采用的计量基准状态是"101.325kPa,20℃"。为换算成我国的气体计量基准体积,其换算关系为:1m³ = 0.983m³(GPA 标准)。

(2)查表法。

1955 年,Bukacek 在 IGT 研究报告中给出了水含量平衡数据的关联式,ASTM D1142—1995 采用该关联式进行水露点与水含量计算。除在接近气体临界温度测定的露点外,该方法的准确度能够满足气体燃料工作的需求。

$$\beta_w = \frac{A}{p} + B \qquad (2-2-50)$$

式中　β_w——以质量浓度表示的水含量,mg/m³;

　　　p——天然气绝对压力,MPa;

　　　A——与温度有关的常数,使用表 2-2-18 中的数据插值计算,mg·MPa/m³;

　　　B——与温度有关的常数,使用表 2-2-18 中的数据插值计算,mg/m³。

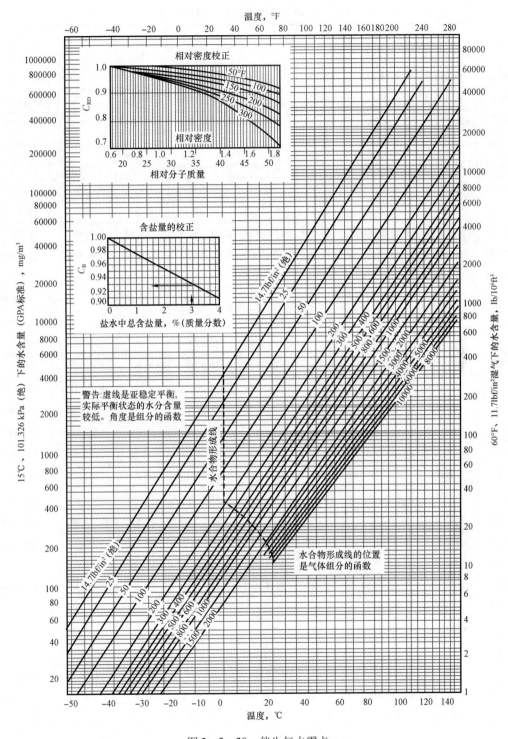

图 2 - 2 - 20 伴生气水露点

表 2 - 2 - 18　不同温度的 A 和 B 数据

t ℃	A mg·MPa/m³	B mg/m³	t ℃	A mg·MPa/m³	B mg/m³	t ℃	A mg·MPa/m³	B mg/m³
- 40. 00	14. 21437	3. 462263	- 38. 89	15. 95048	3. 777014	- 37. 78	17. 90360	4. 091766
- 36. 67	19. 96522	4. 406517	- 35. 56	22. 56938	4. 721268	- 34. 44	24. 95653	5. 193395
- 33. 33	27. 77770	5. 665521	- 32. 22	30. 92440	6. 137648	31. 11	34. 39661	6. 609775
- 30. 00	38. 19434	7. 081902	- 28. 89	42. 31759	7. 554029	- 27. 78	47. 09189	8. 183531
- 26. 67	51. 97469	8. 813033	- 25. 56	57. 50852	9. 442536	- 24. 44	63. 58490	10. 07204
- 23. 33	70. 31231	10. 52892	- 22. 22	77. 47375	11. 64579	- 21. 11	85. 28623	12. 43267
- 20. 00	93. 96676	13. 37693	- 18. 89	103. 0813	14. 32118	17. 78	113. 9320	15. 26543
- 16. 67	124. 7826	16. 36706	- 15. 56	136. 7184	17. 46869	- 14. 44	149. 7392	18. 72770
- 13. 33	163. 8450	19. 98670	- 12. 22	179. 0360	21. 24571	- 11. 11	196. 3970	22. 66209
- 10. 00	213. 7581	24. 23584	- 8. 89	233. 2893	25. 80960	- 7. 78	254. 9906	27. 38335
- 6. 67	277. 7770	29. 11449	- 5. 56	301. 6485	31. 00299	- 4. 44	328. 7751	32. 89150
- 3. 33	356. 9869	34. 93738	- 2. 22	387. 3687	37. 14064	- 1. 11	421. 0058	39. 34390
0. 00	456. 8130	41. 70453	1. 11	494. 7903	44. 22254	2. 22	536. 0229	46. 89793
3. 33	580. 5106	49. 73069	4. 44	627. 1684	52. 56345	5. 56	677. 0815	55. 71096
6. 67	731. 3348	58. 85847	7. 78	789. 9284	62. 32074	8. 89	851. 7772	65. 78300
10. 00	917. 9663	69. 56001	11. 11	988. 4956	73. 33703	12. 22	1063. 365	77. 42879
13. 33	1139. 320	81. 67793	14. 44	1226. 125	86. 24183	15. 56	1323. 781	90. 80572
16. 67	1421. 437	95. 68436	17. 78	1519. 093	100. 8778	18. 89	1627. 600	106. 0712
20. 00	1746. 957	111. 7367	21. 11	1866. 314	112. 8383	22. 22	2007. 373	123. 5398
23. 33	2137. 581	129. 8349	24. 44	2289. 490	136. 4446	25. 56	2441. 400	143. 3692
26. 67	2615. 010	150. 6084	27. 78	2788. 621	157. 3756	28. 89	2973. 082	165. 2444
30. 00	3168. 394	174. 6869	31. 11	3374. 557	182. 5557	32. 22	3602. 421	191. 9982
33. 33	3830. 285	199. 8670	34. 44	4068. 999	209. 3095	35. 56	4329. 415	220. 3258
36. 67	4600. 682	229. 7684	37. 78	4893. 650	240. 7847	38. 89	5197. 469	251. 8010
40. 00	5512. 138	262. 8172	41. 11	5848. 508	275. 4073	42. 22	6195. 730	287. 9973
43. 33	6564. 652	300. 5874	44. 44	6955. 276	314. 7512	45. 56	7367. 602	328. 9150
46. 67	7790. 777	343. 0788	47. 78	8246. 505	357. 2426	48. 89	8723. 935	372. 9802
50. 00	9212. 215	388. 7177	51. 11	9733. 046	406. 0290	52. 22	10275. 58	423. 3404
53. 33	10850. 66	440. 6517	54. 44	11501. 70	457. 9630	55. 56	12044. 24	476. 8481
56. 67	12695. 28	497. 3069	57. 78	13454. 82	517. 7657	58. 89	14105. 86	538. 2245
60. 00	14865. 41	560. 2571	61. 11	15624. 96	582. 2897	62. 22	16493. 01	605. 8960

续表

t	A	B	t	A	B	t	A	B
℃	mg·MPa/m³	mg/m³	℃	mg·MPa/m³	mg/m³	℃	mg·MPa/m³	mg/m³
63.33	17361.06	629.5024	64.44	18229.12	654.6825	65.56	19205.68	679.8626
66.67	20182.24	706.6164	67.78	21158.80	733.3703	68.89	22243.86	761.6979
70.00	23328.93	790.0255	71.11	24414.00	819.9269	72.22	25607.57	851.4020
73.33	26909.65	882.8771	74.44	28103.22	915.9260	75.56	29513.81	948.9748
76.67	30924.40	983.5975	77.78	32334.98	1019.794	78.89	33854.07	1055.990
80.00	35373.17	1093.760	81.11	37000.77	1133.104	82.22	38736.87	1177.169
83.33	40364.47	1214.940	84.44	42317.59	1257.431	85.56	44162.21	1301.496
86.67	46115.33	1350.283	87.78	48068.45	1391.200	88.89	50238.58	1438.413
90.00	52408.71	1491.921	91.11	54687.35	1537.560	92.22	56965.99	1589.494
93.33	59353.14	1636.706	94.44	61848.79	1699.656	95.56	64452.95	1746.869
96.67	67165.62	1809.819	97.78	69878.28	1872.770	98.89	72807.96	1919.982
100.00	75737.64	1982.933	101.11	78667.32	2045.883	102.22	81814.01	2108.833
103.33	85177.72	2187.521	104.44	88541.43	2250.471	105.56	92013.64	2329.159
106.67	95594.36	2392.109	107.78	99283.58	2470.797	108.89	103081.3	2549.485
110.00	107096.1	2612.435	111.11	110676.8	2691.123	112.22	115017.0	2785.548
113.33	119357.3	2864.236	114.44	123697.6	2942.924	115.56	129122.9	3021.611
116.67	133463.2	3116.037	117.78	137803.4	3210.462	118.89	143228.8	3304.888
120.00	148654.1	3399.313	121.11	154079.4	3493.738	122.22	159504.8	3603.901
123.33	164930.1	3698.327	124.44	170355.4	3808.489	125.56	176865.8	3902.915
126.67	182291.2	4013.078	137.78	253905.6	5240.607	148.89	345051.1	6767.151
160.00	462238.3	8624.183	171.11	608722.3	10890.39	182.22	788843.3	13675.94
193.33	1009112	17153.94	204.44	1269528	21403.08	215.56	1595048	26753.85
226.67	1963970	33521.00	237.78	2408848	40130.78	—	—	—

2）含酸性组分油田伴生气的水含量

当油田伴生气中酸性组分含量大于 5% ,特别是压力大于 4.7MPa 时,采用图 2-2-20 的计算误差较大。Wichert 法是由一张不含酸性组分的气体水含量图(图 2-2-20)和一张含酸性组分与不含酸性组分气体水含量比值图(图 2-2-21)组成,其适用条件为:压力不大于 70MPa ,温度不大于 175℃ , H_2S 当量含量不高于 55% (摩尔分数)。当同时含有 H_2S 和 CO_2 时, H_2S 当量含量 = H_2S 含量 + CO_2 含量 ×0.75 。

含酸性组分油田伴生气的水含量可用换算法得到,按油田伴生气非烃类组成测定方法中水含量的测定方法对伴生气中水含量进行测定,得到水含量通过表 2-2-19 ,就可得到 101.325kPa ,20℃下气体的水露点。

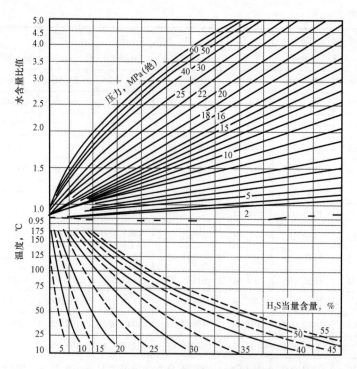

图 2 – 2 – 21　酸性伴生气水含量比值图

表 2 – 2 – 19　101. 325kPa,20℃下气体的水露点与水含量的对照表

露点温度,℃	体积分数,10^{-6}	质量浓度,g/m³	露点温度,℃	体积分数,10^{-6}	质量浓度,g/m³
– 80	0.5409	0.0004052	– 65	5. 343	0.004002
– 79	0.6370	0.0004772	– 64	6. 153	0.004609
– 78	0.7489	0.0005610	– 63	7. 076	0.005301
– 77	0.8792	0.0006586	– 62	8. 128	0.006089
– 76	1. 030	0.0007716	– 61	9. 322	0.006983
– 75	1. 206	0.0009034	– 60	10. 68	0.008000
– 74	1. 409	0.001055	– 59	12. 22	0.009154
– 73	1. 643	0.001231	– 58	13. 96	0.01046
– 72	1. 913	0.001433	– 57	15. 93	0.01193
– 71	2. 226	0.001667	– 56	18. 16	0.01360
– 70	2. 584	0.001936	– 55	20. 68	0.01549
– 69	2. 997	0.002245	– 54	23. 51	0.01761
– 68	3. 471	0.002600	– 53	26. 71	0.02001
– 67	4. 013	0.003006	– 52	30. 32	0.02271
– 66	4. 634	0.003471	– 51	34. 34	0.02572

续表

露点温度,℃	体积分数,10^{-6}	质量浓度,g/m³	露点温度,℃	体积分数,10^{-6}	质量浓度,g/m³
−50	38.88	0.02913	−24	690.1	0.5170
−49	43.97	0.03294	−23	761.7	0.5706
−48	49.67	0.03721	−22	840.0	0.6292
−47	56.05	0.04199	−21	925.7	0.6934
−46	63.17	0.04732	−20	1019	0.7633
−45	71.13	0.03528	−19	1121	0.8397
−44	80.01	0.05994	−18	1233	0.9236
−43	89.91	0.06735	−17	1355	1.015
−42	100.9	0.07558	−16	1487	1.114
−41	113.2	0.08480	−15	1632	1.223
−40	126.8	0.09499	−14	1788	1.339
−39	142.0	0.1064	−13	1959	1.467
−38	158.7	0.1189	−12	2145	1.607
−37	177.2	0.1327	−11	2346	1.757
−36	197.9	0.1482	−10	2566	1.922
−35	220.7	0.1653	−9	2803	2.100
−34	245.8	0.1841	−8	3059	2.291
−33	273.6	0.2050	−7	3333	2.500
−32	304.2	0.2279	−6	3639	2.726
−31	333.0	0.2532	−5	3966	2.971
−30	375.3	0.2811	−4	4317	3.234
−29	416.2	0.3118	−3	4699	3.520
−28	461.3	0.3456	−2	5109	3.827
−27	510.8	0.3826	−1	5553	4.160
−26	565.1	0.4233	0	6032	4.519
−25	624.9	0.4681	—	—	—

20. 烃露点

对于输配系统而言,烃露点是一项重要指标,对烃露点进行要求是为防止在输气和配气管道中有液烃析出。由于液烃在管道内冷凝并积聚后会产生两相流而影响计量的准确性,并加大管道阻力,造成安全操作方面的隐患,因此输配气系统必须保证在高于其烃露点的条件下运行。

烃露点一般根据各国具体情况而定,有些国家规定了在一定压力下允许的气源最高烃露点。在我国,GB 17820—2018 中明确规定:"在天然气交接点的压力和温度条件下,天然气中应不存在液态烃"，进入长输管道的天然气必须符合该要求。故在天然气处理过程中，在经济可行的前提下，应尽可能回收天然气中的重组分。

1）查图计算法

油田伴生气的烃露点与其组成和压力有关。在一定压力下，伴生气的组成中尤以重烃组分的含量对烃露点的影响最大，例如在伴生气样品中加入积分数为 0.28×10^{-6} 的十六烷时，伴生气的烃露点比原来的烃露点上升 $40℃$。因此对组分测定应尽量掌握重烃部分含量，才能更准确地推算伴生气的烃露点。

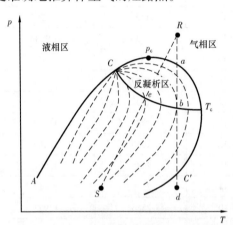

图 2-2-22　酸性伴生气水含量比值图

C—临界点；p_c—临界凝析压力；

T_c—临界凝析温度；AC—泡点线；

Cp_cT_cC'—露点线；$CebT_c$—最大凝析压力线

在图 2-2-22 中，相包络线内汇聚于临界点 C 处的一系列虚线为等液量线，露点线和泡点线是特殊的等液量线。露点线是液体生成量为 0 的等液量线，泡点线是液体生成量为 100% 的等液量线。R 代表气藏在地层内所处的状态。Rd 代表气藏在不断开发时地层流体在等温降压过程中的相态变化规律。RS 代表在开发过程中，地层流体经过井筒到达地面分离器的降温降压过程中井流物的相态变化规律，但分离器平衡气相的相图已不是原相图形状，其位置将大大向左（低温方向）移动。

在油田伴生气输送过程中，一般要求伴生气的烃露点低于输送过程中管道输送温度。伴生气的烃露点可以根据伴生气的组成、压力和温度进行计算。在气液平衡条件下，多种烃类的混合物中，各组分在气相或液相中的摩尔分数之和都等于 1，必须满足相平衡条件。

当已知油田伴生气中各组分的气相摩尔分数时，可以用试算方法求出给定压力下的烃露点温度。计算步骤如下：

（1）先假定该压力下，油田伴生气的露点温度；

（2）根据给定压力和假设的温度按 $K_i = \dfrac{p_i}{p}$ 计算相平衡常数 K，或查图 2-2-23 求得 K_i；

（3）计算出平衡状态下各组分的液相摩尔分数：$x_i = y_i/K_i$；

（4）当 $\sum x_i \neq 1$ 时，重新假定烃露点温度，直至 $\sum x_i = 1$ 为止。

2）冷却镜面目测法

该方法采用冷却镜面烃露点仪，在恒定测试压力下，使气样以一定流量流经露点仪测定室中的抛光金属镜面，该镜面温度可人为降低并能准确测量，当气体随着镜面温度的逐渐降低，刚开始析出烃凝析物时，此时所测量到的镜面温度即为该压力下气体的烃露点，结果以℃表示。

测定方法为 GB/T 27895《天然气烃露点的测定 冷却镜面目测法》。

冷却镜面法在线取样分析中，气源压力变化不能超过 0.5MPa，烃露点变化不能超过 2.0℃。一般情况下，伴生气水露点比烃露点低，且两者相差越大时，观察到的烃露点越准确。

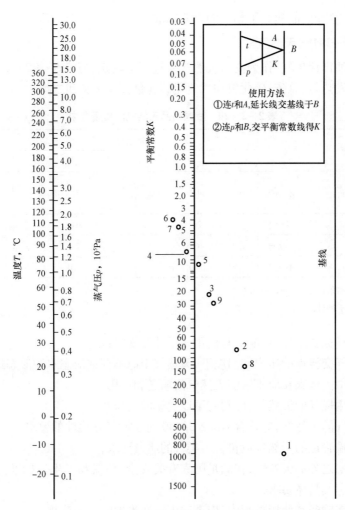

图 2 - 2 - 23　某些烃类的相平衡常数计算图
1—甲烷;2—乙烷;3—丙烷;4—正丁烷;5—异丁烷;6—正戊烷;7—异戊烷;8—乙烯;9—丙烯

如果水露点比烃露点高,将干扰烃露点的观察,这时测得的烃露点结果误差增大。当水露点干扰烃露点的测定时,一般在镜面的边缘,呈彩色环状,随着镜面温度的降低,镜面中央将会出现珠状的烃液;而水露点开始形成时,在镜面的中央,呈白色点状物,随后随着镜面温度的降低,白色点状物逐渐扩大呈一个白色圆面。

四、油田伴生气质量标准

油田伴生气作为商品天然气,其质量指标要求不是按其组成,而是根据经济效益、安全卫生和环境保护几方面因素综合考虑制定的。

油田伴生气可被液化、压缩生产液化天然气和压缩天然气产品,油田伴生气在处理过程中还可以生产稳定轻烃、液化石油气和硫黄等产品,这些产品都建立了相关的质量标准。

此外,一些油田企业将初步处理过的油田伴生气及处理过程中生产的轻烃作为原料产品

提供给化工企业,这些产品建立了相关的企业标准。

1. GB 17820—2018《天然气》

经过处理的油田伴生气,作为商品天然气通过管道输送,应满足表 2 - 2 - 20 中给出的质量指标。按高位发热量、总硫、硫化氢和二氧化碳含量分为一类和二类。

表 2 - 2 - 20　我国商品天然气的质量要求

项目		质量指标		试验方法
		一类	二类	
高位发热量[①②], MJ/m³	不小于	34.0	31.4	GB/T 13610 GB/T 11062
总硫(以硫计), mg/m³	不大于	20	100	GB/T 11060.8
硫化氢[①], mg/m³	不大于	6	20	GB/T 11060.1
二氧化碳(摩尔分数), %	不大于	3.0	4.0	GB/T 13610

① 使用的标准参比条件是 101.325kPa,20℃。

② 高位发热量以干基计。

除满足上述指标要求外,对输送和使用做了补充规定:

（1）在天然气交接点的压力和温度下,天然气中应不存在液态水和液态烃;

（2）天然气中固体颗粒应不影响天然气的输送和使用;

（3）作为民用燃气的天然气,应具有可以觉察的臭味;

（4）作为燃气的天然气,应符合 GB/Z 33440 对于燃气互换性的要求;

（5）进入长输管道的天然气应符合一类气的质量要求;

（6）对于规定之外的天然气,在满足国家有关安全、环保和卫生等标准的前提下,供需双方可用合同来约定其具体要求;

（7）天然气在输送和使用过程中,应遵守国家和当地的安全法规。

如只需要考虑符合管道输送要求,经过相应处理后的油田伴生气作为管输气输送,应符合 GB 50251—2015《输气管道工程设计规范》中的相关规定:"进入输气管道的气体应符合 GB 17820《天然气》中二类气的指标,并应符合下列规定:

（1）应清除机械杂质;

（2）水露点应比输送条件下最低环境温度低 5℃;

（3）烃露点应低于最低环境温度;

（4）气体中硫化氢含量不应大于 20mg/m³;

（5）二氧化碳含量不应大于 3%。

2. GB/T 37124—2018《进入天然气长输管的气体质量要求》

该标准规定了进入天然气长输管道气体的质量要求、试验方法和检验规则,见表 2 - 2 - 21。适用于经处理的通过天然气长输管道进行输送的常规天然气、煤层气、页岩气、致密砂岩气及煤制合成天然气。

表 2 – 2 – 21　我国进入天然气长输管道气体的质量要求

项目		质量指标	试验方法
高位发热量[①②],MJ/m³	不小于	34.0	GB/T 13610 GB/T 11062
总硫(以硫计)[①],mg/m³	不大于	20	GB/T 11060.8
硫化氢[①],mg/m³	不大于	6	GB/T 11060.1
二氧化碳(摩尔分数),%	不大于	3.0	GB/T 13610
一氧化碳(摩尔分数),%	不大于	0.1	GB/T 10410
氢气(摩尔分数),%	不大于	3.0	GB/T 13610
氧气(摩尔分数),%	不大于	0.1	GB/T 13610
水露点[③④],℃	不大于	应比输送条件下最低环境温度低5℃	GB/T 17283

① 使用的标准参比条件是 101.325kPa,20℃。
② 高位发热量以干基计。
③ 在输送条件下,当管道管顶埋地温度为0℃时,水露点应不高于–5℃。
④ 进入天然气长输管道的气体,水露点的压力应是进气处的管道设计最高输送压力。

另外,在天然气长输管道进气点压力和温度下,管道中应不存在液态水和液态烃。天然气中固体颗粒应不影响天然气的输送和利用,进入管道的气体应使用过滤装置确保颗粒物粒径不大于 5μm。在交接点应设置颗粒物取样口,按 GB/T 27893 要求对颗粒物分离效果进行评估。

3. GB/Z 33440—2016《进入长输管网天然气互换性一般要求》

该标准规定了进入长输管网的代替气源/混输后气源与现有气源的互换性,适用于进入我国天然气长输管网的各类天然气,包括煤层气、页岩气、煤质代用天然气以及液化天然气等。我国对进入长输管道的天然气互换性一般要求见表 2 – 2 – 22。

表 2 – 2 – 22　我国天然气互换性的一般要求

项目	建议变化范围	试验方法
沃泊指数[①],MJ/m³	42.34 ~ 53.81	GB/T 13610 GB/T 11062
相对密度	0.55 ~ 0.70	
沃泊指数波动范围	宜为 ±5%(根据当地天然气的历史平均值和新增供气气源条件)	
硫化氢[①],mg/m³	0 ~ 20	GB/T 11060.1
总硫[①],mg/m³	0 ~ 200	GB/T 11060.4
水露点[②③],℃	在交接点压力下,水露点应比输送条件下最低环境温度低5℃	GB/T 17283

① 使用的标准参比条件是 101.325kPa,20℃。
② 在输送条件下,当管道管顶埋地温度为0℃时,水露点应不高于–5℃。
③ 进入输气管道的天然气,水露点的压力应是最高输送压力。

4. GB 11174—2011《液化石油气》

油气田中的液化石油气是在天然气加工处理过程中得到的产品,其主要成分是低碳饱和烃(丙烷、丁烷)，并且含有少量乙烷或戊烷等。

作为工业和民用燃料的液化石油气，按液化石油气的组成和挥发性分为三个品种：商品丙烷(要求高挥发性时使用)、商品丁烷(要求低挥发性时使用)和商品丙丁烷混合物(要求中等挥发性时使用)。我国液化石油气质量指标见表2－2－23。

表2－2－23　我国液化石油气的质量要求

项目			质量指标			试验方法
			商品丙烷	商品丙丁烷混合物	商品丁烷	
密度(15℃),kg/m³			报告			SH/T 0221①
蒸气压(37.8℃),kPa		不大于	1430	1380	485	GB/T 12576
组分②	C_3烃类组分(体积分数),%	不小于	95	—	—	SH/T 0230
	C_4及C_4以上烃类组分(体积分数),%	不大于	2.5	—	—	
	($C_3 + C_4$)烃类组分(体积分数),%	不小于	—	95	95	
	C_5及C_5以上烃类组分(体积分数),%	不大于	—	3.0	2.0	
残留物	蒸发残留物,mL/100mL	不大于	0.05			SY/T 7509
	油渍观察		通过③			
铜片腐蚀(40℃,1h)		不大于	1			SH/T 0232
总硫含量,mg/m³		不大于	343			SH/T 0222
硫化氢(需满足右列要求之一)mg/m³	乙酸铅法		无			SH/T 0125
	层析法	不大于	10			SH/T 0231
游离水			无			目测④

① 密度也可用 GB/T 12576 方法计算，有争议时以 SH/T 0221 为仲裁方法。

② 液化石油气中不允许人为加入除加臭剂以外的非烃类化合物。

③ 按 SY/T 7509 方法所述，每次以 0.1mL 的增量将 0.3mL 溶剂—残留物混合液滴到滤纸上，2min 后在日光下观察，若无持久不退的油环则为通过。

④ 有争议时，采用 SH/T 0221 的仪器及试验条件目测是否存在游离水。

另外，液化石油气应具有可以察觉的臭味，为确保安全使用液化石油气，当液化石油气无臭味或臭味不足时，宜加入具有明显臭味的含硫化物配制的加臭剂。

5. GB 19159—2012《车用液化石油气》

随着石油化学工业的发展，车用液化石油气作为替代汽油的新型燃料，极大地净化了空气质量，为保证车用液化石油气作为燃料时，不会对点燃式内燃机造成影响，对车用液化石油气也提出了相应的质量要求，见表2－2－24。

表2-2-24　车用液化石油气的质量要求

项目		质量指标	试验方法
密度(15℃),kg/m³		报告	SH/T 0221
马达法辛烷值 MON	不小于	89.0	计算法
二烯烃(包括1,3-丁二烯)摩尔分数,%	不大于	0.5	SH/T 0614
硫化氢		无	SH/T 0125
铜片腐蚀(40℃,1h),级	不大于	1	SH/T 0232
总硫含量(含赋臭剂①),mg/kg	不大于	50	ASTM D6667
蒸发残留物,mg/kg	不大于	60	EN 15470
C_5及以上组分质量分数,%	不大于	2.0	SH/T 0614
蒸气压(40℃,表压)	不大于	1550	LPG法
最低蒸气压(表压)为150kPa的温度 ℃	-10号　不高于	-10	ISO 8973
	-5号　不高于	-5	
	0号　不高于	0	
	10号　不高于	10	
	20号　不高于	20	
游离水②		通过	EN 15469
气味		体积浓度达到燃烧下限的20%时有明显异味	

①　气味检测未通过时,需要添加赋臭剂。

②　在0℃和饱和蒸气压下,目测车用液化石油气中不含游离水。允许加入不大于2000mg/kg的甲醇,但不允许加入除甲醇外的防冰剂及其他非烃化合物。

6. GB 9053—2013《稳定轻烃》

稳定轻烃也称天然汽油,俗称轻质油。可以从油田伴生气凝析液中提取,并经过稳定处理后得到的液体石油产品。其主要组成为戊烷和更重的烃类,其终馏点不高于190℃,在规定的蒸气压下,也允许含有少量的丁烷。稳定轻烃的物性由于各油气田轻烃组成存在差异,在实际设计中应以取样化验作为依据。

我国稳定轻烃的质量要求见表2-2-25。稳定轻烃按蒸气压范围分为两种牌号,其代号分别为1号和2号。1号产品作为石油化工原料;2号产品可作为石油化工原料,也可作生产车用汽油调和原料。

表2-2-25　我国稳定轻烃的质量要求

项目	质量指标		试验方法
	1号	2号	
饱和蒸气压,kPa	74～200	夏①　<74 冬②　<88	GB/T 8017

续表

项目			质量指标		试验方法
			1 号	2 号	
馏程	10%蒸发温度,℃	不低于	—	35	GB/T 6536
	90%蒸发温度,℃	不高于	135	150	
	终馏点,℃	不高于	190	190	
	60℃蒸发率(体积分数),%		实测	—	
硫含量③,%		不大于	0.05	0.1	SH/T 0689
机械杂质及水分			无	无	目测④
铜片腐蚀,级		不大于	1	1	GB/T 5096
赛波特颜色号		不低于	+25	—	GB/T 3555

① 夏季指 5 月 1 日至 10 月 31 日。

② 冬季指 11 月 1 日至次年 4 月 30 日。

③ 硫含量允许采用 GB/T 17040 和 SH/T 0253 进行测定,但仲裁试验应采用 SH/T 0689。

④ 将试样注入 100mL 玻璃量筒中观察,应当透明,没有悬浮于沉降的机械杂质及水分。

7. GB 38753—2020《液化天然气》

液化天然气可由油田伴生气液化制取,以甲烷为主的液烃混合物,一般是在常压下将油田伴生气冷冻到约 $-162℃$ 使其变为液体。

由于液化天然气的体积为气体体积的 1/625,故有利于输送和储存。随着液化天然气运输船及储罐制造技术的进步,将天然气液化是目前跨海运输的主要方法,液化天然气不仅可作为石油产品的清洁替代燃料,也可用来生产甲醇、氨及其他化工产品。液化天然气再汽化时的蒸发相变焓($-161.5℃$ 时约为 511kJ/kg)还可用于制冷和冷藏等行业。

商品液化天然气按甲烷含量可分为:贫液类、常规类和富液类。我国对商品液化天然气的质量要求见表 2-2-26。

表 2-2-26　我国商品液化天然气的质量要求

项目	贫液类	常规类	富液类	试验方法
甲烷(摩尔分数),%	>97.5	86.0~97.5	75.0~<86.0	GB/T 13610
C_{4+} 烷烃(摩尔分数),%		≤2		GB/T 13610
二氧化碳(摩尔分数),%		≤0.01		GB/T 13610
氮气(摩尔分数),%		≤1		GB/T 13610
氧气(摩尔分数),%		≤0.1		GB/T 13610
总硫含量(以硫计),mg/m³		≤20		GB/T 11060.8
硫化氢含量,mg/m³		≤3.5		GB/T 11060.1
高位体积发热量,MJ/m³	≥37.0 且 <38.0	≥38.0 且 ≤42.4	>42.4	GB/T 11062

注:使用的计量参比条件和燃烧参比条件是 101.325kPa,20℃。

对于要求之外的液化天然气,在满足国家有关安全、环保和卫生等标准的前提下,供需双方可用合同来约定具体要求。

8. GB 18047—2017《车用压缩天然气》

压缩天然气是经过压缩的高压商品天然气,其主要成分是甲烷。压缩天然气是一种最理想的车用替代能源,因为它不仅具有良好的抗爆性能和燃烧性能,燃烧产物中的温室气体及其他有害物质含量也很少,并且生产成本也较低。一般灌装在设计压力 25MPa 的气瓶中供汽车使用,称为车用压缩天然气,其质量要求见表 2 - 2 - 27。

表 2 - 2 - 27　我国车用压缩天然气的质量要求

项目		质量指标	试验方法
高位发热量[①],MJ/m³	不小于	31.4	GB/T 11062
总硫(以硫计)[①],mg/m³	不大于	100	GB/T 11060.4
硫化氢[①],mg/m³	不大于	15	GB/T 11060.1
二氧化碳(摩尔分数),%	不大于	3.0	GB/T 13610
氧气(摩尔分数),%	不大于	0.5	GB/T 13610
水[①],mg/m³		在汽车驾驶的特定地理区域内,在压力不大于 25MPa 和环境温度不低于 - 13℃ 的条件下,水的质量浓度不应大于 30mg/m³	GB/T 17283
水露点,℃		在汽车驾驶的特定地理区域内,在压力不大于 25MPa 和环境温度低于 - 13℃ 的条件下,水露点应比最低环境温度低 5℃	GB/T 17283

① 标准参比条件是 101.325kPa,20℃。

此外,在储存和使用过程中,还要求:

(1) 在操作压力和温度下,车用压缩天然气中不应存在液态烃。

(2) 车用压缩天然气中固体颗粒直径应小于 5μm。

(3) 车用压缩天然气应具有可以觉察的臭味。对无臭味或臭味不足的天然气应加臭。加臭剂的最小量应符合当天然气泄漏到空气中,达到爆炸下限的 20% 浓度时,应能察觉。加臭剂常用具有明显臭味的化合物配制。

(4) 车用压缩天然气在使用时,应考虑其抗爆性能。

(5) 车用压缩天然气在使用时,应考虑其沃泊指数,同一地区的压缩天然气,其燃气类别宜应保持不变。

9. GB/T 2449.1—2014《工业硫黄 第 1 部分:固体产品》

工业固体硫黄产品呈黄色或淡黄色,有块状、粉状、粒状及片状。我国对由石油炼厂气、天然气和焦炉气等回收制得的固体工业硫黄的质量要求做出相应的规定,见表 2 - 2 - 28。表中的优等品已可以满足 GB 3150《食品添加剂硫黄》的要求。

表 2 - 2 - 28　我国工业硫黄固体产品的质量要求

质量要求		技术指标		
		优等品	一等品	合格品
硫(S)(以干基计),%(质量分数)	不小于	99.95	99.50	99.00
水分,%(质量分数)	不大于	2.0	2.0	2.0
灰分(以干基计),%(质量分数)	不大于	0.03	0.10	0.20
酸度(以 H_2SO_4 计)(以干基计),%(质量分数)	不大于	0.003	0.005	0.02
有机物(以 C 计)(以干基计),%(质量分数)	不大于	0.03	0.30	0.80
砷(以干基计),%(质量分数)	不大于	0.0001	0.01	0.05
铁(以干基计),%(质量分数)	不大于	0.003	0.005	—
筛余物[①],% (质量分数)	粒径 >150μm 不大于	0	0	3.0
	粒径为 75~150μm 不大于	0.5	1.0	4.0

① 筛余物指标仅用于粉状硫黄。

10. GB/T 2449. 2—2015《工业硫黄 第 2 部分 液体产品》

我国对由石油炼厂气和天然气等回收制得的液体工业硫黄的质量要求见表 2 - 2 - 29。

表 2 - 2 - 29　我国工业硫黄液体产品的质量要求

质量要求		技术指标		
		优等品	一等品	合格品
外观		常温下呈黄色或淡黄色,无肉眼可见杂质		
硫(S),%(质量分数)	不小于	99.95	99.50	99.20
水分,%(质量分数)	不大于	0.10	0.20	0.50
灰分,%(质量分数)	不大于	0.02	0.05	0.20
酸度(以 H_2SO_4 计),%(质量分数)	不大于	0.003	0.005	0.01
有机物(以 C 计),%(质量分数)	不大于	0.03	0.10	0.30
砷,%(质量分数)	不大于	0.0001	0.001	0.01
铁,%(质量分数)	不大于	0.003	0.005	0.02
硫化氢和多硫化氢(以 H_2S 计),%(质量分数)	不大于	0.0015	0.0015	0.0015

注:以上项目除水分、硫化氢和多硫化氢外,均以干基计。

第三节　油田采出水组成、性质及质量标准

一、油田采出水的分类

油田采出水按其来源可分为:

(1)采油污水,即从地层中随原油一起被开采出来的污水。这类水在油田采出水中占比

较大,常呈偏碱性,矿化度较高,且水温较高,溶解氧含量较低,含有腐生菌和硫酸盐还原菌,油质及有机物含量高,并含有一定的破乳剂成分。

(2)洗井污水,即采油井作业洗井和注水井定期洗井产生的污水。这类水中主要含有石油类、表面活性剂及酸、碱等污染物。

(3)钻井污水与干线冲洗水,即钻井过程产生的污水和定期冲洗地面注水干线的污水。这类水中主要含有石油类、钻井液添加剂和岩屑等。

(4)压裂返排水,即压裂过程产生的污水。这类水中主要含有石油类、压裂液添加剂和岩屑等。

油田采出水一般矿化度都较高,但不同油田或同一油田不同污水处理站的采出水矿化度有很大差异。部分油田采出水处理站原水水质情况见表2-3-1。高矿化度使水的电导率增大,大大加快了水对金属的腐蚀。溶解盐主要为氯化钠,氯离子体积小,活性很强,它对金属表面所形成的保护膜穿透力极强,不利于防止金属的腐蚀。

表2-3-1 部分采出水处理站原水水质情况表

油田	站名	矿化度 mg/L	主要离子含量,mg/L						
			$K^+ + Na^+$	Ca^{2+}	Mg^{2+}	Cl^-	SO_4^{2-}	HCO_3^-	CO_3^{2-}
冀东	高一联	1387	340	17.4	3.02	252	36	720	0
华北	雁一联	2709	929.7	29.3	7.8	1179	11	552	0
辽河	兴一联	2983	887.8	8	4.9	326	0	1672	84
大庆	喇二联	3674	1184	10	1.2	833	0	1550	96
新疆	81#站	9990.8	3798.7	121.8	34.6	4911.1	110.3	2028.7	0
	陆梁	22309	8132	440	33	12532	850	640	0
大港	枣一联	28504	9805	739	74	17375	18	492.5	0
长庆	五里湾	28830	7757	2168	531	16607	1399	369	0
吐哈	温米	29497	5023	2066	83.5	10895	503	536	0
青海	尕斯	121288	55714	2120	848	60566	1754	286	0
塔里木	塔中	126831	46027	2813		75345	1894	684	0
	轮南	234698	80036	9495		143601	116	205	0

一般采出水温度为40~50℃,但稠油油田的采出水温度则可达到70℃以上。随着近年来不加热集输工艺的推广,进入采出水处理站的水温也不断下降,如新疆油田克拉玛依的81站的采出水水温在30℃以下。

准确地掌握采出水组成,对采出水水质进行详细分析,是选择合理的水处理流程、适当的化学药剂及剂量的重要的基础资料。

二、油田采出水的组成和性质

油田采出水的组成比较复杂,它不仅含有烃类物质,在高温高压的油层中还溶解了地层水中的各种盐类和气体；在开采过程中从油层里携带许多悬浮固体；在采油、油气集输、原油脱水过程中，还投加了各类化学药剂；同时还含有大量微生物，因此采出水是含有多种杂质的工业废水。

结合油田采出水中常见的离子成分，根据对油田生产的影响，可以将油田采出水按组成和性质分为腐蚀类指标、结垢类指标和处理效果评价类指标。

（1）腐蚀类指标。在油田生产中，很多系统都是由采用了金属材料。油田采出水对生产设备的腐蚀主要是对金属材料的腐蚀，这种腐蚀是电化学腐蚀，按腐蚀的范围可分为全面腐蚀和局部腐蚀。金属材料的腐蚀能够造成一些部位穿孔、断裂，使系统中的流体大量流失。不仅污染了环境，同时也影响了生产进度，严重时甚至需要停产维修，造成了很大经济损失。

反映腐蚀情况的指标主要有平均腐蚀率、点腐蚀、铁细菌含量、硫酸盐还原菌含量、氯离子含量、溶解氧含量、硫化物含量、侵蚀性二氧化碳含量、铁离子含量等。这些指标中平均腐蚀率和点腐蚀直接反映出油田采出水的腐蚀状况，其他指标是造成腐蚀的主要原因。

（2）结垢类指标。油田采出水由于组成复杂，在注水过程中会产生结垢情况，而结垢会导致管线和地层的堵塞。

反映油田采出水结垢情况的指标主要有：悬浮固体含量、悬浮物颗粒直径中值、腐生菌含量、钙离子含量、镁离子含量、钡离子含量、碳酸根离子含量、重碳酸根离子含量、硫酸根离子含量等。其中悬浮固体含量和悬浮物颗粒直径中值直接反映油田采出水的结垢和堵塞的情况，其他指标则反映了油田采出水造成堵塞的原因。

（3）处理效果评价类指标。含油这项指标主要反映油田采出水处理效果。对于回注水来讲，含油量越高，说明含油污水处理效果越差，对环境的影响越坏，同时说明在原油开采的过程中资源的浪费也越大。

反映油田采出水处理效果的主要指标是含油量。采出水中含油的来源主要来自油田含油污水。

上文所分的三类说明主要是便于理解这些指标的意义，但是一些指标的作用不可完全按上述归类，例如硫酸盐还原菌、腐生菌和铁细菌即可引起腐蚀又可导致结垢，同时以上所有指标也都可以部分反映油田采出水处理的效果。正因为这些指标与油田水质的好坏以及对油田生产造成的影响较大，因此如何准确分析这些指标就尤其重要。

1. 平均腐蚀率

平均腐蚀率是油田采出水的腐蚀能力的具体指标。它直接反映出水质的腐蚀能力和腐蚀强度。它反映的是对金属设施的全面腐蚀。

2. 点腐蚀

点腐蚀是一种特殊的局部腐蚀。点腐蚀的发展可以导致金属上产生小孔。主要引起管线的穿孔。

3. 铁细菌（IB）

能从氧化二价铁中得到能量的细菌，形成的氢氧化铁可在细菌膜鞘的内部或外部储存。铁细菌的含量高，形成的氢氧化铁沉淀会造成地层的堵塞，同时铁细菌的存在会在钢管或钢水罐内壁形成腐蚀瘤。因此,在实际生产中,常常采取脱氧、加化学药剂(如杀菌剂、抑菌剂、灭生剂)等措施抑制细菌的生长及繁殖。

4. 硫酸盐还原菌(SRB)

硫酸盐还原菌是指在一定条件下,能够将硫酸根离子还原成二价硫离子,进而形成副产品硫化氢,是对金属有很大的腐蚀作用的一类细菌,腐蚀反应过程中产生硫化铁沉淀,可造成管线的堵塞。

另外,随着温度、压力和流速的升高,腐蚀速度加快。硫酸盐还原菌在水系统中产生硫化氢,也是导致腐蚀的重要原因。

5. 溶解 CO_2

CO_2 溶解于水生成碳酸,使水的 pH 值降低,腐蚀速率增加。二氧化碳的腐蚀性没有氧的腐蚀性强,但常能造成点腐蚀。

$$CO_2 + H_2O \longrightarrow H_2CO_3$$

$$Fe + H_2CO_3 \longrightarrow FeCO_3 + H_2$$

6. 溶解 H_2S

H_2S 极易溶解于水,溶解以后成为弱酸。

$$H_2S + H_2O \longrightarrow HS^- + H^+ + H_2O$$

腐蚀反应:

$$Fe + H_2S + H_2O \longrightarrow FeS + H_2 + H_2O$$

腐蚀生成的 FeS 极难溶解,常常黏附在管壁上形成垢。FeS 是一种良导体,对于垢下的钢来说,FeS 是阴极。这样,在钢与 FeS 之间就形成了一对电偶,使垢下的缺陷处产生加速腐蚀的倾向,通常引起深的点蚀。H_2S 和 CO_2 结合起来比单一的 H_2S 腐蚀性更大。

7. 溶解氧

由于在含水原油集输、采出水处理过程中没有严格密闭措施,易使空气中的 O_2 进入采出水中。O_2 是强的阴极去极化剂,造成电化学腐蚀连续进行,促进腐蚀进程。溶解氧腐蚀机理如下:

阳极反应:

$$Fe \longrightarrow Fe^{2+} + 2e$$

阴极反应:

$$O_2 + 2H_2O + 4e \longrightarrow 4OH^-$$

合并为:

$$4Fe + 3O_2 + 6H_2O \longrightarrow 4Fe(OH)_3 \downarrow$$

由于溶解氧容易与阴极上的电子结合,因此,在大多数情况下,溶解氧能加剧腐蚀速率。有些油田的采出水中含有 H_2S 和 CO_2。溶解氧在与 H_2S 和 CO_2 的协同作用下,使采出水腐蚀速度成倍增加。

8. 硫化物

系统中硫化物增加是细菌作用的结果。硫化物含量过高也会导致水中悬浮物增加。

9. 铁

地层水中天然铁的含量很低,因此,在水系统中铁的存在并达到一定含量时,通常则标志存在着金属的腐蚀。在水中的铁可能以高价铁(Fe^{3+})或低价铁(Fe^{2+})的离子形式存在,也可能作为沉淀出来的铁化合物悬浮在水中,故通常可用铁的含量来检验或监视腐蚀情况。应当注意,沉淀出来的铁化合物还会引起地层的堵塞。

10. 氯离子

在采出水中氯离子是主要的阴离子。氯离子的主要来源是氯化钠等盐类,因此有时水中氯离子浓度被用来作为水中含盐量的度量。此外,由于氯离子是稳定成分,因此它的含量也是鉴定水质的较容易的方法之一。氯离子可能造成的影响,主要是随着水中含盐量的增加,水的腐蚀性也增加。因此,在其他条件相同的情况下,水中氯离子浓度增高就容易引起腐蚀,尤其是点腐蚀。

11. 悬浮固体

悬浮固体通常是指在水中不溶解而又存在于水中不能通过过滤器的物质。但不包括水中的油含量及偶然进入水体的草根之类的物质。含油污水中的悬浮固体主要是来自水从地下带出的地层砂、系统中形成的垢的颗粒、腐蚀产物和细菌等。地面水中的悬浮固体主要来自地面的泥沙、工业及生活用水中的各种污染物。

在已知体积的油田采出水中,用薄膜过滤器过滤出来的固体含量是估计水的结垢堵塞趋势的一个重要依据。悬浮固体含量高,说明水中不溶解的物质多,在注入地层后,会沉积在地层中,堵塞地层,使原油无法开采,同时悬浮固体也会沉积在注水井的管壁中,使管径变窄,使注水量达不到要求。

悬浮固体颗粒直径范围为 $0.1 \sim 100\mu m$。主要包括以下几大类:

(1) 泥沙。粒径 $0.05 \sim 4\mu m$ 的黏土、$4 \sim 60\mu m$ 的粉砂和大于 $60\mu m$ 的细砂。

(2) 各种腐蚀产物及垢。Fe_2O_3,CaO,MgO,FeS,$CaSO_4$ 和 $CaCO_3$ 等。

(3) 细菌。粒径为 $5 \sim 10\mu m$ 的硫酸盐还原菌(SRB)和粒径为 $10 \sim 30\mu m$ 的腐生菌(TGB)。

(4) 有机物。胶质、沥青质和石蜡等重质油类。

12. 悬浮物颗粒直径中值

颗粒直径中值是指水中颗粒的累计体积占颗粒总体积 50% 时的颗粒直径。在悬浮固体含量相同的情况下,颗粒直径中值大的悬浮固体含量越多,油田采出水中的管线堵塞及地层堵塞的可能性就越大,对地层的影响也就越大。在注入水中固体颗粒直径的范围是在 $1\mu m$ 至几百微米。

13. 胶体

粒径为 $10^{-3} \sim 1\mu m$ 的物质。主要由泥沙、腐蚀结垢产物和微细有机物构成,物质组成与悬浮固体基本相似。

14. 溶解物质

在污水中处于溶解状态的物质。主要有溶解气体、无机阴离子和阳离子及有机物,其粒径都在 $10^{-3}\mu m$ 以下。溶解物质主要包括:

(1)溶解在水中的无机盐类,基本上以阳离子和阴离子形式存在,其粒径都在 $10^{-3}\mu m$ 以下。主要包括 Ca^{2+}、Mg^{2+}、K^+、Na^+、Fe^{2+}、Cl^-、HCO_3^- 和 SO_4^{2-} 等。

(2)溶解的气体,如溶解氧、二氧化碳、硫化氢和烃类气体等,其粒径一般为 $3 \times 10^{-4} \sim 5 \times 10^{-4}\mu m$。

(3)有机溶解物,如环烷酸类等。

15. 腐生菌

在某些特定环境下,很多细菌都可以形成黏膜附着在设备或管线内壁上,也有些悬浮在水中,凡是能形成黏膜的细菌,称之为腐生菌。它是好气异养菌的一种。由于许多油田采出水都能满足它的生长需要,因此腐生菌的存在极其普遍,它们产生的黏液与铁细菌、藻类和原生动物等一起附着在管线和设备上,造成生物垢,堵塞注水井和过滤器,同时也产生氧浓差电池而引起腐蚀。

16. 成垢离子

采出水中含有 HCO_3^-、SO_4^{2-} 和 CO_3^{2-} 以及 Ca^{2+}、Mg^{2+}、Sr^{2+} 和 Ba^{2+} 等易结垢的离子,常见的垢为碳酸盐垢、硫酸盐垢。当水温、水压和 pH 值发生变化,CO_2 气体失去平衡时,很容易产生碳酸盐垢;当 Sr^{2+} 和 Ba^{2+} 与 SO_4^{2-} 相结合时,立即产生硫酸盐垢。这些离子的存在是造成采出水易腐蚀、易结垢的基本原因。

1)钙离子(Ca^{2+})和镁离子(Mg^{2+})

钙离子是油田采出水的主要成分之一,有时浓度比较低,但有时含量可高达 30000mg/L;镁离子的作用与钙离子的作用相近,通常镁离子浓度比钙离子低得多。

在油田注水中,如果钙离子含量和镁离子含量过高,在外界条件的作用下(如温度、CO_2 存在)会产生碳酸钙和碳酸镁,沉积在注水管线管壁上或地层内,进而堵塞管线和地层,影响油田开采。在聚合物的配制和注入过程中,如果水中钙离子含量和镁离子含量过高,会使聚合物发生降解,使聚合物的黏度降低,因而造成了驱油效果和驱油能力的降低。

锅炉用水中钙离子含量和镁离子含量过高,在锅炉加热时常常会使锅炉内产生结垢,长期加热使锅炉内壁结垢增加,影响锅炉内热的传导,造成了资源浪费。同时,由于锅炉内受热的不均匀还会导致锅炉爆炸,造成人员和财产的损失,因此,人们也常常对锅炉用水进行软化处理,或采用加入阻垢剂和除垢剂等方法,改变水中钙离子与镁离子的含量或存在形式,以利于锅炉的安全正常运行。

2）钡离子（Ba^{2+}）

钡离子由于能与硫酸根离子结合生成硫酸钡，而硫酸钡是极其难溶的，甚至少量硫酸钡的存在也能引起严重的堵塞。与此类似，油田采出水中的锶离子也会导致严重结垢和堵塞，但通常钡离子含量在油田采出水中含量很低。

3）碳酸根离子（CO_3^{2-}）

由于它能与钙、镁和钡等生成不溶解的水垢，会造成管线和地层的堵塞。

4）重碳酸根离子（HCO_3^-）

由于它能与钙和镁形成重碳酸盐，该盐在一定条件下可以转化为不溶的碳酸盐，形成不溶解的水垢，造成管线和地层的堵塞。

5）硫酸根离子（SO_4^{2-}）

由于硫酸根离子能与钙，尤其是与钡生成不溶解的水垢，因此硫酸根离子的含量在油田采出水中也是值得注意的一个问题。

17. 含油量

水中含油量有两类：矿物油和动植物油。我们常说的含油量是指矿物油，即石油类。是指在酸性条件下，水中可以被汽油或石油醚萃取出来的物质，称为石油类。含油量的高低，直接反映了油在水中的含量。采出水中含油主要包括以下几类：

（1）浮油。油珠粒径大于 $100\mu m$，按斯托克斯公式计算，上浮时间仅为 2.1min，很容易被去除。污水原水中此部分油占总含油量的 25% ~50%。

（2）分散油。油珠粒径为 10 ~ 100μm。污水原水中此部分油占总含油量的比例较大，一般为 40% ~60%。污水中的分散油尚未形成水化膜，还有相互碰撞变大的可能，靠油、水相对密度差可以上浮去除。

（3）乳化油及老化油。油珠粒径为 10^{-3} ~ 10μm。污水原水中此部分油占总含油量的比例一般为 10% ~70%，变化范围比较大，与相关站场投加破乳剂的量有关。这部分油的含量直接影响到除油设备的除油效率，仅靠静止沉降无法去除，必须加混凝剂。

在油水处理过程中，由于在沉降分离设备中停留时间较长而产生的不容易油水分离、乳化程度较强的原油乳状液，称为老化油。这种物质在油水界面之间形成后，容易造成处理过程中的电脱水器跳闸，而进入事故罐在油水系统反复循环，影响正常生产。

（4）溶解油。油珠粒径小于 $10^{-3}\mu m$，不再以油滴形式存在，一般污水原水中此部分油仅占总含油量的 1% 以下。在处理过程中也有一定比例的去除，但不作为污水处理的主要对象，在净化水中主要含此部分油。

三、采出水组成和性质的测定方法

采出水测定指标主要包括悬浮固体含量、颗粒直径中值、平均腐蚀率、含油量、腐生菌（TGB）含量、硫酸盐还原菌（SRB）含量、铁细菌（IB）含量、溶解氧含量、硫化物（二价硫）含量、侵蚀性二氧化碳含量、总铁含量、pH 值、阴阳离子含量、矿化度、溶解总固体含量、总碱度和硬度。

目前油田采出水分析方法是多种多样的，针对分析指标的不同可分为重量法、滴定法、比色法、离子色谱法、电极法和原子吸收光谱法等，但归结起来可以分为两类方法，即化学分析和仪器分析。化学分析包括重量法和滴定法等,仪器分析包括比色法、离子色谱法、电极法和原子吸收光谱法等。

相关测定方法标准见表2-3-2。

表2-3-2 采出水组成和性质测定方法标准

序号	测定方法标准	制定目的
1	SY/T 5329《碎屑岩油藏注水水质指标及分析方法》	针对油田采出水性质及注水过程中的质量控制
2	SY/T 5523《油田水分析方法》	针对油田采出水的组成分析和水质综合评价

1. 采出水取样方法

油田采出水成分复杂,水质本身受外界因素的干扰而变化较大,在取样、样品保存和测定的过程中,在一个环节上稍有失误就可能导致最终结果的错误。为此必须要充分了解分析中可能存在哪些误差、误差的来源以及如何减小误差。只有在全过程中都能严格遵守油田采出水分析的操作规程,才会获得真实的结果。但是油田采出水整个分析过程是十分复杂的,为了减小分析误差,获得可靠的实验数据,在油田采出水的取样过程中需要注意以下几方面的问题:

(1)玻璃器皿由于对酸碱及其他化学试剂有一定的耐腐蚀性能,并且具有一定的耐热性能,同时由于无色透明便于观察试样及其变化,因此广泛用于水质样品的采集,但易破裂,不适用于运输。适用于油田采出水中悬浮固体含量、悬浮颗粒直径中值、平均腐蚀率、含油量、细菌类、溶解氧含量、硫化物含量、侵蚀性二氧化碳含量、pH值以及油田采出水中阴阳离子成分等指标的取样分析。

(2)由于塑料器皿既耐冲击又轻便,对于许多试剂都稳定,但由于其吸附有机物且耐热性能较差,因此不适用含油量和细菌类指标的取样。特别适用于水中微量的金属元素取样分析。

(3)取样量通常为样品正常测定所需样品用量的2~3倍,以利于对样品测定结果复查。

(4)取样过程中,首先选取的样品要有代表性,在油田管网中取样时样品应预先畅流3min后再取样,以使管线末端的残留水放净。测量细菌类指标的取样应采用灭菌后的取样瓶直接取样。测定含油量取样时不得用所取样品冲洗,应直接取样。测定其他指标取样时应用所取水样清洗取样容器。对于溶解氧含量和硫化物含量等指标在取样时应加入固定剂,防止样品组分损失。

(5)对于水中各项指标的测定,保存时间越短越好,可以减少组分的损失,同时减少水中物质在条件变化后,改变原来的性质。合理的保存方法可以减少组分的损失和不改变水质原有的性质。

2. 悬浮固体含量的测定

目前石油开采基本采用水驱油的方法,水中悬浮固体的含量是水对注采系统堵塞趋势的一个重要依据。悬浮固体的增加使水浑浊,降低透明度,超过一定量时,能够使管线堵塞、地层堵塞,直接影响油层的开采环境,因此,准确测定悬浮固体的含量对油田生产具有重要的意义。

悬浮固体含量的测定方法主要依据重量法原理。悬浮固体是水经过滤所得。因此,所采用的过滤材料的滤孔大小对测定结果有很大影响。根据过滤材料选取的不同分为滤膜法、滤纸法、石棉坩埚法和离心分离法。

采出水悬浮固体含量主要采用滤膜法测定。将一定体积采出水通过已称至恒重的 $0.45\mu m$ 微孔滤膜，再用蒸馏水冲洗滤膜至无氯离子存在，残留在滤膜上的物质即为悬浮固体，根据过滤采出水的体积和滤膜的增重计算水中悬浮固体的含量，结果以 mg/L 表示。

3. 颗粒直径中值的测定

为准确了解采出水中的管线堵塞与地层堵塞情况以及水处理系统的运行情况，需要准确检测采出水中悬浮固体颗粒直径中值。测定方法主要包括以下几种：

（1）显微镜法测定。

显微镜的使用是用于检测油田采出水中颗粒的最原始的传统方法。该方法通常较多用于测定颗粒的形状和性质，并得出粒径范围。扫描电镜与传统的显微镜相比，扫描电镜有更大的放大倍数，但测定的过程烦琐。

（2）颗粒计数法测定。

采用库尔特计数器进行测定，将一恒定电流通过针孔从阳极流到阴极，当非导电颗粒通过针孔时，引起两个电极之间电阻的变化，电阻与颗粒的体积成正比。电阻的变化导致电压脉冲变化，用电子仪器计算和记数，从而得出粒径分布情况。其测定范围为 $0.5 \sim 400\mu m$。结果以 μm 表示。

该方法适合于测定颗粒分布范围较窄的体系，如污水站处理后的外输水、精细过滤水、清水等。

（3）光散射计数法测定。

采用激光粒度仪进行测定，是利用颗粒能使激光产生光散射的原理来测定。水流过传感器元件，并使每个颗粒在传感器中穿过强烈的激光束，当平行光束遇到颗粒阻挡时，一部分光将发生散射现象，仪器可检测出每个光散射的脉冲的数量，该量与颗粒的表面积成正比，仪器所给出的颗粒直径就是与实际颗粒表面积相同的球形颗粒直径，测定范围 $0.04 \sim 2000\mu m$。结果以 μm 表示。

该方法适用于测定颗粒分布范围较宽或颗粒含量较多的体系，如采出液、污水站原水、含聚污水等。

4. 平均腐蚀率的测定

采用现场挂片法，将准备好的试片固定在试片夹座上，然后安装到注水流程上，应使试片侧面迎着水流方向，在正常生产条件下，挂片时间 $30d \pm 2d$，根据试验前后试片的损失量按式（2-3-1）计算平均腐蚀率。

$$F = \frac{(m_{gf} - m_{hf}) \times 3650}{St_f\rho} \qquad (2-3-1)$$

式中　F——平均腐蚀率，mm/a；

$\quad\quad m_{gf}$——试验前试片质量，g；

$\quad\quad m_{hf}$——试验后试片质量，g；

$\quad\quad S$——试片表面积，cm^2；

t_f ——挂片时间,d;

ρ ——试片材质密度,g/cm^3。

5. 含油量的测定

水中含油量的测定可反映水处理系统的效果。因此,对水中含油量的检验具有极重要的意义。

采出水中含油量利用分光光度计进行测定。水中的石油类可以被石油醚、汽油和四氯化碳等有机溶剂提取,提取液的颜色深浅程度与含油量浓度呈线性关系,通过比色的方法确定含油量,结果以 mg/L 表示。

6. 腐生菌(TGB)、硫酸盐还原菌(SRB)与铁细菌(IB)的测定

在油田采出水中有各种不同类型的细菌,其中对油田生产直接相关的有腐生菌、硫酸盐还原菌和铁细菌等。

细菌能造成众多麻烦的原因是细菌的出现会引起设备或注水井的腐蚀或堵塞,且能以惊人的速度繁殖。所以,为了保证油田注水达到注入用水标准,就要进行水中细菌含量的测定,这对于保障油田的正常生产有重要的意义。

采用绝迹稀释法,将水样用无菌注射器逐级注入测试瓶中进行接种稀释,送实验室培养,将测试瓶放入恒温培养箱中(培养温度控制在现场水温的 ±5℃内)。硫酸盐还原菌(SRB)指标于两周后读数,腐生菌(TGB)和铁细菌指标于 7 日后读数。根据细菌瓶阳性和稀释的倍数,计算出水样中细菌的数目。

SRB 瓶中液体变黑或有黑色沉淀,即表示有硫酸盐还原菌。TGB 瓶中液体由红变黄或混浊即表示有腐生菌。铁细菌测试瓶出现棕红色沉淀即表示有铁细菌。

7. 溶解氧含量的测定

溶解氧含量采用碘量法进行测定。水中溶解氧在碱性溶液中能定量地将沉淀的氢氧化锰氧化成锰酸;在酸性溶液中,锰酸能与溶液中的碘化钾作用定量析出碘,用硫代硫酸钠标准溶液滴定,根据消耗的体积计算溶解氧含量,结果以 mg/L 表示。

8. 硫化物(二价硫)含量的测定

采用亚甲蓝法进行测定,采出水中硫化物,在氯化铁存在的条件下,与二甲基对苯二胺反应生成亚甲蓝,出现颜色后加入磷酸胺以除去氯化铁的颜色,通过分光光度计在 660nm 波长处进行比色定量。

9. 侵蚀性二氧化碳含量的测定

水样中加入固体碳酸钙后,如有侵蚀性二氧化碳存在,可生产与侵蚀性二氧化碳含量相当的重碳酸根离子。

$$CaCO_3 + CO_2 + H_2O = Ca(HCO_3)_2$$

用标准盐酸溶液测定新增加的碱度:

$$Ca(HCO_3)_2 + 2HCl = CaCl_2 + 2CO_2 + 2H_2O$$

同时测定未知加固体碳酸钙水样的碱度(即原水样的碱度),从两次测定消耗标准盐酸溶

液之差计算侵蚀性二氧化碳的含量,结果以 mg/L 表示。

10. 总铁含量的测定

采用测铁管法进行测定,水中的铁与测铁管内的试剂发生化学反应而显色,颜色的深浅与铁含量成正比,显色后进行比色测出水中铁含量,结果以 mg/L 表示。

11. pH 值的测定

pH 值是水化学中常用的和最重要的检验项目之一,可间接地表示水的酸碱程度。

pH 值是判断腐蚀与结垢趋势的重要因素之一。因为某些水垢的溶解度与水的 pH 值有密切的关系,通常水的 pH 值越高,结垢的趋势就越大;若 pH 值较低,则结垢趋势减小。但结垢与腐蚀往往是矛盾的,因此结垢趋势减小的同时,水的腐蚀性往往会增加。水的腐蚀性通常随着 pH 值的降低而升高。在较高的 pH 值下,金属表面上形成保护性垢,可防止或减轻进一步腐蚀,但垢下可能会形成一定的点腐蚀。

采用电位滴定法测定,常见的电极系是玻璃电极和饱和甘汞电极对,结果以 pH 为单位。

12. Ca^{2+} 和 Mg^{2+} 含量的测定

目前油田测定水中钙镁离子含量的方法主要采用 EDTA 络合滴定法,它是以络合反应为基础的滴定分析方法。

在 pH 值为 12 ~ 13 的条件下,以羧酸钙为指示剂,用 EDTA 标准溶液络合滴定 Ca^{2+}。Ca^{2+} 和羧酸钙(钙试剂)生成酒红色络合物,其不稳定常数大于钙和 EDTA 络合物的不稳定常数,用 EDTA 滴定钙时羧酸钙被取代出来,溶液由红色变为蓝色,即为终点。结果以 mg/L 表示。pH 值为 12 时,镁离子生成氢氧化镁沉淀,不与 EDTA 反应。

在 pH 值为 10 时,以铬黑 T 为指示剂,用 EDTA 滴定,测出 Ca^{2+} 和 Mg^{2+} 总量。用 Ca^{2+} 和 Mg^{2+} 总量减去 Ca^{2+} 的含量即为 Mg^{2+} 的含量,结果以 mg/L 表示。

13. CO_3^{2-},HCO_3^- 和 OH^- 含量的测定

这几种离子浓度的总和被当成总碱度。碱度指标常用于评价水体的缓冲能力及金属在其中的溶解性和毒性;是对水和废水处理过程的控制的判断性指标。由于 CO_3^{2-} 和 HCO_3^- 能生成不溶解的水垢,因此它们在油田采出水中是重要的阴离子。

用标准酸滴定水中碱度是各种方法的基础。有两种常用的方法,既酸碱指示剂滴定法和电位滴定法。电位滴定法根据电位滴定曲线在终点时的突跃来确定特定 pH 值下的碱度,它不受水样浊度和色度的影响、适用范围较广。用指示剂判断滴定终点的方法简便、快速,适用于控制性实验及例行分析。在油田采出水的常规分析中通常选用指示剂滴定法。

指示剂滴定法原理是酸碱指示剂一般是弱的有机酸或有机碱。当溶液的 pH 值改变时,指示剂失去质子由酸式转变为碱式,或得到质子由碱式转变为酸式。由于结构上的变化从而引起颜色上的变化。如:甲基橙酸式为红色,碱式为黄色;酚酞酸式为无色,碱式为红色。

水样用标准酸溶液滴定至规定的 pH 值,其终点可由加入的酸碱指示剂在该 pH 值时颜色的变化来判断。当滴定至酚酞指示剂由红色变为无色时,溶液 pH 值即为 8.3,指示水中氢氧根离子已被中和,碳酸盐均被转化为重碳酸盐,反应如下:

$$OH^- + H^+ \longrightarrow H_2O$$

$$CO_3^{2-} + H^+ \longrightarrow HCO_3^-$$

当滴定至甲基橙指示剂由橘黄色变为橘红色时,溶液的 pH 值为 4.4 ~ 4.5,指示水中的重碳酸盐(包括原有的和由碳酸盐转化成的)已被中和,反应如下:

$$HCO_3^- + H^+ \longrightarrow CO_2 \uparrow + H_2O$$

根据上述两个终点到达时所消耗的盐酸标准滴定溶液的量,可以计算出水中 CO_3^{2-} 和 HCO_3^- 及总碱度,结果以 mg/L 表示。

14. SO_4^{2-} 含量的测定

油田采出水常规分析中一般采用 EDTA 容量法测定 SO_4^{2-}。适用于 SO_4^{2-} 含量大于 10mg/L 的油田采出水的测定。

在 pH 值为 3 ~ 5 的溶液中,加入过量的氯化钡,使硫酸根与钡离子生成硫酸钡沉淀,剩余的钡离子在 pH 值为 10 的条件下用 EDTA 标准溶液滴定,此时过量的钡离子及原水样中的钙镁离子同时被 EDTA 标准溶液滴定。结果以 mg/L 表示。

15. Na^+ 和 K^+ 含量的测定

Na^+ 和 K^+ 含量常采用计算法进行定量。油田采出水中的离子主要以 Na^+,K^+,Ca^{2+},Mg^{2+},Ba^{2+},Cl^-,SO_4^{2-} 和 HCO_3^-(其中 Ba^{2+} 和 SO_4^{2-} 不能共存于同一水体中)等离子为主。根据溶液电中性原理:既所有阴离子带负电荷的总和,应等于所有阳离子带正电荷的总和。当测出除 Na^+ 和 K^+ 外的其他几种离子的含量,既可计算出 Na^+ 和 K^+ 的含量。计算出的 Na^+ 和 K^+ 含量中实际包括 Li^+ 和 NH_4^+ 及许多未被测定的阳离子,结果以离子浓度(mmol/L)表示,计算方法:

$$w_{(Na^+ + K^+)} = c_{Cl^-} + 2c_{SO_4^{2-}} + c_{HCO_3^-} - 2(c_{Mg^{2+}} + c_{Ca^{2+}} + c_{Ba^{2+}})$$

16. 矿化度的测定

矿化度是水中所含无机矿物成分含量的总和,是水化学成分测定的重要指标。用于评价水中总含盐量,是油田用水适用性评价的主要指标。

矿化度的测定方法依目的不同大致有:重量法、电导法、阴阳离子加合法、离子交换法及比重计法等。重量法含义较明确,是简单通用的方法,但只适用无污染的天然水样。对于含油污水,一般在测定了阴阳离子的基础上,直接采用阴阳离子含量加合法。结果以离子浓度(mg/L)表示。

计算方法:

$$矿化度(mg/L) = c_{Ca^{2+}} + c_{Mg^{2+}} + c_{Ba^{2+}} + c_{Cl^-} + c_{SO_4^{2-}} + c_{CO_3^{2-}} + c_{HCO_3^-} + c_{Na^+} + c_{K^+}$$

17. 溶解总固体含量的测定

溶解总固体是指已被分离悬浮总固体后的滤液经蒸发干燥所得的残渣。通常采用重量分析法进行测定。

混合均匀的水样经玻璃纤维过滤器过滤,滤液置于已恒重的蒸发皿中蒸发至干,再于

180℃下干燥至恒重，计算蒸发皿的增重，即为溶解总固体的含量，结果以 mg/L 表示。

18. 总碱度的测定

水的碱度是指水中含有能接受氢离子的物质的量，例如氢氧根离子、碳酸盐、重碳酸盐、磷酸盐、磷酸氢盐、硅酸盐、硅酸氢盐、亚硫酸盐、腐殖酸盐和氨等，都是水中常见的碱性物质，它们都能与酸进行反应。因此，选用适宜的指示剂，以酸的标准溶液对它们进行滴定，便可测出水中碱度。

通常采用酸碱指示剂滴定法进行测定。用标准酸溶液滴定水样至规定的 pH 值，其终点可由加入的酸碱指示剂在该 pH 值时颜色的变化判断。当滴定至酚酞指示剂由红色变为无色时，溶液 pH 值即为8.1，指示水中氢氧根离子已被中和，碳酸盐转化为重碳酸盐。当滴定至甲基橙指示剂由橘黄色变为橘红色时，溶液 pH 值为 4.4～4.5，指示水中的重碳酸盐已被中和。根据两个终点到达时所消耗的盐酸标准滴定溶液的量可以计算水中碳酸盐、重碳酸盐及总碱度，结果以 mg/L 表示。

19. 硬度的测定

采用 EDTA 滴定法。在 pH 值为 10.0±0.1 的被测水样中，用铬黑 T 作为指示剂，以乙二胺四乙酸二钠盐（简称 EDTA）标准溶液滴定至蓝色即为终点，根据消耗 EDTA 标准溶液的体积，即可计算出水中硬度，结果以 mg/L 表示。

四、采出水水质标准

油田开采时，注入水和注入蒸汽凝结的水或原有地层存在的水又随着原油被开采出来，采出液经过油水分离后，含油污水最终出路有三种，分别为回收利用、自然排放和无效回注，无论选择哪种出路，都需要被送至采出水处理站进行后续的净化处理，以满足相应的指标要求。采出水处理站的原水水质随着采出原油性质、油层地质条件、采油工艺、油气集输流程和原油脱水方式不断地发生变化，形成各种不同性质的原水。

为了保证油田开发的顺利进行，防止油田注水对生产设施和地层的破坏，国内外对油田注水的水质均有一定的要求，而且某些要求还比较严格（表2-3-3）。

表2-3-3 国外部分油田注水水质的要求

单位：mg/L

油田名称	固体悬浮物含量	溶解氧含量	铁含量
伊朗马龙油田	＜1	—	—
北海福蒂斯油田	—	＜0.05	0.5～1
迪拜法特油田	11	＜0.02	0.5～1
沙特阿拉伯加瓦尔油田	＜0.2（粒径为2μm以下）	—	—

世界各个产油国家分别对油田注水制订了相应的标准，但是由于各地的水质情况、地层条件以及工艺设备的不同，国内外对注水水质还没有一个统一的全面的标准。

我国石油行业针对油田的不同情况，考虑到随着油田开发的不断进行，各油田注水水源复杂多变，各油田油层的物理化学性质及结构相差较大，只依靠这几项指标往往不能很好地控制注水水质，因此，我国制定了 SY/T 5329《碎屑岩油藏注水水质指标及分析方法》。

1. SY/T 5329—2012《碎屑岩油藏注水水质指标及分析方法》

油田采出水最主要的回用途径是油田注水,大量的油田采出水经处理达标后被用于回注油田驱油。经处理后的回注水,水质可基本满足如下要求:

(1) 水质稳定,与油层水相混不产生沉淀;

(2) 水注入油层后不使黏土矿物产生水化膨胀或悬浊;

(3) 水中不得携带大量悬浮物,以防止堵塞注水井渗透端面及渗流孔道;

(4) 对注水设备腐蚀性小;

(5) 当采用两种水源进行混合注水时,应首先进行室内实验,证实两种水配伍性好,对油层无伤害才可注入。

SY/T 5329 是依据注入层平均空气渗透率分类而制定的石油行业推荐标准,当油田尚未自行制定注水水质标准时,可按该行业标准的有关规定执行。标准中规定了悬浮固体含量、粒径中值、含油量和平均腐蚀率等控制指标,见表 2 – 3 – 4。

表 2 – 3 – 4　推荐水质主要控制指标

	注入层平均空气渗透率,D	≤0.01	>0.01 ~ ≤0.05	>0.05 ~ ≤0.5	>0.5 ~ ≤1.5	>1.5
控制指标	悬浮固体含量,mg/L	≤1.0	≤2.0	≤5.0	≤10.0	≤30.0
	悬浮物颗粒直径中值,μm	≤1.0	≤1.5	≤3.0	≤4.0	≤5.0
	含油量,mg/L	≤5.0	≤6.0	≤15.0	≤30.0	≤50.0
	平均腐蚀率,mm/a	≤0.076				
	硫酸盐还原菌含量,个/mL	≤10	≤10	≤25	≤25	≤25
	腐生菌含量,个/mL	$n \times 10^2$	$n \times 10^2$	$n \times 10^3$	$n \times 10^4$	$n \times 10^4$
	铁细菌含量,个/mL	$n \times 10^2$	$n \times 10^2$	$n \times 10^3$	$n \times 10^4$	$n \times 10^4$

注:(1) $1 < n < 10$。

(2) 清水水质指标中去掉含油量。

水质的主要控制指标已达到注水要求,可以不考虑辅助性指标;如果达不到要求,为查其原因可进一步检测辅助性检测项目及指标。注水水质辅助性检测项目包括溶解氧含量、硫化氢含量、侵蚀性二氧化碳含量、铁离子含量、pH 值等。详见表 2 – 3 – 5。

表 2 – 3 – 5　推荐水质辅助性控制指标　　　　　　　单位:mg/L

辅助性检测项目	控制指标	
	清水	污水或油层采出水
溶解氧含量	≤0.50	≤0.10
硫化氢含量	0	≤2.0
侵蚀性二氧化碳含量	$-1.0 \leq \rho_{CO_2} \leq 1.0$	

注:(1) 侵蚀性二氧化碳含量(ρ_{CO_2})等于零时此水稳定;大于零时此水可溶解碳酸钙并对注水设施有腐蚀作用;小于零时有碳酸盐沉淀出现。

(2) 水中含亚铁离子时,由于铁细菌作用可将二价铁离子转化为三价铁离子而生成氢氧化铁沉淀。当水中含硫化物(S^{2-})时,可生成 FeS 沉淀,使水中悬浮物增加。

同时,各油田根据自身油层性质,在行业标准的基础上也制定出适合本油田的注水水质标准,各油田注水水质标准的主要控制指标要素相同,部分指标对比见表2-3-6至表2-3-8。

表2-3-6　各油田含油量指标对比

油田	含油量
大庆油田（水驱）	$K_空 \leq 0.02D$ 时, $\leq 5mg/L$;$0.02D < K_空 \leq 0.1D$ 时, $\leq 8mg/L$;$0.1D < K_空 \leq 0.3D$ 时, $\leq 10mg/L$;$0.3D < K_空 \leq 0.6D$ 时, $\leq 15mg/L$;$K_空 > 0.6D$ 时, $\leq 20mg/L$
大庆油田（注聚合物）	$K_空 \leq 0.1D$ 时, $\leq 5mg/L$;$0.1D < K_空 \leq 0.3D$ 时, $\leq 10mg/L$;$0.3D < K_空 \leq 0.6D$ 时, $\leq 15mg/L$;$K_空 > 0.6D$ 时, $\leq 20mg/L$
长庆油田	$K_空 \leq 0.001D$ 时, $\leq 10mg/L$;$0.001D < K_空 \leq 0.01D$ 时, $\leq 15mg/L$;$K_空 > 0.01D$ 时, $\leq 30mg/L$
克拉玛依油田	A1, $\leq 10mg/L$;A2, $\leq 15mg/L$
大港油田	$K_空 \leq 0.1D$ 时, $\leq 8mg/L$;$0.1D < K_空 \leq 0.6D$ 时,$15 \sim 20mg/L$;$K_空 > 0.6D$ 时,$30 \sim 40mg/L$
江汉油田	$K_空 \leq 0.05D$ 时, $\leq 8mg/L$;$0.05D < K_空 \leq 0.1D$ 时, $\leq 10mg/L$;$0.1D < K_空 \leq 0.5D$ 时, $\leq 15mg/L$;$0.5D < K_空 \leq 1.0D$ 时,$\leq 20mg/L$;$K_空 > 1.0D$ 时, $\leq 25mg/L$
江苏油田	$K_空 \leq 0.1D$ 时, $\leq 5mg/L$;$0.1D < K_空 \leq 0.6D$ 时, $\leq 10mg/L$

注:$K_空$ 为平均空气渗透率;A1 和 A2 为注水标准中不同的分级。

表2-3-7　各油田悬浮固体含量指标对比

油田	悬浮固体含量
大庆油田（水驱）	$K_空 \leq 0.02D$ 时, $\leq 1mg/L$;$0.02D < K_空 \leq 0.1D$ 时, $\leq 3mg/L$;$0.1D < K_空 \leq 0.6D$ 时, $\leq 5mg/L$;$K_空 > 0.6D$ 时, $\leq 10mg/L$
大庆油田（注聚合物）	$K_空 \leq 0.1D$ 时, $\leq 5mg/L$;$0.1D < K_空 \leq 0.3D$ 时, $\leq 10mg/L$;$0.3D < K_空 \leq 0.6D$ 时, $\leq 15mg/L$;$K_空 > 0.6D$ 时, $\leq 20mg/L$
长庆油田	$K_空 \leq 0.001D$ 时, $\leq 5mg/L$;$0.001D < K_空 \leq 0.01D$ 时, $\leq 10mg/L$;$K_空 > 0.01D$ 时, $\leq 15mg/L$
克拉玛依油田	A1, $\leq 3mg/L$;A2, $\leq 5mg/L$
大港油田	$K_空 \leq 0.1D$ 时, $\leq 5mg/L$;$0.1D < K_空 \leq 0.6D$ 时,$10 \sim 15mg/L$;$K_空 > 0.6D$ 时,$10 \sim 20mg/L$
江汉油田	$K_空 \leq 0.05D$ 时, $\leq 1.0mg/L$;$0.05D < K_空 \leq 0.1D$ 时,$3.0 \sim 3.5mg/L$;$0.1D < K_空 \leq 0.5D$ 时,$3.5 \sim 5.0mg/L$;$0.5D < K_空 \leq 1.0D$ 时,$5.0 \sim 10.0mg/L$;$K_空 > 1.0D$ 时,$10.0 \sim 20.0mg/L$
江苏油田	$K_空 \leq 0.1D$ 时, $\leq 1mg/L$;$0.1D < K_空 \leq 0.6D$ 时, $\leq 3mg/L$

注:$K_空$ 为平均空气渗透率;A1 和 A2 为注水标准中不同的分级。

表2-3-8　各油田悬浮物颗粒直径中值指标对比

油田	悬浮物颗粒直径中值
大庆油田（水驱）	$K_空 \leq 0.02D$ 时, $\leq 1.0\mu m$;$0.02D < K_空 \leq 0.3D$ 时, $\leq 2.0\mu m$;$K_空 > 0.3D$ 时, $\leq 3.0\mu m$
大庆油田（注聚合物）	$K_空 \leq 0.1D$ 时, $\leq 2.0\mu m$;$0.1D < K_空 \leq 0.6D$ 时, $\leq 3.0\mu m$;$K_空 > 0.6D$ 时, $\leq 5.0\mu m$
长庆油田	$K_空 \leq 0.01D$ 时, $\leq 3.0\mu m$;$K_空 > 0.01D$ 时, $\leq 5.0\mu m$
克拉玛依油田	$\leq 5.0\mu m$（不作为主要控制指标）

续表

油田	悬浮物颗粒直径中值
大港油田	$K_空 \leqslant 0.1D$ 时,$\leqslant 3.0\mu m$;$0.1D < K_空 \leqslant 0.6D$ 时,$\leqslant 4.0\mu m$;$K_空 > 0.6D$ 时,$4.0 \sim 5.0\mu m$
江汉油田	$K_空 \leqslant 0.05D$ 时,$\leqslant 1.0\mu m$;$0.05D < K_空 \leqslant 0.1D$ 时,$\leqslant 2.0\mu m$;$0.1D < K_空 \leqslant 0.5D$ 时,$2.0 \sim 3.0\mu m$;$0.5D < K_空 \leqslant 1.0D$ 时,$3.0 \sim 3.5\mu m$;$K_空 > 1.0D$ 时,$4.0 \sim 4.5\mu m$
江苏油田	$K_空 \leqslant 0.1D$ 时,$\leqslant 2.0\mu m$;$0.1D < K_空 \leqslant 0.6D$ 时,$\leqslant 3.0\mu m$

2. GB 50428—2015《油田采出水处理设计规范》

采出水处理站原水最重要的水质指标为含油量,按 GB 50428—2015《油田采出水处理设计规范》规定:聚合物驱采出水处理站的原水含油量不宜大于 3000mg/L;特稠油和超稠油的采出水处理站的原水含油量不宜大于 4000mg/L;其他采出水处理站的原水含油量不应大于 1000mg/L。

对于化学驱的采出水处理站,原水中的含聚浓度是选择工艺及确定设计参数的重要指标。目前,大庆油田的建设标准规定:当含聚浓度 < 150mg/L 时,宜按照水驱参数及工艺设计;当 150mg/L ≤ 含聚浓度 ≤ 450mg/L 时,宜按照普通聚合物驱参数及工艺设计;当含聚浓度 > 450mg/L 时,宜按照高浓度聚合物驱参数及工艺设计。

3. SY/T 0027—2014《稠油注汽系统设计规范》

由于稠油具有高黏度的特点,稠油油田大多采用向油层注入饱和蒸汽的热采开发方式,通过注汽锅炉生产饱和蒸汽会消耗大量的水及热能,因此将温度较高的稠油污水处理达标后回用于注汽锅炉,是稠油污水的重要出路。

当处理后的采出水用于稠油热采注汽锅炉给水时,其水质必须满足注汽锅炉对于水质的要求,需要严格控制钙离子和镁离子等易结垢离子含量、总矿化度及油脂含量等指标,即执行 SY/T 0027—2014《稠油注汽系统设计规范》的有关规定。注汽锅炉(蒸汽干度不大于80%)的给水水质指标见表 2-3-9。

表 2-3-9 注汽锅炉给水水质控制指标

序号	项目	数量	备注
1	溶解氧含量,mg/L	$\leqslant 0.05$	—
2	总硬度,mg/L	$\leqslant 0.1$	以 $CaCO_3$ 计
3	总铁,mg/L	$\leqslant 0.05$	—
4	二氧化硅,mg/L	$\leqslant 50$	当碱度大于3倍二氧化硅含量时,在不存在结垢离子的情况下,二氧化硅含量不大于150mg/L
5	悬浮物,mg/L	$\leqslant 2$	—
6	总碱度,mg/L	$\leqslant 2000$	以 $CaCO_3$ 计
7	油和脂,mg/L	$\leqslant 2$	—
8	可溶性固体,mg/L	$\leqslant 7000$	—
9	pH 值	$7.5 \sim 11$	—

当选用高干度或过热蒸汽注汽锅炉时,应满足所选用设备的给水水质要求。

4. GB 8978—1996《污水综合排放标准》

油田采出水中含有石油类、悬浮固体和开采过程中添加的化学药剂以及 K^+,Na^+,Ca^{2+}, Mg^{2+},Cl^-,SO_4^{2-} 和 HCO_3^- 等众多离子和成分,有的还含有 H_2S 和 Cr^{6+} 等有毒有害成分,同时油田采出水 COD_{Cr} 含量比较高,远超过国家二级排放标准,若直接排放于自然水体中,会造成严重的环境污染,因此,油田采出水排放前必须进行处理,达到相应的排放指标后方可进行排放。

排放于自然水体的油田采出水,排放标准应执行 GB 8978—1996《污水综合排放标准》, 1998 年 1 月 1 日后建设的项目,水污染物排放控制指标见表 2 – 3 – 10 和表 2 – 3 – 11。

表 2 – 3 – 10　油田污水排放第一类污染物控制指标

序号	污染物	最高允许排放浓度	序号	污染物	最高允许排放浓度
1	总汞,mg/L	0.05	8	总镍,mg/L	1.0
2	烷基汞,mg/L	不得检出	9	苯并[α]芘,mg/L	0.00003
3	总镉,mg/L	0.1	10	总铍,mg/L	0.005
4	总铬,mg/L	1.5	11	总银,mg/L	0.5
5	六价铬,mg/L	0.5	12	总 α 放射性,Bq/L	1
6	总砷,mg/L	0.5	13	总 β 放射性,Bq/L	10
7	总铅,mg/L	1.0			

注:不分行业和污水排放方式,也不分受纳水体的功能类别,一律在车间或车间处理设施排放口采样(采矿行业的尾矿坝出水口不得视为车间排放口)。

表 2 – 3 – 11　油田污水排放第二类污染物控制指标

序号	污染物	适用范围	一级标准	二级标准	三级标准
1	pH 值	一切排污单位	6 ~ 9	6 ~ 9	6 ~ 9
2	色度(稀释倍数) mg/L	其他排污单位	50	80	—
3	悬浮物(SS) mg/L	城镇二级污水处理厂	20	30	—
		其他排污单位	70	150	400
4	五日生化需氧量 (BOD₅),mg/L	城镇二级污水处理厂	20	30	—
		其他排污单位	20	30	300
5	化学需氧量(COD) mg/L	石油化工工业(包括石油炼制)	60	120	500
		城镇二级污水处理厂	60	120	—
		其他排污单位	100	150	500
6	石油类,mg/L	一切排污单位	5	10	20
7	挥发酚,mg/L	一切排污单位	0.5	0.5	2.0
8	总氰化合物,mg/L	其他排污单位	0.5	0.5	1.0
9	硫化物,mg/L	一切排污单位	1.0	1.0	1.0

续表

序号	污染物	适用范围	一级标准	二级标准	三级标准
10	氨氮,mg/L	医药原料药、当料、石油化工、工业	15	50	—
		其他排污单位	15	25	—
11	总有机碳(TOC) mg/L	其他排污单位	20	30	—

注:在排污单位排放口采样。

另外,同一排放口排放两种或两种以上不同类别的污水,且每种污水的排放标准又不同时,可采用式(2-3-2)计算混合排放时该污染物的最高允许排放浓度 $C_{混合}$:

$$C_{混合} = \frac{\sum_{i=1}^{n} C_i Q_i Y_i}{\sum_{i=1}^{n} Q_i Y_i} \tag{2-3-2}$$

式中　$C_{混合}$——混合污水某污染物最高允许排放浓度,mg/L;

　　　C_i——不同工业污水某污染物最高允许排放浓度,mg/L;

　　　Q_i——不同工业的最高允许排水量,m³/t(产品);

　　　Y_i——某种工业产品产量,t/d(以月平均计)。

工业污水污染物的最高允许排放负荷量按式(2-3-3)计算:

$$L_{负} = CQ \times 10^{-3} \tag{2-3-3}$$

式中　$L_{负}$——工业污水污染物最高允许排放负荷,kg/t(产品);

　　　C——某污染物最高允许排放浓度,mg/L;

　　　Q——某工业的最高允许排水量,m³/t(产品)。

某污染物最高允许年排放总量按式(2-3-4)计算:

$$L_{总} = L_{负} Y \times 10^{-3} \tag{2-3-4}$$

式中　$L_{总}$——工业污水污染物最高允许排放负荷,kg/t(产品);

　　　$L_{负}$——某污染物最高允许排放负荷,kg/t(产品);

　　　Y——核定的产品年产量,t(产品)/a。

污水排放标准遵循国家综合排放标准与国家行业排放标准不交叉执行的原则,或如果油田所在地颁布了地方污水排放标准,且排放指标高于国家标准,则应执行地方排放标准。

5. 回注水水质标准

随着油田开发规模的扩大,采出液含水率不断上升,一些油田污水处理方法难以满足油田日益增加的大规模污水处理要求。有些油田还受到环境保护的制约,油田污水不能排放到保护区地表以内,因此,产生大量污水无处排放,实施油田污水经处理后回注地层的技术是解决油田剩余采出水出路的有效途径之一。

对含油污水回注水水质的基本要求是注入水不能堵塞地层和对注水管柱造成较快速度的腐蚀。目前国家及行业并未制定统一的回注水水质标准，对其控制指标与油田注水的控制指标相比，比较宽松，但应特别注意选择好注入地层和井位，以防止对地下水层的污染。具体数值由油田地质部门根据其回注地层特性自行确定。

参 考 文 献

寇杰,等,2013. 油气集输技术数据手册[M]. 北京:中国石化出版社.

汤林,等,2016. 天然气集输工程手册[M]. 北京:石油工业出版社.

汤林,等,2017. 油田采出水处理及地面注水技术[M]. 北京:石油工业出版社.

熊云,等,2019. 储运油料学[M]. 北京:中国石化出版社.

第三章 油 气 集 输

油气集输是石油工业的重要组成部分,在油田生产中起主导作用,所采用的油气集输工艺流程、确定的总体布局及工程建设规模,对油田的安全平稳生产、建设水平、降本增效起着至关重要的作用。

第一节 油气集输在油田建设中的地位、任务及工作内容

一、油气集输在油田建设中的地位

油田的工业开采价值被确定后,油田地面需建设各种生产和辅助设施,以满足油气开采和储运的要求。油气集输是将油井采出的油、气和水等加以收集、处理和输送的生产过程,是油田地面建设的重要组成部分和油田生产的重要环节。油气集输在油田生产中起着主导作用,对于保持原油开采和油田平稳生产、保持原油产销平衡,以及生产出符合质量、安全、环保和卫生等要求的原油、天然气、油田水和轻烃等合格产品至关重要。油气集输在充分利用油藏资源、简化地面工艺技术、节能降耗、提质增效、节省工程建设投资等方面发挥着关键性的作用。

二、油气集输的任务

油气集输的任务是将分散在油田各处的油井产物加以收集;分离成原油、伴生天然气和采出水;进行必要的净化、加工处理使之成为油田商品,如出矿原油、天然气等;以及将这些商品存储、计量后输送给用户。同时,油气集输系统还可为油藏工程提供分析油藏动态的基础信息,如:各井油气水产量、气油比、井的油压(油管压力)和回压(井出油管线起点压力)、温度等参数及随生产延续各种参数的变化情况等,使油藏工作者能加深对油藏的认识,适时调整油田开发设计和油井的生产运行。可见油气集输系统不但将油井生产的原料集中、加工成油田产品,而且还为不断加深对油藏的认识、适时调整开发设计方案、经济合理地开发油田提供基础信息及科学依据。

三、油气集输的工作内容

油气集输的工作内容主要包括:油气计量、集油集气、油气水分离、原油脱水/脱盐/脱硫、原油稳定、原油储存、运输、伴生气净化及处理、输油输气、采出水处理、注入等环节。

1. 油井产出物的收集、分离与计量

集油、集气:将分散的各油井产出的油、气、水混合物汇集送到油、气、水分离站场,或将含

水原油、天然气汇集,分别送到原油脱水及天然气集气站场;

油气水分离:将油井产物分离成原油、天然气、采出水;

油气计量:测出每口油井产物中的原油、天然气和采出水的产量,作为分析油藏开发动态的依据。

2. 原油脱水/脱盐/脱硫

将含水原油脱除水分及其他杂质(盐、硫化物、泥沙等),通过脱水、脱盐和脱硫等处理,使原油含水率符合出矿原油标准(使商品原油含水率符合规定的质量标准)。

3. 原油稳定

将原油中的甲烷和丁烷等轻组分脱出并回收,使饱和蒸气压符合产品标准(在存储温度下低于油田当地大气压),以利于常温常压下存储,成为不易挥发的稳定原油。

4. 伴生气处理、净化及凝液回收

伴生气处理及净化:将油田伴生气输送到天然气处理站,进行脱水、脱硫、脱除酸性气体(H_2S、CO_2)、除尘等处理,实现天然气净化,以保证天然气外输质量和管线输送安全,使之达到商品天然气的标准后外输、销售。

凝液回收:油田伴生气中含有较多的、容易液化的乙烷、丙烷、丁烷以及更重烃类,回收天然气中重烃组分凝析液,可以满足商品天然气质量指标或管输气对烃露点的质量要求,加工天然气凝液可获得乙烷、丙烷、液化石油气和稳定轻烃等液体燃料或化工原料,从而提高油田的经济效益。

5. 油气储存与运输

原油储存:将符合商品原油标准的原油暂时储存在本站净化油罐,或者直接输送到矿场油库中,以调节原油生产与外输的平衡。

天然气凝液存储:将液化石油气、稳定轻烃等天然气凝液分别盛装在压力容器中,以保持烃液生产与销售的平衡。

运输:将原油和天然气凝液等达到用户标准的产品经计量后,配送给用户。运输方式主要有管道运输、铁路运输、公路运输和水路运输等。

6. 采出水处理及利用

将油气水分离、原油脱水、原油存储及天然气净化过程中脱出的油田采出水,进行除油、除机械杂质、杀菌等处理,使处理后的水质符合回注地层、国家外排或回用的水质标准。

7. 油田注入

为了补充驱油开采的油藏能量,以及提高油田采收率,常用的注入驱油技术有:水驱、化学剂驱(聚合物驱、二元驱、三元驱)、蒸汽驱、气驱(二氧化碳和空气)等,与之配套形成了注水、注化学剂、注蒸汽、注气等地面工艺技术。

8. 相关附属工程及技术经济

油气集输是一个综合性的系统工程,不但要有油气集输和处理等主体工程,还要有与主体工程相配套的附属工程才能保证工程的顺利实施,如供配电、给排水、通信、消防、土建、供热、

道路、健康、安全、环境保护等。同时,需要对项目进行技术经济分析和评价,为论证项目的可行性、必要性以及投资决策提供重要的科学依据。

第二节　油气集输工程设计要求及编制依据

一、油气集输工程设计要求

1. 工艺流程

(1)油气密闭输送、处理。油气集输流程应该是密闭的。密闭应该做到:

① 未经处理的原油与大气不接触;

② 正常生产的天然气不排入大气;

③ 经处理并蒸气压合格的原油才能在常压储罐中储存;

④ 在输送工况条件下的天然气不能析出液烃;

⑤ 石油蒸气与天然气中的凝液要回收;

⑥ 油气蒸发损耗<0.5%;

(2)采用先进技术,简化井场和站场的工艺流程。

(3)实现从原油中脱气、脱水,天然气中脱烃液,并回收利用。

(4)生产符合产品质量标准的原油、天然气、稳定轻烃、液化石油气,以及符合回注标准的处理采出水等产品。

(5)油气集输站场的工艺设计应满足油气集输生产过程对站场的功能要求,并应设计事故流程。

(6)油气集输各单项工程所用化学助剂,要互相配伍,与水处理过程中的杀菌和缓蚀等药剂也要配伍。

(7)尽量采用标准化、一体化、橇装化、模块化设计,采用组装化、一体化集成装置。

(8)提高油田数字化水平,做到平稳操作、保证产品质量,确保安全和提高管理水平,减少管理环节。

2. 布局

(1)油气集输系统的站场布局应结合井网布置,地形条件,集输方式综合对比分析确定。

(2)站场布局应符合集输工艺总流程和产品流向的要求,方便生产管理。

(3)站场平面布局遵循工艺流程顺畅,整洁美观、布局紧凑、节约用地、管理维护方便的基本原则。

(4)站场按工艺功能、公用设施统一布局,联合布置,站场集中控制和管理。

3. 节能

(1)充分利用油层剩余压力、机械采油压力及地形位差,减少集输系统增压能耗。

(2)充分利用油藏的热能;加大新能源和可再生能源的应用,如太阳能、风能、地热能技术等。

（3）合理管网布局、优化集输半径，减少油气中间接转，降低集输能耗。

（4）尽量采用不加热输送工艺。

（5）采用密闭油气集输处理工艺，伴生气要回收。

（6）优化管网运行，降低生产运行成本。

（7）应用管网及加热炉自动防垢除垢技术（机械清洗、超声波除防垢、电磁防垢等），减少集输压力损失，提高加热炉效率。

（8）采用高效低耗的容器、机泵及设备。

（9）合理利用热能，系统产生的余热应回收利用（高温烟气、污水、回水）。

（10）做好设备（包括容器）及管道的保温或保冷，设备及管道的保温或保冷设计应符合减少散热（冷）损失、节约能源等基本原则。

4. 安全

（1）工艺设备及建（构）筑物应符合防爆、防火、放触电、防静电、防雷、防毒、防腐蚀的要求。

（2）易燃、可燃液体及天然气均不得无组织任意排放，大量天然气放空必须引入火炬。

（3）对可能泄漏可燃气体和有毒气体的厂房设置气体检测报警装置，有爆炸性气体存在的厂房（油气积聚区），要设置可燃气体检测报警装置。

（4）油区及泵房应设置消防设施。

（5）加热炉及采暖炉设置自动点火和熄火保护设施。

（6）站内高于地面以上 1.2m 的操作点设置护栏。

（7）在可能发生危险的部位及作业场所均设置明显的警示标识，站内管道和设备的涂色及标牌、标志要满足标准与规范的要求。

（8）区域及总平面布置应符合现行标准 GB 50183《石油天然气工程设计防火规范》、GB 50016《建筑设计防火规范》的规定。

5. 环境保护

（1）生产废水均经过处理达标后进行重复利用或排放。

（2）烟囱及火炬排放的烟气要符合工业卫生标准。

（3）对站场噪声应进行控制，环境噪声的排放应符合现行标准 GB 12348《工业企业厂界环境噪声排放标准》的规定。

（4）排污系统应为密闭系统。

（5）加强监控及维修保养，杜绝发生跑、冒、滴、漏油气现象发生。

（6）废弃的建筑垃圾、生活垃圾应统一收集，并送相应的垃圾场进行处理。

6. 职业卫生

（1）生产人员必须经过严格培训，持证上岗。

（2）为员工提供防高温、防低温、防毒设施及用品，配备必要的个人劳动防护用品及急救用品。

（3）重要岗位均设有电话，如遇紧急情况可及时与有关方面联系。

（4）进入作业区人员必须按规范要求穿戴劳保服、劳保鞋和安全帽。

（5）区域及总平面布置应符合现行标准 GBZ 1《工业企业设计卫生标准》的规定。

7. 计量

1）原油计量

油气计量分为两类：一类是油井产量计量；另一类是原油输量计量。

（1）油井产量计量应满足生产动态分析要求，油、气、水计量准确度的最大允许误差应在 ±10% 以内；低产井采用软件计量时，最大允许误差宜在 ±15% 以内。流量仪表精度为 1 级，可离线和用标定车定期校定。

（2）原油输量计量可分为三级：一级计量是外输外运到用户的一种商业贸易交接计量，在油气计量中精度最高；二级计量是油田内部净化原油或稳定原油的生产计量；三级计量是油田内部含水原油的生产计量。

① 一级计量系统的最大允许误差应在 ±0.35% 以内；流量计的准确度应为 0.2 级；应采用在线实流检定方式。

② 二级计量系统的最大允许误差应在 ±1.0% 以内；流量计的准确度应为 0.5 级；可采用活动式标准装置在线实流检定。油气田内部集气过程的生产计量精度控制在 5% 以内。

③ 三级计量系统的最大允许误差应在 ±5.0% 以内；流量计的准确度应为 1.0 级；可采用离线检定。

2）天然气计量

天然气输量计量可分为三级：一级计量是油田外输气的贸易交接计量；二级计量是油田内部集气过程的生产计量；三级计量是油田内部生活计量。

（1）一级计量系统的准确度等级不应低于表 3 - 2 - 1 的规定，配套仪表的准确度应按表 3 - 2 - 2 确定。一级计量系统的流量计应采用实流检定方式。符合表 3 - 2 - 2 中 A 级体积输量的天然气一级计量系统，宜配备在线分析仪器。计量系统应设置备用计量流程，且不应设置旁通。

表 3 - 2 - 1 一级计量系统的准确度等级

设计能力 q_n（标准参比条件），m^3/h	$q_n \leqslant 1000$	$1000 < q_n \leqslant 10000$	$10000 < q_n \leqslant 100000$	$q_n > 100000$
准确度等级	C 级（3%）	B 级（2%）	B 级（2%）或 A 级（1%）[①]	A 级（1.0%）

① 按现行国家标准《天然气计量系统技术要求》GB/T 18603 选择。

注：（1）二级计量系统的最大允许误差应为 ±5.0%，配套仪表的准确度可按表 3 - 2 - 2 中 B 级确定。

（2）三级计量系统的最大允许误差应为 ±7.0%。配套仪表的准确度可按表 3 - 2 - 2 中 C 级确定。

表 3 - 2 - 2 计量系统配套仪表准确度

测量参数	最大允许误差		
	A 级	B 级	C 级
温度	±0.5℃[①]	±0.5℃	±1.0℃
压力	0.2%	0.5%	1.0%

续表

测量参数	最大允许误差		
	A 级	B 级	C 级
密度	0.35%	0.7%	1.0%
压缩因子	0.3%	0.3%	0.5%
在线发热量	0.5%	1.0%	1.0%
工作条件下的体积流量	0.7%	1.2%	1.5%

① 当使用超声流量计并计划开展使用中检测时，温度测量不确定度应该优于 0.3℃。

二、油气集输工程设计的编制依据

油气集输工程设计的编制依据主要包括：

1. 法律、法规、标准与规范等

（1）国家法律、法规（国家机关制定的法令、条例、规则和章程等法定文件的总称）、政策。

（2）国家、地方、行业和企业标准与规范。

（3）股份公司和油田公司等企业规定、企业管理办法等。

2. 油藏开发与钻井资料

（1）开发井的地理位置，油田面积，油田开发概况。

（2）目的层及埋藏深度，原始油层压力、温度、饱和压力。

（3）油层的岩性、物性，如空气渗透率、孔隙度等。

（4）储层的驱动类型，如水驱、聚合物驱、复合驱等。

（5）布井方式及数量，井位坐标、井号、井别、井数、建设时间。

（6）完钻井深、钻井进尺。

（7）10 年内原油单井日产量、年产量、含水率、气油比。

（8）10 年内注入井单井日注入量、年注入量、井口注入压力、年注化学剂量。

（9）10 年内采出液含化学剂的浓度。

（10）原油、天然气及采出水物性。

① 原油 20℃ 及 50℃ 密度，升降温的黏温曲线，含蜡量、胶质与沥青质含量、析蜡点、初馏点、闪点、凝点；含硫量、含蜡量、气油比，必要时筛选破乳剂、降凝剂、降黏剂、清蜡剂、防蜡剂和消泡剂等的种类及用量；低温非牛顿流体的流变特性，含蜡原油热处理效果。

② 天然气黏度，C_1—$C_{1:2}$、H_2S、CO_2、N_2、H_2O 及其他组分含量。

③ 采出水的总矿化度、pH 值、硬度、正负离子（Ca^{2+}、Mg^{2+}、K^+、Na^+、Cl^-）、SO_4^{2-}、稀有金属。

（11）井下措施工作量（压裂、酸化等）及投资。

3. 采油工艺资料

（1）采油方式：自喷、机械采油、气举、蒸汽吞吐、蒸汽驱油、SAGD、火驱等。

（2）采油设备及数量:抽油机,螺杆泵、潜油电泵、水力活塞泵、水力射流泵,抽油杆,抽油泵,扶正器,电动机以及强磁防蜡器等。

（3）采油热洗设计参数:热洗周期、热洗水量、井口热洗压力、连续洗井时间。

（4）无杆泵的携油比。

（5）油井措施:井筒清蜡、防蜡、降凝、降黏、缓蚀、防腐等。

4. 建设区域的环境条件

（1）地形图:1:50000 或 1:100000 区域地形图;1:5000 或 1:10000 油田地形图;1:500 或 1:1000 油田站场地形图。

（2）地貌、植被、井场地类。

（3）地震烈度。

（4）气象:10 年以上累计资料。

气温:月平均、月平均最高、月平均最低、极值温度。

地温:月平均地表温度;0.8m,1.0m,1.2m,1.6m,2.1m 和 3.2m 冻层深度的温度。

湿度:月平均相对湿度、绝对湿度。

风速:月平均风速、极值、风速及风频、玫瑰图。

降水量:年降水量、年蒸发量、一次最大降水量、瞬时最大降水量、积雪厚度。

年日照时间、阴日、雨日、风日、雾日日数。

（5）水文:10~50 年累积资料。

地面水:按季节流量、水库容量、季节性水位、补给水来源、洪水位。

地下水:层位、深度、涌水量、动水储量、补给水来源、采水方式、动水位高度。

水质:硬度、pH 值、含氟、氧、细菌、机械杂质、稀有金属、正负离子等。

（6）工程地质:地耐力,0~50m 地层结构,地面土壤电阻率。

（7）建设条件:交通运输、供电、通信、工农业、建筑材料、人口、人文、市场信息资料、社会公众要求、生活习俗等。

（8）经济条件:设备、材料、运输、水、电、燃料价格、人工工资、管理费用等。

5. 其他相关文件

（1）合资与合作项目各方签订的协议书或意向书。

（2）其他。

第三节　油气集输总流程、总体布局和建设规模

一、油气集输总流程

油气集输工艺主要包括原油和天然气的收集、处理、存储、运输。通过"三脱"（油气收集和输送过程中的原油脱水、原油脱天然气和天然气脱轻质油）、"三回收"（采出水回收、天然气

回收和轻质油回收），生产出4种合格产品（净化油、净化天然气、净化污水和轻烃）。油气集输工艺流程是根据各油田的油藏特点、开发方式、钻采工艺、油品物性、地理环境、建设条件及其他因素而设计的，目前，各油田最常见的工艺流程为：油气井的产出物经计量站或集油阀组间汇集后，输送到接转（放水）站或油气集中处理站。在站内进行油、气、水三相分离和原油脱水。脱水后的净化原油通过原油稳定装置进行稳定处理，脱去易挥发的原油轻组分，稳定后的原油输至油库，经管道、铁路、公路、水路等方式外输。在稳定过程中分离出的原油轻组分送至油气处理厂进一步处理。从气液分离过程中得到的采出气进行脱水干燥、脱硫、脱CO_2等净化处理后，进一步回收天然气凝液，干天然气输至天然气输气站外输，液烃产品存储、外销。从油水混合物中脱出的含油污水进行除油、过滤等处理，输送至注入（水）系统回注地层、外排或回收利用。对于化学驱，需要将化学剂在配制站、调配站调配后输送到注入站，与注水站来水按照一定比例混合后回注地层。油气集输总工艺流程如图3-3-1所示。

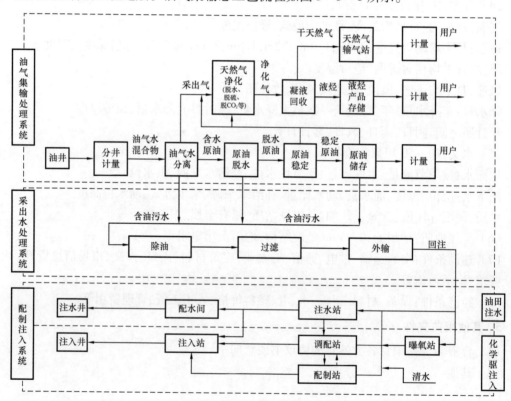

图3-3-1　油气集输总工艺流程图

二、总体布局

（1）在综合优化的基础上，各生产功能尽量联合布局，以减少建设用地、劳动定员和系统配套工程。

（2）采用水驱开发方式的新建产能建设其骨架工程布局，应以开发方案布井范围为依据，综合考虑土地类型和可依托环境,合理确定骨架工程数量,优选站址;另外,如果周边相近地区有开发前景并已有远景规划,在规划集中处理站或油气外输出口时,也要统一考虑。

(3)采用化学驱方式开发建设的产能建设骨架工程,应以油田开发数据为依据,综合优化化学剂配制、注入及采出液处理的骨架工程布局;化学驱配制站布局宜集中设置,分散注入;化学剂注入点应与配水点联合设置。

(4)在已开发区加密或扩边的水驱产能骨架工程布局,应充分利用已建设施,当需要增加功能及处理能力、或工艺流程及设备(设施)升级改造时,应优先考虑在已建站场内扩改建;如果在已建站场无扩改建空间,或本身已年久失修,应结合布局优化调整设置。

(5)在水驱生产区安排的化学驱产能建设,因采出液性质变化和区域采出水不同水质的利用,需另外建设油、水处理骨架工程时,应在认真研究化学驱生产期、后续转水驱期及区域内已建水驱骨架工程设施的基础上,协调好区域内近远期的关系,在充分利用已建布局站场的条件下,宜在已建水驱站场内或旁边扩改造,尽量减少另辟新址。

三、建设规模

(1)为了满足油田开发新增产能的需要,油田地面工程新增油、气、水处理能力是必须的。确定适宜的油、气、水处理能力,对控制地面工程建设投资至关重要。能力冗余,不仅浪费投资,而且影响设施综合运行负荷率,增加生产运行成本。

(2)新建油田地面工程建设规模分为综合建设规模和分项建设规模。综合建设规模一般指开发方案确定的区块年产油能力;骨架工程分项建设规模包括:处理总液量规模、处理总采出水量规模、处理伴生气量规模、总注水量规模、化学驱化学剂配制规模,以及为了适应不同工艺生产阶段的原油脱水(热化学或电化学)规模、原油外输规模、不同水质标准的水处理规模等;确定科学合理的建设规模,必须以开发方案提供的油量、气量和水量预测数据为依据,如果最高量年限较短,则设计规模应以次高量为依据,短时限的最高量可以通过所选设备的余量能力来适应。

(3)确定在已开发区加密或扩边的水驱产能工程新增系统能力的设计规模,油田开发部门除提供产能新井的开发预测量外,还应提供对已开发区老井相同年限的开发预测数据,在充分发挥已建设施能力的基础上,经综合平衡后确定新增规模,以避免总规模冗余或重复建设。

(4)化学驱新增产能工程,由于其生产特点,新建系统能力规模包括化学剂配制规模、采出液处理规模和采出水处理规模等,但化学驱有效期又有其周期性的特点,一般7~9年后需转为水驱,而又可能会开辟新开采层系的轮换注入。

因此,在已建水驱生产区安排的化学驱产能新增能力建设,不仅其设施能力要满足化学驱有效期内的生产需要,还要综合考虑已建水驱、后期将转水驱和新开辟化学驱的各系统能力的综合需求平衡。因此,油田开发部门除提供化学驱不少于10年的开发预测数据外,也还应提供对已开发水驱老井相应年限的开发预测数据、本区块转水驱后的开发预测数据以及相邻待化学驱上(下)返区块的相关年限的开发预测数据;化学剂配制总规模,应根据区域化学驱地面工程总体规划确定的配制站管辖范围和待轮换注入需求综合确定。同时,应根据化学驱产能建设安排,选择是否分期建设;化学驱采出液和采出水处理规模,应在综合分析化学驱新井、已建水驱老井、化学驱后期转水驱及相近待实施上（下）返井综合需求及措施可行的基础上，合理确定新增规模，以使区域地面建设设施的总规模更合理、更优化。

第四节　油田原油集输

油田原油集输是指收集油田各油井生产出的油、气、水等混合物，进入各种站场进行处理，直至生产出合格的油气产品，并将产品输送到指定地点的全部工艺过程。

一、布局要求

（1）原油集输工程总体布局应根据油田开发方式、生产井分布及自然条件等情况，并应统筹考虑注入、采出水处理、给排水及消防、供配电、通信、道路等系统工程，经技术经济分析确定。

（2）原油集输各类站场按输油、输气的用户方向，确定集输方向，尽量避免流向迂回，节约能量。

（3）集油管线可按下列三种原则布置：

① 计量站（或集油阀组间）和接转站应尽量布置在生产井区中心，生产井与站间的集油管线布置以线路最短为原则，适合于平原及地物、地貌比较简单地区。

② 集油管线沿地形方向由高到低，布置计量站、油气分离站场处于低处，充分利用地形高差能量，适用于丘陵坡地。

③ 集油管线沿低地山谷敷设，适用于山区。

（4）集油管线的路径，要避免因地形起伏而产生油气滑脱，增加摩阻损失。

（5）各类油气站场与其他设施的相对位置应避开主导风向，且在较开阔易于使油气扩散的地方；其区域性安全距离应符合油田建设设计防火规范的要求。

（6）各种管道、电力线、通信线等宜与道路平行敷设，形成线路走廊带。

（7）在油气站场的一个或两个方向留有扩建的位置，管廊带要留有新敷设管线、增设复线的位置。

（8）油气站场的位置应靠近道路、电源、水源和通信线的接点，且有利于排除地面雨水的地方。

（9）滩海陆采油气站场的位置应靠近陆上油田已有设施，减少新建工程。

（10）沙漠和戈壁地区的原油集输工程设计应适合沙漠和戈壁地区恶劣的环境条件，站场和线路等的设计应采取有效的防沙措施。站场的布局应充分利用沙漠地区的太阳能和风能等天然资源。

二、布站方式

原油集输工程的布站方式是根据油井、计量站（集油阀组间）、接转站和集中处理站在布局上的不同组合方式确定的，针对不同油区的特点，布站方式可采用一级布站、一级半布站、二级布站、二级半布站和三级布站等方式。采用何种布站方式,应根据各油田或区块开发的具体情况,通过技术经济论证确定。不同类型油田常用的布站方式见表3-4-1。

表3-4-1 不同类型油田常用布站方式

序号	油田类型	常用布站方式
1	整装油田	一级布站、一级半布站、二级布站、三级布站等
2	三采油田	二级布站、三级布站等
3	低渗透低产油田	一级布站、一级半布站、二级布站等
4	分散小断块油田	一级布站等
5	稠油油田	一级布站、二级布站、三级布站等

1. 一级布站

一级布站是指由"油井—集中处理站"构成的布站流程。各油井的气液混合物直接进集中处理站,在集中处理站进行油井的油气分离,油、气、水计量,原油脱水,原油稳定,天然气脱水,天然气凝液回收等处理,得到合格的油气产品。该工艺是从"一级半布站"简化而来,将集油阀组设置在集中处理站,从油井到集中处理站的集输距离相对较短,进一步节省集油管网,节省了建设投资。当油田面积较小、分布零散、区块相对独立时宜采用一级布站方式,或者油井位于集中处理站附近,就近接入已建的集中处理站。针对一般单井产量低、气油比低、稳产期短、生产成本高、效益差等特点,采取油井单管、环状、树状串接、拉油等集油方式进站集中处理,软件分散量油。集中处理站的功能可能不够完备,一般因地制宜根据生产需求配备油、气、水处理站及设施。这种布站方式简化,便于实现油田自动控制及数字化建设,有利于油田管理。一级布站如图3-4-1所示。

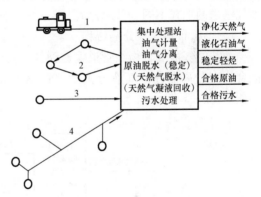

图3-4-1 一级布站示意图
1—拉油工艺;2—环状集油工艺;
3—就近接入集油工艺;4—树状串接集油工艺

近年来,国内加大了集油工艺的优化简化力度,一级布站应用较广,低产低渗透油田、分散小断块油田、整装油田、稠油油田等都有应用,塔里木东河塘油田采用了"油井—集中处理站"的一级布站集输流程,简化了工艺,降低了投资。

2. 一级半布站

一级半布站是指由"油井—集油阀组间—集中处理站"构成的布站方式。是从"二级布站"流程简化而来,即计量站的位置只设集油阀组,各油井产物在集油阀组汇集后,气液混输至集中处理站,在集中处理站设分离计量装置多井集中量油,或在井口分散量油(软件计量、移动计量等方式)。计量站简化为集油阀组,降低了投资,减少了工程量。一级半布站方式如图3-4-2所示。

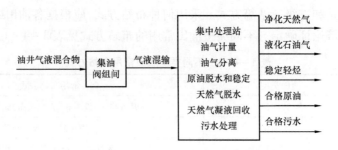

图 3 - 4 - 2　一级半布站示意图

国内外的许多油田,特别是低产低渗透油田、整装油田,包括沙漠地区的油田,都采用一级半布站集输流程。我国胜利宁海油田、新疆鄯善油田局部、吐哈丘陵油田采用了这种流程。

3. 二级布站

二级布站是指由"油井—计量站或接转站—集中处理站"构成的布站方式。设置计量站,各油井混合物经计量站集中计量并混合后进处理站;或设置接转站(或增压点),各油井混合物经接转站(或增压点)后进处理站。接转站起到中间增压、加热、分离或缓冲等功能。根据油气输送的形式不同,可以分为二级布站气液分输流程和二级布站油气混输流程。

1) 二级布站气液分输流程

油井的气液混合物经管道输送到计量站或接转站,对油井的油、气、水产量分别计量,气液混合物在分离器进行气液分离后,气、液分别输送至集中处理站。二级布站气液分输流程如图 3 - 4 - 3 所示。

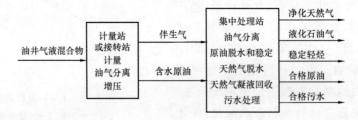

图 3 - 4 - 3　二级布站气液分输流程示意图

这种流程适用于气油比较大的油田,其特点是集中计量,简化了井场设施,集油、集气分别采用不同的输送工艺,对不同压力、不同产量的油井都能适应,对油田中后期井网的调整比较灵活,操作方便可靠,且易于集中控制管理。该流程可降低井口回压,设接转站可以提高至集中处理站的输送能力。该流程的缺点是油、气分输,集气系统复杂,需多处分散进行露点处理,管道、设备多、投资大。

目前,该流程在一些老油田仍有一定程度的应用,但在新的油田产能区块已逐渐不再采用。

2) 二级布站油气混输流程

油井的气液混合物在计量站或接转站分别计量油、气、水产量后,气、液重新混合,根据地层剩余能量的消耗情况,若不需增压,则气液混合物经集油管道自压至集中处理站;若需增压,则在计量站设混输泵,气液混合物经混输泵增压输送至集中处理站。若接转站采暖或工艺伴热用气,可用油气分离器分离出一部分伴生气除油后作为燃料气。二级布站油气混输流程如图 3 - 4 - 4 所示。

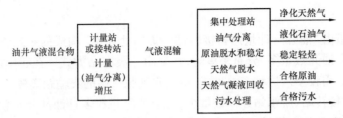

图 3 - 4 - 4　二级布站油气混输流程示意图

油气混输工艺简化了集气系统,多采用单管、枝状管网集油工艺,以及由段塞流捕集、多相加热、多相匀流增压、多相管式分离和多相激振除砂等技术构成的油气混输站场工艺。目前,国内单条混输管道最大输油量为 $220 \times 10^4 t/a$,最大输气量为 $35 \times 10^8 m^3/a$,最大输送压力为 12MPa,最大输送距离为 68km,比采用油气分输工艺节省工程投资 20% ~ 30%。

二级布站油气混输是目前国内各种类型的油田广泛选用的布站方式,如在长庆油田、胜利油田、大港油田和辽河油田等得到普遍应用。

长庆油田地面工程建设模式主要为二级布站,即"大井组—油气混输一体化集成装置—联合站",其中,油气混输一体化集成装置是将油气混合物的过滤器、分离缓冲罐、加热炉、气液分离器、外输泵等设施通过组合成橇装集成于一体,并配套了 RTU 远程智能控制系统,实现多种生产工艺流程的集合,简化了流程,减少管理单元,节省了占地,降低了建设投资和运行成本,布站更灵活,形成了"大井组、单管集油、混输增压、二级布站、井站合建、数字化管理"的模式,充分体现了"单、短、简、小"的长庆特色。

4. 二级半布站

二级半布站方式是指由"油井—集油阀组间—接转站—集中处理站"构成的布站方式。是从"三级布站"流程简化而来,即计量站的位置只设集油阀组,计量站和接转站功能合并,各油井产物在集油阀组汇集后,气液混输至接转站进行油气分离,油、气、水经计量后,增压输送至集中处理站,在集中处理站进行原油脱水、原油稳定、天然气脱水和天然气凝液回收等处理,得到合格的油气产品。当油田面积较大、油井数量较多,集输距离较远时,宜采用的二级半布站方式。二级半布站方式如图 3 - 4 - 5 所示。

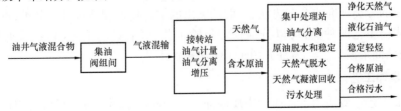

图 3 - 4 - 5　二级半布站示意图

新疆油田九7+8稠油集输采用了二级半布站方式，即油区设置集油阀组、计量站、转油站和注汽站合建，该流程从一定程度上减少了集输管网，提高了注汽效率，扩大了集输面积。

5. 三级布站

三级布站是指由"油井—计量站—接转站—集中处理站"构成的布站方式。当油田面积较大、各区块相连、油井数量多、分布密集时，宜采用三级布站方式。在我国的整装油田、三采油田和稠油油田应用较多。这种布站方式，从油井到脱水站的集输距离较长，接转站和脱水站管辖油井数较多，接转站、脱水站建设数量少，对于基建井数多且油井分布较为密集的产能建设区块适合采用，因为具有规模优势，建站少，建站规模大，减少了集油管网及建站的数量，投资省，具有较好的经济效益。另外，部分小油田产量较小、油品性质较好，但单独为其建设原油稳定装置和天然气凝液回收装置又不够经济，因此，也需要输至附近的接转站进行集中输送至集中处理站。三级布站方式如图3-4-6所示。

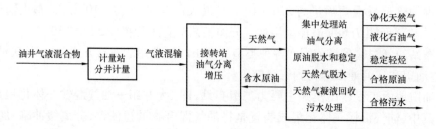

图3-4-6　三级布站示意图

三、原油集输工艺

按生产过程，油气集输通常划分为三个阶段：第一阶段，从油井至处理站前一般称为集油流程或收集流程，目的是将各分散油井采出物收集到处理站内；第二阶段，在处理站内将收集到的油气混合物进行油气水分离、原油脱水、原油稳定、原油除砂/脱盐/脱硫、油田气处理等，使油气产品达到合格出矿的质量标准，一般称为油气处理流程；第三阶段通过处理站将合格的油气产品输送到油气库或长输首站进行存储或外输，一般称为原油储运流程，本节所介绍的是第一阶段的集油工艺或收集工艺。

我国油田分布很广，每个油田所处的自然环境、地理位置、油藏性质、油藏能量、开发方式、原油物性和油气组分等都有很大差别，所采用的原油集输工艺也多种多样。我国对现有集输工艺尚无统一的分类标准或命名方法，一般按突出的关键技术和特点进行分类，本节按照原油黏度来划分集输工艺的种类，可以分为稀油集输工艺、稠油集输工艺（包括普通稠油集输工艺、特稠及超稠油集输工艺），另外介绍了CO_2驱集输工艺。

1. 稀油集输工艺

稀油集油工艺一般适用于轻质和中质原油。由于我国水驱采油油田油井出油温度一般远低于中质原油的凝固点，为了实现油井产出物的正常收集，也需采取各种加热方式。稀油集油工艺有不加热和季节性不加热集油工艺、加热集油工艺和井场拉油工艺三种。

1）不加热和季节性不加热集油工艺

为实现优化简化、节能降耗，各油田均结合各自油品性质，以及所处地域环境的不同，针对不加热集油工艺进行了不同程度的应用，对于黏度较低、凝点低、流动性能好的原油，充分利用油井井口压力及剩余温度，将油井所产油气水混合物压送至集油阀组间。

不加热集油工艺流程如图3-4-7所示。

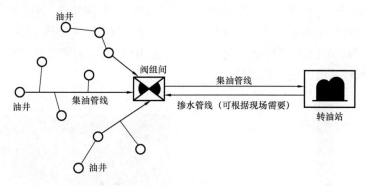

图3-4-7 不加热集油工艺流程图

（1）低凝、低黏原油不加热集油工艺。

① 流程特点：

a. 该集油工艺以长庆油田为代表，长庆原油具有较好的低温流动性能，虽然原油井口油温为15℃左右，已低于脱气原油的凝点，但在抽油泵的剪切和伴生气的扰动双重作用下，蜡结晶不能形成稳定的网络结构，原油仍然表现出一定的流动性能，同时原油中溶解的伴生气也起到一定的降凝降黏作用。根据这一特性，充分利用抽油机的压力和井口剩余温度，管线埋设在土壤冻土层以下，不需井口加热和伴热保温，进站温度一般为地温。实践证明，原油在集输终点油温为3~4℃，仍能够保持一定流动性能。

b. 采用功图法量油，依据油井深井泵工作状态与油井液量变化关系，建立抽油杆、油管、泵功图的力学和数学模型，通过获取示功图数据，计算油井产液量。计量系统主要由数据采集系统、数据传输系统和数据处理系统三部分组成。该工艺采用高精度的数据采集器，获取安装在油井抽油机上载荷和位移传感器等数据，通过无线网络或光纤将其传送到数据处理中心，通过监测和油井计量分析系统软件，实时显示监测功图，分析油井工况，折算出油井产液量。

c. 辅助投球清蜡，投球装置安装在井场出油管线上，通过设定定期投放时间，定时投放实心橡胶球，阀组间设置收球装置，完成管线的清蜡工作。

d. 长庆油田原油黏度为6.43mPa·s，凝固点为15~21℃，初馏点为58.94℃，地温为3℃。长庆油田突破了油气集输设计规范，油井井口回压最高控制在2.5MPa，管线不保温，进站温度一般为地温，低于凝固点。

e. 该技术实现了站场规模大幅缩减、工艺大幅简化，集输系统建设投资节约40%；集输系统的热耗降低33.8%，吨油总能耗降低6.1%。目前长庆油田共在15000余口油井、2800多座丛式井场应用了该工艺。

② 适用范围：原油具有较好的低温流动性，在低于凝固点时仍能表现出一定的流动性能，

油井井口剩余能量较高。

③ 主要设备及装置：长庆油田研制出了定时自动投球技术（图3-4-8）。利用球阀阀芯的特性，设定两个输送通孔，通过确定球阀芯的两个方位，使球阀芯转动至任意一个方位时使原油在管线内不断流，其中一个方位输送清蜡球。只需一个阀门即可实现既投球又不断流的全过程操作，实现了无人值守定时自动投球、收球，定时清理管道内积累的清蜡球。该装置安装在井场出油管线上，可根据管线流量和结蜡状况设定投球时间间隔，通过定时投放带有编号的实心橡胶球，完成管线清蜡作业。每次储存10~15枚橡胶球，井场装球周期由1天减少到10天，有的可达到每20天到现场装一次球，降低了近10倍的人力资源和车辆的运行费用，减少了采油成本、减轻了员工的劳动强度。

图3-4-8　自动投球示意图

（2）管道深埋高含水井带低产液井串接不加热集油工艺。

① 流程特点：

a. 该集油工艺以吉林油田为代表，吉林油田于1995年在红岗采油厂进行单管油井常温输送先导性试验研究，后来在扶余油田扩大开展研究和现场试验。

b. 选择产液量高、含水高的油井作为端点井，就近串联产液量低的油井进计量间，平均2~5口井串联，增加集油管内的流动液量，提高油井产液进间温度，避免管线凝冻。

c. 采用井口计量方式，以液面恢复法或功图法计量为主。

d. 集油单井管线采用玻璃衬里无缝钢管，相比于玻璃钢管和普通钢管更具优势。单井集油管线埋深在冻土层以下，管线不保温。

e. 部分区块新建油井按掺输流程设计，开发初期冬季掺水、夏季停掺，开发中后期完全实现常温输送。

f. 井口地下2.0m处到地面采油树之间立管设电热带保温，有效解决立管冻堵问题。

g. 对产液量低、输送距离远和易结蜡的管线采取投球清蜡、井口电加热和高温车定期扫线等措施，减少管线结蜡，提高原油流动，确保管线畅通。

② 适用范围：适合油井井口剩余能量较高、单井产量较低、原油凝固点较低、油品性质和黏温性质较好的区块。对含水率低于转相点的油井，应尽可能早地接入串管系统，在混合含水率满足所推荐的常温集油条件时，可以常温集油，否则应采用掺水输送。

（3）中高含水油井季节性不加热集油工艺。

① 流程特点:

a. 该集油工艺以大庆油田为代表,大庆油田处于高寒地区,凝固点及含蜡高,单井管道深埋 2m,确保至冻土层以下,依靠井口回压及剩余温度自压进转油站。

b. 单井采用软件量油装置进行计量,井口配备点滴加药。

c. 根据不同区块油品性质及井口出油温度,采用通球工艺、井口加热保障生产运行,同时根据现场需求,选择是否设置转油站与阀组间之间掺水管线。

d. 与双管掺水流程相比,单管深埋不加热工艺取消了掺水热洗管线,简化了转油站掺洗工艺和掺洗阀组,综合约节省建设投资 20%,节省运行费用 12%。

② 适用范围:油井产液量较高,产液含水率高于油水乳状液转相点,井口出油温度高于凝固点的油井,可采用单管深埋不加热集油工艺,对于含水率在转相点附近的油井,可采用井口设电加热器的方式,降低油品黏度。

(4) 高出油温度井不加热集油工艺。

① 流程特点:

a. 该集油工艺以塔里木油田为代表,轮南及哈德作业区原油黏度低、凝固点低,井口出油温度高,油井产液采用单管或单管串接方式输至计量间。

b. 单井采用计量间量油方式。

② 适用范围:适用于原油黏度低、凝固点低、井口出油温度高的油田。

2) 加热集油工艺

(1) 双管掺水集油工艺。

双管掺水集油工艺是把热水从转油站通过掺水管道输至计量间,计量间至油井有两条管线,分别为集油与掺水管线,热水从油井井口掺入集油管线中,利用热量,与油井产液一同输送至计量间,再汇集到转油站。

"两就近"集油工艺为双管掺水集油的一个简化工艺,即油井就近进入已建计量间,就近与老油井管道挂接,"两就近"集油工艺与双管掺水集油工艺相比,单井投资降低 20% ~ 30%。该工艺适用于井网密集的油田区块。

丛式井平台集油工艺是双管掺水集油的一个简化工艺,4 口井以下的丛式井组采用掺水、集油、计量 3 管集油工艺;4 口井以上的丛式井井组,采用 5 管掺水集油工艺,以 2 ~ 3 口井为一个单元,每个单元设掺水、集油管道各 1 条,各单元共用 1 条计量管道。

双管掺水集油、"两就近"集油工艺及丛式井平台集油工艺流程如图 3 - 4 - 9 至图 3 - 4 - 11 所示。

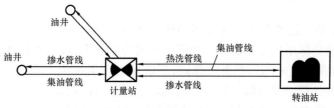

图 3 - 4 - 9 双管掺水集油工艺流程图

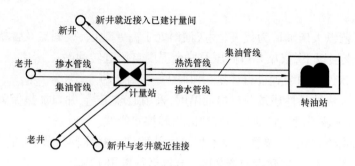

图 3－4－10　"两就近"集油工艺流程图

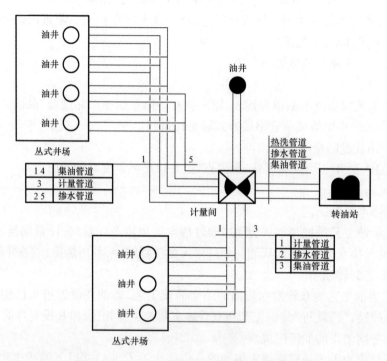

图 3－4－11　丛式井平台掺水集油工艺流程图

① 流程特点：

a. 在集油管线中掺入热水,利用介质的热量,降低管线中输送原油的黏度和摩阻。将热水从采油井井口掺入集油管道内,充分利用了加热介质的热量,但也增加了集输管道的输送量。

b. 双管掺水集油工艺可实现单井定期的热洗清蜡,热水经掺水管道输送至井口,沿油管外壁流下,将蜡逐渐全部熔化并在保温的情况下及时将蜡排出,可避免频繁使用移动热洗车。

c. 双管掺水集油工艺采用三级布站模式,集油系统可实现单井集油、掺水及油管定期热洗清蜡,计量间单井计量准确,建设投资较高,运行能耗及费用较高。

d. 该工艺对产量变化适应性强,无论是低产井、间歇出油井,或在修井停产作业等情况下,单井之间可做到不互相影响,具有较好的适应性。

② 适用范围:双管掺水集油工艺适用于高寒地区原油黏度及凝固点较高、井口出油温度较低的油田。"两就近"集油工艺适用于在已建双管掺水集油工艺地区的新加密产能井。聚合物驱及复合驱油田常采用双管掺水集油工艺。

(2) 环形集油端点井掺水集油工艺。

大庆油田在 20 世纪 80 年代就开始应用该工艺,该工艺以集油阀组间为单元,采用一条管道串联多井的方式形成集油环,每个集油环串联 3~7 口油井,每个集油阀组间辖 5~10 个集油环。阀组间和转油站之间设置集油及掺水两条管道,掺水由转油站泵输至集油阀组间,通过阀组间掺水阀组分配到各个集油环,每个环中的油井产液与热水混合升温后一起输回集油阀组间,再自压至转油站。单管环状掺水集油工艺流程如图 3-4-12 所示。

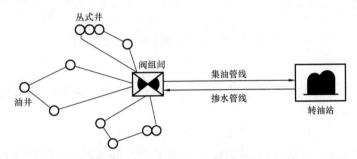

图 3-4-12 单管环状掺水集油工艺流程图

① 流程特点:

a. 与双管掺水流程相比,集油工艺进一步简化,布站方式由三级布站改为二级半布站,双管改为单管多井串接,计量间改为集油阀组间,集油、掺水管道及站内设施大幅度减少,基建投资降低 16% 左右,平均单井掺水量较双管流程降低 40%~50%,掺水耗电及耗气量明显下降,节约运行能耗 18% 左右。

b. 油井计量采用功图法或液面恢复法,取消了计量间单井计量方式,简化了计量工艺。

c. 与双管掺水流程相比,油井清防蜡以井口加药、井下防蜡器为主,固定热洗改为活动热洗,取消了站内固定热洗设施,节省能耗及投资。

d. 由于流程是将单井串联在一根集油总管上,油井之间的压力干扰较大,井网调整和流程改造比较困难;另外,由于只能采用活动洗井车洗井,增加了运行成本和雨季洗井的难度。

② 适用范围:适用于油井密度较大,低产低渗透的高寒地区,油田原油黏度及凝固点较高、井口出油温度较低的油田。大庆油田的外围油田多采用单管环状掺水集油工艺。

(3) 单井集油单井加热集油工艺。

在每口油井井场或每座丛式井平台井场设置电加热器,将油井产气液混合物由井口出油温度加热至可集输温度,井与井之间由电加热管道成多井树枝状串联,将气液混合物保温输至转油站。单管加热集油工艺流程如图 3-4-13 所示。

① 流程特点:

a. 站外采用了一条电加热主线带多井的集油方式,简化了站外系统布局,减少了阀组间的数量及站外管道数量,与环状掺水集油工艺相比,可节省集油管道约 40% 以上,管径进一步

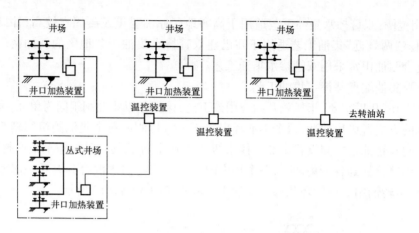

图 3 - 4 - 13　单管加热集油工艺流程图

缩减。

b. 转油站站内工艺大幅度简化，取消了与掺水有关的工艺和设备，有效缩小了建设规模，节省建设投资 20% 左右。

c. 管网中设有温控装置，系统温度稳定，原油流动性好。

d. 电加热管线施工要求高，且管道接头多，生产时故障率高，主线或中间管线一旦出现故障，影响面积大。

e. 单管加热集油工艺运行费用较高，平均为环状掺水集油工艺的 1.6 倍。

② 适用范围：该工艺主要消耗电能，适用于单井产量低、产气少、地处偏远、系统依托性差的零散区块。

③ 主要设备及装置：

a. 井口电加热器。井口电加热器为油井产液提供初始输送温度以电能为能源，最终转化为热能，再通过介质传输的方式将热量传递给油井产液。井口电加热器加热温度可调可控，使加热温度始终保持在安全范围内。根据加热方式和电加热器种类不同，井口加热器可分为真空相变热超导高效电加热器、电磁感应电加热器和电阻式电加热器三种类型。

ⅰ. 真空相变热超导高效电加热器。该设备的核心技术之一是利用传统的热管技术，加入特种无机工质，按特定的工艺制作成热超导热管，除了具备普通热管的传热原理外，固体工质在热端吸收热量，然后依靠分子的高速振荡把热量传到冷端。该种热超导热管具有内压低、传热强度高（传热效率为 95% 以上）、耐高温、寿命长、安全可靠的特点。

ⅱ. 电磁感应电加热器。电磁感应电加热器（图 3 - 4 - 14）利用电磁感应的原理将电能转变成热能。交流电能入线圈时，感应线圈便产生变磁通，使置于感应线圈中的铁管受到电磁感应而产生感应电势，感应电势在铁管中产生电流，使铁管开始加热，进而作用于管内的介质，使管内介质达到所需要的温度。

感应电加热器功率选择：

$$A = KCQT$$

式中　*A*——电加热器功率,kW;

　　　K——电磁转换系数,一般取 0.64;

　　　C——导热系数,水为 1,油为 0.457;

　　　Q——介质流量,t/d 或 kg/h;

　　　T——温度差,℃。

ⅲ.电阻式加热器。电阻式电加热器(图 3 - 4 - 15)按结构可分为立式、卧式和管束式三种,加热介质为液体。加热介质进入加热器后,在布有电加热棒的环形空间内流动,吸收电加热棒放出的热量,温度升高后流出加热器。

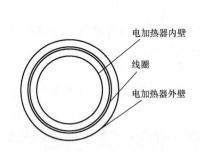

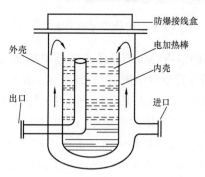

图 3 - 4 - 14　电磁感应电加热器结构示意图　　图 3 - 4 - 15　电阻式加热器结构示意图

b. 电加热防腐保温管。

ⅰ.碳纤维电加热保温管。碳纤维电加热保温管简称电热管,由输送钢管、加热层和保温层三部分组成,基本结构是在钢管外壁包覆耐高温绝缘层后,均匀缠绕碳纤维电热线,再以硬质聚氨酯泡沫及聚乙烯黄夹克作为保温层。每根管(10 ~ 14m)为一发热单元,由接线盒将若干个发热单元串联构成了电热保温集输管线。根据用途不同,电热管分为升温型和维温型两种。电加热升温管道为一根高功率的电加热管,可代替井口电加热器,功率根据油井升温需要设计;电加热维温管道功率较低,用于弥补管道沿线散热损失,保证管内介质在基本恒定的温度下平稳流动。碳纤维电加热保温管结构如图 3 - 4 - 16 所示。

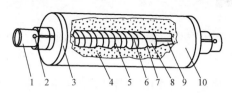

图 3 - 4 - 16　碳纤维电加热保温管结构示意图

1—无缝钢管;2—电源插接头;3—防水帽;4—聚氨酯泡沫保温层;5—电热线;

6—耐高温电源线;7—电源接点;8—绝缘防腐层;9—隔护护套;10—聚乙烯黄夹克

ⅱ.电热带保温管。电热带以金属电阻丝或专用碳纤维等发热体串联或并联,与电源线、绝缘材料结合一体而成。电热带保温管由钢管、加热层和保温层三部分组成。沿钢管外壁铺设电热带作为电热元件,与钢管外壁之间放置导热膜,外层包裹聚氨酯泡沫保温层和聚乙烯黄夹克。电加热带保温管道分为串联型恒功率电热带和并联型自限温电热带两种。

串联型恒功率电热带：该种电热带工作电压为380V，单根长度可达 20～5000m，根据现场需求不同可制作不同长度、不同功率的产品，根据管径不同，功率为 15～30W/m 不等。成品电热带保温管道需现场制作，即将裸管在施工现场连接好后，铺设导热膜、电热带，然后逐层包裹聚氨酯泡沫保温层和聚乙烯黄夹克。该型电热带恒功率运行，可通过温控装置控制其运行温度。串联型恒功率电热带如图 3－4－17 所示。

图 3－4－17　串联型恒功率电热带示意图

优点：机械强度高，不易断；适应于油田内不同长度的单井集油管道，接头少，故障率低；每根电热带由起点供电，中间不需再增设供电点。

缺点：电热带不具备自动调温功能，如温控装置故障，不及时发现，会出现干烧现象，易烧损设备；若出现故障，维修难度大、成本高，需将整根管道挖出，打开保温层，更换掉损坏电热带，重新逐层包裹聚氨酯泡沫保温层和聚乙烯黄夹克。

并联型自限温电热带：该种电热带采用 PTC 发热材料并联，与电源线和绝缘材料结合一体而成。发热材料由高分子物质构成，最高发热温度为 85℃（高于 85℃ 自动停止加热），工作电压为 220V，功率为 45W/m，单根长度为 100～150m，经济长度为 100m，距离超过150m需由接线盒连接两根电热带，另需敷设埋地铠装电缆增加供电点。

成品电热带保温管道由钢管、预留穿线槽、保温层和外防护层组成，保温钢管在工厂内预制成型；伴热带现场穿入预留穿线槽中，实现可抽换伴热带。

并联型自限温电热带如图 3－4－18 所示，并联型自限温电热带保温管预制穿线槽如图 3－4－19 所示。

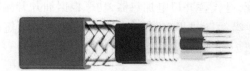

图 3－4－18　并联型自限温电热带示意图

图 3－4－19　并联型自限温电热带
保温管预制穿线槽

该型电热带可通过温控装置控制其运行温度，如温控装置损坏，则电热带加热至 85℃ 后停止加热，待温度下降后继续加热。

优点：机械强度高，不易断；接头相对较少，故障率低，维护量小；发热体自动调温，防止干烧现象；与串联型恒功率电热带相比，单根长度短，采用穿槽式敷设方式，如出现故障更换方便。

缺点：距离超过150m 情况下，需敷设埋地铠装电缆增设供电点，不能长距离使用；单位长度功率高于串联恒功率电热带，能耗高；穿槽式安装，电热带与管道有间隙，升温效果较串联恒功率电热带差。

ⅲ. 集肤效应电伴热。集肤伴热工作原理是基于电流在邻近导体中反向流动时产生的集肤与邻近效应,而使金属热管发热的物理电、磁现象。其表现为当交变电流由特种变压器一端的伴热电缆流入后与管道尾端的短接,再由管道壁流出回至变压器另一端;在此过程中电流受到集肤效应、邻近效应的影响而集中由管道内表层与电缆外表层通过,在管道管壁电阻的作用下产生热量使管道发热,此热量传递给管道内的介质,使其温度升高而达到保温加热的目的。集肤效应发热原理如图3-4-20所示。

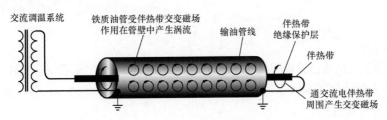

图3-4-20　集肤效应发热原理图

集肤效应电伴热系统通常由集肤控制柜、管道、集肤电缆以及各种穿线盒和接线盒组成。集肤电缆在管道内、穿线盒和接线盒中穿过在尾端与管道连接,伴热管与介质管外面是保温层和保护外壳。穿芯电伴热带安装系统如图3-4-21所示。

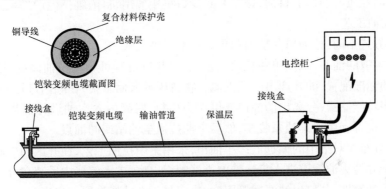

图3-4-21　穿芯电伴热带安装系统图

优点:工作过程中电流集中在钢管内壁流通,钢管外表面电压和电流为零,且有接地保护,不易产生漏电现象;供电加热距离较长,一个电源点最长可供24km管道的伴热;油管内壁直接发热,管壁不易结蜡;只在管道分支或直角弯处设少量接头,减少接头故障的概率;安装施工时,从起始端开孔穿入电缆,在末端与管壁连接即可,不需全线开挖,施工周期短,适应于新建和已建管道。

缺点:配套电气元件和接头易因外界因素破坏。

(4) 热水伴热集油工艺。

热水伴热集输工艺是指集输管道有相邻热水管线伴随,以保持集油管道的温度场。即热水从油站通过单独的管道输至计量间,再输至井口,到井口时热水不掺入集油管线,热回水管线与集油管线保温伴热一同返回计量间。热水伴热集油工艺流程如图3-4-22所示。

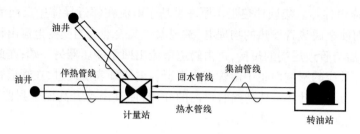

图 3 - 4 - 22　热水伴热集油工艺流程图

① 流程特点：

a. 热水伴热工艺是通过管道间换热达到给集油管线加热的目的，流程安全性好，可操作性强。

b. 在转油站和计量间及计量间和井口间有 3 根工艺管道（一根集油、另一根热水、再一根回水），故也称为三管流程。

c. 热水伴热流程的优点是由于热水不掺入井口出油管线内，因此油井计量比较准确。

d. 间接换热效果不佳而且耗热多，且与掺水流程相比多了一根管线，投资较高；另外，由于热水温度高，热水管道易结垢，维护更换工程大。

② 适用范围：这种工艺适用于单井计量要求精度高，油井产液必须加热，但其他集油工艺可能会影响油品性质的油田。目前，该工艺除少数早年应用，目前维持生产外，已不再用。

3）井场拉油工艺

根据拉油方式不同，分为单井拉油和集中拉油两种方式。

对于分布零散的油井，采用单井拉油工艺，油井井口设置可移动拉油储罐，储罐储存时间按照 2～7 天的标准配置，油井产出的气液混合物自压进入储罐中，在罐内进行油气分离、加热及存储，对于多功能储罐，分离出的油田气可作为燃料，对罐内含水油进行加热。储罐可靠自压或位差装车，也可利用装车油泵装车，然后定期拉运至油站或卸油点。

对于油井分布相对集中的偏远低产小油田，采用集中拉油工艺，在井区的中心位置集中设置拉油储罐，油井经集油管道进入集油站的进站阀组，自压进入储罐中后装车外运。对于高寒地区，要根据原油物性、井口出油温度等因素，决定是否在井场设置加热设施。

单井拉油工艺流程如图 3 - 4 - 23 所示。集中拉油工艺流程如图 3 - 4 - 24 所示。

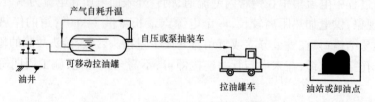

图 3 - 4 - 23　单井拉油工艺流程图

（1）流程特点：

① 工艺简单灵活，拉油储罐可搬迁重复利用。

② 多功能储罐以分离出的油田气为燃料，充分利用伴生气资源，减少大气污染及能源浪费。

③ 与其他集油工艺相比，拉油工艺不建设管道，一次性投资低，但拉油费用较高，对道路

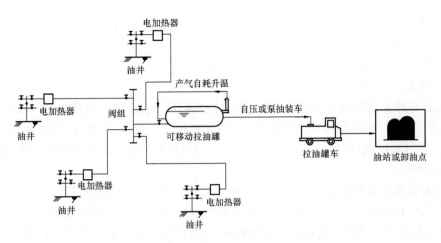

图 3-4-24　集中拉油工艺流程图

标准要求也高,而且在运输过程中油气损耗大,安全隐患多,对环境会造成一定污染。

（2）适用范围:

这种工艺适用于油井产量低、距已建集输系统较远,规模较小的零散区块,其中单井拉油适用于远离已开发油田的低产零散井,区块开发面积小,无法形成外输能力;集中拉油适用于孤立、低产断块,以及虽不能形成一定规模的集油能力,但油井相对集中的油田或区块。

4）集输流程的选择

（1）选择的依据。

① 油田或油区本身的条件。

a. 油田或油区的储量和生产规模;油层的深度;预计的单井产油、产气量;预计的油井井口压力和温度。

b. 油田或油区的地理位置、气象、水文、工程地质、地震烈度等自然条件以及油田所在地的工农业发展情况、交通运输、电力通信、居民点和配套设施分布等社会条件。地理位置是指油田或油区是处在城镇附近,还是农业区、牧区,或是沙漠荒原;所处位置的水陆交通情况,电力通信、工农业发展的情况;人力、物力、财力和资源情况等。

② 开采出来的油气的性质。

a. 采出来的原油性质:组分、含蜡量、含胶量、含杂质的量、黏度、倾点等。

b. 采出来的油田气性质:组分,含 H_2S 和 CO_2 等酸性气体的情况。

③ 油田的开发方式。

a. 油田开发布井方式、驱油方式和采油工艺。

b. 油田开发过程中油井井网的调整及驱油方式和采油工艺变化的预测。

c. 已开发的类似油田或油区的油气集输系统成功的经验和失败的教训。

（2）选择的原则。

① 工艺流程应保证油田开发过程中,生产运行安全可靠,能按质、按量地生产出合格的油气产品。

② 工艺流程满足油田开发、开采设计调整的要求和适应油田生产动态变化的要求。

③ 贯彻节能降耗原则，实现"少投入，多产出"，提高经济效益。

④ 满足健康、安全、环保要求。

（3）选择方法及油田类型与集油流程的关系。

① 选择方法。

a. 选择新开发油田或油区的工艺流程时，应借鉴类似老油田、老油区或生产试验区集输流程实践的经验，并对收集的有关流程选择的各种资料进行分析，运用油气集输系统优化设计软件，进行油气集输流程设计，选择有关的技术经济指标对比计算。根据计算结果，优选出合适的工艺流程。

b. 已开发油田新开发区，最好选用已经投入运行过的适用的工艺流程。

c. 如果没有类似的已开发油田或油区可借鉴，可根据前面叙述的依据和原则，确定几种可供选择的集输工艺流程。通过综合分析和研究，最后确定出适合新开发油田或油区的集输工艺流程。

② 油田类型和集油流程的关系。

a. 整装油田。油田完整并连片、面积较大的油田称整装油田，特点是连片开发、规模建产、功能完善、系统完善配套。总体布局上应运用优化设计软件，对总体布局从油气收集、油气水处理、储运全过程各专业进行优选，选择与适应性强、经济效益好的总体方案配套的油气收集工艺作为推荐工艺。

整装油田的典型代表为大庆油田。整装油田集输采用"单管不加热集油、油气混输、集中量油或软件量油"和"双管掺水、集中量油或软件量油"工艺。

b. 分散小断块油田。地面建设产能规模较小，产能区域较分散，生产及稳产周期短，投资效果较差。根据一般分散小断块油田的特点，地面建设采用一级或一级半布站、短小串筒、配套就近，根据生产需求设置简易的地面设施，小装置、短流程。

分散小断块油田的典型代表为华北油田，集油选用单管串接不加热电热管或电加热工艺。

c. 三次采油油田。三次采油通过采用各种物理、化学方法改变原油的黏度和对岩石的吸附能力，以增加原油的流动能力，进一步提高原油采收率。目前国内三次采油以化学驱为主，按化学助剂类型可分为聚合物驱油和三元复合驱油等。

由于实施化学驱地区一般为整装大型油区，化学驱采出液含有多种化学助剂，油水乳化程度提高、处理难度大；同时，产油和含水率又有周期性变化。因此，油气收集一般需与水驱系统分开建设，要求流程适应性更强。故选用"双管掺热水、计量站集中计量"工艺，转轴站供掺热水三级布站方式更为适宜。

d. 低渗透油田。低渗透油田一般指低产、低丰度、低渗透率的油田，既有连片分布的大中型油田。低渗透油田一般具有井数多、生产压力低、单井产量低、气油比低、注水水质要求高、注水压力高、生产成本较高的特点。

低渗透油田的典型代表为长庆油田和大庆油田的外围油田，由于单井产量低，要求油气集输流程进一步简化才有效益，所以，低渗透油田地面工艺一般采用短流程工艺，集油采用"单管不加热（加热）串接（枝状）集油、软件量油、油气混输"和"小环掺水集油、软件量油、油气混输"工艺。

e. 沙漠油田。处于沙漠或戈壁荒原的油田,自然环境恶劣,社会依托条件差。地面建设推荐优化前端、功能适度,完善后端、集中处理。

沙漠油田的典型代表为塔里木油田和吐哈油田,集油采用"单管不加热油气混输、集中计量"工艺。

f. 滩海油田。滩海油田的典型代表为冀东油田和大港油田近海油田。滩海油田具有潮差、风暴潮、海流、冰情、海床地貌和地质复杂等特点,地面建设模式为简化海上、气液混输,完善终端、陆岸集中处理。

集油采用"单管不加热、油气混输、集中计量"工艺。

2. 稠油集输工艺

我国有丰富的稠油资源,目前,我国陆上已探明稠油地质储量 $20.6 \times 10^8 t$,未动用地质储量 $7.01 \times 10^8 t$。这些稠油区块主要分布于辽河油田、胜利油田、克拉玛依油田、河南油田、吐哈油田和塔里木油田。

稠油具有黏度高、沥青质和胶质含量较高、密度高、轻馏分含量低和石蜡含量少的特点。黏度高是稠油最显著的特点,稠油按黏度由小到大可以分为普通稠油、特稠油与超稠油。稠油的黏度随温度变化,改变显著,温度每升高 10℃ 左右,黏度往往降低一半。因此,目前国内外对稠油的开采、输送一般均采用热力降低其黏度的方式,稠油油藏注蒸汽开采方式主要包括注蒸汽热采[蒸汽吞吐、蒸汽驱、蒸汽辅助重力驱油(SAGD)]、火驱采油等;稠油油藏水驱开采方式主要包括井筒加热、稀释降黏、化学降黏和机械降黏等。

稠油集输工艺的确定不但要以黏度作为首要的决定因素,而且,还要考虑油气其他物性、油藏特性、开采方式、开发阶段、钻井及采油工艺、建设规模、地理环境、资源状况等因素。不同类型的稠油其集输工艺有所不同,各种集油工艺都有较大的适应范围,而且每种工艺一般不被独立采用,往往是几种工艺共同使用。因此,选择何种集输方式,必须经过技术、经济论证合理后方能确定。按照稠油黏度划分的集输工艺见表 3-4-2。

表 3-4-2 按照稠油黏度划分的集输工艺

序号	稠油类别	宜选用的集输工艺			主体开采技术
1	普通稠油	常用的稠油集输工艺	单管集油	加热	蒸汽吞吐、水驱开采
				不加热	注蒸汽热采(蒸汽吞吐、蒸汽驱和 SAGD 热采)、井筒加热等
			掺液集油		水驱开采
			掺蒸汽集油		蒸汽吞吐、蒸汽驱
			三管伴热		水驱开采
		火驱集输工艺			火驱
2	特稠油、超稠油	SAGD 集输工艺			SAGD 热采
		掺液、掺蒸汽集输工艺			蒸汽吞吐、蒸汽驱
		火驱集输工艺			火驱

本部分按照稠油黏度的分类来介绍稠油的集输工艺，即普通稠油集输工艺、特稠油与超稠油集输工艺。

1）普通稠油集输工艺

普通稠油集输工艺按照常用的稠油集输工艺和非常用的火驱集输工艺两大类分别做介绍。

（1）常用的稠油集输工艺。

普通稠油油田通常采用"单管集油工艺"及"掺液（掺稀油、掺水）或掺蒸汽集油工艺"，地面建设宜为高温密闭集输。

① 单管集油工艺。

a. 单管加热工艺。单管加热是较为常用的一种稠油集油工艺，所谓单管是指从井口至小站或油井之间只有一条集油管线，油井产出液中不掺入其他热介质，为了保证集输热力条件，在井口设置加热炉或沿管线连续伴热的方式集油输送，该工艺通常可分为两种：井口加热炉集油工艺、电伴（加）热集油工艺。

单管加热集油工艺适用于单井产液量较高（30t/d）以上、50℃黏度在5000mPa·s以下的普通稠油连续生产。

ⅰ. 井口加热炉集油工艺。在井口附近设置井口加热炉，加热后的井口油气混合物利用井口回压单管进站；在站内加热后，进行油井计量，利用管线输送至接转站或集中处理站进一步处理，其工艺流程如图3-4-25所示。

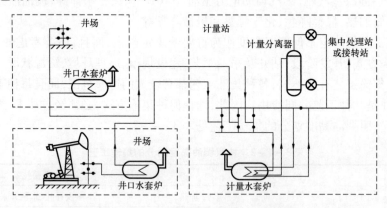

图3-4-25　井口加热炉集油工艺流程图

流程特点：井口加热降低原油的黏度和回压。集油管线采用低流速集油。对于丛式井，单井计量装置布设在井口平台，多井产出液在井口平台混合后外输，井口平台设集中外输加热设施。需适当提高井口回压（一般在1.0～1.5MPa），以保证井至站集油管线正常集油。井口加热炉集油工艺加热炉多，故障率高，生产管理不方便。

适用范围：井口加热炉又分燃油和燃气两种，由于燃油加热炉所需辅助设备较多，管理不方便。燃气加热只有在油田天然气充足的情况下才可以考虑。

ⅱ. 电加（伴）热集油工艺。在油井井场设置电加热器或采用电伴热（电热带、集肤效应等）加热的方式，补充集油管线的集油热损失，并降低原油黏度，改善原油流动性，保证集油所需热力和水力条件。由于电加热的运行成本相对较高，生产井规模较大时不宜采用。

在河南新庄油田的部分冷采拉油井应用了这种工艺。新庄油田原油气油比只有 0.5 ~ 1m³/t,各油井产气量不均衡且不稳定,若采用井口加热炉工艺,炉子太多,出事故的概率高,生产管理不方便,因此,采用了高架罐拉油,电加热或伴热降黏的集油工艺。

b. 单管不加热工艺。当井口出油温度高,满足集输条件不再需要升温时,可以采用不加热单管集油流程,即井口不设加热设备,充分利用稠油在井筒中举升时的剩余热量,单管集油进站。如蒸汽吞吐的高温生产期、蒸汽驱、SAGD 开发时,以及在稠油井筒内安装空心抽油杆交流电加热装置时,集输温度均高于最低环境温度,利用蒸汽或电加热装置的能量,井口产出液自压集油到站。

流程特点:该流程具有流程简单,集油温度高,稠油黏度低,热能利用效率高,动力消耗少的特点,但要求集输系统具有耐高温的性能。

适用范围:

ⅰ. 油井出油温度高,黏度低的普通稠油集输。

ⅱ. 油井井口剩余能量(压力、温度)较高。

ⅲ. 采用蒸汽吞吐、蒸汽驱、SAGD 开发、井筒加热等开发方式的油田。

② 掺液(蒸汽)集输工艺。为提高井口产出液温度、改善稠油的流动性、降低稠油黏度、降低井口回压,满足集输过程所需的热力和水力条件,向井口稠油中掺入液体或蒸汽。掺入的液体包括活性水、脱出的污水、稀原油(低黏原油)、轻质原油(或轻质馏分油)、破乳剂溶液或其他化学降黏减阻剂等。

a. 掺活性水集油工艺。稠油掺水降黏机理主要是在稠油中掺入一定比例含有活性剂的水溶液,改变液体的润湿界面,使液体的表观黏度大大降低,改善稠油的流动特性。

回掺水主要是接转站或集中处理站脱出的油田产出水,通过站内的加热装置升温后,将回掺水输送到井场。即:井口油气混合物与接转站(集中处理站)来的活性水混合升温,在计量接转站完成单井计量(需要集中计量的油井在此完成计量);同时将脱出的回掺污水加热,泵输至油井;脱气产出液泵输至集中处理站进行脱水处理;分离出的天然气进入集气管线外输。掺活性水集油工艺如图 3-4-26 所示。

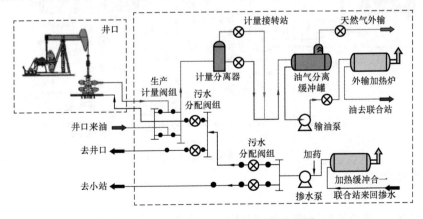

图 3-4-26 掺活性水集油工艺流程图

ⅰ. 流程特点：

优点：一是由于掺有活性剂的热水，不仅因水的热容较高，换热效果更好，而且，由于活性剂的作用，可进一步改善其流动性；二是井口无运行设备，便于管理；三是掺入热水为游离状态，稠油很难乳化，便于后续处理；四是当无稀释剂（稀原油、柴油等）可掺时，可采用该集油方式；五是对品质较好的稀油，在作为稀释剂而掺入稠油时，虽然解决了稠油降黏问题，但同时损失了优质稀油的价值，这时掺稀油就不如掺热水更有利。

缺点：一是该工艺计量接转站的设计较为复杂，需要设置掺水系统，包括掺水阀组、掺水管线、掺水加热及掺水泵等设施。二是掺水时水油比一般为 1.8 : 1 ~ 2 : 1，掺液量较大，增加集输负荷和动力消耗；三是油水混合有时不均匀，在输送中当流速较低时，易出现油水分层现象，管线易结垢。四是污水的掺入，增加了进站液量，需重复脱水，增加脱水负荷。

ⅱ. 适用范围：

① 50℃时，黏度在 10000mPa·s 以下的稠油集输。

ⅱ 单井产量较小，数量较多，原油黏度较高，输送温度低于原油倾点或井口回压较高的油区。

b. 掺稀油集油工艺。掺稀油是利用两种黏度、物性差别较大，但相互溶解的原油组分，将其按一定比例互融在一起，使其具有新的黏度和物性，达到稠油降黏的目的。经过多年的生产实践，国内一些油田已形成稠油掺稀油双管密闭集输、多级分离、大罐热化学沉降脱水、掺稀油定量分配的完善配套的稠油集输密闭新工艺。

井口油气混合物与接转站（集中处理站）来的稀油混合升温，在计量接转站进行油气分离，完成单井计量；同时将站外来的稀油缓冲、增压、加热（温度 60 ~ 65℃）、计量后经分配阀组分配到其他掺油站和本站管辖的掺油阀组，经掺油管线输至井口；脱气含水油泵输至集中处理站进行脱水处理，如果外输温度不能满足要求，需要设置外输加热炉；分离出的天然气进入集气管线输至集中处理站。掺稀油集油工艺流程如图 3 - 4 - 27 所示。

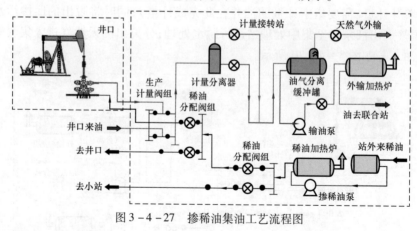

图 3 - 4 - 27　掺稀油集油工艺流程图

ⅰ. 流程特点：

优点：

① 适应性强。这种流程可满足任何黏度的稠油降黏集输，尤其对低产、超稠、井深等油田非常适用。

ⅺ掺稀油比(平均为 0.6∶1)远小于掺水比,使掺稀油后的混合液量比掺水时减少约 40%,显著降低了集输量,从而减少了集输过程中的动力消耗和能量消耗。

ⅻ稠油与稀油混合均匀,稳定降黏效果好,压降明显降低。

ⅩⅢ井下掺稀油可使不正常生产的稠油油井恢复正常生产,并可提高稠油产量,有的井增产达 40%左右。

ⅩⅣ当稠油在 50℃,黏度超过 1000mPa·s 时,掺稀油比升温脱水效果好。

ⅩⅤ工艺流程灵活,稀油可掺在井口(适用于出油温度较高的油井),也可掺到井下(适用于稠油物性较差,井口出油温度低、井口回压高的油井,在可通过套管将稀油掺到井下,为井筒稠油降黏)。

ⅩⅥ降黏效果稳定。根据辽河油田的生产经验,稠油黏度越高、稀油黏度越低,其降黏效果越好。

缺点:设备较多,计量、管理难度大,加之稀油资源缺乏,除部分油田外,目前国内已很少采用。

ⅱ.适用范围:

①掺稀油集油工艺适用于各种类型的稠油。

ⅱ当稠油区块附近有可靠的稀原油资源时,宜采用掺稀原油与加热降黏相结合的集输流程。

ⅲ当油田内部或稠油区块附近建有稠油处理厂时,宜采用掺轻质油与加热降黏相结合的集输流程。

ⅳ适用于地质情况复杂、地层渗透率低、地层能量小、产量低,原油凝点高的油田。

c.掺蒸汽集输工艺。对高黏稠油,国内常采用注蒸汽采油工艺,即稠油热采,初期是蒸汽吞吐采油,后期是蒸汽驱动采油。掺蒸汽集输工艺如图 3-4-28 所示。

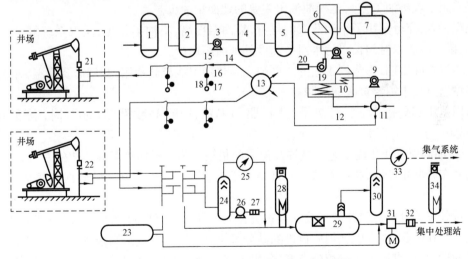

图 3-4-28 注气流程和掺蒸汽稠油集输流程

1—筛管过滤器;2—电磁除铁器;3—水泵;4—一级钠离子交换器;5—二级钠离子交换器;6—换热器;
7—除氧器;8—水泵;9—锅炉给水泵;10—注气锅炉;11—混合器;12—注气干线;13—球形等干度分配器;
14—注气干线;15—Y 形分配器;16—节流阀;17—计量装置;18—井口;19—加药室;20—加药罐;21—抽油机井口;
22—注蒸汽井口;23—常压储罐;24—计量分离器;25—单井气流量计;26—管道泵;27—单井油流量计;28—预热加热炉;
29—分离缓冲罐;30—气体除油器;31—外输泵;32—外输油流量计;33—外输气流量计;34—外输油加热炉

蒸汽吞吐采油的每个吞吐周期可分 4 个阶段：

阶段一，注蒸汽期。将高温、高压（350℃，17.5MPa）蒸汽通过热注管线从井口注入油层中，注入一定量蒸汽后，关井一定时间进行热交换，使地层稠油加热降黏，然后再开井生产。

阶段二，高温生产期。注蒸汽采油工艺在开井初期所采出的原油温度较高，一般可达 150～180℃，原油不能进入正常生产系统。高温生产期的稠油集输常用两种方式：一种是将高温稠油引入高架油罐，自然降温后用汽车拉走；另一种是将高温稠油与其他油井引来的低温稠油相混合，达到合适温度后转进常规稠油管线系统。

阶段三，正常生产期。当井口产出液温度降到90℃左右后，油井直接转入常规稠油管线系统正常生产。

阶段四，低温生产期。当井口油温继续下降到无法维持正常生产时，可通过注气管线掺蒸汽生产。掺蒸汽生产可根据油井实际情况分为几种形式：来油进站时掺蒸汽，解决稠油脱水问题；在井口掺蒸汽，解决井站管线集输问题；往井下掺蒸汽，用于清蜡或改善井筒油流状况；向套管内掺入蒸汽，进行气举采油等。

有的蒸汽吞吐井没有低温生产期，当井口油温降到不足以维持生产时，立即转下一个周期再次向井内注入蒸汽。非蒸汽吞吐井的稠油，在附近无稀油资源可供掺入时，也可通过其他热源的蒸汽，从计量站向油管内注入蒸汽，或从井口掺入蒸汽加热、降黏集输。新疆油田等大多采用多通选井阀组一称重式计量工艺。

蒸汽吞吐采油工艺使稠油污水量聚集增加，应将污水进行深度处理，以达到注气锅炉的供水水质标准，既解决了大量污水的出路问题，又节约了热注水源。

这种集输方式在国内稠油油田已得到广泛应用（辽河油田、河南油田井楼和古城稠油油田已经采用了该集油工艺），是稠油油田主要的地面集油工艺。

流程特点：充分利用了采油蒸汽的热量，集油温度高、集油半径短、注汽系统复杂、运行成本高、大罐沉降脱水时间长。污水需要深度处理回用锅炉。

在蒸汽吞吐后期，掺蒸汽工艺的主要缺点是热能不能充分利用，初期需要降温，并且，在稠油降温输送过程中需要再次加热降黏。

适用范围：适用于注蒸汽热采、蒸汽驱的稠油油田、高黏稠油（50℃ 时，黏度 1000～10000mPa·s）。

③ 稠油高温密闭集输工艺。稠油高温密闭集输工艺是不加热集输工艺的一种，蒸汽吞吐的稠油井在开井生产时，高温稠油利用自身的压力和温度通过井站集输管线直接输至计量接转站。

计量分离器分别对油井产气液混合物进行油气计量，经计量后的油气再与其他油井所产的原油混合在一起，加入破乳剂后再进除砂分气罐，经除砂、分气后再进入三相分离器，对于含砂量低的稠油，可直接进入三相分离器，分出大部分游离水后，通过输油泵增压并计量，输至联合站。由除砂分气罐分离出来的伴生气通过立式旋流分离器除去液体后，经计量后进入集气干线输至气体处理站。由三相分离器分离出来的游离水经计量后输至污水处理站。由于集输温度高，所选用的计量仪表、输油泵、三相分离器以及管线和阀门都必须能适应较高温度，其操作温度为 150～180℃。工艺流程如图 3-4-29 所示。

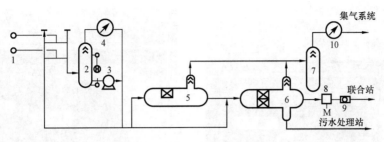

图 3 - 4 - 29　稠油高温集输流程

1—井口;2—计量分离器;3—管道泵;4—单井气流量计;5—除砂分气器;

6—三相分离器;7—气体除油器;8—外输泵;9—外输油流量计;10—外输气流量计

a. 流程特点:由于在高温集输全过程中热能得到充分利用,热能损失小,黏度较低,所用输油泵功率小,因此,该工艺具有热能利用率高、动力消耗少和工艺流程简单等优点。

b. 适用范围:稠油高温密闭集输工艺是目前稠油油田广泛选用的集输方式,具备集输条件的均可采用。

④ 三管伴热集油工艺。

三管伴热是指集输管道有外部热源伴随,其热源主要是热水,为集油管线升温保温。从井口至小站间有三条管线:一条集油管线,另一条从小站向井口输送热水的管线,再一条从井口与集油管线捆扎在一起、给集油管线全程伴热的回水管线。这种流程适用于 50℃黏度在 3000mPa·s 以下的稠油集输,如图 3 - 4 - 30 所示。

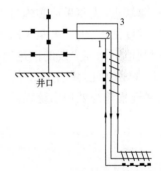

a. 流程特点:

ⅰ. 由于伴热管线比其他集输流程多,因此钢材消耗量很大,投资高。

图 3 - 4 - 30　三管伴热集输工艺流程

1—来水管线;2—集油管线;3—回水管线

ⅱ. 由于集油管线与伴热管须包扎在一起后才能进行保温,因此集油管线不能预制,必须现场施工,增加了施工过程中防腐、保温工作量,施工工作量较大。

ⅲ. 需要提供热水和回收热水,集输工艺复杂,集输能耗大,运行费用大,热量损失大。

ⅳ. 现场施工的保温层防水性能差,一旦渗水,造成保温层失效,不仅浪费热能,而且加快管道腐蚀,维修工作量大。

b. 适用范围:三管伴热集输流程可适应于所有需伴热的稠油,但是,由于存在上述投资高、能耗大等诸多问题,这种流程一般已很少采用。

(2)稠油火驱开采地面集输工艺。

① 火驱开采技术。该技术通过注气井向油层连续注入空气并点燃油层,实现层内燃烧,从而将地层原油从注气井推向生产井的一种稠油热采技术,可分为直井火驱和水平井火驱两种方式,其开发原理如图 3 - 4 - 31 和图 3 - 4 - 32 所示。

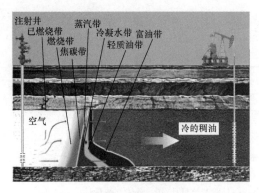
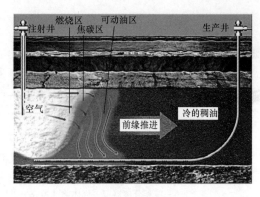

图 3 - 4 - 31　直井火驱开发原理示意图　　图 3 - 4 - 32　水平井火驱开发技术原理示意图

火驱优点：火驱过程伴随着复杂的传热、传质和物理化学变化，具有蒸汽驱、热水驱、烟道气驱等多种开采机理，可以有效提高油藏采收率（可达 60% ~ 80%）。火驱技术适宜的条件较广，稀油、普通稠油、特稠油和超稠油均可采用火驱技术，也可作为蒸汽吞吐后的接替技术。同等油藏条件下，火驱生产吨油成本为注蒸汽吞吐、蒸汽驱的 60% 左右。

火驱缺点：火驱采油实施过程中，点火较为困难；采出液温度达到 150 ~ 200℃，造成集输及处理难度加大；由于火驱采出气气体组分复杂，加大了火驱采出气处理工艺难度；通过地面工艺控制地下燃烧火线的推进速度及燃烧强度难度较大。

② 火驱地面工程主体工艺。火驱地面工艺主要包括高压空气注入系统、油气集输与处理系统、尾气集输与处理系统以及污水处理系统。火驱油田地面系统构成如图 3 - 4 - 33 所示。

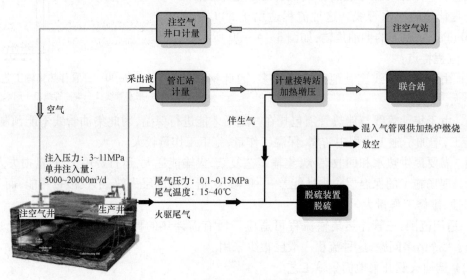

图 3 - 4 - 33　火驱油田地面系统构成示意图

③ 油气集输工艺。火驱采出液集输布局通常采用二级布站或三级布站方式，即"井场→火驱接转站→集中处理站"或"井场→火驱计量站→火驱接转站→集中处理站"；采出气集输宜采用二级布站方式，即井场→火驱计量站（或集气点）→采出气处理站。

a. 辽河油田杜 66。辽河油田杜 66 区块油气集输系统采用油套分输、双管掺水、二级布站集输工艺。高升区块油气集输系统采用油气混输、双管掺稀油集输工艺,二级或三级布站。辽河油田采出液温度为 30~50℃,采用"井场计量、枝状串接、大井场、小站场"的稠油标准化串接集油流程,如图 3-4-34 所示。由于油品黏度较大,采用双管掺稀油和掺水方式举升采出液至地面。

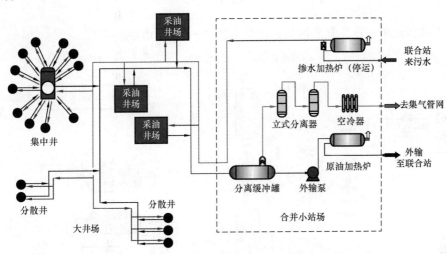

图 3-4-34 辽河油田火驱集输工艺流程示意图

实施效果:辽河油田配套建成的火驱地面工艺,实现了管线运行温度、掺水温度、掺水量、计量接转站数量、年耗气量、年综合能耗和集输半径的"六降一提高"。实施效果详见辽河油田火驱开发实施效果图 3-4-35。

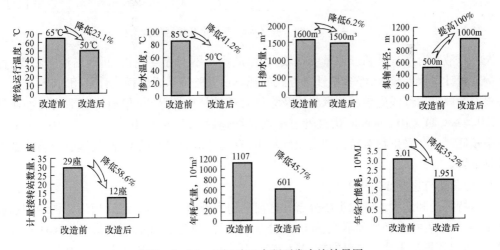

图 3-4-35 辽河油田火驱开发实施效果图

b. 新疆油田。新疆油田红浅火驱井口采出液温度较低,为 0~30℃。开发初期采用油套混输工艺,在套管和油管间安装定压放气阀,将套管气放至油管线内一起输送,在实际生产过程中,由于采出气量大,套管气来不及排出,套管有间歇出液情况,导致套压升高,泵效下降,影响单井产量。此外,油管采出液携气量大,部分井口间歇出液严重。

2011 年 5 月至 10 月,将所有生产井全部改为油套分输工艺,三级布站方式。改造完成后套压明显降低,原来间歇出液严重的单井井口都实现了连续产液。由于采出液温度较低,为了保证冬季产出液的输送,在井口增加了掺蒸汽装置,产出液进原处理系统处理,不新建处理系统。

红浅 1 井区火驱工业化开发区集输流程如图 3 - 4 - 36 所示。

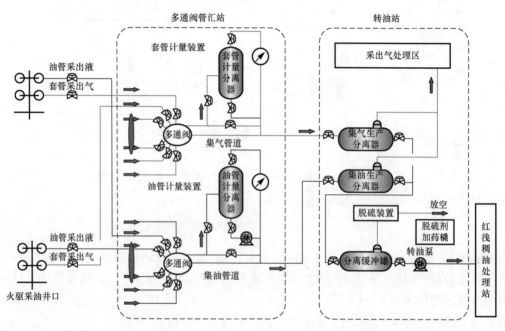

图 3 - 4 - 36　红浅 1 井区火驱工业化开发区集输流程

火驱产液具有产气量和产液量变化较大,原油均有不同程度乳化,间歇出油等特点,称重式计量装置计量误差较大,经多次计量方式的现场试验验证认为容积式计量相对较好。

根据新疆油田红浅先导试验区集油及集气管道挂片检测结果,集油管道平均腐蚀速度为 $2.4 \times 10^{-3} \sim 8.24 \times 10^{-3}$ mm/a,集气管道平均腐蚀速度为 $8.44 \times 10^{-3} \sim 10.7 \times 10^{-3}$ mm/a,腐蚀速率较低。火驱采出物对碳钢的腐蚀性较小,有局部应力腐蚀的情况,集输管道材质选择采用碳钢钢管。

2）特稠油与超稠油集输工艺

国内特稠油和超稠油资源主要分布在辽河油田和新疆油田等。已动用的特稠油和超稠油储量中,主体开发技术仍然为蒸汽吞吐,部分油层较厚,物性较好的油层采用 SAGD 开发。因此,特稠油和超稠油集油工艺以"掺蒸汽（液）集输"工艺以及 SAGD 热采工艺为主。

目前,蒸汽辅助重力驱油（SAGD）是超（特）稠油开发的重要技术手段,是国际前沿技术,在我国新疆油田和辽河油田已工业化推广应用。2018 年度我国超稠油 SAGD 工业化推广年产油 208.4×10^4 t。但是目前该项技术还处于相对前期的阶段,开发机理、技术有效性和配套的工艺技术等还需要进一步验证和完善。

（1）SAGD 开采技术。

SAGD 是蒸汽辅助重力泄油（Steam Assisted Gravity Drainage）的简称，该技术研究始于 20 世纪 70 年代，80 年代以来随着水平井技术的推广应用，重力泄油技术得到了迅速发展，并日臻成熟，80 年代后期，重力泄油开采技术在加拿大和委内瑞拉成功地获得了工业化应用。

SAGD 技术是稠油油藏经过蒸汽吞吐采油之后，为进一步提高采收率而采取的一项热采方法。是在靠近油藏的底部钻一对上下平行的水平井，其垂直距离为 5~7m，上面的水平井作为注汽井，下面的水平井作为生产井，连续注入的高干度蒸汽释放汽化潜热加热地层中的原油，因加热而黏度降低的原油和蒸汽冷凝水在重力作用下向下流动，泄到下面的水平生产井产出。该项技术具有驱油效率高、采收率高（可达 70% 以上）的优点，特别适合于开采原油黏度非常高的特（超）稠油油藏和天然沥青。

（2）SAGD 地面工程主体工艺。

① 辽河油田。辽河油田 SAGD 开发主要在杜 84 区块实施，辽河油田 SAGD 地面主体工艺如图 3 - 4 - 37 所示。

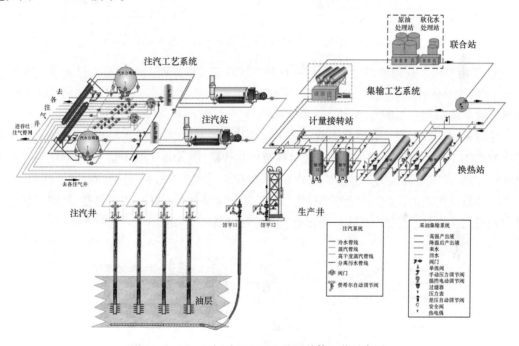

图 3 - 4 - 37 辽河油田 SAGD 地面总体工艺示意图

② 新疆油田。新疆油田 SAGD 开发主要在风城油田实施，新疆油田 SAGD 地面主体工艺如图 3 - 4 - 38 所示。

（3）油气集输工艺。SAGD 采出液集输布局通常采用油井—计量（管汇）站—高温密闭脱水站二级布站方式，距离较远的增设接转站，采用"油井—计量（管汇）站—高温接转站—原油处理站的三级布站方式，井口来液高温密闭、气液混输。

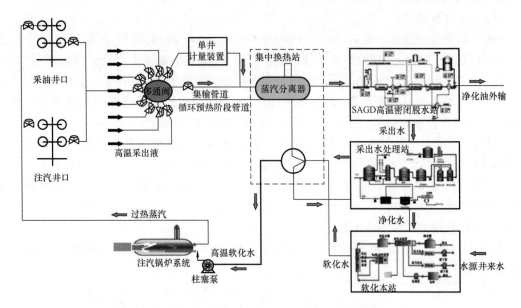

图 3 - 4 - 38　新疆油田 SAGD 地面主体工艺示意图

① 辽河油田。辽河油田曙一区杜 84 区块 SAGD 系统的地面工程建设与已建蒸汽吞吐系统相结合，充分依托已建设施，油气集输、注汽、采出水处理、供电等系统总体布局、统一优化，油气集输系统采用大二级布站、高温密闭集输工艺。

井口采出液首先通过井口高温取样器进行取样。然后依靠自压进入试验站，进站平均温度在 160℃（140~180℃）左右进行自动取样及单井计量，进入油气缓冲罐，通过油气缓冲罐实现油气分离，油气缓冲压力一般控制在 0.6~1.0MPa。伴生气经过气液分离后进入回收系统。采出液通过罐内液面检测与控制系统，依靠高温输送泵输送到 SAGD 集中换热站，降温后进入集中处理站实现油水处理。SAGD 采出液高温密闭集输工艺如图 3 - 4 - 39 所示。

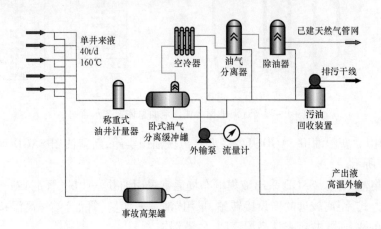

图 3 - 4 - 39　辽河油田 SAGD 高温密闭集输工艺原理图

② 新疆油田。新疆油田 SAGD 集输工艺先后经历了 3 个阶段,在先导试验阶段(2008年),SAGD 产量较低,油气集输可以依托已建油气集输管网,换热采用分散换热方式;在扩大试验阶段(2009 年),新建高温油气混输管道,采用集中换热方式;在工业化推广应用阶段(2012 年后),采用双线高温密闭油气混输、集中换热方式。

距离原油处理站不大于 3km 的井组,采用"油井→集油计量管汇站→原油处理站"二级布站密闭集输流程。距离较远的区块增设换热接转站,采用"采油井场→集油计量管汇站→高温接转站→原油处理站"的三级布站密闭集输流程。从井口到接转站采用高温密闭气液混输工艺。高温接转站采用"汽液分离 + 高温外输"的汽液分离、密闭接转工艺,即汽液分离后,分离出的蒸汽和采出液分别输送,蒸汽管输至处理站集中换热,采出液管输至处理站处理,从而形成了"双线集输、集中换热"为特点的高温密闭集输工艺,实现了热能集中利用,避免了分散换热,冷源难以调配的问题。同时,集输系统调配更加灵活,有效解决 SAGD 循环预热阶段管输能力不足、井组间生产不同步问题。充分利用了井底采油泵举升能量,实现了全流程无动力高温(180℃)密闭集输,系统密闭率达到 100%。新疆油田 SAGD 换热接转站工艺流程如图 3 - 4 - 40 所示。

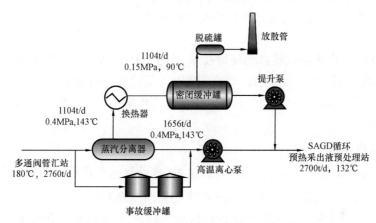

图 3 - 4 - 40　新疆油田 SAGD 换热接转站工艺流程示意图

(4) SAGD 油井产量计量技术。

在 SAGD 先导试验阶段的集输工艺下,产出液的计量普遍采用在换热器出口处采用吞吐采油常用的称重式油井计量器进行计量,在长期的吞吐采油计量中,称重式油井计量器工作稳定,误差小于 2%。经过换热器后产出液温度大约为 95℃,压力在 0.2MPa 左右,而吞吐称重式计量器设计耐温 150℃、耐压 0.8MPa,因此可以满足 SAGD 先导试验井正常计量。但 SAGD 工业化应用后取消了井口换热,采用产出液在线高温计量工艺,即产出液经过高温取样器后,直接进入高温计量器计量,计量后直接外输的集输工艺,此时产出液温度为 180℃ 左右,压力为 1MPa 左右,因此针对这种特殊工况研制 SAGD 工业化应用后的在线高温称重式油井计量器。

SAGD 先导试验阶段的称重式计量器,由罐体、分离器、翻斗、称重传感器、液位计和加热盘管等主要部分组成,其中称重传感器是该装置的核心部件。工作原理:油井产出液经进液口进入计量器,在流经上部分离器时油气分离,液相被下部收集伞集中并流入翻斗。翻斗装置是由对称的两个独立料斗组成,在其中一侧料斗中流体质量达到一定数值时,装置发生翻转,由另一侧料斗继续进料,两个料斗循环工作。倒出的油在分离器上部气体的压力下流入输油管线。如产出液中有气体,该气体将与产出液一起流入输油管线。在此过程中称重传感器检测得到了一条质量随时间变化的曲线,利用积分计算即可得到累计流量,进而可以换算成当前产量。

借鉴 SAGD 先导试验阶段的翻斗计量器的成功经验,考虑到高温集输后的特殊使用工况,在结构设计与工作原理上借鉴 SAGD 先导试验阶段相关经验,但在重要部件的材料选择以及核心电子部件的设计上经过结构和参数优化使其符合高温计量的特殊要求:

① 计量器壁厚增加一个等级,使其耐温达到 200℃,耐压达到 1.6MPa。

② 翻斗选用耐高温材料,耐温可达 200℃。

③ 核心的测量部件——称重传感器选择耐温达到 250℃的传感器。

高温称重计量器设计耐温可达 200℃,耐压可达 1.6MPa,可以满足 SAGD 工业化应用后的在线高温计量。由于设计高温计量器并没有改变原有吞吐采油称重式计量器的主要结构和影响计量的重要因素,因此经过优化设计后的高温计量器在结构上和测量精度上可以满足高温计量要求。

利用 SAGD 高温产出液在线自动计量技术,实现 SAGD 高温产出液进站自动计量。井口来油进入计量接转站称重式量油装置,微机安装在计量接转站的值班间内,计量装置所采集的数据通过电缆传送到值班间内的微机系统。该项技术可简化工艺流程、提高计量精确程度、降低工人劳动强度。

3. CO_2 驱集输工艺

CO_2 驱油技术不仅适用于常规油藏,对低渗透、特低渗透油藏也可明显提高采收率,具有适用范围大和驱油成本低等优点,在提高采收率的同时减排 CO_2。

我国自 20 世纪 60 年开始 CO_2 驱油理论与技术研究,目前已先后在大庆油田、胜利油田、吉林油田和江苏油田等多个油田开展了 CO_2 驱油的先导试验,如大庆油田树 101、树 16 和芳 48 区块,海拉尔贝 14 区块,以及吉林油田黑 59 和黑 79 南区块等。

1）常用的集输工艺

（1）单井架罐拉油。

流程:井口→高架罐→罐车→卸油点。

① 流程特点:

a. 该工艺采用开式流程,伴生气就地放空,对环境有一定污染。

b. 单井集油罐对井口压力突高或气油比过大情况无法适应,难以保证气液分离效果,存在放空管油气喷溅等安全环保隐患。

c. 大庆油田对单井集油罐结构进行了改进,进液口、气相出口及液相出口优化了防冲击消气设计,容器内部安装两级孔板消气装置,容器顶部前后腔室增设了气相平衡,解决了生产过程中油气喷溅导致的安全环保隐患和易冻堵无法连续生产等问题,方便了生产管理,也降低了环保成本压力。高架罐改造如图 3 - 4 - 41 所示,高架罐在树 101 区块 3#平台及芳 48 区块应用情况如图 3 - 4 - 42 所示。

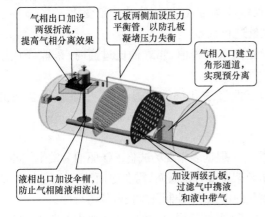

图 3 - 4 - 41　高架罐改造示意图

图 3 - 4 - 42　高架罐现场应用情况示例

② 适用范围:适用于分布零散的 CO_2 驱油井,可保障过渡期小规模生产需求。

(2) 环状掺水、羊角枝状集油工艺。

流程:井口→小环、羊角集油掺水→集油间→转油站,集油工艺详如图 3 - 4 - 43 所示。

① 流程特点:

a. 为了改善集油管道水力条件,尽量缩短集油环半径,借鉴吉林油田及大庆油田芳 48 区块试验工程的工程实践,每 2～3 口油井 1 个环(集油环长度小于 1.5km,偏远井集油环长度小于 2.0km)。当采出井距处理站较远时,采用计量间串接方式进站。

b. 环状掺水流程节省投资,但适用性较差,集油环中一口井出现问题,整个集油环都受影响。另外,CO_2 驱油井采出液温度低、易冻堵,生产调控难度大,环状集油工艺易发生"一堵全堵"的情况,影响正常生产。

c. 大庆油田研发了羊角枝状掺水集油工艺,即将原环状掺水集油工艺中串接在集油环内的单井独立出来,在井口与集油环之间易冻缓冲区增加 60～100m 电热集油支线,避免了环线冻堵风险。对比原环状掺水集油方式,对比原环状掺水集油方式,该工艺计量间辖井数量提高 1 倍,少建计量间及集油管线 50% 以上。

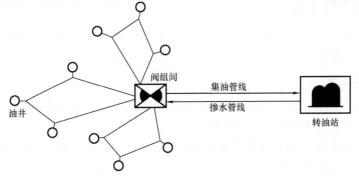

图 3 - 4 - 43　羊角枝状掺水集油工艺示意图

d. 掺水集油管道选用耐腐蚀的交联聚乙烯及胺固化玻璃钢管材,与金属复合管材相比,投资降低35%。

e. 油井计量采用计量间计量分离器配积算仪量油的方式,监测油井产量变化。

f. 计量间掺水阀组设置掺水流量计,对掺水量进行计量。

g. 对采出井产液气油比进行监控,并对其设定高限报警值,当气油比过高时,采取停止注入等措施,控制产液含气量。

② 适用范围:适用于常规油藏,同时也适用于低渗透和特低渗透油藏,尽量临近合适的 CO_2 气源。

2) CO_2 驱油地面存在问题及研究方向

(1) 突发性高气油比影响地面集输系统正常生产。根据多年现场试验, CO_2 驱油易发生气冲现象,威胁到站场安全运行。目前只能采取关井、泄压及架罐等办法缓解,需要地面地下协同攻关,优化工艺参数,完善地面工艺技术,进一步探索优化简化地面系统、控制开发投资的可行性。

(2) CO_2 驱油井存在间歇性、脉冲式出气现象,随注入量增多,井口气油比大幅上升,目前还没有成熟技术准确监测,直接影响后续回收规模测算。

(3) CO_2 驱油会对设备和管线造成严重腐蚀,会增加一定的防腐费用。

第五节　油田伴生气集输

油田伴生气集输是将油井产物分离出的天然气汇集、处理和输配的工艺过程。

油井产油气混合物进计量间计量,再集中到接转站。在接转站进行气液分离,然后开始气液分输;或在油井井口直接将套管气分输至接转站。分输后,由接转站到增压站或处理站间的工艺过程称为伴生气的收集;采用深冷或浅冷工艺对伴生气进行处理加工称为伴生气处理;从处理站向用户输送处理净化后的伴生气的过程称为伴生气输配。

油田伴生气集输工程的建设规模,通常是按照规划产油量和平均原始气油比的乘积计算出来的,但存在一定的变数,为此设计规模一般按照计算气量的80% ~120%考虑。当油气集输的加热以湿气为燃料时,应扣除相应的集输自耗气量。装置的年运行时数宜取8000h。

一、伴生气集输工艺

伴生气的集输工艺流程是根据原油集输流程和伴生气净化处理工艺确定的。受输送距离及下游处理站用气要求不同,伴生气集输分为自压集气工艺与增压集气工艺。

1. 自压集输工艺

即伴生气在转油站(或联合站)分离后,充分利用油气分离器后的剩余压力,自压输送到处理站、增压站或用户,中间不需设增压设备。

自压集输工艺常规流程:经分离设施分离出的伴生气,先经除油分离器分离出原油及杂质,再经干燥器脱水后输送至天然气处理装置进一步处理。自压集输工艺流程如图3-5-1所示。

通常,自接转站外输的伴生气常按原油的集输方向,采用油、气管线同沟敷设,气管线利用

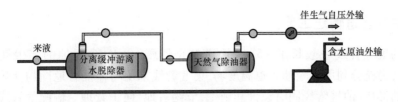

图 3 - 5 - 1 自压集输工艺流程示意图

集输油管线的温度场,伴热集输至相应的联合站。

1)流程特点

(1)工艺简单灵活,配套设备少,一次性投资低。

(2)有效利用自身压力,工艺能耗低,节省运行成本。

(3)受自身压力限制,伴生气压送距离相对较近。

2)适用范围

该工艺简单,能耗低,适用于整装大中油田,一般与接转站配套建设。

2. 增压集输工艺

针对压力较低伴生气或需要长距离输送伴生气时,需要借助压缩机等增压设施,为伴生气提升压力后外输,所采用的集输工艺。

增压集输工艺,分离出伴生气首先进入除油干燥器,除去伴生气中携带的原油和杂质,再经过滤分离器分离出微小水及杂质。再进入压缩机进行增压,冷却器冷却,冷却后的伴生气进入分离器分出重质轻烃及水后再外输到天然气处理装置或下游用户。伴生气增压集输工艺流程如图 3 - 5 - 2 所示。

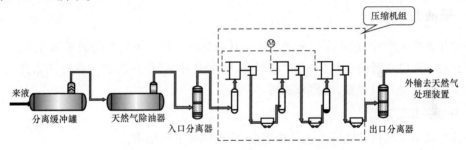

图 3 - 5 - 2 伴生气增压集输工艺流程示意图

1)流程特点

(1)需要增压,所需能耗高。

(2)增加增压流程,工艺流程相对复杂。

(3)不受自身压力限制,可根据外输距离确定增压范围。

2)适用范围

(1)该工艺要求能耗高,该区块可依托系统要求高。

(2)周边无伴生气处理厂,所产伴生气需要远距离外输。

(3)在转接站(或联合站)分离出伴生气压力低、气量相对稳定的区块。

二、伴生气管道输送工艺

伴生气的集气管线一般长 1～5km，输送的是低压、含水、含轻油的伴生气。管线常按 1.6MPa 设计，为充分利用集输油管道温度场，集气管线采用与输油管道同沟伴热集输工艺以防止水合物的形成，油气管线同时设计和施工，节约占地，便于管理。输配气管线常采用深埋在冻土层以下的方式防止水合物的形成。对于个别气管线不能采用管线伴热方式或深埋的，必要时可向管线中加入防冻剂。

集气管线在输送过程中会出现冷凝液，当管线内气体流速低时，很难将冷凝液带出，积液越多，管输效率越低。目前普遍采用通球清管。个别集气管线不能进行通球清管的，可采用定期利用外来气源吹扫，以恢复管输效率。但此法气体耗量大，需放空，不仅浪费资源，而且污染环境。

第六节　采油井场、计量站、集油阀组间和增压站工艺

原油集输系统所包含的站场，按其基本集输流程的生产功能可划分为采油井场、计量站（集油阀组间）、接转站、放水站和集中处理站（联合站）等 5 种集输单元。在油田开发建设的实践中，根据具体情况可以组成多种形式、生产功能不同的联合体。

采油井场、计量站（集油阀组间）、接转站和放水站是油气集输系统中集油与集气的生产设施，通过该生产设施将油（液）和气收集起来，输送到集中处理站（联合站）进行气液分离、原油脱水和脱盐处理，从而获得合格油气产品。

一、采油井场

采油井也叫生产井，它是油田开采原油的基础单项工程。按其不同的采油方式，一般有自喷井、抽油机井、电动潜油泵井、水力活塞泵井、喷射泵井、气举井和蒸汽吞吐热采井。采油井的重要生产设施是井口装置，俗称采油树。

1. 采油井场的功能

采油井场由采油树和地面工艺设施组成，应能完成下列功能：

（1）控制和调节从油层采出的油（液）量和气量，满足油田开发的需要。

（2）提供完成油井井下作业的条件。

（3）保证将油井采出的油（液）和气收集起来。

2. 采油井场的建设规模

油田开发方案所提供的分区块平均单井产量，多数是一个产量范围，对此种数据一般取其平均值。

采油井场的设备及集输管道的设计能力，应按油田开发方案提供的单井产油量、产气量和产水量及掺入液量或气举气量确定。油井的年生产时间（以 d 为单位），自喷油井宜按 330d 计算，机械采油井宜按 300d 计算。采油井出油管线的管径（公称直径）宜在 $DN40mm$ ～

*DN*200mm 之间选择,且公称直径不应小于 40mm。

3. 采油井场的工艺流程

由于油田的采油井场数量多、分布广以及各井所处地形又不同。因此,采油井场的工艺设计,应根据油田特点,尽量简化成为一种或几种类型,以减少设计工作量,提高装配化施工的程度,方便现场施工,加快油田开发建设的速度。

1)确定流程的依据

采油井场收集油(液)和气的工艺流程是指油井采出的油(液)和气体,依据油(液)和气具有的能量,按什么样的顺序进入集油管线的过程。确定该流程的依据是:

(1)油井采出油(液)和气的物理性质,以及收集油(液)和气采用的工艺措施;

(2)保证油井正常生产以及油田开发对测取油井参数的要求;

(3)油田生产管理对油井生产设施的要求。

2)确定收集油(液)气的工艺流程

确定采油井场的工艺流程首先是油(液)和气收集流程,其次是完成其他有关任务的流程。

(1)油(液)和气正常收集流程;

① 油井产出物正常集输的流程;

② 井口清蜡、洗井、加药防蜡和加热保温等流程;

③ 井口取样、测试、井下作业、关井、套管气收集、更换油嘴、测温和测压等的流程。

(2)投产试运流程。

油井建成后首先要进行投产试运,在投产试运满足要求后正式投入使用,该流程应保证在不同环境和不同季节都能完成试运、预热和投产等要求。

(3)停产与事故处理流程。

在突发事故或停电造成油井停产的状态下,该流程能保证油井集油管线进行吹扫或进行热水循环,确保集油管线不冻结。

4. 采油井场工艺设计及简化

目前,各油田普遍采用的井口装置是经多年来生产实践证明能够满足生产作业等要求的定型装置。采油树采用五阀式(2 个油管阀、2 个套管阀、1 个总阀)采油树,型号为 Cyb－250。

这种采油树能满足高、低气油比及高、中、低配产的各种油井的生产要求,工艺安装设有油切断阀、热回水切断阀、油嘴套伴热阀、热洗井阀和套管气放空阀等共计 13 个阀门(包括采油树),井口工艺流程如图 3－6－1 所示。

对于低产、低气油比和采用抽油机生产井的采油井口,有些阀门和部件失去了它应有的作用。

首先,对于低气油比和采用抽油机生产的采油井,根据各生产单位的生产情况,几乎没有连抽带喷的情况,因此采油树总阀可取消。

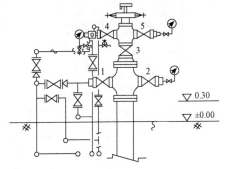

图 3－6－1　五阀式采油树三管伴热井口工艺流程图
1,2—套管阀门;3—总阀门;4,5—油管阀门

其次,要满足洗井、加药和作业要求,利用一侧油管阀和套管阀即可,因此采油树只保留一侧油套管阀就可满足生产和作业的要求,可以采用简易采油树。简易采油树价格只有五阀式采油树的一半左右。

另外,由于低气油比抽油机生产井的采油树不装油嘴,故油嘴套的伴热管和阀门可以取消;由于热回水管与系统伴热管一起构成环形伴热管网,因此在井口不应设置切断阀;对于低气油比井,套管气放空阀的作用与效益并不显著,也可以不设置。

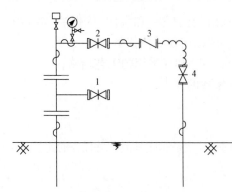

图 3-6-2　两阀式采油树简易单管集油井口
工艺流程图
1—套管阀门;2—油管阀门;3—单向阀;4—生产阀门

基于以上分析,对于低气油比低产油田,应采用简易采油树及简化的井场工艺。对于油井产量大于 10t/d,气油比较高,井底压力在抽油机停抽时足以将井底液体压出井口的机采井,应采用三阀式简易采油树(套管阀门、油管阀门和总阀门各 1 个)。对于油井产量低于 10t/d,气油比较低,油井的井底压力在抽油机停抽时不能将井底液体压出井口的机采井,可采用两阀式简易采油树(套管阀门和油管阀门各 1 个)。两阀式采油树简易单管集油井口工艺流程如图 3-6-2 所示。

当采用双管掺水井口工艺流程时,采油井场工艺流程为计量站(阀组间)来的热水到井场,经调节阀掺入出油管道,与油井产液混合后进入集油管道。井口出油管道的保温采用掺水管道延伸到地面,在生产阀门出口管线汇合,将地面部分的集油管道加热保温,工艺流程如图 3-6-3 所示。

环状掺水流程的采油井场工艺流程与双管掺水流程是一样的,只是井场外的掺水管道与油井的集油管道合为一条,多井串联成环进集油阀组间。一般采用三阀式或两阀式的简易井口装置。井口出油管道的保温一般采用两种形式:一种为用电热带将采油树及地面管道缠绕,用岩棉带保温,保温层外做防水层;另一种保温形式与双管掺水流程井口保温形式相同。电热带伴热工艺流程如图 3-6-4 所示。

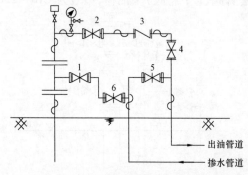

图 3-6-3　双管掺水井口工艺流程图
1—套管阀门;2—油管阀门;
3—单向阀;4—生产阀门;5,6—热水阀

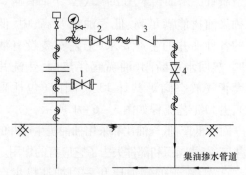

图 3-6-4　电热带伴热工艺流程图
1—套管阀门;2—油管阀门;
3—单向阀;4—生产阀门

二、计量站和集油阀组间

计量站也叫分井计量站,过去曾叫选油站和集油站,它是油田内完成分井计量油、气和水单井日产量的站,日常生产管理中也称计量间。

集油阀组间是设置油气收集工艺阀组等生产设施,但不进行分井计量的场所,简称阀组间。当不建设厂房时,称为集油阀组。

1. 计量站和集油阀组间的功能

1)计量站的功能

(1)为油井采出的油(液)和气提供集中计量和集中管理的场所。

(2)为完成油(液)和气集输提供实施各种工艺措施的场所,在采用掺热水(液)的油气集输方式时,可提供掺热水(液)的分配阀组,以便于向所管辖的油井分配和输送热水(液)。

2)集油阀组间的功能

(1)为油井采出的油(液)和气提供集中管理的场所。

(2)为完成油(液)和气集输提供实施各种工艺措施的场所,在采用掺热水(油)的油气集输方式时,可提供掺热水(油)的分配阀组,以便于向所管辖的油井分配和输送热水(油)。

2. 计量站和集油阀组间的建设规模

计量站管辖的生产井数,应根据油井密度、单井产量的大小和自动化管理水平确定。一般宜为 8~30 口井(新疆油田标准化为 8~30 口井,大庆油田标准化为 12~32 口井)。集油阀组间管辖油井数不宜超过 50 口。

油井产量计量应采用周期性的连续计量。每口井每次连续计量时间宜为 4~8h,产油量和产气量波动较大或产量较低的井宜为 8~24h。每口井的计量周期宜为 10~15d,低产井的计量周期可为 15~30d。出油管道的设计能力,应按油田开发方案提供的单井产油量、产气量、产水量及掺入液量或气举气量确定。

由计量站(集油阀组间)至集中处理站(或至接转站)的油气混输管线的设计能力,为所辖油井总数最大产液量与产气量的总和,掺液(蒸汽)集输流程还应加上掺入量。

3. 计量站和集油阀组间的工艺流程

1)确定依据

(1)计量站和集油阀组间承担的工艺任务。

(2)计量站和集油阀组间管辖油井的数量、生产状态和集输方式。

(3)计量站和集油阀组间投产试运、停产和事故处理应考虑的措施,以及有关的要求。

2)确定原则

(1)在满足计量站和集油阀组间完成所承担工艺任务的前提下,尽可能使流程简单、安全可靠、流向合理、方便操作管理。

(2)应尽可能地采用生产实践证明成熟的先进技术及科研成果,确保流程的先进性。

(3)流程要有通用性,以便于实现计量站和集油阀组间生产装置的组装化,有利于提高施工质量,有利于整体调试,满足计量要求。

3）工艺流程

（1）分井计量流程。

分井计量目前有两相计量和三相计量两种。

两相计量工艺流程如图 3 – 6 – 5 所示。

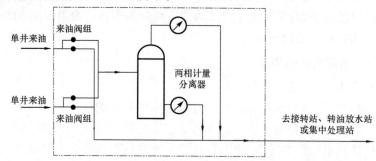

图 3 – 6 – 5　两相计量工艺流程图

采用多通选井阀组的两相计量工艺流程如图 3 – 6 – 6 所示。

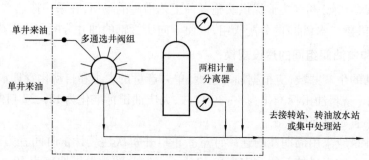

图 3 – 6 – 6　多通选井阀组的两相计量工艺流程图

三相计量工艺流程如图 3 – 6 – 7 所示。

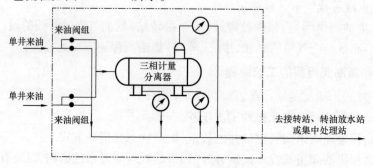

图 3 – 6 – 7　三相计量工艺流程图

（2）掺水热洗工艺流程。

掺水热洗工艺流程如图 3 – 6 – 8 所示。

（3）掺稀油工艺流程。

掺稀油工艺流程如图 3 – 6 – 9 所示。

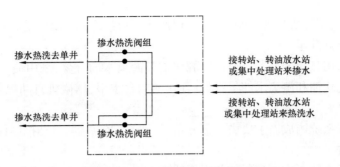

图 3-6-8 掺水热洗工艺流程图

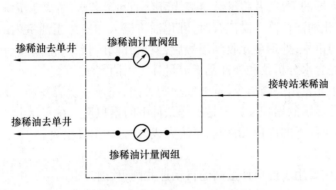

图 3-6-9 掺稀油工艺流程图

（4）掺活性水工艺流程。

掺活性水工艺流程如图 3-6-10 所示。

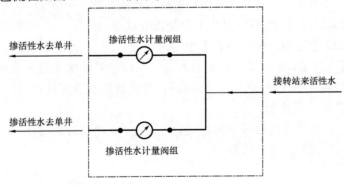

图 3-6-10 掺活性水工艺流程图

4）油井计量

油井计量是一个相对独立的系统,采用两相分离器或三相分离器配备以相应的设备仪表进行油、气、水产品测量的方法在国内外已应用多年。当前,油井生产计量仍普遍沿用这一传统的方法。

（1）两相三组分计量。

该计量方法采用两相分离器,进行气液分离,采用玻璃管电极量油,用密度计测量含水率,用气体流量计测气,用微机自动控制,从而实现油井两相三组分自动计量。

（2）三相分离器计量。

该计量方法采用三相分离器,进行气、乳化油和游离水的分离,采用油、气、水三相计量仪表,分别测出气、乳化油和游离水的量,以及乳化油的含水率,用微机自动控制,从而实现油井三相自动计量。

三相计量装置系统构成。主要由4部分组成,即三相分离器,自动控制仪表,油、气和水计量仪表以及微机等。

三相计量装置系统工作原理。油井产出液进入三相分离器内,气液分离后,气体进入分离器上部,液相在分离器的下部,并将继续分离为乳化油和游离水,游离水沉降到底部,乳化油浮在液相上部。当乳化油液位高于溢流管时,乳化油将流入油室。当油室内的液位上升到上液位继电器时,将发出讯号,处理单元收到信号后,发出开阀的指令,排油气动阀打开,油室内的油排出,排出的油经含水分析仪和弹性刮板流量计。当油室液位降至下液位继电器时,继电器再发出信号,处理单元发出关阀指令,排油气动阀关闭,完成一次容积和含水率的测量。单井产气量,气体流量计显示的累积读数即是工作条件下的累积量。在实际生产中,油、水、气的产量都应修正到标准条件下的产量,由控制系统完成,并打印出日报表。

（3）多通选井装置。

多通选井装置主要用于油田计量站的自动选井阀组,通过电动执行机构的工作,实现多井管路与一台计量装置的开关自动切换,进入生产汇管或计量汇管。该装置具有远程控制、管理方便、占地面积小、投产快、可重复使用等特点,适用于偏远油田及沼泽、戈壁、沙漠等恶劣环境的油井计量选井。

① 工作原理。多通选井装置在计量流程实现的功能如图3-6-11所示,以12井式阀组为例,一共12个进油口、2个出油口(其中1个是去分离器的计量口,1个是去外输管汇的管汇口)。正常工作时,12个进油口的来油有1个通过计量口进入分离器,另外11个进油口的来油则通过管汇口进入外输管汇。通过自动方式选择某口油井的来油进入分离器,进行单井产量计量,其余正常外输。如图3-6-11功能表示,多通选井装置实质上起到了替代多井三通阀的作用,简化了管汇工艺流程。

② 主要结构。该装置主要由多通阀组、智能多通型电动执行器、控制箱等组成。多通阀选井装置结构示意图如图3-6-12所示。

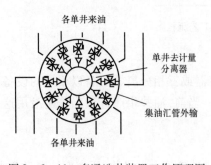

图3-6-11　多通选井装置工作原理图

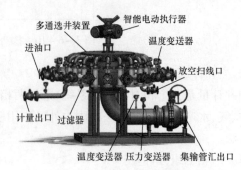

图3-6-12　多通选井装置结构示意图

4. 主要工艺设备选型

目前,油田上常用的计量分离器有两相计量分离器和三相计量分离器(图 3 – 6 – 13 和图 3 – 6 – 14)两种。图 3 – 6 – 15 所示为常用立式计量分离器。

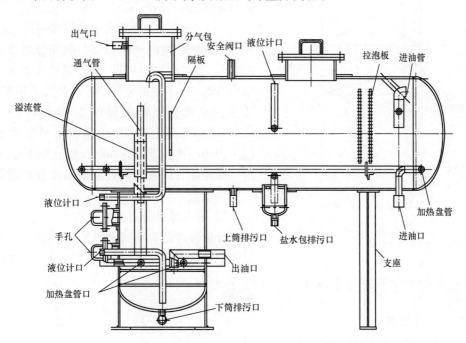

图 3 – 6 – 13　两相计量分离器

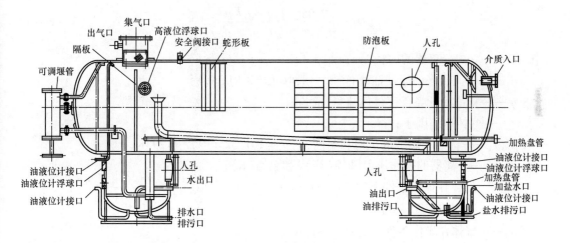

图 3 – 6 – 14　三相计量分离器

1) 确定基本参数和要求

(1) 油、气分离质量要求达到气中携带的油量不高于 $10g/m^3$,通过捕雾器出来的气体携带油滴的直径不超过 $10\mu m$。

(2) 分离器的工作压力和温度。分离器的工作压力和温度与油气集输流程、采油井的井

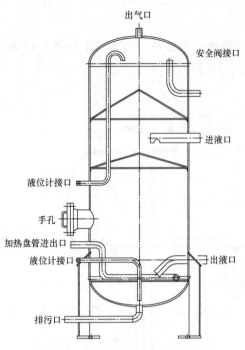

出气口

安全阀接口

进液口

液位计接口

手孔

加热盘管进出口

液位计接口

出液口

排污口

图3-6-15 常用立式计量分离器

口回压有关,为避免油田上计量分离器的类型太多,从我国各油田目前生产的情况来看,将计量分离器的工作压力控制在0.6~1.3MPa,工作温度不超过50℃是合适的。

（3）油（液）在分离器内的停留时间。油（液）在分离器内停留时间的长短与油气分离要求的质量有关,还与油（液）密度、黏度等性质有关。通过综合考虑,对一般的原油,例如大庆油田的原油,要求在立式分离器中停留2~6min（卧式2~4min）。如果是起泡原油,停留时间要求增加到10~20min（卧式5~15min）。对于密度大、黏度高的特殊原油宜采取加热升温措施使分离质量达到规定要求。

2）确定计量分离器的尺寸

计量分离器有立式和卧式两种结构形式。凡原油中含水率较高,处理液量较大时,一般选用卧式分离器。若油井单井产量小,通常选用立式分离器。

（1）立式分离器。

① 确定立式分离器直径的公式：

$$D = \frac{52.05}{\eta_1 \eta_2 d_o} \sqrt{\frac{q_v Z p_s T_s \mu_G}{pT(\rho_L - \rho_G)}} \qquad (3-6-1)$$

式中　D——立式分离器的内径,cm；

d_o——分离出来的原油油滴直径,一般取 $d_o = 0.01$cm；

q_v——标准参比条件下气体流量,m^3/d；

Z——气体压缩因子；

p_s, T_s——标准状态下的压力和温度,取 $p_s = 101.325$kPa,$T_s = 293$K；

p, T——分离器的操作压力[kPa（绝）]和温度（K）；

μ_G——气体在操作条件下的黏度,Pa·s。

ρ_L——液体的密度,kg/m^3；

ρ_G——气体在操作条件下的密度,kg/m^3；

η_1——在分离器中气体流速不均匀的修正系数,一般取 $\eta_1 = 0.86$；

η_2——油气分离器面积利用系数,一般取 $\eta_2 = 0.9$。

② 按油（液）在分离器中的停留时间校核分离器直径：对一般原油,立式分离器取6min,卧式分离器取4min,对起泡原油,卧式分离器取20min。

校核分离器的步骤是：

a. 将油井日产液量化成 x 分钟的平均体积 V。

$$V = \frac{0.694 x q_{mo}}{\rho_L} \qquad (3-6-2)$$

式中　q_{mo}——油井日产液量,t/d;

　　　x——停留时间,min;

　　　ρ_L——液体的密度,kg/m³。

b. 确定分离器中原油控制液位的高度。计量分离器中液位的控制高度一般是按经验数据来确定。通常是使液位保持在原油出口以上 $1\sim3$ 倍分离器直径,油井用的计量分离器可取 1.5 倍分离器直径。

c. 校核分离器直径 D。按停留时间 x 分钟,液面控制高度为 1.5D 则得出:

$$D = 83.83 \sqrt[3]{\frac{x q_{mo}}{\rho_L}} \qquad (3-6-3)$$

③ 分离器高度的确定:分离器的总高度对气体处理能力的影响不大。试验表明,筒体高 3m 的立式分离器,再增加 50% 的高度,处理能力只增加 5%,减少 50% 的高度,处理能力只降低 3%。但是,高度较大时,气流可以稳定一些。因此,油田上使用的立式分离器,一般采用 $4\sim5$ 倍分离器直径的高度,这与美国一般采用 3m 左右的高度,俄罗斯一般采用 4m 左右的高度基本一致。

还应指出,为了保证分离质量,选择油气分离器时应使实际产量不超过它的最大处理能力。在油井分离器计算时,最好不要按油井平均的日产液量和产气量计算,而按最大的瞬时产液量和产气量计算。对用于产量波动较大油井的分离器更加需要考虑到产量波动值的影响。

（2）卧式分离器。

① 按气体通过量确定分离器的直径 D:

$$D = 7.32 \sqrt{\frac{q_v Z T p_s \mu_g}{p T_s L d_o^2 (\rho_L - \rho_G)}} \qquad (3-6-4)$$

式中　D——分离器的内径,m;

　　　q_v——标准参比条件下气体流量,m³/h;

　　　μ_g——操作条件下的天然气黏度,Pa·s[用式（3-6-4）进行计算时,应将 Pa·s 换算

　　　　　成 kg·s/m²,换算关系是:1kg·s/m² = 9.80065Pa·s];

　　　L——卧式分离器的有效长度(长包括两端头盖的长度),m;

　　　p,T——分离器的操作压力[kPa(绝)]和温度(K);

　　　p_s,T_s——标准状态下的压力(绝对)101.325kPa 和温度 293K;

　　　d_o——分离出的原油油滴直径,一般取 $d_o = 10^{-4}$m;

　　　ρ_L——液体密度,kg/m³;

　　　ρ_G——气体在操作条件下的密度,kg/m³;

　　　Z——天然气的压缩因子。

② 按油品在分离器内应停留的时间来校核确定的尺寸：

$$D = \sqrt{\frac{q_m}{360\pi th\rho_L}}$$ （3 – 6 – 5）

式中　q_m——油气分离器应处理的液量,t/d；

　　　t——油品在分离器中的停留时间,对一般原油,要求在分离器中停留 1~3min,对起泡原油要增加到 5~10min；

　　　ρ_L——液体密度,t/m³；

　　　h——卧式分离器中液面控制高度,一般为分离器直径的 1/3~1/2。

③ 油气分离器的高(长)度按经验数据选取。卧式分离器的筒长在美国一般都取 3m。实践证明,改变筒长,对气体的处理能力影响不大。

校核结果,如果停留时间不能满足要求,则应选较大型号的油气分离器。直到两者都满足为止。

三、增压站

为满足伴生气集输管网输送压力或天然气处理工艺所需的压力要求和外输商品气交接压力的要求,需要将伴生气压力提高,能够实现这种生产任务的站称为增压站。

1. 增压站的功能

增压站是将单个或多个接转站来伴生气,压力提升至需求压力的站场。

2. 增压站的工艺流程

图 3-6-16 是增压站工艺原理流程图。主要工艺流程为：来气先进入口分离器脱除气体中的游离液相及杂质后,进入压缩机增压(处理的伴生气压力升高,温度升高),然后进入冷却器冷却,冷却后天然气进入出口分离器分离出杂质及液相再计量后外输。

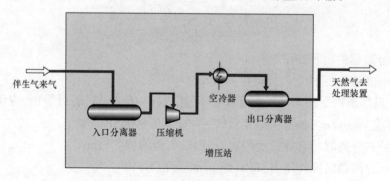

图 3 – 6 – 16　增压站原理工艺流程图

3. 主要工艺设备选型

1）压缩机

增压集输中压缩机类型常用有三种,分别为往复式压缩机、离心式压缩机或螺杆压缩机。

（1）往复式压缩机。

往复式压缩机由曲柄连杆机构将驱动机的回转运动变为活塞的往复运动，气缸和活塞共同组成实现气体压缩的工作腔。活塞在气缸内作往复运动，使气体在气缸内完成进气、压缩、排气等过程，实现气体增压。

中小型活塞式压缩机根据其结构形式，常按下述原则分类，并按分类方法中的一项或几项命名。

① 以气缸轴线布置的相互关系划分，一般常用的有 L 形、V 形和 W 形及卧式、立式和对称平衡式等。

② 以压缩机气缸夹套和级间气体冷却方式划分为水冷式和空冷式两种，凡要求压缩机连续运行及设备安装的环境温度较高的场合应采用水冷式，反之可考虑空冷式。

③ 按压缩机气体至排除压力所经历的压缩次数划分为单级、两级或多级。一般低压气体压缩机（排出压力 $0.7 \sim 0.8$ MPa）多为两级，其中排气量较小（$< 3 \text{m}^3 / \text{min}$）且排气压力较低者（$< 0.8$ MPa）采用单级压缩。

④ 按气缸活塞往复一次所完成的吸气或排气次数分为单作用式和双作用式，也可称单动和复动。

⑤ 按压缩机传动部件的润滑方式分为飞溅式和压力式，气缸部分又分为油润滑和无油润滑等。一般排气量较大且要求连续运行的多采用压力式的润滑方式，无油润滑式适用于要求压缩气体不允许含油污的情况。

⑥ 按压缩机在使用中能否移动分为移动式和固定式。

⑦ 在产品系列中常按排气量大小或排气压力的高低而划分为中小型和大型以及低压（排气压力 $0.7 \sim 0.8$ MPa 表压）和中压、高压（排气压力大于 1.0 MPa 表压）等。

（2）离心式压缩机。

离心式压缩机由转子和定子两部分组成。转子包括转轴，固定在轴上的叶轮、轴套、平衡盘、推力盘及联轴节等零部件。定子则包括气缸、定位与缸体上的各种隔板以及轴承等零部件。在转子与定子之间需要密封气体之处还设有密封元件。

气体进入叶轮后，在叶片的推动下随叶轮一起旋转而获得高速，并在离心力的作用下沿着半径方向向外流动，然后进入截面逐渐扩大的扩压器和蜗壳后，气体速度逐渐下降，而压力则随之提高，之后又进入第二级，压力再进一步提高，依此类推，一直达到额定压力。

（3）螺杆压缩机。

螺杆压缩机是在"∞"字形气缸中平行放置两个高速回转并按一定传动比相互啮合的螺旋形转子。通常对节圆外具有凸齿的转子称为阳转子（主动转子）；在节圆内具有凹齿的转子称为阴转子（从动转子）。阴转子和阳转子上的螺旋形体分别称为阴螺杆和阳螺杆。一般阳转子（或经增速齿轮组）与驱动机连接，并由此输入功率，由阳转子（或经同步齿轮组）带动阴转子转动。螺杆式压缩机的主要零部件有一对转子、机体、轴承、同步齿轮（有时还有增速齿轮），以及密封组件等。

螺杆压缩机可分为无油螺杆压缩机和喷油螺杆压缩机。

无油螺杆中，阳转子靠同步齿轮带动阴转子。转子啮合过程互不接触。

喷油螺杆中,阳转子直接驱动阴转子,不设同步齿轮,结构简单。喷入机体的大量的润滑油起着润滑、密封、冷却和降低噪声的作用。

螺杆式压缩机系容积型压缩机械,其运转过程从进气过程开始,然后气体在密封的齿槽容积中经历压缩,最后移至排气过程。在压缩机气缸的两端,分别开设一定形状和大小的孔口。一个供进气用,称作进气孔口;一个供排气用,称作排气孔口。

（4）常用压缩机选型。

在满足工艺要求前提下,对压缩机作选型比较时,一般可参考以下原则:

① 当气源稳定、气量较大时宜选用单机组运行的离心式压缩机,气量更大时可设置二台以上,但不设备用机组。离心式压缩机的设计效率不应低于70%。

② 当气源不稳定、气量较小时宜选用往复式压缩机,一般为2~4台,其中可设备用压缩机1台。大排量往复式压缩机的设计效率不应低于80%。

③ 当气量较小、进气压力为微正压或者负压、排气压力不高时,可选用螺杆式压缩机;当气质较贫时,可选用喷油螺杆式压缩机。在有条件的地方,也可选用天然气引射器对低压天然气进行增压。

选择压缩机的优缺点比较见表3-6-1。

表3-6-1　选择压缩机的优缺点比较

压缩机类型	可靠性	原始基建费	安装费	效率	维修费	重量与空间	运转周期	搬迁的便利性	遥控的适应性	对条件改变的适应性
低压螺杆式	优	优	优	良	优	优	优	优	优	良
低压滑片式	良—劣	优	优	良	中	优	中	优	优	良
高速天然气发动机驱动往复式压缩机,分离式	良	优	优	良	优	良	良	良	良	优
低速天然气发动机驱动往复式压缩机,分离式	优	良—劣	良—劣	优	优	中	优	劣	良	优
天然气发动机驱动大型往复式压缩机,组合式	优	良—劣	优	良	优	中	良	良—劣	良	优
天然气发动机驱动小型往复式压缩机,组合式	优	良—劣	优	良	优	优	良	良—劣	优	良
离心式	优	优—中	优	优—良	优	优	优	良—劣	优	中—劣

（5）压缩机的驱动方式选择。

压缩机的驱动机可采用电动机、天然气发动机或燃气轮机。电力系统可靠时,宜采用电动机驱动;在无电或电力不足的地方,往复式压缩机宜采用燃气发动机驱动,离心式压缩机宜采用分轴燃气轮机驱动,余热宜利用。

发动机功率应大于同转速下压缩机组及其被驱动的辅助设施所需功率之和的1.05倍。

2）过滤与分离设备

天然气集输系统用分离设备主要作用是除去天然气中的固体和液相杂质。固体杂质主要是指气层中夹带出来的少量地层岩屑等杂质和设备与管道中的腐蚀产物，天然气中含砂不是常见现象，故天然气集输系统用分离设备主要是气液分离设备。其分离效果应满足压缩机本身及下游系统对气质条件的要求，主要清除机械杂质和凝液。通常入口分离器应设液位高限报警及超高限停机装置。

（1）分离器类型。

① 重力分离器。重力分离器主要分离作用是利用天然气和被分离物质的密度差（即重力场中的重力差）来实现的。

a. 立式重力分离器。这种分离器的主体为立式圆筒体，气流一般从筒体的中段（切线或法线）进入，顶部为气流出口，底部为液体出口。立式重力分离器占地面积小，易于清除筒体内污物，便于实现排污与液位自动控制，适用于处理较大含液量的气体。

b. 卧式重力分离器。这种分离器的主体为一卧式圆筒体，气流从一端进入，另一端流出，其作用原理与立式分离器大致相同。与立式分离器相比，具有处理能力大、安装方便和单位处理量成本低等优点。但也有占地面积大，液位控制比较困难和不易排污等缺点。

c. 三相分离器。三相分离器与卧式两相分离器的结构和分离原理大致相同，油水气混合物由进口进入来料腔，经稳流器稳流后进入重力分离段，利用气体和油水的密度差将气体分离出来，再经分离元件进一步将气体中夹带的油和水蒸气分离。油水混合物进入污水腔，密度较小的油经溢流板进入油腔，从而达到油水分离的目的。

② 过滤分离器。过滤分离器依靠其核心部件滤芯来达到过滤的效果，待分离的气体通过滤芯，使凝液附着在滤芯上，然后聚集并分离出来，过滤分离器的分离效果取决于滤芯的质量。

③ 聚结器。该过滤器分为下部进气段和上部聚结分离段。含有液滴的气体从聚结器下部的进气口进入进气段，首先经过入口导流靠惯性分离出较大的液滴，然后气体自下而上进入聚结分离段的滤芯内部，自内向外流过滤芯，把微小的液滴聚结成大液滴，靠惯性沉降收集到聚结分离段的底部，脱液后的气体从上部的气体出口排出，下部进气段和上部聚结分离段收集到的液体分别由位于各段底部的排液口排出。该设备气液分离效率高，液体脱除率可达99.98%以上。

随着气体通过量的增加，沉积在滤芯上的颗粒会引起聚结器压差的增加，当压差上升到规定值时（从压差计读出），说明滤芯已被严重堵塞，应该及时更换。否则压差增大，使能量损失增大，当压差超过滤芯结构强度时，会引起滤芯破裂，其中容纳的污物释放出来，会对下游流体、设备造成严重污染，损害。

④ 旋风分离器。旋风分离器的气体进口管线与外筒体的连接成切线方向，气体出口管线在顶部与中心管连接。气体从切线方向进入外筒体与中心管之间的环形空间后做旋转运动或圆周运动。由于气、液质量的不同，所产生的离心力也不相同，且由于液滴的相对密度远大于气体，故液滴首先被抛向分离器外筒体的内壁，并积聚成较大的液团，在重力的作用下流向积液段。在分离器下部，当气流到达锥体下端某一位置时，即以同样的旋转方向从旋风除尘器中部由下反转而上，继续作螺旋形流动，形成内旋气流。最后，分离后气体经排气管排出。由于

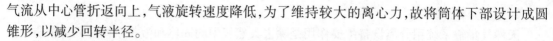

气流从中心管折返向上，气液旋转速度降低，为了维持较大的离心力，故将筒体下部设计成圆锥形，以减少回转半径。

（2）分离器的选择。

在天然气集输系统，气液分离器用得最多的是重力分离器。在压缩机进口前天然气净化，当以分离液体物质为主时，应采用重力分离器；当以分离粉尘物质为主时，应采用旋风分离器或过滤分离器。压缩机出口后天然气脱液应采用重力分离器。

重力分离器又分为立式与卧式两种，其特点和选用条件分述如下：

① 当两种分离器的直径相同时，在相同的操作条件下，卧式分离器的处理能力为立式分离器的 4 倍。

② 立式分离器的空间大，有足够的垂直高度，但气体所携液滴的流动方向与液滴所受重力的方向相反，不同于液滴沉降分离，液面稳定性比卧式差。立式分离器安装占地面积较小，高位架设方便，主要用于气量相对较大而带液量相对较少，并且允许储液时间较短的场合。

③ 卧式分离器对气体所携液滴的运动方向与液滴所受重力的方向垂直，有利于沉降分离，其液面波动小、稳定性好。其处理单位气量的成本低于立式分离器。卧式分离器安装占地面积较大，脏物的清除不如立式分离器方便，主要用于气量相对较小而带液量相对较大，并且要求储液时间较长的场合。

旋风分离器是一种处理能力大、分离效率高、结构简单的分离设备，可基本除去 5～10μm 以上的液滴及杂质。旋风分离器的工作效率与气体进入分离器的线速度密切相关，而线速度的大小又直接与气体处理量有关。因此，它的分离效果对流速很敏感，一般要求处理负荷应相对稳定，因而在天然气负荷波动较大时，其应用会受到一定的限制。

过滤分离器流量操作弹性大，可除去 3～5μm 以上的液滴及杂质，分离效率可达 95%～99%，适用于流量范围变化大，对分离效率要求高的场合。由于滤芯需要更换，运行成本较其他分离器高，故通常用于一级初分后的第二级分离。

3）冷却器

压缩机组应配带工艺气级间冷却器和后冷器，主要冷却方式为水冷和空冷，较常用空冷器。

（1）水冷。

用水做冷却介质，具有换热系数较高、受环境影响较小、结构紧凑、占地面积小、可靠性高等优点。缺点是需要独立的循环水冷却系统、配套设施较多，需要充足的水源，对水质有一定要求，一次性投资相对较高。当采用水冷却时，宜优先采用循环水或循环不冻液冷却，也可根据具体情况采用开式水冷却。

（2）空冷。

空气冷却器，是以环境空气作为冷却介质，横掠翅片管外使管内高温天然气流体得到冷却或冷凝的设备，简称空冷器。其主要优点是冷却介质为空气、无特殊质量要求，结构简单、重量轻、维修方便、一次性投资较低，配套设施较少。与水冷却器相比，进行介质的冷却冷凝不仅可以节约用水，还可以减少水污染。此外还具有维护费用低、运转安全可靠、使用寿命长等优点。

（3）空冷器分类。

① 采用最多的管束布置形式有水平式、斜顶式和立式。

② 按通风方式分为鼓风式、引风式和自然通风式。

③ 按冷却方式分为干式空冷、湿式空冷和干湿联合空冷。

（4）几种常用空冷器。

① 干式空冷器。干式空冷器时使用最广泛的空冷器，其特点是操作简单，使用方便。但由于其冷却温度取决于进口空气的干球温度，在接近热物流出口温度与空气入口温度之差且高于15～20℃时才经济。由于受环境影响较大，所以在夏季不能将管内热流体冷却到较低的温度。

② 增湿形空冷器。与干式空冷器相比，增湿形空冷器通过向入口空气雾状喷水，增大空气入口温度与工艺流体出口温度之间的温差，来强化管外传热，一般可把热物流出口温度冷却到接近环境温度。但翅片管外易结垢，而且在寒冷地区的冬季，管束喷淋水易结冰，影响其传热性能。

③ 表面蒸发式空冷器。表面蒸发式空冷器是由光管组成的一种空冷装置。其主要特点是利用管外水膜的蒸发带走热量，借以把管内流体的温度降到接近大气温度。表面蒸发式空冷器具有结构紧凑、传热效率高的优点，但在风沙大的地方不宜采用表面蒸发式，因为湿润的空冷器表面会被沙覆盖。

（5）空冷器选型。

空冷器的选择应满足工艺冷却要求，即要求设备在所安装地面的气候条件下，将天然气冷却到需要的出口温度，且天然气压降在允许范围内（天然气压力降不宜超过 0.05MPa）。此外，空冷器的选择应经济合理，即综合考虑设备投资和正常运行时的能耗。空冷器的选择步骤大致如下：

① 根据天然气工艺参数和工程地点的气相资料，确定适合的空冷器结构形式，同时估算所需换热面积的大小，参照厂家资料，初选空冷器的结构参数和设计参数。

② 计算空冷器的管内外膜传热系数和天然气压力降，若计算压力降超过允许值，则应调整管程数、管长、并联片数等参数。

③ 计算空冷器的总传热系数和传热温差，校核换热面积余量能否满足要求，如果面积余量远小于要求值，应根据管内压力降决定是否增加并联数或管排数。若面积余量与要求值相差不大，如果可以采用通过调整管程数来提高传热系数，则调整管程数，否则应通过增加管排数或调整其他参数来提高传热面积，然后重复前面步骤。

4）降噪设施

天然气压缩机组是一个综合噪声源，剧烈的噪声不仅影响站场职工和周边居民的身心健康，还会对周边环境造成污染。

（1）压缩机组的噪声分类。

① 压缩机进气噪声、排气噪声、空冷器的噪声等空气动力性噪声。

② 压缩机与发动机本身产生的机械噪声。

③ 压缩机运行时机械运动不平衡等所产生的振动。

经测试，主要噪声源为燃气发动机的排气管和压缩机的进排气口及空冷器的风扇产生的噪声。

（2）降噪方法。

根据天然气压缩机的噪声产生机理,需根据隔声、吸声、扩容和减振等原理,利用外隔、内吸以及消声、减振等方法实现降噪目的,在现场多采用安装消声器、建造轻钢降噪厂房、合理选定压缩机安装位置、提高压缩机基础装配质量和修筑隔声墙等措施,使得厂界噪声达到 GB 12348《工业企业厂界环境噪声排放标准》要求。

增压站降噪方法主要有复合建筑降噪和建筑设备降噪(加隔声罩)两种降噪方法。

① 复合建筑降噪。

a. 用彩钢复合玻璃棉夹芯板;

b. 增加内部涂敷的阻尼降噪层厚度;

c. 增加综合降噪体的厚度。

② 建筑加设备降噪。

a. 利用环保型彩钢结构压缩机厂房,采用吸音、隔声和阻尼等综合降噪技术对压缩机组的高强度噪声进行降噪;

b. 对每台压缩机组隔声罩采用吸音、隔声、阻尼、减振等进行综合降噪。

c. 吸声降噪是降低室内混响声的唯一有效方法。因此。增大车间的吸声面积、提高室内反射面的吸声系数,使得其反射声能大部分被吸收掉,同时安装顶部吸声体和消声天窗,改善自然排气系统。

d. 燃气发动机排气管道可采用管道隔声,改变管路方向向上排气,加装扩张式消声器,可降低排气噪声。

e. 空冷器周边设置隔声屏,空冷器风扇设置为变频可调转速或双速电动机,在气温较低时降低空冷器风扇转速,可以降低噪声。

f. 平面布置上尽可能利用地形或工业建筑阻隔噪声向环境敏感点传播,间接达到降噪的目的。

参 考 文 献

巴玺立,等,2011. 天然气地面工程技术与管理[M]. 北京:石油工业出版社.

黄维和,等,2018. 油气储运工程学科发展报告[M]. 北京:中国科学技术出版社.

李铭,等,2010. 油田地面工程设计[M]. 东营:中国石油大学出版社.

刘志华,等,2016. 油气集输和油气处理工艺设计[M]. 北京:石油工业出版社.

汤林,2014. 油气田地面工程关键技术[M]. 北京:石油工业出版社.

王克华,2012. 油气集输仪表自动化[M]. 北京:石油工业出版社.

徐英俊,等,2019. 油气田地面工程[M]. 北京:石油工业出版社.

银永明,等,2018. 原油地面工程设计[M]. 北京:中国石化出版社.

张建杰,1989. 大庆油田气的集输实践与认识[J]. 油田地面工程,(1):6.

张建杰,1990. 压缩机与驱动机选用手册[M]. 北京:石油工业出版社.

赵雪峰,等,2014. 大庆低渗透油田地面工程简化技术[M]. 北京:石油工业出版社.

第四章　原　油　处　理

原油处理是根据我国 GB 36170《原油》的要求,对原油进行处理,使之成为合格商品原油的过程。一般按原油处理的过程和功能、性质划分为油气水分离、原油脱水以及原油稳定几部分内容,随着对商品原油品质要求的提高以及安全生产的需要,现阶段经常将原油脱盐、除砂、原油脱硫、储罐烃蒸气回收也纳入原油处理及稳定范畴,本章将对上述各个环节进行阐述。

第一节　油气水分离

地层中石油到达采油井口并继续沿出油管流动时,随压力和温度条件的变化,形成气液两相混合物。为满足油气产品计量、矿场加工、储存和管道(或其他方式)输送的需要,必须将已形成的气液两相分开,采用气液分输方式输送。

在水驱油藏开发过程中,油井产物通常含有大量的伴生水,为满足油田注水需要,同时采出水具有很强的腐蚀性,且易结垢,也应尽早进行油水分离。

一、气液分离

地层中烃化合物的混合物,在生产过程中,根据其组成和压力与温度条件,形成油气共存的混合物。为了加工、储存和进行长距离运输的方便,有必要将它们按液体和气体分开,成为通常所说的含水原油和天然气,这就叫气液分离。

气液分离包括两个部分:平衡分离和机械分离。气液混合物在一定的压力和温度下会形成一定比例和组成的液相和气相,称之为平衡分离。把形成的液相和气相用机械的方法分开,称之为机械分离。

1. 常用的气液分离方式和压力选择

1) 分离方式

分离方式有一次分离、连续分离和多级分离三种。

一次分离是指气液混合物的气液两相在一直接触的条件下逐渐降低压力,最后流入常压罐,在常压罐中气液两相一次分开。由于这种分离方式有大量的气体从储罐中排出,气液进入储罐后对储罐的冲击力很大,实际生产中不采用。

连续分离是指气液混合物在管道中压力逐渐降低,不断将逸出的平衡气排出,直至压力降为常压,平衡气亦排除干净,剩下的液相进入储罐。这种方式在实际生产中很难实现。

多级分离是指气液两相在保持接触的条件下,压力降至某一数值时,将降压过程中析出的气体排出;脱除气体后的液相继续沿管道流动,压力降至另一较低值时,将该段降压过程中析出的气体排出,如此反复,直至系统压力降至常压,产品进入储罐为止。每排一次气,作为一级分离;排几次气,称为几级分离。一般习惯上不把原油稳定及储罐计入多级分离的级数内,因而在集输过程中所经过的分离器数量即为分离级数。图4-1-1为二级分离流程。

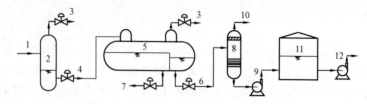

图4-1-1　二级分离流程示意图

1—来自井口气液混合物;2—气液分离器;3—平衡气;4—含水原油;5—三相分离器;
6—净化油;7—含油污水;8—稳定塔;9—塔底泵;10—闪蒸气;11—储罐;12—泵

2）分离级数和分离压力的选择

从理论上来讲,分离级数越多,储罐中原油收率越高。但过多增加分离级数,储罐中原油收率的增加量将越来越少,投资上升,经济效益下降。生产实践证明:气油比较高的高压油田,采用三级或四级分离,能得到较高的经济效益,例如轮南油田采用气举采油,井口回压按2.5MPa设计,气油比达到300~400m³/t,轮一联原油处理采用三级分离流程(一级油气分离—两级三相分离热化学脱水工艺);但对于气油比较低的低压油田(进分离器的压力低于0.7MPa),采用二级分离经济效益较好。

在选择分离压力时,要按石油组成和集输压力条件,经相平衡计算后优选。一般采用三级分离时,一级分离压力范围控制在0.7~3.5MPa,二级分离压力范围控制在0.07~0.55MPa,若井口压力高于3.5MPa,就应考虑四级分离。

确定多级分离各级间压力比的经验公式为:

$$R = \sqrt[n-1]{\frac{p_1}{p_n}} \tag{4-1-1}$$

式中　n——分离级数;

$p_1,\cdots,p_n$——各级间操作压力(绝对压力)。

若末级压力为0.1MPa时,则:

$$R = \sqrt[n-1]{10p_1} \tag{4-1-2}$$

上述公式是确定各级分离压力的简便方法。

2. 气液分离器的工作原理

将气液混合物分离为单一相态的液相和气相的过程通常是在气液分离器中进行。无论采用什么形式的分离器,都应使溶解于原油中的气体以及气体中的重组分在分离器控制的压力和温度下尽量析出和凝析,使气液混合物接近相平衡。为了达到这一目的,又要考虑经济合理,就必须对分离器分出的气体质量有一个适当的要求。一般要求从气体中带出的液体不超过50mg/m³,将直径大于10μm液滴从气体中除去。

1）沉降分离

沉降分离是依靠液滴和气体的密度差,把液滴从气体中沉降下来的分离方法。气液分离器的主要分离部分就是应用的这个原理。液滴的沉降速度对分离效果有决定性的影响。

分离器沉降分离计算时,一般取液滴的极限直径为 $100\mu m$,按流态推荐选用以下计算公式:

层流区

$$w_o = \frac{d_o^2(\rho_L - \rho_g)}{\mu_g} \times 0.545 \tag{4-1-3}$$

式中　w_o——液滴均匀沉降速度,m/s;

　　　d_o——液滴直径,m;

　　　ρ_L——液滴密度,kg/m^3;

　　　ρ_g——沉降条件下气体密度,kg/m^3;

　　　μ_g——气体的动力黏度,$Pa \cdot s$。

过渡区

$$w_o = \frac{0.153g^{0.714}d_o^{1.143}(\rho_L - \rho_g)^{0.714}}{\mu_g^{0.428}\rho_g^{0.286}} \tag{4-1-4}$$

紊流区

$$w_o = 1.74\left[\frac{gd_o(\rho_L - \rho_g)}{\rho_g}\right]^{0.5} \tag{4-1-5}$$

为判断某一直径的液滴在给定的分离条件下处于什么流态区,在此引入阿基米德准数(Ar),表达式为:

$$Ar = \frac{d_o^3(\rho_L - \rho_g)g\rho_g}{\mu_g^2} \tag{4-1-6}$$

根据液滴直径和分离条件下的液气物性,按式(4-1-6)求出 Ar,根据表4-1-1可查出雷诺数(Re)范围,按流态选用公式计算液滴沉降速度。

表4-1-1　不同流态下 $Ar-Re$ 关系表

流态	Re 范围	Ar 范围	$Ar-Re$ 关系
层流	$Re \leqslant 2$	$Ar \leqslant 36$	$Re = 0.056Ar$
过渡区	$2 < Re \leqslant 500$	$36 < Ar \leqslant 83 \times 10^3$	$Re = 0.153Ar^{0.714}$
紊流	$Re > 500$	$Ar > 83 \times 10^3$	$Re = 1.74\ Ar^{0.5}$

表4-1-1中,雷诺数的表达式为:

$$Re = \frac{w_o d_o \rho_g}{\mu_g}$$

式中各符号意义及单位同式(4 – 1 – 3)。

除用计算方法确定液滴沉降速度外,为简化计算,可用图 4 – 1 – 2 进行计算。图 4 – 1 – 2 表示原油密度为 850kg/m³,天然气相对密度为 0.7,工作温度为 20℃时,不同工作压力下,液滴直径和沉降速度的关系。

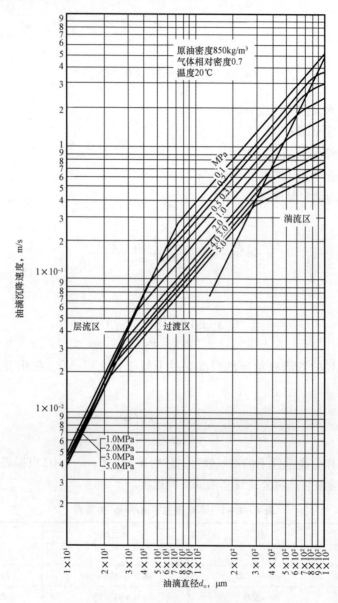

图 4 – 1 – 2　不同压力下液滴沉降速度

使用图表时,原油密度、天然气相对密度和工作温度与图表不符时应加以修正,其修正系数如下:

气体相对密度修正系数见表 4 – 1 – 2。

表 4 - 1 - 2　密度修正系数表

气体相对密度	0.6	0.7	0.8	0.9	1.0
w_o 修正系数	0.963	1.0	1.04	1.07	1.105

温度修正系数见表 4 - 1 - 3。

表 4 - 1 - 3　温度修正系数表

气体温度,℃	- 20	0	20	40	60
w_o 修正系数	1.13	1.06	1.0	0.946	0.867

当原油密度不是 $850kg/m^3$ 时,将影响 $\rho_L - \rho_g$ 一项,依据不同的流态,按照式(4 - 1 - 3)、式(4 - 1 - 4)和式(4 - 1 - 5),计算出与原油密度为 $850kg/m^3$ 的比例系数,可按此比例系数修正液滴沉降速度。

2)碰撞分离

碰撞分离是利用碰撞作用把在沉降分离中未能除去的较小的液滴除去。气液分离器中完成碰撞分离作用的部件叫除雾器。除雾器内气体的通道是曲折的,携带着油雾的气体进入除雾器,在其中被迫绕流时,由于油雾的密度比气体大,惯性也大,油雾不完全随气流改变运动方向,于是就碰撞到经常润湿的结构上被吸附。这些油雾不断被吸附积蓄,沿结构垂直面流下。

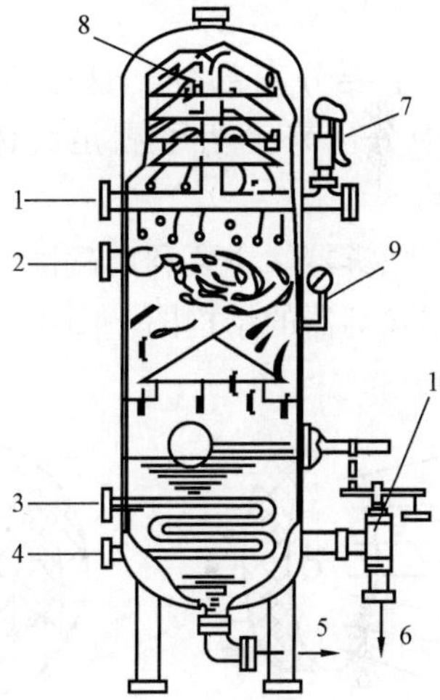

3. 气液分离器的结构

1)主体容器

主体容器是分离器的最基本部件,它所承受的压力决定了分离器的工作压力,它的尺寸决定了分离器的处理能力。

主体容器是用有碟形头盖的圆筒制成的容器,容器上连接有油气混合物入口管、安全阀口、天然气出口、原油出口、排污口、加热器进出口、压力表口、人孔和液位控制口等。

图 4 - 1 - 3 为立式分离器的结构图。

2)分离部分

分离部分是重要部分,直接影响分离效果,分离部分包括三个部分:初次分离部分、主要分离部分和除雾部分。

(1)初次分离部分。初次分离的作用是把油气分开,成为以气体为主和以液体为主的两个部分。为了达到这个目的,尽可能将气液分布开。使其便于气液向两个方向流动,还要求不要产生过多的液滴和气泡,造成下一步分离的困难。初次分离结构一般有两种类型:

图 4 - 1 - 3　立式分离器结构图

1—天然气出口;2—油气进口;3—加热器进口;
4—加热器出口;5—排污口;6—出油口;
7—安全阀;8—捕集器;9—压力表;10—出油阀

图4-1-4所示为疏流式、图4-1-5所示为离心式,它的入口管和内壁成一切线。利用离心力把气液混合物布于容器内壁上,一般在入口壁上加一层旋流挡板,保护器壁不致因气液混合物携带的砂粒所损坏。入口管是初次分离装置组成之一,立式分离器入口一般装在分离器高度一半偏上处,高于最高液面之上。卧式分离器的入口一般装在碟形头盖的上半部,保证气体中液滴有一定的沉降距离,避免液滴溅到气体出口,还要给液体留一定的容积,保证它在分离器中有足够的停留时间。

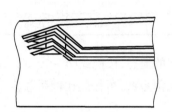

图4-1-4　人字形疏流板示意图

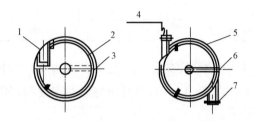

图4-1-5　分离器切线入口示意图

1—油气进口(内切);2—旋流挡板;3—溢油管;4—外部法兰油气进口(内切);
5—旋流挡板;6—溢油管;7—外部法兰油气进口(内切)

（2）主要分离部分。这是容器的主体,它利用沉降分离把直径$100\mu m$以上的液滴从气体中分出来。为了满足气体和液体沉降要求,主要分离部分必须有一定的直径和长度。

（3）除雾器。主要利用碰撞分离把沉降分离中未能除去的较小液滴除去。图4-1-6为三种常用除雾器的结构图。图4-1-7为网垫除雾器的除雾效率图表。

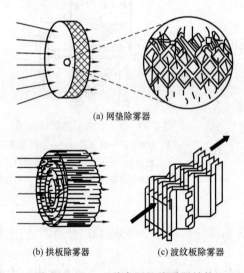

(a) 网垫除雾器

(b) 拱板除雾器　　(c) 波纹板除雾器

图4-1-6　三种常用的除雾器结构

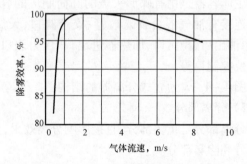

图4-1-7　网垫除雾器的除雾效率

上述三种结构,一般都能有效地除掉$10\sim100\mu m$直径的液滴,达到每立方米气体携带液体量不超过50mg的规定,通过压降为245.15～490Pa。

3）液位控制部分

分离器液位控制方法主要有:通过液位控制信号调节流量的液位控制阀,浮球控制机械动作的阀。

（1）液位控制阀。

液位控制阀也称调节阀,用来调节流体流量的专用阀门,通过流量的调节可以实现对液位的控制。常见控制阀有直通单座调节阀、双座调节阀、套筒（笼形）阀（以上 3 种阀具有截止阀阀座形式）,还有球阀和蝶阀等。

控制阀有常开与常闭之分,电源或气源发生故障时,阀门处于开启状态者称常开阀,反之称常闭阀。控制阀压降恒定时,阀流量和开度间的关系,称调节阀的流动特性。控制阀有 4 种流动特性,分别为快开型特性、线性特性、抛物线形特性和等百分比特性,如图 4 - 1 - 8 所示。

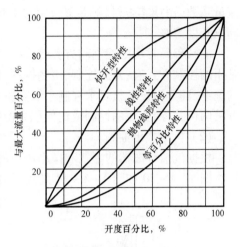

图 4 - 1 - 8 控制阀流动特性

控制阀安装于管线系统后,其流动特性与图 4 - 1 - 8 所示的特性有很大不同。若某一系统内有各种设备（分离器、换热器等）和相应的配管,在设计流量下系统压降与控制阀压降之比为（$\Delta p_s / \Delta p_c$）,该比值增大时流动特性向左上方偏移,如图 4 - 1 - 9 所示。（$\Delta p_s / \Delta p_c$）为 0 时,认为与系统相比控制阀压降很大,阀的流动特性即为图 4 - 1 - 8 所示的线性曲线;（$\Delta p_s / \Delta p_c$）为 4 时,即控制阀压降占系统压降 25% 时,线性特性的控制阀在开度较大时对流量的调节几乎不起作用,而等百分比特性的控制阀对流量调节性能较好,因而在选择控制阀特性时应与系统特性相结合。一般,开关两位式控制应选快开特性,阀压降很大时应选线性特性,系统压降很大时应选等百分比特性的控制阀。

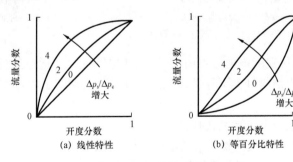

图 4 - 1 - 9 控制阀使用流动特性

液体控制阀流量与压降的基本关系为:

$$Q_L = C_V \sqrt{(p_1 - p_2)/\gamma_L} \qquad (4 - 1 - 7)$$

式中 Q_L——通过控制阀的液体体积流量;

p_1, p_2——阀上游与下游压力；

γ_L——液体相对密度；

C_V——阀流量系数（由阀制造商提供），定义为单位压降下通过控制阀的液体流量。

选择控制阀时，在阀类型确定后，如果工作介质流量变化范围不大，选择某一开度下阀的流量系数（由样本查得）满足设计流量对应的流量系数即可，等百分比阀取开度为70%，线性阀取开度50%。

油气田最常用的控制阀有套筒式控制阀、球阀和蝶阀。按控制要求和所需成本由低到高，常用的控制方式有：开关控制、比例控制、比例积分控制和比例积分微分控制等多种。在多数情况下，油气田设备仅要求控制系统有较高的可靠性，对控制的精确程度要求不高，因而常用开关两位式控制、比例控制或比例积分控制等控制方式。

（2）机械式出油阀。

根据气液分离器的形式和操作压力的要求，各油田通常采用浮球控制机械动作的阀。

图4-1-10和图4-1-11是我国最常见的一种机械式浮球液面控制机构和出油阀。

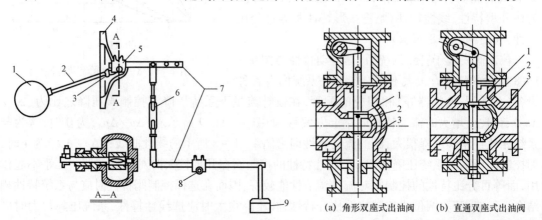

图4-1-10　机械式浮球液面控制器
1—浮球；2—连杆；3—扭柄；4—分离器人孔盖；
5—杠杆套；6—花篮螺栓；7—杠杆；8—出油阀杆；9—重锤

图4-1-11　出油阀的结构图
1—阀芯；2—上阀座；3—下阀座

浮球在分离器内的位置随液面位置而改变，浮球位置的改变通过连杆机构驱使出油阀轴做相应的转动，从而使出油阀杆上下移动，改变阀门的开度，调节出油量，保持分离器内液面的稳定。

出油阀的选用，可按以下步骤来选择：

① 确定通过出油阀的最大流量 Q_{max} 和最小流量 Q_{min}，m^3/h。

② 确定阀前后压差 Δp，一般取系统压差的30%~50%，MPa。

③ 选定公称流通能力 C 值及阀的公称直径 DN。先计算 C_{max}：

$$C_{max} = C'\varphi \tag{4-1-8}$$

$$C' = Q_{max}\sqrt{\frac{\rho_L}{10\Delta p}} \tag{4-1-9}$$

式中 ρ_L——液体密度,t/m^3;

φ——黏度修正系数,由式(4-1-10)算出雷诺数后,查图4-1-12求出。

$$Re = 0.0496 \frac{Q_{max}}{\nu_L \sqrt{C'}} \qquad (4-1-10)$$

式中 ν_L——液体的运动黏度,m^2/s。

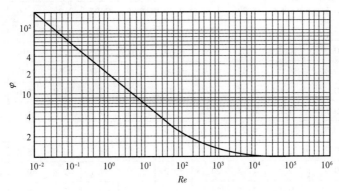

图4-1-12 液体黏度修正系数曲线

由表4-1-4中选定等于或略大于C_{max}的C值及相对应的阀的公称直径DN。

同上,可根据Q_{min}算出C_{min}。

表4-1-4 $DN50mm \sim DN200mm$ 直通双座球等百分比特性表

阀公称直径 DN mm	阀芯最大行程 H mm	阀芯相对开度 $\Delta h = h/H$	公称流通能力 C	阀前后压力降 Δp ,MPa									
				0.005	0.01	0.015	0.02	0.025	0.03	0.04	0.05	0.06	0.1
				阀出油量 Q(当 $\psi=1$,$\rho=0.86g/cm^3$),m^3/h									
50	25	0	1.6	0.39	0.55	0.67	0.77	0.86	0.94	1.09	1.22	1.34	1.72
		0.1	2.2	0.53	0.75	0.92	1.06	1.19	1.30	1.50	1.67	1.84	2.37
		0.2	3.04	0.73	1.04	1.27	1.47	1.64	1.79	2.08	2.31	2.53	3.28
		0.3	4.2	1.01	1.43	1.76	2.02	2.24	2.48	2.87	3.20	3.50	4.53
		0.4	5.8	1.40	1.98	2.43	2.80	3.12	3.42	3.97	4.42	4.84	6.23
		0.5	8.0	1.93	2.73	3.35	3.86	4.30	4.72	5.47	6.09	6.67	8.63
		0.6	11.0	2.66	3.76	4.62	5.33	5.94	6.51	7.55	8.41	9.21	11.9
		0.7	15.2	3.67	5.20	6.38	7.35	8.20	8.99	10.4	11.6	12.7	16.4
		0.8	21.0	5.06	7.16	8.72	10.1	11.3	12.3	14.3	15.9	17.4	22.6
		0.9	29.0	7.0	9.09	12.1	14.0	15.6	17.1	19.8	22.1	24.2	31.3
		1.0	40.0	9.64	13.6	16.7	19.3	21.5	23.6	27.3	30.5	33.4	43.1

阀公称直径 DN mm	阀芯最大行程 H mm	阀芯相对开度 Δh=h/H	公称流通能力 C	阀前后压力降 Δp, MPa									
				0.005	0.01	0.015	0.02	0.025	0.03	0.04	0.05	0.06	0.1
				阀出油量 Q(当 ψ=1, ρ=0.86g/cm³), m³/h									
80	40	0	4.0	0.97	1.36	1.67	1.93	2.15	2.36	2.73	3.05	3.34	4.31
		0.1	5.5	1.33	1.87	2.29	2.65	2.97	3.24	3.76	4.20	4.59	5.93
		0.2	7.6	1.83	2.59	3.17	3.66	4.10	4.49	5.19	5.80	6.35	8.20
		0.3	10.5	2.52	3.58	4.38	5.07	5.66	6.20	7.14	8.01	8.77	11.3
		0.4	14.5	3.49	4.94	6.06	7.00	7.83	8.57	9.90	11.1	12.1	15.6
		0.5	20.0	4.81	6.81	8.35	9.65	10.8	11.9	13.6	15.2	16.7	21.5
		0.6	27.6	6.64	9.41	11.5	13.4	14.9	16.3	18.8	21.0	23.0	29.8
		0.7	38.1	9.77	13.0	15.9	18.4	20.6	22.6	26.0	29.1	31.9	41.0
		0.8	52.5	12.6	17.9	21.9	25.2	28.3	30.9	35.8	40.0	43.7	56.5
		0.9	72.5	17.4	24.7	30.2	35.0	39.1	42.8	49.5	55.3	60.6	70.1
		1.0	100	24.1	34.1	41.7	48.3	54.0	59.1	68.3	76.3	83.5	108
100	40	0	6.4	1.55	2.19	2.67	3.09	3.45	3.78	4.36	4.88	5.35	6.91
		0.1	8.8	2.13	3.01	3.69	4.27	4.77	5.22	6.02	6.73	7.37	9.52
		0.2	12.2	2.94	4.15	5.09	5.89	6.57	7.20	8.30	9.29	10.2	13.1
		0.3	16.8	4.06	5.73	7.02	8.12	9.07	9.93	11.5	12.8	14.1	18.1
		0.4	23.2	5.59	7.90	9.70	11.2	12.6	13.7	15.8	17.7	19.4	25.0
		0.5	32.0	7.72	10.9	13.4	15.5	17.2	19.0	21.9	24.4	26.7	34.5
		0.6	44.2	10.7	15.0	18.5	21.3	23.8	26.0	30.1	33.7	36.9	47.7
		0.7	61.0	14.7	20.8	25.5	29.4	32.9	36.0	41.5	46.5	50.9	65.7
		0.8	84.0	20.2	28.6	35.1	40.6	45.0	49.7	57.2	64.1	70.1	90.6
		0.9	116	28.0	39.5	48.5	55.9	62.6	68.5	79.1	88.5	96.9	125
		1.0	160	38.6	54.5	66.9	77.2	86.3	94.5	109	122	134	173
150	60	0	16.0	3.8	5.5	6.7	7.7	8.6	9.4	10.9	12.2	13.4	17.2
		0.1	22.0	5.3	7.4	9.2	10.6	11.9	13.0	15.0	16.7	18.4	23.7
		0.2	30.4	7.3	10.3	12.7	14.7	16.4	17.9	20.8	23.1	25.3	32.8
		0.3	42.0	10.1	14.3	17.6	20.2	22.6	24.8	28.7	32.0	35.0	45.3
		0.4	58.0	14.0	19.8	24.3	28.0	31.2	34.2	39.7	44.2	48.4	62.6
		0.5	80.0	19.3	27.2	33.5	38.6	43.0	47.2	54.7	60.9	66.7	86.3
		0.6	110	26.6	37.6	46.2	53.3	59.4	65.1	75.5	84.1	92.1	119
		0.7	152	36.7	51.9	63.8	73.5	82	89.9	104	116	127	164
		0.8	210	50.5	70.9	87.2	101	113	123	143	159	174	226
		0.9	290	69.8	98.8	121	140	156	171	198	221	242	313
		1.0	400	96.4	136	167	193	215	236	273	305	334	431

续表

阀公称直径 DN mm	阀芯最大行程 H mm	阀芯相对开度 $\Delta h = h/H$	公称流通能力 C	阀前后压力降 Δp，MPa									
				0.005	0.01	0.015	0.02	0.025	0.03	0.04	0.05	0.06	0.1
				阀出油量 Q（当 $\psi = 1$，$\rho = 0.86\text{g/cm}^3$），m^3/h									
200	60	0	25.2	6.0	8.6	10.6	12.2	13.6	14.9	17.2	19.2	21.0	27.2
		0.1	34.7	8.4	11.9	14.5	16.7	18.7	20.6	23.7	26.5	29.1	37.4
		0.2	47.9	11.5	16.4	20.0	23.1	25.8	28.4	32.7	36.6	40.1	51.7
		0.3	66.2	15.9	22.6	27.7	32.0	35.7	39.1	45.1	50.5	55.3	71.4
		0.4	91.4	22.0	31.2	38.1	44.1	49.3	54.0	62.3	69.7	74.3	98.5
		0.5	126	30.3	43.0	52.7	60.8	67.9	74.4	85.9	96.0	105	136
		0.6	174	41.9	59.3	72.4	83.8	93.7	103	119	133	145	187
		0.7	240	57.9	81.9	100	116	129	142	164	183	200	259
		0.8	331	79.8	113	138	159	178	195	226	252	277	357
		0.9	457	110	156	191	220	247	270	312	348	381	493
		1.0	630	152	215	263	303	340	372	430	480	527	679

（3）验证阀的开度。按选定的公称直径和计算的 C_{max} 与 C_{min} 值，可查图 4 – 1 – 13 求出相对开度。相对开度应在 10% ~ 90% 范围内。

（4）验证阀的可调范围。可调比为：

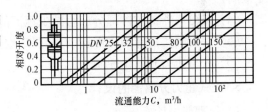

图 4 – 1 – 13 出油阀相对开度与流通能力的关系

$$R = \frac{\text{阀控制的最大流量}}{\text{阀控制的最小流量}}$$

$$(4 – 1 – 11)$$

R 可达 30，常取 10 左右。

经过上述验证后，才能最后确定出油阀的公称直径 DN。

4）压力控制部分

分离器要求在一个较平稳的压力下工作。保持压力的方法一般是在出气管线上安装压力控制阀。通常采用常闭自力式调节阀，用控制阀前压力，通过阀芯的开关动作来控制分离器的压力。

5）加热器

为了保持分离出液体有一定的温度，尤其是高凝点的原油不致凝结，在分离器下部装有伴热盘管，伴热盘管的作用是保持油温，不做升温考虑。处理量大的分离器，一般不设伴热盘管。

4. 气液分离器的类型及设计要求

常用的气液分离器从外形上分为：卧式、立式和球型三种。它们的性能比较列于表 4 – 1 – 5。

表 4 - 1 - 5　常用气液分离器性能比较

项目	卧式气液分离器	立式气液分离器	球型气液分离器
分离效率	最好	中等	最差
分离后流体稳定性	最好	中等	最差
变化条件的适应性	最好	中等	最差
操作的灵活性	中等	最好	最差
处理能力（直径相同）	最好	中等	最差
单位处理能力的费用	最好	中等	最差
处理起泡原油的能力	最好	中等	最差
对橇装的适应性	最差	最好	中等
安装所需要的空间	最差	最好	中等
检查维护的容易程度	最好	最差	中等

各类气液分离器的结构设计应满足以下要求：

（1）初分离段应能将气液混合物中的液体大部分分离出来；

（2）储液段要有足够的容积，以缓冲来油管线的液量波动和油气自然分离；

（3）有足够的长度或高度，使直径 $100\mu m$ 以上的液滴靠重力沉降，以防止气体过多地带走液滴；

（4）在分离器的主体部分应有减少紊流的措施，保证液滴的沉降；

（5）要有捕集油雾的除雾器，以捕捉二次分离后气体中更小的液滴；

（6）要有压力和液位控制。

5. 立式重力分离器的设计

1）处理能力计算

分离器主要工作原理是沉降分离原理，沉降分离要满足一定的停留时间，应选取适宜的气流速度。分离器处理能力决定于它的外形尺寸。气液分离器既要分出液滴，又要从液体中分出气泡，所以计算分离器处理能力时，应对处理气体和液体能力分别计算。

（1）处理气体能力。立式分离器工作时，气流和液滴沉降方向相反，所以液滴能沉降的必要条件是液滴沉降速度 w_o 大于气流速度 w_g，即：

$$w_o > w_g \qquad (4 - 1 - 12)$$

设计分离器时，要求在重力沉降部分能分离出直径为 $100\mu m$ 以上的液滴，就可以使气体进入捕集油雾的捕雾器中去，以捕集更小直径的液滴，满足气体带液率的指标。通常重力沉降段液滴沉降速度 w_o 是指直径为 $100\mu m$ 液滴的沉降速度。w_o 值可以按式（4 - 1 - 3）至式（4 - 1 - 5）计算，也可查图 4 - 1 - 2 经过换算得出。

在计算分离器时，考虑到液滴沉降速度计算的假设条件与实际情况有出入，以及气流在分离器沉降部分的不均匀性，故在取允许气流速度 w_{gv} 时应为：

$$w_{gv} > 0.7w_o \qquad (4 - 1 - 13)$$

$$w_{gv} = \frac{4V}{\pi D^2} \qquad (4-1-14)$$

式中　V——分离器操作条件下气体流量，m^3/s；

　　　D——分离器直径，m。

气体处理量通常以工程标准状态下气体量表示，推出式（4-1-15）：

$$V_s = \frac{1}{Z}\frac{p}{p_s}\frac{T_s}{T}V \qquad (4-1-15)$$

式中　V_s——工程标准状态下气体流量，m^3/s；

　　　Z——气体压缩系数；

　　　p——操作压力，MPa（绝）；

　　　p_s——工程标准状态时压力，MPa（绝）；

　　　T——操作温度，K；

　　　T_s——工程标准状态温度，取 $293K$。

由式（4-1-14）和式（4-1-15）可得

$$V_s = \frac{\pi D^2}{4}\frac{1}{Z}\frac{p}{p_s}\frac{T_s}{T}w_{gv} \qquad (4-1-16)$$

（2）处理液体的能力。气液分离器液体处理能力，受液体性质和操作条件影响较大，从理论上计算分离器处理液体的能力比计算处理气体的能力更困难。因此在计算液体处理能力时，只满足液体在分离器中有足够的停留时间。油田常用数据为：一般原油 $1\sim3min$，起泡原油 $5\sim20min$。

2）直径及其他尺寸的计算

计算分离器先按分离器需要处理气量计算分离器的直径，然后再按液体在分离器中停留时间来校核所确定的分离器直径，最后取计算结果的最大值。

（1）根据分离器的处理量计算分离器直径。在确定分离器直径时，考虑进入分离器的油气两相比例随时间不断变化这一实际情况，引入载荷波动系数 β，一般 β 取 $1.2\sim1.5$，由式（4-1-16）可得出：

$$D = \sqrt{\frac{4V_s Z p_s T \beta}{\pi p T_s w_{gv}}} \qquad (4-1-17)$$

（2）液体在分离器中停留时间校核分离器的直径。立式分离器一般液面保持在油出口上面 $1\sim3$ 倍容器直径，计算分离器液体停留时间为：

$$t = \frac{\pi D^2(1D\sim3D)}{4Q_o\beta} \qquad (4-1-18)$$

式中　D——分离器直径，m；

　　　Q_o——液体通过量，m^3/min；

β——载荷波动系数,取 $1.2 \sim 1.5$。

若按气体通过量计算的分离器直径不能满足液体停留时间,可考虑加大直径。

（3）其他尺寸的确定。

① 立式分离器的高度。立式分离器的高度不能太矮,以免液滴来不及沉降就被气流带走。建议立式分离器的高度为直径的 $3.5 \sim 5$ 倍。

② 除雾器的计算。计算除雾器首先要确定气体经除雾滤网的允许流速,允许流速主要受液体和气体密度的影响,用式（4-1-19）计算。

$$v = C \sqrt{\frac{\rho_{\mathrm{L}} - \rho_{\mathrm{g}}}{\rho_{\mathrm{g}}}} \qquad (4-1-19)$$

式中　ρ_{L}——工作条件下液体密度,$\mathrm{kg/m^3}$;

ρ_{g}——工作条件下气体密度,$\mathrm{kg/m^3}$;

C——系数,一般取 0.107。

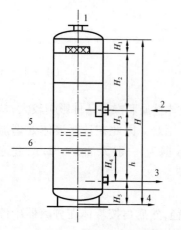

图 4-1-14　立式分离器的结构尺寸图
1—天然气出口;2—油气进口;3—原油出口;
4—排污口;5—高液位;6—低液位

求得 v 后,可按分离条件下气体流量确定垂直于气流速度方向的除雾网面积。

除雾器厚度一般取 $100 \sim 150\mathrm{mm}$。可把直径为 $10 \sim 100\mu\mathrm{m}$ 的液滴除去,压降一般为 $245.15 \sim 490\mathrm{Pa}$。除雾器不能处理携有大量液滴的气体,所以不能代替重力沉降来分离 $100\mu\mathrm{m}$ 以上直径的液滴。

③ 立式分离器各部分结构尺寸推荐值。上述已明确主要结构尺寸的确定,分离器各部分其他尺寸,可参照下述方法确定,如图 4-1-14 所示。

除雾段 H_1 一般不小于 $400\mathrm{mm}$。

沉降段 H_2 一般取 $H_2 = D$ 但不小于 $1\mathrm{m}$。

入口分离段 H_3 一般不小于 $600\mathrm{mm}$。

液体储存段 h 由原油在分离器内需要停留的时间确定。

液封段 H_4 防止气体窜入原油管路,其高度一般不小于 $400\mathrm{mm}$。

泥沙储存段 H_5 视原油含砂量和分离器中是否需要设置加热盘管而定。

6. 卧式分离器的设计

1）处理能力的计算

（1）处理气体能力计算。在卧式分离器中,气体主流方向和液滴沉降方向互相垂直,要使气流中的液滴在气体通过分离器的过程中能沉降下来的必要条件是:液滴沉降至集液部分液面所需的时间应小于液滴随气体流过重力沉降部分所需的时间,即:

$$\frac{H_{\mathrm{e}}}{w_{\mathrm{g}}} > \frac{h}{w_{\mathrm{o}}} \qquad \text{或} \qquad w_{\mathrm{g}} < \frac{H_{\mathrm{e}} w_{\mathrm{o}}}{h} \qquad (4-1-20)$$

式中 H_e——重力沉降有效长度,m,即入口分流器至气体出口水平距离,一般为分离器圆筒

　　　　部分长度的 0.6~0.8 倍;

　　w_g——气体流速,m/s;

　　h——液滴沉降高度,对卧式分离器一般为直径的 1/2,m;

　　w_o——直径为 $100\mu m$ 液滴的沉降速度,m/s。

对于卧式分离器气体允许流速 w_{gv} 应为:

$$w_{gv} = 0.7 \frac{2H_e}{D} w_o \tag{4-1-21}$$

已知分离器重力沉降部分内气体允许流速 w_{gv} 和分离条件下的气体处理量 V,则

$$V = \frac{\pi D^2}{8} w_{gv} \tag{4-1-22}$$

$$D = \sqrt{\frac{8V}{\pi w_{gv}}} \tag{4-1-23}$$

考虑分离器载荷波动系数 β,将气量以工程标准状态表示,式(4-1-23)可表示为:

$$V_s = \frac{\pi}{4} D H_e w_{gv} \frac{p T_s}{p_s T Z \beta} \tag{4-1-24}$$

式中 V_s——工程标准状态下气体流量,m^3/s;

　　D——分离器直径,m;

　　p——操作压力,MPa(绝);

　　T——操作温度,K;

　　p_s——工程标准状态压力,MPa(绝);

　　T_s——工程标准状态温度,取 293K;

　　Z——气体压缩系数;

　　H_e——卧式分离器有效长度,m;

　　w_{gv}——允许气体流速,m/s;

　　β——载荷波动系数,取 1.2~1.5。

(2)液体停留时间。

① 分离器液体通过量。

$$Q_o = \frac{L}{\rho_L \times 24 \times 60} \tag{4-1-25}$$

式中 L——分离器液体通过量,t/d;

　　ρ_L——液体的密度,t/m^3。

② 液体在分离器中停留时间 t。一般卧式分离器液面控制在直径 1/2 处。

$$t = \frac{\pi D^2 \times 0.5 \times H_e}{4 Q_o} \tag{4-1-26}$$

式中　D——分离器直径，m；

　　　H_e——分离器有效长度，m；

　　　Q_o——分离器液体通过量，m^3/min。

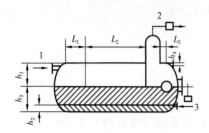

图4-1-15　卧式分离器的结构尺寸图

1—油气入口；2—天然气出口；3—原油出口

2）分离器其他尺寸的计算

卧式分离器圆筒部分的长度与直径之比一般为3~5。其余结构尺寸按下述方法确定（图4-1-15）：

（1）入口分离段 L_1 由入口的形式确定，但不小于1m。

（2）沉降分离段 L_2 按结构要求定，但不小于2D。

（3）除雾分离段 L_3 由除雾器结构、布置定。

（4）液体储存段 h_3 由液体在分离器内停留时间确定，通常使 $h_3 = D/2$。按来料气液比大小，可适当调整 h_3 的高度。如来料气液比大，气体需较多的处理空间，则 h_3 可略低于 $D/2$，但最小不得少于0.6m。

（5）泥沙储存段 h_2 视原油含砂量确定。

[例1]　设油气混合物在6.9MPa（绝）、15℃下进行分离，根据相平衡计算 $V_s = 28.3 \times 10^4 m^3/d$，$Q_o = 320 m^3/d$，$\gamma_g = 0.6$，$\gamma_L = 0.825$，$\mu_g = 1.24 \times 10^{-5} Pa \cdot s$，$Z = 0.857$，分离条件下的气体密度 $\rho_g = 58.4 kg/m^3$，试为该油气混合物各选一台立式和卧式分离器。

解：计算分离器先按分离器需要处理气量计算分离器的直径，然后再按液体在分离器中停留时间来校核所确定的分离器直径，最后取计算结果的最大值。

1）立式分离器

（1）判断流态。分离器沉降分离计算时，一般取液滴的极限直径为100μm，应用式（4-1-6）计算阿基米德准数：

$$Ar = \frac{d_o^3(\rho_L - \rho_g)g\rho_g}{\mu_g^2} = \frac{(100 \times 10^{-6})^3 \times (825 - 58.4) \times 9.8 \times 58.4}{(1.24 \times 10^{-5})^2} = 2853.4$$

由表4-1-1可知，100μm液滴处于过渡流态，选用式（4-1-4）计算液滴沉降速度：

$$w_o = \frac{0.153g^{0.714}d_o^{1.143}(\rho_L - \rho_g)^{0.714}}{\mu_g^{0.428}\rho_g^{0.286}} = \frac{0.153 \times 9.8^{0.714} \times (10^{-4})^{1.143} \times (825 - 58.4)^{0.714}}{1.24^{0.428} \times 58.4^{0.286}}$$

$$= 0.094 m/s$$

取气体允许速度 $w_{gv} = 0.75w_o = 0.75 \times 0.094 = 0.0705 m/s$

（2）计算分离器的直径，由式（4-1-17）并取载荷波动系数 $\beta = 1.2$。

$$D = \sqrt{\frac{4V_s Zp_s T\beta}{\pi p T_s w_{gv}}} = \sqrt{\frac{4 \times 28.3 \times 10^4 \times 0.857 \times 0.101 \times 288.15 \times 1.2}{86400 \times 3.14 \times 6.9 \times 293 \times 0.0705}} = 0.936m$$

根据分离器系列，初选分离器直径为1m，选分离器圆筒高度2.8m。

液体在分离器中停留时间校核分离器的直径，由式（4-1-18）计算液体停留时间：

$$t = \frac{\pi D^2 (1D \sim 3D)}{4Q_o \beta} = \frac{3.14 \times 1^2 \times (1 \sim 3) \times 1}{4 \times 320 \times 1.2} = 2.94 \sim 8.82 \text{min}$$

计算液体停留时间满足 $1 \sim 3$min 的要求。

（3）分离器高度。为避免液滴来不及沉降就被气流带走，建议立式分离器的高度为直径的 $3.5 \sim 5$ 倍。

2）卧式分离器

（1）计算卧式分离器气体允许流速。

卧式分离器圆筒部分的长度与直径之比取4，即 $H = 4D$，重力沉降有效长度取圆筒部分长度的 0.7 倍，即 $H_e = 0.7H = 0.7 \times 4D = 2.8D$，选用式（4-1-21）计算卧式分离器气体允许流速：

$$w_{gv} = 0.7 \times \frac{2H_e}{D} w_D = 0.7 \times \frac{2 \times 2.8D}{D} \times 0.094 = 0.368 \text{m/s}$$

（2）计算分离器的直径，由式（4-1-23）可得：

$$D = \sqrt{\frac{4V_s p_s TZ\beta}{\pi H_e w_{gv} p T_s}} = \sqrt{\frac{4 \times [(28.3 \times 10^4) \div (24 \times 3600)] \times 0.101 \times 288.15 \times 0.857 \times 1.2}{3.14 \times 2.8 \times 0.368 \times 6.9 \times 293}}$$

$$= 0.24 \text{m}$$

根据分离器系列，选卧式分离器直径 0.6m，筒体长度 2.8m。

由式（4-1-24）计算所选分离器的气体处理量为：

$$V_s = \frac{\pi}{4} DH_e w_{gv} \frac{pT_s}{p_s TZ\beta} = \frac{3.14}{4} \times 0.6 \times 2.8 \times 0.7 \times 0.368 \times \frac{6.9 \times 293}{0.101 \times 288.15 \times 0.857 \times 1.2}$$

$$= 198.3 \times 10^4 \text{m}^3/\text{d} > 28.3 \times 10^4 \text{m}^3/\text{d}$$

满足要求。

（3）液体在分离器中停留时间校核分离器的直径，分离器液位控制在 $0.5D$，由式（4-1-26）计算液体停留时间：

$$t = \frac{\pi D^2 \times 0.5 \times H_e}{4Q_o} = \frac{3.14 \times 0.6^2 \times 0.5 \times 2.8 \times 0.7}{4 \times [320 \div (24 \times 60)]} = 1.25 \text{min} > 1 \text{min}$$

满足要求。

7. 气液分离器内部构件

气液分离器各种内部构件的作用是强化气液平衡分离和机械分离作用，减少分离器外形尺寸。

1）入口分流器

入口分流器的功能为：（1）减少流体动量，有效地进行气液初步分离；（2）尽量使分出的气液在各自的流道内分布均匀；（3）防止分出液体的破碎和液体的再携带。

入口分流器的形式有窄缝式、碰撞式、旋流式和稳流式等，如图 4-1-16 所示。（1）窄缝式分流管为一两头封闭的水平管，沿管长度方向有多条窄缝，气液混合物经窄缝流出得到气液初步分离。（2）碰撞式分流器使气液混合物碰撞在碟形或锥形板上，迅速改变流体方向和速度,使气液初步分离。碟形或锥形板造成的湍流度要小于平板角钢式分流器。(3)旋流式分流器依靠气液混合物自身能量产生旋转运动,由离心力使气液分离,如立式分离器的切向入口。旋流式分流器适合气油比大的气液混合物,入口流速应达到6m/s以上,并可减少原油发泡。(4)稳流式分流器的气液混合物进入接收室 A 底部,气液经溢流板 1 上方进入疏流室 B,含气原油经开有许多小孔的疏流板时,气泡(液滴)表面积增大,易于破裂(被疏流板润湿表面聚结)而进入气相(下淌至集液区)。有些油田在分离器入口管汇上预分离出大部分气体,含少量气体的原油平稳进入分离器。从文献看,美国使用旋流式和叶片式分离器较多,俄罗斯使用稳流式较多。应根据气油比和油气物性选择入口分流器形式。

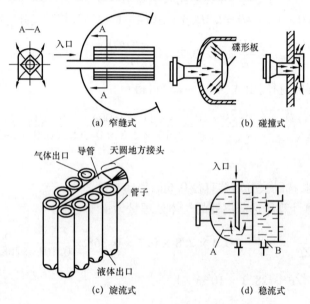

图 4 - 1 - 16　入口分流器形式

2) 防涡器

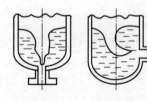

图 4 - 1 - 17　排液口漩涡

由于液面过低及排出液体的虹吸作用,分离器排液(排气)口可能产生液体(或气体)漩涡,在排液口带入气体、在排气口带入液体,使分离效果恶化,如图 4 - 1 - 17 所示。为防止漩涡产生,一方面应使分离器保持一定高度的液位,另一方面在排液口和排气口设置防涡器。

我国现行规范对气液分离器最低液位的推荐值不小于排液口直径的 3 倍,且不得小于0.2m。防涡器有多种形式,图 4 - 1 - 18 所示为两种液体防涡器和一种气体防涡器。

3) 防波板

对较长的卧式分离器需安装防波板。防波板是安装于气液界面处垂直于流体流动方向的垂直挡板,阻止液面波浪的传播。

4) 消泡板

分离器处理发泡原油时常在气液界面处积聚气泡层,使气泡通过一系列倾斜平行板(或管子)可使气泡聚结、破灭,如图 4 - 1 - 19 所示。

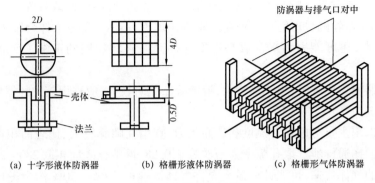

(a) 十字形液体防涡器　　(b) 格栅形液体防涡器　　(c) 格栅形气体防涡器

图 4 - 1 - 18　防涡器

8. 稠油的气液分离技术

由于稠油的密度大、黏度高、气油比低、油膜的表面张力大、易发泡,稠油的气液分离难度较稀油大,因此在气液分离设计时,要充分考虑稠油的这些特性。

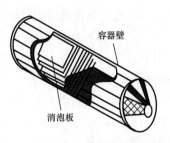

图 4 - 1 - 19　消泡板

1)简化气液分离装置结构

增加气液分离装置的捕液元件就能提高气液分离效果,但从工艺技术要求来看,并非越彻底越好。不同工艺过程中的分离设备对气液分离程度有不同的要求,比如对计量分离器、生产分离器和除油器等,其气液分离程度的设计选值是不相同的。

计量分离器,在满足气液计量精度的前提下,应尽量简化分离器的结构。稠油计量分离器只需在顶部安装一个伞帽,不需要其他复杂结构。由于稠油中胶体物质多、黏度大,单井产油量的瞬时波动大,一旦稠油液团溅泼到容器内气体空间的分离元件上,就会胶结在上面,不但使分离元件起不到分离作用,反而增加了压力损失。由于单井计量精度要求较低,确定分离效果的标准可相对降低,主要是采用限制最高气体流速的方法来提高分离效果。

生产分离器,可适当增加分离元件,气液分离效果可相对提高。

末端分离器或气体除油器,应设计较完善的油气分离结构,增设捕雾元件等,要求有较高的分离效果,可以适当提高气体流动速度,以增加气体处理量。

2)合理确定计算参数

根据稠油特性,在计算分离器筒体时,应与稀油分离器的参数有所区别。建议采用表 4 - 1 - 6 的有关参数。

表 4 - 1 - 6　稠油的气液分离计算参数表

类型	计量分离器	生产分离器	末级分离器
最小液滴直径,cm	0.015 ~ 0.025	0.01 ~ 0.015	<0.01
原油停留时间,min	5 ~ 10	5 ~ 20	10 ~ 20

3)慎用丝网除雾器

金属丝网除雾器是提高气液分离效果时常用的有效结构之一,在一般稀油集输过程中能发挥良好的作用;但对于含胶质多的稠油来说,采用丝网除雾器应谨慎对待。

当气速过高时,丝网更可能出现液泛或重雾化现象,不但一部分液体会脱离除雾器顶层丝网而被气流带走,还可能因为局部胶粘堵塞被冲开而破坏丝网的正常工作状态,失去除雾功能。

确定除雾器捕集界限时,由于黏度大,液滴分布相对较大,应采用较大的捕集界限值,即液滴极限尺寸可选为 0.01～0.015cm。

丝网型的选用主要考虑原油黏度和表面张力,宜用孔隙率较大、比表面积偏小的丝网,以便于丝网内稠油畅通排泄。取孔隙率大于或等于 0.98,网垫比表面积取 280～300m²/m³。

通过丝网的气体流速,可取计算最大允许气体流速的 30%～50% 作为设计气速,计算丝网厚度和捕集效率。

4)气液分离装置设计时应注意的问题

(1)稠油容易起泡,在油气分离设备里,应考虑消泡措施。形成较大的油液扩散面积,如加挡板、平行平板等,有利于拉膜;还可以适当延长油流停留时间,或者使用消泡剂(硅油或是硅油和粗柴油混合物)等。

(2)为了使被沥青胶质附着的分离元件(折板、丝网等)恢复功能,有的分离器安装了蒸汽吹扫口,在必要时,用大流量蒸汽逆气流方向吹扫。吹扫口的安装位置和方向应利于消除黏附的胶质凝块。

(3)稠油中常携带较多砂粒。在分离器里,可设置必要的除砂结构,使沉积在设备内的砂粒能够清除,并且应在生产运行中完成除砂作业,避免停产清砂。水力冲砂的喷嘴流量可为 1.3m³/s,砂和水的混合液从砂口排出。

二、三相(油、气、水)分离

油田开发的中、后期,油井出油含水逐步上升,所含水中有相当一部分是以游离水的状态出现的。采用密闭集输工艺流程的脱水站,在进行原油深度净化(脱水)之前,就需将这部分游离水脱出。通常采用三相分离器,在脱除天然气的同时,分出游离水。由于三相分离器分离出来的原油,含有游离水较少,故大大降低了原油热化学脱水和原油电脱水前的热负荷。

1. 三相分离器的工作原理

三相分离器有立式和卧式两种,其结构原理如图 4-1-20 和图 4-1-21 所示。

由图 4-1-20 所示,油、气、水混合物进入分离器后,进口分流器把混合物分成气液两相,其结构和原理与两相分离器相同。油水分离根据油和水的密度差使用了重力沉降原理,因此三相分离器集液部分应有足够的沉降空间使游离水沉降至底部形成水层,上部是原油和含有分散相水珠的原油乳状液层。原油和乳状液从堰板上方流至油室,经由液位控制的出油阀排出。水从堰板上游的出水阀排出,由油水界面控制排水阀开度,使界面保持一定高度。分流器分出的气体水平地通过重力沉降区,经除雾后流出分离器。分离器压力由安装在气体管线上的控制阀控制。分离器的液位依据气液分离需要可设在 0.5D～0.75D 间,一般采用 0.5D。

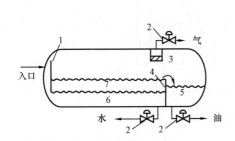

图 4 - 1 - 20　卧式三相分离器

1—分流器;2—控制阀;3—捕雾器;4—堰板;
5—油室;6—水;7—油和乳状液

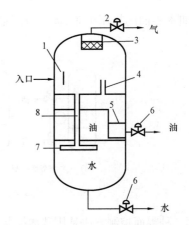

图 4 - 1 - 21　立式三相分离器

1—分流器;2—压力控制阀;3—捕雾器;4—平衡管;
5—油室;6—控制阀;7—配液管;8—降液管

由图 4 - 1 - 21 所示,设在油水界面下方的配液管使油水混合物在容器整个截面上分布均匀。自配液管流出的油水混合物在水层内经过水洗,使部分游离水合并在水层内。原油向上流动中,原油内携带的水珠向下沉降;水向下流动时,水内油滴向上浮升,使油水分层。原油内释放的气泡上浮至上方的气体空间,该空间有平衡管与进口分流器分出的气体汇合,经除雾后流出分离器。

2. 三相分离器的油水界面控制

油水界面控制的关键是对油水界面的检测。目前检测方法主要有电阻法、比重原理法、磁浮球法、介电常数法及微差压法 5 类,在实际运用中根据油水介质的性质来选用。各种原理的界面检测信号可上传至控制室,通过 DCS 控制系统、PLC 控制系统或回路调节器进行 PID 运算,然后输出控制信号驱动调节阀或变频器等执行机构,达到闭环调节界面的目的。

1) 油水界面控制

卧式和立式三相分离器有三种原理相同的油水界面控制方式,分别如图 4 - 1 - 22 和图 4 - 1 - 23 所示。

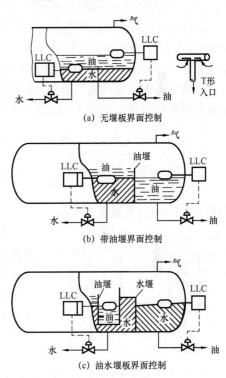

(a) 无堰板界面控制

(b) 带油堰界面控制

(c) 油水堰板界面控制

图 4 - 1 - 22　卧式分离器界面控制

图 4 - 1 - 22 中第一种界面控制方法用界面浮子控制排水阀开度,使油水界面保持在一定高度范围内。由于分离器内没有隔板,故容器的有效容积大、制造简便、容易清除容器内积存的砂和油泥。缺点是:若水位控制器或排水阀失灵,原油可能进入排水管线;若油面下降,气体可能进入出油管线,为此在出油管的端部可装 T 形入口;若油水界面间存在较厚的原油乳状

液,则油水界面的控制很难;此外,原油发泡会影响气液界面计量的指示值。

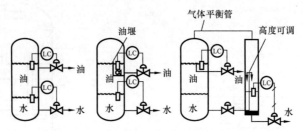

(a) 无油室界面控制　(b) 带油室界面控制　(c) 可调水室界面控制

图 4 - 1 - 23　立式分离器界面控制

第二种界面控制方法是用油堰控制气液界面,全部原油在排出容器前必须上升至油堰高度,所以分离器流出原油的质量较好。缺点是油室占一定容积,使分离器油水分离的有效容积减少,影响分离效果;由于存在油室和隔板,不但制造费用增加,也不易清除容器和油室内的积砂和油泥;与第一种控制方法相同,油水界面用加重浮子控制,不适应油水间存在乳状液的工况。

第三种界面控制方法是在容器内设油堰和水堰,控制进入油室和水室的液面,用油室和水室的气液界面浮子控制各自的排出阀,由于气液密度差大,浮子能有效地控制油位和水位。该法最大的优点是,当油水间存在乳化油层时不影响分离器正常工作。缺点同第二种界面控制方法。

在油室两侧液体构成连通器,油堰高度确定了油气界面的位置,油堰和水堰的高度差确定了油水界面的位置。如图 4 - 1 - 24 所示,有如下关系:

$$\rho_o h_o + \rho_w h_w = \rho_w h'_w,\ \Delta h = h_o + h_w - h'_w$$

$$\Delta h = h_o \left(1 - \frac{\rho_o}{\rho_w}\right) \qquad (4 - 1 - 27)$$

式中　Δh——油水堰板的高差。

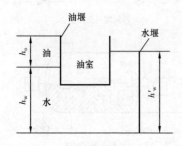

图 4 - 1 - 24　油水界面控制示意图

由式(4 - 1 - 27)可知,Δh 与 h_o 成正比。当原油瞬时流量增大时,越过油堰的油膜增厚,加大了油水堰板的高差使油层的 h_o 增加,油室应有足够深度,防止原油通过油室下方流入油室的右侧,进而流入水室。相反,水瞬时流量增大时油层变薄,会有较多原油从油层流入油室。为减少这种波动,油堰和水堰应有足够的宽度和水平度。

在油田生产实践中,广泛采用第二种和第三种界面控制方法,当油水密度差较大、容易分层、油水界面清晰时可使用第二种界面控制方法,否则用第三种界面控制方法。

2）油水界面检测和控制

油水界面控制的关键是对油水界面的检测。目前检测方法较多,实践中应根据油水的性质来选用。

（1）电阻法。

电阻法是利用原油和水的导电性不同,将金属电极插入油水界面附近。当原油和电极接触时,原油电阻高不导电;电极与水接触时,水电阻低导电。通过测量电阻大小变化来实现界面检测。

优点:可以准确地获得水位变化,外来干扰少。

缺点:由于原油所含污水矿化度高,致使电极腐蚀、结垢,电极挂油后,易造成阀误动作。

（2）比重原理法。

依据比重原理制造的界面仪主要分为三种类型:

① 浮子钢带法。液位/界面上升时,给定相对密度的浮子也随之上升,与浮子相连的钢带在盘簧的拉动作用下也产生上升运动,始终保持浮子的重力、浮力和盘簧拉力三力平衡;液位/界面下降时,浮子在重力作用下,随液位/界面下降,钢带带动盘簧反卷,使三力达到新的平衡。钢带的上下运动会带动链轮机构中心齿轮旋转,产生角位移,角位移传感器会将这种角度变化转换成电信号,实现界面检测。

优点:机械位移量直接转化成电信号,与介质的温度和黏度无关。测量稳定,重复性好。

缺点:机械传动机构易被污染,选成运动卡滞;结构复杂。

② 浮筒法。浮筒依据被测介质的相对密度而制作,其相对密度应不大于被测介质相对密度的60%,浮筒上连有扭力管,当浮筒随液位/界面升降时,产生物理位移,扭力管的扭力矩也随着变化,带动角位移传感器的4~20mA输出产生变化,实现界面检测。

优点:机械位移量直接转化成电信号,与介质的温度和黏度无关。测量稳定,重复性好。

缺点:扭力管在其形变量程的上下限处,输出的扭力矩并非线性,因此在极限处的测量误差较大。

③ 磁浮球法。根据被测介质相对密度在制作时赋予浮球相对密度,浮球在随液位/界面上下移动时,会带动磁敏感元件产生电输出,从而实现界面检测。这种磁敏感元件可以是舌簧继电器、霍尔元件、磁致伸缩线和磁翻板等。

优点:机械位移量直接转化成电信号,与介质的温度和黏度无关。测量稳定,重复性好。

缺点:磁浮子沿导向杆上下运动时,由于导向孔径有限,可能会在某些恶劣测量场合产生卡滞,例如在冬季、无伴热的原油测量场合中。

（3）介电常数法。

① 电容法。用储罐壁作为电容的一个极板,用探测器作为电容的另一个极板,当储罐中的被测介质液位/界面发生变化时,电容随之变化,将电容变化转换成电信号,实现界面检测。

优点:测量精度与被测介质的介电常数有关,而和其他物理参数无关。

缺点:易产生"挂料"误差;线性较差,需软件进行"曲线拟合";测量界面时,两种介质的介电常数要求相差悬殊。

② 导纳法。原理同上文。除了测量电容外,为消除挂料影响,还应测量挂料所产生的阻抗。通过电阻和电容对交流成分的相移不同而将这两种信号区分出来。

优点:测量精度与被测介质的介电常数有关,而和其他物理参数无关。

缺点:测量界面时,要求两种介质的介电常数相差悬殊,否则会产生较大的测量误差。

（4）微差压法。

微差压法就是利用差压计,检测油水界面变化所引起原油和水静水压差的变化,并将变化量转换成电信号,实现界面检测的目的。

优点：克服了电极接触油水介质造成的腐蚀与结垢的影响，无论油水界面是否明显，都能够正常地工作。

缺点：油水的相对密度差要求大于0.1，否则微差压计不能正常工作。

（5）短波吸收法。

短波吸收法是将电能以电磁波的形式传到油水介质中。根据油、水吸收电能的差异来测量两种介质的量，从而实现油水界面检测。

优点：克服了电极易腐蚀、结垢和挂油等现象，界面控制稳定可靠。

缺点：成本高，需要有专门的仪表维修工进行仪表的维护保养。

以上介绍的5类油水界面检测方法都是目前国内常用的方法。5类检测方法都存在着各种不同的优缺点，由于插入三相分离器中的电极易结垢，造成测量误差，现在电阻法和电容法测量油水界面的方法已很少使用，但是由于导纳法除了测量电容外，为消除挂料影响，还测量挂料所产生的阻抗，减少了测量误差，目前仍在使用。比重原理法的界面仪表在一些大罐等容器上应用较多。微差压法测量油水界面的方法，对油水密度差要求大于0.1以上，测量仪表压差在低于490Pa以下很难制作；加之三相分离器来油的油品性质差异很大，密度差也会产生变化，使仪表量程难以选定，所以微差压法的推广和应用受到了限制。尤其在一些原油密度大于 $0.9t/m^3$ 的油田，根本不能使用。短波吸收法是近几年来发展起来的新技术，在引进和消化国外产品的基础上，针对油田实际情况，对变送器进行了适当的改进和提高。目前短波吸收法在界面检测中运用较多。

3. 三相分离器的油水分离计算

在三相分离器内，油气分离机理、计算方法与气液两相分离器相同，在此仅讨论油水分离。

1）油水分离机理

油水混合物静止时，水层厚度 h_w 随沉降时间的增加而增大，原油中的含水率降低，如图4-1-25所示。开始阶段水层厚度随时间迅速增加，原油含水率迅速降低。一段时间（一般3~20min）后水层厚度基本不再增加，原油含水率降低趋于平缓。此阶段分离出的水称为游离水，水层上方为含水率较高的油水混合物称为油水乳状液，顶层为含水率较低的原油。静止状态下分离出游离水的时间要大于三相分离器内分离出游离水所需时间，因为三相分离器常使用水洗技术加速游离水脱除，同时在流动状态下会加速水珠的合并和沉降。

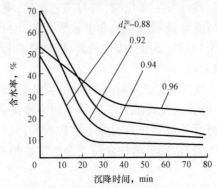

图4-1-25　含水率随沉降时间变化关系

在三相分离器内,同时发生油层内水珠沉降进入水层和水层内油滴上浮合并至油层的过程。计算三相分离器结构尺寸时,常采用油水停留时间和油滴上浮、水珠沉降两种方法,其中停留时间法使用较广。

2)停留时间

在三相分离器设计中需要确定两个停留时间,即:从油中分水所需停留时间和从水中分油所需停留时间。油水相所需的停留时间最好由室内和现场试验确定,在无可靠实验数据时,可采用 API Specification 12JR(2009)推荐的数据。在 API 的推荐中,水相和油相的停留时间相同,数值见表 4 - 1 - 7。由表 4 - 1 - 7 看出,与气液分离相比,由于油水密度差小、分离难度大,要求在分离器内有较长的停留时间。

表 4 - 1 - 7 三相分离器液相推荐停留时间表

原油相对密度(15.6℃)	温度,℃	停留时间,min
<0.85	—	3 ~ 5
>0.85	>37.8	5 ~ 10
	27 ~ 38	10 ~ 20
	15 ~ 27	20 ~ 30

按要求的停留时间和容器的物料衡算,可求出分离器的结构尺寸。

对于立式分离器,有:

$$\frac{\pi D^2}{4}h = Q_w t_w + Q_o t_o \qquad (4 - 1 - 28)$$

式中 h——集液区高度,m;

Q_o, Q_w——进入分离器的油水流量,m^3/h;

t_o, t_w——油水停留时间,一般取 $t_o = t_w$,h。

对于卧式分离器,有:

$$\frac{\pi D^2}{4}mL_e = Q_w t_w + Q_o t_o \qquad (4 - 1 - 29)$$

式中 m——液体占分离器横截面分数;

L_e——分离器油水分离的有效长度,m。

3)分散相运动速度计算

与气液分离器从原油中分出气泡相同,在三相分离器内油层内水珠的沉降速度和水层内油滴的上浮速度都按式(4 - 1 - 3)计算。即:

$$w = \frac{d^2(\rho_w - \rho_o)}{\mu} \times 0.545$$

式中 w——分散相上升或沉降速度,m/s;

d——分散相直径,m;

ρ_{w}——水滴密度，kg/m^3；

ρ_{o}——油滴密度，kg/m^3；

μ——连续相黏度，$Pa \cdot s$。

由于原油黏度比水大（5~20倍以上），从水中分出油滴比油中分出水珠容易。一般希望分离器能将0.5mm粒径的水珠从原油内分离出来，使分离器流出原油的含水率降至5%~10%。从水中分出油滴的粒径没有规定，根据GB 50350—2015《油田油气集输设计规范》的规定，分离器脱除的游离水水中含油量不应大于1000mg/L；对于聚合物驱采油，含油量不宜大于3000mg/L；对于特稠油和超稠油，含油量不宜大于4000mg/L。

三、油气分离缓冲设备

油田接转站和转油站采用密闭集输工艺流程时，需设置油气分离缓冲设备。油气分离缓冲罐既起油气分离作用，又有一定的容积储存原油，为油泵上油的中间缓冲罐。油气分离缓冲罐通常采用卧式结构。

1. 油气分离缓冲罐结构

图4-1-26是油田比较常用的分离缓冲罐结构图。油气混合物自油气进口1进入，在拉泡板2上进行油气分离，原油沿导流板3下流，进入缓冲罐底部的缓冲室12，从出油口7排出，天然气经过除雾器4进入捕雾筒5，从出气口6排出。

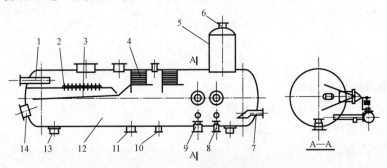

图4-1-26　油气分离缓冲罐结构图

1—油气进口；2—拉泡板；3—导流板；4—除雾器；5—捕雾筒；6—出气口；7—出油口；8—调节阀口；

9—出油阀口；10—排污口；11—清砂口；12—缓冲室；13—底座；14—人孔

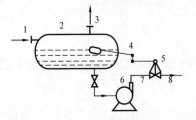

图4-1-27　分离缓冲罐液位控制原理图

1—油气进口；2—分离缓冲罐；3—天然气出口；

4—浮子连杆结构；5—调节阀；

6—外输泵；7—调节阀进口；8—调节阀出口

2. 油气分离缓冲罐液面控制

正常工作时，油气分离缓冲罐的液位一般控制在直径的1/2~2/3处，油气液位控制通常有3种方法：

（1）采用浮子液位调节器控制泵出口流量的方式达到液位控制的目的。图4-1-27所示，调节阀的开度是由缓冲罐的液位高低来控制，离心泵的出口通过调节阀，这样就可以达到液位调节的目的。

这种控制方式适用于缓冲罐进油量较均衡，液位波动较小的情况。如果液位波动很大,超过调节阀调节的范围,易造成缓冲罐跑油或抽空。

（2）采用浮子连杆机构操纵泵出口管线上的三通旋转阀,控制缓冲罐的液位。三通旋转出油阀是一种内部分配的调节阀。它在阀体内进行液量的分配,以实现液位和外输量的控制。图 4 - 1 - 28 是三通旋转阀控制液位的原理图。

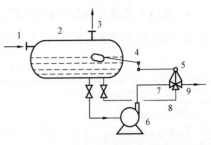

图 4 - 1 - 28　三通旋转阀控制液位原理图

1—油气进口;2—分离缓冲罐;3—天然气出口;

4—浮子连杆结构;5—三通旋转阀;6—外输泵;

7—三通旋转阀进口;8—三通旋转阀回流口;

9—三通旋转阀外输口

由原理图可以看出,分离缓冲罐的液面上升时,浮子连杆机构使阀芯旋转,回流口关小,外输口开大,这样外输量增加,回流量减少。液面下降,直至正常液位。当缓冲罐来油减少时,罐内液面下降,浮子连杆机构带动阀芯旋转,回流口开大,外输口关小,外输量减小,回流量增加,使缓冲罐液面回升至正常液位,实现液位控制的目的。

由于三通旋转出油阀有一个进油口、两个出油口,阀体较大。实际应用中,只有 $DN80mm$ 和 $DN50mm$ 两种规格,它们调节性能实验数据如下:

$DN50mm$ 三通旋转出油阀,阀前后压差 0. 2MPa 时,调节流量范围为 $168 \sim 1200m^3/d$。

$DN80mm$ 三通旋转出油阀,阀前后压差 0. 2MPa 时,调节流量范围为 $210 \sim 1500m^3/d$。

（3）采用外输泵设变频器控制泵出口流量的方式达到液位控制的目的。图 4 - 1 - 29 所示,变频器频率是由缓冲罐的液位高低来控制,通过改变变频器频率来改变电动机转速,从而达到液位调节的目的。

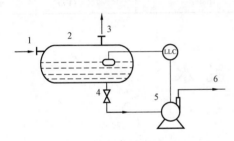

图 4 - 1 - 29　变频器控制液位原理图

1—油气进口;2—分离缓冲罐;3—天然气出口;

4—油出口;5—外输泵;6—泵出口

通过变频器与缓冲罐液位连锁,自动调节外输泵的转速,以达到控制流量的目的,不仅减少电能消耗,还可以解决离心泵出口憋压导致的泵密封填料泄漏量较大的问题,达到消除隐患、保证安全生产的目的。目前大庆油田常采用外输泵设变频来控制缓冲罐液位。

3. 油气分离缓冲罐的工艺计算

油气分离缓冲罐分离部分的工艺计算公式见式(4 - 1 - 24),缓冲部分按其液体在容器内的停留时间而定,缓冲罐正常液位一般控制在容器直径的 1/2 处,原油在分离缓冲罐中的停留时间,一般以缓冲罐 1/2 直径容积为停留有效容积。停留有效容积除以液体通过量为分离缓冲罐的停留时间。

停留时间一般推荐值为:

$$\nu_{50} < 50mm^2/s \qquad \not> 15min$$

$$50mm^2/s < \nu_{50} < 250mm^2/s \qquad \not> 30min$$

其中，ν_{50} 为 50℃时的黏度。

4. 常用分离缓冲罐规格和停留时间

常用分离缓冲罐规格和停留时间见表 4-1-8。

表 4-1-8　常用分离缓冲罐规格和停留时间

分离缓冲罐		不同停留时间处理量，m^3/d	
规格 （外径×长度） mm×mm	停留有效容积 m^3	15min	30min
2200×8200	13	1248	624
2400×11400	22	2112	1056
3000×11400	35	3360	1680
3000×14600	45	4032	2016
3000×17600	56	5280	2640
4000×17600	100	9600	4800
4000×30000	175	16800	8400

第二节　原油脱水

一、原油乳状液及其性质

原油与水是互不相溶（或微量互溶）的液体，其物理与化学性质均有较大差异。在常温下，用简单的沉降方法，短时间内就能将原油中的水分离出来，这类水称为游离水。然而，生产中的原油与水并非简单地混合，而是处于相对稳定的乳化液状态，这类水称为乳化水。它与原油的混合物称为油水乳状液或原油乳状液。乳化水需要采用专门的措施才能从原油中分离出来。

1. 乳状液类型

两种或两种以上互不相溶（或微量互溶）的液体，其中一种以极小的液滴分散于另一种液体中，这种分散物系称为乳状液。乳状液都有一定的稳定性。

原油和水构成的乳状液主要有两种类型：一种是水以极微小的颗粒分散于原油中，称油包水型乳状液，用符号 W/O 表示，此时水是内相或称分散相，油是外相或称连续相，W/O 型乳状液是油田最常见的原油乳状液。另一种是油以极微小颗粒分散于水中，称为水包油型乳状液，用符号 O/W 表示，此时油是内相，水是外相。在原油处理中 O/W 型乳状液很少见，采出水中常存在 O/W 型乳状液，故水包油型乳状液又称反相乳状液。此外，还有复合乳状液,即油包水包油型、水包油包水型等,分别以 O/W/O 和 W/O/W 表示。油水乳状液的类型可用染色法、冲淡法、电导法和显微镜观察法等进行确定。

2. 原油乳状液的形成和预防

原油乳状液形成于油层开采和原油矿场集输整个过程之中。当油、气、水三相混合物由井底沿井筒油管举升到井口,经过油嘴的节流,以及集油管线、阀件和离心式油泵等的强烈搅拌,使水滴充分破碎成极小的颗粒,并被原油中存在的环烷酸、胶质、沥青质、石蜡、黏土和砂粒等油包水型乳化剂所稳定,均匀地分散在原油中,从而形成稳定的油包水型乳状液。此时,水是内相或称分散相,油是外相或称分散介质,因外相液体是相互连接的,故又称连续相。乳化剂聚结在内相颗粒界面形成了比较牢固的界面保护膜,也称乳化膜。

原油中含水并含有足够数量的天然乳化剂是生成原油乳状液的内在因素。原油中所含的天然乳化剂主要为沥青质、胶质、环烷酸、脂肪酸、氮和硫的有机物、蜡晶、黏土、砂粒、铁锈、钻井修井液等。它们中的多数具有亲油憎水性质,因而一般生成稳定的 W/O 型原油乳状液。此外,在石油生产中还常使用缓蚀剂、杀菌剂、润湿剂和强化采油的各种化学剂等都是促使生成乳状液的乳化剂。

各种强化采油方法都会促使生成稳定的原油乳状液,如油层压裂、酸化和修井等过程中使用的化学剂常产生特别稳定的乳状液。又如注蒸汽开采的油藏,由于蒸汽在井底的高速注入,强烈剪切油藏内的油水混合物并使油藏岩石剥落形成固体粉末;蒸汽注入还增加油藏内水油比,减小水中的盐含量,这些都促使形成稳定乳状液。旨在降低油藏油水界面张力的表面活性剂、CO_2 及聚合物驱油等都会促使产生稳定乳状液。火烧油层使部分原油燃烧和裂解,产生多种可作为乳化剂的高分子量化合物,也促使产生稳定乳状液。

在地层内油水是否已形成乳状液还有不同的学术观点,但普遍认为在井筒内已形成乳状液。井筒和地面集输系统内的压力骤降、伴生气析出、泵对油水增压、清管、油气混输等都会强烈搅拌油和水,促使乳状液的形成和稳定。从对油水混合物搅拌强度的观点衡量,单螺杆泵搅拌最小、容积泵其次、离心泵最大。油气多级分离不仅减少原油内轻组分的损失,还因每一级析出的气体量少,减少了气泡对油水搅拌而降低乳状液的稳定性。

原则上,可采取以下措施防止稳定乳状液的生成:一是尽量减少对油水混合物的剪切和搅拌;二是尽早脱水。

各类油井产生乳状液的原因及预防措施可归结如下。

1）自喷井

油水混合物沿油管由井底向地面流动时,随着压力降低,溶解在油中的伴生气不断析出,气体体积不断膨胀,从而对油、水产生破碎和搅动作用。当油、气、水混合物通过自喷井油嘴时,流速猛增,压力急剧下降并伴随有温度的降低,使油水充分破碎,形成较为稳定的乳状液。表 4-2-1 表明,油嘴前乳化水较少,油嘴后乳化水成倍增加,乳化水含量还随油嘴压降的增大而增加。

在可能的情况下,采用大油嘴并提高油田地面集输系统和油气分离器压力,减小油嘴前后的压差,有助于减少乳状液的生成。

表 4-2-1 油嘴前后乳化水含量

取样位置	分析次数	油嘴压降,MPa	平均含水率,%		
			总水含率	游离水	乳化水
油嘴前	46	0.25~0.35	62.2	44.7	17.5
油嘴后	78	0.25~0.35	60.0	22.0	38.0
油嘴后	9	0.9~1.0	60.0	0.7	59.3

2）深井泵采油

用深井泵采油时,从原油中析出的伴生气在通过阀等节流部件时会产生激烈搅动,因而选择尺寸较大的阀、并用气锚(使气体进入油套环空内的一种装置)避免气体进入泵筒内可减少乳状液的生成。

往油井油套环空内注入破乳剂,不但能有效地阻止原油在井内的乳化,往往还能使油井增产。

3）气举井

在气举井井口和气举气进入油管处,是气举井产生乳状液的主要场所。间歇气举时容易在井口和地面管网内产生乳状液;而连续气举时容易在注气点产生乳状液。在确定采油方法时应同时考虑所产生乳状液的处理方法和费用等问题。

4）地面集输管网

油、气、水在地面集输过程中,多相混输管路、离心泵、弯头、三通和阀件等均会对混合物产生搅动,促使生成乳状液。因而,在地面集输系统的规划、设计和日常操作管理中应尽量避免混合物的激烈搅动。如管径不宜太小;尽量减少弯头、三通和阀件等的局部阻力;在流程中避免对流体的反复减压和增压;尽早分出混合物中的伴生气。

在油气生产中,应把防止形成稳定原油乳状液放在突出地位,否则用于原油处理的费用将大幅上升,影响油气生产的经济效益。

3. 乳状液的稳定性

原油乳状液的稳定性是指乳状液抗油水分层的能力。影响原油乳状液稳定性的因素有:

（1）内相粒径。内相粒径越小、越均匀,乳状液越稳定。粒径的大小还表示乳状液受搅拌的强烈程度,通过泵、阀和其他节流件搅动后,乳状液内相粒径减小。

（2）外相原油黏度。一方面,在同样剪切条件下,外相原油黏度越大,内相的平均粒径越大,乳状液稳定性越差。另一方面,原油黏度越大乳化水滴的运动、聚结、合并、沉降越难,增大了乳状液的稳定性。

（3）油水密度差。乳化水滴在原油内的沉降速度正比于油水密度差,密度差越大,油水容易分离,乳状液的稳定性越差。

（4）界面膜。分散在乳状液内的水滴处于不断运动中,经常相互碰撞。若没有乳化剂构成的界面膜,水滴很容易在碰撞时合并成大水滴,从原油内沉降使油水分离。

（5）老化。时间对乳状液的稳定性有一定影响。乳状液形成时间越长,由于原油轻组分挥发、氧化和光解等作用,使乳化剂数量增加,同时原油内存在的天然乳化剂也有足够时间运移至分散相颗粒表面形成较厚的界面膜使乳状液稳定,乳状液的这种性质称为老化。在乳状液形成初期,乳状液的老化速度较快,随后逐渐减弱,常在一昼夜后乳状液的稳定性就趋于不变。轻质原油的老化过程较重质原油快。

(6)内相颗粒表面带电。内相颗粒界面上带有极性相同的电荷是乳状液稳定的重要原因。全部内相颗粒界面上均带有同种电荷。由于静电斥力,两相邻水滴必须克服静电斥力才能碰撞、合并成大颗粒下沉,使乳状液变得稳定。

(7)温度。温度对乳状液稳定性有重要影响。提高温度可降低乳状液的稳定性,这是因为:①可降低外相原油黏度;②提高乳状液乳化剂——沥青质、蜡晶和树脂等物质的溶解度,削弱界面膜强度;③加剧内相颗粒的布朗运动,增加水滴互相碰撞、合并成大颗粒的概率。

(8)原油类型。原油类型决定了原油内所含天然乳化剂的数量和类型。环烷基和混合基原油生成的乳状液较稳定,石蜡基原油乳状液的稳定性较差。

(9)相体积比。增加分散相体积可增加分散水滴的数量、粒径、界面面积和界面能,减小水滴间距,使乳状液稳定性变差。

(10)水相盐含量。水相内含盐浓度对乳状液稳定性也有重要影响。淡水和盐含量低的采出水容易形成稳定乳状液。

(11)pH值。一般pH值增加,内相颗粒界面膜的弹性和机械强度降低,乳状液的稳定性变差。向乳化液中引入强碱提高水的pH值,能促进乳状液破乳。

二、原油破乳剂的优选及加入

1. 原油破乳剂的破乳机理

各种原油破乳剂的破乳机理归纳有以下4点。

1)表面活性作用

破乳剂都具有高效能的表面活性物质,它们很容易吸附在油水界面上,降低界面膜的表面自由能,使形成W/O型乳化液变得很不稳定。界面膜在外力作用下极易破裂,从而使乳状液微粒内相的水突破界面膜进入外相,从而使油水分离。

2)反相作用

原油乳状液是在原油中憎水的乳化剂作用下形成的,俗称W/O型乳状液,采用亲水型的破乳剂可以将乳状液转化为O/W型乳状液,借乳化过程的转换以及水包油型乳状液的不稳定性而使油水分离。

3)"润湿"和"渗透"作用

破乳剂可以溶解吸附在油水界面的胶质和沥青质等天然乳化剂,还能降低原油黏度,而且还能透过薄膜与水饱和,形成亲水的吸附层。这样,有利于水滴碰撞时的合并,使水滴下沉。

4)反离子作用

由于原油乳状液中分散相的水滴表面上吸附了一部分正离子,使分散相往往带有正电,分散相的水滴之间互相排斥,水滴难于合并。如果在原油中加入离子型的破乳剂,它们吸附在水滴表面上并将正电荷中和掉,使水滴间的静电斥力减弱,破坏受同性电保护的界面膜,使水滴合并从油中沉降下来。

2. 原油破乳剂的分类

破乳剂分为离子型和非离子型两大类。破乳剂溶于水时，凡能形成电解质的，称为离子型破乳剂；凡在水溶液中不形成电解质的，称非离子型破乳剂。

1）离子型破乳剂

离子型破乳剂又分为阴离子型、阳离子型和两性离子型等类别。

2）非离子型破乳剂

非离子型破乳剂是以环氧乙烷和环氧丙烷等基本有机合成原料为基础，在具有活泼氢的起始剂的引发下，有催化剂存在时按照一定反应程序聚合而成的。它的分子量多为 1000 ~ 10000，具有较高的活性和较好的脱水效果。例如聚氧烷基醇和聚氧烷基多胺等破乳剂，脱水效果都很好，基本上可满足我国原油脱水的需要。

3）非离子型化学破乳剂优点

（1）用量少，每吨原油用量为 20 ~ 50g；

（2）不会产生沉淀，一般不会因与油水混合物中的盐类和酸类起化学反应而在设备和管路产生沉淀；

（3）脱出的水中含油少，非离子型化学破乳剂仅破坏 W/O 型乳状液，破乳剂一般不生成 O/W 型乳状液，脱出水较清，水中含油少；

（4）脱水成本低，虽然非离子型破乳剂的单价高，但其用量仅为离子型破乳剂的几十分之一，使原油脱水成本降低，所以非离子型破乳剂被广泛用于油田脱水上。

4）非离子型破乳剂按溶解性分类

非离子型破乳剂按溶解性可分为水溶性、油溶性和部分溶于水、部分溶于油的混合溶性三类。

（1）水溶性破乳剂，可根据需要配制成任意浓度的水溶液使用，无须像油溶性破乳剂那样用昂贵的甲苯和二甲苯等溶剂油稀释。破乳脱水后，剩余的破乳剂仍留在污水中，通过污水回掺而继续发挥作用。

（2）油溶性破乳剂，其特点是不会被脱出水带走，且随着水的不断脱出，原油中的破乳剂的浓度逐渐提高，对脱除原油中的水更有利。所以油溶性破乳剂可使净化油含水率降低，但脱出污水含油率稍高。

（3）部分溶于水、部分溶于油的混合溶性化学破乳剂，能增加使用的灵活性。

3. 原油破乳剂的优选

热化学脱水工艺对原油破乳剂有下列要求：

（1）有较强的表面活性，有良好的润湿能力，有很高的絮凝和聚结能力。

（2）破乳温度低，破乳效果好。

（3）用量少，成本低。

（4）对金属设备管路不产生强烈腐蚀和结垢，对人体无毒、无害，非易燃、易爆。

（5）破乳剂应有一定的通用性，即原油乳状液性质改变时仍能保持较高的脱水效果。

一种原油破乳剂要完全满足上述要求往往是困难的。为取长补短，可将两种或两种以上的破乳剂以一定比例混合构成一种新的破乳剂，其脱水效果可能高于任何一种单独作用时的效果。这种现象称为破乳剂的协同效应或复配效应。

实验室对化学破乳剂的优选是工业性选用的依据。在实验室试验应采用通用的瓶试验法,参照标准 SY/T 5280《原油破乳剂通用技术条件》中的规定进行。为了评价破乳剂的优劣,对同一种原油作对比试验时应考虑以下各项脱水性能:

(1)脱水率。在一定的静置沉降时间内原油中脱出水量与原有含水量之比。

(2)出水速度。在单位静置沉降时间内(一般为 20~40min)脱水率的大小。

(3)油水界面状态。原油乳状液油水分层后,有的油水分明,界面清楚;有的油水间存在油包水型或水包油型乳状液过渡层。随着时间的延长,有的过渡层能自行减薄或消失,有的则很难消失。一般不选用难于消失过渡层的原油破乳剂。

(4)脱出水的含油率。单位质量脱出水与所含原油的质量之比称脱出水含油率。含油率小则可防止原油流失和减轻污水处理的负荷。脱出水含油率越小越好,一般应小于 0.05%。

(5)最佳用量。原油脱水率不完全与破乳剂用量成正比,用量到了一定程度后,原油脱水率不再提高,在脱水温度下,达到规范要求的原油脱水率所需破乳剂的最小用量称为最佳用量。

(6)低温脱水性能。若在较低温度下化学破乳剂有较好的脱水性能,则可降低集输管路和脱水设备的工作温度,从而节省燃料和降低蒸发损耗。

通过室内筛选并结合生产系统的特点和要求,推荐出进行现场工业性试验的破乳剂品种。

现阶段各油田常用的较佳的破乳剂品种较多,国内油田常用的化学破乳剂见表 4-2-2。

表 4-2-2 国内油田常用的化学破乳剂

类型	名称	浓度,%	稀释剂	主要特性
聚氧烷基醇	SP169	65	水	出水慢,水清
	BP2420	65	水	出水较快,水不一定清
聚氧烷基多胺	AP221	65	水	出水较慢,水清
	AP212	65	水	出水较快
	AE121	65	水	出水较慢,水清
	9901	70	水	出水较快,水不一定清
	AE8051	65	水	出水快,水不一定清
聚氧烷基树脂	TA1031	65	水	出水慢,水不一定清
	AF3111	65	水	水较清
有机硅聚醚	SAE	65	水	破乳温度低,防蜡性能好
	KL-2	65	醇	
交联加聚物	PO12420	33	有机溶剂	油溶,出水快,水不一定清
	RA101	33	有机溶剂	油溶,出水快,水不一定清
	RI-04	33	有机溶剂	出水快,水较清
复配物	LIT-2	65	水和甲醇	出水快,水较清
	YPA	65	水和甲醇	出水快,水较滑
	PA320	65	水或甲醇	稠油破乳剂,出水快

4. 热化学脱水的加药部位选择

破乳剂加入部位既要注意充分发挥药剂效能，又要考虑管理方便。加入部位可在井口、计量站、接转站、集中处理站等集输流程各个环节。从发挥药剂效能来说，在油井井口加入最好，这样可以从根本上抑制油包水型乳化液的生成；在计量站或接转站加药可起破乳降黏作用，若在脱水站加入只能起破乳作用。从管理角度出发，在脱水站和接转站加入较方便。在井口加破乳剂，效果最佳，但管理环节和管理点增加较多，管理不便。在集输流程中何种环节加入破乳剂应根据原油性质条件和工艺流程的需要确定。但最低限度必须保证破乳剂与含水原油在进入脱水设备之前充分混合。若在井口、计量站和接转站加入破乳剂，由于输送过程的搅拌混合作用，完全可以混合均匀。但在脱水站加破乳剂则应尽量在进站阀组处加入，加入点距脱水容器一般不小于50m，当采用特殊混合设备时，距离可以缩短。

5. 破乳剂的加入方式

破乳剂的加入方式应满足操作方便、连续均匀、浓度配制准确，并有计量设施的要求。近年来一般采用计量泵加药，此方法具有泵体积小、便于维修、控制加入量比较准确等优点。水溶性破乳剂的配制浓度宜稀释到1%～10%。配制破乳剂溶液应采用密闭的药剂罐，不宜采用敞口破乳剂药箱。油溶性破乳剂可采用计量柱塞泵将破乳剂直接加入乳化原油管线中。

药剂罐的大小主要是从方便操作和经济实用来考虑。容积太小则配液频繁，太大也不经济。

三、原油脱水工艺选择

1. 原油脱水的要求

GB 36170《原油》规定了出矿合格原油的质量含水率，其指标见表4-2-3，其中未对净化原油含盐提出硬性指标，一般要求在50g/m³以下。

表4-2-3　原油技术要求和试验方法

项　目		石蜡基或石蜡—中间基	中间基或中间—石蜡基或中间—环烷基	环烷基或环烷—中间基	试验方法
水含量[①]（质量分数），%	不大于	0.50	1.00	2.00	GB/T 8929
交接温度下蒸气压[②]，kPa	不大于		66.7		GB/T 11059
机械杂质含量[①]（质量分数），%	不大于		0.05		GB/T 511
204℃前馏分有机氯含量（质量分数），μg/g	不大于		10		GB/T 18612
盐含量（以氯化氯化钠的质量分数计）[③]，%			报告		GB/T 6532

续表

项 目	石蜡基或 石蜡—中间基	中间基或 中间—石蜡基或 中间—环烷基	环烷基或 环烷—中间基	试验方法
密度(20℃)④,kg/m³		报告		GB/T 1884 GB/T 1885
硫含量⑤(质量分数),%		报告		GB/T 17606
酸值⑥(以氢氧化钾计),mg/g		报告		GB/T 18609

① 特殊情况下，双方可按约定执行。

② 只针对敞口储存和运输的交接原油。

③ 也可采用 SY/T 0536 或 SN/T 2782 进行测定,结果有异议时,以 GB/T 6532 方法为准。

④ 也可采用 SH/T 0604 或 NB/SH/T 0874 进行测定,结果有异议时,以 GB/T 1884 和 GB/T 1885 方法为准。

⑤ 也可采用 GB/T 17040 或 GB/T 11140 进行测定,结果有异议时,以 CB/T 17606 方法为准。

⑥ 也可采用 GB/T 7304 进行测定,结果有异议时,以 GB/T 18609 方法为准。

2. 原油脱水工艺

原油脱水方法有热化学沉降脱水和电化学脱水等多种。每种方法都有自己的特点和适用范围。脱水工艺应根据原油性质、含水率和乳状液的乳化程度等,通过试验和经济对比确定。试验内容包括:

(1)原油、水物性测试。测试原油、水黏度随温度的变化关系,测试油水相对(质量)密度随温度的变化关系。

(2)乳状液性质测试。测试判断乳状液类型,测试乳状液稳定性及受化学药剂种类和含量的影响,测试乳状液的介电常数和击穿场强。

(3)破乳剂研制(筛选)试验。研制或筛选经济有效的破乳剂。

(4)进行含水原油的静置分层试验。评价破乳剂加入浓度、脱水温度、沉降时间对沉降脱水效果的影响,给出热化学沉降脱水可行性报告。

(5)进行原油电化学脱水模拟试验。评价破乳剂加入浓度、脱水温度、供电方式、极板布置方式、脱水场强等对原油脱水效果的影响,给出脱水电流随时间变化的关系,给出原油电化学脱水可行性报告。

根据上述试验结果,选择不同的脱水工艺,进行经济对比后确定脱水工艺方案。

3. 原油脱水工艺选择的一般原则

(1)原油脱水工艺宜采用热化学沉降脱水、电化学脱水等方式或不同方式的组合。

(2)原油脱除游离水通常用化学或热化学沉降方法,并采用斜板、聚结材料、管道化学破乳、沉降等措施提高设备处理能力。

轻质和中质原油乳状液主要采用热化学方法和电化学方法,原油性质较好(低黏、低密度)时可采用热化学方法,高黏原油和乳化特别严重的原油则需采用电化学方法。

(3)稠油热化学沉降脱水宜采用常压沉降罐。特稠油和超稠油采用两段热化学沉降脱水时,二段脱水宜采用静态沉降脱水工艺。

（4）原油含水超过30%时,应采用一段预脱除游离水、二段热化学沉降脱水或电化学脱水。

（5）当一段热化学沉降脱水能达到脱水原油质量指标时,应采用一段热化学沉降脱水。

原油脱水设计应以室内实验、先导试验和相似油田的原油处理经验为主要依据。

四、原油热化学脱水工艺流程

原油脱水工艺流程是根据破坏乳状液的基本原理、方法和影响因素等,结合原油物性及含水率的变化,因地制宜地选用一系列设备,并将这些设备按其作用的先后次序,用管道有机地连接起来,构成一个生产过程。

原油脱水工艺流程是多种脱水工艺的综合运用,具有多种形式,应根据油田实际和油井产液的性质来选用。

1. 确定原油脱水工艺流程一般应遵循步骤

1）设计资料收集

设计资料收集应包括:（1）处理对象的数量、物性及随时间的变化趋势;（2）处理要求,容许原油含水率、容许脱出水的含油率等;（3）处理所需能源的情况,如加热乳状液所需燃料(油、气)资源的情况和物性,电源和供电能力等;（4）可能的处理压力、温度范围;（5）原油处理的上游与下游流程,它在一定程度上决定了进入原油处理流程的流体压力和温度;（6）环境条件,气候、场地条件等。

2）处理方法选择

根据收集的设计资料选择处理方法,包括:

（1）破乳剂类型、剂量、注入地点和方法等;

（2）处理设备选择,如沉降罐、游离水脱除器、加热处理器、电脱水器等;

（3）处理压力和温度选择;

（4）乳状液在处理容器内所需停留时间等。

上述各项相互关联,如选择了破乳剂,则可能有破乳剂起作用的温度范围要求;如选择在较低温度下脱水,则在容器内可能要求有较长的停留时间,任何情况下原油温度不得低于其倾点。因此,在处理方法选择中有多种技术可行的方案,需从中选优。

3）确定流程

根据确定的处理方法、处理设备及参数等确定原油脱水工艺流程。

2. 常规热化学脱水工艺流程

（1）当采用一段热化学脱水工艺能达到原油质量指标时,应采用一段热化学脱水工艺。热化学脱水工艺原理流程,如图4-2-1所示。该工艺流程中脱水泵可取消,但前端分离压力会相应提高。

（2）原油含水较高,通过二段热化学脱水就能达到原油质量指标时,采用二段热化学脱水工艺流程,如图4-2-2所示。该工艺流程中通过一段三相分离器脱除部分游离水,再对低含

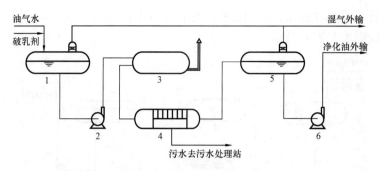

图 4 - 2 - 1　一段热化学脱水工艺流程

1—分离缓冲罐;2—脱水泵;3—加热炉;4—热化学脱水器;5—缓冲罐;6—外输泵

水油进行加热,然后再进一步脱水,达到原油质量指标。该工艺流程中,二段脱水设备当选择具有气液分离和缓冲功能的热化学脱水器时,可取消净化油缓冲罐。如前端来液已经过气液分离,三相分离器可更换为游离水脱除器。

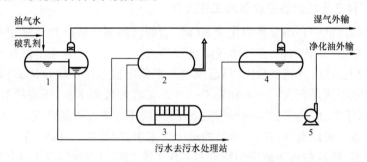

图 4 - 2 - 2　二段热化学脱水工艺流程

1—三相分离器;2—加热炉;3—热化学脱水器;4—缓冲罐;5—外输泵

由于热化学脱水具有故障率低、运行平稳、检修方便等特点,根据油田实际情况,通过实验证明采用热化学脱水可达到脱水要求,且比电化学脱水更经济时,应优先选用热化学脱水。

3. 电化学脱水工艺流程

(1)所谓原油电化学脱水,是指在电脱水器之前加入一定量的原油破乳剂,使 W/O 型乳状液破乳将水释放出来,再经电脱水器将原油含水率脱至合格要求。电化学脱水工艺流程与热化学脱水工艺流程相似,只是用电脱水器替代图 4 - 2 - 1 中的热化学脱水器。输送来的含水原油经分离缓冲,加入原油破乳剂,升压升温后进入电脱水器脱水,合格的脱水原油用泵外输,从电脱水器底部放出的污水直接进入污水处理站。此流程适用于处理含水率为 30% 或30% 以下的原油。一般电脱水之前都将含水原油升至较高温度(如大庆原油为 45℃ 和55℃ 左右)。

(2)高含水原油热化学—电化学两段脱水工艺流程。

原油含水率超过 30%,单纯采用热化学脱水无法达到原油含水率的技术要求,并且采用电脱水器也无法维持正常生产时,只有先通过一段热化学脱水,将原油含水率降至 30% 以下,再将原油用电脱水器进行脱水,从而保证电脱水器的正常运行。如图4-2-3所示为热化学—电化学两段脱水工艺流程图。

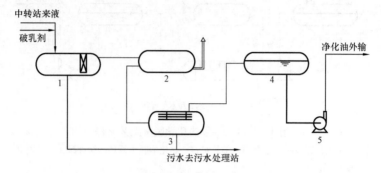

图4-2-3 原油热化学—电化学两段脱水工艺流程
1—游离水脱除器;2—加热炉;3—电脱水器;4—缓冲罐;5—外输泵

4. 聚合物驱和三元复合驱原油脱水工艺流程

三元复合驱采出液中含有驱替用化学剂(碱、表面活性剂和聚合物),采出乳液黏度增大,乳状液的稳定性增强,破乳困难,游离水脱除难度增大。三元复合驱采出液油水乳化严重,油水界面张力低,导电性强,且携砂量大,易造成电脱水器电极短路。聚合物驱和三元复合驱原油脱水工艺流程除了满足表4-2-4和表4-2-5工艺参数要求外,还应针对采出液携污量大,脱水聚结填料堵塞,游离水脱除器运行效率下降,脱水效果变差的情况,选择具有可再生填料的游离水脱除器。可以有效地降低脱后的油中含水率,避免含水过高对后续电脱水的影响,同时具有不易堵塞、堵塞物易于清理的特点。实现了脱水填料的原位再生,同时节省了填料更换的运行成本。

表4-2-4 聚合物驱原油脱水处理的主要工艺参数

项 目	参 数	备 注
游离水脱除器沉降时间,min	20 ~ 30	根据油品性质定
游离水脱除器分离温度,℃	35 ~ 40	
游离水脱除后油中含水,%	≤30	
游离水脱除后污水含油,mg/L	≤3000	
电脱水温度,℃	45 ~ 50	根据油品性质定
电脱水后油中含水,%	≤0.3	
电脱水后污水含油,mg/L	≤3000	
破乳剂,mg/L	20	

平挂电极电脱水器处理三元采出液时,电极钢板网孔间泥状物难于清理;常规竖挂电极脱水器预处理电场较弱,对乳状液含水率适应范围窄;常规脱水供电设备脱水过程中抵抗大电流冲击能力差。为了解决以上问题,按照不减少乳状液在电场中的停留时间,减小单层极板的水平投影面积,可降低泥状物的淤积,提高供电装置的容量及阻抗,可抑制瞬间尖峰电流的技术

原理,结合平挂电极电脱水器和竖挂电极电脱水器的特点,应选择组合电极电脱水器和大电流脱水电源技术。

表4-2-5 三元复合驱原油脱水处理的主要工艺参数

项　目	参　数	备　注
游离水脱除器沉降时间,min	≥40	根据油品性质定
游离水脱除器分离温度,℃	≥40	
游离水脱除后油中含水,%	≤30	
游离水脱除后污水含油,mg/L	≤3000	
电脱水温度,℃	≥55	根据油品性质定
电脱水后油中含水,%	≤0.3	
电脱水后污水含油,mg/L	≤3000	
破乳剂,mg/L	20~200	

聚合物驱和三元复合驱采出液原油脱水工艺总体上采用原油热化学—电化学两段脱水工艺流程,对于聚合物驱、三元复合驱采出液原油脱水工艺主要是选用适用于聚合物驱、三元复合驱采出液游离水脱除器和电脱水器,并确定相应的处理温度、沉降时间等工艺参数,筛选好破乳剂,流程如图4-2-3所示,大庆油田聚合物驱原油脱水处理的主要工艺参数见表4-2-4,三元复合驱主要工艺参数见表4-2-5。

5. 典型稠油热化学脱水工艺流程

新疆油田稠油脱水的加热模式,先后采用过加热炉、蒸气换热和掺蒸气加热等模式,2000年后则普遍采用蒸气直接加热模式。稠油脱水取消了二段脱水罐,改为由净化油罐兼做二段沉降罐,充分利用净化油罐容积大,停留时间长的特点。工艺流程如图4-2-4和图4-2-5所示。

应用实例:新疆油田克浅10号原油处理站、红003原油处理站和新疆风城1号稠油联合站采用该处理工艺流程,处理参数根据脱水试验确定。风城1号稠油联合站混合油样在95℃下,加药量为600mg/L时,沉降时间24h时达到原油含水1.5%。

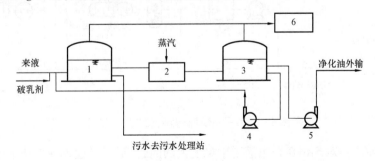

图4-2-4 稠油掺蒸汽两段热化学沉降脱水工艺流程
1—沉降脱水罐;2—蒸汽加热器;3—沉降脱水罐(兼做净化油罐);4—污水泵;5—外输泵;6—大罐抽气装置

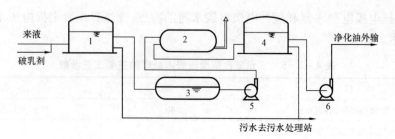

图 4 - 2 - 5　稠油两段热化学沉降脱水工艺流程

1—沉降脱水罐;2—加热炉;3—缓冲罐;4—沉降脱水罐(兼做净化油罐);5—脱水泵;6—外输泵

6. 稠油 SAGD 高温密闭脱水工艺

为充分利用热能、提高能量利用率、提高原油脱水工艺水平,对 SAGD 高温采出液的处理采用高温脱水工艺流程(图 4 - 2 - 6),有三种形式:

(1) 二段高温热化学沉降脱水工艺。站外来油气先进一段换热器,然后经一段三相分离器分离,经稠油泵增压后进二段换热器,再经二段三相分离器处理合格后储存。

(2) 高温热化学沉降脱水工艺 + 闪蒸脱水工艺。站外来油气先进一段换热器,然后经一段三相分离器分离,再经闪蒸脱水器处理合格后储存。

(3) 高温热化学沉降脱水工艺 + 电脱水工艺。站外来油气先进一段换热器,然后经一段三相分离器分离,再进二级换热器,然后经电脱水器处理合格后储存。

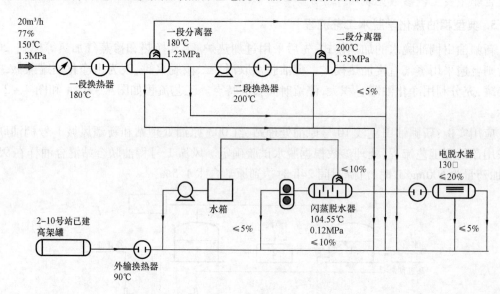

图 4 - 2 - 6　SAGD 高温脱水工艺流程图

新疆风城油田针对 SAGD 采出液脱水难度大的问题,形成了超稠油掺柴油辅助脱水技术,并进行了现场工业化试验。试验表明,掺柴油对特超稠油热化学沉降脱水有较好的促进作用,对缩短沉降时间、降低加药量效果都比较明显。

在常规脱水条件下,SAGD 采出液油水分离效果较差。在高温密闭条件下,SAGD 采出液脱水效果有明显提升。根据 SAGD 试验区采出液室内原油脱水试验和现场模拟试验结论,原油一段预处理时间为 45~90mim,原油二段热—电化学联合沉降脱水时间为 2~4h,正、反相破乳剂加药量分别为 300mg/L 和 150mg/L,在脱水温度 140℃的条件下,基本可以满足脱水要求。

新疆风城油田 SAGD 高温密闭脱水试验站流程框图如图 4-2-7 所示。

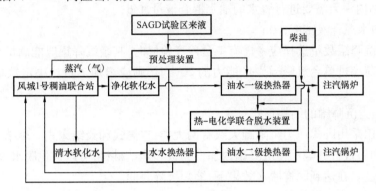

图 4-2-7 新疆风城油田 SAGD 高温密闭脱水试验站流程框图

五、原油热化学脱水设备

1. 卧式压力沉降罐

卧式压力沉降罐是热化学脱水的主要设备,常用于密闭集输流程中,在油田上被广泛应用。乳化原油经管道破乳后,需要把原油同游离水、固体杂质分开。当站外来油中含气量大时,这一过程可在油、气、水三相分离器进行;当油气比很小或基本不含气时,可在沉降罐中实施。在沉降罐内,油、水分离是依靠所受的重力差进行的。水滴在原油中的沉降速度受油品黏度、水滴微粒直径等影响,沉降速度一般采用斯托克斯(Stokes)公式计算:

$$w = d_w^2(\rho_w - \rho_o)/1.8\mu_o \qquad (4-2-1)$$

式中 w——水滴匀速沉降速度,m/s;

d_w——水滴直径,m;

μ_o——原油黏度,Pa·s;

ρ_w, ρ_o——分别为水和油的密度,kg/m³。

从式(4-2-1)可以看出,水滴的沉降速度与油、水的密度差以及水滴的颗粒直径平方成正比,与原油黏度成反比。

1)设计参数

卧式压力沉降罐工作效果常以下述指标来衡量:

(1)沉降时间,即油水混合液在沉降罐的停留时间,它表示沉降罐处理油水混合液的能力。我国各油田采用的沉降时间一般为 20~40min。

（2）操作温度，即沉降温度，它与原油性质和加药条件有关。

2）卧式压力沉降罐容积的确定和选用规格

根据沉降时间来确定沉降罐的容积。沉降时间按 40min 考虑，则沉降罐的有效容积 V 可按式（4-2-2）计算：

$$V = G/36\rho \qquad (4-2-2)$$

式中　G——站内一天需要进行脱水的油水混合液量，t/d；

　　　ρ——油水混合液密度，t/m^3。

卧式压力沉降罐数量选择应考虑有 1 台停产检修时，其余沉降罐应能满足全部生产负荷；当过剩生产负荷超过单台沉降罐生产能力的 20% 时，则应增加 1 台。决定数量时，可不考虑备用。

3）卧式压力沉降罐的结构形式

我国各油田采用卧式压力沉降罐大致有两大类：空筒式和聚结床式。聚结床式中有斜板、波纹板、填料和斜板合一等。在沉降罐内加设斜板和聚结材料，可以强化脱水效果，加速油、水重力分离的速度。在达到同样脱水效果下，缩短沉降时间。

（1）空筒式压力沉降罐。这种沉降罐是一般的重力沉降罐，利用液流的缓慢流动，将游离水和不稳定的乳化水分离出来。图 4-2-8 是一种典型的空筒式卧式压力沉降罐结构。含水油自入口管流入分配管向下喷出，经槽形板折流向上流动。分配管孔口流出的油水混合液流速低于分配液汇管内液流的速度，开孔的总面积 10 倍于汇管的截面积。液体自下而上缓慢流动，水滴聚结后往下沉降。经过一定的沉降时间，脱水原油经集油汇管排出、污水自排水管不断排出、水位控制在分配管以上 200~300mm 处。油水界面采用机械式控制进行控制。

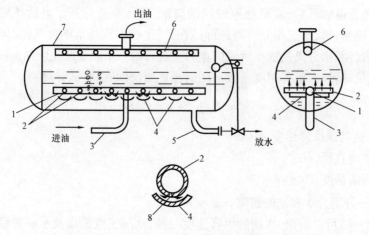

图4-2-8　空筒式卧式压力沉降罐结构示意图

1—分配汇管；2—分配管；3—进油管；4—槽形折流板；5—排水管；6—集油扎管；7—壳体；8—孔口

（2）聚结床式压力沉降罐。聚结床式压力沉降罐脱水是根据油、水对固体物质亲和状况不同，利用亲水憎油的固体物质制成各种聚结床来提高脱水效率。

对固体物质应满足下列要求：

① 具有良好的润湿性。由于这种润湿性,油水混合液流经过固体表面时,水滴附着于固体表面上,在液体的剪力下,水滴界面膜破裂,水滴聚结。

② 固体物质应能长期使用,并对油、水不发生化学变化,对油、水性质无有害影响。

③ 固体物质来源广,价格低廉。

陶粒聚结床卧式压力沉降罐结构如图 4-2-9 所示。陶粒聚结加斜板合一卧式压力沉降罐如图 4-2-10 所示。

聚结床卧式压力沉降罐(规格为 $\phi3600\text{mm} \times 16\text{m}$)是采用瓷质矩鞍环、聚丙烯拉西环为聚结床填料,结构示意图如图 4-2-11 所示。

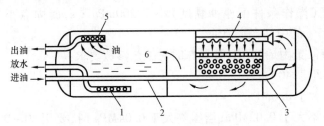

图 4-2-9　陶粒聚结床卧式压力沉降罐结构示意图

1—脱出水排出管;2—高含水油进管;3—陶粒聚结床;4—高含水原油配液管;5—脱后油出管;6—油水沉降分离室

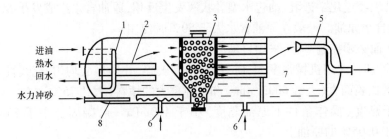

图 4-2-10　陶粒聚结加斜板合一卧式压力沉降罐结构示意图

1—高含水油进口管;2—加热器盘管;3—陶粒聚结床;4—斜板;5—脱后油出管;
6—脱出水排出管;7—油水沉降分离室;8—水力冲砂管

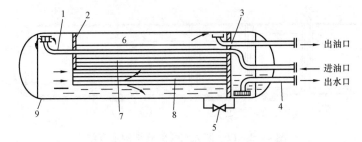

图 4-2-11　聚丙烯拉西环填料聚结床卧式压力沉降罐结构示意网

1—高含水油进出管;2—隔板;3—脱后油出口管;4—脱出水排出管;5—连通阀;
6—油水沉降分离室;7—拉西环填料;8—鲍尔环填料;9—壳体

用陶粒作聚结床时对工艺参数的要求：

① 脱水温度应大于40℃。

② 操作压力应小于0.6MPa。

③ 填料压差宜小于0.02MPa，当操作压力差大于0.03MPa时，应进行反冲洗。

④ 液流进行反冲洗在填料层内停留时间3min，在容器内停留的时间为40min。

⑤ 加药条件：井口或小站加药，管道破乳后的高含水原油。

⑥ 油水界面必须控制平稳，采用自动放水。

⑦ 陶粒筛选时，选用密度大于1.2t/m³，粒径10～15mm，机械强度大于4MPa为宜。

⑧ 适用于黏度（操作条件下原油黏度）小于200mPa·s，凝固点小于35℃，含水大于30%，含砂小于0.05%的中高含水原油。

采用瓷质矩鞍环，聚丙烯拉西环聚结床时对工艺参数要求：

① 脱水温度不小于40℃。

② 操作压力不大于0.6MPa。

③ 填料层压差不大于0.02MPa，当压差大于0.04MPa时，要用80～90℃热水反冲洗，填料再生周期10个月以上。

④ 沉降时间不少于20min。

⑤ 适宜处理经过化学破乳，油包水型乳状液发生反相，原油含水组成发生变化，产生大量游离水的中高含水原油。一般在原油含水大于50%时使用。

⑥ 油水界面必须控制平稳，采用自动放水。

⑦ 填料筛选时，采用机械强度大、质量轻、不易破碎、外形尺寸均匀、流线性好，并具有自去污能力、有效比表面大（大约600m²/m³）和空隙率大的填料（大约75%）。

⑧ 适用于黏度（操作条件下原油黏度）小于100mPa·s，凝固点小于35℃，含水大于50%，含砂小于0.05%的原油。

（3）游离水脱除器（大庆油田脱水站一般常用）。

游离水脱除器用于脱除游离水，一般脱出游离水含油量应小于1000mg/L，原油含水一般不超过30%。其结构如图4-2-12所示。

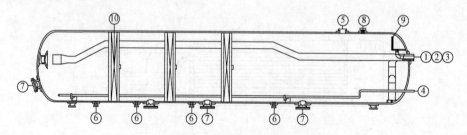

图4-2-12　游离水脱除器结构示意图

1—出油口；2—进液口；3—出水口；4—热回水进出口；5—安全阀接口；6—排污口；7—人孔；8—放空口；9—挡板；10—填料

（4）游离水脱除器（大庆油田聚合物驱用）。

适用于聚合物驱采出液处理的游离水脱除器，其结构示意图如图4-2-13所示。

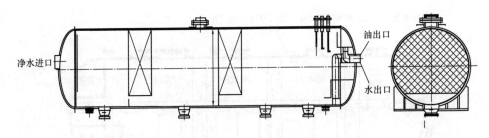

图4-2-13　聚合物驱游离水脱除器结构示意图

聚合物驱游离水在结构上具有以下4个特点：

① 进液口设进液分布器。该分布器为一圆形喇叭口结构，用于进液管开口进液，该结构能够使液流呈放射状布液，变径缓流，达到缓冲消能的目的。这样形成了一个较平稳的沉降分离条件。

② 初分离段设整流板。整流板是厚为6mm的钢板，在近12m²钢板上均匀分布200余个ϕ60mm的小孔，来液流经整流板后流速再次减缓，起到调整液流的运动状态，使液流分布均匀，等速前进。减少液流的不均匀流动对油、水分离的影响。

③ 使用新型波纹板聚结器。根据设备处理能力及容器结构，采用两段NP型聚丙烯波纹板，当液体分层后流经一段波纹板填料时，油滴随着水相流动，同时由于浮力的作用而上浮。当其浮至波纹板下表面后，便与板面吸附、聚结，由此产生由油滴组成的沿平板壁而向上流动的流动膜。流动膜流至平板上端就升浮到容器顶部油层之中，从而完成分离过程。通过第一段波纹板的整流作用，形成较平稳的层流状态。层流的油水层经第二段波纹板填料，水层中余留的油滴经波纹板吸附，油滴直径增大而上浮，而油层中的游离水聚结成较大的水滴并在重力作用下下沉，使油水分离更加彻底，油水界面过渡段也相应变小。应用规整波纹板填料后，不仅便于管理，而且设备的处理能力和处理效果都有较大的提高。为了有效地防止沉淀物的产生、淤积、固化，填料加入起润滑作用的$CaCO_3$同时加入抗老化剂，一方面起到防砂作用，提高油水分离效果，同时也延长了填料的使用寿命。

④ 改进收油、收水结构。减小了作为收油、收水装置的油室和水室，增大了脱除设备的有效处理空间。根据含水较高的情况，采用较小的油室，设置高位置油室堰板，使油水界面可控制在较高的位置上，节省处理空间、增大水相沉降面积，进而提高设备的处理能力。同时在出水口之前增设防砂挡板，便于清砂防砂。

⑤ 游离水脱除器（大庆油田三元复合驱用），其结构示意图如图4-2-14所示。

三元复合驱游离水脱除器，将常规使用的二组的波纹型填料，调整为三组管式蜂窝型再生陶瓷填料，来液经聚结后流速趋向均匀，液流的运动状态得以调整，使液流分布均匀，等速前进，有利于液体分层，减少了由于液流不均匀对油水分离效果的造成的影响。考虑到填料的再生性，在每段聚结器的旁边，设置了操作平台，便于清理填料。在操作平台上方，设置有透气孔，检修时起到通气及透光的作用。进液口设置新型进液分布器，该结构能够使液流呈放射状布液，变径缓流，液流前方设碟型折流器，达到缓冲消能的目的。保留常规采用的收油、收水装置，根据含水较高的情况，采用较小的油室，设置高位置油室堰板，使油水界面可控制在较高的

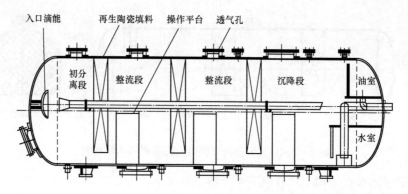

图 4 - 2 - 14　三元复合驱游离水脱除器结构示意图

位置上,节省处理空间、增大水相沉降面积,进而提高设备的处理能力。同时在出水口之前增设防砂挡板,便于清砂防砂。

2. 常压立式沉降脱水罐

稠油热化学沉降脱水因油水密度差较小、停留时间较长,可采用常压立式沉降脱水罐。立式沉降脱水罐结构示意图如图 4 - 2 - 15 所示。

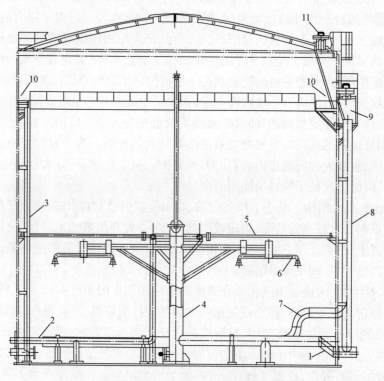

图 4 - 2 - 15　立式沉降脱水罐结构图

1—进液口;2—乳化油出油口;3—收油管;4—布液管;5—乳化液收油管;6—布液装置;
7—收水管;8—出水管;9—收水槽;10—收油槽;11—呼吸口

立式沉降脱水罐的下部为水中除油段,上部为油中脱水,油水界面控制是利用油水密度差和 U 形管平衡原理。其罐内集油槽高度与出水管高度差是决定油水界面高度位置的关键尺寸;沉降脱水罐容积的确定以能满足水中除油停留时间和油中脱水停留时间,其高度应满足油、水自流至下游储罐安全液位高度。

六、原油电脱水工艺

1. 电破乳机理

为使出矿原油达到商品原油所规定的水含量指标,往往同时采用加热、加入化学破乳剂和电脱水这三个破乳手段,但后者是主要手段。

原油乳状液借助高压电场的作用,使水微滴聚结成大滴,再借油水密度差将水沉出,这就是电破乳的过程。

原油电脱水方法只适宜于处理油包水型乳状液,其原理就是将原油乳状液置于高压直流或交流电场中,由于电场对水滴的作用,使水滴发生变形和产生静电力。水滴变形可削弱乳化膜的机械强度,静电力可使水滴的运动速度增大,动能增加,促进水滴互相碰撞,而碰撞时其动能和静电力位能便能够克服乳化膜的障碍而彼此聚结成粒径较大的水滴,在原油中沉降分离出来。水滴在电场中聚结主要有 3 种方式,即电泳聚结、偶极聚结和振荡聚结。

1) 电泳聚结

根据异性电荷相吸引的原理,在直流电场中,水滴移向与其本身电荷电性相反的电极,此现象称为电泳。由于原油中各种粒径水滴的界面上都带有同性电荷,故原油乳状液中全部水滴,将以相同的方向运动。

在电泳过程中,水滴受原油的阻力产生拉长变形,并使界面膜机械强度削弱,同时因水滴大小不等、所带的电量不同和运动时所受阻力各异,故各水滴在电场中运动速度不同,水滴发生碰撞,使削弱的界面膜破裂,水滴合并增大,从原油中沉降分出。未发生碰撞合并或碰撞合并后还不足以沉降的水滴将运动至与水滴极性相反的电极区附近。由于水滴在电极区附近密集,增加了水滴碰撞合并的概率,使原油中大量小水滴主要在电极区附近分出。电泳过程中水滴的碰撞与合并称为电泳聚结。

2) 偶极聚结

在高压直流或交流电场中,原油乳状液中的水滴受电场力的极化和静电感应,使水滴两端带上不同极性的电荷即形成诱导偶极。因为水滴两端同时受正负电极的吸引,在水滴上作用的合力为零,水滴除产生拉长变形外,在电场中不产生像电泳那样的运动,但水滴的变形削弱了界面膜的机械强度,特别在水滴两端界面膜的强度最弱。原油乳状液中许多两端带电的水滴象电偶极子一样,在外加电场中以电力线方向呈直线排列形成"水链",相邻水滴的正负偶极相互吸引,电的吸引力使水滴相互碰撞,合并成大水滴,从原油中沉降分离出来。这种聚结方式称为偶极聚结,偶极聚结是在整个电场中进行的。

3) 振荡聚结

在工频交流电场中,电场方向每秒改变 50 次,水滴内各种正负离子不断地做周期性的往复运动,使水滴两端的电荷极性发生相应的变化。离子的往复运动使水滴面膜不断地受到冲击,使其机械强度降低甚至破裂,水滴相撞而聚结成大水滴,从原油中分离出来。这种聚结方式称为振荡聚结,振荡聚结是在整个电场中进行的。

原油乳状液在交流电场中,水滴以偶极聚结和振荡聚结为主;在直流电场中,水滴以电泳聚结为主,偶极聚结为辅。

值得提出的是,过高的电场强度还会使水滴发生电分散作用,即由于水滴偶极矩的增大,其变形加剧,椭球形水滴两端受电场拉力过大而导致分裂。当电场强度大于 4.8kV/cm 时,将有电分散发生。电分散时的电场强度与油水间的界面张力有关,因此,任何使油水界面张力降低的因素,如脱水温度的增高,化学破乳剂的使用,均导致电场对水滴的相对作用增强,使产生电分散时的电场强度值降低。

原油乳状液采用电破乳方法脱水时,应充分利用化学破乳剂的作用,提高脱水效果。由于各种原油性质不同,其形成乳状液性质也不同,需要选择不同品种的化学破乳剂与之相匹配才能有较好的破乳效果。选择破乳剂的品种和用量应通过室内破乳剂试验和现场工业试验,根据成本和效能合理的原则确定。

2. 原油电脱水要求达到的质量指标

原油脱水指标应按 GB 36170《原油》规定的出矿合格原油的质量含水率,其指标见表 4 - 2 - 3。

3. 设计技术参数的确定

（1）原油电脱水工艺适宜于处理含水小于 30% 的原油（竖挂电极处理含水小于 20% 的原油）。

（2）电脱水操作温度应根据原油的黏温特性确定,宜使原油的运动黏度在低于 $50\text{mm}^2/\text{s}$ 的条件下进行脱水。

（3）确定电脱水操作压力时,其压力应比操作温度下的原油饱和蒸气压高 0.15MPa。

（4）电脱水器的处理能力,应根据原油乳状液处理的难易程度确定其在电脱水器内的停留时间,停留时间一般为 40min,稠油一般不超过 60min。电脱水器的处理能力按式（4 - 2 - 3）计算:

$$V = V_i/t \qquad\qquad (4 - 2 - 3)$$

式中　V——单台电脱水器处理的含水原油体积流量,$\text{m}^3/(\text{h} \cdot \text{台})$;

　　　　V_i——电脱水器空罐容积,$\text{m}^3/\text{台}$;

　　　　t——选定的含水原油在电脱水器内的停留时间,h。

（5）电脱水器的数量应按下列原则确定:

① 运行数量计算:

$$n = \sum V/V \qquad\qquad (4 - 2 - 4)$$

式中　n——电脱水器数量,台;

　　　　$\sum V$——脱水站经电脱水器处理的含水原油体积流量,m^3/h;

V——单台电脱水器处理的含水原油体积流量,$m^3/(h \cdot 台)$。

② 当一台电脱水器检修,其余电脱水器负荷不大于设计处理能力(额定处理能力)的120%时,可不另设备用;若大于120%时,可设1台备用。

③ 确定电脱水器数量时,如果采用单相供电设备,应尽量保持供电负荷的相平衡。

④ 电脱水器数量的设置一般不少于2台,不多于6台。

(6)电脱水器内强电场部分的电场强度设计值,一般为$0.8 \sim 2.0 kV/cm$;弱电场部分的电场强度设计值,一般为$0.3 \sim 0.5 kV/cm$。

(7)原油采用直流电脱水,其脱水效果要比交流电脱水效果好。但是直流电的脱出水含油量,要比交流电的多。所以原油电脱水的供电方式,应优先采用交直双重电场。但是不排斥选用直流电场或交流电场。

七、原油电脱水设备

1. 原油电脱水器系列

原油电脱水器外形结构采用卧式,椭圆形封头,双鞍式支座支承形式,其筒体公称直径、长度系列及空罐容积见表4-2-6。

表4-2-6 原油电脱水器筒体公称直径与长度系列及空罐容积

公称直径 mm	长度,mm						
	5000	8000	11000	14000	17000	20000	23000
	空罐容积,m^3						
2600	31.6	47.6	63.5	—	—	—	—
3000	43.0	64.2	85.4	106.6	127.8	—	—
3600	—	—	12 5.2	15 5.7	186.3	216.8	—
4000	—	—	—	—	205.5	269.4	307.1

2. 原油电脱水器结构要点

(1)器内进油分配管的设计应使油流在电极下方分配均匀,管内无砂粒和其他杂质聚积。因此油量分配孔应开在进油分配管的底部。

(2)器内顶部出油汇管的设计应使油流均匀地流入出油汇管。

(3)电极的设置应符合下列要求:

① 采用平挂网状电极,电极层数一般为2层、3层和4层三种。当电极垂直悬挂比平挂有更好的脱水效果时,则电极亦可垂直悬挂。

② 电极宜采用组合式。

③ 平挂电极采用钢板网结构,钢板网应贴于电极骨架上点焊牢固。一片电极使用两张以上钢板网对,应在电极骨架处对接,两张钢板网各自点焊于骨架上。

④ 电极不得有尖角和毛刺。

（4）处理含砂原油的电脱水器其底部应设有水力冲砂管和排砂口。

（5）器内顶部宜设有防爆液位控制器。

3. 原油电脱水器结构

原油电脱水器结构示意图如图4-2-16所示。

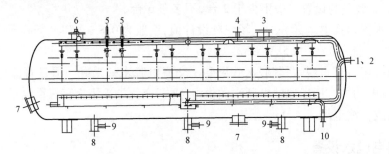

图4-2-16　原油电脱水器结构示意图

1—进油口；2—出油口；3—透光孔；4—放气口；5—绝缘棒；6—浮球液位控制器；7—人孔；
8—排砂口；9—放水口；10—冲砂水进口

大庆油田研究出对三元复合驱采出原油的电脱水有更强的适应能力的组合电极原油电脱水器并配套脉冲脱水供电装置，如图4-2-17所示。

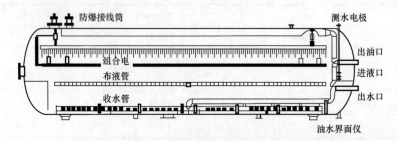

图4-2-17　组合电极原油电脱水器结构简图

结合平挂电极原油电脱水器和竖挂电极原油电脱水器的特点，研发了组合电极原油电脱水器，脱水器电极分上、下两部分，上部采用长短相间的竖挂电极，下部采用平挂柱状电极。增加了乳状液的预处理空间，对来液含水率适应性明显提高，进液含水率由20%提高到30%，极板淤积物减少，清淤周期提高到原来的1.75倍。采用双管布液方式，提高了布液均匀度，使电极板利用率提高。采用可拆卸式单管收水结构，收水平稳，易于拆卸，清淤维修方便。根据油田油品性质及处理量设计相应的罐体尺寸、罐内极板、进油分配器等设施，布置合理、脱水效果好。

4. 多种功能组合处理装置

大庆油田外围低产油田原油脱水多采用多种功能组合处理装置，比如加热、分离、缓冲、沉降组合装置（简称"四合一"），具体结构图如图4-2-18所示，加热、分离、缓冲、沉降、电脱水（简称"五合一"），具体结构图如图4-2-19所示。

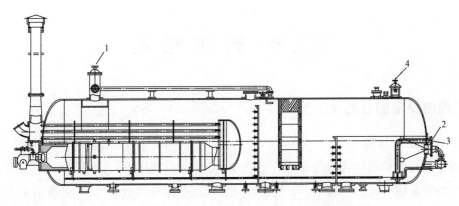

图4-2-18　加热、分离、缓冲、沉降组合装置结构简图

1—进液口；2—出油口；3—出水口；4—出气口

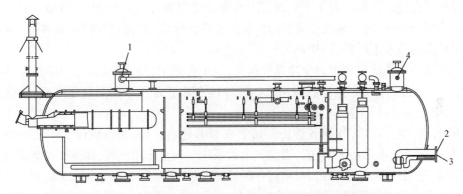

图4-2-19　加热、分离、缓冲、沉降、电脱水组合装置结构简图

1—进液口；2—出油口；3—出水口；4—出气口

5. 深度脱水器

为保证脱水脱盐效果，减少脱盐所需回掺水量，在塔里木油田哈一联脱水单元建设原油深度脱水器2座（ϕ14200mm），处理后原油质量含水率≤0.2‰。深度脱水器在工艺流程中置于一段热化学脱水器与原油稳定单元之间，具体简图如图4-2-20所示。

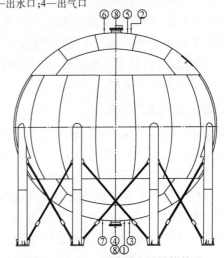

图4-2-20　深度脱水器结构简图

1—进油口；2—出油口；3—出水口；4—排污口；
5—放气口；6—安全阀口；7—放水取样口；8—人孔

第三节　原 油 稳 定

一、原油稳定的目的及工艺

1. 原油稳定的目的

从地下采出的原油中含有较多的 C_1—C_4 组分,在常温常压下,含有 C_1—C_4 的正构烷烃是气体。原油在集输与储运过程中,如果流程不密闭,这些组分将被蒸发掉,并携带出大量 C_5 及以上的组分,造成原油蒸发损耗。

在油气集输过程中,为了满足各种工艺要求,需要加热、降压、储存,这就为原油中轻组分的挥发提供了良好的条件。对于未做到密闭的集输流程来说,原油在敞口储罐中的蒸发损耗很大。国内调查表明:对于未经稳定的原油直接进常压储罐,其油气损耗为原油产量的 1% ~ 3%,其中储罐的蒸发损耗约占 40%。

为了降低油气集输过程中的原油蒸发损耗,一个有效的方法就是将原油中挥发性强的轻组分(C_1—C_4 组分)比较完全地脱除出来。使原油在常温常压下的蒸气压降低,这就是原油稳定。

20 世纪 70 年代以后,我国各油田开始重视原油稳定工作,相继建设了一批原油稳定装置,这些稳定装置大多采用闪蒸法。当油气集输系统实现全密闭流程,即油气在集输过程中做到密闭集输、密闭处理、原油稳定、密闭储存时,油气损耗可降到 0.29% ~ 0.5%。

原油稳定工艺是为了降低油气集输过程中的原油蒸发损耗,回收轻烃资源。根据原油性质和原油中轻烃组分构成等,结合整个集输处理过程的实际情况,选择合适的方法将原油中易挥发的轻烃脱除,降低原油的蒸气压,使其在常温常压下稳定储存和输送,被脱除的轻烃可作为石油化工的重要原料和工业与民用燃料。因此,原油稳定是降低油气损耗,综合利用油气资源的一项重要措施,对于节能降耗、减少环境污染、提高油田开发效益有重要的意义,在各油气田中普遍受到高度的重视。

2. 原油稳定工艺原理

原油稳定是从原油中脱除轻组分的过程,也是降低原油蒸气压的过程,使原油在常温常压下储存时蒸发损耗减少,保持稳定。因此,如何降低原油的蒸气压,是原油稳定的核心问题。

1) 原油蒸气压与温度和组成的关系

原油是烃类和少量非烃类物质所组成的复杂混合物。原油中所含的许多组分至今还未完全分析清楚,属于组分不确切混合物,因而,目前还没有原油蒸气压与组成关系的确切表达式。但原油蒸气压与组成之间的关系是清楚的:原油中所含的轻组分越多,挥发性就越强,原油的饱和蒸气压也越高。因此,可用原油饱和蒸气压的大小来表示原油中轻组分和重组分的比例以及原油组分的概况。当然,原油的蒸气压随温度的升高而增加,随温度的下降而减小。在相同温度下,相对分子质量小的轻组分比相对分子质量大的轻组分有较高的蒸气压。

2）降低原油蒸气压的方法

原油的蒸气压与温度和组成有关。同一种原油的蒸气压随温度的升高而增大，在相同的温度下，轻烃含量高的原油其蒸气压也高。因此，要降低原油蒸气压，可以从降低原油温度或减少原油中轻烃的含量来实现。但降低温度会受工艺条件的限制，不容易在油气集输和处理的整个工艺系统中实现。因而，切实的方法应该是减少原油中的轻组分含量，尽可能脱除 C_1—C_4 组分。

在同一温度下，对烃类组成来说，相对分子质量越小的组分蒸气压越高，相对分子质量越大的组分蒸气压越低。我们知道，液体的挥发度可用一定温度下的蒸气压来表示，蒸气压大的液体容易挥发，蒸气压小的液体不容易挥发，因而组分越轻，越容易从液相中挥发出来。但是，无论是轻组分还是重组分，从液相中挥发出来都需要消耗能量。

原油在集输和加工过程中都具有一定的压力和温度。在某一温度下，如果降低压力，就会破坏原来的气液平衡状态，使原油中一部分组分挥发出来。在同样温度下，轻组分的饱和蒸气压高，率先挥发出来；重组分虽然不同程度地也有部分挥发出来，但其数量少得多，因而气相中轻组分的含量高，达到了从原油中分离出轻组分的目的。闪蒸稳定法就是利用这一原理来实现原油稳定的。

提高原油温度可以加速液相中的分子运动，克服相邻分子间的吸引力，逸散到上层气相空间。轻组分的相对分子质量小，分子间的引力也小，更容易挥发出来。这样，利用轻组分和重组分挥发度不同，就可以把原油中 C_1—C_4 轻组分分离出来。分馏稳定法就是通过把原油加热到一定温度，利用精馏分离原理，使气、液两相经过多次平衡分离，使其中易挥发的轻组分尽可能转移到气相中，难挥发的重组分保留在原油中，来实现原油稳定的。

闪蒸稳定法和分馏稳定法都是利用原油中轻组分和重组分挥发度不同来实现从原油中分离出 C_1—C_4 组分的，从而达到降低原油蒸气压的目的。当然，由于稳定要求、原油组成和工艺系统不同，这两类方法的工艺参数、设备选型和流程安排又都各有不同，出现了多种稳定方法。

3. 原油稳定达到的技术指标

原油稳定的深度可用稳定原油的饱和蒸气压来衡量。稳定原油的饱和蒸气压应根据原油中轻组分含量、稳定原油的储存和外输条件等因素确定。我国 SY 7513《出矿原油技术条件》对原油稳定应达到的技术指标作出规定：在储存温度下，稳定后原油的蒸气压（绝压）低于油田当地大气压。SY/T 0069—2008《原油稳定设计规范》要求稳定原油在储存温度下的饱和蒸气压设计值不宜超过当地大气压的 0.7 倍。一般采用 50～60℃ 的最高存储温度下对应稳定原油饱和蒸气压小于 70kPa（绝）作为衡量指标。

当采用铁路、水路和汽车装运时，稳定原油的饱和蒸气压可略低，以减少蒸发损耗。但稳定装置对 C_5 和 C_6 以上更重组分的收率（质量分数）不宜超过未稳定原油在储运过程中的原油自然蒸发损耗率。原油蒸发损耗的测定方法按现行的 SY 5267《油田原油损耗测试方法》中的规定执行。新开发油田原油的蒸发损耗可按集输及储运条件进行模拟计算和预测。

原油蒸发损耗低于 0.2% 时，已达到 SY/T 6420《油田地面工程设计节能技术规范》的控制指标。此时原油中 C_1—C_4 的轻组分含量通常也小于 0.5%，进行稳定处理已没有经济效益。

因此，在原油蒸发损耗低于0.2%或原油中C_1—C_4的轻组分含量通常也小于0.5%时，总损耗率一般都在0.5%以下，而原油总损耗率低于0.5%是我国现行控制目标，这时原油可不进行稳定处理。

4. 原油稳定工艺流程

原油稳定的方法基本上可以分为闪蒸法（一次平衡汽化可以在正压、微正压、负压下进行）和分馏法两类。目前，国内常见的原油稳定工艺主要有负压闪蒸、正压闪蒸及提馏法。采用哪种方法，应根据原油的性质、能耗和经济效益的原则确定。

稳定脱出的轻组分主要是C_1—C_4。如果未经稳定的原油中C_1—C_4的蒸发损失率低于总原油量的0.5%（质量分数），可以不进行稳定处理。但当与外输相结合能取得较好的经济效益时，也可以进行稳定处理。

1）负压闪蒸

原油中轻组分C_1—C_4在2.5%以下，原油脱水或外输温度能满足负压闪蒸需要时，宜采用负压闪蒸。它的优点是无须热源。

为获得较好的经济效益，常用负压闪蒸处理溶解气量少、所需汽化率小的重质原油，以减少压缩机功耗。其流程如图4-3-1所示。

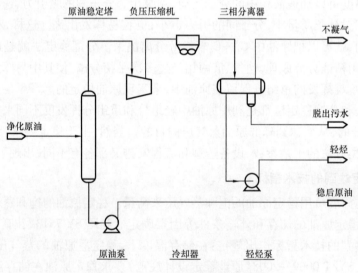

图4-3-1 负压闪蒸原理流程图

脱盐脱水后的净化原油首先进入原油稳定塔的上部，在稳定塔内进行闪蒸，闪蒸温度为50~80℃，塔底部的稳定原油进入稳定原油储罐，或者直接用外输油泵外输。稳定塔顶部用真空压缩机抽真空，真空度一般为20~70kPa，真空压缩机出口压力一般为0.2~0.3MPa。抽出的闪蒸气经冷凝器降温至40℃左右，进入分离器进行轻油、气、水三相分离。分出的轻油经轻烃泵去储罐然后外运；不凝气进入低压气管网；污水进入含油污水系统进行处理。

负压闪蒸关键设备为负压抽气压缩机，国内压缩机吸入压力为60kPa左右，国外为40kPa左右，提高真空度将增加能耗，一般操作压力定为50~70kPa。操作温度过低，气体不宜从原油中析出,宜为 50 ~ 80℃。进稳定装置原油含水率一般小于 1%。负压闪蒸原油稳定组分切割精度高,提取的轻烃中重组分携带少,产出轻烃量少,适合于轻组分含量不高的原油稳定。

2) 正压闪蒸

原油中轻组分 C_1—C_4 在 2.5% 以上时,可采取正压闪蒸工艺。当有余热可利用时,即使原油中轻组分 C_1—C_4 在 2.5% 以下时,也可考虑采用正压闪蒸或分馏稳定工艺。它的优点是能充分利用剩余压力能。

正压闪蒸压力大于大气压,其操作压力应尽量降低并符合下列要求:

(1) 轻组分含量较低的原油,操作压力宜为 0.02 ~ 0.1MPa;

(2) 轻组分含量较高的原油,操作压力宜为 0.1 ~ 0.3MPa。

正压闪蒸原油进闪蒸塔温度要比负压闪蒸高,闪蒸温度一般为 80 ~ 120℃。为达到规定的稳定深度,一般正压闪蒸需要加热原油。可对进料加热,也可在塔底加热。进稳定装置原油含水率一般小于 1%。

脱盐脱水后的净化原油首先与稳定后的原油换热,然后经加热炉加热至稳定温度再进入原油稳定塔的上部,在稳定塔的内部进行闪蒸,温度根据进料组成和操作压力而定(为降低操作温度,可采用降低油气分压的措施)。塔底部的稳定原油直接用外输原油泵抽出与未稳定原油换热后外输。稳定塔顶部的闪蒸气经冷凝器降温至 40℃ 左右,进入分离器进行轻油、气、水三相分离,分出的轻油经泵去储罐然后外运;不凝气进入低压气管网;污水进入含油污水系统进行处理。为降低闪蒸压力,可对原稳不凝气增加压缩机,塔顶气三相分离压力为微正压,可确保稳定轻烃蒸气压合格,同时从而实现微正压操作,降低原油加热温度。其流程图如图 4 - 3 - 2 所示。

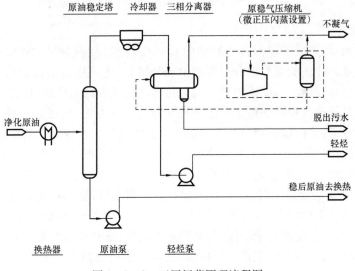

图 4 - 3 - 2　正压闪蒸原理流程图

正压闪蒸稳定法的主要优点是在流程中取消了负压抽气压缩机,因而操作简单,施工周期短,在我国现行条件下这是可行的。其缺点是能耗较高,分离效果相对较差,若能将加热所需的热量与原油降黏或热处理相结合,可以不因稳定原油而消耗额外过多的能量时,也是可以采用的。为控制原油中重组分脱出量,可在原油稳定塔闪蒸段之上增加一个闪蒸气精馏段,分流部分轻烃回到塔顶作为回流,实现闪蒸气多级气液平衡分离的分馏操作,控制闪蒸气中重组分含量,从而达到控制轻烃终馏点的目的,稳定塔闪蒸气增加精馏段流程如图4-3-3所示。此种工艺在大庆油田、冀东油田和塔里木油田的原油稳定装置中均有成功的运行实践,既可提高轻烃收率,又能有效控制原油中重组分拔出量。

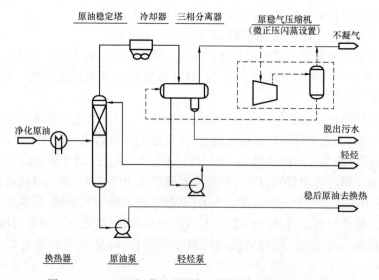

图4-3-3　正压闪蒸工艺增加闪蒸气精馏段流程原理图

3）提馏法稳定

对于轻质原油,例如凝析原油或者原油中 $C_1—C_4$ 含量(质量分数)在5.5%以上的原油,适宜用分馏法稳定。此法能很好地分离原油中的轻组分,达到指定的稳定后原油的饱和蒸气压,在下一环节的储运过程中,储罐内蒸发损失几乎可以减少到不易测出的程度。

全塔分馏法是目前各种原油稳定工艺中最复杂的一种方法,它可以按要求把轻组分和重组分很好地分离开来,从而保证稳定原油和塔顶产品的质量。这种方法的缺点是投资较高、能耗较高以及生产操作较复杂。为了克服全塔分馏法的上述这些缺点,在分离效果要求不太严格的情况下,按照原油稳定深度的要求,稳定塔可以只要提馏段而不设精馏段,这就出现了所谓的"提馏法"。在采用分馏法时,全部原油加热到较高温度,塔内的操作温度和操作压力都比较高,一般为100~250℃(塔底),压力为常压或正压。由于进料和操作温度高,能耗较高,所需换热器面积大,工艺流程复杂。同时,采用提馏法时,进料液温度和塔的操作温度都较低,重组分不会拔出过多,无须在塔上部增加精馏段,能量消耗也减少。因此,在满足稳定要求的前提下,可考虑采用提馏法实现稳定,如图4-3-4所示。提馏稳定可有效控制轻烃拔出量,但原油加热温度比正压闪蒸高,适用于轻组分含量高的原油及凝析油稳定。

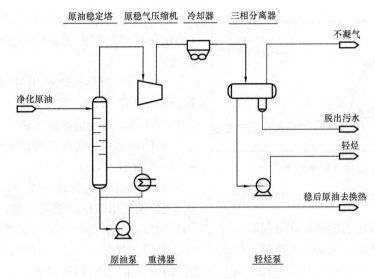

图 4 - 3 - 4 提馏稳定原理流程图

为达到一定汽化率,塔压越高所需塔底温度越高,塔高 2/3 处进料,无塔顶回流,塔顶可设置捕雾器。

经脱盐脱水后的净化原油,首先进入换热器与稳定塔底的稳定原油进行换热至 90 ~ 150℃,然后进入稳定塔。塔的操作压力一般为 0.05 ~ 0.2MPa,塔底原油一部分用泵抽出经重沸加热炉加热到 120 ~ 200℃回到塔底液面上部,给塔提供热源,保证塔底温度;另一部分作为塔底产品(稳定原油)用泵抽出经换热回收热量后外输或进入稳定原油储罐。塔顶气体温度一般为 50 ~ 90℃,先经冷凝器降温,然后进入回流罐。经分离后,一部分液相产品作为塔顶回流;另一部分作为塔顶液相产品,用泵增压输至轻油产品储罐。回流罐的气相作为塔顶的气相产品进入低压气管网。

我国各油田生产的原油,有很大一部分原油中的 C_1—C_4 的含量为 0.8 ~ 2%,因此采用分馏法稳定的不多,只在大港油田、江苏油田、胜利油田和大庆油田(为乙烯厂提供原料)等油田采用。我国已建成投产的大港油田板桥原油稳定装置和大庆油田萨中原油稳定装置都是采用分馏稳定工艺。大港油田原油为凝析原油,原油的密度为 783 ~ 786kg/m^3,操作压力为 0.15 ~ 0.22MPa,塔顶温度为 60 ~ 65℃,塔底温度为 120℃;大庆油田萨中原油为普通原油,其密度为 820kg/m^3,操作压力为 0.05MPa,塔顶温度为 33℃,塔底温度为 193℃。

4)原油稳定方法技术经济比选

原油稳定方法的选择,原则上应根据未稳定原油的性质、原油脱水及外输的具体情况,并参照下列条件进行技术经济比较后确定。

总的原则是在满足商品原油质量要求的前提下,使油气田获得最高的经济效益。

(1)原油中轻组分 C_1—C_4 含量低于 0.5%(质量分数)时,一般不需要进行稳定处理。

(2)原油中含轻组分 C_1—C_4 含量在 5.5%(质量分数)以上时,适合采用提馏法进行原油稳定;而原油中含轻组分 C_1—C_4 质量含量在 2.5% 以下时,无须加热进行原油稳定,宜采用负压闪蒸稳定法。

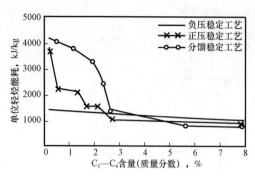

图4-3-5　原油稳定单位能耗与轻组分含量关系

（3）原油中轻组分 C_1—C_4 含量大于 2.5%（质量分数）时，可采用正压闪蒸法或者提馏稳定法。

（4）当有余热可以利用时，即使原油中轻组分含量低于 2.5%（质量分数），也可考虑采用加热闪蒸稳定法或提馏稳定法。

原油稳定单位能耗与轻组分含量关系如图 4-3-5 所示。

对含轻组分较多的原油，若采用负压闪蒸法，将使抽气压缩机的能耗增加，且难以达到稳定要求。分馏稳定法能较彻底地脱除未稳定原油中的 C_1—C_4 组分，有较理想的分离效果和稳定深度。但该法需把全部原油加热至较高的温度，所需的换热设备多，工艺流程长，动力消耗大，使建设费用和运行费用都较高。因而，需进行综合技术经济比较，以确定是否采用分馏法处理未稳定原油。若能将分馏稳定所需的热量与原油降黏或热处理相结合，则可不因进行原油稳定而额外消耗过多的能量，分馏法的效益就会很好。因此，在进行综合技术经济比较时，应全面考虑集中处理站内各工艺环节的能耗和各种所得产品的价值，避免片面性。

二、原油稳定塔的设计计算

1. 闪蒸塔设计计算

负压及正压闪蒸仅是一次平衡汽化，从广义上说是在一个分离器内分离油气，是原油内轻质组分的末级分离。这种闪蒸塔不像分馏塔那样，气液多次在塔内接触，传热传质，而是气液分道而行，气相负荷只有进料量的 1% 左右，远小于液相负荷，为了更好地使原油有足够的闪蒸面积和分离时间，要考虑好闪蒸塔内部结构。

1）塔的结构形式

一般采用立式塔，也有采用卧式塔的。从内部结构看采用淋降式筛板、折流板或栅格填料都可以，目前采用筛板和折流板的较多。

为了获得较大的闪蒸面积，要求筛板在淋降状态下运行。原油从板上筛孔下流形成液柱，利于气体逸出。气体与液体不返混，而是从气体通道中上升。折流板的设置可使原油脱气面积增大，实现充分脱气，塔板上设升气管使气液分流，避免返混，减少闪蒸气夹带原油量和原油夹带气量，分离效率较高。栅格填料可使液体成滴状或膜状下流，液体蒸发面积大，而蒸发出来的气体与液体并不返混，这是别的填料达不到的。栅格

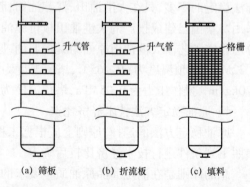

图4-3-6　原油稳定闪蒸塔结构形式示意图

填料有较大的空隙率，气体在空隙中上升。原油稳定闪蒸塔结构形式示意如图 4-3-6 所示。

2）塔径计算

进料口上部实际上是一个油气分离器,可按常规的分离器计算直径。进料口下部,绝大部分是液相,要尽量扩展液体表面积。因此,采用淋降式筛板、折流板或栅格填料都有对喷淋密度的要求。喷淋密度大,处理量大,但液体蒸发面积小,造价低;喷淋密度小,处理量小,但蒸发面积大,造价高。

根据经验,筛板塔内筛孔直径宜为8mm,塔内设4～6块筛板,塔的喷淋密度宜为40～80m³/(m²·h)。表4－3－1是大庆油田萨南和塔里木油田哈一联等原油稳定装置的稳定塔参数。如果是较重的原油,轻组分含量本来就少,即使想尽办法扩大蒸发面积,但在一定的温度压力下与中等程度密度的原油相比较,收效也是不大的,这时喷淋密度可以适当地提高一些。

表4－3－1 大庆油田和塔里木油田哈一联等原油稳定装置的稳定塔参数

参数		大庆油田萨南	塔里木油田哈一联	哈萨克斯坦希望二厂
处理量	d_4^{20}	0.803	0.832	0.813
	t/a	350×10^4	100×10^4	400×10^4
	t/h	437.5	125	500
	d_4^{58}	0.773	0.802	0.783
	m³/h	566.3	155.9	638.6
塔径,m		3.6	2.6	3.6
喷淋密度,m³/(h·m²)		55.7	29.4	62.8
压力,MPa(绝)		0.18	0.15	0.06
温度,℃		130	60	45

注:d_4^{20} 和 d_4^{58} 分别为油品在20℃和58℃时对4℃时水的相对密度。

以喷淋密度计算进料口以下的塔径:

$$D = \left(\frac{L}{0.785L'} \right)^{0.5} \qquad (4-3-1)$$

式中 D ——塔径,m;

　　　L ——进料液量,m³/h;

　　　L' ——喷淋密度,m³/(h·m²)。

3）进料分布管及分布盘设计计算

（1）进料分布管。

进料分布管可做成环状及枝状。设计的要求是进料尽可能地均匀地流下。杜绝喷溅、喷射或剧烈地搅动。进料分布管下部钻小孔使液体均匀地淋下,如图4－3－7所示,它适用于直径1.2m以下的塔。枝状进料分布管(图4－3－8)适用于直径大于1.2m以上的塔。进料分布管上小孔的面积取决于流经小孔的压降,此值一般不大于1.78kPa,管上开孔长度不得大于未开孔的总长度。压降计算公式为:

$$\Delta p = (K\rho w^2/2) \times 10^{-3} \qquad (4-3-2)$$

式中　Δp ——压降,kPa;

　　　K ——系数;

　　　ρ ——液体密度,kg/m^3;

　　　w ——液体流经小孔的流速,m/s。

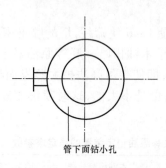
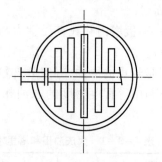

图 4 - 3 - 7　环状进料分布管　　　图 4 - 3 - 8　枝状进料分布管

$$K = (1 - \alpha^2) / C^2 \qquad (4 - 3 - 3)$$

式中　α ——小孔总截面积与分布管截面积之比;

　　　C ——流量系数,取 0.6 ~ 0.7。

如以 $C = 0.6$,并 $1 - \alpha^2$ 取为 1,则:

$$\Delta p = (2.78\rho w^2/2) \times 10^{-3} \qquad (4 - 3 - 4)$$

这样计算是偏于安全的。钻小孔的毛刺是难以完全打磨平的,安全一点为好。由规定好的压降就可以算出小孔总截面积,规定小孔孔径,计算出小孔数,小孔径一般为 8 ~ 12mm。

（2）进料分布盘。如图 4 - 3 - 9 所示。

进料管直径应保持液相流速小于 1m/s,以免造成喷溅,一般可取 0.6 ~ 0.8m/s。分布盘径为塔径的 0.6 ~ 0.8 倍,适用于直径 0.8m 以上的塔。分布盘与塔壁之间的环形通道,就是气体上升的通道。盘底开小孔,小孔直径、数量与盘上液头高度 H 的关系为:

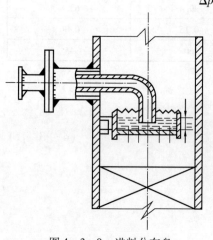

图 4 - 3 - 9　进料分布盘

$$n = \frac{L}{0.785 d_0^2 C \sqrt{2gH}} \qquad (4 - 3 - 5)$$

式中　n ——盘底开小孔数,个;

　　　L ——液体流量,m^3/s;

　　　d_0 ——小孔直径,m;

　　　C ——流量系数,取 0.6 ~ 0.7;

　　　H ——盘上液头高度,m。

为了使进料原油有足够的闪蒸空间,喷淋器离第一块塔板的高度一般为 1.5m 左右。

[例1] 处理量 $100 \times 10^4 t/a$，年开工时 8000h，在进塔温度下，原油密度 $809kg/m^3$，计算进料盘直径、盘底开孔数。进塔温度为 57℃。

解：进塔液体量 $154.51m^3/h(0.0429m^3/s)$，因进口汽化的量很小，故忽略不计。根据原油性质，取喷淋密度为 $35m^3/(h \cdot m^2)$，塔径按式（4-3-1）计算 $D = 2.37m$，圆整为 2.4m。分布盘直径：$0.65 \times 2.4 = 1.56m$。盘面积是 $1.91m^2$，盘底开 $\phi 12mm$ 小孔，并假定 H 为 150mm（下面再核算），则打小孔数为：

$$n = \frac{0.0429}{0.785 \times 0.012^2 \times 0.65 \sqrt{2 \times 9.81 \times 0.15}} = 340$$

取实打小孔数为 400 个。小孔总截面积是 $0.0452m^2$，占盘底面积 2.36%。液体通过小孔流速是 $w = 0.0429/0.0452 = 0.95m/s$。压降用式（4-3-4）计算：

$$\Delta p = 2.78 \times 10^{-3} \times 809 \frac{0.95^2}{2} = 1.015kPa$$

据已知原油密度进行相对压力折算，104mm 水柱折合 128mm 油柱。现 H 为 150mm，$1.015kPa < 1.78kPa$，符合要求。为适应原油处理量的波动及产生泡沫的影响，一般分布盘堰高（不包括齿高）为 $2H$，齿高一般为 20mm，从堰上溢流是许可的。现在盘边距塔壁是 420mm，溢流液体不可能盖住气体上升通道，堰可以是平堰。

4）填料及停留时间

负压闪蒸塔可以选用一定喷淋密度来决定塔径。进料口以下，如果采用填料扩展液体蒸发面积须满足液体分道而行的原则，因此用栅格填料（或格里希栅格填料）很合适。填料高度按平衡气化需一块理论板估计。

[例2] 原油处理量 220t/h，压力 70kPa（绝），温度 58℃。原油在操作状态密度为 $870kg/m^3$，黏度为 $30mPa \cdot s$，计算塔径及估计填料高度。

解：采用喷淋密度 $L' = 40m^3/(h \cdot m^2)$，原油在操作状态下体积流量 $220/0.87 = 253m^3/h$，需截面积 $253/40 = 6.325m^2$，塔直径 $D = 2.84m$，圆整为 3m，实际喷淋密度为 $253/7.065 = 35.8m^3/(h \cdot m^2)$。

采用栅格填料，50mm 高、1.6mm 厚、间距 50mm 的扁钢，以 90°和 45°角交叉排列。这种填料按照《气液传质设备》（化学工业出版社，1989），比表面积 $81.5m^2/m^3$，则润湿率是 $L_w = 35.8/81.5 = 0.439m^2/h$，取 1m 高填料，填料体积 $7.065m^3$，共有表面积 $575.8m^2$。查文献《气液传质设备》中图 2-12，经校正后液膜厚度是 2.12mm。闪蒸面积大，对拔出率有利。

由例2计算可见，这比用 6 层筛板，每层筛板上要钻好几千个小孔（$\phi 8mm$），施工简便多了。并且栅格填料在圆形塔内，即使填料距塔壁有些间隙，也不要紧，原本要求气液分道而行，可作为气体通道。

关于液体在塔内停留时间，应按塔底原油在塔内停留时间计算：起泡原油，6~8min，一般原油 2~3min。

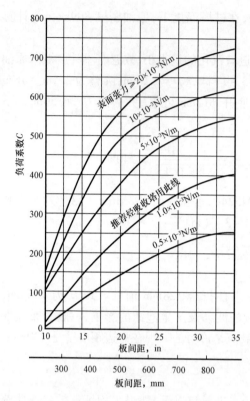

图 4 - 3 - 10　Souder - Brown 关联图

得 $w_{\max}$。实际操作气速 $w_{\mathrm{op}} = (0.75 \sim 0.85) w_{\max}$。

对于浮阀塔用图 4 - 3 - 11 查算 C 值。

此图负荷系数 C 是由液体表面张力为 $20 \times 10^{-3} \mathrm{N/m}$ 作出的。

当表面张力为其他值时，C 值按式(4 - 3 - 8)校正：

$$\frac{C_{20}}{C_\sigma} = \left(\frac{20}{\sigma}\right)^{0.5} \quad (4 - 3 - 8)$$

式中　σ——液体表面张力，$10^{-3} \mathrm{N/m}$。

再用式(4 - 3 - 9)：

$$w_{\max} = C \sqrt{\frac{\rho_1 - \rho_v}{\rho_1}}$$

$$(4 - 3 - 9)$$

式中　$w_{\max}$——最大气体流速，$\mathrm{m/s}$。

负荷系数 C 是考虑了气液两相功能

2. 分馏稳定塔设计计算

1）板式塔塔径计算

估算塔径时可用 Souder - Brown 关联图，如图 4 - 3 - 10 所示。

$$w_{\max} = 8.46 \times 10^{-5} \times C \sqrt{\frac{\rho_1 - \rho_v}{\rho_G}}$$

$$(4 - 3 - 6)$$

式中　$w_{\max}$——最大气体流速，$\mathrm{m/s}$；

C——负荷系数，查图 4 - 3 - 10；

ρ_1——液体密度，$\mathrm{kg/m^3}$；

ρ_v——气体密度，$\mathrm{kg/m^3}$。

如图 4 - 3 - 10 所示，负荷系数 C 值与表面张力有关。原油的临界温度(T_c)可按式(4 - 3 - 7)计算：

$$T_\mathrm{c} = 358.8 + 0.9259D - 0.3959 \times 10^{-4} D^2$$

$$(4 - 3 - 7)$$

$$D = (1.8 t_v + 132) d_{15.6}^{15.6}$$

式中　t_v——恩氏蒸馏体积平均沸点，℃；

$d_{15.6}^{15.6}$——原油相对密度。

由图 4 - 3 - 10 查出的 C 值代入式(4 - 3 - 6)

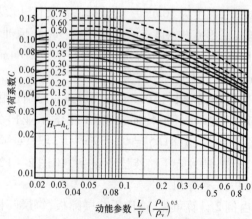

图 4 - 3 - 11　不同分离空间下动能参数与负荷系数之间的关系

L, V—液体及气体在操作状态下流量，$\mathrm{m^3/h}$；

ρ_1, ρ_v—液体及气体在操作状态的密度，$\mathrm{kg/m^3}$；

H_T—板距，m；h_L—板上液层高度，m

参数 $\dfrac{L}{V}\left(\dfrac{\rho_1}{\rho_v}\right)^{0.5}$ 及分离空间($H_T - h_L$)气液负荷关系与雾沫夹带有关的($H_T - h_L$)值的影响。

对于容易起泡的原油,实际操作气速w_{op}还应取得小一些。通常为适应处理量波动及原油性质的变化:

$$w_{op} = K K_s w_{max} \qquad (4-3-10)$$

式中　K——安全系数,对直径大于 0.9m、板间距 H_T 大于 0.5m 的常压塔和加压操作塔,$K = 0.82$;对直径小于 0.9m,或者塔板间距 $H_T \leqslant 0.5m$ 和负压操作的塔,$K = 0.55, 0.65$;

　　　　K_s——系统因数,中等起泡系统 $K_s = 0.85$,重度起泡系统 $K_s = 0.73$。

对一般起泡不严重的原油稳定分馏塔可取:

$$K K_s = 0.7$$

浮阀塔板开孔率,一般在常压塔和负压塔中取整个塔板面积的 10% ~ 12%;加压塔中取 <10% 塔板面积,常见的是 6% ~ 8% 塔板面积。上述数值并非绝对,如在脱乙烷(加压)中仅取 3.5% ~ 5% 塔板面积。开孔率也可按适宜的空塔速度与阀孔速度之比求得。F1 型的盘式浮阀(重 34g)的临界速度(即阀片刚刚全开时的阀孔速度)可用式(4-3-11)计算 w_{kp}:

$$w_{kp} = (72.8/\rho_v)^{0.548} \qquad (4-3-11)$$

34g 重 F1 型浮阀阀孔孔径是 39mm。适宜的阀孔速度是阀孔临界速度的 $0.8 w_{kp}$。

阀孔动能因数 F_0 是表征浮阀塔的重要参数。F_0 的定义如下:

$$F_0 = w_0 \sqrt{\rho_v} \qquad (4-3-12)$$

式中　w_0——阀孔气相速度,m/s;

　　　　ρ_v——气体密度,kg/m³。

F_0 值为 5 ~ 15。正常操作范围为 8 ~ 12。F_0 值大于 15,容易造成液泛,雾沫夹带严重,影响分离效率。F_0 值小于 5,泄漏量增多,甚至造成干板,不起分馏作用。

2)填料塔塔径及填料高度计算

近年来随着各种新型填料的开发,越来越多的分馏塔采用填料塔。

(1)液泛速度计算。可用式(4-3-13)计算:

$$\lg\left[\frac{w_F^2}{g}\left(\frac{a}{\varepsilon^3}\right)\frac{\rho_g}{\rho_1}\mu_L^{0.2}\right] = 0.022 - 1.75\left(\frac{L}{G}\right)^{\frac{1}{4}}\left(\frac{\rho_g}{\rho_1}\right)^{\frac{1}{8}} \qquad (4-3-13)$$

式中　w_F——泛点空塔气速,m/s;

　　　　g——重力加速度,取 9.81m/s²;

　　　　a/ε^3——干填料因子,m⁻¹;

　　　　ρ_g,ρ_1——气相及液相密度,kg/m³;

　　　　μ_L——液相黏度,mPa·s;

　　　　L,G——液相及气相流量,kg/h。

对原油稳定分馏塔,一般压降控制在每米高填料压降在 500Pa 以下,以适应处理量的波动。

（2）填料的润湿率。填料的润湿率至关重要，如果未被充分润湿，将严重地影响传质效果。为了增大气液接触表面，一般取比表面积大的填料，这样可以降低塔高，节省投资。但是为保持填料的润湿，有一个最低润湿率的限制，而比表面积大的填料，则需增大与之相适应的喷淋密度。往往在液气比小时，由于液量小，或者由于工艺条件的变化，达到填料充分润湿所需的最小润湿率，这样填料表面积的利用率变小，就需采用尺寸大的填料（比表面积小）或者对计算得到的填料高度进行校正。关于润湿率问题，很多人进行了研究，结果也不一致。设计中可参照最低润湿率作为基准的方法进行计算。

润湿率的定义为：

$$L_w = L'/a \tag{4-3-14}$$

式中　L_w ——润湿率，$m^3/(m \cdot h)$；

　　　L' ——喷淋密度，$m^3/(m^2 \cdot h)$；

　　　a ——填料比表面积，m^2/m^3。

按此定义，对于直径不超过76mm的拉西环最低润湿率为 $0.08 m^3/(m \cdot h)$。对于直径超过76mm的拉西环，取最低润湿率为 $0.12 m^3/(m \cdot h)$。

（3）等板高度。相当一块理论板的填料高度称为等板高度，用符号 $H.E.T.P$ 表示。

$$z = N_T(H.E.T.P) \tag{4-3-15}$$

式中　z ——填料高，m；

　　　N_T ——理论板数；

　　　$H.E.T.P$ ——等板高度，m。

填料塔按其传质机理属于气液连续接触系统，不像板式塔是梯级式（逆向错流）接触系统，所以有人认为填料塔该用传质系数法及传质单元法计算，不一定适宜用等板高度的概念。这方面还有不同的看法，然而从设计实用的角度看，蒸馏过程计算结果一般都用理论板数来表达，故按等板高度计算较方便。

等板高度与传质单元高度的关系如下：

$$H.E.T.P = \frac{\ln A}{1 - \dfrac{1}{A}} H_{OG} \tag{4-3-16}$$

式中　H_{OG} ——按气相计算的传质总系数 K_G 计算的传质单元高度，简称"气相总传质单元高度"，m；

　　　A ——吸收因数，$A = L/VK$，其中 L/V 为吸收操作线斜率，K 为气液平衡线斜率。

关于填料尺寸、塔径与填料段高的经验关系为：对于大塔，环直径（d）与塔径（D_T）之比 d/D_T 应小于 $1/10 \sim 1/15$；小塔至多不大于 $1/8$；填料层高时，应分段设液相再分配装置。每段高度 z_0 与塔径 D_T 之间的关系为：$z_0 = (5 \sim 10)D_T$，d/D_T 大时，取5；对于大直径塔（$D_T > 600mm$），z_0 不宜大于6m。有时，为了降低塔高，不设液相再分配器，这种做法是错误的。因为这将导致液体分配不均，降低填料的表面利用率（可达30%以上），对设备效率影响很大。

3）板式塔与填料塔比较

（1）当所需要传质单元数或理论塔板数多因而塔很高时，用板式塔较好。因填料塔要分成许多段,进行多次液体再分布,否则液体分布不均匀,影响传质效率。

（2）当有侧回流或侧重沸器时,用板式塔。

（3）板式塔可用于液气比很小的情况,若用填料,则润湿率小,效率下降很多。

（4）板式塔可用于有少量悬浮物的液体(如密度大、黏度大的原油),填料塔易填塞。

（5）填料塔压降比板式塔小。

（6）填料塔适宜处理易发泡的液体。

第四节　原　油　除　砂

一、原油除砂工艺

1. 油砂危害

随着我国各油田开采的不断深入,采出液含水不断上升,其携砂量也在增加,泥沙等机械杂质已达采出液的1%～1.5%。即使对油井采取井下固砂、阻砂措施,油层中的细砂还会被油水携带到地面上来,进而给集输系统造成危害。主要表现在以下几个方面:

（1）泥沙会在油气处理设备中沉积,降低设备处理量。

（2）含砂液流会引起机泵的密封填料、叶轮的磨损,以及管道、阀门、设备内壁金属表面的腐蚀。

（3）由于泥沙沉积在加热装置的加热面而影响正常的热传导,使局部过热鼓包、穿孔。

（4）含砂液流附着在控制仪表表面,会使仪表控制、操作不灵敏,误报、失灵。

有效地解决采出液含砂问题,对于保证油田生产正常运行,提高原油集输技术水平是十分有益的。

2. 除砂工艺基本方法

油井产物一般是油、气、水、砂四相混合物,如需除砂,应先分离出气体,然后再从固液混合物中分离出砂。油田地面除砂从油水混合物中将砂粒除掉,是一个液固分离过程。

目前油田地面除砂的基本方法有重力沉降和水力冲砂法、旋流离心分离法和过滤法等方法。

1）重力沉降和水力冲砂法

重力沉降是利用固液两相的密度差在重力场中进行固液分离的过程。为提高固液分离效率,可采用水力冲砂技术,即让夹带砂粒的油水混合物通过活性水层,由于水的表面张力较大,有利于油包水界面膜的破裂,加速油滴的上升,水滴则发生聚沉,降低原油乳化液的黏度,更有利于砂粒的沉降。

卧式多相分离器除砂和大罐除砂都是利用重力沉降和水力冲砂法实现的。

2）旋流离心分离法

离心分离是把悬浮物置于离心力场中,由于固、液密度不同,使得固、液分离的过程。由于在离心场中可获得很大的惯性力,因此可以实现诸如细微颗粒的悬浮物和乳状液的分离。颗粒在旋转流场所受到的离心加速度背离旋转中心指向外周围,其大小与旋转半径和颗粒的切向速度有关。

在相同条件下,离心沉降和重力沉降速度的比值称为分离因数,是离心分离设备的重要性能指标。

过滤式离心机和旋流除砂器都是利用旋流离心分离法实现的。

3）过滤法

过滤是利用某种多孔介质来使含砂原油、水或天然气通过筛网或特制滤管时,液相或气相得以通过,而固相砂等杂质被阻隔、沉淀,达到除砂的目的。过滤不需要密度差的存在,而是依赖过滤介质的性能。

3. 除砂工艺的应用

（1）除砂工艺应根据容器类型和原油含砂情况合理选择,常压油罐宜采用机械或人工方式清砂,压力容器宜采用不停产水力冲砂,有条件的站场可采用旋流除砂工艺。

（2）原油除砂工艺设计中应有砂的收集和处理措施。砂可就地处理或多个站场集中处理,也可由第三方处理,防止污染环境。

（3）除砂前应先分离出气体,然后再从固液混合物中分离出砂。若油井出砂量高,油田的生产是连续性的密闭集油流程,宜采用密闭除砂工艺,在原油脱水之前把砂除掉。

（4）大罐重力沉降除砂虽然简单,但大罐一般不密闭,油气损耗大。旋流除砂器可用于在重力场中不能沉降分离的微粒和乳化液,旋流除砂需要较高的进站压力。过滤除砂需要定期对过滤介质进行反冲洗,因此不适用于连续性生产,而且处理单位体积的悬浮液所需的费用也较沉降分离费用高。

二、原油除砂设备

1. 卧式压力容器

原油中的泥沙粒径多为 0.01 ~ 1mm,悬浮在黏度较高的原油中不宜沉降分出。用热水搅拌冲洗,由于水的黏度远小于原油,砂粒迅速下降分出,因此,可在卧式压力容器底部增加除砂措施,利用重力沉降和水力冲砂方法排出容器内沉砂。由于油水与砂之间存在密度差,当液流低于一定流速时,一部分油砂会从油、水液中沉降分离出来,再用热的水力冲砂则加快了砂粒的分离沉降。图 4 - 4 - 1 所示为卧式压力容器除砂工艺示意图。

（1）卧式压力容器底部可增设水喷头和排砂管,水喷头的搅拌作用可使沉积的泥沙成为短暂的水相悬浮物,而从排砂孔或排砂管排出。

（2）喷头由带喷嘴的冲砂管构成。喷嘴的方向直对砂堆积的区域,当采用水力冲砂时,喷嘴喷射速度宜为 5 ~ 10m/s,由生产经验确定,每个喷嘴喷水强度不应小于 0.8m³/h。

新疆油田水力冲砂时喷嘴喷射速度为 8m/s,胜利油田为 5 ~ 10m/s,国外经验为 6.5 ~ 8.9m/s。

（3）冲砂泵流量应按同时工作的喷嘴喷水量确定,扬程应大于冲砂泵至最远喷嘴的沿程压力降、压力容器操作压力与喷嘴压降之和。无条件时,在转油站或联合站的可简单采用去往站外的掺水或原油脱水后的外输污水实现水力冲砂。

(4)压力容器的排砂管道应合理选择流速,容器内部排砂管管口应向下安装,容器外部排砂管道应具有一定坡度。内部构件采用倾斜(倾角大于45°)可以加速砂的滑落。

含砂原油管道的流速宜选1.50m/s左右,若流速过低,砂会在管线中沉积;若流速过高,则会对管线产生冲刷腐蚀作用。

(5)采用不停产水力冲砂或旋流除砂的卧式压力容器,出油腔应采取防止沉砂的搅动措施。

采用水力冲砂或旋流除砂工艺的分离设备,尽管单独设置了沉砂腔和出油腔,但仍然会有一部分砂子进入出油腔,如不及时排出,沉砂将会影响出油。因此,要求在出油腔采取必要的搅动措施防止沉砂,使进出油腔的砂子随油进入后续设备进一步处理。

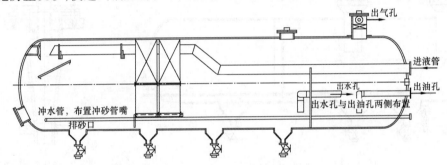

图4-4-1 卧式压力容器除砂工艺示意图

2. 大罐

大罐重力沉降除砂较简单,油井采出液的混合物,经油气分离器分离气后,进入大罐进行重力沉降,利用油、水、砂的密度差作用,经足够长的时间,使油、水、砂分离,密度大的砂泥沉于罐底。大罐除砂采用机械或人工方式清砂,有条件也可底部设有冲砂管和排砂管。冲砂管开有小孔,高速水流使沉于罐底的砂粒与水混合,经排泥泵升压统一拉运集中处理。图4-4-2所示为大罐沉降除砂工艺示意图。

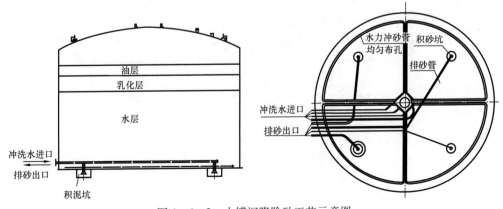

图4-4-2 大罐沉降除砂工艺示意图

3. 旋流除砂器

旋流除砂器的基本工作原理为旋流离心分离（图4-4-3）。含有固体的液流在离心力场的作用下，被分离的悬浮粒子与流体之间存在着密度差而产生分离，重粒子下沉至旋流除砂器底部排出，液体则在上部隘口流出，进行沉降分离。旋流除砂器的壳体内安装多根并联的旋流锥管，旋流锥管是实施油水分离的关键部件（图4-4-4）。

旋流除砂器一般只能分离两相，对多相分离效果不佳。为了保证分离效果，在旋流除砂器前设置油气分离器，对来液中含气进行简单预分离。

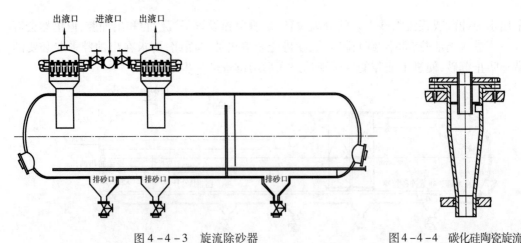

图4-4-3　旋流除砂器　　　　　　　　图4-4-4　碳化硅陶瓷旋流锥管

4. 过滤除砂分离器

过滤除砂分离器结构如图4-4-5所示，可用于含气量高和含液量低的场合。分离器内设有滤砂管，不仅能阻止气液中的砂粒通过，而且能把气体中的雾状液体吸附、聚结成较大液滴，末端还设有叶片或其他除雾元件，以除去这些聚结的液滴，并经管线汇入设在分离器底部的液体回收罐。该分离器对液流中粒径大于$2\mu m$的砂粒可全部脱除。

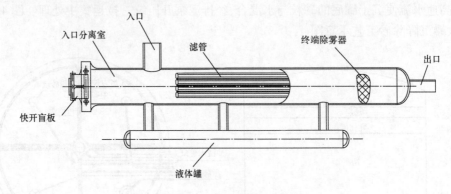

图4-4-5　过滤除砂分离器

第五节 原油脱盐

原油含盐量过高不仅会增加原油在处理、运输和储存过程中设备或管道的腐蚀,更重要的是含盐量过高的原油不能进入下游炼油厂装置进行直接加工炼制。油田在原油处理过程中通常采用淡水"冲洗"的脱盐工艺方法,采用一级或二级脱盐工艺流程,降低原油中盐含量以获得合格的净化商品原油。

一、原油脱盐工艺

1. 原油脱盐的标准

原油脱盐的目的是分离出原油中的盐杂质,降低原油中盐含量以获得合格的净化商品原油,满足用户要求,同时脱盐与脱水往往是同时进行的,而脱水/脱盐后原油含盐量的多少以及是否需要脱盐工艺要根据具体用户或消费者而定。

GB 36170—2018《原油》和 SY/T 7513—1988《出矿原油技术条件》中,均未对净化原油含盐量提出硬性指标,一般要求在 $50mg/L$(相当于 $0.05kg/m^3$)以下。

2. 原油脱盐的方法

原油脱盐脱水的方法比较多,而目前在油田以及炼油厂广泛应用的主要是沉降法和电化学法。

1)沉降法

沉降法原油脱盐脱水是根据油水密度的差异将油水进行分离的一种方法。此法多用于原油脱水设备中,是将原油乳状液中的水依靠重力沉降下来,达到油水分离。必要时还可在油水进入分离器前加入破乳剂以促进油水分离。

2)电化学法

电化学法原油脱盐脱水是当今工业生产中普遍采用的电脱盐脱水方法,其利用静电场力和化学破乳剂共同作用实现原油乳状液的破乳脱水脱盐。电场作用下原油乳状液中的水滴受到偶极作用力而发生偶极聚结,由于电泳现象产生电泳聚结,并由于振荡作用而发生振荡聚结,从而加速油水分离。同时,通过向乳状液中加入破乳剂,由于破乳剂的界面活性高于乳状液的界面活性,因此破乳剂在油水界面上吸附或部分置换原来吸附的表面活性物质,使界面膜破坏,膜内包裹的水滴被释放,有利于水滴间的聚集。电化学法破乳脱盐脱水具有设备简单、成本低、效果好的优点,因而得到广泛的应用。

3)其他方法

国内外学者在不断研究其他原油脱盐脱水的方法,还有过滤法、旋流分离法、声化学法、微波辐射法、磁处理法、脉冲电脱盐脱水和催化脱盐法等。

3. 原油脱盐的基本原理

油田在原油处理过程中通常采用淡水"冲洗"的脱盐工艺,主要利用原油中的盐易溶解于淡水中的原理,采用淡水"冲洗"含盐原油的方法。原油中的盐类大部分溶于原油所含的水中,有少部分以不溶性盐颗粒悬浮于原油中,为了脱除原油中的盐类,在脱盐之前向原油中掺入一定量的淡水,洗涤原油中的微量水和盐颗粒,使盐充分溶解于水中,然后在脱水的同时也脱除了大部分的盐。

4. 原油脱盐工艺流程

1）原油脱盐级数的确定

从理论上看,原油产品含水量越低,则其含盐量就越小;冲洗后水中盐浓度越低,则其含盐量就越小。所以,对于含盐原油脱水越干净,冲洗水量及冲洗次数越多,最终原油含盐量越低,但这会大大增加生产成本,一般采用最经济的工艺处理方案达到用户需要即可。

根据出矿原油技术条件对原油含盐量要求,各油田通常考虑与原油脱水工艺相结合,通过经济技术对比,来确定采用一级或二级脱盐脱水流程。图4-5-1为典型的一级脱盐工艺流程图,图4-5-2为典型的二级循环脱盐工艺流程图。

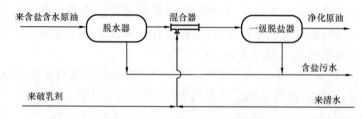

图4-5-1 典型一级脱盐工艺流程图

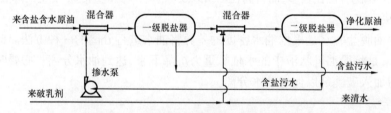

图4-5-2 典型二级脱盐工艺流程图

2）典型的一级原油脱盐工艺流程

（1）原油流程。

上游来含盐含水原油经加热或换热,达到脱水温度,进入脱水器经初步脱水后,与破乳剂和掺入的清水经混合器充分混合,进入一级脱盐器中,经破乳、水洗和沉降后,脱水脱盐原油去下一级原油处理系统。

（2）掺水流程。

一般情况掺入清水来自水系统,是经过升压和升温达到脱盐脱水的温度和压力要求后,与含盐原油和破乳剂一起进入混合器充分混合,进入一级脱盐器中,经破乳、水洗和沉降后,含盐污水去污水处理系统。

（3）破乳剂加注流程。

经破乳剂筛选试验后确定脱水脱盐破乳剂类型,一般水溶性破乳剂在破乳剂加药罐内配置成溶液,油溶性破乳剂直接按原剂加注,通过加药泵升压后,与含盐原油和掺入清水一起进入混合器充分混合,进入一级脱盐器中进行处理。

3）典型的二级原油脱盐工艺流程

二级循环的脱盐工艺是在一级脱盐工艺基础上,将二级脱盐器处理后的污水与一级脱盐器入口原油重新混合。加入第二级脱盐器,可使含淡盐水再循环使用,从而减少总的淡水量。

二级脱盐的原油流程和破乳剂加注流程与一级脱盐流程类似。掺水流程通常为一级脱盐器脱出含盐污水去污水处理系统,二级脱盐器脱出含盐污水含盐较少,经循环泵升压后,回掺至一级脱盐器。

5. 原油脱盐工艺参数的确定

影响原油脱盐效果的工艺因素主要包括原油含盐量、掺入清水量、脱盐级数选择、混合效率、破乳剂类型及加注量、脱盐温度、脱盐压力和停留时间等。由于原油脱盐通常采用水洗的方法,与脱水过程结合在一起,破乳剂类型及加注量、脱盐温度、脱盐压力和停留时间的确定见原油脱水的相关内容。

1）原油含盐量的计算

原油含盐量 O_s 可用式(4-5-1)表示:

$$O_s = W_s \eta_w d_o \qquad\qquad (4-5-1)$$

式中　O_s——原油含盐量,mg/L;

　　　W_s——原油含水中的含盐量,mg/L;

　　　η_w——原油质量含水率;

　　　d_o——原油相对密度。

2）掺入清水量的确定

脱水处理后的原油含盐量若超过规定要求,则必须在处理过程中进行一级或二级脱盐。为了使含盐量达到可接受的标准,可以减少油中残余水量或可采用淡水稀释以降低残余水中的含盐量,或综合考虑这两个因素。稀释水也尽可能要与原油混合充分,达到稀释盐分的目的。

仅用一级脱盐工艺来除去非常高的含盐量是不实用和不经济的,因为所需的掺入清水量太大。加入第二级脱盐器,可使水再循环使用,从而减少总的淡水量。通常在二级脱盐流程中,掺入清水是在第二级脱盐器前掺入原油的,从第二级脱盐器底部分离出的污水含盐量较低,可在第一级脱盐器前循环掺入原油来液中(图4-5-2)。将该含淡盐污水循环掺入一级脱盐器中,便可降低来液含盐的浓度,从而提高了从一级脱盐器的脱盐效果。

3）脱盐工艺级数的选择

当需要进行脱盐处理时,必须确定级数。原油脱盐级数的确定取决于原油性质、水中含盐量、净化原油含盐要求、是否有冲洗水以及冲洗水的质量。确定合适工艺级数的一般步骤如下:

(1)首先计算净化原油的含盐量。根据式(4-5-1)计算净化原油含盐量,与用户要求的原油含盐量相比,如大于用户要求,则工艺需要在脱水处理的同时进行脱盐处理。

（2）确定一级脱盐流程的脱盐设备规格及掺水量。当采用一级脱盐流程时,根据来油含水率、来油中含盐量、净化原油含盐量和清水含盐量,计算出脱盐系统所需掺入清水量,确定混合液处理量,从而确定脱盐器的规格和数量。

（3）一般根据经验,掺入清水的体积分数为3%~8%。当采用一级脱盐流程,需要掺入清水量过大,从而造成脱盐器规格太大或数量过多,则可进行二级脱盐处理试算。

（4）当采用二级脱盐流程时,根据来油含水率、来油中含盐量、净化原油含盐量、清水含盐量和回掺污水量,计算出一级脱盐器出油含水率和脱盐系统所需掺入清水量,确定一级和二级混合液处理量,从而确定一级和二级脱盐器的规格和数量。

（5）评价一级脱盐流程和二级脱盐流程的设备、掺入清水量、设备占地以及各方案的费用,通过经济对比确定脱盐流程级数。

4）混合效率

脱盐系统的混合效率实际上是原油与掺入清水、破乳剂混合的百分率。掺入清水与原油只有充分地混合,才能有效地溶解原油中所含的盐类,同时也可使原油中的固体不溶性盐及杂质得到润湿而被脱除。混合效率越高,混合效果越好,但当混合效率过高时,会使分散在油中的水滴直径变小,造成原油过乳化影响脱水效果。根据相关资料,70%~85%的混合效率便可认为是达到合理范围。

二、原油脱盐设备

原油脱盐效果的优劣是多种措施的综合体现,除需要进行脱盐方法、脱盐工艺及脱盐工艺参数的优化之外,还需要良好的原油脱盐设备。

1. 原油脱盐器

目前油田常用的脱盐设备有热化学脱盐器和电脱盐器等。根据原油脱盐基本原理,原油脱盐一般是与原油脱水同时进行,因此原油脱盐器的选型及计算方法与原油脱水器相同,主要考虑处理量、药剂筛选加注及液体停留时间,具体可参考原油脱水的相关内容。

2. 原油分配器

为了使含盐原油尽可能均匀分配到脱盐器中,原油分配器常采用两种形式:一种为多孔平行分配管分配器;另一种是倒槽式进油分配器。

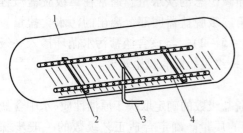

图4-5-3 多孔平行分配管分配器示意图
1—罐壁;2—支架;3—进油管;4—分配管

1）多孔平行分配管分配器

多孔平行分配管分配器安装在脱盐器底部,与脱盐器轴线平行水平安装,如图4-5-3所示。

多孔平行分配管分配器,设在油水界面以下,为水相进油。由喷孔到油水界面的距离在脱盐器内部高度允许的条件下,应尽可能大一些。而由喷孔到脱盐器底部的距离,排水不带油的前提下,没有必要选得很大。

分配管开孔设计,即孔径和开孔方向的确定,是分配管设计的关键。分配管开孔的设计既要保证乳化液在水中适当分散,即形成一定大小的油滴在水层中自由上浮,同时使乳化液在轴向和径向两个方向都尽量分配均匀。

孔径的确定是决定油滴大小的首要因素。孔径不宜太大,一般为 5 ~ 12mm。开孔方向可根据孔速及喷孔到油水界面的距离来确定,分配管常选择的开孔方向如图 4 - 5 - 4 所示。

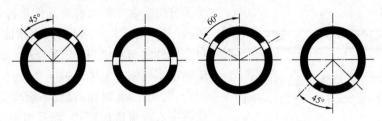

图 4 - 5 - 4　多孔平行分配管开孔方向示意图

2) 倒槽式进油分配器

倒槽式进油分配器安装在脱盐器底部,与脱盐器轴线平行水平安装,如图 4 - 5 - 5 所示。分配槽两侧开孔,孔径由计算确定,并分为上下两排,水平方向相邻孔距为 70 ~ 80mm。进油管分布在进油分配器内中下部,并按等流量开孔。

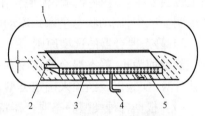

图 4 - 5 - 5　倒槽式进油分配器示意图
1—罐壁;2—分配器;3—支架;
4—进油管;5—分配槽

倒槽式进油分配器设在油水界面以下,为水相进油。槽上每个孔都受到相同的差压,故孔径和孔距都相等,原油经分配管均匀喷出。倒槽式进油分配器使原油在脱盐器内轴向和径向分配均匀,这种进油方式的优点是对流量的变化能自行调节,能够适应处理量在 50% ~ 200% 的正常范围内操作。同时,由于进油先经水层洗涤和润湿,并且槽的开口向下,有利于原油杂质的沉淀分离。目前倒槽式进油分配器在脱盐器的应用最为广泛。

3. 静态混合器

原油中所含盐分能否完全脱除,在很大程度上取决于原油与洗涤水和破乳剂的混合程度。目前油田常用静态混合器进行原油与洗涤水和破乳剂进行深度混合,取得了较好的应用效果。

我国静态混合器的型号有许多种,用于油田脱盐器前油水混合的静态混合器主要是 SV 型和 SS 型两种。

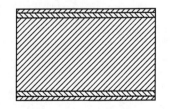

图 4 - 5 - 6　SV 型静态混合器单元结构图

1) SV 型静态混合器

SV 型静态混合器单元结构,是由金属薄板按工艺设计规格制成 V 形几何结构的波纹片,若干波纹片按一定方向排列组合成一个圆柱体,每个圆柱体交错 90°(图 4 - 5 - 6)。这种单元对流体主要起切割和改变流道形状的剪切作用,在各种流型下均能保持很高的混合效果,且容易放大。小规格的 SV 型静态混合器(水力直径 d_h < 5mm),要求流体黏度小于

0.1Pa·s 和清洁的介质；大规格的 SV 型静态混合器（水力直径 $d_h \geqslant 5mm$），对流体的要求可以放宽。

2）SS 型静态混合器

SS 型静态混合器（螺旋型，结构见图 4-5-7），是由外管、左旋元件、右旋元件和分流柱

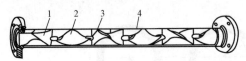

图 4-5-7　SS 型静态混合器简图
1—右旋元件；2—左旋元件；3—分流柱；4—管子

等部分组成。左旋及右旋元件是将若干片长方形薄板（长：宽 = 1.5：1）的两端扭曲 180°制成的，每个元件之间互成 90°交叉连接。元件的材料为碳钢或不锈钢。流体通过混合器时不断被分割和混合，时而左旋、时而右旋，不断改变流动方向，不仅将中心液流推向周边，而且可将周边液流推向

中心，从而取得良好的径向混合效果。与此同时，流体自身的旋转作用在相邻元件连接处的界面上也会发生。这种径向环流混合作用，使流体在管子横截面上的温度梯度、速度梯度和质量梯度明显减少，流动状态呈塞式流动（或称平推流）。

3）静态混合器的选型原则

到目前为止，静态混合器还没有一个通用公式或标准可用来选型。因此，一般是依据部分工艺计算、实验以及经验来确定类型及规格。通常，有以下几条基本原则：

（1）根据各种类型静态混合器特点及已有使用经验，考虑介质温度、腐蚀性、相变、停留时间及静态混合器的结构强度。

（2）根据流体的物性、混合要求确定流体的流型。中、高黏度流体混合、传热、慢化学反应，一般适宜于层流条件操作，流体表观速度（以空管内径计算的流速）为 0.1~0.3m/s；对于低黏度难混合流体的混合、乳化、快速反应、预反应等过程，适宜于湍流条件下操作，流体表观速度为 0.8~1.2m/s。

（3）对于系统压力较高的工艺过程，使用静态混合器产生的压降对工艺本身不构成主要矛盾，当系统压力较低时，则要计算静态混合器的压降，以便适应工艺要求。

（4）计算静态混合器长度，主要是为了满足工艺要求。湍流条件下，混合效果与混合长度无关，一般静态混合器长度是管径的 7~10 倍，即 $L/D = 7~10$。对于既要混合均匀，又要尽快分层的萃取过程，L/D 可取 5~7。连续相与分散相体积分数与静态混合器长度有关。

第六节　原 油 脱 硫

一、原油脱硫的目的及主要工艺

1. 含硫原油概述

有些油藏生产酸性原油，有些油气藏的原油开始不含 H_2S 和硫化物，由于注水驱油，注入水内含有硫酸盐还原菌，从而使所产原油成为酸性原油。由于 H_2S 毒性很大，又极具腐蚀性，

必须限定商品原油内溶解的 H_2S 的质量浓度,根据各国的国情, H_2S 的质量浓度常限定在10～60mg/kg 范围内。原油中的另一种酸性成分为 CO_2 ,与水结合会对金属产生强烈腐蚀,但无毒性。因而,对原油内溶解 CO_2 的含量一般没有限制。

H_2S 和 CO_2 的常压沸点都处于 C_2 和 C_3 的常压沸点之间,因而任何原油稳定方法均能在一定程度上降低原油内 H_2S 的含量,但不一定能满足商品原油对 H_2S 含量的限制。例如,对硫的质量浓度为 2000mg/kg 的原油进行多级分离模拟计算,温度为 49℃ ,三级分离的压力分别为:2.76MPa,0.48MPa 和 0.12MPa,经多级分离后稳定后原油内 H_2S 的质量浓度降低为266mg/kg,不能满足商品原油要求。

2. 原油脱硫化氢的目的

若原油中含有 H_2S ,可通过适当的稳定塔优化设计,将溶解在原油中的 H_2S 脱出至气相,避免 H_2S 在后续原油储运环节逸出至大气。在降低油气资源损耗的同时,既保护了环境,又降低了后续储运过程中的火险等危害因素,增加了油气储运过程的安全性。

3. 原油气提脱硫主要工艺原理及流程

若酸性原油的原始含硫量较高(如 2000mg/kg),经多级分离和闪蒸稳定后, H_2S 含量常达不到要求的原油质量标准。此时,可采用分馏塔或提馏塔进行原油脱硫,塔底注入冷天然气、热天然气或经再沸炉加热的原油蒸气,天然气最好为不含或少含 H_2S 的“甜气”。根据气液相平衡基本原理和传质理论,在一定的工况条件下,当气液之间达到相平衡时,溶质气体在气相中的分压与该气体在液相中的浓度成正比,即气体的分压越低,其在液相中的浓度越低。气体在向上流动过程中与向下流动的原油在塔板上逆流接触,由于气相内 H_2S 的分压很低,液体相内 H_2S 含量高,产生的浓度差促使 H_2S 进入气相,降低原油内溶解的 H_2S 含量,这种分离工艺称为“气提”,所用的精馏塔也称气提塔。其主要工艺原理流程如图 4-6-1 所示。

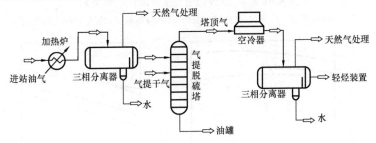

图 4-6-1　气提脱硫工艺原理流程示意图

工艺流程描述:进站原油经加热、分离后,含水率较低的原油进入脱硫塔中上部进口,气提干气由塔底中下部进入,在塔内与来自三相分离器的原油逆流接触,塔底出口原油进沉降罐进一步沉降脱水,塔顶气经空冷器冷却至45℃以下,进入三相分离器,气相去天然气处理装置,凝液经过脱硫后可生产轻烃和液化气外销。

气提气既降低了原油中 H_2S 的分压,又对已分离的轻组分起到一定程度的携带作用,有利于轻组分的脱出。冷气提是最经济的脱硫方法,若冷气提不能达到原油 H_2S 含量要求,可改用热气提,但成本较高。

二、原油气提脱硫工艺经济比对

Moins(1980)曾对相对密度为0.887、含H_2S的质量浓度由50mg/kg变化至5000mg/kg的原油进行各种稳定和脱H_2S工艺模拟计算。要求稳定原油雷特蒸气压小于0.069MPa，H_2S质量浓度小于60mg/kg。稳定工艺分5种情况：(1)多级分离；(2)冷气提；(3)热气提；(4)多级分离和天然气轻烃回收结合，获取最多的液体产品收率；(5)二级精馏。

模拟结果表明，原油H_2S的质量浓度1000mg/kg，达到原油蒸气压和H_2S含量要求时，各种稳定工艺的稳定原油收率如图4-6-2所示。各种方法的投资和能耗随原油内H_2S含量的增加而增大(图4-6-3)。

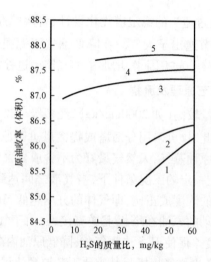

图4-6-2　各种稳定方法与原油收率关系

1—多级分离；2—冷气提；3—热气提；4—多级分离和回收轻烃；5—二级精馏

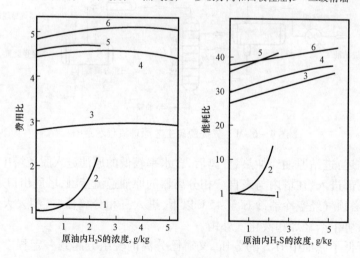

图4-6-3　H_2S含量与投资、能耗的关系

1—冷气提；2—多级分离；3—热气提；4—气体增压热气提；5—多级分离和回收轻烃；6—二级精馏

Moins 指出,用分馏法能处理高 H_2S 含量的原油,稳定原油收率高,塔的操作性弹性大,还能从塔顶拔出的气体中回收轻烃,是比较理想的选择。对重质原油,由于分馏塔需要很高的塔底温度,不宜采用分馏稳定。我国高含硫原油不多,处理高含硫原油的经验尚较欠缺。

第七节 储罐烃蒸气回收

一、烃气回收的目的及工艺

1. 烃气回收的目的

对不宜采用闪蒸和分馏稳定方法的场合,可以采用简易的油罐烃蒸气回收工艺。

采用该工艺可以达到原油的密闭储存,降低油品蒸发损耗,回收部分易挥发烃蒸气,增加轻烃装置液化气和轻质油的产量。

避免因油品蒸发造成的环境污染,消除安全隐患,节约天然气资源。

2. 烃气回收的工艺原理及流程

自原油缓冲罐或储罐挥发出来的气体通过罐顶的管线引出进入压缩机入口分离器汇合,引至回收装置内的抽气压缩机增压,压缩机采用变频控制,增压后的气体经压缩机出口空冷器冷却后进入压缩机出口分离器进行气液分离。

油罐烃蒸气回收工艺原理流程如图 4-7-1 所示。

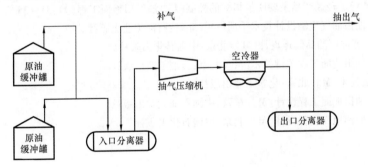

图 4-7-1 油罐烃蒸气回收工艺原理流程图

二、烃气回收工艺计算

1. 储罐蒸气排放量确定

对新建的油罐,烃蒸发气量可按原油进罐前的末级分离压力、分离温度,按照在实验室做出的相近段的原油脱气系数或气在原油中的溶解系数,并结合类似条件的运行数据确定。

对已投产的油罐,烃蒸发气量应通过实测确定。

2. 储罐自动调压技术

油罐烃蒸气回收采用罐顶微差压变送器联锁控制抽气压缩机，并通过变频控制压缩机抽气量；同时设置回流调节阀、低压补气和超压泄放等工艺技术。

3. 阻火切断技术

与大气相通的超压放空处均应有可靠的阻火切断设施，保护站场的作业环境，确保油罐平稳安全运行，有效回收油罐挥发烃蒸气。

4. 压缩机选型

烃蒸气回收工艺的主要设备为抽气压缩机，抽气压缩机可选择活塞式压缩机或螺杆式压缩机。

抽气压缩机应能实现自动启动、停机和调节抽气量的功能。

抽气压缩机的设计排量可取油罐蒸发气量的 1.5～2.0 倍。油罐蒸发气量应包括烃蒸气和水蒸气等全部气量。

参 考 文 献

《化学工程手册》编辑委员会，1989. 气液传质设备[M]. 北京：化学工业出版社.

《石油和化工工程设计工作手册》编委会，2010. 油田地面工程设计[M]. 东营：中国石油大学出版社.

冯叔初，等，2006. 油气集输与矿场加工[M]. 东营：中国石油大学出版社.

郭佳春，等，2016. 油气集输和油气处理工艺设计[M]. 北京：石油工业出版社.

贾鹏林，等，2010. 原油电脱盐脱水技术[M]. 北京：中国石化出版社.

李延春，2019. 原油稳定轻烃产品主要质量指标的控制[J]. 油气田地面工程(9)：31-35.

李虞庚，等，1995. 油田油气集输设计技术手册[M]. 北京：石油工业出版社.

孟庆海，等，2018. 炼油厂油品储运设计[M]. 北京：中国石化出版社.

汤林，等，2014. 油气田地面工程关键技术[M]. 北京：石油工业出版社.

王祥光，2013. 脱硫技术[M]. 北京：化学工业出版社.

叶学礼，等，2010. 油田地面工程设计[M]. 东营：中国石油大学出版社.

银永明，等，2018. 原油地面工程设计[M]. 北京：中国石化出版社.

第五章 原　油　储　运

原油储运主要包括原油的储存和运输。

原油储存是指将经过脱水处理后的净化原油暂时储存在油田集中处理站（又称联合站）的净化油罐中，或者将符合商品原油标准的原油直接输送到矿场油库储存在储罐中，以调节原油生产与销售间的平衡。本章原油储存部分主要介绍储油区工艺、储罐数量及罐容的确定、储罐的分类及选用、储罐附件、储罐组防火堤的设计、储罐加热与保温以及油品蒸发损耗等相关内容。

原油运输一般包括管道运输、铁路运输、公路运输和水路运输等方式。

管道运输是指以管道作为运输工具的一种输送方式，不仅运输量大、经济、安全可靠、连续性强，而且运输的损耗少，有利于环境生态保护。本章管道运输部分主要介绍线路工程、线路用管、管道穿越、管道跨越、输油工艺选择、输油工艺计算、输油站场及阀室、输油设备等相关内容。

铁路运输是指以火车油罐车作为运输工具的一种运输方式。随着我国石油工业的不断发展，原油的运输需求量越来越大，国内的原油储备库、油库和炼油厂等的原油铁路运输也迎来了较大幅度的增长。本章铁路运输部分主要介绍在铁路线上进行原油装卸作业中，针对不同的装卸车工艺，如何选用装油台、卸油台、鹤管、装车泵等装卸油设施的相关内容。

公路运输是指以汽车油罐车作为运输工具的一种运输方式。汽车油罐车装卸原油作业适应性强、灵活方便，因此对于油田偏远地区新投产的油井及新区开发的零星站、场，往往因集输系统工程不宜配套建设，常常采用汽车油罐车拉油方式，同时还能及时回收井场落地污油。本章公路运输部分主要介绍在汽车油罐车进行原油装卸作业中，针对不同的装卸车工艺，如何选用相关装卸油设施等内容。

水路运输是指以油轮或油驳船作为运输工具在远洋、沿海和内河等水运线上进行原油运送的一种运输方式。随着我国石油工业的不断发展及国际贸易领域的不断扩大，原油的运输需求量越来越大，水路运输因具有运载量大、能耗低、劳动生产率高、运输成本低、投资少等优点，在油品运输中具有关键性的作用。本章水路运输部分主要针对码头原油装卸工艺设计列出了所需的基本资料和数据，对码头装卸工艺的设计提出了基本的要求，同时对主要的装卸设备进行了简单介绍。

第一节 原　油　储　存

一、储油区工艺

正常生产情况下，油田内有脱水功能的联合站生产的净化原油输送至原油稳定装置，经稳定后,合格原油输送至矿场油库储存、外输。

一般情况下,对于通过管道外输、有脱水功能的联合站仅设置事故油罐,只有当联合站外输发生事故时才临时储存未经稳定的净化原油;但也有个别偏远、孤立油田区块的联合站,不具备通过管道外输的条件,设置一定数量的原油储罐,用于储存未经稳定的净化原油。

通常,各油田的原油外输储罐多设在矿场油库,用于接收、储存经过净化和稳定的原油,然后按要求将原油发送出去。另外,矿场油库的原油储罐也可对油田的原油生产起调节作用,例如,遇到外运、外输事故或其他原因,为了不影响油田原油的生产,矿场油库要利用它所具有的储存容积,将原油储存起来;相反,如果油田的原油生产由于事故或其他原因受到影响,不能满足发送量的要求时,矿场油库则要利用它所储存的原油满足发送油量的需要。

按发送原油方式的不同,可分为外运、外输、外运与外输联合三种方式。外运是指用铁路油罐车、油轮或者公路油罐车将原油发送出去;外输是指通过管道输送将原油发送出去;外运与外输联合是指既可用铁路油罐车或油轮将原油发送出去,又可通过管道输送将原油发送出去。

储油区所完成的收油、储油、装车(装船)外运或外输等作业的主要工艺流程如下。

1. 收油流程

油田来油→进站、库(泵房)阀组→储油罐。

2. 储油流程

储油流程是指各储油罐的进油和出油管道应保证当某一储油罐因故检修时,来油进罐和装车(船)或外输都能同时进行而不影响联合站或油库正常作业的流程。储油流程通过罐区的管道和泵房阀组来实现。罐区的管道布置方式如图5-1-1至图5-1-4所示,泵房阀组流程如图5-1-5所示。

(1) 单管分支系统。

储罐按储油品种不同分为若干罐组,每个罐组各设一条输油管,在每个储罐附近分别与储罐相连。其优点是布置清晰,管材耗量少;但缺点是同组罐无法进行倒罐作业,也无法同时进行装、卸作业,管道发生故障时同组罐均不能操作。

(2) 双管分支系统。

每个罐组各有两根输油干管,每个储罐分别有两根进出油管与干管相连。其优点是同组储罐可以倒罐,操作比单管系统方便,缺点是管材耗量大。

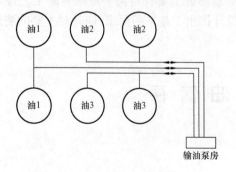

图5-1-1 单管分支系统示意图

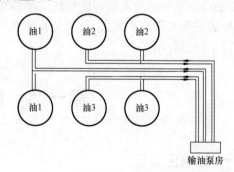

图5-1-2 双管分支系统示意图

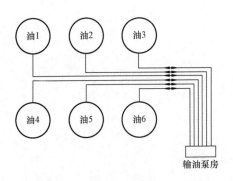

图 5 - 1 - 3　独立管道系统示意图

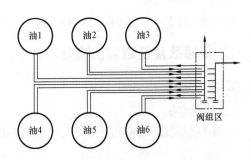

图 5 - 1 - 4　集中阀组式系统示意图

（3）独立管道系统。

每个储罐都有一根单独管道通入泵房。其优点是布置清晰,专管专用,不需排空,检修时也不影响其他储罐的操作。缺点是管材消耗较双管系统多,泵房内管组及管件也相应增多。

（4）集中阀组式系统。

设置独立的阀组区,每个储罐都设两根管道通入阀组。其优点是布置清晰,流程灵活,储罐的操作阀门集中设置在罐区外,操作比较安全。缺点是管材消耗量最多,泵房阀组内管组及管件也相应增多。

以上 4 种管道工艺各有特点,对某个站库而言,选择什么样的管道系统,应根据其业务特点,结合具体的情况,因地制宜。一般情况下,站库储油品种不多、罐容很小、库内输转很少或临时性、地方性的小型站库大多采用单管分支系统,对其同组罐输转和管

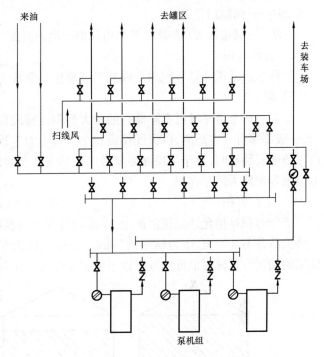

图 5 - 1 - 5　泵房阀组流程示意图

道发生故障时的操作问题,采用在管道适当部位预留备用接头、临时接管的方法解决(考虑到倒罐困难、在安全运行方面存在一定问题,目前较少采用此种流程);对于储罐数目较多、罐容较大、油品种类较多的站库,大多以双管分支系统或集中阀组式系统为主,辅以单管或独立管道系统。对一些储存的油品有特殊质量要求的站库,宜采用独立管道系统。

3. 装车(船)外运流程

储油罐→泵→装车场(装船码头)→计量→装车鹤管(装油臂)→油罐车(油轮)。

4. 外输流程

储油罐→外输泵→加热设备→计量→外输管道。

5. 库内倒罐流程

储油罐→阀组→泵→阀组→储油罐。

二、储罐数量及罐容的确定

1. 容量定义

1）计算容积

计算容积是指按储罐高度和内径计算的圆筒几何容积。

$$V = \frac{\pi}{4}D^2 H \qquad\qquad (5-1-1)$$

式中　　V——计算容积，m^3；

　　　　D——储罐内径，m；

　　　　H——储罐高度（罐壁底至包边角钢上沿的高度），m。

2）公称容积

公称容积是指计算容积向上或向下圆整后以整数表示的容积。

3）储存容积

储存容积是指储罐可实际储存的最大容积。储罐储油时，实际上并不能装到储罐的上边缘，一般都留有一定距离，以保证储罐安全。对于固定顶储罐，要考虑液上泡沫灭火系统或者内浮顶的安装空间，对于浮顶储罐要考虑浮顶安装空间。储罐的计算容积减去最高储液面以上空余容积即为储存容积。

4）工作容积

工作容积是指允许储罐液面上、下波动范围内的容积。储罐使用时，进出油接合管下部的一些油品并不能发出，成为储罐的"死藏"。因此储罐在使用操作上的容量比储存容量要小。储罐的储存容积减去最低储液面以下的容积即为工作容积，如图 5-1-6 所示。

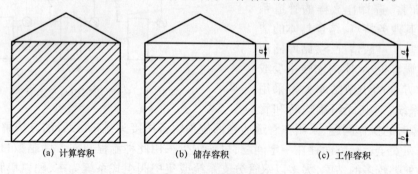

(a) 计算容积　　　　　(b) 储存容积　　　　　(c) 工作容积

图 5-1-6　储罐容积

图 5-1-6 中的 a 表示储罐的设计储存高液位（高高液位）距罐壁顶端的距离，b 表示储罐的设计储存低液位（低低液位）距罐壁底端的距离。储罐的设计储存高液位（高高液位）、低液位（低低液位）应符合下列规定：

（1）固定顶储罐的设计储存高液位宜按式（5-1-2）计算：

$$h = H_1 - (h_1 + h_2 + h_3) \qquad (5-1-2)$$

式中　h——储罐的设计储存高液位，m；

　　　H_1——罐壁高度；

　　　h_1——泡沫发生器下缘至罐壁顶端的高度，m；

　　　h_2——10～15min 储罐最大进液量折算高度，m；

　　　h_3——安全裕量，可取 0.3m（包括泡沫混合液层厚度和液体的膨胀高度），m。

（2）外浮顶储罐、内浮顶储罐的设计储存高液位宜按式（5-1-3）计算：

$$h = h_4 - (h_2 + h_5) \qquad (5-1-3)$$

式中　h_4——浮顶设计最大高度（浮顶底面），m；

　　　h_5——安全裕量，可取 0.3m（包括液体的膨胀高度和保护浮盘所需裕量），m。

（3）储罐的设计储存高高液位宜按式（5-1-4）计算：

$$h_6 = h + h_2 \qquad (5-1-4)$$

式中　h_6——储罐的设计储存高高液位，m。

（4）储罐的设计储存低液位应符合下列规定：

① 应满足从低液位报警开始 10～15min 内泵不会发生汽蚀的要求；

② 外浮顶储罐或内浮顶储罐的设计储存低液位宜高出浮顶落底高度 0.2m；

③ 不应低于罐内加热器的最高点。

（5）储罐的设计储存低低液位宜按式（5-1-5）计算：

$$h_8 = h_7 - h_2 \qquad (5-1-5)$$

式中　h_7——储罐的设计储存低液位，m；

　　　h_8——储罐的设计储存低低液位，m。

2. 储备时间的确定

管道输油受气候及其他外界因素影响较小。因此，对于原油以管道外输为主的油田，其储备时间可以比铁路及公路运输少一些。铁路及公路外运受气候和外界条件的影响较大，如暴风、大雪、洪水、路况等。另外，铁路是各种货物混合运输，原油外运情况还受在铁路货运中所处的地位及铁路货运调度安排的影响，因此以铁路外运为主的油田，其储备时间应比管输多。此外，原油储备时间还受炼厂检修、管道事故抢修等因素影响。

大庆油田的实际储备时间，20 世纪 60 年代为 4～5d，70 年代为 2.4～3d，1983 年以后储备时间增加到 3～5d。大庆油田在 1971 年之前以铁路外运为主，1972 年以后以管输为主。原油外输经过地震、暴风雪、火车故障、管道大型动火、原油价格下跌等不正常情况，出现了几次油田储罐全部装满的紧急状况。

20 世纪 90 年代初建设的东河塘油田集中处理站，原油外输能力为 $100 \times 10^4 \, \text{t/a}$，有 5000m³ 拱顶储油罐 3 座，储备时间为 4d。

根据调研，2002 年新疆油田原油储备时间为 9.2d，吉林油田原油储备时间为 12d，河南油田原油储备时间大于 30d，长庆油田原油储备时间为 12.1d，冀东油田（铁路外运）原油储备时间为 18.1d，胜利油田目前原油储备时间为 8d。

考虑对生产管理的影响情况，为了避免原油外输过程中出现问题对原油生产造成影响，根据以往的经验和目前现状,本书按照 GB 50350—2015《油田油气集输设计规范》规定,只给出了能够维持油田正常生产时的最低储备时间。

油田原油储备时间应根据原油运输方式,通过技术经济评价确定,并应符合下列规定:

（1）原油以管道外输的油田,储备时间不应少于 3d;

（2）原油以铁路或公路外运为主的油田,应根据运输距离、原油产量及其在铁路运输中所处的地位等因素确定,储备时间不宜少于 5d;

（3）原油以轮船外运为主的油田,储备时间应至少为来船周期再增加 3d。

在当前加强社会主义市场经济建设的形势下,石油企业的原油生产和销售加大了市场化运作的力度。而且在加入 WTO 以后,国内石油市场的产、供、销受国际石油市场的供销关系和价格波动的影响较大。因此,考虑各原油生产企业为缓解油价波动和市场供需波动的冲击,增加原油生产的平稳性和获取更大的经济效益的需要,各原油生产企业可以根据自己原油生产的实际情况、投资情况以及在经济效益方面的追求,经过认真的研究和论证,去决策原油储存设施的建设需要。

另外,从国家石油战略安全角度考虑,需要大大加强石油战略储备工程的建设。国际能源机构建议,石油储备的规模应相当于 90d 的净进口油量。对于石油储备,国际上的通行做法是采用国家战略储备和企业商业储备相结合的模式。石油储备油库的建设和管理要加强市场运作,应由国家储备和企业储备同时并举,而且按 1∶2 的比例,促使企业储备量要大于国家储备。因而应鼓励原油生产企业加大原油储备设施的建设。

3. 储罐总容量的计算

原油储罐总容量可按式(5－1－6)计算:

$$V = \frac{mT}{365\rho\varepsilon} \qquad (5-1-6)$$

式中　V——原油储罐的总容量,m³;

　　　m——油田原油储运设施的设计能力,取油田原油生产能力的 1.2 倍,t/a;

　　　T——油田原油储备时间,d;

　　　ρ——储存温度下的原油密度,t/m³;

　　　ε——原油储罐储存系数,固定顶储罐宜取 0.85,浮顶储罐宜取 0.90,当储罐中储存起泡原油时,固定顶储罐可取 0.75。

4. 储罐数量的确定

原油储罐的总容量确定后,应根据油品性质及操作要求来确定单体容量、数量及尺寸,确定储罐数量通常应考虑以下原则:

（1）满足油品进罐、出罐、计量、加热、沉降切水和化验分析等生产要求;

（2）满足定期清罐的要求;

（3）油品性质相似的储罐,在生产条件允许的情况下可考虑互相借用的可能;

（4）满足一次进油量或出油量的要求;

（5）有的油品还要满足调合、加添加剂及其他的特殊要求;

（6）企业附属油库还要满足生产企业对储罐个数的要求。

综上所述，储罐数量一般不少于 2 个。

5. 储罐罐容的确定

若原油储罐总容量为 V_s，考虑油品性质和操作因素确定选 n 座相同罐容的储罐，那么单个储罐的容量 V_d 确定可按式（5-1-7）计算：

$$V_d = \frac{V_s}{n} \tag{5-1-7}$$

式中　V_d——单个储罐的容量，m^3；

　　　V_s——原油储罐的总容量，m^3；

　　　n——储罐数量，个。

求得的储罐单体容量有可能与现行标准储罐系列不吻合，需要进行适当的圆整。若选择同一罐容的储罐不满足经济性、实用性等要求，则应根据实际情况确定不同罐容储罐的数量，分别予以计算。

三、储罐的分类及选用

1. 储罐的分类

储罐是站库主要设备之一，可以按照其罐体材质、建造位置、罐型结构及其使用功能进行分类。

1）根据储罐的材质分类

储罐材质大体可以分为金属储罐和非金属储罐两大类。

金属储罐是用钢板焊成的薄壳容器，具有造价低、不渗漏、施工方便、易于清洗和检修、安全可靠、耐用，并适宜储存各类油品等特点。非金属储罐主要是钢筋混凝土储罐，做成圆柱形或长方体形，罐顶大多做成拱顶或拱形结构。非金属储罐的缺点是罐体易产生裂缝，渗漏点较难确定，检修维护难度大。非金属储罐内壁可贴丁腈胶片或钢板，钢板贴壁优于丁腈胶片贴壁。

非金属储罐的其他种类有耐油橡胶软体储罐、玻璃钢储罐和塑料储罐等，这些储罐具有容积小、易拆迁、易搬运等特点。耐油橡胶软体储罐常用于部队野战油库或机动保障。

2）根据储罐的建筑位置分类

按照储罐的建筑位置可分为地面储罐、覆土储罐、洞库储罐和地下水封洞库。

地面储罐直接建造在地面上，储罐基础高出周围地坪不小于 0.5m。它的优点是投资少、施工快、日常管理和维修比较方便；缺点是占地面积大、油品蒸发损耗比较严重。一般的站库大多建造地面储罐。

覆土储罐是指储罐室顶部的覆土厚度不小于 0.5m 的储罐。它的优点是罐内温度受大气温度的影响比较小，油品的蒸发损耗小，火灾危险小，并且具有一定的对空隐蔽效果；缺点是造价高、施工期较长，当地下水位较高时，储罐还需作特殊的防水处理。覆土储罐采用钢板建造时，需在储罐周围建造砖、石或钢筋混凝土护体，护体由拱顶、周墙（侧墙）和出入通道等组成。

洞库储罐分为人工洞储罐和自然洞储罐两类，储罐建于人工开挖的山洞或天然洞穴中。

它的优点是不占农田或少占农田,利用山体作覆盖掩护,具有很强的防护能力,油品蒸发损耗小,着火危险小;缺点是投资大、施工期长、洞内需做防潮处理。洞库储罐主要用于军事油库和国家储备库。

地下水封洞库是在稳定的地下水位以下一定深度的天然岩体中人工开挖的、以岩体和岩体中的裂隙水共同构成储油空间的一种特殊地下工程,是由储油洞罐、施工巷道、竖井(操作竖井)、水幕巷道等单元组成的洞库。地下水封洞库的洞罐建在稳定的地下水位以下一定深度的岩石里,确保洞罐围岩中裂隙水压力始终大于洞罐储存温度下油品的饱和蒸气压力。这样即可防止洞罐储存的油品不顺着围岩裂隙渗透出去,又能保证有少量地下水沿着裂隙流入洞罐内,由于油比水轻而又不相溶,流入洞罐中的水沿着岩壁汇集到洞罐底部,形成防止渗漏的水垫层,油品始终浮在水面上。地下水封洞库储存油品有两种方式:一种是固定水位法储油,另一种是变动水位法储油。储存原油一般采用固定水位法,水垫层高度一般为0.3~0.5m,根据储存油品要求具体确定。地下水封石油洞库具有占地少、损耗少、污染小、运营管理费用低、安全性能高和装卸速度快等优点,在国家战略石油储备二期及三期规划中被优先采用。

3）根据储罐的结构分类

按照储罐的结构形式与形状可分为立式圆柱形、卧式圆柱形和球形储罐三类。

立式圆柱形钢储罐根据顶的结构可分为固定顶储罐和活动顶储罐两类。固定顶储罐按罐顶形式通常可分为锥顶储罐、拱顶储罐和网壳顶储罐,具有结构简单、备料方便、施工快的特点。活动顶储罐中包括外浮顶储罐和内浮顶储罐,具有消除气体空间体积或者可变气体空间体积的特点,可以降低油品蒸发损耗、减少大气污染、减小火灾危险性,特别适宜于储存原油和汽油等易挥发油品。

卧式圆柱形储罐容积一般较小,但承压能力较高,易于运输,有利于工厂化制造,得到广泛应用,多用于储存需要量不大的油品。

球形储罐的特点是受力状态好、承压能力高,被广泛用于储存液化气和某些高挥发性的化工产品。

4）根据储罐的使用功能分类

按照储罐的实际使用功能,常可分为储油罐、中继罐、零位罐、高架罐、缓冲罐及放空罐等。当收发油作业区距离储油区较远时需设置中继罐;高架罐可用于自流发油;码头接卸油品时,通常先将其放入作业区的缓冲罐,经缓冲后再输送到储油区。有些名称只是习惯性叫法,并没有严格的定义,如零位罐。

2. 立式圆柱形储罐

立式圆柱形储罐是应用范围最广的储罐,通常为常压或微正压储罐。

1）固定顶储罐

固定顶储罐按罐顶形式通常可分为锥顶储罐、拱顶储罐和网壳顶储罐。拱顶、网壳顶甚至锥顶也可用做内浮顶储罐的固定顶。

锥顶储罐通常分为自支撑锥顶(一般容积小于1000m³)和柱支撑锥顶(储罐容积可远大

于1000m³)两类,锥形罐顶是一种形状接近于正圆锥体的罐顶。

拱顶储罐的顶是球体的一部分(球缺),为自支撑,拱顶又可分为无加强肋拱顶(一般容积小于1000m³)、带加强肋拱顶(一般容积大于1000m³而小于20000m³)。

当固定顶尺寸较大时,可采用网壳顶,网壳顶的网壳通常为球面网壳,网壳顶储罐就是由球面网壳支撑的拱顶储罐,因它没有支柱,也可以称作网壳自支撑球面顶,球面顶就是拱顶,是球体的一部分,也是球缺。工程上常用的球面网壳顶有双向子午线网壳和短程线三角球面网壳两类。

2)外浮顶储罐

浮顶直接漂浮在储罐内的液体表面上,随着液面上下浮动。浮顶与罐壁之间有一个环形空间,在这个环形空间中配有密封元件。浮顶和环形空间中的密封元件形成了储罐内液体表面的覆盖层,使罐内的液体与大气完全隔离,从而大大减小了储罐内液体在储存过程中的蒸发损耗,保证了安全,减少了对大气的污染。

浮顶应为金属浮舱式,可采用钢制浮顶,也可采用易熔材料制作(如铝浮盘和浮筒式不锈钢组装浮盘等),形式多为单盘式或双盘式。为安全起见,外浮顶储罐应采用钢制单盘式或钢制双盘式浮顶,单罐容积大于或等于50000m³时应采用钢制双盘式浮顶。

单盘式浮顶主要由单盘和环形浮舱两部分组成。其中单盘是一层薄钢板,环形浮舱由浮舱顶板、浮舱底板、内边缘板、外边缘板、隔板及加强框架、加强肋等组成的若干个独立隔舱组合而成。

双盘式浮顶由浮顶顶板、浮顶底板、边缘板、环向隔板、径向隔板及加强框架等组成。浮顶底部为水平的,而顶部具有一定的排水坡度。对于直径较小的储罐,顶板坡度是向心的,浮顶中央最低,即V形浮顶;对于直径较大的储罐,顶板坡度是双向的,即W形浮顶,浮顶中央及边缘较高。

在单盘和双盘浮顶上一般设有浮顶支柱、自动通气阀、浮顶排水系统、浮顶密封系统、量油导向装置、转动扶梯及轨道、浮顶人孔、船舱人孔、静电导出线、泡沫挡板等附件。

3)内浮顶储罐

内浮顶储罐是在固定顶储罐内部再加上一个浮动顶盖。它主要由罐体、内浮盘、密封装置、导向和防转装置、静电导线、通气孔、高低液位报警器等组成。

当内浮顶储罐单罐容积小于或等于5000m³、采用易熔材料制作的浮盘时,应设氮气保护等安全措施;单罐容积大于5000m³时应采用钢制单盘或双盘式浮顶;储存Ⅰ级和Ⅱ级毒性液体的内浮顶储罐不得采用易熔材料制作浮盘。

内浮顶储罐具有许多优点,应用范围越来越广,是一种很有发展前途的储罐,是迄今控制储罐蒸发损耗最好和最经济的方法。

3. 储罐类型的选择

(1)固定顶储罐。

固定顶储罐使用比较广泛。油田内部未稳定原油罐应选用固定顶储罐;单罐容量小于 10000m³ 的稳定原油储罐宜选用固定顶储罐；储存乙$_B$类和丙类液体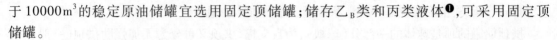，可采用固定顶储罐。

（2）外浮顶储罐。

浮顶覆盖在储罐内的液体表面上，并随液面升降，浮顶与液面之间基本上没有气体空间，从而大大降低了气体的蒸发损耗，同时也减少了气体对周围环境的污染。由于浮顶的侧面与罐壁之间有一个环形空间，虽配有密封系统，少量的雨雪及风沙也有可能渗入罐内。单罐容积为 10000m³ 及以上的稳定原油储罐宜采用外浮顶油罐。受密封系统结构的限制，介质的操作温度一般不高于 70℃。目前，国内已经建成多座 150000m³ 储罐，对于 200000m³ 储罐，国内也有多家设计院进行了技术储备。结合目前的消防设备能力和事故发生后的扑救及影响，GB 50160—2008《石油化工企业设计防火标准（2018 年版）》规定：浮顶油罐单罐容积不应大于 150000m³。

（3）内浮顶储罐。

内浮顶储罐是在固定顶储罐的基础上再增加一个浮顶，除可以降低物料的蒸发损耗、减少气体对周围环境的污染外，与外浮顶储罐相比较，内浮顶储罐的防水、防尘性能比较好，因而更适合于储存对产品质量要求较为严格的石油化工产品。

（4）球形及卧式圆柱形储罐。

此类结构的储罐，可根据其设计压力的大小，用于储存液化石油气类、稳定轻烃、液氨以及惰性气体等。此外，卧式圆柱形储罐也常用于站库的燃料油罐、缓冲罐、油气放空系统中的残液回收罐、化学试剂储罐、加油站的轻油储罐以及小型轻烃储罐等。

（5）覆土储罐。

由于覆土储罐的造价高和施工周期长等因素的影响，这种类型的储罐很少采用。而在交通不便，远离城市，借助外部消防力量困难，一旦着火爆炸扑救难度大的山区偶有建设。

综上所述，在选择储罐类型时，应综合考虑站库类型、油品性质、储罐容量、减少投资和建造材料供应等多种因素。对于挥发性较低或不挥发的油品，宜选用固定顶储罐；易挥发油品，如原油和汽油，宜选用外浮顶储罐和内浮顶储罐。储罐宜采用钢结构，特殊情况可采用玻璃钢或软体橡胶等材质的非金属储罐。

四、储罐附件

为了保证储罐的安全生产，储罐必须配置完善的附件，且应满足下列基本要求：

（1）完成油品的储存和收发要求；

（2）在储存和收发过程中不发生泄漏、燃烧、爆炸等事故；

（3）一旦发生事故时，能将损失减小到最低限度；

（4）能延长储罐的操作周期，并便于清理罐底残液和杂质。

地上固定顶储罐（包括采用氮气或其他惰性气体密封保护系统的内浮顶储罐）宜设置呼吸阀（通气管）、量油孔、透光孔、人孔、排污孔（或清扫孔）和放水管。

---

❶ 易燃和可燃液体的火灾危险性分类参见 GB 50074《石油库设计规范》。

地下(埋地)固定顶储罐,呼吸阀(通气管)、量油孔、透光孔、人孔及清扫孔设在罐顶上,不另设排污孔和放水管。

浮顶储罐应设置量油孔、人孔、排污孔(或清扫孔)和放水管。内浮顶储罐还需从罐体本身的结构考虑设置从浮顶上部进入浮盘的人孔,以及保证浮顶上方气体空间必要换气次数的通气孔。

1. 呼吸阀(通气管)

固定顶油罐当储存易挥发油品(如汽油、原油等)时,应在罐顶装设呼吸阀,使罐内油气空间与大气隔离。呼吸阀为呼气阀和吸气阀并为一体后的总称,通过呼气阀和吸气阀使储罐平时保持密闭状态,并可以控制罐内的最大正、负工作压力。当罐内气体压力高于某限定值(开启压力时),呼气阀开启,气体从罐内排至大气,当罐内气体压力达到某真空度时,吸气阀开启,外界空气进入储罐内。

常用呼吸阀为全天候呼吸阀,壳体为铝合金,适用于储存汽、煤、轻柴等成品油及原油,操作温度为 $-30 \sim 60℃$,与阻火器配套使用。呼吸阀在使用中必须经常检查和维修,否则会产生堵塞而不起作用。

通气管主要用于储存不宜挥发介质(丙类液体,如重柴油)的固定顶储罐,其主要作用是使罐内的气体空间与大气连通,当进行接收及发送油品作业、或外界气温变化时,通气管将成为罐内气体呼吸的重要通道。通气管规格一般为 $DN50mm \sim DN300mm$。

通气管安装在可能包含可燃蒸气空间的储罐上时应使用阻火器,不安装阻火器的通气管可以用于不包含可燃蒸气空间的储罐。如果是稠油储罐,例如,低渗透率的沥青,黏附阀盘或阻火器的堵塞引起储罐瘪罐危险大于火焰传入储罐的危险时,作为一个例外情况可以使用通气管,或加热呼吸口以保证蒸气温度保持在露点之上。

在对逸出气体有严格规定的区域,可能不允许使用通气管。

1)几种呼吸状态

物料进入储罐时(指最大进入量),液位上升,压缩液体上部的气体,同时促进液体蒸发,产生气体呼出。

周围环境温度升高,引起罐内的液体及气体膨胀,造成气体呼出。

发生火灾时,火焰产生的热辐射提高了罐内物料的温度,液体蒸发量加大,气体膨胀,大量气体呼出。

物料流出储罐时(指最大流出量),罐内气体的压力下降,引起气体吸入。

周围环境温度下降,罐内气体收缩,压力降低,气体吸入。

2)呼吸量的确定

(1)正常呼吸量:正常呼吸量是指在不超过引起储罐机械损坏和永久变形的操作压力或真空度下的最大通过量。

正压通气量应为物料进入和环境温度升高时呼出气体量之和。液体进入固定顶储罐时所造成的罐内液体气体呼出量,当液体闪点(闭口)高于 45℃ 时,应按最大进液量的 1.07 倍考虑;当液体闪点(闭口)低于或等于 45℃ 时,应按最大进液量的 2.14 倍考虑。液体进入采用氮气或其他惰性气体密封保护系统的内浮顶储罐时所造成的罐内气体呼出量,应按最大进液量考虑。

负压通气量应为物料外出量和温度下降时吸入气体量之和。液体出罐时的最大出液量所造成的空气吸入量,应按液体最大出液量考虑。

正压和负压状态下,因大气最大温降导致罐内气体收缩造成储罐吸入的空气量和因大气最大温升导致罐内气体膨胀而呼出的气体量,宜按表5-1-1确定。

表5-1-1　储罐热呼吸通气需要量

储罐容量,m³	吸入量(负压),m³/h	呼出量(正压),m³/h	
		闪点≥37.8℃	闪点<37.8℃
100	16.9	10.1	16.9
200	33.8	20.3	33.8
300	50.4	30.4	50.4
500	84.5	50.7	84.5
700	118.0	71.0	118.0
1000	169.0	101.0	169.0
2000	338.0	203.0	338.0
3000	507.0	304.0	507.0
4000	647.0	472.0	647.0
5000	787.0	538.0	787.0
10000	1210.0	726.0	1210.0
20000	1877.0	1126.0	1877.0
30000	2495.0	1497.0	2495.0

注:本表引自SH/T 3007—2014《石油化工储运系统罐区设计规范》中的表5.1.6。

（2）紧急呼吸量:当储罐外部或内部出现异常情况时,如内部加热盘管破裂或外部发生火灾、储罐外壁受火焰照射,罐内产生的气体远远大于正常状态下的通气量,这种情况下,储罐的结构将决定是否必须计算紧急状态下的通气量。

目前我国设计的固定顶储罐,大多属于顶—壁弱连接结构,即当正常的通气量不能满足紧急状态下的气体通过量时,顶—壁连接处将比其他任何连接部位先破坏,从而起到保护罐体及防止物料溢流的作用。对于这种结构的储罐,不需要考虑紧急通风的额外要求。

2. 液压安全阀

为防止呼吸阀因锈蚀或气温较低时出现的堵塞和冻结,阻碍罐内气相的正常呼吸,罐顶还需要设置液压安全阀(或采取其他措施),确保储罐的安全。液压安全阀内充装的液体应当是凝固点低、沸点高、不易挥发的介质,使液压安全阀的运行不受外界气温的影响。液压安全阀要与呼吸阀装在同一高度上。

为使液压安全阀在正常工作中不至于和呼吸阀同时动作,液压安全阀控制的正压值和负压值均比呼吸阀高5%~10%,所以正常运行的情况下,不会产生动作,只有在呼吸阀失灵的状态下,罐内的正压值和负压值达到了液压安全阀的控制值时,才会产生动作。

液压安全阀最终可以作为紧急排气阀使用,提高紧急状态(火警)下的排气量。它与紧急排气阀又不完全一样,其尺寸较小且为双向作用。当吸气阀失灵或南方地区骤降大雨导致罐内负压过高时,它可以起吸气的作用。

液压安全阀的常用规格及其额定通气量见表 5 - 1 - 2。

表 5 - 1 - 2　液压安全阀常用规格及额定通气量

规格(DN),mm	50	80	100	150	200	250	300	350
额定通气量,m³/h	150	300	500	1000	1800	2800	4000	5400

注:(1)表中通气量为呼气时额定通气量,吸气时额定通气量取呼气时 0.5 倍。

（2）本表引自 SY/T 0511.2—2010《石油储罐附件 第 2 部分:液压安全阀》中的表 1。

3. 阻火器

通过呼吸阀排出的罐内气体,与空气混合后若遇有明火就有产生爆炸和燃烧的可能性,并将危及整个储罐的安全。阻火器是防火安全装置,它的阻火层通常由能阻止外部火焰进入罐内的金属波纹板组成,阻火层置于钢壳内。阻火器装设在呼吸阀和液压安全阀下面,两端通过法兰分别与呼吸阀(液压安全阀)以及罐顶结合管相连,能阻止火焰由外部向储罐内未燃烧混合气体的传播,从而保证储罐的安全。

阻火器的常用规格为 $DN50$mm ~ $DN350$mm。

呼吸阀、通气管、液压安全阀、阻火器应布置在储罐罐顶的中心部位,设置一台时,布置在罐顶的中心,设置的数量在两台以上时,应以罐顶的中心对称布置。

4. 量油孔

量油孔主要用来测量储罐内液体的液面高度,以便计算出罐内的储存量,同时也可以通过此孔进行取样,供化验分析使用,仅在使用时打开,不用时应关闭。量油孔在紧急状态下也可提供正压排气,规格一般为 $DN150$mm,本体材料多为铝合金。量油孔操作相对频繁,应布置在罐顶梯子平台附近,对于设置盘梯的储罐,量油孔宜设在盘梯包角的内侧,距罐壁约 1000mm。量油孔至罐底垂直的部位不得设置障碍物,如加热器、搅拌器等。

5. 透光孔

设在罐顶上的透光孔,主要供施工安装、储罐清洗以及检修时采光和通风使用,透光孔的规格一般为 $DN500$mm。透光孔宜设在罐顶距罐壁 800 ~ 1000mm 处,只设一个透光孔时,应位于进出口管线上方的罐顶上,并与人孔或清扫孔相对称;当设置的透光孔在两个或两个以上时,应沿罐顶的周边均称布置。

6. 进出油管

进出油管是确保原油进出储罐的接口,除特殊要求外,一般应设在罐壁的下部,可分别设置进油管和出油管,或进出口合为一个接合管。需设调合喷嘴及浮动式吸入管时,储罐的内侧应增加一对法兰。进出油管管径大于 $DN80$mm 的均在罐壁上装有加强板。为防止储罐基础下沉时拉坏罐壁和管线,罐壁和管线间应采用柔性连接。

7. 加热器

对于罐内储存高凝固点、高黏度的石油化工产品,为满足输送的要求或工艺要求,需对物料进行加热脱水或调合等时,应设置加热器,常用储罐加热器为排管式和 U 形管式(或 Ω 形管式)。目前国内部分储罐加热器采用光管排管式,如图 5-1-7 所示,它是用钢管焊接成一组一组的排管,然后串连成一体。加热器一般可装设在离罐底约 0.5m 处,各组排管间可用法兰连接,以便损坏时检修。各组排管用钢管或型钢支架支撑并固定在罐底上。为了便于回水,从管线进口端到管线出口端应有一定的坡度。

光管排管式加热器在结构方面存在一些问题,一旦泄漏,检修时必须进行清罐。目前储罐加热采用较多的是多路并列加热盘管,如图 5-1-8 所示,若某一路加热盘管出现问题,可以在罐外关闭此路,其他各路仍能继续加热。

加热器需要提供的加热面积需经计算确定。计算原则是:单位时间的供热量应等于单位时间的散热量。

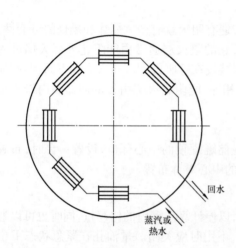

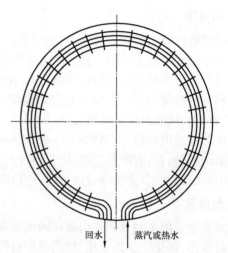

图 5-1-7 排管式储罐加热器安装示意图　　图 5-1-8 Ω 形管式储罐加热器安装示意图

例如,某 $10 \times 10^4 \mathrm{m}^3$ 双盘浮顶原油罐,罐壁保温层为 80mm 厚岩棉板,计算用大气温度为 $-35℃$,加热保温后维持储液温度 40℃。经计算,罐壁、罐底和罐顶总散热量为 $Q = 5397360000 \mathrm{J/h}$。设有外径为 d 的 Ω 形加热盘管 n 根,取安全系数 $K = 1.2$,取传热系数 $K_0 = 116.3 \mathrm{W/(m^2 \cdot K)} [418680 \mathrm{J/(m^2 \cdot h \cdot K)}]$,取加热管内外温差 $\Delta t = (142 - 40)℃$,则所需总加热面积 S 为:

$$S = K \frac{Q}{K_0 \Delta t} = 1.2 \times \frac{5397360000}{418680 \times 102} = 151.7(\mathrm{m}^2)$$

设 n 根加热盘管总长度为 L(单位:m),管径为 d(单位:m),应使 $L\pi d \geqslant 151.7(\mathrm{m}^2)$。

8. 储罐搅拌器

储罐搅拌器的主要作用是:防止储罐内沉积物的堆积,增加储罐的有效容积,延长清罐周期;进行油品调合,保持组分均匀,防止分层;加强罐内油品热交换,保持油品温度均匀。

根据搅拌原理的不同,通常可分为机械搅拌和旋转喷射液体搅拌。

机械搅拌器为螺旋桨推进式,根据安装位置不同,可分为侧向伸入式搅拌器和顶部伸入式搅拌器,顶部伸入式搅拌器用于小型立式储罐,大型储罐常用侧向伸入式搅拌器。侧向伸入式搅拌器又可分为固定角度式搅拌器和可调角度式搅拌器两种,其中固定角度式搅拌器主要用于进行罐内物料的调合,这种调合方式与一般的机泵、喷嘴以及其他方式的调合相比,物料的混合比较均匀,而且动力消耗少,可调角度式搅拌器多用于防止罐内沉积物的堆积,从而大大地减少储罐的清扫次数,提高储罐的利用率(图5-1-9)。

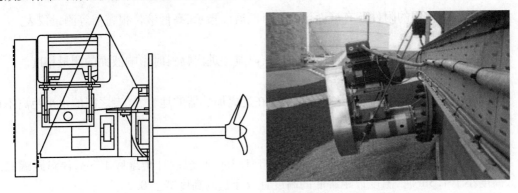

图 5-1-9　机械搅拌器示意图

旋转喷射搅拌器由与之相配套的循环管路系统组成,外置油泵将加压后的油品打入搅拌器,作为驱动源使其旋转并经喷嘴喷射进行搅拌,其工作原理如图5-1-10所示,在实际应用中多采用中央安装式。

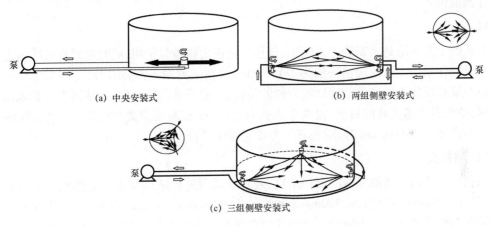

(a) 中央安装式　　　　　　　　　　　　　(b) 两组侧壁安装式

(c) 三组侧壁安装式

图 5-1-10　旋转喷射搅拌器工作原理示意图

9. 浮顶密封装置

由于浮顶罐的罐壁和浮顶都是由钢板焊接而成,为了保证浮顶在储罐内部可以上下浮动,浮顶与罐壁之间必须留有足够的环形间隙。环形间隙的大小根据储罐直径确定,一般情况下,储罐直径在60m以下时,环形间隙取200mm;储罐直径大于60m时,环形间隙取250mm;储罐直径大于80m时,环形间隙取250~300mm。为了保证储罐的严密性,在此环形间隙内需要设置浮顶密封系统。目前广泛使用的密封装置由一次密封(也称主密封)和二次密封(也称辅助密封)组成,二次密封应安装在一次密封上部,作为一次密封的补充,起主要密封作用的应该是一次密封。目前广泛使用的一次密封有三种基本形式：机械密封、弹性填充式密封和柔性刮板式密封。一次密封设计成至少能适应 ±100mm 的环形密封间隙的变化，以适应罐体整体形状偏差的要求。

10. 仪表

生产过程中常用的附件还有液面计、温度计、液位指示、高低液位报警器等测量仪表。

1）液面计

应设在盘梯包角外侧，远离进出口接合管，以避免进出物料时影响液面的测量精度。

2）温度计

为保证温度测量的准确性，温度计应设置在远离加热器的地方，二者之间的水平距离不得小于 2m。温度计垂直安装高度的原则如下：

（1）拱顶储罐，温度计距罐底 1.3m；

（2）浮顶储罐，浮盘距罐底的最低高度大于 1.3m 时，温度计距罐底 1.3m，浮盘距罐底的最低高度小于 1.3m 时，温度计距罐底的高度宜取浮盘的高度减去 0.2m。

3）液位指示及高低液位报警器

液位指示及高低液位报警器应设在盘梯包角的内侧，并布置在一条垂直线上，高液位报警开口与盘梯踏步的垂直距离宜为 2.2m，低液位报警器应避免物料进出时的直接干扰。高液位报警的设定高度不应高于储罐的设计储存高液位，低液位报警的设定高度不应低于储罐的设计储存低液位。

11. 人孔

人孔的主要作用是供安装工人施工、操作人员进出储罐时使用，同时也兼有对罐内进行通风及采光的作用。人孔的规格一般为 *DN*600mm，设在罐壁的下部，距罐底一般取 750mm 处，应尽量布置在操作人员进出储罐比较方便的位置，并避开罐内的立柱、加热器等。如果设一个人孔时，应设置在透光孔的对面；设两个人孔时，两个孔相隔至少要 90° 以上。当人孔的中心距地面的高度大于 1200mm 时，应在其下方设置操作平台。

12. 清扫孔

清扫孔主要用于清除罐内的沉积杂物，兼有对罐内进行通风及采光的作用。清扫孔为长方形，尺寸为 500mm×700mm，700mm×900mm 和 900mm×1200mm 三种，清扫孔的大小要根据原油的含砂量及杂物多少而定。清扫孔应布置在远离罐前管廊带的位置，便于清扫储罐及罐内残渣物的外运。

13. 梯子和平台

为便于操作人员取样、量油及对罐顶附件进行维护和管理而设置的上罐梯子，目前应用最为广泛的是沿罐壁设置的盘梯，坡度为 30°~40°，梯子外侧设置 1m 高的扶手。梯子的起始点应布置在便于操作的通道附近，并靠近储罐进出油管处。有环形圈梁结构的罐基础，应考虑罐壁上盘梯向下延伸的位置。当盘梯的顶部平台距地面的高度超过 10m 时，应设置中间休息平台。当平台、走道距地面高度小于 20m 时，铺板上表面至栏杆顶端的高度不应小于 1050mm；当平台、走道距地面高度不小于 20m 时，铺板上表面至栏杆顶端的高度不应小于 1200mm；容积大于或等于 50000m³ 的浮顶储罐应设置两个盘梯,并在罐顶设置两个平台。

斜梯的耗钢量较大,占地面积也大,常用于容积较小的储罐,或多个小容积储罐联合布置在一起的罐组。多个储罐布置成联合的梯子和平台时,不宜将罐顶作为走行的通道。

沿罐顶的周边应设 0.8 ~ 1.0m 高防护栏杆,或至少应在量油孔、透光孔以及布置在罐顶周边附近的附件两侧各 1m 的范围内设局部栏杆,以便保证操作人员的安全,罐顶周边布置的附件处应设置操作平台,从梯子平台通向量油孔、透光孔等附件的通道上应做防滑踏步。

14. 放水管

放水管也称排污管,设置在储罐罐壁的下部或底部,用以排除储罐底部的积水和部分杂物。常用放水管分为固定式放水管和安装在排污孔(或清扫孔)上的放水管,如图 5 - 1 - 11 和图 5 - 1 - 12 所示。放水管应布置在储罐进出口接合管附近的位置,便于阀门集中操作。一般情况下放水管应设置在罐壁的下部,对含水量要求较高的储罐,其放水管应从储罐的底部引出,如带放水管的排污孔,放水管是从罐底的外侧引出,锥形罐底则是从罐底的中心引出。对于大容量的储罐需设两个以上放水管时,除第一个放水管布置在储罐的进出口接合管附近外,其他放水管应沿罐壁均称布置。放水管内经常会有底水,在寒冷地区需保温,以防冻结。

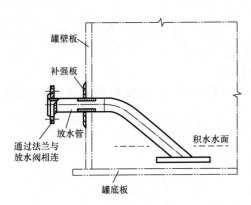

图 5 - 1 - 11 固定式放水管示意图

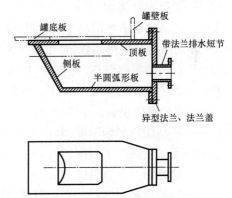

图 5 - 1 - 12 带放水管排污孔结构示意图

五、储罐加热与保温

1. 单位时间内加热油品所需的总热量

单位时间内加热储罐中油品所需的总热量 Q 包括:将油品从起始温度 t_{ys} 加热到终了温度 t_{yz} 所需的热量 Q_1,为融化油品中已凝固的那部分油品所需的热量 Q_2 以及在加热过程中散失于周围介质中的热量 Q_3 之和。即:

$$Q = \frac{1}{\tau}(Q_1 + Q_2) + Q_3 \qquad (5 - 1 - 8)$$

其中

$$Q_1 = Gc(t_{yz} - t_{ys}) \qquad (5 - 1 - 9)$$

$$Q_2 = \frac{N \cdot æ}{100} G \qquad (5-1-10)$$

$$Q_3 = FK(t_{av} - t_{qi}) \qquad (5-1-11)$$

$$c = \frac{1}{\sqrt{\rho_{15} \times 10^{-3}}} (1.687 + 3.39 \times 10^{-3} t_m) \qquad (5-1-12)$$

式中　Q——单位时间内加热油品所需的总热量,W;

Q_1——用于油品升温的热量,J;

Q_2——融化已凝固的那部分油品所需的热量,J;

Q_3——在加热过程中单位时间内散失到周围介质中的热量,W;

τ——加热总时间,见表 5-1-3,s;

G——被加热油品的总质量,kg;

c——油品的比热容,油品的 c 值可从表 5-1-4 和表 5-1-5 中查得,也可按式(5-1-12) 计算[式中 c 的单位为 kJ/(kg·℃)],J/(kg·℃);

ρ_{15}——15℃时油品的密度,kg/m³;

t_m——油品定性温度,℃;

N——凝结的石蜡在油品中的含量,%;

K——储罐的总传热系数,W/(m²·℃);

$æ$——石蜡的溶解潜热,见表 5-1-6,kJ/kg;

F——储罐的总表面积,($F = F_{ding} + F_{bi} + F_{di}$,其中,$F_{ding}$,$F_{bi}$ 和 F_{di} 分别为罐顶、罐壁和罐 底的表面积),m²;

t_{ys}——油品加热起始温度,℃;

t_{yz}——油品加热终了温度,℃;

t_{qi}——储罐周围介质温度,℃;

t_{av}——加热过程中油品的平均温度,℃。

t_{av} 可按式(5-1-13)和式(5-1-14)计算:

表 5-1-3　油品升温所需的加热时间 τ

应用条件	τ,h
(1) $t_{yz} - t_{ys} < 25℃$; (2) 储罐容积不超过 1000m³; (3) 操作周期 > 60h	> 24
(1) $t_{yz} - t_{ys} = 25 \sim 30℃$; (2) 储罐容积为 2000m³ 或 3000m³; (3) 操作周期 > 100h	> 36
(1) $t_{yz} - t_{ys} > 25℃$; (2) 储罐容积等于或大于 5000m³; (3) 操作周期 > 150h	> 48

注:选用 τ 值时,应以操作周期为首要条件,并参考温差及储罐容积两项条件。

表 5 – 1 – 4　油品比热容 c 值

油品定性温度 t_m,℃	油品比热容 c,J/(kg·℃)	油品定性温度 t_m,℃	油品比热容 c,J/(kg·℃)
0	1696	60	1888
10	1729	70	1921
20	1758	80	1955
30	1792	90	1985
40	1825	100	2018
50	1859	110	2047

表 5 – 1 – 5　含蜡原油比热容 c 值

油品定性温度 t_m,℃	油品比热容 c,J/(kg·℃)	油品定性温度 t_m,℃	油品比热容 c,J/(kg·℃)
10	2135 ~ 2855	40	2190 ~ 3752
15	2527 ~ 3028	45	2192 ~ 2452
20	2607 ~ 3161	50	2200 ~ 2396
25	2385 ~ 3280	55	2215 ~ 2382
30	2243 ~ 3385	60	2225 ~ 2390
35	2195 ~ 3380	70	2266 ~ 2550

表 5 – 1 – 6　石蜡融解潜热 $æ$

油品凝固点,℃	$æ$,kJ/kg	油品凝固点,℃	$æ$,kJ/kg
– 15	196.8	20	217.7
– 10	198.9	25	219.0
– 5	203.1	30	219.8
0	205.2	35	221.9
5	209.3	40	224.0
10	211.4	45	226.1
15	213.5	50	228.2

当 $\dfrac{t_{yz} - t_{qi}}{t_{ys} - t_{qi}} \leqslant 2$ ，t_{av} 用算术平均法计算求得，即

$$t_{av} = \frac{t_{ys} + t_{yz}}{2} \tag{5 – 1 – 13}$$

当 $\dfrac{t_{yz} - t_{qi}}{t_{ys} - t_{qi}} > 2$ ，t_{av} 用对数平均法计算求得，即

$$t_{av} = t_{qi} + \frac{t_{yz} - t_{ys}}{\ln \dfrac{t_{yz} - t_{qi}}{t_{ys} - t_{qi}}} \tag{5 – 1 – 14}$$

油品的定性温度 t_m 取决于对流换热过程中流体的运动形式。罐中油品和周围介质散热属自然对流换热，故油品的定性温度 t_m 取油品平均温度 t_{av} 与罐壁推算温度 t_{bi} 的平均值，可按式 (5 – 1 – 15) 计算：

$$t_{m} = \frac{t_{av} + t_{bi}}{2} \qquad (5-1-15)$$

式中　t_{bi}——罐壁推算温度（可先假设一个略小于 t_{av} 的温度进行试算），℃。

综合式(5-1-9)至式(5-1-11)，单位时间内加热油品所需的总热量 Q 可表达为：

$$Q = \frac{1}{\tau}\Big[Gc(t_{yz} - t_{ys}) + \frac{N \cdot \mathit{æ}}{100}G\Big] + FK(t_{av} - t_{qi}) \qquad (5-1-16)$$

如果油品未冷却到凝固点，$Q_2 = 0$ 又可表示为：

$$Q = \frac{1}{\tau}Gc(t_{yz} - t_{ys}) + FK(t_{av} - t_{qi}) \qquad (5-1-17)$$

如果油品加热只是为了保温，即维持油温不变，则所需的热量为：

$$Q = FK(t_{av} - t_{qi}) \qquad (5-1-18)$$

为了求出单位时间内加热油品所需的总热量 Q，从上述各式可知，必须先求得油罐的总传热系数 K 值。

2. 储罐总传热系数 K 值计算

储罐总传热系数 K 与储罐的结构形式、所处位置、油品性质和周围介质情况等因素有关，这些条件不同，相应的计算方法也不同。

1）地上不保温立式储罐的总传热系数

$$K = \frac{K_{bi}F_{bi} + K_{ding}F_{ding} + K_{di}F_{di}}{F_{di} + F_{ding} + F_{di}} \qquad (5-1-19)$$

式中 K 表示传热系数，F 表示面积，角标 bi，ding 和 di 分别指罐壁、罐顶和罐底。按储罐装满系数为 0.9 计算，F_{bi} 应取为罐壁总面积的 90%，F_{ding} 应取罐顶面积和 10% 罐壁面积之和。储罐各部分传热状况如图 5-1-13 所示。

（1）罐壁传热系数 K_{bi}。

油品在加热过程中也不断地通过壳体向外界散热。油品以对流换热 α_{1bi} 传至罐壁板经过钢板导热 λ_{bi}，罐壁外侧以对流换热 α_{2bi} 和辐射换热 α_{3bi} 散向大气，如图 5-1-14 所示。

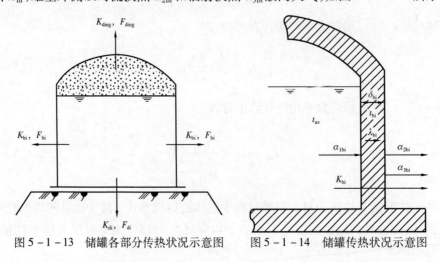

图 5-1-13　储罐各部分传热状况示意图　　图 5-1-14　储罐传热状况示意图

$$K_{\text{bi}} = \cfrac{1}{\cfrac{1}{\alpha_{1\text{bi}}} + \cfrac{\delta_{\text{bi}}}{\lambda_{\text{bi}}} + \cfrac{1}{\alpha_{2\text{bi}} + \alpha_{3\text{bi}}}} \tag{5-1-20}$$

式中　$\alpha_{1\text{bi}}$——油品至储罐内壁的内部放热系数,$\text{W}/(\text{m}^2 \cdot \text{℃})$;

λ_{bi}——罐壁的导热系数,$\text{W}/(\text{m} \cdot \text{℃})$;

δ_{bi}——罐壁的厚度,m;

$\alpha_{2\text{bi}}$——罐壁至周围介质的外部放热系数,$\text{W}/(\text{m}^2 \cdot \text{℃})$;

$\alpha_{3\text{bi}}$——罐壁至周围介质的辐射放热系数,$\text{W}/(\text{m}^2 \cdot \text{℃})$。

内部放热系数 $\alpha_{1\text{bi}}$ 应按无限空间自然对流放热公式计算,即:

$$\alpha_{1\text{bi}} = \varepsilon \frac{\lambda_{\text{tm}}}{h}(Gr \cdot Pr)^n \tag{5-1-21}$$

其中

$$\lambda_{\text{tm}} = \frac{117.5}{\rho_{15}}(1 - 0.00054t_{\text{m}}) \tag{5-1-22}$$

$$\rho_{15} = \rho_{20} - a(15 - 20) = \rho_{20} + 5a \tag{5-1-23}$$

$$a = 1.828 - 0.00132\rho_{20} \tag{5-1-24}$$

$$Gr = \frac{g\beta\Delta t d^3}{\nu_{\text{tm}}^2} \tag{5-1-25}$$

$$\beta = \frac{\rho_{20} - \rho_{\text{tm}}}{\rho_{\text{tm}} \times (t_{\text{m}} - 20)} \tag{5-1-26}$$

$$\rho_{\text{tm}} = \rho_{20} - a(t_{\text{m}} - 20) \tag{5-1-27}$$

$$\nu_{\text{tm}} = \nu_{\text{t1}} \cdot e^{-u(t_{\text{m}} - t_1)} \tag{5-1-28}$$

$$u = \frac{\ln(\nu_{\text{t1}}/\nu_{\text{t2}})}{t_2 - t_1} \tag{5-1-29}$$

式中　ε, n——系数,见表 5-1-7;

λ_{tm}——油品在定性温度下的导热系数,$\text{W}/(\text{m} \cdot \text{℃})$;

h——储罐内油层高度,m;

ρ_{15}——15℃时油品的密度,kg/m^3;

ρ_{20}——20℃时油品的密度,kg/m^3;

a——温度系数,$\text{kg}/(\text{m}^3 \cdot \text{℃})$;

t_{m}——油品的定性温度,按式(5-1-15)计算确定,℃;

Gr——格拉晓夫准则,反映流体在自然对流时黏滞力与浮升力的关系,即流体自然对流的强度;

g——重力加速度,取 $g = 9.81\text{m}/\text{s}^2$;

β——定性温度下油品的体积膨胀系数,见表 5-1-8,也可用式(5-1-26)计算,℃^{-1};

ρ_{tm}——定性温度时油品的密度,kg/m^3;

Δt——油品平均温度（t_{av}）与罐壁推算温度（t_{bi}）的差值，℃；

ν_{tm}——定性温度时油品的运动黏度，m^2/s；

ν_{t1}——已知 t_1 温度时的油品黏度，m^2/s；

ν_{t2}——已知 t_2 温度时的油品黏度，m^2/s；

u——黏度的温度系数；

d——定性尺寸，m。

定性尺寸是指对换热过程或流动有决定性意义的尺寸，要根据具体情况来确定。Gr 的定性尺寸，在考虑内部放热时选内直径，外部放热时选罐外直径。

定性温度取决于对流换热过程中流体的运动形式。受迫运动的对流换热，定性温度取流体的温度；自然对流换热，定性温度取流体温度和换热壁面温度的平均值。

普朗特准则：

$$Pr = \frac{\nu_{tm} c_{tm} \rho_{tm}}{\lambda_{tm}} \qquad (5-1-30)$$

式中 Pr——普朗特准则，反映流体的物理性质；

ν_{tm}——定性温度时油品的运动黏度，m^2/s；

c_{tm}——定性温度时油品的比热容，$J/(kg \cdot ℃)$；

ρ_{tm}——定性温度时油品的密度，kg/m^3；

λ_{tm}——定性温度时油品的导热系数，$W/(m \cdot ℃)$。

表 5-1-7 系数 ε 和 n 值

$Gr \cdot Pr$	ε	n	$Gr \cdot Pr$	ε	n
$10^{-3} \sim 500$	1.18	1/8	$> 2 \times 10^7$	0.135	1/3
$500 \sim 2 \times 10^7$	0.54	1/4			

表 5-1-8 油品的体积膨胀系数 β

相对密度 d_4^t	$\beta \times 10^3$, ℃$^{-1}$	相对密度 d_4^t	$\beta \times 10^3$, ℃$^{-1}$	相对密度 d_4^t	$\beta \times 10^3$, ℃$^{-1}$
0.73	1.151	0.83	0.845	0.93	0.632
0.74	1.130	0.84	0.824	0.94	0.612
0.75	1.108	0.85	0.803	0.95	0.592
0.76	0.997	0.86	0.782	0.96	0.572
0.77	0.974	0.87	0.760	0.97	0.553
0.78	0.953	0.88	0.739	0.98	0.534
0.79	0.931	0.89	0.718	0.99	0.516
0.80	0.910	0.90	0.696	1.00	0.497
0.81	0.888	0.91	0.674	1.01	0.479
0.82	0.866	0.92	0.653	1.02	0.462

注：d_4^t 是指定性温度 t_m 下的油品对水的相对密度。

自罐壁至周围大气的外部放热系数 α_{2bi}，按空气横向掠过圆管的强制对流换热公式计算，近似计算公式：

$$\alpha_{2bi} = C \frac{\lambda_{qi}}{D} Re^{n} \qquad (5-1-31)$$

其中

$$\lambda_{qi} = \lambda_0 \cdot \frac{273 + C'}{T + C'} \cdot \left(\frac{T}{273}\right)^{3/2} \qquad (5-1-32)$$

$$Re = \frac{v_{qi} D}{\nu_{qi}} \qquad (5-1-33)$$

$$\nu_{qi} = \mu_0 \cdot \frac{273 + C''}{T + C''} \cdot \left(\frac{T}{273}\right)^{3/2} \cdot \left(\frac{g}{\rho_{gas}}\right) \qquad (5-1-34)$$

$$\rho_{gas} = 1.252 \times \frac{273}{T} \qquad (5-1-35)$$

式中　λ_{qi}——空气的导热系数(可从表5-1-9查得)，也可按式(5-1-32)计算，W/(m·℃)；

λ_0——空气在0℃时的导热系数($\lambda_0 = 0.0237$)，W/(m·℃)；

T——空气的绝对温度($T = 273 + t_{qi}$)，K；

C'——常数($C' = 125$)；

D——储罐的直径，m；

Re——雷诺数；

v_{qi}——风速，按最冷月平均风速计算(其数值可从各地气象资料查得)，m/s；

ν_{qi}——空气的黏度，见表5-1-9，也可按式(5-1-34)计算，m²/s；

μ_0——空气在0℃时的绝对黏度，($\mu_0 = 1.755 \times 10^{-6}$)，m²/s；

C''——常数($C'' = 124$)；

ρ_{gas}——空气在 t_{qi} 时的密度，kg/m³；

C, n——系数，按 Re 值查得，见表5-1-10。

表5-1-9　大气压力为760mmHg的干空气物理常数

温度 t, ℃	-40	-30	-20	-10	0	10	20	30	40
导热系数 λ_{qi}, 10^2W/(m·℃)	2.117	2.198	2.279	2.361	2.442	2.512	2.593	2.675	2.756
黏度 ν_{qi}, 10^6m²/s	10.04	10.80	11.79	12.43	13.28	14.16	15.06	16.00	16.96

注：1mmHg = 133.3Pa。

表5-1-10　系数 C 和 n

Re	$5 \sim 80$	$80 \sim 5 \times 10^3$	$5 \times 10^3 \sim 5 \times 10^4$	$Re > 5 \times 10^4$
C	0.81	0.625	0.197	0.023
n	0.40	0.46	0.60	0.80

罐壁至周围介质的辐射放热系数 α_{3bi} 按式（5-1-36）计算：

$$\alpha_{3bi} = C_0 \cdot \varepsilon \frac{\left(\dfrac{t_{bi} + 273}{100}\right)^4 - \left(\dfrac{t_{qi} + 273}{100}\right)^4}{t_{bi} - t_{qi}} \tag{5-1-36}$$

式中　C_0——黑体的辐射系数，$C_0 = 5.67 \mathrm{W/(m^2 \cdot K^4)}$；

　　　ε——罐壁黑度，随罐壁涂料不同而有不同值，见表5-1-11；

　　　t_{bi}——罐壁推算温度，℃；

　　　t_{qi}——最冷月空气的平均温度，℃。

上述计算中用到罐壁推算温度 t_{bi}，它可根据热平衡方程式用试算法求得。

$$\alpha_{1bi}(t_{av} - t_{bi}) = K_{bi}(t_{av} - t_{qi}) \tag{5-1-37}$$

先假设一个略小于油品平均温度 t_{av} 的 t_{bi} 值进行试算，求出 α_{1bi} 和 K_{bi}，再将 t_{bi}，α_{1bi} 和 K_{bi} 值代入式（5-1-37）进行验算，如两边相等，或满足

$$\left| t_{bi} + \frac{K_{bi}}{\alpha_{1bi}}(t_{av} - t_{qi}) - t_{av} \right| \leqslant 1℃ \tag{5-1-38}$$

则可认为假定的 t_{bi} 值是合适的；如果不能满足式（5-1-38）就要重新假设 t_{bi} 值，再计算 α_{1bi} 和 K_{bi} 值，重新验算，直到满足式（5-1-38）为止，从而最后确定 t_{bi} 值。

采用计算机程序计算时，校核则应提高精度，以能满足式（5-1-39）即可。

$$\left| t_{bi} + \frac{K_{bi}}{\alpha_{1bi}}(t_{av} - t_{qi}) - t_{av} \right| \leqslant 0.1℃ \tag{5-1-39}$$

表5-1-11　不同涂料的罐壁黑度 ε

涂料名称	ε	涂料名称	ε
黑颜色	1	银灰漆	0.45
白色珐琅质	0.91	氧化的钢材，无涂料	0.82
白色涂料（白，奶白）	0.77~0.84	有光泽的镀锌钢材，无涂料	0.23
颜色涂料	0.91~0.96	氧化的镀锌钢材，无涂料	0.28
铝色涂料	0.27~0.67		

（2）罐顶传热系数 K_{ding}。

K_{ding} 反映储罐气体空间传出热流量强度。理论上认为储罐液面向气体空间对流放热 α_{1ding}，有限空间向罐顶放热，相当热传导系数 λ_c，罐顶自身导热 λ_i，再向大气散热以对流 α_{2ding} 和辐射 α_{3ding} 两种形式放热，如图5-1-15所示。K_{ding} 计算见式（5-1-40）。

$$K_{ding} = \frac{1}{\dfrac{1}{\alpha_{1ding}} + \dfrac{\delta_c}{\lambda_c} + \sum \dfrac{\delta_i}{\lambda_i} + \dfrac{1}{\alpha_{2ding} + \alpha_{3ding}}} \tag{5-1-40}$$

式中　α_{1ding}——从油面至气体空间的内部放热系数，见表5-1-12和表5-1-13，$\mathrm{W/(m^2 \cdot ℃)}$；

δ_c——罐内油面上气体空间层的厚度,m;

λ_c——罐内气体空间中的油气与空气混合物的相当热传导系数(把有限空间的放热过程当作热传导来处理),$W/(m \cdot ℃)$;

$\sum \dfrac{\delta_i}{\lambda_i}$——顶板、污垢等热阻总和,$\delta_i$ 表示各层厚度,m,λ_i 表示各层的导热系数,$W/(m \cdot ℃)$;

α_{2ding}——从罐顶至周围介质的外部放热系数,$W/(m^2 \cdot ℃)$;

α_{3ding}——从罐顶至周围介质的辐射放热系数,$W/(m^2 \cdot ℃)$。

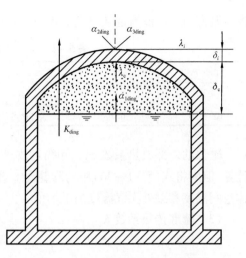

图 5 – 1 – 15　罐顶传热状况示意图

表 5 – 1 – 12　α_{1ding} 值

罐内油温与气体空间温度的差值,℃	2	5	10	15	20	25	30	35	40	45	50
α_{1ding},$W/(m^2 \cdot ℃)$	1.396	1.977	2.326	2.791	3.140	3.250	3.400	3.722	3.954	4.071	4.187

表 5 – 1 – 13　罐内油温与气体空间温度的关系

加热时的温度,℃		冷却时的温度,℃	
油品	油面上的气体空间	油品	油面上的气体空间
50	32	100	74
60	36	90	67
70	39	80	60
80	43	70	54
90	48	60	47
100	52	50	40

罐内油面上的气体空间中也存在着对流运动,与静止的气体热传导相比,热量传递过程必然要增强,而且它与有限空间产生的自由运动有关。当把罐内油面上的这一有限气体空间的放热过程当作热传导来处理,它的相当热传导系数 λ_c 按式(5 – 1 – 41)计算:

$$\lambda_c = \lambda \varepsilon_k \qquad\qquad (5 – 1 – 41)$$

式中　λ——油品蒸气与空气混合气体的导热系数,$W/(m \cdot ℃)$;

ε_k——对流系数,由式(5 – 1 – 42)计算。

$$\varepsilon_k = C(Gr \cdot Pr)^n \qquad\qquad (5 – 1 – 42)$$

计算式(5 – 1 – 42)中的准则 Gr 和 Pr 时,取气体空间层的高度为定性尺寸,取油面温度和罐顶温度的平均值为定性温度。式中的 C 和 n 可从表 5-1-14 查得。

表 5-1-14　计算 ε_k 所用的系数 C 和 n 值

$Gr \cdot Pr$	C	n	$Gr \cdot Pr$	C	n
$<10^3$	1	0	$10^6 \sim 10^{10}$	0.40	0.2
$10^3 \sim 10^6$	0.105	0.3			

罐顶的外部放热系数 α_{2ding} 和辐射放热系数 α_{3ding} 均可按罐壁的放热系数 α_{2bi} 和 α_{3bi} 的公式计算,但应将式(5-1-36)中的罐壁温 t_{bi} 改为罐顶温度 t_{ding}。罐顶温度 t_{ding} 可近似的取罐内气体空间温度和罐外大气温度的平均值。

（3）罐底传热系数 K_{di}。

$$K_{di} = \cfrac{1}{\cfrac{1}{\alpha_{1di}} + \sum \cfrac{\delta_{di}}{\lambda_{di}} + \cfrac{\pi D}{8\lambda_{tu}}} \qquad (5-1-43)$$

式中　α_{1di}——从油品至罐底的内部放热系数,$W/(m^2 \cdot ℃)$;

$\sum \dfrac{\delta_{di}}{\lambda_{di}}$——罐底热阻之和,其中 δ_{di} 表示油泥沉积物、底板等各层的厚度,m,λ_{di} 表示相应各层的导热系数,$W/(m \cdot ℃)$;

D——罐底直径,m;

λ_{tu}——土壤导热系数,见表 5-1-15,$W/(m \cdot ℃)$。

表 5-1-15　土壤的导热系数 λ_{tu}

土壤	状态	λ_{tu},$W/(m \cdot ℃)$	土壤	状态	λ_{tu},$W/(m \cdot ℃)$
砾石	干燥	0.3	亚黏土	中等湿度	1.5
砂	干燥	0.3	黏土	中等湿度	1.2
亚黏土	干燥	0.9	砂	潮湿	2.0
黏土	干燥	1.0	亚黏土	潮湿	1.6
砂	中等湿度	1.5	黏土	潮湿	1.6

α_{1di} 的计算方法与 α_{1bi} 相同,可按式(5-1-21)计算,但应将式中的油层高度 h 改为罐底直径 D,并将计算结果乘以 0.7。这是考虑到将竖板放热公式改用于横板放热且放热面向下时,放热强度要减弱,故乘以修正系数。

根据经验,无保温层的地上立式金属储罐,罐壁的传热系数 $K_{bi} = 4.5 \sim 8.2W/(m^2 \cdot ℃)$;罐顶的传热系数 $K_{ding} = 1.2 \sim 2.4W/(m^2 \cdot ℃)$;罐底的传热系数 $K_{di} = 0.35W/(m^2 \cdot ℃)$。由此可知对总传热系数影响最大的是罐壁部分,其次是罐顶,而罐底影响最小,因此在实际计算中,为了方便起见,可只对罐壁的传热系数进行详细的计算,而罐顶和罐底可取经验数值。

2）地上保温立式储罐的总传热系数

地上保温立式储罐的总传热系数求法与上述不保温储罐相同,只是在计算罐壁传热系数

K_{bi}时,考虑到保温层的热阻比其他热阻大得多,K_{bi}可近似地由式(5 - 1 - 44)求得:

$$K_{bi} \approx \frac{\lambda_{bao}}{\delta_{bao}} \qquad (5 - 1 - 44)$$

式中 λ_{bao}——保温材料的导热系数,见表5 - 1 - 16,W/(m·℃);

δ_{bao}——保温层厚度,m。

罐顶一般不作保温层,罐顶和罐底的传热系数的求法均与不保温罐的求法相同。

表 5 - 1 - 16 常用保温材料的密度和导热系数

材料名称		密度 ρ,kg/m³	导热系数 λ,W/(m·K)
硅酸钙制品		170	0.055
		220	0.062
复合硅酸盐制品	涂料	180~200(干态)	≤0.065
	毡	60~80	≤0.043
		81~130	≤0.044
	管壳	80~180	≤0.048
岩棉制品	毡	60~100	≤0.044
	缝毡	80~130	≤0.043
	板	60~100	≤0.044
		101~160	≤0.043
	管壳	100~150	≤0.044
矿渣棉制品	毡	80~100	≤0.044
		101~130	≤0.043
	板	80~100	≤0.044
		101~130	≤0.043
	管壳	≥100	≤0.044
玻璃棉制品	毯	24~40	≤0.046
		41~120	≤0.041
	板	24	≤0.047
		32	≤0.044
		40	≤0.042
		48	≤0.044
		64	≤0.040
	毡	24	≤0.046
		32	≤0.046
		40	≤0.046
		48	≤0.041
	管壳	≥48	≤0.041

材料名称		密度 ρ，kg/m³	导热系数 λ，W/(m·K)
硅酸铝棉及其制品	1#毯	96	≤0.044
		128	
	2#毯	96	
		128	
	1#毡	≤200	
	2#毡	≤200	
	板、管壳	≤220	
	树脂结合毡	128	≤0.044
硅酸镁纤维毯		100±10，130±10	≤0.040

注：本表摘自 GB 50264—2013《工业设备及管道绝热工程设计规范》中的表 A.0.1。

3. 储罐加热方式

储罐加热主要用于易凝原油在储罐储存过程中的温度维持。加热方式常用的有以下几种：蒸汽/热水盘管加热、热油循环喷洒加热、电热棒加热、电热带加热、电热板加热。

电热棒和加热盘管设置在储罐内部；热油循环是一种罐外循环加热方式；电热带和电热板设置在储罐罐壁外侧。电热棒加热一般用于小型储罐，如燃料油罐、污油罐等。较大储罐多是采用盘管加热或是热油循环喷洒加热，个别还有用电伴热带或电热板对储罐进行加热，具体应根据现场实际条件经技术经济比较后确定。

4. 储罐加热器面积计算

储罐内加热器的应用，要根据原油的凝固点、黏度、含蜡量及输油温度来决定加热器的面积。储罐管式加热器的加热面积 F 按式（5-1-45）计算

$$F = \frac{Q}{K_0\left(\dfrac{t_1 + t_2}{2} - t_{av}\right)} \qquad (5-1-45)$$

式中　F——加热器面积，m²；

　　　Q——单位时间内加热油品所需的总热量，W；

　　　K_0——热源通过加热器对油品的总传热系数，W/(m²·℃)；

　　　t_1——热源进入加热器时的温度，℃；

　　　t_2——热源在加热器出口处的温度，℃；

　　　t_{av}——罐内油品在加热过程中的平均温度，可按式（5-1-13）和式（5-1-14）计算，℃。

当使用饱和蒸汽作为热源时，一般不考虑冷凝水在加热器中过冷，此时 $t_1 = t_2$，式（5-1-45）可简化为：

$$F = \frac{Q}{K_0(t_2 - t_{av})} \qquad (5-1-46)$$

如果使冷凝水的温度冷却到低于饱和温度，可以充分利用热源和减少蒸汽消耗，需要增加

加热面积,此时的加热面积按式(5-1-47)计算:

$$F = \frac{Q\varphi}{K_0(t_1 - t_{av})} \qquad (5-1-47)$$

式中 φ——过冷系数,见表5-1-17。

表5-1-17 蒸汽冷凝水过冷系数

油品加热终温,℃	蒸汽压力,MPa(表)					
	0.1	0.2	0.3	0.4	0.5	0.6
10	1.01	1.02	1.04	1.06	1.07	1.08
20	1.01	1.02	1.04	1.06	1.07	1.08
30	1.01	1.02	1.04	1.06	1.08	1.09
40	1.02	1.02	1.05	1.06	1.08	1.09
50	1.02	1.03	1.05	1.07	1.09	1.10
60	1.02	1.03	1.06	1.08	1.10	1.11
70	1.02	1.04	1.06	1.08	1.10	1.12
80	1.03	1.05	1.07	1.09	1.11	1.13
90	1.04	1.06	1.08	1.10	1.12	1.13

蒸汽经加热器至油品的总传热系数 K_0 按式(5-1-48)计算:

$$K_0 d = \frac{1}{\frac{1}{\alpha_1 d_1} + \sum_{i=1}^n \frac{1}{2\lambda_i}\ln\frac{d_{i+1}}{d_i} + \frac{1}{\alpha_2 d_{n+1}}} \qquad (5-1-48)$$

式中 α_1——蒸汽向加热器内壁的内部放热系数,W/(m²·℃);

d_i——管子的内外径及计入水垢和油污等在管子内外壁上的沉积物后各层的直径,m;

λ_i——水垢、管子、油品沉积物等的导热系数,W/(m·℃);

d——加热器管子的外径,m;

α_2——从加热器管子的最外层至油品的外部放热系数,W/(m²·℃)。

对于 λ_i 值,根据经验,对钢管可取为 45~60W/(m·℃);对水垢可取为 1.3W/(m·℃);对油污可取为 0.45W/(m·℃)。

蒸汽对加热器内壁的内部放热系数 α_1 可按式(5-1-49)计算:

$$\alpha_1 = 1.163(3400 + 100v) \cdot \sqrt[3]{\frac{1.21}{L}} \qquad (5-1-49)$$

式中 v——加热器进口处的蒸汽速度,一般取 10~30m/s,m/s;

L——蒸汽从加热器进口至出口所经过的管子长度,m。

由式(5-1-49)求得的 α_1 值常在 3500~11600W/(m²·℃)范围内,数值比较大,因此 $\frac{1}{\alpha_1 d_1}$ 数值很小,可忽略不计,再考虑到 d 与 d_{n+1} 之间的差别并不大,式(5-1-48)可简化为:

$$K_0 = \frac{1}{\dfrac{1}{\alpha_2} + R} \qquad (5 - 1 - 50)$$

其中 R 是附加热阻，它综合考虑了水垢、油污等对传热的影响，单位是 $(m^2 \cdot ℃)/W$，数值见表 $5 - 1 - 18$。

表 5 - 1 - 18　附加热阻 R

应用条件	R, $(m^2 \cdot ℃)/W$	应用条件	R, $(m^2 \cdot ℃)/W$
① 油品洁净，不易在加热管上结垢； ② 加热管较新，无铁锈； ③ 使用表压超过 0.5MPa 的蒸汽	0.00086	① 油品不洁净，易结垢； ② 加热管铁锈较多； ③ 使用表压为 0.2MPa 以下的蒸汽	0.0026
① 油品不很洁净，油温较高，易结垢； ② 加热管较旧； ③ 使用表压为 0.2～0.5MPa 的蒸汽	0.0017		

放热系数 α_2 按式 $(5 - 1 - 51)$ 计算：

$$\alpha_2 = \varepsilon \frac{\lambda_{tm}}{d} (Gr \cdot Pr)^n \qquad (5 - 1 - 51)$$

式中　ε, n——系数，决定于 $Gr \cdot Pr$ 值的大小，可查表 $5 - 1 - 7$；

　　　d——加热器管子外径，m；

　　　λ_{tm}——油品在定性温度下的导热系数，按式 $(5 - 1 - 22)$ 计算，$W/(m \cdot ℃)$。

式 $(5 - 1 - 51)$ 中的定性温度取油品平均温度 t_{av} 和加热器管子外壁温度的算术平均值。加热器管子外壁温度可先假设，求出 α_2 值后再复核原假设是否正确；加热器管子外壁温度也可近似取蒸汽温度，蒸汽压力不同对应的温度亦不同，见表 $5 - 1 - 19$。

表 5 - 1 - 19　干饱和蒸汽和饱和冷凝水的参数

绝对压力，MPa	温度，℃	饱和冷凝水热焓，kJ/kg	干饱和蒸汽热焓，kJ/kg
0.10	99.09	415.25	2674.1
0.15	110.79	464.69	2692.5
0.20	119.62	502.16	2705.9
0.30	132.88	558.94	2724.8
0.40	142.92	601.64	2738.3
0.50	151.11	636.81	2747.8
0.60	158.08	667.38	2756.2
0.70	164.17	693.75	2762.9
0.80	169.61	717.62	2768.3
0.90	174.53	738.97	2772.9
1.00	179.04	758.65	2777.1

5. 用于储罐加热器的蒸汽消耗量计算

当采用饱和蒸汽作热源,不考虑冷凝水过冷时,认为进入加热器的是干饱和蒸汽,从加热器排出的是饱和冷凝水,则单位时间内加热器所需的蒸汽量 G_z 为:

$$G_z = \frac{Q}{i_z - i_n} \qquad (5-1-52)$$

式中　G_z——加热器所用的蒸汽量,kg/s;

　　　Q——单位时间内加热油品所需的总热量,kW;

　　　i_z——干饱和蒸汽的热焓,见表 5-1-19,kJ/kg;

　　　i_n——饱和冷凝水的热焓,见表 5-1-19,kJ/kg。

6. 热油循环喷洒加热计算

将储罐中的油品抽出一部分,经换热器或加热炉加热至较高的温度,再用泵送回储罐,经沿罐内壁均布的喷嘴喷出后,与罐内油品混合直至整个储罐中油品的温度达到所要求的加热温度。当被加热的高温度的油品被泵送到加热储罐时,在泵压的作用下经过专门的喷射器,热油以一定的速度喷入罐内的油层中,起到机械搅拌作用,提高传热效果。

这种方法对于储存高含蜡原油的储罐加热效果比较好。当循环加热是用于保持储罐内的油温时,循环加热的油品质量流量 G_{re} 可根据下列热平衡方程式求得:

$$KF(t_{av} - t_{qi}) = G_{re}c(t_{re} - t_{av}) \qquad (5-1-53)$$

式中　K——储罐的总传热系数,W/(m²·℃);

　　　F——储罐的散热面积,m²;

　　　t_{av}——储罐内油品的平均温度,℃;

　　　t_{qi}——储罐周围介质的温度,℃;

　　　G_{re}——循环加热用的油品质量流量,kg/s;

　　　c——油品的比热容,J/(kg·℃);

　　　t_{re}——用于循环加热的油品加热后的温度,℃。

当循环加热是用于罐内油品升温时,根据热平衡原理可得:

$$\frac{1}{\tau}Gc(t_{yz} - t_{ys}) + FK(t_{av} - t_{qi}) = G_{re}c(t_{re} - t_{av}) \qquad (5-1-54)$$

式中　G——储罐中油品的总质量,kg;

　　　t_{ys}——罐内油品加热起始时的温度,℃;

　　　t_{yz}——罐内油品加热终了时的温度,℃;

　　　τ——加热时间,s。

7. 储罐的保温

为减少储罐的热损失,有时需要对储罐进行保温。下列储罐的罐壁均应考虑保温:

(1) 介质需在罐内进行加热升温的储罐;

(2) 在储运期间,会因降温而影响输送的储罐;

（3）加热器设在罐壁外侧的储罐；

（4）储存石蜡基原油时要求预防罐壁结蜡的浮顶罐。

介质进罐时温度高于要求的储存温度，且在整个储存期内即使储罐不保温、不加热，罐内介质的温度仍能保持在高于要求的储存温度的储罐罐壁，可不保温。

除上述情况外，储罐罐壁是否需要保温，应对保温工程投资与保温后所节约的热能进行经济比较。

对于介质储存温度低于95℃的保温储罐，罐顶可不保温，罐壁的保温高度如下：

（1）对于浮顶罐，应与顶部抗风圈的高度一致；

（2）对于固定顶罐或内浮顶罐，宜与安全装满高度一致。

对于介质储存温度高于120℃的保温储罐，罐壁应全部保温；罐顶是否保温，应根据技术经济比较的结果确定。

六、储罐组防火堤

1. 防火堤设置的规定

（1）地上储罐组应设防火堤，防火堤内的有效容量，不应小于罐组内一个最大储罐的容量。防火堤实高应高于计算高度的0.2m，防火堤高于堤内设计地坪不应小于1.0m，高于堤外设计地坪或消防车道路面（按较低者计）不应大于3.2m。地上卧式储罐的防火堤应高于堤内设计地坪不小于0.5m。

（2）防火堤应采用不燃烧材料建造，且必须密实、闭合，应能承受在计算高度范围内所容纳的静压力且不应泄露。

（3）防火堤宜采用土筑防火堤，其堤顶宽度不应小于0.5m。不具备采用土筑防火堤条件的地区，也可采用钢筋混凝土防火堤、砌体防火堤、夹芯式防火堤，不宜采用浆砌毛石防火堤；在用地紧张和抗震设防烈度8度及以上地区宜选用钢筋混凝土防火堤。防火堤的耐火极限不应低于5.5h。

（4）进出储罐组的各类管线、电缆应从防火堤顶部跨越或从地面以下穿过；当必须穿过防火堤时，应设置套管并应采用不燃烧材料严密封闭，或采用固定短管且两端采用软管密封连接的形式。在雨水沟（管）穿越防火堤处，应采取排水控制措施。

（5）每一储罐组的防火堤应设置不少于2处越堤人行踏步或坡道，并应设在不同方位上，每一个隔堤区域内均应设置对外人行台阶或坡道，相邻台阶或坡道之间的距离不宜大于60m。高度大于或等于1.2m的踏步或坡道应设护栏。

（6）隔堤应是采用不燃烧材料建造的实体墙，高度宜为0.5~0.8m。

2. 储罐组防火堤的布置

（1）同一防火堤内的地上储罐布置应符合下列规定：

① 在同一防火堤内，宜布置火灾危险性类别相同或相近的油品储罐（甲$_B$类、乙类和丙$_A$类油品储罐可布置在同一防火堤内，但不宜与丙$_B$类油品储罐布置在同一防火堤内），当单罐容积小于或等于1000m³时，火灾危险性类别不同的常压储罐也可布置在同一防火堤内，但应设

置隔堤分开。

② 沸溢性的油品储罐不应与非沸溢性油品储罐布置在同一防火堤内,单独成组布置的泄压罐除外。

③ 常压油品储罐不应与液化石油气、液化天然气、天然气凝液储罐布置在同一防火堤内。

④ 可燃液体的压力储罐可与液化烃的全压力储罐布置在同一防火堤内。

⑤ 可燃液体的低压储罐可与常压储罐布置在同一防火堤内。

⑥ 地上立式储罐、高位罐和卧式罐不宜布置在同一防火堤内。

⑦ 储存Ⅰ级和Ⅱ级毒性液体的储罐不应与其他易燃和可燃液体储罐布置在同一防火堤内。

(2) 同一防火堤内储罐总容量及储罐数量应符合下列规定:

① 固定顶储罐及固定顶储罐与浮顶、内浮顶储罐混合布置,其总容量不应大于120000m³,其中浮顶、内浮顶储罐的容积可折半计算。

② 钢浮盘内浮顶储罐总容量不应大于360000m³,易熔材料浮盘内浮顶储罐总容量不应大于240000m³。

③ 外浮顶储罐总容量不应大于600000m³。

④ 单罐容量大于或等于1000m³时储罐数量不应多于12座,单罐容量小于1000m³或仅储存丙$_B$类油品时储罐数量可不限。

⑤ 储罐不应超过2排,但单罐容量小于1000m³的储存丙$_B$类油品的储罐不应超过4排,润滑油罐的单罐容积和排数可不限。

(3) 立式储罐的罐壁至防火堤内堤脚线的距离,不应小于罐壁高度的一半;卧式油罐的罐壁至防火堤内堤脚线的距离不应小于3m;建在山边的储罐,靠山的一面,罐壁至挖坡坡脚线距离不应小于3m。

(4) 相邻储罐组防火堤外堤脚线之间应有消防道路或留有宽度不小于7m 的消防空地。

(5)《国家安全监管总局关于进一步加强化学品罐区安全管理的通知》(安监总管三〔2014〕68 号)规定:可燃液体储罐要按单罐单堤的要求设置防火堤或防火隔堤。

(6) 储罐组内单罐容量大于或等于50000m³时,宜设置进出罐组的越堤车行通道。该道路可为单车道,应从防火堤顶部通过,弯道纵坡不宜大于10%、直道纵坡不宜大于12%。

3. 储罐组防火堤有效容积计算

储罐组防火堤有效容积应按式(5 -1 -55)计算:

$$V = AH_j - (V_1 + V_2 + V_3 + V_4) \qquad (5-1-55)$$

式中　V——防火堤有效容积,m³;

H_j——设计液面高度,m;

V_1——防火堤内设计液面高度内的一个最大油罐的基础露出地面的体积,m³;

V_2——防火堤内除一个最大油罐以外的其他油罐在防火堤设计液面高度内的体积和油罐基础露出地面的体积之和,m³;

V_3——防火堤中心线以内设计液面高度内的防火堤体积和内培土体积之和,m³;

V_4——防火堤内设计液面高度内的隔堤、配管、设备及其他构筑物体积之和，m^3。

4. 防火堤内的地面设计

（1）防火堤内设计地面宜低于堤外消防道路路面或地面。

（2）防火堤内地面应坡向排水沟和排水出口，坡度宜为 0.5%。

（3）防火堤内地面宜铺设碎石或种植高度不超过 150mm 的常绿草皮。

（4）防火堤内地面应设置巡检通道。

（5）当储罐泄漏物有可能污染地下水或附近环境时，堤内地面应采取防渗措施。

5. 防火堤内排水设施的设置

（1）防火堤内场地宜设置排水明沟。

（2）防火堤内场地设置排水明沟时应符合下列要求：

① 沿无培土的防火堤内侧修建排水沟时，沟壁的外侧与防火堤内堤脚线的距离不应小于 0.5m。

② 沿土堤或内培土的防火堤内侧修建排水沟时，沟壁的外侧与土堤内侧堤脚线或培土堤脚线的距离不应小于 0.8m。

③ 排水沟应采用防渗漏措施。

④ 排水明沟宜设置格栅盖板，格栅盖板的材质应具有防火和防腐性能。

（3）防火堤内应设置集水设施，连接集水设施的雨水排放管道应从防火堤内设计地面以下通出堤外，并采取安全可靠的截油排水措施。

（4）在年累积降雨量不大于 200mm 或降雨在 24h 内可渗完，且不存在环境污染的可能时，可不设雨水排除设施。

七、油品蒸发损耗

原油在收集、储存、运输和初步处理及加工各环节中，原油的轻馏分不断蒸发，不但造成原油数量的损失，而且使油品的质量下降。

1. 油品蒸发损耗的类型

1）储油罐自然通风损耗

由于操作原因，储罐顶留有各种孔眼，如透光孔、量油孔等，并且又不在同一个高度上，空气从上孔流入，油品蒸发的气体与空气混合从下孔流出，造成自然通风损耗。储罐附件不注意维修，油封被吹掉、冬季液压阀冻结被拆除等原因，加速了储罐内气体循环，也加速了油面的蒸发速度。

2）储罐的呼吸损耗

储罐未收发油时，油品静止储存在储罐内，油品蒸气充满气体空间，由于储罐周围大气温度不断升高与降低，罐内气体空间的混合气体不断膨胀和收缩，使混合气体不断排出，空气又不断进入罐内，从而引起呼吸阀不断动作，形成小呼吸损耗。

当储罐收油时，油面不断上升，储罐内混合气体被压缩而使压力不断升高，当气体空间压力大于呼气阀控制值时，呼气阀打开，混合气体逸出罐外，从而造成蒸发损耗称为大呼吸。当储罐向外发油时，油面下降，罐内气体空间压力下降，压力下降至吸气阀控制值时，罐外空气吸入罐内,罐内油品蒸气浓度下降,又促使油面蒸发,罐内气体空间压力又逐渐升高,混合气体逸出罐外,随即产生大呼吸损耗。

2. 油品蒸发损耗的计算

1）拱顶储罐大呼吸蒸发损耗计算

$$L_{DW} = 4.35 \times 10^{-5} p V_L \rho K_T K_E \qquad (5-1-56)$$

式中 L_{DW}——拱顶储罐大呼吸蒸发损耗量,kg/a;

p——油品本体温度下的真实蒸气压,可根据油品雷特蒸气压由图5-1-16或图5-1-17查得,油品本体温度取自油品计量报表,如果缺乏这类资料,本体温度也可取大气温度加2.8℃,kPa;

V_L——液体年泵送入储罐量,m³/a;

ρ——储存油品的平均密度,t/m³;

K_T——储罐周转系数,与储罐周转次数有关,见图5-1-18;

K_E——系数,汽油取 $K_E = 1$,原油取 $K_E = 0.75$。

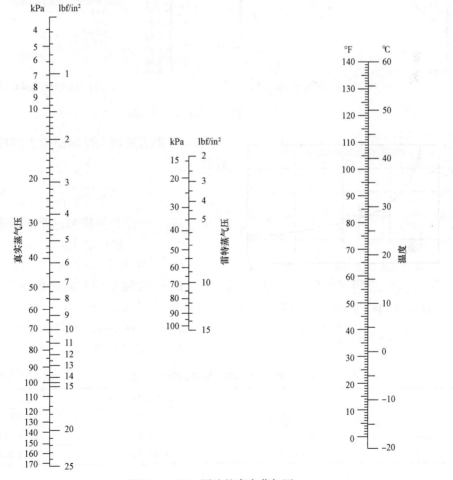

图 5-1-16 原油的真实蒸气压

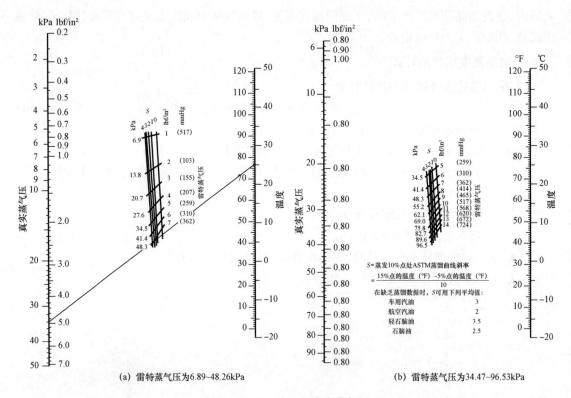

(a) 雷特蒸气压为6.89~48.26kPa　　　　　(b) 雷特蒸气压为34.47~96.53kPa

图 5-1-17　汽油的真实蒸气压

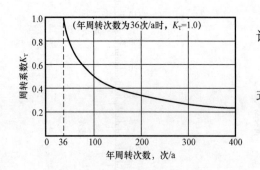

图 5-1-18　储罐周转系数 K_T

$$年周转次数 = \frac{年输转总量}{储罐容量}$$

2）浮顶储罐和内浮顶储罐大呼吸蒸发损耗计算

$$L_{FW} = \frac{4QC\rho}{D} \qquad (5-1-57)$$

式中　　L_{FW}——浮顶储罐和内浮顶储罐大呼吸蒸发损耗量，kg/a；

　　　　Q——年周转量，m^3/a；

　　　　C——储罐壁的黏附系数，$m^3/(1000m^2)$，见表 5-1-20；

　　　　ρ——储存油品的平均密度，t/m^3；

　　　　D——储罐直径，m。

表 5-1-20　罐壁的黏附系数　　　　单位：$m^3/(1000m^2)$

油品	罐壁状况		
	轻锈	重锈	喷涂内衬
汽油	0.00257	0.01284	0.2567
原油	0.01027	0.05134	1.0268

3）拱顶储罐小呼吸蒸发损耗计算

$$L_{DS} = 0.024 K_1 K_2 \left(\frac{p}{p_a - p}\right)^{0.68} D^{1.73} H^{0.51} \Delta T^{0.5} F_p C \qquad (5-1-58)$$

式中 L_{DS}——拱顶储罐小呼吸蒸发损耗量，m^3/a；

K_1——单位换算系数，$K_1 = 3.05$；

K_2——油品系数，汽油取 $K_2 = 1.0$，原油取 $K_2 = 0.58$；

p——油品本体温度下的真实蒸气压，kPa；

p_a——当地大气压，kPa；

D——储罐直径，m；

H——储罐内气体空间高度（包括储罐罐体部分预留容积的高度和罐顶部分容积的换算高度），m；

ΔT——大气温度的平均日温差，℃；

F_p——涂料系数，见表 5 - 1 - 21；

C——小直径储罐修正系数。

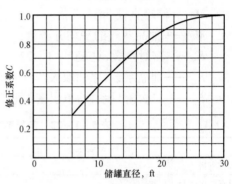

图 5 - 1 - 19 小直径储罐修正系数

C 可从图 5 - 1 - 19 中查得，也可以取为：当 $D \geqslant 9.14m$ 时，$C = 1$；当 $1.83m < D < 9.14m$ 时：

$$C = a + bD + eD^2 + fD^3 \qquad (5-1-59)$$

式中，$a = 8.2626 \times 10^{-2}$；$b = 7.3631 \times 10^{-2}$；$e = 1.3099 \times 10^{-3}$；$f = 1.9891 \times 10^{-6}$。

表 5 - 1 - 21 涂料系数 F_p

涂料颜色		涂料系数 F_p	
罐顶	罐壁	状态良好	状态较差
白色	白色	1.00	1.15
铝粉色 a	白色	1.04	1.18
白色	铝粉色 a	1.16	1.24
铝粉色 a	铝粉色 a	1.20	1.29
白色	铝粉色 b	1.30	1.38
铝粉色 b	铝粉色 b	1.39	1.46
白色	灰色	1.30	1.38
浅灰色	浅灰色	1.33	—
中灰色	中灰色	1.46	—

注：a—有金属光泽；b—无金属光泽。

4）浮顶储罐和内浮顶储罐小呼吸蒸发损耗计算

$$L_{FS} = Kv^n p_T D M_V K_S K_C E_F \qquad (5-1-60)$$

$$p_T = \frac{p/p_a}{[1 + (1 - p/p_a)^{0.5}]^2} \qquad\qquad (5-1-61)$$

式中　L_{FS}——浮顶储罐和内浮顶储罐小呼吸蒸发损耗量，kg/a；

　　　K——系数，浮顶储罐取 $K = 3.1$，内浮顶储罐区 $K = 2.05$；

　　　v——储罐所在地平均风速，m/s；

　　　n——与密封有关的风速指数，见表 5-1-22；

　　　p_T——蒸气压函数；

　　　p——油品本体温度下的真实蒸气压，kPa；

　　　p_a——储罐所在地的平均大气压，kPa；

　　　D——储罐直径，m；

　　　M_V——油品蒸气的平均分子量；

　　　K_S——密封系数，见表 5-1-22；

　　　K_C——油品系数，原油取 $K_C = 0.4$，汽油取 $K_C = 1.0$；

　　　E_F——二次密封系数，单层密封取 $E_F = 1.0$，二次密封取 $E_F = 0.25$。

表 5-1-22　密封系数 K_S 和与密封有关的风速指数 n

密封系统类型	K_S	n
机械密封		
只有一次密封	1.2	1.5
密封板处装有二次密封	0.8	1.2
边缘有二次密封	0.2	1.0
液面安装的弹性充填式密封（没有气体空间的）		
只有一次密封	1.1	1.0
有挡雨板	0.8	0.9
边缘有二次密封	0.7	0.4
油气空间安装的弹性充填式密封		
只有一次密封	1.2	2.3
有挡雨板	0.9	2.2
边缘有二次密封	0.2	2.6
内浮顶储罐任何类型密封系统	0.7	0.4

3. 油品蒸发损耗的测量

为了提高站库的生产管理水平，鉴定降耗技术措施和经济效益，判定油气污染源对周围环境的污染程度，需要测量油品蒸发损耗的数量。

1）量油法

量油法是按常规油品计量方法测量储罐内油面高度、油温和密度，利用储罐容积表计算静止储存前后油品的数量，以此差值作为油品静止储存损耗。在油品收、发、转输作业前后，以同样的方法，测量和计算储罐的发油量和收油量，其差值即为收、发、转输损耗。量油法操作简便，但准确程度比较低。

2）测气法

测气法是在呼吸阀的呼气阀出口端和吸气阀出口端各装有一台带有累计计数装置的气体流量计,分别测量同一时间间隔内,从油罐排出的混合气体积 $V_h(\mathrm{m}^3)$ 和油罐吸入的空气体积 $V_k(\mathrm{m}^3)$,考虑到始末两瞬间气体空间温度差值和油面高度差值对蒸发损耗量的影响,可按式(5-1-62)计算油品损耗量 ΔM。

$$\Delta M = \left(V_h - V_k - \Delta V_y - \frac{\Delta V_y \Delta T}{T_1} \right) \bar{\rho}_y \qquad (5-1-62)$$

如测量时间足够长,可忽略始末两瞬时气体空间温差和油面高差的影响,则:

$$\Delta M = (V_h - V_k) \bar{\rho}_y \qquad (5-1-63)$$

式中　ΔV_y——测量终了和开始时罐内油品体积差,$\Delta V_y = V_{y2} - V_{y1}$,$\mathrm{m}^3$;

　　　V_{y2}——测量终了时罐内油品体积,m^3;

　　　V_{y1}——测量开始时罐内油品体积,m^3;

　　　ΔT——测量终了和开始时气体空间的温差,$\Delta T = T_1 - T_2$,K;

　　　T_2——测量终了时气体空间温度,K;

　　　T_1——测量开始时气体空间温度,K;

　　　$\bar{\rho}_y$——油品蒸气平均密度,$\mathrm{kg/m}^3$。

测气法可以用来测定储罐大小呼吸损耗,或储罐大小呼吸的综合损耗。采用测气法测量油品蒸发损耗时,必须使储罐保持良好的严密性。气体测量计的量程应满足储罐单位时间内的最大呼吸量要求,最大流量下的仪表压降应小于储罐的设计压力。

4. 降低油品蒸发损耗的措施

降低油品蒸发损耗不仅可以大大降低储运系统中油品数量的损失,而且可以保证油品质量,减少烃蒸气对环境的污染。国内外对此非常重视,在不断深化对蒸发损耗影响因素认识的基础上,采取了不少有效措施并取得了良好的效果,具体措施如下:

（1）采用密闭工艺流程及原油稳定。采用密闭工艺流程及原油稳定可以使原油损耗率降至 0.5% 以下,同时也可以减少轻烃的排放量。

（2）选择适宜的储罐类型。储存原油和汽油等挥发性油料时,浮顶罐和内浮顶罐是降低蒸发损耗的有效储存设备。它们的基本结构形式消除了气体空间,可降低大呼吸和小呼吸损耗,保证油品质量,减少对环境的污染。

对蒸气压较高的油品宜采用低压储罐,以消除小呼吸损耗。在满足操作要求的条件下,宜选用大容量的储罐。

（3）采用气相连通工艺。在收发油作业中,为了防止油气排向大气,可把储存同类油品的多个储罐的气相空间用管线连通,使一个储罐收油时排出的气体被同时向外发油或罐内液位较低的储罐吸收,从而达到平衡。或者将连通线与集气罐相连,构成一个密闭的集气系统。集气罐的容积可根据系统的压力状况自动调节。采用气相连通工艺措施时应考虑相应的安全措施和油品自动计量装置。

（4）改进油品的储运工艺。在油品的储运过程中应尽量减少油品的倒罐,以减少油品周转。油品调合采用管道调合工艺,以降低蒸发损耗。

（5）降低储罐内温度及其变化幅度:

① 确定合理的油品进罐温度和储存温度。

② 采用水喷淋冷却:夏季白天对地面钢储罐罐顶淋水,形成均匀的流动水膜,从罐顶沿罐壁流下。流水可带走顶板和壁板吸收的太阳辐射热,不仅能有效降低气体空间温度及其昼夜温差,而且能降低油面温度及其昼夜温度变化的幅度。冷水喷淋降温效果明显,是简便易行的降耗措施,但耗用了大量的水,对罐壁和罐顶都有一定的腐蚀作用,从而加速了涂漆损坏并使维修周期缩短。

③ 安装反射隔热板:这种隔热板利用空气夹层的绝热作用及隔热板内外层涂上的白色涂料的反射作用,有效地降低储罐的小呼吸损耗。

（6）正确选用储罐涂料颜色。储罐的涂料应选用能反射光线(特别是热效应大的红光及红外线)且反射阳光性能稳定的涂料。试验表明,白漆降耗效果最好,铅灰次之。

（7）采用呼吸阀挡板。在呼吸阀结合管下方装设挡板是一种投资少、易安装、不影响生产运行的简易降耗措施。呼吸阀挡板可以改变吸入空气在气体空间的运动方向,避免对油面上大浓度层的直接冲击,使吸入的空气在储罐气体空间顶部沿径向分散,然后平稳地向下推移,减小呼气的油气浓度。根据测定,在同样的条件下与不装呼吸阀挡板相比,装设呼吸阀挡板的蒸发损耗可降低 20% ~30% 。

（8）站库设置油气回收处理装置。对油品储存中的储罐大、小呼吸以及铁路、公路、水路装卸车等操作,采用油气密闭回收系统对油气进行回收,处理可以降低油气挥发损耗和对大气的污染。

（9）加强操作管理:

① 加强储罐附属设备的维修,特别是呼吸阀、安全阀、消防泡沫室和量油孔等,要经常维修与保养,保持储罐的严密性。

② 加强油品调度,尽可能使储罐在高液位运行,减少储罐上部的气体空间。

③ 改进储罐的收发操作,在条件允许时尽可能减少储罐中油品的周转次数,适时收发油,尽可能在大气降温段收油,收油速度宜快;发油可在大气升温阶段,发油速度宜慢,发油后立即安排进油。这些措施都有利于降耗。

④ 装车或装船时,装油软管要伸到罐底或船底部,减少因油品飞溅而增加油品损耗量。灌装原油时,应控制加热温度,油温过高会加大损耗。

第二节　管 道 运 输

一、线路工程

1. 选线总体原则

（1）线路选线应执行 GB 50253《输油管道工程设计规范》中的相关规定,并应符合项目各专项评价报告中的要求。

（2）线路选线应与工艺、穿跨越和站场选址结合。控制性工程选址应服从线路总体走向，线路局部走向应按控制性工程选址连接线路。

（3）线路宜平缓、顺直，减少与天然和人工障碍物交叉。

（4）根据沿线的地形、地物、地质条件、沿线城镇、村庄、工矿区和地面设施的分布及规划情况，进行多方案比选确定推荐线路走向方案。当受条件限制不进行线路比选时，应作出说明。

（5）线路宜避开工矿企业区、生活居住区、城镇规划区等人口密集区域，当无法避开时，应选取影响最小的适当廊带通过，采取相应安全措施。经过规划区的应取得当地规划部门的同意。管道中心线与已有或规划建（构）筑物最小距离按相应规范执行且不应小于5m。

（6）线路不应通过国家级自然保护区的核心区和缓冲区。宜避开试验区，当受地形限制必须通过时，应征得主管部门同意且获得环境评价批复。

（7）输油管道线路严禁经过饮用水地表水源一级和二级保护区以及饮用水地下水源一级保护区，宜避开饮用水地下水源二级保护区和饮用水地表水源及饮用水地下水源准保护区。

（8）线路应避开风景名胜区和地质公园核心区，宜避开风景名胜区和地质公园的非核心区，当受地形限制必须通过时，应征得主管部门同意且获得环境评价批复。

（9）线路应避开国家重点文物保护区，宜避开其他文物保护区，当受地形限制必须通过时，应征得主管部门同意且获得文物评价批复。

（10）线路应避开飞机场、铁路及汽车客运站、海（河）港码头。临近敷设时，输油管道间距不宜小于20m。

（11）线路应避开滑坡、崩塌、泥石流或岩溶等不良工程地质区，宜避开矿山采空区和活动断裂带，当受地形限制必须通过上述区域时，应选择灾害程度相对较小的区域通过，并采取必要的安全措施。

（12）管道与架空输电线路平行敷设时，其距离应符合现行国家标准 GB 50061《66kV 及以下架空电力线路设计规范》、GB 50545《110～750kV 架空输电线路设计规范》及 GB 50665《1000kV 架空输电线路设计规范》的规定。管道与干扰源接地体的距离应符合现行国家标准 GB/T 50698《埋地钢质管道交流干扰防护技术标准》的规定。埋地管道与埋地电力电缆平行敷设的最小距离，应符合现行国家标准 GB/T 21447《钢质管道外腐蚀控制规范》的规定。在开阔地区，埋地管道与高压交流输电线路杆（塔）基脚间的最小距离不宜小于杆（塔）高度；在路由受限地区，埋地管道与交流输电系统接地体的距离宜满足表5－2－1要求。地面管道与架空交流输电线路的距离宜满足表5－2－2要求。

表5－2－1　埋地管道与交流接地体的最小距离

电压等级，kV	≤220	330	500
与临时接地间距，m	5.0	6.0	7.5
与铁塔或电杆接地间距，m	5.0	6.0	7.5

注：在采取隔离、屏蔽、接地等防护措施后，间距可适当减少。

表 5 – 2 – 2　地面管道与架空交流输电线路的最小距离

电压等级,kV		3～10	35～66	110	220	330	500	750	1000	
									单回路	双回路逆相序
最小垂直距离,m		3.0	4.0	4.0	5.0	6.0	7.5	9.5	18	16
最小水平距离,m	开阔地区	最高杆（塔）高	最高杆（塔）高	最高杆（塔）高	最高杆（塔）高	最高杆（塔）高	最高杆（塔）高	最高杆（塔）高	最高杆（塔）高	
	路径所限地区	2.0	4.0	4.0	5.0	6.0	7.5	9.5	13	

注：最小水平距离为边导线至管道任何部分的水平距离。

（13）管道与公路并行敷设时,间距应满足 GB 50253《输油管道工程设计规范》的要求,应敷设在《公路安全保护条例》（国务院令 593 号）规定的建筑控制区范围外。如受制于地形或其他条件限制不满足本条要求时,应征得公路管理部门的同意。

（14）管道与铁路并行敷设时,间距应满足 GB 50253《输油管道工程设计规范》的要求。

（15）新建管道与在役管道并行、交叉时,应满足 SY/T 7365《油气输送管道并行敷设技术规范》的要求。施工时应制定安全保护措施,保护或恢复在役管道的标识、光缆、水工保护、伴行路等设施,并征得在役管道管理单位的同意。

（16）同期建设的并行管道,在满足安全情况下应考虑同管廊带。同期建设的输油管道,宜采用同沟方式敷设;同期建设的油气管道,受地形限制时局部地段可采用同沟敷设。

（17）线路宜避开多年生经济作物区和重要林业区。

（18）线路选线应结合现有道路条件,以方便管道施工和维护管理。管道与山区伴行路并行敷设时,管道应设置在伴行路靠山一侧。

（19）管道傍山沿河谷敷设,应设置在靠近山体一侧;在山前冲洪积平原地段,伴行路与管道并行时,伴行路宜布设在水流冲刷方向的管道下游。

2. 管道敷设

长距离原油输送管道根据不同的地形、地质、水文及气候条件采用不同的敷设方式。主要形式有沟埋敷设、土堤敷设和地上敷设。

1）沟埋敷设

（1）适用条件。

沟埋敷设是将管子直接埋设于地面以下,如图 5 – 2 – 1 所示。沟埋敷设是管道敷设的主要形式,在一般情况下,较其他敷设方法施工简单,占地少,不妨碍农业耕种,不妨碍交通;对环境影响小,运行比较安全,维护管理方便,如条件许可,应优先采用。若由于地形、地质和水文等自然条件的限制,如采矿区、滑坡区、永冻土和沼泽地区等,采用沟埋敷设,当工程量和投资增加或对管道的安全和寿命有影响时,需要考虑其他敷设方式并进行比较。

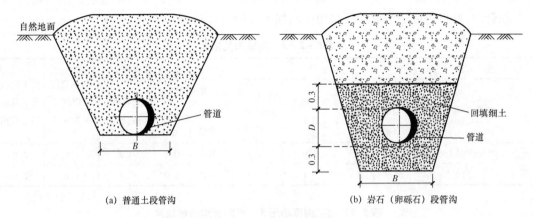

（a）普通土段管沟 （b）岩石（卵砾石）段管沟

图5-2-1 沟埋敷设图示

（2）埋深的确定。

沟埋敷设管道的埋深指管顶与地表面的垂直距离,设置压重块的管道,其埋深为地面至压重块顶部的深度。

确定管道埋深应考虑下列因素:

① 线路的位置、地形、地质和水文地质条件;

② 农田耕作深度;

③ 地面负荷对管道强度及稳定性的影响;

④ 冻融循环区对管道防腐层的影响;

⑤ 加热输送原油管道对地表农作物的影响、工艺设计要求以及管道的纵向稳定;

⑥ 当地相关法律、法规的相关要求。

一般讲,管道应埋设在农田正常耕作深度和冻土深度以下,且最小深度不应小于0.8m。

（3）管沟断面设计。

管沟的断面形式主要根据地质条件确定,一般采用梯形,硬质岩地区的管沟可采用矩形。

① 管沟底宽。应根据土质、挖深、钢管结构、外径、钢管根数和施工方法确定。

在单条管道的情况下,当管沟挖深小于或等于5m时,底宽不得小于按式（5-2-1）计算的数值:

$$B = D_0 + b \qquad (5-2-1)$$

式中 B——管沟底宽,m;

D_0——钢管的结构外径(包括防腐、保温层的厚度),m;

b——沟底加宽裕量,见表5-2-3,m。

② 管沟边坡。管沟边坡应根据试挖或土壤的内摩擦角、黏聚力、湿度和密度等物理力学性质确定。当缺少物理力学性质资料时,如地质条件良好,土质均匀,且地下水位低于管沟底

面标高,挖深在 5m 以内不加支撑的管沟边坡的最陡坡度可按表 5 - 2 - 4 选定。挖深超过 5m 以上的管沟,可将边坡适当放缓或采用中间加平台的复式断面。

表 5 - 2 - 3　沟底加宽裕量

施工方法		沟上焊接				沟下手工电弧焊接			沟下半自动焊接处理管沟	沟下焊接弯管及碰口处管沟
地质条件		土质管沟		岩石爆破管沟	热煨弯管、冷弯管处理管沟	土质管沟		岩石爆破管沟		
		沟中有水	沟中无水			沟中有水	沟中无水			
沟底加宽裕量,m	沟深3m以内	0.7	0.5	0.9	1.5	1.0	0.8	0.9	1.6	2.0
	沟深3~5m	0.9	0.7	1.1	1.5	1.2	1.0	1.1	1.6	2.0

表 5 - 2 - 4　沟深小于 5m 时的管沟边坡坡度

土　壤　类　别	边　坡　坡　度(高：宽)		
	坡顶无荷载	坡顶有静荷载	坡顶有动荷载
中密的砂土	1：1.00	1：1.25	1：1.50
中密的碎石类土(充填物为砂土)	1：0.75	1：1.00	1：1.25
硬塑性的粉土	1：0.67	1：0.75	1：1.00
中密的碎石类土(充填物为黏性土)	1：0.50	1：0.67	1：0.75
硬塑性的粉质黏土、黏土	1：0.33	1：0.50	1：0.67
老黄土	1：0.10	1：0.25	1：0.33
软土(经井点降水后)	1：1.00	—	—
硬质岩	1：0	1：0.1	1：0.2

注：静荷载系指堆土或料堆等;动荷载系指有机械挖土、吊管机和推土机作业。

(4)埋地敷设管道同地下建(构)筑物的关系。

输油管道与其他埋地管道、电力和通信电缆等地下建(构)筑物交叉时,一般在现有地下建(构)筑物下方穿过。当现有地下建(构)筑物埋设较深时,经过与有关部门协商,在保证管道埋设深度和与地下建(构)筑物距离的前提下,管道可以在地下建(构)筑物上方通过。

管道与其他埋地管道、电力和通信电缆的交叉,角度不宜过小。

当埋地输油管道同其他埋地管道或金属构筑物交叉时,其垂直净距不应小于 0.3m,两条管道的交叉角不宜小于 30°;管道与电力和通信电缆交叉时,其垂直净距不应小于 0.5m。并在管道交叉点两侧各 10m 范围内采取最强防腐等级防腐。

管道施工图设计中,应注明与埋地管道、电缆和通信光缆交叉的位置。施工时应与管理部门取得联系,不能对其造成损害。

输油管道与其他埋地管道、电缆和通信光缆交叉点处,应设置管道标志桩。

输油管道与其他埋地管道、电缆和通信光缆交叉点的处理可分别如图 5 - 2 - 2 和图 5 - 2 - 3 所示。

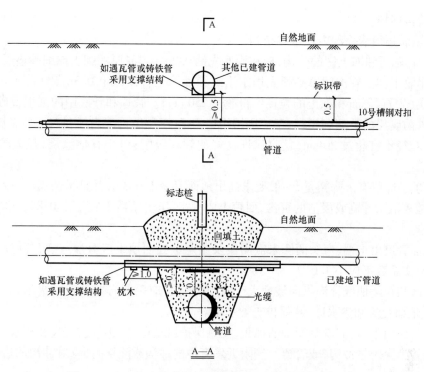

图 5 - 2 - 2　输油管道同其他管道交叉示意图(单位:m)

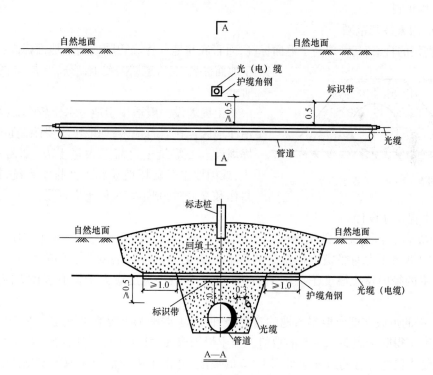

图 5 - 2 - 3　输油管道同地下电缆和光缆交叉示意图(单位:m)

（5）管沟回填。

① 回填前必须清除沟内积水和杂物。

② 岩石、砾石和冻土区的管沟，应在沟底先铺0.2~0.3m厚的细土或细砂垫层，平整后才可用吊带吊管下沟。管沟回填必须先用细土或细砂填至管顶以上0.3m以后，才允许用原土回填并压实（岩石、砾石和冻土的粒径不得超过250mm）。管顶和管底用的细土或砂的最大粒径应根据外防腐层的类型确定；对于三层结构聚乙烯、三层结构聚丙烯和双层环氧粉末外防腐涂层，最大粒径不宜超过20mm，且应保证良好的颗粒级配；对于其他涂层，最大粒径不宜超过10mm。

③ 回填土应留有沉降裕量，一般要求高出地面不少于0.3m，并且呈凸弧状。对于回填后可能遭受地表汇水冲刷或浸泡的管沟，回填土应压实，压实系数不宜小于0.85，并应满足水土保持的要求。

④ 输油管道出土端、弯头两侧未嵌固段及固定墩处回填土应分层夯实，分层厚度不应大于0.3m，夯实系数不应小于0.9。

⑤ 山区和丘陵地区管沟纵向坡度大于20°的地段，应采取必要的保护措施，如截水墙、护坡等，防止地面径流和渗水冲蚀，保护土壤稳定。

⑥ 管沟回填土后，应恢复原来的地貌，注意保护耕植层，防止水土流失和积水。

⑦ 当管道穿跨越冲沟，或管道一侧附近发育中的冲沟或陡坎时，应对冲沟的边坡和沟底、陡坎采取加固措施。

2）土堤埋设

（1）适用条件和范围。

土堤埋设的管道，其管顶高于地面标高，而管底与地面标高相同或高于地面标高，也可以低于地面标高，在管道周围覆土，形成土堤，如图5-2-4所示。

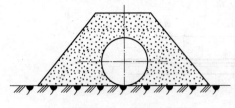

图5-2-4　土堤敷设形式

土堤埋设一般适用于地下水位较高，土壤很湿和沼泽地区。在岩石地区，如取土不受限制也可采用土堤埋设。因修筑土堤需要大量土方，如需从远处运土，或因取土会破坏地貌和天然排水系统，影响农业耕作和交通时，则不宜采用土堤埋设。

（2）土堤尺寸设计。

① 土堤高度和土堤顶部宽度除应考虑本身的稳定以外，还应考虑管道的内压和温度变化所产生的纵向压力对管道纵向稳定的影响和满足工艺设计的要求。但在任何情况下，管道在土堤中的径向覆土厚度不应小于1.0m，土堤顶最小宽度应大于管道直径2倍且不小于1.0m。

② 土堤的边坡坡度应根据当地的自然条件、土壤类别和土堤高度确定。对于黏性土堤，其边坡坡度不得陡于表5-2-5的数值。当土堤采取加固措施时，不受表5-2-5的限制。

土堤受水浸淹部分的边坡应采用1:2的坡度，并视水流等情况采取保护措施，如种植草皮、铺砌块石或预制混凝土板等。

表 5 – 2 – 5　不同高度土堤边坡坡度

土堤高度，m	边坡坡度（高：宽）	土堤高度，m	边坡坡度（高：宽）
<2.0	1：0.75 ~ 1：1.0	>5.0	1：1.5 ~ 1：1.75
2.0 ~ 5.0	1：1.25 ~ 1：1.5		

（3）在设计中应注意的问题。

① 在沼泽或低洼地区采用土堤敷设时，土堤堤肩高度宜根据常水位、波浪高度和地基的承载力确定。

② 对土堤的堤基应予处理，如清除基底上的树根、杂草、淤泥、杂物等。修建在软弱地基上的土堤，筑堤前应清除软弱土壤，或铺垫树枝，或填抛块石、砂砾，修筑垫层后再进行堤身填土。

③ 堤身的填筑应分层夯实，设计干密度一般应达到 1.5g/cm^3；水淹地区应达到 1.6g/cm^3。

④ 草皮、盐渍土、淤泥和淤泥质土一般不能用作填料。但在软土或沼泽地区，淤泥和淤泥质土经过处理使含水量符合压实要求后，可用于土堤中的次要部位。

⑤ 当土堤阻挡水流排泄时，应设置泄水孔或涵洞等构筑物；泄水能力应满足重现期为 25 年一遇的洪水流量。

⑥ 对过水土堤，为防止水流和波浪对土堤冲刷，应对堤顶堤坡进行加固，如铺砌块石或预制混凝土板护坡。

⑦ 在沼泽或低洼地区采用土堤敷设，如需考虑施工机具运行操作，堤顶宽度与边坡应按需要放宽放缓。

⑧ 土堤需考虑永久占地因素。

3）地上敷设

地上敷设是将管子架设在各种管架管枕或支墩上，如图 5 – 2 – 5 所示。

由于地上敷设管道建筑安装复杂，投资较大，在地面上造成人为障碍，其应用范围受到限制。但在永冻土区、滑坡区、采矿区、沼泽地、地震活动断裂带以及同天然障碍物和人工构筑物交叉的局部管段不适宜采用埋地和土堤敷设时，可采用地上敷设。

地上敷设的输油管道应采取措施补偿管道轴向变形。

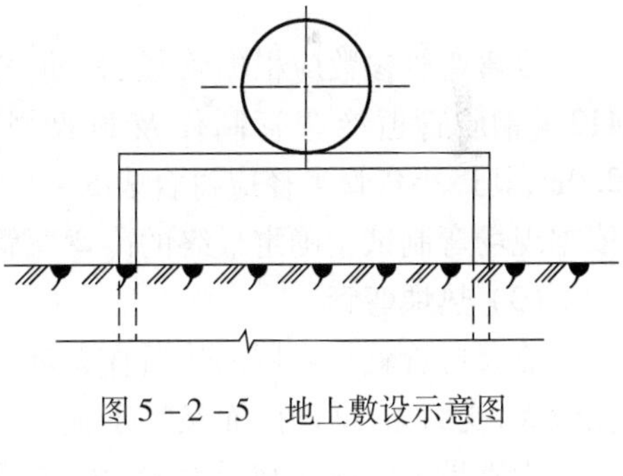

图 5 – 2 – 5　地上敷设示意图

4）弯曲管段的敷设

输油管道为改变管道平面走向和适应地形的变化可采用弹性敷设、冷弯管和热煨弯管，不得采用虾米腰弯头或褶皱弯头。

（1）弹性敷设。

平面转角较小或地形起伏不大的情况下，应优先采用弹性敷设。采用弹性敷设时，应符合下列要求：

① 弹性弯曲的曲率半径不宜小于钢管外直径的 1000 倍,并应满足管道强度的要求。

垂直面上弹性敷设管道的曲率半径尚应大于管子在自重作用下产生的挠度曲线的曲率半径,其曲率半径应按式(5-2-2)计算:

$$R \geqslant 3600 \sqrt[3]{\frac{1 - \cos \frac{\alpha}{2}}{\alpha^4} D^2} \qquad (5-2-2)$$

式中 R——管道弹性弯曲曲率半径,m;

　　　D——管道的外径,cm;

　　　α——管道的转角,(°)。

② 在相邻的反向弹性弯管之间及弹性弯管和人工弯管之间,应采用直管段连接,直管段的长度不应小于钢管的外直径,且不应小于 500mm。

③ 竖向弹性敷设的管沟纵断面必须满足管道弯曲曲率半径的要求。

（2）冷弯管。

冷弯弯管就是用胎具或夹具不加热将管子弯制成需要角度的圆弧。当采用冷弯管改变平面走向或纵向坡度时,其最小弯管半径应符合表 5-2-6 的要求。

表 5-2-6　冷弯管的最小弯管半径

公称管径 DN	最小弯管半径 R	公称管径 DN	最小弯管半径 R
<300	30D	450	40D
300	40D	500	40D
350	40D	550≤DN≤1000	40D
400	40D	≥1050	50D

注:D 为管外径,弯管两端宜有 2m 左右的直管段

冷弯弯管参数应根据管径、材质、壁厚、弯制设备等条件选取。冷弯管制作应满足 SY/T 4127《钢质管道冷弯管制作及验收规范》的相关要求。冷弯弯管两端的直管段不宜小于 2.0m,其最小弯管半径应符合表 5-2-6 的要求,但各工程应根据钢管和弯管机的不同情况,依据现场弯制试验确定最终的冷弯弯管参数。

（3）热煨弯管。

热煨弯管就是采用加热后在夹具上弯曲管子的方法制作的弯头,由于热煨弯管的曲率半径较大,受力条件较好,而又易于施工,被广泛采用。

为满足干线通球和受力方面的要求,热煨弯管最小曲率半径不宜小于钢管外直径的 5 倍,且应满足清管器或检测器顺利通过的要求。

制作热煨弯管所采用的材质等级应不低于干线管材材质等级,弯头所能承受的温度和压力等级均不应低于相邻直管。

热煨弯管的制作应符合国家现行标准 SY/T 5257《油气输送用钢制感应加热弯管》的规定。

3. 管道焊接及检验

1）管道焊接

（1）设计文件中应标明输油管道及管道附件母材及焊接材料的规格、型号和焊缝及接头形式。应对焊接方法、焊前预热、焊后热处理、焊接检验和验收合格标准提出明确要求。

（2）施工单位在开工前，应根据设计文件提出的钢管和管件材料等级、焊接方法和材料等进行焊接工艺评定，并应根据焊接工艺评定结果编制焊接工艺规程。焊接工艺规程和焊接工艺评定内容应符合现行行业标准 GB/T 31032《钢质管道焊接及验收》。

（3）焊接材料应根据被焊件的工作条件、机械性能、化学成分和接头形式等因素综合考虑，宜选用抗裂纹能力强、脱渣性好的材料。对焊缝有冲击韧性要求时，应选用低温冲击韧性好的材料。

（4）焊接材料应符合现行国家标准 GB/T 5117《非合金钢及细晶粒钢焊条》、GB/T 5118《热强钢焊条》、GB/T 14957《熔化焊用钢丝》、GB/T 8110《气体保护电弧焊用碳钢、低合金钢焊丝》、GB/T 10045《非合金钢及细晶粒药芯焊丝》、GB/T 17493《热强钢药芯焊丝》的有关规定。当选用未列入标准的焊接材料时，必须经焊接工艺试验并经评定合格后方可使用。

（5）焊接接头设计应符合下列规定：

① 焊缝坡口形式和尺寸的设计，应按焊接工艺规程执行。

② 对焊接接头的外观检查、验收应符合现行行业标准 GB/T 31032《钢质管道焊接及验收》的有关规定。

③ 两个壁厚不等的管端接头形式，宜符合 GB 50253《输油管道工程设计规范》的规定，或采用长度不小于管子半径的预制过渡段管；过渡段管接头设计宜符合 GB 50253《输油管道工程设计规范》的规定。

（6）焊接的预热应根据材料性能、焊件厚度、焊接条件、气候和使用条件确定，当需要预热时，应符合下列规定：

① 当焊接两种具有不同预热要求的材料时，应以预热温度要求较高的材料为准。

② 预热时应使材料受热均匀，在施焊过程中，其温度下降应符合焊接工艺的规定，并应防止预热温度和层间温度过高。

（7）焊缝残余应力的消除应根据结构尺寸、用途、工作条件和材料性能确定。当需要消除焊缝残余应力时，应符合下列规定：

① 对壁厚超过 32mm 的焊缝，均应消除应力。当焊件为碳钢，壁厚为 32～38mm，且焊缝所用最低预热温度为 95℃时，可以不消除应力。

② 当焊接接头所连接的两个部分厚度不同而材质相同时，其焊缝残余应力的消除应根据较厚者取定；对于支管与汇管的连接或平焊法兰与钢管的连接，其应力的消除应分别根据汇管或钢管的壁厚确定。

③ 不同材质之间的焊缝，当其中的一种材料要求消除应力时，该焊缝应进行应力消除。

2）焊缝检验

（1）焊接质量的检验应符合下列规定：

① 所有现场环焊缝应采用射线或超声波等方式进行无损检测。在检测之前，应清除渣皮

和飞溅物,并达到外观检验合格。

② 采用手工超声波检测时,应对焊工当天所焊焊缝全部进行检查,并应对其中不少于5%的环焊缝进行全周长射线检测复查,设计可根据工程需要提高射线检测的比例。

③ 采用射线检测时,应对焊工当天所焊焊口不少于15%数量的焊缝全周长进行射线检测,如每天的焊口数量达不到上述抽检比例时,可将不大于500m长度内的管道焊口数作为一个检验段进行抽检。

④ 输油站场内以及通过居民区、工矿企业段管道和连头焊缝应进行100%射线和手工100%超声波检测。穿跨越段管道无损检测应符合现行国家标准GB 50423《油气输送管道穿越工程设计规范》和GB/T 50459《油气输送管道跨越工程设计标准》的有关规定。

⑤ 射线检测和手工超声波检测应符合现行行业标准SY/T 4109《石油天然气钢质管道无损检测》的有关规定,合格等级应为Ⅱ级或以上等级。

（2）管道采用全自动焊时,宜采用全自动超声波检测仪对全部焊缝进行检测。全自动超声波检测应符合现行国家标准GB/T 50818《石油天然气管道工程全自动超声波检测技术规范》的有关规定。

4. 清管及试压

管道在下沟回填后应清管和试压,清管和试压应分段进行。

1）清管

（1）分段试压前,应采用清管球（器）进行清管,清管次数不应少于两次,以开口端不再排出杂物为合格。

（2）分段清管应设临时清管器收发装置,清管器接收装置应选择在地势较高且50m内没有建筑物和人口的区域内,并应设置警示装置。

（3）清管前,应确认清管段内的线路截断阀处于全开状态。

（4）清管器应适用于管线弯管的曲率半径。

（5）有内涂层时,应采用对内涂层无损伤的清管器进行清管、清管器装入管道时不应涂抹任何润滑剂。

（6）采用清管器清管时,清管器应可以通过曲率半径5倍的弯管。清管器使用前,应检查清管器皮碗的外形尺寸变化、划伤程度,对磨损较大的皮碗应更换。

（7）清管时,清管器运行速度宜控制在3~9km/h,工作压力宜为0.05~0.2MPa。如遇阻时可提高工作压力。当采用试压头作为临时发球筒时,最大压力不应超过管材最小屈服强度的30%。

（8）清管次数及验收要求应按GB 50369《油气长输管道工程施工及验收规范》要求执行。

2）试压

（1）输油管道必须进行强度试压和严密性试压,但在试压前应先设临时清管设施进行清管,并不应使用站内设施。

（2）试压介质应采用无腐蚀性的清洁水。

（3）水域大、中型穿跨越,山岭长隧道、铁路、高速公路、一级及以上公路的管段,应符合国家现行标准的规定,应单独试压,合格后再同相邻管段连接。

（4）壁厚不同的管段宜分别试压,当薄管壁管段上的任意点在试压中的环向应力均不超过 0.9 倍最小屈服强度时,可与厚壁段管道一同试压。

（5）用于更换现有管道或改线的管段,在同原有管道连接前应单独试压,试验压力不应小于原管道的试验压力。同原管道连接的焊缝,应采用 100% 射线探伤和 100% 超声波探伤。

（6）输油管道的一般地段,强度试验压力不得小于设计内压力的 1.25 倍;水域大、中型穿跨越,山岭长隧道、铁路、高速公路、一级及以上公路以及管道通过人口稠密区和输油站,强度试验压力不得小于设计内压力的 1.5 倍;持续稳压时间不得小于 4h;当无泄漏时,可降到严密性试验压力,其值不得小于设计压力,持续稳压时间不得小于 24h。当因温度变化或其他因素影响试压的准确性时,应延长稳压时间。

强度试验压力时,管线任一点的试验压力与静水压力之和所产生的环向应力一般不应大于钢管最低屈服强度的 90%。

5. 线路附属设施

1）线路截断阀

为方便管道的维修和抢修,减少事故时泄油损失和危害程度,需在沿线每隔一定距离和特殊地段（如河流大型穿越或特殊穿跨越管段两侧）设置线路截断阀。

除满足规范的要求外,还应满足以下设置原则:

（1）阀室的位置应选择在地形开阔地势较高、交通方便、检修方便、便于施工和生产管理的地方并考虑安全距离的要求。

为免遭破坏或损伤,阀室需设保护装置。

（2）阀室应避免设置在不良地质区,如湿陷量大的黄土地区、高强度地震区等土体不稳定区。

（3）埋地输油管道沿线在河流大型穿跨越和饮用水水源保护区两端应设置线路截断阀。在人口密集区管段或根据地形条件认为需要截断处,宜设置线路截断阀。需防止油品倒流的部位应安装能通过清管器的止回阀。

（4）监控阀室应考虑用电和通信的方便。

（5）一般情况下,原油输送管道阀室间距不宜超过 32km,人烟稀少的地区可适当加大间距。

（6）阀室应设在管线水平段,若采用直埋式阀门时,该水平段管道的埋深应在阀门订货时明确。

（7）线路截断阀应能通过清管器和管道内检测仪。

2）锚固墩

当管道的设计温度同安装温度存在温差时,在管道出入土端、热煨弯管、管径改变处以及管道同清管器收发设施连接处,宜根据计算设置锚固设施或采取其他能够保证管道稳定的措施。

当管道翻越高差较大的长陡坡时,应校核管道的稳定性。

当管道采取锚固墩(件)锚固时,管道同锚固墩(件)之间应有良好的电绝缘。

锚固法兰应为整体锻制结构,内径应与所连接的管道内径一致。

3）管道标志

为确保管道安全，便于维护和管理，应在输油管道沿线设置管道标志。

管道标志主要包括里程桩、转角桩、标志桩、加密桩、警示牌、警示带、阴极保护测试桩及其他永久性标志。

标志桩设置的原则：

（1）同一条管道标志的材质、外观尺寸、规格、形式和颜色与内容宜保持一致，内容规范，标志清晰、安装可靠、维护方便。输油管道设置原则应符合 GB 50253《输油管道工程设计规范》的规定。

（2）里程桩/测试桩宜设置在管道中心线正上方，当无法设置在正上方时，顺管道油流方向的左侧设置，应距管道中心 $1m + 0.5D$（D 为管道外径）处，宜明确标出管道所处的位置。管道标志桩、独立的测试桩（低桩）、加密桩应设置在管道中心线正上方。警示牌可设置在管道正上方，当警示牌不在管道正上方时，应靠近管道且距离管道中心线不大于 5m。

（3）埋地管道通过人口密集区、由工程建设活动可能和易遭受挖掘等第三方破坏的地段应设置警示牌，并宜在埋地管道上方埋设警示带。

（4）两条及两条以上管道同沟敷设时，标志桩、加密桩和警示牌可共用，并标明同沟敷设管道和输送介质。

（5）标志桩设置应尽量减少对土地使用的影响。

（6）标志的尺寸应能容纳下标志的内容。

（7）里程桩编号宜以每条管线自起点至终点统一按顺序编号。

（8）管道沿线设置的标志应坚固、耐久、美观、统一，便于管理。

（9）近海管道宜设置海上标志。

（10）当管道采用地上敷设时，应在行人较多和易遭车辆碰撞的地方设置标志并采取保护措施，标志应采用反光涂料。

（11）管道标志应遵循 SY/T 6064《油气管道线路标识设置技术规范》的要求，前面和后背上应根据标识的类型标注管道的主要参数，包括：工程名称、标志形式、里程、转角参数（转角方向、角度等）。

4）伴行道路

管道伴行道路是为输油管道服务的专用道路，建设期可用于管道施工，管道服役后可用于管道日常巡线、管道维修和事故抢修。

（1）一般规定。

① 管道伴行道路主要供油气管道施工和运营车辆通行，属于专用道路。

② 管道伴行道路应尽量依托现有道路，如有特殊要求，经建设单位批准，可按交通部门相应等级公路或当地道路设计标准执行。

③ 管道伴行道路设计时应贯彻切实保护耕地、节约用地的原则，不占或少占耕地，重视水土保持和环境保护；道路建材应贯彻因地制宜、就地取材的原则，充分利用工业副产品和废渣。

④ 管道伴行道路建设应满足管道施工和运营维护车辆交通运输的需要。对管道建设期间的超限货物运输，可根据情况，予以适当考虑。

⑤ 管道伴行道路应分两阶段建设:第一阶段满足管道施工要求;第二阶段在管道施工结束后,对第一阶段道路进行整修满足管道运营维护要求。

⑥ 现有道路改扩建成伴行道路时,应充分、合理利用现有道路和桥涵等工程。当原有道路不能利用需改线时,改线路段应按新建管道伴行道路设计。

⑦ 伴行道路设计时应考虑建成后道路维护的需要。

(2)修建原则。

① 结合管道路由,调查管道所经区域交通状况,沿管道敷设方向连续 10km 以上或满足表 5-2-7 所包含的带状区域内无交通依托或依托差,应考虑新建或改扩建管道伴行道路。

表 5-2-7 管道两侧区域

地形	平原	丘陵	山地
管道两侧,km	5	3	2

② 管道伴行道路与现有道路网相接线后,应能够覆盖整个管道线路的主要部分。

③ 需要修建管道伴行道路时,应优先考虑修建主路,当展线困难、工程量巨大时可考虑修建伴行道路支路。

④ 伴行道路修建于地形特别复杂或沿河傍山地段,工程规模较大或易受自然环境影响难以长期保留时,宜修建伴行道路支路。

⑤ 通往穿跨越控制点的道路,宜修建管道伴行路支路。

(3)控制要素。

① 管道伴行道路设计时采用的设计车辆外廓尺寸规定见表 5-2-8。

表 5-2-8 设计车辆外廓尺寸

车辆类型	总长,m	总宽,m	总高,m	前悬,m	轴距,m	后悬,m
载重汽车	12	2.5	4	1.5	6.5	4
鞍式汽车	16	2.5	4	1.2	4+8.8	2

② 管道伴行道路设计速度规定见表 5-2-9。

表 5-2-9 设计速度

管道伴行道路类别	主路	支路
设计速度,km/h	15(10)	10

注:主路的陡峻段、地形地质等自然条件复杂段以及回头曲线段,设计速度可采用 10km/h;支路在回头弯处设计速度可采用 5km/h。

6. 线路水土保持及水工保护

1)水工保护

(1)水工保护工程应满足 SY/T 6793《油气输送管道线路工程水工保护设计规范》的相关要求。

（2）水工保护形式包括支挡防护（挡土墙、堡坎、实体护面墙）、坡面防护（护坡、截水墙、喷浆护面）、冲刷防护（河道护岸、地下防冲墙、过水面、混凝土连续浇筑、压重块、压重袋）。

（3）水工保护所用材料应满足规范要求，同时不能对周围环境造成污染，施工完成后应将剩余材料运至指定地点进行处理，不应遗留在原施工场地。

（4）穿越管道恢复河流岸、坡时，采用的护坡、护岸及护底等水工保护措施不宜改变原有河流断面形式。当无法恢复到原有岸坡形式时，应保持原有的流态和过流断面面积，且与两侧自然岸坡良好衔接。

（5）管道在距河道附近的岸坡敷设时，应加强对河岸的防护，避免发生河岸冲蚀而影响管道安全。

（6）沙漠地区宜采用草方格沙障、高立式沙障辅以植物措施。

（7）并行管道的水工保护结构形式应基本保持一致。

（8）当新建管道不影响在役管道水工保护设施功能时，应根据现场实际情况对先后建设的水工保护设施进行妥善衔接处理。

（9）当新建管道影响在役管道水工保护设施功能时，应征得在役管道管理单位的同意，并采取在役管道管理单位认可的措施给予补救，并进行联合保护。

（10）新建管道在施工期间影响在役管道的水工保护设施时，应采取临时防护措施。

2）水土保持

（1）水土保持工程应满足 GB 50433《生产建设项目水土保持技术标准》、GB 50434《生产建设项目水土流失防治标准》的相关要求。

（2）水土保持应遵循"三同时"制度，与主体工程同时设计、同时施工、同时投产使用。

（3）水土保持应按照技术方案、建设工期、工艺流程进行措施布设，应考虑施工季节性、顺序、措施保证、工程质量和施工安全，分期实施，合理安排，保证水土保持工程施工的组织性、计划性、有序性以及资金、材料和机械设备等资源的有效配置，确保工程按期完成。

（4）工程施工中应按"先拦后弃"的原则采取拦挡措施，同时应有临时防护措施。

（5）先工程措施再植物措施，工程措施应安排在非主汛期，植物措施北方宜以春、秋季为主，南方地区应避开夏季。

二、线路用管

1. 钢管的种类及规格

1）一般规定

输油管道线路用钢管应采用管线钢，钢管应符合现行国家标准 GB/T 9711《石油天然气工业 管线输送系统用钢管》的有关规定，输油站内的工艺管道应优先采用管线钢，也可采用符合现行国家标准 GB/T 8163《输送流体用无缝钢管》规定的钢管。根据钢管应用条件，在钢管订货数据单中应明确钢管的一些特殊要求，包括：钢管的交货状态、钢管的壁厚偏差、夏比冲击（CVN）值、落锤撕裂（DWTT）值、耐腐蚀试验和工厂静水压试验要求等。

酸性条件下钢管相关要求应符合现行国家标准 GB/T 9711《石油天然气工业 管线输送系统用钢管》附录 H 的要求。

2）制管类型选择

输油管道可选用的管型有无缝钢管（SMLS）、高频焊钢管（HFW）、直缝埋弧焊钢管（SAWL）和螺旋缝埋弧焊钢管（SAWH）。管型选择应根据管输介质、管道直径、设计压力、沿线自然条件、经济投资、钢管生产加工和供货周期等因素综合考虑。

对于公称直径（DN）大于或等于500mm 的管道，宜选用螺旋缝埋弧焊钢管或直缝埋弧焊钢管；对于公称直径（DN）大于或等于250mm、小于500mm 的管道，宜选用螺旋缝埋弧焊钢管，也可采用高频焊钢管；对于公称直径（DN）大于或等于150mm、小于250mm 的管道，宜选用无缝钢管或高频焊钢管；对于公称直径（DN）小于150mm 的管道，宜选用无缝钢管。

热煨弯管母管宜采用直缝埋弧焊钢管、无缝钢管，也可采用高频焊钢管。

冷弯弯管可采用直缝埋弧焊钢管、无缝钢管和螺旋缝埋弧焊钢管，也可采用高频焊钢管。

在满足上述条件下，应本着尽可能减少管型种类的原则来确定工程制管形式。

2. 埋地管道的强度计算

埋地管道强度计算是输油管道、管道附件和支撑件结构设计的重要组成部分。通过强度计算，采取适当措施，以保证埋地管道在一定条件下的坚固性和稳定性，使工程达到既安全可靠又经济合理。

强度计算包括构件的应力分析和应力校核两个部分。

本书埋地管道的强度分析是以结构的弹性理论为基础，应力限定在材料的屈服强度以内，留有适当裕量，并采用最大剪应力强度理论判断管道在不同荷载作用下和由于热胀、冷缩及其他位移受约束而产生的应力使管道遭到破坏和失效的依据。

1）荷载及作用力

作用在输油管道、管道附件和支撑件上的作用力和荷载，根据敷设形式、所处环境、施工条件和运行条件，分为：

（1）永久荷载（恒荷载）。

① 输送原油的内压力；

② 钢管及其附件、绝缘层、保温层、结构附件的自重；

③ 被输送的原油重力；

④ 横向和竖向的土压力；

⑤ 管道介质静压力和水浮力；

⑥ 温度作用载荷以及静止流体由于受热膨胀而增加的压力；

⑦ 连接构件相对位移而产生的作用力。

（2）可变荷载（活荷载）。

① 试压或试运行时的水重力；

② 附在管道上的冰雪载荷；

③ 内部高落差或风、波浪、水流等外部因素产生的冲击力；

④ 车辆及行人载荷；

⑤ 清管载荷；

⑥ 检修载荷。

（3）偶然荷载。

① 位于地震动峰值加速度大于或等于 0.1g 地区的管道,由于地震引起的断层位移、砂土液化、山体滑坡等施加在管道上的作用力;

② 振动和共振所引起的应力;

③ 冻土或膨胀土中的膨胀压力;

④ 沙漠中的沙丘移动的影响;

⑤ 地基沉降附加在管道上的荷载。

（4）临时荷载。

包括施工过程中的各种作用力。

2）许用应力

输油管道及管道附件的许用应力应符合下列规定:

（1）对于新管子,其许用应力应按式(5-2-3)计算:

$$[\sigma] = K\varphi\sigma_s \qquad\qquad (5-2-3)$$

式中　$[\sigma]$——许用应力,MPa;

　　　K——设计系数,输油管道除穿跨越管段应按现行国家标准 GB 50423《油气输送管道穿越工程设计规范》、GB 50459《油气输送管道跨越工程设计标准》的规定取值外,输油站外一般地段应取 0.72,城镇中心区、市郊居住区、商业区、工业区、规划区等人口稠密地区应取 0.6;输油站内与清管器收发筒相连接的干线管道应取 0.6;

　　　φ——焊缝系数,当选用的钢管符合现行国家标准 GB/T 9711《石油天然气工业管线输送系统用钢管》、GB/T 5310《高压锅炉用无缝钢管》、GB 6479《高压化肥设备用无缝钢管》及 GB/T 8163《输送流体用无缝钢管》的有关规定时,焊缝系数取 1;

　　　σ_s——钢管的最低屈服强度。

（2）对于旧管子,经鉴定及试压合格后,可按式(5-2-3)计算许用应力。

（3）对于经冷加工后又经热处理的钢管,当加热温度大于或等于 300℃（焊接除外）时,许用应力应按式(5-2-3)计算值的 75% 取值。

（4）钢管的许用剪应力不应超过其最低屈服强度的 45%;支承外荷载作用下的许用应力（端面承压）不超过其最低屈服强度的 90%。

（5）结构支承件和约束件所用钢材的许用拉应力和压应力不应超过其最低屈服强度的 60%,许用剪应力不应超过其最低屈服强度的 45%,支承应力（端面承压）不应超过其最低屈服强度的 90%。

（6）对于穿越水域的管道,钢管的许用应力应根据不同的荷载组合,在式(5-2-3)计算值上乘以表 5-2-10 中的许用应力提高系数。

表 5-2-10　许用应力提高系数

荷载组合	提高系数	荷载组合	提高系数
主要组合	1.0	特殊组合	1.5
附加组合	1.3		

3）管道壁厚的确定

在内压作用下,在管壁上任何一点的应力是由作用于该点上三个互相垂直的主应力决定的,即环向应力、轴向应力和径向应力,因此,管子的最小理论壁厚应按照强度条件求解。然后根据管道所处的环境和工作条件进行修正。

因为所采用的强度理论不同,所得出的壁厚计算公式也不相同。本书是以内径为基准的中径公式确定最大主应力,然后用最大剪应力理论计算壁厚。

（1）直管段的钢管壁厚计算:

$$\delta = \frac{pD}{2[\sigma]} \qquad (5-2-4)$$

式中　δ——钢管的计算壁厚,mm;

　　　p——设计内压力,MPa;

　　　D——钢管外直径,mm;

　　　$[\sigma]$——管子的许用应力,MPa。

当管道及其附件的防腐措施和其壁厚极限偏差符合国家现行有关标准的规定时,不再增加管壁的裕量。管道实际采用的壁厚 δ 应按计算壁厚向上圆整至相近的公称壁厚。

如输油站间管道沿程压力相差较大时,设计中可分段计算管壁厚度或选用不同强度等级的管材。

（2）弯管的壁厚计算:

$$\delta_H \geqslant \delta \qquad (5-2-5)$$

$$\delta_i \geqslant \delta m \qquad (5-2-6)$$

$$m = \frac{4R-D}{4R-2D} \qquad (5-2-7)$$

式中　δ_H——弯管的外弧侧壁厚最小值,mm;

　　　δ_i——弯管的内弧侧壁厚最小值,mm;

　　　δ——弯管所连接直管段的计算壁厚,mm;

　　　m——弯管的壁厚增大系数;

　　　R——弯管的曲率半径,m;

　　　D——弯管的外直径,m。

弯管的母管壁厚应按式（5-2-8）计算:

$$\delta_b = \frac{1}{1-c}\delta \qquad (5-2-8)$$

式中　δ_b——弯管母管的计算壁厚,mm;

　　　δ——弯管所连接直管段的计算壁厚,mm;

　　　c——弯管弯制允许最大壁厚削薄率。

4）埋地管道的应力计算

（1）内压产生的钢管的应力状态。

埋地管道应力计算，主要是计算管道在内压、持续外载（包括自重）作用下和由于热胀、冷缩及其他位移受约束而产生的应力，并应使之满足管道本身和连接的设备安全运行的要求。

对于薄壁管，由内压产生的径向应力很小，一般都忽略不计，对于离管道出土端一定距离的直管段，假定管道是受土壤完全嵌固的，管道在轴向不能自由伸缩，因此，在内压作用下，在轴向产生泊松应力，而在温度变化时产生温度应力。

① 环向应力。它是在内压作用下，管子均匀向外膨胀，管壁在圆周切线方向所产生的拉应力，其计算公式为：

$$\sigma_h = \frac{pd}{2\delta} \tag{5-2-9}$$

式中　σ_h——管道由内压产生的环向应力，MPa；

　　　p——管道的设计内压力，MPa；

　　　d——管道的内直径，m；

　　　δ——管道的公称壁厚，m。

② 泊松应力。在内压作用下由于管道受约束，在轴向产生泊桑应力，其值按式（5-2-10）计算：

$$\sigma_\mu = \mu\sigma_h = \mu\frac{pd}{2\delta} \tag{5-2-10}$$

式中　σ_μ——泊松应力，MPa；

　　　μ——泊松比，钢材取 0.3。

其他符号意义同前文。

③ 轴向应力。管道一端加盲板，在靠近自由端的截面上的轴向应力为：

$$\sigma_a = \frac{pd}{4\delta} \tag{5-2-11}$$

（2）温度应力。

当管壁温度变化时，在管道上产生的轴向应力为：

$$\sigma_t = E\alpha(t_1 - t_2) \tag{5-2-12}$$

式中　E——钢材的弹性模量，取 2.05×10^5 MPa；

　　　α——钢材的线膨胀系数，取 1.2×10^{-5} m/（m·℃）；

　　　t_1, t_2——管道下沟闭合时的大气温度和管道的工作温度，℃。

5）强度校核

对于受约束的埋地管道，强度按许用应力法校核，按照最大剪应力破坏理论计算当量应力，并应满足：

$$\sum \sigma_a \leq [\sigma] \qquad (5-2-13)$$

$$\sum \sigma_h \leq [\sigma] \qquad (5-2-14)$$

$$\sigma_e = \sigma_h - \sigma_a \leq 0.9\sigma_s \qquad (5-2-15)$$

式中　σ_e——当量应力,MPa;

σ_s——钢管的最低屈服强度,MPa;

σ_h——环向应力,MPa;

σ_a——管道轴向应力,MPa。

当埋地管道在平面或竖向为弹性弯曲和轴向受约束的地上架空管道,在轴向应力中均应计入横向弯曲应力。

弹性敷设管段的弯曲应力应按式(5-2-16)计算:

$$\sigma_d = \pm \frac{RD}{2R} \qquad (5-2-16)$$

式中　σ_d——弹性敷设产生的弯曲应力,负值为轴向压应力,正值为轴向拉应力,MPa;

D——钢管外直径,m;

R——弹性敷设曲率半径,m。

3. 埋地管道的稳定性验算

输油管道在其施工和工作期间,由于受到可能出现的外部荷载,超过管内压力和将导致管道发生径向变形。当变形超过一定数量时,管道将失去径向稳定而被压瘪。

对于加热输送的原油管道,在正温差和内压的作用下,在管道断面中会产生轴向压力。当轴向压力超过一定数值时,将导致地下管道拱起,而失去纵向稳定;带初始弯曲的管道,即便轴向压力较小,也可造成管道纵向失稳。

因此,在管道设计中,对于穿越公路、铁路的无套管管段,穿越用的套管及埋深较大的管段,特别是大口径薄壁管,应验算其径向稳定。对于输送加热原油的管道,应考虑其纵向稳定问题。

1)管道的径向变形

管道的径向变形同管道的刚度有关,刚度越小,在外压作用下越容易变形。

管道刚度通常用式(5-2-17)表示:

$$Q = \frac{EI}{D^3} \qquad (5-2-17)$$

式中　E——管材弹性模量,MPa;

I——管壁的惯性矩,$I = \delta^3/12$,m^3;

D——管道外直径,m;

δ——管道公称壁厚,m。

从式(5-2-17)可以看到,在管材弹性模量一定的情况下,管子刚度只同管径与壁厚之比 D/δ 有关。埋地管道的刚度应满足运输、施工及运行时的要求,钢管的外直径与壁厚的比值不应大于 100，为了保证管道安全，应按无内压状态验算在外压力作用下管子的变形。其水平直径方面的变形量不得超过钢管外直径的 3%。

管子在外荷载作用下的径向变形，可按式(5-2-18)计算：

$$\Delta X = \frac{ZKWD_m^3}{8EI + 0.061E_sD_m^3} \qquad (5-2-18)$$

其中

$$W = W_1 + W_2$$

$$I = \delta^3/12$$

式中　ΔX——钢管水平径向的最大变形，m；

　　　Z——钢管变形滞后系数，取 1.5；

　　　K——钢管基座系数，按表 5-2-11 取值；

　　　W——单位管长上的总垂直荷载，包括管顶垂直土荷载和地面车辆传到管子上的荷载，N/m；

　　　W_1——单位管长上的竖向永久荷载，N/m；

　　　W_2——地面可变荷载传递到管道上的荷载，N/m；

　　　D_m——钢管的平均直径，m；

　　　E——管材的弹性模量，N/m²；

　　　I——管壁截面的惯性矩，m³；

　　　δ——钢管的公称壁厚，m；

　　　E_s——回填土的变形模量，可按表 5-2-11 取值，MPa。

表 5-2-11　标准铺管条件的设计参数

铺　管　条　件	回填土的变形模量 MPa	基础包角 (°)	钢管基座系数
管道敷设在未扰动的土上，回填土松散	1.0	30	0.108
管道敷设在未扰动的土上，管子中线以下的土轻轻压实	2.0	45	0.105
管道敷设在厚度最少为 10cm 的松土垫层内，管顶以下回填土轻轻压实	2.8	60	0.103
管道敷设在砂卵石或碎石垫层内，垫层顶面应在管底以上 1/8 管径处，但至少为 10cm，管顶以下回填土夯实，夯实密度约为 80%（标准葡氏密度）	3.5	90	0.096
管子中线以下安放在压实的团粒材料内，夯实管顶以下回填的团粒材料，夯实密度约为 90%（标准葡氏密度）	4.8	150	0.085

2）管道的轴向稳定

当管道所承受的轴向压力达到某一数值时，管道开始丧失轴向稳定。这一轴向压力称为临界轴向压力。管道轴向稳定应满足下列条件：

$$N \leqslant nN_{cr} \tag{5-2-19}$$

$$N = \left[\alpha E(t_2 - t_1) + (0.5 - \mu)\sigma_h \right]A \tag{5-2-20}$$

式中　N——由温差和内压力产生的轴向力，10^6N；

　　　n——安全系数，对于公称直径大于 500mm 的钢管 n 取 0.75，公称直径等于或小于 500mm 的钢管 n 取 0.90；

　　　N_{cr}——管道开始失稳的临界轴向压力，10^6N；

　　　A——管子横截面积，m^2。

其他符号含义同前文。

埋地管道开始失稳的临界轴向力：

（1）直线管段开始失稳时的临界轴向力计算：

$$N_{cr} = 2\sqrt{K_e DEI} \tag{5-2-21}$$

$$K_e = \frac{0.12E'n_e}{(1 - \mu_e^2)\sqrt{L_1 D}}(1 - e^{-2h_0/D}) \tag{5-2-22}$$

式中　K_e——土壤的法向阻力系数，MPa/m；

　　　I——管子横截面惯性矩，$I = \frac{\pi}{64}(D_s^4 - d_s^4)$，$m^4$；

　　　E'——回填土的变形模量，MPa；

　　　n_e——回填土变形模量降低系数，根据土壤中含水量的多少和土壤结构破坏程度取 0.3~1.0；

　　　μ_e——土壤的泊松比，按表 5-2-12 取值；

　　　L_1——管道单位长度，$L_1 = 1m$；

　　　h_0——地面（或土堤顶）至管道中心的距离，m。

表 5-2-12　土壤的泊松比

土壤的类别	土壤泊松比	土壤的类别	土壤泊松比
砂土	0.20~0.25	塑性的黏土	0.30~0.35
坚硬半坚硬黏土、亚黏土	0.25~0.30	流性的黏土	0.35~0.45

（2）对于埋地向上凸起的弯曲管段开始失稳时的临界轴向力计算：

$$N_{cr} = 0.375Q_u R_0 \tag{5-2-23}$$

$$Q_u = q_0 + n_0 q_1 \tag{5-2-24}$$

$$q_1 = \gamma_s D(h_0 - 0.39D) + \gamma_s h_0^2 \tan 0.7\varphi + \frac{0.7Ch_0}{\cos 0.7\varphi} \tag{5-2-25}$$

式中　Q_u——管道向上位移时的极限阻力,当管道有压重物或锚栓锚固时,应计入压重物的重力或锚栓的拉脱力,在水淹地区应计入浮力的作用,$10^6 N/m$;

　　R_0——管道的计算弯曲半径,m;

　　q_0——单位长度管子重力和管内原油重力,$10^6 N/m$;

　　n_0——土壤临界承受能力的折减系数,取 $0.8 \sim 1.0$;

　　q_1——管道向上位移时土的临界承受能力,$10^6 N/m$;

　　φ——回填土的内摩擦角,(°);

　　C——回填土的黏聚力,$10^6 N/m^2$;

　　γ_s——土壤的容重,$10^6 N/m^3$。

（3）对于敷设在土堤内水平弯曲的管道,失稳时的临界轴向力,可按下列公式计算:

$$N_{cr} = 0.212 Q_h R_0 \qquad (5-2-26)$$

$$Q_h = q_f + n_0 q_2 \qquad (5-2-27)$$

$$q_f = q_0 \tan\varphi \qquad (5-2-28)$$

$$q_2 = \gamma_s \tan\varphi \left[\frac{Dh_1}{2} + \frac{(b_1 + b_2)h_1}{4} - D_2 \right] + \frac{c(b_2 - D)}{2} \qquad (5-2-29)$$

$$q_2 = \gamma_s h_0 D \left[\tan^2\left(45° + \frac{\varphi}{2}\right) + \frac{2C}{\gamma_s h_0} \tan\left(45° + \frac{\varphi}{2}\right) \right] \qquad (5-2-30)$$

式中　Q_h——管道横向位移时的极限阻力,$10^6 N/m$;

　　q_f——单位长度的管道摩擦力,$10^6 N/m$;

　　q_2——管道横向位移时土的临界支承能力,$10^6 N/m$;

　　h_1——土堤顶至管底的距离,m;

　　b_1——土堤顶宽,m;

　　b_2——土堤底宽,m。

注意:管道横向位移时土的临界支承能力,按式(5-2-29)和式(5-2-30)计算,取两者中的较小值。

4. 埋地管道的抗震设计

根据 GB 50470《油气输送管道线路工程抗震技术规范》的规定,应对位于设计地震动峰值加速度大于或等于 $0.2g$ 地区的管道进行抗震校核。

地震作用下管道轴向的组合应变包括地震引起的管道最大轴向应变和内压、温差等操作荷载引起的轴向应变,并按下列公式进行组合计算:

当 $\varepsilon_{max} + \varepsilon_a \leq 0$ 时

$$| \varepsilon_{max} + \varepsilon_a | \leq [\varepsilon_c]_v \qquad (5-2-31)$$

当 $\varepsilon_{max} + \varepsilon > 0$ 时

$$\varepsilon_{\max} + \varepsilon_a \leq [\varepsilon_t]_v \qquad (5-2-32)$$

$$\varepsilon_a = \sigma_a / E \qquad (5-2-33)$$

式中　$\varepsilon_{\max}$——地震动引起管道的最大轴向拉、压应变,按式(5-2-34)或式(5-2-35)计算;

　　　　ε_a——由于内压和温度变化而产生的管道轴向应变;

　　　　$[\varepsilon_c]_v$——埋地管道抗震设计轴向容许压缩应变,可按式(5-2-40)至式(5-2-43)计算与校核;

　　　　$[\varepsilon_t]_v$——埋地管道抗震设计轴向容许拉伸应变,可按表5-2-13进行选取;

　　　　σ_a——由于内压和温度变化而产生的管道轴向应力,应按现行国家标准 GB 50253《输油管道工程设计规范》的有关规定计算,Pa;

　　　　E——管材的弹性模量,Pa。

1) 埋地直管道在地震波作用下所产生的最大轴向应变

埋地直管道在地震波作用下所产生的最大轴向应变按下列公式计算,取较大值:

$$\varepsilon_{\max} = \pm \frac{aT_g}{4\pi v_{se}} \qquad (5-2-34)$$

$$\varepsilon_{\max} = \pm \frac{v}{2v_{se}} \qquad (5-2-35)$$

式中　$\varepsilon_{\max}$——地震波引起的最大管道轴向应变;

　　　　a——设计地震动峰值加速度,m/s^2;

　　　　v——设计地震动峰值速度,m/s;

　　　　T_g——地震动反应谱特征周期,s;

　　　　v_{se}——波的传播速度,即场地剪切波速,m/s。

2) 操作条件下的管道轴向应变

$$\varepsilon_a = \frac{\sigma_a}{E} \qquad (5-2-36)$$

$$\sigma_a = \mu\sigma_h + E\alpha(t_1 - t_2) \qquad (5-2-37)$$

$$\sigma_h = \frac{pd}{2\delta_n} \qquad (5-2-38)$$

式中　ε_a——由于内压和温度变化而产生的管道轴向应变;

　　　　σ_a——由于内压和温度变化产生的管道轴向应力,MPa;

　　　　σ_h——由内压产生的管道环向应力,MPa;

　　　　p——管道的设计内压力,MPa;

　　　　δ_n——管子公称壁厚,mm;

　　　　d——管子内径,mm;

　　　　E——钢材的弹性模量,MPa。

3）弹性敷设时管道的轴向应变

管道为弹性敷设，应计入弹性弯曲应变，此时管道的轴向应变按式(5-2-39)计算：

$$\varepsilon_e = \pm \frac{D}{2r} \qquad (5-2-39)$$

式中　ε_e——弹性敷设时管道的轴向应变；

　　　r——弹性敷设的弯曲半径，m。

4）直管段允许拉伸应变

直管段允许拉伸应变可按表 5-2-13 进行选取。

表 5-2-13　直管段允许拉伸应变

钢级	设计容许拉伸应变,%	校核容许拉伸应变,%
L450(X65)及以下		1.0
L485(X70)和 L555(X80)	0.5	0.9
L625(X90)		0.8

5）直管段允许压缩应变

（1）设计允许压缩应变：

L450(X65)及以下钢级

$$[\varepsilon_c]_v = 0.28\delta/D \qquad (5-2-40)$$

L485(X70)，L555(X80)及 L625(X90)钢级

$$[\varepsilon_c]_v = 0.26\delta/D \qquad (5-2-41)$$

（2）校核允许压缩应变：

L450(X65)及以下钢级

$$[\varepsilon_c]_v = 0.35 \times \delta/D \qquad (5-2-42)$$

L485(X70)，L555(X80)及 L625(X90)钢级

$$[\varepsilon_c]_v = 0.32 \times \delta/D \qquad (5-2-43)$$

三、管道穿越

1. 一般规定

（1）穿越工程应满足国家现行标准 GB 50423《油气输送管道穿越工程设计规范》、SY/T 6968《油气输送管道工程水平定向钻穿越设计规范》、SY/T 7366《油气输送管道工程水域开挖穿越设计规范》、SY/T 7023《油气输送管道工程水域盾构法隧道穿越设计规范》、SY/T 7022《油气输送管道工程水域顶管法隧道穿越设计规范》、SY/T 6853《油气输送管道工程矿山法隧道设计规范》的相关要求，并应在设计前取得所输介质物性资料及输送工艺参数。介质物性

资料及输送工艺参数的要求应符合现行国家标准 GB 50253《输油管道工程设计规范》的有关规定。

（2）穿越工程方案设计应满足以下要求：

① 方案设计除应符合工程的有关法律法规外，尚应满足管道工程安全预评价、环境影响评估报告、水土保持方案报告书、灾害性地质评估报告、地震安全性评估报告等各大评价报告结论及主管部门的批复意见。

② 穿越有防洪、调水和调砂等要求的重要河段，其穿越方案应符合防洪影响评价报告的结论，并经过主管水利部门批准。

③ 穿越鱼类保护区及二级水源地的河段，其穿越方案应符合其专项评价的结论，并应经过其主管部门批准。

④ 穿越有防凌要求的河段，应符合防凌要求。

⑤ 对于河道摆动较大的河段应进行河势分析，穿越方案、穿越长度及防护等考虑河势分析的结论。

⑥ 穿越通航的河段，应符合河道通航安全评估报告及其结论的要求。

⑦ 穿越方案的制订应依据完整的工程勘察资料、政策法规、各专项评价报告、相关管理部门的要求，进行多种方案的技术、经济、安全和环境比选后综合确定。

（3）大、中型穿越工程岩土工程勘察宜按选址勘察（可行性研究勘察）、初步勘察、详细勘察和施工勘察等阶段逐步开展工作，勘察成果应符合现行国家标准 GB/T 50539《油气输送管道工程测量规范》和 GB 50568《油气田及管道岩土工程勘察规范》的规定。

（4）定向钻、水域开挖、盾构、顶管、钻爆隧道穿越工程测量、勘察内容尚应满足 SY/T 6968《油气输送管道工程水平定向钻穿越设计规范》、SY/T 7366《油气输送管道工程水域开挖穿越设计规范》、SY/T 7023《油气输送管道工程水域盾构法隧道穿越设计规范》、SY/T 7022《油气输送管道工程水域顶管法隧道穿越设计规范》、SY/T 6853《油气输送管道工程矿山法隧道设计规范》的相关要求。

2. 公路和铁路穿越

1）穿越方式选择

（1）当管道穿越铁路有砟轨道路基地段时，可采用顶进套管、顶进防护涵、定向钻、隧道等方式。

（2）管道不应在设计时速 200km/h 及以上铁路有砟轨道路基地段采用定向钻方式穿越。

（3）管道与各级公路相交叉且采用下穿方式时，应设置地下通道（涵）、套管或盖板涵等保护措施，保护措施应按相应公路等级的汽车荷载等级进行验算。

（4）具体的穿越方案应取得公路和铁路管理部门同意并符合其相关要求。

2）穿越位置选择

（1）穿越位置宜避开石方区、高填方区、路堑以及道路两侧为同坡向的陡坡地段。

（2）在铁路站场附近穿越时，穿越点应设置在进出站信号牌以外，穿越电气化铁路时，应避开回流电缆与钢轨连接处。

（3）新建或改建输油管道需要穿（跨）越既有公路的，宜选择在非桥梁结构的公路路基地段,采用埋设方式从路基下方穿越通过,或采用架设方式从公路上方跨越通过。受地理条件影响或客观条件限制,必须与公路桥梁交叉的,可采用埋设方式从桥梁自然地面以下空间通过。禁止利用自然地面以上的公路桥下空间铺(架)设油气管道。

(4) 管道与铁路交叉位置选择应符合下列规定:

① 管道不应在既有铁路的无砟轨道路基地段穿越,特殊条件下穿越时应进行专项设计,并应符合该路基沉降的限制标准。

② 管道严禁在旅客车站、编组站两端咽喉区范围内交叉,不应在牵引变电所、动车段(所)、机务段(所)、车辆段(所)围墙内交叉。

③ 管道和铁路不宜在其他铁路站场、道口等建筑物和设备处交叉,不宜在设计时速200km/h 及以上铁路及动车组走行线的有砟轨道路基地段、各类过渡段、铁路桥跨越河流主河道区段交叉。确需交叉时,对管道和铁路设备应采取必要的防护措施。

④ 管道宜选择在铁路桥梁、预留管道涵洞等既有设施处穿越,尽量减少在路基地段直接穿越。

(5) 输油管道与铁路交叉角度应符合下列规定:

① 管道与铁路交叉宜采用垂直交叉或大角度斜交,交叉角度不宜小于30°。

② 当铁路桥梁与管道交叉条件受限时,在采取安全措施的情况下交叉角度可小于30°。

③ 当管道采用顶进套管、顶进防护涵穿越既有铁路路基时,交叉角度不宜小于45°。

(6) 输油管道与公路相交叉时,宜正交;必须斜交时,交叉角度应大于30°。

(7) 输油管道穿越公路或铁路时,其穿越点四周应有足够的空间,满足管道穿越施工、维护及邻近建(构)筑物和设施安全距离的要求。

3) 铁路穿越设计要求

(1) 管道与铁路相互交叉、并行应符合《油气输送管道与铁路交汇工程技术及管理规定》(国能油气〔2015〕392 号)。

(2) 铁路穿越初设阶段应与铁路部门接洽。

(3) 输油管道与铁路并行敷设时,应敷设在铁路线路安全保护区外。当条件受限必须通过铁路线路安全保护区时,应征得相关铁路部门的同意,并应采取加强措施。管道与电气化铁路相邻时,还应采取相应的交流与直流电干扰防护措施。

(4) 铁路穿越应采用有套管穿越,其套管宜采用钢筋混凝土套管或钢质套管。

(5) 当采用套管穿越铁路时,套管内径应大于输送管道外径300mm 以上。套管采用人工顶管施工方法时,套管内直径不宜小于1m。

(6) 输油管道穿越铁路时,套管顶部最小覆盖层厚度应符合表 5 - 2 - 14 的要求,覆盖层厚度不能满足要求时,应采取保护措施。

表 5 - 2 - 14　穿越铁路管顶最小覆盖层厚度

位　　置	最小覆盖层,m	位　　置	最小覆盖层,m
铁路路肩以下	1.7	自然地面或者边沟以下	1.0

(7) 采用套管穿越铁路时,套管长度宜伸出路堤坡脚、排水沟外边缘不小于2m;当穿过路堑时,应长出路堑顶不小于5m。防护长度应满足公路和铁路用地范围以外不小于3m 的要

求。被穿越的铁路规划要扩建时,应按照扩建后的情况确定套管长度。

(8)管道采用顶进套管穿越既有铁路路基时应符合下列规定:

① 套管边缘距电气化铁路接触网立柱、信号机等支柱基础边缘的水平距离不得小于3m。

② 套管顶部外缘距自然地面的垂直距离不应小于2m。套管不宜在铁路路基基床厚度内穿越;困难条件下套管穿越铁路路基基床时,套管顶部外缘距路肩不应小于2m。

③ 套管伸出路堤坡脚护道不应小于2m、伸出路堑堑顶不应小于5m,并距离路堤排水沟、路堑堑顶天沟和线路防护栅栏外侧不应小于1m。

④ 套管应满足铁路桥涵相关设计规范的要求。

⑤ 顶进套管穿越铁路施工时,套管外空间不允许超挖,穿越完成后应对套管外部低压注水泥浆加固,保持铁路路基的稳定状态。

⑥ 顶进套管穿越铁路应采用填充套管方式,填充物可采用砂或泥浆等材料,不需设置两侧封堵和检测管。

⑦ 顶管穿越工程不得影响铁路排水设施的正常使用。

(9)管道采用顶进防护涵穿越铁路路基时应符合下列规定:

① 防护涵孔径应根据输送管道直径、数量及布置方式确定。涵洞内宜保留宽度不小于1m 的验收通道,管道与管道间、管道与边墙间、管顶与涵洞顶板间的间距不宜小于0.5m,涵洞内净空高度不宜小于1.8m。特殊条件下,涵洞尺寸可由铁路及管道管理部门双方协商确定。

② 主体结构应伸出铁路路基边坡与涵洞顶交线外不小于2m,并不得影响铁路排水设施的正常使用。

③ 结构应满足强度、稳定性、耐久性及埋置深度要求,应符合铁路相关设计规范的规定。

④ 防护涵宜采用填充方式,填充后不设检查井。涵洞内空间未填充时应在涵洞两端设检查井,检查井应有封闭设施。

(10)管道采用定向钻穿越铁路应考虑管径、地质条件、埋深等因素,经验算满足铁路线路设施稳定时方可采用,并应符合下列规定:

① 当定向钻穿越路基时,入土点和出土点应位于铁路线路安全保护区以外不小于5m,路肩处管顶距原自然地面的距离不应小于10m,且应在路基加固处理层以下。

② 当定向钻穿越铁路桥梁陆地段时,管道外缘距桥梁墩台基础外缘的水平净距不应小于5m,最小埋深不应小于5m,且不影响桥梁结构使用安全。

③ 对废弃后的定向钻穿越铁路管道,管道运营企业应及时采用混凝土和砂浆等材料填充密实。

(11)管道穿越既有铁路桥梁或铁路桥梁跨越既有管道时,铁路桥梁(非跨主河道区段)下方管道可直接埋设通过,并应满足下列要求:

① 管顶在桥梁下方埋深不宜小于1.2m,管道上方应埋设钢筋混凝土板。钢筋混凝土板的宽度应大于管道外径1.0m,板厚不得小于100mm,板底面距管顶间距不宜小于0.5m,板的埋设长度不应小于铁路线路安全保护区范围。钢筋混凝土板上方应埋设聚乙烯警示带;穿越段的起始点以及中间每隔10m处应设置地面穿越标志。

② 铁路桥梁底面至自然地面的净空高度不应小于 2.0m。

③ 管道与铁路桥梁墩台基础边缘的水平净距不宜小于 3m。施工过程中应对既有桥梁墩台或管道设施采取防护措施，确保管道与桥梁的安全。

（12）管道和铁路隧道不应在隧道洞门及洞口截水天沟范围内交叉。当埋地管道或管道隧道与铁路隧道洞身交叉时应符合下列规定：

① 新建管道可在既有铁路隧道洞身上方挖沟敷设。当采取非爆破方式开挖管沟时，管沟底部与铁路隧道结构顶部外缘的垂直间距不应小于 10m，输油管道在铁路隧道洞身及其两侧各不小于 20m 范围应采取可靠的防渗措施。当采取控制爆破手段开挖管沟时，管底与铁路隧道顶部的垂直净距不应小于 20m，同时应考虑围岩条件、挖沟爆破规模及隧道结构的安全性等因素。

② 管道除采用隧道结构以外，不宜在铁路隧道下方穿越。

③ 管道隧道与铁路隧道交叉时，两隧道垂直净距不应小于 30m，且满足不小于 3～4 倍铁路隧道开挖洞径要求；两隧道净距小于 50m 地段，后建隧道的衬砌结构应加强。

④ 新建铁路隧道在埋地管道下方采用控制爆破开挖时，隧道顶部与埋地管道底部的垂直高度不应小于 20m，同时应考虑铁路隧道断面大小、围岩条件、地面沉降变形及管道结构安全性等因素。

⑤ 新建设施进行爆破作业时应采取保持围岩稳定的措施。既有设施的允许爆破振动速率，应根据既有隧道结构类型、结构状态、爆破环境条件以及既有铁路或管道运输性质、轨道或钢管类型等综合因素评估确定，爆破方案应征得既有设施企业的同意。

⑥ 特殊地形情况下，采取工程措施并经既有设施企业审批通过后，可将交叉净距适当减小。

（13）埋地管道和铁路在软土等特殊土质、斜坡等特殊地段交叉时，应采取保证既有设施安全和稳定性的特殊设计。

（14）穿越标志桩设置在铁路或公路坡脚或路边沟外 1.0m 处。无边沟时，设置在距路边缘 2.0m 处。标志图设置在背向公路、铁路一侧。

（15）采用无套管的开挖穿越管段，距管顶以上 500mm 处应埋设钢筋混凝土板；混凝土板上方应埋设警示带。

4）公路穿越设计要求

（1）管道穿越公路应符合 GB 50423《油气输送管道穿越工程设计规范》和《关于规范公路桥梁与石油天然气管道交叉工程管理的通知》（公交路发〔2015〕36 号）的要求。

（2）油气管道穿（跨）越公路和公路桥梁自然地面以下空间以及公路跨越油气管道前，应按照有关规定，委托具有相应资质的单位，开展安全技术评价，编制评价报告，设计应满足安全评价报告的相关要求。

（3）油气管道从公路桥梁自然地面以下空间穿越时，必须严格遵循 JTG B01《公路工程技术标准》、JTG D20《公路路线设计规范》、JTG D60《公路桥涵设计通用规范》、GB 50423《油气输送管道穿越工程设计规范》等有关标准规范，并同时满足下列条件：

① 不能影响桥下空间的正常使用功能。

② 油气管道与两侧桥墩(台)的水平净距不应小于5m。

③ 交叉角度以垂直为宜;必须斜交时,应不小于30°。

④ 油气管道采用开挖埋设方式从公路桥下穿越时,管顶距桥下自然地面不应小于1m,管顶上方应敷设宽度大于管径的钢筋混凝土保护盖板,盖板长度不应小于规划公路用地范围宽度以外3m,并设置地面标识标明管道位置;采用定向钻穿越方式的,钻孔轴线应距桥梁墩台不小于5m,桥梁(投影)下方穿越的最小深度应大于最后一级扩孔直径的4～6倍。

(4) 当采用套管穿越公路时,套管内径应大于输送管道外径300mm以上。套管采用人工顶管施工方法时,套管内直径不宜小于1m。

(5) 一级公路、二级公路和高速公路穿越。

① 初步设计阶段应与公路部门接洽。

② 应采用有套管穿越,其套管宜采用钢筋混凝土套管或钢质套管。

③ 新建公路与已建管道交叉时,应设置涵洞保护管道。

④ 输油管道穿越公路时,输油管道或套管顶部最小覆盖层厚度应符合表5-2-15的要求,覆盖层厚度不能满足要求时,应采取保护措施。覆土厚度还要根据工程地质条件结合套管顶进施工技术要求、路面沉降等因素综合确定。

表5-2-15　穿越公路管顶最小覆盖层厚度

位　　置	最小覆盖层,m	位　　置	最小覆盖层,m
公路路面以下	1.2	公路边沟底面以下	1.0

⑤ 采用套管穿越公路时,套管长度宜伸出路堤坡脚、排水沟外边缘不小于2m;当穿过路堑时,应长出路堑顶不小于5m。被穿越的铁路规划要扩建时,应按照扩建后的情况确定套管长度。

⑥ 一级公路、二级公路和高速公路穿越可采用顶管(混凝土套管、钢套管)、或定向钻、涵洞等方式敷设穿越管段。

⑦ 穿越段管道宜采用无缝钢管或直缝埋弧焊钢管(LSAW)。

(6) 三级公路和四级公路穿越。

① 宜采用有套管穿越,其套管宜采用钢筋混凝土套管或钢质套管。

② 穿越段管道宜与该段线路用管相同。

③ 三级公路和四级公路可不独立进行强度及严密性试验,但应与干线连接后一同试压。

(7) 等级外公路穿越。

① 等级外公路穿越应设置保护措施。当该道路用于运矿车和运砂石车等重型车辆通行时,穿越段输油管道应设套管保护,其套管宜采用钢筋混凝土套管。

② 穿越段管道宜与该段线路用管相同。

③ 在经济发达地区和人口稠密地区的低等级公路,宜采用顶管穿越方式。

④ 等级外公路可不独立进行强度及严密性试验,但应与干线连接后一同试压。

(8) 穿越标志桩设置在铁路或公路坡脚或路边沟外1.0m处。无边沟时,设置在距路边缘2.0m处。标志图设置在背向公路和铁路一侧。

（9）采用无套管的开挖穿越管段，距管顶以上500mm处应埋设钢筋混凝土板；混凝土板上方应埋设警示带。

（10）公路路基宽度为行车道与路肩宽度之和，可参见表5-2-16。

表5-2-16 公路路基宽度 单位：m

公路等级		汽车专用公路						一般公路					
		高速公路		一级公路		二级公路		二级公路		三级公路		四级公路	
地形		平原微丘	重丘	山岭		平原微丘	山岭重丘	平原微丘	山岭重丘	平原微丘	山岭重丘	平原微丘	山岭重丘	平原微丘	山岭重丘
路基宽度	一般值	26.0	24.5	23.0	21.5	24.5	21.5	11.0	9.0	12.0	8.5	8.5	7.5	6.5	—
	变化值	24.5	23.0	21.5	20.0	23.0	20.0	12.0	—	—	—	—	—	7.0	4.5

5）穿越防护结构设计

（1）套管规格。

穿越公路和铁路用保护套管宜采用钢筋混凝土管，其设计应满足交通运输部现行桥涵规范的要求。质量应符合GB/T 11836《混凝土和钢筋混凝土排水管》的规定。

（2）套管纵坡。

套管的纵向坡度不应大于2%。当穿越管段需要设置集油井时，套管倾向集油井方向的坡度不大于0.2%。

（3）套管内结构。

套管中的输送管道应设置绝缘支撑，设计中应提出保持管道防腐涂层完整性的技术要求。

（4）涵洞结构。

采用涵洞保护新建或已建管道，涵洞尺寸应视管道直径而定。一般要求涵洞净空高度不小于1.8m，宽度为$D+2.5m$（D为输油管道外径，含防护层）。特殊情况下，当涵洞净空尺寸不符上述要求时，应与铁路或公路主管部门协商解决。

（5）检漏管设置。

当套管或涵洞内充填细土将穿越管段埋入时，可不设检漏管及两端的密封封堵。当套管或涵洞内穿越管段裸露时，应设置检漏管且两端严密封堵。

（6）阴极保护。

涵洞或保护套管宜设置牺牲阳极，以消除结构对阴极保护的屏蔽效应。

3. 水域穿越

1）一般规定

（1）工程等级。

① 水域穿越工程应按表5-2-17划分工程等级，并应采用与工程等级相应的设计洪水频率。桥梁上游300m范围内的穿越工程，设计洪水频率不应低于该桥梁的设计洪水频率。

② 有特殊要求的工程，可提高工程等级。

③ 定向钻穿越工程等级还可按表 5 – 2 – 18 划分,当表 5 – 2 – 17 与表 5 – 2 – 18 不一致时,应取严者。

表 5 – 2 – 17　水域穿越工程等级与设计洪水频率

工程等级	穿越水域的水文特征		设计洪水频率 %
	多年平均水位的水面宽度 W m	相应水深 h m	
大型	$W \geq 200$	不计水深	1(100 年一遇)
	$100 \leq W < 200$	$h \geq 5$	
中型	$100 \leq W < 200$	$h < 5$	2(50 年一遇)
	$40 \leq W < 100$	不计水深	
小型	$W < 40$	不计水深	2(50 年一遇)

注:① 对于季节性河流或无资料的河流,水面宽度可按不含滩地的主河槽宽度选取。

　　② 对于游荡性河流,水面宽度应按深泓线摆动范围选取;若无资料,宜按两岸大堤间宽度选取。

　　③ 若采用挖沟法穿越,当施工期水流流速大于 2m/s 时,中小型工程等级可提高一级。

表 5 – 2 – 18　定向钻穿越工程等级划分

工程等级	穿越管道参数	
	穿越长度 L,m	穿越管道管径 D,mm
大 型	$L \geq 1500$	不计管径
	不计长度	$D \geq 1219$
	$1000 \leq L < 1500$	$D \geq 711$
中 型	$L < 1000$	$711 \leq D < 1219$
	$800 \leq L < 1500$	$D < 711$
小 型	$L < 800$	$D < 711$

(2) 穿越位置选择。

选择的穿越位置应符合线路总体走向,应避开一级水源保护区。对于大、中型穿越工程,线路局部走向应按所选穿越位置进行调整,并应符合下列要求:

① 穿越位置宜选在岸坡稳定地段。若需在岸坡不稳定地段穿越,则应对岸坡作护岸、护坡整治加固工程。

② 穿越位置不宜选择在全新世活动断裂带及影响范围内。

③ 穿越宜与水域轴线正交通过。若需斜交时,交角不宜小于 60°,采用定向钻穿越时,不宜小于 30°。

④ 穿越附近建构筑物和水工设施距离要求如图 5 – 2 – 6 所示,具体要求如下:

a. 当采用开挖管沟埋设时,管道中线距离特大桥、大桥、中桥和水下隧道最近边缘不应小于 100m;距离小桥最近边缘不应小于 50m。

b. 当采用水平定向钻穿越时,穿越管段距离桥梁墩台冲刷坑外边缘不宜小于 10m,且不应影响桥梁墩台安全;距离水下隧道的净距不应小于 30m。

c. 当采用隧道穿越时,隧道的埋深及边缘至墩台的距离不应影响桥梁墩台的安全;管道隧道与公路隧道、铁路隧道净距不宜小于 30m。

d. 水域穿越管段与港口、码头和水下建筑物之间的距离,当采用大开挖穿越时不宜小于 200m,当采用定向钻穿越、隧道穿越时不宜小于 100m。

e. 当不能满足上述要求时,应协商确定。

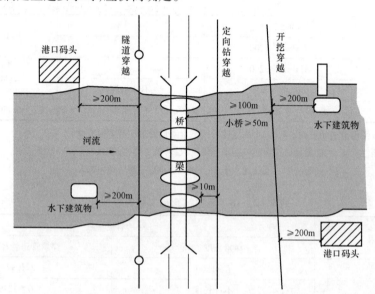

图 5 - 2 - 6　穿越与附近建构筑物和水工设施距离要求

⑤ 当采用水平定向钻或隧道穿越河流堤坝时,应根据不同的地质条件采取措施控制堤坝和地面的沉陷,防止穿越管道处发生管涌,不应危及堤坝的安全。水平定向钻入土点、出土点及隧道竖井边缘距大堤坡脚的距离不宜小于 50m。

（3）穿越通航或有通航规划的水域,两岸应按现行国家标准 GB 13851《内河交通安全标志》的规定设置标志。标志并应设置在设计洪水位以上高程。

（4）通过饮用水源二级保护区的水域大型穿越工程,输油管道在两岸应设置截断阀室。截断阀室应设置在便于接近、不被设计洪水淹没处。

（5）常用穿越方式。

各种常用的穿越方式及其适应性见表 5 - 2 - 19。

表 5 - 2 - 19　穿越方式描述表

穿越方式	原理简述	适应性
水下沟埋敷设	利用挖泥船、长臂挖掘机、拉铲、气举或围堰方式开挖水下管沟,将管道置于河床冲淤变化稳定层下一定深度	应用广泛、施工技术成熟。适于中小型宽浅、流速和冲淤变化小、不通航的水域和稳管费用低的河流

续表

穿越方式	原理简述	适应性
定向钻	在水域一侧组装钻机,钻杆一般以6°~20°入土,钻导向孔,从对岸侧以4°~12°出土;同时,管道在钻杆出土端一侧进行组装、试压、防腐。最后利用钻机拉动扩孔器和穿越管段回拖,直至使穿越管道完全敷设于扩大的导向孔内到钻机入土处露出端头	适于航运繁忙、水域较宽、流量流速较大、冲刷较深、河流变迁剧烈、地层条件单一(如黏土、粉质黏土、软塑黏土、粉砂、细砂、中砂及软岩等)、两岸地形条件平坦开阔,交通条件较好的水域
顶管	利用切削刀盘切割、破碎土体,同时通过泥浆循环平衡、润滑工作面以及排除土体,再利用工作井内的液压千斤顶将钢筋混凝土套管在切削刀盘后部逐步顶入,使之在江底形成稳定的洞室	适于航运繁忙、水域较窄、水深较大、流量流速较大、冲刷较小、地层条件单一(如黏土、粉土、砂土、含砾沙土(砾石含量一般宜小于30%,砾径小于20mm)等)、两岸地形条件平坦开阔的水域,对砂卵石地层、软硬岩也能通过
基岩隧道	利用小药量多循环光面、予裂爆破方式进行基岩人工掘进和出渣,在两岸形成竖(斜)井后,再在江底一定基岩深度内开挖形成水平基岩巷道。采取相应的二次衬砌支护和防、止水措施,确保隧道的安全。隧道形成后,管道经竖井或斜井进入巷道内进行组焊,锚固	适于河床基岩埋藏较浅、岩性单一完整致密且无大的活动断裂以及两岸出渣条件较好,河道较窄的河流

4. 水下沟埋敷设

(1) 管顶埋深。

① 挖沟法穿越管段的最小埋深,应根据工程等级与相应设计洪水冲刷深度或疏浚深度要求确定,并应符合表5-2-20的规定。当河流深泓线反复摆动时,穿越管段在深泓线摆动范围内埋深均应满足设计冲刷深度或疏浚深度要求。

表5-2-20 沟埋穿越水域的管顶埋深

水域冲刷情况	不同等级工程对应的管顶埋深,m		
	大型工程	中型工程	小型工程
有冲刷或疏浚的水域,应在设计洪水冲刷线下或规划疏浚线下,取其深者	≥1.5	≥1.2	≥1.0
无冲刷或疏浚的水域,应埋在水床底面以下	≥1.5	≥1.3	≥1.0
河床为基岩,并在设计洪水下不被冲刷时,管段应嵌入基岩深度	≥0.8	≥0.6	≥0.5

注:(1) 当水域有抛锚或疏浚作业时,管顶埋深应达到防腐层不受机具损伤的要求。
(2) 以下切为主的河流上游,埋深应从累积冲刷线算起。
(3) 基岩段所挖沟槽应用满槽混凝土覆盖封顶,达到基岩标高。
(4) 当管道有配重或稳管结构物时,埋深应从结构物顶面算起。
(5) 基岩内管道埋深尚应根据岩性、风化程度确定,强风化岩、软岩埋深应加大。

② 岩石管沟挖深除设计埋深要求外,还应超挖200mm;管道入沟前,沟底应先敷设压实后厚度为200mm的砂类土、细土或混凝土垫层。

(2) 采用围堰导流或降水措施开挖的管沟,其断面尺寸应按照地质条件、水文条件、开挖深度和底宽、施工季节、排水设施设计确定。

（3）水下挖沟时,应根据机具试挖成沟情况确定管沟尺寸。若无此资料,宜按表5－2－21试挖管沟。

表5－2－21　水下开挖管沟推荐尺寸

土壤类别	沟底最小宽度,m	管沟边坡	
		沟深≤2.5m	沟深 >2.5m
淤泥、粉细砂	$D+2.5$	1:3.5	1:5.0
中粗砂、卵砾石	$D+4.0$	1:2.5	1:3.0
砂土	$D+3.0$	1:2.5	1:4.0
黏土	$D+3.0$	1:2.0	1:2.5
岩石	$D+2.0$	1:0.5	1:1.0

注:(1)沟底最小宽度指管道敷设所需最小净宽,不包括回淤。
　　(2)在深水区管沟底宽应增加潜水员潜水检查操作的宽度。
　　(3)若遇流砂,沟底宽度和边坡由试挖确定。
　　(4)D为管身结构的外径,当多条管道并行穿越敷设时,D为管道外径之和及管道间隔的总宽度。

（4）当水下穿越管段采用稳管措施时,稳管配重物不应损伤管道防腐涂层,常见稳管措施,见表5－2－22。穿越区域的地下水或岩土层具有腐蚀性时,除管段自身防腐满足要求外,稳管措施所用材料应有抗腐蚀的性能。

表5－2－22　常见穿越稳管措施

稳管措施	措施描述	适用条件
增加管子壁厚	直接增加管子壁厚进行稳管	优点:可直接加重穿越管段重力,延长使用寿命,施工简单。缺点:钢材耗量大
铁丝石笼	铁丝编制成笼,一般长4~6m,直径0.4~0.6m,内填卵石(粒径250~300mm),置于管道上游、下游或上部	优点:就地取材,加工容易,重力大。缺点:不宜在水流冲蚀强烈、浅水或需疏浚的航道上使用;铁丝易磨蚀和锈蚀、稳管不易达到和持久
散抛块石	先用砂卵石回填到管顶以上0.3~0.5m,再向管沟内散抛大径卵石或块石,粒径一般大于300mm	优点:取材容易,施工方便,造价低廉,粗化河床。缺点:不适于管径较大和水流速较高、冲刷较大的河流
装配式加重块	呈椭圆形两半块,上下对扣在管道上,以螺栓紧固连接(图5－2－7)。相关参数见表5－2－23	施工方便,对管基承载力要求不如压重块严格,始终和管段连在一起,得到广泛应用
压重块	采用铁矿石、重晶石或普通混凝土等密度较大的材料制作,常为马鞍形,上部为圆弧,下部为直腿脚(图5－2－8)。相关参数见表5－2－23	灵活方便,可集中预制,适于管基较好、管基承载力较高、水流速较低的场合
混凝土连接覆盖层	在管道外面包覆一定厚度的混凝土层	优点:加重力大,稳管效果好,对钢管保护效果好。缺点:预制与养护难度大,质量难以达到要求,拖管牵引力大
复壁管	在管道外套上另1根管段,环形空间灌注水泥浆	容重大,受力状态好,抗冲刷能力强,但钢材耗量大,施工复杂

续表

稳管措施	措施描述	适用条件
档桩	在管道下游侧设置钢档桩,并以管卡将管道固定	适于地形平缓的基岩裸露河床或覆盖层不大(1m左右)、地形平缓的基岩河床
水下浇筑混凝土	水上先拌合好混凝土的拌合物,再进行水下浇筑。或先在水面上拌制成胶凝状的水泥砂浆液,再对水下管沟中已预抛的块石或卵石骨料灌注	既起稳管又起管沟回填作用,广泛应用

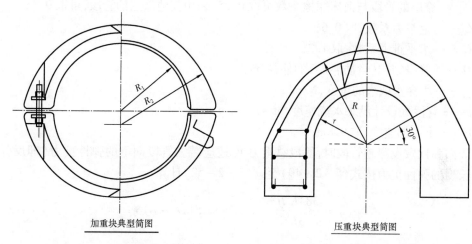

图 5 – 2 – 7　加重块典型简图　　　　图 5 – 2 – 8　压重块典型简图

表 5 – 2 – 23　加重块和压重块参数表

项　目	加重块	压重块	项　目	加重块	压重块
混凝土标号	C30	C30	受力钢筋保护层厚度,mm	40	40
混凝土容重,kN/m³	≥25	≥25	吊环锚固长度	≥30d	≥30d
钢筋牌号	HPB300	HPB300			

注:d 为吊环钢筋的直径。

(5)水下管段抗漂浮及抗移位校核。

① 达不到埋深要求的或裸管敷设的,水下穿越管段抗漂浮及抗移位应按式(5 – 2 – 44)至式(5 – 2 – 48)核算:

$$W \geqslant K_1(F_s + F_{dy}) \tag{5 – 2 – 44}$$

$$W \geqslant K_1 \frac{F_{dx}}{f} + F_s + F_{dy} \tag{5 – 2 – 45}$$

$$F_{dx} = C_x \gamma_w D v^2 / (2g) \tag{5 – 2 – 46}$$

$$F_{dy} = C_y \gamma_w D v^2 / (2g) \qquad (5-2-47)$$

$$F_s = \pi \gamma_w D^2 / 4 \qquad (5-2-48)$$

式中　W——单位长度管段总重力（包括管身结构自重、加重层重，不含管内介质重），N/m；

K_1——动水作用下管段稳定安全系数，大中型穿越工程取 1.3，小型穿越工程取 1.2；

F_s——单位长度管段静水浮力，N/m；

F_{dy}——单位长度管段动水上举力，N/m；

F_{dx}——单位长度管段动水推力，N/m；

f——管段与河床的滑动摩擦系数，根据试验或工程经验确定；无试验时，采用三层 PE 涂层的管段与河床摩擦系数可取 0.25；采用其他涂层的管段，可取 0.3；

C_y——上举力系数，取 0.6；

C_x——水平推力系数，取 1.2；

D——管身结构（含防腐层）的外径，m；

γ_w——所穿水域水的重度，N/m³；

v——管段处设计洪水水流速度，m/s；

g——重力加速度，取 9.8m/s²。

在竖向弹性敷设穿越管段时，管段总重力 W 还应减去管段向上的弹性抗力（即反弹力）。其单位长度的弹性抗力按式（5-2-49）至式（5-2-52）计算：

$$q = \frac{384 E_s I f_c}{3 L^4} - 0.0246615 (D_s - \delta) \delta \qquad (5-2-49)$$

$$I = \frac{\pi}{64} (D_s^4 - d_s^4) \qquad (5-2-50)$$

$$f_c = R - \sqrt{R^2 - \frac{L^2}{4}} \qquad (5-2-51)$$

$$R \geqslant 3600 \sqrt[3]{\frac{1 - \cos \frac{\alpha}{2}}{\alpha^4} D_s^2} \qquad (5-2-52)$$

式中　q——弹性敷设管段单位长度抗力，N/m；

E_s——钢管弹性模量，取 2.1×10¹¹N/m²，N/m²；

I——钢管截面惯性矩，m⁴；

D_s——钢管的外径，m；

d_s——钢管的内径，m；

δ——钢管的壁厚，m；

f_c——弹性敷设的矢高，m；

L——弹性敷设起点与终点间的水平长度，m；

R——管段弹性敷设设计曲率半径，不应小于 $1000D_s$，m；

α——管段弹性敷设转角,宜小于 5°,(°)。

② 达到埋深要求的水下穿越管段,不会受到动水的上举力与推力的作用,不计算抗移位,但应按式(5-2-53)进行抗漂浮核算。

$$W_1 \geq K_2 F_s \qquad (5-2-53)$$

式中　W_1——单位长度管段的总重力(包括管身结构自重、加重层重、设计洪水冲刷线至管顶的土重,不含管内介质重),N/m;

K_2——静水作用下管段稳定安全系数,大中型穿越工程取 1.2,小型穿越工程取 1.1;

F_s——单位长度管段静水浮力,N/m。

在竖向弹性敷设穿越管段时,W_1 应减去按式(5-2-49)至式(5-2-52)计算的弹性抗力。

5. 定向钻穿越

1)穿越曲线设计

(1)定向钻穿越深度应符合下列规定:

① 穿越河流等水域时,穿越管段管顶最小设计埋深不宜小于设计洪水冲刷线和规划疏浚线以下 6m;管顶距河床底部的最小距离不宜小于穿越管径的 10 倍。

② 穿越河流等水域时,穿越管段埋深应不受河道挖砂、船只抛锚等影响。

③ 工程建在水库泄洪影响范围内,管段埋深应不受泄洪时的局部冲刷及经常泄水的清水冲刷的影响。

④ 穿越山体时,应根据曲率半径选择在较为稳定的地层内。

(2)定向钻应尽量避免穿越岩性差异较大的交界面。

(3)定向钻穿越地层的选择应符合的规定。

① 定向钻宜穿越以下地层:硬质或较软黏土层、粉土层、粉细砂层、中砂层、较完整且天然单轴抗压强度小于 80MPa 的岩石层、大于 2mm 以上颗粒含量小于 30% 的砾砂层。

② 定向钻可穿越以下地层:流塑状黏土、松散状砂土、粗砂层、大于 2mm 以上颗粒含量为 30% ~50% 但胶结较好的砾砂层、天然单轴抗压强度大于 80MPa 的岩石层。

③ 定向钻不应长距离穿越以下地层:卵石层、破碎硬质岩石层、砾石层、大于 2mm 以上颗粒含量 30% ~50% 之间但胶结差的砾砂层。

(4)当穿越两岸仅有上述(3)条所述地层时,可采取套管隔离、地质改良、开挖换填等措施处理后进行穿越。

(5)定向钻穿越曲线应注意以下几点:

① 穿越深度应大于洪水冲刷线以下 6m,河道疏浚深度,避开已建穿越管道。在环境敏感地区,最小覆土厚度需经过验算,避免发生冒浆问题。

② 穿越入土角宜为 6° ~20°,出土角宜为 4° ~12°,与穿越管径大小有关,管径较大时取低值。特殊情况下,可适当调整入土角、出土角的大小。

③ 穿越管段曲率半径 R 不宜小于 1500D;且不应小于 1200D(D 为管道外径)。

④ 为便于穿越方向控制,入土端直线段长度和出土端直线段长度均不得小于 20m。

⑤ 采用定向钻或隧道(含顶管、盾构)穿越河流堤坝时定向钻出入土点距大堤坡脚宜

大于 50m。

（6）下列情况宜采用导向孔对穿工艺：

① 穿越长度大于 2000m 时。

② 出入土两端均设套管时。

（7）多管穿越应符合下列规定：

① 多根管道平行穿越时，并行间距不宜小于 10m。

② 多根管道同孔穿越时，钻孔轨迹按主管道穿越曲线参数确定。同孔穿越应避免管道在回拖过程中相互缠绕、刮擦和挤压，对于长距离、大管径的定向钻穿越，不宜多根管道同孔穿越。

2）穿越位置场地要求

（1）入土端场地应便于钻机设备进场。施工便道宽度应大于 4m，弯道的转弯半径应大于 18m。钻机场地一般不宜小于 20m 宽 × 50m 长，钻机至入土点距离不小于 8m。

（2）出土端场地应平坦开阔，应便于穿越管段组装焊接。出土端施工场地宽度与线路作业带同宽，长度一般为穿越管段长度 + 60m。若因场地限制预制管段不能直线布置，应能在出土点保持不少于 100m 的直管段，方可采取弹性敷设。

3）管道回拖

（1）管道回拖前，应完成以下事项：

① 连接前用泥浆冲洗钻杆，以确保钻杆内无异物。

② 连接后要进行试喷，确保水嘴畅通无阻。

③ 旋转接头内应注满油，旋转应良好。

④ 回拖前应对钻机、钻井泵等设备进行保养和小修。

（2）水平定向钻机回拖宜采取发送沟或发送道的方式。

① 采用发送沟的方式。

a. 在回拖前，应将穿越管段放入发送沟。发送沟应根据地形、出土角确定开挖深度和宽度。一般情况下，发送沟的下底宽度宜比穿越管径大 500mm。

b. 发送沟内应注水。一般情况下，管沟内最小注水深度宜超过穿越管径的 1/3。

c. 宜采取措施，使管道入土角与实际出土角一致。

② 采用发送道（托管架）的方式。

a. 根据穿越管段的长度和重量确定托管架的跨度和数目。

b. 托管架的高度设计须满足预制管段弯曲曲率的要求。

c. 托管架的强度必须计算，并校核其稳定性。

d. 在回拖期间宜连续回拖作业。

4）回拖力计算

回拖力计算采用式（5 - 2 - 54）：

$$F_{\mathrm{L}} = Lf \left| \frac{\pi D^2 \gamma_{\mathrm{m}}}{4} - \pi \delta D \gamma_{\mathrm{s}} - W_{\mathrm{f}} \right| + K \pi D L \qquad (5 - 2 - 54)$$

式中　F_{L}——计算的拉力，kN；

L——穿越管段长度,m;

f——摩擦系数,取 0.3;

D——管段外径,m;

γ_{m}——泥浆重度,可取 $10.5 \sim 12.0 \mathrm{kN/m^3}$,$\mathrm{kN/m^3}$;

γ_{s}——钢管重度,取 $78.5 \mathrm{kN/m^3}$,$\mathrm{kN/m^3}$;

δ——钢管壁厚,m;

W_{f}——回拖管道单位长度配重,kN/m;

K——黏滞系数,取 0.18kN/m,kN/m。

选择钻机时,要求钻机最大回拖力应不小于式(5-2-54)计算值的 1.5~3 倍。

5）回拖径向失稳核算

穿越管段在扩孔回托时,应按式(5-2-55)至式(5-2-59)核算空管在泥浆压力作用下的径向屈曲失稳。

$$F_{d}p_{yp} \geqslant p_{s} \qquad (5-2-55)$$

$$p_{yp}^{2} - \left[\frac{\sigma_{s}}{m} - (1+6mn)p_{cr}\right]p_{yp} + \frac{\sigma_{s}p_{cr}}{m} = 0 \qquad (5-2-56)$$

$$m = \frac{D_{s}}{2\delta} \qquad (5-2-57)$$

$$n = \frac{f_{0}}{2} \qquad (5-2-58)$$

$$p_{cr} = \frac{2E_{s}\left(\dfrac{\delta}{D_{s}}\right)^{3}}{1-\mu^{2}} \qquad (5-2-59)$$

式中　F_{d}——穿越管段设计系数;

p_{yp}——穿越管段所能承受的极限外压力,MPa;

p_{s}——泥浆压力,可按 1.5 倍泥浆静压力或回托时泥浆的实际动压力选取,MPa;

σ_{s}——钢管屈服强度,MPa;

p_{cr}——钢管弹性变形临界压力,MPa;

E_{s}——钢管弹性模量,取 $2.1 \times 10^{5} \mathrm{MPa}$,MPa;

δ——钢管壁厚,mm;

D_{s}——钢管外径,mm;

μ——泊松比,取 0.3;

f_{0}——钢管椭圆度,%。

6. 顶管隧道穿越

1）顶管隧道穿越工程分类

顶管隧道穿越工程应按表 5-2-24 分类。

表 5 – 2 – 24　顶管穿越工程分类表

工程分类	地质条件	
	黏土、粉质黏土、砂土、均一软岩（$R_c < 15$MPa）	卵砾石、碎石、15MPa ≤ R_c < 60MPa 的岩石
长顶管	$L \geqslant 600$m	$L \geqslant 400$m
中长顶管	600m > L > 200m	400m > L > 200m
短顶管	$L \leqslant 200$m	$L \leqslant 200$m

注：R_c—岩石的单轴饱和抗压强度，MPa；L—始发井中心与接收井中心之间的水平投影距离，m。

2）顶管隧道总体设计

（1）顶管隧道穿越选址应符合下列要求：

① 应避开岩溶发育地段和活动地震断裂带。

② 宜避开断层破碎带。

③ 竖井外边缘距河流堤坝的距离应符合相关部门的要求；距离一级和二级堤坝坡脚的水平距离不宜小于 60m，距离其他等级的堤坝坡脚水平距离不宜小于 30m。

④ 应有利于施工场地布置、排水、出渣和运输。

（2）顶管隧道工艺的选择，应根据穿越层位的岩土性质、顶管管径、地下水位、周边地上与地下建（构）筑物和其他因素经比较后确定。

（3）隧道内直径可根据管道直径与穿越长度综合确定，单管布置时，隧道内直径应大于管道外直径 1m，多管布置时，管道净间距不宜小于 0.5m。

（4）需要在隧道内组装管道时，隧道直径应符合管道焊接与组装要求。

（5）纵断面设计。

① 隧道的坡度根据顶管机的性能及排水要求确定，不宜小于 0.5%，宜从低端向高端掘进。

② 曲线顶进时曲率半径不应小于 1000 倍管道外径，并经计算确定。

③ 顶管进洞和出洞宜避开强透水层，当不能避开时，应作地质改良或采取止水措施。

④ 隧道纵断面设计宜避开下列地层：

a. 土体的地基承载力特征值 f_{ak} 小于 30kPa。

b. 岩石单轴饱和抗压强度 R_c 大于 60MPa。

c. 土层中卵砾石含量大于 30% 或粒径大于 200mm 的块石含量大于 5%。

d. 有溶洞的地层。

e. 有石英岩脉和球状风化体的地层。

f. 软硬变化明显的交界面。

（6）隧道覆盖层厚度应满足以下要求：

① 隧道上部所需覆土层的最小厚度，应根据工程地质、水文地质条件和设备类型因素确定，最小埋深大于 2 倍隧道外径，且大于设计洪水冲刷线下 1.5 倍隧道外径，并符合隧道抗浮要求。

② 隧道在河堤等构筑物下的埋置深度，应经计算确定并应符合构筑物的沉降要求。

（7）顶管间距：

① 互相平行的隧道净距应根据土层性质、隧道直径和埋置深度等因素确定,不宜小于1倍的隧道外径。

② 隧道底与建（构）筑物基础底面同一标高时,两者净距不宜小于2倍隧道外径并不应小于4m。

③ 隧道底低于建（构）筑基础底标高时,隧道与建（构）筑基础的间距除应符合②条要求外,尚应根据基底土体稳定计算确定。

3）顶管关键设备参数

（1）顶管机掘进不设中继站时的总顶力（F_0）可按式（5-2-60）估算:

$$F_0 = \pi D_1 L f_k + N_F \tag{5-2-60}$$

式中　D_1——隧道外径,m;

　　　L——隧道设计长度,m;

　　　f_k——触变泥浆减阻管壁与岩土的平均摩阻力,可按表5-2-25选用,kN/m²;

　　　N_F——顶管机的迎面阻力。

表5-2-25　触变泥浆减阻管壁与土的平均摩阻力　　　　　　　单位:kN/m²

土的种类		软黏土	粉性土	粉细土	中粗砂	卵砾石	硬黏土	岩石
触变泥浆	混凝土管	3~5	3~8	11~16	11~16	11~18	6~8	8~10
	钢管	3~4	4~7	10~13	10~13	10~14	4~6	6~8

（2）顶管机迎面阻力可按表5-2-26估算,并应通过现场顶进确定。

表5-2-26　顶管机迎面阻力计算公式

顶管机端面	常用机型	迎面阻力 N_F,kN	顶管机端面	常用机型	迎面阻力 N_F,kN
网格加气压	气压平衡式	$N_F = \dfrac{\pi}{4}D_g^2(\alpha R + p_n)$	大刀盘切割	土压平衡式 泥水平衡式	$N_F = \dfrac{\pi}{4}D_g^2 r_s H_s$

注:D_g—顶管机外径,m;α—网格系数,可取0.6~1.0;p_n—气压,kN/m²;r_s—土的容重,kN/m³;H_s—覆盖层厚度,m;R—挤压阻力（kN/m²）,土层可取$R=300~500$kN/m²;岩石可取$R=1000~1500$kN/m²。

（3）顶管机最大扭矩按式（5-2-61）估算:

$$T = \alpha D_g^3 \tag{5-2-61}$$

式中　D_g——顶管机的外直径,m;

　　　α——刀盘扭矩系数,泥水平衡顶管机不宜小于15kN/m²,土压平衡顶管机不宜小于20kN/m²,kN/m²。

4）中继站设置

（1）顶进长度大于100m的隧道,宜加设中继站。

（2）中继站的设置应符合下列要求:

① 应根据估算分段总顶力、管材允许顶力、工作井允许顶力和主顶千斤顶的顶力四者比较确定，应取最小值作为中继站控制顶力；

② 第一道中继站离顶管机机头的距离不宜大于30m；

③ 中继站顶力裕量，不宜小于40%。

④ 中继站结构应符合顶进的刚度要求和密封要求。

（3）中继站的数量可按式（5-2-62）估算：

$$n = \frac{\pi D_1 f_k (L + 50)}{0.7 f_0} - 1 \qquad (5 - 2 - 62)$$

式中　n——中继站数量；

D_1——隧道外直径，m；

f_k——管道外壁与土的平均摩阻力，kN/m^2；

L——顶管设计长度，m；

f_0——中继站允许设计顶力，kN。

（4）中继站拆除后应将间体复原成隧道，原中继站处的管强度和防腐性能应符合隧道原设计功能要求。

（5）长距离顶管的中继站应采取措施联动控制。

5）常用混凝土顶进套管参数

混凝土套管常用参数见表5-2-27。钢套管的最小壁厚不应小于表5-2-28的要求，且应考虑腐蚀的影响。

表5-2-27　混凝土套管常用参数

公称内径 D, mm	管壁厚 δ, mm	管节长 L, mm	公称内径 D, mm	管壁厚 δ, mm	管节长 L, mm
1350	135	2000	2000	200	2000
1500	150	2000	2200	220	2000
1650	165	2000	2400	230	2000
1800	180	2000			

表5-2-28　穿越铁路（公路）用钢套管最小壁厚

管子公称直径 DN, mm	最小壁厚 δ, mm	管子公称直径 DN, mm	最小壁厚 δ, mm	管子公称直径 DN, mm	最小壁厚 δ, mm	管子公称直径 DN, mm	最小壁厚 δ, mm
≤400	5.6	700	9.5	1000	13.5	1300	17.5
450	6.4	750	10.3	1050	14.3	1350	18.3
500	7.1	800	11.1	1100	15.1	1400	19.1
550	7.1	850	11.9	1150	15.1	1450	19.1
600	7.9	900	11.9	1200	15.9	1500	19.8
650	8.7	950	12.7	1250	15.9		

7. 隧道穿越

1）隧道平面线形

水下隧道的平面线形原则上采用直线,避免曲线。

2）隧道纵断线形(隧道的纵坡)

水下隧道考虑到其所在区段地形,一般设计其纵断线形为两类,即山区河流穿越水下隧道和平原河流穿越水下隧道,其纵断线形如图5-2-9和图5-2-10所示。

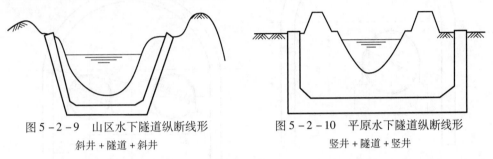

图5-2-9　山区水下隧道纵断线形
斜井+隧道+斜井

图5-2-10　平原水下隧道纵断线形
竖井+隧道+竖井

斜井是在隧道侧面上方开挖的与之相连的倾斜坑道,当隧道洞身一侧有较开阔的山谷且覆盖层不太厚时可考虑设置斜井。竖井是在隧道上方开挖的与隧道相连的竖向坑道。

水下隧道斜井坡度不宜超过30°,而中间隧道自然排水坡度为0.5%,可以单坡向一端排水,也可采用"人"字坡向两端排水,排水端设集水坑。

3）隧道净空断面

隧道净空断面应满足管道安装、焊接、排水和维护等空间要求,而且要考虑隧道断面应具备形状合理、施工方便等特点。管道隧道断面(直墙高度较小时)宜采用直墙半圆拱形或直墙圆弧拱形。

隧道横断面净宽度应按式(5-2-63)和式(5-2-64)确定,计算示意图如图5-2-11和图5-2-12所示。

单根管道

$$S = R_1 + L_1 + L_2 + L_3 + L_4 \qquad (5-2-63)$$

两根管道

$$S = R_1 + R_2 + L_1 + L_2 + L_3 \qquad (5-2-64)$$

式中　S——隧道横断面净宽度,mm;

　　　R_1——第一根管道外径+防腐层厚度+管卡厚度,mm;

　　　R_2——第二根管道外径+防腐层厚度+管卡厚度,mm;

　　　L_1——焊接有效空间,管道直径≤660mm的取400mm,管道直径>660mm的取500mm,mm;

　　　L_2——单根管道支墩外边沿超出管道外径的外伸长度,管道直径≤660mm的取150mm,管道直径>600mm的取200mm,mm;

L_3——人行通道宽度，取 $700 \sim 900mm$，mm；

L_4——排水沟宽度，取 $200 \sim 300mm$，mm。

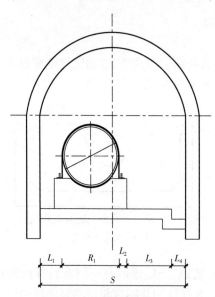 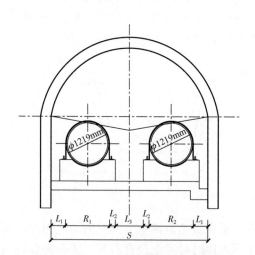

图 5 - 2 - 11　单根管道隧道—横断面　　　图 5 - 2 - 12　2 根管道隧道—横断面
净宽度计算示意图　　　　　　　　　净宽度计算示意图

四、管道跨越

1. 跨越工程的等级划分与设防标准

输油管道跨越工程应按 GB/T 50459《油气输送管道跨越工程设计标准》划分等级。

输油管道跨越工程的设计洪水频率（重现周期）应根据不同的工程等级并结合当地的水文资料，按 GB/T 50459《油气输送管道跨越工程设计标准》确定对应于设计洪水频率的设计洪水位。

2. 跨越位置的选择

跨越位置的选择应根据河流形态、岸坡及河床的水文、地形、地质条件，并结合水利、航运、交通、规划、环保和文物等部门意见进行综合分析和技术经济比较后确定。

（1）通航河流上的跨越位置的选择，除应满足 GB/T 50459《油气输送管道跨越工程设计标准》的有关要求外，还应远离险滩、弯道、汇水口、地锚或港口作业区，并应满足航运主管部门的要求。

（2）当管桥位于上游时，管桥与现有港口、码头、水下建筑物及引水建筑物之间的距离不得小于 300m；当管桥位于下游时，管桥与现有港口、码头、水下建筑物及引水建筑物之间的距离不得小于 100m。

（3）跨越管道与桥梁之间的最小距离应符合 GB/T 50459《油气输送管道跨越工程设计标准》的相关规定。

（4）管道在通航河流上跨越时,管道架空结构的最下缘净空高度应符合现行国家标准 GB 50139《内河通航标准》的有关规定,当地有特殊要求时,可协商确定。

（5）管道在无通航、无流筏的河流上跨越时,管道架空结构的最下缘,大型跨越工程应高于设计洪水位 3m,中、小型跨越工程应高于设计洪水位 2m;当没有准确的水文资料时,应适当加大架空高度;当河流上有漂流或其他水上娱乐项目规划时,还应满足相关部门对净空的要求。

（6）管道跨越铁路或道路时,架空结构的最下缘净空高度应符合 GB/T 50459《油气输送管道跨越工程设计标准》的相关规定。

3. 设计基础资料的收集

跨越工程的设计资料涉及很多方面,按资料来源可分为向有关部门收集和野外勘测两项,其中,小型跨越工程所需的基础资料可适当简化。

1）应向有关部门了解和收集的资料

（1）管道的管径、壁厚、输送压力、输送介质、输送温度、管道材质、机械性能（钢材品种、牌号、化学成分、屈服强度、极限强度、延伸率、冲击韧性等）及其焊接方法。

（2）收集可能跨越点附近的（1∶10000~1∶50000）地形图。根据线路总走向在图上初拟一个或几个桥位方案,了解跨越地段附近各部门设置的水准基点的位置和标高及其所依据的水准基面。

（3）收集跨越河段附近水文站的各种实测水文资料,包括历年的最高洪水位和相应的流量、流速、水面比降、河床糙率以及它们的关系曲线,实测的历年水文断面变化情况,历年汛期月最大含沙量的平均值、河床土壤平均粒径、冰情（如有无流冰、流冰尺寸、流冰时的水位等）以及河道变迁历史等。

（4）根据跨越工程等级,向有关水文站收集相应的设计洪水流量、流速、水位含沙量等。若无水文站,应进行河道形态调查。

（5）向有关水利部门收集本河段的水利规划资料和已建成的水工建（构）筑物结构类型、标准和使用情况。例如水库的蓄水能力,水库正常高水位与防洪水位,设计洪水频率时水库下泄流量及下游的水位,闸坝上、下游沟槽冲淤情况等。

（6）跨越河段附近如有公路或铁路桥梁时,应向有关养护和设计部门了解工程设计标准、设计流量和水位、地质、结构类型、孔径大小、基础埋深及其使用情况等。

（7）了解跨越河段有无其他管道和电力通信电缆以及它们的位置和埋深。

（8）收集工程所在地区的平均最高气温和最低气温、高温月份和低温月份及相应的极端最高温度和极端最低温度、平均风速、最大风速及主导风向、当地最大土壤冻结深度。

（9）收集本地区的区域地质资料,概略了解河流或河段的工程地质条件和不良地质现象以及所处地区的地震烈度,有无活动断裂带及其性质。

（10）向航运部门收集通航等级和航道疏浚计划等资料。

（11）向水文或航运部门收集河流有无漂流物及漂流物尺寸类型、多发时的水位等资料。

（12）向规划部门了解河道附近的土地规划情况。

（13）向水利部门了解跨越基础距离河堤的距离要求,如果跨越水库区,应了解所在位置有无库岸再造、有无冲刷清淤要求、有无冰盖形成的可能、防洪调度水位等。

2）现场实测资料

（1）测量方面。

① 控制测量。平面及高程控制测量应符合现行国家标准 GB/T 50539《油气输送管道工程测量规范》的相关规定。

② 跨越地段地形图。管桥的平面布置、管桥与埋地管道的连接及其附属工程的设置等，都要参照跨越地址地形图来选定和布置。另外，跨越地址地形图也是选定施工方法、布置施工场地和截取各种断面、估算施工工程量等不可缺少的依据。

地形图的测绘范围，应满足工程布置和施工场地的要求，一般在管桥轴线上游为 150～200m，下游为 100m 左右。顺桥轴方向至少为历史最高洪水位以上 2m 或最高洪水泛滥线外 50m。如采用悬吊管桥，应测至预设锚固墩外 10m，图纸上地形地物应标注清楚、准确，各控制点位应有明显的标志，注明其坐标及标高。调查的洪水痕迹点位应编序号，和实测的标高数值一起注于图上。

测图比例尺为 1∶200～1∶1000；等高距为 0.25～1.00m。

③ 沿管桥轴线的纵断面图。用作管桥的纵向布置，应较准确地将河床河岸的形态变化反映出来。

测图范围：应能表示出历史最高洪水位以上 2m 范围内的地形变化。在两岸岸坡较陡的地区应测至洪水位以外 50m，或锚固墩外 10m。

测图比例为 1∶200～1∶1000（纵横比例相同）。

④ 桥位控制测量。桥位控制测量的成果是管桥设计和施工管理的依据，桥轴线的平面控制桩每岸不得少于两个，并需敷设护桩及做好桩位固定工作；水准基点每岸至少一个，应设在桥址附近，并保证安全、稳固、便于测试。其测量精度为 $\pm 20\sqrt{L}$（mm）（L 为从引测的水准基点到测设的水准点间的距离，km）。

（2）河道形态调查。

在跨越河段附近无水文站或距水文站较远时，为了了解历年河段的冲淤变化，需进行河道形态调查。调查的内容有：

① 水文特征调查。包括历史最高洪水位（同一次洪水应不少于三个洪痕点）和相应的洪水水面比降、洪痕处的河床横断面、河段内的水流情况以及河床土壤类别和植物生长情况。横断面测量应测至历史最高洪水水位线以外 50m，山区应测至历史最高洪水位以上 2～5m。

② 河段的冲淤变化。通过向老船工、老渔民、沿河老居民调查和查阅历史文献，了解河床的历年侧向侵蚀和纵向冲刷程度以及河道的平面变迁（如截弯取直和决堤改道等）。

③ 了解对洪水流量和河道形态有影响的人类活动和自然因素。

（3）地质方面。

应向设计方提供如下资料：

① 工程地质报告。初步设计阶段，应对地形地貌特征、地质构造、新构造运动、地层的岩性、河床和岸坡的稳定性、不良地质现象分布范围和对跨越工程的影响，对地震基本烈度、有无活动断裂带等进行概括的阐述和评价；对跨越地址的选择提出意见。施工图阶段，其内容包括

对桥位区内主要的地形、地貌、地层岩性、地质构造、地下水特性和不良地质现象的类别、规模、分布情况和特征的阐述。对桥位地基与边坡的稳定性、基础的适宜性、河水和地下水对混凝土的侵蚀性作出评价,提供岩土的物理力学特性及平均粒径,提供地基的承载力数据;对于桩基提出桩侧摩阻力和桩端阻力;对桥墩的基础类型和埋置深度、不良地质与特殊土的防治措施提出设计和施工中应注意的问题和建议。

② 综合工程地质图:比例尺为 1∶500~1∶5000。

③ 桥位工程地质断面图:比例尺为 1∶1000(纵、横相同)。

④ 钻孔地质桩柱状图:比例尺为 1∶50~1∶100。

4. 跨越防洪评价响应

大、中型跨越工程应进行防洪影响评价分析,评价报告内容应能满足《中华人民共和国防洪法》、《中华人民共和国水法》、《河道管理范围内建设项目管理的有关规定》(水政〔1992〕7号)以及《河道管理范围内建设项目防洪评价报告编制导则》(办建管〔2004〕109号)审查内容的要求。设计应满足评价报告的要求。

5. 常用跨越结构形式的特性及其适用条件

1)梁式直跨管桥

梁式直跨管桥是最简单的跨越形式,它的主要上部结构由支座和以管道作为梁体的两部分组成。梁式直跨管桥按其结构可分为无补偿式和带悬臂补偿的两种形式。其主要特点是利用管道本身作为梁体构件,将管子直接安放在支墩或支架上,组成为简单的梁式结构。

梁式跨越适合于河面宽度较小的河流、渠道和溪沟等。当河流宽度在管道的允许跨度范围内时,应优先采用直管跨越;当河流宽度较大时,可采用带补偿的多跨连续梁结构。

2)轻型托架式管桥

托架式管桥充分利用了管道截面刚度大的特点,以管道作为托架结构受压弯的上弦,用受拉性能良好的高强度钢丝绳作为托架的下弦,再以几组组装成三角形的钢托架作中间联结构件,构成空间组合梁体系,用以增大管道的跨距。

3)桁架式管桥

桁架结构主要采用两片桁架斜交组成断面为正三角形的空间体系,下弦两端采用滑动支座,因此结构的整体刚度大,稳定性好,但用钢量较大。

4)拱式管桥

拱式管桥有单管拱和组合拱两大类,适合于跨度中等的跨越。拱式管桥是将管道本身做成圆弧形或抛物线形拱,将两端放于受推力的基座上,这时管子从梁式跨越的受弯变成拱形的受压,因而使管材能得到较充分的利用,从而有效地增大了管路跨越能力。跨度不大的拱式管桥可不必建复杂的支座,在这种情况下,需精确计算出土点管道的位移。管拱可以采用单管也可采用组合拱构成一平面桁架,以增加刚度,满足更大的跨度和抵抗风力的要求。

5)悬索管桥

悬索管桥是将作为主要承载结构的主缆索挂于塔架上,呈悬链线形,通过塔架顶在两岸锚固。管道用不等长的吊索(吊杆)挂于主缆索上,使管道基本水平。管道的重量由主缆索支撑,并通过它传给塔架和基础。这时管道变成了跨度较小的连续梁,受力简单。但由于悬索管桥在水平方向刚度较小,当跨度较大时,需考虑设置抗风索减振器等,以减小或防止管桥在风力作用下发生振动。悬索管桥适合于大口径管道跨越大型或特大型河流、深谷。

6)悬缆管桥

悬缆管桥的主要特点是管道与主缆索都呈抛物线形,采用等长的吊杆(吊索),使管道与缆索平行。通常选用较小矢高以增大缆索的水平拉力。同时也相应地提高了悬缆管桥结构的自振频率,因此,在结构上可以取消复杂的抗风索,而设置较为简单的防振索等消振装置即可。悬缆管桥能够充分利用管道本身强度,使管道承受拉力和弯曲等综合应力,结构较前两种悬吊管桥简单,施工方便,适合于中、小口径的大型跨越工程。

7)斜拉索管桥

斜拉索管桥的拉索为弹性几何体系,因而刚度大,平面外抗风振性能好,自重小,结构轻巧,外形美观简洁。为防止钢管承压失稳,采用补偿变形办法使钢管受拉。斜拉索管桥适用于各种管径的大型跨越工程。

6. 管桥设计计算

1)荷载内容及组合

(1)作用在跨越工程上部结构上的荷载。

① 永久荷载(恒载),包括输送管道、钢丝绳、结构构件、栏杆及走道板、保温层、输送介质及管内凝集液等自重。

② 可变荷载,包括检修荷载、冰雪荷载、裹冰荷载、风荷载、充水荷载、温度效应等。

③ 介质压力。

④ 偶然荷载,包括地震作用、船只或漂流物的撞击力。

(2)作用在跨越工程下部结构上的荷载。

① 永久荷载(恒载):上部结构传给下部结构的作用力(恒载部分)、下部结构自重、竖向和横向土压力、静水压力、支座摩阻力。

② 可变荷载(活载):冰压力、风荷载、水浮力、动水荷载、上部结构可变荷载传给下部结构的作用力。

③ 偶然荷载:作用于下部结构的地震荷载、船只或漂流物的撞击力、地基沉降引起的附加荷载。

(3)荷载计算。

① 管子自重计算:

$$q_\text{g} = \frac{\pi}{4}(D^2 - d^2)\gamma_\text{g} \qquad (5-2-65)$$

式中　D——管子外径,m;

　　　d——管子内径,m;

　　　γ_g——钢材容重,10^6N/m^2;

　　　q_g——单位长度管子的重力,10^6N/m。

② 管内油品的重力计算:

$$q_y = \frac{\pi}{4} d^2 \gamma_y \qquad (5-2-66)$$

式中　γ_y——油品容重,$10^6 N/m^3$;

　　　q_y——单位长度管内油品的重力,$10^6 N/m$。

③ 防腐绝缘层、管子附件、栏杆等的重力:应根据实际情况采用;当没有特殊的防腐绝缘层和管件时,一般采用 $0.2 \sim 0.3 kN/m$。

④ 行人和一般情况检修荷载:根据 GB/T 50459《油气输送管道跨越工程设计标准》采用;当设检修通道时,均布荷载分布范围为 $20 \sim 30m$,取吊索或斜拉索间距的整数倍。

⑤ 雪载、冰载和风载:根据 GB 50009《建筑结构荷载规范》的要求计算。

⑥ 流水冲击荷载、漂浮物撞击荷载、地震荷载和冰凌压力:根据 GB/T 50459《油气输送管道跨越工程设计标准》的要求计算。

荷载作用分项系数应根据现行国家标准及 GB 50068《建筑结构可靠性统一设计标准》取用,当作用效应对承载力不利时,永久作用分项系数 $\gamma_G = 1.3$,可变作用分项系数 $\gamma_Q = 1.5$。

(4) 荷载组合。

跨越结构工程设计应按承载能力极限状态和正常使用极限状态进行效用组合,并取最不利效应组合进行设计。

当缆索和油气输送管道采用容许应力法设计时,应根据缆索和油气输送管道上可能发生的工作状况,按主要组合、附加组合、特殊组合进行运营、施工各阶段不同设计工况的作用组合,并按 GB/T 50459《油气输送管道跨越工程设计标准》取最不利工况组合进行设计。

① 上部结构荷载组合。

a. 主要组合。结构物及附件自重、输送介质重、输送介质的设计压力、温度应力以及静止流体由于受热膨胀而增加的压力、风荷载、冰雪荷载及人群荷载。

b. 附加组合。

检修阶段:结构物及附件自重、检修活载、输送介质重及输送介质的设计压力、温度变化荷载,风荷载需根据具体情况进行组合;

试水阶段:结构物及附件自重、温度变化荷载、试压荷载。

c. 特殊组合。结构物及附件自重、输送介质重及设计压力、温度变化荷载加地震荷载或由于船只撞击引起的附加荷载。

② 下部结构荷载组合。

a. 主要组合。上部结构主要组合传下来的荷载、下部结构自重、土重及土压力、水浮力、流水压力。

b. 附加组合。

附加组合 I:上部结构附加组合传下来的力、下部结构自重、土重及土压力、水浮力、流水压力及施工临时荷载(清管荷载与充水试压荷载不同时考虑);

附加组合 II:上部结构主要组合传下来的荷载、下部结构自重、土重及土压力、支座摩阻力、风荷载、水浮力、流水压力（与冰压力不同时考虑）、冰压力、船只或漂流物撞击力（与冰压力不同时考虑）。

c. 特殊组合。上部结构特殊组合传下来的荷载、下部结构自重、土重及土压力、水浮力、流水压力加上地震荷载或由于船只撞击引起的附加荷载。

2）许用应力的确定

（1）钢管的许用应力（MPa）：

$$[\sigma] = \eta F \sigma_s \qquad (5-2-67)$$

式中　η——钢管的许用拉应力提高系数，主要组合取 1.0，附加组合取 1.4，特殊组合取 1.5；

　　　　F——跨越管道强度设计系数；

　　　　σ_s——钢管的屈服强度，MPa。

跨越管道强度设计系数取值：甲类大型工程统一取 0.4；中型输气管道一级、二级和三级地区取 0.45，四级地区取 0.4，中型输油管道取 0.5；小型输气管道程一级、二级和三级地区取 0.5，四级地区取 0.4，小型输油管道取 0.55。乙类大型工程除四级地区输气管道取 0.4 外，统一取 0.5；中型输气管道一级和二级地区取 0.55，三级地区取 0.5，四级地区取 0.4，中型输油管道取 0.6；小型输气管道一级和二级地区取 0.6，三级地区取 0.5，四级地区取 0.4，小型输油管道取 0.65。

（2）缆索的许用拉力（kN）：

$$[P] = \eta F P_b \qquad (5-2-68)$$

式中　η——缆索的许用拉力提高系数；

　　　　F——缆索强度设计系数，采用 0.40～0.45。

　　　　P_b——缆索的公称破断拉力，kN。

缆索的许用拉力提高系数取值：对于钢丝绳缆索，主要组合取 1.0，附加组合取 1.1，特殊组合取 1.15；对于高强钢丝缆索，主要组合取 1.0，附加组合取 1.25，特殊组合取 1.3。

（3）其他材料的设计指标参见 GB/T 50459《油气输送管道跨越工程设计标准》。

3）应力验算内容

跨越结构上部结构计算通常按 4 种工况进行核算：

（1）正常运行情况；

（2）工程检修情况；

（3）试水投运情况；

（4）地震作用情况。

对于上述工况分别进行强度及稳定性验算，即管道及缆索的应力不大于其许用应力，参见式（5-2-67）及式（5-2-68）。当采用的跨越形式使管道作为跨越体系杆件的一部分时，应力将会增高，此时应采用当量应力进行核算。

由于计算程序的普遍使用，应力及稳定验算的烦琐程度已大大简化。

结构计算内力分析可以应用 SAP2000 和 ANSYS 等有限元程序。

7. 梁式直跨管桥

梁式直跨管桥就是采用钢管本身作为承重梁的单跨或多跨连续梁的跨越结构形式,一般可分为无补偿梁式和带悬臂补偿梁式两种。

1) 无补偿梁式跨越

这种跨越结构如图 5 – 2 – 13 所示,一般为单跨或多跨,利用管子本身的强度来承受温度变形与应力,中间支座一般采用混凝土灌注桩;端支座可根据土质情况,当土质条件好时也可以不设。

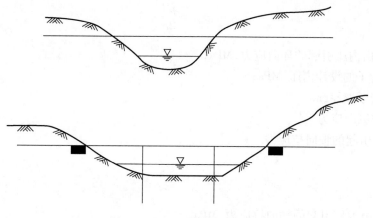

图 5 – 2 – 13　无补偿梁式跨越

（1）管道的最大允许跨度计算。

管道的跨度不仅与管材的强度有关,而且还取决于管子的截面刚度和外荷载等因素。

通常管道的跨越可按强度和刚度两个条件确定,根据强度条件确定的计算公式为:

$$L = \sqrt{\frac{[\sigma_w]W\varphi}{q}} \qquad (5 - 2 - 69)$$

$$q = q_z + q_w + q_y \qquad (5 - 2 - 70)$$

式中　L——管道的最大允许跨度,m;

$\quad\quad [\sigma_w]$——允许外荷载弯曲应力(为允许轴向应力扣去温度应力并按升温或降温计入内压所产生的轴向应力的影响),MPa;

$\quad\quad W$——管子的截面系数,m^3;

$\quad\quad \varphi$——弯矩系数;

$\quad\quad q$——作用在管道上的垂直荷载,$10^6 N/m$;

$\quad\quad q_z$——管子自重,$10^6 N/m$;

$\quad\quad q_w$——管子的保温层重,$10^6 N/m$;

$\quad\quad q_y$——管道内输送的液体重,$10^6 N/m$。

其他符号意义同前。

（2）管道强度计算。

管道的强度核算，需根据不同的荷载工况及相应的荷载组合进行。其计算应力不得大于乘以不同相应提高系数后的许用应力。例如：输油运行阶段，应采用主要荷载组合计算许用应力乘以 1.0 的提高系数。施工安装阶段，应采用附加荷载组合进行核算，许用应力乘以 1.4 的提高系数；抗震设计阶段，应采用特殊荷载组合，许用应力乘以 1.5 的提高系数。

主要计算内容如下：

① 由内压引起的环向应力。

$$\sigma_{h} = \frac{pd}{2\delta} \qquad (5-2-71)$$

式中　σ_{h}——由内压引起的环向应力，MPa；

　　　p——管子的设计内压，MPa；

　　　δ——管子壁厚，m。

② 管道的纵向应力。

a. 由内压引起的轴向拉应力。

$$\sigma_{p} = \frac{\sigma_{h}}{2} \qquad (5-2-72)$$

式中　σ_{p}——由内压引起的轴向拉应力，MPa。

b. 由垂直荷载引起的弯曲应力。

$$\sigma_{q} = \frac{M_{max}}{W} \qquad (5-2-73)$$

式中　σ_{q}——由垂直载荷引起的弯曲应力，MPa；

　　　M_{max}——由垂直荷载产生的最大弯矩，$10^{6}\mathrm{N \cdot m}$；

　　　W——管子截面系数，m^{3}。

c. 管道的运行温度与安装温度之差产生的轴向应力。

$$\sigma_{t} = \alpha E \Delta t \qquad (5-2-74)$$

式中　σ_{t}——管道运行温度与安装温度之差产生的轴向应力，MPa；

　　　α——管材的线膨胀系数，取 $1.2 \times 10^{-5}\mathrm{m/(m \cdot ℃)}$，$\mathrm{m/(m \cdot ℃)}$；

　　　E——钢管的弹性模量，MPa；

　　　Δt——安装温度与运行温度之差，℃。

③ 管道的折算应力应满足下列条件：

$$\sigma = \sqrt{\sigma_{h}^{2} + \sigma_{a}^{2} + \sigma_{h}\sigma_{a}} \leqslant 1.1[\sigma] \qquad (5-2-75)$$

式中　σ——管道的折算应力，MPa；

　　　σ_{a}——管道的轴向应力（拉应力为正，压应力为负），$\sigma_{a} = \sigma_{p} + \sigma_{q} + \sigma_{t}$，MPa；

2）带悬臂补偿的梁式跨越

无补偿式梁式跨越，当温差较大时，温度应力在强度计算中占有很大比重。为了充分利用管子作为承载构件，减少梁式跨越的中间支座，可以采用带悬臂补偿的梁式跨越，如图 5 - 2 - 14 所示。

补偿器可以设计成 Ⅱ 形，如图 5 - 2 - 14（a）（c）所示，也可设计成 Γ 形，如图 5 - 2 - 14（b）所示。补偿器放置在水平位置或和垂直面的夹角大于 35° 的位置，这样可按不承受垂直荷载计算。

安装 Ⅱ 形补偿器的多跨系统，中间需要有固定支座，如果中间还有补偿器，则需在各补偿器之间布置固定支座。

单跨双悬臂跨越的悬臂端跨长可由均布荷载作用下跨中和支座上梁的力矩相等的条件求得。这时，悬臂长度为 $a = 0.354L$。多跨悬臂系统悬臂长度为 $a = 0.408L$，L 为支座间距。当悬臂上除了均布荷载外，尚有补偿器臂长在两端作用的集中力时，悬臂长度需按式（5 - 2 - 76）和式（5 - 2 - 77）计算：

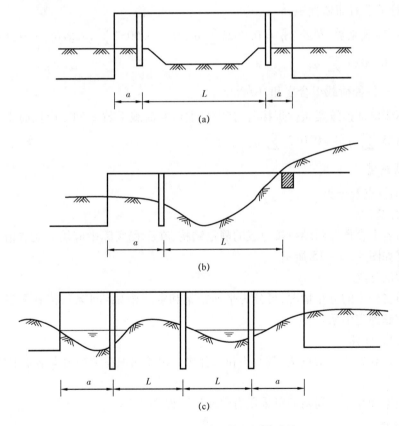

图 5 - 2 - 14 带悬臂补偿的梁式跨越

单跨双悬臂系统

$$a = \sqrt{0.25L_k^2 + 0.125L^2} - 0.5L_k \qquad (5 - 2 - 76)$$

多跨双悬臂系统：

$$a = \sqrt{0.25L_k^2 + 0.162L^2} - 0.5L_k \tag{5-2-77}$$

式中　L_k——补偿器臂长,m;

　　　L——跨距,m。

最大允许跨度和挠度可按式(5-2-78)和式(5-2-79)计算：

$$L = \sqrt{\frac{W[\sigma] - 0.5\sigma_h}{\eta}} \tag{5-2-78}$$

$$f = \frac{\beta L^4}{EJ} \tag{5-2-79}$$

式中　L——最大允许跨度,m;

　　　f——最大允许挠度,m;

　　　J——管子的截面惯性矩,m⁴;

　　　η,β——荷载系数,单跨:$\eta = 0.0625\sum q$, $\beta = 0.0052\sum q$,多跨:$\eta = 0.08\sum q$,$\beta = 0.0026\sum q$;

　　　$\sum q$——各种荷载组合之和,10^6N/m。

当安装不能保证连续梁条件焊接时,其中自重项的荷载系数 η 和 β 应按简支梁的荷载考虑,即:$\eta = 0.125\sum q$,$\beta = 0.013\sum q$。

8. 桁架式跨越

1) 桁架的特点及分类

（1）桁架的特点。

桁架是由若干直杆在两端铰接组成的静定结构,在工程实际中应用广泛。桁架跨越的主要形式及布置如图 5-2-15 所示。

（2）桁架的分类。

桁架按所受外力的分布情况,可分为平面桁架和空间桁架(网架);按有无多余约束可分为静定桁架和超静定桁架。

2) 桁架内力计算

静定桁架计算方法有结点法、截面法和联合法。相关知识在结构力学书籍中多有叙述,本书不再赘述。

超静定桁架和复杂空间桁架可采用有限元计算程序计算。

9. 悬索管桥

1) 结构构造与设计

悬索管桥结构主要由塔架、悬索、塔基和锚固系统及梁式管道几部分组成(图 5-2-16)。塔架、塔基及锚固系统对整个管桥系统起着固定及支持作用;悬索通过吊索直接承受跨越管段

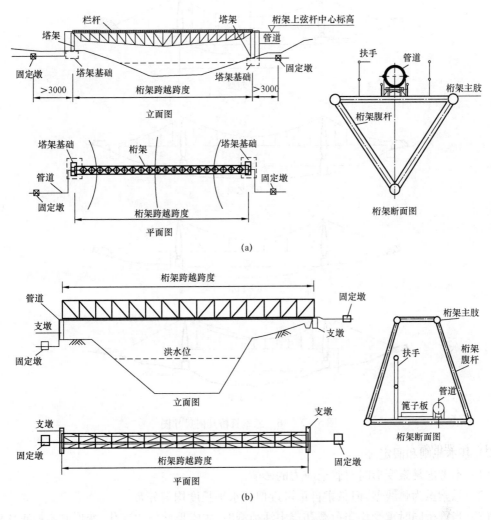

图 5 - 2 - 15　桁架跨越形式

的重力,再集中传递给两端的塔架和锚固构件;而管道则按合理的跨度以连续梁的形式用吊索悬挂在主悬索上,并通过它将荷载传给塔架和基础。

塔架可以是金属结构,也可以是钢筋混凝土结构,视地基承载能力,它可以设计成与基础固结的,也可设计为与基础铰接的。承载缆索自由地悬挂在桥架之间,数量可以是一根或多根。若悬索桥要供巡检人员行走,则需设人行扶手,按需要设铺板。

管道依靠垂直悬吊的吊索悬挂在缆索上,钢丝绳上端利用索夹固结在缆索上,下端接有一个按管子形状制成的管道托架,夹住且支撑管道。

由于悬索管桥水平方向刚度小、跨度大,在风力作用下容易发生涡激振动,可能使管桥破坏。为了承受风荷载并保证空气动力稳定,改善悬索管桥结构,常需设置抗风索或抗风桁架,其形式如图 5 - 2 - 17 所示。

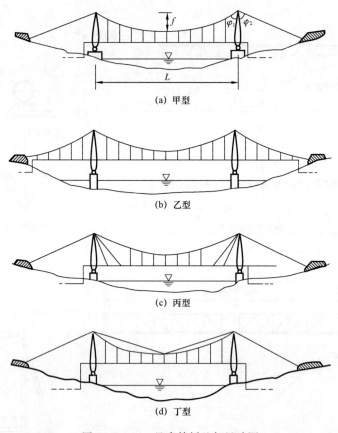

(a) 甲型

(b) 乙型

(c) 丙型

(d) 丁型

图 5 – 2 – 16　悬索管桥几何尺寸图

2）基本原则和假定

（1）不考虑悬索变形时对管道应力的影响。

（2）悬索虽为弧线型，但悬索自重可近似按水平长度均匀分布。

（3）当管桥同时承受均布荷载和集中活荷载时，主索形状发生变化，变形并不按正比例改变，所以不能像其他结构一样用叠加原理来计算。

（4）假如塔架下端是固结的，在塔顶支承主索处要做成滚动的；假如塔架下端为铰接使塔架能顺管桥方向前后摆动，则可将塔顶主索以索鞍固定。

3）几何尺寸拟定

悬索管桥的基本尺寸如净空高度和跨度，需根据跨越位置的地形条件与河流通航的等级等因素确定。

矢跨比 f/L 可取 $1/15 \sim 1/10$，其中，f 为矢高，m；L 为跨度，m。

4）悬索管桥的受力分析

以下计算公式都是基于悬索两端支点处于同一高程推导的。

（1）在均布荷载作用下悬索的曲线方程。

在均布荷载作用下悬索的曲线方程为：

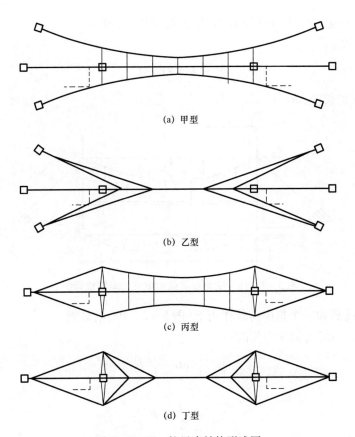

(a) 甲型

(b) 乙型

(c) 丙型

(d) 丁型

图 5 - 2 - 17　抗风索结构形式图

$$y = 4fx(L - x)/L^2 \qquad (5 - 2 - 80)$$

（2）在均布荷载作用下的单跨悬索管桥。

① 垂直反力：

$$V_A = V_B = qL/2 \qquad (5 - 2 - 81)$$

式中　V_A, V_B——悬索支点处的垂直反力，10^6N；

　　　q——均布荷载，10^6N/m。

② 主索水平拉力：

由图 5 - 2 - 18 可以看出，悬索在最低点处（即 $x = L/2$ 处）拉力最小，其值为：

$$T_{min} = H = qL^2/(8f) \qquad (5 - 2 - 82)$$

在支点处（即 $x = 0$ 处）拉力最大，其值为：

$$T_{max} = H \sqrt{1 + \frac{16f^2}{L^2}} \qquad (5 - 2 - 83)$$

式中　H——悬索最低点处的水平拉力，10^6N；

$T_{\min}$，$T_{\max}$——悬索的最小水平拉力、最大水平拉力，10^6N。

③ 主索的长度：

$$S = L + 8f^2/3L \tag{5-2-84}$$

式中　S——主索的长度，m。

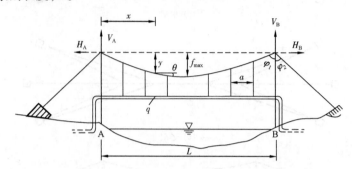

图 5 – 2 – 18　受均布荷载的单跨悬索管桥简图

（3）在均布荷载和一个集中荷载作用下（图 5 – 2 – 19）的悬索。

① 垂直反力（与简支梁反力相间）：

$$V_{A1} = \frac{qL}{2} + P\frac{b}{L} \tag{5-2-85}$$

$$V_{B1} = \frac{qL}{2} + P\frac{a}{L} \tag{5-2-86}$$

式中　V_{A1}，V_{B1}——在均布荷载和一个集中荷载作用下的垂直反力，10^6N；

　　　P——集中荷载，10^6N；

　　　a，b——见图 5 – 2 – 19。

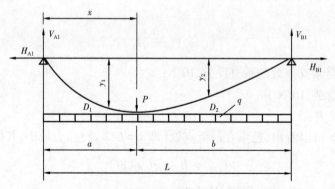

图 5 – 2 – 19　悬索受均布荷载及一个集中力的受力简图

② 主索水平拉力：

$$H_{A1} = \frac{1}{4f}\sqrt{3L\left(\frac{q^2L^3}{12} + qPab + \frac{P^2 \cdot 2ab}{L}\right)} \tag{5-2-87}$$

式中　H_{A1}——支点 A 处的水平拉力,10^6N。

③ 主索的最大拉力:

$$T_{\max} = H_{A1} \sqrt{1 + \left(\frac{V_{A1}}{H_{A1}}\right)^2} \qquad (5-2-88)$$

式中　$T_{\max}$——主索的最大拉力,10^6N。

④ 主索长度:

$$S = L + \frac{1}{2H_{A1}^2}\left(\frac{q^2 L^3}{12} + qPab + \frac{P^2 \cdot 2ab}{L}\right) \qquad (5-2-89)$$

⑤ 曲线挠度:

$$y_1 = \frac{V_{A1} x_1 - \dfrac{qx_1^2}{2}}{H_{A1}} \qquad (5-2-90)$$

$$y_2 = \frac{V_{B1} x_2 - \dfrac{qx_2^2}{2}}{H_{B1}} \qquad (5-2-91)$$

⑥ 曲线在 D_1 点倾角的正切:

$$\tan\theta_1 = \frac{1}{H_{A1}}(V_{A1} - qx_1) \qquad (5-2-92)$$

(4) 温度变化的影响及内应力的计算。

主索的伸长值和主索的垂度可按式(5-2-93)至式(5-2-96)计算:

$$\Delta S_t = \alpha \Delta t S \qquad (5-2-93)$$

$$\Delta S_q = \sigma S / E \qquad (5-2-94)$$

$$f_1 = \sqrt{f^2 + \frac{3L}{8}\left(\alpha \cdot \Delta t \cdot S + \frac{\sigma S}{E}\right)} \qquad (5-2-95)$$

$$f_2 = \left\{ f^2\left[1 - \frac{2(\alpha \cdot \Delta t \cdot S_2 + \sigma \cdot S_2/E)}{L\cos\theta}\right] + \frac{3}{4}\frac{(\alpha \cdot \Delta t \cdot S_2 + \sigma S_2/E)}{\cos\theta} \right.$$

$$\left. \left[L - \frac{2(\alpha \cdot \Delta t \cdot S_2 + \sigma S_2/E)}{\cos\theta}\right]\right\}^{\frac{1}{2}}$$

$$= \left\{ f^2\left[1 - \frac{2(\Delta S_t + \Delta S_q)}{L\cos\theta}\right] + \frac{3}{4}\frac{(\Delta S_t + \Delta S_q)}{\cos\theta}\left[L - \frac{2(\Delta S_t + \Delta S_q)}{\cos\theta}\right]\right\}^{\frac{1}{2}}$$

$$(5-2-96)$$

式中　S——主索的长度,m;

ΔS_t——主索受温度变化影响的伸长值, m;

ΔS_q——主索受均布荷载作用的伸长值, m;

α——钢索的膨胀系数, 取 1.5×10^{-5} m/(m·℃);

σ——钢索的平均拉应力, MPa;

E——钢索的弹性模量, MPa;

Δt——安装温度与使用温度之差, ℃;

f_1——主索变形后的垂度, m;

f_2——塔顶弹性偏移后主索的垂度, m;

θ, S_2——见图 5 - 2 - 20;

L——悬索跨度, m。

（5）抗风索计算。

风索受力情况如图 5 - 2 - 21 所示。

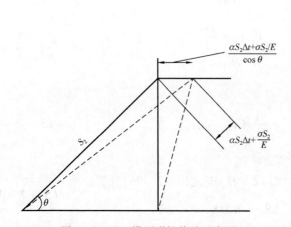

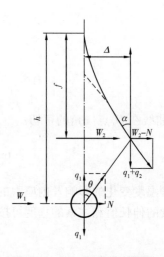

图 5 - 2 - 20　塔顶弹性偏移示意图　　图 5 - 2 - 21　风索受力简图

① 计算假定。

a. 假定管道所受风荷载都直接由两侧风索负担;

b. 管道按无水平偏移值考虑;

c. 计算中不计风索自重及受风荷载所引起的偏移影响。

② 主索的倾斜角。

主索的倾斜角(α)可按式(5 - 2 - 97)计算:

$$\tan\alpha = (W_2 - N)/(q_1 + q_2) \qquad (5 - 2 - 97)$$

式中　N——主索拉力的水平分力, 10^6 N/m。

若主索的偏移曲线近似按正弦曲线考虑, 则:

$$\tan\alpha = \pi\Delta/(2f) \qquad (5 - 2 - 98)$$

故

$$(W_2 - N)/(q_1 + q_2) = \pi\Delta/(2f) = \frac{\pi}{2f}\frac{(h - f)N}{q_1} \qquad (5 - 2 - 99)$$

式中 W_2——作用在主索上的风荷载,10^6N/m;

q_1, q_2——管道单位长度净重、主索单位长度净重,10^6N/m;

Δ——在风荷载作用下主索在跨中的偏移位置,m。

将已知值代入上式即可求得 N 值,但由于 N 值是按抛物线变化的,在支座处其值为零,故近似取代均布荷载计算,N 值应乘以 0.8 的系数。

③ 作用在风索上的水平荷载。

作用在风索上的水平荷载可按式(5 - 2 - 100)计算:

$$W = W_1 + 0.8N \qquad (5 - 2 - 100)$$

式中 W——作用在风索上的水平载荷,10^6N/m;

W_1——作用在管道上的风荷载,10^6N/m。

因此,可根据所选不同类型的风索形式计算抗风索。

5)悬索管桥的振动

众所周知,架空管道的破坏往往是由风荷载引起的,因此,必须对大跨度悬索管桥的振动引起足够的重视。

由试验得知,悬索管桥结构的主索与管道为两个振动体系,当管道发生共振时,主索不随之共振。

(1)管道固有频率的计算。

管道的固有频率可按式(5 - 2 - 101)计算:

$$\eta_0 = \frac{1}{2\pi}\sqrt{\frac{g}{q}\left(EJ\frac{n^4\pi^4}{L^4}\right)} \qquad (5 - 2 - 101)$$

式中 η_0——管道的固有频率,s^{-1};

q——管道单位长度的重力,10^6N/m;

g——重力加速度,m/s^2;

E——管道的弹性模量,MPa;

J——管道的截面惯性矩,m^4;

n——全跨长的半波数($n = 1, 2, 3, \cdots$);

L——管桥的跨度。

(2)干扰频率的计算。

干扰频率可按式(5 - 2 - 102)计算:

$$\eta'_0 = 0.2\frac{v}{D} \qquad (5 - 2 - 102)$$

式中 η'_0——管道的干扰频率,s^{-1};

v——风速,m/s;

D——管道外径，m。

计算时，可根据引起共振的风速的范围 $v_1 \sim v_2$，代入式(4-8-23)，求出 η_0' 的上限及下限，然后根据共振时固有频率与干扰频率相等的条件，即 $\eta_0' = \eta_0$，求出振型数 n 的范围，即 $n_{上限} \sim n_{下限}$。另据实际观测，管桥不发生第一振型的共振，而在 $3,5,7,\cdots$ 奇次振型出现，因此，消振索及消能弹簧的安装位置必须固定在某奇次振型的波腹上。

(3) 各振型的半波长。

各振型的半波长可按式(5-2-103)计算：

$$\lambda_i/2 = L/n_i \qquad\qquad (5-2-103)$$

式中 λ_i——各振型的半波长，m；

　　　L——管桥跨度，m；

　　　n_i——振型数。

根据半波长的计算结果，在可能出现共振的各振型波腹位置，连接消振索或安装消能弹簧即可防止共振。

消振索及消能弹簧的防振原理基本相同，主要是增大了结构本身的刚度，使管道在预拉力的作用下增加了固有频率。另外，消振索或消能弹簧的阻尼能力很大，足够克服管桥的振动能量。

消振索及消能弹簧的设计需要考虑两个问题：第一，预拉力的大小；第二，安装位置。关于如何确定预拉力的值，从原理上来说，必须满足以下两个条件之一：

① 所施加预拉力是在以结构体系的固有频率能提高到可能引起共振的风速所发生的干扰频率范围以外。

② 所施加预拉力虽不足以使结构体系的固有频率跳出干扰频率范围之外，但其阻尼能力足以克服管桥的振动能量，也同样不易发生管桥共振。

消振索需安装在奇次振型的波腹上，但如果落在吊点中间位置上，容易使管道增加弯矩，因此，一般应考虑与吊点位置重合。

10. 斜拉索管桥

斜拉索管桥是利用高强度的钢丝绳通过桥塔支撑斜向拉着主梁的。它与一般悬索管桥相比具有刚性大、平面内抗风能力强、不需要大的锚固系统等优点。

1) 斜拉索管桥的基本形式

斜拉索管桥有以下几种基本类型：

(1) 伞形。全部斜拉索沿管道分布，并连接到塔顶，如图5-2-22(a)所示。

(2) 扇形。全部斜拉索沿管道及塔高分布，且都不互相平行，除外拉索通过塔顶时与塔顶固结外，其余拉索通过塔身处为活动支座，如图5-2-22(b)所示。

(3) 琴形。全部斜拉索沿管道和塔高分布且互相平行，如图5-2-22(c)所示。

(4) 星形。吊索沿大梁分布，并通过结点与斜拉索连接，如图5-2-22(d)所示。

(5) 综合形。综合型是悬索与斜拉索两者结合的一种结构形式，适用于特大跨越，它对地形条件、管材强度要求等具有更大的适应性，如图5-2-22(e)所示。

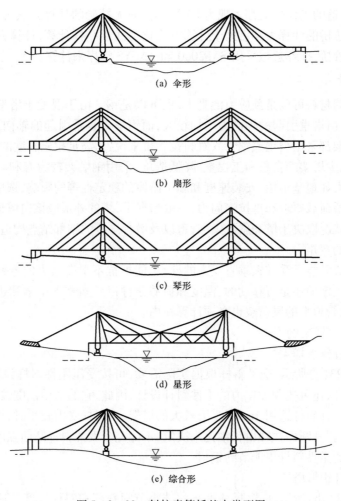

(a) 伞形

(b) 扇形

(c) 琴形

(d) 星形

(e) 综合形

图 5 – 2 – 22 斜拉索管桥基本类型图

2）设计考虑与分析

（1）缆索的最佳倾斜角度。

塔高对桥跨体系刚度的影响极大。当缆索对管梁的倾角增大时,缆索中的应力降低,所需的截面也减小,但塔高增加;当塔高增加时,缆索长度及其轴向变形都增大,同时,用钢量相应增加。

研究表明,缆索的最佳倾斜角度为 $45°$,可在 $25° \sim 65°$ 的合理范围之内变化,倾斜角的低值相应于外缆索,而最大值则相应于靠塔最近的缆索。

（2）缆索在塔架上的支撑方式。

斜拉索在塔架上的支撑方式可以是固定的或是活动的,也可以是这两种方式的结合。支撑点通常设置在塔顶或塔的中间,应根据各种管桥所用的斜拉索的数量而定。

（3）分析方法。

斜拉桥是一种高次超静定结构,管道为一弹性支承于斜缆连接点处的连续梁。斜拉桥的斜拉索、塔架及管道的工作性能都表现为非线性的,尚无精确的计算方法可以利用。目前,国内外的大跨度斜拉桥的计算大都借助于计算机简化为线性结构计算,计算方法与假定也各不相同。对于斜拉管桥,推荐近似采用 SAP2000 和 ANSYS 程序来计算。

11. 塔架设计

塔架所使用的材料可以是预应力混凝土,也可以是钢。由于混凝土塔架的重量和工程量随塔高增加较快,由塔重引起的轴向力增加较大,而钢塔架自重引起的轴向力增加不大,所以大多数管桥的塔架都采用型钢或钢管。对斜拉管桥来说,为满足拉索斜度的要求,往往需要较高的塔架,为了减少塔架的自重和工程量,降低造价,采用钢塔架较为有利。但塔架材料的选择还受到其他因素如地基土壤、安装速度和施工阶段的稳定性等的影响,选用时要综合考虑。

为了满足管桥荷载要求和抵抗横向力,一般情况下,塔的外形应该向塔顶逐渐变细。

塔的工作状况取决于塔和斜拉索,管道以及墩台连接的细部结点构造,设计连接时应要求尽量减少塔架的弯矩。

塔架应设计成既能承受缆索垂直反力的柱,也能抵抗不平衡索力的悬臂梁。后者取决于索鞍设计——是固定的还是可移动的、温度和荷载条件以及索鞍上主索和边索的斜度。作用在斜拉索、塔架和管道上的风荷载也必须计算在内。

1）常用管桥钢塔架的形式

（1）交叉斜杆锥形塔架。

如图 5-2-23（a）所示,交叉斜杆根据实际需要,可按受压刚性斜杆设计,也可按不能受压的柔性斜杆设计,还可按预加拉力的柔性斜杆设计,因此,它的适用范围较广,而且也比其他形式节约材料。刚性斜杆适用于斜杆受力较大的塔架,当斜杆受力较小时,按柔性斜杆设计比较经济合理,有时斜杆断面往往由长细比来决定,不能充分发挥斜杆断面强度的作用,这时,采用预加拉力斜杆比柔性斜杆更能节约钢材。

（2）K 形腹杆锥形塔架。

如图 5-2-23（b）所示,K 形腹杆可有效减小节间长度和斜杆长度。这种腹杆体系与刚性交叉杆相似,具有较大的刚度。因此,在柔性交叉斜杆和预拉力斜杆的塔架中,其接近地面的一个节间通常采用 K 形腹杆。

（3）再生腹杆锥形塔架。

如图 5-2-23（c）所示,再生腹杆的主要特点是能够利用辅助杆件,大大降低塔柱的长细比,使塔柱充分发挥其强度作用。

（4）矩形塔架。

如图 5-2-23（d）所示,矩形塔架一般用料较多,但在为满足两侧主索的座,需要有较大的间距时,用这种形式是比较适宜的,有时塔架安装在高桥墩台上,采用等截面矩形塔架,其架设安装工作就简便得多。

（5）空腹式塔架。

如图 5-2-23（e）所示,空腹式塔架的基本形式是密闭式箱形结构,塔架由内部骨架与外包钢板组成。它可以支撑管桥到最大高度。塔架内部通过扶梯或电梯设备可通达塔顶。国外已有不少管桥工程采用这种结构形式,它较其他形式具有独特的优点。

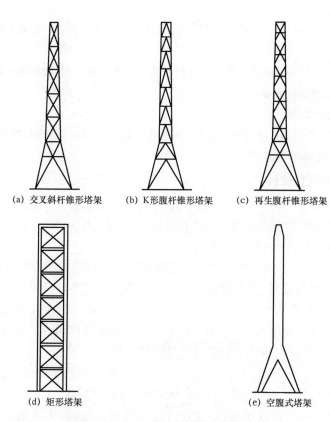

(a) 交叉斜杆锥形塔架   (b) K形腹杆锥形塔架   (c) 再生腹杆锥形塔架

(d) 矩形塔架   (e) 空腹式塔架

图 5 – 2 – 23   常用管桥塔架类型图

除此之外,还可以根据工程需要,将塔架设计成Ⅱ形、Y形和 A 形等,在此不一一介绍,设计者可根据具体情况选定塔架形式。

2）塔架承受的主要荷载

（1）垂直荷载。

① 塔架自重。

② 缆索传给它的垂直荷载,包括恒载、活载和温度荷载。

（2）纵向荷载。

① 由于边跨缆索变化引起的塔顶变位。

② 风荷载。

③ 索鞍偏心。

（3）横向荷载。

① 风荷载。

② 索鞍偏心。

③ 在风荷载作用下,由桥塔的侧向变位引起的垂直荷载偏心产生的次应力。

④ 温度变化。

（4）地震荷载。

塔架的地震荷载需根据 GB 50011《建筑抗震设计规范》计算，也可应用动力分析的计算机程序予以精确计算。

一般来说，塔的荷载由缆索传递下来的垂直荷载、风荷载及自重组成。在恒荷载和缆索预应力的作用下，塔仅受轴向荷载。

3）塔架的分析和计算

有关塔架的分析和计算，可参照《桅杆结构》（王肇民，2001）和 GB 50017—2017《钢结构设计标准》等书籍，这里不再详述。

12. 跨越工程的抗震设计

1）一般规定

（1）管道跨越工程的抗震计算和构造措施应符合 GB 50011《建筑抗震设计规范》、GB 50191《构筑物抗震设计规范》的规定。

（2）大型管道跨越工程和重要干线的中型管道跨越工程应按照 GB 50223《建筑工程抗震设防分类标准》乙类进行设防，其余管道跨越工程应按照丙类进行设防。

（3）当建设场地地震基本加速度等于 $0.05g$ 时，不进行抗震作用计算，但要考虑抗震构造措施；当场地地震基本加速度为 $(0.1 \sim 0.4)g$ 时，须进行抗震作用计算和考虑抗震措施；当场地地震基本加速度大于 $0.4g$ 时，不宜建设管道跨越工程。

（4）地震对各类管道跨越工程的作用，一般应按本地区的地震动参数进行计算，对重要的大型管道跨越工程，应按批准的地震安全性评价结果进行计算。

（5）存在液化土层的建设场地，不宜建设管道跨越工程；当无法避开液化土层时，应按 GB 50011《建筑抗震设计规范》进行液化判别和确定地基的液化等级。在设计中，将基础置于液化土以下或进行地基处理。

2）跨越工程抗震计算要求

（1）一般的跨越结构宜采用振型分解反应谱法进行抗震计算。

（2）小型跨越以及质量和刚度分布比较均匀的中型跨越，可采用单质点简化方法计算。

（3）复杂的大型跨越结构，宜采用时程分析法进行抗震补充计算，可取多条时程曲线计算结果的平均值与振型分解反应谱法计算结果的较大值作为设计依据。

（4）对悬索和斜拉索等跨越结构进行抗震计算时，应采用考虑几何非线性影响的分析模型。

（5）在抗震计算中，应考虑非结构构件、介质的附加质量对跨越结构抗震性能的影响。

五、输油工艺选择

1. 输送方式

1）旁接输送与密闭输送

（1）旁接输送。

旁接输送在各中间泵站都有旁接罐与输油泵进口管线旁接连通（图 5 - 2 - 24），旁接罐起缓冲调节作用,各个中间泵站的进站压头都近似等于旁接罐液位高度,不会发生全线压力波动。各个泵站间的输量可能不一致,其输差由旁接罐调节,旁接罐容量按管道的1~1.5h输送量确定。旁接输送的操作较易掌握,对自动控制要求不高。由于不能利用进站余压,各泵站旁接罐与大气接触,同密闭输送方式相比,动能消耗较大,原油轻馏分损失多。

（2）密闭输送。

密闭输送是比较先进的输送方式,目前普遍采用。各中间泵站没有旁接罐,原油从输油首站进入管道一直到输送到输油管道末站都在不接触大气的

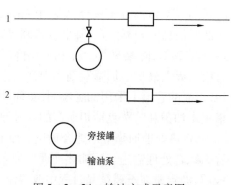

图 5 – 2 – 24　输油方式示意图
1—旁接输送;2—密闭输送

密闭状态下输送(图 5 – 2 – 24)。中间泵站的进站压力通常为几百千帕,甚至更高,全线各个泵站间的输送量相同,但各泵站的进站与出站压力则可能不同。密闭输送的管道一般选用高效率的离心泵,这类泵一般必须在有压入头条件下工作,布置泵站时,应使各中间泵站进站压力达到泵要求的最低压入头,这一最低压入头应与输油泵的本身性能适应。输油泵一般优先采用串联泵运行方式,只有当两中间泵站间地形高差(正值)大于中间泵站总扬程一半以上时,以及管道输送量变化范围较大时,可采用并联泵运行方式。

泵站应设置压力调节系统,通常在泵站出口设压力调节阀或采用变频调速输油泵,控制中间泵站进口压力不低于输油泵要求的最低压入头,泵站出站压力不高于管道规定的最高工作压力。调节阀由调节器或可编程序控制器控制。

密闭输送管道还应根据水击分析结果采取相应的水击保护措施。

2）不加热输送与加热输送

在管道输送过程中,如果不是人为地向原油增加热量,提高原油的温度,而是原油在输送过程中基本保持接近管道周围土壤的温度,这种输送方式叫作不加热输送或常温输送。相反,如果人为地提高所输原油温度,输送过程中,原油向周围土壤散失热量,温度逐步下降,这种输送方式称作加热输送。

原油通过加热能够改变其流动性,降低油品的黏度,因此加热输送是各种易凝、高黏原油行之有效的输送方式,我国原油管道多采用加热输送方式,有丰富的原油加热输送经验。但它的缺点是油品输送温度高、能耗大、工艺流程复杂。

3）原油改性输送

（1）降凝输送。

① 原油热处理降凝输送。含蜡原油的热处理,是将原油加热到一定的温度,使原油中的石蜡、胶质和沥青质溶解,分散在原油中,再以一定的温度、速率和方式(动冷或静冷)冷却,以改变析出的蜡晶形态和强度,改善原油的低温流动性。利用原油热处理实现含蜡原油的常温输送或延长输送距离的输送方式称为原油热处理降凝输送。例如长庆油田原油外输采用热处理输送方式。

② 加降凝剂输送。降凝剂,又称为蜡晶改良剂,目前国内使用较多的主要是乙烯—醋酸

乙烯酯(EVA)高分子聚合物及丙烯酸高碳醇酯类聚合物。采用加降凝剂输送原油可大幅度降低原油黏度和凝固点、降低管道临界输量。例如：在胜利油田原油中加入 100mg/L 降凝剂，可降凝 20℃，降黏 89%。采用我国降凝剂技术的苏丹黑格林格—苏丹港的 1506km 的管道是目前世界上最长的加降凝剂实现常温输送的原油管道。我国 2006 年投产的西部原油管道在 1413km 的管道上采用加降凝剂，实现了冬季、大站距安全顺序输送吐哈油田、克拉玛依油田、塔里木油田和哈萨克斯坦所产的 4 种原油。

③ 热处理加降凝剂综合输送。原油加热到一定的温度并按比例加入降凝剂后进行输送，称为综合处理输送。原油热处理后加入降凝剂，使降凝剂充分分散在原油中，同时充分发挥了胶质、沥青质在石蜡结晶过程中改善流动性的作用，可以达到最佳的处理效果。例如：马岭原油经 85℃ 热处理后，凝固点由处理前的 16℃ 降至 -3.5℃，黏度由处理前的 1363mPa·s 降至 112mPa·s，反常点由处理前的 24℃ 降至 13℃。热处理后，再加上 100mg/L 的 C8806—C8361 降凝剂，原油凝固点可降至 -8℃，黏度则降至 40.8mPa·s($5℃$，$11.5s^{-1}$)，反常点降至 8℃。

（2）加稀释剂输送。

稀释剂一般采用低凝原油或凝析油、轻馏分油等，稀释输送的机理是将稀释剂加入原油中，使混合油中蜡、胶质及沥青质的浓度下降，蜡析出的温度以及原油的黏度和凝点均下降，稀释剂的密度和黏度越小，其降凝效果越明显。稠油加稀释剂混合输送，可以解决部分稠油的外输问题。例如新疆风城油田采用掺柴油的方式将稠油输送至克拉玛依石化公司。

（3）原油的磁处理输送。

磁处理方法是使液流通过设置在管道外壁的具有一定磁场强度和磁场形态的磁处理段，或通过置于管内的磁场区间，分别称为外磁式或内磁式处理，磁处理可以采用永磁体或电磁场。磁处理原油可以防蜡、防垢，抑制油管壁结蜡，易清除管壁结蜡层，同时降低管道的摩阻，增加输量。

（4）加减阻剂输送。

在输送管道中，为克服管道线路"瓶颈"段的摩阻损失或提高其输量，除采用增加泵站、热站或敷设副管外，最经济、有效的方法是适当地在站点加注减阻剂。

1997 年 10 月，格拉管道进行了加注 FLO 减阻剂的现场工业性试验。FLO 减阻剂为相对分子质量极高的碳氢化合物的聚合物，加入的 90～102mg/L 减阻剂的减阻率平均为 31%～55%。试验结果表明，格拉管道采用加注减阻剂的技术措施可以实现单站提高输量和压力越站，减少泵站数和操作人员，降低运行成本。

2. 工艺方案比选

工艺方案的主要内容是确定出承担规定输送量的几种管径方案的经济效果，通过对比从中选择出最佳方案。为节约能源，减少加热站数量，对于管径较小、加热输送的原油管道还应进行管道保温与不保温方案的技术经济比较。

工艺方案比选的主要步骤是：

（1）确定泵站的工作压力与原油进站温度。泵站及管道的工作压力根据输油泵的性能、管材强度、阀门与管件的承压等级等因素综合考虑确定；原油进站温度（需要加热输送时）按高于原油凝点 3～5℃ 选取，或通过经济比较确定。

（2）按照经济流速初选三种管径。经济流速是根据经验总结而得，它与原油物性、能源价格及各种设备和器材的价格有关。我国原油管道设计所取流速在 $1.0 \sim 2.0 \text{m/s}$，管径较大者，取较大流速。苏联原油管道设计推荐流速数据见表 $5-2-29$，我国目前对 $DN300\text{mm} \sim DN700\text{mm}$ 的含蜡原油管道设计流速一般取 $1.5 \sim 2.0 \text{m/s}$。

表 5 – 2 – 29　苏联原油长输管道推荐流速

管道外径,mm	流速,m/s	管道外径,mm	流速,m/s
219	1.0	630	1.4
273	1.0	720	1.6
325	1.1	820	1.9
377	1.1	920	2.1
426	1.2	1020	2.3
529	1.3	1220	2.7

管道理论直径按式（8 – 2 – 1）计算。

以算得的理论直径为中心，参照管子的实际规格选取三种直径。

（3）对每种管径进行水力、热力（如果为加热输送）与强度计算，确定各种管径方案的泵站及加热站数、加热温度、管壁厚度及油耗、电耗。

（4）计算各个管径方案的投资与输油成本。

（5）对各个方案进行比选，确定最佳方案。

在初期阶段的方案比选中，可以采用静态的差额投资回收期法及总费用法两种方法进行比较。

对于正式的方案比选，特别当管道的输送量是分阶段逐步达到设计输量时，静态比较方法不能满足需要，必须应用动态比较方法。常用的动态方法是费用现值比较法（简称现值比较法），计算各个方案的费用现值（PW），现值较低的方案是可取的方案。

六、输油工艺计算

1. 水力计算

1）基础资料及参数换算

原油管道的水力计算需要输油量、原油密度、原油黏度、输油温度、线路纵断面图、管材及工作压力等资料。

（1）输油量。

输油管道设计输油量是以设计任务书规定的最大任务输量作为水力计算的额定流量。任务书给定的输油量是年输油量 q_{m}（10^4t/a），计算时必须换算成计算密度下的体积流量 q_{v}（$\text{m}^3/\text{h}, \text{m}^3/\text{s}$）。换算时输油管道的年工作天数一般按 350 天或 8400 小时计算，预留 15 天是考虑管道停输检修和输油量过度不均衡等因素而做的必要预留裕量。

重量流量和体积流量按式（5 – 2 – 104）和式（5 – 2 – 105）换算：

$$q_v = \frac{q_m}{\rho_t \times 8400} \qquad (5-2-104)$$

或

$$q_v = \frac{q_m}{\rho_t \times 8400 \times 3600} \qquad (5-2-105)$$

式中　q_v——体积流量，m^3/h 或 m^3/s；

　　　q_m——年输油量，t/a；

　　　ρ_t——原油计算温度下的密度，t/m^3。

（2）原油密度。

原油密度为单位体积内原油的质量，单位为 kg/m^3 或 g/cm^3，工程中常用的单位为 t/m^3 或 kg/m^3。原油在 t℃时的密度用 ρ_t 表示。

原油在 t℃时的质量与同体积纯水在4℃时的质量比称为原油的相对密度，原油的相对密度实际上是原油 t℃时的密度与4℃时纯水的密度比。由于水在3.89℃时的密度近似等于 $1g/cm^3$，则在此情况下，原油的相对密度与密度在数值上相等，只是原油的相对密度没有量纲，而密度有量纲。我国常用的标准温度为20℃，故20℃时原油的相对密度符号为 d_4^{20}。

不同温度下的原油相对密度可按式（5-2-106）换算：

$$d_4^t = d_4^{20} - r(t-20) \qquad (5-2-106)$$

式中　d_4^t——原油在 t℃时的相对密度；

　　　t——原油的温度，℃；

　　　d_4^{20}——原油在20℃时的相对密度；

　　　r——原油相对密度的平均温度校正系数，即温度改变1℃时原油相对密度的变化值，由表5-2-30查得。

两种或两种以上的原油混合时，相对密度可近似地按比例取其平均值。混合原油的相对密度按式（5-2-107）计算：

$$d_m = V_1 d_1 + V_2 d_2 + V_3 d_3 + \cdots + V_n d_n \qquad (5-2-107)$$

式中　d_m——混合原油的相对密度；

　　　$V_1, \cdots, V_n$——混合原油中各种油的体积分数；

　　　$d_1, \cdots, d_n$——混合原油中各种油的相对密度。

一般认为，液体是不可压缩的，故输油管道压力对原油相对密度的影响可以忽略不计。

（3）原油的黏度。

原油的黏度分别以动力黏度和运动黏度表示。

① 动力黏度。动力黏度又称绝对黏度，系指当面积为 $1cm^2$ 的液体层相距 $1cm$ 时，使用 $1dyn(1dyn = 10^{-5}N)$ 的力，使其以 $1cm/s$ 的速度相对移动所产生的阻力，其单位为 $Pa \cdot s$（帕·秒）。

表 5 - 2 - 30 油品相对密度的平均温度校正系数

相对密度	r	相对密度	r
0.6900 ~ 0.6999	0.000910	0.8500 ~ 0.8599	0.0006999
0.7000 ~ 0.7099	0.000897	0.8600 ~ 0.8699	0.000686
0.7100 ~ 0.7199	0.000884	0.8700 ~ 0.8799	0.000673
0.7200 ~ 0.7299	0.000870	0.8800 ~ 0.8899	0.000660
0.7300 ~ 0.7399	0.000857	0.8900 ~ 0.8999	0.000647
0.7400 ~ 0.7499	0.000844	0.9000 ~ 0.9099	0.000633
0.7500 ~ 0.7599	0.000831	0.9100 ~ 0.9199	0.000620
0.7600 ~ 0.7699	0.000818	0.9200 ~ 0.9299	0.000607
0.7700 ~ 0.7799	0.000805	0.9300 ~ 0.9399	0.000594
0.7800 ~ 0.7899	0.000792	0.9400 ~ 0.9499	0.000581
0.7900 ~ 0.7999	0.000778	0.9500 ~ 0.9599	0.000567
0.8000 ~ 0.8099	0.000765	0.9600 ~ 0.9699	0.000554
0.8100 ~ 0.8199	0.000752	0.9700 ~ 0.9799	0.000541
0.8200 ~ 0.8299	0.000738	0.9800 ~ 0.9899	0.000528
0.8300 ~ 0.8399	0.000725	0.9900 ~ 1.0000	0.000515
0.8400 ~ 0.8499	0.000712		

② 运动黏度。运动黏度系(ν)指动力黏度(μ)与同温度下该液体的密度(ρ)的比,即:

$$\nu = \frac{\mu}{\rho} \qquad\qquad (5 - 2 - 108)$$

运动黏度的单位为 m^2/s(二次方米每秒)。

③ 混合油黏度。两种以上原油混合后的黏度应实测取得。当无法取得实测的数据时,可由图 5 - 2 - 25 查得。该图的使用方法是混合高、低两种黏度原油时,在左(高黏)、右(低黏)两侧纵坐标上分别点出两种原油的黏度,将两点连成一直线,然后在上、下两横坐标上找出两种原油体积分数的位置,从此位置向上做垂线与黏度连线相交,过交点沿平行于横坐标的线与纵坐标相交,即得混合原油的黏度,用这种方法得出的黏度比实际值大,可供粗略计算使用。

④ 黏度与温度、压力的关系。

a. 黏度与温度。温度升高,黏度减少,反之黏度增大。

黏度与温度的关系数据一般通过实验室测取。在计算时,可从黏温关系曲线查得所需温度下的黏度。没有曲线可根据美国材料试验学会(ASTM)推荐的公式和黏温指数关系式计算。美国材料试验学会的计算公式为:

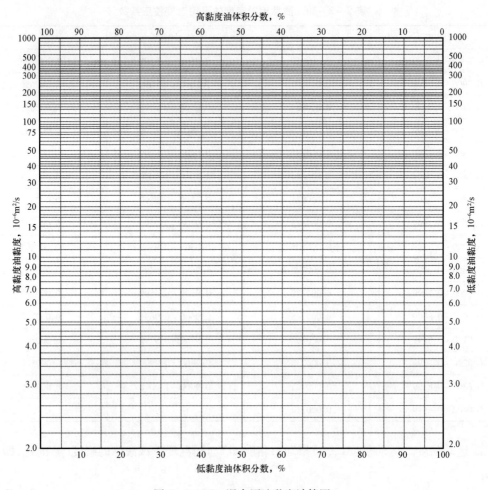

图 5 - 2 - 25　混合原油黏度计算图

$$\lg\lg(\nu_t + 0.8 \times 10^{-6}) = a + b\lg(t + 273) \qquad (5 - 2 - 109)$$

式中　ν_t——原油所需温度下的运动黏度，m^2/s；

　　　t——原油温度，℃；

　　　a, b——随原油而异的系数，可根据两个不同温度下的黏度值，由式(5 - 2 - 109)求得。

黏度指数关系式为：

$$\frac{\nu_1}{\nu_2} = e^{-u(t_1 - t_2)} \qquad (5 - 2 - 110)$$

$$u = \frac{1}{t_2 - t_1}\ln\frac{\nu_1}{\nu_2} \qquad (5 - 2 - 111)$$

式中　ν_1, ν_2——分别为温度 t_1 和 t_2 时的原油运动黏度，m^2/s；

　　　t_1, t_2——原油的温度，℃；

u——黏度指数,可根据两个不同温度下的黏度值按式(5 – 2 –111)计算,℃$^{-1}$。

以上两式的系数值均随原油的性质而异,在使用时,一般黏度关系式只适用一定的温度范围,不同温度范围,其系数值不同。

我国部分油田在近期的原油黏温曲线如图 5 – 2 – 26 所示。

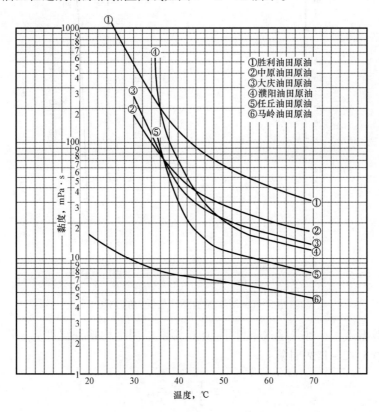

图 5 – 2 – 26　各种原油的黏温曲线

①胜利油田原油
②中原油田原油
③大庆油田原油
④濮阳油田原油
⑤任丘油田原油
⑥马岭油田原油

b. 黏度与压力。原油的黏度随压力的升高而增大。原油在 6.865MPa(70kgf/cm^2)压力下的黏度比在常压下提高约 17%。

原油黏度与压力的关系可用式(5 – 2 –112)表示:

$$\lg \frac{\nu_{\mathrm{p}}}{\nu_{\mathrm{a}}} = \frac{p}{1000}(0.003466 + 0.1105\nu_{\mathrm{a}}^{0.278}) \tag{5 – 2 – 112}$$

式中　ν_{p}——高压下的原油运动黏度,m^2/s;

　　　ν_{a}——常压(大气压)下的原油运动黏度,m^2/s;

　　　p——作用于原油的压力,kPa。

式(5 – 2 –112)的图解形式如图 5 – 2 – 27 所示。

(4)输油温度。

输油温度即水力计算时的计算温度。在常温输送条件下,以管道埋深处土壤的最低月平

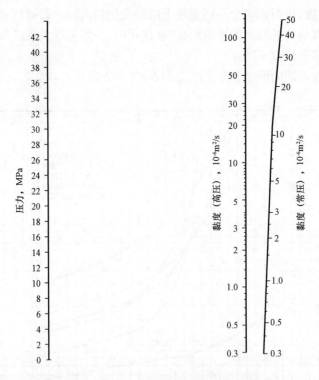

图 5 - 2 - 27　原油黏度与压力的关系

均温度作为计算温度。在加热输送条件下，计算温度采用平均输油温度 t_{av}，平均输油温度采用加权法，按式(5 - 2 - 113)计算：

$$t_{av} = \frac{1}{3}t_1 + \frac{2}{3}t_2 \qquad (5 - 2 - 113)$$

式中　t_{av}——平均输油温度，℃；

　　　t_1——原油的起点温度，℃；

　　　t_2——原油的终点温度，℃。

（5）线路的纵断面图。

线路纵断面图是表示已选定的、经过实际测量的输油管道长度与沿线高程按一定的比例画在直角坐标系上的图形。这是工艺和线路设计所必需的原始资料。根据纵断面图上的线路长度、起终点或翻越点等数据进行水力计算和泵站布置。管道的实际长度应通过换算确定。根据地形起伏的大小，将纵断面图上的里程乘以 1.01 ~ 1.03 的系数，作为地面线路的实际长度。

（6）管道操作压力和管材。

管道的操作压力、管道钢的等级或牌号、钢管的制造工艺及所依据的制管标准是管道壁厚计算、管道附件结构设计和选择输油泵及确定泵站数的必要计算数据。

2）沿程摩阻损失和局部摩阻损失

油流通过直管段所产生的摩阻损失称沿程摩阻损失，油流通过各种阀门、管件所产生的摩阻损失称局部摩阻。输油管道站间管道的摩阻损失主要是沿程摩阻损失,局部损失只占 1%~2%。

输油管道摩阻损失计算见第八章第二节一中"2. 集输油管道水力计算"。

3）管道站间距及泵站数

（1）站间距。

站间距 L_p 按式（5-2-114）计算：

$$L_p = \frac{H_c - (h_1 + h_2) - \Delta Z}{i} \qquad (5-2-114)$$

式中　H_c——输油泵站的扬程,m;

　　　h_1——泵站内的全部摩阻损失,m;

　　　h_2——进站余压,m;

　　　ΔZ——两站间高程差,m。

泵站内全部摩阻损失 h_1 包括了站内管网、加热炉、阀组等设备的摩阻损失,一般在计算中,加热炉取 15~35m;管网和阀组取 10~15m。进站余压是为了保证主泵正常吸入（不发生汽蚀）或克服油罐液面高度所需的压头。

（2）泵站数。

对于全线地势平坦,无翻越点的管道输油泵站的数目是根据输送额定流量所需的全部压头及每座泵站所提供的扬程确定的,泵站数 n 按以下方式计算：

$$h_0 + nH_c = i_L + \Delta Z + nh_1 + h_2 \qquad (5-2-115)$$

或

$$n = \frac{i_L + \Delta Z + h_2 - h_0}{H_c - h_1} \qquad (5-2-116)$$

式中　n——理论计算的泵站数;

　　　h_0——首站给油泵的扬程,m;

　　　i_L——管道的沿程摩阻损失,m。

由以上公式求得的泵站数 n 通常不是一个整数,需要化整。泵站数化整有以下两种情况：

① n 化整为较小的整数。当 n 化为较小整数 n_1 时,即 $n_1 < n$,在规定的输量 q 下,泵站提供的压头 nH_c 小于管道所需要的总压头。因此,输油量达不到规定输量 $q_1 < q$,管道的输送能力下降,如图 5-2-28 所示。若保持管道规定的输量不变,必须采取措施,或增加泵站提供的压头,或敷设一段副管或变径管减少管道的摩阻损失。

副管和变径管的建设费用较大,生产管理不方便,对于

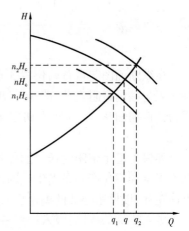

图 5-2-28　泵站化整时的工作特性

热油管道热能消耗较大,一般很少用来作为补偿输送能力的措施。在管道强度允许的情况下,一般采用提高输油泵扬程的方法,以提高输油能力。

②n化整为较大的整数。当n化为较大整数n_2时,即$n_2 > n$,在规定的输量q下,泵站提供的压头nH_c大于管道所需要的总压头。因此,输量超过规定的输量$q_2 > q$,管道具有大于规定的输送能力,如图$5-2-28$所示,泵站的投资增加。若保持管道规定的输量不变,需要采取措施,或减少泵站提供的压头,或增加管路的摩阻损失。常用的方法是将离心泵的级数减少或叶轮换小、降低转速等。当全线计算的泵站数较小,化为较大的整数时,影响显著,也可考虑将部分管径变小,此时变径管的长度计算方法同前,只是$n_2 > n$,$\Omega > 1$[Ω的计算参见式$(8-2-14)$]。

一般情况下,当计算的n值接近于较大的整数,若希望管道具有一定的输送能力裕量时,将n化为较大的整数。

4)泵站的布置

泵站数确定以后,就要选择泵站站址。选站时,一方面要满足水力条件的要求,即在规定的输量下,泵站提供的能量要与站间管道所消耗的能量相平衡,另一方面又必须考虑工程上的许多要求,如地质条件是否适合建站,交通、供电、供水等条件是否方便。设计时,一般是根据计算,从满足水力条件出发,先在纵断面图上布置泵站,初定站址,然后到现场勘察,与各方面协商,根据实际情况确定地址,最后进行水力核算,做适当的调整。

（1）布站作图法。

无副管(或变径管)的管道泵站布置如图$5-2-29$所示。

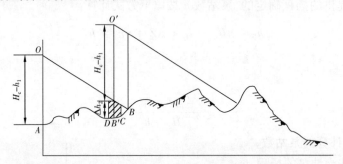

图$5-2-29$　泵站的布置

在纵断面图起点首站位置A点作垂线AO,按纵断面图的纵向比例取线段AO长度等于泵站扬程与站内摩阻之差,即$AO = H_c - h_1$,自O点作水力坡降线交地面线于B点。如果输油管道为旁接输送,B点即为初定第二个泵站位置。依此类推,用同种方法确定第三个泵站位置。

如果管道是密闭输送,尤其是使用大排量串联工作的离心泵时,为了使中间泵站不设置辅助增压泵和避免离心泵发生汽蚀,要求泵进口有一定的压入头,因此第二个泵站的位置应从B点向左移,以保留必要的剩余压头。

吸入压头的范围:吸入压头最小值应不小于规定的最小允许值Δh_{min},低于此值泵就会发生汽蚀;最大值Δh_{max}应限制在离心泵密封条件允许范围之内,并且吸入压头与输油泵的压头叠加后的泵出口压力不应超过泵和管路强度允许的极限值H_{max}。设最小允许吸入压头Δh_{min}

为 C 点,最大允许吸入压头 Δh_{max} 为 D 点,$D \sim C$ 区间为第二个泵站的可能布置区。如第二个泵站布置在 B' 点,Δh_2 为第二个泵站的进站压头。布置第二个泵站时,从 B' 点向上作垂线 $B'O'$,其长度等于 $(H_C - h_1)$,并从 O' 点作水力坡降线,以同样的方法确定第三个泵站的位置。第二个泵站的出站压头为 $(\Delta h_2 + H_C - h_1)$。

（2）站址的确定与校核。

用作图法找出各泵站的可能布置区,并参照地形图初定各泵站站址,然后到现场进行勘察。在现场,在可能布置区内,从地形、工程地质、水文地质、交通与动力和周围环境等多方面进行勘察选择,并了解当地的自然及人文状况、社会依托条件和规划发展情况,确定具备建站条件后,征得地方有关部门同意,并作最后的决定。

泵站确定后,应对泵站及管道的工作情况进行校核。

① 泵站进站与出站压力的校核。为使所选站址符合水力条件,应根据各站的站间距及高程数据,按最低月和最高月的平均地温及规定的输油量进行水力计算,校核各站进站与出站压力。若密闭输送泵站进站压头低于 ΔH_{min},该站站址不合适,应适当向首站方向靠近,密闭输送管道泵站进站压力超过 ΔH_{max} 也是不允许的,站址应向终点方向移动。还可采用更换叶轮、敷设副管和变径管等方式,以改变泵系和管路特性。

② 动水压力和静水压力的校核。在地形起伏很大的山区,布站时,必须考虑管道内动水压力和静水压力对管道强度的作用。当局部管道的动水压力超过管道强度的允许值时,大都采用加厚管壁的方法。若在地形起伏剧烈、落差比较大的地区,可采用设置减压站等措施,使管道内的动水压力满足管道承压能力的要求。

当管道停输时,由于位差而产生的静水压力,特别是翻越点以后的静水压力,都有可能超过管道的正常工作压力,此时,是采用增加管道壁厚,还是采用设置自动控制阀或减压站等措施,都需要进行技术经济对比后再选择。

5）幂律流体的计算

（1）幂律流体沿程摩阻的计算。

我国原油在低温时,一般属于假塑性非牛顿流体,即幂律流体。幂律流体管段沿程摩阻 h_r 的计算见表 5 – 2 – 31。

（2）幂律流体的剪切速率。

幂律流体的剪切速率按式(5 – 2 – 117)计算：

$$\frac{dv}{dr} = \left(\frac{3n + 1}{4n}\right)\left(\frac{8v}{d}\right) \tag{5 – 2 – 117}$$

式中 $\dfrac{dv}{dr}$ ——管壁剪切速率,s^{-1}；

$\quad\quad n$ ——偏离牛顿型流体程度的流变行为指数；

$\quad\quad v$ ——管道流体速度,m/s；

$\quad\quad d$ ——管道内径,m。

表 5 – 2 – 31　幂律流体管段沿程摩阻 h_τ 计算

雷诺数 Re	流态	划分范围	沿程摩阻 h_τ，m 液柱	备注
$Re = \dfrac{d^n v^{2-n} \rho}{\dfrac{K}{8}\left(\dfrac{6n+2}{n}\right)^n}$	层流	$Re \leqslant 2000$	$h_\tau = \dfrac{4KL_c}{\rho d}\left(\dfrac{32q_v}{\pi d^3}\right)^n\left(\dfrac{3N+1}{4n}\right)^n$	
	紊流	$Re_1 > 2000$	$h_\tau = 0.0826 \lambda_\tau \dfrac{q_v^2}{d^5}L_c$ $\dfrac{1}{\sqrt{f}} = \dfrac{4.0}{n^{0.75}}\lg(Re \cdot f^{1-\frac{n}{2}}) - \dfrac{0.4}{n^{1.2}}$ $\lambda_\tau = 4f$	Dodge – Metzner 半经验公式

注：（1）表中 K 和 n 值由流变试验求得。不同油田原油的 K 和 n 值随油温不同而异。

（2）h_τ—幂律流体管段的沿程摩阻，m 液注；Re—幂律流体管段流动的雷诺数；n—幂律流体的流变指数；K—幂律流体的稠度系数，$Pa \cdot s^n$；ρ—输油平均温度下的幂律流体密度，kg/m^3；λ_τ—幂律流体管段的水力摩阻系数；v—幂律流体管段管内的流速，m/s；q_v—平均温度下的原油流量，m^3/s；d—输油管道的内直径，m；L_c—管道长度，m；f—范宁（Fanning）摩阻系数。

（3）幂律流体的启动压力计算。

管道停输使油温降至失流点以下，管道中原油便形成网络结构，出现屈服值。在管道启动时，启动压力按式（5 – 2 – 118）计算：

$$\Delta p_0 = 4\frac{L}{d}\tau_0 \qquad (5-2-118)$$

式中　Δp_0——非牛顿流体的启动压力，Pa；

　　　L——管道长度，m；

　　　d——管道内径，m；

　　　τ_0——计算温度下的屈服值，Pa。

2. 热力计算

1）基础资料

原油长输管道的热力计算需用下列资料。

（1）原油的比热容。

一般情况下原油的比热容按表 5 – 2 – 32 选取。

表 5 – 2 – 32　原油比热容 c 值

原油温度 ℃	原油比热容 c J/(kg·℃)	原油温度 ℃	原油比热容 c J/(kg·℃)	原油温度 ℃	原油比热容 c J/(kg·℃)
0	1696	40	1825	80	1955
10	1729	50	1859	90	1985
20	1758	60	1888	100	2018
30	1792	70	1921	110	2047

含蜡原油的比热容随原油中的含蜡量多少而变化,并与温度变化有关,我国几个油田的原油比热容实测数据见表 5-2-33。

表 5-2-33 含蜡原油的比热容 c 值

原油温度 ℃	含蜡原油比热容 c J/(kg·℃)	原油温度 ℃	含蜡原油比热容 c J/(kg·℃)
10	2135~2855	40	2190~3752
15	2527~3028	45	2192~2452
20	2607~3161	50	2200~2396
25	2385~3280	55	2215~2382
30	2243~3385	60	2225~2390
35	2195~3380	70	2266~2550

随着含蜡原油温度下降,析蜡率上升,放出潜热增多,比热容值上升。我国 4 种原油的比热容与温度的关系曲线如图 5-2-30 所示。因此 c 值需根据不同原油性质由试验取得数据。

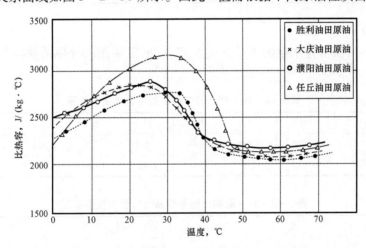

图 5-2-30 我国四种原油的比热容与温度的关系曲线

(2) 材料的导热系数。

热力计算中常用的材料导热系数见表 5-2-34。

表 5-2-34 材料的导热系数

材料名称	密度 ρ, kg/m³	导热系数 λ W/(m·℃)	材料名称	密度 ρ, kg/m³	导热系数 λ W/(m·℃)
聚氨酯泡沫塑料	50~60	0.035~0.047	钢材	7850	46~50
岩棉	80~200	0.047~0.058	凝油	840~930	0.11~0.14
沥青	1000~1200	0.14~0.465	石蜡	800~850	0.15~0.23
高密度聚乙烯(夹克)	930~950	0.35~0.40			

（3）原油的体积膨胀系数。

不同密度下的原油体积膨胀系数见表5-2-35。

表5-2-35 原油的体积膨胀系数 β_{om}

相对密度 ρ_{om}	膨胀系数 β_{om}	相对密度 ρ_{om}	膨胀系数 β_{om}	相对密度 ρ_{om}	膨胀系数 β_{om}
0.73	0.001151	0.82	0.000866	0.91	0.000674
0.74	0.001130	0.83	0.000845	0.92	0.000653
0.75	0.001108	0.84	0.000824	0.93	0.000632
0.76	0.000997	0.85	0.000803	0.94	0.000612
0.77	0.000974	0.86	0.000782	0.95	0.000592
0.78	0.000953	0.87	0.000760	0.96	0.000572
0.79	0.000931	0.88	0.000739	0.97	0.000553
0.80	0.000910	0.89	0.000718	0.98	0.000534
0.81	0.000888	0.90	0.000696	0.99	0.000516

（4）土壤的导热系数。

砂土的导热系数与含水量的关系见表5-2-36，亚黏土的导热系数与含水量的关系见表5-2-37。

表5-2-36 砂土的导热系数与含水量的关系

含水量(质量分数),%	0	5	10	15	20	25	30	35
导热系数,W/(m·℃)	0.219	0.435	0.979	1.058	1.279	1.314	1.512	1.57
含水后密度,kg/m³		1233	1280	1340	1395	1455	1510	1570

表5-2-37 亚黏土的导热系数与含水量的关系

含水量(质量分数),%	5	10	15	20	25	30
导热系数,W/(m·℃)	0.616	1.012	1.454	1.617	1.651	1.838

在管道设计时,应根据管道沿线的具体条件确定土壤的导热系数。在缺乏线路实测资料或估算时可按表5-2-38中的平均值选取。

表5-2-38 土壤的导热系数的某些平均值

土壤		湿度,%	导热系数,W/(m·℃)	
			融化状态	冻结状态
粗砂(1~2mm)	密实的	18	2.78	3.11
	松散的	10	1.28	1.4
	松散的	18	1.97	2.68

续表

土壤		湿度,%	导热系数,W/(m·℃)	
			融化状态	冻结状态
细砂和中砂 (0.25~1mm)	密实的	10	2.44	2.5
	密实的	18	3.60	3.8
	松散的	10	1.74	2.0
	松散的	18	3.36	3.5
不同粒度的干砂		1	0.37~0.48	0.27~0.38
亚砂土、亚黏土、粉状土、融化土		15~26	1.39~1.62	1.74~2.32
黏土		5~20	0.93~1.39	1.39~1.74
水饱和的压实泥炭				0.8
非压实泥炭		270~235	0.36~0.53	0.37~0.66

（5）空气黏度及导热系数。

常压下干空气的黏度及导热系数见表5－2－39。

表5－2－39 干空气的黏度及导热系数

温度 t_a,℃	-50	-20	0	10	20	30	40
密度 ρ,kg/m³	1.534	1.396	1.293	1.248	1.205	1.165	1.128
导热系数 λ_a,10^2W/(m·℃)	2.04	2.28	2.44	2.51	2.59	2.67	2.76
黏度 ν_a,10^6m²/s	9.54	11.61	13.28	14.116	15.06	16.00	16.96

（6）石蜡融解潜热。

石蜡融解潜热见表5－2－40。

表5－2－40 石蜡融解潜热

原油凝点,℃	石蜡潜热,kJ/kg	原油凝点,℃	石蜡潜热,kJ/kg
-15	196.8	20	217.7
-10	198.9	25	219.0
-5	203.1	30	219.8
0	205.2	35	221.9
5	209.3	40	224.0
10	211.4	45	226.1
15	213.5	50	228.2

（7）流动状态系数 K_0 与雷诺数 Re 的关系值。

流动处于过渡状态时,系数 K_0 与 Re 的关系值见表5－2－41。

表 5 - 2 - 41　流动状态系数 K_0 与 Re

Re,10^{-3}	2.2	2.3	2.5	3.0	3.5	4.0	5.0	6.0	7.0	8.0	9.0	10
K_0	1.9	3.2	4.0	6.8	9.5	11	16	19	24	27	30	33

（8）总传热系数 K 的选取。

热油管道的传热过程由三部分组成：油流至管内壁的放热，石蜡沉积层、钢铁管壁与防腐保温层的导热，管道最外壁与周围介质的传热。

热油管道的总传热系数 K 的选取分三种情况：①埋地不保温管道的总传热系数 K_1；②埋地保温管道的总传热系数 K_2；③架空保温管道的总传热系数 K_3。

① 埋地不保温管道总传热系数 K_1 的计算。

埋地不保温管道总传热系数 K_1 的确定：

$$K_1 = \cfrac{1}{D\left(\cfrac{1}{\alpha_1 d} + \cfrac{1}{2\lambda_s}\ln\cfrac{D_1}{d} + \cfrac{1}{2\lambda_b}\ln\cfrac{D_b}{D_1} + \cfrac{1}{\alpha_2 D_b}\right)} \qquad (5-2-119)$$

式中　K_1——埋地不保温管道总传热系数，$\mathrm{W/(m^2 \cdot ℃)}$；

D——计算直径，对埋地不保温管道，可取防腐层外直径，m；

d——钢管内直径，m；

D_1——钢管外直径，m；

D_b——钢管外防腐层的外直径，m；

λ_s——钢管管壁导热系数，见表 5 - 2 - 34，$\mathrm{W/(m \cdot ℃)}$；

λ_b——钢管外防腐层的导热系数，见表 5 - 2 - 34，$\mathrm{W/(m \cdot ℃)}$；

α_1——油流至管壁的内部放热系数，根据油流在管道中的不同流态，分别按式（5 - 2 - 120）、式（8 - 2 - 29）或式（5 - 2 - 128）计算，$\mathrm{W/(m^2 \cdot ℃)}$；

α_2——管道最外壁至土壤的外部放热系数，$\mathrm{W/(m^2 \cdot ℃)}$。

a. α_1 的计算。

i. 当 $Re < 2000$，$Gr \cdot Pr > 5 \times 10^2$ 时

$$\alpha_1 = 0.15\frac{\lambda_{om}}{d}(Re_{om})^{0.33}(Pr_{om})^{0.43}(Gr_{om})^{0.1}\left(\frac{Pr_{om}}{Pr_{sm}}\right)^{0.25} \qquad (5-2-120)$$

$$\lambda_{om} = \frac{0.137(1 - 0.54 \times 10^{-3}T)}{\rho_4^{15}} \qquad (5-2-121)$$

$$Re_{om} = \frac{4q_{vom}}{\pi d\nu_{om}} \qquad (5-2-122)$$

$$Pr_{om} = \frac{\nu_{om}c_{om}\rho_{om}}{\lambda_{om}} \qquad (5-2-123)$$

$$Gr_{om} = \frac{d^3 g\beta_{om}(t_{om} - t_{sm})}{\nu_{om}^2} \qquad (5-2-124)$$

$$t_{om} = \frac{1}{2}(t_1 + t_2) \qquad (5-2-125)$$

$$t_{sm} = \frac{\alpha_1 t_{om} + \alpha_2 t_{oa}}{\alpha_1 + \alpha_2} \qquad (5-2-126)$$

$$Pr_{sm} = \frac{\upsilon_{sm} c_{sm} \rho_{sm}}{\lambda_{sm}} \qquad (5-2-127)$$

式中　om——下角标,表示各参数取自油流的平均温度时的指标;

　　　sm——下角标,表示各参数取自管壁处油流的平均温度时的指标;

　　　λ_{om},λ_{sm}——油的导热系数,W/(m·℃);

　　　T——绝对温度,K;

　　　ρ_4^{15}——在15℃时原油的相对密度;

　　　Re_{om}——油流的雷诺数;

　　　Gr_{om}——流体自然对流准数;

　　　Pr_{om}——流体物理性质准数;

　　　ν_{om},ν_{sm}——油的运动黏度,m²/s;

　　　c_{om},c_{sm}——油的比热容,J/(kg·℃);

　　　ρ_{om},ρ_{sm}——油的密度,kg/m³;

　　　d——钢管内直径,m;

　　　g——重力加速度,9.81m/s²;

　　　β_{om}——油的体积膨胀系数,℃⁻¹;

　　　q_{vom}——油在管中的体积流量,m³/s;

　　　t_{om}——油流的平均温度,℃;

　　　t_1——油流的起点温度,℃;

　　　t_2——油流的终点温度,℃;

　　　t_{sm}——管壁处油流的平均温度,℃;

　　　t_{oa}——管道周围介质温度,℃;

　　　α_1——油流至管壁的内部放热系数,W/(m²·℃)。

　　　α_2——管道最外壁至土壤的外部放热系数,W(m²·℃)。

ⅱ. 当 $Re > 10^4$,$Pr < 2500$ 时,α_1 按式(8-2-29)计算。

ⅲ. 当 $2000 < Re < 10^4$ 时,有:

$$\alpha_1 = \frac{\lambda_{om}}{d} K_0 (Pr_{om})^{0.43} \left(\frac{Pr_{om}}{Pr_{sm}}\right)^{0.25} \qquad (5-2-128)$$

式(5-2-128)中的符号含义同式(5-2-120)。式(5-2-128)中系数 K_0 是 Re 的函

数,可由表 5 - 2 - 41 求取。

紊流状态下的 α_1 要比层流时大得多,通常都大于 $100\mathrm{W/(m^2 \cdot \mathcal{C})}$。二者可能相差 10 倍,因此,紊流时的 α_1 对总传热系数的影响很小,可以忽略不计,而层流时的 α_1 则必须计入。

b. α_2 的计算。

$$\alpha_2 = \frac{2\alpha_{\mathrm{ta}}\sqrt{h_{\mathrm{t}}^2 - \left(\dfrac{D_{\mathrm{b}}}{2}\right)^2}}{D_{\mathrm{b}}\left[1 + H_{\mathrm{Dt}}\dfrac{a_{\mathrm{ta}}}{\lambda_{\mathrm{t}}}\sqrt{h_{\mathrm{t}}^2 - \left(\dfrac{D_{\mathrm{b}}}{2}\right)^2}\right]} \tag{5 - 2 - 129}$$

$$\alpha_{\mathrm{ta}} = \alpha_{\mathrm{tac}} + \alpha_{\mathrm{tar}} \tag{5 - 2 - 130}$$

$$\alpha_{\mathrm{tac}} = 11.6 + 7 \times \sqrt{v_{\mathrm{m}}} \tag{5 - 2 - 131}$$

$$\alpha_{\mathrm{tar}} = \frac{\varepsilon_{\mathrm{t}}C_{\mathrm{s}}}{t_{\mathrm{g}} - t_{\mathrm{a}}}\left[\left(\frac{t_{\mathrm{g}}}{100}\right)^4 - \left(\frac{t_{\mathrm{a}}}{100}\right)^4\right] \tag{5 - 2 - 132}$$

$$H_{\mathrm{Dt}} = \ln\left[\frac{2h_{\mathrm{t}}}{D_{\mathrm{b}}} + \sqrt{\left(\frac{2h_{\mathrm{t}}}{D_{\mathrm{b}}}\right)^2 - 1}\right] \tag{5 - 2 - 133}$$

式中　α_{ta}——土壤至地表空气间的放热系数,$\mathrm{W/(m^2 \cdot \mathcal{C})}$;

　　　α_{tac}——土壤至地表空气间的对流放热系数,$\mathrm{W/(m^2 \cdot \mathcal{C})}$;

　　　α_{tar}——土壤至地表空气间的辐射放热系数,$\mathrm{W/(m^2 \cdot \mathcal{C})}$;

　　　λ_{t}——土壤的导热系数,见表 5 - 2 - 36 至表 5 - 2 - 38,$\mathrm{W/(m \cdot \mathcal{C})}$;

　　　h_{t}——管中心埋深,m;

　　　D_{b}——钢管外防腐层的外直径,m;

　　　ε_{t}——管道表面黑度,取 $0.91 \sim 1$;

　　　C_{s}——空气辐射系数,取 $5.67\ \mathrm{W/(m^2 \cdot \mathcal{C})}$;

　　　t_{g}——管道表面温度,$\mathcal{C}$;

　　　t_{a}——大气温度,$\mathcal{C}$;

　　　v_{m}——地表风速,m/s。

当 $\dfrac{h_{\mathrm{t}}}{D_{\mathrm{b}}} > 2$ 时,可忽略土壤至空气间界面热阻的影响,α_2 近似按式(8 - 2 - 32)计算。

② 埋地保温管道总传热系数 K_2 的选取。

埋地保温管道总传热系数 K_2 由式(5 - 2 - 134)确定:

$$K_2 = \frac{1}{D_{\mathrm{1J}}\left(\dfrac{1}{\alpha_1 d} + \dfrac{1}{2\lambda_{\mathrm{s}}}\ln\dfrac{D_1}{d} + \dfrac{1}{2\lambda_{\mathrm{b}}}\ln\dfrac{D_{\mathrm{b}}}{D_1} + \dfrac{1}{2\lambda_{\omega}}\ln\dfrac{D_{\omega}}{D_{\mathrm{b}}} + \dfrac{1}{2\lambda_{\mathrm{J}}}\ln\dfrac{D_{\mathrm{J}}}{D_{\omega}} + \dfrac{1}{\alpha_2 D_{\mathrm{J}}}\right)}$$

$$\tag{5 - 2 - 134}$$

式中 λ_ω——保温层的导热系数,见表 5 – 2 – 34,W/(m·℃);

D_ω——保温层的外直径,m;

λ_J——保温层外夹克层的导热系数,W/(m·℃);

D_J——夹克层的外直径,m;

D_{1J}——保温管道的平均直径,取钢管外直径与夹克层外直径的平均值,即 $D_{1J} = \dfrac{D_1 + D_J}{2}$。

其他符号含义同式(5 – 2 – 119)。

当 $\dfrac{h_t}{D_J} > 2$ 时,式(5 – 2 – 134)中的 α_2 可按式(8 – 2 – 32)计算。

③ 架空保温管道的总传热系数 K_3 的选取。

架空保温管道的总传热系数 K_3 由式(5 – 2 – 135)确定:

$$K_3 = \cfrac{1}{D_{1s}\left(\dfrac{1}{\alpha_1 d} + \dfrac{1}{2\lambda_s}\ln\dfrac{D_1}{d} + \dfrac{1}{2\lambda_b}\ln\dfrac{D_b}{D_1} + \dfrac{1}{2\lambda_\omega}\ln\dfrac{D_\omega}{D_b} + \dfrac{1}{2\lambda_p}\ln\dfrac{D_0}{D_\omega} + \dfrac{1}{2\lambda_{si}}\ln\dfrac{D_{si}}{D_p} + \dfrac{1}{\alpha_{2a}D_{si}}\right)}$$

$$(5 – 2 – 135)$$

$$\alpha_{2a} = \alpha_{ac} + \alpha_{ar} \qquad (5 – 2 – 136)$$

当 $2 \times 10^5 > Re_a > 10^3$,且 t_a 在 $-40 \sim 40℃$ 范围内时:

$$\alpha_{ac} = 0.221 \times \dfrac{\lambda_a}{D_{si}}Re_a^{0.6} \qquad (5 – 2 – 137)$$

$$Re_a = \dfrac{v_a D_{si}}{\nu_a} \qquad (5 – 2 – 138)$$

式中 λ_p——聚乙烯防水层的导热系数,W/(m·℃);

D_p——聚乙烯防水层的外直径,m;

λ_{si}——镀锌铁皮的导热系数,W/(m·℃);

D_{1s}——保温管道的平均直径,取钢管外直径与镀锌铁皮外直径的平均值,即 $D_{1s} = \dfrac{D_1 + D_{si}}{2}$;

D_b——钢管外防腐层的外直径,m;

D_{si}——镀锌铁皮的外直径,m;

α_{2a}——架空管道对空气的放热系数,W/(m²·℃);

α_{ac}——空气对流放热系数,W/(m²·℃);

λ_a——空气导热系数,见表 5 – 2 – 39,W/(m·℃);

Re_a——空气雷诺数,m/s;

v_a——最大风速,m/s;

ν_a——空气黏度，m^2/s；

α_{ar}——空气辐射放热系数，按公式（5-2-132）计算，但要将式中的 α_{tar} 改为 α_{ar}，$W/(m^2 \cdot ℃)$。

2）埋地热油管道的温降计算

（1）埋地热油管道不考虑摩擦生热时的温降计算按式（8-2-23）计算。

（2）埋地热油管道考虑摩擦生热时的温降计算按式（8-2-24）计算。

（3）埋地热油管道考虑析蜡和油流摩擦生热时的温降计算。

① 管道起点油温计算：

$$t_1 = t_0 + (t_n - t_0) \exp\left(\frac{K\pi D_1 L_1}{q_m c}\right) \qquad (5-2-139)$$

② 管道终点油温计算：

$$t_2 = t_0 + b + (t_n - t_0 - b) \exp\left[-\frac{K\pi D_1(L - L_1)}{q_m\left(c + \dfrac{\varepsilon æ}{t_n - t_x}\right)}\right] \qquad (5-2-140)$$

式中　t_n——析蜡开始温度，℃；

t_x——析蜡终止温度或析蜡量为 ε 的对应温度，℃；

ε——当油温由 t_0 降到 t_x 时的析蜡量的百分数（以小数计）；

$æ$——石蜡结晶潜热，kJ/kg；

L——计算间距，m；

L_1——无析蜡段长度，m。

其他符号含义同式（8-2-23）。

3）加热站间距的计算

（1）埋地热油管道不考虑摩擦生热时的加热站间距按式（8-2-40）计算。

（2）埋地热油管道考虑摩擦生热时的加热站间距计算：

$$L = \frac{q_m c}{K\pi D_1} \ln \frac{t_1 - t_0 - b}{t_2 - t_0 - b} \qquad (5-2-141)$$

（3）埋地热油管道考虑析蜡和油流摩擦生热时的加热站间距计算：

$$L = \frac{q_m c}{K\pi D_1} \ln \frac{t_1 - t_0}{t_n - t_0} + \frac{q_m\left(c + \dfrac{\varepsilon æ}{t_n - t_x}\right)}{K\pi D_1} \ln \frac{t_n - t_0 - b}{t_2 - t_0 - b} \qquad (5-2-142)$$

式（5-2-141）和式（5-2-142）中各符号含义同式（5-2-139）式（5-2-140）。

4）热油管道的安全启输量

管道的安全启输量按式（5-2-143）计算：

$$q_{min} = \frac{K\pi D_1 L_{max}}{c\ln \dfrac{t_1 - t_0}{t_2 - t_0}} \qquad (5-2-143)$$

式中　q_{min}——安全启输量,kg/s;

　　　L_{max}——全管道中最大站间距,m。

其他符号含义同式(8-2-23)。

5)热油管道的安全停输时间

(1)架空及水中热油管道的安全停输时间。

架空及水中热油管道的安全停输时间由式(5-2-144)计算:

$$\tau = \left[c_o\rho_o D^2 + c_s\rho_s (D_1^2 - d^2) \right] \frac{1}{1.27K\pi D} \ln\frac{t_q - t_m}{t_\tau - t_m} \qquad (5-2-144)$$

式中　c_o——油的比热容,J/(kg·℃);

　　　ρ_o——油的密度,kg/m³;

　　　D——管道的平均直径,m;

　　　c_s——钢管的比热容,J/(kg·℃);

　　　ρ_s——钢管的密度,kg/m³;

　　　D_1——钢管的外直径,m;

　　　d——钢管的内直径,m;

　　　t_q——开始停输时的油温,℃;

　　　t_m——管道外大气或水流温度,℃;

　　　t_τ——停输 τ 小时后的油温,℃;

　　　K——停输后油至空气或水流的总传热系数,W/(m²·℃);

　　　τ——架空及水中热油管道的安全停输时间。

从式(5-2-144)不难看出,若降低总传热系数 K 的数值就可延长停输时间。降低 K 值的方法是将架空管道进行保温,将水中管道埋设在江底覆土3m 的 K 值接近于埋地管道,比裸露在水中的管道的 K 值降低10倍左右。

(2)埋地热油管道的安全停输时间。

当 $\dfrac{h_t}{D_b} > 3 \sim 4$ 时,埋地热油管道的安全停输时间由以下方式计算:

$$\tau = 0.1113 \frac{D_b^2}{\alpha_t} \left(\frac{4h_t}{D_b}\right)^{2(1-\beta)} \qquad (5-2-145)$$

$$\beta = \frac{t_{bt\tau} - t_0}{t_{bt0} - t_0} \qquad (5-2-146)$$

$$\alpha_t = \lambda_t / c_t\rho_t \times 3600 \qquad (5-2-147)$$

式中　τ——埋地热油管道的安全停输时间,h;

　　　D_b——与土壤接触的管外径,m;

　　　h_t——管中心埋深,m;

　　　t_{bt0}——开始停输时管壁处的土壤温度,℃;

$t_{bt\tau}$——停输 τ 小时后管壁处的土壤温度，℃；

t_0——管道埋设处土壤温度，℃；

α_t——土壤的导温系数，m^2/h；

λ_t——土壤的导热系数，$W/(m \cdot ℃)$；

c_t——土壤的比热容，干土为 $1842J/(kg \cdot ℃)$，$J/(kg \cdot ℃)$；

ρ_t——土壤的密度，一般为 $1500 \sim 1700kg/m^3$，kg/m^3。

采用式（5－2－145）计算埋地热油管道的安全停输时间时应考虑全线各点的温降，当管道沿线存在跨越管段或者局部土壤含水量较高的特殊地段时，应对该段管道进行单独的计算分析。

当管输原油的胶质和沥青质含量较高时，埋地热油管道的安全停输时间除需要考虑沿线管道内原油的温度是否高于凝点外，还应考虑管内原油低温流动的力学性能。虽然管道内原油温度高于凝点，但是由于管道内的原油在低温时，要使原油再次流动，必须克服原油的剪切力，所以只有当泵站提供的压力能够克服原油的低温剪切力时，管道才能安全启输。

［计算简例］如大庆某油田原油外输管道，原油凝点30℃，管道采用加热输送，末站进站温度为35℃，管径 $\phi219mm$，管道管顶埋深为 $1.2m$，管道中心埋深处冬季土壤温度为 $-3℃$，管道采用40mm厚硬质聚氨酯泡沫保温敷设，管道总传热系数为 $0.8\ W/(m^2 \cdot ℃)$。管道停输时，安全停输时间需满足管道末站进站冷油头温降在允许范围内，在管道停输前，将管道末站的进站温度提高至40℃，安全停输时间内末站进站温度允许降至35℃。开始停输时管壁处的土壤温度 t_{bt0} 近似取开始停输时的管外壁温度，停输 τ 小时后管壁处的土壤温度 $t_{bt\tau}$ 近似取停输 τ 小时的管外壁温度。

① 求管外壁温度，根据热传导理论，在稳定传热时油流通过管壁、防腐层和保温层等传出去的热量与油流散至土壤的热量相等。即：

$$q = K\pi D(t - t_0) = \left(\frac{\lambda}{\delta}\right)\pi D(t - t_w) \qquad (5-2-148)$$

简化成：

$$t_w = \left[1 - K\left(\frac{\delta}{\lambda}\right)\right]t + K\left(\frac{\delta}{\lambda}\right)t_0 \qquad (5-2-149)$$

式中　t_w——管外壁温度，℃；

t——油流温度，℃；

t_0——管道周围介质温度，℃；

K——埋地管道总传热系数，$W/(m^2 \cdot ℃)$；

δ——钢管、防腐层和保温层等的厚度，m；

λ——钢管管壁、防腐层和保温层等的导热系数，$W/(m \cdot ℃)$。

计算得 t_{bt0} 为0.7℃，$t_{bt\tau}$ 为0.3℃。

② 按式（5－2－146）计算得 β 为0.892。

③ 土壤的导热系数 λ_t 取 $1.74\ W/(m \cdot ℃)$，按式（5－2－147）计算得土壤的导温系数 α_t

为 $2.267 \times 10^{-3} \mathrm{m}^2/\mathrm{h}$。

④ 按式(5-2-145)计算得冬季管道的安全停输时间 τ 约为 8.3h。

3. 管道水击保护

1) 水击的产生

输油管道的密闭输油流程使管道全线成为一个水力系统,管道沿线某一点的流动参数变化会在管内产生瞬变压力脉动。该压力脉动从扰动点沿管道上游与下游传播,即引起管道的瞬变流动,管道瞬变流动引起的压力波动称为水击。管道产生瞬变流动,流量变化量越大,变化时间越短,产生的瞬变压力波动就越剧烈。管道产生水击主要是由于管道系统事故引起的流量变化造成的。引起管道流量突然变化的因素很多,基本上可分为两类:一类是有计划地调整输量或切换流程;另一类是事故引起的流量变化,如泵站突然停泵、机泵故障停、进出站阀门或干线截断阀门故障关闭、调节阀动作失灵误关闭等原因。另外,对于顺序输送的管道,两种油品的交替也会在管内产生瞬变流动。

对于有计划地调整输量或改变输送流程,可以人为地采取措施,防止或减小压力的波动,使产生的压力波动处于允许的范围之内。

对于事故引起的流量变化产生的瞬变流动剧烈程度,取决于事故本身的性质。如果压力变化引起的瞬变压力超过管道允许的工作条件,就需要对管道系统采取相应的调节与保护措施。

2) 水击保护方法

水击保护的目的是通过采取预防措施使水击的压力波动不超过管子与设备的设计强度,不发生管道内出现负压与液体断流情况。保护方法按照管道的条件选择,采用的设施根据水击分析的数据确定。

水击保护方法有管道增强保护、超前保护与泄放保护三种。

(1) 管道增强保护。

当管道各处的设计强度能承受无任何保护措施条件下水击所产生的最高压力时,则不必为管道采取保护措施。小口径管道的强度往往具有相当裕量,能够承受水击的最高压力。

(2) 超前保护。

超前保护是在产生水击时,由管道控制中心迅速向上游和下游泵站发出指令,上游和下游泵站立即采取相应保护动作,产生一个与传来的水击压力波相反的扰动,能够在两波相遇后抵消部分水击压力波,以避免对管道造成危害。超前保护是建立在管道的高度自动化基础之上的一项自动保护技术。

当管道末站阀门因误操作而全部关闭时,上游各泵站当即接受指令顺序全部关闭。某一中间泵站突然关闭时,则指令上游各泵站按照调节阀节流、关闭一台输油泵、关闭两台输油泵……的顺序动作;同时指令下游泵站也按照上述顺序动作。如果泵站装备调速输油泵机组,在调节阀节流与关闭一台泵两种动作之间,尚可增加调速泵机组降速运转动作。上述上游和下游泵站调节阀的节流幅度,需要根据水击分析结果确定。当各泵站采取的动作已达到水击分析结果所定压力与流量要求时,即不再继续执行下一步保护动作。

(3) 泄放保护。

泄放保护是在管道的一定地点安装专用的泄放阀,当出现水击高压波时,通过阀门从管道中泄放出一定数量的液体,从而削弱高压波,以防止水击造成危害。

泄放阀设置在可能产生高压波的地点,即首站和中间泵站的出站端、中间泵站和末站的入口端。

3）水击分析

管道中各截面上液体流速和压力不随时间变化的液流为稳定流,反之叫不稳定流。在输油过程中,不存在绝对的稳定流,只是当液流的压力与流量不随时间有较大的变化时即可认为是稳定流。旁接输油管道的泵站之间都是独立的水力系统,受旁接罐的调节,压力与流量基本上是稳定的,即为稳定流。密闭输送管道全线是一个整体水力系统,任何一个泵站压力与流量的变化,都使全线压力与流量在瞬间发生相当程度的压力波动,这种压力波动即是水击。水击严重时,对管线与设备可能造成损害。所以,密闭输送管道都必须对可能产生的水击现象进行分析,并采取相应的保护措施。

输油管道中发生水击的原因有许多种,但对管道与设备安全构成威胁的有两种:第一种,中间泵站因为动力中断,输油泵突然全部关闭,在停泵站进口侧产生高压波,停泵站出口侧产生低压波;第二种,干线截断阀或中间泵站与末站因误操作进站阀门突然关闭,阀前产生高压波。水击时的高压波与低压波分别沿管道传播,高压波与管道中原有输油压力叠加产生异常的高压力,低压波则可能在管道造成负压。

以上两种水击是密闭输送输油管道需要进行重点分析和保护的。

（1）水击分析的主要目的。

① 在上述两种水击状态下,无任何水击保护措施时,分析输油管道各处在任何时间所出现的最高与最低压力,以确定是否需要采取保护措施。

② 当采取某种水击保护措施时,分析输油管道各处在任何时间所出现的最高与最低压力,以判断保护措施是否得当。

输油管道的水击分析利用专门编制的计算机程序进行。

（2）水击分析所提供的成果。

① 无任何保护措施情况。当中间泵站突然关闭时,管道各处在任何时间的最高与最低压力线图(也称包络线图);末站关闭时,管道各处任何时间的最高与最低压力线图。

② 采用泄放阀保护情况。当中间泵站突然关闭或末站突然关阀时:管道各处任何时间的最高与最低压力线图;各中间泵站压力—时间曲线;各中间泵站流量—时间曲线;泄放阀泄放速率;泄放阀累积泄放量。

③ 采用超前保护,当中间泵站突然关闭或末站突然关闭时,管道各处任何时间的最高与最低压力线图;各中间泵站压力—时间曲线;各中间泵站流量—时间曲线。

（3）水击分析所需基础数据。

计算机进行水击分析需要利用反映管道各种特征的一系列数据。

① 管道输送量:规定设计输送量;计算输送量。

② 原油物性:密度;凝点;运动黏度—温度数据组;反常点、流变指数、稠度系数等。

③ 管道参数:线路纵断面(高程—里程)数据组;各泵站间距;管径、壁厚、管壁粗糙度、钢材屈服极限;保温层厚度、保温层导热系数;地温、管道总传热系数等。

④ 管道主要设备布置简图：输油泵台数及工作方式（并联、串联）；加热炉台数；全线各泵站输油泵、调节阀、加热炉及泄压阀的相互连接关系图；泵站内部局部摩阻值及其分布。

⑤ 设备特性。

a. 输油泵型号，泵额定流量、扬程与效率，泵转矩与转速惯性矩；

b. 加热炉额定流量时的压降；

c. 调节阀型号、阀额定流量时的压降、全行程时间、调节特性、调节器的特性系数；

d. 泄压阀给定压力值、不同超压百分数时的流量系数。

⑥ 设计给定值。

a. 泵站进站与出站压力给定值、越站输送时各泵站的压力限制；

b. 泵站进站油温。

⑦ 所选择的水击保护方式。

4）水击控制及保护设施

（1）调节阀。

管道系统中的调节阀是一种阻力可变的截流元件，通过改变阀门的开度来改变管道系统的工作特性，实现调节流量、改变压力的目的。调节阀由两部分组成：执行机构和调节部件。执行机构的参数决定了阀门开度的变化过程，调节部件（节流元件）的参数决定了阀门的水力特性。一般来说，泵站的出站端设置调节阀，用于调节流量和管道水击过程中管道系统的压力波动，防止管道进站压力过低和出站压力过高，维持管道的正常运行。

调节阀的动作为：当出站压力高于限定值时，调节阀向关闭方向动作，使出站压力下降；当进站压力低于限定值时，调节阀同样向关闭方向动作，使进站压力升高；管道的进站与出站压力均未超出限定值时，调节阀保持全开状态。

（2）泄压阀。

泄压阀是保护管道安全的重要设备，要求运行安全、可靠，便于维修、使用寿命长，可以保证管道的安全运行。

泄压系统一般由三部分组成：泄压阀、泄压罐和连接管道。

目前，输油管道应用较广的泄压阀有三种类型，即先导式泄压阀、氮气胶囊式泄压阀和氮气轴流式泄压阀，其压力泄放效果都能满足管道的要求。

胶囊式泄压阀是利用外加氮气系统设定泄压阀的泄放设定值，它需要一套氮气系统，而且结构复杂，体积较大。胶囊式泄压阀内胶囊易老化，需要定期更换。另外，在管道投产初期，管道内含有较多的杂质，如焊渣、焊接熔结物以及其他杂物，当泄压阀泄放时，高速泄放的液体中夹杂的杂质可能划伤胶囊。但是胶囊式泄压阀对输送介质的黏度和凝点没有特殊要求，适用于高黏油品。

先导式泄压阀是依靠阀体内部的导阀来开启的，其结构简单、安装方便，不需要额外的辅助设施，输送介质黏度大于 $50mm/s^2$ 以上时不适用。先导式泄压阀的缺点是不适用于高黏油品，由于先导式泄压阀的导管较细，高黏油品易在导管内黏结，影响泄放效果。

氮气轴流式泄压阀的结构原理类似于先导式泄压阀，所不同的是利用了外加氮气系统，适用于各种油品,缺点是需要一套复杂的氮气系统,投资和运行费用较高。

泄压阀的选型方法为先按照经验初选泄压阀口径,将阀的参数输入水击分析程序进行运算,如果分析结果表明保护效果符合要求,则所选泄压阀的型号与口径适合;否则,应重新选取泄压阀口径,并进行计算,直至满意为止。

泄压阀参数的计算在于根据阀的口径及所定压力给定值确定其泄放量,计算公式为:

$$Q = 0.0865KF \sqrt{\frac{p_s}{d}} \qquad (5-2-150)$$

式中　Q——泄放阀泄放能力,m^3/h;

　　　p_s——压力给定值,kPa;

　　　d——液体(原油)相对密度;

　　　K——黏度修正系数,按照液体的黏度大小取 0.7～0.9,黏度高者取较小值;

　　　F——流量系数,随泄放阀口径与超过压力给定值的百分数而异,一般情况下,超过压力给定值的百分数取 10%,流量系数还与泄放阀的构造有关。

表 5-2-42 列出美国格罗夫(Grove)阀门厂生产的 887 型中压、低压与高压泄放阀的流量系数值(中、低压型入口耐压 Class150、高压型入口耐压 Class600)。

表 5-2-42　泄放阀流量系数

阀口径 in	不同超过压力给定值百分数下的流量系数(中压、低压型/高压型)						
	10%	13%	15%	20%	30%	42%	55%
6	141/90	169/108	186/119	225/144	282/180	338/215	395/252
8	250/187	300/225	330/247	400/300	500/375	600/450	700/525
10	346/232	415/277	457/305	554/370	692/462	831/555	970/647
12	505/335	606/402	666/442	808/536	1010/670	1212/804	1412/938

七、输油站场及阀室

1. 典型输油站场工艺流程

1) 工艺流程的设计原则及要求

(1) 工艺流程设计应符合设计任务书及批准的有关文件的要求,并应符合现行国家及行业有关标准和规范的要求。

(2) 工艺流程应能实现管道必需的各种输油操作,并且应体现可靠的先进技术,应采用新工艺、新设备、新材料,达到方便操作、节约能源、保障安全的目的。

(3) 工艺流程设计力求简洁、适用。尽可能减少阀门及管件的设置,管线连接尽可能短。

（4）工艺流程的设计除满足正常输油的功能要求外,还应满足操作、维修、投产和试运的要求。当工程项目有分期建设需要时,还应能适应工程分期建设的衔接要求。

2）各类站场的典型工艺流程

（1）输油首站。

① 输油首站工艺流程应具有的功能。

a. 接收来油进罐。

b. 加热/增压外输。

c. 站内循环。

d. 压力泄放。

e. 清管器发送。

必要时还应具有返输和交接计量流程。

② 输油首站典型工艺流程图。

输油管道首站输油工艺有油品的常温输送、加热输送等,由于输送工艺的不同,其流程也不相同。

常温输送首站典型工艺流程举例:图5-2-31为泵串联运行、罐区单管的流程;图5-2-32为泵并联运行、罐区双管的流程。

加热输送首站典型工艺流程举例:图5-2-33为泵串联运行、直接加热炉的流程。

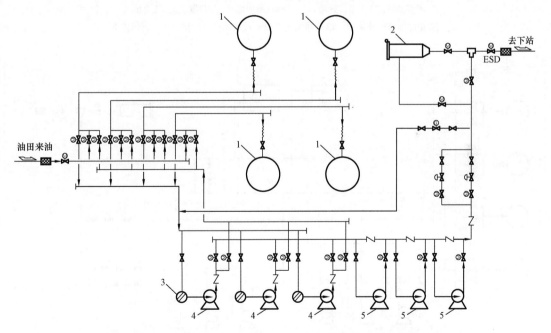

图5-2-31 常温输送首站典型工艺流程图(泵串联运行、罐区单管)

流程功能:接收来油进罐;增压外输;油品循环;清管器发送;压力泄放

主要设备:1—储罐;2—清管器发送筒;3—过滤器;4—给油泵;5—外输主泵

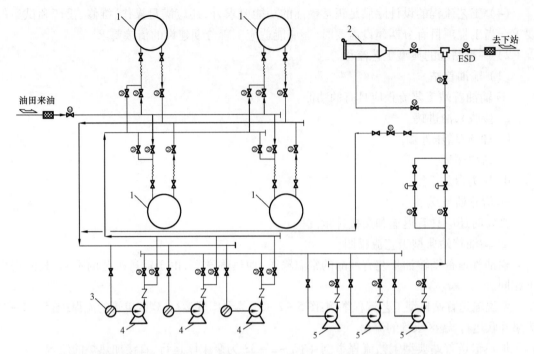

图 5-2-32　常温输送首站典型工艺流程图（泵并联运行、罐区双管）

流程功能：接收来油进罐；增压外输；站内循环；清管器发送；压力泄放

主要设备：1—储罐；2—清管器发送筒；3—过滤器；4—给油泵；5—外输主泵

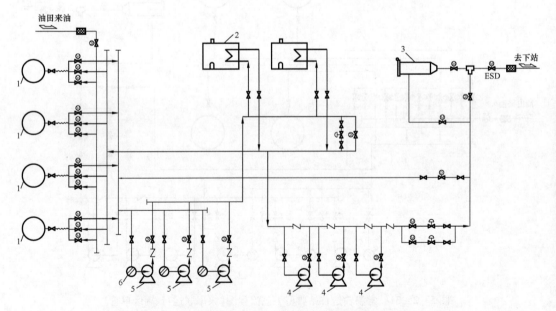

图 5-2-33　加热输送首站典型工艺流程图（泵串联运行、直接加热炉）

流程功能：接收来油进罐；增压外输/加热；站内循环；热力越站；清管器发送；压力泄放

主要设备：1—储罐；2—加热炉；3—清管器发送筒；4—外输主泵；5—给油泵；6—过滤器

（2）中间站。

中间站根据运行方式和功能的不同,可分为中间泵站、加热站、热泵站、分输站、输入站、减压站以及清管站等,工艺流程也不相同。

① 中间站工艺流程应具有的功能。

a. 接收来油进罐。

b. 减压/加热/增压外输。

c. 清管器接收、发送或越站。

d. 调压、分输。

e. 压力/热力越站。

f. 调压输入。

g. 压力泄放。

h. 全越站。

i. 泄压罐油品回注。

j. 越站外输。

② 中间站典型工艺流程图。

中间站典型工艺流程图举例:图5-2-34为泵并联运行、清管器收发的流程;图5-2-35为泵串联运行、直接加热炉、清管器收发的流程;图5-2-36为中间分输泵站典型工艺流程(泵串联运行、清管器收发、分输);图5-2-37为中间输入泵站典型工艺流程图(泵串联运行、带储罐);图5-2-38为减压站典型工艺流程图(带分输),对单独的减压站,取消分输部分;图5-2-39为清管站典型工艺流程图。

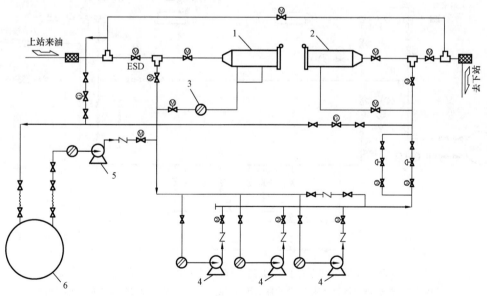

图5-2-34　中间泵站典型工艺流程图(泵并联运行、清管器收发)

流程功能:增压外输;清管器接收;清管器发送;压力越站;全越站;压力泄放;泄压罐油品回注

主要设备:1—清管器接收筒;2—清管器发送筒;3—过滤器;4—外输主泵;5—注油泵;6—泄压罐

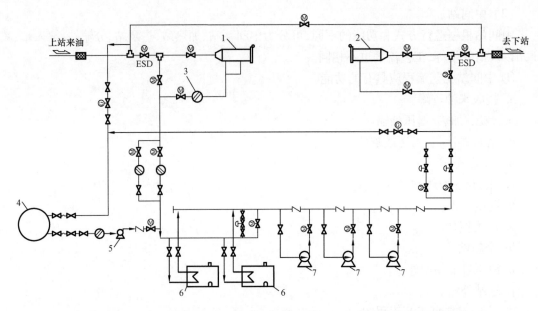

图 5 - 2 - 35　中间热泵站典型工艺流程图（泵串联运行、直接加热炉、清管器收发）

流程功能：增压外输/加热；清管器接收；清管器发送；压力越站；热力越站；全越站；压力泄放；泄压罐油品回注

主要设备：1—清管器接收筒；2—清管器发送筒；3—过滤器；4—泄压罐；5—注油泵；6—加热炉；7—外输主泵

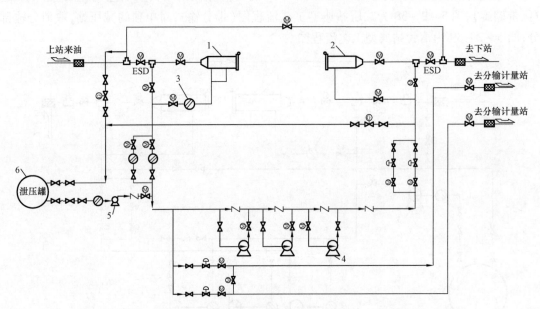

图 5 - 2 - 36　中间分输泵站典型工艺流程图（泵串联运行、清管器收发、分输）

流程功能：增压外输；清管器接收；清管器发送；调压分输；全越站；压力泄放；泄压罐油品回注

主要设备：1—清管器接收筒；2—清管器发送筒；3—过滤器；4—外输主泵；5—注油泵；6—泄压罐

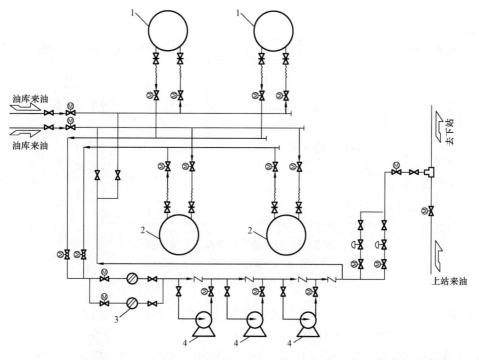

图 5-2-37　中间输入泵站典型工艺流程图（泵串联运行、带储罐）
流程功能:接收来油进站;增压外输;站内循环
主要设备:1—储罐;2—储罐;3—过滤器;4—输入泵

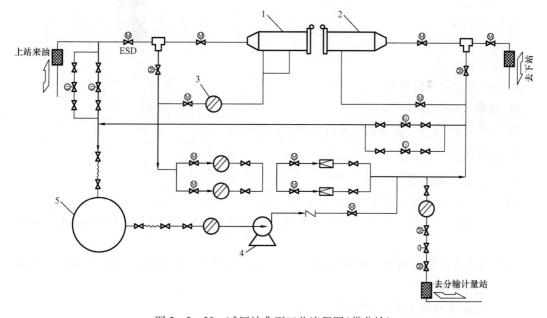

图 5-2-38　减压站典型工艺流程图（带分输）
流程功能:清管器接收;清管器发送;减压;调压分输;压力泄放;泄压罐油品回注
主要设备:1—清管器接收筒;2—清管器发送筒;3—过滤器;4—注油泵;5—泄压罐

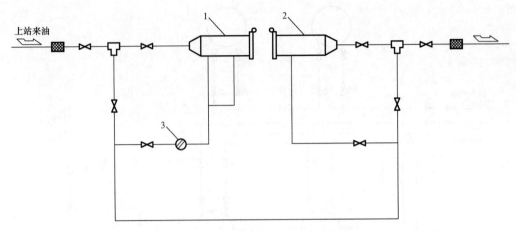

图 5-2-39　清管站典型工艺流程图

流程功能：越站外输；清管器接收；清管器发送

主要设备：1—清管器接收筒；2—清管器发送筒；3—过滤器

（3）末站。

① 输油末站工艺流程应具有的功能。

a. 清管器接收。

b. 接收来油进罐。

c. 油品转输。

d. 站内循环。

e. 压力泄放。

f. 油品计量交接。

g. 流量计标定。

必要时还应设返输流程。

② 输油末站典型工艺流程图。

图 5-2-40 为单一油品输油末站典型工艺流程图。

2. 线路阀室

1）线路远控截断阀的功能

（1）远控截断阀具有就地、远控 ESD 关阀、远控开/关阀等功能。

（2）线路远控截断阀设常开为正常状态，关闭为事故状态，线路远控截断阀关闭时应报警。

（3）线路远控截断阀应具有在线测试功能，同时应给出在线测试节点信号并远传至调度控制中心。

2）线路阀室典型工艺流程举例

（1）线路手动截断阀室典型工艺流程。

线路手动截断阀室典型工艺流程如图 5-2-41 所示。

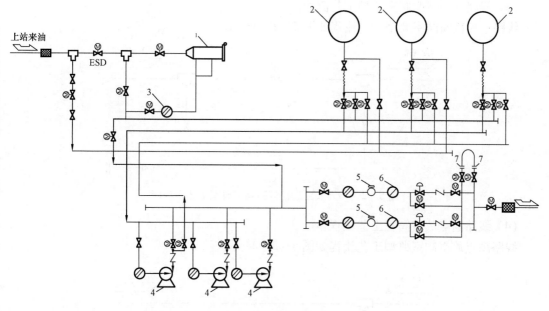

图 5 - 2 - 40 单一油品输油末站典型工艺流程图

流程功能:接受来油进罐;清管器接收;油品转输;油品计量交接;流量计标定;站内循环;压力泄放

主要设备:1—清管器接收筒;2—储罐;3—过滤器;4—转输泵;5—消气器;6—流量计;7—标准体积管

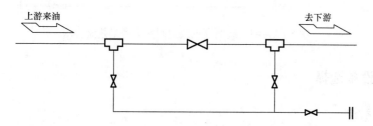

图 5 - 2 - 41 线路手动截断阀室典型工艺流程图

（2）线路单向阀室典型工艺流程。

线路单向阀室典型工艺流程如图 5 - 2 - 42 示。

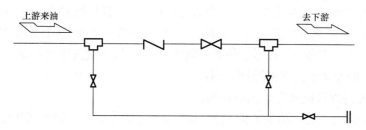

图 5 - 2 - 42 线路单向阀室典型工艺流程图

（3）线路远控截断阀室典型工艺流程。

线路远控截断阀室典型工艺流程如图5－2－43示。

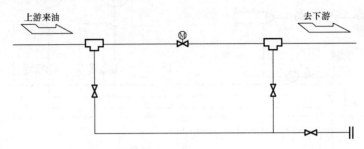

图5－2－43　线路远控截断阀室典型工艺流程图

（4）线路高点放空阀室工艺流程。

线路高点放空阀室典型工艺流程如图5－2－44示。

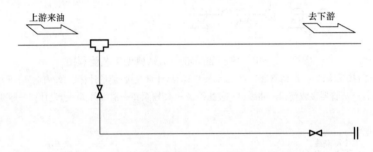

图5－2－44　线路高点放空阀室典型工艺流程图

八、输油设备选择

1. 输油泵机组

1）输油泵机组的选用原则

（1）输油主泵一般选用离心泵。输油泵机组特性与管道特性曲线交汇点处的排量应与管道的设计输送量一致。

（2）当输油量变化很大，或管道翻越高山，泵的扬程主要用于克服静压力差时，输油主泵宜采用并联方式，当输油主泵主要用于克服管道摩阻损失，且输油量变化小时，宜采用串联方式。一般情况下，每座泵站泵机组至少设置2台，但不宜多于4台，其中1台备用。

（3）液体中溶解或夹带气体量的体积分数大于5%时，不宜选用离心泵。

（4）输油泵的原动机按下列原则选用：

① 在电力充足地区应首先采用电动机。

② 在无电或缺电地区，须经技术经济论证后，确定动力机型（选用柴油机、燃气轮机或建输电线路选用电动机）。

③ 需要调速时，经技术经济比较后，可选用调速装置或可调速的原动机。

2）离心式油泵基本性能及参数

（1）管输黏油对离心泵性能的影响。

离心泵输送黏油与输送水时相比,性能参数有如下变化:

① 泵的流量减少。由于油品黏度比水大,切向黏滞力的阻滞作用逐渐扩散到叶片间的液流中,叶轮内黏油流速降低,使泵的流量减少。

② 泵的扬程降低。由于油品黏度增大,使克服黏性摩擦力所需的能量增加,从而使泵的扬程降低。

③ 泵的轴功率增加,效率降低。由于叶轮内、外盘与黏油摩擦引起的水利损失均大于水,因而引起轴功率的增加,从而使泵的效率降低。

综合上述原因,离心泵在输送黏油时,泵的特性将发生变化。美国水利研究院标准中的计算图表已经吸纳了常规离心泵在某雷诺数范围内的研究成果,由此得到了输送低黏度原油时泵最佳效率点(Best Efficiency Piont,BEP)的扬程、效率和流量校正系数。

图 5 - 2 - 45 是按扬程 - 流量雷诺数表示的这些校正系数的曲线。

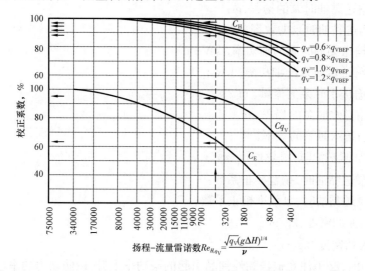

图 5 - 2 - 45　黏性流体对离心泵的效应(取自美国水力研究院 ANSI/HI1.6—2000 离心泵测试标准)

C_{q_V}、C_E、C_H—流量、效率和扬程校正系数

扬程 - 流量雷诺数计算公式为:

$$Re_{H,q_V} = \frac{\sqrt{q_V}\,(g\Delta H)^{\frac{1}{4}}}{\nu} \qquad (5-2-151)$$

式中　q_V——体积流量,ft³/s(1ft≈0.3048m);

　　　g——重力加速度,在地球海平面 $g = 32.174\ \text{ft/s}^2$ ($g = 9.80665\ \text{m/s}^2$);

　　　ΔH——泵或泵级的扬程差,亦称泵压头或全动压头,ft;

　　　ν——运动黏度,$\nu = \dfrac{\mu}{\rho}$,ft/s²,常用 mm²/s (cSt)表示。

根据泵送油品的流量、扬程和油品黏度，按式（5 - 2 - 151）计算出扬程 - 流量雷诺数 Re_{H,q_V}，根据其结果，从图 5 - 2 - 45 中可查的流量、效率和扬程校正系数 C_{q_V}，C_E 和 C_H。然后根据下列公式计算出输送黏油时的泵性能参数：

$$q_{Vo} = C_{q_V} q_{Vw} \qquad (5 - 2 - 152)$$

$$H_o = C_H H_w \qquad (5 - 2 - 153)$$

$$\eta_o = C_E \eta_w \qquad (5 - 2 - 154)$$

$$P_{ob} = \frac{\rho_o q_{Vo} H_o}{102 \eta_o} \qquad (5 - 2 - 155)$$

$$P_{wb} = \frac{\rho_w q_{Vw} H_w}{102 \eta_w} \qquad (5 - 2 - 156)$$

式中　　q_{Vo}——输送黏油时泵的流量，m^3/s；

H_o——输送黏油时泵的扬程，m；

η_o——输送黏油时泵的效率，%；

P_{ob}——输送黏油时泵的轴功率，kW；

P_{wb}——输送水时泵的轴功率，kW；

q_{Vw}——输送水时泵的流量，m^3/s；

H_w——输送水时泵的扬程，m；

η_w——输送水时泵的效率，%；

C_{q_V}——泵送黏油时，流量校正系数；

C_H——泵送黏油时，扬程校正系数；

C_E——泵送黏油时，泵效率校正系数；

ρ_o——黏油的密度，kg/m^3；

ρ_w——水的密度，kg/m^3。

在选择动力时，必须注意输送黏性油品引起的泵功率上升，以防动力功率选得过小而影响泵机组的正常运行。由于油的黏度对离心泵的效率有较大的影响，如图 5 - 2 - 45 所示，在输送黏性油品时，进泵前应先加热降黏后再进离心泵，使泵在较高效率下运行。

（2）泵的比转速对泵效率的影响。

比转速大小也反映了泵效率的高低。图 5 - 2 - 46 为单级泵的泵效率与比转速 n_s 和体积流量 q_V 的关系。

从图 5 - 2 - 46 中可以看出：低比转速的泵效率较低原因是比转速低的泵其叶轮外径大，轮盘外表面摩擦损失较大，同时出口宽度较窄，叶片数较多，损失较大。然而，比转速很高的泵，漩涡损失较大，因此高比转速泵的效率也较低。这样，离心泵的效率只有在 n_s = 90 ~ 300 范围内较高（低值是指小流量泵，而高值是指大流量泵）。从图 5 - 2 - 46 中还可以看出：大流量泵效率值较高（由于大流量泵尺寸大，相对漏损少，流道面积大，水力摩擦损失小）。

比转速按式（5 - 2 - 157）计算：

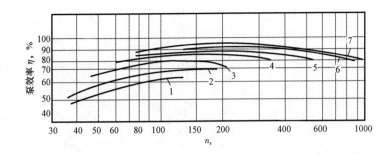

图 5 - 2 - 46　单级泵的泵效率与 n_s 和 q_V 的关系图

$1—q_V < 22 m^3/h; 2—q_V = 22 \sim 43 m^3/h; 3—q_V = 43 \sim 108 m^3/h; 4—q_V = 108 \sim 216 m^3/h;$

$5—q_V = 216 \sim 360 m^3/h; 6—q_V = 360 \sim 2340 m^3/h; 7—q_V > 2340 m^3/h$

$$n_s = 3.65 \frac{n \sqrt{q_V}}{H^{\frac{3}{4}}} \qquad (5 - 2 - 157)$$

式中　n——泵轴转速,r/min;

　　　　q_V——泵的额定流量,对于双吸式叶轮应为 $q_V/2$,m^3/s;

　　　　H——泵的额定扬程,对于多级泵应为 H/i,m;

　　　　i——泵的级数。

比转速与泵效率有着直接的关系,GB/T 13007—2011《离心泵 效率》中规定了单级单吸离心水泵、单级双吸离心水泵、多级离心水泵和离心耐腐蚀泵在不同比转速时的泵效率。在选用泵时,要求泵生产厂家的泵效不能低于标准中的效率值。

（3）泵的性能换算。

① 转数改变时的特性换算。转数改变时,需按以下方式进行换算:

$$\frac{q_{V1}}{q_{V2}} = \frac{n_1}{n_2} \qquad (5 - 2 - 158)$$

$$\frac{H_1}{H_2} = \left(\frac{n_1}{n_2}\right)^2 \qquad (5 - 2 - 159)$$

$$\frac{\Delta h_1}{\Delta h_2} = \left(\frac{n_1}{n_2}\right)^2 \qquad (5 - 2 - 160)$$

$$\frac{P_{b1}}{P_{b2}} = \left(\frac{n_1}{n_2}\right)^3 \qquad (5 - 2 - 161)$$

式中　q_{V1},H_1,Δh_1,P_{b1}——转数为 n_1 时泵的流量、扬程、允许汽蚀余量及轴功率;

　　　　q_{V2},H_2,Δh_2,P_{b2}——转数为 n_2 时泵的流量、扬程、允许汽蚀余量及轴功率。

② 叶轮外径改变时的特性换算。为了减少泵的种类,扩大泵的适用范围,提高泵的通用程度,可利用同一台泵车小叶轮外径来满足另外一些参数的需要。

当叶轮外径车小、出口面积变化不大（泵效基本不变）时,可采用下列关系式换算:

$$\frac{q_{V1}}{q_{V2}} = \frac{D_1}{D_2} \qquad (5-2-162)$$

$$\frac{H_1}{H_2} = \left(\frac{D_1}{D_2}\right)^2 \qquad (5-2-163)$$

$$\frac{P_{b1}}{P_{b2}} = \left(\frac{D_1}{D_2}\right)^3 \qquad (5-2-164)$$

式中 D_1，D_2 ——叶轮切削前后的直径，mm。

叶轮不能切削过大，否则会引起泵的效率降低，叶轮的最大切削量与比转速的关系见表 5-2-43。

表 5-2-43 叶轮外圆的最大切削量

比转速 n_s	60	120	200	300	350
最大切削量 $\frac{D_1-D_2}{D_1} \times 100\%$	20	15	11	9	7

表 5-2-43 中 n_s 值低时，叶轮的切削量大，这是由于切削后叶轮外表面摩擦损失减少，效率下降不多的缘故。厂家的输油泵上给出的不同叶轮直径的参数是由试验确定的。如果输油泵没有这些数据时，可近似按表 5-2-43 中选取。

3）离心式油泵选择

（1）按额定点流量和扬程选泵。

参照 GB/T 3215—2019《石油、石化和天然气工业用离心泵》：泵应具有一个优先选用的工作区，此区位于所提供叶轮的最佳效率点流量的 70%～120% 区间内。额定流量点应位于所提供叶轮最佳效率点流量的 80%～120% 区间内。第 5.1.15 条规定所提供泵的最佳效率点最好位于额定流量点和正常流量点之间。

（2）离心泵的最小操作流量。

离心泵可操作的最小流量的确定，取决于泵内发生的脉动和振动情况，与叶轮形状、固定件与旋转件间隙、轴承种类、泵功率大小、液体的蒸气压、比转速等有关。

双吸泵与单吸泵相比，双吸泵对回流更敏感，所要求的最小操作流量在额定流量的60%～70% 范围内。

长输管道用泵，一般均属大功率泵，最小操作流量应为额定流量的60%以上。

小流量操作时泵的发热问题不应忽视，泵在关死点操作是非常危险的，这是因为绝大部分泵功率均用来加热泵体中的一小部分液体，这部分液体的升温速度相当快。

（3）泵的串联与并联。

① 泵的串联与并联形式。在输油生产中要求泵站提供的扬程和流量，有时一台单泵不能满足，需要用几台泵组合进行工作。当一台泵的输油量满足不了输油工艺要求时，需要两台或两台以上泵并联运行；当一台泵的扬程满足不了输油工艺要求时，需要两台或两台以上泵串联运行。

输油泵的组合运行，在条件合适时，应首先选择串联方式，因为串联式油泵的排量大、扬程低、泵的比转速大,因此泵的效率较高。但这种泵一般需要正压进泵,在输油泵前需设辅助增压泵(即给油泵或喂油泵)。当输油泵主要用于克服大高程或者输送量变化范围较大时,一般选用并联方式。

② 离心泵的串联特性。当两台泵串联工作时,在相同的流量下,两台泵的扬程相叠加,泵串联时的 $H—q_V$ 特性,如图 5 – 2 – 47 所示。从图 5 – 2 – 47 中可以看出两台泵串联后的工作点为 A,每台泵的工作点为 A_2,此时 $H_A = 2H_2$,在同一条管路特性中,单台泵工作时的工作点为 A_1,此时 $H_1 > H_2$,而 $q_{V1} < q_{V2}$。因此,两台泵串联时的扬程不可能为单台泵操作时扬程的两倍,即 $H_A \neq 2H_1$。

串联泵的泵体强度和轴封性能必须能满足扬程叠加后的要求。

③ 离心泵的并联特性。两台离心泵并联工作时,在相同的扬程下,将两台泵的流量叠加,泵并联时的 $H—q_V$ 特性,如图 5 – 2 – 48 所示。从图 5 – 2 – 48 中可以看出两台泵并联工作点为 A,每台泵的工作点为 A_2,此时 $q_{VA} = 2q_{V2}$。在同一条管路特性中,单台泵工作时的工作点为 A_1,此时 $q_{V1} > q_{V2}$,而 $H_1 < H_A$。因此,两泵并联时的流量也不可能为单台泵操作时流量的 2 倍,即 $q_{VA} \neq 2q_{V1}$。

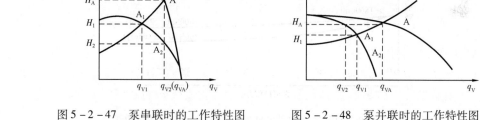

图 5 – 2 – 47　泵串联时的工作特性图　　　图 5 – 2 – 48　泵并联时的工作特性图

④ 离心泵机组的串联与并联特性比较。

a. 在小排量运行时,管道处于平原地区,主要用于克服管道摩阻损失,泵的串联优于并联,如图 5 – 2 – 49 中,当流量为 q_{V1} 时,串联节流损失大大低于并联节流损失。

b. 大排量、中扬程串联泵效率高于中排量高扬程并联泵效率。

c. 翻越大山时,位差大,泵的扬程主要用于克服很大的位差静压头,而位差静压头并不随油量大小而变化,流量的变化引起总压头损失的变化不大,其管路特性曲线高而平缓,此时并联比串联更为适宜。

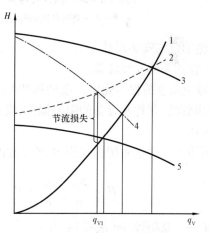

图 5 – 2 – 49　泵机组的串联与并联特性比较

1—地形平坦时的管路特性曲线;2—翻越大山时的管路特性曲线;
3—泵机组串联或并联后的特性曲线;4—并联前的单泵特性曲线;
5—串联前的单泵特性曲线

4）螺杆泵和性能

（1）螺杆泵的轴功率计算。

螺杆泵的轴功率可按式（5-2-165）计算：

$$P_b = \frac{(p_d - p_s)q_v}{3.67\eta} \qquad (5-2-165)$$

式中　　P_b——泵轴功率，kW；

　　　　p_s——泵入口压力，MPa；

　　　　p_d——泵出口压力，MPa；

　　　　q_v——泵流量，m^3/h；

　　　　η——泵效率。

（2）不同转速和不同黏度下的压头—流量。

两种转速和黏度特性下的压头—流量特性曲线，如图5-2-50所示。

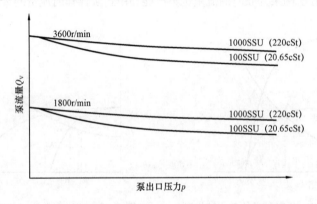

图5-2-50　两种转速和黏度特性下的压头—流量特性曲线

SSU—赛氏黏度，即赛波特（Sagbolt）黏度；$1St = 10^{-4} m^2/s$

5）输油泵的安装设计

（1）输油泵的安装计算。

① 输油泵总扬程的确定。泵的扬程是用来克服泵进出端的位差，泵进出端液位上的压力，泵进出管线、管件和设备的阻力损失，吸入与排出管路的速度差。图5-2-51为输油站内泵送系统图。

上图中液体输送系统的扬程 H 都可由式（5-2-166）确定：

$$H = \frac{p_{vd}}{\rho} - \frac{p_{vs}}{\rho} + H_{gd} + H_{gs} + h_{1d} + h_{1s} + \frac{v_d^2 - v_s^2}{2g} \qquad (5-2-166)$$

式中　　H——泵扬程，m（液柱）；

　　　　$\dfrac{p_{vd}}{\rho}, \dfrac{p_{vs}}{\rho}$——泵排出侧、吸入侧液体压力（绝），m（液柱）；

　　　　ρ——液体的密度，kg/m^3；

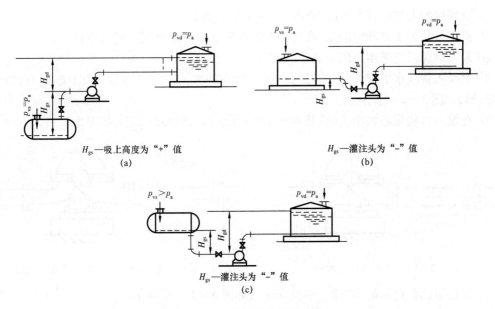

H_{gs}—吸上高度为"+"值
(a)

H_{gs}—灌注头为"-"值
(b)

H_{gs}—灌注头为"-"值
(c)

图 5-2-51 输油站内泵送系统图

H_{gd} ——泵排出侧(最高)液面至泵中心几何高度,m(液柱);

H_{gs} ——泵吸入侧(最低)液面至泵中心几何高度,当液面低于泵中心(吸上)时,H_{gs} 为正值,当液面高度高于泵中心(灌注时),H_{gs} 为负值,m(液柱);

h_{1d},h_{1s} ——泵排出侧、吸入侧管路摩阻,m(液柱);

v_d,v_s ——排出侧、吸入侧管内液体流速,m/s;

g ——重力加速度,9.81m/s^2。

② 输油泵安装高度的确定。

$$h_{gs} = \frac{p_c}{\rho} - \frac{p_v}{\rho} - h_c - NPSH - \frac{v_s^2}{2g} \qquad (5-2-167)$$

式中 $\dfrac{p_v}{\rho}$ ——抽送温度下的液体汽化压力,m(液柱);

h_{gs} ——泵中心安装高度,m;

$\dfrac{p_c}{\rho}$ ——吸入液面的绝对压力,m(液柱);

$\dfrac{v_s^2}{2g}$ ——泵进口速度头,m;

h_c ——泵吸入管路的阻力损失,m(液柱);

ρ ——输送液体的密度,kg/m^3;

$NPSH$ ——泵吸入口液体能进入叶轮而不产生汽化所需的富余能量(汽蚀余量),m(液柱)。

(2) 泵机组的安装设计要求。

① 泵机组的安装应符合有关防火、防爆及其他规程、规范和规定的要求。

② 泵机组的安装应符合 SY/T 0403—2014 中的要求。

③ 对于首站与末站的输油泵,在竖向布置时要选取对泵有利的吸入位置。

④ 泵入口阀门应采用流阻系数小的阀门。

⑤ 泵吸入管线水平安装时,应注意由泵开始向外坡,坡度(i)一般为 0.003 左右,避免凹形和凸形,如图 5-2-52 所示。

⑥ 在泵入口装偏心大小头时,其轴向水平面应向上,偏心面在下,如图 5-2-53 所示。

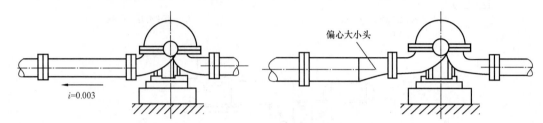

图 5-2-52　泵入口管线坡向　　　　　图 5-2-53　泵入口管线偏心大小头的安装

⑦ 泵机组的布置其最小净距(单位:mm),如图 5-2-54 所示。

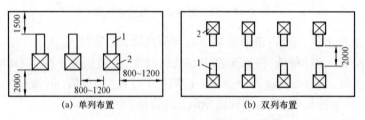

(a) 单列布置　　　　　(b) 双列布置

图 5-2-54　泵机组布置示意图(单位:mm)

1—电动机;2—泵

⑧ 泵机组的布置要便于操作和维修,并要为改建和扩建留有充分的余地和可能。

⑨ 泵的出口管线应装止回阀,位置在泵出口第一个阀位上。

⑩ 在泵入口处要装过滤器,过滤器过滤面积不小于过滤器出口管截面积的 3~4 倍。过滤网的孔直径一般为 1.5~4mm,安装时要注意液流方向,同时要留有便于拆卸法兰或短管,以便于检修和清理。

⑪ 要求制造厂家提供水平方向进出口的泵机组。

⑫ 泵动力采用不防爆电动机或柴油机时,在泵与动力之间设防爆隔墙。

6) 输油泵原动机选择

输油泵原动机的选择应根据泵的特性参数、管道自控及调节方式、能源供应条件、原动机的特点等因素确定。在电力可靠的地区通常选用电动机,在尚未被电网覆盖或电力供应不足的地区,根据实际条件选择电动机以外的其他原动机可能更为经济,如柴油机、燃气机和燃气轮机等。

输油管道上应用最广泛和最普遍的原动机还是电动机,它价廉、轻便、体积小,维护管理方便,工作平稳,便于自动控制,防爆安全性能好。泵机组露天设置时电动机有两种类型:开放式的气候防护型与全封闭型。泵机组室内设置时必须采取防爆措施:一种是设隔爆墙,将输油泵与电动机隔开,这种情况电动机可以是开放式的;另一种是不设隔爆墙,采用防爆型或全封闭强制通风型电动机。

电动机选用时应进行配用功率校核计算:

$$N = KN_w = K\frac{\rho qH}{102\eta} \qquad (5-2-168)$$

式中　N——配用电动机功率,kW;

　　　K——电动机额定功率安全系数;

　　　N_w——泵的轴功率,kW;

　　　q——泵的额定流量,m^3/s;

　　　H——泵额定扬程,m;

　　　ρ——输送介质密度,kg/m^3;

　　　η——泵的效率。

电动机不能长期过载,选择电动机时应认真考虑功率安全系数。电动机额定功率安全系数见表 5 – 2 – 44。

表 5 – 2 – 44　电动机额定功率安全系数

泵别	泵的轴功率 N_w,kW	安全系数 K
离心泵	$N_w \leqslant 3$	1.50
	$3 < N_w \leqslant 5.5$	1.30
	$5.5 < N_w \leqslant 7.5$	1.28
	$7.5 < N_w \leqslant 17$	1.25
	$17 < N_w \leqslant 21$	1.20
	$21 < N_w \leqslant 55$	1.15
	$55 < N_w \leqslant 75$	1.13
	$N_w > 75$	1.10
容积泵	—	1.10 ~ 1.25

7)输油泵机组的调速

输油管道输送量变化范围较大时,输油泵宜设调速装置。输油泵的调速有如下几种方式:

(1)改变电动机的极对数进行调速。

(2)变频调速。

(3)串级调速。

(4)液力耦合器调速。

(5)滑差离合器调速。

其中变频调速广泛应用于输油泵机组的调速。

变频调速异步电动机的转速由式(5 – 2 – 169)求得;转差率由式(5 – 2 – 170)求得:

$$n = \frac{60f}{P}(1 - S) \tag{5 - 2 - 169}$$

$$S = \frac{n_1 - n}{n_1} \tag{5 - 2 - 170}$$

式中　n——电动机转速，r/min；

　　　f——电源频率，Hz；

　　　P——电动机极对数；

　　　S——转差率；

　　　n_1——电动机的同步转速，r/min。

当转差率 S 变化不大时，转速 n 与频率 f 成正比，只要改变频率 f，即可改变电动机的转速 n。变频调速最大的优点是可以用鼠笼型异步电动机进行无极调速，调速范围大，调速的平滑性好，只要电动机定子相电压按不同规律变化就可实现调速。变频调速最大的缺点是设备投资高，约为串级调速装置投资的 4～5 倍，还必须备有专用变频电源。另外，变频调速传动装置对电网有谐波干扰，造成变压器、通信及民用电视出现异常，需要增加一套消谐波装置。变频调速的原理及线路都较复杂，对维护操作人员的技术水平要求高。由于变频调速可实现无极调速，调速范围大、平滑性好，动态响应快，便于自动化控制，系高效调速方式，适应于输油管道油品输送，其调速范围可达 10%～100%，正常使用范围为 70%～100%。

2. 加热设备的选择及要求

目前原油管道上输油站内对原油进行加热的方式有直接加热和间接加热两种。

1）直接加热方式

直接加热方式是用加热炉直接加热原油。这种加热方式，设备简单，投资省。但原油在炉内直接加热，一旦断流或偏流，容易因炉管过热结焦而造成事故。为确保安全，应设置防偏流、断流、结焦的自控保护系统。另外，对流管管壁应在露点以上运行，以避免造成低温露点腐蚀。

2）间接加热方式

间接加热方式是用加热炉加热热媒，加热后的热媒通过换热器将热量传给原油，因而由热媒加热炉、换热器、热媒循环泵和膨胀罐组成热媒炉系统。

3）加热炉热负荷计算

加热炉的热负荷按式（5 - 2 - 171）计算：

$$P = q_{\mathrm{m}}c(t_2 - t_1)/3600 \tag{5 - 2 - 171}$$

式中　P——油品升温所需的功率，kW；

　　　t_2——出加热炉时的油温，℃；

　　　t_1——进加热炉时的油温，℃；

　　　q_{m}——输送油品的质量流速率，kg/h；

　　　c——油品的比热容，计算时取进、出油温比热容的平均值，即 $c = \dfrac{c_1 + c_2}{2}$（c_1 为 t_1 时的比热容，c_2 为 t_2 时的比热容），kJ/(kg·℃)。

4）加热炉台数的确定

加热炉台数按式(5-2-172)确定：

$$n = \frac{P}{P_1} \qquad (5-2-172)$$

式中 P——油品升温所需的总功率，kW；

P_1——1台加热炉的热负荷，kW；

n——加热炉台数。

在设计中，原油加热设备一般不少于2台，不设备用炉。

5）加热炉燃料用量的计算

输油管道加热炉用燃料一般为原油，其燃料消耗量按式(5-2-173)计算：

$$B = \frac{Q}{\eta Q_h} \times 3600 \qquad (5-2-173)$$

式中 B——加热炉升温所需的燃料油用量，kg/h；

Q——加热炉总热负荷，kW；

η——加热炉效率，%；

Q_h——燃料的发热值，kJ/kg。

3. 清管设施

输油管道中应设清管设施以清除管道内沉积物，检测管内腐蚀、泄漏、变形，提高管道的输送效率。

1）清管设施的设计要求

（1）装有清管设施的干线上需安装与干线同直径的阀门，一般采用球阀或带导流孔的平板闸阀。

（2）干线与支线相接时，应设带挡条的清管三通或套笼清管三通。

（3）管道弯头曲率半径宜≥2.5DN，具体要求应根据清管器或检测器的结构要求确定。

（4）管道清管的距离不宜大于300km。

2）清管球及清管器

（1）清管球。

① 清管球尺寸：当管道直径 DN <100mm 时，用实心球，球外径宜为管内径的 1.01~1.02 倍；当管道直径 DN >100mm 时用空心球，球外径宜为管内径的 1.01~1.03 倍（球内注液胀大后的直径大于管径2%左右），空心球壁厚宜为 30~50mm。

② 清管球壳体内压不大于 0.17MPa。

③ 清管球的材料为耐油橡胶。

（2）清管器。

清管器的类型：机械清管器、泡沫清管器、管道检测清管器（超声波检测器、漏磁检测器）等，各种类型清管器适用的管径为 DN50mm ~ DN1200mm。

清管器的弯头通过能力：曲率半径 R≥2.5DN，DN 为管道公称直径。

清管器的变形通过能力：直管段变形≤30%DN；弯头变形≤(10%～13%)DN。

清管器的工作温度：-30～80℃。

清管器的工作压力：≤10MPa。

① 机械清管器。

a. 机械清管器上应安装两个或两个以上皮碗及一个跟踪仪，两个皮碗的间距宜为(1.2～1.3)DN。

b. 皮碗式清管器直径应比管内径大1.6～3mm。

c. 清管器构件的设置，应能保证通过15%的管道变形。

d. V形刷和聚乙烯皮碗清管器的使用寿命应满足工作距离超过544km，为了防止清管器前聚积大量的清除物而形成阻塞，常在清管器钢体上设计有多个旁通孔，使介质能通过旁通孔而冲动前面聚积物，从而使清管能继续行进。

e. 根据我国管道的施工质量及多年的清管实践，推荐选用两个锥形皮碗的轮刷式清管器或选用两个锥形皮碗的自补偿弹簧刷式清管器。

② 泡沫清管器。

a. 泡沫清管器是软质清管器的一种，内芯用孔形泡沫塑料，外壳用硬质橡胶（或聚氨酯橡胶）组成保护套，其上粘结纵向针带或螺旋形针带及其他硬质韧性塑料带。

b. 泡沫清管器主要用于变形大，结蜡厚的输油管道，由于它有较大的柔性和回弹性，能与管壁很好地贴合，通过能力强，因此几乎可以通过所有弯头、阀门和三通。

c. 泡沫清管器的过盈尺寸：泡沫清管器的外径可大于管道内径，其过盈量见表5-2-45。

表5-2-45　泡沫清管器在管道中的过盈量

管道公称直径 D，mm	泡沫清管器外径过盈量，mm	管道公称直径 D，mm	泡沫清管器外径过盈量，mm
25～150	6	450～600	9～24
200～250	9～12	650～1200	25～50
300～400	13～18		

d. 泡沫清管器的长度一般为直径的2倍。

③ 管道检测清管器。

管道检测清管器主要有漏磁清管器与超声波清管器两种。管道检测清管器可将管道上存在的金属损失缺陷检测出来，并指出缺陷的精确位置，以便于管道的风险评估和维护与维修，对管道的安全运行提供可靠的保障。

a. 超声波检测器。超声波检测器要求用于均匀介质管道，如原油、水管道等，但不适用于天然气管道和两相流管道，这种检测器对管内沉积物很敏感，因此必须在超声波检测器进入管道以前进行管道预清扫。

b. 漏磁检测器。高清晰度管道漏磁检测器与传统检测器的主要区别在于前者的检测精度明显提高，影响管道漏磁检测器检测精度的因素主要有两种：一是硬件，即检测器本身摄取管道信息的能力，主要通过增加检测探头数量、提高探头检测精度、减小采样间距等来实现；二是软件，即对检测器检测到的信息的处理能力，主要通过提高数据分析软件的技术水平、完善管道缺陷信息库的建立、提高数据分析人员的经验水平等来实现。高清晰度管道检测设备主要由下列几部分组成:磁铁部分、探头部分、驱动皮碗、支撑部分、电子部分、里程轮部分以及辅助机具等,数据分析系统和地面标记系统是检测系统的重要组成部分。

通过高清晰度管道检测器可以获得管线基础数据,综合评估管道运行状况,制订合理的维修计划,评价腐蚀控制措施的有效性,是管道风险评估的重要手段。

其检测特点及功能:不影响正常生产,安全可靠,检测数据分析快捷、准确,准确定位管道缺陷。

3）清管器收发装置

清管器收发装置的附件的设置如图 5-2-55 所示,它由快开盲板、筒体、偏心大小头、短节、可通清管器的阀门、带挡条的清管三通、清管指示器、旁通管及旁通阀、放空阀、排污阀、安全阀和压力表等部件组成。

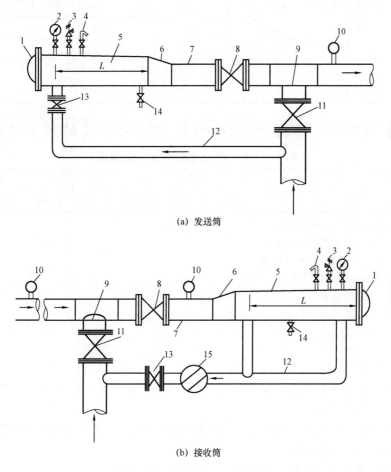

(a) 发送筒

(b) 接收筒

图 5-2-55　清管器收发筒装置示意图

1—快开盲板;2—压力表;3—安全阀;4—放空阀;5—收发筒;6—偏心大小头;7—短节;8—直通阀;9—带档条的清管三通;
10—清管指示器;11—干管旁通阀;12—旁通阀;13—收发筒旁通阀;14—排污阀;15—过滤器

4. 其他设备的选用及安装

1）过滤器的选用及安装

（1）过滤器的选用。

① 过滤器过滤网有效面积不得小于操作管道截面积的3倍，一般为管道截面积的4倍。

② 过滤器的过滤网应采用不锈钢丝网，不锈钢丝网结构参数见表5－2－46。

表5－2－46　不锈钢丝网结构参数

规格，目	网孔宽度，mm	丝径，mm	可截粒径，μm	每平方英寸的孔数	开孔面积百分数，%
10	2	0.45	2023	100	64
20	1	0.315	955	400	57
30	0.6	0.28	614	900	53
40	0.4	0.224	442	1600	49
50	0.3	0.2	356	2500	50
60	0.3	0.122	301	3600	51
80	0.2	0.112	216	6400	47
100	0.18	0.081	173	10000	46

③ 网式过滤器的压降近似值，公称直径 DN 与当量直管段长度 L 的关系，见表5－2－47。

表5－2－47　网式过滤器的压降近似值

DN，mm	50	80	100	150	200	250	300	350	400	450
L，m	38~45	22~35	19~27	34~46	41~55	38~64	70~89	54~98	75~105	75~108

注：(1) 表中数据仅用于网式管线过滤器。

（2）当采用20目/in过滤网时，L 值最小。

（3）当采用100目/in过滤网时，L 值最大。

（4）推荐过滤器的过滤网采用的规格如下：

① 原油过滤器（燃料油）：10目/in^2。

② 离心泵前过滤器：10目/in^2。

③螺杆泵前过滤器：20~30目/in^2。

（2）过滤器的安装。

① 过滤器的上下游根据需要设置压力表或压差计，以判断堵塞情况。采用差压变送器时，上游应设置就地压力表。

② 对于连续操作的永久性过滤器应设置备用过滤器，且应在过滤器前后设置切断阀。过滤器入口阀应设带双阀的旁通。

③ 对于永久或临时过滤器，均应考虑安装和拆卸的方便。

2）阀门选用及安装

（1）常用阀门的用途。

① 闸阀。闸阀是截断阀的一种，适用范围较广。其作用原理为：闸板在阀杆的带动下，沿

阀座密封面做升降运动而达到启闭目的。

② 截止阀。截止阀是截断阀的一种,一般通经较小,小通径的截止阀多采用外螺纹连接、卡套连接或焊接连接,较大口径的截止阀采用法兰连接或焊接。其作用原理为:阀瓣在阀杆的带动下,沿阀座密封面的轴线做升降运动而达到启闭目的。

③ 球阀。直通球阀用于截断介质,已广泛应用于输油管道。多通球阀可改变介质流动方向或进行介质分配。其作用原理是:球体绕垂直于通道的轴线旋转而启闭通道。

④ 节流阀。节流阀用于调节介质流量和压力,其作用原理为:通过阀瓣改变通道截面积从而调节流量和压力。

⑤ 止回阀。止回阀是用于阻止介质逆向流动的阀门,其作用原理为:启闭件(阀瓣)借介质的作用力,自动阻止介质逆向流动。

⑥ 安全阀。安全阀能防止管道、容器等承压设备介质压力超过允许值,以确保设备及人身安全。其作用原理为:当管道、容器及设备内介质压力超过规定值时启闭件(阀瓣)自动开启泄放,低于规定值时自动关闭。

安全阀的计算方法。

输油管道安全阀尺寸按式(5-2-174)计算:

$$A = \frac{Q}{7.25 K_d K_w K_v K_p} \sqrt{\frac{d}{1.25p - p_b}} \qquad (5-2-174)$$

式中　A——所需的有效排出面积,m^2;

　　　Q——泄放量,m^3/s;

　　　K_d——由阀门制造商给出的有效排放系数,初估泄放阀尺寸用有效排出系数为 0.62;

　　　K_w——背压校正系数,如果背压为大气压,取 $K_w = 1.0$;

　　　K_v——黏度校正系数,由图 5-2-56 确定;

　　　K_p——超压校正系数,当 25% 超压时,取 $K_p = 1.0$,超过 25% 超压的,由图 5-2-57 确定;

　　　d——在流动温度下液体的相对密度;

　　　p——设定压力,MPa;

　　　p_b——总背压,MPa。

⑦ 减压阀。减压阀用于需要将介质压力降低到某确定压力的场合。减压阀的作用是通过启闭件的节流,将进口压力降低到某一预定的出口压力,并借助阀后压力的直接作用,使阀后压力自动保持在一定的范围内。

(2) 阀门选用。

① 不通清管器的管线可采用缩径阀门。

② 输油管道一律采用钢阀。

③ 输油管道一般采用闸阀、球阀。

④ 两种不同介质或不同压力的管线相接处的阀门,应按较高要求者选用。

⑤ 具有清管作业的管线上应选用与管径相同的球阀或带导流孔的平板阀。

⑥ 泵的出口管线的截断阀宜选用可调节型的阀门。

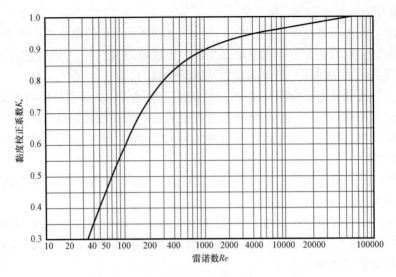

图 5 – 2 – 56　由黏度引起的泄放能力校正系数 K_v

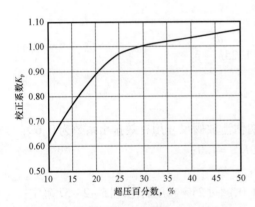

图 5 – 2 – 57　用于安全阀由超压引起的
泄放能力校正系数 K_p

⑦ 需要防止流体逆向流动的场合，如泵出口等，应装止回阀。

⑧ 在垂直的管线上不允许选用升降式止回阀，可选用旋启式止回阀，但介质流向必须自下而上，在其上部应设放净阀。安装止回阀时，应注意介质流动方向应与止回阀上的箭头方向一致。

⑨ 取压口阀门应选用截止阀；系统排液/排气阀门应选用截止阀。

⑩ 泵入口阀门不应选用截止阀；具有双流向操作的管线，不应采用截止阀。

⑪ 加热炉燃烧器燃料油入口处的阀门宜采用针型阀。

⑫ 在事故情况下，有可能超压的设备和管线应设安全阀，如往复式压缩机各段出口，往复泵、齿轮泵和螺杆泵等容积式泵的出口，顶部压力大于 0.07MPa 的压力容器，可燃气体或液体受热膨胀，可能超过设计压力的设备和管线等。安全阀一般选用弹簧全启封闭式安全阀。

⑬ 由于安全阀入口不宜受脉动压力的影响，故在往复泵出口处宜选用先导式安全阀，并应在阀体上的取压管处加装脉冲衰减器。

⑭ 容器液面计阀门应选用闸阀，口径为 $DN20mm$ 或 $DN50mm$；排液（放净）阀应选用闸阀，口径为 $DN20mm$；检查阀应选用闸阀，口径为 $DN20mm$。

⑮ 当阀门口径较大时，宜选用齿轮传动的阀门，以便于启闭。

⑯ 大口径或高压力阀门、操作频繁、要求快速启闭或远距离操作的阀门，以及自动化控制的要求，应选用电动阀。电动阀的型号和防爆等级、防护等级、启闭扭矩和开闭时间应根据使

用场合和要求确定。

（3）阀门的安装。

① 阀门应尽量靠近主管线或设备安装,从主管引出的支管阀门应尽量靠近主管,阀门宜安装在水平管段上。

② 安装位置不应妨碍设备及阀门本身的检修,操作阀门适宜的高度为 0.7~1.2m,管线或设备上的阀门,不应布置在人头部活动范围内。当阀门安装手轮的高度超过 1.5m 时,应设操作平台。对于 $DN < 100$mm 的阀门,若不设操作平台,最大高度不应超过 2m。

③ $DN \geq 150$mm 的阀门应设阀墩或在阀门附近设支架,阀门法兰与支架的距离应大于300mm。支架不应设在检修时需要拆卸的短管上,取下阀门时不应影响对管线的支撑。

④ 水平管线上的阀门,阀杆方向的选择可按下列顺序确定:垂直向上、水平、向上倾斜45°角、向下倾斜45°角,应尽量避免阀杆垂直向下。

⑤ 安装在高处的阀门,手轮不宜朝下,以免阀门泄漏而危及操作人员。若阀门的手轮必须朝下,应在手轮上装设集液盘。

⑥ 平行布置的管线上的阀门,其中心线应尽量对齐。手轮净距不应小于 100mm;手轮外缘与建（构）筑物之间的净间距不应小于 100mm。为减小管线间距,可将阀门及法兰交错排列,如图 5-2-58 所示。

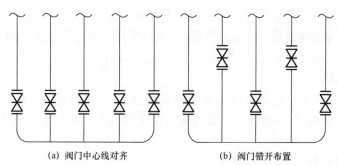

（a）阀门中心线对齐　　　　（b）阀门错开布置

图 5-2-58　阀门的布置

⑦ 埋地敷设管线上的阀门应优先选用全焊接球阀;设阀井时,应考虑操作和检修人员能下到阀井内作业,小型阀井可只考虑人员在井外操作阀门的可能性（手操作或用阀杆延伸装置）,阀井应设排水设施。

⑧ 两个阀门的公称直径、公称压力和密封面形式等相同,或阀门与设备接口法兰相同或配对时,可直接连接,以缩短管线长度和减少焊口,并节省法兰。

⑨ 事故处理阀（如消防用水、消防蒸汽等）应分散布置,最好布置在厂房门外等离事故发生处有一定安全距离的地方,以便火灾发生时,可安全操作。

⑩ 管线上的阀门尽可能集中布置,便与布置平台,方便操作。

⑪ 采用螺纹连接阀门时,应在阀门附近设置活接头,以便拆装。

⑫ 安全阀的安装:

a. 设备和管线上的安全阀应尽量安装在靠近被保护的设备和管线上,不应安装在长管线的死端。安全阀一般垂直安装。

b. 安全阀一般应安装在易于检修和调节的地方,周围要有足够的工作空间进行维护和检修。

c. 一般情况下,安全阀的进出口不允许安装切断阀。若出于检修需要,可加切断阀,切断阀呈开启状态并加铅封。

d. 管线上安装的安全阀应位于压力比较稳定的地方,距压力波动源应有一定的距离,可参见表5-2-48的要求。

表5-2-48　安全阀距压力波动源的距离(API RP 520 推荐值)

压力波动源	距安全阀的距离	压力波动源	距安全阀的距离
调节阀或截止阀	25D	一个弯头或缓冲罐	10D
两个弯头不在同一平面上	20D	脉动衰减器(流量孔板)	10D
两个弯头在同一平面上	15D		

注:D 为直管段的直径。

e. 安全阀入口管线安装:

ⅰ. 安全阀入口管线的最大压力损失不应超过安全阀定压值的3%。

ⅱ. 安全阀的入口接管管线的管径必须大于或等于安全阀入口口径。

ⅲ. 如果几个安全阀共用一条入口管道时,入口管道应满足几个安全阀的流量要求。

ⅳ. 采用先导式安全阀时,由于直接从管道或容器取压,可不受入口管道压力降不大于安全阀定压的3%的限制。

ⅴ. 往复泵的出口安全阀入口应采用脉冲衰减器,此时对管道的介质流动应有一定的影响。采用先导式安全阀时,应将脉冲衰减器安装在导阀的取压管上,介质在管道中的流动不受影响。

f. 安全阀出口管线安装:

ⅰ. 安全阀的出口管线的背压不应超过安全阀定压的一定值,弹簧式安全阀一般不超过其定压的10%,波纹管型安全阀(平衡型)一般不超过其定压的30%,先导式安全阀不超过其定压的60%,具体数值应根据厂家样本计算确定。

ⅱ. 安全阀的泄放管线的口径不应小于安全阀的出口管径,多个安全阀的出口与一个泄压总管相接时,泄放管截面积不应小于各支管面积之和。

ⅲ. 多个安全阀的出口与一个泄压总管相接时,为便于检修,可在安全阀出口管设切断阀,切断阀呈开启状态,并加铅封。当散放管接往密闭泄放系统时,安全阀和出口切断阀之间应设 DN20mm 检查阀。

ⅳ. 安全阀向大气排放时,排出口不能朝向设备、平台、梯子、电缆等。排放管口的位置应符合现行的国家标准 GB 50183《石油天然气工程设计防火规范》中的有关规定。

ⅴ. 安全阀排放管排向大气时,端口应切成平口,并在安全阀出口弯管的底部开一个直径5~10mm 的小孔,以排出雨雪等的凝液。安装要求如图5-2-59所示。排至大气的液体要向下引至安全地点。

ⅵ. 安全阀为密闭泄放时,其散放管坡向泄放点,尽量避免袋形弯,安全阀的安装高度应高于泄放系统。无法避免时,在低点应设置放净阀,如图 5 - 2 - 60 所示。

ⅶ. 安全阀出口接入泄压总管时,宜由上部或侧面顺着介质流向以 45°角插入总管,以免总管内凝液倒入支管,并可减小管路压降。当安全阀的定压大于或等于 6.3MPa 时,必须采用 45°角插入,如图 5 - 2 - 61 所示。

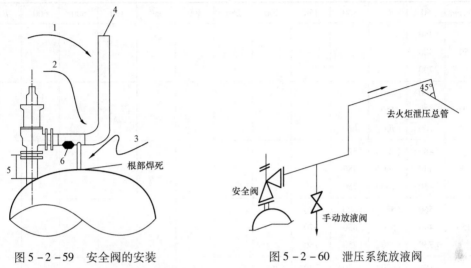

图 5 - 2 - 59 安全阀的安装

1—排出管;2—长半径弯头;3—滑动支架;4—端口切成平口;
5—此处压降不超过定压的 3%;6—排流孔

图 5 - 2 - 60 泄压系统放液阀

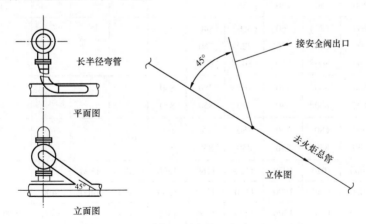

图 5 - 2 - 61 安全阀出口管与泄压总管的连接

⑬ 为了检修的需要,减压阀前后应设切断阀,并应在减压阀前设过滤器。减压阀应安装在水平管道上。

⑭ 对于管线不允许介质窜油的部位,可能引起爆炸或火灾的重要地方,设备和管线需要清扫的辅助管线接口处,为防止阀门不严引起事故,可安装双阀,在双阀中间设检查阀。正常情况下,关闭切断阀,打开检查阀;流体通过时,关闭检查阀,打开切断阀。

⑮ 在垂直的管线上不允许安装升降式止回阀,可安装旋启式止回阀,但介质流动方向必须自下而上,在其上端应设放净阀,安装止回阀时,应注意介质流动方向与止回阀上的箭头方向一致。

⑯ 阀门平行排列,其间距可参考表5-2-49。

表5-2-49 阀门并排布置中心间距 单位:mm

DN,mm	50	80	100	150	200	250	300	350	400	500	600	700	800
50	(440) 400 [700]												
80	(460) 420 [700]	(480) 440 [700]											
100	(480) 440 [730]	(500) 460 [730]	(520) 480 [750]										
150	(560) 490 [730]	(580) 510 [730]	(600) 530 [750]	(680) 570 [750]									
200	(600) 540 [730]	(620) 560 [730]	(640) 580 [750]	(720) 630 [750]	(760) 680 [750]								
250	(640) 580 [800]	(660) 600 [800]	(680) 620 [800]	(760) 670 [800]	(800) 720 [800]	(840) 760 [800]							
300	600 [800]	640 [800]	660 [830]	710 [830]	760 [830]	780 [850]	840 [870]						
350	640 [800]	660 [830]	680 [830]	730 [830]	780 [850]	820 [850]	860 [870]	900					
400	980	1000	1020	1070	1120	1160	1200	200	1300				
500	1000	1020	1040	1090	1140	1180	1200	1250	1400	1400			
600	1100	1120	1150	1200	1250	1300	1350	1400	1450	1500	1600		
700	1200	1220	1240	1300	1340	1380	1420	1500	1550	1600	1700	1800	
800	1300	1320	1350	1400	1450	1480	1520	1600	1650	1700	1800	1900	2000

注:(1) 表中数字是按 PN63 阀门结构尺寸排列的。PN 为公称压力(0.1MPa),"PN63"即公称压力6.3MPa。

(2) DN≥400mm 阀门是按 PN63 电动闸阀结构尺寸(包括旁通阀)排列的。

(3) 表中数字举例:(440)为手动平板闸阀间距;400 为楔式闸阀间距;[700]为电动平板闸阀间距。

(4) 阀门在同一平面上交错排列,中心间距可按保温管线间距考虑。

第三节 铁 路 运 输

一、装车工艺

1. 铁路装车方法及工艺流程

1）铁路装车方法

一般原油装车方法可根据储罐和铁路线的地形高差情况分为自流装车和泵送装车两种。如果地形高差允许,尽量采用自流装车,因为投资少,运营费用少,安全可靠。自流装车示意流程图如图 5 - 3 - 1 所示。

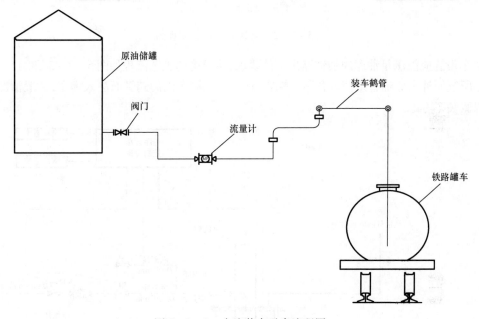

图 5 - 3 - 1 自流装车示意流程图

如果地形高差不大,无法满足自流装车,则采用泵送装车工艺,示意流程图如图 5 - 3 - 2 所示。

2）装车工艺及一般流程

目前,原油装车均为上装,上装又分为大鹤管装车和小鹤管装车两种。

大鹤管的机械化自动化水平较高,有利于集中控制,用人较少,口径大($DN200mm$),装车较快,是大宗油品装车的首选设备。目前大鹤管已在许多炼厂和油库使用,效果较好。

小鹤管(口径为 $DN100mm$)的品种较多,有手动和气动两大类,可按需要进行选用。装车设施主要由铁路、装油台及安装在装油台上的油品和辅助管线及鹤管组成。

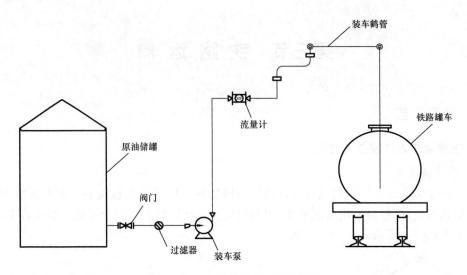

图 5 - 3 - 2　泵送装车示意流程图

　　装车设施应能满足油库原油铁路出厂的要求,该设施的工艺流程如图 5 - 3 - 3 和图 5 - 3 - 4 所示。所装原油由原油管道流入各装车鹤管,通过插入罐车内的鹤管而注入罐车,一般情况装油宜按双侧装车考虑。

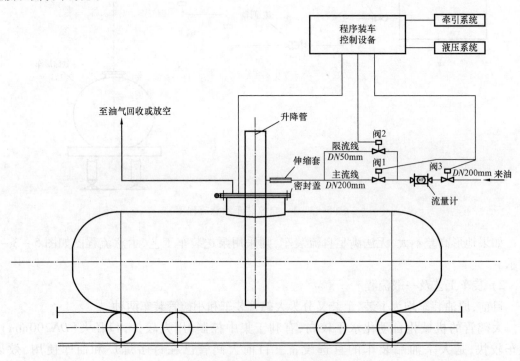

图 5 - 3 - 3　大鹤管装油台工艺流程示意图

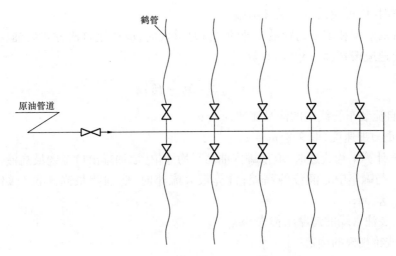

图 5 – 3 – 4 小鹤管装油台工艺流程示意图

2. 铁路装车工艺设计计算

1）基础数据及装油鹤管内介质流速计算

（1）基础数据。

根据现行的 GB/T 51246《石油化工液体物料铁路装卸车设施设计规范》的规定,基础数据如下:

① 罐车装满系数,轻质油宜取 0.9;重质油宜取 0.95。

② 确定装油台长度时,罐车的计算长度宜取 12m,特种车辆应按实际罐车长度确定。

③ 年操作时间应取 350 天。

④ 原油铁路装卸不均衡系数取 1.2。

⑤ 每批车的净装油时间一般情况下宜为 2 ~ 3h。

⑥ 每辆罐车容积宜取 60m³,特种车辆应按实际容积确定。

⑦ 原油铁路运输量较大时,鹤位宜按双侧单独布置;一般规模的油库,日装车列数为 4 ~ 8 列,较大规模的油库,日装车列数一般为 8 ~ 14 列,最大可达到 16 列。

⑧ 日作业批数应符合下列规定:

a. 装车栈台的日作业批数不应大于 4 批;

b. 卸车栈台的日作业批数不应大于 5 批;

c. 同台装卸的日作业批数不宜大于 4 批;

d. 不同液体物料不同时操作时,每种液体物料的日作业批数不宜大于 1 批。

（2）装油鹤管内介质流速计算。

为防止产生过高的静电电压,装油时鹤管应深入油罐车的底部,鹤管出口最低点与罐车底的距离宜不大于 200mm。装油时鹤管内的原油流速不宜过快,在鹤管出口浸没于原油之前,鹤管内油品流速不应大于 1m/s,浸没于原油之后,不应大于 4.5m/s。

装油管线在装油栈桥内装油阀后的最高点应设真空破坏措施。但当鹤管出油口带有可开关的密封装置时,则可免设真空破坏措施。

当储油罐的液位和装油鹤管最高处的高差足够大时,应选用自流方式装油。自流装车管道中的油品流速应按式(5-3-1)计算:

$$v = \sqrt{2g(\Delta h - H_f)} \qquad (5-3-1)$$

式中　　v——自流装车管线中的油品流速,m/s;

　　　　g——重力加速度,取9.81m/s²;

　　　　Δh——计算平均流速时,取油罐内油品平均液位(取油罐出口至罐最高液位的1/3处)与罐车中心液位的高差;计算最大流速时,取油罐最高液位与鹤管出口的高差,m;

　　　　H_f——装油管线的总摩阻损失,m。

　　2)装油栈桥规模的确定

　　(1)大宗原油的小鹤管装油栈桥。

　　对大宗原油:每批车的车辆数宜按一列车的车辆数,该数量亦即装油栈桥的鹤位数。原油装油栈桥的数量宜按式(5-3-2)计算:

$$N = \frac{GK}{n_1 n_2} \qquad (5-3-2)$$

式中　　N——一种大宗油品装油栈桥的数量,座;

　　　　G——该种油品的平均日装车量,m³/d;

　　　　K——原油的铁路运输不均衡系数,可取1.2;

　　　　n_1——日装车批数,按标准可取最大值$n_1 = 4$批/d,对新建炼厂可取3批/d,批/d。

　　　　n_2——每批罐车(即一列车)的装油总量,m³/批。

装车栈桥数量N的确定应符合下列规定:

当N值的小数部分大于0.75时,应取整数部分加1;

当N值的小数部分大于0.50,且小于或等于0.75时,宜取整数部分加1;

当N值的小数部分大于0.25,且小于或等于0.50时,应取整数部分加0.50。

　　(2)小宗油品的小鹤管装油栈桥。

　　应先按油品类型数量并按油品是否可同栈桥装车,确定装油栈桥的座数,然后按式(5-3-3)分别计算每座装油栈桥的车位数(即每批车的辆数):

$$N' = \frac{GK}{\rho m V A} \qquad (5-3-3)$$

式中　　N'——装油栈桥车位数(即每批车的数量),辆/批;

　　　　G——日平均装油量,t/d;

　　　　K——原油铁路运输不均衡系数,可取1.2;

　　　　ρ——装车温度下的油品密度,t/m³;

　　　　m——日装车批数,批/d;

V——一辆油罐车的平均计算容积，$m^3/$辆；

A——油罐车装满系数。

计算所得结果应与铁路管理部门充分协商，必要时应调整计算，例如调整日装车批数以满足铁路方面对每批车辆数的要求。

（3）对大鹤管装油栈桥。

大鹤管装油栈桥宜采用双侧装车，每侧只设一台大鹤管，当一辆罐车被大鹤管装满后，罐车牵引设备将罐车向前牵引一个车的距离，使下一辆空车进入大鹤管对位装车的范围内，操纵大鹤管对准车口，插入罐车，然后开始装车。直到将装油栈桥一侧所停放的罐车全部装完为止，如图 5 - 3 - 3 和图 5 - 3 - 17 所示。

由于这种装油栈桥一侧只有一台大鹤管工作，所以装油栈桥长度较小鹤管装油栈桥短得多。

大鹤管装车栈桥一侧一批次装车辆数最多为 12 辆，这是因为罐车牵引设备最多只能牵引12 辆车，超过 12 辆则易发生"小爬车"在罐车车轮下钻过车轮的"钻车"事故。所以一个大鹤管装油栈桥在双侧装油时，每批车的最大车辆数为 24 辆。

当一列车为 48 辆罐车时，则可在一股道上设两个大鹤管装车栈桥，两个装车栈桥间留出12 辆车的距离，即可实现一次装一列车的要求。

按大鹤管装车栈桥的这一特点，则可根据式（5 - 3 - 2）算出的大宗油品装油栈桥数量 N，合理安排。最终确定大鹤管装油栈桥的数量及其布置。

3. 装油栈桥的结构及平面布置

装油栈桥的平面布置及结构应能满足鹤管及其配件所需管线的安装需要，同时还应满足装油操作的需要。设计时还应注意不使装油栈桥侵入铁路限界。

1）装油栈桥的平面布置

装油设施宜布置在厂区全年最小频率风向的上风侧的边缘地带，原油的铁路装车设施宜集中布置独立成区。该区位置应满足铁路的技术要求，并靠近铁路的进厂端。区域规划时应给该区留出适当的发展余地。

区内各装车栈桥的铁路应采用尽头式布置。一般一条尽头式铁路线路上只布置一个装油栈桥，如能满足作业安全、调车方便、不使罐车在装车栈桥停时过长这三个条件，也可在同一条尽头线上串联布置两个装油栈桥。

轻质油和重质油装车栈桥应分别集中相邻布置。

装油栈桥上鹤位的布置应符合下列规定：

装车鹤位宜按双侧布置；大鹤管装车栈台每侧宜设置 1 个鹤位；当两种物料同台装车时，一个鹤位可设两个鹤管；每个鹤位小鹤管数量不宜超过 3 个，同种物料的鹤管宜布置在同侧；每个鹤位的鹤管之间的距离应满足鹤管操作、检（维）修和旋向的要求；在不影响产品质量的情况下，性质相近的液体物料可共用鹤管。

铁路罐车装卸线应为平直线，股道直线段的始端至装卸栈桥第一鹤管的距离，不应小于进库罐车长度的 1/2。装卸线设在平直线上确有困难时，可设在半径不小于 600m 的曲线上。

装卸线上罐车车列的始端车位车钩中心线至前方铁路道岔警冲标的安全距离，不应小于

31m;终端车位车钩中心线至装卸线车挡的安全距离不应小于20m。

当调车作业需在线路无栈台一侧进行时,相邻栈台间股道的间距以及地上管线和排水沟等,应能满足调车作业的要求。

装油泵房至装油股道的距离不应小于8m。

当装车油品采用铁路电子轨道衡进行计量时,线路设计在平面和纵断面上,均应满足电子轨道衡的技术要求,应能使装油后的重车整列通过电子轨道衡连续进行动态称量。

2）装油栈桥的结构

装油栈桥及其附属的建（构）筑物均应使用耐火、不渗水的材料制作;台面和台柱可采用钢或钢筋混凝土结构,台柱间距应协调一致,一般选用6m,台面应有防滑措施。

装油栈桥与铁路中心线的距离应按现行 GB 50074《石油库设计规范》中的有关规定确定,即:栈桥边缘与铁路中心线的距离,自轨面算起 3m 及以下,其距离不应小于 2m;自轨面算起 3m 以上,其距离不应小于 1.85m。

装油栈桥的桥面宜高于轨面3.5m。栈桥上应设安全栏杆。

小鹤管装油栈桥的结构长度应按式（5-3-4）计算:

$$L = l\left(N' - \frac{1}{2}\right) \tag{5-3-4}$$

式中　L——装油栈桥长度,m;

　　　　l——车位的间距;（一般取 12m）,m;

　　　　N'——装油栈桥一侧的车位数。

装车栈台的宽度应符合下列规定:

小鹤管双侧装车栈台宽度宜为 2~3m,单侧宽度不应小于 1.5m;大鹤管单侧装车栈台宽度不应小于 2.5m;双侧宽度不宜小于 4m,走道的宽度可取 1.5~2m。

在栈桥的两端和沿栈桥每 60~80m 处,应设上下栈桥的梯子。

大宗产品的小鹤管装油栈桥在多雨或炎热地区应设棚,其他地区可不设棚。棚的高度应视鹤管的结构尺寸而定,棚宽宜使与铅垂线夹角为 45° 的斜向飘落的雨滴淋不到罐车的灌油口。

当小鹤管装油栈桥不设棚时,其结构长度超过 6 辆铁路罐车总长者,应在台上设值班室。

大鹤管装油栈桥长度不宜小于 2.5 辆铁路罐车的总长。轨顶以上 3.5m 高的主台面宽度宜为 3.5~4m（3 个车位间的连接走道的宽度可取 1.5~2m）。

大鹤管装油栈桥应设棚,棚高视鹤管结构尺寸而定,棚应使雨水淋不到铁路罐车的灌油口。在多雨或多风沙地区,棚的两侧宜设挡雨（风）板。主台面的中央部位应设操作室,操作室内安装大鹤管的操作与控制台。

4. 装油栈桥的安全措施及其他要求

（1）装油管道上除每个鹤管前应设切断阀外,在进装油栈桥前的油品总管上应设便于操作的紧急切断阀,该阀应在装油栈桥外,与装油栈桥边缘的最小距离至少应为10m。

（2）无隔热层的轻质油装油管在没有放空措施时,应有泄压措施。以免日晒较强时管内油品受热膨胀,使管道上的薄弱环节处破裂。

（3）各种重油的装油管（包括鹤管）应有放空、扫线或伴热措施。

（4）装油栈桥的工艺及热力管道应考虑水击及热补偿问题。

（5）装油栈桥上的值班室应设有与装油泵房操作室以及生产调度室联通的电话。

（6）装油栈桥上应设 $DN20mm$ 的半固定式蒸汽接头,大鹤管装油栈桥应每侧设一个,小鹤管装油栈桥应每隔 30m 左右设一个。

（7）装油栈桥上可适当设置冲洗用水接头。

（8）装油栈桥上的鹤管、管道、配件均应作电气接地,接地电阻不得大于 30Ω。

（9）装油栈桥下不应设置变配电间,装油栈桥本身需用的电器设备应按 GB 50058《爆炸危险环境电力装置设计规范》及有关规定,采取严格的防爆安全措施。

（10）可燃气体检测报警器的设置应按 GB 50493《石油化工可燃气体和有毒气体检测报警设计标准》执行。

（11）装油栈桥进车端应设有指示本台装油作业是否完成的信号灯,其开关应设在装油栈桥上。

（12）在装油栈桥作业范围内,对原油及重质油装油栈桥,铁轨道床应用整体道床,整体道床应设排水明沟,使含油污水和含油雨水排入厂内含油污水系统。装油栈桥附近的地面应铺砌。

（13）在各操作部位应设局部照明,装油区应用投光灯作普遍照明。在防爆区内的灯具及开关器件,均应注意防爆。

（14）铁路罐车装油区应集中设置办公室（包括联合办公室）、维修间（包括常用工具、材料的库房）、更衣、休息室、浴室、厕所等辅助设施。设施的项目及规模应符合国家及行业现行的有关标准及规范。

5. 原油密闭装车及油气回收系统

轻组分含量较多的原油装车时,由于油品流速和流量较大,所以车内油品扰动就比较剧烈,这就加速了车内油品的挥发,以致装车时从罐车口逸出的气体中含有大量的油品蒸气,这种浓度较大的油气从罐车口逸散开来,既不安全又污染环境,而且油品的损耗量也相当大。随着全社会环保意识的加强及有关环保、安全法规的逐渐完善,应按照现行国家相关标准的有关规定设置原油密闭装车系统的油气回收装置或放空装置。

近几年来,密闭装车鹤管的出现,给这一问题的解决提供了设备方面的基础条件,这种鹤管带有能密封车口的罐车盖,罐车盖上增设了油气出口,使车内油气完全靠装油时车内气相空间的正压力从油气出口流出,每个鹤管上的油气口均用管线与油气干管连接,这就形成了油气回收系统管线。

油气回收装置目前在国内大致有三大类,即吸收法回收装置、吸附法回收装置及冷凝法回收装置。

吸收法的原理是将油气送入吸收塔,在吸收塔内油气与吸收剂（液体）逆向流动,油气中的石油成分通过与吸收剂表面的接触,被吸收剂吸收,剩余的气体（主要是空气,还有少量未被吸收的油气）则放至大气。吸收剂可用炼油厂的煤油或轻柴油组分油,待其吸收油气饱和后,送回装置回炼。也有的吸收剂则采用特殊配制的吸收液(如从日本引进的油气吸收装置中所用的 SOVAI 液),它吸收了油气中的石油成分后不是去回炼,而是通过薄膜闪蒸罐进行减压解吸,解吸出来的油气再进入吸收塔用成品油作吸收剂吸收。解吸后的吸收液则可循环使用。这种专用吸收液吸附能力强,解吸后残留量低。

吸附法的原理是利用活性炭吸附油气中的石油成分,再通过减压解吸,将解吸中得到的高浓度油气送往吸收塔用成品油吸收。

冷凝法的原理是将油气冷却至 −68 ~ −30℃,使油气中的石油成分冷凝为液体,回收这些液体,达到油气回收的目的。

二、卸车工艺

1. 铁路卸车方法及工艺流程

铁路原油卸车系统根据不同原油的油品性质来考虑油品的卸车方法,总体可分为上部卸油和下部卸油,相关的卸油设施是为了使罐车中的原油顺利地卸出并送至原油储罐的专用设施,应采用密闭自流、上卸式或下卸式工艺流程。一般情况下,该设施包括卸油栈桥、鹤管、汇油管、过滤器、导油管、零位罐及转油泵等。

1) 上部卸油

上部卸油是将鹤管端部的橡胶软管或活动铝管从油罐车上部的人孔插入油罐车内,然后用泵或虹吸自流,将所卸油品通过集油管、吸入管及鹤管吸入泵中,然后将这些油品送至储罐。其工艺流程如图 5 − 3 − 5 所示。

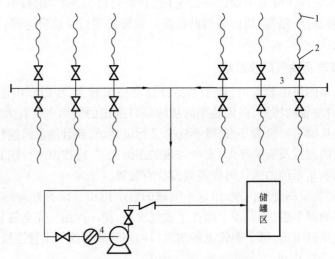

图 5 − 3 − 5　上部卸油工艺流程图
1—鹤管;2—吸入管;3—集油管;4—卸油泵

泵卸法:泵卸油必须保证泵吸入系统充满油品,并在鹤管顶点和吸入系统任何部位不产生气阻断流现象,所以必须配有真空泵以满足灌泵和抽底油的要求。在某些大型油库,由于储油区和装卸区距离较远,而且高差较大,采用一台泵快速接卸并输入灌区时,要求泵排量大,扬程高,而且管径大,造成设备选型难,增加投资。泵卸法工艺流程如图5-3-6所示。

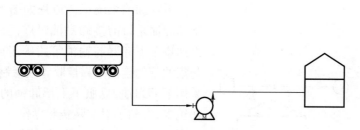

图5-3-6 泵卸法工艺流程图

自流卸油:当油罐车液面高于油罐液面并具有足够的位差时,可采用虹吸自流卸油,必须具备抽真空设备。自流卸油工艺流程如图5-3-7所示。

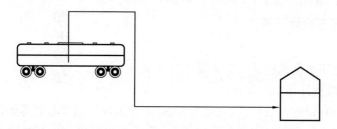

图5-3-7 自流泄油工艺流程图

潜油泵卸油:利用潜油泵进行油品的上卸。潜油泵安装在卸油鹤管的末端。潜油泵卸油工艺流程如图5-3-8所示。

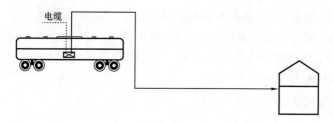

图5-3-8 潜油泵卸油工艺流程图

压力卸油:将油罐车顶部的人孔密封起来,然后向油罐车液面上通入一定压力的压缩空气或惰性气体,通过增大吸入液面压力而实现卸油作业。压力卸油工艺流程如图5-3-9所示。

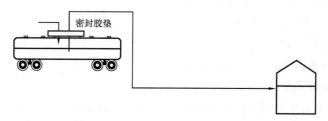

图5-3-9 压力卸油工艺流程图

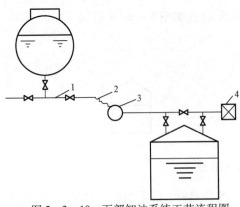

图 5 - 3 - 10　下部卸油系统工艺流程图
1—油罐车下卸器;2—软管;3—集油管;4—油泵

2）下部卸油

下部卸油系统工艺流程如图 5 - 3 - 10 所示，下部卸油是目前接卸黏油时广泛采用的方法。它由油罐车下卸器与输油管路等组成。罐车下卸器与集油管的连接是靠橡胶管或铝制卸油臂完成的。采用下部卸油，克服了上部卸油的全部缺点，地面建筑少，有利于对空隐蔽和操作。尽管由于下卸器经常开关及行驶中振动等原因，使轻油渗漏，可能会危及油库及沿途安全，但因其优点较为突出，只要注意改善下卸器的结构，安全生产也是有保证的。

2. 原油卸油工艺设计计算

1）基础数据

基础数据的选用参见铁路装车工艺设计计算部分。

2）原油卸油栈桥计算

原油卸车设施宜设卸油栈桥，以完成开、闭罐车顶盖及卸油中心阀等操作。台面应较铁路轨顶高 3.4 ~ 3.6m。台面宽度应为 1.5 ~ 2.0m。台下地面应铺砌。卸油栈桥范围内的铁路应采用整体道床，道床两侧应设置防渗漏的排水沟。卸油栈桥进车端向来车方向设指示卸油作业完成情况的信号灯等的开关应设置在台上。

卸油栈桥的结构设计应符合下列要求：

（1）卸油栈桥应用耐火、不潜和不渗水的材料制作。应便于清扫。

（2）卸油栈桥两端应各设一斜梯，台子中间应每隔 60 ~ 80m 处设一安全梯。

（3）卸油栈桥可用钢结构或混凝土结构，柱间距应与卸油鹤管间距协调，一般为 6m 或 12m，卸油栈桥的长度和座数应计算确定。

平均日卸车辆数按式（5 - 3 - 5）计算。

$$N = \frac{GK}{\tau \gamma VA} \qquad (5 - 3 - 5)$$

式中　N——平均日卸车辆数,辆/d;

　　　G——年卸车总量,t/a;

　　　K——铁路运输不均衡系数,取 1.2;

　　　τ——年操作时间,取 350d/a;

　　　γ——原油密度,t/m³;

　　　V——每辆罐车的容量,取 55m³/辆;

　　　A——罐车装满系数,取 0.9。

当日卸车辆数不足半列时，可按半列设台；当日卸车辆数大于半列或小于或等于一列车的辆数时，应按整列设台；当日卸车辆数超过一列车的辆数时，应会同铁路部门共同确定合理的日卸车批数并尽可能按整列设台,这时卸油栈桥的数量可按式(5-3-6)计算,计算结果带有小数时,小数部分极小,则可舍去,一般应将整数部分加一作为计算结果。

$$P = \frac{N}{mn} \tag{5-3-6}$$

式中　P——按列设台的卸油栈桥数,座;

$\quad\quad m$——日卸车批数,批/d;

$\quad\quad n$——一列罐车的辆数,辆/批。

卸油栈桥的长度:

卸油栈桥长度取决于一列(批)车的最大长度。对单侧卸油栈桥,台长按式(5-3-7)计算:

$$L = l\left(n - \frac{1}{2}\right) \tag{5-3-7}$$

若卸油栈桥为双侧台,则台长按式(5-3-8)计算:

$$L = \frac{l}{2}(n - 1) \tag{5-3-8}$$

式中　L——卸油栈桥长度,m;

$\quad\quad l$——一辆罐车的计算长度,可取 12m/辆,m/辆;

$\quad\quad n$——一列车的辆数,辆。

单侧台调车次数少,但占地较双侧台多,而且一列车中每辆罐车的车长不会与鹤管间距(一般均取 12m)正好相同,所以列车头部与鹤管对位后,列车越长则尾部车对位就越困难,因此,列车的卸油栈桥应尽可能地选用双侧台,以减少对位的困难和占地面积。

3)罐车加热及其计算

原油及重油罐车到达卸油栈桥后,当车内油品温度低于卸车所需油温时,则需对车内油品进行加热,以降低车内油品黏度,提高自流卸车的流油速度,使卸油在较短时间内完成,并减少车内残留油的数量。

日前原油、重油罐车广泛采用蒸汽夹套法对车内油品进行加热。表压不高于 0.4MPa 的水蒸气流经罐车罐体下半的夹层式加温套,经过一定时间,罐车内油品即可达到卸车所需的温度。

这种加热方法,罐车加热速度较快,但由于夹套外壁直接向大气散发大量热量,故加热效率较低。

这种加热方式的设计计算主要是对蒸汽耗量及加热时间求解,用于卸油栈桥的蒸汽系统及工艺计算。

(1)主要计算参数的确定。

罐车周围介质温度(t_{am})的确定:露天铁路罐车周围介质温度可采用历年一月份月平均温度的平均值,卸车暖库中卸油则采用冬季中的最低室温。

罐车内油品加热始温(t_{be})的确定:铁路罐车的油温与许多因素(诸如装车时的油温、沿途气温、罐车的结构、罐车的运行时间和运行速度、车内液体的性质和数量等)有关,难于精确计算,常采用实测数据或经验数据。

罐车内油品加热终温(t_{en})的确定:罐车液体加热终温(即卸车温度)应根据液体的黏度性质和卸车作业的要求确定。对国产一般油品可取凝点以上$10 \sim 15℃$。

罐车内油品平均温度(t_{av})的确定,按式(5－3－9)和式(5－3－10)计算:

当$\dfrac{t_{en} - t_{am}}{t_{be} - t_{am}} \leqslant 2$时

$$t_{av} = \frac{t_{be} + t_{am}}{2} \qquad (5 - 3 - 9)$$

当$\dfrac{t_{en} - t_{am}}{t_{be} - t_{am}} > 2$时

$$t_{av} = t_{am} + \frac{t_{en} + t_{be}}{\ln\left(\dfrac{t_{en} - t_{am}}{t_{be} + t_{am}}\right)} \qquad (5 - 3 - 10)$$

式中　t_{av}——罐车内油品的平均温度,℃;

　　　t_{en}——罐车内油品的加热终温,℃;

　　　t_{am}——罐车周围介质温度,℃;

　　　t_{be}——罐车内油品的加热始温,℃。

(2) 罐车加热计算。

① 罐车内油品升温所需热量:

$$Q_1 = Gc_{we}(t_{en} - t_{be}) \qquad (5 - 3 - 11)$$

式中　Q_1——罐车内油品升温所需热量,kJ;

　　　G——罐车内油品的总重量,kg;

　　　c_{we}——罐车内油品的质量热容,kJ/(kg·℃)。

对于我国主要油田生产的原油,其c值推荐采用下列各式计算:

油温为$75℃ \sim T_1$

$$c_{we} = c_0(常数) \qquad (5 - 3 - 12)$$

油温为$T_1 \sim T_2$

$$c_{we} = 4.1868 - Ae^{nt} \qquad (5 - 3 - 13)$$

油温为$T_2 \sim 0℃$

$$c_{we} = 4.1868 - Be^{mt} \qquad (5 - 3 - 14)$$

式中　c_0——常数,kJ/(kg·℃);

　　　T_1, T_2——原油热容特性按温度分区的分区温度,℃;

A,B——常数，$kJ/(kg \cdot ℃)$；

m,n——常数，$℃^{-1}$。

式中这些参数可按表5-3-1取值。

表5-3-1　4种原油热容计算的参数

参数\原油来源	A J/(g·℃)	B J/(g·℃)	n J/(g·℃)	m J/(g·℃)	c_0 J/(g·℃)	T_1 ℃	T_2 ℃
大庆油田原油	0.9085	1.7585	0.01732	0.01567	2.1060	47.5	20
胜利油田原油	0.4840	1.9255	0.03465	0.01164	2.1227	42	30
濮阳油田原油	0.6753	1.7258	0.0254	0.01217	2.2232	41.3	25
任丘油田原油	0.1970	0.1888	0.04761	0.02116	2.1395	33	34

对一般油品，则：

$$c_{we} = (1.6873 + 0.00339 t_{av})/(d_{vp}^{15})^{0.5} \qquad (5-3-15)$$

式中　d_{vp}^{15}——15℃时的油品相对密度。

② 罐车加热过程中散失的热量：

$$Q_2 = q_1 + q_2 \qquad (5-3-16)$$

$$q_1 = \alpha_1 F_1 (t_{av} - t_{am}) \tau \qquad (5-3-17)$$

$$q_2 = \alpha_2 F_2 (t_{av} - t_{am}) \tau \qquad (5-3-18)$$

式中　Q_2——罐车加热过程中散失的总热量，kJ；

q_1——罐车上半部罐壁散失的热量，kJ；

q_2——罐车加热套外壁散失的热量，kJ；

α_1——罐车内油品经罐车上半部罐壁向周围大气散热的放热系数，可取 25.1 ~ 33.5kJ/($m^2 \cdot h \cdot ℃$)，$kJ/(m^2 \cdot h \cdot ℃)$；

F_1——罐车上部罐壁面积，可从表5-3-2查取，m^2；

F_2——罐车加热套外壁的表面积，可从表5-3-2查取，m^2；

α_2——罐车内油品经罐车加热套外壁向周围大气散热的放热系数，可取 83.7 ~ 104.7kJ/($m^2 \cdot h \cdot ℃$)，$kJ/(m^2 \cdot h \cdot ℃)$；

t_{av}——罐车内油品的平均温度，℃；

t_{am}——罐车周围介质温度，℃；

t_{aw}——加热套外表面的温度，无实测数据时可近似取蒸汽冷凝水温度减去 20 ~ 30℃，℃；

t——罐车的加热时间，h。

表 5 - 3 - 2　G12 和 G17 型油罐车的外表面积　　　　　　单位:m²

车型	罐车上部罐壁表面积 F_1	罐车加热套外壁表面积 F_2	罐车加热套内壁表面积 F_3
G12	49	47	46
G17	54	52	51

③ 单位时间内蒸汽经加热套内壁传给油品的热量:

$$Q_3 = K_3 \cdot F_3 \left(\frac{t_{st} + t_{cw}}{2} - t_{av} \right) / \varphi \qquad (5 - 3 - 19)$$

式中　Q_3——单位时间内蒸汽经加热套内壁传给罐车内油品的热量,kJ/h;

　　　K_3——蒸汽经加热套内壁向罐车内油品传热的传热系数,可取 209.3 ~ 628kJ/(m² · h · ℃),蒸汽与被加热物温差较大时取大值,反之取小值,kJ/(m² · h · ℃);

　　　F_3——罐车加热套外壁的表面积,可从表 5 - 3 - 2 查取,m²;

　　　t_{st}——饱和蒸汽温度,℃;

　　　t_{cw}——冷凝水温度,℃;

　　　φ——冷凝水过冷系数,当蒸汽表压不大于 0.2MPa 时,推荐取 1.02,当蒸汽表压不大于 0.4MPa 时,推荐取 1.05。

④ 罐车加热时间:

$$\tau = \frac{Q_1 + q_1}{Q_3} \qquad (5 - 3 - 20)$$

式中　τ——罐车加热时间。

计算出的加热时间如造成总停车时间超过允许停车时间时,则应采取提高蒸汽压力的办法,重新计算,把 τ 值降下来;反之,则可延长加热时间,使 τ 值加大,以降低单位时间的蒸汽耗量。

⑤ 加热一辆罐车所需的蒸汽量:

$$G_{st} = \frac{Q_1 + Q_2}{(i_{st} - i_{cw}) \tau} \qquad (5 - 3 - 21)$$

式中　G_{st}——加热一辆罐车所需的蒸汽量,kg/h;

　　　i_{st}——饱和蒸汽热焓,kJ/kg;

　　　i_{cw}——冷凝水的热焓,kJ/kg。

4）汇油管、输油管及过滤器计算

罐车内的原油以自流方式流经卸油鹤管后,便进入汇油管。当汇油管较短时,汇油管可为等径;当汇油管较长时,应考虑在汇油管的适当位置用偏心大小头变径,以适应管内流量不同对管径的不同要求。

汇油管中的油品通过一台过滤器过滤后进入导油管,然后进入零位罐。过滤器也可设在零位罐前的导油管上。

汇油管和导油管一般采用管沟敷设或埋地敷设,坡度一般为:汇油管 0.008,导油管

0.008 ~ 0.01。

埋地敷设时,管道应作防腐处理,并应考虑地下水的影响。汇油管上全部连接鹤管的法兰应布置在同一水平面上,以免卸油过程中油品从标高较低的鹤管口中冒出。在汇油管的端部应有 DN40mm 的放气管,管口应高于汇油管 2m 以上,汇油管端部还需与蒸汽管连接,一般连接管口径为 DN50mm,以供冬季暖管或必要时对管线进行吹扫之用。在汇油管上每隔 2 ~ 4 个车位(即 24 ~ 48m)可设一个 DN100mm 的漏斗,以便清扫后收集的残油倒入汇油管中。

过滤器应安装在井内,以便过滤器的维护及检修。该过滤器对滤网的网目数要求不高,只要求阻止较大物件通过即可,一般采用打孔钢板代替滤网,所有孔的面积之和等于导油管断面面积 2 ~ 3 倍即可。

导油管按坡度要求接至零位罐壁处后可直接进入零位罐,但应注意导油管在罐内应向下安装,直至罐底以上 100 ~ 150mm 为止,以防喷溅式进油在罐内产生较高的静电电位。

汇油管和导油管的计算径应满足式(5 - 3 - 22)要求:

$$il = \left(\lambda \frac{l}{d} + 1\right)\frac{v^2}{2g} \tag{5-3-22}$$

$$v = \sqrt{\frac{4Q}{\pi d^2}} \tag{5-3-23}$$

$$Q = n'q \tag{5-3-24}$$

式中　i——汇油管或导油管的敷设坡度;

　　　l——每一段(即管径相同的管段)汇油管或导油管的长度,m;

　　　λ——水力阻力系数;

　　　d——汇油管或导油管的直径;m;

　　　v——所卸油品在管中的流速,m/s;

　　　g——重力加速度,9.81m/s^2;

　　　Q——汇油管或导油管中油品的最大流量,m^3/h;

　　　n'——计算管段及该管段前同时卸油的车辆数,对于导油管则为各段汇油管的总卸油车辆数;

　　　q——夏季每辆罐车平均最大卸油量,可取 $q = 60$m^3/(h·辆),m^3/(h·辆)。

实际工作中,当所卸原油黏度为 2×10^{-5} ~ 2×10^{-4}m^2/s(20 ~ 200mm^2/s)时,汇油管或导油管的直径与同时卸油的车辆数关系可按表 5 - 3 - 3 确定。

表 5 - 3 - 3　汇油管或导油管的管径　　　　　　　　　　　　　单位:mm

车位数	1	2	3	4	5 ~ 6	7 ~ 8	9 ~ 12	13 ~ 15	16 ~ 25
DN	250	300	350	400	450	500	600	700	800

注:本表是按双侧卸油编制的。

5)零位罐及转油泵相关计算

(1)零位罐罐容计算。

原油卸油时需用导油管将汇集的油流首先引入零位罐,然后通过转油泵将所卸油品转输至库区储罐。

如果地形条件允许,应尽量将卸油栈桥布置在较高处,零位罐布置在较低处,使零位罐按地上油罐设计即可满足自流卸车的要求,当无自然地形条件可以利用时,零位罐只能是地下式油罐或半地下式油罐。

零位罐上应设通气管(不应设呼吸阀)、阻火器、透光孔、人孔及液面指示仪表等。

零位罐的有效总容积应等于一批车的卸油总量。如果每批车即是一列车,则零位罐的有效总容积应为一列罐车的总油量。零位罐总容积一般按式(5-3-25)计算:

$$V = knQ \qquad\qquad (5-3-25)$$

式中　V——零位油罐容量,m^3;

　　　k——罐车装满系数,取0.9;

　　　n——一次卸油的最大油槽车数;

　　　Q——单个油槽车的最大容积。

有的资料中认为卸油时可同时启动转油泵从位罐中将油抽送至库区储罐,因此,一批车卸油时间内转油泵的总输油量应从一批车总卸油量中扣除,扣除后的油才是零位罐的应有容量。由于这种做法在实际卸油操作中多有不便,往往造成零位罐容积不够,影响卸油操作的顺利进行,故在设计中不宜采用。

当一批车即为一列车时,在一列车的车辆数较大的情况下,卸油栈桥过长,对位和其他操作难以进行,因此,设计时采用双侧卸油的卸油栈桥,即将一列车分为两组,在卸油栈桥的两侧各停放一组(每组车辆数为半列车的车数),两组车共用一条汇油管。

一般情况下,一列车由48~50辆罐车组成,对双侧卸油栈桥每隔10~12个车位即设一个零位罐(即该零位罐应能容纳半列车的卸油量),整列车共设两座零位罐。

（2）转油泵的计算。

转油泵可选用潜油泵(泵为离心泵,电动机设于零位罐顶之上)。

当日卸车批数大于1,且转油泵的数量等于或小于2台时,可设1台备用泵,否则,可不设备用泵。一般转油泵至少设2台,并联操作。

转油泵的总流量应满足在两次来车的间隔时间内即可将零位油罐中的油品全部转走的要求。流量小些则比较经济,可按冬季平均卸油时间5h内转完一次卸油量或按12~16h内转完一天的卸油量考虑。

转油泵的扬程应大于或等于转油管线的沿程摩阻与位差(油库区储罐最高液位与转油泵的高程差)之和,并应按冬季油温较低、油品黏度较大的不利情况计算。

6）其他要求

（1）事故车的卸车:当下卸式罐车的下卸装置出现故障不能以下卸方式卸车时(这种车俗称瞎子车)。一般均在卸油栈桥铁路末端或另设一铁路支线,安排卸油栈桥及上卸鹤管,对事故车进行上部卸油。一般事故车卸车车位数取1~2个,布置在卸油栈桥的一侧的尽头处,卸油泵宜选用容积式泵。

（2）卸油栈桥的地面应铺砌。

（3）卸油栈桥范围内的铁路道床应采用整体道床。道床的两侧应设防渗漏的排水沟。

（4）卸油栈桥进车端应设指示卸油作业完成情况的信号灯,开关应设在卸油栈桥上。

（5）卸油区应设普遍的投光灯照明,在卸油鹤管操作处,应设照明灯。照明灯具应满足防爆要求。

（6）卸油栈桥上值班室内应设能与生产调度及有关罐区、泵房操作者联系的电话。

三、设备选型

1. 铁路装卸油小鹤管

小鹤管的品种较多,新的品种仍在不断出现。迄今,软管结构多被淘汰,代之以滚珠轴承式的回转接头作为鹤管的转动关节,其密封性能较好,而且转动灵活、省力。驱动种类则有手动、汽缸活塞杆驱动、气动马达驱动等,在手动驱动式中又常用扭簧或拉、压弹簧与杠杆组合机构平衡鹤管自重产生的力矩。一般情况下手动驱动式较气动驱动式价格低,维修量小,但机械自动化程度低,若选用气动驱动式则还应考虑压缩空气的来源问题。

对轻质油装车,按 GB 12158《防止静电事故通用导则》的要求,应选用液下浸没式鹤管。为解决装车时从罐车口冒出的油气对环境的污染和造成爆炸危险等问题,则可选用带密封盖的密闭式鹤管。使用密闭式鹤管,无法观察罐车的液位,所以鹤管应具备高液位报警功能或在装油管上设置流量计,防止过量装油和冒车事故。密封盖上的油气出口应与油气管线连接,将油气送至油气回收装置处理或放空处理。

对重质油装车,可选用喷溅式鹤管。重质油鹤管应具备装车后吹扫或蒸汽伴热功能,以防重油在鹤管内凝结、堵塞鹤管。

鹤管出口宜设接油斗或密封装置,以解决鹤管装油后的滴油对罐车及装油栈桥的污染。

对大宗油品的铁路装车,若选用小鹤管,则鹤管数量必然很多,当小鹤管的机械化和自动化程度较高时,其投资较高。所以小鹤管适用于小宗轻油和重油的装车。

1）鹤管的安装要求

鹤管的结构尺寸与安装位置必须符合 GB 146.2《标准轨距铁路限界 第 2 部分:建筑限界》的有关规定,如图 5 - 3 - 11 所示,鹤管的水平伸长不得小于 2.6m,鹤管伸入铁路接近限界以下部分的最低位置距轨顶的高度不小于 5.5m。鹤管结构必须满足操作方便、安全可靠的要求。为了适应油罐车类型多,列车编组各异的情况下都能做到不摘钩装卸,鹤管上一般都有可供左右旋转、上下起落和前后伸缩的装置,以减少对位的困难。

2）装卸油设备的型式

装卸油设备分上装、上卸及下卸三类。

上装小鹤管按照操作动力上分手动及气动两种,如图 5 - 3 - 12 和图 5 - 3 - 13 所示。

上卸鹤管一般用于火车的上卸作业,在油罐车下卸作业中也用来作为辅助设施,以解决那些因各种原因(如阀漏、阀堵等)而不能实行下卸的罐车卸车问题。目前常用的结构如图 5 - 3 - 14 和图 5 - 3 - 15 所示。近年来也出现了弹簧平衡式的鹤管。

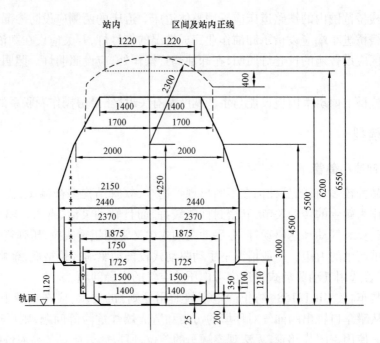

图 5 - 3 - 11　标准轨距铁路接近限界

-×-×-信号机、水鹤的建筑接近限界（正线不适用）；

-○-○-站台建筑接近限界（正线不适用）；

——各种建筑物的基本接近限界；

－－－适用于电力机车牵引的线路的跨线桥．天桥及雨棚等建筑物；

………电力机车牵引的线路的跨线桥在困难条件下的最小高度

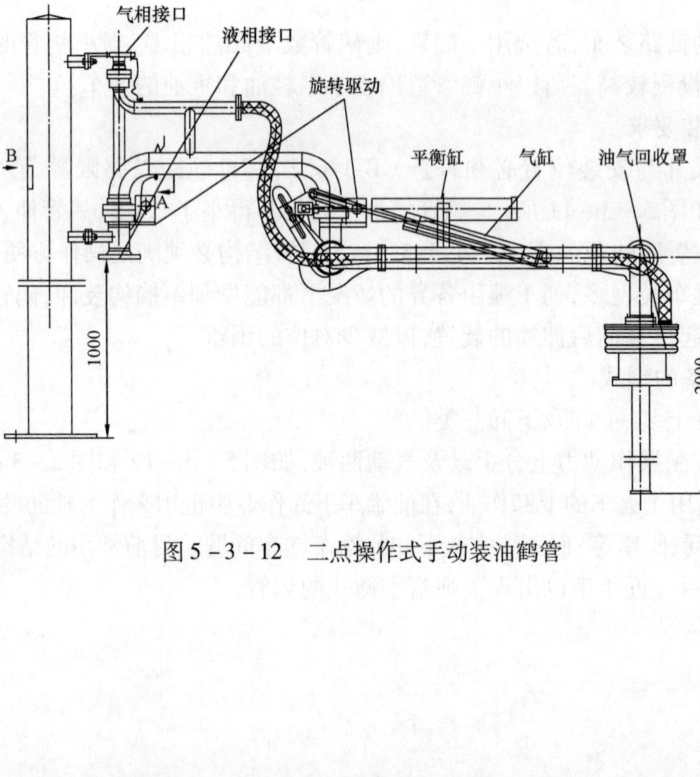

图 5 - 3 - 12　二点操作式手动装油鹤管

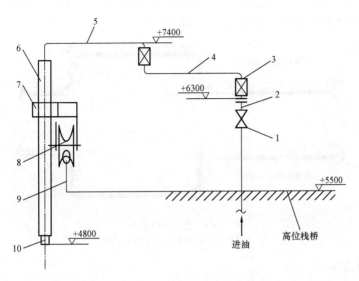

图5-3-13　定向移动式气动鹤管

1—阀门；2—短节；3—旋转接头；4—后鹤臂；5—前鹤臂；6—气缸；7—轮架；8—滚轮；9—轨道；10—鹤嘴

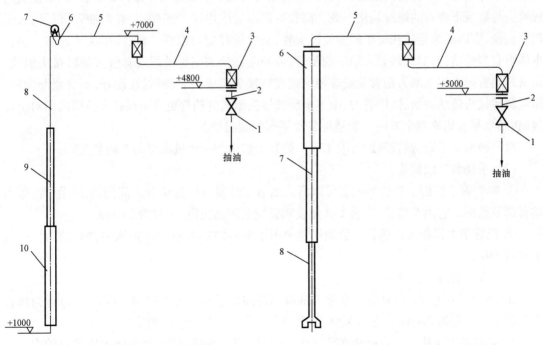

图5-3-14　手动上卸鹤管

1—阀门；2—短节；3—旋转接头；4—后鹤臂；

5—前鹤臂；6—拉索；7—导向轮；8—中心集油管；

9—内套；10—外套

图5-3-15　气动上卸鹤管

1—阀门；2—短节；3—旋转接头；4—后鹤臂；

5—前鹤臂；6—气缸；7—外套；8—内套

下卸鹤管（又名卸油臂），一般用于原油罐车的下卸作业，也有用于从卸油口装油或其他液体介质，又称装卸油臂，其结构如图 5 - 3 - 16 所示。

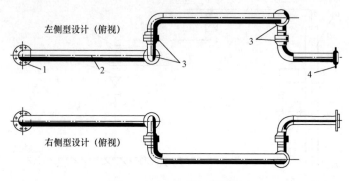

左侧型设计（俯视）

右侧型设计（俯视）

图 5 - 3 - 16　下卸鹤管图
1—法兰;2—钢管;3—滚球轴承式旋转接头;4—活接头

3）主要技术指标

（1）下卸鹤管。

由于原油卸车宜为下卸，故鹤管多选用下卸鹤管。鹤管直径应为 $DN100mm$。它是卸油时使罐车下卸口与汇油管密闭连通的机械设备，鹤管与罐车下卸口的连接件是活接头，活接头的螺纹应与罐车下卸口的螺纹规格一致。鹤管与汇油管应用法兰连接，一般汇油管直径均大于鹤管直径，所以汇油管应在每个鹤位处设支管，支管管径应与鹤管一致，并用法兰连接。鹤管本体则有多种结构，旧式鹤管常用耐油胶管，带伸缩套筒的钢管及螺纹套管式旋转接头组成。而新式鹤管则本体全部为钢管及滚珠轴承式旋转接头组成，不仅密封性能好，不会泄漏油品，而且旋转接头转动灵活、操作省力，由多个旋转接头组成的鹤管更可实现较大范围内的对位连接（包括水平及铅垂两个方向），能适应各种罐车的编组情况。

对一种油品来说，鹤管间距可取 12m。鹤管个数应与一个批次车的车辆数相同。

（2）手动装卸油鹤管。

① 鹤管调节范围。鹤管导油套可以落入油罐车装油口最远位置之间的范围（距离）称为鹤管调节范围。它由车型、一次装车数量及鹤管安装距离决定，一般为 2 ~ 6m。

② 鹤管最大操作力。鹤管在装油作业中用于推（或拉）鹤管鹤嘴进入装油口的力。一般不超过 150N。

（3）气动装卸油鹤管。

① 鹤管调节范围。气动导油套落入油罐车装油口最远位置之间的范围（距离）称为鹤管调节范围。一般为 2 ~ 6m。它由车型、一次装车车数及鹤管安装距离决定。

② 鹤管最大操作力。指鹤管在装油作业中用于推（或拉）鹤管鹤嘴进入装油口的力。一般不超过 150N。

③ 气缸最小气压 0.4MPa。

2. 铁路装油大鹤管

我国大鹤管是从 20 世纪 60 年代开始进行实验研制的,通过实践中的不断改进,目前,它的技术及设备已经成熟。最新型的 $DN200mm$ 轻质油用大鹤管为密闭浸没式外液压大鹤管。经过不少炼油厂及大型油库的多年应用证明,它是大宗轻质油品装车的首选鹤管(图 5 - 3 - 17)。

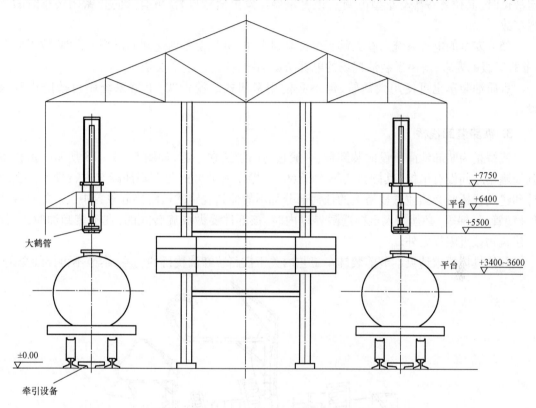

图 5 - 3 - 17 大鹤管装油栈桥立剖面示意图

轻质油用的密闭浸没式外液压大鹤管有如下特点:

(1)液压驱动。鹤管的升降机构、仰缩套和接油斗的驱动系统,均为液压驱动,动作平稳,安全可靠,速度可调,易于操作控制。升降机构的液压缸设在升降管的外部,液压油不会污染所装油品。又由于采用了链轮、链条倍速机构,使升降油缸行程缩短一半,有利于加工制造,降低加工成本。

(2)浸没式和密闭式装车鹤管可深入罐车到达罐车底部自动停止,鹤管口的新型分流头使油流分流后沿罐车轴线方向流出,避免了油流对车底及侧壁的冲击,液面基本没有翻滚波动,因而大大降低了以前装油时产生的静电电位,达到了有关防静电标准规范的要求。

鹤管带有罐车口的密封盖,实现了轻质油的密闭装车,使罐车口不再有油气大量逸散,大大改善了操作环境。密封盖上的油气排放管,可将装油时产生的油气引入金属软管,然后进入油气回收系统管线,去油气回收装置或高点放空。

（3）设有接油斗。接油斗为一自动装置,装油完毕后,升降管上升到最高位置时,接油斗自动置于鹤管口下方,可将沿升降管壁淌下的油全部回收,不使鹤管的滴油造成浪费和污染罐车外表。同时,这一自动装置可阻止升降管因长时间自重作用而自行下落,保证安全生产。

（4）设有高液位警报器。升降机构上设有高液位自动报警器,当装油的液位高度到达预定液位时(其位置按罐车车型可调),该警报器即发出信号报警,可有效防止密闭装车时的冒罐事故。

（5）安全的电气系统。在大鹤管的配套设备中,电气设备均达到隔爆型 d Ⅱ BT₃ 或增安型 e Ⅱ T₃ 等级的要求,解决了装油现场的电器防爆问题,保证了生产安全。

重质油装车也可使用大鹤管,但不必使用密闭式或浸没式,电器系统则可按防火等级设计。

3. 铁路装卸栈桥

栈桥是为装卸油品所设的装卸台,一般它与鹤管建在一起,如图 5 - 3 - 18 所示。由栈桥到油罐车之间设有吊梯(其倾斜角不大于 60°),操作人员可由此上到油罐车进行操作。在设计和建筑栈桥时必须注意栈桥上的任何部分都不能伸到规定的铁路接近限界中去。如有些部件(鹤管、吊梯等)必须伸入至接近限界以内时,该部件要做成旋转式的,在不装卸油时,应位于建筑物接近限界之外。

其他具体要求请见本节前装卸车工艺内关于铁路装卸油栈桥的内容,本节不再详细介绍。

图 5 - 3 - 18　铁路装卸栈桥示意图

1—铁路专用线;2—栈桥;3—集油管;4—装卸油鹤管

4. 集油管

集油管是一条平行于铁路岔道的鹤管的汇集总管,一般用无缝钢管制成,当鹤管数目较多时,也可用两种不同管径的钢管焊接而成。在集油管的中部引出一条输油管与输油泵相连。

集油管的长度和位置,应根据油罐车位数和装卸区的平面布置确定。它们的管径应根据装卸油品的数量、允许卸油时间、油品性质、泵的吸入能力以及泵房地坪与铁轨的标高差等通过工艺计算确定。目前在油库设计中,往往是根据设计任务要求的卸油量初定集油管的直径,然后校核吸入管路的工作情况,其经验数据见表5-3-4。

表5-3-4 鹤管汇集总管、输油管管径参考表

卸车流量,m³/h	输油管直径,mm	鹤管汇集总管直径,mm
220~400	250	300~400
120~220	200	250~300
80~120	150	200~250

第四节 公 路 运 输

一、装车工艺

目前,油田采用汽车油罐车装油的流程有泵装及高架罐自流灌装两种,其装车示意图如图5-4-1和图5-4-2所示。

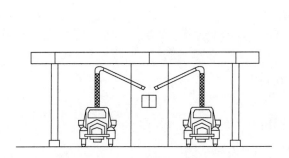

图5-4-1 汽车油罐车泵装示意图

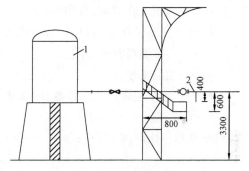

图5-4-2 汽车油罐车自流装车示意图
1—高架罐;2—螺纹弯头或活接头

由于汽车油罐车容量较小,灌装连续性不强,因此应尽可能采用自流装油流程。

油田生产过程中,对一般运量较小的单井拉油站,其流程基本上是选用单井原油→高架罐→汽车油罐车的自流装车流程;对一般运量较大的集中拉油站一般采用正规的装油台,其流程为油从储罐→装车泵→装油栈桥上数组鹤管→汽车油罐车的泵装流程。采用泵装流程,可同时灌装多辆汽车油罐车,装运量较大,缺点是停靠车时间长,占用场地大,需要设正式的装油栈桥。

1. 装车车辆的确定

影响车辆计算的因素很多,有气候条件、道路等级和车辆维修保养制度等,其计算公式为:

$$N = \frac{GKX}{TQ} \qquad (5-4-1)$$

式中　N——汽车油罐车需要量,辆;

　　　G——油品年运输量,t;

　　　K——汽车运输不均衡系数,取 1.1 ~ 1.3;

　　　X——运输量不均衡系数,取 1.1;

　　　T——汽车年工作日数,d;

　　　Q——一辆汽车昼夜运输量,t。

汽车年工作日数 T 可按式(5-4-2)计算:

$$T = 365 - B - Z - P \qquad (5-4-2)$$

式中　B——汽车油罐车年平均检修日期,一般可采用 29d/a;

　　　Z——由于气候条件或其他因素停驶天数(按各地区气候及道路条件而定);

　　　P——例行假日,规定假日为 11d/a。

1) 一辆汽车油罐车的昼夜运输量 Q 计算

$$Q = \frac{nDK_1 V \gamma K_2}{t} \qquad (5-4-3)$$

式中　n——昼夜工作班制,取 1 ~ 2 班;

　　　D——台班工作时间,规定 8h/班;

　　　K_1——台班工作时间利用系数,取 0.9;

　　　V——汽车油罐容积,m^3;

　　　γ——油品密度,t/m^3;

　　　K_2——汽车油罐车装满系数,取 0.9 ~ 0.95;

　　　t—汽车往返一次时间,h。

汽车往返一次时间 t 可按式(5-4-4)计算:

$$t = \frac{2L}{V_1} + \frac{t_1 + t_2}{60} \qquad (5-4-4)$$

式中　L——单程运输距离,km;

　　　V_1——车辆平均行驶速度, km/h;

　　　t_1——装油作业时间,见表 5-4-1,min;

　　　t_2——等车联系时间,5 ~ 10min,min。

表 5-4-1　汽车油罐车装油作业时间

装油方式	泵装	自流	装油方式	泵装	自流
鹤管公称直径,mm	100	100	重质原油	5 ~ 10	10 ~ 15
罐车容积,m^3	6 ~ 8	6 ~ 8	轻质原油	3 ~ 5	5 ~ 8

注:表中数值包括辅助作业时间。

2）每昼夜实际装车车辆数计算

$$N = \frac{GK}{T\gamma VA} \qquad (5-4-5)$$

式中　N——汽车油罐车装车每昼夜车辆数,辆;

　　　G——原油年运输量,t;

　　　K——汽车运输不均衡系数,取 1.1～1.3;

　　　T——汽车年工作日数,见式(5-4-2),d;

　　　γ——原油密度,t/m³;

　　　V——每个汽车油罐车的容积,m³;

　　　A——油罐车装满系数,取 0.9～0.95。

2. 管径

采用泵送装油时,各段管径先按装车量及经济流速初选,后经过水力计算核算最后确定。采用自流装车时,各段管径应能满足装油速度的要求,汇管管径应能满足装油时间的要求。

3. 装车泵机组及泵房

（1）根据装车量和装油速度确定装车泵排量;

（2）装车泵台数一般选用 2 台,不设备用泵;

（3）根据装车排量和扬程要求,一般常选用容积泵或离心泵。

其他设计要求和火车装车用泵机组及泵房一致,可参见前面部分。

二、卸油工艺

目前,油田汽车油罐车的卸油流程均采用自流下卸,其卸油口直径一般为 $DN80mm$ 和 $DN100mm$。对零星的卸油作业,可直接利用汽车油罐车尾部的卸油管直接将油卸至卸油罐。对油田正式的卸油站,一般因卸油量较大,因此需设置正规的卸油台,通过卸油汇管而将油卸至卸油罐,常用的流程为:油罐车→卸油汇管→卸油罐→卸油泵→储罐。

卸油车辆数的确定方法参加前文装车部分,汽车油罐车卸油示意图如图 5-4-3 所示。

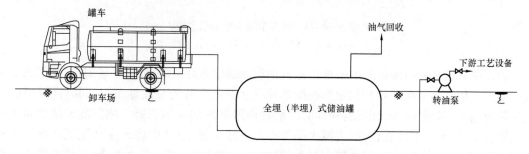

图 5-4-3　汽车油罐车卸油示意图

1. 卸油管径及卸油时间

在自流卸油设计中,油田因卸油作业情况比较复杂,影响因素较多,因此在实际卸油操作中,原油的卸油温度及黏度变化较大,不易满足设计要求。因此在设计时卸油汇管的直径应适当加大,一般选用 $DN300mm \sim DN500mm$,同时卸油汇管还要求采用蒸汽穿心管或蒸汽伴热管,卸油汇管的坡度一般为 $0.8\% \sim 1\%$,卸油时间一般为5min卸一辆车(4t)。

2. 卸油泵机组及泵房

（1）根据卸油量及卸油罐容积确定卸油泵排量,一般以 $1 \sim 2h$ 泵完一座卸油罐油量为宜。

（2）卸油泵台数一般选用2台,不设备用泵。

（3）根据卸车排量和扬程要求,一般常选用容积泵或离心泵。

（4）卸油泵房宜采用地上式,油田常采用提高卸油场地坪标高满足地上泵房吸入要求、其他设计要求同汽车装油泵房。

三、设备选型

1. 装油设施

1）高架罐

高架罐一般多选用钢质油罐,设在装车站场内。罐出口管即是装车鹤管,鹤管高度一般为3.8 ~ 4.0m,罐容量根据 $8 \sim 16h(1 \sim 2$ 班)的装油量而定。汽车油罐车灌装示意图如图5-4-4所示。

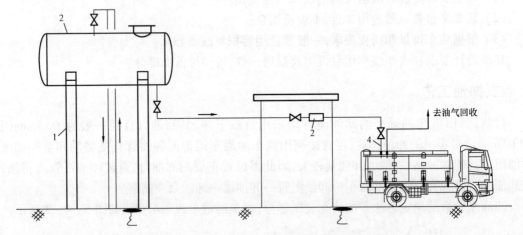

图5-4-4 汽车油罐车灌装示意图
1—支座;2—高架罐;3—流量计;4—灌装口

油田单井或多井拉油站一般多选用立式钢质油罐作为高架罐,设在井场附近,采用钢支架或混凝土支架。高架罐的容积和罐数根据单井或多井生产时的总液量而定,同时还要根据该地区路况情况,考虑3~5天的储备时间,一般常选用 $20 \sim 60m^3$ 的钢罐3座。高架罐之间采用角钢联合平台,平台上设置栏杆,为减少操作中上下罐次数,设计中将3座高架罐连成一个整体,共用一个上下用的盘梯,根据装车口对位要求,高架罐中心距一般为6.3m。高架罐内应根据原油黏度和储存时间设置必要的加热盘管,罐顶应安装全套的油罐附件。

原油装卸过程中产生的气体应进行收集,回收气应根据原油物性、当地气候环境条件、站场依托情况,通过技术经济分析确定合理的处理工艺。有条件的站场应进行集中处理或回收,无条件的站场可设置火炬或集中排放。

2）鹤管

汽车装车鹤管一般分为上装鹤管及下装鹤管,原油装车时一般采用上装鹤管,详细结构如图 5-3-12 所示,为了便于操作,在鹤管阀门附近搭建一个操作平台,鹤管安装到操作平台上。为确保鹤管的灵敏度及安全性,在装油鹤管上应安装钢闸阀一个。

高架罐自流装油时鹤管伸出长度应保证操作平台与汽车油罐车最大外廓处距离不小于0.5m,一般鹤管伸出长度为 2.5~3m。装油鹤管的安装高度为管端距地面 3.8~4m,并要保证鹤管不可移动部分与罐车口有 0.5m 的净距。

3）装车栈桥

油品集中装车时宜采用装车栈桥,即在一个装车罩棚下设置若干个装车岛,每个装车岛设置上装鹤管及下装鹤管,装车场地应适应载重车辆的要求,可采用混凝土面层或砂石面层或沥青面层,通常都采用泵送装车方式,每个岛上可设置 2~3 个鹤管,两座岛间距至少在 6m 以上,设置上装鹤管的岛需安装操作平台,平台设置可折叠梯子。

2. 卸油设施

卸油站宜分为称重区和卸油区。称重区设置地秤、防风挡雪棚;卸油区设置卸油泵房、配电仪表室(兼具检斤室功能)、生产辅助间等建筑单体及卸油罐、卸油场地。

1）地秤

卸油站地秤宜与进站路同向,地坪数量应根据设计规模确定。一般设计规模≥200t/d 宜设计地秤 2 部,设计规模≤100t/d 宜设计地秤 1 部。

2）卸油罐

卸油罐多选用卧式钢制油罐,其容积根据卸油量而定,一般以 8h(一班)或 16h(二班)的卸油量为宜,常选用 20m³ 的卧式钢罐 2 座,一般多采用半地面或地下敷设。罐内应根据原油黏度和储存时间配置加热器,罐顶需装呼吸弯管及防火器,罐底可装排污管,罐顶上还需设置操作平台。

3）卸油场

卸油台应有两个通道和主公路相连,一个进口,一个出口,避免进出车辆交叉运行。卸油场地应能适应载重车辆的要求,可采用混凝土面层,砂石面层或沥青面层。

卸油场标高由卸油罐安装高度决定,一般卸油场标高应比卸油罐顶高 0.4m 左右,当接卸口安装在卸油台上时,接卸口高出台面不大于 0.5m。接卸口布置的数量根据同时卸油的罐车数而定。为满足两辆汽车油罐车同时卸油作

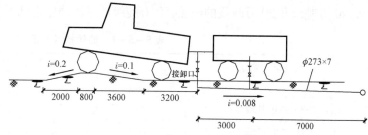

图 5-4-5 汽车油罐车及拖车卸油图(单位:mm)

业的要求,接卸口之间的距离一般定为 4m;当采用带拖车的油罐车卸油时,主罐车和拖车罐车二者的卸油口之间的距离为 3m,汽车油罐车及拖车卸油图如图 5-4-5 所示。

卸油场上敷设的卸油汇管宜采用管沟敷设，为保证雨水及管沟内污水及时外排，管沟内还应预埋排水涵管。

卸油场路面最小转弯半径不宜小于9m；纵向坡度不应大于6%，卸油台（场）面积应根据卸油量而定。

4）接卸口

目前卸油罐的接卸口多采用密闭的快速接头，在卸油过程中汽车油罐车的卸油软管快速接头与卸油口相连可实现全程密闭卸油，满足环保要求。

第五节 水 路 运 输

一、码头原油装卸工艺设计有关资料和数据

1. 油船的分类

根据油船有无自航能力和用途，可把油船分为油轮、油驳和储油船。

1）油轮

有动力设备，可以自航，一般还有用于输油、扫舱、加热以及消防等的设备。国内海运和内河使用的油轮，可分为万吨级以上、3000吨级以上和3000吨级以下几种。万吨级以上油轮主要用于海上原油运输，成品油的海运和内河运输，多以3000吨级以下油轮为主。

海上原油的运输工具主要是通过油轮。由于各种石油产品的闪点、黏度和密度等特性不同，对载运不同种类石油产品的油轮要求就不一样。例如，对载运闪点较低油品的油轮，防火防爆要求更加严格；对载运黏度较大油品的油轮，需要大量舱内加热设施，对载运密度较小油品的油轮，舱容要求大一些。

常用油轮的设计船型尺度见表5-5-1。

表5-5-1摘自JTS 165—2013《海港总体设计规范》附录A。

油轮越大运输成本越低，近年来，油轮的吨位不断增大，在许多国家已经普遍使用10万吨级、20万吨级和30万吨级的油轮，50万吨级的巨型油轮也已下水。

表 5 - 5 - 1 油轮技术规格

| 油轮吨位（DWT） | 设计船型尺度，m | | | |
t	总长 L	型宽 B	型深 H	满载吃水 T
1000（1000～1500）	70	13. 0	5. 2	4. 3
2000（1501～2500）	86	13. 6	6. 1	5. 1
3000（2501～4500）	97	15. 2	7. 2	5. 9
5000（4501～7500）	125	17. 5	8. 6	7. 0
10000（7501～12500）	141	20. 4	10. 7	8. 3

续表

油轮吨位（DWT）	设计船型尺度，m			
t	总长 L	型宽 B	型深 H	满载吃水 T
20000（12501～27500）	164	26.0	13.4	10.0
30000（27501～45000）	185	31.5	17.3	12.0
50000（45001～65000）	229	32.2	19.1	12.8
80000（65001～85000）	243	42.0	20.8	14.3
100000（85001～105000）	246	43.0	21.4	14.8
120000（105001～135000）	265	45.0	23.0	16.0
150000（135001～185000）	274	50.0	24.2	17.1
250000（185001～275000）	333	60.0	29.7	19.9
300000（275001～375000）	334	60.0	31.2	22.5
450000	380	68.0	34.0	24.5

注：450000t 油轮的船型尺寸为实船资料（实船载重吨为441893t），供参照使用。

2）油驳

油驳是指不带动力设备，不能自航的油船。它必须依靠拖船牵引航行，利用油库的油泵和加热设备进行装卸和加热，也有的油驳上带有油泵和加热设备。油驳按用途来分有海上油驳和内河油驳两类。

3）储油船

近年来，在海上开采石油的工程越来越多，当离岸太远时，则利用储油船代替海上储油罐，用来储存和调拨原油。储油船一般要比停靠的油船吨位大。它除了没有主机不能自航外，其余设备都与一般油船相似。

2. 油码头的种类

油品装卸码头的建造材料，应采用非燃烧材料（护舷设施除外）。国内油码头的种类如图5-5-1所示。

1）近岸式码头

近岸式码头多利用天然海域或建筑防护设施而建成，常见的近岸式油码头有固定式码头和浮码头两种。

（1）固定码头。

近岸式固定码头如图5-5-2所示，一般利用自然地形顺海岸建筑，主要有上部结构、墙身、基床、墙背减压棱体等几部分组成。这种码头适用于坚实的岩石、砂土和坚硬的黏性土壤地基，其优点是整体性好，结构坚固耐久，抵抗船舶水平载荷的能力大，施工作业比较简单；其缺点是港内波浪较大时，岸壁前的波浪反射将影响港内水域的平稳，不利于油船停靠和作业，这种码头由于作业量小，新建的海湾油港已很少采用。

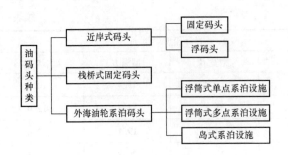

图 5 - 5 - 1　油码头种类

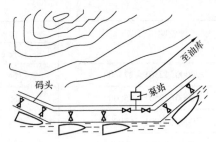

图 5 - 5 - 2　近岸式固定码头示意图

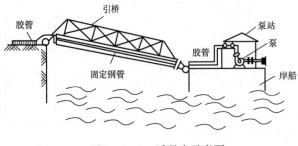

图 5 - 5 - 3　浮码头示意图

（2）浮码头。

浮码头如图 5 - 5 - 3 所示，对于水位经常变动（如涨落潮）的港口，应设置可以随水位升降的浮码头（又称趸船）。浮码头是由趸船、趸船的锚系和支撑设施、引桥、护岸部分、浮动泵站及输油管等组成。浮码头的特点是趸船随水位涨落而升降，所以作为码头的趸船甲板面与水面的高差基本为一定值，它与船舶间的联系在任何水位均一样方便。

常用的趸船有钢质趸船和水泥趸船两类。钢质趸船抵抗水力冲击的能力较强，水密性好，船体不易破损，但造价高，易锈蚀，须定期维修。因此，一般在水流急、回水大的地区才采用。目前我国正在大力推广钢筋混凝土趸船和钢丝网水泥趸船。

趸船的长度根据停靠船只的长度以及水域条件的好坏来定，一般以趸船长与船长之比等于 0.7~0.8 设计。如果水域条件好，流速较小，无回水，则趸船可以小些；如果水域条件差，对靠岸不利，则趸船应大些。

活动引桥的坡度随水位而变化，一般在低水位时，人行桥的坡度要求不陡于 1：3。活动引桥若行人时，宽度不应小于 2.0m。活动引桥通常采用钢结构。引桥在趸船和岸上的支座构造一方面要能在垂直面内充分转动，还要在水平面内稍有转动；另外，当趸船有纵向和横向位移时，要求均不把水平力传给引桥来承受。

当趸船离岸较远时，则除了活动引桥外还可有固定引堤。

2）栈桥式固定码头

近岸式固定码头和浮码头供停泊的油船吨位均不大，随着船舶的大型化，目前万吨级以上的油轮多采用栈桥式固定油码头，如图 5 - 5 - 4 所示。这种码头借助引桥将泊位引向深水处，它停靠的船只多，但修建困难，受潮沙影响大，破坏后修复慢。

栈桥式固定码头一般由引桥、工作平台和靠船墩等部分组成。引桥作为人行走和管道敷设之用；工作平台为装卸油品操作之用；靠船墩则为靠船系船之用。在靠船墩上使用护木或橡胶防护设备来吸收靠船能量。

栈桥式固定码头的栈桥设置应符合下列规定：

（1）油品管道栈桥宜独立设置。

（2）当油品码头与邻近的货运码头共用一座栈桥时,油品管道通道和货运通道应分别设置在栈桥两侧,两者中间应布置宽度不小于 2m 的检修通道。

3）外海油轮系泊码头

近年来,油轮的吨位不断增加,10万吨级、20 万吨级和 30 万吨级的油轮在许多国家已经普遍使用,50 万吨级的巨型油轮也已下水,随着油轮的吨位增加,船型尺寸和吃水深度也相应加大。由于这些因素,近岸式码头已不能适应

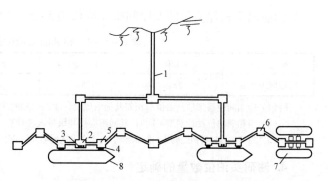

图 5 - 5 - 4　栈桥式固定油码头示意图
1—栈桥;2—工作平台;3—卸油臂;4—护木;
5—靠船墩;6—系船墩;7—工作船;8—油船

巨型油轮的需要,因此油码头开始向外海发展。目前外海油轮系泊码头主要有三种形式:浮筒式单点系泊设施、浮筒式多点系泊设施、岛式系泊设施。

3. 码头分级及防火间距要求

码头防火设计按设计船型的载重吨分级,并应按表 5 - 5 - 2 确定。

表 5 - 5 - 2　码头分级

码头等级	船舶吨级（DWT）,t	
	海港	河港
一级	≥20000	≥5000
二级	≥5000 <20000	≥1000 <5000
三级	<5000	<1000

油品泊位与其他泊位的船舶间距应符合表 5 - 5 - 3 的规定。

表 5 - 5 - 3　油品泊位与其他泊位的船舶间距　　　　单位:m

油品种类 泊位名称	甲类和乙类	丙类
海港客运泊位	300	
位于油品泊位上游河港客运泊位	300	
位于油品泊位下游河港客运泊位	3000	
其他货运泊位	150	50

注:(1)船舶间距系指油品泊位与相邻其他泊位设计船型船舶的净距。

(2)介质设计输送温度在其闪点以下 10℃ 范围内的丙类油品泊位与其他货运泊位的间距不应小于 150m。

(3)对停靠小于 500 吨级船舶的油品泊位,表中距离可减少 50%。

油品码头相邻泊位的船舶间距应符合表5－5－4的规定。

表5－5－4　相邻油品泊位的船舶间距

船长 L,m	<110	110~50	151~82	183~35	>236
船舶间距 d,m	25	35	40	50	55

注：(1)船舶间距系指油品泊位与相邻其他泊位设计船型船舶的净距。

(2)当相邻泊位设计船型不同时，其间距应按吨级较大者计算。

(3)当突堤或栈桥两侧码头两侧靠船时，可不受上述船舶间距的限制，但对于装卸甲类油品泊位，船舶间距不应小于25m。

4. 油码头泊位数量的确定

油码头泊位数量的确定是根据油品的输入和输出量、油船（轮）的吨位，并考虑当地气象及航行的特殊条件，计算出在通航期内船只到岸的时间间隔，再根据每只到岸油船完成装卸油工作所需的时间来确定油码头泊位的数量。不同吨位油船码头有关数据见表5－5－5。

表5－5－5　不同吨位油船码头有关数据表

载重吨级,t	船长,m	泊位长,m	净距,m	净距与船长之比
700	48	60	12	0.25
1000	53	70	17	0.32
2000	68	85	17	0.25
3000	81	100	19	0.235
4000	92	110	18	0.196
5000	102	120	18	0.177
6000	111	130	19	0.171
8000	126	145	19	0.151
10000	140	165	25	0.179
12000	150	175	25	0.167
15000	163	185	22	0.135
17000	170	195	25	0.147
20000	178	200	22	0.124
25000	190	210	20	0.105
30000	200	220	20	0.10
35000	208	230	22	0.106
40000	215	240	25	0.116
45000	223	250	27	0.121
50000	230	255	25	0.109
65000	250	280	30	0.120
85000	260	290	30	0.116
100000	285	315	30	0.105

装卸船时间根据岸和船上输油泵的能力、输油管径和长度、油轮载货量确定。我国港口工程规范中,规定了 30 万吨级以下的液体散货码头净装卸油及码头部分单项作业时间,见表 5 - 5 - 6 至表 5 - 5 - 8。

表 5 - 5 - 6　液体散货码头泊位净装卸船时间

泊位吨级(DWT),t	500	1000	2000	3000	5000	10000	20000	30000
净装船时间,h	3 ~ 5	5 ~ 7	7 ~ 9	8 ~ 10	9 ~ 11	10 ~ 12	12 ~ 14	12 ~ 15
净卸船时间,h	4 ~ 6	6 ~ 8	8 ~ 10	9 ~ 11	11 ~ 13	12 ~ 15	12 ~ 15	15 ~ 18
泊位吨级(DWT),t	50000	80000	100000	120000	150000	200000	250000	300000
净装船时间,h	12 ~ 16	14 ~ 17	15 ~ 18	15 ~ 18	16 ~ 20	20	20	20
净卸船时间,h	17 ~ 18	22 ~ 25	24 ~ 27	24 ~ 27	26 ~ 30	30 ~ 35	35 ~ 40	35 ~ 40

表 5 - 5 - 7　液体散货码头部分单项作业时间(50 ~ 5000 吨级)

项目	靠泊时间	开工准备	联检	商检	结束	离泊时间
时间,h	0.25 ~ 1.00	0.50	1.00 ~ 2.00	1.00 ~ 2.00	0.25 ~ 1.00	0.25 ~ 0.50

表 5 - 5 - 8　液体散货码头部分单项作业时间(1 万 ~ 30 万吨级)

项目	靠泊时间	开工准备	联检	商检	结束	离泊时间
时间,h	0.50 ~ 2.00	0.50 ~ 1.00	1.00 ~ 2.50	1.00 ~ 2.50	0.25 ~ 1.00	0.25 ~ 1.00

5. 油船扫线

油船装卸油完毕后,管线内的剩余油品应当清扫回油罐,或清扫入油船,清扫线的目的是为了防止油品在管内凝结,便于检修。原油扫线一般采用蒸汽吹扫,清扫蒸汽的压力为 0.3 ~ 0.6MPa,最低 0.2MPa。当采用气体介质吹扫放空工艺时,输送甲类和乙类油品的管道,应使用含氧量不大于 5% 的惰性气体。

扫线介质管道的管径可按表 5 - 5 - 9 选用。

表 5 - 5 - 9　扫线介质管道的管径

工艺管道直径 DN,mm	不同介质的扫线管径 DN,mm		
	蒸汽	氮气	油、水
≤50	20	20	25
80 ~ 100	25	25	40
150 ~ 250	40	40	80
300 ~ 350	50	80	100
400 ~ 500	80	80	100

采用氮气等气体扫线时,气体用量可按式(5 - 5 - 1)计算:

$$V_0 = \frac{p}{p_0}\frac{T_0}{T}Av \qquad\qquad (5-5-1)$$

式中　V_0——气体所需用量，$\mathrm{m^3/s}$；

　　　p——管线工作压力，MPa；

　　　p_0——气体标准状态下的压力，取 0.1MPa，MPa；

　　　T_0——气体标准状态下的绝对温度，取 273K，K；

　　　T——气体工作状态下的绝热温度，K；

　　　A——扫线管横截面积，$\mathrm{m^2}$；

　　　v——扫线管内介质流速，可按表 5 - 5 - 10 选用，m/s。

表 5 - 5 - 10　扫线介质的推荐流速

介质	低压蒸汽	饱和蒸汽	氮气	工业及采暖用水
流速，m/s	30 ~ 50	20 ~ 40	8 ~ 15	1 ~ 2

采用蒸汽扫线时，蒸汽气体的需求量可按式(5 - 5 - 2)计算。

$$V = Av \qquad\qquad (5-5-2)$$

式中　V——气体所需用量，$\mathrm{m^3/s}$；

　　　A——扫线管横截面积，$\mathrm{m^2}$；

　　　v——扫线管内介质流速，可按表 5 - 5 - 10 选用，m/s。

6. 油船供水量及消耗汽量

油船供水量及消耗汽量，见表 5 - 5 - 11。

表 5 - 5 - 11　油轮供水量和消耗汽量参考表

油轮吨位(DWT)，t	生活用水及锅炉用水，t	卸重油时岸上辅助供汽和清扫用蒸汽量，t/h
5000	120	1 ~ 2
≥10000	250 ~ 300	2 ~ 3

二、码头装卸工艺

1. 码头装卸工艺流程设计原则

码头装卸工艺设计应根据码头使用功能和输送介质的物化性质，合理确定工艺方案，并应满足安全、环保、节能及职业卫生等方面的要求。

装卸工艺系统设计应满足防火要求，根据输送介质的特点和工艺要求，采用合理的工艺流程，选用安全可靠的设备材料，做到防泄漏、防爆、防雷及防静电。当油船需在泊位上排压舱水时，应设置压舱水接收设施，码头区域内管道系统的火灾危险类别应与装卸的油品相同。

码头装卸工艺系统应与设计船型的装卸能力和配套罐区储运系统能力相互匹配，工艺流程应协调一致。码头工艺流程设计应满足下列要求：

（1）工艺流程应根据码头装卸货种、运量及船型、作业功能、介质特性等要求进行设计,满足转卸船、计量吹扫、置换、放空等正常生产及检修作业需求。

（2）码头装卸不同液体介质的工艺系统宜分别设置,介质特性相近或相似时,可考虑共用。

（3）码头与陆域储罐之间有地形高差可供利用时,码头装船工艺宜考虑自流装船方式。

（4）码头卸船工艺系统应充分利用船泵能力卸船进罐。船泵扬程不能满足时,应在适当位置设置转输泵及配套设施。

（5）装卸极度危害介质的码头工艺系统,应在船舶和储罐之间设置气体返回管路或回收处理装置。

（6）工艺设备和管道的流通能力应满足正常作业条件下最大装卸量的要求。输送介质在管道中的设计流速,应经技术经济比选后确定,并应控制在介质特性允许的经济安全流速范围内。油品管道设计流速不应大于 $4.5\mathrm{m/s}$。

（7）工艺管道应在水陆域分界处附近设置紧急切断阀,该阀门应具有远程和现场手动操作功能。与装卸臂或软管连接的工艺管段上应设置双阀。

（8）码头装卸设备与管道应根据操作及检修要求设置排空系统。采用吹扫排空工艺时,扫线介质的选用应保证作业安全和介质质量。

（9）对可能产生超压的工艺管道系统应设置压力监测和安全泄放装置。

2. 装卸船工艺

大型原油码头因装卸单一原油货种,且物性参数明确,因此装卸工艺流程相对于其他液体散货码头更为简捷。装船流程为:储罐→机泵→计量仪表→输油臂→油轮油舱。卸船流程为:油轮油舱→油轮输油泵→输油臂→计量仪表→储罐。有的码头卸船不设置流量计,而以装船港的计量为准,或油进储罐后以储罐液位计进行计量。若储油区与码头高差较大或距离较远时,一般在岸上设置缓冲油罐,利用船上的泵先将油品输入缓冲罐中,然后再用中继泵将缓冲罐中的油品输送至储油区。

在设计装卸管道流程时,要特别注意管道的排气、吹扫、置换、循环、保温、伴热、泄压等措施。

输油臂坡向油轮部分可以自流入船舱内,输油臂内的存液可用扫线介质吹扫入船舱内,也可用泵抽吸打入输油母管内,也可自流排入泊位上的放空罐内。吹扫介质最好是氮气,也可用蒸汽、压缩空气或水。

装卸油母管,在正常情况下,油品可以滞留在管道中,对易凝原油要长期保温伴热或定期循环置换。在母管中保留余油能节省动力,简化操作,由于管内充满油品,隔绝了空气,可以延缓管内壁腐蚀,也有利于油品的计量和结算。

管道免不了有检修动火的时候,应该考虑吹扫措施。管内存油有扫向船舱的,但更多是扫向岸上储罐,也有的是在管道低点设排空罐,油品自流入排空罐,再用泵抽走,也有的是设置地下或半地下泵,直接把母管中的油抽送回储罐。

大型炼油厂设有氮气系统,利用氮气吹扫原油、轻质油是安全可靠的,但成本很高。炼油厂的附属码头,由于蒸汽供应方便,习惯用它来吹扫原油和重油。蒸汽扫线固然安全,但由于温度高和有凝结水,也带来许多不利因素,如管道要按蒸汽来考虑热补偿、容易产生水锤、管道振动、管道接头宜泄漏、增加油品含水量、加速管壁腐蚀等。

用压缩空气扫线,对柴油和重质油是可行的。在炼油厂中一般规定,原油可先用轻质油或热水顶线,再用蒸汽吹扫,汽油和煤油则用水顶线或氮气扫线。

用水顶线后放空,会增加油罐沉降脱水时间,影响油罐周转和油品质量,加大了含油污水的处理量,增加管内壁腐蚀机会,费用也很高。

不论何种扫线方式,在计量仪表处均应走旁通线,避免直接通过流量计。扫线管与油品管道连接处要设置双阀,在隔断阀中间加检查阀,以便及时发现窜油。不经常操作时,也可在切断阀处加盲板。

油品的膨胀系数为 0.06% ~0.13%,随着温度升高,体积要膨胀,在油品管道上需设定压泄压阀,把膨胀的液体引回储罐。

3. 驳船卸油设计

(1)驳船卸油需用码头或趸船上的泵抽卸,卸油泵应尽量采用离心泵,在特殊情况下,如油品加热不均匀,易产生汽蚀等时,可备用螺杆泵。卸油泵的灌泵、清底收舱等作业应采用容积式泵,不必设真空泵。

(2)泵并联操作时吸入总管内的流速不得大于单泵操作时吸入泵内的流速。

(3)抽卸轻油的泵,可装底阀。抽卸黏油的泵,不应装底阀,如特殊需要装底阀时,底阀及吹入管必须有加热设备。

(4)各种泵的高点要设置放气管。放气管通回油舱或储罐。放气管上应装看窗,以便监视放气情况。

(5)趸船上各种管道的支座及卡具都要有减振功能。管道的支座应装在趸船的梁、柱上,不得装在船舱的壁板上。管道的跨度不宜过大,一般取陆上跨度的 0.5~0.7 倍。

(6)趸船上的热油设备、管道,应有良好的保温隔热措施,以避免夏季舱房温度过高,保温结构必须牢固、耐振。

(7)趸船上的泵舱,通风机舱等要考虑消声和减振措施。

4. 装卸工艺方案的比较

装卸工艺设计应根据方案的工艺流程、技术装备、维修难易、装卸质量、作业安全、能源和环境影响等方面进行定性和定量的技术经济分析,论证其优缺点,综合选取经济上合理、技术上先进的方案。方案的定量比选宜按表 5－5－12 列出的主要技术经济指标进行。

表 5－5－12　码头装卸工艺技术经济指标

序号	指标名称	单位	数量	备注
1	码头设计通过能力	10^4 t/a 或 10^4 TEU/a		
2	泊位数	个		
3	泊位(有效)利用率	%		
4	装卸一艘设计船型的时间	d		

续表

序号	指标名称	单位	数量	备注
5	堆场面积或地面箱位数	m² 或 TEU		
6	仓库面积	m²		
7	装卸工人和司机人数	人		
8	劳动生产率	操作吨/(人·a)		
9	装卸机械设备总装机容量	kW		
10	与装卸工艺有关的设备和土建投资	万元		
11	装卸生产能源单耗	tce/10⁴t		
12	单位直接装卸成本	元/t(TEU)		

注：TEU——英文全称为 Twenty feet Equivalent Units，即指与 20 英尺相等的换算单位，也就是 20 英尺换算箱。现在习惯称为标准箱。

单位装卸成本可按式(5-5-3)计算：

$$S_x = \frac{C_{zx}}{Q_n} = \frac{(1+e)}{Q_n}C_{zj} \qquad (5-5-3)$$

式中　S_x——单位直接装卸成本，元；

C_{zx}——装卸总费用，元；

Q_n——货物吞吐量，t 或 TEU；

e——其他装卸生产直接费与主要装卸直接费的比值，通过调查确定；

C_{zj}——主要装卸直接费，元。

$$C_{zj} = C_1 + C_2 + C_3 \qquad (5-5-4)$$

式中　C_1——机械设备年基本折旧费及年修理费的总和，元；

C_2——职工工资、福利费的总和，元；

C_3——电力(包括动力和照明)、燃料及润油费的总和，元。

三、设备选型

油港装卸设备主要由输油泵、管线、加热设施、输油软管、码头装卸臂、缓冲罐、零位油罐及其他附属设备组成。港口油品装卸有输油软管和输油臂两种方式。

1. 输油软管及软管吊机

输油软管一般分为橡胶软管和复合软管两大类。橡胶软管由内衬层、增强层和外覆层构成。根据要求可有适当的附加增强层、导电连接线、法兰连接件、浮体材料和缓冲层；复合软管是一种柔性输液管，由钢丝缠绕构成管体内外骨架，用高分子聚合材料加工而成。

原油装卸作业一般选用橡胶软管，具有挠度大、适应性强的特点，橡胶软管适用于环境温度介于 -29~52℃、输送 -20~82℃ 的芳香烃含量不超过 50% 的原油、在 -0.085~1.5MPa 内压力下工作的情况。且一般适用于内径为 400mm 及以下，不大于 21m/s 流速下连续输油作业和内径为 400mm 以上，不大于 15m/s 流速下连续输油作业。但橡胶软管维护费用高、效率低、寿命短、承压低、易泄漏、安全性差、占地面积大且接管时劳动强度大，因此橡胶软管不适应作为大型油船高速、高效的装卸设备，一般仅适用于中、小码头的原油装卸作业。

为提高作业效率、节省码头空间，目前多采用软管吊机操作软管。软管吊机是用于软管与油船连接的吊装设备，可以根据使用的包络范围设计制造，以满足小船满载、大船空载的范围内任意吊装连接多种介质的软管，满足油船装卸需要。

软管吊机包括基座、转柱、吊臂、吊钩、操作平台和电液系统等部件，可完成平台回转、吊钩起升、吊臂变幅的动作。

软管吊机典型技术参数：

驱动方式为手动液压、遥控液压；

最大安全负荷范围为 $0.5 \sim 2\text{tf}$；

最大工作范围为 20m；

起升速度为 $0 \sim 12\text{m/min}$；

上仰角度为 $0° \sim 75°$；

回转角度为 $0° \sim 345°$；

防爆等级为 dII BT4；

防护等级为 IP54 和 IP55。

2. 船用输油臂

船用输油臂是用于连接港口码头、船舶歧管和陆域管道之间的输送设备。主要由立柱、内臂、外臂、回转接头盒快速连接器等组成，根据需要可配置动力、操作、控制、清洗、排空系统及紧急脱离装置和支撑装置等。它可以克服橡胶软管存在的装卸效率低、寿命短、易泄漏和接管时劳动强度大等缺点。

1）输油臂的结构形式

（1）按照驱动形式划分。

输油臂的操作方式有两种：一种是手动操作，另一种是电液控制。输油臂的平衡设计条件是在输油臂排空状态下的平衡，但是由于作业时有相对转动，存在摩擦阻力，主要来自两个方面：旋转节和回转轴承，由于大口径输油臂重量和体积大，因此累积的启动力矩大。一般对于口径较小（ $DN \leq 200\text{mm}$ ）的输油臂，一人可以拖动输油臂，操作对接方便，可选用手动操作，减少对液电控制系统的维护；对于口径较大（ $DN > 200\text{mm}$ ）的输油臂，可选用电液控制，减轻操作人员的劳动强度。目前港口使用的多位液压驱动型绳轮传动双平衡型输油臂，如图 5 - 5 - 5 所示。

（2）按照支撑型式划分。

输油臂按结构形式划分主要分为两种：一种是独立支撑型（图 5 - 5 - 6），有单独的支撑结构，回转接头轴承不承受重力和工作载荷；另一种是自支撑型（图 5 - 5 - 5），无单独的支撑结构，全部重力及工作时作用力及风载荷靠回转接头轴承承受。

两者主要区别在于内外臂是否有独立支撑。两种形式的输油臂在使用上都很成熟，适用介质比较广泛，自支撑式输送介质的管线和旋转节不但承受自身的重力、介质产生的内力，而且要承受风所产生的水平力和翻转力等,所以对输油臂的关键部件旋转节要求高。结构尺寸必须保证能承受轴向力、径向力和弯矩所形成的综合载荷;独立支撑型管线及旋转节不承受外力,其外力由支撑系统承受,旋转节受力情况好,对输油臂的使用有利。因此,对于大口径的输油臂,建议选用独立支撑式输油臂,小口径的为节约投资可选用自支撑型。

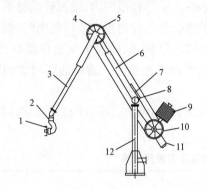

图 5 - 5 - 5　多位液压驱动型绳轮传动
双平衡型输油臂简图
1—快速连接器;2—三向回转接头;3—外臂;
4—头部回转接头;5—上绳轮;6—内臂;7—液压驱动机构;
8—中间回转接头;9—副平衡重;10—下绳轮;
11—主平衡重;12—立柱

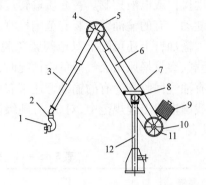

图 5 - 5 - 6　独立支撑型输油臂简图
1—快速连接器;2—三向回转接头;3—外臂;
4—头部回转接头;5—上绳轮;6—内臂;7—液压驱动机构;
8—独立支撑装置;9—副平衡重;10—下绳轮;
11—主平衡重;12—立柱

2)输油臂选用原则

(1)除装卸液体化工品船舶以及 5000 吨级以下油品船可根据货种和作业量等条件采用软管装卸作业外,均宜采用装卸臂作业。

(2)装卸臂的规格和数量应根据船型、货种、装卸量、设备额定能力、船舶接管口的数量和口径等因素综合确定。

(3)装卸设备的工作区域应满足码头靠泊船型作业过程中的水位和吃水变化,以及船舶作业条件下允许的运动范围。

(4)装卸设备布置应根据码头平面、船舶接管口位置、设备工作及检修要求等综合确定。装卸臂应布置在码头平台前沿中部,装卸软管区的布置应考虑软管吊机设备及软管存放要求。

(5)装卸甲 A 类和极度危害介质的码头装卸臂或软管端部,应设置紧急情况下可切断管路并与船舶接口脱离的装置。

(6)5 万吨级及以上液体散货码头应设置登船梯。在码头无登船设施而采用船舶舷梯上下时,码头工作平台的布置应考虑潮汐和干舷变化时人员登岸的方便和安全。

装卸作业允许的船舶运动量见表 5 - 5 - 13。

表 5 - 5 - 13　装卸作业允许的船舶运动量

船型	装卸设备	允许运动量					
		纵移,m	横移,m	升沉,m	回转,(°)	纵摇,(°)	横摇,(°)
油船	装卸臂	0.5 ~ 2.0	0.5 ~ 2.0	—	—	—	—

3）输油臂的选用

输油臂口径一般为 $DN100mm \sim DN600mm$，设计温度范围为 $-196 \sim 250℃$。根据输转介质种类和温度的不同，材质可以是碳钢、不锈钢或 PTEE 衬里。根据口径和负载的不同，可采用手动操作或电液控制。在介质输转过程中，在船舶的正常漂移范围内，输油臂的管系可以与船舶随动。有的输油臂还装有范围检测系统，在船舶结合管漂移出正常工作范围时，提供声光报警。输油臂上还可配上双球阀紧急脱离接头。当锚链拉断，船舶发生从泊位漂移出去、失火、超载、突发暴风雨天气等危险情况时，输油臂与油轮能迅速脱离。需要油气回收的输油臂还装有油气回收管。有的输油臂还带有伴热措施。

我国港口工程规范中，对 30 万吨级及以下的油轮泊位的码头装卸臂的布置和选用做了规定，见表 5 - 5 - 14。

表 5 - 5 - 14　码头装卸臂选用及布置尺寸表

码头吨级（DWT）t	装卸臂口径 mm	装卸臂配置数台	装卸臂中心至码头平台前沿距离 m	装卸臂间距 m	设备驱动方式
1000 ~ 3000	150	1	2.0 ~ 2.5	2.0 ~ 2.5	手动/液动
5000	150 ~ 200	1	2.0 ~ 2.5	2.0 ~ 2.5	手动/液动
10000	200 ~ 250	1 ~ 2	2.0 ~ 2.5	2.5 ~ 3.0	液动
20000	200 ~ 250	1 ~ 2	2.0 ~ 2.5	2.5 ~ 3.0	液动
30000	250	2	2.0 ~ 2.5	2.5 ~ 3.0	液动
50000	250 ~ 300	2 ~ 3	2.5 ~ 3.0	2.5 ~ 3.0	液动
80000	250 ~ 300	3	2.5 ~ 3.0	2.5 ~ 3.0	液动
100000	250 ~ 300	3	2.5 ~ 3.0	2.5 ~ 3.0	液动
120000	300 ~ 350	3	2.5 ~ 3.0	3.0 ~ 3.5	液动
150000	300 ~ 350	3	2.5 ~ 3.0	3.0 ~ 3.5	液动
250000	400	3	3.0 ~ 3.5	3.5 ~ 4.0	液动
300000	400 ~ 500	3	3.0 ~ 3.5	3.5 ~ 4.0	液动

4）输油臂的技术参数

船用输油臂需根据用户提供的技术参数进行设计和制造，主要包括以下技术参数。

（1）输送介质：油品的温度、压力和化学性质；

（2）现场环境条件：大气温度、风速；

（3）操作方式：手动或液压传动；

（4）结构形式：自支撑结构或独立支撑结构；

（5）公称直径：$DN100mm \sim DN500mm（4 \sim 20in）$；

（6）管道材质：碳钢、不锈钢、低温钢、PTFE 衬钢等

（7）工作区域（图 5 - 5 - 7）。

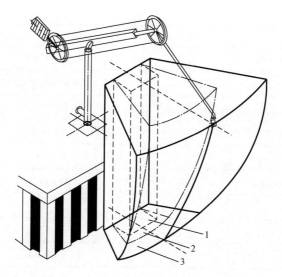

图 5 - 5 - 7 输油臂工作区域划分示意图
1—理想工作区域(虚线范围);2—漂移工作区域(双点画线与虚线之间范围);
3—临界工作区域(实线与双点画线之间范围)

5)要求的辅助设施

包括蒸汽回收线、安全梯、绝缘法兰、超程声光报警系统、真空短路器、排空系统、吹扫系统、手动快速接头、液动快速接头、液动紧急脱离接头、可调支腿、限位系统、电加热系统、控制板等。

全液压输油臂的主要技术参数见表 5 - 5 - 15,图 5 - 5 - 8 所示为输油臂结构示意图。

表 5 - 5 - 15 全液压输油臂的主要技术参数

项 目	$DN250mm$	$DN300mm$	$DN350mm$	$DN400mm$
工作介质	汽油、煤油、柴油、原油、石脑油、压舱水等			
流速,m/s	6 ~ 8			
输油量,m³/h	1200	1600	2700	3400
设计压力,MPa	1.0			
平衡方式	旋转平衡			
驱动形式	液压驱动			
操作方式	手控、电控、遥控			
遥控距离,m	50			
液压系统压力,MPa	10.0			
电动机功率,kW	5.5			
防爆等级	DII BT4			

续表

项 目		DN250mm	DN300mm	DN350mm	DN400mm
抗风能力,Pa	工作状态	< 186(7级风)			
	非工作状态	> 186~687(12级风)			
	需防护	>687~1471			
最高工作位置(至码头),m		10~18			
最低工作位置(至码头),m		0~-6			
最大伸距(至立柱中心),m		10~15.5			
最小伸距(至立柱中心),m		5~6			
垂岸漂移,m		1~3			
顺岸漂移,m		±3~±4			
内臂长,m		7~10.5			
外臂长,m		8~11.5			
内臂允许回转角度,(°)	后仰(以垂线为基准)	0~40			
	下俯(以水平为基准)	8~130			
外臂对内臂回转角度,(°)		8~130			
水平允许回转角,(°)		±30			
外形尺寸 mm	长	2150	3600	3780	4600
	宽	1900	2200	2118	2200
	高	15200	16200	16758	21600
	液压站	1700×1140×1410			
	液压分站	655×496×778			
	电控柜	830×460×1810			
	遥控发射器	165×67×30			
质量,kg	主机	10600	13180	15800	23300
	液压站	900			
	液压分站	195			
	电控柜	600			
	按钮台	100			
	遥控发射器	0.7			

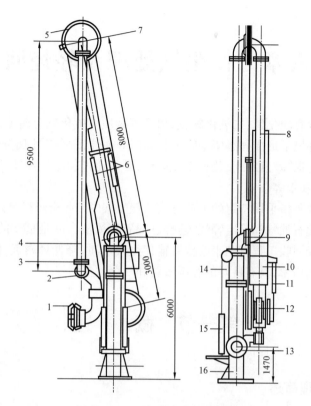

图 5-5-8 输油臂结构示意图

1—快速接管器;2—三向回转接头;3—静电绝缘法兰;4—外臂;5—头部大绳轮;

6—内臂驱动油缸;7—头部回转接头;8—内臂;9—中间回转接头;10—旋转配重;

11—外臂驱动油缸;12—固定配重;13—输油臂连接法兰;14—竖向回转接头;15—旋转驱动油缸;16—立柱

参 考 文 献

《石油和化工工程设计工作手册》编委会,2010. 输油管道工程设计[M]. 东营:中国石油大学出版社.

《石油和化工工程设计工作手册》编委会,2010. 油气储库工程设计[M]. 东营:中国石油大学出版社.

《油田油气集输设计技术手册》编写组,1995. 油田油气集输设计技术手册[M]. 北京:石油工业出版社.

郭光晨,董文兰,张志廉,2006. 油库设计与管理[M]. 东营:中国石油大学出版社.

寇杰,董培林,刘广友,等,2013. 油气集输技术数据手册[M]. 北京:中国石化出版社.

李征西,徐思文,等,1997. 油品储运设计手册[M]. 北京:石油工业出版社.

许行,等,2009. 油库设计与管理[M]. 北京:中国石化出版社.

第六章 伴生气处理及轻烃回收

油田伴生气中含有硫化氢、二氧化碳、水和汞等杂质。硫化氢会腐蚀金属设备表面,二氧化碳和水会在低温环境下形成固态堵塞管道和阀门等零件,汞会严重腐蚀铝制设备,尤其是铝制板翅式换热器。为保障轻烃回收装置正常运行,必须通过伴生气预处理工艺脱除伴生气中的硫化氢、二氧化碳和水等杂质。

伴生气轻烃回收是指采用特定的工艺方法从伴生气中回收未经稳定处理的液态烃类混合物,可生产乙烷、液化石油气和稳定轻烃等凝液产品,其凝液产品是重要的化工原料和民用燃料。实施伴生气轻烃回收工程有利于改善管输伴生气质量,降低烃露点,保障管输安全性,提高伴生气资源综合利用率,具有良好的经济效益和社会效益。

第一节 概 述

一、伴生气处理简述

1. 伴生气组成及特点

油田气也称伴生气,有时与气井气笼统地称为天然气,是很好的天然能源和化工原料。用作燃料,有燃烧完全、热值高,无灰渣和输送方便的优点;用作化工原料,可生产尿素、聚乙烯、聚丙烯和合成橡胶等。

伴生气饱和含水,且带有游离水,在特定条件下会形成水合物冻堵管道;有些伴生气中还含有酸性介质 H_2S 和 CO_2,酸性介质在含水条件下会造成管线和设备腐蚀,而且也不满足管道输送及利用要求。因此,伴生气中的 H_2O,H_2S 和 CO_2 等须提前进行处理。

伴生气含 C_2 及以上组分比气井气多,其中 C_2,C_3,C_4 和 C_5 是液化石油气和稳定轻烃的组成部分,可生产乙烷、液化石油气和稳定轻烃等凝液产品,凝液产品是重要的化工原料和民用燃料,对伴生气进行凝液回收有利于改善管输天然气质量,降低烃露点,保障管输安全性,提高天然气资源综合利用率,具有良好的经济效益和社会效益。C_2 是制乙烯等的重要原料,有利用价值时也应回收。

2. 伴生气预处理简述

为满足轻烃回收工艺要求,天然气预处理主要是脱除原料气中酸性气体(H_2S 和 CO_2 等)、水、汞等有害物质,保证工艺装置及管线的安全,满足凝液产品质量指标的需要。

对于含 CO_2 和 H_2S 的伴生气,在轻烃回收装置中,大部分 CO_2 和 H_2S 分布于脱乙烷塔塔顶气相,少部分有机硫分布于脱乙烷塔底部的凝液。具体的分布规律与原料气组成、硫化物的种类和脱乙烷塔压力有关。

对于含 CO_2 和 H_2S 较高的伴生气应在进入冷凝分离单元前脱除,再进入脱水单元、最后进入脱汞单元,若伴生气汞含量较高,可将脱汞单元设置于酸性气体脱除单元前。

在轻烃回收装置中,脱除酸性气体工艺单元的位置应依据伴生气组成对工艺流程进行详细模拟、研究酸性气体在工艺流程中的分布来确定。

1) 伴生气脱酸

伴生气脱除 H_2S 和 CO_2 的方法分为干法和湿法两大类。湿法按溶液的吸收和再生方式,又分为化学吸收法、物理吸收法和直接氧化法三种。常用的酸性气体处理方法见表 6 - 1 - 1。

表 6 - 1 - 1　伴生气脱酸方法及分类

脱酸方法分类	脱酸方法		
湿法	化学吸收法	醇胺法	一乙醇胺法(MEA 法)、改良二乙醇胺法、二甘醇胺法(DGA 法)、二异丙醇胺法(ADIP 法)
		碱性盐溶液法	改良热钾碱法、氨基酸盐法
	物理吸收法		多乙二醇醚法、砜胺法(Sulfinol 法)
	直接氧化法		蒽醌法、改良砷碱法
干法	分子筛法		
	膜分离法		
	海绵铁法		

化学吸收法及物理吸收法已使用多年,工艺成熟,但投资和操作费用较高。2000 年以前我国引进了多套装置。目前,已全部国产化。膜分离法作为新型分离方法,已在工程中开展了实验及推广,其特点是伴生气需要一定的压力能,可作为伴生气脱酸前的粗脱手段。

2) 伴生气脱水

从伴生气中脱除水分,常规的方法有溶剂吸收法、固体干燥剂吸附法及低温分离法三种。溶剂吸收法常用的溶剂有二甘醇和三甘醇,固体干燥剂吸附法常用的吸附剂有硅胶、分子筛和氧化铝,低温分离法常用的防冻剂有乙二醇和甲醇。

这三种方法应用的界限关键是要求净化气中含水量,也就是露点温度值。对于下游有深冷单元的装置,必须保证伴生气脱水后含水量满足下游制冷单元的要求,这就必须使用分子筛吸附脱水。如果仅保证输送过程中不生成水合物,可采用溶剂吸收法(溶剂为三甘醇)或固体干燥剂吸附法(吸附剂为硅胶)脱水;当伴生气有充足的压力能时,也可以考虑采用低温分离法脱水。至于浅冷回收烃液使用哪种方法,应按具体情况作技术经济比较。

三种脱水方法的优缺点对比见表 6 - 1 - 2,供选择脱水工艺时参考。

由此可见,选择脱水工艺时应根据脱水目的、要求和处理规模等进行技术经济比较。有时也有采用甘醇吸收脱水串接分子筛吸附脱水的联合方法。

表6-1-2　脱水方法优缺点对比

脱水工艺	工作原理	优点	缺点
溶剂吸收法（以三甘醇为例）	利用脱水剂的良好吸水性能，通过在吸收塔内进行气液传质，脱除天然气中的水分	(1) 操作温度下溶剂稳定，使用寿命长，蒸气压低，气相携带损失小； (2) 吸湿性高，露点降高，脱水后干气露点可达-30℃左右，能满足浅冷回收轻烃的要求； (3) 能耗小，装置投资及运行费用低； (4) 溶液易再生，再生后溶液浓度达到99%（质量分数）以上； (5) 处理量小时，可作成撬装式，紧凑并造价低，搬迁和移动方便，预制化程度高	(1) 干气露点温度高于吸附脱水，不能满足深冷回收轻烃的要求； (2) 伴生气中存在轻质油时，会有一定程度的发泡倾向，有时需加入消泡剂； (3) 吸收塔结构要求严格，如采用板式塔，最好用泡帽塔。也可采用填料塔
吸附法脱水	利用干燥剂表面吸附力，使气体的水分子被干燥剂内孔吸附而从天然气中除去的方法	(1) 脱水后气体中水含量可满足深冷要求，露点温度可达-70℃以下； (2) 对进料气的温度、压力、流量变化不敏感，操作弹性大一些； (3) 操作简单，占地面积小	(1) 对于大型装置，设备投资大，操作费用高； (2) 气体压降大于溶剂吸收脱水； (3) 吸附剂使用寿命短，一般更换周期为三年，增加了成本； (4) 能耗高，低处理量时更明显
低温分离法	利用不同温度下天然气中的饱和含水量不同，通过冷却天然气使天然气中的饱和水变成游离水析出，降低露点	(1) 装置操作简单，占地面积小； (2) 装置投资及运行费用低	(1) 只适用于高压天然气； (2) 对于压力不高的天然气节流降温不足，达不到水露点要求； (3) 如果没有足够的压降可利用，需要增压或外供冷源

3）伴生气脱汞

目前，天然气脱汞工艺主要有化学吸附、溶液吸收、低温分离、溶液吸收、离子树脂和膜分离等。化学吸附脱汞工艺在经济性、脱汞效果和环保等方面都优于其他脱汞工艺，在国内外天然气脱汞装置中得到广泛应用。

现阶段天然气脱汞装置中应用较多的脱汞剂是载硫活性炭、负载型金属硫化物和载银分子筛。将脱汞塔添加到天然气处理流程中实现含汞天然气脱汞，汞与脱汞剂表面的化学物质发生反应后附着在脱汞剂上，随着脱汞剂的卸载而脱除。经处理后的天然气，汞浓度均能降至 $0.01\mu g/m^3$ 以下。

负载型金属硫化物基于金属硫化物与汞反应生成硫化汞从而达到脱汞的目的。由法国 Axens 公司、美国 Honeywell UOP 公司和英国 Johnson Matthey Catalysts 公司等生产的脱汞剂颗粒强度高，工业应用多，进口价格高，已在德国、日本、印度尼西亚、马来西亚和中国等多个国家的油气田进行应用，用于脱除天然气中的汞。国产化的负载型金属硫化物在某天然气处理厂上游脱汞装置得到了应用，可将天然气中汞含量脱除至 $1\mu g/m^3$ 左右。国内已有多个厂家开发了负载型金属硫化物脱汞剂，并在多个处理厂得到了成功应用。

载银分子筛基于单质银与汞反应生成汞齐的原理达到脱汞目的，由 Honeywell UOP 等公司生产。该类型脱汞剂再生后可重复使用,脱汞效率高,再生能耗高,一般用于汞含量低的天然气。2007 年,美国 Meeker Ⅰ 和 Meeker Ⅱ 气田在凝液回收装置之前脱汞,在干燥容器中放置普通分子筛和美国 Honeywell UOP 公司生产的载银分子筛用来脱除天然气中的水和汞,将天然气中汞浓度从 $0.8\mu g/m^3$ 降低至 $0.01\mu g/m^3$ 以下。

4)伴生气预处理指标

脱水深度:要求伴生气水露点低于流程中最低温度 3~5℃,以保证轻烃回收装置不形成水合物。

脱汞深度:要求进板翅式换热器伴生气中汞含量低于 $0.01mg/m^3$。

脱硫化氢、CO_2 深度:SY/T 0077—2019《天然气凝液回收设计规范》要求"应根据原料气中硫化氢及 CO_2 等其他杂质的含量情况,经技术方案比选确定是否对原料气进行预处理",GB 17820—2018《天然气》中要求一类气硫化氢含量 $\leqslant 6mg/m^3$,CO_2 摩尔分数 $\leqslant 3.0\%$。因此需要根据模拟计算,分析 H_2S 和 CO_2 在产品中的分布情况以确定其脱除深度。此外,对于脱 CO_2 深度,若酸性气体脱除单元在轻烃回收单元前,CO_2 脱除深度以轻烃回收单元不发生冻堵为准,对于生产乙烷的轻烃回收装置,若酸性气体脱除单元在脱乙烷塔之后,CO_2 脱除深度以达到乙烷产品要求为准。

3. 伴生气轻烃回收简述

伴生气中含有 C_{3+} 组分,是重要的化工原料,特别是作乙烯的原料。所以回收轻烃无论是经济效益还是社会效益都是很有利的。

从伴生气中分离出 C_{3+} 组分(或者说 C_{2+}),可以用吸附、吸收和低温冷凝三种方法中的一种。吸附法由于能耗高,已不采用。油吸收法(常温油吸收和低温油吸收)因建设投资和操作费用高已逐渐被低温冷凝法取代,伴生气轻烃回收也不使用。

低温冷凝法已成为天然气凝液回收的主导方法,其原理是利用原料气中各组分在一定压力下冷凝温度不同的特点,在将天然气逐步降温过程中将沸点较高的冷凝液分离出来,同时利用精馏原理将冷凝分离的凝液分割成不同产品的工艺方法。这就必须提供足够的冷量使气体降温,可以用外加冷源(如氨制冷、丙烷制冷)提供冷量,也可以利用原料自身的压力能经过膨胀而获得冷量。制冷工艺是低温冷凝法轻烃回收装置重要的工艺单元之一,制冷工艺直接决定轻烃回收装置的产品回收率及系统能耗。根据原料气工况条件和轻烃回收的产品要求,选用合理的制冷工艺有利于简化轻烃回收流程、降低系统能耗。

制冷工艺主要有节流膨胀机制冷、冷剂制冷以及冷剂制冷与膨胀机制冷相结合的联合制冷。根据冷凝分离温度的高低,冷凝分离法分为浅冷分离与深冷分离两种,浅冷分离的冷凝温度一般为 $-35 \sim -20℃$,深冷分离的冷凝温度一般在 $-100 \sim -45℃$。制冷工艺的选用应依据原料气气质及工况条件(原料气压力等)、外输气压力、产品种类及回收率。

制冷设备可以用节流阀,也可以用膨胀机。节流阀是等焓膨胀,膨胀机是近似于等熵膨胀,因此膨胀机提供的冷量多,并且还可以输出一部分功。自 1964 年美国首次用膨胀机制冷以来,随着膨胀机技术发展与应用,膨胀机制冷已发展成为凝液回收的主流制冷工艺,推动了凝液回收装置向处理规模大型化、产品回收率高及流程多样化的方向发展。但也应该注意到,膨胀制冷要消耗压力能。在有自由压差(即原料气源压力高,而干气用户对压力要求不高,其间有一定压差可利用)时,毫无疑问最恰当的应该用膨胀制冷。如果没有自由压差,例如原料气压力低,但为了在制冷温度下能多回收轻烃,必须先将原料气升压到一定压力,这个压力与干气用户对压力的要求也有一定压差,那么这个压差也是可以作为自由压差而利用膨胀机制冷。如果这个压差不存在,使用膨胀机后,干气需要再压缩到用户的压力,对是否采用膨胀制冷或者采用冷剂制冷需作技术经济比较。从热力学第二定律,对膨胀制冷装置和混合冷剂制冷装置的㶲效率做比较,后者大于前者。

二、产生水合物的状态因素

1. 生成水合物的条件及预测方法

生成水合物的必备条件是:含水气体温度低于其露点温度,有游离水析出;足够低的温度和足够高的压力;气体流速高,压力急剧变化,如经过弯头、孔板等处;引入小的水合物晶体。

天然气水合物的临界温度是指该组分水合物存在的最高温度,高于此温度后,不管压力多大,都不会形成水合物。

水合物形成的预测方法可分为经验图解法、相平衡计算法和统计热力学模型法。

经验图解法根据气体相对密度和压力(或温度),通过查图计算水合物的形成温度(或压力)。对含硫化氢的天然气,相对密度法误差较大,需进行变换。

相平衡计算法基于气—固平衡常数来估算水合物生成条件,适用于典型烷烃组成的无硫天然气,而对非烃含量多的气体或高压气体则准确性较差。相平衡计算法曾得到广泛应用,但计算速度慢,易产生人为误差。

随计算机的运用及普及,以经典统计热力学为基础的热力学模型已得到普遍应用。天然气水合物生成条件的严格热力学模型是将宏观的相态行为和微观的分子间相互作用联系起来,它最早是由 van der Waals 和 Platteeuw 基于统计热力学方法提出的。

1)经验图解法

采用经验图解法估算伴生气是否会生成水合物可用图 6 - 1 - 1 查算。

[例1] 气体对空气的相对密度 $\gamma = 0.6$,压力 2000kPa,不生成水合物的最低温度是多少?

解:查图 6 - 1 - 1,从纵坐标 2000kPa 引水平线与相对密度 0.6 线相交,横坐标读数是 5.5℃,此即要求的温度。低于 5.5℃,产生水合物;大于 5.5℃,不产生水合物。

图 6 - 1 - 1 是不含 H_2S 和 CO_2 的图,如果 H_2S 和 CO_2 含量小 1% (摩尔分数),也可用此图查算。H_2S 和 CO_2 含量高,用图 6 - 1 - 2 查算,方法如下:

自压力坐标作水平线与含 H_2S(%)线相交,由交点画垂直线向下与气体相对密度相交,然后顺斜线与温度坐标相交。图左上角小图是用作对气体中丙烷含量作校正的。如果 H_2S 含量 10%,丙烷含量 0.25%,2MPa(绝),查出校正值是 - 3℃;如果丙烷含量 3%,校正值是 2℃。

[例2] 天然气,相对密度 0.7,2MPa(绝),含 H_2S 10%,含丙烷 0.25% 或 3%,生成水合物的温度各是多少?

解:查图6-1-2,不计丙烷含量,生成水合物的温度是13.5℃,丙烷含量0.25%时,加上校正温度-3℃,则是10.5℃;丙烷含量3%时,加上校正温度2℃,则是15.5℃。

如果此天然气不含H_2S,相对密度0.6,在2MPa(绝)时,查图6-1-1与图6-1-2都是5.5℃。但若相对密度是0.8时,查图6-1-1是10.6℃,查图6-1-2是8.2℃,相差较大。

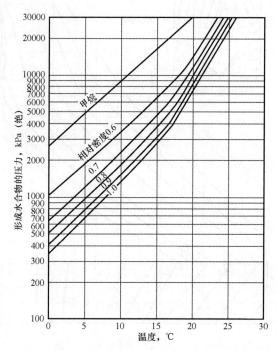

图6-1-1　预测形成水合物的压力—温度曲线

如果天然气既含较多的H_2S,又含较多的CO_2,仍可查图6-1-2。但需作一下变换,将CO_2含量转换为H_2S含量,1kmol H_2S=0.75kmol CO_2。转换之后,查图6-1-2。

由以上比较可见,气体组成与生成水合物的关系是相当复杂的,图6-1-1和图6-1-2只能近似地表达出这种关系。

2)统计热力学模型法

大部分商业化软件都具有预测天然气水合物生成条件的功能,如HYSYS,PIPESIM及PVTSim等,压力的预测误差在10%以内,对于工程应用来说,预测值较准确。

HYSYS软件适用于预测常规天然气体系和含醇天然气体系的水合物形成条件。初始水合物的模拟是基于van der Waals-Platteeuw提出的原始模型,通过Parrish-Pransnitz的改进,其蒸气模型是基于Ng-Robinson模型。

PIPESIM软件可预测盐存在的情况下水合物形成条件,这在水合物预测方面优于其他同类软件,PIPESIM软件在水合物预测上应用的是Multiflash水合物模型。Multiflash水合物模型将van der Waals-Platteeuw模型作为基本的水合物模型,状态方程采用的是改进的SRK方程。常用的水合物预测软件及特点见表6-1-3。

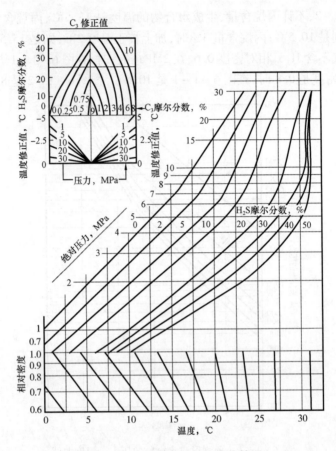

图6-1-2　酸性天然气水合物算图

表6-1-3　水合物预测软件及特点

软件	开发公司	水合物模型	适应性		
			含醇体系	含盐体系	醇盐混合体系
HYSYS	Aspen Tech	vdW + PP + NR	适用	不适用	不适用
PIPESIM	Schlumberger	Multiflash	适用	适用	适用
PVTSim	Calsep	PR + SRK	适用	适用	适用

2. 节流降压、初始温度与产生水合物的关系

自凝析油油田采出的油气流,压力往往较高,需节流降压之后输到计量站,有的甚至要经过二次节流降压。由于焦耳-汤姆孙效应,节流使温度降低,有可能生成水合物。判断是否会生成水合物,可用图6-1-3至图6-1-7查算。

[**例3**]　表6-1-4组成的伴生气在10℃时,生成水合物的最低压力是多少?

表6-1-4 例3伴生气组成

组分	N₂	CO₂	C₁	C₂	C₃	iC₄	nC₄
摩尔分数,%	0.094	0.002	0.784	0.06	0 036	0.005	0.019

平均分子量 $M = 20.08$。对空气的相对密度为0.693,查图6-1-1,10℃,相对密度为0.6时,生成水合物的压力 $p = 3300$ kPa(绝);相对密度为0.7时 $p = 2250$ kPa(绝);则相对密度是0.693时,有:

$$p = 3300 - (3300 - 2250)\left(\frac{0.693 - 0.6}{0.7 - 0.6}\right) = 3300 - 976.5 = 2323.5 \text{kPa(绝)}$$

[例4] 同上例的气体组成,从压力10000kPa节流膨胀到3500kPa,问最低初始温度多少,才能不生成水合物?

解:查图6-1-3,相对密度为0.6的气体,自纵坐标10000kPa引水平线与横坐标3500kPa向上引垂直线交于35℃温度线,此即最低温度。再查图6-1-4,以同样的方法,查出最低温度是45℃。对于相对密度为0.693的气体的最低初始温度是:

$$T = 35 + (45 - 35)\left(\frac{0.693 - 0.6}{0.7 - 0.6}\right) = 44.3℃$$

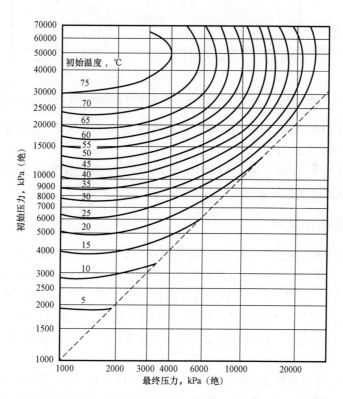

图6-1-3 相对密度为0.6的天然气在不形成水合物的条件下允许达到的膨胀程度

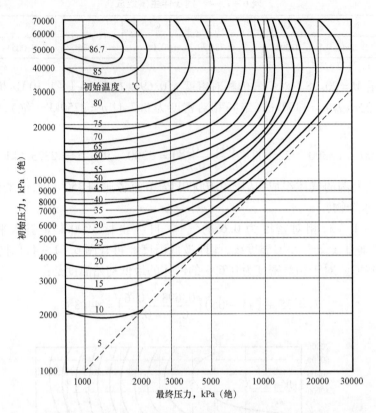

图 6 - 1 - 4　相对密度为 0.7 的天然气在不形成水合物的条件下允许达到的膨胀程度

[**例 5**]　压力 14000kPa，温度为 40℃，相对密度为 0.6 的气体，在不生成水合物的情况下，可以节流膨胀到多大压力？

解：查图 6 - 1 - 3，自纵坐标 14000kPa 引水平线与温度线 40℃ 相交，横坐标读数是 7000kPa，此即可以膨胀到的最低压力。

三、焦耳–汤姆孙效应

伴生气经过节流阀，或经管道输送，或经孔板降压，气体压力降低，温度也降低，这称之为焦耳–汤姆孙效应。焦耳–汤姆孙效应系数是每降低一个单位压力的温度降，可用℃/100kPa 表示。节流膨胀是等焓膨胀，即气体膨胀前后的总焓值不变。对于纯组分可以从莫里尔图上划线（如 T—S 图，p—H 图），例如图 6 - 1 - 8。A 点的压力为 p_1，温度为 T_1。沿等焓线到 p_2 等压线，交点是 B，其温度是 T_2，说明自 p_1 膨胀到 p_2，温降是 $T_1 - T_2$。只要有纯组分的莫里尔图都可这样做。

对于混合气体，可以用状态方程式计算。但是像 PR 方程、SRK 方程和 BWRS 方程等更适用于轻烃回收。对于伴生气集输，由于积累了非常多经验数据，发表了不少经验图表和半经验关联式，有时更符合实际情况，图 6 - 1 - 9 就是其中典型图表。

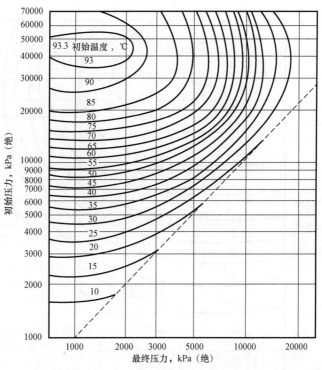

图 6 − 1 − 5　相对密度为 0.8 的天然气在不形成水合物的条件下允许达到的膨胀程度

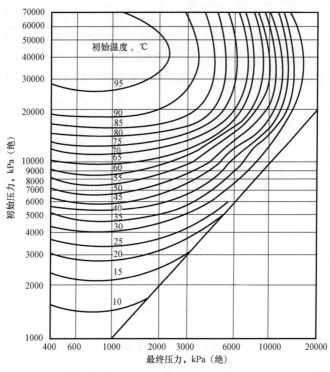

图 6 − 1 − 6　相对密度为 0.9 的天然气在不形成水合物的条件下允许达到的膨胀程度

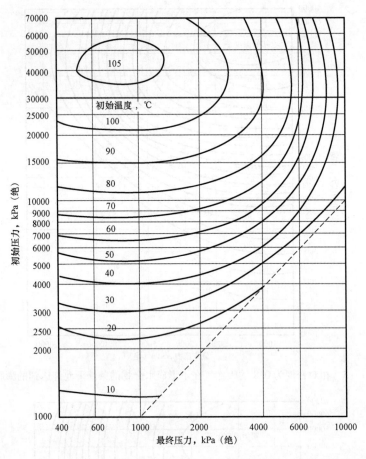

图 6 - 1 - 7 相对密度为 1.0 的天然气在不形成水合物的条件下允许达到的膨胀程度

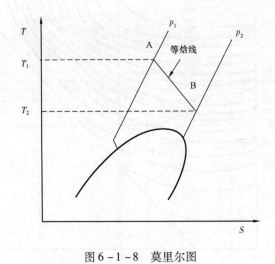

图 6 - 1 - 8 莫里尔图

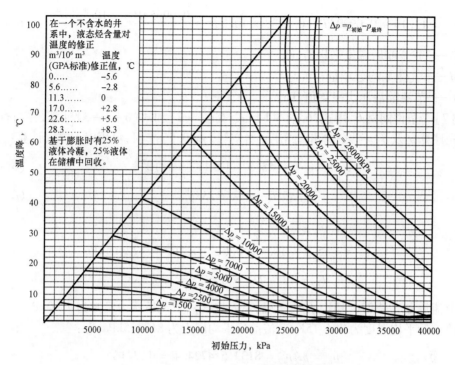

图 6 - 1 - 9　一给定压力降所引起的温度降

1. 查图表计算

[例6]　伴生气初始压力 11767kPa,温度 25℃,节流膨胀到 4500kPa,气体相对密度 γ = 0.6,温降是多少?

解:查图 6 - 1 - 9。Δp = 11767 - 4500 = 7267kPa,起始压力 11767kPa,自横坐标 11767kPa 引垂直线向上与 Δp = 7267(内插)相交,纵坐标读数温度降约 28℃。

2. 用半经验公式计算

$$D_i = \frac{T_c f(p_r, T_r) \, 10^6 \times 4.1868}{p_c \, c_p} \tag{6 - 1 - 1}$$

式中　D_i——焦耳 - 汤姆孙效应系数,℃/MPa;

　　　　T_c——气体虚拟临界温度,K;

　　　　p_c——气体虚拟临界压力,Pa;

　　　　p_r, T_r——对比压力、对比温度;

　　　　c_p——比定压热容,kJ/(kmol · K)。

$f(p_r, T_r)$ 用式(6 - 1 - 2)计算:

$$f(p_r, T_r) = 2.343 \, T_r^{-2.04} - 0.071(p_r - 0.8) \tag{6 - 1 - 2}$$

c_p 可用式(6 - 1 - 3)计算:

$$c_p = 13.19 + 0.09224T - 0.6238 \times 10^{-4}\,T^2 + \frac{0.9965M(p \times 10^{-5})^{1.124}}{(T/100)^{5.08}} \qquad (6-1-3)$$

式中　T——节流前后温度平均值，K；

　　　M——气体平均分子量；

　　　p——节流前后压力平均值，Pa。

[例7]　条件同例6，用式(6-1-1)、式(6-1-2)和式(6-1-3)计算，并与查图结果比较。先计算 p_c 及 T_c。当气体相对密度（对空气）$\gamma = 0.5 \sim 1$ 时，可用以下方式计算：

$$p_c = (55.3 - 10.4\gamma^{0.5}) \times 10^2 \qquad (6-1-4)$$

$$T_c = 12 + 238\gamma^{0.5} \qquad (6-1-5)$$

则

$$p_c = (55.3 - 10.4 \times 0.6^{0.5}) \times 10^2 = 4724.4\,\text{kPa}$$

$$T_c = 12 + 238 \times 0.6^{0.5} = 196.35\,\text{K}$$

设节流后温度是270.15K（是否正确，下面校核），节流后压力已知为4500kPa。

节流前后平均温度为284.15K，节流前后平均压力为8133.5kPa，有：

$$p_r = p/p_c = 8133.5/4724.4 = 1.7216$$

$$T_r = T/T_c = 284.15/196.35 = 1.4471$$

由式(6-1-2)，有：

$$f(p_r, T_r) = 2.343 \times 1.4471^{-2.04} - 0.071(1.7212 - 0.8) = 1.0368$$

由式(6-1-3)，有：

$$c_p = 13.19 + 0.09224 \times 284.15 - 0.6238 \times 10^{-4} \times 284.15^2 +$$

$$\frac{0.9965 \times 17.37\,(8133500 \times 10^{-5})^{1.124}}{(284.15/100)^{5.08}}$$

$$= 46.42\,\text{kJ/(kmol·K)}$$

再用式(6-1-1)，有：

$$D_i = \frac{196.35 \times 1.0368 \times 10^6 \times 4.1868}{4.7244 \times 46.42 \times 10^6} = 3.886\,\text{℃/MPa}$$

$$\Delta t = 3.886(11.767 - 4.5) = 28.24\,\text{℃}$$

与查图值一致。所以为了简便，可查图。假设的270.15K正确，不再计算。

3. 用软件计算

当已知伴生气组成时，例6可采用软件计算。以 HYSYS 软件（V10.0）为例，首先选取合适的气体状态方程（此处选用 p—R 方程），设置伴生气组分，新建节流前流股1、节流阀 VLV1

和节流后流股 2,并对流股 1 进行赋值,压力为 11767kPa,温度为 298.15K;对流股 2 进行赋值,压力为 4500kPa。赋值结束后,点击运行,软件自动计算出流股 2 的温度。软件计算界面如图 6-1-10 所示。

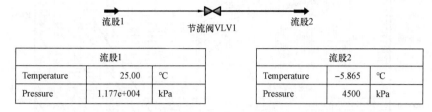

图 6-1-10 HYSYS 软件计算节流温降界面

四、伴生气饱和含水量和注入防冻剂

1. 伴生气中的饱和含水量

伴生气中饱和含水量,可以查图 6-1-11。此图误差在 4% 左右,可以满足工程设计要求。这张图的压力曲线只画到常压(1atm),温度范围也窄,-50℃ 以后的数据查不到。现在介绍低温,压力在 4130kPa 以下的含水量如图 6-1-12 所示,此图温度到 -95.5℃。如果压力高于 4130kPa,求在已知温度下的气体饱和含水量,可以近似地采用下述方法,即从已知温度(例如 -73.3℃)在该图上查取 690kPa(100psia),1380kPa(200psia),2760kPa(400psia)和4130kPa(600psia)四点的含水量,在半对数坐标纸上画曲线,外推求得指定压力下的含水量。同样,求温度 -95.5℃ 以下的含水量时,也可采取类似办法。

伴生气含水量采用软件计算更为便捷。以 HYSYS 软件(V10.0)为例,在选取合适的气体状态方程(此处选用 p—R 方程)后,设置伴生气组分,新建伴生气流股 1 并赋值,添加 Saturator,建立流股 1 与 Saturator 的连接以及 Saturator 的输入和输出流股。设置完成后点击运行,软件自动计算出流股 2 的参数及需加入的水量。软件计算界面如图 6-1-13 所示。

2. 气体中含水量与露点温度的关系

如果已知气体中的含水量,求在一定压力下的露点温度,可从图 6-1-11 纵坐标上找到含水量的点,引水平线向右,与指定的压力线相交,读横坐标上的温度,此即该气体的露点温度。如果是低温,图 6-1-11 上查不到,可从图 6-1-12 查取。

[例8] 伴生气经分子筛吸附脱水后,压力 4055kPa。用微量水分析仪测得其含水量是 0.92 mg(水)/m³,问露点温度是多少?

解:查图 6-1-12,露点温度为 -58.3℃。

3. 含酸性气体的伴生气饱和含水量

在压力低于 2100kPa 时,酸性气体如 CO_2 和 H_2S 等的饱和含水量与碳氢化合物的气体饱和含水量相同。压力低于 2100kPa 时,可用图 6-1-11 查算。当压力高于 2100kPa 时,可用式(6-1-6)估算含酸性气体的气体饱和含水量:

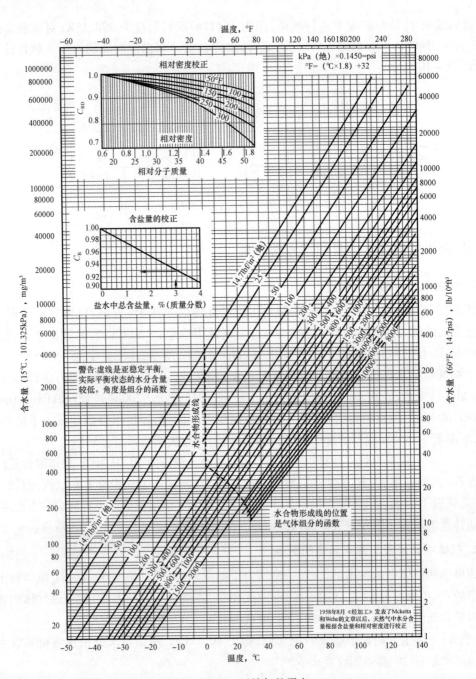

图 6 - 1 - 11 天然气的露点

$$W_{H_2O} = y_{HC} W_{HC} + y_{CO_2} W_{CO_2} + y_{H_2S} W_{H_2S} \qquad (6 - 1 - 6)$$

式中　W_{H_2O} ——混合气体的含水量,此处含水量均指在 101.325kPa,15℃下,mg/m³;

　　　y_{HC} ——烃类气体的分子分数;

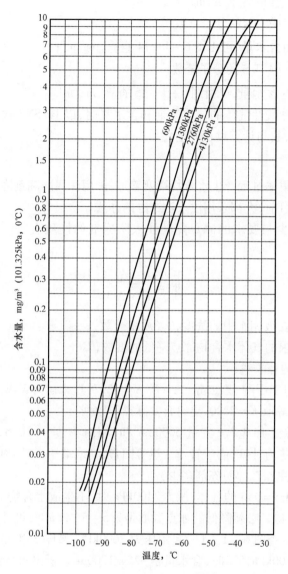

图 6 – 1 – 12　天然气含水量图

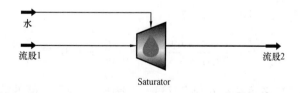

图 6 – 1 – 13　HYSYS 软件计算伴生气饱和含水量界面

W_{HC}——烃类气体的含水量，mg/m^3；

y_{CO_2}——混合气中 CO_2 的分子分数；

W_{CO_2}——CO_2 的含水量，可由图 6-1-14 查算，mg/m^3；

y_{H_2S}——混合气中 H_2S 的分子分数；

W_{H_2S}——H_2S 的含水量，可由图 6-1-15 查算，mg/m^3。

当采用软件计算含酸性气体的伴生气饱和含水量时，以 HYSYS 软件（V10.0）为例，气体状态方程选择 Aminer，其与计算过程同前述。

4. 注入防冻剂

为防止伴生气在集输过程产生水合物堵塞管道，采用注入防冻剂降低冰点温度，使之不产生水合物而不冻结。目前，大都采用注入乙二醇的办法。

注入防冻剂量多少与要求的冰点降及注入防冻剂的性质有关。可用哈默施米特公式估算。

$$W = \frac{\Delta t M}{K + \Delta t M} \qquad (6-1-7)$$

式中　W——防冻剂在液相水中的浓度，%（质量分数）；

Δt——规定要求的气体水合物冰点降低的度数，℃；

M——防冻剂的分子量；

K——常数。对于甲醇、乙二醇、二甘醇 $K=1297$，近来国外某些公司实践证明，对乙二醇、二甘醇取 $K=2220$，更符合实际操作数据。

[例9]　管道输送伴生气，流量 $50000m^3/h$，相对密度 $\gamma=0.6$，起始温度 35℃，压力 2600kPa，经水力学及热力计算，由于管道散热等因素，到末端压力是 2400kPa，温度 5℃。问是否会生成水合物？需注乙二醇防冻剂多少？

解：查图 6-1-1，$\gamma=0.6$ 的气体，压力 2400kPa 时，不生成水合物的最低温度是 7.5℃，现在是 5℃，会生成水合物。必须降低的冰点温度是 7.5-5=2.5℃，设计上取安全系数加 20%，则是 $1.2 \times 2.5 = 3$℃。查图 6-1-11，起始压力 2600kPa，温度 35℃ 的饱和含水量是 $2000g/1000m^3$。末端压力 2400kPa，5℃ 时，含水量是 $325g/1000m^3$。析出水量：

$$W_{H_2O} = 50 \times (2000 - 325) = 8370g/h = 83.75kg/h$$

乙二醇的分子量是 62，用式（6-1-7）：

$$W = \frac{3 \times 62}{2220 + 3 \times 62} = \frac{186}{2406} = 0.0773$$

即乙二醇在水相中的浓度必须达到 7.73%。设须注入纯乙二醇的数量是 x。

$$x/(x + 83.75) = 0.0773$$

$$x = 7kg/h$$

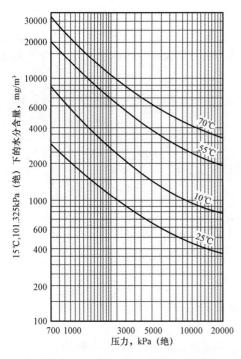

图 6 - 1 - 14　用于 CO_2 的水分含量

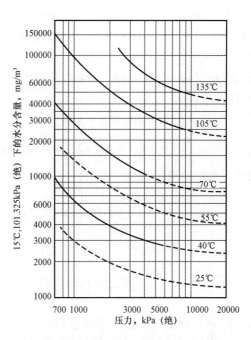

图 6 - 1 - 15　用于 H_2S 的水分含量

如注入乙二醇浓度是 70%（质量分数），应注入 x'，有：

$$\frac{0.7x'}{x' + 83.75} = 0.0773$$

$$x' = 10.4 \text{kg/h}$$

查图 6 - 1 - 16 乙二醇水溶液凝固点 -1.8℃，现末端温度5℃，不会冻结。

当已知伴生气组成时，采用 HYSYS 软件可计算出末端压力下是否会形成水合物及乙二醇的注入量。

[例10]　伴生气流量 $40 \times 10^4 \text{m}^3/\text{d}$，相对密度 $\gamma = 0.6$ 压力 10000kPa，温度25℃。经过节流阀，节流膨胀到 3500kPa，问是否生成水合物？如生成水合物需注入乙二醇多少？

解：查图 6 - 1 - 3。自横坐标 3500kPa 垂直向上划线与纵坐标 10000kPa 交点，最低起始温度 35℃，现仅 25℃，会生成水合物。查图 6 - 1 - 9，$\Delta p = 10000 - 3500 = 6500 \text{kPa}$，初始压力 10000kPa，

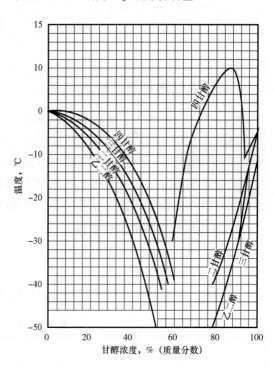

图 6 - 1 - 16　甘醇水溶液的凝固点

$\Delta t = 25℃$，即膨胀终了温度是 $0℃$。在 $3500kPa$，$\gamma = 0.6$ 时，不生成水合物的最低温度，查图 $6-1-1$，是 $10.5℃$，即必需注入乙二醇降低的温度（冰点降）是 $10.5 - 0 = 10.5℃$，据此计算乙二醇注入量，气体在 $10000kPa$，$25℃$ 含饱和水量是 $360g/1000m^3$；$3500kPa$ $0℃$ 时含饱和水量是 $185g/1000m^3$。

析出水量 $= 400(360 - 185)/(1000 \times 24) = 2.92kg(水)/h$ 加上 20% 设计裕量，则 $2.92 \times 1.2 = 3.5kg(水)/h$。

由式 $(6-1-7)$ $W = \Delta t M/(K + \Delta t M)$

$$W = 10.5 \times 62/(2220 + 10.5 \times 62) = 0.2267 = 22.67\%$$

需注入乙二醇量 x（浓度 100%）

$$\frac{x}{x + 3.5} = 0.2267, x = 1.0262kg/h$$

如注入乙二醇的纯度仅 70%（质），需注入

$$\frac{0.7x'}{x' + 3.5} = 0.2267, x' = 1.676kg/h$$

查图 $6-1-16$，31.5%（质量分数）的乙二醇水溶液凝固点是 $-18℃$，不会凝固。

第二节　伴生气脱水

一、伴生气溶剂吸收脱水

伴生气中含有水汽。吸收就是气相中的溶质（水汽）传递到液相的过程，是相际间的传质。溶质首先从气相主体传递到两相界面，通过界面再溶到液相之中。溶于液体中的气体，作为溶质，必然产生一定的分压，分压大小表示溶质回到气相的能力。当溶质的分压与气相中该组分的分压相等时，气、液达到平衡，溶解过程终止，也就是吸收过程终止。气体吸收的推动力是溶质在气相主体中的分压与它在溶液中所产生的分压之差。平衡时，差值为零。

1. 常用脱水溶剂的物性数据

目前常用的油田气吸收脱水的溶剂，主要有二甘醇（DEG）和三甘醇（TEG）。乙二醇只作为注入输气管线的防冻剂用。

二甘醇与三甘醇的物性数据及工业规格，列于表 $6-2-1$ 和表 $6-2-2$。

表 $6-2-1$　甘醇的物理性质

性　　质	二甘醇	三甘醇
分子量	106.1	150.2
冰点，℃	-8.3	-7.2

续表

性　质	二甘醇	三甘醇
闪点(开口),℃	143.3	165.8
沸点(101.325kPa),℃	245	287.4
相对密度 d_{20}^{20}	1.1184	1.1254
与水的溶解度(20℃)	完全互溶	完全互溶
绝对黏度(20℃),mPa·s	35.7	47.8
比热容(15.6℃),kJ/(kg·°K)		2.06
表面张力(25℃),N/m		0.045
临界压力,kPa		3304.6
临界温度,℃		442.2
理论热分解温度,℃	164.4	206.7
实际使用再生温度,℃	149~163	177~197

二甘醇也称二乙二醇醚,三甘醇也称三乙二醇醚。二甘醇与三甘醇和芳烃完全互溶。

表6-2-2　工业甘醇规格

名　称	二甘醇	三甘醇
相对密度 d_4^{20}	1.117~1.120	1.1222~1.1270
沸程,℃	235~255	275~300
最大酸值(乙酸),%(质量分数)	0.02	0.02
最大含水量,%(质量分数)	0.3	0.3
最大灰分,g/100mL	0.1	0.1
最大色度(Pt-c。标度)	15	50
臭味	中等	中等
悬浮物	无	无

含水三甘醇的物性数据如图6-2-1至图6-2-4所示。

现在国内外普遍使用三甘醇,以下称TEG,这是因为二甘醇由于再生温度的限制,其贫液浓度一般为95%左右,露点降仅为25~30℃,而TEG的贫液浓度可达98%~99%,露点降通常为33~47℃,甚至更高;TEG蒸气压较低,27℃时仅为二甘醇的20%,因而携带损失小;热力学性质稳定,理论分解温度比二甘醇高40℃;脱水操作费用也比二甘醇低。国内已经投产运行的装置多使用TEG。

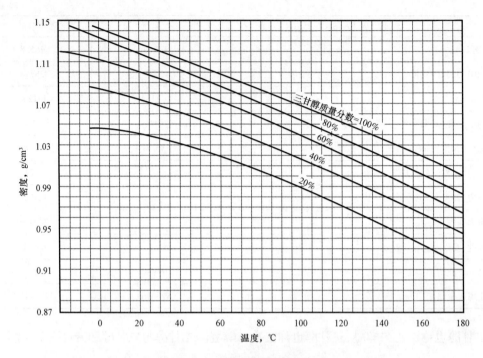

图 6-2-1　三甘醇水溶液的密度

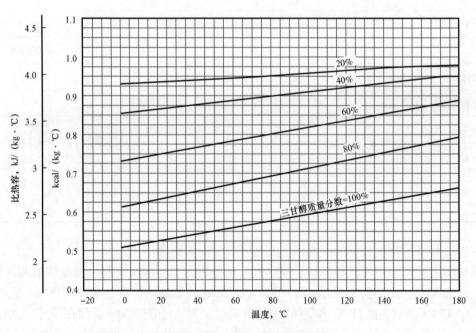

图 6-2-2　三甘醇水溶液的比热容

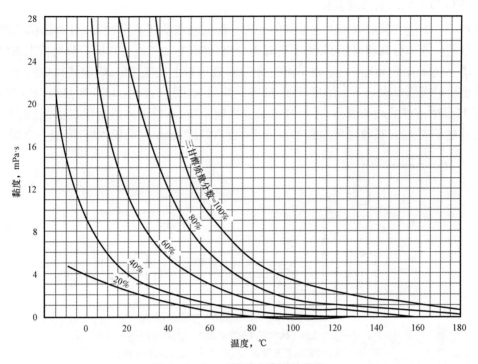

图 6 - 2 - 3　三甘醇水溶液的黏度

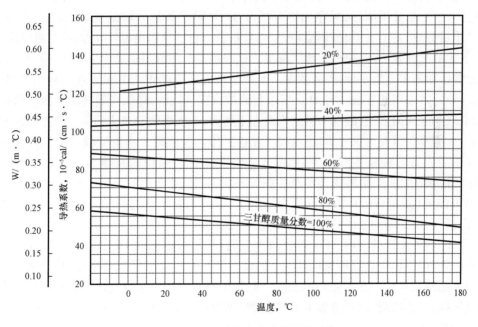

图 6 - 2 - 4　三甘醇水溶液的导热系数

2. TEG 吸收脱水的原理流程

图 6 – 2 – 5 是三甘醇脱水工艺常规的流程。湿天然气先进入分离器，分离出携带的液体和固体杂质。这个分离器必须有，为了更好地分离，甚至有加二级分离的。分离器出来的气体进吸收塔。气体自下向上与自塔顶下流的贫 TEG 在塔板上逆流接触，吸收气体中的水。干气自塔顶流出进管线。吸收了水的富 TEG 自塔底流出与再生后的贫 TEG 换热后，经闪蒸罐闪蒸出富 TEG 中溶解的烃类组分，再经过滤除去机械杂质，然后进入再生塔提浓，蒸去水分，再生塔底的贫 TEG 与自吸收塔来的富 TEG 换热，流入储罐，经泵打入吸收塔，完成一个循环。

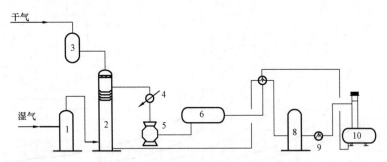

图 6 – 2 – 5　三甘醇脱水工艺流程
1—分离器;2—吸收塔;3—分液罐;4—冷却器;5—甘醇循环泵;6—甘醇储罐
7—贫—富甘醇溶液换热器,8—闪蒸罐;9—过滤器;10—再生塔

TEG 脱水的各种工艺流程，吸收部分大致相同，再生部分有所不同，目的是提高 TEG 的浓度。最初采用的是常压加热，只靠加热来提浓 TEG，但受到热分解温度的限制，只能提浓到98.5%（质量分数）左右，约可使露点降达 35℃ 左右。由于这种方法不能满足集输要求，因而发展了下述的三种方法：第一种是减压再生。这与炼油厂的减压蒸馏原理一样，在一定温度压力下，比常压加热多蒸出水分，提高浓度。但此法系统复杂，操作费用高。第二种是气体汽提。它是国内外通常采用的方法。将 TEG 溶液与热的汽提气接触，降低水蒸气的分压。汽提气与蒸出的水汽一起排向大气，因含大量水汽而点不着火，不能燃烧会产生污染。典型的流程图如图 6 – 2 – 6 所示。需要注意的是，热汽提气在再生釜与换热罐之间的一段贫液汽提柱下面吹入，这很重要。第三种是共沸再生，如图 6 – 2 – 7 所示。采用的共沸剂应具有不溶于水和 TEG、与水能形成低沸点共沸物无毒蒸发损失小的性质，最常用的是异辛烷。此法可将 TEG提浓到 99.95%（质量分数），露点降达 75 ~ 85℃，共沸剂在闭路内循环，无大气污染。此法虽然不用汽提气，但是增加了设备和汽化共沸剂的能耗。

迄今，国内外设计的一些 TEG 吸收脱水装置仍采用汽提气再生的方法。因汽提气量很少，虽有污染，但不影响达到环保标准。它的成本低、操作方便、提浓效果好，是该法的一大优点，所以大都使用此法。在工业装置上进一步提高 TEG 贫液质量分数的措施按原理可大致分为：惰气气提、局部冷凝、减压蒸馏和共沸蒸馏，可以提浓到 99.2% ~ 99.95%（质量分数），露点降可达 55 ~ 83℃。

影响 TEG 脱水操作的主要因素是吸收塔的操作条件。即 TEG 贫液的浓度、TEG 循环量、塔的温度和压力，其中贫液的浓度又是最关键的因素。

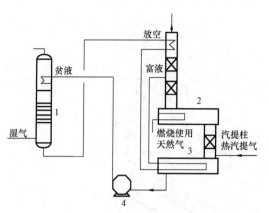

图 6 - 2 - 6 汽提再生流程

1—脱水吸收塔;2—再生釜;

3—换热罐;4—三甘醇循坏泵

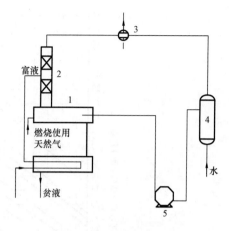

图 6 - 2 - 7 共沸再生流程

1—重沸器;2—再生塔;3—冷却器;

4—共沸物分离器;5—循环泵;6—换热罐

（1）吸收压力和温度的影响实践证明,当吸收塔的操作温度在 10 ~ 50℃,压力小于 17MPa 时,吸收塔顶流出的干气露点温度基本上与吸收压力无关。因此在确定塔的操作压力时,只需满足系统的压力分配而无须考虑对干气露点的影响。

温度的影响有两个方面:一方面是,TEG 在塔内的流量很小,故贫液进塔后经过一层塔板气液温度就一致了。有实例实测证明,进塔贫液 45℃,进塔气体 25℃,经过塔顶第一层塔板直接接触换热,在第一层板的降液管实测温度已很接近 25℃,差不了 1~2℃。因此,可以认为吸收塔的有效吸收温度等于进塔气体温度。另一方面是,温度高,气中含水量必定高,为达到设计指定的露点温度,TEG 的循环量要大,或者要提高 TEG 的浓度,再生热负荷就大了,因此进塔气体温度最高不宜超过 50℃。实践证明,即使在夏季,气体温度也不大于 35℃。在有些特殊情况下,例如加热后分离油气,温度会高一些,可考虑采取气相管线不保温,进塔前分离器不保温自然散热或者采取预冷措施,但是吸收温度不宜低于 10℃,以免 TEG 黏度过大,塔板效率下降,雾沫夹带增多,损失量变大。

（2）吸收温度、TEG 浓度对露点降的关系。所谓露点降是指气体在进塔压力温度下,湿饱和天然气的露点温度与出塔干气在出塔温度压力下的露点温度之差。例如,进塔湿气露点温度 25℃,干气露点 -18℃,则露点降是 25 - (-18) = 43℃。

气体的平衡水露点温度是指进塔气体在一定的温度压力下,与一定浓度的 TEG 溶液达到平衡接触时所能达到的干气的露点温度。换句话说,就是与入塔的一定浓度的贫 TEG 溶液相平衡的天然气中的含水量是出塔干气所能达到的最低理论含水量。在实际操作中,由于各种原因,出塔干气的露点温度将比达到平衡状态下的露点温度高 8 ~ 11℃。图 6 - 2 - 8 说明了它们之间的关系。

如果进塔的湿饱和气温度已定,干气的露点温度根据设计也规定了,就决定了必需的贫 TEG 的浓度。如果低于这个浓度,无论用多少塔板,多大的 TEG 循环量,也不可能达到设计规定的干气露点温度。由于不可能达到平衡接触,需要加上 8 ~ 11℃ 的温差。例如进塔气体

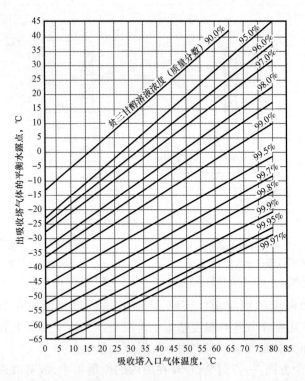

图 6 - 2 - 8   吸收塔操作温度、进塔贫三甘醇浓度和流出的干天然气平衡水露点的关系
注：虚线表示在 204℃ , 1atm 下再生搭中产生的贫三甘醇溶液的浓度

25℃ , 要求干气露点温度 -25℃ , 从图 6 - 2 - 8 可以读出达到平衡时的 TEG 贫液浓度是 99%（质量分数）。由于不可能达到平衡，加上 10℃ 的温差，干气露点温度 -35℃ , 从图上查出必需的 TEG 贫液浓度是 99.58%（质量分数），这样，才能保证干气露点温度是 -25℃ 。

（3）TEG 循环量与露点降的关系经过多年实践得到的经验数据，吸收每千克水最少需 25L TEG。实际操作中，总是稍大一些，这是为了适应操作参数的变动而留有余地，但是，不会大于 60L。这也是经过多年实践，从基建费用和操作费用两者综合评价的结果。一般的做法是在一定的气体组成、温度和压力下，根据设计规定的干气露点温度（加上 10℃ 温差），查图 6 - 2 - 8 , 确定必需的贫 TEG 浓度。如果根据实际操作经验，用汽提再生还不能达到这个浓度，就应降低吸收温度（例如经过预冷），或者降低对干气露点温度的要求。经过汽提再生的贫 TEG 浓度达到 99.6%（质量分数）是不成问题的。假定富 TEG 的浓度是 96%（质量分数），就可以确定 TEG 的用量了，此值应为 25 ~ 60L。如果温度、压力、组成、贫 TEG 的浓度和实际塔板数都已经确定，那么，一味增加 TEG 的循环量也不能提高露点降，图 6 - 2 - 9 中指出了这种情况。

TEG 循环量和吸收塔理论塔板数的关系可用常规的公式表示：

$$\frac{y_{n+1} - y_1}{y_{n+1} - y_0} = \frac{A^{n+1} - A}{A^{n+1} - 1} \qquad (6 - 2 - 1)$$

$$A = L/KV \qquad (6 - 2 - 2)$$

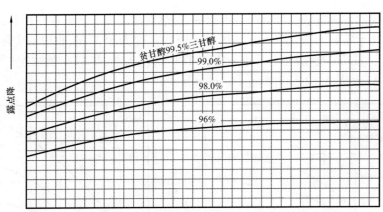

图 6 - 2 - 9　三甘醇溶液循环量、贫甘醇溶液浓度和露点降的关系

注:基于 1 个平衡塔板(4 个实际塔板)

$$K = 1.25 \times 10^{-6} W^0 \gamma \qquad (6 - 2 - 3)$$

式中　y_{n+1}——进塔原料气中水的分子分数;

y_1——出塔干气中水的分子分数;

y_0——出塔干气与进塔贫 TEG 溶液处于平衡时干气中含水分子分数, $y_0 < y_1$, $y_0 = Kx_0$;

A——吸收因子;

K——水相平衡系数;

W^0——原料气中水汽量(101.325kPa,0℃), kg/10^6m³;

γ——水的活度系数;

L——贫 TEG 循环量, kmol/h;

V——气体处理量, kmol/h;

n——吸收塔的理论板数;

x_0——进塔贫 TEG 中水的分子分数。

这之间的关系可用图 6 - 2 - 10 表示。

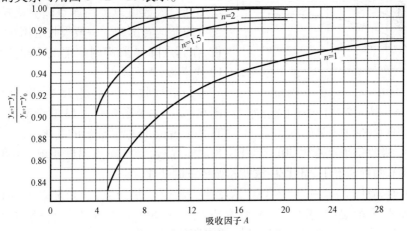

图 6 - 2 - 10　TEG 循环量和理论塔板数的关系

用这种常规的计算方法已经证明是可行的,虽然在水的相平衡常数计算上,还有值得研究之处。经过近几十年的实践,GPSA 做出了基于吸收温度为 38℃,吸收塔的实际塔板数(塔板效率20%左右)、脱除(吸收)每公斤水所需贫 TEG 的注入量、贫 TEG 的浓度与气体露点降的图。图6-2-11 至图6-2-13 表示了三种情况。

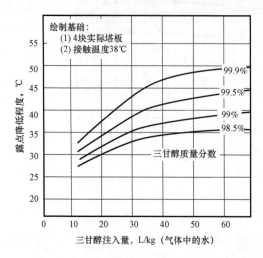

图6-2-11　在不同甘醇注入量条件下
露点降低的程度(一)

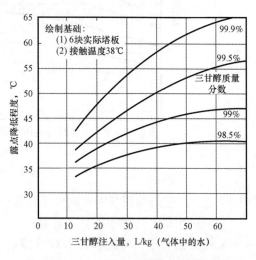

图6-2-12　在不同的甘醇注入量条件下
露点的降低程度(二)

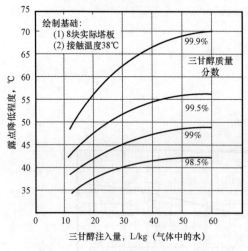

图6-2-13　在不同的甘醇注入量条件
下露点的降低程度(三)

如果贫 TEG 吸收每千克水注入量(循环量)为 30L,贫 TEG 浓度为 99.5%。用 6 块实际塔板时,查图6-2-12 露点降为 48℃,干气露点温度是 38-48 = -10℃。查图6-2-8,平衡水露点温度为 -25℃,减去 10℃的不平衡温差后是 -15℃。若用 8 块实际塔板,查图6-2-13,露点降是 52℃,则干气露点温度是 38-52 = -14℃。可见增加理论板数可以提高露点降。从式(6-2-1)也可明显地看出来。一般吸收塔用6~8块实际塔板,在露点降要求苛刻的情况下也不宜超过实际 10 块塔板,否则不经济。

如果吸收温度不是 38℃,将图6-2-8 与图6-2-11 至图6-2-13 联合使用,可以得到贫 TEG 浓度或 TEG 循环量的变化。

[例1]　吸收每千克水用 30L 贫 TEG,8 块实际板,干气露点温度要求 -10℃,问吸收温度 25℃和 38℃两种情况下,贫 TEG 浓度和循环量的变化。

解:38℃时,查图3-2-13,贫 TEG 浓度 99.25%(质量分数)。如是 25℃,因干气露点要求 -10℃,加不平衡温差 10℃后,平衡水露点是 -20℃。查图6-2-8,TEG 浓度只需 98.45%(质量分数)。吸收温度 25℃时,露点降 35℃,再查图6-2-13,贫 TEG 循环量约

16L/kg（水）可见降低吸收温度或提高贫 TEG 浓度的影响。

（4）TEG 工艺参数控制。

三甘醇脱水工艺的主要工艺参数包括原料气温度与压力，贫三甘醇溶液浓度、温度、循环量、吸收塔操作压力及塔板数，甘醇闪蒸分离器压力及温度，再生塔的压力及再沸器温度等，各工艺参数的变化均会对三甘醇脱水的处理效果造成一定影响。三甘醇脱水工艺参数见表 6 - 2 - 3。

表 6 - 2 - 3　三甘醇脱水工艺参数

	项目	参数	备注
吸收塔	气体进吸收塔温度，℃	15 ~ 48	大于 50℃时可设前置冷却装置
	操作压力，MPa	2.5 ~ 10	—
	塔板数，块	理论板数 6 ~ 8	实际塔板效率为 25% ~ 40%
三甘醇	贫液浓度	浓度越高，脱水效果就越好	工艺流程模拟计算具体确定
	循环量	脱除 1kg 水需 25 ~ 40L 三甘醇	
	进塔温度	高于气流温度 3 ~ 6℃，且低于 60℃	避免发泡与损失
闪蒸分离器	压力，MPa	0.27 ~ 0.62	保证有足够的压力进精馏塔，有足够的温度进行醇烃分离，卧式分离器
	温度，℃	60 ~ 70［停留时间 5 ~ 10min（贫气），20 ~ 30min（富气）］	
再生塔	压力	常压	—
	进塔温度，℃	150 ~ 165	
	重沸器温度，℃	190 ~ 204	
	贫甘醇浓度，%	98 ~ 99.9	需进一步提高三甘醇贫液浓度时，可采用汽提方式再生
机械过滤器	压力，MPa	0.27 ~ 0.62	可将 50μm 以上杂质过滤
	温度，℃	60 ~ 70	
	精度，μm	50	
活性炭过滤器	压力，MPa	0.27 ~ 0.62	
	温度，℃	60 ~ 70	

采用 HYSYS 软件对三甘醇脱水单元进行工艺模拟，取川中净化厂天然气组分，处理规模 $100 \times 10^4 m^3/d$，压力 3.98MPa，温度 42℃，对原料气进塔温度及压力、吸收塔塔板数、再生温度及汽提气用量对脱水效果的影响进行分析。

原料气进吸收塔的温度和压力主要影响天然气的含水量，决定了需脱除的水量。当进塔温度较高时，其水含量呈指数形式升高。为控制进塔天然气含水量，进吸收塔的天然气温度应维持在 15 ~ 48℃，最好在 27 ~ 38℃。原料气的温度及压力，可能会影响汽提气量（TEG）的循环速度，也会降低气体的密度，从而导致入口气体的体积流量变高。随原料气进塔温度的升高，进气水含量将会呈指数倍增加，天然气露点降也越大，原料气进气温度对脱水效果的影响如图 6 - 2 - 14 所示。甘醇—吸收塔塔板数增加导致天然气与三甘醇在吸收塔中达到气液相平衡从而降低三甘醇循环效率，随吸收塔塔板数增加天然气露点降也越大，塔板数对脱水效果的影响如图 6 - 2 - 15 所示。

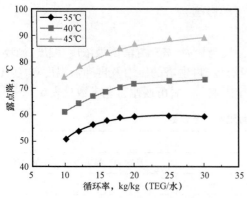

图 6 - 2 - 14　原料气进气温度对脱水效果的影响

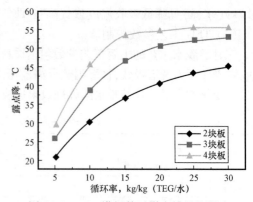

图 6 - 2 - 15　塔板数对脱水效果的影响

原料气在吸收塔中获得的露点降随贫甘醇浓度、甘醇循环量和吸收塔塔板数增加而增加。选择甘醇循环量时必须考虑贫甘醇进吸收塔时的浓度、塔板数和所要求的露点降。甘醇循环量通常用每吸收原料气中 1kg 水分所需的甘醇体积量，一般从天然气中脱除 1kg 水需 25 ~ 40L 三甘醇。根据溶液吸收原理，循环量、浓度与塔板数存在如下相互关系：

（1）循环量和塔板数固定时，三甘醇贫液浓度越高，天然气露点降越大。

（2）塔板数和三甘醇贫液浓度固定时，循环量越大则露点降越大，但循环量升到一定程度后，露点降增加值明显减少。

（3）在甘醇循环量和三甘醇贫液浓度恒定的情况下，塔板数越多，天然气露点降越大，但一般不超过 10 块实际塔板。

三甘醇的贫液浓度仅随重沸器温度增加而增加，其理论热分解温度为 206.7℃，故重沸器内的温度不应超过 204℃。当固定吸收塔板数为 3 块板时，随再生温度增加，天然气的脱水效果越来越明显，再生温度对脱水效果的影响如图 6 - 2 - 16 所示。

在甘醇循环量和塔板数一定的情况下，三甘醇的浓度越高，天然气露点降就越大。因此，降低出塔天然气露点的主要途径是提高三甘醇贫液浓度。对于要求更低的水露点情况下，单独增加再沸器温度无法满足要求，三甘醇在温度高于 204℃ 时会失效，需搭配使用纯度为 99.9% 的汽提气，可有效增加脱水效率。三甘醇离开再生塔时汽提气与之短暂接触，随汽提气量增加，天然气的脱水效果越来越明显，汽提气对脱水效果的影响如图 6 - 2 - 17 所示。

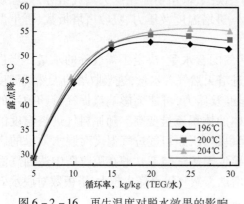

图 6 - 2 - 16　再生温度对脱水效果的影响

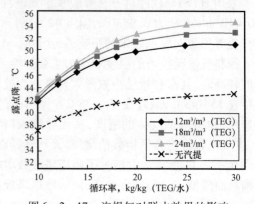

图 6 - 2 - 17　汽提气对脱水效果的影响

3. TEG 吸收脱水的主要设备设计计算

1）板式塔直径计算直径计算

$$G_a = 0.305C\left[(\rho_1 - \rho_g)\rho_g\right]^{0.5} \qquad (6-2-4)$$

式中 G_a——气体最大允许质量速度，$kg/(h \cdot m^2)$；

C——系数，板间距 600mm，$C = 500$；

ρ_1——TEG 的密度，kg/m^3；

ρ_g——气体在操作状态的密度，kg/m^3。

算出 G_a 之后，很容易算出塔径。一般情况下，设计值取 $(0.75 \sim 0.8)G_a$。

为方便计算，可用式（6-2-5）计算：

$$w_0 = 0.0338\sqrt{\frac{\rho_1 - \rho_g}{\rho_g}} \qquad (6-2-5)$$

式中 w_0——许可空塔速度，m/s；

ρ_1,ρ_g——意义同式（6-2-4）。

[**例2**] 吸收塔操作压力 6864kPa，温度 40℃，气体处理量 $10^6 m^3/d$（0℃，101.325kPa），相对密度 $\gamma = 0.6$，操作状态下 $\rho_1 = 1110 kg/m^3$，$\rho_g = 52.13 kg/m^3$，板式塔，板距 600mm，计算此吸收塔直径。

解：气体流量 $G = 1.293 \times 0.6 \times 10^6/86400 = 8.98 kg/s$

则体积流量是 $8.98/52.13 = 0.1722 m^3/s$

用式（6-2-4）计算：

$$G_a = 0.305 \times 500\left[(1110 - 52.13)52.13\right]^{0.5} = 35812 kg/(h \cdot m^2)$$

取 $0.8G_a$ 为实际质量流量，是 $28649.6 kg/(h \cdot m^2)$，空塔速度 $w_0:0.152 m/s$

用式（6-2-5）计算：

$$w_0 = 0.0338\sqrt{\frac{1110 - 52.13}{52.13}} = 0.152 m/s$$

与式（6-2-1）计算一致。塔截面积 $A = 1.133 m^2$，直径 $D = 1.2m$。

目前使用于 TEG 脱水的板式塔，板距大多是 600mm，用式（6-2-5）计算比用式（6-2-4）计算方便。

由于 TEG 吸收塔中，液气比很小，国内外普遍使用泡帽塔，有利于保证液封和传质。泡帽塔直径的计算，严格地说，应根据泡帽结构参数（泡帽直径，齿缝形式是长方形或是三角形），溢流堰是平堰还是齿型堰，塔板升气管数，单溢流还是双溢流，降液管形式等，作塔板水力学计算后定塔径。对于已在运行的吸收塔，如欲改变操作参数，更应仔细作塔板水力学核算。切不可在设计时，随便规定每层塔板上的泡帽数，认为只要直径能满足要求就可以了。

TEG 吸收塔塔板效率或全塔总效率很低，仅 20% 左右，远比其他类型吸收塔的效率低。

2）塔的结构形式（泡帽塔、浮阀塔、填料塔）的选择

（1）泡帽塔。目前国内外广泛使用泡帽塔，其优点是可以使用在很低的液气比的情况，液封好，极少泄漏，在每层塔板上气液充分接触。但板效率只20%左右，原因是常温下TEG黏度大。通常采用8块实际板，板间距600mm，8块板的总间距为4.2m，造价略高。压降比浮阀塔、填料塔大一些，但实践证明，经过8块板的压降不会大于20kPa，即使处理压力为350～450kPa（绝）的低压气，这点压降也是可以承受的。

（2）浮阀塔。据报道，气体处理量很大时，国外有用浮阀塔的，国内尚未见到。其优点是弹性负荷好，压降小，但在很小的液气比下，特别是TEG量很小，怎样设计好液封、开孔率、减少泄漏是个复杂的问题，如果产生泄漏，板效率急剧下降。一般用在气体分馏和炼油工程。

（3）填料塔。以前有种说法，填料塔直径不宜超过600mm，直径大了造价比板式塔高，但是随着新型高效开孔填料的开发，采用填料塔还是板式塔需经过工艺方案对比得出结论。由于TEG循环量小，如果使用比表面积大的填料，会产生填料润湿率不足，造成填料表面效率降低。有关于用液膜及气膜扩散的原理，计算相当于一块理论板的等板高度（$H.E.T.P$）的报道。具体理论计算可参看化学工业出版社《化工原理》（第5版）及《化工设备设计全书》之《塔设备设计》等。

3）TEG再生设备设计计算

（1）再生釜。目前大都采用汽提法再生，参见图6-2-6。再生釜可用直接火加热，如果有高温废气也可利用。它类似于火筒热水炉，火焰管外表面温度分布，大致如图6-2-18所示。

在管内燃烧温度最高1427℃的条件下，火焰管外壁温度最高处约221℃。

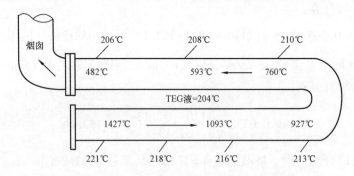

图6-2-18　火焰管典型的外表面温度分布图

在管内燃烧温度最高1427℃的条件下，火焰管外壁温度最高处约221℃。TEG的理论分解温度为206℃。由于火焰管外壁与TEG的传热是沸腾传热，液膜传热系数较大，同时还有汽提气通过，起搅动作用，所以管外壁温度221℃时TEG温度也不会超过206℃，大致在200℃左右，除非操作失误，一般不会分解，此关键部位应设温度控制，控制温度在195～200℃。温度高，TEG的浓度就高，这很重要，差0.1%，对露点降就有影响。

火焰管的热强度一般取60000～80000kJ/（h·m²）。由规定的热强度和根据再生釜的热负荷，确定火焰管的表面积。

[例3] 气体处理量 141600m³/d,吸收塔操作压力 3446kPa,温度 38℃,气体相对密度 $\gamma = 0.6$ 含湿饱和气。要求干气露点温度 $-6.7℃$,求在 8 层实际塔板时 TEG 循环量及再生釜热负荷。

解:3446kPa,38℃时气体含水量 1.7g/m³,压降很小,可忽略不计。在此压力下,查得 $-6.7℃$ 的含水量是 0.11g/m³。用 8 层实际板时 TEG 循环量 30L/kg(水),查图 6-2-13,当露点降 38-$(-6.7) = 44.7℃$ 时,TEG 浓度是 99%。再查图 6-2-8,干气露点 $-6.7℃$,加上达不到平衡的温差 10℃,即 $-16.7℃$,由 38℃ 吸收温度,TEG 浓度需 99%,与图 6-2-13 结果一致。

$$需脱除水量\ W_{H_2O} = \frac{(1.7-0.11)141600}{24 \times 1000} = 9.381kg/h$$

$$贫\ TEG\ 循环量 = 30 \times 9.381 = 281.43L/h$$

浓度99%,吸收温度38℃时,相对密度 1.1,则 $1.1 \times 281.43 = 309.6 \sim 310kg/h$ 富 TEG 浓度 $310 \times 0.99/(9.381+310) = 0.9609$,即 96.09%。经换热后温度升到 95℃进精馏柱,流入再生釜。比热容(定性温度 145℃)是 2.67kJ/(kg·℃)。

$$再生釜加热到195℃加热 TEG 的显热 = 310 \times 2.67(195-95) = 82770kJ/h$$

$$蒸发水的潜热 = 9381 \times 2248 = 21008kJ/h$$

根据 GPSA 推荐,再生釜上精馏柱的回流热可取水蒸发潜热的 25%,则:

$$回流热 = 21008 \times 0.25 = 5272kJ/h$$

考虑热损失和适应操作参数变动,加 10% 的裕量。总热负荷 = $109050 \times 1.1 = 119955kJ/h$。

取火管热强度 60000kJ/(h·m²)。需有效加热面积 $F = 119955/60000 \approx 2m^2$。再生釜的大致尺寸是 $\phi1000mm \times 3000mm$。

再生釜也可采用导热油加热,近些年,由于三甘醇脱水设施大部分设置于天然气处理厂内,而天然气处理厂有完善的导热油系统可供全厂工艺装置加热应用,导热油炉由于效率高,温度调节更灵敏而广泛应用于三甘醇脱水再生釜加热中。

(2)精馏柱。在精馏柱内、气、液负荷都很小,大都采用填料充填,直径可用常规的填料塔计算。但是,考虑到装卸填料要手孔,柱顶内要装盘管(相当于部分冷凝器)要有足够传热面积,因此,往往取大一些的直径。所以可以直接按 $8 \sim 12m^3/(h·m^2)$ 的喷淋密度选取。设备小,投资相差不大。进料口上下各充填 1m 高填料。

再生釜下面的贫液汽提柱(参见图 6-2-6)高度一般取 $1.2 \sim 1.6m$。填料充填高度至少 1m。按喷淋密度 $10 \sim 20m^3/(h·m^2)$ 计算直径。

(3)精馏柱顶回流冷凝器。一般的做法是作成盘管,管内走自吸收塔底来的富 TEG。其热负荷可按回流比 1:0.25[《GPSA 工程数据手册》(2016 年第 14 版)推荐]或 1:1[《天然气工程手册》(四川石油管理局编)推荐]。我们推荐 1:0.5 左右。总传热系数 K 值可取 100W/(m²·℃)左右。注意管内流速,流速低时,不足 50W/(m²·℃)。

TEG 与水的相对挥发度很大,很容易分离。但是,将浓度为96%(质量分数)的富 TEG 提浓到98.5%和提浓到99.5%,这是不同的量级,从98.5%升到99.5%要花不少力气。如果依靠加大回流比,增高填料高度是不合算的,所以采用在贫液汽提柱内采用干气汽提的方法。

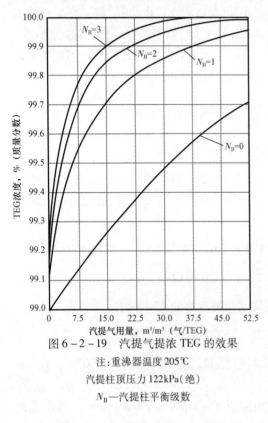

图 6 - 2 - 19 汽提气提浓 TEG 的效果

注:重沸器温度205℃

汽提柱顶压力 122kPa(绝)

N_B—汽提柱平衡级数

(4)汽提气量计算。可以用常规的 $L/V = K/S$ 计算。S 是 A 的倒数。符号意义同式(6 - 2 - 2)。根据多年实践,GPSA 推荐用图 6 - 2 - 19 查算。由图 6 - 2 - 19 可见在再生釜(重沸器)内吹入汽提气的效果远不如在贫液汽提柱内吹入好。N_B 是平衡接触级数(相当于理论塔板数)。填料用 $H.E.T.P$(等板高度)表示。

$$1ft^3/gal(TEG) = 7.5m^3/m^3(气/TEG) = 0.0075m^3/L(气/TEG)$$

图 6 - 2 - 19 清楚地说明了贫液汽提柱所需的理论平衡级数与汽提气用量和贫 TEG 所能达到的浓度关系。

如果处理的原料气中含有 H_2S,富 TEG 内也会有 H_2S,不宜选用金属制填料。填料尺寸一般选用 $\phi16mm \sim \phi25mm$,选用鲍尔环和英特洛克斯填料均可。上面讲过,贫液汽提柱高度在 1.2 ~ 1.6m,最少的填料充填高度不少于 1m,是考虑采用上述开孔填料的等板高度。1m 高填料大体上在这种汽提操作情况下相当于一个理论塔板,即 $N_B = 1$。注意,图 6 - 2 - 15 横坐标的 TEG 量是体积,应是流出再生釜进入贫液汽提柱温度下的体积。

4. 工艺设计应注意的事项

(1)TEG 泵一般采用计量泵,比较容易地控制和记录流量。计量泵选用往复泵。泵进口出口管线之间有连通管线,管线上有定压阀门,当泵出口压力超过定值时,阀门自动打开,出口液体回进口管线,保证泵不被憋坏。因是往复泵,液体流动产生脉冲,振动较大,因此应在泵出口装缓冲压力脉冲的容器。在此之后,装压力表和流量指示计,压力表用防振压力表。大港油田板桥油田油田气 TEG 吸收脱水装置的气体处理量为 1000000m^3/d,吸收塔压力 1500kPa(绝),选用了往复泵或螺杆泵。

当两台以上的计量泵并联操作时,会产生同步现象,因为带动每台泵的电动机转速不会是相等的。同步现象表现为两台以上的泵在同一瞬间排液,管线振动很大,应设法错开。

(2)再生釜的温度检测这点很重要。在火焰管温度最高处装热电偶和温度调节纪录仪表,调节燃料气量。沿火管长,分别设几个测温点,严格控制 TEG 的温度在设计温度范围内,如图 6 - 2 - 20 所示。

（3）富TEG进再生釜前的过滤器和闪蒸罐富TEG内含有水,有溶解的烃组分(特别是芳香烃),还有机械杂质。进再生釜前,应将机械杂质和芳香烃除去,机械过滤器(滤网)可以滤掉机械杂质;活性炭过滤器可以将固体含量脱到低于0.01%(质量分数),同时,还可以吸附一部分烃组分。活性炭过滤面积可按活性炭过滤面积$5m^3$(TEG)/(h·m^2)考虑。过滤床层高径比≥3。

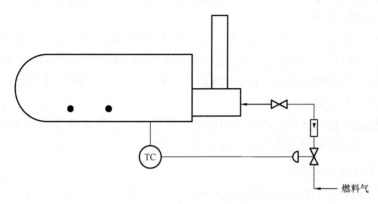

图6-2-20 再生釜控制点图

关于设不设闪蒸罐,需要根据具体工况进行分析。常规的工艺流程中,有闪蒸罐。有文献认为不加闪蒸罐会使常压精馏柱的操作受到影响,由于降压使溶解在TEG内烃组分汽化,引起气液两相流动会加速其他组分所引起的腐蚀,闪蒸罐内要保证5~20min的停留时间。但是,实践证明,溶解在TEG中的烃组分数量很小,吸收塔压力4200kPa时,溶解烃气体约$4m^3/m^3$(TEG),压力1400kPa时,只$1.5m^3$左右。TEG循环量很小,这点溶解气微乎其微。至于引起两相流动,引起其他组分腐蚀,也没有得到确切证实。富TEG是含水的,在降压换热升温之后也有部分汽化,也造成汽液两相流,对比下,在贫液汽提柱下吹入的汽提气总在15~$30m^3/m^3$(TEG),远比溶解气大多了。汽提气也是进入精馏柱从柱顶逸出,溶解气和汽提气都起降低水汽分压的作用。精馏柱顶温度在95~100℃范围内。所以,不设闪蒸罐节省设备,简化流程,同样也操作良好。例如四川油气田某装置(吸收压力3000kPa)、大港油田板桥装置(吸收压力1500kPa)和辽河油田欢喜岭(吸收压力3000kPa)都未设闪蒸罐。辽河油田陈家桥原设计中有,实际操作中不起什么作用。但是,如果原料气中含酸性气体多,应设闪蒸罐,避免腐蚀再生设备。如果原料气中含芳烃多,芳烃与TEG或二甘醇完全互溶,也应设闪蒸罐,回收芳烃。

（4）TEG吸收与分子筛吸附脱水联合使用在轻烃回收装置中,要求气体中含水量满足下游深冷要求。为了减少分子筛吸附器的负荷,减小设备尺寸,降低能耗,气体先经TEG吸收脱水,除去大部分水,再进分子筛吸附器深度脱水,是可行的,也是一个好办法。但是要注意,要仔细地分离出塔气体中所携带的TEG雾状物,不能让它进入分子筛吸附器,否则黏附在分子筛表面会降低吸附能力。再生时,会裂解,严重地影响分子筛吸附能力。

（5）起泡问题由于原料气进吸收塔前仔细地经过分离出携带的重质烃(如油气分离器中的原油)、机械杂质;同时进入吸收塔的贫TEG的pH值为7.5~8,并且干净无机械杂质,基本上不含润滑泵的润滑油。所以在吸收塔内是不会起泡的。富 TEG 进入再生设备前也经过过滤，所以再生设备内也不会起泡。TEG 的 pH 值最好维持在 8，大于 8.5 后会与烃类发生皂化反应，引起起泡，pH 值下降到 7 之后，也要调整。成熟的中和剂有硼砂和一乙醇胺等，加入量通过化验分析决定。

（6）TEG 储罐气体保护 TEG 储罐内应通入氮气或干天然气隔绝，以免与空气接触氧化生成有机酸，颜色变深，降低吸收能力。

（7）须进行塔板水力学计算，在决定了塔板数和 TEG 循环量之后，一定要作塔板水力学计算，不能马虎。水力学计算的方法可参看《化工原理》或《塔设备设计》等相关专著。

（8）TEG 损失量在吸收塔顶设高效捕雾网，再生釜精馏柱顶出口温度在 95℃ 左右时，TEG 的损失量在 $1.5 kg/10^6 m^3$ 左右。

（9）富液精馏柱和汽提柱装填料也可按填料塔计算气速和直径，防止汽提气过大，产生液泛。前面介绍的用喷淋密度定直径的方法也是可行的。

5. 用二甘醇作溶剂吸收脱水

前面讲过三甘醇与二甘醇的理化性质的比较。三甘醇优于二甘醇。有时为了货源或其他原因（如露点降要求不高等），用二甘醇当然也是可以的。两者的价格相差不多，三甘醇稍贵一些。

用二甘醇，其设计过程与工艺流程与三甘醇基本相同，再生温度低于三甘醇，不能超过160℃，再生后贫液浓度一般仅 95%（质量分数）左右。

6. 三甘醇吸收脱水启动投产和停车

天然气三甘醇吸收脱水流程如图 6－2－21 所示。

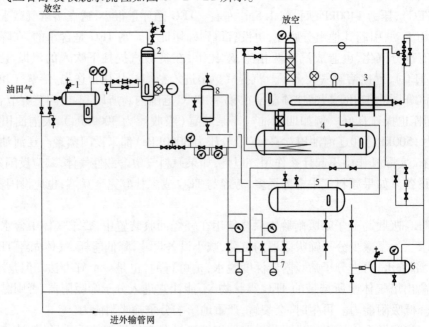

图 6－2－21　天然气三甘醇吸收脱水流程

1—分离器；2—吸收塔；3—再生釜；4—换热罐；5—三甘醇储罐；6—三甘醇泵；7—燃料气稳压罐；8—缓冲包

油田气经分离器分出携带的油滴和游离水进入吸收塔,自下而上经过层层塔板与自上而下的贫三甘醇溶液接触,干气自塔顶流出进气管网。富三甘醇溶液自塔底流出,依靠塔压流经过滤器、再生釜上精馏柱顶部的冷却盘管和换热罐内换热盘管换热升温后进入精馏柱。再生釜内液体用直接火加热到195~200℃,汽提气自再生釜下提馏柱吹入,数量根据设计规定和生产中分析贫三甘醇浓度调整。再生后的贫三甘醇自再生釜流入换热罐(也起缓冲作用)。由三甘醇泵打入吸收塔。富三甘醇内的水分和汽提气一起从精馏柱顶逸出。因再生釜在常压操作,精馏柱逸出气因含大量水蒸气而点不着火,只能放空处理。

(1)开车准备。

① 联系上下游各岗。检查燃料气系统,管线、阀门、安全阀、仪表、泵和分析化验设备是否处于良好状态,消防灭火设备材料是否齐全。

② 检修后系统内将充满空气,应先进行置换,可以使用油田气将分离器、吸收塔、管线和精馏柱等系统内的空气置换掉,分析置换后气中含氧量,含氧量不大于0.5%时置换结束。

③ 三甘醇储罐内除应有足够的充满系统的三甘醇数量外,尚应有余量。

(2)开车气经分离进入吸收塔,逐渐地由小负荷到全负荷,塔内压力逐渐升高。开动三甘醇泵,打三甘醇进塔。待塔压升到与外输气管网同步:开启吸收塔顶气进外输气管网阀,关闭来气直接进外输气管网阀。逐渐建立起塔底液面,待塔底液面建立之后,启用自控仪表,稳定塔底液面在规定高度。塔底富三甘醇依靠塔压经过滤器、精馏柱入再生釜,建立再生釜液面。再生釜点火加热,逐渐升温,升温速度为60~80℃/h,待升到195~200℃时停止升温,维持在此温度,启用温度控制仪表。分析测定干气含水量和贫富三甘醇含水量是否在规定值范围之内。

(3)正常操作。

① 密切监视来气温度压力,吸收塔液面。

② 密切监视过滤器前后压差、再生釜温度、再生釜液面和汽提气量。

③ 精馏柱顶温应在90℃以上。

④ 燃料气稳压罐压力要稳定。

⑤ 分析贫富三甘醇含水量,每班至少两次。干气含水量每小时记录一次。

(4)故障处理。

① 干气达不到露点温度要求时,检查来气含水量有无异常。分离器工作情况是否正常,游离水是否放出,来气是否挟带多量原油,温度压力是否在规定值。检查贫三甘醇浓度是否达到规定值,浓度低(含水多),影响吸收效果。再检查再生釜操作,温度是否在195℃以上,汽提气量是否均衡在规定值。取样分析精馏柱顶逸出气中三甘醇含量,判断精馏柱操作情况。

② 仪表指示失灵。再生釜液相温度非常重要,如果温度计不准确,无法调节。除温度控制燃料气量外,还应检查就地指示仪表。

③ 来气挟带多量原油进吸收塔,塔盘上起泡,破坏吸收。表现为塔底液面不稳定,在其他操作参数都稳定的情况下,干气达不到露点温度要求。应通知上游。加强该装置分离器监控,适当减小进塔气量(用直接外输阀调节),降低再生釜温度10~20℃,维持精馏柱正常操作,循环一段时间,看是否恢复正常。

④ 过滤器堵塞,两端压差增大,应切断过滤器进出口阀,走旁通。

⑤ 三甘醇泵出故障。应启用备用泵。修泵。

⑥ 吸收塔塔盘没按规定安装,倾斜度超过允许值,塔盘上液面建不起来。或者螺栓没拧紧,塔盘冲翻。彻底破坏了吸收操作,具体表现为干气露点总是与来气相差无几,甚至一样。应停车检修。

⑦ 停电。三甘醇泵不能运转。关闭吸收塔底出口阀。来气在短时间停电时,仍可经吸收塔,再生釜降温与保温。如长时间停电,应停车。

⑧ 停风。联系风岗。改手动操作。

⑨ 气体泄漏着火,应立即切断气源,停车,来气走旁通。灭火。

（5）停车来气直接进外输气管网,切断来气进本装置和吸收塔顶进气管网阀门。利用吸收塔内余压,将塔底三甘醇压到再生釜。停泵。泄塔内余压要缓慢进行,避免气体进精馏柱后冲击填料。气体从精馏柱顶放空逸出。

开再生釜底放空阀,放三甘醇入储罐。开换热罐底放空阀放三甘醇入储罐。开泵出口到吸收塔顶管线放空,放三甘醇入储罐。总之系统内三甘醇或利用高差或用气顶,都要将三甘醇放尽。

二、伴生气吸附脱水

吸附是用多孔性的固体吸附剂处理气体混合物,使其中一种或多种组分吸附于固体表面上,其他的不吸附,从而达到分离操作。水是一种强极性分子,分子直径（2.76~3.2Å）很小。不同的多孔性固体的孔径是不同的,凡是孔径大于3.2Å的,都可以吸附水。吸附能力的大小与各种因素有关,主要是固体的表面力,根据表面力的性质可将吸附分为物理吸附和化学吸附。物理吸附主要由范德华引力或色散力引起。被吸附的气体类似于凝聚。一般表现为无选择性,只由多孔固体的孔径与被吸附物质的分子直径决定是否被吸附。物理吸附是可逆过程,被吸附物质很容易从固体表面逐出（例如升高温度、降低压力）。化学吸附需要活化能,类似于化学反应,有显著的选择性,并且大多数是不可逆的。分子筛是吸附剂的一种。筛的意义是筛子,只有分子直径小于筛孔直径的能进入筛孔而被吸附,大于孔径的分子进不去,被筛除。极性的和不饱和的分子会被优先吸附。被吸附的物质由于热运动会发生脱附,脱附速度随着被吸附量的增大而增大。最后在一定温度压力下,吸附速度与脱附速度相等达到平衡。此时吸附物质多少,用吸附容量表示。

1. 常用吸附剂的性能

从表6-2-4和表6-2-5中可以看出,固体吸附剂（干燥剂）吸附脱水,至少有硅胶、活性氧化铝和分子筛三种是经常使用的。分子筛有更好的优点,在高温下或吸附质浓度低（相对湿度小）时,比硅胶和活性氧化铝好得多,如图6-2-22和图6-2-23所示。

图6-2-22表明,即使流体中水含量很低,远不是饱和状态,分子筛仍有相当好的吸附容量,而硅胶和活性氧化铝则不行了。图6-2-23指出,吸附温度即使高达90℃,分子筛仍有良好的吸附能力。分子筛可用于深度脱水。《GPSA工程数据手册》（2016年第14版）介绍干燥剂脱水深度见表6-2-6。

2. 分子筛吸附脱水

（1）分子筛吸附脱水原理流程如图 6 - 2 - 24 所示。

目前国外引进的以及国内自行设计的都是固定床式。为保证连续操作，至少需要两个塔（吸附器），经常采用的是两塔或三塔流程。在两塔流程中，一个塔进行吸附，另一个塔再生和冷却。在三塔流程中，一个塔吸附，另一个塔再生加热，再一个塔冷却。

表 6 - 2 - 4　常用吸附剂的种类和物性参数

吸附剂	硅胶 $SiO_2 \cdot nH_2O$		活性氧化铝 $\gamma - Al_2O_3 \cdot nH_2O$		分子筛 $Me\frac{x}{n}[(AlO_2)(SiO_2)]mH_2O$		
	细孔	粗孔	细孔	粗孔	4A	5A	13×
堆密度,kg/m³	670	400～500	750～900	400～550	500～800		
视相对密度			1.5～1.7		0.72		
真相对密度	1.2		2.6～3.3		1.1		
比热容,kJ/(kg·℃)	1	1	1.005 (35℃)	1.005 (35℃)	0.678($t=-50℃$) 0.754($t=20℃$) 1.00($t=250℃$)		
吸附热,kJ/kg(H₂O)	2932	2932			4186.8		
粒度,mm	2.8～7	4～8	3～7	3～7	3～5		
孔径,Å	20～40	80～100	72	120～130	≈4.8	≈5.5	≈10
比表面积,m²/g	400～700	100～500	≥300	300～350	800	750～800	
空隙率,%	43	50	44～50	45			
吸湿量(20℃, $\psi=100\%$),%	32～40	70～88	20～35	80	≈21		
机械强度,%	92～98	80～98	95	96	＞96		
再生温度,℃	＜250	＜400	170～300	300	200～300		

表 6 - 2 - 5　各种分子筛性质

型号	孔径 Å	湿容量 (在175mmHg,25℃) %(质量分数)	$\frac{SiO_2}{Al_2O_3}$	吸附质分子	排除的分子	应用范围
3A	3.2～3.3	20	2	直径小于3Å的分子如 H_2O 和 NH_3 等	乙烷等直径大于3Å的分子	饱和及不饱和烃脱水。甲醇,乙醇脱水
4A	4.2～4.7	22	2	直径小于4Å的分子，包括以上各分子及乙醇, H_2S, CO_2, SO_2, C_2H_4, C_2H_6, C_3H_6	直径大于4Å的分子,如丙烷等	饱和烃脱水,冷冻系统干燥剂

型号	孔径 Å	湿容量（在 175mmHg，25℃）%（质量分数）	$\frac{SiO_2}{Al_2O_3}$	吸附质分子	排除的分子	应用范围
10 ×	8	28	2.5	直径小于 8Å 的分子包括以上各分子及异构烷烃、烯烃及苯	二正丁基胺及更大的分子	芳烃分离
13 ×	10	28.5	2.5	直径小于 10Å 的分子，包括以上分子及二正丙基胺	$(C_4H_9)_3N$ 及更大的分子	同时脱水，CO_2，H_2S 脱硫、脱硫醇

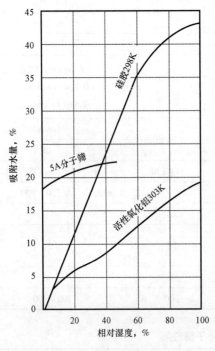

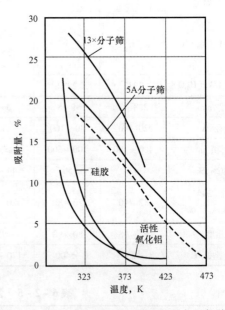

图 6-2-22　几种吸附剂在不同相对湿度下的平衡吸附量

图 6-2-23　10mmHg(1.33kPa)压力下各种吸附剂的吸附等压线

（虚线表示 5Å 在含 2% 残留水分时的吸附情况）

表 6-2-6　干燥剂脱水深度

干燥剂	形式	堆密度，kg/m^3	颗粒尺寸	出口气流中近似含水量 10^{-6}（质量分数）
活性氧化铝	球状	752~768	6.2mm 至 8 目	0.1
硅胶	球状	800	4~8 目	5~10
分子筛	球状	672~720	4~8 目或 8~12 目	0.1
分子筛	圆柱条状	640~704	3.2~1.6mm	0.1

图 6 - 2 - 24 所示为分子筛吸附脱水典型流程。原料气自上而下流过吸附器,脱水后的干气去轻烃回收装置。吸附操作进行到一定时间后,进行吸附剂再生。再生气最好用干气,干气在加热炉内加热到一定温度后,进入吸附塔再生,当床层出口气体温度升到预定温度后,再生完毕。停用加热炉。冷却气经旁通流入吸附器,自下而上流动. 当床层温度冷却到要求的温度时,又可进行下一循环操作。吸附时塔内气体流速最大,自上向下流动,可不致搅动床层。再生时,自下向上流动,可使床层底部吸附剂得到完全再生,因为床层底部是湿原料气吸附干燥过程的最后接触部位,直接影响流出床层的干燥后的原料气的露点温度。

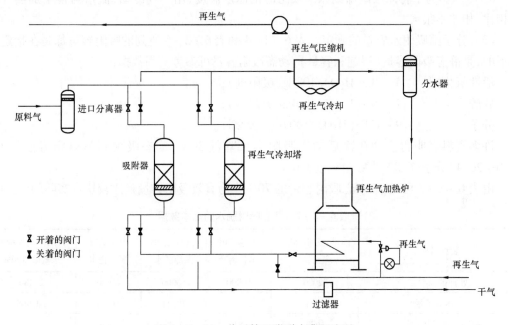

图 6 - 2 - 24　分子筛吸附脱水典型流程

(2) 分子筛脱水工艺参数的一般情况吸附法脱水工艺主要由吸附和再生操作组成。工艺参数应按照原料气组成、吸附后气体露点要求、吸附工艺特点等综合比较后确定。

① 吸附操作:

a. 操作温度。原料气温度尽可能低一些,这样含水量小,降低吸附器负荷,降低造价。即使原料气压缩升压后,用空冷器冷却,温度应控制在45℃左右。显然,原料气温度不能低于其水合物形成温度。

b. 操作压力。实际操作上,选用的有效吸附容量比湿饱和容量小得多,因此,压力影响很小,可由轻烃回收工艺系统压力决定。操作过程中,应保持压力平稳,避免波动。在切换时,降压不能过急,以免床层气速过高,引起床层移动和摩擦,磨损分子筛,甚至被气流夹带出塔。

c. 吸附剂使用寿命为 2 ~ 3 年。

② 吸附周期和再生操作。

a. 吸附周期。在吸附器处理气量、进口湿气含水量和干气露点已定后,周期时间主要决定于吸附剂的装填容量和选用的实际有效的吸附容量。操作周期应保证有足够的再生和冷却时间。操作周期一般分为8h和24h两种,当然16h也是可以的。选用较长周期的好处是,当原料气含水量波动很大(夏天、冬天)时,为保证干气露点,可缩短操作周期。

b. 再生温度。提高再生温度可提高再生后的分子筛的吸附容量,但再生温度过高会缩短分子筛的寿命,一般在200~300℃。

c. 再生需要的时间。操作周期为24h的,再生加热时间为总周期时间的65%~68%,冷却时间约30%,其余的2%~5%的时间为升压、降压,倒阀门,备用时间。操作周期为8h的,再生加热时间为总周期的50%~55%,冷却时间约40%,其余为升压、降压辅助操作时间。

d. 冷却。为了将床层冷却到原来吸附时的床层温度,用干气冷却,流量与再生加热气流量相比,相差不很大。

(3)分子筛吸附水容量的确定。表6-2-4和表6-2-5所列的吸附容量都是在指定条件下的,是静态吸附容量(湿饱和容量),动态吸附容量可参考下列数据:

活性氧化铝　　　4~7kg(H_2O)/100kg(吸附剂);

硅胶　　　　　　7~9kg(H_2O)/100kg(吸附剂);

分子筛　　　　　9~12kg(H_2O)/100kg(吸附剂)。

许多资料表明再生200次后动态吸附容量降低30%,动态吸附容量测定方法见GB 8770—2014《分子筛动态水吸附测定方法》。

由表6-2-7可见,取动态吸附容量的70%作为有效吸附容量是比较切合实际的。

表6-2-7　几套吸附脱水的基本数据

装置名称	前进化工厂裂解气分离	大港油田膨胀制冷	辽河油田深冷脱水	中原油田深冷脱水	大庆莎南深冷脱水低限,120%
处理量,m^3/h	82000	50000	50000	41666	29480
气体分子量	23.4	20.64	19.41	21.66	20.968
吸附压力,kPa(绝)	3673	1520	3500	4305	4200
吸附温度,℃	20	20~30	35	27	38
吸附周期,h	24	24	8	8	8
分子筛型号	3A	3A	4A	4A	4A
分子筛外径,mm	条状4	3~5	条状3	3.5	3
堆密度,kg/m^3	634	745	710	660	660
设计吸附容量,%	5.75	8.4	8.22	7.79	7.85
吸附器直径,m	2.8	2.6	1.9	1.7	1.538
空速,m/s	0.0915	0.189	0.142	0.111	0.11
床层高,m	5.32	6.5	3.55	3.12	3.5
高径比(床层)	1.9	2.5	1.87	1.83	2.27
原料气含水,10^{-6}(体积分数)	650	饱和水	饱和水	饱和水	饱和水
脱水后水含量,10^{-6}(体积分数)	1	1~3	1	1	1

（4）分子筛吸附器设计计算。

① 吸附周期确定。从目前国外引进项目看，大都是采用短周期，8h，两个吸附器（塔）。优点是装填分子筛量少，投资省，塔减少。采用 24h 周期的两塔操作，比采用 8h 周期操作的三塔（一个吸附、另一个加热、再一个冷却）分子筛装填量多 1 倍，但每天只再生一次，能耗比 8h 周期的少。再生次数少，对分子筛寿命有利，并且减少了切换操作次数。如果分子筛质量不过硬，要想缩短操作周期时间来弥补，8h 周期的回旋余地不大。所以应做全面的技术经济分析来确定吸附周期。

② 吸附器直径计算。吸附器直径取决于适宜的空塔流速，适宜的高径比。实践证明，采用雷督克斯的半经验公式计算得一个空塔流速的值，然后用转效点核算是可行的。此半经验公式如下：

$$G = (C\rho_b\rho_g D_p)^{0.5} \tag{6-2-6}$$

式中　G——允许的气体质量流速，$kg/(m^2 \cdot s)$；

　　　C——系数，气体自上向下流动时，C 值取 $0.25 \sim 0.32$；自下向上流动时 C 值取 0.167；

　　　ρ_b——分子筛的堆密度，kg/m^3；

　　　ρ_g——气体在操作条件下的密度，kg/m^3；

　　　D_p——分子筛的平均直径（球形），或当量直径（条形），m。

《GPSA 工程数据手册》（2016 年第 14 版）推荐基于压降为 0.333psi/ft（7.53kPa/m）时用图 6-2-25 计算。

［例 4］　油田气处理量 40000m³/h，平均分子量 22.64，吸附压力 1500kPa（绝），温度

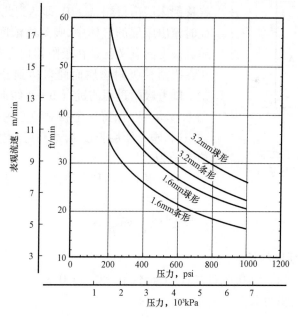

图 6-2-25　分子筛吸附脱水器允许空塔流速

30℃。分子筛堆密度 $700kg/m^3$，分子筛平均直径 $0.0032m$，球形。求分子筛吸附器直径。

解：操作状态下 $\rho_g = 13.66kg/m^3$。C 取 0.29。由式(6-2-6)，有：

$$G = (0.29 \times 700 \times 13.66 \times 0.0032)^{0.5}$$

$$= 2.979kg/m^2s$$

空塔流速：

$$w_0 = 2.979/13.66 = 0.218m/s$$

气体质量流量：

$$(40000/3600)(22.64/22.4) = 11.23kg/s$$

需空塔截面积：

$$11.23/2.979 = 3.77m^2$$

直径：

$$D = (3.77/0.785)^{0.5} = 2.19m$$

用图 6-2-26 计算：吸附压力 1500kPa［217.5psi（绝）］查图 6-2-26，得空塔速度 17.38m/min(57ft/min)直径为 1.9m。

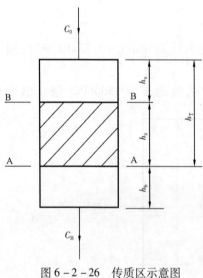

图 6-2-26 传质区示意图

③吸附传质区长度的意义及计算。如图 6-2-26 所示为吸附器传质区示意图。进口气体的浓度 C_0。出口干气的浓度是 C_B。h_s 是已被吸附质饱和的床层长度。h_z 是吸附传质区的长度。h_b 是尚未进行吸附的长度。随着吸附过程的进行，h_z 向下移动，h_s 变大，h_b 变小。当 A—A 线移到床层出口端，$h_b = 0$，即达到此吸附过程的转效点。此时流出床层的气体中，吸附质浓度急剧上升。吸附传质区长度的意义就是在吸附器内存在着 h_z 这一长度区，正在吸附被吸附物质而尚未达到分子筛的饱和吸附容量。随着吸附过程的进行 B—B 线向下移动，A—A 线也向下移动。h_z 保持一个相对稳定的长度。显然，到达转效点时，整个床层长度 h_T 达到设计指定的吸附容量。h_T 应大于 $2h_z$。

h_z 可用下面两种方法计算。一种为：

$$h_z = 1.41A \frac{q^{0.7895}}{v_g^{0.5506} \varphi^{0.2646}} \tag{6-2-7}$$

式中　h_z——吸附传质区的长度，m；

A——系数，分子筛 $A = 0.6$，硅胶 $A = 1$，活性氧化铝 $A = 0.8$；

q——床层截面积的水负荷，$kg/(m^2 \cdot h)$；

v_g——空塔线速，m/min；

φ——进吸附器气相对湿度，%。

另一种用《GPSA 工程数据手册》(2016 年第 14 版)计算：

$$h_z = 0.435 \, (v_g/35)^{0.3} Z \qquad (6-2-8)$$

式中　v_g——空塔流速，m/min；

　　　Z——系数，对 3.2mm 直径的分子筛取 3.4，对 1.6mm 直径的分子筛取 1.7。

④ 转效点(Break point)计算。其数学表达式为：

$$\theta_B = \frac{0.01 \rho_b h_T}{q} \qquad (6-2-9)$$

式中　θ_B——到达转效点时间，h；

　　　ρ_b——分子筛的堆密度，kg/m；

　　　h_T——整个床层长度，m；

　　　q——床层截面积的水负荷，kg/(m²·h)。

设计时，选定了有效吸附容量、操作周期后可以用此式校核。$\theta_B \geq$ 操作周期才能满足要求。

⑤ 气体通过床层压力降计算。《GPSA 工程数据手册》(2017 年第 14 版)推荐用 Ergen 公式计算。计算式如下：

$$\frac{\Delta p}{L} = B\mu v_g + C\rho_g v_g^2 \qquad (6-2-10)$$

式中　Δp——压降，kPa；

　　　L——床层高度，m；

　　　μ——气体黏度，mPa·s；

　　　v_g——气体流速，m/min；

　　　ρ_g——气体操作状态密度，kg/m³。

用硅胶时，压降在经过一段时间后增大约 10%，因硅胶易破碎，特别是原料气中带有水滴的情况下。而分子筛不怕水滴，无须考虑此问题。

吸附器由于吸附水，吸附热使床层温度升高，根据实践经验，床层温升为 3~6℃。

(5) 吸附器再生计算吸附操作到达转效点后，失去吸附能力，需将吸附的水脱附，恢复吸附能力，这就是再生。再生最好用干气(露点温度低)，加热后，流经分子筛床层加热，将吸附的水脱附。再生气进吸附器温度一般为 260℃ 左右。当再生气出吸附器温度升到 180~200℃，并恒温约 2h 后，可认为再生完毕。

① 再生气用量计算。再生加热所需的热量为 Q，则：

$$Q = Q_1 + Q_2 + Q_3 + Q_4 \qquad (6-2-11)$$

式中　Q_1——加热分子筛的热量，kJ；

　　　Q_2——加热吸附器本身(钢材)的热量，kJ；

　　　Q_3——脱附吸附水的热量，kJ；

Q_4——加热铺垫的瓷球的热量，kJ。

算出 Q 后，加 10% 的热损失。设吸附后床层温度为 t_1，热再生气进出口平均温度为 t_2，则：

$$Q_1 = m_1 c_{p1}(t_2 - t_1) \qquad (6-2-12)$$

$$Q_2 = m_2 c_{p2}(t_2 - t_1) \qquad (6-2-13)$$

$$Q_3 = m_3 \times 4186.8 \qquad (6-2-14)$$

$$Q_4 = m_4 c_{p4}(t_2 - t_1) \qquad (6-2-15)$$

式中　m_1,m_2,m_3,m_4——分子筛的质量、吸附器筒体及附件等钢材的质量、吸附水的质量和铺垫的瓷球的质量；

4186.8kJ/kg——水的脱附热；

c_{p1},c_{p2},c_{p4}——各种物质的比定压热容。

设 t_2' 为再生加热结束时气体出口温度，t_3 为再生气进吸附器时的温度（℃），有：

再生气温降 q

$$\Delta t = t_3 - 1/2(t_2' + t_1)$$

每千克再生气放出热量

$$q_H = c_p \Delta t$$

总共需再生气量（kg）

$$G = 1.1Q/q_H$$

加热后床层温度很高需通入冷的干气冷却，必须冷却到原来吸附开始时的温度，此值应比吸附正常进行时的床层温度低 3~6℃（即减去吸附热使床层温度升高的温度）。设此值为 t_1'。

冷却吸附塔需移去的热量 Q' 是：

$$Q' = Q_1 + Q_2 + Q_4 \qquad (6-2-16)$$

吸附器由加热的平均温度 t_2 冷却到 t_1'，平均温度 $t_m = 1/2(t_2 + t_1')$。

冷却时，干气不经过加热炉。设干气初温是 t_a。每千克干气移去的热量：

$$q_c = c_p(t_m - t_a) \qquad (6-2-17)$$

总共需冷却气量：

$$G' = Q'/q_c$$

分子筛对原料中 CO_2 吸附量很小，其脱附热可忽略不计。

加热再生气的加热炉热负荷。一般取再生气出加热炉的温度比 t_3 高 10~15℃。加热炉热负荷（Q''）为：

$$Q'' = G'' c_{pm}[(t_3 + 15) - t_a] \qquad (6-2-18)$$

式中　G''——再生加热气量，kg/h；

c_{pm}——平均比热容，kJ/(kg·℃)；

t_a—再生气进加热炉温度,℃。

② 再生气空塔速度计算。再生时再生气压力,原则上根据外输系统压力决定。经过吸附器压降一般为 10 ~ 20kPa。

再生气空塔速度仍可按雷督克斯公式[式(6 - 2 - 6)]计算。其中 C 值取 0.167,再生气是自下而上流动的。实践证明,根据上述公式计算的结果,基本上是符合实际操作情况的。

《GPSA 工程数据手册》(2016 年第 14 版)介绍用图 6 - 2 - 27 计算。是以压降为 0.1psi/ft(2.26kPa/m 床层)作出的。再生压力曲线只画到 200psia(1379kPa 绝)。再生压力为 400 ~ 500kPa 也是可以的。只要空塔速度符合要求,再生压力低一些,对脱附更有利一些,只要满足外输干气压力的要求就可以。

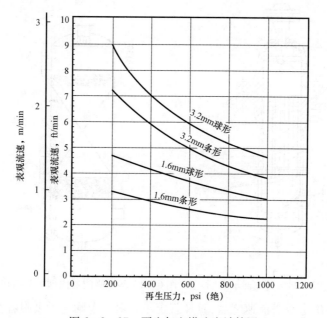

图 6 - 2 - 27　再生气空塔速度计算图

(6) 吸附器进口及出口过滤器原料气进吸附器前一定要设过滤器。在与 TEG 联合使用时尤为重要。应滤去气流携带的铁锈、油类和醇类等杂质。这个过滤器可用常规的丝网过滤器,也可单设分离器。

出吸附器的气体在进入下一工序前也一定要设过滤器,滤掉气流中携带的分子筛粉末,以免堵塞诸如板翅式换热器之类设备的孔道。这个过滤器结构上应考究一些。如图 6 - 2 - 28,是其中的一种。圆筒形上排列若干根钢管,管上钻 ϕ5mm 小孔,或开槽形孔。钢管外包一层不锈钢丝网,网外套二层玻璃纤维布,布外再包一层不锈钢丝网。钢管根数和钻多少个小孔,可按气流通过总的孔截面积(钢管根数 × 每根钢管的孔截面积)的流速 0.5 ~ 1m/s 估算。或者按玻璃纤维布的过滤面积估算。普通玻璃纤维布的网孔为 20 ~ 50μm。用此作滤布,只要设计得当可滤去 5μ 左右的尘粒。过滤速度可按总的过滤面积(钢管根数 × πDL)的气流速度 0.2 ~ 0.4m/s 估算。一般通过此过滤器的压降为 10 ~ 30kPa。操作时如发现压降上升较快,且有连续上升的趋势,压降超过 30kPa,则可能已经有部分堵塞,应打开底部放空阀,观察灰尘多少,决定是否拆卸清洗,更换滤布。也可用素瓷、玻璃棉等。

以上只是一般介绍,具体做法可根据操作压力、温度和气体处理量而定。

3. 设计中应注意的几个问题

(1) 吸附器的内部主要结构如图 6 – 2 – 29 所示,栅板是支承分子筛和瓷球重量的。在栅板上和在分子筛上部各铺一层瓷球,有两个作用:一是气体流经瓷球后,气流比较均匀分布;二是在再生时压住顶部的分子筛,防止吹跑分子筛。分子筛床层的顶部和底部铺不锈钢丝网是防止分子筛漏出。栅板上的丝网是防止因栅板间距不规则,有宽有窄而使瓷球漏下堵塞管道。一般选用 $\phi15mm \sim \phi30mm$ 的瓷球。

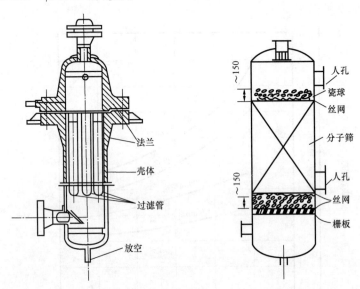

图 6 – 2 – 28 过滤器示意图   图 6 – 2 – 29 吸附器内部主要结构示意图

(2) 高径比在确定空塔流速之后,直径就定了。对一个确定了吸附容量的分子筛,由一个操作周期需吸附水多少,得出分子筛的装填量。由分子筛的堆密度,分子筛床层高度也定了。在处理量一定时,减小空塔流速是可以的。这样直径变大,床层高度可以减小,可以抵消一部分由于直径变大而多耗的钢材。然而还应该考虑操作压力与壁厚的关系。吸附器设计温度至少300℃,在高的操作压力下,壁厚是重要的考虑因素,它涉及制作和钢材等问题。并且高径比太小,气体容易产生沟流甚至穿透、短路,在自下向上流动时容易发生。所以适宜的高径比,既可以使气流均匀,压降在许可的范围内,又可以节约钢材。一般高径比在 2 左右,最好不要小于 1.5。高径比过大,壁流效应显著,压降也大。

(3) 对吸附容量这个数据要慎重。有时厂家生产的分子筛的吸附容量不是很稳定的。批号不同,吸附容量就不一定相同。在大量使用时,一要厂家质量保证,二要抽样检查。厂家说明书列的是静态吸附容量,设计值有效吸附容量是动态吸附容量的 70%。参见 GB/T 8770—2014《分子筛动态水吸附测定方法》。

(4) 堆密度从式(6 – 2 – 6)看,似乎堆密度大,允许的空塔流速可以大;并且按单位质量的分子筛的吸附容量来说,也似乎是堆密度越大越好。分子筛颗粒是用黏结剂黏结起来的,通常用的黏结剂是黏土与硅铝凝胶,黏土密度大。如果将黏土尽可能地粉碎,分子筛粉末与黏土非常均匀地混合,经烧结活化,分子筛颗粒机械强度大。过多地使用黏土,分子筛粉末含量相对变小,堆密度大了,吸附容量也下降。所以不能单纯地认为堆密度大的就一定比堆密度小的好,而是 D_p 应该在吸附容量相同的情况下选择机械强度大、堆密度大的为宜。

（5）分子筛的颗粒直径从式(6-2-6)看,分子筛的平均颗粒直径 D_p 大,允许的气体质量流速 G 也变大,似乎 D_p 大才好。但是 D_p 大了,一定数量的分子筛表面积就小了,对吸附不利。现在大都使用球形或条状分子筛,直径 $\phi 1.6mm \sim \phi 5mm$。条状分子筛(圆柱形)的 D_p 值按 $D_p = D_c/(2/3 + D_c/3L_c)$ 计算,D_c 是圆柱直径,L_c 是长度,因在装填时易拆断,故 L_c 不易测准。

（6）再生温度此温度与再生气(干气)的露点温度及要求再生后残留在分子筛上的水含量的关系如图6-2-30所示,再生气的露点温度越高,要达到规定的残余含水量的再生加热温度越高。前面已经讲过,露点温度与气体组成及压力有关,最好是使用干气,使用原料气显然能耗大,不合适的。图6-2-31还指出,再生后分子筛中残留1%的水,吸附容量就减少1%。

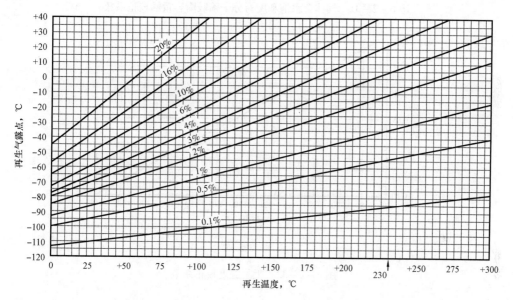

图6-2-30　分子筛中水含量 $g(H_2O)/100g$ 分子筛与再生温度和再生气露点关系图

（7）原料气不是含饱和水(即相对湿度不是100%)和吸附温度对分子筛吸附容量的影响。《GPSA工程数据手册》(2016年第14版)介绍用图6-2-31及图6-2-32查算校正系数要乘系数,从图可以看出湿度80%以上,吸附温度25℃以下,超过要乘以校正系数。

[**例5**]　油田气处理量 $50000m^3/h$,平均相对分子质量21($\gamma = 0.725$)。吸附压力4300kPa,温度30℃,含饱和水,操作周期8h,要求脱水到 1×10^{-6}(体积分数)以下。用球形4Å分子筛,平均直径3.2mm,分子筛堆密度 $660kg/m^3$。计算此吸附器。

解:①吸附器直径计算。

原料气在4300kPa,30℃校正后的饱和含水量 $962g/1000m^3$。按全部脱去考虑,需脱水量:

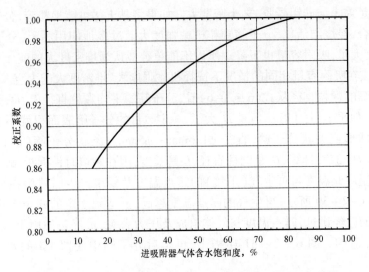

图 6 - 2 - 31　气体含水饱和度对分子筛吸附容量的校正系数

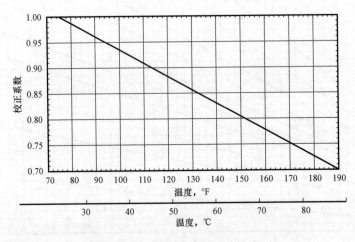

图 6 - 2 - 32　吸附温度校正系数

$$50 \times 0.962 = 48.1 \text{kg/h}$$

操作周期 8h,总共脱水:$8 \times 48.1 = 384.8 \text{kg}$,油田气压缩系数 $Z = 0.86$,则操作条件下气体量:

$$V = \frac{50000}{3600} \times \frac{\dfrac{0.86}{4300}}{101.325} \times \frac{303}{273} = 0.3123 \text{m}^3/\text{s}$$

$$气体质量流量 = \frac{50000}{3600} \times \frac{21}{22.4} = 13.02 \text{kg/s}$$

$$\rho_g = 13.02/0.3132 = 41.69 \text{kg/m}^3$$

已知 $\rho_b = 660 \text{kg/m}^3$, $D_p = 0.0032 \text{m}$。

a. 用式(6-2-6)计算。C 取 0.29。

$$G = (0.29 \times 660 \times 41.69 \times 0.0032)^{0.5} = 5.053 kg/(m^2 \cdot s)$$

$$吸附器截面积 F = 13.02/5.053 = 2.5766 m^2$$

$$直径 D = (2.5766/0.785)^{0.5} = 1.81 m, 取 1.8 m$$

则 $F = 2.5434 m^2$。气体流速 $v_g = 0.1227 m/s$。

b. 用 GPSA 推荐的图 6-2-26，在床层压降 $\Delta p/L = 7.53 kPa/m$ 时，查得空塔流速 $W = 0.172 m/s(34 ft/min)$。算得 $D = 1.52 m$。

c. 分子筛有效吸附容量 8 kg(水)/100 kg(分子筛)。

吸附器需装分子筛 384.8/0.08 = 4810 kg。其体积为 4810/660 = 7.288 m^3。床层高 2.865 m，高径比约 1.6。

② 再生计算。

a. 再生热负荷计算。用贫干气加热，$M = 17$，进吸附塔温度 260℃。分子筛床层吸附终了后温度 35℃(即床层温升 5℃)。再生加热气出吸附器温度 200℃，床层再生温度是 1/2(260 + 200) = 230℃。预先计算在 230℃ 时，分子筛比热容为 0.96 kJ/(kg·℃)，钢材比热容 0.5 kJ/(kg·℃)，瓷球比热容为 0.88 kJ/(kg·℃)。吸附器筒体是压力容器，预先估算其包括器内附属设备的质量约重 13200 kg，床层上下各铺 150 mm 瓷球(图 6-2-28)，瓷球堆密度 2200 kg/m^3，共重约 1678 kg，用式(6-2-11)至式(6-2-14)计算。

$$Q_1 = 4810 \times 0.96(230 - 35) = 900432 kJ$$

$$Q_2 = 13200 \times 0.5(230 - 35) = 1287000 kJ$$

$$Q_3 = 384.8 \times 4186.8 = 1611080 kJ$$

$$Q_4 = 1678 \times 0.88(230 - 35) = 287945 kJ$$

$$Q = Q_1 + Q_2 + Q_3 + Q_4 = 4495102 kJ$$

加 10% 的热损失，则是 4944612 kJ。

设再生加热时间 4.2 h，每小时加热量是 4944612/4.2 = 1177288 kJ/h。

b. 再生气量计算。再生气在 230℃ 时的平均比热容为 3.14 kJ/(kg·℃)。再生气温降是：

$$\Delta t = 260 - 1/2(35 + 200) = 142.5℃$$

每千克再生气给出热量：

$$q_H = C_p \Delta t = 3.14 \times 142.5 = 447.5 kJ/kg$$

需再生气量：

$$G = 1177288/447.5 = 2631 kg/h$$

c. 冷却气量计算。床层温度自 230℃ 降到 30℃。则冷却热负荷如下：

$$Q_1 = 4810 \times 0.96(230 - 30) = 923520 kJ$$

$$Q_2 = 13200 \times 0.5(230 - 30) = 1320000 kJ$$

$$Q_4 = 1678 \times 0.88(230 - 30) = 295328 kJ$$

共计 2538848kJ，冷却气进口 30℃。

设冷却时间 3.3h，每 h 移去热量 2538848/3.3 = 769348kJ/h。冷却气平均比热容在 130℃ 时是 2.9kJ/（kg·℃），冷却气温差 $\Delta t = 100℃$ 需冷却气量 769348/2.9×100 = 2653kg/h。

d. 再生加热气压力不同情况下，空塔流速的比较。

设再生加热气 1380kPa［200psi（绝）］。

再生加热气量 2631kg/h，M = 17。其体积量是：（2631/17）×22.4 = 3467m³/h，操作时体积为：

$$V = \frac{3467}{3600} \times \frac{101.32}{1382} \times \frac{230 + 273}{273} = 0.13 m^3/s$$

空塔流速为：

$$w = 0.13/2.5434 = 0.0512 m/s$$

用式（6 - 2 - 6）核算，C 取 0.167。

$$\rho g = (2631/3600)/0.13 = 5.609 kg/m^3$$

$$G = (0.167 \times 660 \times 5.609 \times 0.0032)^{0.5} = 1.406 kg/m^2 s$$

需空塔截面积 $F = 0.73/1.406 = 0.52 m^2$。现为 2.5434m²，足够。由 GPSA 推荐本文图 6 - 2 - 24，在 200psi（绝）时，查得直径 0.0032m 球形分子筛的空塔速度 9ft/min（0.4573m/min），这是在压力降 2.3kPa/m 床层的情况下。

如果设再生加热气压力 410kPa（绝）。操作状态时气体流量为：

$$V = \frac{3467}{3600} \times \frac{1}{4} \times \frac{503}{273} = 0.4436 m^3/s$$

$$\rho g = 0.7308/0.4436 = 1.6474 kg/m^3$$

仍用式（6 - 2 - 6）计算 $G = 0.7622 kg/m^2 s$，需空塔截面积：$F = 0.7308/0.7622 = 0.958 m^2$，也是可以的。

e. 压力降计算（吸附）。用式（6 - 2 - 10）计算：

$$\Delta p/L = B\mu v_g + C\rho v_g^2$$

现已知床层高 2.865m（即 $L = 2.865 m$）。由有关图表知此状态下 $\mu = 0.013 mPa \cdot s$。

已知 $\rho_g = 41.69 kg/m^3$，$v_g = 0.1227 \times 60 = 7.362 m/min$，有：

$$\Delta p = 2.865(4.155 \times 0.013 \times 7.362 + 0.00135 \times 41.69 \times 7.362^2) = 9.9 kPa$$

再生加热和冷却时压降都很小，可不计算。

f. 再生加热气加热炉热负荷计算。设进加热炉干气温度 23℃，出加热炉气体温度比进吸

附器温度高15℃,即275℃

$$Q'' = 2631 \times 3(275 - 23) = 1989036 \text{kJ/h}$$

用圆筒式加热炉设计时,因炉小,加对流炉管制造上有困难,大都是纯幅射加热,热效率低,计算燃料用量时注意。

g. 转效点计算。由式(6-2-9) $\theta_B = 0.01\rho_b h_T/q$, $\rho_b = 660\text{kg/m}^3$, $x = 8\%$, $h_T = 2.865\text{m}$, $q = 48.1/2.5434 = 18.91\text{kg/(m}^2 \cdot \text{h)}$,有:

$$\theta_B = \frac{0.01 \times 8 \times 660 \times 2.865}{18.91} = 8\text{h}$$

符合原设计吸附周期8h的要求。

h. 传质区长度 h_z 计算。用式(6-2-7)计算:

$$h_z = 1.41A\left(\frac{q^{0.7895}}{v_g^{0.5506} \times 100^{0.2646}}\right) = 1.41 \times 0.6 \frac{18.91^{0.7895}}{7.362^{0.5506} \times 100^{0.2646}} = 0.843\text{m}$$

用式(6-2-8)计算

$$h_z = 0.435\left(\frac{v_g}{35}\right)Z = 0.435\left(\frac{7.362}{35}\right)^{0.3} \times 3.4 = 0.926\text{m}$$

可见无论是床层截面的水负荷或空塔流速都无问题。h_T 都大于 $2h_z$。

有时,设计者在 h_T 值上取稍大一点,保证转效点时间 θ 值有一点富裕,是可以考虑的。

4. 分子筛脱水工艺常见问题

分子筛脱水适用于要求深度脱水的场合,在凝液回收、天然气液化、压缩天然气装置等中得到广泛应用,装置对原料气的温度、压力和流量变化不敏感,也不存在严重的腐蚀及发泡问题。典型分子筛脱水装置运行情况见表6-2-8。分子筛脱水装置运行中出现的问题常由吸附塔的设计、操作以及维护不当而引起。表6-2-9为分子筛脱水的常见问题、造成原因及相应的解决方法。

表6-2-8 典型分子筛脱水装置运行情况

项目	轮南轻烃厂	高尚堡油气处理厂	南堡天然气处理厂
处理量,10^4 m³/d	1500	25	135
吸附压力,MPa	6.1	0.25	4.0
吸附温度,℃	30	40	40
分子筛型号	4A	4A	4A
再生流程	三塔流程	两塔流程	两塔流程
再生方式	干气再生	干气再生	干气再生
操作周期,h	6	8	8
再生温度,℃	260	280	230~250
水露点,℃	≤ -80	≤ -80	≤ -80

表6-2-9　分子筛脱水常见问题处理

存在问题	原因	解决方案
分子筛的粉化	操作压力不稳使分子筛产生摩擦和流动；进塔前气体未分离干净；重组分吸附于分子筛表面，经加热等操作发生结焦；差压再生时，干燥塔充压或泄压操作速度过快；气体透过床层的压力降过大	在干燥系统上游尽可能将重烃和游离水分离；用水蒸气作为再生气，每年再生操作1~2次，可防止结焦现象；安装并及时切换和清洗粉尘过滤器
出塔气体露点偏高	干燥塔内部隔热衬里出现裂缝，使入口湿气体发生短路；干燥塔的阀泄漏也可能使湿气绕过脱水器；吸附干燥剂不完全再生；吸附剂受油类、化学介质等污染而失去吸附活性；在较高温度下反复加热再生	—
分子筛寿命短	原料气中含蜡和重烃、再生温度过高，使分子筛结焦、粉化结块；液烃回流，与分子筛溶解组分黏结，加速粉化，减小干燥塔的有效截面积，增大压降	降低再生温度与减慢再生气流的升温速度；对现有分子筛进行改造，如使用UOP公司的MolsivTM UI-94分子筛能很好地解决因回流引起的过早粉化和压降升高问题

5. 分子筛吸附脱水启动投产和停车

天然气分子筛吸附脱水工艺流程如图6-2-33所示。

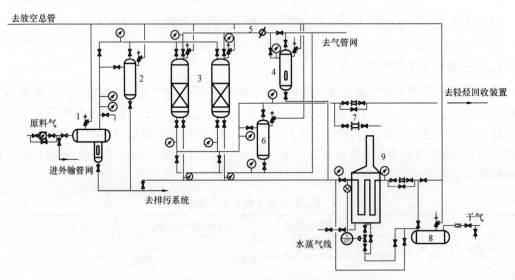

图6-2-33　天然气分子筛吸附脱水工艺流程

1—分离器；2,6—过滤器；3—分子筛吸附塔；4—气水分离器；5—冷却器；7—微量水分析仪；8—低压气稳压罐；9—加热炉

吸附：原料气经分离器过滤器进分子筛吸附塔，自上而下流经床层，水汽被吸附。气流自塔下部流出经过滤器进入轻烃回收装置，用在线分析仪或微量水分析仪记录脱水后气体中含水量数据。由于吸附热，出塔气流温度升高4~5℃。根据规定的操作周期，到时间切换再生。

再生操作：一般用经回收轻烃后的干气，基本不含水分，压力根据系统压力确定，经加热炉或别的加热设备加热到250~270℃进入需再生的吸附塔，自下而上流经床层。再生气出塔温度恒定在 180~200℃,2h,可认为再生结束,接着进行冷吹。冷吹气仍用再生操作的气体,只是不经加热,流量均按设计规定,可以是自下而上流动,也可以是自上而下流动。待出口气流温度达 50℃左右,可认为冷吹结束。切换至吸附状态备用。如此完成一个周期。

（1）开车准备。

① 联系上下游各岗位,检查上游原料气压力、温度、流量是否正常,下游轻烃回收装置是否做好接气准备。

② 本装置的管线、设备、仪表和阀门,特别是安全阀和调节阀是否都完好处于正常状态。

③ 仪表风源,燃料气供应无问题。

④ 加热炉的火嘴、风门、烟道挡板和灭火蒸汽是否没问题。

⑤ 检修停车之后,设备及管线内充满空气,在开车之前需置换除去空气。可以用天然气置换。例如可以用原料气进分离器,经过滤器、吸附塔,进放空火炬。另一路引再生气经加热炉管,进放空火炬。取样分析,当放空气中含氧量小于 0.5% 时置换完毕。

（2）开车引原料气进分离器再进入本装置进行吸附,注意各个阀门的开启和关闭是否正确。启动在线分析仪或微量水分析仪测出吸附塔后气体含水量,看是否正常并达到规定要求。如不正常立即找出原因处理。气体经过分子筛床层的压降和经过进出口两个过滤器的压降是否在正常值范围之内。否则应查清原因,采取措施。

（3）正常操作。

① 吸附按规定的周期操作。注意原料气量和含水量。注意气体经过床层的压降和温升。经过两个过滤器(吸附塔前后各一个)的压降。

② 再生压力一般比吸附压力低。切入再生操作,要视操作周期长短、再生和吸附压力差别大小逐渐降压,大致用 0.2~0.5h 的时间,不得突然降压以免分子筛床层搅动和吸附塔内部结构受损。

③ 再生加热炉升温速度为 50~80℃/h。视操作周期长短而定。升温达到预定温度后,改手动控制燃料气量为仪表自动控制,保持再生气出加热炉温度在 250~270℃。仪表自动控制可定值 260℃±5℃。再生气流量按规定。

④ 再生气出吸附塔温度达 180℃以上并恒定 2h,停加热炉加热,再生气走旁通,变成冷吹气。冷吹气出吸附塔温度达 50℃,停冷吹气,切换成待吸附状态。

⑤ 密切注意燃料气源和压力。压力要稳定,波动值不得大于 ±20kPa。密切注意加热炉燃烧情况。燃烧不好会发生烟囱冒黑烟、炉门和看火孔。乃至火嘴处回火"打枪"等现象,火焰应呈淡蓝色,烟气无色或淡灰白色。各火嘴火焰大小一致,互不干扰,不舔炉管。

（4）调节。

① 吸附时如果脱后气含水量不稳定或达不到规定的含水量,应立即联系上下游各工序,分析原料气含水量是否异常地增大;通知下游轻烃回收工序防冻,准备启动甲醇泵;也应检查在线分析仪(或微量水分析仪)是否失灵。

② 吸附时注意塔前和塔后两个过滤器压差是否正常,如果持续增大就是滤芯堵塞,改走旁通,撤压抢修。

③ 再生时注意加热炉操作。调节燃料气量,控制再生气出炉温度。调节风挡和烟道挡

板，使燃烧处于正常状态。

（5）停车。

① 原料气走旁通直接外输。切断该装置与上下游的阀门。

② 停加热炉操作。炉膛保温，逐渐冷却，防止炉管氧化剥皮。

③ 设备及系统内的存气放入低压气管网，待与低压气压力一致时，关闭进管网阀门。设备和系统内残存气进放空系统。

④ 如果是采用水冷再生气，应关闭冷却水来水回水阀门，放空水进排污系统。

（6）事故处理。

① 停风。改手动，联系仪表风岗。

② 炉管破裂。加热炉管都用合金钢管，在炉管出口气流温度即使在300℃，也不会烧穿。如果因氧化剥皮、局部过热或炉管材质不好而造成炉管破裂着火，应立即切断一切气源，停车，向炉膛内吹大量灭火蒸汽来灭火。

三、伴生气低温脱水

在一定压力下，随着温度下降，天然气中的饱和含水量也会下降。因此，可采用降低天然气温度使气体中部分水蒸气冷凝析出而脱水的方法。低温冷凝是借助于天然气与水汽/较重的烃凝结为液体的温度差异，在一定的压力下降低天然气的温度，使其中的水汽与重烃冷凝为液体，再借助于液烃与水的相对密度差和互不溶解的特点进行重力分离，使水和析出的烃被脱出。因此该方法可以同时控制天然气的水露点和烃露点。低温冷凝法通常可采用J－T阀节流制冷工艺和丙烷辅助制冷工艺，通常在采气初期井口压力能足够时适宜选用J－T阀节流制冷工艺将天然气冷凝以合理利用井口压力能，减少总体能耗，在后期井口压力能不足的情况下考虑增设丙烷辅助制冷工艺。图6－2－34是低温法脱水脱烃流程示意图。

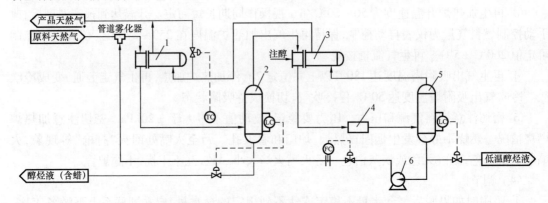

图6－2－34　低温法脱水脱烃流程示意图

1—原料气预冷器；2—原料气分离器；3—原料气后冷器；4—制冷设施；5—低温分离器；6—低温醇烃液注入泵

一般的低温脱水脱烃工艺为：来自井底的天然气和凝析油通过集气干线混输至油气处理厂，含液天然气先经段塞流捕集器或气液分离器缓冲、一级分离后，凝析油和水节流后去闪蒸罐闪蒸，分离的天然气经计量、空冷（如果有）后进入脱水脱烃装置原料气预冷器预冷，再经过

J－T阀等焓膨胀,温度降低,在新的平衡条件下,天然气中的大部分饱和水和重烃就会部分冷凝析出。通过节流降压控制适当的温度,就会获得水露点和烃露点均满足外输要求的天然气。

低温法脱水需要利用气体膨胀获得冷量,而且能够同时控制水露点和烃露点,因此,大多用于高压凝析气或含重烃的高压湿天然气等井口有多余压力可供利用的场合。但天然气在换热及冷冻过程中会逐渐降温,直到出现水合物,为了防止降温过程中产生水合物堵塞,往往需要向气流中注入适当的水合物抑制剂。常见的水合物抑制剂有甘醇和甲醇。抑制剂必须在产生堵塞前注入并充分混合。

第三节　伴生气脱硫

一、脱硫工艺分类与选择

1. 脱硫工艺分类

目前,国内外报道过的脱硫方法有近百种。这些方法按作用机理可分为化学吸收法、物理吸收法、物理—化学吸收法、直接氧化法、固体吸收/吸附法及膜分离法等(表6－3－1)。其中,采用溶液或溶剂作脱硫剂的脱硫方法习惯上又统称为湿法,采用固体作脱硫剂的脱硫方法又统称为干法。

表6－3－1　主要脱硫方法情况

方法名称	脱硫剂	脱硫情况与特点	工业应用
化学吸收法			
Ⅰ 烷基醇胺法			
1. 乙醇胺法(MEA法)	15% ~24%(质量分数)的一乙醇胺水溶液	主要是化学吸收过程,操作压力影响较小,在0.3~0.7MPa低压下操作仍可达到管输天然气气质要求,当酸气含量不超过3%(体积分数)时,用此法较经济;对于酸气含量超过3%(体积分数)的天然气也可用此法脱硫,但是由于溶液循环量大,再生耗热高,因而操作费用比物理吸收法要高,此法可部分脱除有机硫化合物	为常用的脱硫方法,应用广泛
2. 改良二乙醇胺法(SNPA－DEA法)	25% ~30%(质量分数)的二乙醇胺水溶液	适用于高压、高酸气浓度,高 H_2S/CO_2 比值的天然气的净化,当 H_2S 分压达到0.4MPa时,此法比MEA法经济	主要在加拿大,法国和中东应用
3. 二甘醇胺法(DGA法)	50% ~70%(质量分数)二甘醇胺水溶液	用于高酸气含量的天然气净化,比其他醇胺溶剂腐蚀性小,再生耗热小,DGA水溶液冰点在 $-40℃$ 以下,可在极寒冷地区使用	在沙特阿拉伯用于处理低压伴生气
4. 二异丙醇胺法(DIPA法)	25% ~30%(质量分数)的二异丙醇胺水溶液	脱硫情况与乙醇胺法大致类似,可以脱除部分有机硫化合物。在 CO_2 存在时对 H_2S 吸收有一定选择性。腐蚀性小,胺损失量小,蒸汽消耗较一乙醇胺法小	主要用于炼厂气脱硫及斯科特法硫回收装置尾气处理

续表

方法名称	脱硫剂	脱硫情况与特点	工业应用
5. 甲基二乙醇胺（MDEA 法）	30%～50%（质量分数）的甲基二乙醇胺水溶液	类似于 MEA 法，在高碳硫比下能选择性脱除 H_2S，循环量小，操作费用低，蒸气压低，损失少，应用极广。活性化 MDEA 溶液可脱除大量 CO_2	为常用的脱硫方法，通常与环丁砜混合使用，选择性脱硫效果好
Ⅱ碱性盐溶液法			
6. 改良热钾碱法（Catacarb 法和 Benfield 法等）	20%～35% 的碳酸钾溶液中加入烷基醇胺和硼酸盐活化剂	适用于含酸气 8% 以上，CO_2/H_2S 高的天然气净化，压力对操作影响较大，吸收压力不宜低于 2MPa	美国和日本合成氨厂大量用此法脱 CO_2
7. 氨基酸盐法（Alkocid 法）	甲基丙氨酸钾或二甲基乙氨酸钾水溶液	对 H_2S 具有高度选择性，可用于常压或高压气体脱 H_2S 和 CO_2，净化气中 H_2S 含量达不到 $6mg/m^3$	主要用于德国
物理吸收法			
8. 多乙二醇二甲醚法（Selexol 法）	多乙二醇二甲醚溶液（无水或含微量水）	用于高 CO_2 含量，低 H_2S 含量的高酸气分压的天然气选择性脱硫，可同时调整天然气的水、烃露点	适用于天然气总酸气分压高且重烃含量低的工况
9. 碳酸丙烯酯法（Fluor Solvent 法）	碳酸丙烯酯	主要用于从高酸气分压气体中脱除有机硫化物，吸收在低温下进行，有时需要制冷设备冷却贫液，在相同条件下投资和操作费均低于热钾碱法	运用于处理天然气及油田伴生气领域
10. 冷甲醇法（Rectiol 法）	甲醇，在 -70 ~ $-50℃$ 低温下吸收酸气	此溶剂在高压低温下对 CO_2 和 H_2S 有很高的溶解度，可同时脱除有机硫化合物，而且净化气有较低的露点，过程能量及热量消耗均低，并可选择性地脱除 H_2S。缺点是由于在低温下操作，流程比较复杂，溶剂损失大。本法较适宜酸气分压大于 1MPa 的天然气	主要用于煤气和合成气脱硫；也可用于天然气液化过程原料气的净化
物理—化学吸收法			
11. Sulfinol - D 法	环丁砜和二异丙醇胺水溶液，砜：胺：水 = 40：45：15	兼有化学吸收和物理吸收的作用，天然气中酸气分压达到 $7.7kgf/cm^2$，H_2S/CO_2 比值大于 1 时，此法比 MEA 法经济。它的缺点是吸收重烃，此法能脱除有机硫化合物，为重要的天然气脱硫方法	国内外应用最广泛的化学—物理吸收法
12. Sulfinol - M 法	环丁砜和甲基二乙醇胺水溶液砜：胺：水 = 40：45：16	兼有化学吸收和物理吸收的作用，对于高碳硫比天然气脱硫有极好的选择性，目前在天然气净化工业中应用最为广泛	
直接氧化法			
13. 铁碱法	使用了络合剂的 Lo - Cat、SulFerox、Sulfint、EDTA 络合铁、FD 及 HEDP - NTA 络合铁等方法	当有 CO_2 存在时，可选择性地脱除 H_2S，但硫容量低，较适合于净化低 H_2S 含量的天然气	当前国外应用最广的络合铁法是 Lo - Cat 法；国内工业应用的有 EDTA 络合铁、FD 及 HEDP - NTA 络合铁等方法

续表

方法名称	脱硫剂	脱硫情况与特点	工业应用
14. 钒法	蒽醌二磺酸钠（ADA－NaVO₃）法、栲胶－NaVO₃法、氧化煤－NaVO₃法茶灰－NaVO₃等	将 H_2S 直接转化为元素硫,硫容量小,用于净化低 H_2S 浓度的天然气,可选择性地脱除 H_2S,净化气含硫量低	多用于合成氨原料气及城市煤气脱硫
15. 改良砷碱法(G－V法)	在碳酸钾溶液中加 As_2O_3	可用于气体脱 CO_2,也可用于日处理天然气含硫量不超过15t/d, H_2S 浓度不超过 1.5% 的天然气净化,有砷污染问题	它是合成氨原料气脱 CO_2 的主要方法
16. 改良 A. D. A 法	碳酸钠溶液中加入 A. D. A 偏钒酸钠和酒石酸钾钠	典型的二元氧化还原体系,净化度高,能同时脱除部分有机硫化合物	是目前应用最广泛的方法之一,大多应用于合成气脱硫
17. MQS法	氨水中加苯二酚,硫酸盐锰和水杨酸	脱硫溶液比改良 A. D. A 法稳定。容易形成泡沫硫	可应用于 H_2S 含量高的气体。国内外中、小型氮肥厂中有应用
18. PDS法	碳酸钠溶液或氨水中加 1～5μg/g 磺化酞菁钴(有部分装置还加 ADA 作助催化剂)	使用酞菁钴磺作为氧载体,在有催化剂存在的情况下脱除 H_2S 及有机硫,后在再生过程中将 H_2S 及有机硫催化氧化过程转化为碱、硫或二硫化物	目前正在国内的氮肥厂中推广,发展较快,在天然气脱硫方面也获得应用
其他脱硫法			
19. 分子筛法	4A,5A,13X 型分子筛	可同进脱除 H_2S 及有机硫,以及同时干燥气体。净化气中 H_2S 含量能达到 $6mg/m^3$	目前已用于工业脱硫
20. 氧化铁固体脱硫剂	黄土脱硫、海绵铁法、国产常温氧化铁脱硫剂、Sul-faTreat	是一类将 H_2S 反应脱除而通常并不再生的方法,用于处理粗天然气使之达到管输要求的固体脱硫剂主要成分是活性氧化铁	近年发展较活跃
21. 膜分离法	具有可将 H_2S 及 CO_2 存 CH_4 等烃分离的薄膜	利用酸气和烃类渗透通过薄膜性能的差异而脱除酸气,特别是 CO_2,难于达到高的净化程度,流程十分简单,能耗低,但有烃损失问题	适于高酸气浓度的天然气处理,可作为第一步脱碳措施
22. 浆液法	分氧化铁浆液法、锌盐浆液法	使脱硫剂固体悬浮于水中的浆液法。氧化铁浆液法是在微酸性条件下,氧化铁脱除 H_2S,锌盐浆液法采用氧化锌与乙酸锌的混合物,在浆液中很快与 H_2S 反应生产硫化锌	锌盐浆液法的反应性能及脱硫效率优于氧化铁浆液法,且脱出一部分有机硫,但脱硫溶剂价格较贵
23. 热碳酸钾法	三氧化砷（G－V法）、Benfiled 法及 Catacarb 法,	热碳酸钾吸收与解吸几乎在同样高的温度下进行,使装置省去换热冷却设备,而且,较高的温度还增加了碳酸钾的溶解度,从而可获得较高的溶液 CO_2 负荷	常用于处理具有较高温度的合成气

续表

方法名称	脱硫剂	脱硫情况与特点	工业应用
24. 低温分离法（Ryan/Holmes 法）	—	利用天然气的低温分馏而除去 CO_2 及 H_2S 等，C_{4+} 添加剂用于防止固体 CO_2 及生成并解决 $C_2 - CO_2$ 共沸问题	系为 CO_2 驱油后的伴生气处理而开发的工艺
25. 生化脱硫法（Bio – SR 法、Shell – Paques 法）	酸性硫酸铁、弱碱性溶液、氧化铁硫杆菌	Bio – SR 法是以酸性硫酸铁溶液在酸性条件下吸收 H_2S，然后在氧化铁硫杆菌的作用下以空气中的氧将溶液中的 Fe^{2+} 氧化为 Fe^{3+}，Shell – Paques 法是以弱碱性溶液吸收 H_2S 至小于 $10mL/m^3$，然后以硫杆菌在生化反应器内以空气将 H_2S 转化为元素硫	目前已实现工业化的，在脱硫过程中使用生化的工艺是 Bio – SR 法

1）化学吸收法

这类方法是以可逆的化学反应为基础，以碱性溶液为吸收剂（化学溶剂），与天然气中的酸性组分（主要是 H_2S 和 CO_2）等，反应生成某种化合物。吸收了酸性组分的富液在温度升高、压力降低时，该化合物又能分解释放出酸性组分。各种烷基醇胺法、碱性盐溶液法和氨基酸盐法都属此类方法。这类脱硫方法一般不受酸性分压的影响。

2）物理吸收法

这类方法是基于有机溶剂对原料气中酸性组分的物理吸收而将它们脱除的方法。溶剂的酸气负荷正比于气相中酸性组分的分压。当富液压力降低时，即放出吸收的酸性气体组分。由于物理溶剂对重烃有较大的溶解度，较适合于处理酸气分压高而重烃含量低的天然气。

归纳起来，物理吸收法有如下特点：

（1）适用于酸气分压高的原料气，处理容量大，再生容易，相当大部分的酸气可借减压闪蒸出来。

（2）溶剂具有选择脱硫能力，几乎所有的物理溶剂对 H_2S 的溶解能力均优于 CO_2，还有优良的脱有机硫而本身不降解的能力，并可实现同时脱硫脱水的效果。

（3）溶剂一般无腐蚀性，不易产生泡沫。

（4）溶剂的稳定性好，基本上不存在溶剂变质问题，且溶剂再生的能耗低。

（5）溶剂的凝固点低，对在寒冷气候条件下不会发生冷冻。

这类方法的局限性在于：传质速度慢，达到高的 H_2S 净化度较为困难。其次是溶剂对烃类溶解量多，特别是重烃（尤其是芳烃和烯烃），这不仅影响净化气的热值，而且也影响硫黄的质量。

目前常用的物理吸收法有：（1）多乙二醇二甲醚；（2）Rectisol（冷甲醇法），吸收溶剂为甲醇；（3）Purisol 法，吸收溶剂 N – 甲基吡咯烷酮（NMP）；（4）Fluor 法，吸收溶剂为碳酸丙烯酯；（5）Estasovant 法，吸收溶剂为磷酸三丁酯（TBP）和环丁砜以及水等。

3）物理—化学吸收法

物理—化学吸收法是指以化学溶剂与物理溶剂组成的溶液脱除气体中酸性组分的方法，

既有物理吸收又有化学吸收的特点。与化学吸收法比较,该法不仅有良好的选择性,在较高的酸气分压下有较高的酸气负荷而可降低循环量的特点。

目前,工业上常用的物理—化学吸收法是砜胺法也称为萨菲诺(Sulfinol)法,此法所采用的物理溶剂为环丁砜,而化学溶剂则是一乙醇胺(MEA)、二异丙醇胺(DIPA)或甲基二乙醇胺(MDEA)等,溶液中还含有一定量的水。除此之外,还有 Optisol,Amisol,Selefining 和 Ucarsol LE 等,它们与砜胺法颇为类似,但应用都不多。

4)直接氧化法

这类方法以氧化—还原反应为基础,故又称为氧化还原法。此法包括借助于溶液中氧载体的催化作用,把被碱性溶液吸收的 H_2S 氧化为硫,然后鼓入空气,使吸收剂再生,从而使脱硫与硫回收合为一体。直接氧化法目前虽在天然气工业中应用不很多,但在焦炉气、水煤气、合成气和克劳斯装置尾气处理方面有着广泛的应用。此类方法由于吸收溶剂的硫容量较低,溶液循环量大,电耗高,故主要是应用在小型单井脱硫或移动橇装装置方面。

5)固体氧化铁法

固体吸收法和吸附法是指使 H_2S 被固体物质吸收或吸附,然后再用空气或减压解吸,使吸收、吸附剂再生的方法。固体吸收法主要有固体氧化铁法,吸附法主要有分子筛法。这两类脱硫方法仅适用于 H_2S 含量较低或流量很小的天然气脱硫。

6)膜分离法

膜分离法是使用一种选择性渗透膜,利用不同气体渗透性能的差别而实现酸性组分分离的方法。膜分离的基本原理是原料气中的各个组分在压力作用下,因通过半透膜的相对传递速率不同而得以分离。

7)其他脱硫方法介绍

除去前面介绍的几类脱硫方法外,根据特定的工况还有一些特殊的脱硫方法:

(1)浆液法。这是将固体脱硫剂制成浆液而有助于装卸的脱硫方法;主要有氧化铁浆液及锌盐浆液法,氧化铁浆液法可用于处理低 H_2S 含量的天然气;锌盐浆液的脱硫效率较氧化铁法高,且能脱除一部分有机硫,但脱硫剂较贵。

(2)热碳酸钾法。此法为使用活化剂的热碳酸钾法,其广泛用于合成气脱除 CO_2,其在天然气脱硫领域也有一些应用。常用的热碳酸盐法有 G - V 法、Benfield 法及 Catacarb 法等。

(3)生化脱硫法。此法主要是利用细菌将 H_2S 转化成硫或促进脱硫液再生的方法。目前用于工业化的、在脱硫过程中使用的生化工艺是 Bio - SR 法和 ShelPaques/ThioPaq 工艺等;

(4)低温分离法。主要用于处理 CO_2 驱油后的伴生气,可同时回收天然气凝液(NGL)。

(5)液体除硫剂。使用碱性物料或具有氧化能力的物料除去天然气中的 H_2S。

表6-3-1和表6-3-2分别列出了天然气工业使用的脱硫方法及其应有范围,依据表6-3-1可得出以下认识:

表6-3-2　化学和物理吸收、直接氧化和干燥床工艺的特点

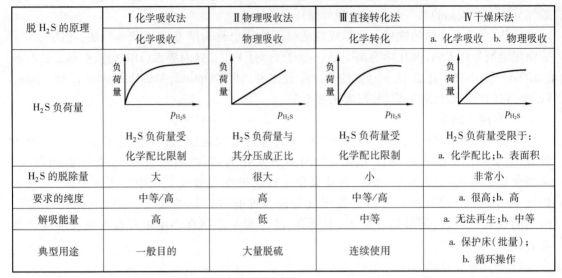

脱H_2S的原理	Ⅰ 化学吸收法	Ⅱ 物理吸收法	Ⅲ 直接转化法	Ⅳ 干燥床法
	化学吸收	物理吸收	化学转化	a. 化学吸收　b. 物理吸收
H_2S负荷量	H_2S负荷量受化学配比限制	H_2S负荷量与其分压成正比	H_2S负荷量受化学配比限制	H_2S负荷量受限于：a. 化学配比；b. 表面积
H_2S的脱除量	大	很大	小	非常小
要求的纯度	中等/高	高	中等/高	a. 很高；b. 高
解吸能量	高	低	中等	a. 无法再生；b. 中等
典型用途	一般目的	大量脱硫	连续使用	a. 保护床（批量）；b. 循环操作

（1）各种胺法是天然气脱碳最主要的方法，常规胺法用于同时脱除H_2S及CO_2的工况，选择性胺法则用于在H_2S与CO_2同时存在时选择性脱除H_2S的工况，20世纪90年代兴起的各种配方胺液则使其应用领域进一步精细化。

（2）以砜胺法为代表的物理化学吸收法也有较为广泛的应用，特别适合于脱除H_2S和CO_2的且同时需脱除有机碳的工况。

（3）热钾碱法虽然也有广泛应用，但主要用于合成气脱碳，在天然气净化厂中的应用有限。

（4）物理吸收法适于脱除大量酸气的工况，其能耗低，可同时脱除有机碳和H_2S并可同时脱水；但欲保证高的H_2S净化度则需要采取特别的溶液再生措施。此外，存在烃的溶解损失问题。

（5）膜分离法亦适于脱除大量酸气、特别是脱除CO_2的工况，能耗很低；但处理H_2S无法达到通常的管输质量要求，此外还存在烃的损失问题；将胺法与膜法组合是一种好的安排；

（6）Ryan/Holmes低温分馏工艺是专门为CO_2驱油后的伴生气的处理而开发的，可得到NGL、干气和酸气几种产品。

2. 脱硫工艺的选择

在选择脱硫方法时，可采用图6-3-1作为一般性指导。但由于需要考虑的因素很多，不能只按绘制图6-3-1时所用的条件去选择某种脱硫方法，也许经济因素和局部情况会支配着某一方法的选择。

1）考虑因素

天然气脱硫方法的选择，不仅对于脱硫过程本身，就是对于下游工艺过程包括硫黄回收、脱水、天然气凝液回收以及液烃产品处理等方法的选择都有很大影响。在选择脱硫方法时需要考虑的主要因素是：

（1）天然气中酸性组分的类型和含量。

大多数天然气中的酸性组分是 H_2S 和 CO_2，但有的还可能含有 COS，CS_2 和 RSH 等。只要气体中含有这些组分中的任何一种，就会排除选择某些脱硫方法的可能性。

原料气中酸性组分含量也是一个应着重考虑的因素。有些方法可用来脱除大量的酸性组分，但有些方法却不能把天然气净化到符合管输的要求，还有些方法只适用于酸性组分含量低的天然气脱硫。

此外，原料气中的 H_2S 和 CO_2 以及 COS，CS_2 和 RSH（即使其含量非常少），不仅对气体脱硫，就是对下游工艺过程都会有显著影响。例如，在天然气凝液回收过程中，H_2S 和 CO_2 及其他硫化物将会以各不相同的数量进入液体产品。在回收凝液之前如不从天然气中脱除这些酸性组分，就可能要对液体产品进行处理，以符合产品的质量要求。

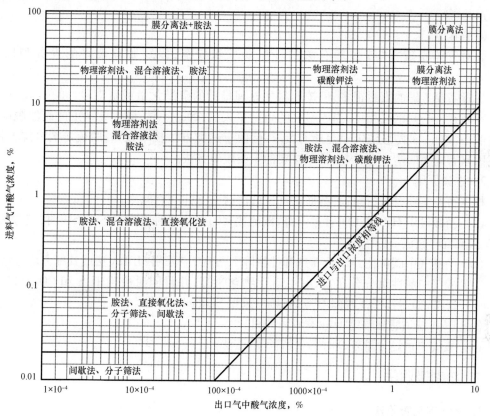

图 6-3-1　天然气脱硫方法选择指导

（2）天然气中的烃类组成。

通常，大多数硫黄回收装置采用克劳斯法。克劳斯法生产的硫黄质量对存在于酸气（从酸性天然气中获得的酸性组分）中的烃类特别是重烃十分敏感。因此，当有些脱硫方法采用的吸收溶剂会大量溶解烃类时，就可能要对获得的酸气进一步处理。

（3）对脱除酸气后的净化气及对所获得的酸气的要求。

作为硫黄回收装置的原料气（酸气），其组成是必须考虑的一个因素。如酸气中的 CO_2 浓度大于 80% 时,为了提高原料气中 H_2S 的浓度,就应考虑采用选择性脱硫方法的可能性,包括采用多级气体脱硫过程。

（4）对需要脱除的酸性组分的选择性要求。

在各种脱硫方法中,对脱硫剂最重要的一个要求是其选择性。有些方法的脱硫剂对天然气中某一酸性组分的选择性可能很高,而另外一些方法的脱硫剂则无选择性。还有一些脱硫方法,其脱硫剂的选择性受操作条件的影响很大。

（5）原料气的处理量。

有些脱硫方法适用于处理量大的原料气脱硫,有些方法只适用于处理量小的原料气脱硫。

（6）原料气的温度和压力及净化气所要求的温度和压力。

有些脱硫方法不宜在低压下脱硫,而另外一些方法在脱硫温度高于环境温度时会受到不利因素的影响。

（7）其他。

如对气体脱硫、尾气处理有关的环保要求和规范,以及脱硫装置的投资和操作费用等。

尽管需要考虑的因素很多,但按原料气处理量计的硫潜含量或硫潜量（单位:kg/d）是一个关键因素。与间歇法相比,当原料气的硫潜量大于 $45kg/d$ 时,应优先考虑醇胺法脱硫。虽然目前还没有一种醇胺法能满足所有要求,但由于这类方法技术成熟,脱硫溶剂来源方便,对上述因素有很大的适应性,因而是最重要的一类脱硫方法。

2）选择原则

根据工业实践,在选择各种醇胺法和砜胺法时有下述几点原则:

（1）当酸气中 H_2S 和 CO_2 含量不高,碳硫比 $\leqslant 6$,并且同时脱除 H_2S 和 SO_2 时,应考虑采用 MEA 法或混合胺法。

（2）当酸气中碳硫比 $\geqslant 5$,且需选择性脱除 H_2S 时,应采用 MDEA 法或其配方溶液法。

（3）酸气中酸性组分分压高、有机硫化物含量高,并且同时脱除 H_2S 和 CO_2 时,应采用 Sulfinol – D 法;如需选择性脱除 H_2S 时,则应采用 Sulfinol – M 法。

（4）DGA 法适宜在高寒及沙漠地区采用。

（5）酸气中重烃含量较高时,一般宜用醇胺法。

二、溶剂吸收法

1. 化学溶剂吸收法

1）天然气胺法脱硫

胺法脱硫分为常规胺法脱硫和选择性胺法脱硫。前者较早运用于工业上,它基本上可同时完全脱除 H_2S 和 CO_2,以区别于后来开发出来的在 H_2S 和 CO_2 同时存在的条件下选择性脱除 H_2S 的选择性胺法。

（1）常见醇胺的物理化学性质。

常规胺法目前所用的醇胺包括一乙醇胺（MEA）、二乙醇胺（DEA）及二甘醇胺（DGA）等。选择性胺法使用的典型醇胺为甲基二乙醇胺（MDEA）,二异丙醇胺（DIPA）在常压下也有显著的选择脱硫能力。此外,空间位阻胺也有良好的选择脱硫能力。常见醇胺的主要理化性质见表6-3-3。

表6-3-3 常见醇胺的主要理化性质

醇胺	MEA	DEA	TEA	DIPA	MDEA	DGA
分子式	$HOC_2H_4NH_2$	$(HOC_2H_4)_2NH$	$(HOC_2H_4)_3N$	$(CH_3CHOHCH_2)_2NH$	$CH_3N(C_2H_4OH)_2$	$HOC_2H_4OC_2H_4NH_2$
相对分子量	61.08	105.14	149.19	133.19	119.17	105.14
相对密度	$\gamma_{20}^{20}=1.0179$	$\gamma_{20}^{30}=1.0919$	$\gamma_4^{40}=1.116$	$\gamma_{20}^{45}=0.989$	$\gamma_{20}^{20}=1.0418$	$\gamma_{20}^{20}=1.0572$
凝固点,℃	10.2	28.0	21.57	42	-21	-12.5
沸点,℃	170.4	268.4(分解)	335.39	248.7	247.2	221.1
闪点(开杯),℃	93.3	137.8	185	123.9	129.4	126.7
折射率	$1.4539(n_D^{20})$	$1.4776(n_D^{20})$	$1.4835(n_D^{25})$	$1.4542(n_D^{45})$	$1.469(n_D^{20})$	$1.4598(n_D^{20})$
比热容 kJ/(kg·K)	2.54(20℃)	2.51(15.6℃)	2.93(15.6℃)	2.89(30℃)	2.24(15.6℃)	2.39(15.6℃)
临界温度,℃	350	442.1	514.3	399.2	322.0	402.6
临界压力,MPa	5.98	3.27	2.45	3.77	3.88	3.77
汽化热 kJ/kg	826 (101.3kPa)	670 (9.73kPa)	535 (101.3kPa)	431	476	510 (101.3kPa)
导热率 W/(m·K)	0.256(20℃)	0.220(20℃)	—	—	0.275(20℃)	0.209(20℃)
黏度,mPa·s	24.1(20℃)	—	—	198(45℃)	101(20℃)	40(16℃)

① 一乙醇胺法(MEA法)。在用于气体净化的各种醇胺中,MEA是最强的有机碱,它与酸气(H_2S和CO_2)的反应最迅速。该法既可脱除H_2S,又可脱除CO_2,通常没有选择性。直到20世纪50年代末,采用15%~20%的MEA水溶液作为吸收剂脱除天然气中的H_2S和CO_2的方法还是唯一的脱硫方法。其主要具有价格便宜、工艺成熟、净化度和酸气负荷较高,很容易使处理气达到管输要求等特点,因而至今仍是工业上广泛采用的脱硫法。该法的最大缺点是与天然气中的羰基硫(COS)和二硫化碳(CS_2)生成不可逆化合物,只要原料气中含有显量的COS和CS_2,就必然导致降解产物在MEA溶液中的积累。此外,MEA溶剂还有易发泡、腐蚀性较强(为胺吸收液中碱性最强的)等缺点。从60年代中期开始采用改良二乙醇胺法和二甘醇胺法两个颇为重要的改进方法。

② 二乙醇胺法(DEA法)。二乙醇胺与一乙醇胺的主要差别在于,二乙醇胺与CO_2及CS_2的反应速度比较缓慢,不形成不可再生的化合物,因此适用于原料气中含有机硫的场合。在此基础上开发出高酸气负荷的改良二乙醇胺(SNPA—DEA)工艺后,它就在高压、高酸气浓度的天然气净化中获得相当多的应用。在处理高酸气的天然气时,与MEA法相比,SNPA—DEA法显示出如下的优点:

a. 溶液浓度高,而且允许设计酸气负荷达到0.72~1.02mol/mol(DEA),溶液循环量可以降到一乙醇胺法的一半左右。

b. 二乙醇胺的蒸气压低，所以胺的蒸发损失量为一乙醇胺法的 $1/6 \sim 1/2$。

c. 溶液的发泡趋势和对装置的腐蚀也比一乙醇胺法有所改善。

d. 对气体的净化度大致与一乙醇胺法相当，即净化气中 H_2S 含量可低于 $6mg/m^3$。

③ 二异丙醇胺（DIPA 法）。二异丙醇胺法近年来发展也很迅速，该法的净化度虽不及一乙醇胺法和改良二乙醇胺法，但也可达 $7.8mg(H_2S)/m^3$。由于它具有良好的脱除 COS 的能力，它多用于处理炼厂气和用于硫黄回收装置的尾气处理技术中。此外，DIPA 与环丁砜组成的砜胺 II 型工艺，则是净化天然气的主要方法之一。

与 MEA 法相比，DIPA 法容易再生，腐蚀较为轻微，不为 COS 及 CS_2 所降解，可选择性脱除 H_2S 等优点，但其相对分子质量大，熔点较高则导致配制溶液较为麻烦。

④ 二甘醇胺法（DGA 法）。二甘醇胺属于天然气脱硫使用的烷醇胺表上较新的成员，由于该溶液的蒸气压低，故允许采用浓度高达 50% ~ 70% 的溶液为吸收剂，这可减少循环溶液量，从而相应地减少热耗量和设备的外形尺寸。DGA 水溶液的冰点低（浓度为 65% 的溶液的冰点为 229K），如果在气候寒冷的地区选 DGA 为脱硫剂，将给操作上带来特殊的优越性。它突出的优点还在于同时脱硫和脱水。

由于 DGA 与 CO_2、COS 及 CS_2 反应后均生成不可再生的产物，故溶剂的损失比 MEA 大，这是一大缺点。

一般只是对含 1% 以上酸气的天然气气体才建议使用 DGA 法。

⑤ 甲基二乙醇胺（MDEA）。MDEA 和 H_2S 的反应能力不及 MEA，由于它在 CO_2 存在下对 H_2S 具有选择性吸收的能力，因而 20 世纪 80 年代以来在天然气脱硫上应用日益广泛，采用 MDEA 代替其他胺，改善了酸气质量和操作条件，降低了能耗。对于净化低含硫、高碳硫比的天然气，MDEA 是目前最优的方法。

经过 20 年的发展，以 MDEA 为主剂已开发了多种溶液体系，其应用范围则几乎覆盖了整个气体脱硫脱碳领域。

⑥ 空间位阻胺。所谓空间位阻胺是指胺基上的一个或两个氢原子被体积较大的烷基或其他基团取代后形成的胺类化合物。分子中与氨基相连的烃基具有显著的空间位阻胺效应。

目前工业应用最多的是由美国 Exxon 公司开发的 Flexsorb 法。此法包含三种工艺：a. Flexsorb SE 工艺（简称 SE 型）。SE 型不仅具有良好的选吸能力，而且具有较高的富液 H_2S 负荷；b. Flexsorb SE^+ 工艺。该工艺类型是 SE 型的改进型，由于加入了一种添加剂，在保持其选择性的基础上提高了 H_2S 的净化度；c. Flexsorb PS 工艺。该工艺使用与 SE 型不同的位阻胺，用于同时脱硫脱碳，可用于生产液化天然气的原料净化，与常规胺法相比，其循环量及能耗有所下降。但空间位阻胺相当昂贵的价格也限制了它的应用。

由于空间位阻胺作为脱硫溶剂具有选择性好、不起泡、性质稳定和对装置腐蚀轻微等一系列优点，故近年来有一定发展。

（2）胺法工艺流程。

天然气胺法脱硫的工艺流程是基于醇胺与酸气（H_2S 和 CO_2）的反应设置的，在加压及常温条件下胺液吸收天然气中的酸气，在低压和升温条件下使胺液吸收的酸气逸出，再生了的胺液循环使用。因此,使用不同醇胺溶液的天然气脱硫装置的基本工艺流程是大致相同的。

在基本工艺流程的基础上,根据工况特点,可以增加辅助设施(如 MEA 的复活装置),也可以采用贫液分流、贫液与半贫液分流、富液分流、吸收塔内设置内冷器等流程,以取得更好的技术经济效果。

① 常规胺法工艺流程。如图 6-3-2 所示,在整个脱除过程中,含硫天然气自吸收塔底由下而上与醇胺液逆流接触。脱除酸气后从吸收塔顶部出来,成为湿净化气。吸收了硫化氢的醇胺液叫富液,首先在闪蒸塔内闪蒸至中压,脱除烃类气,然后通过贫富液换热器将贫液中的热量回收后进入再生塔进行解吸,再生完全的醇胺液叫贫液,通过贫富液换热器和贫液冷却器将贫液温度降下后,通过泵送回吸收塔顶部继续循环使用。再生出来的酸性组分经过冷却将水分分离出来后,进入硫黄回收系统或 CO_2 回收装置。水分则回到再生塔顶部,以保持溶液中水组分的平衡和降低溶剂的蒸发损失。溶液中闪蒸出来的烃类进入燃料气系统。

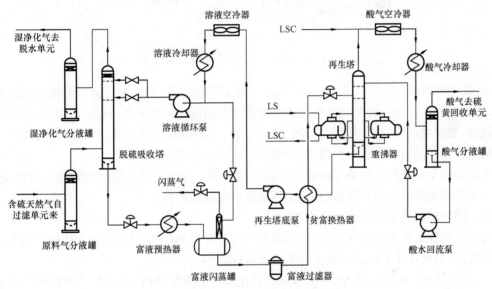

图 6-3-2 常规胺法工艺流程

② 胺液分流流程。当原料天然气酸气分压很高时,将由再生塔出来的半贫液抽出一部分或大部分送至吸收塔中部入塔,而经过重沸器进一步汽提了的小部分贫液则送至吸收塔顶入塔以保证净化气质量。这种安排可显著降低重沸器的蒸汽消耗,据称与基本流程相比,如以胺液循环量的 75% 将半贫液送至塔中部,汽耗下降 25%。胺液分流工艺流程如图 6-3-3所示。

然而,此种流程由于贫液和半贫液各自需要一套换热设备和溶液循环泵,装置变得复杂一些,其投资也将增加。

另有一种贫液分流流程,系将贫液大部分从吸收塔中部偏下的位置入塔,其余的小部分贫液则从塔顶入塔。此种安排在有较高酸气分压的天然气时,可以减小吸收塔上部的塔径而降低一些投资。这种方法目前在天然气脱碳装置中有所运用。

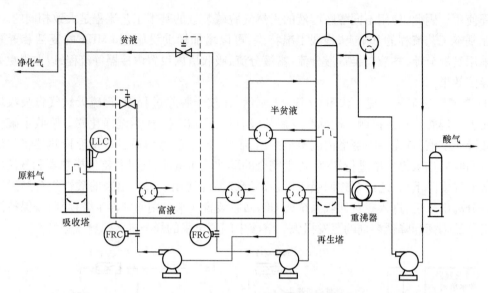

图 6-3-3　贫液与半贫液分流工艺流程图

③ 吸收塔装设内冷器的流程。在酸气分压很高的情况下，富液相应地也有相当高的酸气负荷，因醇胺溶液吸收大量酸气而释出的热量使富液温度大幅度上升，这不利于塔底的气液平衡。此时，如在吸收塔内接近底部位置设置内冷器，抽出部分溶液对其进行冷却，可降低富液温度从而有助于溶液吸收更多的酸气，降低了溶液循环量，减少能耗。

需指出的是在天然气脱硫系统中通常还有复活器。其作用是使降解的醇胺尽可能复活，使热稳定的盐类释放出游离醇胺，并除去不能复活的降解产物。

（3）醇胺法脱硫装置操作注意事项。

醇胺法脱硫装置运行比较平稳，经常遇到的问题有溶剂降解、设备腐蚀和溶液起泡等。因此，应在设计与操作中采取措施防止与减缓这些问题的发生。

① 溶剂降解。醇胺降解大致有热降解、氧化降解和化学降解三种，是造成脱硫装置溶剂损失的主要原因。

MEA 对热降解是稳定的，但易发生氧化降解。受热情况下，氧可能和气流中的 H_2S 反应生成元素硫，后者进一步和 MEA 反应而生成二硫代氨基甲酸盐等热稳定的降解产物。DEA 对热降解不稳定，而对氧化降解的稳定性和 MEA 类似。

化学降解在溶剂降解中占有主要地位，即醇胺与原料气中的 CO_2 和有机硫化物发生副反应，生成难以完全再生的化合物。MEA 与 CO_2 发生副反应生成的碳酸盐可转变为噁唑烷酮，再经一系列反应生成乙二胺衍生物。由于乙二胺衍生物碱性比 MEA 强，其硫化物和碳酸盐均难以再生，从而导致溶剂损失，而且还会加速设备腐蚀。DEA 与 CO_2 发生类似副反应后，溶剂最终只是部分丧失脱硫能力。MDEA 不和 CO_2 反应生成噁唑烷酮一类降解产物，也不和 COS 和 CS_2 等有机硫化物反应，因而基本不存在化学降解问题。

此外，就溶剂丧失脱硫能力而言，醇胺与气体中较强的酸（如 SO_2、有机酸等）反应生成无法再生的热稳定盐，也可视为广义的降解。在 MEA 复活器中回收的溶剂就是游离的及热稳定盐中的 MEA。

在常用的几种醇胺中,MDEA 的氧化降解是最轻微的,仅为 MEA 的 5%,DEA 的 2.6%,MDEA 的氧化降解产物主要是甲酸盐、乙酸盐及甘醇酸盐。

各种酸性强于 H_2S 和 CO_2 的杂质与 MDEA 形成热稳定盐,对于 MDEA 体系性能的影响较其他醇胺更为严重。

可通过对溶剂罐充氮保护、溶液泵入口保持正压等避免空气进入系统的方法及对溶剂进行复活等来减少溶剂的降解损失。

关于溶液除去热稳定盐的方法,除传统的加碱减压蒸馏及后来发展的离子交换外,美国联合碳化物公司新近开发了称为 UCARSEP 的电渗析技术,可在线使用,效果颇佳。

② 设备腐蚀。醇胺法脱硫装置存在有电化学腐蚀、化学腐蚀和应力腐蚀等三种类型。腐蚀类型及程度取决于醇胺种类、溶液中的杂质、溶液的酸气负荷、设备的操作温度及溶液流速等。

酸性组分(H_2S 和 CO_2)是最主要的腐蚀剂,其次是溶剂的降解产物。溶液中悬浮的固体颗粒(主要是腐蚀产物如硫化铁)对设备的磨损,以及溶液在换热设备和管路中流速过快,都会加速硫化铁膜脱落而使腐蚀加快。

脱硫装置的应力腐蚀是由醇胺、CO_2 和 H_2S 以及设备的残余应力共同作用下发生的,在温度大于 90℃ 的部位更易发生。

可通过采取原料气进吸收塔前预分离、对溶液进行过滤等保持溶液清洁的方法和避免空气进入系统、选择合适的酸气负荷以及使用缓蚀剂等措施使腐蚀得到控制。

③ 溶液起泡。醇胺降解产物、溶液中悬浮的固体颗粒、原料气中携带的游离液、化学剂和油脂等,都是引起溶液起泡的原因。溶液起泡会使脱硫效果变坏,甚至使处理量剧降甚至停工。因此,在开工及运行中都要保持溶液清洁,除去溶液中的硫化铁、烃类和降解产物等,并且定期进行清洗。新装置通常用碱液和去离子水冲洗,老装置则需用酸液清除铁锈。有时,也可适当加入消泡剂,但这只能作为一种应急措施。根本措施是查明起泡原因并及时排除。

④ 补充水分。由于离开吸收塔的净化气及离开回流冷凝器的酸气都含有饱和水蒸气,而且净化气离塔的温度远高于原料气,故需不断向系统中补充水分。小型装置定期补充即可,而大型装置(尤其是酸气量很大)则宜连续加水。补充水可以随回流一起打入汽提塔内,也可打入吸收塔顶的水洗塔板上。

⑤ 溶剂正常损耗。醇胺法脱硫装置中的溶剂损失来自两方面:一是正常的工艺综合损失;二是非正常的泄漏等损失。而且,后者往往大于前者,尤其是吸收塔内溶液起泡时更是如此。其中,工艺综合损失包括:

a. 溶剂随净化气离开吸收塔的蒸发损失。MEA 由于挥发性高,其蒸发损失约为 $7.2kg/10^6m^3$ 过程气;DEA,DGA,DIPA 和 MDEA 由于挥发性较低,其蒸发损失为 $0.32 \sim 0.48kg/10^6\ m^3$ 过程气。

b. 溶剂随净化气离开吸收塔的携带损失,其量平均为 $8 \sim 48kg/10^6m^3$ 过程气。保持吸收塔内空塔气速小于液泛速度的 70%,在吸收塔顶设置捕雾器以及 2 块水洗塔板等,都可明显减少溶剂的携带损失。

c. 由富液闪蒸罐的闪蒸气和三相富液闪蒸罐的液烃带走的溶剂损失，此量一般很小。

d. 由汽提塔塔顶气带走的溶剂损失，此量十分微小。

e. 复活损失。

对于设计良好而又运行正常的脱硫装置来讲，DEA，DIPA 和 MDEA 溶液的消耗量平均为 $33kg/10^6 m^3$ 过程气。MEA 由于其挥发性强和需要复活，损失约为 $48kg/10^6 m^3$ 过程气，而 DGA 则居中。

（4）胺法脱硫工艺操作常见故障及处理方法。

胺法脱硫系统常见故障分析及处理方法见表 6-3-4。

表 6-3-4　天然气脱硫系统常见故障及对策

序号	常见故障	故障原因	处理方法
1	净化度不合格	① 原料气中 H_2S 含量增加； ② 胺溶液循环量太少； ③ 溶液降解变质，生成了不溶性盐	① 增大胺溶液循环量； ② 更换活性炭过滤器，加强溶液过滤； ③ 更换部分胺溶液
2	溶液发泡	① 溶液中存在有悬浮的固体； ② 溶液中带了烃类液体； ③ 溶液有降解产物生成； ④ 外来物质的影响，如缓蚀剂、阀的润滑脂及补充水中带入了杂质	① 加入适量消泡剂； ② 加强原料气预处理，控制好进吸收前各分离器液位，防止液烃带入； ③ 更换部分或全部溶液； ④ 加强溶液复活或过滤
3	机械过滤或活性炭过滤差压增大	① 有固体杂质堵塞过滤器； ② 有降解产物生成	更换过滤元件或活性炭
4	循环泵上流量不好	① 泵内有气体带入； ② 入口过滤器堵塞，过滤前后差压增大	① 加强泵出口排空； ② 清洗入口过滤器或更换
5	循环泵有异响或漏液	① 轴承松动，间隙过大； ② 过滤器坏，溶液含杂质； ③ 机械密封坏	① 更换轴承； ② 更换入口过滤器； ③ 更换机械密封
6	再生塔淹塔	① 气相负荷过大，溶液浓度降低，重沸器温度过高； ② 液相负荷过大，原料气 H_2S 含量增大，溶液循环量增大，回流量增大	① 降低重沸器温度； ② 补充新溶液，提高溶液浓度； ③ 在保证净化度合格的情况下，适当降低溶液循环量； ④ 严格控制塔顶温度，适当降低塔顶回流量
7	调节系统故障	① 检测仪表故障或引压管线堵塞； ② 变送器或其他仪表元件故障	① 引压管线清堵； ② 检修或更换仪表元件

2）热碳酸钾法

热碳酸钾法是人们熟悉的广泛用于脱除合成气中 CO_2 的方法，国内常称为热钾碱法，由于溶液中常加入促进 CO_2 吸收的活化剂，所以亦称为活化热钾碱法。

此法常用于处理具有较高温度的合成气,这就可能使溶液的吸收与再生在相近的温度下进行,使装置省去换热冷却设备;而且,较高的温度还增加了碳酸钾的溶解度,从而可获得较高的溶液 CO_2 负荷。此法在天然气领域应用不多。

　　热钾碱溶液吸收 CO_2 及 H_2S 的反应为:

$$K_2CO_3 + CO_2 + H_2O \Longrightarrow 2KHCO_3 \qquad (6-3-1)$$

$$Fe_2O_3 + 6RSH \longrightarrow 2Fe(RS)_3 + 3H_2O \qquad (6-3-2)$$

　　与胺法常温吸收—升温解吸不同,热碳酸钾法吸收与解吸几乎在同样高的温度下进行,不过是在压力下吸收而降压再生的。

　　图 6-3-4 为常规热钾碱法流程,吸收塔的操作温度通常为 110℃,汽提塔的操作压力通常在 13.69~68.95kPa 范围内。

　　采用常规流程,可使净化气中 CO_2 浓度达到 0.5%~0.6%。

　　当要求净化气 CO_2 浓度达到 0.1%~0.2% 时,可采用贫液分流流程,如图 6-3-5 所示,此时分出约 1/3 的贫液冷至 30℃ 送至吸收塔,从而降低了出塔气体的 CO_2 浓度。

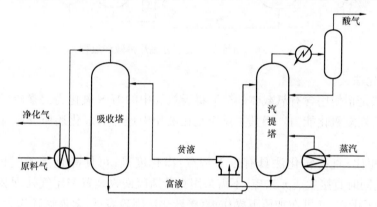

图 6-3-4　常规热钾碱法流程

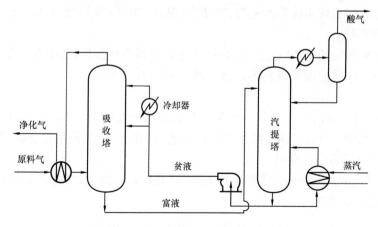

图 6-3-5　贫液分流热钾碱法流程

当需处理 CO_2 浓度高达 20% ~40% 的进料气时,可采用如图 6 - 3 - 6 所示的贫液与半贫液分流流程:从再生塔中部取出占总量 3/4 左右的半贫液送至吸收塔中部,而余下的 1/4 获得更好再生的贫液送入吸收塔顶。为了获得更高的净化度,此股贫液也可进一步冷却后入塔。此种流程的优点是可降低能耗。

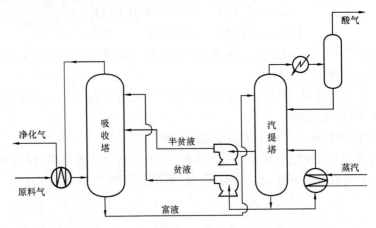

图 6 - 3 - 6　贫液与半贫液分流热钾碱法流程

3）直接转化法

直接转化法是指使用含有氧载体的溶液将天然气中的 H_2S 氧化为元素硫,被还原的氧化剂经空气再生后恢复氧化能力。因其主反应是在液相中进行的氧化还原反应,因此也被称为湿式氧化法。

与醇胺法相比,直接转化法具有以下特点:净化度高,可使净化后的气体含硫量低于 $5mg/m^3$;脱硫的同时直接生成元素硫,不需采用克劳斯硫回收装置和尾气处理装置,无二次污染;既可在常温下操作,又可在加压下操作;直接转化法因硫容低,溶液循环量大,电耗高;基本上无气体污染问题,但存在 $Na_2S_2O_3$ 等生成及配位剂解问题;操作问题较多,主要是因溶液中含有固相硫黄导致的非均相性而产生的,如堵塞、腐蚀(磨蚀)等问题,此外,硫黄质量也不如克劳斯法生产的硫黄。

直接转化法的研究始于 20 世纪 20 年代,至今已发展到百余种,其中有工业应用价值的仅有 20 多种。目前,以所使用的氧载体分类,主要有铁法和蒽醌法。

（1）铁法。

20 世纪 70 年代,美国气体产品与化学品有限公司开发的 Lo - Cat 法、美国 Shell 公司和 Dow 公司联合开发的 SulFerox 法是典型的铁法工艺,已在天然气、伴生气、炼厂气以及合成气等气体处理过程中得到广泛应用。

① 工艺原理。铁是一种多价态的金属元素,在直接转化法中,常以三价铁盐为 H_2S 的氧化剂它与 H_2S 的反应式为:

$$2H_2S + 2Fe^{3+} \longrightarrow 2H^+ + S + 2Fe^{2+} \qquad (6 - 3 - 3)$$

Fe^{2+} 的再生反应为:

$$\frac{1}{2}O_2 + H_2O + Fe^{2+} \longrightarrow 2OH + Fe^{3+} \qquad (6-3-4)$$

② Lo – Cat。Lo – Cat 法所使用的配位剂称为 ARI – 310,是 EDTA(二乙胺四乙酸)配位铁开发以来的第三代催化体系;它可能是一种双配位剂体系,除 EDTA 外,还加入了多羟基糖,为含配位铁的 Na_2CO_3 – $NaHCO_3$ 体系,pH 值为 8.0 ~ 8.5,总含铁量为 500mg/L,按此值计算的理论硫容为 0.14g/L。

Lo – Cat 法有双塔和单塔两种基本流程,用于不同性质的原料气,分别如图 6 – 3 – 7 和图 6 – 3 – 8 所示。

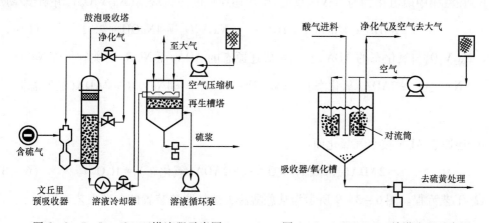

图 6 – 3 – 7　Lo – Cat 双塔流程示意图　　　　图 6 – 3 – 8　Lo – Cat 单塔流程示意图

双塔流程用于天然气或其他可燃气脱硫,一塔吸收,另一塔再生。吸收部分设置了一个文丘里预吸收器,继以一个鼓泡吸收塔保证净化度。再生槽塔以空气氧化溶液,生成的硫黄沉降为硫浆从下部抽出去硫回收工序。

单塔流程用于处理废气,如醇胺法酸气、克劳斯装置加氢尾气等,吸收与再生在一个塔中同时进行。对流筒吸收区中溶液因 H_2S 氧化为元素硫,密度上升而下沉,筒外溶液则因空气(空气远多于酸气量)鼓泡而密度下降,不断抬升进入对流筒。

我国蜀南气矿隆昌天然气净化厂由于原料酸气中 H_2S 含量为 $3g/m^3$,潜硫量略低于 1.2t/d,处于适用 Lo – Cat 法的潜硫量范围内,故在 2001 年引进了一套自动循环的 Lo – CatⅡ 装置处理 MDEA 法脱硫装置排出的酸气。所用溶液除含有络和铁催化剂 ARI – 340 外,还加有 ARI – 350 螯合稳定剂、ARI – 400 生物除菌剂以及促使硫黄聚集沉降的 ARI – 600 表面活性剂。此外,在运行初期和必要时还须加入 ARI – 360K 降解抑制剂(稳定剂)。溶液所用碱性物质为 KOH,其质量分数为 45%。有时还需加入消泡剂 EC – 9079A。

(2)蒽醌法。

蒽醌法(SNPA – ADA)为直接转化法的一种。此法自 20 世纪 60 年代应用于工业后发展很快,最初主要用于水煤气和焦炉煤气脱硫,经过不断改善近年也开始用于天然气脱硫。它采用 2.6 – 蒽醌二黄酸钠和 2.7 – 蒽醌二磺酸钠(即 ADA)为催化剂,以偏钒酸钠($NaVO_3$)、碳酸钠(NA_2CO_3)、酒石酸钾钠($NaKC_4H_4O_6$)等碱性盐溶液为脱硫剂,可使 H_2S 在溶液中直接转化为单质硫。从而省去了硫黄回收装置,且硫黄回收率高,质量好,水和蒸汽耗量也不大。不足之处是,该溶剂的吸收容量小,溶剂循环量大,因而耗电量较高。其更主要的缺点是吸收剂毒性太高。

该法适用于天然气中 H_2S 含量较低,且 CO_2/H_2S 比值高,气体处理量不太大的场合。

① 化学原理。蒽醌法脱硫的反应历程包括以下 4 步:

a. 在 pH = 8.5～9.2 的范围内,以稀碱溶液吸收 H_2S 而生成硫氢化物。

$$Na_2CO_3 + H_2S \longrightarrow NaHS + NaHCO_3 \qquad (6-3-5)$$

b. 在液相中硫氢化物与 $NaVO_3$ 反应,生成还原性的焦钒酸钠($Na_2V_4O_9$),并析出单质硫。

$$2NaHS + 4NaVO_3 + H_2O \longrightarrow Na_2V_4O_9 + 4NaOH + 2S\downarrow \qquad (6-3-6)$$

c. $Na_2V_4O_9$ 与氧化态的 ADA 反应,生成还原态的 ADA,而 $Na_2V_4O_9$ 被氧化成 $NaVO_3$。

$$Na_2V_4O_9 + 2ADA(氧化态) + 2NaOH + H_2O \longrightarrow 4NaVO_3 + 2ADA(还原态)$$

$$(6-3-7)$$

d. 还原态 ADA 被空气氧化而再生。

$$2ADA(还原态) + O_2 \longrightarrow 2ADA(氧化态) + H_2O \qquad (6-3-8)$$

② 工艺流程。图 6-3-9 所示为某蒽醌法天然气脱硫装置的典型工艺流程。

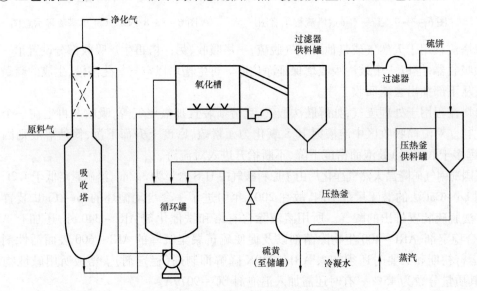

图 6-3-9　蒽醌法脱硫的工艺流程

原料气在吸收塔中与溶液逆流接触,气体中所含 H_2S 被溶液所吸收,净化气中 H_2S 含量小于 0.001‰(体积组成),溶液从塔底流出引至反应槽(可以就是吸收塔的底部,或者是一个单独分开的容器),硫化物在这里完全转化为单质硫。溶液从反应槽内流出并引至氧化槽与空气紧密接触而得再生。溶液与空气通常是同向并行流动。在氧化槽内,硫黄以泡沫的形式漂浮在液面上而与溶液分离开,此时泡沫中约含10%的固体硫。

泡沫硫收集在一个容器内,随后送至过滤器进行加工,以分出残留在泡沫硫中的溶液。通常需要用水去洗涤硫膏以回收包含在溶液中的化学药品,并获得相当纯净的硫黄。最后把含有50%~60%的硫饼送至高压釜内熔化、精炼,从而生产出商品液硫或固体硫黄。

蒽醌法脱硫还有其他形式的流程,归纳起来有如下4种类型,常压吸收塔式再生,常压吸收—槽式再生,加压吸收—塔式再生和加压吸收—槽式再生,尽管流程是多变的,但都有其共同之处,即如上流程一样由吸收、再生和硫黄回收三个部分组成。

蒽醌法脱硫装置最好在21.1~43.3℃的温度范围操作,吸附压力没有限制。

2. 物理溶剂吸收法

物理吸收法是利用H_2S及CO_2等酸性杂质与烃类在物理溶剂中溶解度的巨大差异完成天然气的脱硫任务的。

在我国,多乙二醇二甲醚、碳酸丙烯酯及冷甲醇法等物理溶剂脱除气体中酸气的方法也已实现了工业应用,现主要用于合成气脱除CO_2及煤气脱硫等领域,在天然气净化方面尚无应用实例。

由于物理吸收法脱除酸气的原理与胺法迥然不同,其特点概括如下:

(1)传质速率慢;

(2)达到高的H_2S净化度较为困难;

(3)溶剂再生的能耗低;

(4)具有选择脱硫能力;

(5)优良的脱有机硫能力;

(6)可实现同时脱硫脱水;

(7)烃类溶解量多、特别是重烃;

(8)酸气负荷与酸气分压大体成正比;

(9)基本上不存在溶剂变质问题。

物理吸收法的应用范围不可能像胺法那么广泛,但在某些条件下,它们也具有一定的技术经济优势。以下重点介绍物理吸收法中具有代表性的多乙二醇二甲醚和碳酸丙烯酯这两种方法。

1)多乙二醇二甲醚法

对于天然气脱硫而言,多乙二醇二甲醚法是物理吸收法中最重要的一种方法。此法是由美国Allied化学公司首先开发的,其商业名称为Selexol。

以下介绍两套使用Selexol法净化天然气的装置:一套为德国的NEAG-Ⅱ装置,用于处理高H_2S及CO_2分压的天然气,且取得了选择脱除H_2S的效果;另一套为美国的Pikes Peak装置,用于处理低含H_2S、高含CO_2的天然气,主要是脱除CO_2。

(1)德国NEAG-Ⅱ装置。

北德天然气矿业公司(NEAG)共有3套天然气脱硫装置,此中第二套(NEAG-Ⅱ)使用Selexol法脱硫。图6-3-10为NEAG-ⅡSelexol装置的工艺流程图。

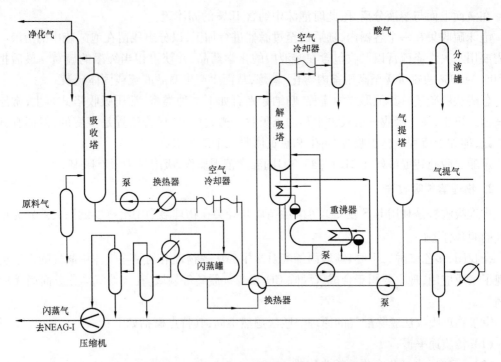

图 6 – 3 – 10　NEAG – ⅡSelexol 装置工艺流程

如图 6 – 3 – 10 所示，原料天然气在吸收塔内经 Selexol 溶剂逆流洗涤脱除 H_2S、有机硫、水分及部分 CO_2 后成为产品天然气从塔顶排出。塔底富液进入闪蒸罐闪蒸，闪蒸气压缩后送 NEAG – Ⅰ 装置（采用 Purisol 即 N – 甲基吡咯烷酮法处理）。闪蒸罐底富液在换热后进入解吸塔，以重沸器内产生的蒸汽汽提，解吸出的酸气送克劳斯制硫装置。解吸塔底溶液再进入汽提塔，用净化气进一步汽提以降低溶液中的 H_2S 含量，气提排出气压缩后送往 NEAG – Ⅰ 装置。汽提塔底再生好的 Selexol 溶剂换热、冷却并增压再循环至吸收塔。

此处需要说明的是，NEAG – Ⅰ装置所要求的原料气质量指标为 H_2S 含量小于 $1000mL/m^3$。当不存在这种方便条件时，如德国的 Duste – ⅡSelexol 装置，闪蒸气以及气提气在压缩后则与装置的原料天然气一起进入吸收塔。

（2）美国 Pikes Peak 装置。

美国 Pikes Peak 装置与 NEAG – Ⅱ装置不同，其原料天然气含 H_2S $60mL/m^3$、含 $CO_2$43%，而净化气要求达到 H_2S $6mL/m^3$、CO_2 3% 的管输标准。因此，这实际上是一套脱除大量 CO_2 的装置。Pikes Peak 装置流程如图 6 – 3 – 11 所示。

如图 6 – 11 所示，原料天然气与高压闪蒸气混合后与净化气换热使温度降至 4℃，然后进入吸收塔，在与 Selexol 溶剂逆流接触后，脱除了 H_2S 及 CO_2 的净化气从塔顶排出。富液在稳定后连续在高压、中压及低压闪蒸罐内析出吸收的气体；其中高压闪蒸气含烃多，经压缩后返回与原料气混合；而中压及低压闪蒸气主要是 CO_2，从烟囱排入大气。低压闪蒸后得到的贫液加压泵回吸收塔，溶剂在闪蒸过程中温度降至所需的水平。

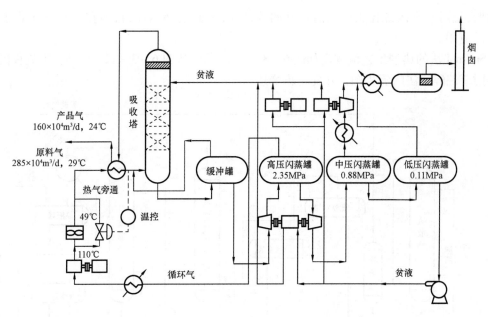

图 6 - 3 - 11 Pikes Peak Selexol 装置工艺流程图

2）碳酸丙烯酯法。

美国 Fluor 公司首先研究开发了碳酸丙烯酯法,其商业名称为 Fluor Solvent。

美国得克萨斯州有一套 Fluor Solvent 天然气脱硫装置,该装置经过 40 多年运行,目前其处理量为 $335.59 \times 10^4 m^3/d$,原料气 CO_2 含量为 35.96%(体积分数),H_2S 含量为 $70mL/m^3$。经该套装置处理后净化气 CO_2 含量为 2.33%,H_2S 含量为 $6mL/m^3$,同时还大大降低了硫醇含量并脱水至管输标准。

其工艺流程为:进料气在三个平行的吸收塔内与碳酸丙烯酯贫液逆流接触,达到净化规格的天然气从顶部出塔;塔底富液则在 4 个顺次的闪蒸罐内闪蒸再生,第 1 个高压闪蒸罐出来的闪蒸气压缩返回吸收塔入口,第 2 和第 3 个闪蒸罐在中压及常压下操作,第 4 个则是真空闪蒸罐,其真空是依靠 CO_2 喷射器获得的。

此装置的特点是能量利用合理,采用的富液及气体膨胀透平大大降低了公用工程消耗,由于回收了冷能而降低了循环量并相应缩小了设备尺寸。碳酸丙烯酯的损失,包括净化气及闪蒸气中的平衡气相损失和机械损失,通常不超过 $0.16kg/10^4 m^3$ 进料气。

3. 物理化学吸收法

物理化学吸收法指兼有物理吸收和化学吸收两种方法的联合吸收法。而砜胺法即为典型的联合吸收法。

1）砜胺法脱硫

砜胺法又称为萨菲诺法(Sulfinol 法),其包含的物理吸收剂为环丁砜,化学吸收剂可以用任何一种醇胺化合物,但最常用的是二异丙醇胺(DIPA)与甲基二乙醇胺(MDEA),分别命名为 Sulfinol - D(砜胺 II 型)和 Sulfinol - M(砜胺 III 型)。由于 MDEA 化学性质稳定,再生耗能低,且对于高碳硫比天然气有极好的选择性,因此发展迅速,目前在天然气净化工业中被广泛应用。

Sulfinol法的典型工艺流程图如图6-3-12所示。从图6-3-12中可见,该流程图及设备类同于烷醇胺法的流程图。在此不再赘述。

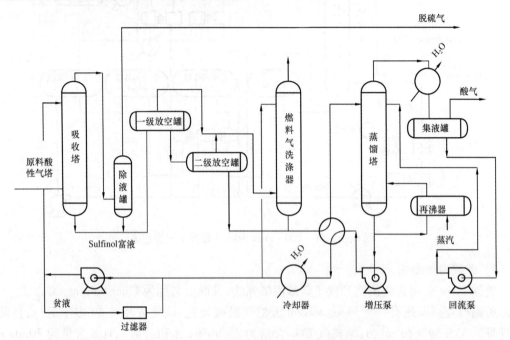

图6-3-12 砜胺法脱硫工艺流程图

砜胺法兼有物理吸收法和化学吸收法两者的优点,其操作条件与相应的醇胺法相当,但物理溶剂的存在使溶液的酸气负荷大大提高,尤其是当进料气中酸性气体分压高时此法更为适用,如图6-3-13所示。砜胺法同时还具有贫液循环量小,溶剂损失少,气体的净化度高,对设备的腐蚀较轻微等优点,新砜胺法与传统砜胺法相比还有易于再生,不存在化学降解问题。其缺点为吸收重烃能力较强,凝固点较高(-2.2℃),价格较贵,溶液变质产物复活困难,同时还因环丁砜是良好溶剂,因此溅漏到管线或设备上会溶解油漆,也会溶解铅油等密封材料。故对管子丝扣等都有特殊要求。

砜胺法脱硫装置操作要点与醇胺法脱硫装置类似,主要有三类:保持溶液清洁、防止设备腐蚀及降低消耗指标。

自20世纪60年代壳牌公司开发成功Sulfinol-D法(砜胺Ⅱ法)后,我国在70年代中期即将川渝气田的卧龙河脱硫装置溶液由MEA-环丁砜溶液(砜胺-Ⅰ法)改为DIPA-环丁砜溶液(砜胺Ⅱ法),随后又推广至川西南净化二厂和川西北净化厂。之后,又进一步将引进的脱硫装置溶液由DIPA-环丁砜溶液改为壳牌公司开发的MDEA-环丁砜溶液(Sulfmd-M法,砜胺DI法)。

重庆天然气净化总厂引进的脱硫装置,1981年开工时使用Sulfinol-D溶液,投产后一直

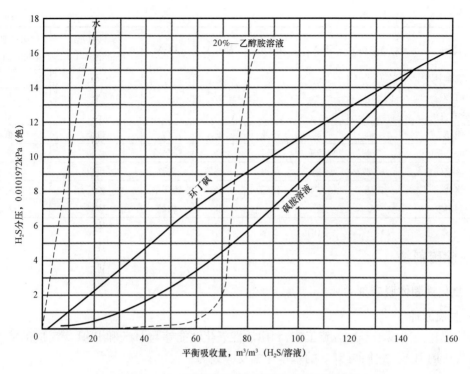

图 6 - 3 - 13　不同溶液中酸性气体的吸收等温线

运转平稳。20 世纪 80 年代后期,由于原料天然气中 CO_2 含量大幅度上升,H_2S 含量下降,使该装置的操作工况严重偏离设计值,导致能耗上升。针对此问题于 1991 将原用的 Sulfinol - D 水溶液改为 Sulfinol - M 水溶液进行了工业试验,原装置的流程和设备均未作改动,考虑到原料气中有机硫含量下降,因而把吸收塔的塔板数由 35 块减少为 23 块。工业试验结果表明,在合适的操作条件下,净化气中 H_2S 含量不超过 $5mg/m^3$,有机硫上升至 $184mg/m^3$,但总硫含量仍低于规定标准($250mg/m^3$);酸气中 H_2S 含量从 67.3% 上升至 79.9%。再生塔回流比从 1.36 下降为 0.66,水蒸气用量下降 22%,节能效果十分明显。

2) 胺法与砜胺法的工艺特点比较

胺法及砜胺法的工艺特点见表 6 - 3 - 5。

表 6 - 3 - 5　各种胺法及砜胺法的工艺特点

工艺	MEA	DEA	DIPA	MDEA	DGA	砜胺Ⅱ型 (Sulfinol - D)	砜胺Ⅲ型 (Sulfinol - M)
溶液浓度,%	10 ~ 20	20 ~ 40	20 ~ 40	20 ~ 50	50 ~ 65	DIPA 30 ~ 50, 水 15 ~ 20, 余为环丁砜	MDEA 40 ~ 50, 水 15 ~ 20, 余为环丁砜
溶液酸气负荷,m^3/m^3	6 ~ 28	22 ~ 75	18 ~ 61	—	16 ~ 52	30 ~ 98	—
完全脱除 H_2S 及 CO_2	√	√			√	√	

续表

工艺	MEA	DEA	DIPA	MDEA	DGA	砜胺Ⅱ型 （Sulfinol－D）	砜胺Ⅲ型 （Sulfinol－M）
选择脱除 H_2S			√	√			√
脱除 CO_2	√	√		√		√	
脱除有机碳						√	√
能耗	高	较高	较低	低	高	较低	低
醇胺变质	严重	较严重	较轻	轻	较严重	较轻	轻
溶液复活	需要	不能	可以	不需要	需要	可以	不需要
腐蚀	严重	较严重	较轻	轻	较严重	较轻	轻
烃溶解度	低	低	低	低	较低	较高	较高

三、除硫剂法

1. 氧化铁固体脱硫剂

1）脱硫原理

固体氧化铁法属于干法脱硫工艺,利用活性氧化铁能够与 H_2S 和 RSH 等反应的特性来脱除天然气中的 H_2S。它们与 H_2S 的基本化学反应式为:

$$Fe_2O_3 + 3H_2S \longrightarrow Fe_2S_3 + 3H_2O \qquad (6-3-9)$$

$$Fe_3O_4 + 4H_2S \longrightarrow 3FeS + 4H_2O + S \qquad (6-3-10)$$

$$FeS + S \longrightarrow FeS_2 \qquad (6-3-11)$$

最初使用的氧化铁脱硫剂是天然物料,如黄土(沼铁矿),此后为了提高活性,逐步采用人工合成的方法。图 6-3-14 为氧化铁脱硫塔示意图。

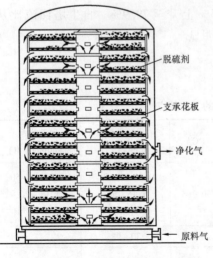

图 6-3-14　氧化铁脱硫塔示意图

2）脱硫剂分类

（1）黄土。

使用黄土即沼铁矿脱除 H_2S 是一种古老的脱硫方法,我国锦州石油六厂水煤气合成石油装置中合成气的净化即采用此种方法。20 世纪 50 年代初,在四川气田也曾建有黄土脱硫装置以保证生产炭黑的原料天然气的质量。

自然界中的氧化铁有多种类型,但只有 $\alpha - Fe_2O_3 \cdot H_2O$ 和 $\gamma - Fe_2O_3 \cdot H_2O$ 两种可以用于气体脱硫,它们对 H_2S 有很高的反应活性。黄土主要含 $\alpha - Fe_2O_3 \cdot H_2O$;赤泥,即由铝土矿生产氧化铝的下脚料,也称铝土泥,主要含 $\gamma - Al_2O_3 \cdot H_2O$。应当指出的是,它们仅在含有化合水时方有脱硫活性。

脱硫剂含黄土 95.5%、木屑 4.0%、石灰 0.5%；木屑使之疏松，碱性条件有助于完成以上反应。在装入设备前需均匀喷水，使脱硫剂中的水分含量达到 30% ~ 40%。

脱除 H_2S 的适宜条件为 28 ~ 30℃，脱硫剂湿度不小于 30%。

脱硫剂吸收 H_2S 饱和后，可在水蒸气存在下以空气使之再生，其反应为：

$$2Fe_2S_3 + 3O_2 + 6H_2O \longrightarrow 4Fe(OH)_3 + 6S \qquad (6-3-12)$$

（2）海绵铁。

海绵铁法是一种古老的气体脱硫工艺。海绵铁由 Fe_2O_3 的水化物浸渍木屑或木刨花制成，具有很高的硫容，木屑或木刨花可以增加 Fe_2O_3 水化物的接触面积，并能控制气体分布或气体压降。海绵铁按氧化铁含量分为几个等级，在天然气中一般使用氧化铁含量最高的一种：含氧化铁 $194kg/m^3$、纯碱 $13kg/m^3$、堆密度 $432kg/m^3$。

除 H_2S 外，海绵铁也可脱除部分硫醇，反应式为：

$$Fe_2O_3 + 6RSH \longrightarrow 2Fe(RS)_3 + 3H_2O \qquad (6-3-13)$$

海绵铁在常温和碱性条件下脱硫效果最理想。温度高于50℃或酸性条件下，都会使硫化铁失去结晶水而变得难以再生。再生过程的化学反应式为：

$$Fe_2S_3 + 3O_2 \longrightarrow 2Fe_2O_3 + 6S \qquad (6-3-14)$$

$$4Fe(RS)_3 + 3O_2 \longrightarrow 2Fe_2O_3 + 6RS:SR4 \qquad (6-3-15)$$

典型的海绵铁脱硫流程如图 6-3-15 所示。

含硫天然气由上而下流动通过反应塔，气体得到净化。在再生过程中，反应塔即成再生塔，不断向塔内鼓入空气使 Fe_2S_3 与空气中的氧反应而转化为 Fe_2O_3 得到再生，并释放出元素硫。当出口气体中氧的浓度达到一定程度，出海绵铁床层的气体温度开始下降时，即认为再生结束。也可在原料气中注入少量空气，在天然气净化的同时，使海绵铁再生并释放出元素硫，达到连续再生的目的。

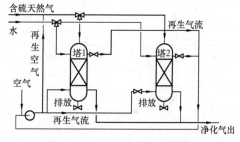

图 6-3-15 海绵铁脱硫流程

虽然海绵铁法的脱硫剂是可以再生的，但最终都要更换。由于在打开床层卸料时，海绵铁与空气接触后立即升温，可能导致床层自燃，因此更换海绵铁必须十分小心，卸料前应将整个床层淋湿。

海绵铁法有明显的缺点：脱硫剂的装卸麻烦、费时、费力；废弃的海绵铁有自燃性，处理时要注意安全；废弃的海绵铁中含有大量的木屑，环境的可接受性差；天然气中有油或缓蚀剂时，海绵铁使用寿命会缩短。

（3）SulfaTreat 脱硫剂。

美国 SulfaTreat 公司开发的粒状脱硫剂除含 Fe_2O_3 及 Fe_3O_4 外，还含有 Fe_2O_4；后者与 H_2S 的反应为：

$$Fe_2O_4 + 4H_2S \longrightarrow 2FeS_2 + 4H_2O \qquad (6-3-16)$$

SulfaTreat 法脱硫剂使用时要求气体中含有饱和水,因此通常在脱硫塔前设一水饱和器。脱硫剂粒度为 4 ~ 30 目,堆密度为 $1121kg/m^3$,它的特点是具有流动性,便于装卸,同时废弃脱硫剂不自燃而安全性好。

SulfaTreat 法脱硫剂的主要缺点是反应活性较低,一般情况下均需要双塔串联运行以保 H_2S 净化度和达到 10 ~ 15% 的硫容。

（4）国产常温氧化铁脱硫剂。

从 20 世纪 70 年代以来,国内以一些工业下脚料或其他原料研制的常温氧化铁脱硫剂陆续问世,这种势头目前仍在继续。

表 6 - 3 - 6 列出了国产的几种常温氧化铁脱硫剂的使用条件。

表 6 - 3 - 6 所示的脱硫剂中,只有四川天然气研究院的 CT8 - 4 系列是针对天然气脱硫研制的,有 CT8 - 4,CT8 - 4A 和 CT8 - 4B 三种,它们的某些工艺特性示于表 6 - 3 - 7。此后该院又开发了 CT8 - 6 脱硫剂,硫容可达 30% 以上。

表 6 - 3 - 6　国产常温氧化铁脱硫剂使用条件

型号	操作状态	压力 MPa	温度 ℃	空速 h^{-1}	相对湿度 %	线速 m/s	压降 Pa/m	H_2S 净化度 mL/m^3	累积硫容 %
CT8 - 4B	脱硫 再生	加压 常压	0 ~ 45	100 ~ 300	100	—	—	< 13	13.0
ST801	脱硫 再生	常压 ~ 2.0 常压	20 ~ 40 30 ~ 60	800 ~ 3000 0.5 ~ 140	— —	0.1 ~ 0.3 —	80 ~ 120 30 ~ 50	< 1	30 ~ 40
T - 501	脱硫 再生	常压 ~ 2.0	5 ~ 40 < 50	300 ~ 1000	—	—	—	< 1	40
TG - 2	脱硫 再生	常压 ~ 3.0 常压	20 ~ 40 30 ~ 60	300 ~ 800 0.5 ~ 140	100 100	0.1 ~ 0.3 —	80 ~ 120 —	< 1	> 30
TG - 4	脱硫 再生	常压 ~ 2.0 常压力	5 ~ 50 20 ~ 60	300 ~ 1500 0.5 ~ 150	90 100	0.1 ~ 0.3 0.1 ~ 0.3	80 ~ 150 30 ~ 50	< 0.1	> 60
TG - F	脱硫 再生	常压 ~ 20 常压	10 ~ 40 20 ~ 60	50 ~ 150 0.5 ~ 50	100 100	0.01 ~ 0.1 —	50 ~ 200 50 ~ 100	< 15	30 ~ 60

表 6 - 3 - 7　CT8 - 4 系列及 CT8 - 6 脱硫剂工艺特性

脱硫剂	CT8 - 4	CT8 - 4A	CT8 - 4B	CT8 - 6
外观	红棕色柱状, $\phi5mm$	红棕色柱状, $\phi5mm$	黑色柱状, $\phi5mm$	褐色柱状, $\phi5mm$
活性成分	水合 Fe_2O_3	水合 Fe_2O_3	Fe_2O_3	Fe_2O_3
堆密度,kg/m^3	约 700	约 800	约 1000	650 ~ 850

续表

脱硫剂	CT8 – 4	CT8 – 4A	CT8 – 4B	CT8 – 6
脱硫反应速度	快	快	中	快
能否再生	不能	如需要,可以	如需要,可以	如需要,可以
脱硫剂	CT8 – 4	CT8 – 4A	CT8 – 4B	CT8 – 6
硫容,%	>22	18~21	11~15	>30
脱硫剂费用,元/kg(H_2S)	约35	约30	25~30	—

2. 分子筛法

1)普通分子筛法。

分子筛法属于干式床层脱硫法的一种。4A 型、5A 型以及 13x 分子筛既可干燥天然气,也可选择性脱除 H_2S 和其他硫化物。由于分子筛有高度局部集中的极电荷,这些局部集中电荷使分子筛能强烈吸附有极性的或可极化的物质分子。H_2S 属于极性分子,因此,分子筛也表现出足够高的吸附容量,如图 6 – 3 – 16 和图 6 – 3 – 17 所示。

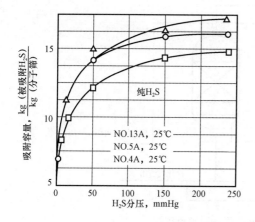

图 6 – 3 – 16 25℃下分子筛的吸附容量(一)

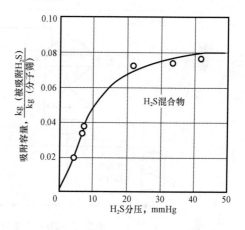

图 6 – 3 – 17 25℃下分子筛的吸附容量(二)

分子筛对 H_2S 的吸附容量随温度升高而降低,也随 CO_2/H_2S 比例的增加而降低,如图 6 – 3 – 18 所示。

如果用分子筛处理湿天然气,此时,分子筛担负着脱水与脱硫的双重任务。当然,气体中水分含量很高时,需要在分子筛脱硫前先行脱水。如图 6 – 3 – 19 所示,其脱水和脱硫的分子筛床层有 4 个主要吸附段。(1)水和分子筛床层间建立平衡段。因为水比硫化物更强烈地被吸附,所以水就大量地置换硫化物。(2)水—硫交换段,该段内水正在置换分子筛表面的硫化物。(3)硫平衡段,硫化物在此段内被吸附,直到

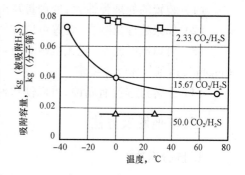

图 6 – 3 – 18 常压下温度对分子
筛吸附容量的影响

达到床层的平衡吸附容量。（4）硫传质段,硫化物在此段被从气相转移至吸附段。目前已开发了若干种供天然气脱硫用的分子筛法,它们的特点和不同往往只反映在再生气体流程上,而吸附过程都如上述 4 个阶段。

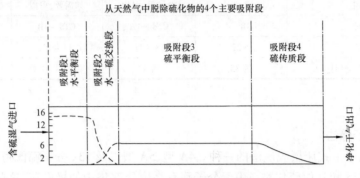

图 6 - 3 - 19　吸附过程的图解表示

简单分子筛吸附法脱硫流程如图 6 - 3 - 20 所示,与分子筛脱水流程类似,不重述。

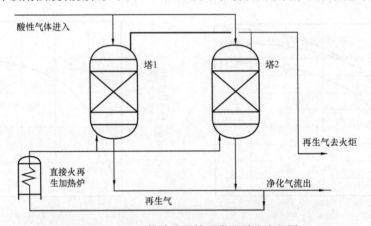

图 6 - 3 - 20　简单分子筛吸附法脱硫流程图

2）分子筛净化的特点

（1）装置的处理弹性大,处理量从 $1m^3/h$ 到每小时上百立方米。

（2）如果处理量减少,装置可以在低于设计负荷的条件下有效地操作。

（3）可以同时脱水、脱无机硫和有机硫,并可使气体的含水量减到零或痕量,含硫量降至 $6mg/m^3$,达到气体管输要求。

（4）工艺过程没有腐蚀,可以使检修费用、停工时间和清理的问题减小到最少。

四、其他脱硫方法

1. 膜分离法

20 世纪 50 年代开发的膜分离法先是在液体分离和海水淡化等工业领域应用,70 年代后开始用于气体分离。目前用于气体分离的主要有中空纤维管式膜分离器和卷式膜分离器,分别采用中空纤维膜和卷式膜。

1）膜的性能及分类

膜分离法是利用气体混合物各组分在压差作用下透过膜时渗透量的差异来实现混合物分离的工艺方法。

膜分离是一种粗脱方法，即脱除大量酸气（CO_2、H_2S 或两者）的方法在技术经济上是较为有利的；欲使用膜分离法脱除 H_2S 达到管输标准是相当困难而不经济的，除非原料天然气中 H_2S 的浓度本来就很低。

用于气体分离的膜可分为多孔膜、均质膜（非多孔膜）、非对称膜及复合膜 4 类。

多孔膜利用不同组分分子运动的平均速度不同，当膜的微孔孔径远低于气体运动平均自由行程时，通过微孔的分子数与分子的平均速度成正比，从而实现气体的分离，其特点是渗透能力高但选择性差。多孔膜可用氧化铝、氧化硅系的陶瓷材料、聚乙烯、聚砜、聚四氟乙烯等高分子材料以及镍、铝等金属多孔体制作。

均质膜即非多孔膜是使用高分子材料或有机物制成的，大多具有抗热、抗压及抗化学侵蚀的能力；其分离原理是利用不同气体在膜表面溶解及扩散性能的差别而实现气体的分离，特点是选择性高而渗透能力差。

非对称膜是制膜工艺上的重大突破，其目的是在不损害膜的选择性前提下通过降低膜的厚度以增加渗透量，最早制得的非对称性醋酸纤维膜，是将极薄（0.1 ~ 1mm）的致密皮层支撑在一张高密多孔的基材上。

进一步开发的复合膜，既可在选择性层上涂敷渗透性强的薄层，也可在渗透性层上涂敷选择性强的薄层。

由于非对称膜及复合膜在解决渗透性与选择性二者的矛盾方面具有优势，它们已成为当前应用较广的气体分离膜。

2）膜分离器结构

图 6 - 3 - 21（a）为 Prism 中空纤维管式膜分离器结构图，其主要用于分离氢气和生产富氧空气。它采用涂有硅氧烷的聚砜不对称膜材料，是阻力型复合膜。分离器结构类似列管式换热器，壳程直径一般为 10 ~ 25cm，内装 1×10^4 ~ 10×10^4 根中空纤维，分离器长 3 ~ 6m。图 6 - 3 - 21（b）为卷式膜分离器，主要用于从天然气中分离 CO_2。

3）膜分离工艺流程

膜分离工艺流程可以为一级膜分离流程、二级膜分离流程甚至于将膜分离和醇胺法相结合的串级流程。

选用一级或二级膜分离流程的主要考虑因素是渗透气（即被富集的酸性气体）中烃类的回收问题。当原料气中酸性组分浓度为 10% 时，采用一级膜分离可使渗余气（即净化气）中酸性组分浓度降为 1%，而随渗透气排出的烃类损失量可达 20% 以上。若用二级膜分离回收烃类，则烃类损失量可降至 4% 以下。

（1）二级膜分离流程。

图 6 - 3 - 22 为二级膜分离橇装装置流程图。在此流程中，经一级膜分离后，烃损失量约为原料气中烃含量的 24%；经过二级膜分离回收渗透气中的烃类后，平均烃损失量降至 2.06%。同时，由于膜分离装置还具有良好的脱水效果，净化气不需进一步脱水即可管输。

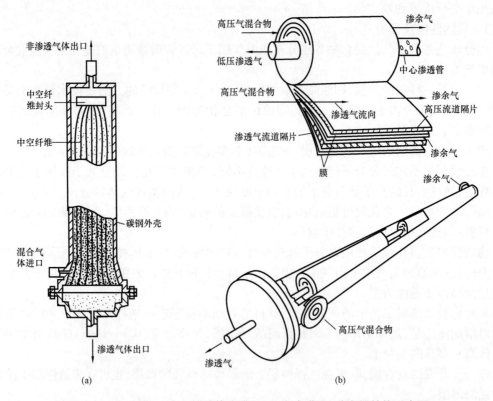

图 6 - 3 - 21　Prism 中空纤维管式膜(a)和卷式膜(b)分离器结构示意图

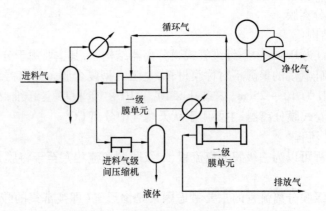

图 6 - 3 - 22　二级膜分离橇装装置流程示意图

（2）串级脱硫流程。

为了保证净化气进克劳斯装置的酸气质量,可将膜分离法和醇胺法结合使用,即所谓串级脱硫或集成法脱硫流程,如图 6 - 3 - 23 所示。该装置先用膜分离器将原料气中的 H_2S 含量从 20% 降至 3% ,然后再用醇胺法进一步处理,而膜分离器的渗透气和醇胺法装置脱除的酸性气体混合后的 H_2S 含量则高达 71.6% 。

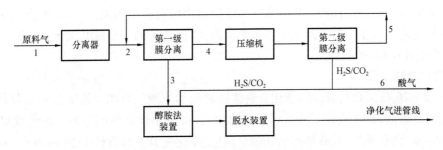

图6-3-23　某串级脱硫装置原理流程

4）膜分离法用于气体分离的特点

（1）在分离过程不发生相变,能耗低,但有烃类损失问题;

（2）不使用化学药剂,副反应少,基本上不存在腐蚀问题;

（3）设备简单,占地面积小,操作容易。

2. 低温分离法

低温分离本是一种高能耗工艺,但是当处理的气体含有大量CO_2（以及H_2S）时,净化方法的能耗也相当高,此时低温分离工艺可能反而较为经济了。此外,在分离过程中还可以回收天然气凝液。低温分离工艺目前专用于处理CO_2驱油伴生气。

低温分离法有二塔、三塔及四塔3种工艺流程,它们有不同的产品结构。在此,仅介绍二塔工艺流程,如

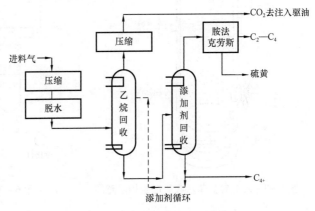

图6-3-24　低温分离法二塔流程

图6-3-24所示。塔1为乙烷回收塔,塔2为添加剂回收塔,它适用于C_1与CO_2不分离一同回注的工况。从图6-3-24顶部出C_1与CO_2用于回注,塔2顶部出来的含硫的C_2—C_4馏分可用常规胺法处理,塔2底部为C_{4+}馏分。

3. 浆法脱硫

20世纪70年代后期,美国在氧化铁法脱硫的基础上,开发成功了两种非再生型的浆法,即锌盐浆法（Chemsweet）和铁化合物浆法（Slur - risweet）。这类方法保持了上述干法脱硫具有的设备简单、操作容易和能耗较低等优点,也基本克服了脱硫剂装卸上的困难,故国外目前在低含硫气体脱硫中已有广泛应用。

1）锌盐浆法

这是美国奈脱科（C. E. Natco）公司开发的,使用氧化锌和乙酸锌混合物配成的浆液为脱硫剂。其气液接触塔（吸收塔）的结构如图6-3-25所示,原料气从塔底进入后经分配器而分散成细小的气泡。这些气泡自下而上通过浆液而进行气液反应,同时提供保持浆液混合良好的搅拌作用。净化气经除沫器后出塔。

吸收塔的高度必须保证鼓泡后的浆液与除沫器之间有合适的隔离空间,因为气泡通过浆液时会使浆液体积膨胀。由于此法是非再生型的,因而装入的浆液量必须足以维持一定的操作周期,其范围为 15~90 天。

2）铁化合物浆法

图 6-3-26 我国自行开发的铁化合物浆法脱硫的原理流程图。该工艺利用含氧化铁的工业废尘配制浆液,排出的废浆液经风干和除硫后,可以用作制砖的原料。该装置对 H_2S 含量为 1~2g/m³ 的天然气,经双塔串联接触反应后,净化气 H_2S 含量低于 20 mg/m³。该法一般都采用双塔串联操作,但对 H_2S 含量很低或净化度要求不高的原料气也可考虑单塔操作。

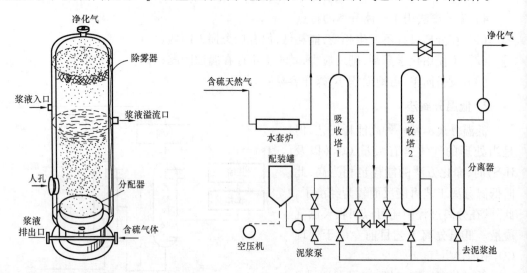

图 6-3-25 锌盐浆法吸收塔结构示意图　　图 6-3-26 铁化合物浆法脱硫原理流程

4. 生化脱硫法

使用生化方法处理气体中的 H_2S,国外的研究开发工作也颇活跃,此中最令人感兴趣的是将含有 C 元素、H 元素、O 元素和 S 元素的胺法酸气（H_2S 和 CO_2）转化为碳水化合物与元素硫,而类似于绿色植物的光合作用,使物尽其用而无废物,曾发现嗜硫代硫酸盐绿菌（*Chirobiumthiosulfatophilum*）具有此种功能,但显然,要取得可以工业化的战果,还有相当长的距离。

国外生化脱硫研究大多集中于使用脱氮硫杆菌（*Thiobacillusdenitrificans*）将 H_2S 氧化,目前仍处于实验室阶段:我国山西大学杨素萍等从印染废水中分离出可氧化 H_2S 为元素硫贮存于细胞内的菌株,经鉴定为酒色着色菌（*Chromatium vinosum*）。

1）Bio-SR 法

日本钢铁公司开发的 Bio-SR 法于 1984 年实现了工业化。

Bio-SR 法以酸性硫酸铁溶液在酸性条件下吸收 H_2S,然后在氧化亚铁硫杆（*Thiobacillus - ferrooxidans*）的作用下空气中的氧将溶液中的 Fe^{2+} 氧化为 Fe^{3+},据称,此菌作用下的氧化速度为无菌时的 50 万倍,所涉及的反应为:

$$H_2S + Fe_2(SO_3)_3 \longrightarrow S^0 + 2FeSO_4 + H_2SO_4 + H_2SO_4 \qquad (6-3-17)$$

$$2FeSO_4 + H_2SO_4 + \frac{1}{2}O_2 \longrightarrow Fe_2(SO_4)_3 + H_2O \qquad (6-3-18)$$

2）Bio - SR 装置运行数据

Bio - SR 装置采用喷射吸收脱除 H_2S，用于再生的生化氧化器初为流化床后又改为固定床；设备采用碳钢内衬橡胶，管道及阀门的材质为塑料。

首套 Bio - SR 装置用于处理胺法酸气，其运行数据示于表 6 - 3 - 8。

表 6 - 3 - 8　首套 Bio - SR 装置运行数据

进料气量	进料气组成,%			净化气	硫产量	硫黄纯度
m^3/h	H_2S	CO_2	H_2O	mL/m^3	t/mon	%
200	70	20	10	≤10	150	99.98

后 Bio - SR 法在炼油厂也获应用，处理炼厂气及酸气的效率示于表 6 - 3 - 9。

表 6 - 3 - 9　Bio - SR 法处理炼厂气及酸气的效率

气体	进料(H_2S),%	净化气(H_2S),mL/m^3	H_2S 脱除率,%
炼厂气	0.4～1.9	10～20	>99.5
酸气	85～93	0～10(最大50)	>99.99

据报道，Bio - SR 法也在试图用于天然气压力下的脱硫，已在建设两套中试装置，处理能力分别为 $125m^3/h$ 及 $1250m^3/h$，但有关试验详情未见报道。

Bio - SR 法的优点是由于溶液不使用有机物（作氧化剂或络合剂），因此不存在降解及废液处理问题，相应地操作费用也较其他直接转换法低得多，吸收在酸性条件下进行，故不吸收 CO_2，但此法采用细菌，相应地再生条件的可调节范围较为狭窄，此外如何长期保持其功能而不变异，则是个关键问题。

3）Shell - Paques/Thiopaq 工艺

Shell - Paques/Thiopaq 也是一种采用生化技术的工艺，它与 Bio - SR 法的区别：一是以弱碱性溶液吸收 H_2S 至小于 $10mL/m^3$；二是以硫杆菌在生化反应器内以空气将 H_2S 转化为元素硫，选择性大于 96.5%，也有一些转化为 $S_2O_3^{2-}$ 及 SO_4^{2-}；此元素具亲水性，不会出现堵塞问题。

生化反应器可采用固定膜式或气体上升循环式，硫杆菌均附着于支撑介质上而不进入溶液，反应器顶部设计成一个三相分离器，可将固相载体、溶液及废气分离。因溶液与生化淤泥有效分离而使硫杆菌长期保留在反应器内。

2001 年 8 月，此工艺用于天然气脱硫的首套工业装置在加拿大投入运行，原料气 H_2S 含量为 0.2%，净化气 H_2S 小于 $4mL/m^3$，装置硫产量 1.2t/d。

第四节　凝液回收与处理

一、凝液回收目的

天然气凝液（NGL）是指从天然气中回收的且未经稳定处理的液态烃类混合物的总称。一般包括乙烷、液化石油气和稳定轻烃成分。

液化石油气是油气田、炼油厂内，由天然气或者原油通过处理加工得到的一种无色挥发性液体，在常温常压下为气态，经压缩或冷却后为液态，其主要成分是丙烷和丁烷的混合物。

稳定轻烃是从天然气凝析液中提取的，以戊烷和更重的烃类为主要成分的液态石油产品。其终沸点不高于190℃，在规定的蒸气压下，允许含少量丁烷。

乙烷、液化石油气和稳定轻烃等凝液产品作为重要的化工原料及民用燃料。

油气田生产的伴生气其组成除 C_1 外，常含非燃气组分 N_2 和 CO_2，以及各种其他烃类 C_{2+}。C_{2+} 或 C_{3+} 含量的多少直接表示能从原料天然气内可能得到多少天然气凝液，是判断天然气凝液回收必要性和经济性的重要依据，也与凝液回收工艺的选择密切相关。

按照天然气中烃类组成分类，天然气可分为干气、湿气、贫气和富气，但目前没有一个统一的划分标准。

有文献指出采用 GPM 因子衡量天然气气质的贫富，GPM 因子是指每千标准立方英尺气体（15.5℃，101.325kPa）中可回收液烃的体积（按 gal 计）。GPM 因子可按天然气中各组分的摩尔分数与对应 GPM 因子乘积求和进行计算[8,9]。不同组分的 GPM 因子见表6-4-1。文献[10]根据 GPM 因子的大小不同，将天然气划分为贫气、富气和超富气三类，分类方式如下：

贫气，GPM 因子 <2.5；富气，2.5 < GPM 因子 <5；超富气，GPM 因子 >5。

表6-4-1　不同组分的 GPM 因子

组分	C_2	C_3	iC_4	nC_4	iC_5	nC_5	C_6	C_{7+}
GPM 因子	0.267	0.275	0.327	0.315	0.366	0.362	0.411	0.461

从气体中回收凝液的目的有3种：满足管输要求；满足天然气燃烧热值要求；在某些条件下，需最大限度地追求凝液的回收量，使天然气成为贫气。

1. 满足管输要求

开采的伴生气中含中间组分和重组分越多，气体的临界凝析温度越高。这种气体在管输过程中，随压力和温度条件的变化将产生凝液，使管内产生两相流动，降低数量，增大压降，在管线终端还需设置价格昂贵的段塞流捕集器分离气液、均衡捕集器气液出口的压力和流量，使下游设备能正常运行。为使输气管道内不产生两相流动，气体进入输气干线前，一般需脱除较重组分，使气体在管输压力下的烃露点低于最低管输温度。为安全起见，有些国家和输气公司要求气体的临界凝析温度低于最低管输温度。这样,需从含 C_{2+} 较多(称富气)的天然气内回收轻烃,以满足管输要求。

2. 满足商品气的质量要求

各国或气体销售合同对商品天然气的热值都有规定,热值一般应控制在 $35.4 \sim 37.3 MJ/m^3$ 范围内,热值也不是越高越好,最大不高于 $41 MJ/m^3$,可用烃露点控制气体内重组分含量和热值。C_1 热值为 $37.7 MJ/m^3$,C_2 热值约为 $66.0 MJ/m^3$,仅 C_1 一般就能满足天然气最低热值的要求。对较富的气体,特别是油田伴生气,一般都需要回收轻烃,否则热值将超过规定的范围。

商品天然气对热值的要求是国家或销售合同规定的强制性指标,不管天然气轻烃回收的经济效益如何,都应进行这项工作。

3. 追求最大经济效益

液体石油产品的价格一般高于热值相当的气体产品,也即回收的液态轻烃价格常高于热值相当的气体,多数情况下回收轻烃都能获得丰厚的利润。若轻烃回收利润丰厚,则在保证商品天然气热值的前提下追求最大的凝液回收率。

从天然气内回收的 NGL 经稳定后可作为产品直接外销,或将分散在各处的 NGL 送至中心气体加工厂分割成各种液体产品,以追求规模效益,后者是目前国外流行的做法。

二、凝液回收方法

从天然气中回收凝液,有油吸收法(常温或低温)、吸附法和冷凝法。常温油吸收法能耗高,C_{3+} 收率低,后来发展成低温油吸收法,能耗仍然较高,但目前在炼油厂回收裂解气中 C_{3+} 组分时仍然采用,因为炼油厂热源多,有废热可利用。吸附法因投资多,能耗大,收率低,即使在国外近 20 年来也无多大发展。国内外近 20 年来已建成的凝液回收,大多采用冷凝法。有用冷剂制冷的,有用气体膨胀制冷的,或者联合应用两种制冷工艺的,目的是获得低温,在一定压力下,使原料气中 C_{2+} 组分冷凝然后分馏成各种产品。图 6-4-1 所示为伴生气凝液回收程序。

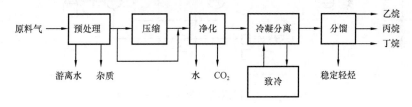

图 6-4-1 伴生气凝液回收程序

天然气凝液回收包括丙烷回收和乙烷回收两种流程。丙烷回收流程的制冷工艺主要有膨胀机制冷、丙烷制冷与膨胀机制冷结合的联合制冷、混合冷剂制冷等。膨胀机制冷主要用于原料气有差压可利用的丙烷回收装置,而对于原料气为富气、超富气的气质多数采用丙烷制冷与膨胀机制冷结合的联合制冷,少数丙烷回收装置采用混合冷剂制冷,如西南油气田安岳丙烷回收装置采用混合冷剂制冷,也有部分丙烷回收率不高的丙烷回收装置单独采用丙烷制冷。乙烷回收装置的制冷工艺主要采用丙烷制冷与膨胀机制冷结合的联合制冷、冷剂制冷等。

以下分别对常用的凝液回收方法进行介绍。

1. 油吸收法

油吸收法是基于天然气中各个组分在吸收油中的溶解度差异而实现 NGL 回收的工艺方法。该工艺是一个物理过程,即轻烃组分从气相中分离出来进入重烃液体(壬烷、癸烷或更重的烃)。若只回收较重的 NGL 组分,可在室温下进行。辅助以冷冻可提高乙烷和丙烷等较轻烃类组分的回收率。所用吸收油可有不同相对分子质量,通常为 100 ~ 200。较低相对分子质量的吸收油循环量较低,可降低能耗,但吸收油的挥发损失较高。按操作温度可分为常温油吸收和低温油吸收,后者是将吸收与冷冻相结合。温度 30℃ 左右时主要回收 C_{5+} 凝析油, -20℃ 时 C_3 收率在 40% 左右;达到 -40℃ , C_3 收率可达 80% ~ 90% , C_2 收率也有 35% ~ 50% 。大型油吸收 NGL 回收装置均采用低温油吸收,其冷源多用丙烷蒸发,吸收油相对分子量为 100 ~ 130, 为 C_{5+} 烷烃。

油吸收法的优点是吸收塔一般可在原料气压力下运行,压力损失小,对原料气预处理要求低,单套装置处理能力大(最大可达 $2800 \times 10^4 m^3/d$)。无论是在室温还是辅以冷冻,装置都可用碳钢材料。但由于投资和操作费用高,1970 年以来,已被低温分离工艺所取代。

1) 低温油吸收工艺

图 6 - 4 - 2 给出了常见的低温油吸收工艺流程,实际设备配置根据原料和回收产品的差异而有所不同。

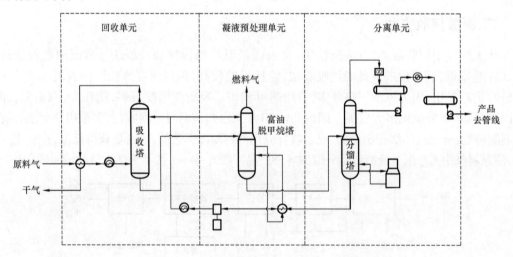

图 6 - 4 - 2　低温油吸收工艺流程示意图

原料气进入装置入口分离器分离出夹带的液体,经过系列换热器换热,用冷的工艺气体和制冷剂降低原料气温度,将原料气中的重烃冷凝下来。然后气体送入吸收塔底,气流与塔顶加入的贫油逆向流动。吸收塔采用塔盘或填料以增加气流与贫油的接触。较重的烃被贫油吸收,轻组分则从吸收塔顶部流出。油和被吸收的烃作为"富油"从塔底流出。

"富油"流到富油脱甲烷塔(ROD),加热分离出吸收的轻质烃。为避免 NGL 损失,在 ROD 塔顶引入一股冷的贫油。出 ROD 的富油进入分馏塔或蒸馏釜。蒸馏釜在低压下操作,降压和加热相结合,NGL 就从富油中分离出来。

室温条件下运行的油吸收装置改进后可用于低温油吸收操作。温度的降低能提高吸收率,并且由于进入气相的蒸发降低,因此可用较少量的低相对分子质量油进行循环。NGL 的生产也会导致贫油的损耗。改进贫油蒸馏釜的分馏装置可大大减小这种油耗。低温油吸收装置可从气流中回收足够量的重质馏分,补偿吸收塔的油耗。

2) Mehra 工艺

20 世纪 80 年代开发的 Mehra 工艺是油吸收工艺的发展。它不仅可提高吸收装置的效率,而且可根据市场需求,借助溶剂和操作条件的调整而确定其产品结构,乙烷产率可在2%~90%间调节,丙烷也可在2%~100%间调节。

Mehra 工艺有两种流程,吸收—闪蒸流程类似常温油吸收法,吸收—汽提流程则如低温油吸收法。图 6 - 4 - 3 给出了 Mehra 吸收—闪蒸工艺的流程,此流程藉多级闪蒸既将目的产品闪蒸回收,也将不拟回收的物料闪蒸并返回干气。图 6 - 4 - 4 则给出了 Mehra 吸收—汽提工艺的流程,此流程是多级闪蒸工艺的简化和改进,在吸收汽提塔内既确保干气合格也保证吸收下来的 NGL 中不含干气组分,产品汽提塔既得到 NGL 产品也使溶剂得到再生。

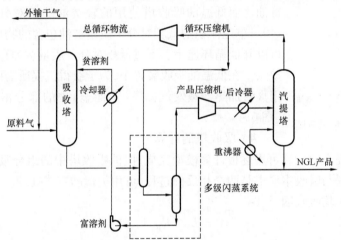

图 6 - 4 - 3 Mehra 吸收—闪蒸工艺流程示意图

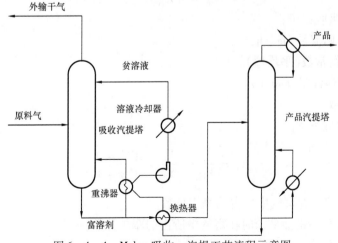

图 6 - 4 - 4 Mehra 吸收—汽提工艺流程示意图

Mehra 工艺与低温油吸收有不少共同之处，但也有重要区别：一是 Mehra 溶剂相对分子质量较低，近 70 ~ 90；二是 Mehra 将较热的吸收塔顶气与预饱和步骤的贫溶剂共冷以保证干气在最低温度下离开而减少了溶剂损失；三是为了使溶剂相对分子量维持在比较低的推荐范围内，可将进料气中的 C_{7+} 先行冷凝而送入稳定塔，避免它进入溶剂；四是在 Mehra 中，抽提与汽提组合成一个塔，起脱甲烷塔或脱乙烷塔的作用。

现有的简单制冷机制冷回收 NGL 装置改造为 Mehra 工艺后，丁烷收率从 65% ~80% 升至 99%，丙烷收率从 30% ~50% 升至 97% 以上，乙烷则根据市场情况其收率可在 2% ~85% 间调节。

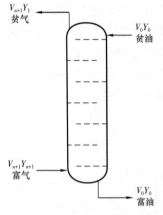

图 6 - 4 - 5　吸收塔示意图

3) 油吸收法的计算

对于给定的气体，各组分被油吸收的分率与各组分和贫油的相平衡关系、相对流速以及接触塔板数呈函数关系。相平衡关系又是压力、温度以及贫油的组成的函数。贫油相对分子量一般为 100 ~ 200。对于常温吸收塔，采用相对分子质量为 180 ~ 200 的重贫油。而低温油吸收塔使用的轻贫油的相对分子质量为 120 ~ 140。单位体积的低相对分子质量贫油包含的物质的量更多，因为可以降低循环速率。不过低相对分子质量贫油存在蒸发损失高的缺点。在低温油吸收装置中，为了获得汽提所需的汽提气，通常使用火管加热器蒸发汽提塔（蒸馏釜）中的部分富油以提供汽提气（图 6 - 4 - 5）。

4) 吸收塔的计算

吸收塔和汽提塔的计算可用逐板计算模型完成，但油吸收塔中的组分吸收也可用手工方法进行估算。汽提与吸收本质上是两个相反的过程，可用类似的方式处理。

首先是定义平均吸收因子 A：

$$A = L_0 / (K_{avg} V_{n+1}) \tag{6 - 4 - 1}$$

或

$$L_0 = A K_{avg} V_{n+1} \tag{6 - 4 - 2}$$

式中　A——平均吸收因子；

　　　L_0——液体回流量，mol/h；

　　　K_{avg}——平衡常数（平均值）；

　　　V_{n+1}——气体流量，mol/h；

　　　n——塔板数。

从而得到吸收效率 E_a：

$$E_a = \frac{Y_{n+1} - Y_1}{Y_{n+1} - Y_0} = \frac{A^{n+1} - A}{A^{n+1} - 1} \tag{6 - 4 - 3}$$

式中　Y_{n+1}——各组分在富气中所占的摩尔分数；

　　　Y_0——各组分与富油平衡时在富气中所占的摩尔分数；

　　　E_a——吸收效率。

图 6-4-6 给出了吸收因子和汽提因子。

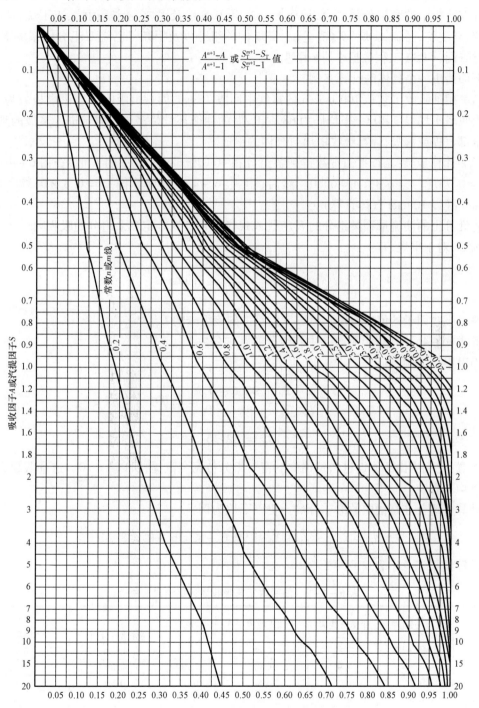

图 6-4-6 吸收因子和汽提因子

在平均吸收因子的计算中,平衡常数 K 表示多组分混合物中某一组分在气相中的摩尔分数与其在液相中的摩尔分数之比,记作 K_i。N_2 和 H_2S 以及甲烷、乙烷、丙烷、正丁烷、异丁烷、正戊烷、异戊烷、己烷、庚烷、辛烷、壬烷、癸烷的单组分以及甲烷—乙烷双组分体系的 K 值均可通过查阅《GPSA 工程数据手册》得到。

下面给出一个具体的计算实例。

(1) 用油吸收工艺从 100 mol/h 的富气中回收 75% 的丙烷。吸收塔理论塔板数为 6 块。计算吸收塔平均温度 40℃,平均压力 6895kPa 时的油循环量是多少? 假定进入贫液的富气组分被全部汽提或解吸,计算吸收塔出口气体的组成。

(2) 计算步骤:先查平衡常数得到各组分在 40℃ 和 6895kPa 下的 K 值,查图 6 - 4 - 6 得当 $E_a = 0.75$ 和 $n = 6$ 时,$A = 0.80$。然后,用式(6 - 4 - 2)计算得 $L_0 = 0.8 \times 0.37 \times 100 = 29.6 mol/h$(以 100mol 气体计算)。

将计算出的油流量和某组分的 K 值代入式(6 - 4 - 1),确定剩余组分的吸收因子 A。

例如,对于甲烷,有:

$$A = \frac{29.6}{3.25 \times 100} = 0.091$$

得出吸收因子的值后查图 6 - 4 - 7 可以得到该组分的 E_a。

解式(6 - 4 - 3),得出剩余气中各组分的摩尔分数 Y_1。

仍以甲烷为例,有:

$$\frac{Y_{n+1} - Y_1}{Y_{n+1} - Y_0} = \frac{90.6 - Y_1}{90.6 - 0} = 0.091$$

$$Y_1 = 82.36$$

注意:此例中由于假设进塔贫油中的富气组分被完全汽提,所以 $Y_0 = 0$。这种假设在任何情况下均非真实。

计算各组分在富油中的摩尔分数。仍以甲烷为例:

$$L = Y_{n+1} - Y_1 + Y_0 = 90.6 - 82.36 + 0 = 8.24$$

计算结果汇总于表 6 - 4 - 2。

表 6 - 4 - 2　油吸收工艺吸收塔计算结果汇总表

组分	摩尔分数,%	平衡常数 K	平均吸收因子 A	E_a	Y_1 %（质量分数）	L %（质量分数）
C_1	90.6	3.25	0.091	0.091	82.36	8.24
C_2	4.3	0.9	0.329	0.329	2.89	1.41
C_3	3.2	0.37	0.80	0.75	0.80	2.40
iC_4	0.5	0.21	1.41	0.96	0.02	0.48
nC_4	1.0	0.17	1.74	0.985	0.015	0.985
C_6	0.4	0.035	8.46	1.0	0.0	0.40
合计	100.0				86.085	13.915

使用式(6-4-1)定义平均吸收因子忽略了输入输出气体体积的变化。同时,上述计算方法中平均温度和 K 值的假定也将产生很大的误差。图6-4-6也可用于已知循环量计算需要的塔板数,或已知循环量和塔板数计算回收率。由图6-4-6可以看出,循环量随塔板数的增加而减少,但是如果理论塔板数超过8块,效率增加不明显。较高的循环量会导致加热、冷却、泵送等的能耗增加,通常,优化的设计中采用尽可能小的循环量以及大小合理的吸收塔。应该根据油的蒸气压和吸收塔的操作温度选用相对分子质量最小的贫油。吸收塔操作中出现的问题绝大多数都与油的质量和流率有关。油的合适汽提是必须的,这样才能将贫油的气相损失减至最少,并达到最大的吸收容量。

2. 吸附法

固定床吸附利用硅土、分子筛和活性炭等固定吸收剂对各种烃类的吸附容量不同,回收气体内的轻烃。用固定床回收轻烃时,吸附周期常为 2~3h,称为"快循环"。固体吸附剂再生过程热耗集中,需负荷很大的再生炉,且吸附床笨重而昂贵。因而很少用于轻烃回收,只在特定情况下使用,如用于偏远地区控制气体烃露点。

3. 冷凝法

凝液回收的工艺过程不外乎下列程序:

原料气预处理主要用分离器。增压用压缩机,如果原料气本来压力就高,根据回收深度要求也可以不增压。净化是脱去原料气中的水、CO_2 和 H_2S 等对冷凝回收有影响的物质。可以用吸收法或吸附法。关于预处理、增压和净化在有关章节中已经介绍。

本节重点介绍制冷方法和制冷方法的选择,以及与之有关的工艺流程和计算方法,并简要介绍工艺流程评价的原则。

冷凝分离,大致可分成浅冷和深冷两大类。浅冷(回收丙烷为主要目的),制冷温度一般为 $-40 \sim -25\,℃$;深冷(回收丙烷要求 90% 以上,或以回收乙烷为目的),制冷温度一般为 $-100 \sim -90\,℃$。

1)制冷原理及方法

天然气在常温常压是气态。冷凝分离就是在一定压力下将天然气中的 C_{3+}(或 C_{2+})在低温下冷凝进行分离。冷凝分离需要冷量,工业上获得冷量的方法是多种多样的,但从原理上说基本可以分为冷剂制冷和气体膨胀制冷两大类。冷剂制冷是利用某些物质(制冷工质)在相变(如融化、气化、升华)时的吸热效应产生冷量。在天然气凝液回收中常用乙烷、丙烷、氨和氟里昂-12 等(表6-4-3)由液体汽化为气体的吸热制冷,这就要消耗功。用压缩机将气体压缩升压、冷凝液化、蒸发吸热。氨也可用于吸收制冷,这就要消耗热能。要产生冷量必须消耗能量。

选择制冷剂时应注意下列各点:

(1)常压下蒸发温度要低一点的。

(2)冷凝压力不能过高,过高对设备压力等级和系统密封要求高,渗漏可能性大,高压部分设备造价高。

表 6 - 4 - 3　常用制冷剂性质

名称	分子量	101.325kPa 沸点，K	101.325kPa 沸点时蒸发潜热 kJ/kg	绝热指数 c_p/c_V (15.6℃)	蒸汽密度 (101.325kPa，0℃) kg/m³	临界温度 K
乙烯	28.054	169.43	483.11	1.22	1.2523	283.05
乙烷	30.07	184.52	488.76	1.18	1.3424	305.45
丙烯	42.081	225.45	438.02	1.15	1.8786	365.05
丙烷	44.097	231.05	426.05	1.13	1.9686	369.95
氨	17.03	239.75	1371.93	1.32	0.7602	405.65
氟里昂 - 12	120.914	243.35	166.89	1.138	5.398	385.15

（3）蒸发压力不能过低，最好不小于常压，避免空气渗漏入系统，破坏制冷，有特殊要求的另当别论。

（4）单位容积制冷量要大一些的，单位容积制冷量指压缩机吸入 1m³ 冷剂蒸气所能产生的冷量（kJ/m³）。单位容积制冷量大，在所需冷量一定时可减少冷剂循环量和压缩机的单位能耗。

（5）临界温度要高一些的，可以用一般冷却介质（如冷水）冷却冷凝。

（6）制冷剂应无腐蚀作用，与润滑油接触不发生化学变化，价格低，易于获得，对人体健康无损害无毒。

（7）适应凝液回收深度的要求。根据回收深度要求的制冷温度选择。

2）冷剂制冷

冷剂制冷是利用沸点低于环境温度的冷剂由液相变为气相时的吸热效应来实现制冷。冷剂制冷由独立设置的蒸气压缩制冷循环向天然气提供冷量，其制冷能力与原料气的温度、压力及组成无关，与制冷剂的物理性质相关。通常根据制冷温度和单位制冷量所耗功率来选择冷剂种类。在天然气凝液回收中常用的烃类冷剂有甲烷、乙烷、丙烷、丁烷、乙烯和丙烯等，也有由两种或两种以上冷剂组成的混合冷剂。冷剂制冷根据冷剂类型不同可分为单一冷剂制冷和混合冷剂制冷。单一冷剂制冷主要有单级压缩制冷、多级压缩制冷及复叠式压缩制冷；混合冷剂制冷包括独立闭式制冷和等压开式制冷。

（1）单一冷剂单级蒸气压缩制冷。

单一冷剂制冷是指制冷剂采用纯组分的蒸气压缩式制冷循环，多选用丙烷、丙烯及乙烯作为制冷剂。

①无液相过冷。制冷是用压缩机做功，将在制冷系统蒸发器内吸收热量气化的冷剂蒸气压缩到一定压力，用水冷或其他介质冷却冷凝，冷凝液体经节流膨胀之后进入蒸发器与需冷却的介质（例如天然气）换热（冷），冷剂液体蒸发，再返回压缩机入口，周而复始完成一个循环，如图 6 - 4 - 7 所示。

图 6 - 4 - 7（b）（c）是这个制冷循环在 T—S 图（温熵图）和 p—H 图（压焓图）上的表示。点 1 到点 2 是压缩过程、点 2 到点 4 是等压冷却冷凝过程、点 4 到点 5 是等焓节流过程，点 5

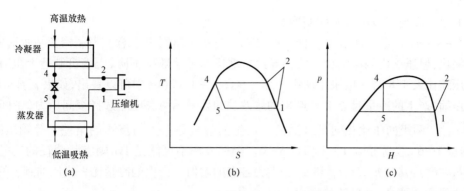

图 6 - 4 - 7　无液相过冷冷剂制冷循环

到点 1 是蒸发过程。以冷剂氨为例：

a. 压缩过程。将 -27℃，-140kPa(绝)的气态氨压缩到 1700kPa(绝)，温度 85～95℃(两级压缩)。

b. 冷却冷凝过程。在 1700kPa(绝)压力下，将气态氨冷却冷凝，例如用冷却水可冷到 40℃左右。

c. 节流过程。连续流动的高压液体在绝热且不对外做功通过节流阀急剧膨胀到低压的过程称节流过程。液态氨经节流阀后有部分汽化，节流前后的总熔值等同，是个等熔过程。

d. 蒸发过程。节流后温度降到 -27℃，未汽化的氨液在蒸发器内与天然气换热(冷)，天然气被冷却，液态氨吸收蒸发潜热而汽化，气相回压缩机进口。

② 有液相过冷。制冷剂过冷是指液相制冷剂进一步冷却，处于过冷状态。当有辅助冷源可利用时，可通过在液态制冷剂节流前设置一个换热器，将液态制冷剂温度进一步降低即可实现制冷剂过冷。图 6 - 4 - 8 为制冷剂过冷的单级压缩制冷，此循环是在冷凝器后设置了过冷器将高压的液态冷剂的温度降低。可以用高效率的压缩机和传热面积大的冷凝器减少传热温差，从而减少能量损失。但这种方法不能减少节流过程的能量损失，只能改善过程。如图 6 - 4 - 8 所示，用来自蒸发器的蒸气冷却已经冷凝了的冷剂使之过冷。T—S 图上点 3—3′表示此情况。原先无过冷产生的冷量是点 1 与点 4 的熔差，过冷后产生的冷量是点 1 与点 4′的熔差，增加点 4′—4 这一段熔差。

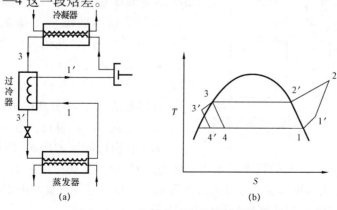

图 6 - 4 - 8　有液相过冷冷剂制冷循环

（2）单一冷剂多级蒸气压缩制冷。

图 6-4-9(a)是过程示意,图 6-4-9(b)是在压焓图上示意。当制冷负荷大时需要较高的压缩比,但压缩机的压缩比过大会导致压缩机的等熵效率下降,压缩机制造上也有困难,因之当压缩比大于 8 时一般采用两级压缩。从图 6-4-9(b)中可以看出,如果 $p/p_0 = 8$ 而采用一级压缩,产生的冷量是点 1 与点 8′ 的焓差。如果采用两级压缩选择级间压力(中间压力)$p_2 = \sqrt{p\,p_0}$。两级的压比相同是合适的。产生的冷量是点 1 与点 4 的焓差。等熵压缩是点 1—2′ 和点 5—6′,实际是点 1—2 和点 5—6。等熵效率不可能是 1。则实际消耗的功是 $(h_2 - h_1) + (h_6 - h_5)$,其中 h_2, h_1, h_6 和 h_5 分别为各点的焓值。产生的冷量比一级压缩到 p 的多,因压缩比小等熵效率高,消耗的功也少。

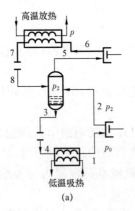 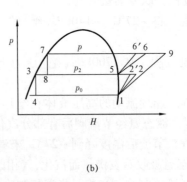

(a)　　　　　　　　　　(b)

图 6-4-9　有中间冷却器两级压缩

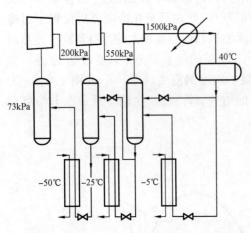

图 6-4-10　丙烷三级蒸气压缩制冷循环

图 6-4-9(a)中一级压缩出口到二级压缩进口之间的中间罐也称为节能器,目前制冷过程大多采用它。一般地说,采用节能器可节省功 15% ~ 20%,冷凝器热负荷减少 8% ~ 10%。

顺便提一下,压缩机的等熵效率 $= \Delta H_s / \Delta H$,ΔH_s 为等熵压缩焓差,ΔH 为实际压缩焓差。

为了得到不同温度等级的冷量,可以采取图 6-4-10 的方法,此图表示冷剂丙烷三级蒸气压缩制冷循环的工艺,可产生三个不同温度等级的冷量,即 -50℃、-25℃ 和 -5℃。

这种方法,在深冷分离中用得较多。

（3）阶式(串级、复叠)制冷。

为了获得低温级的冷源,例如在 -80℃ 以下,如果用单一冷剂(如丙烷),受到蒸发压力过低的限制,或者受到冷凝压力过高或在临界区工作的限制。为此采用两种沸点相差较大的冷剂如乙烯和丙烯或乙烷和丙烷串起来循环,就可得到 -80℃ 甚至 -100℃ 的低温,如图 6-4-11 所示。

（4）混合冷剂制冷。

混合冷剂制冷是指以 C_1—C_5 的碳氢化合物以及 N_2 等的多组分混合物为制冷剂工质，进行逐步冷凝、蒸发等过程获取可连续变动的低温温位，达到逐步冷却降温的制冷循环。采用混合冷剂制冷回收天然气凝液的基本原则是要将原料气的降温曲线和制冷剂的升温曲线相互匹配。

混合冷剂制冷是非等温相变蒸发制冷循环，利用多元非共沸混合制冷剂在等压下蒸发释放冷量。

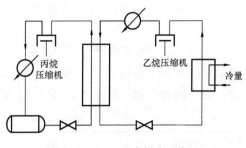

图 6-4-11　阶式制冷示意

在混合冷剂制冷循环中，混合冷剂轻组分首先汽化，然后较重组分汽化，提供由低到高的连续变化温位，经过一次或多次的气液分离，制冷循环中有两种以上成分的混合冷剂同时流动和传递能量，在高沸点组分和低沸点组分之间实现复叠，达到获得低温的目的。

采用混合冷剂最大的优点是可降低传热温差，减少能量损失提高效率。它的主要缺点是需保持冷剂的组成不能变化或者说只能有很小的变化，这对储存开工正常操作均提出了严格的要求，不能因为泄漏、配比的调节不当而使组成改变。

混合冷剂制冷循环如图 6-4-12 所示。与图 6-4-13 和图 6-4-14 比较，可以看出至少是两级压缩。在 T—S 图上如图 6-4-13 所示。

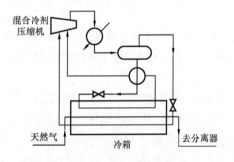

图 6-4-12　混合冷剂制冷循环

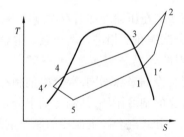

图 6-4-13　混合冷剂制冷循环在 T—S 图上表示

制冷剂的冷凝和蒸发过程的温度不是恒温的而是变化的，混合冷剂的传热温差减小可以减少传热不可逆损失。图 6-4-14 表示两种制冷循环的 T—Q 图。

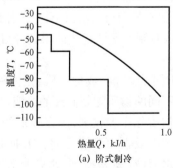

（a）阶式制冷

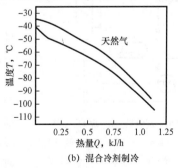

（b）混合冷剂制冷

图 6-4-14　阶式制冷和混合冷剂制冷 T—Q 示意图

由图6-4-14可见混合冷剂的传热温差要比阶式制冷（二个纯组分的串级或称复叠制冷）的传热温差小得多。

混合冷剂的组成随被冷却介质的不同和制冷深度的差异而有所变化。一般而言，原料气中重烃组分含量多则混合冷剂组成较"重"，并且混合冷剂的相对分子质量与原料气基本贴近。在不同制冷温位要求下，混合冷剂构成见表6-4-4。

表6-4-4 不同制冷温度对应混合冷剂构成

最低制冷温度,℃	构成	最低制冷温度,℃	构成
-80 左右	乙烷或乙烯与丙烷的混合物	-160 左右	氮、甲烷、乙烷、丙烷和丁烷混合物
-110 左右	甲烷、乙烷、丙烷和丁烷混合物		

混合冷剂制冷所提供的冷量不受原料气贫富程度限制，对原料气压力无严格要求。混合冷剂制冷的关键参数有压缩机吸入压力、压缩机出口压力、冷剂流量及组分配比。在运行过程中，混合冷剂的组成应优先选择在制冷条件下能形成凝液的组分。混合冷剂制冷的特点如下：

① 其流程较复叠式制冷流程大为简化；

② 仅用一台压缩机组，系统可靠性高；

③ 混合冷剂配比困难，运行调节复杂。

在应用混合制冷剂循环时，应考虑制冷压缩机组进出口压力、压缩机类型、冷箱冷热复合曲线。

混合制冷剂在压缩冷却时存在制冷剂冷凝分离的问题，即轻组分富集在气相进入制冷压缩机，重组分浓缩在液相进入增压泵。混合制冷循环的冷凝压力高，混合制冷剂的制冷压缩机功率显著增加。

根据混合冷剂来源不同，混合冷剂制冷分为闭式和开式两种制冷工艺。闭式混合冷剂制冷是采用独立的制冷循环，其制冷剂组分是与冷却介质隔离的，其制冷循环的关键是混合冷剂组分的配比。开式混合冷剂制冷的制冷剂从原料气中分离而来。与闭式混合冷剂制冷相比，开式制冷的冷剂来源于原料气，避免了混合冷剂组分配比优化的复杂性，仅需控制分离温度等参数来调节混合冷剂组分，且减少了混合冷剂的储存设备，降低了工程投资。

（5）吸收制冷。

冷剂蒸气压缩制冷循环是消耗机械功来得到冷量。吸收制冷是消耗热能得到冷量，如图6-4-15所示。

所用制冷剂（或称工质）是两种在相同压力下沸点不同的物质配制而成的溶液，其中一种沸点较高的物质称作吸收剂，沸点较低的物质称作冷剂。吸收剂能吸收和溶解冷剂。工业上广泛应用的是氨—水溶液（氨是冷剂，水是吸收剂）和溴化锂—

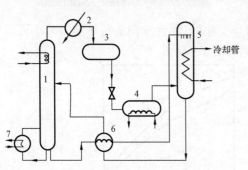

图6-4-15 氨吸收制冷循环示意

1—氨精馏塔；2—冷凝器；3—氨液罐；4—氨蒸发器；
5—吸收塔；6—浓、稀氨水换热器；7—发生器水溶液(水是冷剂,溴化锂是吸收剂)。从图6-4-9可知,氨和水在系统内周而复始循环。产生的冷量是消耗了供给发生器的热量得到的。吸收制冷的热能利用效率比冷剂蒸气压缩制冷低,虽然可以用两级吸收的办法改善但仍比不上压缩制冷。但是,在有大量余热例如燃气轮机排出的高温气体或废热锅炉产生的蒸汽等可利用时,仍不失为一种制冷好方法。

(6)制冷系数。

衡量制冷循环的优劣可以用热力学第二定律效率来比较。热力学第二定律通常可表达为:①单一热源的热机是不可能实现的;②热量不能自发(不花代价)地从低温物体传递给高温物体。这说明自然界的变化都是不可逆的,任何热力循环也都是不可逆的。热量可以自发地从高温物体转移到低温物体(或环境),但要热量从低温物体转移到高温物体就要消耗能量,例如将冷剂的冷量(热量)传递给高温的天然气,使天然气冷却,就必须消耗能量。这就提出了一个问题,就是怎样使消耗的能量最省,用一个什么样的共同标准来衡量。卡诺定理可以帮助理解这个问题,为了简单明了地说明卡诺定理,只讨论气相区的情况。在其他区,例如两相区等也可以得出相同的结论。

卡诺定理可以用卡诺循环来表述。卡诺循环是假设的可逆的热力循环。循环的每一过程都是可逆的,不存在能量的内部和外部的损失,也就是说热力学第二定律的效率等于1。上面说过,所有自然界的一切循环都是不可逆的,这样,与卡诺循环比较,可衡量其不可逆程度,也就是说热力学不完善程度。热力学第二定律效率必定总是小于1。

卡诺循环分正卡诺循环和逆卡诺循环,如图6-4-16所示。

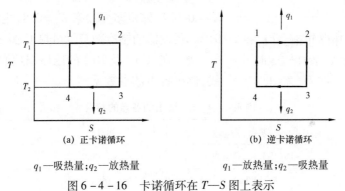

q_1—吸热量;q_2—放热量　　　　　　q_1—放热量;q_2—吸热量

(a)正卡诺循环　　　　　　(b)逆卡诺循环

图6-4-16　卡诺循环在T—S图上表示

图6-4-16(a)中1—2是等温吸热,吸热量q_1。2—3是等熵膨胀。3—4是等温放热,放热量是q_2。4—1是等熵压缩,循环过程是顺时针的。逆卡诺循环[图6-4-16(b)]是反时针的,与正卡诺循环相反(例如制冷机就是逆卡诺循环),q_2是吸热量,q_1是放热量。由图6-4-16可知,卡诺循环是在高、低两个温度之间的循环。规定系统吸热取正值,放热取负值。系统对外界做功取正值(如热机),外界对系统做功取负值(如制冷机)。

正卡诺循环的热经济指标用循环热效率η_k表示,即:

$$\eta_k = \frac{W}{q} = \frac{|q_1| - |q_2|}{|q_1|} = 1 - \frac{|q_2|}{|q_1|} = 1 - \frac{T_2}{T_1} = \frac{T_1 - T_2}{T_1} \qquad (6-4-4)$$

式中　T_1—高温热源温度，K；

　　　　T_2—低温热源温度，K。

逆卡诺循环的热经济指标用制冷系数 ε_c 表示，即：

$$\varepsilon_\mathrm{c} = \frac{q_2}{-W} = \frac{1}{\left|\dfrac{q_1}{q_2}\right| - 1} = \frac{1}{\dfrac{T_1}{T_2} - 1} = \frac{T_2}{T_1 - T_2} \qquad (6-4-5)$$

用热力学第二定律可以证明，不论采用什么工质，也不论机器结构如何，在相同的高温与低温热源温度 T_1 与 T_2 之间，η_k 是热机循环热效率的最大值（W 是 1kg 工质在正卡诺循环中做出的功）。ε_c 是制冷机循环制冷系数的最大值。（$-W$ 是 1kg 工质在逆卡诺循环中消耗的功），这就是卡诺定理的内容。因此所有的热机和制冷机的热力学第二定律效率（有时简称热力学效率）的高低都可用以用卡诺循环效率为基准来比较。注意，制冷系数可以大于 1 也可小于 1。为了说明上述概念的应用，举例如下。

[**例 1**]　一制冷量 Q_0 为 50kW 的单级蒸气压缩制冷机，环境温度 $T_\mathrm{am} = 30℃$。天然气在蒸发器内需冷到 $-15℃$。比较用 R717（氨的代号）和 R2（氟里昂 -12 的代号）为制冷剂分别作制冷机的热力计算。设蒸发器内制冷剂蒸发温度与天然气的传热温差 $\Delta t = 5℃$，即 $t_0 = -20℃$，冷凝器内被冷却冷凝的制冷剂与环境温度差 $\Delta t = 5℃$，即 $t_\mathrm{k} = 35℃$。压缩机输气系数 $\lambda' = 0.6$，压缩机多变效率 $\eta_\mathrm{p} = 0.8$，机械传动效率 $\eta_\mathrm{m} = 0.9$。蒸发器的制冷剂蒸气过热度 $\Delta t = 10℃$。

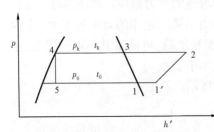

例图 6-4-1　R17 及 R12 压焓图
t_0, t_k—制冷剂蒸发温度和冷凝温度；
p_0, p_k—制冷剂压缩前和压缩后压力

解：在 R717 及 R12 的压焓图（例图 6-4-1）上划线，读出各点的参数见例表 6-4-1。

例表 6-4-1　读出的各点的参数

点号	参数	R717	R12
	$p_0,\mathrm{kPa}(绝)/p_\mathrm{k},\mathrm{kPa}(绝)$	190/1350	152/846
1	$h_1,\mathrm{kJ/kg}$	1656	564
1'	$h_1,\mathrm{kJ/kg}$	1682	570
	$V_1,\mathrm{m^3/kg}$	0.67	0.118
2	$t_2,℃$	140	55
	$h_2,\mathrm{kJ/kg}$	1985	602
4	$t_4,℃$	35	35
	$h_4 = h_5,\mathrm{kJ/kg}$	585	453

计算结果见例表 6-4-2。

例表 6 - 4 - 2 例 1 计算结果

名称	计算式	R717	R12
1kg 冷剂制冷量,kJ/kg	$q_0 = h_1 - h_s$	1071	111
压缩 1kg 冷剂的理论功,kJ/kg	$W_0 = h_2 - h_1$	303	32
单位体积制冷量,kJ/m³	$Q_v = q_0 / V'$	1600	940
理论制冷系数	$\varepsilon_0 = q_0 / W_0$	3.53	3.47
压缩 1kg 冷剂实际功,kJ/kg	$W_p = W_0 / \eta_p \eta_m$	420.83	44.44
实际制冷系数	$\varepsilon_p = \varepsilon_0 \eta_p \eta_m$	2.54	2.5
卡诺循环制冷系数 $\varepsilon_c = T_0 / T_k - T_0$	$\varepsilon_c = 253/308 - 253$	4.6	4.6
卡诺循环效率	$\eta_p = \varepsilon_p / \varepsilon_c$	0.553	0.543
压缩比	p_k / p_0	7.1	5.56
制冷剂流量,kg/s	$G = Q_0 / q_0$	0.0466	0.45
压缩机排气量,m³/h	$V = 3600 \, G'_v \int$	112.4	191.2
压缩机理论容积流量,m³/h	$\overline{V} = V / \lambda'$	187.33	318.67
压缩机理论功率,kW	$N_0 = G W_0$	14.1	14.4
压缩机指示功率,kW	$N_p = N_0 / \eta_p$	17.63	18
压缩机轴功率,kW	$N = N_p / \eta_m$	19.6	20
冷凝放热,kW	$Q_k = Q_0 + N_p$	67.63	68

从计算结果可看出,R717 和 R12 的能量消耗指标相差不大,但压缩机理论容积流量相差很大,R12 的大得多,因此对于大容量的活塞式压缩机,用 R12 作制冷剂是不合适的。

3) 气体膨胀制冷

气体膨胀制冷是指具有一定压力和一定温度的天然气经过节流阀或膨胀机急剧膨胀,压力降低,温度也降低,用降低了温度的天然气(此时可能有凝液产生)与原料气换热(冷),获得冷量。可见膨胀制冷必定消耗压力能。

(1) 节流膨胀制冷。

目前,大多数凝液回收装置采用膨胀机制冷,节流阀制冷作为凝液回收装置的压力调节或降压降温的制冷方法,也常用于高压天然气烃水露点控制装置的制冷。

节流阀制冷是指气体通过节流阀等焓膨胀降压降温从而产生冷量的过程。在管线中,当气体通过孔口或阀门时,由于通径截面缩小,局部阻力增加使流体流速迅速增加,压力显著降低,气体体积膨胀对外界做功,消耗内能而降温。气体在节流过程来不及与外界进行热交换,故可近似认为是绝热节流。节流膨胀过程原理如图 6 - 4 - 17 所示。

节流膨胀制冷是个等焓过程,在 $T—S$ 图上示意如图 6 - 4 - 18 所示。气体通过节流阀膨胀降温也称焦耳 - 汤姆孙效应,所以有时称节流阀为 J - T 阀。气体节流膨胀如果压降小,并且在产生水合物温度以上操作,降温效果差,大致是压力每降低 100kPa 温度降低 0.3 ~ 0.4℃。如果在节流之前,将原料天然气先与节流后低温气换热,降低温度,再经节流阀节流,降温就大得多。例如甲烷在 7000kPa、- 51℃,节流膨胀到 1400kPa,温度将降到 - 104℃,即

1℃/100kPa。这就要注防冻剂或预先将原料天然气脱水,防止生成水合物。

原料天然气组分越富,温降越大,例如丙烷自 10000kPa,147℃ 节流膨胀到 5000kPa,温度降到 112℃,即 0.7℃/100kPa。如果原料气压力较高而温度却不高,节流之后可能进入两相区,有液相产生,节流阀也可正常操作。节流膨胀,能量都消耗在节流阀上,不能回收功,这是与膨胀机不同的。

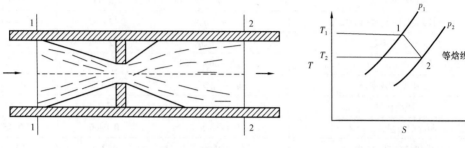

图 6 - 4 - 17　节流膨胀过程原理　　　　图 6 - 4 - 18　节流膨胀示意

节流阀比较简单,其制冷能力主要取决于原料气的组成、压力以及膨胀比,适用于气量波动大的原料气,操作简单,节流阀出口允许较大的带液量。当气体有可供利用的压力能,而且不需要很低的制冷温度时,采用节流阀制冷是一种简单有效的制冷方法。由于节流阀的制冷量较小,难以提供较低制冷温度,实现高凝液回收率的要求,节流制冷很少在凝液回收中单独使用,常与其他制冷方式联合作为辅助冷源使用。

（2）膨胀机制冷。

膨胀机膨胀制冷原理是利用一定压力的气体在膨胀机内进行绝热膨胀对外做功,使气体本身降温从而产生冷量。膨胀机工作原理如图 6 - 4 - 19 所示,温熵曲线如图 6 - 4 - 20 所示。

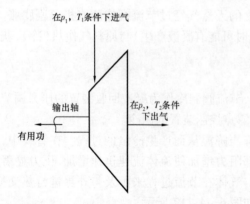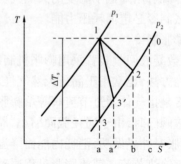

图 6 - 4 - 19　膨胀机工作原理图　　图 6 - 4 - 20　膨胀机和节流阀膨胀示意图（温熵曲线图）

膨胀机制冷是非常接近等熵膨胀的过程,气体经过膨胀降压之后温度降低(可能有凝液产生),这部分冷气体与原料气换冷,或者通过别的途径放出冷量(例如进脱乙烷塔、进脱甲烷塔)。并且可以回收一部分功,一般是匹配同轴压缩机。其制冷过程在 $T—S$ 图上示意如图 6 - 4 - 20 所示,气体从点 1（压力 p_1）等熵膨胀到点 3（压力 p_2）,熵降是 $h_1 - h_3$。但是膨胀机的等熵效率,即与等熵膨胀相比的效率不可能是 100%,也就是说不可能是可逆过程,只能膨胀到点 3′,实际焓降是 $h_1 - h_3′$,则等熵效率是:

$$\eta_s = \frac{\Delta H_{1-3′}}{\Delta H_s} \qquad (6-4-6)$$

式中　η_s——等熵效率;

　　　ΔH_s——等熵膨胀焓降,kJ/kmol 或 kJ/kg;

　　　$\Delta H_{1-3′}$——膨胀实际焓降,kJ/kmol 或 kJ/kg。

　　膨胀机能作出的功就是膨胀前后的焓差。产生的冷量可以用图 6-4-20 上 03′a′c 的面积表示。而节流膨胀产生的冷量仅是 02bc 的面积,可见膨胀机的制冷量比节流膨胀的大。理想气体经膨胀机膨胀无相变的温降计算式为:

$$\Delta T = \eta_s T_1 \left[\left(\frac{p_2}{p_1} \right)^{\frac{k-1}{k}} \right] \qquad (6-4-7)$$

式中　ΔT——温差,℃;

　　　T_1——膨胀机进口气体温度,K;

　　　p_1,p_2——膨胀前后压力,kPa;

　　　k——气体绝热指数。

　　由式(6-4-7)可见,在已知气体组成,膨胀前 p_1、T_1 和规定的膨胀后压力 p_2 之后,等熵焓降可以计算出来,但实际焓降因不知 η_s 值,还是不知道的。这个 η_s 值一般在 0.7~0.82。订货者提出膨胀机进口的气体组成,压力温度,膨胀后的压力等参数,要求 η_s 值不得小于某数值(比方说 0.75),提供给制造生产厂家,厂家据之设计制造膨胀机和相匹配的同轴压缩机。如能满足订货者要求的 η_s 值,实际焓降就可算出来,根据状态点 3′ 的焓值就可算得出口温度,从而算得出口流体中有多少凝液及其组成。除非进口气体很贫,或者因为膨胀比小而出口温度不够低,一般情况下大多有部分液态烃在出口出现。

　　由于膨胀制冷流程简单,制冷量大,故目前国内外各油气田天然气凝液回收装置基本采用这种技术。

　　(3)热分离机制冷。

　　热分离机也是用高压气体膨胀到低压产生焓降,气体温度降低,产生制冷作用。这里仅将工作原理作简单介绍。

　　一种气体在管子里可被压缩而温度升高(变热),也可以通过喷嘴降压膨胀而温度降低(变冷)。热分离机就是一种既能将气体变成热的压缩气体又能使气体降压膨胀变冷,即同时能把一种气体分成一股热流和一股冷流从而实现热分离的设备称作热分离机。图 6-4-21 是转动喷嘴热分离机膨胀机结构的示意图。

　　热分离机制冷工作原理是高压气体通过喷嘴高速喷出同时驱动喷嘴旋转,使高压气体依次射入沿喷嘴圆周排列的接受管束。高压气体通过喷嘴膨胀温度变低,这股气流称之为动力气,压力能变为动能。动力气射入接受管与存留在管内的气体(称为接受气)之间形成的接触面起着类似活塞的作用。该接触面以高速向接受管封闭端运动,压缩接受气,接受气温度升

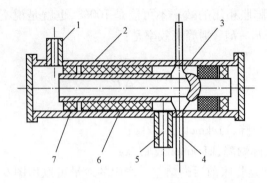

图 6－4－21　转动喷嘴热分离式膨胀机结构示意图
1—进气管;2—外壳;3—带喷嘴空心转轴;4—变压管束;5—排气管;6—密封材料;7—轴承

高,随着接受气管壁向管外散热,接受气温度下降。由于喷嘴是转动的,转向另一根管时,原来那根接受管的进气结束,进气管口关闭,而排气管出口打开。由于突然关闭进气管口,无进气量,气速突然降到零,而正在原来那根接受管内的向末端运动的高速动力气失去动力来源,在封闭端的热气流推动下,必然向开通的排气口流出,动力气再一次膨胀降温。

由此可见,热分离机是一种把压力能转变为热量和冷量的机器,是由形成脉冲的间歇的动力气造成的。

热分离机的等熵膨胀效率不高,比膨胀机低,相同的膨胀比时,降温效果差,但比节流阀大。它的优点是转动喷嘴转速不高,为 800～3000r/min,不易出故障,容易维护。

热分离机也有固定喷嘴的,现已逐渐淘汰。

4) 采用冷剂制冷与气体膨胀制冷的一般条件

冷剂制冷包括单一冷剂制冷、混合冷剂制冷和复叠式制冷。对于低压富气或低压超富气,在流量变化大时,可选用混合冷剂制冷。

膨胀机制冷适用于原料气处理量及压力较稳定、原料气有差压可利用及回收率要求较高的情况。

冷剂制冷与膨胀机制冷联合工艺适用于原料气压力高,膨胀机产生的制冷量不足的情况。冷剂制冷多以丙烷冷剂为主,为膨胀机制冷提供预冷冷量。

对于无差压可利用、外输压力高的条件应采用多种制冷工艺进行技术经济对比,确定其制冷工艺。

混合冷剂制冷的冷剂配比优化较为复杂,操作运行调节不便,混合冷剂制冷主要应用于中等规模的天然气液化装置。复叠式制冷工艺流程复杂,压缩机机组较多,主要应用于大型天然气液化装置。在天然气轻烃回收制冷工艺中应谨慎选用,需通过详细的技术经济分析。

冷剂制冷的适用温度范围:丙烷制冷可获得比氨制冷更低的温度,适用于原料气冷凝温度高于 $-37℃$ 的工况;以 C_2H_6 和 C_3H_8 为主的混合冷剂适用于冷凝温度低于 $-40℃$ 的工况;复叠式制冷适用于冷凝温度低于 $-60℃$ 的工况。

(1) 冷剂制冷和膨胀机制冷一般性的适宜条件。

表 6－4－5 列出了冷剂与膨胀机制冷的一般性的适宜条件。这只是一般地讲讲主要条

件,至于设计决策时究竟选用哪一种工艺方法,应作几个方案比较,最终归结到管理方便,技术先进可靠,设备性能好,运转时间长,从而达到经济效益好的目的。

（2）J-T阀与膨胀机比较。

①J-T阀只宜用在原料气压力高与外输气有比较大的压差的情况,如果原料气压力低,为了回收凝液而需增压就不宜用J-T阀。

②J-T阀温降小,产生的冷量也小。要求高丙烷收率时,远远比不上膨胀机。

③J-T阀适应原料气流量波动范围大。膨胀机流量一般波动20%左右,比额定流量小得多时,效率下降很多。

④J-T阀调节压降灵活,调节幅度大。膨胀机调节幅度小。

⑤J-T阀可用在膨胀前后气体都带液的情况。膨胀机进口不允许带液。

⑥J-T阀结构简单,投资少,投产快,容易维护,这是最大的优点。膨胀机结构复杂,辅助设施多,投资大。

（3）冷剂制冷与膨胀机制冷的热力学第二定律效率比较如图6-4-22所示。

表6-4-5　冷剂制冷和膨胀机制冷一般性适宜条件

冷剂制冷	膨胀机制冷
中等低温制冷,一般不低于-70℃。大于-70℃时热力学效率比膨胀机高	适宜于低温制冷。在-100℃左右时,热力学效率高
原料气与回收凝液后的外输压力要求压差小,不因为增压外输气多耗功	原料气压力与外输气之间有压差可利用,无论制冷温度高低都可用膨胀机
原料气组成贫,压力低,要求高丙烷收率,必须增压,增压后压力与外输气压力相差不大,例如400kPa左右,宜用混合冷剂	原料气组成贫、压力低,要求高丙烷收率时,必须增压,增压后压力与外输压力有压差
原料气组成富,压力低要求高丙烷收率,宜用冷剂制冷。但压力太低,不增压不能达到目的时,需作比较是否采用冷剂制冷	原料气组成富、压力高,不因高丙烷收率增压。外输气数量比原料气

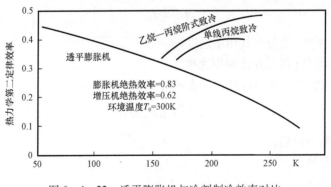

图6-4-22　透平膨胀机与冷剂制冷效率对比

由图6-4-22可见,在160K左右,丙烷冷剂制冷与膨胀机制冷的热力学第二定律效率相近。制冷温度高时冷剂制冷效率高,制冷温度低时膨胀机制冷效率高。但是效率高低并不是选用哪一种制冷工艺的唯一标准,正如前面讲过要全面权衡,经济效益是第一位的。图6-4-22只是通过热力学计算得到的结果,实际上单一丙烷冷剂制冷温度不可能达到160K(-113℃),达到-60℃就需两级压缩,温度再低,对压缩机的要求更苛刻,制造上的问题更多,难以解决。

三、烃组分气液平衡

天然气凝液回收大都在压力较高、温度较低的情况下进行冷凝分离,特别在要求高丙烷或高乙烷收率时更是如此。这时,气相不能看作是理想气体,液相不能看作是理想溶液,与之有关的如道尔顿分压定律或拉乌尔定律都不适用。

只有一个气相、一个液相的气流平衡可用式(6-4-8)计算汽化率。

$$x_i = \frac{z_i}{1 + (K_i - 1)e} \tag{6-4-8}$$

式中　x_i——i组分在液相中摩尔分数;

　　　z_i——i组分在原料气中摩尔分数;

　　　K_i——i组分的相平衡常数,与组成压力温度有关;

　　　e——气液平衡时的汽化率。

$$y_i = K_i x_i \tag{6-4-9}$$

要得到比较精确的e值,关键是相平衡常数值K值的计算。在偏离理想状态较远的情况下只能用状态方程式计算。在第四章第四节中列的p—T—K列线图是凯洛格公司提出的特庇列斯图。此图略去了组成的影响,查出的K_i值实际上是表示组成的平均K_i值,由于查图读数误差大,而凝液回收计算精度要求严格,不宜用列线图查取K_i值。

天然气是个混合物,混合物气液平衡的条件是任何一个组分在气相和液相中的逸度相等,即:

$$f_{iv} = f_{iL} \tag{6-4-10}$$

式中　f_{iv}——混合物中i组分在气相中逸度;

　　　f_{iL}——混合物中i组分在液相中逸度。

对于纯组分,逸度定义可用微分方程表示:

$$dG = RT d\ln f \tag{6-4-11}$$

式中　G——吉布斯自由能;

　　　R——气体常数;

　　　T——体系温度;

　　　f——逸度。

$$\lim_{\rho \to 0} \frac{f}{p} = 1 \tag{6-4-12}$$

式(6-4-12)的意义是理想气体的逸度就是压力。也就是说在非理想体系中,逸度是对压力的修正值。用状态方程计算相平衡常数 K_i 值实际上是计算 f_{iv} 和 f_{iL} 值。由相平衡常数定义可写出:

$$K_i = \frac{y_i}{x_i} = \frac{f_{iL}/x_i}{f_{iv}/y_i} \qquad (6-4-13)$$

虽然状态方程是经验式,缺少理论基础,但能严格地描述 p—V—T 之间的实验数据,得到广泛应用。

1. 用状态方程计算逸度

1) R-K 方程

$$p = \frac{RT}{V-b} - \frac{a}{T^{0.5}V(V+b)} \qquad (6-4-14)$$

或

其中

$$Z = \frac{pV}{RT} = \frac{V}{V-b} - \frac{a}{R\,T^{1.5}(V+b)} \qquad (6-4-15)$$

$$a = \Omega_a\,R^2\,T_c^{2.5}/p_c \qquad (6-4-16)$$

$$b = \Omega_b RT_c/p_c \qquad (6-4-17)$$

式中　V——摩尔体积,$m^3/kmol$;

$\quad T$——体系温度,K;

$\quad p$——体系压力,kPa;

$\quad Z$——压缩因子;

$\quad R$——气体常数,取 $8.3143m^3kPa/(kmol \cdot K)$;

$\quad a$——混合物与 i 组分的吸力参数;

$\quad b$——混合物与 i 组分的体积参数;

$\quad T_c$——临界温度,K;

$\quad p_c$——临界压力,kPa;

$\quad \Omega_a,\Omega_b$——常数,$\Omega_a = 0.42748$,$\Omega_b = 0.0867$。

式(6-4-14)和式(6-4-15)用于混合物时混合规则为:

$$a_m = \left(\sum_{i-1}^{N} y_i\,a_i^{0.5}\right)^2$$

$$b_m = \sum_{i-1}^{N} y_i\,b_i$$

为方便在电子计算机上迭代求解,式(6-4-15)可改写为:

$$Z = \frac{1}{1-h} - \frac{A}{B}\left(\frac{1}{1+h}\right) \qquad (6-4-18)$$

$$h = \frac{b}{V} = \frac{Bp}{z} \qquad (6-4-19)$$

其中

$$B = b/RT$$

$$A = a/R^2 T^{2.5}$$

$$A/B = a/bRT^{1.5}$$

式(6-4-18)和式(6-4-19)用于混合物时，A 和 B 的混合规则为：

$$A_{\mathrm{m}} = \left(\sum_{i=1}^{N} y_i A_i^{0.5}\right)^2, \quad B_{\mathrm{m}} = \sum_{i=1}^{N} y_i B_i$$

在指定的 p、T 时用迭代法求解可先设一个 z 的初值代入式(6-4-19)，计算 h 值，将此 h 值代入式(6-4-18)算得新的 Z 值，再将新的 Z 值代入式(6-4-19)，又得 h 值。如此反复迭代直到 Z 值的变化小于规定的允许值。

求得 Z 值后可由 R—K 方程导出的式(6-4-20)计算混合物中 i 组分的逸度：

$$\ln \frac{f_{iv}}{p\, y_i} = (Z-1)\frac{B_i}{B} - \ln(Z - Bp) - \frac{A^2}{B}\left(2\frac{A_i}{A} - \frac{B_i}{B}\right) \times \ln\left(1 + \frac{Bp}{Z}\right) \qquad (6-4-20)$$

式中：

$$A_i = \frac{a_i}{R^2 \, T^{2.5}}$$

$$B_i = \frac{b_i}{RT}$$

$$A = \sum_{i=1}^{N} y_i A_i$$

$$B = \sum_{i=1}^{N} x_i B_i$$

由此可算出 f_{iv}。同样在等号左端将 $\ln \dfrac{f_{iv}}{p\, y_i}$ 写成 $\ln \dfrac{f_{iL}}{p\, x_i}$，即可算出 f_{iL}。

由此可见，需先有 x_i 和 y_i 值，才能作以上计算。因此，可先假设一个 K_i 初值，用式(6-4-8)猜算 e 值，按 $\sum\limits_{i=1}^{N} x_i = 1$，$\sum\limits_{i=1}^{N} y_i = 1$ 得 x_i 和 y_i 值，再用式(6-4-20)算出的 f_{iv}/py_i 和 f_{iL}/px_i 得：

$$K_i = \frac{f_{iL}}{p\, x_i} \Big/ \frac{f_{iv}}{p\, y_i}$$

如果 $f_{iL}=f_{iv}$ 或 $|f_{iL}|-|f_{iv}|$ 绝对值之差小于规定值,即所设 K_i 值为 R—K 方程算出的 K_i 值,否则重新设 K_i 值,从头再算。

2) SRK 方程

Soave 在 1972 年改进了 R—K 方程。R—K 方程用于多组分气液平衡计算准确性较差。Soave 将 R—K 方程中 $a/T^{0.5}$ 项改用温度函数 $a(T)$ 代替。SRK 方程为:

$$p = \frac{RT}{V-b} - \frac{a(T)}{V(V+b)} \qquad (6-4-21)$$

若定义

$$A = \frac{ap}{R^2 T^2}, B = \frac{bp}{RT}, V = \frac{ZRT}{p}$$

则可得

$$Z^3 - Z^2 + Z(A - B - B^2) - AB = 0 \qquad (6-4-22)$$

此式 Z 有三个根,最大根是气相 Z,最小根是液相 Z,中间根无物理意义。

计算混合物中 i 组分在气相和液相中的逸度可用下式计算。

$$\ln \frac{f_{iL}}{p x_i} = \frac{b_i}{b}(Z-1) - \ln(Z-B) - \frac{A}{B}\left(\frac{2 a_i^{0.5}}{a^{0.5}} - \frac{b_i}{b}\right) \times \ln\left(1 + \frac{B}{Z}\right) \qquad (6-4-23)$$

式中　p——体系压力,kPa;

　　　T——体系温度,K;

　　　V——摩尔体积,m³/kmol;

　　　Z——压缩因数;

　　　R——气体常数,取 8.3143m³kPa/(kmol·K);

　　　a,a_i——混合物和 i 组分的吸力参数;

　　　b,b_i——混合物和 i 组分的体积参数;

　　　x_i,y_i——液相或气相中 i 组分的摩尔分数;

　　　f_{iL},f_{iv}——混合物液相和气相中 i 组分的逸度。

$$\frac{a_i^{0.5}}{a^{0.5}} = \frac{a_i^{0.5} T_{ci}/p_{ci}^{0.5}}{\sum\limits_{i=1}^{N} x_i a_i^{0.5} T_{ci}/p_{ci}^{0.5}}$$

$$\frac{b_i}{b} = \frac{T_{ci}/p_{ci}}{\sum\limits_{i=1}^{N} x_i T_{ci}/p_{ci}}$$

$$a = \left(\sum\limits_{i=1}^{N} x_i a_i^{0.5}\right)^2, b = \sum\limits_{i=1}^{N} x_i b_i$$

$$a_i = a_{ci} a_i$$

$$a_{ci} = 0.42748 \, R^2 \, T_{ci}^2 / p_{ci}$$

$$a_i^{0.5} = 1 + m_1 (1 - T_{ci}^{0.5})$$

$$m_i = 0.480 + 1.574 \, \omega_i - 0.176 \, \omega_i^2$$

其中 ω 为偏心因子。

$$b_i = 0.08664 R \, T_{ci} / p_{ci}$$

$$A = 0.42748 \, \frac{p}{T^2} \left(\sum_{i=1}^N x_i \, \frac{T_{ci} \, a_i^{0.5}}{p_{ci}^{0.5}} \right)^2$$

$$B = 0.08664 \, \frac{p}{T} \sum_{i=1}^N x_i \, \frac{T_{ci}}{p_{ci}}$$

为改进对非烃—烃系统的预测，SRK 方程在参数 a 的混合规则中引入经验校正因子 $\overline{K}_{ij}$

$$a = \sum_{i=1}^N \sum_{i=1}^N x_i \, x_j \, a_{ij}$$

$$a_{ij} = (a_i \, a_j)^{0.5} (1 - K_{ij})$$

对烃—烃系统，$K_{ij} = 0$，

部分非烃组分和烃组分的 K_{ij} 值见表 6-4-6。

表 6-4-6 Soave 模型中所用的 $\overline{K}_{ij}$ 值（$\overline{K}_{ij} = \overline{K}_{ji}$）

i \ j	二氧化碳	硫化氢	氮	一氧化碳	i \ j	二氧化碳	硫化氢	氮	一氧化碳
甲烷	0.12	0.08	0.02	-0.02	正壬烷	0.15	0.03	0.08	
乙烯	0.15	0.07	0.04		正癸烷	0.15	0.03	0.08	
乙烷	0.15	0.07	0.06		正十一烷	0.15	0.03	0.08	
丙烯	0.08	0.07	0.06		二氧化碳	—	0.12	—	-0.04
丙烷	0.15	0.07	0.08		环己烷	0.15	0.03	0.08	
异丁烷	0.15	0.06	0.08		甲基环己烷	0.15	0.03	0.08	
正丁烷	0.15	0.06	0.08		苯	0.15	0.03	0.08	
异戊烷	0.15	0.06	0.08		甲苯	0.15	0.03	0.08	
正戊烷	0.15	0.06	0.08		邻二甲苯	0.15	0.03	0.08	
正己烷	0.15	0.05	0.08		间二甲苯	0.15	0.03	0.08	
正庚烷	0.15	0.04	0.08		对二甲苯	0.15	0.03	0.08	
正辛烷	0.15	0.04	0.08		乙苯	0.15	0.03	0.08	

同样，先给出一个 K_i 的初值，作内层 e 迭代算出 x_i 及 y_i 值，再作外层 K_i 值迭代。如果 $f_{iL} = f_{iv}$ 或规定两者之差 $< 10^{-3}$ 时，计算结束。

$$K_j = \frac{f_{iL}/p \, x_i}{f_{iv}/p \, y_i}$$

3）B. W. R. S 方程（修正的 B. W. R 方程）

近年来，不少人试图在 B. W. R 状态方程的基础上加以改进，以扩大其应用范围并提高精确性。其中有一种修正的 B. W. R 态方程对于烃类加工过程中所遇到的各种体系应用效果都很好，该状态方程具有 11 个常数，基本方程为：

$$p = \rho RT + \left(B_0 RT - A_0 \frac{C_0}{T^2} + \frac{D_0}{T^3} - \frac{E_0}{T^4} \right) \rho^2 + \left(bRT - a - \frac{d}{T} \right) \rho^3 + $$

$$\alpha \left(a + \frac{d}{T} \right) \rho^6 + (1 + \gamma \rho^2) \exp(-\gamma \rho^2) \frac{c \rho^3}{T^2}$$

$$(6-4-24)$$

该式对汽相和液相均适用。式中的 p，T，ρ 和 R 的意义及单位与式（6-4-14）相同。A_0，α，B_0，C_0，D_0，E_0，a，b，c，d 和 γ 为 11 个参数。这些参数的计算如下：

对于纯组分，各参数（A_{0i} 和 B_{0i} 等）可表示为临界温度 T_{ci} 临界分子密度 ρ_{ci} 和偏心因子 ω_i 的函数。

$$\rho_{ci} B_{0i} = A_1 + B_1 \omega_i$$

$$\frac{\rho_{ci} A_{0i}}{R \, T_{ci}} = A_2 + B_2 \omega_i$$

$$\frac{\rho_{ci} A_{0i}}{R \, T_{ci}^3} = A_3 + B_3 \omega_i$$

$$\rho_{ci}^2 \gamma_i = A_4 + B_4 \omega_i$$

$$\rho_{ci} b_i = A_5 + B_5 \omega_i$$

$$\frac{\rho_{ci}^2 a_i}{R \, T_{ci}} = A_6 + B_6 \omega_i$$

$$\rho_{ci}^3 \alpha_i = A_7 + B_7 \omega_i$$

$$\frac{\rho_{ci}^2 c_i}{R \, T_{ci}^3} = A_8 + B_8 \omega_i$$

$$\frac{\rho_{ci} D_{0i}}{R \, T_{ci}^4} = A_9 + B_9 \omega_i$$

$$\frac{\rho_{ci} d_i}{R \, T_{ci}^2} = A_{10} + B_{10} \omega_i$$

$$\frac{\rho_{ci} E_{0i}}{R \, T_{ci}^5} = A_{11} + B_{11} \omega_i \exp(-3.8 \omega_i) \qquad (6-4-25)$$

式中通用常数 A_j 和 $B_j(j=1,2,\cdots,11)$ 的数值列于表 $6-4-7$。

表 $6-4-7$　通用常数 A_j 和 B_j 值

下标 j	常数值		下标 j	常数值	
	A_j	B_j		A_j	B_j
1	0.443690	0.115449	7	0.0705233	-0.044448
2	1.284380	-0.920731	8	0.504087	1.32245
3	0.356306	1.70871	9	0.0307452	0.179433
4	0.544979	-0.270896	10	0.0732828	0.463492
5	0.528629	0.349261	11	0.006450	-0.022143
6	0.4844011	0.754130			

一些化合物的临界参数和偏心因子数值列于表 $6-4-8$，该表中未列的化合物，建议由相应的手册查取。

表 $6-4-7$ 中的 A_j 和 B_j 值是根据表 $6-4-8$ 中所列的 C_1 至 C_8 正构烷烃的 T_{ci}、ρ_{ci} 和 ω_i 值回归而得。由于不同来源的临界参数，尤其是 ω_j 值出入较大，因此对表列化合物，尤其是上述烷烃不宜采用其他来源的数据。

对混合物，对汽相或液相混合物，式（$6-4-21$）中各参数按混合规则由纯组分的相应参数求取。考虑到各组分分子间作用力的影响，引进了二元交互作用参数 k_{ij}：

$$B_0 = \sum_{i=1}^{n} x_i B_{0i}$$

$$A_0 = \sum_{i=1}^{n} \sum_{j=1}^{n} x_i x_j A_{0i}^{1/2} A_{0j}^{1/2} (1-k_{ij})$$

$$C_0 = \sum_{i=1}^{n} \sum_{j=1}^{n} x_i x_j C_{0i}^{1/2} C_{0j}^{1/2} (1-k_{ij})^3$$

$$\gamma = \left(\sum_{i=1}^{n} x_i \gamma_i^{1/2} \right)^2$$

$$b = \left(\sum_{i=1}^{n} x_i b_i^{1/3} \right)^3$$

$$a = \left(\sum_{i=1}^{n} x_i a_i^{1/3} \right)^3$$

$$\alpha = \left(\sum_{i=1}^{n} x_i \alpha_i^{1/3} \right)^3$$

$$c = \left(\sum_{i=1}^{n} x_i c_i^{1/3} \right)^3$$

$$D_0 = \sum_{i=1}^{n} \sum_{j=1}^{n} x_i x_j D_{0i}^{1/2} D_{0j}^{1/2} (1 - k_{ij})^4$$

$$d = \Big(\sum_{i=1}^{n} x_i d_i^{1/3} \Big)^3$$

$$E_0 = \sum_{i=1}^{n} \sum_{j=1}^{n} x_i x_j E_{0i}^{1/2} E_{0j}^{1/2} (1 - k_{ij})^5 \qquad (6-4-26)$$

式中　x_i——气相或液相混合物中组分 i 的分子分数；

　　　k_{ij}——组分 i 和 j 之间的交互作用参数，当 i 和 j 形成接近理想的溶液时 $k_{ij}=0$，对同一组分 k_{ij} 或 $k_{ij}=0$，k_{ij} 的若干数据列于表 6-4-9；

　　　n——组分总数，$i=1,2,\cdots n,j=1,2,\cdots,n$。

相平衡常数 K 的计算方法如下。判断气相—液相平衡的准则依然为：

$$f_{iv} = f_{iL}$$

为此需求定各组分在气相和液相混合物中的逸度。

表 6-4-8　纯化合物的物性数据

化合物	分子量 M_i	临界温度 T_{ci} ℃	临界压力 p_{ci} atm	临界密度 ρ_{ci} kmol/m³	临界压缩因子 Z_{ci}	偏心因子 ω_i
氮	28.016	−147	33.5	11.099	0.292	0.035
氢	2.016	−239.8	12.8	34.602	0.305	0.0
一氧化碳	28.01	−140.22	34.53	10.749	0.295	0.093
二氧化碳	44.01	31.05	72.82	10.638	0.274	0.21
硫化氢	34.076	100.38	88.84	10.525	0.283	0.105
甲烷	16.042	−82.461	45.44	10.050	0.288	0.013
乙炔	26.036	35.17	60.59	8.849	0.271	0.113
乙烯	28.052	9.9	49.66	8.065	0.277	0.101
乙烷	30.068	32.23	48.16	6.756	0.284	0.1018
丙炔	40.062	129.24	55.54	6.098	0.276	0.164
丙二烯	40.062	120.0	54.0	6.173	0.272	0.162
丙烯	42.08	91.88	45.5	5.525	0.275	0.150
丙烷	44.094	96.739	41.94	4.999	0.280	0.157
丁二烯 −1,3	54.088	152.0	42.70	4.525	0.270	0.221
丁烯 −1	56.014	146.4	39.70	4.167	0.276	0.240
异丁烯	56.014	144.75	39.48	4.184	0.275	0.1951
正丁烷	58.12	152.03	37.47	3.921	0.274	0.197
异丁烷	58.12	134.97	36.00	3.801	0.282	0.183
正戊烷	72.146	196.34	33.25	3.215	0.262	0.252
异戊烷	72.146	187.22	33.37	3.247	0.270	0.226
正己烷	86.172	234.13	29.73	2.717	0.264	0.302

化合物	分子量 M_i	临界温度 T_{ci} ℃	临界压力 p_{ci} atm	临界密度 ρ_{ci} kmol/m³	临界压缩因子 Z_{ci}	偏心因子 ω_i
正庚烷	100.198	267.13	27.00	2.347	0.263	0.353
正辛烷	114.224	295.43	24.54	2.057	0.259	0.412
正壬烷	128.25	321.38	22.6	1.842	0.254	0.475
正癸烷	142.276	344.38	20.7	1.661	0.246	0.54
十一烷	156.30	366.83	19.1	1.515	0.242	0.60
苯	78.108	288.89	48.34	3.846	0.271	0.215
甲苯	92.134	318.61	40.55	3.082	0.264	0.26
邻二甲苯	106.168	357.2	36.84	2.710	0.263	0.3023
间二甲苯	106.168	343.90	34.95	2.659	0.259	0.3278
对二甲苯	106.168	343.10	34.65	2.638	0.260	0.3138
乙基苯	106.168	344.02	35.62	2.674	0.264	0.3169
环己烷	84.156	299.78	40.2	3.247	0.273	0.210

由热力学可以导出逸度 f_i 和 $p—V—T$ 之间的基本关系式：

$$RT\ln\left(\frac{f_i / x_i}{\rho RT}\right) = \int_0^\rho \left[\rho\left(\frac{\partial pV}{\partial n_i}\right)_{T,V,n_{j\neq i}} - \rho RT\right]\frac{d\rho}{\rho^2} \qquad (6-4-27)$$

当采用修正的 B. W. R. 方程式（6-4-21）表示 $p—V—T$ 关系时，则可导出以下计算组分 i 在汽相和液相混合物的逸度 f_{iv} 和 f_{iL} 的公式：

$$RT\ln f_i = RT\ln(\rho RT x_i) + \rho(B_0 + B_{0i})RT + 2\rho\sum_{j=1}^n x_j\Big[-(A_{0j}A_{0i})^{1/2}(1-k_{ij}) -$$

$$\frac{(C_{0j}C_{0i})^{1/2}}{T^2}(1-k_{ij})^3 + \frac{(D_{0j}D_{0i})^{1/2}}{T^3}(1-k_{ij})^4 - \frac{(E_{0j}E_{0i})^{\frac{1}{2}}}{T^4}(1-k_{ij})^5\Big] +$$

$$\frac{\rho^2}{2}\Big[3(b^2 b_i)^{\frac{1}{3}}RT - 3(a^2 a_i)^{\frac{1}{3}}\frac{3(d^2 d_i)^{\frac{1}{3}}}{T}\Big] + \frac{d\rho^5}{5}\Big[3(a^2 a_i)^{\frac{1}{3}} + \frac{3(d^2 d_i)^{\frac{1}{3}}}{T}\Big] +$$

$$\frac{3\rho^2}{5}\Big(a + \frac{d}{T}\Big)(d^2 d_i)^{\frac{1}{3}} + \frac{3(c^2 c_i)^{\frac{1}{3}}\rho^2}{T^2}\Big[\frac{1-\exp(-\gamma\rho^2)}{\gamma\rho^2} - \frac{\exp(-\gamma\rho^2)}{2}\Big] -$$

$$\frac{2C}{\gamma T^2}\Big(\frac{\gamma_i}{\gamma}\Big)^{1/2}\Big[1 - \exp(-\gamma\rho^2)\Big(1 + \gamma\rho^2 + \frac{1}{2}\gamma^2\rho^4\Big)\Big]$$

$$(6-4-28)$$

计算 f_{iv} 时：x_i 为汽相中组分 i 的分子分数；ρ 为汽相密度。

计算 f_{iL} 时：x_i 为液相中组分 i 的分子分数；ρ 为液相密度。

常数中有下标的是纯组分的常数，无下标的是混合常数。

在汽—液平衡时,所有组分在两相中的逸度均相等,即 $f_{iv} = f_{iL}$,则相平衡常数可按以下方式求出:

$$K_i = \frac{y_i}{x_i} = \frac{f_{iL}/x_i}{f_{iv}/y_i}$$

修正的 B. W. R. 方程主要改进了原型 B. W. R. 方程在低温、高压下的准确度,可以用来计算对比温度低达 $T_r = 0.3$ 和对比密度高达 $\rho_r = 3.0$ 条件下的 p—V—T 关系。

4)PR 方程

SRK 方程在预测液相密度时不够精确,对除甲烷外的烃类组分,普遍较实验数据小。1976 年 Peng 和 Robinson 在 SRK 方程基础上做了些改进提出 PR 方程为:

$$p = \frac{RT}{V-b} - \frac{a(T)}{V(V+b) + b(V-b)} \tag{6-4-29}$$

其中

$$a(T) = a(T_c)\alpha(T_r,\omega)$$

$$a(T_c) = 0.45727 R^2 T_c^2 / p_c$$

$$\alpha(T_r,\omega) = [1 + K'(1-T_r)^{0.5}]^2$$

式中 K'——每一物质固有的特征常数。

$$K' = 0.37464 + 1.5226\omega - 0.26992\omega^2$$

$$b = 0.0778 RT_c / p_c \tag{6-4-30}$$

混合物的混合规则 PR 方程同样采用 Soave 规则:

$$a = \sum_{i=1}^{n} \sum_{j=1}^{n} x_i x_j a_{ij}$$

$$b = \sum_{i=1}^{n} x_i b_i$$

$$a_{ij} = (a_i a_j)^{0.5}(1 - k_{ij}) \tag{6-4-31}$$

表 6-4-9 二元交互作用参数的若干数据（$k_{ij} \times 100$）

甲烷	乙烷	乙烯	丙烷	丙烯	异丁烷	正丁烷	异戊烷	正戊烷	正己烷	正庚烷	正辛烷	正壬烷	正庚烷	正十一烷	氮	二氧化碳	硫化氢	化合物
0.0	1.0	1.0	2.3	2.1	2.75	3.1	3.6	4.1	5.0	6.0	7.0	8.1	9.2	10.1	2.5	5.0	5.0	甲烷
	0.0	0.0	0.31	0.3	0.4	0.45	0.5	0.6	0.7	0.85	1.0	1.2	1.3	1.5	7.0	4.8	4.5	乙烷
		0.0	0.31	0.3	0.4	0.45	0.5	0.6	0.7	0.85	1.0	1.2	1.3	1.5	7.0	4.8	4.5	乙烯
			0.0	0.3	0.3	0.35	0.4	0.45	0.5	0.65	0.8	1.0	1.1	1.3	10.0	4.5	4.0	丙烷

甲烷	乙烷	乙烯	丙烷	丙烯	异丁烷	正丁烷	异戊烷	正戊烷	正己烷	正庚烷	正辛烷	正壬烷	正癸烷	正十一烷	氮	二氧化碳	硫化氢	化合物
				0.0	0.3	0.35	0.4	0.45	0.5	0.65	0.8	1.0	1.1	1.3	10.0	4.5	4.0	丙烯
					0.0	0.0	0.08	0.1	0.15	0.18	0.2	0.25	0.3	0.3	11.0	5.0	3.6	异丁烷
						0.0	0.08	0.1	0.15	0.18	0.2	0.25	0.3	0.3	12.0	5.0	3.4	正丁烷
							0.0	0.0	0.0	0.0	0.0	0.0	0.0	0.0	13.4	5.0	2.8	异戊烷
								0.0	0.0	0.0	0.0	0.0	0.0	0.0	14.8	5.0	2.0	正戊烷
									0.0	0.0	0.0	0.0	0.0	0.0	17.2	5.0	0.0	正己烷
										0.0	0.0	0.0	0.0	0.0	20.0	5.0	0.0	正庚烷
											0.0	0.0	0.0	0.0	22.8	5.0	0.0	正辛烷
												0.0	0.0	0.0	26.4	5.0	0.0	正壬烷
													0.0	0.0	29.4	5.0	0.0	正癸烷
														0.0	32.2	5.0	0.0	正十一烷
															0.0	0.0	0.0	氮
																0.0	3.5	二氧化碳
																	0.0	硫化氢

式中 k_{ij} 是由实验数据确定的二元交互作用系数，见表 6 – 4 – 10。

表 6 – 4 – 10　PR 方程二元交互作用系数 k_{ij} 值

名称	N_2	CO_2	H_2S	C_1	C_2	C_3
正构烷烃	0.1	0.1	0.05	0	0	0
环烷烃	0.1	0.1	0	0.03	0.01	0.01
芳香烃	0.18	0.1	0	0.05	0.01	0.01

PR 方程也可写成：

$$Z^3 - (1 - B)Z^2 + (A - 3B^2 - 2B)Z - (AB - B^2 - B^3) = 0 \qquad (6 - 4 - 32)$$

其中

$$A = \frac{ap}{R^2 T^2}, B = \frac{bp}{RT}, V = \frac{ZRT}{p}$$

可解出 Z 有一个或三个实根，在两相区最大根是气相，最小根是液相，中间根无物理意义。

计算混合物中 i 组分的逸度式如下：

$$\ln \frac{f_{iL}}{px_i} = \frac{b_i}{b}(z - 1) - \ln(z - B) - \frac{A}{2\sqrt{2}B} \qquad (6 - 4 - 33)$$

同样,相平衡常数是:

$$K_i = \frac{f_{iL}/px_i}{f_{iv}/py_i}$$

2. 关联式计算

应用最广泛的是 CS 关联和 GS 关联。

(1) CS 关联 CS 关联是用不同的方程分别计算气相和液相的逸度。在气液平衡时,有:

$$\varphi_{iv}\, y_i p = \gamma_{iL}^0 x_i f_{iL}^0 \qquad (6-4-34)$$

式中 φ_{iv} ——气相混合物中 i 组分的逸度系数;

y_i —— i 组分在气相中摩尔分数;

p ——体系压力,kPa;

γ_{iL}^0 ——纯组分 i 在体系 p、T 下的液相活度系数;

x_i —— i 组分在液相中的摩尔分数;

f_{iL}^0 ——纯组分 i 在体系 p、T 下的液相逸度。

CS 关联用 R-K 方程计算气相逸度系数,用溶解度参数计算纯组分 i 的液相逸度,用正规溶液理论计算纯组分 i 的液相的活度系数。可参看有关专著,这里不赘述。

(2) GS 关联 GS 关联是对 CS 关联作了某些修正,使 CS 关联的应用范围扩展到 426℃ 和 20000kPa 高温高压条件,更适用在有氢气情况下石油馏分 K 值的计算,可参看有关专著。凝液回收大都用 BWRS、PR 方程计算,所以关联式部分从略。

四、浅冷分离工艺计算

全国所有油气田都有浅冷分离工艺装置,效果都不错。浅冷可以用冷剂制冷,也可以用原料气自身压力膨胀制冷。浅冷分离意味着不回收乙烷,在条件适当时尽量多回收一些丙烷。

1. 冷凝温度压力的确定

在一定的冷凝温度下,提高冷凝压力,冷凝液量增多,但是压力提高到一定程度,C_{3+} 的凝液量的增加幅度远比 C_2 组分凝液量增加得少。现选择一个比较有代表性的天然气组成比较,组成见表 6-4-11。

表 6-4-11 以代表性的天然气组成为例

组分	N_2	CO_2	C_1	C_2	C_3	iC_4	nC_4	iC_5
摩尔分数,%	1.75	0.97	84.05	5.48	3.12	1.14	1.27	0.72

组分	nC_5	C_6	C_7	C_8	C_9	C_{10}	合计	
摩尔分数,%	0.61	0.45	0.25	0.11	0.03	0.05	100	

由表 6-4-12 可见,在 -50℃,压力从 1000kPa 增加到 1800kPa,C_2 增加 192.8% ,C_3 增加 138% ,压力越高,相差得越大。表 6-4-12 列出在更宽的压力范围,在 -40℃时 C_2—C_5 的冷凝率。

从表 6-4-13 可见, -40℃时,C_3 液化率自 200kPa 增加到 2200kPa,增加幅度大。但由 2200kPa 增加到 3400kPa,增加幅度变小,C_2 液化率在压力高时,比 C_3 增加得多。如果只要求回收 C_{3+} ,不希望 C_2 冷凝得多,多了还要从脱乙烷塔顶蒸出,增加投资和能耗。因此,像上述组成的原料气,压力在 2600kPa,温度 -42℃左右,就可回收丙烷 60% 左右。如果要求回收 80% ,至少达 -60℃,压力也要提到 4000kPa 左右。这样,单一冷剂制冷有困难。膨胀制冷也要考虑原料气的压力是否足够高,或者因为原料气压力低而必须增压所消耗的功率是否合算。

上面举出的只是对特定的气体组成说的,如果原料气富,应作多方案比较。伴生气往往压力不高,如果为了回收丙烷必须达到某个收率,除考虑冷凝温度和压力外,还应考虑外输气压力的大小;采用冷剂还是膨胀机制冷;有无废热可以利用等。

表 6-4-12　不同温度压力下冷凝液量

组分	压力,kPa	不同温度下冷凝液量,%（摩尔分数）					
		-10℃	-20℃	-30℃	-40℃	-50℃	-60℃
C_2	1000	1.3	2.2	3.8	6.6	10.58	17.1
	1800	3.3	5.5	8.6	13.3	20.4	30.4
	3800	8.9	13.5	19.7	28.0	39.0	52.7
C_3	1000	5.4	10.2	17.9	29.5	44.5	61.2
	1800	12.8	20.8	32.4	46.5	61.5	75.3
	3800	26.6	37.8	50.6	63.8	75.6	85.2
C_4	1000	17.4	31.1	48.5	65.9	80	89.6
	1800	33.6	49.4	65.1	78.8	88	93.7
	3800	52.3	65.9	77.6	86.2	92.1	95.8
C_5	1000	47.3	67.7	81.9	91.7	96.2	98.5
	1800	66.9	80.4	90.2	95.5	97.9	99
	3800	78.9	87.9	93.2	96.2	97.7	99.2

表 6-4-13　温度是 -40℃时压力变化对液化率的影响

组分	不同压力下液化率,%								
	200kPa	600kPa	1000kPa	1400kPa	1800kPa	2200kPa	2600kPa	3000kPa	3400kPa
C_2	0.5	3.1	6.6	10	13.3	16.8	19.9	22.8	25.5
C_3	3.5	17.0	29.5	39.1	46.5	51.9	56.5	59.3	61.8
C_4	16.2	49.8	65.9	73.8	78.8	81.7	83.4	84.6	85.5
C_5	52.6	84.9	91.7	94.0	95.5	95.5	96.2	96.2	96.2

2. 工艺流程示意

1）膨胀机制冷流程示意

图 6-4-23 所示为圣安东尼奥装置,这是美国也可以说是世界上第一个工业化的膨胀机制冷流程。在 1964 年 1 月投产,由于当时乙烷无销路,只以回收丙烷为主。原料量 368 × $10^4 m^3/d$,丙烷收率为 82% ,丁烷以上收率接近 100% 。透平膨胀机为径向进气,RPM - 26000,膨胀出口带液量达 15% (质量分数)。原料气组成见表 6-4-14。

表 6-4-14 圣安东尼奥装置原料气组成

组成	N_2	CO_2	C_1	C_2	C_3	C_4	C_5	C_{6+}
摩尔分数,%	0.77	2.22	90.1	5.17	1.65	0.44	0.12	0.13

上述组成的原料气中 C_{3+} 含量为 $0.0951 L/m^3$。

原料组成变化对收率影响见表 6-4-15。

表 6-4-15 原料组成变化对收率的影响

C_{3+} 含量,L/m^3	膨胀出口温度,℃	C_3 收率,%	C_{3+} 含量,L/m^3	膨胀出口温度,℃	C_3 收率,%
0.0782	-95.5	88	0.1117	-89	80
0.0951	-93	82			

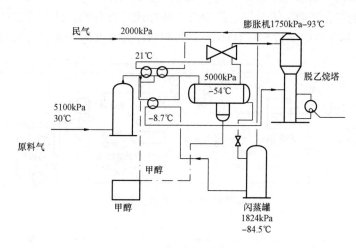

图 6-4-23 圣安东尼奥装置示意图

与低温油吸收法能耗比较(相同的处理量及丙烷收率)见表 6-4-16。

表 6-4-16 与低温吸收法能耗比较

名称	膨胀机	低温油吸收	名称	膨胀机	低温油吸收
燃料气用量,$1000 m^3/d$	11.3	51	耗电量,$kW \cdot h$	65	435

原料气中含 CO_2 达 2.2% ,在 1750kPa、-93℃ ,没有产生 CO_2 固体,生产正常。

2）冷剂制冷流程示意

浅冷分离丙烷两级压缩制冷循环流程示意如图 6-4-24 所示。

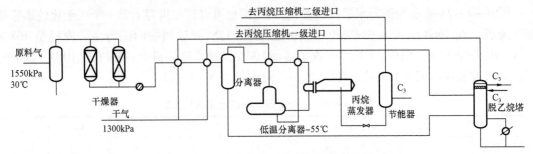

图 6-4-24　浅冷分离丙烷两级压缩制冷循环

原料气压力 1550kPa、30℃。外输气压力要求不低于 1300 kPa，无压差可利用。原料气组成类似表 6-4-12。要求丙烷收率 50%，经过计算对比后也可采用上述流程。

3. 设计计算实例

［例2］　原料气组成、温度压力和各点参数见例图 6-4-2、例图 6-4-3 及例表 6-4-3 至例表 6-4-5。原料气含饱和水。丙烷收率不低于 50%，采用膨胀机制冷工艺。因原料气压力与外输气压力压差大，有 1600kPa 压差可利用。外输气压力不小于 450 kPa 就可以。要求膨胀机等熵效率不低于 65%。原料气处理量仅 28000～30000m³/d。装置建于井口附近。脱乙烷的混合烃液装罐车拉运到中心气体处理厂再分馏。此装置投产后实测，丙烷收率能达 50% 以上，膨胀机等熵效率用 HYSYS 软件包程序计算可达 70%，与设计计算基本吻合。

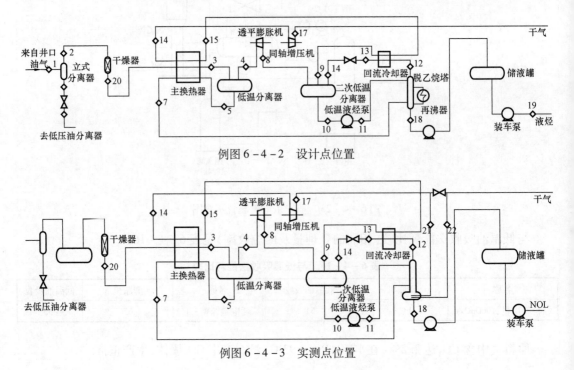

例图 6-4-2　设计点位置

例图 6-4-3　实测点位置

例表6-4-3 设计各点参数

点号		1	2	3	4	5	6	7	8	9	10
压力,atm		20.5000	20.5000	19.8250	19.8250	19.8250	10.4000	10.2000	4.3000	4.3000	4.3000
温度,K		303.0000	303.0000	239.0000	239.0000	239.0000	233.1863	298.0000	191.6090	190.5050	190.5050
组成%	CH_4	83.4500	83.5335	83.5335	86.7825	15.2749	15.2749	15.2749	86.7825	87.6471	7.8274
	C_2H_6	6.6500	6.6535	6.6535	6.4359	11.2249	11.2249	11.2249	6.4359	6.9187	16.2388
	C_3H_8	3.3700	3.3679	3.3679	2.5026	21.5478	21.5478	21.5478	2.5026	1.7804	48.6118
	iC_4	0.8400	0.8371	0.8371	0.3619	10.8217	10.8217	10.8217	0.3619	0.0815	11.8279
	nC_4	1.0500	1.0449	1.0049	0.3423	15.8071	15.8071	15.8071	0.3423	0.0419	12.0459
	iC_5	0.3900	0.3847	0.3847	0.0479	7.4603	7.4603	7.4603	0.0479	0.0011	1.7550
	nC_5	0.3300	0.3240	0.3240	0.0284	6.5345	6.5345	6.5345	0.0284	0.0004	1.0434
	C_6	0.3100	0.2932	0.2932	0.0059	6.3293	6.3293	6.3293	0.0059	0.0000	0.2167
	C_7	0.1800	0.1538	0.1538	0.0007	3.3693	3.3693	3.3693	0.0007	0.0000	0.0259
	C_8	0.0600	0.0399	0.0399	0.0000	0.8781	0.8781	0.8781	0.0000	0.0000	0.0015
	C_9	0.0100	0.0040	0.0040	0.0000	0.0888	0.0888	0.0888	0.0000	0.0000	0.0000
	N_2	2.3400	2.3425	2.3425	2.4487	0.1118	0.1118	0.1118	2.4487	2.4572	0.0347
	CO	1.0200	1.0209	1.0209	1.0432	0.5516	0.5516	0.5516	1.0432	1.0718	0.3707
L_F		0.0011	0.0000	0.0454	0.0000	1.0000	0.9136	0.6671	0.0178	0.0000	1.0000
G,kmol/h		56.0000	55.9381	55.9381	51.1965	2.5416	2.5416	2.5416	51.1965	51.1348	1.4117
H,kcal/kmol		2479.0391	2481.9189	1631.0070	1794.1169	-1795.7710	-1795.7750	753.0894	1418.6680	1485.3330	-2738.257
S,kcal/kmol		42.4375	42.4009	39.3693	38.9134	48.9472	49.0788	58.6255	40.3400	40.3205	39.2121
Z		0.8819	0.8810	1.1278	1.0812	11.8514	4.2676	1.1741	0.2295	0.2323	14.1983
M		20.1238	20.0543	20.0543	18.5756	51.1211	51.1210	51.1210	18.5756	18.1586	43.8551

点号		11	12	13	14	15	16	17	18	19	20
压力,atm		10.0000	10.0000	9.7000	4.3000	4.0000	3.6000	4.7000	10.0000	16.0000	20.0000
温度,K		190.5050	265.8750	213.0000	196.1848	200.0000	298.0000	320.3112	328.3409	328.3409	303.0000
组成%	CH_4	7.8274	36.9651	36.9651	36.9651	87.6471	87.6471	87.6471	0.0011	0.0011	83.5335
	C_2H_6	16.2388	34.9739	34.9739	34.9739	6.9187	6.9187	6.9187	1.6542	1.6542	6.6535
	C_3H_8	48.6119	23.3664	23.3664	23.3664	1.7804	1.7804	1.7804	35.3485	35.3485	3.3679
	iC_4	11.8219	1.1333	1.1333	1.1333	0.0815	0.0815	0.0815	16.0715	16.0715	0.8371
	nC_4	12.0459	1.2039	1.2039	1.2039	0.0419	0.0419	0.0419	21.3103	21.3103	1.0449
	iC_5	1.7550	0.0598	0.0598	0.0598	0.0011	0.0011	0.0011	8.1833	8.1833	0.3847
	nC_5	1.0434	0.0265	0.0265	0.0265	0.0004	0.0004	0.0004	6.9134	6.9134	0.3240

续表

点号		11	12	13	14	15	16	17	18	19	20
组成 %	C_6	0.2167	0.0016	0.0016	0.0016	0.0000	0.0000	0.0000	6.2787	6.2787	0.2932
	C_7	0.0259	0.0001	0.0001	0.0001	0.0000	0.0000	0.0000	3.2944	3.2944	0.1538
	C_8	0.0015	0.0000	0.0000	0.0000	0.0000	0.0000	0.0000	0.8557	0.8557	0.0399
	C_9	0.0000	0.0000	0.0000	0.0000	0.0000	0.0000	0.0000	0.0864	0.0864	0.0040
	N_2	0.0347	0.2469	0.2469	0.2469	2.4572	2.4572	2.4572	0.0000	0.0000	2.3425
	CO	0.3707	1.4225	1.4225	1.4225	1.0718	1.0718	1.0718	0.0026	0.0026	1.0209
L_F		1.0000	0.0000	0.6144	0.5222	0.0000	0.0000	0.0000	1.0000	1.0000	0.0000
G, kmol/h		1.4117	1.3500	1.3500	1.3500	51.1348	51.1348	51.1348	2.6115	2.6115	55.9381
H, kcal/kmol		−2732.152	2316.4409	−406.234	−406.233	1564.6930	2423.7129	2625.2639	700.2485	703.5933	2489.5750
S, kcal/mol		39.1946	49.9231	38.5961	39.4592	40.6274	44.2330	44.3597	62.4854	62.4487	42.5562
Z		14.2053	0.4979	1.5412	0.4784	0.2323	0.1436	0.1744	9.1424	9.1660	0.8192
M		43.8551	29.2151	29.2051	29.2151	18.1586	18.1586	18.1586	58.5028	58.5028	20.0543

注：L_F—液化率；H—焓；S—熵；Z—压缩因子；M—相对分子质量；G—流率；1atm = 101.325kPa；1cal = 4.1868J。

例表 6−4−4 实测参数（一）

点号	1	2	3	4	5	7	8	9	10	11	12	13	14	15	16	17	18	21	22
压力 MPa（绝）	2.16	2.14	2.1	2.07	2.1		0.49	0.49	0.49	0.80	0.71	0.7	0.49	0.44	0.41	0.55	0.68	0.44	0.44
温度，℃	31	24	−31	−29	−29	3	−80	−78	−78	−64	−23	−47	−78	−64	16	49	15	49	18
流量 m³/h	1200															910			

例表 6−4−5 实测参数（二）

样品来源	组成，%													
	C_1	C_2	C_3	iC_4	nC_4	iC_5	nC_5	C_6	C_7	C_8	C_9	C_{10}	CO_2	N_2
原料气 干燥前	83.66	6.73	3.66	0.97	1.34	0.55	0.45	0.43	0.26	0.1	0.02	0	1.03	0.79
原料气 干燥后	84.72	6.62	3.52	0.96	1.3	0.47	0.34	0.25	0.09	0.03	0.01	0.01	0.88	0.81
膨胀机 进口	88.68	6.27	2.48	0.39	0.39	0.06	0.04	0.02	0.01	0	0	0	0.84	0.82
脱乙烷 塔液相	0	0.13	6.64	14.18	30.75	14.97	13.37	15.2	4.27	0.5	0.01	0	0	0
低温分离 器液相	5.194	13.33	12.69	4.3	5.38	3.42	3.11	3.4	0.74	0.03	0	0	1.29	0.37
干气	89.22	6.14	2.17	0.29	0.41	0.09	0.05	0	0	0	0	0	0.80	0.83

五、深冷分离工艺

1. 伴生气丙烷回收简介

丙烷回收是指回收天然气中丙烷及丙烷以上的重组分。丙烷回收可提高油气田开发经济效益与社会效益,油气田企业十分重视丙烷回收工程的建设。

从 20 世纪 60 年代开始,国外勘探开发公司十分重视天然气凝液回收与利用,建设了大量的丙烷回收工程,在凝液回收工艺的开发与应用方面取得了大量的研究成果。美国的 Ortloff 公司、IPSI 公司和 Randall 公司以及加拿大的 ESSO 公司等基于降低系统能耗、提高凝液回收率及流程适应性为目标,陆续开发了许多丙烷回收流程,其中 DHX 丙烷回收流程、SCORE 丙烷回收流程和 HPA 丙烷回收流程应用较多。这些丙烷回收流程具有丙烷回收率高(95% 以上)、对原料气适应性强、流程简单等特点。

我国丙烷回收技术起步较晚,20 世纪 60 年代,四川省首次开展了从天然气中分离、回收凝液产品的试验工作。20 世纪 90 年代,我国吐哈油田引进第一套由德国林德公司设计的 DHX 丙烷回收流程,该流程较不采用 DHX 塔的丙烷回收装置,其丙烷回收率提高了 10% ~ 20%。此后,DHX 丙烷回收流程在我国得到广泛运用和快速发展。各油气田开始陆续建设了多套丙烷回收装置,凝液产品主要以液化石油气和稳定轻烃为主,积累了丙烷回收工艺设计及建设经验。

国内丙烷回收装置原料气主要来源于油田伴生气和凝析气,油田伴生气压力低、气质富、处理规模小。油田伴生气丙烷回收装置流程主要采用单级膨制冷流程(Industry – Standard Stage,ISS)和简化 DHX 丙烷回收流程(无脱乙烷塔回流罐)。对低压油田伴生气需对原料气增压,脱水工艺多数采用分子筛脱水,制冷工艺主要采用丙烷制冷、丙烷制冷与膨胀机制冷相结合的联合制冷等,丙烷回收率为 60% ~95%。

国内凝析气田气丙烷回收装置流程以 ISS 流程和简化的 DHX 流程为主,原料气压力普遍较高,无须增压,制冷方式多数采用膨胀机制冷、丙烷制冷与膨胀机制冷相结合的联合制冷。

随着透平膨胀机制造技术和多股板翅式换热技术的发展,以提高丙烷回收率、降低系统能耗为目标,将丙烷回收工艺与冷热集成技术相结合,开发了多种丙烷回收高效流程。丙烷回收流程主要有气体过冷(Gas Subcooled Process,GSP)、液相过冷(Liquid Subcooled Process,LSP)、单塔塔顶循环(Single Column Overhead Recycle,SCORE)、直接换热(Direct Heat Exchange,DHX)以及高压吸收(High Pressure Absorber process,HPA)等流程。

2. 伴生气乙烷回收简介

天然气乙烷回收是指回收天然气中的乙烷及乙烷以上的重组分。乙烷及凝液产品是重要的化工原料和燃料,通过回收天然气中的乙烷及乙烷以上的组分,可控制天然气烃露点。随着我国石油与天然气工业的发展,石油化工行业对乙烷原料的需求增大,乙烷回收技术越来越得到重视。本章主要包括乙烷回收工艺现状、主要乙烷回收流程、典型乙烷回收流程的模拟与分析、乙烷回收工艺的应用与实例。

国外从 20 世纪 60 年代开始乙烷回收工程建设及相关技术研究,在乙烷回收工艺的开发、改进等方面取得了显著的成果,美国的 Ortloff 公司、IPSI 公司和 Randall 公司以及法国的 Technip 公司等以节能降耗、提高乙烷回收率及降低工程投资为目标,陆续开发了多种高效乙烷回收工艺。这些流程不仅乙烷回收率高、适应性强,且处理规模大、气质工况多样化。其乙烷回收装置制冷工艺主要采用丙烷制冷与膨胀机制冷联合制冷。

美国 Ortloff 公司在 20 世纪 70 年代就开展了对天然气乙烷回收技术的研究,并于 1979 年提出了两种以"分流"为主要特征的气体过冷工艺(GSP)和液体过冷工艺(LSP)。为了增强流程的适应性、提高乙烷回收率,Ortloff 公司于 1996 年在 GSP 工艺的基础上提出了改进流程——部分气体循环流程(RSV)。该工艺在高效乙烷回收技术发展历程上向前迈进了一大步,其流程具有超高、可调的乙烷回收率(可达 96% 以上),且对不同气质的适应性较强。

为了提高装置对 CO_2 的适应性,Ortloff 公司在 RSV 工艺的基础上提出了部分气体循环强化流程(RSVE)。此外,该公司还开发了 SRC 和 SRX 等工艺流程。应用最多的乙烷回收流程是 RSV 流程及其改进型。

不同于 Ortloff 公司脱甲烷塔顶部改进回流的研究思路,美国 IPSI 公司将乙烷回收技术研究的重点集中放在改进脱甲烷塔底部换热集成上,开发了 IPSI 流程,降低了高压操作下的脱甲烷塔热负荷,提高了乙烷回收率。

美国 Randall Gas Technologies 公司在 21 世纪初期开发了适用于高压原料气工况条件的 HPA 乙烷回收,降低脱甲烷塔底温度,可取消脱甲烷塔底重沸器,同时也降低了外输气再压缩功耗。

国外乙烷回收工程技术发展里程时间长、工程设计建设经验和研究成果丰富。国外乙烷回收工程正朝着处理规模大、乙烷回收率高、流程高效多样化等方向发展。

目前国内乙烷回收装置相对较少,在大庆油田、辽河油田和中原油气田等建设了多套乙烷回收装置。这些乙烷回收装置大多采用 LSP 流程,处理规模小($100 \times 10^4 \mathrm{m}^3/\mathrm{d}$),乙烷回收率低(85%),与国外相比还存在较大的差距。

20 世纪 80 年代,我国大庆油田和中原油气田等主要从国外引进乙烷回收装置,通过消化吸收国外乙烷回收技术,掌握了乙烷回收装置设计和建设的关键技术。现阶段国内具有自主设计和建设乙烷回收装置的能力,开发了多套国产化天然气回收乙烷深冷装置。

大庆油田于 1987 年引进萨南深冷乙烷回收装置,该装置由林德公司设计,采用双膨胀机制冷。通过消化吸收乙烷回收技术,大庆油田于 2011 年,自主设计建成了大庆油田南八深冷乙烷回收装置,其制冷方式采用丙烷预冷与膨胀机制冷相结合的 LSP 乙烷回收流程。

国内乙烷回收技术与国外的差距表现在国内乙烷回收装置少,流程较单一,处理规模小,乙烷回收率有待进一步提高,有较大的工艺改进潜力。

随着各油气田提质增效工作的开展,国内乙烷技术正向着大型化方向发展。长庆油田已建成 4 列规模 $1500 \times 10^4 \mathrm{m}^3/\mathrm{d}$ 的大型装置,塔里木油田即将建成 2 列规模为 $1500 \times 10^4 \mathrm{m}^3/\mathrm{d}$ 的装置。

国外应用广泛的乙烷回收流程主要有气体过冷流程（GSP）及其改进型、液体过冷流程（LSP）、部分气体循环流程（RSV）及其改进型、高压吸收乙烷回收流程（HPA）等。

3. 工艺介绍

深冷可以用阶式制冷、混合冷剂制冷或膨胀机制冷。国内已建成投产的几套深冷分离装置回收80%以上乙烷的都是用膨胀机制冷。其原料气压力都很低，为了回收乙烷，必须增压，见表6-4-17。

表6-4-17　原料气和外输气进出界区压力　　　　　　　　　　　单位：Pa

装置所属	原料气	增压后	外输气	备注
大庆油田	125	4800	400	两级膨胀
辽河油田牛居	490	4413	700	丙烷+膨胀机
辽河油田兴隆台	147	3922	784	氨冷+膨胀机
中原油气田	640	4354	1177	丙烷+膨胀机

可见增压后压力与外输气压力相比，都有大的压差可利用，用膨胀机是合理的。伴生气深冷分离还没有用阶式制冷的。

1）工业单级（ISS）膨胀机制冷流程

早期装置一般是ISS流程，如图6-4-25所示。各点组分参数见表6-4-18。

表6-4-18　单级膨胀深冷工厂各点组分参数

点号 组分	1		2		3		4		5		6	
	流量 kmol/h	摩尔分 数，%	流量 kmol/h	摩尔分 数，%	流量 kmol/h	摩尔分 数，%	流量 kmol/h	摩尔分 数，%	流量 kmol/h	摩尔分 数，%	流量 kmol/h	摩尔分 数，%
N_2	1.646	0.220	1.592	0.253	0.058	0.050	1.647	0.242	0.000	0.000	1.647	0.242
CO_2	0.077	0.009	0.059	0.009	0.018	0.015	0.054	0.008	0.027	0.041	0.054	0.008
H_2S	—		—		—		—		—		—	
C_1	672.628	90.043	599.536	95.182	73.087	62.398	671.598	98.648	1.085	1.547	671.598	98.648
C_2	41.580	5.566	23.591	3.745	17.989	15.356	7.398	1.087	34.183	51.614	7.398	1.007
C_3	16.855	2.256	4.314	0.685	12.542	10.707	0.099	0.015	16.760	25.307	0.099	0.015
iC_4	3.071	0.411	0.367	0.058	2.703	2.308	—		3.071	4.637	—	
nC_4	3.896	0.522	0.322	0.051	3.547	3.051	—		3.896	5.883	—	
iC_5	1.197	0.160	0.041	0.007	1.157	0.988	—		1.197	1.807	—	
nC_5	0.975	0.131	0.023	0.004	0.948	0.809	—		0.975	1.472	—	
C_6	5.094	0.682	0.036	0.006	5.058	4.318	—		8.094	7.692	—	
C_{7+}												
合计	747.019		629.881	100.00	117.135	100.00	680.796	100.00	66.228	100.00	680.794	100.00

注：原料气标况体积流量为$42 \times 10^4 m^3/d$。

图 6 - 4 - 25 是纯粹的膨胀机制冷流程。原料气压力与外输气压力要求相同。乙烷收率达 82%。这个流程是否合理,暂不讨论。列出这个流程的意思是介绍典型的膨胀机流程。

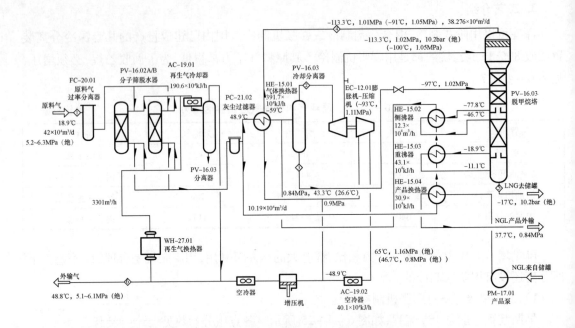

图 6 - 4 - 25 单级膨胀深冷工艺流程

2) 直接换热流程(DHX)

直接换热流程(Direct Heat Exchange Process,DHX)由加拿大 ESSO 公司于 1984 年开发,于 Judy Creek 工厂得到首次应用,丙烷回收率由 72% 提高到 95%。

原料气经主冷箱预冷后进入低温分离器,分离出的液相先用于冷却原料气,随后进入脱乙烷塔中下部,分离出的气相经膨胀机膨胀端后进入 DHX 塔底部。脱乙烷塔塔顶气相由冷箱Ⅱ冷却,进入脱乙烷塔顶回流罐,回流罐分离出的气相经降温节流后进入 DHX 塔的顶部,分离出的液相返回脱乙烷塔顶作为脱乙烷塔顶回流。

DHX 流程采用双塔流程,在 GSP 流程的基础上增加重接触塔,脱乙烷塔顶设置回流罐达到乙烷富集的作用。DHX 塔顶进料含有大量液态乙烷(60% ~ 70%),乙烷汽化制冷降低了重接触塔顶温度,将逆流而上的气相中的丙烷及更重烃类组分冷凝下来,提高了丙烷回收率。

重接触塔的操作压力低于脱乙烷塔,一般较脱乙烷塔塔压低 0.2 ~ 0.3MPa。脱乙烷塔压力随着原料气压力增加而增加,其塔压一般小于 4MPa。对高压天然气(大于 7MPa),其流程可能存在冷量过剩,此时流程不再是高效流程。重接触塔理论塔板数多数为 6 ~ 8 块。

该流程适合于大多数气质,对富气要获得较高的回收率需增加丙烷制冷。DHX 流程具有以下特点:

(1) 设置脱乙烷塔回流罐,回流罐具有乙烷富集和回流的双重作用;

（2）重接触塔内乙烷汽化制冷，丙烷回收率高，可达99%；

（3）对高压原料气（大于7MPa）可能存在冷量过剩的问题；

（4）在国内大多数深冷装置得到应用。

典型 DHX 工艺流程图如图6-4-26所示。

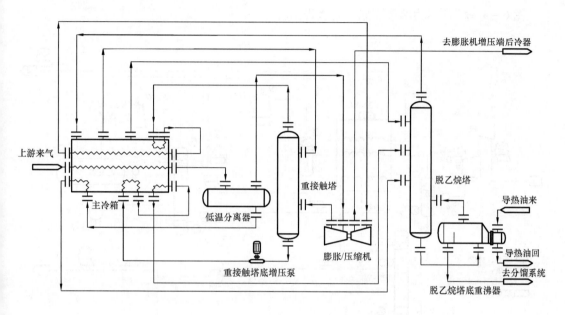

图6-4-26 典型 DHX 工艺流程图

3）两级膨胀工艺流程

两级膨胀工艺设计实例，具体见某轻烃回收装置。根据下列气体组成、气源压力、生产乙烷、丙烷、丁烷和稳定轻烃进行工艺流程设计。处理气量 $150 \times 10^4 \, \text{m}^3/\text{d}$。组成见表6-4-19。

表6-4-19 两级膨胀工艺设计气体组成

组分	N_2	CO_2	C_1	C_2	C_3	iC_4	nC_4	iC_5	nC_5	C_6	C_{7+}	H_2O
摩尔分数,%	0.962	0.412	83.92	8.234	3.915	0.664	1.251	0.201	0.168	0.089	0.061	0.123

原料气进界区压力4000kPa，25~30℃；

外输气出界区压力不小于800kPa，20℃。

经过计算，不仅脱乙烷塔顶回流的冷源需用丙烷辅助制冷供给，而且主冷箱因中温级冷量不足尚需丙烷补冷。

经分子筛吸附脱水后原料气组成见表6-4-20。

表 6 - 4 - 20　经分子筛吸附后原料气组成

组分	N_2	CO_2	C_1	C_2	C_3	iC_4	nC_4	iC_5	nC_5	C_6	C_{7+}
摩尔分数,%	0.962	0.412	84.02	8.243	3.919	0.665	1.252	0.201	0.168	0.088	0.0612

图 6 - 4 - 27 所示为两级膨胀工艺流程图。

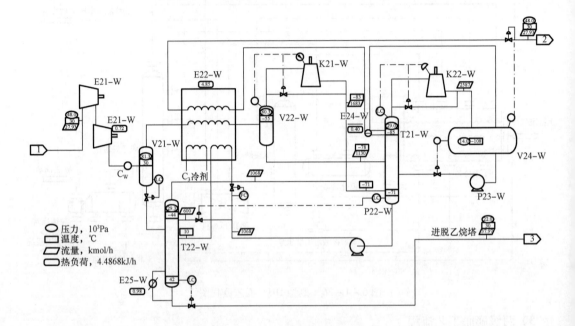

图 6 - 4 - 27　两级膨胀工艺流程图

共计 2793kmol/h,平均分子量 19.67,质量流率 54938.37kg/h。要求乙烷收率不小于 85%。流程图上未表示分子筛脱水部分。

采用正升压,即原料先经膨胀机的同轴压缩机压缩升压,然后再膨胀。

4）分流（Split Flow）工艺流程

处理量、原料气组成、进出界区条件和乙烷收率等数据均与两级膨胀相同。

脱乙烷塔顶回流冷源也需丙烷制冷供给冷量,但主冷箱无须丙烷补冷。从流程图上还可以看到脱甲烷塔底重沸器热源有两个:一个是塔底产品用泵打入主冷箱(板翅式换热器)中某一流道,冷却原料气,本身被加热气化回到塔内;另一个是开车启动时用的独立的重沸器用外加热源供热,正常生产时停用,所以此重沸器的热负荷标示为零。分流的流率是原料气总流率的 28%。膨胀比大,高达 7。

分流工艺流程如图 6 - 4 - 28 所示。

5）两级膨胀与分流工艺流程比较

（1）两种流程的物料平衡。物料平衡比较见表 6 - 4 - 21。

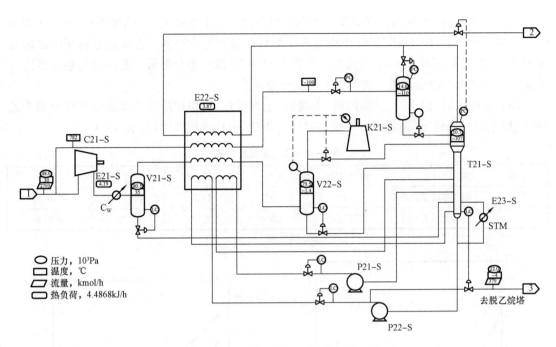

图 6 - 4 - 28 分流工艺流程图

表 6 - 4 - 21 物料平衡比较　　　　　　　　单位:kmoL/h

组成	两级膨胀工艺流程			分流工艺流程		
	进料	外输气	进脱甲烷塔	进料	外输气	进脱甲烷塔
N_2	26.89	26.89	0	26.89	26.89	0
CO_2	11.53	10.58	0.95	11.53	10.58	0.95
C_1	2346.69	2343.96	2.73	2346.96	2346.55	0.14
C_2	230.24	30.23	200.01	230.24	29.57	200.67
C_3	109.48	0.02	109.46	109.48	0.61	108.87
iC_4	18.58	0.00	18.58	18.58	0.02	18.56
nC_4	34.98	0.00	34.98	34.98	0.01	34.97
iC_5	5.63	0.00	5.63	5.63	0.00	5.63
nC_5	4.69	0.00	4.69	4.69	0.00	4.69
C_6	2.48	0.00	2.48	2.48	0.00	2.48
C_{7+}	1.71	0.00	1.71	1.71	0.00	1.71
合计	2793	2411.68	381.32	2793	2414.33	378.67

两者一致。

（2）主冷箱的 T—Q 图。两级膨胀主冷箱和分流工艺主冷箱 T—Q 图如图 6 - 4 - 29 和图 6 - 4 - 30 所示。由 T—Q 图可见,分流法的平均传热温度差小得多。直观地看两条线之间的面积,哪个面积大,哪个传热温差就大。有了 T—Q 图可以仔细分析每一股冷流与热流换冷有无温度交叉和内部冷损现象。传热温差小则㶲效率高。

（3）能耗比较（包括脱乙烷、丙烷、丁烷）。上面说过,脱甲烷塔底产品还要顺序分馏为乙烷(气相采出)、丙烷、丁烷和稳定轻烃。界区内能耗(包括丙烷补冷)见表 6 - 4 - 22。

表 6 - 4 - 22   能耗比较表

名称		丙烷补冷	蒸汽	冷却水	泵	合计
能耗,10^4 kJ/h	两级膨胀工艺流程	1300	1767	1122	17.58	4206.58
	分流工艺流程	353.33	1365	1314	47.73	3079.46

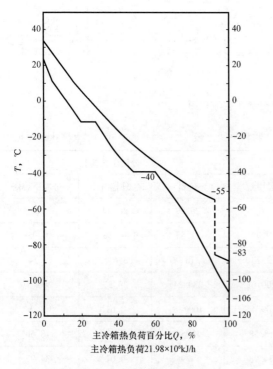

图 6 - 4 - 29   两级膨胀主冷箱 T—Q 图   图 6 - 4 - 30   分流工艺主冷箱 T—Q 图

由此可见,分流工艺流程能耗小。

严格地说,分流也是补冷的一种手段。分流的膨胀比大,接近 7,膨胀机的㶲效率较低。但是为了简化脱甲烷塔前制冷分离流程,减少设备方便管理,牺牲一点㶲效率也是可以考虑的。实践证明,深冷分离,关键是在前部。分流工艺对原料气量波动,组成变化比两级膨胀有较好的适应性。纯粹是两级膨胀的流程对组分变化的适应性差,特别是组分变富(例如有凝析气、原油稳定气掺入)很不适应。大庆油田引进林德公司的两级膨胀工艺的实践,证明了这点。

6）混合冷剂（闭式）制冷与膨胀制冷冷比较

混合冷剂特别适用在原料气与回收凝液之后的外输气压差很小的情况。法国 TP 公司对下列组成的天然气和伴生气作了比较。

进装置压力：天然气 4000kPa、伴生气 5000kPa，温度为 40℃。处理量 $5.664 \times 10^6 \text{m}^3/\text{d}$。$H_2S$ 含量不大于 10ppm。回收凝液后的外输气温度 40℃，压力比进装置压力小 300kPa，回收丙烷 90%，环境温度为 30℃。无废热可利用。用电动机驱动冷剂压缩机。混合冷剂组成是 C_2 50%，C_3 50%。对上述条件的天然气和伴生气分别用混合冷剂和膨胀机制冷，工艺流程示意如图 6-4-31 至图 6-4-34 所示。比较结果见表 6-4-23。

表 6-4-23　混合冷剂与膨胀机制冷比较

名称		天然气		伴生气	
		膨胀机制冷	混合冷剂制冷	膨胀机制冷	混合冷剂制冷
功率 kW	外输气压缩机	10000	4500	17800	4400
	制冷压缩机		2300		4600
	小计	10000	6800	17800	9000
换热面积 m^2	空冷器	1200	1100	2000	2000
	换热器（冷箱等）	7000	11000	3800	14000
	小计	8200	12100	5800	16000

可见无论是贫气还是富气，在无压差可利用的情况下，混合冷剂制冷效果好，能耗少。但换热面积大，现在都用板翅式换热器，体积小面积大，造价比管壳式的低得多。

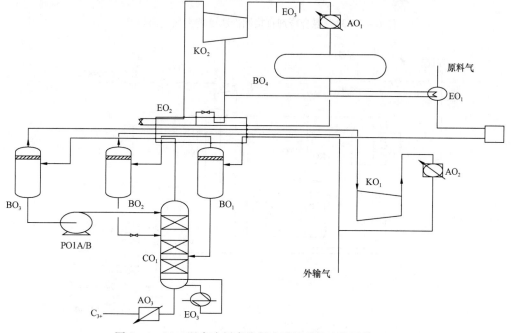

图 6-4-31　混合冷剂直接制冷法处理伴生气回收 C_{3+}

7）法国 tp 公司推荐选用原则

膨胀机制冷的适宜温度为 $-113 \sim -83℃$，此时㶲效率高。制冷温度高于 $-80℃$ 时，冷剂制冷㶲效率高。但㶲效率的高低并不是选用哪一种制冷工艺的唯一标准，经济效益是第一位的。tp 公司推荐参考图 $6-4-35$ 选用制冷方式。前提是原料气与外输气之间无压差可利用。如上面讲的，外输气压力只能比原料气压力小 $300kPa$。油田伴生气大多压力低（凝析气除外），远不到 $2000kPa$。平均分子量为 $18 \sim 21$，为了回收凝液必须增压，否则丙烷收率太小。如果增压后压力与外输气压力有比较大的压差可利用，那么采用膨胀机制冷也是合理的。

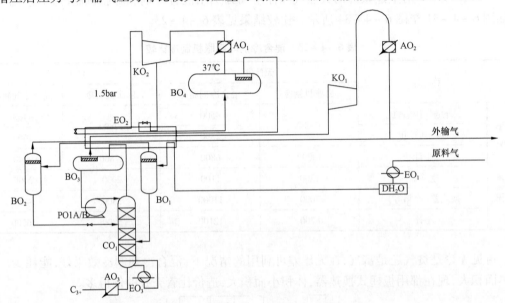

图 $6-4-32$　混合冷剂直接制冷法处理天然气回收 C_{3+}

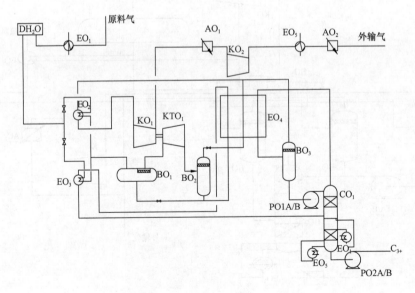

图 $6-4-33$　膨胀机法处理伴生气回收 C_{3+}

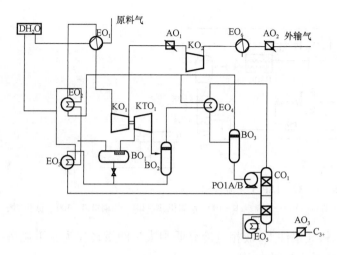

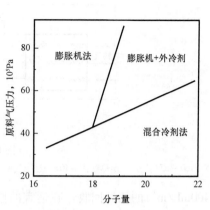

图 6 - 4 - 34　膨胀机法处理天然气回收 C_{3+}　　　　图 6 - 4 - 35　制冷方法选择参考

8）气相过冷工艺（GSP）

20 世纪 80 年代，美国的 Ortloff 公司在已有的乙烷回收工艺基础上提出了气相过冷工艺（Gas Subcooled Process，GSP），其工艺流程如图 6 - 4 - 36 所示。

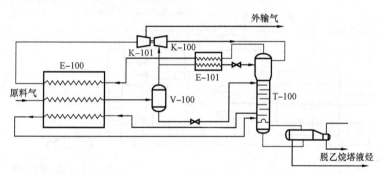

图 6 - 4 - 36　GSP 工艺流程图

E - 100—原料气入口换热器；E - 101—过冷气换热器；V - 100—分离器；

K - 100—膨胀机；K - 101—压缩机；T - 100—脱甲烷塔

由图 6 - 4 - 36，GSP 工艺将低温分离器出口的气相分为两部分：一部分进入脱甲烷塔塔顶冷箱过冷后进入脱甲烷塔；另一部分进入膨胀机膨胀制冷后进入脱甲烷塔。美国科罗拉多州 Walsh Lily 天然气处理广运用了 GSP 工艺，处理量为 $50 \times 10^4 m^3/d$。

9）液相过冷工艺（LSP）

液相过冷工艺（Liquid Subcooled Process，LSP）是由美国 Ortloff 公司开发的乙烷回收工艺，其工艺流程如图 6 - 4 - 37 所示。

由图 6 - 4 - 37，液相过冷工艺（LSP）是将预冷分离后的天然气进行气、液分离，气相部分进入膨胀机制冷，低温分离器液相部分进入过冷换热器过冷，过冷后作为脱甲烷塔塔顶低温进料。LSP 工艺适合于 4MPa 以上的原料气，主要应用于较富原料气（预冷分离后 C_{2+} 烃液量 >

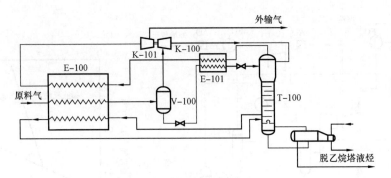

图 6 - 4 - 37　LSP 工艺流程图

E - 100—原料气入口换热器；E - 101—过冷气换热器；V - 100—分离器；K - 100—膨胀机，K - 101—压缩机；T - 100—脱甲烷塔

400mL/m³）的乙烷回收。在适宜的原料气条件下，液相过冷介质中大量的重烃作为脱甲烷塔塔顶吸收溶剂从塔顶进入，有效地提高了乙烷回收率。

10）部分干气循环工艺（RSV）

在气相过冷工艺的基础上，美国 Ortloff 公司于 20 世纪 90 年代提出了部分干气循环工艺（Recycle Split - Vapor Process，RSV），该工艺流程如图 6 - 4 - 38 所示。

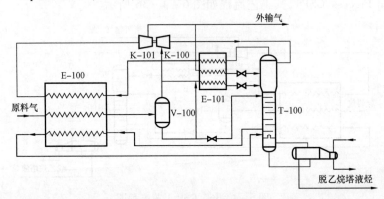

图 6 - 4 - 38　RSV 工艺流程图

E - 100—原料气入口换热器；E - 101—过冷气换热器；V - 100—分离器；K - 100—膨胀机；K - 101—压缩机；T - 100—脱甲烷塔

原料气通过换热器预冷后进入分离器，分离出的气相物流被分为两股：一股气相物流进入膨胀机降压后进入脱甲烷塔；另一股气相物流通过脱甲烷塔塔顶换热器换热后进入脱甲烷塔。分离器的液相物流也被分为两股：一股液相物流经过节流阀节流直接进入脱甲烷塔；另一股液相物流与脱甲烷塔塔顶换热器换热后进入脱甲烷塔上部。相比于传统的乙烷回收工艺，部分干气循环工艺（RSV）乙烷回收率较高，可以达到 95% 以上。

为了提高乙烷的回收率，部分干气循环工艺将一部分经过增压的外输干气回流与脱甲烷塔顶气换热冷凝后，作为脱甲烷塔顶进料，这一改进能够有效地提高乙烷收率，极大限度地减少了塔顶乙烷及重组分的损失。RSV 工艺与 GSP 工艺可过关闭回流进行切换，该工艺具有投资成本低，操作灵活，乙烷回收率较高等优点。加拿大 SATURN 天然气处理厂运用了 RSV 工艺，处理量为 $600 \times 10^4 \mathrm{m}^3/\mathrm{d}$。

11）部分干气富集循环工艺（RSVE）

部分干气富集循环工艺（Recycle Split - Vapor with Enrichment Process, RSVE）是美国 Ortloff 公司在 RSV 工艺基础上改进而来，其工艺流程如图 6 - 4 - 39 所示。

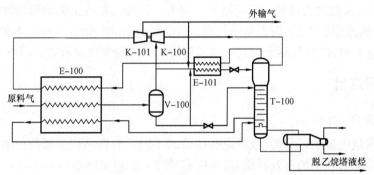

图 6 - 4 - 39　RSVE 工艺流程图

E - 100—原料气入口换热器；E - 101—过冷气换热器；V - 100—分离器；K - 100—膨化机；K - 101—压缩机；T - 100—脱甲烷塔

RSVE 工艺将低温分离器出来的气相和液相物流均分为两股：其中气相物流一股进入膨胀机膨胀制冷；另一股与经过分离器后的部分液相物流、回流干气混合后，进入脱甲烷塔塔顶冷箱过冷，节流闪蒸后进入脱甲烷塔塔顶；低温分离器的另一部分液相物流经过节流闪蒸，直接进入脱甲烷塔中部。由于 RSVE 工艺将低温分离出的液相物流与外输干气混合后进入脱甲烷塔塔顶，因此造成了塔顶进料组成较富，相比于 RSV 工艺，乙烷收率会更低一点。RSVE 工艺适用于 4MPa 上的原料气。美国得克萨斯州 Pettus 天然气处理厂采用了 RSVE 工艺，处理量为 $700 \times 10^4 \mathrm{m}^3/\mathrm{d}$。

12）汽提气制冷工艺（IPSI）

汽提气制冷工艺（Enhanced NGL Recovery Process, IPSI - 1）是由美国 IPSI 公司研发的。其回收工艺，目前已在美国投产使用，该工艺流程如图 6 - 4 - 40 所示。

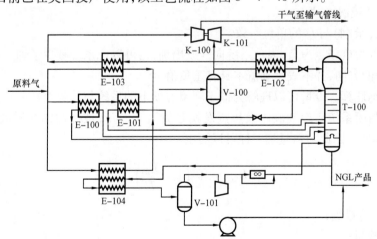

图 6 - 4 - 40　IPSI 工艺流程图

E - 100—重沸器；E - 101—侧线重沸器；E - 102—脱甲烷塔塔顶换热器；E - 103—气/气换热器；E - 104—换热器；
V - 101—分离器；K - 100—压缩机；K - 101—膨胀机；T - 100—脱甲烷塔

与气相过冷工艺（GSP）、部分干气循环工艺（RSV）和部分干气富集循环工艺（RSVE）不同的是，汽提气制冷工艺并没有专注于如何提高脱甲烷塔回流量，而是对脱甲烷塔塔底流程进行了改进，从脱甲烷塔塔底抽出一股液相，作为混合制冷剂，并对原料气提供冷量，形成了一个"自身冷却系统"，从而大大降低对丙烷制冷的需求。汽提气制冷工艺能够增加塔内组分相对挥发度，提高塔的操作压力，从而提高回收率，无须添加压缩机，因此运行成本较低。当原料气过富或处理量增大时，汽提气制冷工艺可能需要增加制冷剂来维持较高的回收率。

六、㶲分析应用

1. 㶲概念简介

能量是有质量优劣的区分的，或者说有品位的不同。有高品位或低品位的能量。能量不可能全部转化为能够利用的有效的能，因为所有系统的能量交换都是不可逆的，必定有一部分能量损失，能够利用的能称有效能或称㶲。㶲分析时，为了使任何一个系统有一个最终的平衡状态，通常选取自然条件（例如环境）作为系统平衡的基准，即假设任何系统均达到与环境相平衡。一般用大气的温度和压力为平衡基准。

（1）热量㶲计算。卡诺早在 1824 年就提出了热的质量概念，确定热量 Q 中只有 $Q(T - T_{am}/T)$ 部分是可用的有效能或者称之为热量㶲。按热力学规定，系统吸热，吸热量为正，热量㶲也为正，表示系统获得㶲 E_{XQ}。

$$E_{XQ} = Q\left(1 - \frac{T_{am}}{T}\right) \qquad (6-4-35)$$

式中　E_{XQ}——热量㶲；

　　　Q——热量；

　　　T——热源温度，K；

　　　T_{am}——环境温度，K。

E_{XQ} 的单位（量纲）与 Q 的单位一致。

放热时热量为负，E_{XQ} 为负，表示系统向外放出㶲，也可以说系统减少了㶲。热量㶲的正或负，只表示㶲流的方向，并不表示㶲值本身有正负值。

（2）冷量㶲计算。冷量可以理解为低于环境温度下的系统与外界交换的热量。冷剂制冷循环自成一个封闭系统。冷剂液体吸热蒸发就是放出了冷量，被冷却的介质放出热量（吸收了冷量）温度降低。因此与热量㶲一样可以写出：

$$E_{XQ'} = Q'\left(1 - \frac{T_{am}}{T'}\right) \qquad (6-4-36)$$

式中　$E_{XQ'}$——冷量㶲；

　　　Q'——冷量；

　　　T'——冷源温度，K。

T' 总是比 T_{am} 小。如果冷剂液吸热（放出冷量）Q' 是正值，则 $E_{XQ'}$ 是负值。㶲值本身没正

负的物理概念,其负值只是表示㶲的流向,即冷剂制冷系统的冷量㶲减少了。因此式(6-4-36)也可写成:

$$E_{XQ'} = Q'\left(\frac{T_{am}}{T'} - 1\right)$$

[例3]　用 R12 为制冷剂,电动机传动,两级蒸气压缩制冷循环。蒸发器蒸发温度 $T' = -55℃$,蒸发压力 30.13kPa(绝)。R12 冷凝温度 30℃,冷凝压力 748.06 kPa(绝),中间压力 150.9 kPa(绝)。过冷温度比冷凝温度低 5℃,即 25℃,压缩机等熵效率 $\eta_s = 0.815$,制冷温度 -50℃(与蒸发器蒸发温度有 5℃温差)。制冷量 Q' 为 100kW。环境温度 $T_{am} = 298.15K$。计算这个冷剂制冷系统的高压级和低压级压缩机的功率、制冷系数和㶲效率 η_e。

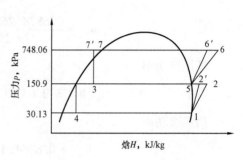

例图 6-4-4　p—H 压焓图

解:在 R12 压焓图上根据给出的数据划线如例图 6-4-4 所示。点 1—2′和点 5—6′是等㶲压缩线。点 1—2 和点 5—6 是由 $\eta_s = 0.815$ 算出的。各点数据见例表 6-4-6。

例表 6-4-6　例 3 中各点数据

点	1	2	2	3	4	5	6	6′	7
压力,kPa	30.13	150.9	150.9	150.9	30.13	150.9	748.06	748.06	748.06
温度,℃	-55				-55				30
焓,kJ/kg	262.6	288.93	294.9	158.64	117.21	279.25	314.02	307.64	163.64

令 m_H 为进入压缩机高压级的流量,kg/s;m_N 为进入低压级的流量,kg/s。总压缩功为:

$$W = m_N(h_2 - h_1) + m_H(h_6 - h_5)$$

$$= \frac{m_N(h_2 - h_1)}{\eta_s} + m_H(h_6 - h_5)/\eta_s$$

$$h_2 = h_1 + \frac{1}{\eta_s}(h_2 - h_1)$$

$$= 262.6 + \frac{1}{0.815}(288.93 - 262.6) = 294.9kJ/kg$$

$$h_6 = \frac{1}{\eta_3}(h_6 - h_5)$$

$$= 279.25 + \frac{1}{0.815}(307.64 - 279.25)$$

$$= 314.02kJ/kg$$

$$m_{\mathrm{H}}(h_5 - h_3) = m_{\mathrm{N}}(h_1 - h_4)$$

$$m_{\mathrm{H}} = m_{\mathrm{N}}(h_1 - h_4)/(h_5 - h_3)$$

$$m_{\mathrm{N}} = \frac{Q'}{h_1 - h_4} = \frac{100}{262.6 - 117.21} = \frac{0.6878\mathrm{kg}}{s}$$

$$m_{\mathrm{H}} = \frac{0.6878(262.6 - 117.21)}{279.25 - 158.64} = 0.8284\mathrm{kg/s}$$

低压级功率

$$W_{\mathrm{N}} = 0.6878(294.9 - 262.6) = 22.2\mathrm{kW}$$

高压级功率

$$W_{\mathrm{H}} = 0.8284(314.02 - 279.25) = 28.8\mathrm{kW}$$

制冷系数

$$\varepsilon = \frac{Q'}{W_{\mathrm{N}} + W_{\mathrm{H}}} = \frac{100}{22.2 + 28.8} = 1.96$$

㶲效率

$$\eta_e = \frac{Q'}{W}\left(\frac{T_{\mathrm{am}} - T'}{T'}\right) = 1.96\left(\frac{298.15}{218.15} - 1\right) = 0.7187$$

可见比例 1 的单级压缩好，不难看出，例 1 的卡诺效率就是㶲效率。$Q' = \left(\dfrac{T_{\mathrm{am}} - T'}{T''}\right)$ 就是冷量㶲。η_e 的概念就是压缩机消耗的功，只有 71.87% 转换为可利用的冷量。如计入循环内部如冷凝、节流、蒸发的㶲损失，再计入外部的电动机效率、传动效率，就达不到 71.87%。

2. 凝液回收装置的㶲分析

凝液回收装置也可以用㶲分析的方法算出㶲损多少，计算出㶲效率。工艺过程一般是压缩—净化—换冷—制冷—分离—分馏几个单元。如果用膨胀机制冷则有一个能量回收过程。将各单元作为一个子系统分别计算，为了简便只计算进出子系统的各物流能流的㶲值，求出㶲损，而不考虑子系统内部的㶲损，即所谓黑箱模型。凝液回收都是物理过程，可以只计算物理㶲的变化。假定物流的动能位能的变化可忽略不计（由此引起的误差 < 0.01%），装置无泄漏，无热损失和冷损失。冷却水带走的热量因未加利用归入相应设备的㶲损内，蒸汽冷凝水也按此处理。分子筛干燥器再生用热能按连续平均再生计算并全部作为㶲损归入干燥（净化）子系统内。计入加进各子系统的能流（电能、热能）。这样就简化了计算。

稳定流动物流的物理㶲 E_{ph} 按下式计算

$$E_{\mathrm{ph}} = (h - h_{\mathrm{am}}) - T_{\mathrm{am}}(S - S_{\mathrm{am}}) \tag{6-4-37}$$

式中　E_{ph}——物流的物理㶲，kJ/kmol；

　　　h——物流在温度（K）和压力（kPa）下的焓，kJ/kmol；

h_{am}——物流在环境温度和压力下的焓,kJ/kmol;

T_{am}——环境温度,K;

S——物流在环境温度(K)和压力(kPa)下的熵,kJ/(kmol·K);

S_{am}——物流在环境温度和压力下的熵,kJ/(kmol·K)。

一般取环境温度298.15K,压力101.325kPa。

用状态方程可以方便地计算出物流在指定温度压力下的 h 及 S。也可以算出 h_{am} 及 S_{am}。于是进出每个子系统的每股物流的 E_{ph} 可算出。

子系统的㶲损 ΔE_i 由式(6-4-38)计算:

$$\Delta E_i = \sum E_{im} - \sum E_{out} \tag{6-4-38}$$

式中　$\sum E_{im}$——进子系统的各股物流和能流的物理㶲之和;

$\sum E_{out}$——出子系统的各股物流和能流的物理㶲之和。

㶲损率按式(6-4-39)计算:

$$\eta_{lost} = \Delta E_i / E_s \tag{6-4-39}$$

式中　η_{lost}——㶲损率;

E_s——整个装置耗费的㶲,kJ/h。

整个装置的有效㶲 ΔE_e 按式(6-4-40)计算:

$$\Delta E_e = \Delta E_s - \sum \Delta E_i \tag{6-4-40}$$

整个装置的㶲效率(η_e)按式(6-4-41)计算:

$$\eta_e = \frac{\Delta E_e}{E_s} = 1 - \left(\sum \Delta E_i / E_s \right) \tag{6-4-41}$$

例如华北油田任北轻烃回收装置的㶲分析结果见表6-4-24。

表6-4-24　任北轻烃回收装置㶲分析

名称	总共耗费的㶲	损失的㶲	有效㶲	子系统的㶲损失					
				压缩	换冷	干燥再生	能量回收	脱乙烷	轻油塔
㶲,MJ/h	950	829	121	197	259	34	123	105	111
㶲效率,%	100	81.3	12.7	20.7	27.3	3.6	12.9	11.1	11.7

从表6-4-24可以看出整个装置的㶲效率 η_e 是12.7%,换冷子系统㶲损大是因为传热温差高,主换热器的平均传热温差是21℃,氨冷器的平均传热温差是22℃。压缩子系统㶲损失也不小,这是因为压缩机内部㶲损(压缩机效率)和气体被压缩压力升高温度也升高,压力能得到利用但热能却被冷却水带走而没能利用,结果㶲损大。任北轻烃回收装置的干燥再生用电,㶲损失最小,是按电是一级能源理论上可以百分之百转换为有效㶲的算法得出的。若以电折算为标准煤(国家统计局在1983年下文规定每千瓦时的电折0.407kg标准煤),则㶲损失

最大。能量回收子系统是指膨胀机和其同轴的压缩机系统,要想减少这部分㶲损失,只能提高膨胀机和同轴压缩机的效率。

通过㶲分析可以找出㶲损大的部位然后改进。经过对大庆油田引进的林德装置作过㶲分析,对㶲损失大的部位作了改进,㶲效率从12%提高到15%,这是很不容易的。

3. 㶲分析的不足

㶲分析采用的是一种热力学第二定律分析方法,它的精华在于深刻地揭示了能量在传递和转换过程中能量品质(能质、能量的等级)必然蜕变的规律,衡量能量利用是否优化。但是并没有追根到外加功或能所需的费用,只是由㶲分析的结果找出系统中㶲损失最大的薄弱环节,并以㶲效率作为对装置整体用能的情况作出评价。然而效率并不是唯一的因素,比如可以将换热器传热温差设计得很小,㶲效率高了,但换热器面积也会增大,投资上升。只有将㶲分析与基建投资、操作费用相结合起来才是技术经济的全面优化。

㶲分析与经济结合需作几方面工作:第一方面是(比方说)由供热系统的㶲分析知道产热锅炉㶲损失最大,为了改进,可以设想将产热锅炉改造为热电联供或热动联产装置,但经济上是否合理需作经济分析。第二方面是㶲只是在理论上等价(都是最大作功能力),但工程上并不等价。如1kJ的电与1kJ的煤或1kJ的蒸汽的工程价值是不等价的,因为对电、煤和蒸汽的工程应用需要不同的工程设备,因而就有投资不相等的经济问题。第三方面是在以㶲分析来评价某些生产系统的用能水平时,由于㶲效率评价指标的定义和计算方法的不统一,难以获得一致的结论。特别是对庞大复杂的生产装置来说很难由㶲分析作出恰当的评价。

要解决上述问题并非易事。有不少学者专家正致力于这方面的研究,其中显著的已用于工程分析的是热经济学。请参看有关专著。

七、主要设备选择

1. 低温分离器

从相平衡计算可以得到一定组成的天然气在一定温度压力下的气体量、组成和凝液量、组成。如果分离器设计计算和内部结构不够合理,气相中会携带出液滴(雾滴)就得不到与计算结果相同的凝液量,收率就降低。

常规的重力分离器和旋风分离器,分离效果并不是很好。分离器设计计算详见本书相关章节。

2. 板翅式换热器

板翅式换热器主要由隔板、翅片、封条等组成。在相邻两隔板间放置翅片、导流片以及封条组成一个夹层,称为通道;将这样的夹层根据流体的不同方式叠置起来,钎焊成一个整体,组成板束。板束是板翅式换热器的核心,再配以封头、接管和支撑等结构就组成了板翅式换热器。板翅式换热器的板束体层结构如图6-4-41所示,板翅式换热器结构图如图6-4-42所示。

板翅式换热器是低温工艺的关键设备,适用于天然气凝液回收、LNG等低温装置中气—气换热器、气—液换热器、液—液换热器、重沸器、冷凝器等。板翅式换热器特点如下:

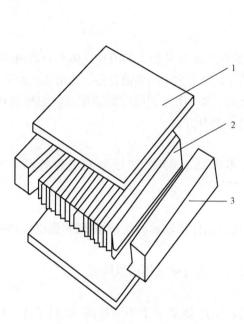

图 6 – 4 – 41　板束体层结构图

1—隔板;2—翅片;3—封条

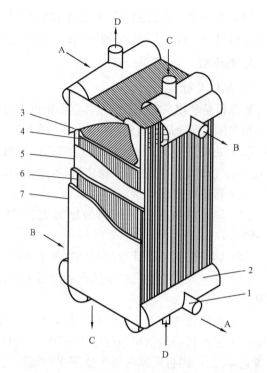

图 6 – 4 – 42　板翅式换热器结构图

1—短管/接口;2—集水槽;3—分配器翅片;4—传热翅片;
5—隔板;6—侧板;7—盖片

（1）结构紧凑,轻巧,单位体积的传热面积为 $1500 \sim 2500 m^3/m^3$,最高可达 $6000 m^2/m^3$;

（2）适用于工作压力小于 11MPa,温度范围为 $-269 \sim 200℃$ 的换热条件;

（3）可实现多股流换热,热集成程度高,换热温差小,典型夹点通常在 3℃ 左右;

（4）适应性强,板翅式换热器可适用于气—气换热、气—液换热、液—液换热以及发生相变的换热;

（5）容易堵塞,不耐腐蚀,要求换热介质干净,板翅式换热器入口需设置高效过滤器;

（6）板翅式换热器为铝制结构,要求天然气中汞含量低于 $0.01\mu g/m^3$。

板翅式换热器还没有像管壳式换热器那样已经标准化形成系列。因此,可以由工艺人员计算好各股流的热负荷,选择齿片形式,排列好通道,要求的嘴子直径等,委托制造厂家生产。或将工艺参数提交给生产厂家,由厂家生产,一般地说宜遵循下列原则:

（1）流道不宜多,最好在 7 股流以内。避免因某一流道的参数有较大的变化而影响这个主冷箱的热平衡,影响操作。

（2）板翅式换热器冷端温差宜取 $3 \sim 5℃$,热端温差可取 3℃ 左右;冷流和热流的换热温度比较接近,对数平均温差宜低于 15℃,不宜超过 20℃,换热过程中冷热流的温差应避免小于 3℃。原料气物流需要与多股物流进行换热时,该物流分股不宜超过两股。

（3）板翅式换热器的接管(嘴子)与管线之间不宜设波纹管膨胀器。往往在施工时由于管线和嘴子不同心,管工强行连接,使波纹管局部变形而产生应力集中,容易出问题,如爆裂。

（4）当全部委托给制造厂家设计和生产时，厂家应提供 $T—Q$ 图、每股流道的换热面积，以及流道排列顺序。厂家还应提供传热和强度计算文表、翅片以及所有部件的材质说明。

3. 膨胀机

1）结构及特点

膨胀机是利用一定压力的气体在膨胀机内进行绝热膨胀对外做功而消耗气体本身的内能，从而使气体本身冷却而达到制冷的目的，是天然气深冷处理工艺中的关键设备。选用要求如下：

（1）处理量为 $5m^3/min$（以进气状态计量）以上时，宜选用可调喷嘴的膨胀机。喷嘴的调节宜采用气动调节方式；气源稳定时，可采用手动机械调节方式。

（2）膨胀机宜设 1 台。

（3）膨胀机组膨胀端绝热效率宜大于 75%，不宜低于 65%，增压端的绝热效率宜大于 65%。

（4）膨胀机的年累计运行时间应大于 8000h。

（5）对于大型膨胀机宜采用磁悬浮轴承，可消除使用传统轴承的振动，降低膨胀机的功率损耗。

（6）膨胀比通常为 2~4，不宜大于 7，当膨胀比大于 7 时应采用两级膨胀。

（7）膨胀机进口物料温度宜为 -70 ~ -30℃。

近年来，国内各厂家在透平膨胀机领域加大研发力度，制造水平不断提高，得到了推广应用，国内外主要膨胀机的技术参数见表 6-4-25。

表 6-4-25　国内外膨胀机技术参数

公司	流量范围 m³/h	最大进口压力 MPa	进出口温度 范围，℃	转速 10⁴ r/min	最大回收功率 MW	出口带液量
美国 GE 公司	45000	20	-270 ~475	12	20	出口带液量普遍可达到40%（质量分数），甚至不受限制
美国 L. A. Turbine 公司	600 ~16000	20.6	-195 ~260	10.5	14	
CRYOSTAR 公司	最大 25000	20	-270 ~200	—	12	
Atlas Copco 公司	400000	20	-220 ~200	10	25	
APCI 公司	—	10	-268 ~260	10	12	
杭州杭氧股份 有限公司	80000	10		4	—	出口带液量低于20%（质量分数）
四川空分设备（集团） 有限责任公司	120000	10		8.5	—	

轴承是限制膨胀机转速的重要因素，国内外已开始在透平膨胀机中使用磁悬浮轴承，国内已经在塔里木油田轮南轻烃回收厂应用。磁悬浮轴承是利用磁场力将轴承悬浮在空间的一种新型高性能轴承，具有无机械摩擦、无润滑的特点。磁悬浮轴承与常规油轴承相比具有以下优点：

（1）采用磁悬浮轴承可避免使用润滑油而可能造成的污染。磁悬浮轴承透平膨胀机无须润滑。

（2）可消除使用传统轴承的振动。磁悬浮轴承透平膨胀机对转子的动平衡要求低于常规油轴承透平膨胀机对转子动平衡的要求。

（3）磁悬浮轴承降低了膨胀机的功率损耗，不需要润滑油循环系统，不损失工艺气，具有较高的经济优势。

（4）磁悬浮轴承膨胀机具有较好的启动性能，日常维护保管容易，运行可靠率可达99.9%。

2）选型与计算

透平膨胀机是气体瞬间从高压膨胀到低压的高速旋转设备。一台已经造好的膨胀机不可能在各种工况下都获得相同的等熵效率。只有在工作轮（涡轮）的几何相似、马赫数相同、等熵膨胀指数相同和速度三角形相似即动力相似和热力相似的基本条件一致时，才能使两台透平膨胀机或同一台透平膨胀机在两种不同工况下的等熵效率相等。等熵效率是下列4个参数的函数，即比转速、比直径、膨胀比和雷诺数。它们在协调一致的情况下，才能得高等熵效率。

$$N_s = 13.51 \frac{NV^{0.5}}{\Delta H_s^{0.75}} \qquad (6-4-42)$$

式中　N_s——比转速；

　　　N——转速，r/min；

　　　V——膨胀机进口在操作状态下的体积流量，m^3/s；

　　　ΔH_s——等熵膨胀焓降，J/kg。

$$D_s = 0.42 \frac{D\Delta H_s^{0.25}}{V^{0.5}} \qquad (6-4-43)$$

式中　D_s——比直径；

　　　D——工作轮（涡轮）直径，m。

其他符号含义同式（6-4-42）。

美国 Rotoflow 公司使用图6-4-43和图6-4-44先作模拟计算。

图6-4-43表示膨胀机进气方式与等熵效率 η_s 及比转速 N_s 的关系。图6-4-44表示特性比（u_1/C_0）及反动度（ρ）与比转速（N_s）的关系。特性比（u_1/C_0）的意义如下：

$$u_1 = 0.0524ND \qquad (6-4-44)$$

式中　u_1——工作轮圆周点速度，m/s；

　　　N——转速，r/min；

　　　D——工作轮直径，m。

$$C_0 = 1.4096 \sqrt{\Delta H_s} \qquad (6-4-45)$$

式中　C_0——等熵膨胀理论速度，m/s；

　　　ΔH_s——等熵膨胀焓降，J/kg。

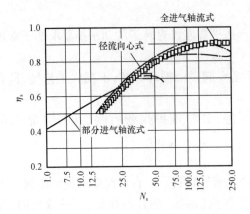

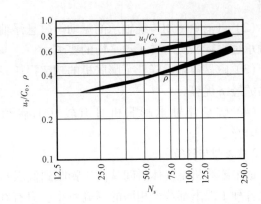

图 6 - 4 - 43　比转速对效率与形式的影响　　　图 6 - 4 - 44　比转速对特性比和反动度的影响

通过式(6 - 4 - 42)至式(6 - 4 - 45)以及图 6 - 4 - 43 和图 6 - 4 - 44,可以对透平膨胀机的效率关系有一个大致的了解。比如,先设一个等熵效率 η_s 值是 0.82,按进气方式查图 6 - 4 - 36 得到比转速 N_s。根据膨胀机进口气体的组成、温度、压力和规定的膨胀比,用状态方程可以算出 ΔH_s。进口的气体流量 V 是已知的,于是用式(6 - 4 - 42)可算出转速 N 值。用式(6 - 4 - 45)算 C_0 值,查图 6 - 4 - 44,得 ρ 值和 u_1/C_0 值,ρ 值一般在 0.5 ~ 0.7。知道 u_1/C_0 值后,可得 u_1 值,由式(6 - 4 - 44)可得工作轮直径 D 值。根据现代轴承的技术水平,分析 N 值是否合理。另外也可以用式(6 - 4 - 40)算出比直径 D_s 值,与另外一台已经运转的透平膨胀机由实际的 D 值、ΔH_s 值和 V 值算出的 D_s 值相比拟,是否大致相同。上述模拟先有一个初步估算,然后再作详细的动力学计算,包括流道形式、各种摩擦损失、止推轴承受力等一系列的设计。

至于膨胀机出口带液会不会影响等熵效率,现在比较一致的认识是按一元流动设计的工作轮,每增加 1%（质量分数）带液量等熵效率降低约 1%。但是如果按照带液流动的要求,专门设计按三元流动的要求设计型线,则有些附加损失是可以避免或减少的,从而提高了等熵效率,同样可以达到 80% 以上。Rotoflow 公司的膨胀机就有这个特点。

国内某机构提出图 6 - 4 - 45 和图 6 - 4 - 46,表示 u_1/C_0 与等熵效率和可调喷嘴调节流量不是在设计流量时与规定的等熵效率变化的情况。

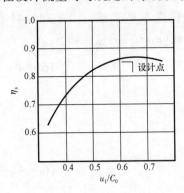

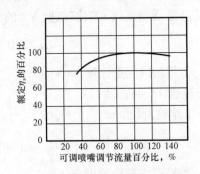

图 6 - 4 - 45　η_s 与 u_1/C_0 的关系　　　图 6 - 4 - 46　膨胀机可调喷嘴调节流量与额定 η_s 关系

4. 低温液烃泵

低温液烃泵选择注意:

(1)应有泵的参数、外形尺寸、接管位置法兰型号、NPSH 值、材质等数据。

(2)注意被输送的液态烃饱和蒸气压变化,在输送距离内压力要足够高,防止气化而形成气液两相流动,以致造成因泵扬程不够大而不能用。

(3)注意配套的防爆电机对电流电压的要求。

(4)供给如脱乙烷塔顶回流时,注意扬程和脱乙烷塔操作压力、管道阻力等是否匹配,在塔进口处不应有气化,避免因回流量不足而影响脱乙烷塔操作。

(5)轴承冷却要求。

表 6 - 4 - 26 中为油田常用轻烃泵数据。

表 6 - 4 - 26 油田常用轻烃泵数据

序号	型号	排量,m³/h	扬程,m	转速,r/min	功率,kW	产地
1	DLB25 - 15 × 6	2.5	90	3000	3	大连
2	DLB25 - 15 × 20	2.5	300	3000	10	大连
3	DLB2.5 - 15 × 22	2.5	330	3000	10	大连
4	DLB2.5 - 15 × 24	2.5	360	3000	17	大连
5	DLB2.5 - 15 × 25	2.5	375	3000	17	大连
6	DLB2.5 - 15 × 15	2.5	225	3000	13	大连
7	DLB6 - 15 × 15	6	225	3000		大连
8	DLB12 - 15 × 15	12	225	3000		大连
9	DLB25 - 15 × 15	25	225	3000		大连
10	TTMC40 - 5	10	260	3000		大连
11	TTMC40 - 9	10	350	3000		大连
12	TTMC80 - 5	60	260	3000		大连
13	DaM3 - 13	0.5 ~ 1.5	30	2950	1.1	
14	DaM3 - 14	0.5 ~ 1.5	70		2.2	
15	DaM3 - 11	0.5 ~ 1.5	170		7.5	
16	DaM3 - 50	0.5 ~ 2	30		1.1	

注:使用温度范围,低温限为 -180 ~ -40℃;高温限为 50℃。

第五节 气体处理排放

一、排放标准

我国于 1997 年 1 月 1 日起开始实施的 GB 16297—1996《大气污染物综合排放标准》是一项强制性国家标准。按该标准的规定,对硫、二氧化硫、硫酸和其他硫化合物生产企业中二氧化硫废气的排放,不仅要根据烟囱高度规定排放速率,而且还规定了二氧化硫的最高允许排放浓度(表6-5-1)。

表6-5-1 GB 16297—1996规定的SO$_2$排放限值

| 序号 | 最高允许排放浓度 mg/m³ | 排气筒高度 m | 最高允许排放速率,kg/h | | | 无组织排放监控浓度限值 | |
			一级	二级	三级	控制点	浓度,mg/m³
现有污染源	1200 (硫、二氧化硫、硫酸和其他含硫化合物生产)	15	1.6	3.0	4.1	无组织排放源上风向设参照点,下风向设监控点	0.50 (监控点与参照点浓度差值)
		20	2.6	5.1	7.7		
		30	8.8	17	26		
		40	15	30	45		
		50	23	45	69		
		60	33	64	98		
		70	47	91	140		
		80	63	120	190		
		90	82	160	240		
		100	100	200	310		
新有污染源	960 (硫、二氧化硫、硫酸和其他含硫化合物生产)	15		2.6	3.5	周界外浓度最高点	0.40
		20		4.3	6.6		
		30		15	22		
		40		25	38		
		50		39	58		
		60		55	83		
		70		77	120		
		80		110	160		
		90		130	200		
		100		170	270		

天然气作为一种清洁能源,其推广使用对于保护环境有积极意义,但天然气净化厂排放脱硫尾气中二氧化硫具有排放量大、浓度高、治理难度大和费用较高等特点。为此,国家环境保护总局在环函〔1999〕48号文件《关于天然气净化厂脱硫尾气排放执行标准有关问题的复函》中同意天然气净化厂二氧化硫污染物排放可作为特殊污染源,制定相应的行业污染物排放标准进行控制;在行业污染物排放标准未出台前,同意天然气净化厂脱硫尾气暂按GB 16297—1996中的最高允许排放速率指标进行控制,并尽可能考虑二氧化硫综合回收利用。

目前,国家正组织相关部门研究制定关于天然气净化厂二氧化硫排放的新标准。

克劳斯(Claus)尾气含有未反应的H$_2$S,SO$_2$,COS,CS$_2$,硫蒸气和夹带的液硫,因为化学反应平衡限制,克劳斯硫黄装置的转化率很难超过96%~97%。需根据克劳斯装置的规模、原料酸气中H$_2$S的含量和地理位置等具体情况确定采用相应的尾气处理工艺对克劳斯尾气进行处理。

20 世纪 50 年代是克劳斯装置迅速发展的时期,但当时未重视尾气处理问题。进入 60 年代后才开始在克劳斯装置上增设尾气灼烧措施。从图 6-5-1 看出,灼烧措施的功能是大幅度地降低尾气中 H_2S(及其他含硫化合物)的浓度,但只能适当地降低尾气中 SO_2 浓度。

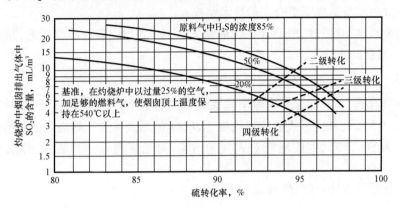

图 6-5-1　硫转化率与灼烧后尾气中 SO_2 含量的关系

二、工艺选择

用克劳斯法从酸气中回收硫黄时,由于该反应是可逆的,受到平衡条件的限制,即使采用四级转化器,硫黄回收率也只能达到 93%~95%,尾气中尚有 H_2S,SO_2,COS,CS_2 和硫蒸气等含硫化合物,含量为 1%~4%(体积分数)。现今,全球对环境保护要求越来越高,如上述的总硫含量,即使采用极高的烟囱来排放经灼烧过的尾气,也很难符合排放要求,其结果促进了脱除痕量硫化物方法的研究。因此自 20 世纪 70 年代以来,人们一方面不断改进克劳斯法工艺以提高硫回收率;另一方面则在开发各种尾气处理工艺。

尾气处理按类型可分为三类,即湿法、干法和直接灼烧法;依据基本原理可分为克劳斯反应在低温下的延续和转化—吸收两类,如图 6-5-2 所示。

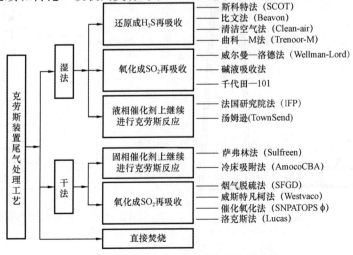

图 6-5-2　尾气处理分类方法示意图

目前尾气处理装置具有的特点是：

（1）结合克劳斯装置特点选出了若干种比较有效的尾气处理方法，如 SCOT 法、Sulfreen 法及 MCRC 法等；

（2）各种方法本身形成了更合理的技术路线；

（3）将硫黄回收和尾气处理结合一体的新方法，如 MCRC 硫黄回收工艺，超级克劳斯法等，将成为今后发展的主流。

1. 灼烧法

由于 H_2S 毒性甚大，故无论是克劳斯装置的尾气，还是尾气处理装置处理后的尾气，通常均应将其中的 H_2S 以及其他形式的硫经灼烧后以 SO_2 的形式排放。灼烧法主要是将尾气中剧毒的 H_2S 转化为 SO_2，降低排放尾气对大气的污染，对于规模很小的装置，此法仍是有效的方法。

尾气灼烧有两种方法：热灼烧和催化灼烧。

1）热灼烧

热灼烧是在有过剩氧的存在下在 480～815℃ 进行的，过剩氧量为 20%～100%。尽管尾气中含有一些可燃物，但因它们含量很低，还必须用燃料气燃烧将尾气加热到一定温度才能使其中的元素硫及 H_2S 等硫化物灼烧为 SO_2。由于热灼烧法简单方便，加之还可考虑余热所回收利用，故至今仍在采用。

尾气灼烧炉有简易灼烧炉和回收热量型灼烧炉两种形式。

空气适当过剩是灼烧完全的必要条件。研究结果表明，在最佳操作条件下，过剩氧为 2.08% 时，H_2 能较完全燃烧，燃料气消耗最低。

热灼烧是指在有过量空气存在下，用燃料将尾气加热至一定温度后，使其中的含硫化合物转化为 SO_2。灼烧炉主要有两种类型：一种是简易灼烧炉（图 6－5－3）；另一种是可以回收能量的尾气灼烧炉，灼烧后尾气中有大量可供利用的显热（图 6－5－4）。

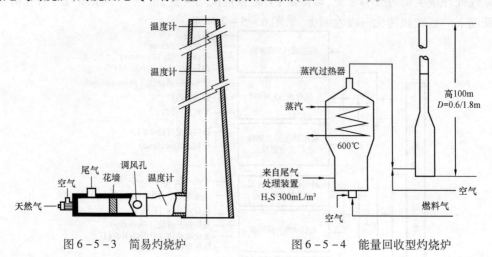

图 6－5－3　简易灼烧炉　　　　　　　图 6－5－4　能量回收型灼烧炉

热灼烧温度应控制在540~600℃范围内,低于540℃时H_2和H_2S往往不能灼烧完全,而且会增加燃料消耗量。空气适当过剩是灼烧完全的必要条件,在氧过量的条件下进行燃烧可使过程气出口温度达到480~815℃。绝大多数热焚烧炉在负压下进行自然引风操作,通过风门来控制燃烧。氧过剩量通常为20%~100%。克劳斯尾气中含有可燃物,如H_2S,COS,CO,CS_2,H_2和单质硫等,但含量太低(一般总计低于3%)。因此,尾气必须在很高温度下用燃料气伴烧,以使硫和硫化物氧化成SO_2。

回收焚烧炉出口气的热量可节约燃料。利用焚烧炉出口气的余热可产生压力范围在345~3100kPa(表)的饱和蒸汽。热焚烧的燃料需求量由克劳斯尾气量、空气量以及要求达到的温度而定。通常焚烧炉要求有至少0.5s的停留时间,有时是1.5s。通常停留时间越长,满足环境要求的焚烧炉温度就越低。图6-5-5给出了在H_2S最大允许浓度为10mL/m³时停留时间与温度之间的典型关系。

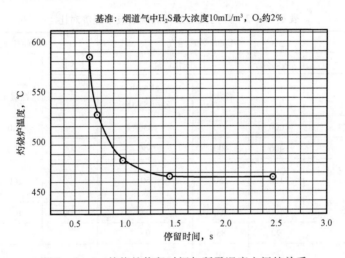

基准:烟道气中H_2S最大浓度10mL/m³,O_2约2%

图6-5-5　灼烧炉停留时间与所需温度之间的关系

为了保护钢材不被高温损坏,焚烧炉与烟囱管线都有耐火材料衬里。因为操作温度低,对耐火材料要求没克劳斯装置燃烧炉那么高。烟囱可以设计为独立式、牵拉式或塔架式。烟囱类型的选择由所需烟囱的高度、直径、风速和(或)特定的安装地点的地震资料来决定。烟囱气速由所允许的压降决定,典型的速率为12~30m/s。

在需要进行连续监测的地方,可安装烟道气分析仪(测量烟道气中SO_2的总量)。该仪器中带有一个流量测量仪,这样可连续记录烟道气流量和SO_2含量。通过这些数据可计算出每天的总SO_2排放量。

2)催化灼烧

催化灼烧是指在有催化剂存在的条件下,以较低的温度使尾气中的H_2S灼烧为SO_2。采用催化灼烧可减少焚烧炉燃料气的消耗量。催化灼烧采用强制通风,在正压下操作,以便于控制空气量。

催化灼烧的优点是可以显著降低灼烧炉的燃料消耗。此法是在有催化剂的存在下将尾气

中的 H_2S 等灼烧为 SO_2。使用性能良好的催化剂时,灼烧温度不超过400℃。由于催化灼烧需增加催化剂费用,加之尾气中 H_2 及 COS 等硫化物在较低温度下不一定能灼烧完全,影响达标排放,故自 20 世纪 70 年代应用以来发展并不快。

应当指出,尾气处理装置对总硫收率的贡献率不过 4% ~ 5%,而投资及运行费用相对于克劳斯装置却是一笔不小的投入。总的说来,对总硫收率要求越高,投入也就越大。

使用性能良好的催化剂时,灼烧温度一般不超过400℃,但尾气中的 H_2S 的浓度可降到 $5mL/m^3$ 以下,甚至达到 $1mL/m^3$ 的水平。催化剂的品种较多,通常以 SiO_2 或 Al_2O_3 为载体,在其上浸渍铁、钴和钼等金属的氧化物。

3）热灼烧与催化灼烧技术经济对比

以规模为 100t/d 的克劳斯装置为例,其进料酸气的组成（以摩尔分数表示）为: H_2S 94%、烃类 1%、水分 5%。该装置的尾气用热灼烧与催化灼烧时技术经济对比见表 6 – 5 – 2。

表6 – 5 – 2　热灼烧与催化灼烧的技术经济对比

尾气类型		Claus 装置尾气			SCOT 装置尾气		
灼烧类型		热灼烧	催化灼烧		热灼烧	催化灼烧	
灼烧催化剂			铝矾土	LaRoache 公司 S – 099		铝矾土	LaRoache 公司 S – 099
灼烧炉出口温度,℃		600	430	350	550	400	300
急冷后温度,℃		400	400	350	400	400	300
过量空气（按可燃气气体量计）%		150	150	50	100	100	100
总转化率 %	H_2S	100	100	100	100	100	100
	CS_2	90	85	95			
	COS	75	10	50			
	烃类	—	—	—			
消耗指标	加热炉燃料,t/d	3.2	1.8	0.7	3.6	2.4	1.5
	鼓风机电耗 kW·h/d	1900	500	300	1300	460	400

2. 还原—吸收工艺

将尾气中各种形态硫转化为 H_2S,然后再通过不同处理途径处理其中 H_2S 的尾气处理工艺,都属于还原类尾气处理工艺,此类工艺中应用最广泛的是还原—吸收工艺法,加氢尾气经急冷除水后进入选择脱除 H_2S 工序,再生出所得含 H_2S 酸气返回克劳斯装置。

1）常规 SCOT 工艺

此类工艺的典型代表是荷兰 Shell 公司开发的 SCOT(Shell Claus Offgas Treatment)法,意为壳牌克劳斯尾气处理工艺。该工艺于 1973 年实现了工业化,目前是应用最多的尾气处理工艺之一。

国内开发的还原—吸收法尾气处理工艺,以及国外其他几种还原—吸收法,原理与工艺步骤均是类似的,包括还原段、急冷段和选择脱硫段。还原—吸收法尾气处理工艺流程如图6-5-6所示。

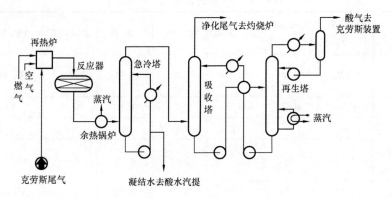

图6-5-6　还原—吸收法尾气处理工艺流程图

　　(1)还原段。此工序的任务是将尾气中各种形态的硫均转化为 H_2S;在此过程中,SO_2 与元素硫均是加氢反应,有机硫主要是水解反应。

$$SO_2 + 3H_2 =\!=\!= H_2S + 2H_2O \qquad (6-5-1)$$

$$S_8 + 8H_2 =\!=\!= 8H_2S \qquad (6-5-2)$$

$$COS + H_2O =\!=\!= H_2S + CO_2 \qquad (6-5-3)$$

$$CS_2 + 2H_2O =\!=\!= 2H_2S + CO_2 \qquad (6-5-4)$$

　　在 $Co-Mo/AbO_3$ 或 $Ni-Mo/Al_2O_3$ 催化剂上,当有过量氢存在时,SO_2 和元素硫可完全转化为 H_2S(SO_2 残余含量小于 $10mL/m^3$);SO_2 加氢反应活化能约为 83.7kJ/mol,反应对氢为一级,对 SO_2 为 0 级。在正常条件下,COS 浓度可达热力学平衡(约 $10mL/m^3$),CS_2 也可达到平衡($1mL/m^3$)。

　　当存在 CO 时,还可能存在 CO 与 SO_2、Mo、H_2S 及 H_2O 的反应,总的说来,CO 的存在对各种形态的硫转化为 H_2S 是有利的,因为 CO 的水气转换反应可产生活性很高的氢气,在 CO_2 浓度较高时,有可能导致 COS 生成。

　　在还原—吸收法中,还原工序具有特别重要的意义,因为如果有机硫未完全转化将导致总硫收率不能满足要求;而 SO_2 如不能完全转化不仅影响总硫收率,而且将在后续的选择脱硫工序中与醇胺结合生成热稳定盐造成肢液活性损失并使急冷塔和选吸工序产生腐蚀问题。国内外有一些装置发生过此类事件。

　　国外用于此段的催化剂有 Shell534(C-534)、Shell234(C-234)、C29-2-03 及 TG-103 等,国内则有中国石油西南油气田分公司天然气研究院开发的 CT6-5 及 CT6-5B 和齐鲁石化研究院开发的 LS-951 等。此外,国外还有专用于 COS 水解的催化剂,如 G41P。它们的简要情况可见表6-5-3。

催化剂还原硫化后方有高的活性，但在此过程中无须预硫化，在开工阶段使用酸气甚至尾气即足以使其获得良好的硫化。

表 6 - 5 - 3　国内外尾气还原催化剂

牌号	Shell 534 （C - 534）	Shell 234 （C - 234）	C29 - 2 - 03	TG - 103	CT6 - 5	CT6 - 5B	LS - 951	G41P
活性组分	Co,Mo	Co,Mo	Co,Mo	Co,Mo	Co,Mo	Co,Mo	Co,Mo	专利
载体	Al_2O_3	Al_2O_3	Al_2O_3	Al_2O_3	Al_2O_3	Al_2O_3	Al_2O_3	Al_2O_3
形状	球	球	球	球	球	球	三叶草	条
尺寸(外径×长度) mm × mm	3 ~ 5			2 ~ 4	4 ~ 6	4 ~ 6	3 × (10 ~ 15)	
堆密度,kg/L	0.77	0.50	0.59	0.76	0.996	0.82	0.60 ~ 0.70	0.60
比表面积,m^2/g	260			215	200	200	>220	

鉴于以 $Co - Mo/Al_2O_3$ 催化剂在 370℃ 转化各种形态的硫时，COS 的平衡浓度为 $12.6mL/m^3$；有人设想可继以水解催化剂（如表 6 - 5 - 3 中的 G41P）在 177℃ 下使之进一步水解，COS 浓度可降至 $0.8mL/m^3$。

（2）急冷段。急冷段以循环水将经余热锅炉回收热量后的加氢尾气直接冷却降至常温，与此同时降低了其水含量，还可以除去催化剂粉末及痕量的 SO_2。由于气流中的 H_2S 及 CO_2 等酸性组分会溶解于水中，因此需加氨以调节其 pH 值。产生的凝结水送酸水汽提单元处理。

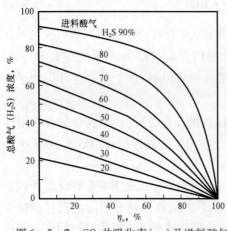

图 6 - 5 - 7　CO_2 共吸收率(η_c) 及进料酸气
H_2S 浓度对总酸气 H_2S 浓度的影响

（3）选择脱硫段。选择脱硫段的任务是将冷却至常温的加氢尾气中的 H_2S 以胺液选择性吸收下来，胺液再生吐出的酸气返回克劳斯装置，正是由于有选吸工序，还原—吸收法处理尾气的目标才得以实现；如果胺液不具备选吸功能，即同时完全将 H_2S 和 CO_2 吸收下来，并返回克劳斯装置，这就会导致克劳斯装置总酸气 H_2S 浓度的不断下降而无法运行。如图 6 - 5 - 7 所示，当 CO_2 共吸收率(η_c) 很趋近 100% 时（即 CO_2 完全吸收），克劳斯装置总酸气 H_2S 浓度趋于 0。

在克劳斯段风气比偏低时，进入选吸工序的加氢尾气中的 H_2S 浓度上升，需增加胶液循环量，严重时可导致净化尾气 H_2S 浓度无法达标。

还原—吸收法在国内外工业化初期所使用的选吸溶剂均是二异丙醇胺（DIPA）。从 20 世纪 80 年代以来，由于甲基二乙醇胺（MDEA）显示出较 DIPA 更优良的选吸性能，国内外纷纷改用 MDEA 作为此段的选吸溶剂。表 6 - 5 - 4 是国内一套还原吸收法尾气处理装置使用 MDEA 代替DIPA的结果。

表 6 - 5 - 4　选吸工序 MDEA 与 DIPA 性能比较

溶液	溶液浓度,%	溶液循环量,m^3/h	CO_2共吸收率,%	蒸汽消耗,t/h
DIPA	20	15	20	1.46
MDEA	20	11	10	0.96

由于 H_2S 的吸收系气膜控制,故不同醇胺的 H_2S 吸收速率实际上是相同的。

2）SCOT 新工艺

近年来,SCOT 法在常规工艺的基础上,进行了一系列的改进和革新,开发出了低温 SCOT（LT - SCOT）、超级 SCOT（Super - SCOT）和低硫 SCOT（LS - SCOT）等工艺,应用这些工艺所需增加的投资费用并不太多,但与常规 SCOT 工艺的相比,总硫回收率和尾气净化度又有了进一步的提高,而且装置能耗也明显降低。常规 SCOT 工艺与 SCOT 新工艺的比较见表 6 - 5 - 5。

表 6 - 5 - 5　常规 SCOT 工艺与 SCOT 新工艺的比较

工艺名称	常规 SCOT	LT - SCOT	Super - SCOT	LS - SCOT
技术特点	工艺成熟、运转可靠,故障率低于 1%,操作弹性大,抗干扰能力强,进料气组成略有变化对装置总硫回收率没有影响	使用性能优异的低温加氢催化剂,克劳斯尾气的预热温度降低约 60℃,装置能耗和投资费用低	采用分段二次吸收的方法,二段汽提,贫溶液温度较低,节省了约 30% 用于再生的蒸汽消耗	采用廉价的添加剂,溶液再生过程有所改善,由于溶液变贫,排出吸收塔时 H_2S 的含量 $<10×10^{-6}$
总硫回收率,%	99.8~99.9	99.96	99.95	99.95
尾气净化度 $1×10^{-6}$	<250	<20~30	<50	<50

（1）LT - SCOT 工艺。

LT - SCOT 单元实际上是由一个还原部分和一个采用甲基二乙醇胺（MDEA）为溶剂的选洗部分组成。在还原部分克劳斯尾气中的所有硫组分在还原性气体 H_2 存在情况下,在 220℃温度条件下通过钴钼催化剂被完全转化为 H_2S。加氢还原后的过程气进一步经溶剂吸收—解吸后,将硫化氢循环回克劳斯单元进行处理,未被溶剂吸收的气体经焚烧炉焚烧并回收热量后经烟囱排放。

（2）Super - SCOT 工艺。

Super - SCOT 意为超级 SCOT 工艺,其主要特点是将选吸溶液两段再生,再加上较低的贫液温度,亦可使净化尾气 H_2S 含量降至 $10mL/m^3$,总硫含量不大于 $50mL/m^3$。再生的蒸汽消耗却下降 30%。

图 6 - 5 - 8 为 Super - SCOT 两段再生的示意图,此中的半贫液泵送选吸塔的中部,进一步再生所得超贫液则泵送塔顶保

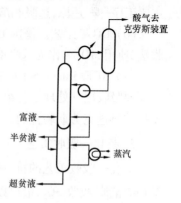

图 6 - 5 - 8　Super - SCOT 两段
再生的示意图

证净化度。这样,净化度改善了,汽耗也得以降低,但装置需增加一套半贫液冷却循环系统。

（3）LS－SCOT 工艺。

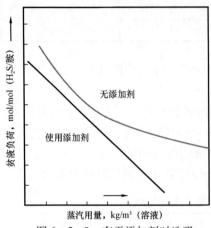

图 6－5－9　有无添加剂时选吸
溶液的汽耗情况

LS－SCOT 意为"低硫"型 SCOT 工艺,其特点是在选吸溶液中加入了一种添加剂,使净化尾气 H_2S 含量从 SCOT 基本工艺的 $300mL/m^3$ 降至 $10mL/m^3$,总硫量不大于 $50mL/m^3$。与此同时,添加剂的加入不仅改善了贫液质量,也有助于降低再生所需的汽耗。图 6－5－9 是有无添加剂时选吸溶液的汽耗情况。

不言而喻,由于溶液中加有添加剂,LS－SCOT 工艺仅适用于基本型流程,而不适于合并再生流程及串级流程。

3）其他还原类尾气处理工艺

与 SCOT 法类似的还原—吸收法尾气处理工艺,国外还有 BSR/MDEA,Resulf,Sulfcycle,HCR,RAR,LTGT 及 AGE/Dual－Solve 等,均大同小异。

（1）BSR/MDEA 工艺。BSR/MDEA 系美国 Parsons 公司 BSR(Beaven Sulfur Removal)系列尾气处理工艺中的一种,有时也称为 BSR/Amine。此工艺的各个步骤与 SCOT 法相同,选吸使用 MDEA。

（2）Resulf 工艺。Resulf 工艺以 MDEA 为选吸溶剂,净化尾气 H_2S 可达到 $10mL/m^3$;当使用 MDEA 配方溶剂时,净化尾气 H_2S 可降至 $10mL/m^3$,称为 Resulf10 工艺,它与 LS－SCOT 工艺相当。

（3）Sulfcycle 工艺。Sulfcycle 工艺意为硫循环工艺,据称有几种变体,详情未见报道。

（4）HCR 工艺。意大利 NIGI 公司开发的 HCR(High Claus Ratio)意为高克劳斯比例工艺,主要特点是使克劳斯段产生足够的氢气并在富 H_2S 条件下运行,从而不需从外部供氢。

（5）RAR 工艺。KTI 公司开发的 RAR(Reduction,Absorption,Recycle)工艺的命名反映了主要工序——还原,选吸和酸气返回克劳斯装置。

（6）LTGT 工艺。德国 Lurgi 公司开发的 LTGT(Lurgi Tail Gas Treatment)工艺也是还原吸收法,使用 MDEA 作为选吸溶剂,由于使用结构填料及板式换热器等措施,投资可望降低。

（7）AGE/Dual－Solve 工艺。AGE/Dual－Solve 工艺是将酸气提浓(Acid Gas Enrichment)与还原吸收尾气处理工艺组合成一体的工艺,它用于胺法装置再生所得酸气 H_2S 浓度较低需要提浓再进克劳斯装置的工况,选吸工序已吸收 H_2S 的半富液可作为酸气提浓的吸收液。

3. 氧化—吸收工艺

氧化—吸收工艺的特点是先将克劳斯尾气中的含硫化合物全部氧化为 SO_2,然后再用溶液(或溶剂)吸收 SO_2,最终以硫酸盐、亚硫酸盐或 SO_2 的形式回收。

属于此类型的方法颇多,但大多数用于排烟脱硫或处理冶炼厂、硫酸厂的尾气。其中 Wellman－Lord 法曾用于处理克劳斯装置的尾气,此法采用碱性溶液吸收,可将装置尾气 SO_2

含量降至小于$200mL/m^3$。而 UCAP 法则是采用叔胺溶液吸收 SO_2，如果溶液的 pH 值控制得当的话，富胺可在含 CO_2 的物流中选择性地吸收 SO_2，再在一个常规的再生塔中将 SO_2 从富胺溶液中汽提出来。汽提出来的 SO_2 一般返回克劳斯装置的前部。

1）氧化—低温克劳斯工艺

（1）Aquaclaus 工艺。

美国 Stauffer 化学公司开发的 Aquaclaus 工艺意为在水相中进行克劳斯反应，可见反应在室温条件下进行，生成固体硫黄。在将尾气中各种形态的硫灼烧转化为 SO_2 后，以 Aquaclaus 缓冲溶液（含 10% 磷酸，2% Na_2CO_3，pH 值为 3.5～4.5）吸收 SO_2，可将尾气中 SO_2 降至 $50mL/m^3$ 以下，此吸收液与 H_2S（酸气）反应生成硫浆而分离。其工艺流程如图 6－5－10 所示。

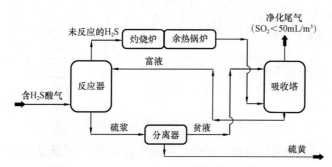

图 6－5－10　Aquaclaus 工艺工艺流程示意图

进入 20 世纪 90 年代，DarwellEngineering 公司接手 Aquaclaus 工艺并加以改进，关键的改进在两个方面：一是改进了反应系统使之更为有效；二是改进了硫黄的分离，从而避免了它在各处沉积而导致的堵塞。

Aquaclaus 虽开发用于克劳斯尾气的处理，但它也可用于处理胺法酸气或天然气，一套处理胺法酸气（H_2S 浓度 5%）的装置，硫产量为 6t/d。一套处理天然气（$H_2S + CO_2$ 为 5.5%）的装置，硫产量为 1.9t/d。

（2）柠檬酸盐法。

这是美国矿务局开发用于处理冶金工业废气的一个传统方法，在移植到处理克劳斯尾气时，由于无须除尘而使流程简化。此法以柠檬酸—酸盐缓冲溶液吸收 SO_2，尾气经净化后含 $SO_2 100mL/m^3$ 左右。溶液 pH 值以 3.5～4.5 为宜，过高则副反应严重，过低则不利于吸收 SO_2，溶液负荷为 10～20g（硫）/L。富液在一反应器内与 H_2S（酸气）直接反应生成硫黄而得以再生，硫沫经分离、熔融后可得硫黄产品。

2）氧化 SO_2 返回克劳斯装置类

这类工艺在吸收 SO_2 后将其返回克劳斯装置燃烧炉入口，虽然简化了尾气处理装置，但克劳斯装置却需要随之调整，特别是要保持燃烧炉有足够高的温度。

（1）Clintox 工艺。

德国 Linde 公司开发的 Clintox 工艺是以一种物理溶剂吸收经灼烧并急冷除水后的尾气中

的 SO_2，据称净化尾气 SO_2 可降至 $1mL/m^3$；然后溶剂再生，排出的气体中含 SO_2 约 80%，余为 CO_2 等，可返回克劳斯装置。总硫收率可达 99.9% 以上。

所用物理溶剂对 SO_2 有良好的吸收能力，且随 SO_2 的分压上升而增加，因此当尾气 SO_2 浓度升高时，循环量并不需要增加。

Clintox 工艺流程如图 6-5-11 所示。

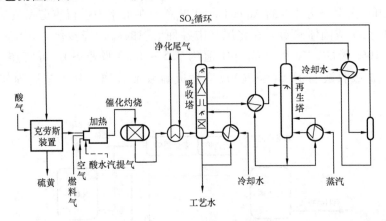

图 6-5-11　Clintox 工艺流程图

Linde 公司认为，当 Clintox 与克劳斯工艺形成联合装置时，在克劳斯段可不需考虑有机硫的转化问题，尾气中的有机硫可灼烧成 SO_2 返回克劳斯段；因此克劳斯催化段可使用较低温度以利于平衡转化；甚至可仅使用一级转化，而不必设二级转化；由于不必严格控制尾气 H_2S/SO_2 的比例，风气比的调节也较宽松。

（2）Cansolv 工艺。

美国 BV 公司开发的 Cansolv 工艺在尾气灼烧时使所有形态的硫转化为 SO_2 后，以一种独特的双胺吸收剂优化平衡 SO_2 吸收与再生的性能，再生放出的 SO_2 返回克劳斯装置。

双胺中的强碱性能基团吸收强酸性组分（SO_3 等）而不能再生；弱碱性基团在适当 pH 值下吸收与再生 SO_2，其贫液 pH 值为 6，富液 pH 值为 4。

如尾气中 SO_3 和 HCl 等强酸性组分较多，则需用电渗析法从溶液中除去。

（3）Elsorb 工艺。

Eiken 公司开发的 Elsorb 工艺是以磷酸二氢钠缓冲溶液吸收灼烧尾气中的 SO_2，再生放出的 SO_2 返回克劳斯装置。

不久前 Elsorb 工艺已在挪威一家炼厂工业化，排放尾气的 SO_2 含量小于 $200mL/m^3$。

（4）$CimincodeSO_x$ 工艺。

Cominco 公司开发的脱除硫氧化物工艺 $CimincodeSO_x$ 以氨液吸收 SO_2，再以硫酸处理并生成硫铵，SO_2 返回克劳斯装置。其 SO_2 脱除率可达 99%。

此工艺副产硫铵。

3）其他氧化类尾气处理工艺

原则上说，凡用于处理烟道气 SO_2 的工艺均可作为处理克劳斯尾气的氧化类工艺，此处仅简要介绍再生时得到 SO_2，既可生产液体 SO_2，也可返回克劳斯装置或生产硫酸的几种工艺。

（1）Wellmann – Lord 工艺。

美国 Wellmann 电站气体公司所开发的 Wellmann – Lord 工艺是一个传统方法，1971 年在日本用于处理克劳斯尾气。

此法以 Na_2SO_3（或 K_2SO_3）溶液作为尾气中 SO_2 的吸收剂，可将尾气 SO_2 含量降至小于 $200mL/d$。吸收了 SO_2 的 $NaHSO_3$ 溶液在蒸发结晶器中分解，放出 SO_2 与水汽，冷却后，SO_2 既可液化作为产品，或制硫酸或返回克劳斯装置。

Wellmann – Lord 工艺的关键是必须控制硫酸盐的生成，除控制灼烧时的氧比外，还可加入抗氧化剂以减少硫酸盐的生成。

（2）Trencor SO_2 工艺。

灼烧的尾气以一种有机溶剂选择吸收 SO_2，净化尾气 SO_2 含量不大于 $200mL/m^3$ 于再生塔内析出 SO_2 而获再生，SO_2 可返回克劳斯装置，也可用以生产硫酸。

（3）Westvaco 工艺。

美国 Westvaco 公司开发的同名工艺以流动床活性炭吸附灼烧尾气中的 SO_2 并在氧和水汽存在下催化氧化为硫酸。排出气 SO_2 含量不大于 $200mL/m^3$。

如果需要，可用 H_2S 将硫酸还原为元素硫。

4. 其他方法（低温克劳斯法）

此类工艺借助低于硫露点下的克劳斯反应使包括克劳斯装置在内的总硫收率达到 99% 左右，尾气中的 SO_2 浓度为 $1500 \sim 3000mL/m^3$。如 Sulfreen 和 IFP 等。

这类方法的原理是在比常规克劳斯法更为有利的反应平衡条件下，即或者是在低于硫露点（亚露点）的温度下，或者是在高于硫熔点温度的液相中继续进行克劳斯反应，以便获得更多的元素硫。前者通常又称为亚露点克劳斯法，后者通常又称为液相克劳斯法。

低温克劳斯法又可分为干法与湿法两类。干法系在固体催化剂床层上进行反应，而吸附在催化剂床层上的硫黄需定期用过程气或惰性气体将其带出，以便恢复催化剂的活性。湿法系在含有催化剂的溶剂中进行反应，生成的硫黄因与溶剂密度不同而分离。

1）在固体催化剂上进行的低温克劳斯反应

在低于硫露点的温度下，于固体催化剂上继续进行低温克劳斯反应以提高总硫回收率的一类工艺，代表有 Sulfreen 工艺和冷床吸附（CBA）这两种工艺的主要区别在于再生系统，Sulfreen 一般均设置单独的再生系统，而 CBA 则利用克劳斯装置一级转化器的出口气体作为再生气，故 CBA 法又可视为克劳斯装置的一个组成部分。

这类方法的特点是设备较简单，操作方便，与二级转化相配套的装置总硫回收率可达到 99% 以上，且对处理量为 $5 \sim 2200t/d$ 范围内的克劳斯装置皆可适用。

（1）Sulfreen 系列工艺。

Sulfreen 法工艺是德国 Lurgi 公司和法国 SNPA 公司联合开发的，于 1979 年实现工业应用，经过 30 多年的不断开发已形成一组系列工艺，包括 Sulfreen 基本工艺、Sulfreen 两段工艺、Hydro sulfreen 工艺、Carbosulfreen 工艺、Oxysulfreen 工艺及 Doxosulfreen 工艺等，它们分别达到总硫收率情况如图 6 – 5 – 12 所示。

① Sulfreen 基本工艺。Sulfreen 基本工艺使用在低温（118 ~ 135℃）下具有良好活性的催

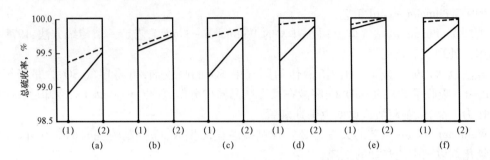

图 6 - 5 - 12　Sulfreen 系列工艺的总硫收率

H_2S,SO_2 和 S;—H_2S,SO_2,COS,CS_2 和 S;酸气 H_2S 浓度(1)50% ;(2)90%

（a）Sulfreen；（b）Hydro sulfreen；（c）两段 Sulfreen；（d）Carbosulfreen；（e）Oxysulfreen；（f）Doxosulfreen

化剂催化克劳斯反应,生成的硫凝聚于催化剂中,尔后切换以惰性气在较高温度下使硫逸出而催化剂得以再生,因此,这是一种非稳态运行的工艺。作为一个连续运行的装置,它至少需要有两个反应器,一个用于反应,另一个用于再生。

图 6 - 5 - 13 为用于法国 Lacq 净化厂的 Sulfreen 装置工艺流程,设有 6 个反应器;4 个处于反应阶段,1 个处于再生阶段,另 1 个处于冷却阶段,定期切换。

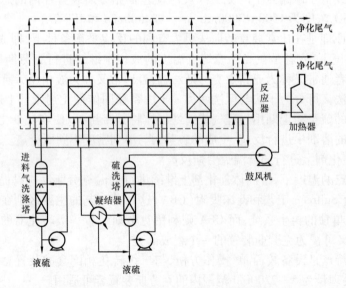

图 6 - 5 - 13　Sulfreen 装置工艺流程图

Sulfreen 法工业化初期使用的催化剂是改性活性炭,浸有硅酸盐以抑制再生阶段硫与活性炭的反应,其活性良好。但再生需在 500℃ 的高温下进行,不仅对系统的材质要求高,而且存在硫与炭的不可逆结合和 CO_2 与活性炭的反应。再生所用的气流为氮气,有一个独立的循环系统。

所以不久,Sulfreen 法即改用氧化铝基催化剂,再生温度可降到 360℃,而且可使用净化了的尾气作为再生气。

低温克劳斯催化剂与常温克劳斯催化剂相比,由于所处工况不同,其结构与性能上有些区别。较低的反应温度不仅要求催化剂有更好的活性,因而需要催化剂有更大的表面积以提供更多的活性中心。由于液硫凝结于催化剂中,需要有较多的微孔容留液硫以延长装置的切换时间。

② Sulfreen 两段工艺。Sulfreen 两段工艺与基本工艺的差别是在反应器后将尾气冷却,再进入一个 Sulfreen 反应器,使之在更低的温度下反应,从而提高总硫收率。在 COS 及 CS$_2$ 量较低的情况下,总硫收率可达 99.5%。图 6 - 5 - 14 为 Sulfreen 两段工艺流程图。

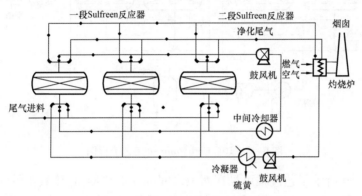

图 6 - 5 - 14　Sulfreen 两段工艺流程图

③ Hydrosulfreen 工艺。Hydrosulfreen 系"加氢"型的 Sulfreen 工艺,其工艺流程如图 6 - 5 - 15 所示。

如图 6 - 5 - 14 所示,克劳斯尾气升温至 250℃,在催化剂上将 COS 及 CS$_2$ 水解转化为 H$_2$S 且温度升至 300℃左右,注入适量空气在 TiO$_2$ 基催化剂上(如 CRS - 31)直接氧化 H$_2$S 为元素硫,未反应的同 S 与 SO$_2$ 再在 Sulfreen 段上反应。前两个反应器(有机硫转化及 H$_2$S 直接氧化)可在一个反应器内连续进行。

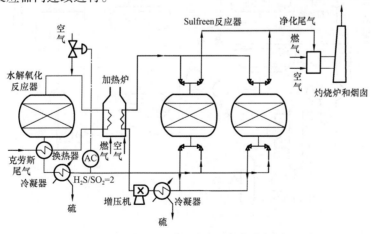

图 6 - 5 - 15　Hydrosulfreen 工艺流程图

由于有机硫转化了，尾气中 COS 及 CS_2 量低于 $50mL/m^3$，故 Hydrosulfreen 工艺的总硫收率可达 99.4% ~ 99.7%。

④ Carbosulfreen 工艺。Carbosulfreen 系"活性炭"型的 Sulfreen 工艺，此工艺的第一段在富 H_2S 条件下进行低温克劳斯反应（相应地需调整克劳斯装置的风气比），第二段则以一种活性炭直接催化氧化 H_2S，图 6-5-16 所示为其工艺流程图。

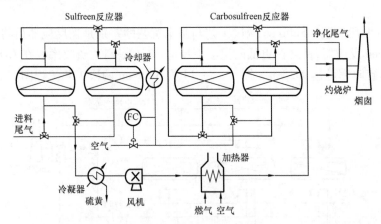

图 6-5-16 Carbosulfreen 工艺流程图

从图 6-5-16 所示工艺流程可见在两段之间并无加热器，直接氧化段的进料温度应在 12.5 ~ 130℃。Carbosulfreen 工艺无有机硫转化段，因此总硫收率将受有机硫含量的影响，在 99.2% ~ 99.7%。

⑤ Oxysulfreen 工艺。Oxysulfreen 是一种"氧化"型 Sulfreen 工艺，其工艺流程如图 6-5-17 所示。

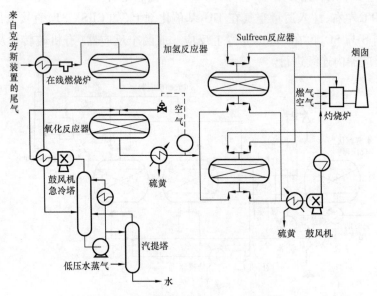

图 6-5-17 Oxysulfreen 工艺流程图

此工艺的开发早于 Hydrosulfreen 工艺,二者的反应步骤相同,均是有机硫转化—H_2S 直接氧化—低温克劳斯反应,但 Oxysulfreen 在有机硫转化后需急冷除水再加热进入 H_2S 直接氧化段。由此也可认为 Hydrosulfreen 是 Oxysulfreen 的换代工艺。

⑥ Doxosulfreen 工艺。Doxosulfreen 系"直接氧化"型 Sulfreen 工艺,它是 Carbosulfreen 的换代工艺,因此也是在低温克劳斯段反应(处于富 H_2S 条件下)后在 125℃进入直接氧化段。此时 H_2S 与 SO_2 的浓度分别为 $2500mL/m^3$ 及 $250mL/m^3$,使用过渡金属浸渍改性的氧化铝基催化剂,既发生 H_2S 的直接氧化,也产生低温克劳斯反应。其工艺流程如图 6-5-18 所示,两段的再生共用一个回路。

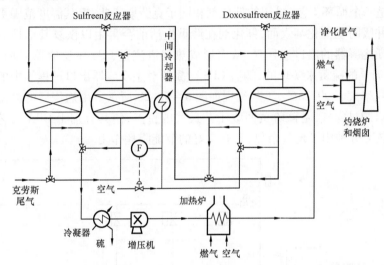

图 6-5-18　Doxosulfreen 工艺流程图

(2)冷床吸附(CBA)工艺。

冷床吸附(CBA)工艺的原理流程如图 6-5-19 所示,图中横线以上部分是一个二级转化的克劳斯装置,横线以下部分是 CBA 装置。此流程中设置了两个 CBA 吸附反应器,在运转状态下,一个反应器进行吸附反应,另一个则进行再生或冷却。

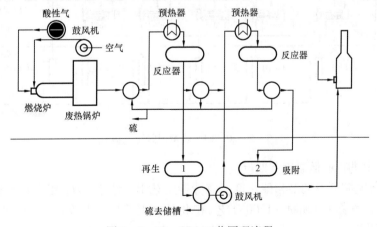

图 6-5-19　CBA 工艺原理流程

（3）CPS 工艺。

CPS 工艺（China Petroleum Sulfur Recovery Process，CPS），是中国石油集团工程设计有限公司（CPE）自主开发的硫黄回收技术，属于亚露点工艺，具有流程较简单，操作方便，投资与操作费用相对较低的特点。该工艺由 1 个热反应段、1 个常规克劳斯反应器和 3 个后续的低温克劳斯反应器组成。燃烧炉起到一个非催化转化段（热转化段）的作用，在热转化段转化总硫量的 68%。催化转化段由 1 个克劳斯反应器加 3 个低温克劳斯反应器组成，它是克劳斯延伸先进工艺之一。克劳斯反应器转化总硫的 20%，其余部分在后续低温克劳斯反应段完成转换，由于循环的特性，均在 CPS 反应器内进行，难以分配转换百分比。

CPS 工艺是一个循环工艺，采用的催化剂相同于克劳斯工艺，但其温度范围更低以便更高效地生成硫黄并吸附至催化剂表面，催化剂在严重失活前会再生以恢复其活性。再生是通过尾气加热克劳斯冷凝器的出口过程气，从而形成热气流流过 CPS 主反应器以加热催化剂、脱附（蒸发）催化剂上的硫黄来实现的，随后 CPS 冷凝器对主反应器出口过程气中的硫蒸气进行冷凝。硫黄回收率大于 99.25%，工艺流程如图 6-5-20 所示。用灼烧后的高温尾气加热克劳斯冷凝器出口的过程气，是该硫黄回收工艺最大的特点，使其有别于 CBA 工艺而成为 CPS 工艺。CPS 工艺充分利用了尾气余热，具有良好的节能降耗作用。

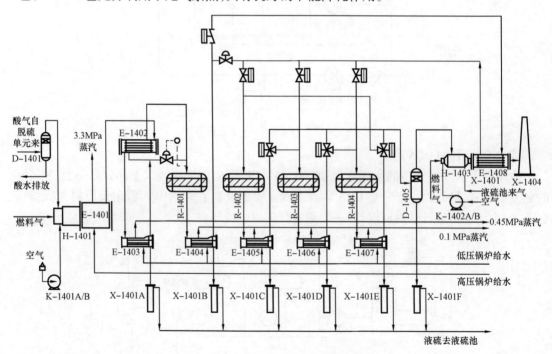

图 6-5-20　CPS 硫黄回收工艺流程

2）在液相中进行的低温克劳斯反应

法国石油研究院开发的液相催化低温克劳斯工艺 IFP 法于 1971 年在日本根岸炼油厂工业化；IFP 工艺后改称 Clauspol-1500 工艺，在此基础上其后又开发出 Clauspol-300 工艺及 Clauspol-150 工艺。

20 世纪 70 年代初,中国石油西南油气田分公司天然气研究院在实验室工作的基础上与四川石油设计院合作建设了液相催化低温克劳斯尾气处理工业装置。

基本原理是在加有特殊催化剂的有机溶剂中,在略高于硫熔点的反应温度下,使尾气中的 H_2S 和 SO_2 继续在液相中进行克劳斯反应,从而达到提高总硫回收率的目的。常用的有机溶剂为聚乙二醇－400,催化剂为苯甲酸钾或水杨酸钠等,用氢氧化钠调节 pH 值至合适的碱性范围。代表性工艺为 Clauspol 工艺,有 Clauspol－1500 工艺、Clauspol－300 工艺和 Clauspol－150 工艺三种,硫黄回收率最高可达 99.8%。

Clauspol 法的特点是操作条件缓和,设备和操作相对简单,适应范围广,操作弹性大。但随着总硫回收率的提高,工艺流程和设备也变得复杂,加之该工艺在尾气吸收塔的溶剂与液硫界面上易生成乳状硫、催化剂对过程气中氧含量非常敏感以及溶剂损失量较大等不足,近年来应用不多。

（1）Clauspol－1500 工艺。

使用一个由溶剂和催化剂组成的液相体系使尾气中的比 S 与 SO_2 发生反应,生成的液硫不溶于溶剂而分层并依靠重度的差别沉降分离,其工艺流程如图 6－5－21 所示。与 Sulfreen 法不同,Clauspol－1500 工艺是一种稳态工艺。

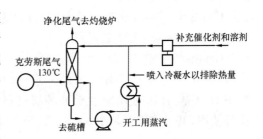

图 6－5－21　Clauspol－1500 工艺流程图

反应所用溶剂为聚乙二醇（PEG）400,催化剂则是有机羧酸的碱金属盐,例如水杨酸饵或水杨酸铀等,反应温度 120～122℃。在此工艺的开发及运行过程中注意到以下一些问题:

① 由于 H_2S 从气相进入液相是整个过程的控制步骤,故需有大的气液接触表面,而采用低压降的填料塔;

② 考虑到 H_2S 的溶解速度较 SO_2 为慢,所以维持尾气 H_2S/SO_2 之比为 2.1～2.3;

③ 反应热可借向系统注入蒸汽凝结水而带出;

④ 由于硫黄多少溶解了一点溶剂及催化剂,所以纯度为 99.7%;

⑤ 在反应塔内溶液与液硫界面有时生成一层难以破坏的乳状物,后将其抽出送入循环溶液而得以解决;

⑥ 系统内可能有少量 Na_2SO_4 等盐类生成并沉积在填料上,必要时可在停车时以水洗去,催化剂亦需补充。

此法比 S 与 SO_2 的转化率可达 90%,据称有机硫也有 40% 转化;因其尾气灼烧后 SO_2 浓度可达 $1500mL/m^3$,Clauspol－1500 由此得名。

我国大连西太平洋石油化工公司建设有与 $10 \times 10^4 t/a$ 克劳斯装置配套的 Clauspol－1500 装置,据称其总硫收率因克劳斯段有机硫有效转化而可达 99.5%。

（2）Clouspol－300 工艺。

Clauspol－300 工艺可将尾气 SO_2 浓度降至 $300mL/m^3$,一方面在常规克劳斯段采用更有力的措施（使用 AM 及 CRS－31 催化剂）控制与转化有机硫,使 COS 转化率达到 98%～100%,

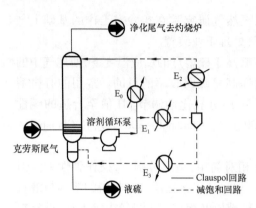

图 6 - 5 - 22　Clauspol - 300 工艺工艺流程图

CS_2 转化率达到 93% ~96% ;另一方面,在低温克劳斯段采取措施降低尾气中的硫蒸气含量。

在反应器内,尾气中的硫蒸气含量与溶液中的液硫浓度有气液平衡关系,在 Clauspol - 1500 的操作条件下,溶液中的液硫浓度约为 2% ,相应的气相硫蒸气浓度为 $350mL/m^3$ 。如果将溶液中的液硫浓度降低,则尾气中的硫蒸气含量也相应降低。为此开发了专用的溶液"减饱和"回路,如图 6 - 5 - 21 所示。

如图 6 - 5 - 22 所示,引出部分溶液冷却至 50 ~70℃,使溶液中的液硫凝为固体析出,从而可使尾气中硫蒸气含量降至 $50mL/m^3$ 。

Clauspol - 300 工艺的总硫收率可达 99.5% 。

（3）Clauspol - 150 工艺。

Clauspol - 150 工艺最初称为 IFP 全型,此工艺是将尾气中各种形态的硫氧化为 SO_2（所以也可将其归入"氧化"类尾气处理工艺）以氨水吸收 SO_2 ,再加热使亚硫酸铵分解,然后分解产物中的 SO_2 与计量的 H_2S（克劳斯装置进料酸气）进行低温克劳斯反应,NH_3 与水冷凝冷却后循环使用,其工艺流程如图 6 - 5 - 23 所示。

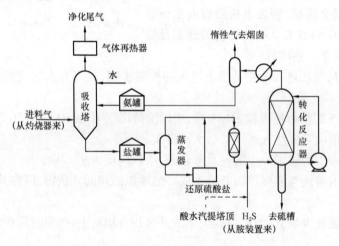

图 6 - 5 - 23　Clauspol - 150 工艺流程图

Clauspol - 150 工艺的总硫收率可达 99.9% 。

参 考 文 献

陈赓良,2015. 天然气三甘醇脱水工艺的技术进展[J]. 石油与天然气化工,44(6):1 - 9.

付秀勇,胡志兵,王智,2007. 雅克拉凝析气田地面集输与处理工艺技术[J]. 天然气工业,27(12):136 - 138.

郭春生,2005. 吉拉克凝析气田地面工艺技术[J]. 天然气工业,25(10):127 - 129.

黄思宇,吴印强,朱聪,等,2014. 高尚堡天然气处理装置改进与运行优化[J]. 石油与天然气化工,43(1):
　　17－23.

江楚标,2001. 透平膨胀机及发展动态[J]. 深冷技术,5:1－9.

蒋洪,等,2019. 天然气凝液回收技术[M]. 北京:石油工业出版社.

蒋洪,刘晓强,朱聪,2007. 冷剂制冷—油吸收复合凝液回收工艺的应用[J]. 石油与天然气化工,36(2):
　　97－100.

蒋洪,杨昌平,吴敏,等,2010. 天然气三甘醇脱水装置节能分析[J]. 石油与天然气化工,39(2):122－127.

李士富,李亚萍,王继强,等,2010. 轻烃回收中 DHX 工艺研究[J]. 天然气与石油,28(2):18－26.

李树琰,2018. 多元改性氧化铁制备及脱硫再生性能研究[D]. 石家庄:河北科技大学.

梁平,等,2008. 天然气集输技术[M]. 北京:石油工业出版社.

刘洪杰,2009. 天然气处理装置透平膨胀机组存在问题研究[J]. 石油和化工设备,12(6):43－45.

刘顺剑,诸林,陈国森,等,2010. 天然气冷油吸收法轻烃回收工艺[J]. 四川化工,13(3):43－46.

马宁,周悦,孙源,2010. 天然气轻烃回收技术的工艺现状与进展[J]. 广东化工,37(10):78－79.

孟宪杰,等,2016. 天然气处理与加工手册[M]. 北京:石油工业出版社.

全淑月,2007. 春晓气田陆上终端天然气轻烃回收工艺介绍[J]. 天然气技术与经济(1):75－80.

王开岳,2005. 天然气净化工艺——脱硫脱碳、脱水、硫黄回收及尾气处理[M]. 北京:石油工业出版社.

王沫云,2018. DHX 工艺在膨胀制冷轻烃回收装置上的应用[J]. 石油与天然气化工(4):45－49.

王治红,李智,叶帆,等,2013. 塔河一号联合站天然气处理装置参数优化研究[J]. 石油与天然气化工,42
　　(6):561－566.

王治红,吴明鸥,伍申怀,等,2016. 江油轻烃回收装置 C_3 收率的影响因素分析及其改进措施探讨[J]. 石油与
　　天然气化工,45(4):10－16.

吴志虎,刘海燕,张勇,2014. 固定床吸附脱汞工艺在克拉 2 第二天然气处理厂的应用[J]. 山东化工,43(6):
　　113－115.

张盛富,曹学文,2011. 广安轻烃回收装置分子筛脱水存在问题探析[J]. 石油与天然气化工,40(5):
　　442－444.

Campbell R,Wilkinson J,1979－06－12. Hydrocarbon Gas Processing：US4157904[P].

Eckersley N,2010. Advanced Mercury Removal Technologies：New Technologies Can Cost－Effectively Treat'Wet'
　　and'Dry'Natural Gas while Protecting Cryogenic Equipment[J]. Hydrocarbon Processing,89(1):29－35.

Eckersley N,2010. Advanced Mercury Removal Technologies[J]. Hydrocarbon Processing,89(1):29－50.

Markovs J,1989－10－17. Purification of Fluid Streams Containing Mercury：US4874525[P].

Misra A Laukart,Luoche T,1993. Mercury Removal and Hydrocarbon Dewpoint Control in Sohlingen Gas Field[J].
　　Dehydration,2(109):67－72.

Nogal F L,Kim J,Perry S,et al,2008. Optimal Design of Mixed Refrigerant Cycles[J]. Industrial & Engineering
　　Chemistry Research,47(22):8724－8740.

Shuaib A,James H,1985－05－26. Process for LPG Recovery：US4507133[P].

U. S. GPA,2016. Engineering Data Book 14th Edition[M]. U. S. Gas Processing Midstream Association.

Zettlitzer M,Scholer H F,Eiden R,et al. ,1997. Determination of Elemental,Inorganic and Organic Mercury in North
　　German Gas Condensates and Formation Brines[J]. SPE International Symposium on Oilfield Chemistry：
　　509－516.

第七章　天然气凝液储运

油气田中的富含烃类的天然气经过加工处理得到的商品乙烷、丙烷、丁烷和丙丁烷混合物等液化石油气、稳定轻烃,在油气田设计中统称为天然气凝液。天然气凝液储运系统的设计要满足物料进厂、出厂、装置正常生产、开停工和事故工况的储存、调和及输送等要求。由于液化石油气具有一定的危险性,所以其与储存和运输其他一般介质在设备和要求上都有着较大的区别。

本章从油气田天然气凝液常见储存方式、储存设备、运输方式及储运设备选型等几方面进行了介绍。同时,为了保证天然气凝液的储存和运输过程的安全,防止或降低事故的发生,本章还对天然气凝液储存的原则、储罐选型、管道及泵输送水力工艺计算、储罐附件及检测仪表的选择、液化石油气的汽车及火车装卸、充灌等内容进行了详细介绍。

第一节　凝液储存

一、储存方法

1. 油气田液化石油气

本产品按储存工艺划分目前有三种方式:常温压力储存、低温压力储存和低温常压储存。按储存方式又可分为储罐储存、地层储存和固态储存。目前国内常见的方法为常温压力液态储罐储存。

2. 稳定轻烃

天然气凝液、液化石油气和Ⅰ号稳定轻烃多为储罐储存。对于Ⅰ号稳定轻烃产品一般采用常温压力球形储罐或卧式储罐储存;对于Ⅱ号稳定轻烃产品,可采用常压密闭容器储存,严禁用常压容器充装Ⅰ号稳定轻烃产品。

二、储存方式的选择

1. 常温压力储存

轻烃储存目前国内多采用常温压力储罐储存。常温压力储存的设计压力随气温而变化,并接近或略低于气温下的饱和蒸气压力。

常用的储罐有球形储罐和卧式储罐。储罐形式的选择主要取决于单罐的容积大小和加工条件。当储罐公称容积大于$120m^3$时选用球形储罐,小于$120m^3$时选用卧式圆筒储罐。

2. 低温常压储存

低温常压储存是指液化石油气在低温(如丙烷在 -42.7℃)下,其饱和蒸气压力接近常压的情况下的储存方式。此时将液化石油气储存在薄壁容器中,可减少投资和钢材耗量,但是需要制冷设备和耐低温钢材,罐壁需要保温,管理费用较高,通常当单罐罐容超过 2000t 时才考虑使用。

低温常压储罐一般为拱顶盖双层壁的圆筒形钢罐。

低温常压储存是将液化石油气首先冷却至储罐设计温度后进入常压储罐。为防止周围大气通过绝热层传入热量使罐内液化石油气升高温度,必须将这部分热量通过冷却方式带走,以保证低温储罐正常工作,使罐内温度和压力保持稳定。

3. 低温压力储存

这种储存方式是根据当地气温情况将液化石油气降低到某一适合温度下储存,其储存压力较常温压力储存低。优点是储罐壁薄,使投资、耗钢量减少,虽然需要制冷设备,但工艺过程比低温常压储存简单,运行可靠,运行费用较少。如丙烷在 +48℃ 时,饱和蒸气压为 1.569MPa,而在 0℃ 时只有 0.366MPa。就单个罐而言,两者比较,低温压力储存可节省40%左右。据计算,当储存规模在 1000t 以上时,对于北方地区,制冷系统运行时间较短,常年运行费用少,采用低温压力储存更为经济。

低温压力储存的工作原理与直接冷却式低温常压储存相似,其冷却系统一般用水作冷媒。

三、罐容的确定

1. 储罐总容量和储罐数

当设计规模已定时,轻烃储罐的总容量决定于储存时间(单位:d),而储存时间主要决定于气源情况(气体处理厂数量、检修周期和时间),运输方式和销售情况。

混合轻油、天然汽油、液化石油气的生产作业罐和储罐的容积应根据产量、运输方式和距离,按设计产量确定。根据 GB 50350《油田油气集输设计规范》第7.3.2条,其储存时间如下:

(1) 生产作业储罐,1d。

(2) 外销产品储罐:管道输送,3d;罐车拉运 100km(含 100km)以内 3~5d,100km 以外 5~7d。

对于油田外输产品储罐,可根据实际情况适当增加储备天数,可按 7~10d 考虑。

储罐设计总容量(V)按式(7-1-1)计算:

$$V = \frac{nKG}{\rho\varphi} \tag{7-1-1}$$

式中 n——储存时间,d;

K——高峰系数,一般为 1.2~1.4;

G——年平均日产量,t/d;

ρ——最高温度下轻烃的密度,t/m³;

φ——最高温度下储罐储存系数，一般球形储罐或卧式储罐宜取 0.9。

储罐数的确定：

$$N = V/V_i \tag{7-1-2}$$

式中　N——储罐数，取整数，一般情况下储罐数不宜少于 2 具；

V——总储存容量，m^3；

V_i——球形储罐或卧式储罐的单体容积，m^3。

2. 设计温度和设计压力

设计压力必须以相应的设计温度作为设计载荷条件，且应注意到容器在运行中可能出现的各种工况，并以最苛刻的工作压力与相应温度的组合工况，确定容器的设计压力。

1）设计压力

常温储存液化气体压力容器的设计压力，应当以规定温度下的工作压力为基础确定：

（1）常温储存液化气体压力容器规定温度下的工作压力按表 7-1-1 确定。

表 7-1-1　常温储存液化气体压力容器规定温度下的工作压力

液化气体临界温度℃	规定温度下的工作压力		
	无保冷设施	有保冷设施	
		无实验测试温度	有实验测试最高工作温度并且能保证低于临界温度
≥50	50℃饱和蒸气压力	可能达到的最高工作温度下的饱和蒸气压力	
<50	在设计所规定的最大充装量下为50℃的气体压力	实验实测最高工作温度下的饱和蒸气压力	

（2）常温储存混合液化石油气压力容器规定温度下的工作压力，按照不低于 50℃时混合液化石油气组分的实际饱和蒸气压来确定，设计单位在设计图样上注明限定的组分和对应的压力；若无实际组分数据或者不做组分分析，其规定温度下的工作压力不得低于表 7-1-2 的规定。

表 7-1-2　常温储存混合液化石油气压力容器规定温度下的工作压力

混合液化石油气50℃饱和蒸气压力，MPa	规定温度下的工作压力，MPa	
	无保冷设施	有保冷设施
小于或者等于异丁烷50℃饱和蒸气压力（0.687）	等于50℃异丁烷的饱和蒸气压力	可能达到的最高工作温度下异丁烷的饱和蒸气压力
大于异丁烷50℃饱和蒸气压力、小于或者等于丙烷50℃饱和蒸气压力（1.725）	等于50℃丙烷的饱和蒸气压力	可能达到的最高工作温度下丙烷的饱和蒸气压力
大于丙烷50℃饱和蒸气压力（2.16）	等于50℃丙烯的饱和蒸气压力	可能达到的最高工作温度下丙烯的饱和蒸气压力

2）设计温度

（1）设计温度，是指压力容器在正常工作条件下，设定的元件温度（沿元件截面的温度平均值),设计温度与设计压力一起作为设计载荷条件。

(2)常温储存压力容器,当正常工作条件下大气环境温度对压力容器壳体金属温度有影响时,其最低设计金属温度不得高于历年来月平均最低气温(当月各天的最低气温值相加后除以当月的天数)的最低值。

储存容器的设计、制造、检验与验收应符合 GB 150.1～150.4《压力容器》中的有关规定,并接受中华人民共和国国家质量监督检验检疫总局颁布的 TSG 21《固定式压力容器安全技术监察规程》的监督。

四、储罐选型

1. 卧式储罐

卧式储罐的构造如图 7 - 1 - 1 所示。

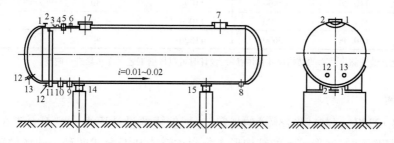

图 7 - 1 - 1　卧式储罐构造图

1—就地液位计接管;2—远传液位计接管;3—就地压力表接管;4—远传压力表接管;5—液相回流管接管;
6—安全阀接管;7—人孔;8—排污管;9,10—液相管接管;11—气相管接管;12—就地温度计接管;
13—远传温度计接管;14—固定鞍座;15—活动鞍座;i—坡度

卧式储罐的壳体由筒体和封头组成。储罐上设有液相管、气相管、液相回流管、排污管及人孔、安全阀、压力表、液位计和温度计等接管。轻烃卧式储罐上的附件与液化气储罐基本相同,只是设计压力等级不同。

卧式储罐支承在两个鞍式支座上,一个为固定支座,另一个为活动支座。固定支座应设在接管集中的一端。考虑接管、操作、检修方便,罐底距地面的高度一般不小于 1.5m。

常用液化石油气储罐系列,见表 7 - 1 - 3。

表 7 - 1 - 3　常用液化石油气储罐系列

公称容积 m³	几何容积 m³	公称直径 mm	筒体长度 mm	椭圆封头直边长度 mm	椭圆封头曲面高度 mm
3	3.29	1000	3800	25	250
5	5.49	1200	4400	25	300
10	11.23	1600	5000	25	400
20	22.36	2000	6400	25	500
20	22.85	2200	5200	40	550

公称容积 m³	几何容积 m³	公称直径 mm	筒体长度 mm	椭圆封头直边长度 mm	椭圆封头曲面高度 mm
30	32.74	2200	7800	40	550
30	33.83	2400	6600	40	600
40	44.32	2600	7400	40	650
40	45.65	2800	6400	40	700
50	55.5	2800	8000	40	700
50	57.11	3000	7000	40	750
60	66.58	2800	9800	40	700
60	67.01	3000	8400	40	750
100	109.75	3200	12500	40	800
100	110.88	3400	11000	40	850
120	129.04	3400	13000	40	850
120	130.08	3600	11500	40	900

注：常用液化石油气储罐系列的结构尺寸仅供参考，设计时可以根据工艺平面布局进行调整。

2. 球形罐

按照 GB 12337《钢制球形储罐》的规定，球形储罐的设计压力一般不大于 6.4MPa。以球壳板的组合方案不同，球形储罐的结构形式分为橘瓣式和混合式两种。球形储罐通常采用赤道正切柱式支撑。球形储罐的球壳板和支柱一般在预制厂预制，运到现场后组装焊接，球形储罐及支柱各部分的名称如图 7-1-2 和图 7-1-3 所示。

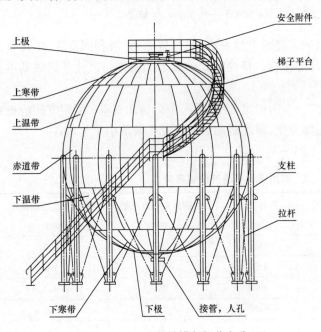

图 7-1-2 球形储罐各部分名称

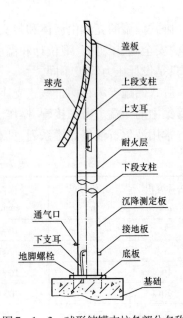

图 7-1-3 球形储罐支柱各部分名称

球形储罐的接管及附属设备与大容量卧式储罐相同,如图 7 - 1 - 4 所示。

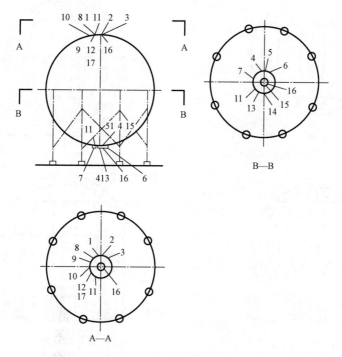

图 7 - 1 - 4 球形储罐接管

1,2—安全阀;3—放散管;4,5—液相管;6—气相管;7—液相回流管;8,9,10—远传液位计接管;

11—就地液位计接管;12—就地压力表接管;13—就地温度计接管;14—远传温度计接管;

15—排污管;16—人孔;17—远传压力表接管

球形储罐的形式及球壳各带名称及编号如图 7 - 1 - 5 至图 7 - 1 - 16 所示。

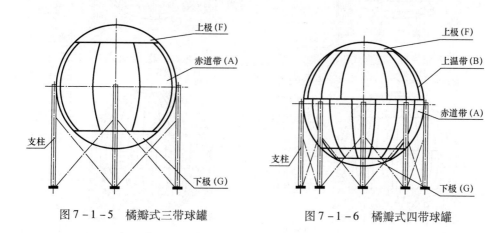

图 7 - 1 - 5 橘瓣式三带球罐   图 7 - 1 - 6 橘瓣式四带球罐

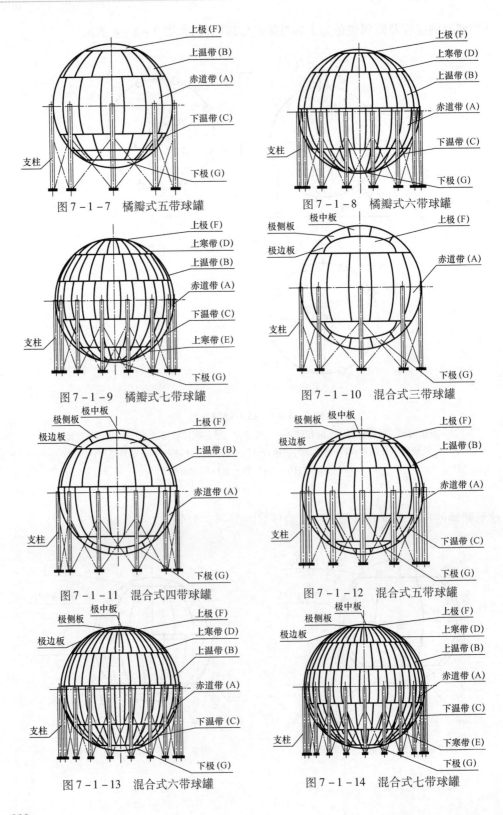

图7-1-7　橘瓣式五带球罐

图7-1-8　橘瓣式六带球罐

图7-1-9　橘瓣式七带球罐

图7-1-10　混合式三带球罐

图7-1-11　混合式四带球罐

图7-1-12　混合式五带球罐

图7-1-13　混合式六带球罐

图7-1-14　混合式七带球罐

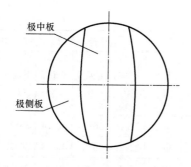

图 7 - 1 - 15　橘瓣式球罐极带板

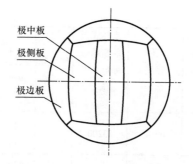

图 7 - 1 - 16　混合式球罐极带板

普通球形储罐的基本参数应符合表 7 - 1 - 4 的规定。

表 7 - 1 - 4　普通球形储罐基本参数表

公称容积 m³	球壳内直径或球罐基础中心圆直径 mm	几何容积 m³	支柱底板底面球壳赤道平面的距离 mm	球壳分带数	支柱数根	各带球心角,(°)/各带分块数						
						上极(F)	上寒带(D)	上温带(B)	赤道带(A)	下温带(C)	下寒带(E)	下极(G)
50	4600	51	4200	3	4	90/3	—	—	90/8	—	—	90/3
120	6100	119	5000	3	4	90/3	—	—	90/8	—	—	90/3
200	7100	187	5600	3	4	90/3	—	—	90/8	—	—	90/3
					5	90/3	—	—	90/10	—	—	90/3
400	9200	408	6600	3	5	90/3	—	—	90/10	—	—	90/3
					6	90/3	—	—	90/12	—	—	90/3
650	10700	641	7400	3	6	90/3	—	—	90/12	—	—	90/3
				4	8	60/3	—	55/16	65/16	—	—	60/3
1000	12300	974	8200	4	8	60/3	—	55/16	65/16	—	—	60/3
				5	8	54/3	—	36/16	54/16	36/16	—	54/3
1500	14200	1499	9000	5	8	54/3	—	36/16	54/16	36/16	—	54/3
					10	54/3	—	36/20	54/20	36/20	—	54/3
2000	15700	2025	9800	5	8	54/3	—	36/16	54/16	36/16	—	54/3
					10	42/3	—	42/20	54/20	42/20	—	42/3
					12	42/3	—	42/24	54/24	42/24	—	42/3
3000	18000	3054	11000	5	10	42/3	—	42/20	54/20	42/20	—	42/3
					12	42/3	—	42/24	54/24	42/24	—	42/3
4000	19700	4003	11800	5	10	42/3	—	42/20	54/20	42/20	—	42/3
				6	12	36/3	32/18	36/24	40/24	36/24	—	36/3
5000	21200	4989	12600	6	12	36/3	32/18	36/24	40/24	36/24	—	36/3
					14	36/3	32/21	36/28	40/28	36/28	—	36/3

公称容积 m³	球壳内直径或球罐基础中心圆直径 mm	几何容积 m³	支柱底板底面球壳赤道平面的距离 mm	球壳分带数	支柱数根	各带球心角,(°)/各带分块数						
						上极(F)	上寒带(D)	上温带(B)	赤道带(A)	下温带(C)	下寒带(E)	下极(G)
6000	22600	6044	13200	6	12	36/3	32/18	36/24	40/24	36/24	—	36/3
					14	36/3	32/21	36/28	40/28	36/28	—	36/3
8000	24800	7986	14400	6	14	36/3	32/21	36/28	40/28	36/28	—	36/3
				7	14	32/3	26/21	30/28	36/28	30/28	26/21	32/3
10000	26800	10079	15400	7	14	32/3	26/21	30/28	36/28	30/28	26/21	32/3

注：上、下极板分块数，根据需要可以是2块。

混合式球罐的基本参数应符合表7-1-5的规定。

表7-1-5 混合式球罐基本参数表

公称容积 m³	球壳内直径或球罐基础中心圆直径 mm	几何容积 m³	支柱底板底面球壳赤道平面的距离 mm	球壳分带数	支柱数根	各带球心角,(°)/各带分块数						
						上极(F)	上寒带(D)	上温带(B)	赤道带(A)	下温带(C)	下寒带(E)	下极(G)
1000	12300	974	8200	3	8	112.5/7	—	—	67.5/16	—	—	112.5/7
1500	14200	1499	9000	3	8	112.5/7	—	—	67.5/16	—	—	112.5/7
					10	90/7	—	40/20	50/20	—	—	90/7
2000	15700	2026	9800	3	8	112.5/7	—	—	67.5/16	—	—	112.5/7
				3	10	107.5/7	—	—	72.5/20	—	—	107.5/7
				4	10	90/7	—	40/20	50/20	—	—	90/7
3000	18000	3054	11000	3	10	105/7	—	—	75/20	—	—	105/7
				4	10	90/7	—	40/20	50/20	—	—	90/7
				4	12	90/7	—	40/24	50/24	—	—	90/7
4000	19700	4003	11800	4	10	90/7	—	40/20	50//20	—	—	90/7
				4	12	90/7	—	40/24	50/24	—	—	90/7
				5	14	65/7	—	38/28	39/28	38/28	—	65/7
5000	21200	4989	12600	4	12	75/7	—	45/24	60/24	—	—	75/7
				5	12	75/7	—	30/24	45/24	30/24	—	75/7
					14	65/7	—	38/28	39/28	38/28	—	65/7
6000	22600	6044	13200	5	12	75/7	—	30/24	45/24	30/24	—	75/7
					14	65/7	—	38/28	39/28	38/28	—	65/7
8000	24800	7986	14400	5	14	65/7	—	38/28	39/28	38/28	—	65/7

续表

公称容积 m³	球壳内直径或球罐基础中心圆直径 mm	几何容积 m³	支柱底板底面球壳赤道平面的距离 mm	球壳分带数	支柱数根	各带球心角,(°)/各带分块数						
						上极(F)	上寒带(D)	上温带(B)	赤道带(A)	下温带(C)	下寒带(E)	下极(G)
10000	26800	10079	15400	5	14	65/7	—	38/28	39/28	38/28	—	65/7
12000	28400	11994	16200	5	14	65/7	—	38/28	39/28	38/28	—	65/7
15000	30600	15002	17200	5	16	60/7	—	40/32	40/32	40/32	—	60/7
18000	32500	179774	18200	5	16	56/7	—	41/32	12/32	41/32	—	56/7
				6	18	50/7	30/36	32/36	36/36	32/36	—	50/7
20000	33700	20040	18800	6	18	50/7	30/36	32/36	36/36	32/36	—	50/7
23000	35300	23032	19600	6	18	50/7	30/36	32/36	36/36	30/36	—	50/7
25000	36300	25045	20200	6	18	50/7	30/36	32/36	36/36	32/36	—	50/7
				7	20	45/7	27/30	27/40	27/40	27/40	27/30	40/7

五、储罐储存的辅助设施

1. 储罐的液位计量设施

液态烃储罐应尽量采用自动控制的压力、温度和液位检测远传仪表,便于在控制室进行集中监控。

液态烃储罐必须设置就地指示的液位计和压力表。就地指示液位计宜采用能直接观测储罐全液位的液位计。容积大于100m³的储罐,应设置远传显示的液位计和压力表,且应设置液位上限与下限报警装置和压力上限报警装置。

液态烃储罐应设压力就地指示仪表和压力远传仪表,两种仪表不应共用一个开口。

液态烃储罐液位测量应设一套远传仪表和一套就地指示仪表。当就地液位计采用雷达或伺服液位计时,储罐还应设置一种不同类别的液位远传仪表。

液位测量远传仪表应设置高液位报警和低液位报警。高液位报警设定值应为储罐的设计储存高度;低液位报警设定值,要满足从报警开始10~15min内泵不会发生气蚀的要求。

液态烃储罐应另设一套专门用于高高液位报警及联锁切断储罐进口阀门的液位测量仪表或液位开关。高高液位报警及联锁设定值,需不大于液相体积达到储罐计算容积的90%时的高度。液态烃储罐还宜设置低低液位报警及联锁停泵。

2. 轻烃罐切水设施

混合轻油、液化石油气中一般都含有水分。而水在液态碳氢化合物中,随着温度的不同溶解度也不同。如50℃时液态丙烷中水的溶解度是0.06kg/100kg(烃),而在30℃时液态丙烷中水的溶解度是0.025kg/100kg(烃)。温度降低使丙烷中的水分部分沉降下来,如不排除,在罐中容易造成冻结,带入管线中还会堵塞管线,所以储罐宜有沉降脱水及排水设施。水在烃类中的溶解度如图 7-1-17 所示。

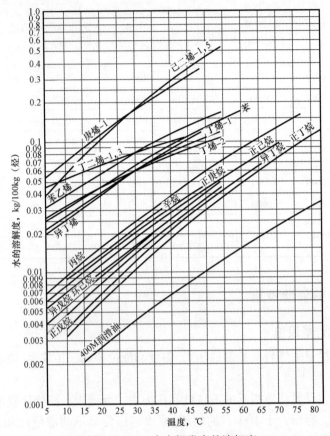

图 7-1-17　水在烃类中的溶解度

切水器一般由壳体、浮子、杠杆及浮力放大机构、无背压二次密封阀等主要部件组成。它利用水和液态烃的密度差及液体在容器内压力均布的原理,通过浮子沉浸在水和液态烃中的浮力差来实现上下运动,借助力的放大机构放大浮力差,以此为动力来控制无压阀的开启和关闭,并将切水器罐内分离的液态烃快速返回球罐内,从而达到切水控制的目的。图 7-1-18 所示为切水器典型安装图。

液烃罐切水应通过密闭管道统一集中收集。

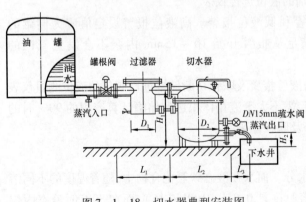

图 7-1-18　切水器典型安装图

3. 轻烃罐的防晒设施

在夏季高温环境下,由于轻烃受热后体积膨胀,使罐内压力升高,必须采取防晒措施。目前,国内通常采用的保冷防晒措施有保冷、淋水、埋地和遮阳等几种方法。其中采用较多的是喷淋水和涂特种阻热涂层材料两种方式。

采用水喷淋方式,淋水量按 $2L/(m^2 \cdot min)$ 计算,淋水面积为罐表面积的1/2。这种方式不但会造成水、电和石油等宝贵资源的浪费,更加大了设备维护成本和环境污染。某些寒冷地区,在停止淋水时,还应考虑水管线的防冻措施。因此目前工程大多采用喷涂热反射隔热涂料的方式。热反射隔热涂料是以反射方式把日照近红外光线和热量以一定的波长反射到大气中,从而达到良好隔热降温的目的。其对太阳近红外热辐射波段(680~1350mm)具有高反射率、高发射率、低导热系数和低蓄热系数等热工性,是以具有显著隔热降温效果的节能新产品,涂料具体性能指标详见本套书中册第十三章第二节相关内容。

六、储罐的接管、附件及检测仪表

1. 储罐接管

储罐接管如图 7 - 1 - 19 所示。

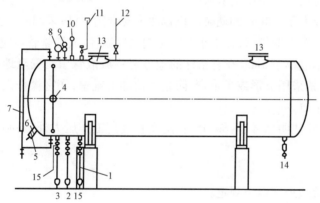

图 7 - 1 - 19 储罐接管图

1—液相出口管;2—液相进口管;3—气相管;4—远传压力表接管;5—远传温度计;6—就地温度计;7—玻璃板液位计;
8—就地压力表;9—远传压力表;10—液相回流管;11—安全阀放散管;12—放散管;
13—人孔;14—排污管;15—紧急切断阀油路

（1）液相进口管线应设止回阀和高高液位联锁切断设施;

（2）液相出口管应设紧急切断装置,当与储管连接的管道、软管发生断裂和误操作时而引起液化气或轻烃大量漏失时,紧急切断管路;

（3）气相管道也应设置紧急切断装置;

（4）液相回流管的作用是将泵排出的多余轻烃返回储罐;

（5）排污管设置在储罐最低处,并安装两套阀门。排污

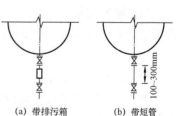

(a) 带排污箱   (b) 带短管

图 7 - 1 - 20 排污管的接管形式

管的接管形式如图 7 - 1 - 19 和图 7 - 1 - 20 所示。在北方寒冷地区排污管和排污箱应考虑相应保温伴热防冻措施。

（6）人孔。卧式罐容积大于 $50m^3$ 时,一般设两个人孔,球形罐上下各设一个。

2. 储罐附件及检测仪表

1）安全阀

储罐上设置单安全阀时，安全阀开启压力不应大于储罐的设计压力，可为储罐设计压力或最高工作压力的 1.2 倍；安装多个安全阀时，其中一个安全阀的开启压力不应大于储罐的设计压力，其余安全阀的开启压力可适当提高，但不得超过设计压力的 1.05 倍。安全阀构造形式的选择应满足下列要求：

（1）应选择弹簧安全阀。为防止腐蚀，阀瓣及阀座材料应为不锈钢，并且宜选用带手柄的安全阀，以便能定期搬动手柄起动阀瓣，检查安全阀启动是否灵活。

（2）应有足够的阀口总通过面积，设置数目不宜过多，应选用全启式。只有当储罐容积较小且微启式安全阀排放能力大于储罐的安全泄放量时，也可选用微启式安全阀。

（3）安全阀应选择封闭式，以便将放散出来的轻烃气体引向上方或其他安全地点。

（4）安全阀弹簧工作压力可取最高工作压力的 1.0 ~ 1.2 倍。

在选择安全阀时还应注意以下事项：

单罐容积等于或大于 $100m^3$ 的储罐应设置两个安全阀，且应采用同一型号和规格。

安全阀出口应设置放散管，管径不小于安全阀出口通径，放散管管口应高出储罐操作平台 2m 以上，且距地面不应小于 5m。在有条件的地方要将放散管引到安全地点排气。放散管的排气口要向上方，严禁采用 π 形或 T 形弯，防止气流冲击罐壁，伤害操作人员和发生颤动。放散管管口应放置防雨罩。

安全阀定货时，除注明型号、名称、介质、温度和最高工作压力外，还必须注明弹簧的工作压力级别。

2）检测仪表

罐上的仪表设置应遵守以下规定：

（1）必须设置液位计，并设置液位上限报警装置。当采用非直观液位计时，应另设置一段能直接观察液位上限的液位计。

（2）必须设置压力表。

（3）设置液相温度检测仪表。

当储罐容积较小时可设置就地测量的液位计、压力表和温度计。当储罐容量较大时，除设置就地仪表外，还应设置远传显示仪表，液位上下限与压力上下限报警装置。考虑防爆要求，一般宜选用气动单元组合仪表。

3）液相安全回流阀

为防止管路憋压过大而造成事故，大口径液化石油气管道上应设置安全回流阀。形式为弹簧式安全阀。图 7 - 1 - 21 是安装在泵出口管道上的液相安全回流阀，管路上留有专门接口与液相安全回流阀两端连接，返回的液化石油气应回流到储罐。为了防止泄压后部分液化石油气汽化现象及回冲空间需要，其出口口径应比阀进口口径尺寸大。

不太容易形成憋压或口径较小的管道上，一般设置塞式形的液相安全回流阀（即管道安全阀），其构造如图 7 - 1 - 22 所示，它是敞开式的，不再接液相导管。

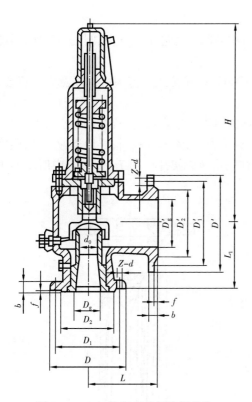

图 7 - 1 - 21　液相安全回流阀构造

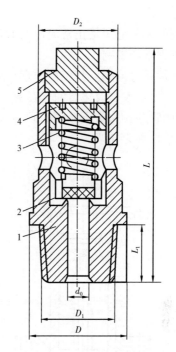

图 7 - 1 - 22　管道安全阀构造

1—阀座;2—阀瓣;3—弹簧;4—压盖;5—螺母

4）过流阀

液化石油气装卸作业和气相管路或液相管路上都需要配置过流阀,以保证管内流速不致超限,当管内速度过大时,过流阀会自动切断管路,从而避免物料损失或酿成事故。因为管内流速过大的原因,往往是因内管路破裂、容器密封破坏等,液化石油气将在自身压力和输送泵压的联合作用下,以超常的速度通过管路,结果往往是大量倾泻,使物料损失甚至造成火灾等恶性事故。

过流阀按动作原理分为弹簧式和浮筒式两类,浮筒式也称浮杯式或重力式。

（1）弹簧式过流阀。其构造原理如图 7 - 1 - 23 所示。它串联在管道上,正常流速下,弹簧的拉紧力与液化石油气对阀瓣 2 的冲击夹持力相平衡,阀瓣前方的孔道通畅,物料无阻,装卸作业正常。当管内流速超过额定流速的 50% 时,阀瓣 2 会因液体的冲击夹持力大于弹簧的拉紧力而冲向前方,阻塞流体通道,管路便自行关闭。

由于阀内有小孔 5,当管路切断后,仍有微小细流通过,在外界管路或容器的破裂事故排除后,该小孔所流出的液化石油气及液化气体会充满系统,靠其自身的气压,帮助阀瓣 2 复位,管路恢复通畅。否则阀前后压差过大,复位将不可能。

阀杆、弹簧和阀瓣都一起固定在阀架上,阀架靠螺纹旋入阀体内。阀架的旋入深度决定了阀瓣与孔道的距离。同时,该距离依流速限额不同而异,并与阀瓣截面及弹簧力相匹配,它也是可以调整的。

过流阀亦称限速切断阀。当装卸作业过程中开阀过猛过快时,过流阀也会动作,因此作业过程中应予注意。

过流阀的调节范围是正常流速的150%～200%。弹簧式过流阀可以任意方向安装,不受管道倾斜等因素的影响。

（2）浮筒式过流阀。其工作原理是靠浮筒的自重来平衡液化石油气的流动冲击力。正常情况下,浮筒自重大于液化石油气在流动中的夹持力,当流速过高时,浮筒迅速上浮,阻塞上方的通道,关闭管路。为防止浮筒的倾倒,阀内有三叶导向架片。图7-1-24中所示的4即有限位作用,该件称为导架。

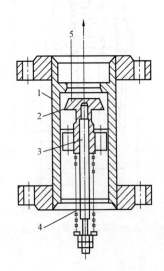
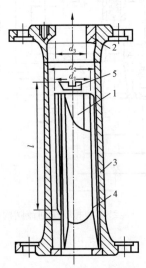

图7-1-23　弹簧式过流阀构造　　　　图7-1-24　浮筒式过流阀构造
1—阀体;2—阀瓣;3—阀杆;4—弹簧;5—小孔　　1—浮筒;2—底座;3—阀体;4—导架;5—槽沟

浮筒式过流阀只能垂直安装,液化石油气自下而上流过。

浮筒式过流阀和弹簧式过流阀一样,也有一个平衡小孔,用以平衡浮筒前后的压差,使浮筒在关闭管路后复位。

第二节　管道运输

将天然气凝液产品(轻烃、液化石油气)从气体处理厂运送到销售站(或储配站、灌瓶站、化工厂等)的方式根据输送方式的不同,大致可分为三种:管道输送、铁路槽车运输、汽车槽车运输。

管道运输的一次性投资较大,钢材用量多,但运行安全,管理简单,运行费用低,适用于输量大、距离较近的情况。

铁路槽车与汽车槽车比较,运输能力大、运费较低,与管道输送相比较为灵活。但是铁路运输的调度和管理比其他方式复杂,受到铁路接轨和专用线建设条件的限制,这种运输方式适用于运距长、运输量大的情况。

汽车槽车运输能力小、运费高,但其灵活性较大,适用于运距短、运输量小的情况。目前油气田中多采用管道输送和汽车槽车输送两种方式。

一、输送工艺

液态烃的管道输送按介质分类有乙烷管线、丙(丁)烷管线、液化石油气管线、轻烃管线等五大类,最常见的是液化石油气和轻烃管线;液化石油气管道(液态轻烃管道可参照液化石油气管道)按设计压力 p(MPa)一般可分为三级:Ⅰ级管道,$p > 4.0\text{MPa}$;Ⅱ级管道,$1.6\text{MPa} < p \leqslant 4.0\text{MPa}$;Ⅲ级管道,$p \leqslant 1.6\text{MPa}$。

二、输送工艺计算

管道输送工艺计算的目的是在已知管长和流量的条件下确定管径、计算压力降和管线上各节点压力,并由此决定泵的扬程和管道工作压力等级。

1. 水力计算

1)基本公式

轻烃管线计算摩阻损失的原理与原油管线相同,只是输送介质不同而选用的摩阻系数 λ 不同。一般轻质石油产品输送管道在水力过渡区工作,当流速较高时可能进入阻力平方区。计算时采用的基本公式为达西公式(或列宾宗公式),详见第五章第二节。计算摩阻系数 λ 时,由于管线类型、材质、制造方法、清管措施、腐蚀、结垢等的不同而具有不同的数值,油田集输管线内壁的绝对粗糙度可取 $e = 0.10 \sim 0.15\text{mm}$。液化石油气管道采用达西公式计算时,还应考虑 $1.1 \sim 1.2$ 倍流态阻力增加系数。

2)管道计算长度

管道计算长度包括管线水平长度和纵向起伏增加长度、管件当量长度。一般取水平长度的 $1.05 \sim 1.10$ 倍。

3)经济流速

管道输送的经济流速应通过技术经济比较来确定。一般情况下液化石油气经济流速为 $0.8 \sim 1.4\text{m/s}$;轻烃经济流速可取 $1.0 \sim 1.2\text{m/s}$。为防止液态轻烃在管道内流动产生静电危害,最大允许流速不应超过 3m/s。

管径、流量和流速的关系可按式(7-2-1)计算:

$$Q = 0.00282744d^2v \qquad (7-2-1)$$

式中 Q——轻烃体积流量,m^3/h;

d——管道内径,mm;

v——经济流速,m/s。

4)管道压力降

管道压力降按式(7-2-2)计算:

$$h = 1.05h_{\mathrm{L}} + \Delta Z \qquad\qquad (7-2-2)$$

式中 h——管道压力降,m;

$\quad\quad h_{\mathrm{L}}$——沿程阻力损失,由达西公式决定,m;

$\quad\quad \Delta Z$——计算点和泵出口绝对高程差,m。

[例1] 一条输送 C_3 的原料水平管线,已知流量为 $10t/h$,设计温度 $20℃$,密度为 $0.067t/m^3$,动力黏度为 $0.1585mPa \cdot s$,管线计算长度 $32km$,求其管径和压力降?

解:(1)计算管径

根据式(7-2-1)计算得:

质量流量,t/h	体积流量,m³/h	经济流速,m/s	计算管径,mm	标准管径,mm	实际流速,m/s
10	19.74	0.9	88	114(管线最小壁厚4mm)	0.62

(2)计算压力降

根据达西公式和式(7-2-2)计算,得:

流速 m/s	管内径 mm	运动黏度 m²/s	管长 m	雷诺数 Re	流态	λ	压力降 m
0.62	0.106	0.3128×10^{-6}	32000	21×10^4	混合区	0.0224	132.6

2. 工作压力和环境温度

1)管道工作压力

液态烃管道的工作压力与一般油品不同,可按式(7-2-3)计算:

$$p = p_{\mathrm{b}} + \rho g H \qquad\qquad (7-2-3)$$

式中 p——管道工作压力,kPa;

$\quad\quad p_{\mathrm{b}}$——液态轻烃工况下的饱和蒸气压,kPa;

$\quad\quad \rho$——液态烃工况下的密度,t/m³;

$\quad\quad g$——重力加速度,m/s²;

$\quad\quad H$——泵的最大扬程,m。

为保证管道安全运行,管道投产前必须进行压力试验,相关要求按照 GB 50251《输气管道设计规范》进行。

2)环境温度

轻烃中一般都含有一定水分,当其含水量超过一定值时,在一定的温度和压力条件下,就会生成结晶水合物,水合物的生成会缩小管道流通面积,堵塞管道、阀件和设备。

环境温度是指管道外部的介质温度。一般情况下管道应埋在冻土层以下,我国各油气田气温相差较大。在北方气温较低的情况下,应采取保温措施,以防管线冻结;在南方气温较高的地区应采取防晒隔热措施,以防液烃温度升高,管线超压造成破坏。

三、输送设备

用于输送液体并提高液体压力,将机械能转化为液体能的机器叫作泵。泵的种类很多,根据其工作原理和结构特征大致可分为容积式泵和叶片式泵两种。

容积式泵是一种利用泵内工作室的容积作周期性变化来输送液体的泵。如往复式泵(活塞泵、柱塞泵、隔膜泵等)、旋转式泵(齿轮泵、螺杆泵、滑杆泵等)。

叶片式泵是一种依靠泵内作高速旋转的叶轮把能量传给液体,进行液体输送的泵。如各种形式的离心泵、混流泵、转流泵和旋涡泵等。

各种泵都有其适用的范围和对象,在实际选用中,要根据所需要的流量和扬程的大小,以及被输送液体的性质(如黏度、相对密度、腐蚀性)等诸多因素来进行综合考虑。液化石油气的加压输送,需要专用的液化石油气泵来完成。由于液化石油气是一种烃类混合物,故通常将用于输送液化石油气的泵叫作烃泵。具体设备介绍详见本套书中册第十五章相关内容。

1. 烃泵的结构及工作原理

由于液化石油气自身的特性,决定了烃泵与输送一般液体(如水)的泵在结构上有所不同。目前,使用较普通的有 YQ 型容积式叶片泵。

2. 烃泵的型号和意义

每台泵体的正中位置都有一个铭牌,上面标明了该泵的适用介质和主要性能参数。常见的液化石油气泵铭牌代号表示意义如下:

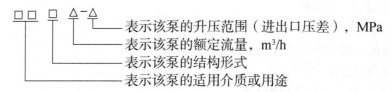

代号中"□"为拼音字母,"△"为阿拉伯数字

用于输送石油产品或易燃易爆液体的泵,其系列代号取"油""易"拼音的第一个字母来表示,即铭牌代号中第一位字母为"Y"。凡由该字母表示的泵密封性能要求高,适用温度范围为 $-45 \sim 400℃$,流量 $Q = 6.25 \sim 500 \mathrm{m^3/h}$,扬程 $H = 60 \sim 603 \mathrm{m}$。专用于输送液化石油气的泵,除第一个字母为"Y"外,还分别用"Q"("气"字的第一个拼音字母)或"H"("化"字的第一个拼音字母)来表示其适用介质。举例如下:

(1) YQ15 - 5 型泵。

YQ—油气(液气)专用泵;15—泵的额定流量为 15m³/h;5—泵的进出口压差为 0.5MPa。

(2) YH15 - 5 型泵。

YH—液化气用泵;15—泵的额定流量为 15m³/h;5—泵的进出口压差为 0.5MPa。

3. 泵的选型和参数计算

1) 泵的设计扬程

液态烃采用管道输送时,沿途任何一点的压力都必须高于其输送温度下的饱和蒸气压力,

泵的扬程应大于式(7-2-4)的计算值：

$$H_\mathrm{j} = \Delta p_\mathrm{z} + \Delta p_\mathrm{y} + \Delta H \qquad (7-2-4)$$

式中 H_j——泵的计算扬程，MPa；

Δp_z——管道总阻力损失，可取 1.1~1.2 倍管道摩擦阻力损失，MPa；

Δp_y——管道终点余压，一般可取 0.5MPa，MPa；

ΔH——管道终、起点高程差引起的附加压力，MPa。

2) 泵的进口压力

液态轻烃是在接近饱和状态下输送的，为了避免可能出现气蚀现象，以及由此而对泵产生的破坏，一台特定的泵在规定流量下，吸入口法兰处的有效净正压头（有效剩余能量）必须达到或超过需要的净正吸入压头。

泵的进口压力：

$$p_\mathrm{i} = p_\mathrm{b} + \rho g \Delta h_\mathrm{a} \qquad (7-2-5)$$

输送系统的有效净正压头：

$$\Delta h_\mathrm{a} = \frac{(p_\mathrm{sy} + p_\mathrm{a} - p_\mathrm{b} - p_\mathrm{f}) \times 0.102}{\rho} + (H_\mathrm{sy} - H_\mathrm{f}) \qquad (7-2-6)$$

防止汽蚀的条件：

$$\Delta h_\mathrm{a} > \Delta h_\mathrm{y} \qquad (7-2-7)$$

式中 p_i——泵进口压力，kPa；

p_b——输送温度下轻烃的饱和蒸气压，kPa；

ρ——输送温度下的轻烃密度，t/m³；

g——重力加速度，m²/s；

p_sy——吸入容器的压力，kPa；

p_a——当地大气压力，kPa；

p_f——吸入容器至泵吸入法兰之间管道和管件的摩阻损失，kPa；

H_sy——泵吸入容器的液面高度，m；

H_f——泵吸入法兰中心线高度，m；

Δh_a——输送系统的有效净正吸入压头或有效汽蚀余量 $\mathrm{NPSH_a}$，m；

Δh_r——泵必须的净正压头或泵必须的汽蚀余量 $\mathrm{NPSH_r}$，m。

泵样本或铭牌上给出的允许汽蚀余量 Δh 是20℃清水时的数值，当输送轻烃或在其他温度下操作时，需要加以校正：

$$\Delta h_\mathrm{r} = K \Delta h \Delta p = 10^{-6} \lambda \frac{L u^2 \rho}{2d} \qquad (7-2-8)$$

式中 K——校正系数，查图 7-2-1。

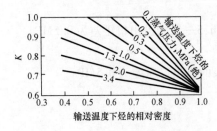

图 7-2-1 烃泵汽蚀余量修正图

3) 液态烃管道摩擦阻力损失，应按式(7-2-9)计算：

$$\Delta p = 10^{-6}\lambda\frac{Lu^2\rho}{2d} \qquad\qquad (7-2-9)$$

式中　Δp——管道摩擦阻力损失,MPa;

　　　L——管道计算长度,m;

　　　u——液态烃在管道中的平均流速,m/s;

　　　d——管道内径,m;

　　　ρ——平均输送温度下的液态烃密度,kg/m³;

　　　λ——管道的摩擦阻力系数,宜采用 GB 50028 附录 C 公式计算。

4）泵的选型

由于液态烃自身易挥发的特性,液态轻烃管道输送时一般采用 Y 型离心泵、低温多级泵和液化气专用泵。

（1）Y 型离心型。Y 型离心泵多用于排量大、低扬程的部位(如装车)。

（2）低温多级泵。基于目前管道输送轻烃排量小、输送距离远的情况,选用低温多级泵为宜。此泵适应于有效净正吸入压头 $NPSH_a$ 小和装置空间有限的场所,选泵时应满足系统有效净正吸入压头大于泵必需的净正吸压头 1.3 倍。

（3）液化石油气专用泵。该泵主要用于输送液化石油气产品,也适用于输送各种类似的轻烃。

5）消除泵汽蚀的方法

液态烃是在饱和状态下输送的。液态烃的温度和蒸气压会随着环境温度变化而发生变化,这直接影响着泵的吸入性能。实际操作中往往会出现汽蚀现象,造成泵不上油,因此在设计及操作中要重视消除汽蚀问题,消除汽蚀的方法如下:

（1）泵入口增压法。利用压力较高储罐内的气体,通过气体平衡管线给泵吸入罐增压;也可以用惰性气体增压。

（2）高差法。高差法即利用罐内最低液位与泵入口高程差来克服吸入端摩阻,同时在泵入口管线上设置放散管,放散吸入端管线及泵体内的气体。可把多台泵的放散管集中起来,引至放空气系统或接入低压系统,如图 7-2-2 所示。

泵入口处要安装过滤器,离心泵出口装止回阀。往复泵出口装安全阀,安全阀出口引至放空气系统。

由于液态烃具有爆炸危险,因此要选用隔爆型电动机,所有电器开关也必须防爆。

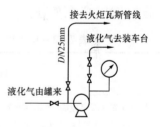

图 7-2-2　轻烃泵流程示意图

6）对泵房建筑的要求

液态烃泵房在北方地区采用房子,在南方地区可采用棚子。泵房或棚子的地面要求在金属撞击时不产生火花,泵房下部要通风良好,并要有足够的泄爆面积,可采用轻型屋顶。

7）选泵的注意事项

（1）Y 型离心泵和多级低温泵样本上或铭牌上所标出的性能参数:流量、扬程、功率、效率,以及必须的有效净正吸入压头(或允许汽蚀余量)等,系指温度 20℃时输送清水时的参数。

当输送轻烃时应进行校核计算,其校核计算包括泵功率、允许汽蚀余量及管道沿线最高点压力。

（2）为防止液化气和轻油在管道中气化,应对管道敷设的最高翻越点进行压力校核,并验算泵的出口压力。管道最高翻越点压力可按下式校核:

$$H = h_x + h_n + h_{gs} \qquad (7-2-10)$$

式中　H——泵出口压力,等于泵扬程和泵前剩余压力之和,m;

　　　h_x——计算点至最高点压力降,m;

　　　h_n——泵出口至计算点管道压力降,m;

　　　h_{gs}——最高点剩余扬程,应不小于此点介质的饱和蒸气压,一般取大于10m。

（3）为保证安全运行和便于管理,泵的数量不应少于两台,其中一台备用。当选用多台泵时,应选用同一型号。

四、管道设计和注意事项

1. 管道设计

液态烃管道的设计与输送其他油品的管道基本相同。即要在安全可靠和经济合理的条件下进行设计。管线走向和位置应避开地形复杂、地质条件不利的地段,避免或减少架空敷设。根据 GB 51142—2015《液化石油气供应工程设计规范》相关规定,埋地液态液化石油气管线与城镇居民点、重要公共建构筑物及相邻管道之间的最小水平净距至少应符合表 7-2-1 中的规定。埋地管道与相邻管道或道路之间的垂直净距不应小于表 7-2-2 中的规定。对于液态轻烃管道,可参照液态液化石油气管道执行。

在保证安全可靠的前提下,管线长度应最短,不占或少占农田耕地,建构筑物拆迁和穿越大型障碍物少,力求投资少,建设速度快,成本低,最大限度地发挥投资的经济效益。同时要便于施工安装和运行管理。

表 7-2-1　埋地液态液化石油气管道与建筑或相邻管道等之间的水平净距

项目		水平净距,m		
		管道Ⅰ级	管道Ⅱ级	管道Ⅲ级
特殊建筑（军事设施、易燃易爆物品仓库、国家重点文物保护单位、飞机场、火车站、码头、地铁及隧道出人口等）		100	100	100
居民区、学校、影剧院、体育馆等重要公共建筑		50	40	25
其他民用建筑		25	15	10
给水管		2	2	2
污水、雨水排水管		2	2	2
热水管	直埋	2	2	2
	在管沟内（至外罐）	4	4	4
其他燃料管道		2	2	2

续表

项目		水平净距,m		
		管道Ⅰ级	管道Ⅱ级	管道Ⅲ级
埋地电缆	电力线(中心线)	2	2	2
	通信线(中心线)	2	2	2
电杆(塔)的基础	≤35kV	2	2	2
	>35kV	5	5	5
通信照明电杆(至电杆中心)		2	2	2
公路、道路(路边)	高速,Ⅰ、Ⅱ级,城市快速	10	10	10
	其他	5	5	5
铁路线(中心线)	国家线	25	25	25
	企业专用线	10	10	10
树木(至树中心)		2	2	2

注:(1)特殊建筑的水平净距应以划定的边界线为准。

(2)居住区指居住1000人或300户以上的地区。居住1000人或300户以下的地区按本表其他民用建筑执行。

(3)敷设在地上的液态液化石油气管道与建筑的水平净距应按本表的规定增加1倍。

表7−2−2 埋地液态液化石油气管道与相邻管道或道路之间的垂直净距

项目		垂直净距,m
给水管		0.2
污水、雨水排水管(沟)		0.5
热力管、热力管的管沟底(或顶)		0.5
其他燃料管道		0.2
通信线、电力线	直埋	0.5
	在导管内	0.25
铁路、有轨电车(轨底)		2
高速公路、公路(路面)	开挖	1.2
	不开挖	2

注:当有套管时,垂直净距的计算应以套管外壁为准。

2. 管道设计中的注意事项

液态烃管道设计除具备输送其他油品的管道所应注意的问题外,还应注意以下事项:

(1)液态烃管道上应设置液化气专用阀门,阀门及附件的配置应按系统设计压力提高一级,管道设计压力最低不应低于2.5MPa。

(2)液态烃管线应设有清管球装置。为防止输送介质在管线内形成水合物或冻堵,应采取防冻措施。管道所用煨制弯头的曲率半径应取不小于钢管外径的5倍。

(3)在生产中有可能超压的封闭液态烃管线上应设置管道安全阀,避免在输送介质受温度影响时,蒸气压增加造成超压危害。

（4）在液态烃管线上在装有过滤阀、安全阀和放空阀的部位应采取防振措施。

（5）对于长距离液态烃管线,要设置分段阀门,一般 10~20km 设一个。对于重要铁路干线、公路干线上的穿越工程,要在两侧设置切断阀。

（6）液态液化石油气输送管线不得穿过居住区和公共建筑群等人员集聚的地区及仓库区、危险品场区等;不得穿越与其无关的建筑物。

（7）液态液化石油气在管道内的平均流速,应经技术经济比较后确定,可取 0.8~1.4m/s,且不得大于 3m/s。

（8）用管道输送液化石油气时,必须考虑液化石油气易于汽化这一特点。在运输过程中,要求管道中任何一点的压力都必须高于管内液化石油气所处温度下的饱和蒸气压,否则液化石油气在管道中汽化后形成"汽塞",将会大大降低管道的通过能力。

第三节　铁　路　运　输

一、装卸车工艺

1. 装卸车方法

液化石油气采用罐车运输时,可根据具体情况,采用不同的装卸车方法。主要的装卸车方法有:压缩机装卸法、烃泵装卸法、加热装卸法、静压差装卸法和压缩气体装卸法等,目前国内液化石油气铁路槽车大多采用"上装上卸"的装卸方式。

上述 5 种装卸方法,加热法必须具有热源;静压差法要有足够的高位差,且装卸速度慢;压缩气体法需要定期供应一定数量的压缩气体,且液化石油气损失大。因此,目前常用的装卸方法是压缩机和烃泵装卸工艺。

1）压缩机装卸法

（1）原理。

利用压缩机抽吸和加压输出气体的性能,将需要灌装的罐车（或储罐）中的气相液化石油气通过压缩机的入口,经压缩增压后输送到准备卸液的罐车（或储罐）中,从而提高卸液罐车（或储罐）中的压力,降低灌装罐（或罐车）内的压力,使二者之间形成装卸所需要的压差（一般为 0.2~0.3MPa）,液态液化石油气便在压差的作用下流进灌装的罐车（或储罐）,以达到液化石油气装卸车的目的。

（2）工艺流程。

压缩机装卸法的工艺流程如图 7-3-1 所示。由图 7-3-1 可以看出,当要将罐车中的液化石油气灌注到储罐中去时,打开阀门 9 和 13,关闭阀门 10 和 12,按压缩机的操作程序开启压缩机,把储罐中的气态液化石油气抽出,经压缩后进入罐车,使罐车内气相压力升高,态液化石油气抽出,经压缩后进入罐车,使罐车内气相压力升高罐车中的液态液化石油气在此压力作用下经液相管进入储罐。气态与液态液化石油气的流动方向如图 7-3-1 中箭头所示。

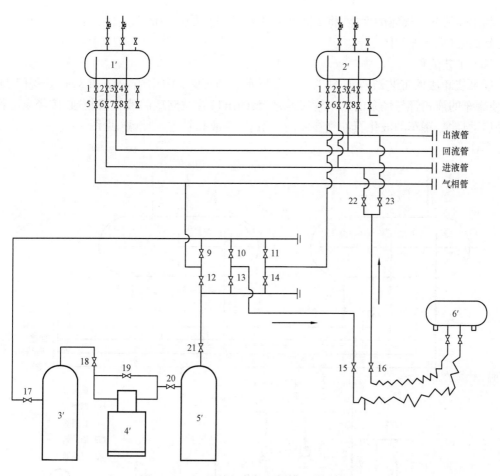

图 7 - 3 - 1　压缩机装卸和倒罐工艺流程图

1′—储罐甲;2′—储罐乙;3′—气液分离器;4′—压缩机;5′—油气分离器;6′—罐车;1,2,…,23—阀门

同理,若开启阀门 10 和 12,关闭阀门 9 和 13,则液态液化石油气将由储罐装到罐车中去。这时气态和液态的流向与图 7 - 3 - 1 所示箭头方向相反。

液化石油气装卸完毕后,要用压缩机将被卸空的罐车(或储罐)中的气态液化石油气抽回储罐(或罐车),抽回时不宜使罐内压力过低,一般应保持剩余压力为 147 ~ 196kPa,以免因一些预料不到的因素造成空气渗入,在罐内形成爆炸性混合气体。

压缩机装卸法流程简单,生产能力高,可同时装卸几辆罐车,而且可以完全倒空,没有液化石油气损失。

在寒冷地区,液化石油气的饱和蒸气压一般仅有 0.05 ~ 0.2MPa,且储罐内的液化石油气单位时间内的汽化量较少,很容易造成汽化量满足不了压缩机吸入量的要求,使压缩机无法工作,需要另外设置加热增压设备来提高储罐内的压力,使压缩机装卸正常进行。另外压缩机装卸法电耗大,操作管理也比较复杂。

2) 烃泵装卸法

(1) 原理。

利用烃泵输送液体的性能,将需要卸液的罐车(或储罐)中液态波化石油气通过烃泵加压输送到储罐(或罐车)中。

（2）工艺流程。

烃泵装卸法的工艺流程如图7-3-2所示。卸车时,关闭阀门12和8,打开阀门11和13,使罐车的液相管与烃泵的入口管接通,烃泵的出口管与储罐的液相管相通,按烃泵的操作程序启动烃泵,罐车的液化石油气在泵的作用下,经液相管进入储罐(见图7-3-2),从而完成卸车作业。

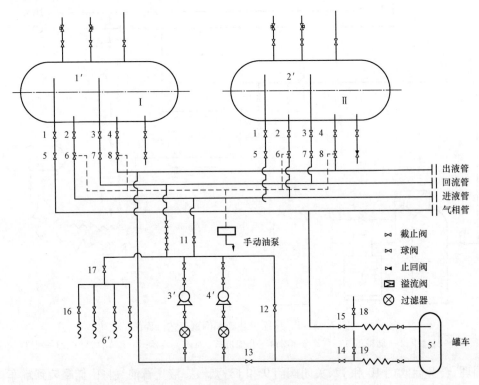

图7-3-2　烃泵装卸工艺操作流程图

1'—储罐Ⅰ;2'—储罐Ⅱ;3',4'—烃泵;5'—罐车;6'—灌瓶台;1,2,…,19—阀门

阀门1,2,3和4为储罐根部阀,处于常开状态;阀门5,6,7和8为储罐操作阀。

装车时,关闭阀门11和13,打开阀门12和8,使烃泵的出口管与罐车液相管接通,泵的入口管与储罐液相管相通,开启烃泵,液化石油气便由储罐进入罐车。

为加快装卸,保证烃泵入口管路的静压头,在开启烃泵前,应先将罐车与储罐之间的液化石油气气相管道直接接通,以便在装卸过程中平衡二者之间的压力。

采用烃泵装卸时,液化石油气液相管道上任何一点的压力不得低于操作温度下的饱和蒸气压,管道上任何一点的温度不得高于相应管道内饱和压力下的饱和温度,以防止液化石油气在管内产生气体沸腾现象,造成"气塞",使烃泵空转。因此,在泵的吸入管路上必须要有避免液态石油气发生汽化的静压头,并保证依靠储罐或罐车内压力及液位差,确保使泵能被液态液化石油气全部充满。

烃泵装却法工艺系统简单,操作管理也方便,但必须解决好烃泵入口端的静压问题。另外,烃泵卸液不能完全排空,液化石油气有一定损失。

2. 装卸车工艺设计

1)装车场日装车列数

装车场日装车列数可按式(7-3-1)计算:

$$N = \frac{mK}{T\rho V\varepsilon} \qquad (7-3-1)$$

式中 N——日装车列数,列/d;

m——年装油量,t/a;

K——铁路来车不均匀系数,按统计资料采用,当无统计资料时,宜取 $K=1.2$;

T——年工作天数,宜取 350d;

ρ——装车温度下液态烃的密度,t/m³;

V——列罐车的总公称容量,m³/列;

ε——罐车的装车系数,宜取 0.9。

此外,日装车列数在设计时要留有充分的余地,除按式(7-3-1)确定外,还可按日作业时间 12~16h 确定(含调车时间),每列车的操作时间和调车时间一般为 1.5~3h(含进站对位辅助时间 40~50min)。

2)装车流量

装车流量可按式(7-3-2)计算:

$$q_v = \frac{m_1}{\rho t} \qquad (7-3-2)$$

式中 q_v——装车流量,m³/h;

m_1——列油罐车载油量,t/列;

ρ——装油温度时的原油密度,t/m³;

t——列油罐车的净装油时间,一般为 1~2h/列,h/列。

3)装卸车管径

液化石油气装卸车管径应按照介质流速及装卸车泵排量具体计算得到。一般情况下液化石油气经济流速为 0.8~1.4m/s;轻烃经济流速可取 1.0~1.2m/s。为防止液态烃在管道内流动产生静电危害,最大允许流速不应超过 3m/s。

二、液化石油气铁路罐车运输

1. 铁路罐车类型

液化石油气铁路罐车是常温下运输液态石油气的罐车,车型较多,一般由炼油厂或化工机械厂生产罐体,再按照在铁路工厂制造的底架上。常见车型有:DLH9 型、HG100/20 型、HG60

（C60）型、G17 型、HG60 - 2 型和 HYG$_2$ 型等,其容积有 110m^3,100m^3,74m^3,60m^3,57m^3,50m^3,36m^3 和 25m^3 等多种。较新的车型为 110m^3 和 100m^3 的无底架液化石油气罐车。液化石油气铁路罐车应符合国家现行标准 GB 10478《液化气体铁路罐车》相关规定,表 7 - 3 - 1 列出了部分现行的液化石油气罐车规格及性能。

表 7 - 3 - 1　铁路液化气罐车主要规格及技术性能表

项目		单位	各型号的性能数据					
			HG50/20	HG60	HG60 - 2	HG100/200	DLH9	HYG2
总容积		m^3	51.6	61.8	61.9	100	110	74
适用温度		℃	≤50	-40~50	50	≤50	-40~50	-40~50
设计压力		MPa	2.0	2.2	2.2	2.0	2.0	1.8
最大尺寸	两车钩间距	m	11.968	11.992	11.992	17.754	17.467	14.268
	最大宽度	m	2.892	3.120	3.120	3.200	3.136	3.240
	两端梁间长	m				17.000	16.525	
	最大高度	m	4.762	4.610	4.610	4.350	4.704	4.715
罐体参数	内径	mm	2600	2800	2800	2600/3000	2800/3100	2800
	总长	mm	10608	10548	10552	16632	16225	
	壁厚	mm	24	24(26)	24(26)	16	18	
	材质		16MnR	16MnR	16MnR	15MnrN	15MnrN	16MnR
	结构特点		无底架鱼腹式					
安全阀	公称直径×数量 mm×个		DN50×2	DN50×2	DN50×2	DN50×2	DN65×2	DN50×2
	开启压力	MPa	2.1	2.1~2.4	2.35	2.1	2.1	1.6
装卸管公称直径×数量 mm×个	液相		DN50×2	DN50×1	DN50×2	DN50×2	DN50×2	DN50×2
	气相		DN40×1		DN50×1	DN50×2	DN40×1	DN50×2
载质		t	52	50	50	52	50	
自重		t	33	33.2	33.7	35	35.3	40
转向架中心距		m	7.3	7.3	7.3	13.1	9.8	9.8
备注			有紧急切断装置					

液化石油气罐车由圆筒形卧式储罐和火车底盘组成（图 7 - 3 - 3）,罐车上设有操作平台和罐内外直梯,以备操作和检修之用。储罐上部设有人孔,人孔左右各装设一个弹簧式安全阀。装车和卸车用的液相管、气相管和压力表、液位指示计等设置在人孔盖上,并附带有保护罩。人孔盖板上的装置如图 7 - 3 - 4 所示。

为满足火车停靠和罐车的装卸需要,应有专用的铁路装卸线、装卸栈桥、装卸鹤管和工艺管线等固定设施。

液化石油气铁路装车采用栈桥方式,采用"上装上卸"的装卸方式,装卸口均设在火车罐车上部,液相管线口径一般为 $DN50mm \sim DN80mm$,气相管线口径一般为 $DN25mm \sim DN50mm$,通过法兰或快速接头与罐车密闭连接。

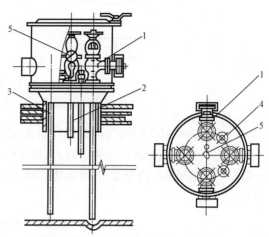

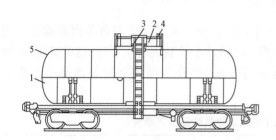

图 7 - 3 - 3　铁路罐车的构造
1—圆筒形卧式储罐;2—人孔;3—附属设备;
4—安全阀;5—封头

图 7 - 3 - 4　铁路罐车人孔盖板上的装置
1—直角阀;2—气相管;3—液相管;
4—液位阀;5—压力表

2. 铁路罐车的选择原则和数量的确定

1)铁路罐车的选择原则

(1)所选用的罐车应符合国家现行 GB 10478《液化气体铁路罐车》相关规定,以保证安全运行。

(2)应选择性能好、操作方便和装载量大的罐车。

(3)尽量选用同一型号的罐车。

2)罐车设置数量的确定　铁路罐车设置数量主要取决于外销站至用户的距离、运输过程中的编组情况、检修情况以及各用户自备罐车情况。油田内部外销装车站可设所需全部罐车或部分罐车。设置数量(节)可按式(7 - 3 - 3)确定:

$$N = \frac{K_1 K_2 G_\tau}{365 V \rho \varphi} \qquad (7 - 3 - 3)$$

式中　K_1——装车不均衡系数,取 1.1 ~ 1.5;

　　　K_2——罐车检修附加系数,取 1.05 ~ 1.1;

　　　G——年外销量,t;

　　　τ——铁路槽车运输往返周期,省内 7 ~ 10d,省外 10 ~ 15d,d;

　　　V——单个罐车几何容积,m^3;

　　　ρ——液化气和轻油在 40℃时的密度,t/m^3;

　　　φ——允许充装率,宜取 0.8 ~ 0.9。

3. 铁路罐车装车线

罐车装卸线包括:站内铁路线、装卸站桥、工艺管道和装卸鹤管等。装卸线如图 7 - 3 - 5 所示。

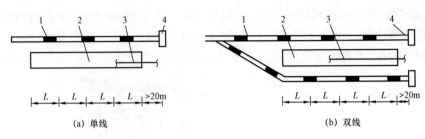

(a) 单线   (b) 双线

图 7 - 3 - 5   铁路罐车装卸线

1—铁路线；2—栈桥；3—工艺管道；4—车挡；L—每节槽长度

（1）站内铁路线的长度应根据外销量、槽车配置数目和一次装卸车节数等因素确定。当一次进站车节数等于或少于 4 节时，可设单线；当一次进站车节数大于 4 节时，则设双线，以便于调车。设双线时，两条铁路线的中心距应不小于 6m。铁路专用线至建筑物最小间距见表 7 - 3 - 2。

表 7 - 3 - 2   铁路专用线的中心线至建筑物最小间距表

序号	建筑物名称	高出轨面距离 m	至轨道中心线距离 m
1	墙壁外边缘或房屋凸出部分		
	房屋在线路方面无出口时		3
	房屋在铁路方向有出口时		6
	房屋在铁路方向有出口且与铁路间有平行篱栅相间		5
2	洗罐阀上的建筑物	1.1 以上	1.85
3	货物高台边缘	1.1 ~ 4.8	1.85
4	一般货台边缘	1.1	1.75
5	工业企业建筑物大门边缘（有调车作业）		3.2
6	电力牵引的接触网支柱		2.45
7	工业企业地区的围墙		5
8	公路外边缘		3.75

（2）铁路罐车装卸栈桥是装卸罐车的操作平台。它由非燃烧材料制造，如钢结构或钢筋混凝土结构。栈桥长度取决于一次装卸车节数（即停车位），宽度一般不小于 1.2m。栈桥高度应与罐车操作平台高度相适应，一般宜高于轨道面 3.5m。栈桥上应设安全栏杆，在栈桥两端和沿栈桥每 60 ~ 80m 处，应设上下栈桥的梯子。

列车装卸栈桥长度可由式（7 - 3 - 4）确定：

$$L = nl - l/2 \qquad (7 - 3 - 4)$$

式中 n——每列油罐车节数，如每批车不足一列，则为每批罐车数；

l——每节罐车的长度，m。

由于液化石油气和轻烃均采用"上装上卸",一般情况下装卸栈桥应设为双侧台,以减少占地。在设有鹤管的部位,邻罐车一侧应设有折叠式过桥,以便操作人员进行装卸作业。过桥宽度不应小于0.8m,其长度应考虑与罐车平台很好地衔接,通常取1.2~1.5m。栈桥的梯子不应少于2处,其宽度不应少于0.8m,斜度不大于59°。

铁路罐车装卸栈桥应同铁路线平行布置,当采用单线时,栈桥应邻近储罐区。栈桥中心线与铁路中心线的间距不应小于3m。

路轨间地面不做特殊处理,以保证渗排蒸汽冷凝水,而鹤管与铁路间的操作处应为混凝土地面或敷砂土,以便于清除油污和排水。

铁路路基两侧应设排水沟。

(3)工艺管道。铁路罐车有上卸式和下卸式两种。目前国内的液化石油气铁路罐车大多是上卸式,一般采用压缩机装卸法。当铁路罐车与储罐的高程差能保证液化气和轻油泵正常工作时,也可采取烃泵装卸车。

① 液化气工艺管道。为便于液化气罐车按有关规定进行检修、洗槽和解冻,在装车栈桥底部应设置压力大于0.2MPa的蒸汽管道和上水管道。蒸汽管道管径至少应按1节罐车洗槽的蒸汽要求量确定,可取 $DN32mm \sim DN40mm$,上水管道取 $DN50mm$。

有时为了槽车在站内进行维修,还需设置压力大于0.2MPa的压缩空气管道,管径可取 DN25。

各种介质的总管道和对应各车位的支管上应设置阀门,为防止液相管道因断裂而大量漏失,在支管上应装止回阀。在液相管支管上还应装有计量装置或在控制间进行集中监测计量。

液相和气相支管应与槽车接管取相同的管径,均为 $DN50mm$。各种介质支管的数目应分别与铁路装卸栈桥的车位数相同,其间距取决于槽车长度,一般为12m。

② 轻烃工艺管道。由于目前尚没有专门拉运轻烃的罐车,一般用液化气罐车和汽油罐车代替,故可参照液化石油气部分进行设计。当采用汽油罐车时,要注意轻烃装车的挥发气回收,以防火灾。轻烃装卸支管一般取 $DN80mm$。

4. 装卸鹤管

高位罐自流装车流程和泵装车流程如图7-3-6和图7-3-7所示。

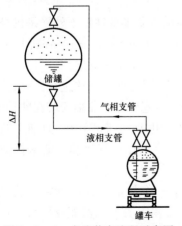

图7-3-6 自流装车流程示意图

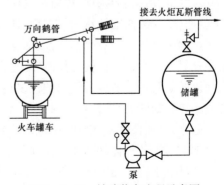

图7-3-7 铁路装车流程示意图

液相和气相支管应固定在栈桥上。在支管上安装装卸鹤管。鹤管有两种：一种是万向鹤管（装车臂），另一种是金属软管法兰鹤管。由于存在泄漏风险，目前对于液态烃如液化石油气、轻烃等已不再采用金属软管法兰连接，必须改为万向鹤管（装车臂）采用硬连接方式，保证密闭装卸车。

万向鹤管由立柱、外臂、内臂、旋转接头、弹簧缸平衡系统、真空断流器及导静电系统等组成。利用装有"滚珠"的弯头（旋转接头）组成万向接头可以很方便地使罐车气相和液相管口进行对位连接。

三、设备选型

1. 烃泵

烃泵选型可参考本章第二节管道运输"输送设备"部分相关内容。

2. 压缩机

压缩机是一种输送和加压气体的设备。液化石油气站的压缩机主要用于装卸液化石油气和对钢瓶中残液的回收。

压缩机的种类及其结构形式很多，但按其工作原理而言，大体上可分为容积式及速度式两大类。

容积式压缩机是依靠压缩机工作容积的变化使气体体积缩小，气体分子彼此接近，增加了气体的密度，从而提高气体的压力。这类压缩机包括活塞式压缩机和回转式压缩机。

速度式压缩机是依靠高速旋转的叶片与存在于叶道中的气体在高速旋转下互相作用，将叶轮的机械能转化为气体的压力能。属于这类压缩机的有离心式压缩机、轴流式压缩机和混流式压缩机。

目前，液化石油气站配备的压缩机均系活塞式压缩机，因此，本节仅针对活塞式压缩机进行介绍。

1）活塞式压缩机的结构和工作原理

（1）结构形式。

一台活塞式压缩机，不论其构造如何复杂，组成机器的主要零部件都不外乎是机身、曲轴、连杆、十字头、气缸、活塞、活塞杆、填料和气阀（又称活门）等（图7-3-8）。在机身上有曲轴轴承座、法兰面，供安装曲轴轴承和气缸用；还有圆筒形滑道供十字头导向用。

在压缩过程中，必须有原动力来带动活塞去克服气体的阻力而对气体进行压缩，要把原动力传给活塞就要有一套传动机构。如曲轴、连杆、十字头、活塞杆等。曲轴安装在曲轴轴承上，用于把电动机的旋转运动变成为活塞的往复运动。曲轴由电动机带动旋转，曲轴上的曲拐轴带动连杆大头进行回转，由连杆小头通过十字头销拖动十字头作往复运动。活塞杆把十字头和活塞连接起来，从而使活塞在气缸中也作往复运动。

为了容纳被压缩的气体和防止气体向外泄漏，需要有一个气室（气缸）和密封装置。密封装置包括活塞环和填料。活塞置于气缸内，活塞环装在活塞上，并与气缸紧密贴合。在气缸上装有吸气阀和排气阀。活塞杆穿入气缸与活塞连接，为使气缸与外界隔绝，气缸与活塞杆用填

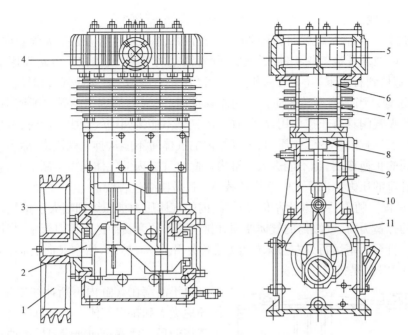

图7-3-8　ZW 型活塞式压缩机的结构图

1—皮带轮;2—曲轴;3—机身;4—气缸盖;5—气阀;6—气缸;7—活塞;8—填料;9—活塞杆;10—十字头;11—连杆

料进行密封。

为了减少活塞环和气缸间的摩擦以及曲轴连杆机构中运动部件的磨损,一般都用润滑油进行润滑。

（2）工作原理。

活塞式压缩机的用途虽然各不相同,但其工作原理基本相同,都是由电动机带动曲轴旋转,并通过连杆等机构将曲轴的运转变为活塞在气缸内的往复运动,使气缸储存气体的容积（工作容积）作周期性变化,从而依次完成膨胀、吸气、压缩和排气4个工作循环,达到输送气体的目的。图7-3-9所示为单作用活塞式压缩机的工作简图,其中示功图为活塞运动时气缸内的压力变化。

①膨胀过程。当活塞向右移动时,由于气缸内的气体体积增大,压力下降,降到稍小于进气管内的压力时膨胀过程结束。图7-3-9中曲线

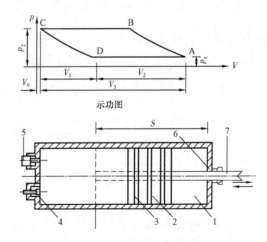

图7-3-9　单作用活塞式压缩机的工作简图

1—气缸；2—活塞；3—活塞环；4—吸气阀；5—排气阀；6—填料；

7—活塞杆；V_0—余隙容积；V_1—吸气时余隙容积内气体膨胀后的容积；

V_2—实际吸入的气体容积；V_3—活塞压出的气体容积；

p_1—吸入时的气体压力；p_2—压出时的气体压力；S—行程

CD 就是膨胀过程线。

② 吸气过程。当活塞继续向右移动时,气缸内活塞左边的压力小于吸气管内的压力,吸入管口内的气体便顶开吸气阀 4 进入气缸。随着活塞的右移,气体在压力 p_1 作用下等压进入气缸,直到活塞移到右边末端(又称内死点)为止,图中直线 DA 就是吸气过程线。

③ 压缩过程。当活塞调转运动方向向左移动时,气缸内的容积空间逐渐缩小,压力也随之升高。由于吸气阀具有止逆作用,故气缸内的气体不能倒回进气管中。同时,因出口管中的气体压力又高于气缸内部的气体压力,则气缸内的气体暂不能从排气阀流出,而出口管中的气体又因排气阀的止逆作用,也不能进入气缸内。此时气缸内的气体压力不断上升,直至被压缩至等于排气管口的压力。图 7 - 3 - 9 中曲线 AB 就是压缩过程线。

④ 排气过程。随着活塞继续左移,当气缸内的气体压力被压缩到稍大于排气口的气体压力及排气阀的弹簧力时,气缸内的气体便顶开排气阀 5 的弹簧而进入出口管中,气体在压力 p_2 下等压排出。直至活塞运行到左边末端止(又称外死点)。然后,活塞又向右移,重复上述过程。图中直线 BC 就是排气过程线。

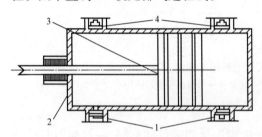

图 7 - 3 - 10　双吸气式压缩机的气缸简图
1—吸气阀;2—气缸;3—活塞;4—排气阀

由于活塞在气缸内不断地往复运动,使气缸循环地吸入和排出气体。活塞每往复一次称为一个工作循环。活塞每向前或向后运动一次所经过的距离 S(图 7 - 3 - 9)称为行程。

图 7 - 3 - 10 所示为一双吸式压缩机的气缸简图。这种气缸的两端均配有吸气阀和排气阀。其压缩过程与单吸式压缩机相同,所不同的只是在同一时间里不论活塞向哪一方向移动,都能在其前方发生压缩作用,在其后方发生吸气作用。

2)压缩机的型号及其意义

活塞式压缩机的型号一般由以下部分组成:

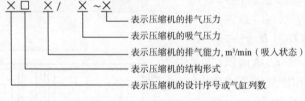

×—阿拉伯数字;□—大写汉语拼音字母

常见的用于液化石油气运输的压缩机有 ZG - 0.75/10 ~ 15 型、2DG - 1.5/16 ~ 24 型、ZW - 1.35/10 ~ 16 型等,其型号意义如下:

(1) ZG - 0.75/10 ~ 15 型。ZG 表示该压缩机结构形式为立式,压缩机的排气量为 0.75m³/min,吸气压力为 0.98MPa,排气压力为 1.47MPa。

(2) 2DG - 1.5/16 ~ 24 型。2 表示该压缩机的气缸为两列,DG 表示对称平衡式,压缩机的排气量为 1.5m³/min,吸气压力为 1.57MPa,排气压力为 2.35MPa。

（3）ZW－1.35/10～16型。ZW表示风冷双缸单级作用立式压缩,排气量为1.35m³/min,进气压力和排气压力分别为0.98MPa和1.57MPa。

压缩机的排气量和进气压力与排气压力是压缩机的重要性能指标。在确定了压缩机能够适应所输送介质的要求后,用户可根据实际输送气体量和工艺系统中压力的大小来选取压缩机。对液化石油气来讲,由于其饱和蒸气压为1.47MPa,用于罐车装卸的压缩机可选用2DG－1.5/16～24型或ZG－0.75/16～24型压缩机,单纯用作抽残液用途时,可选用ZG－0.75/10～15型压缩机。

第四节　公路运输

一、装卸车工艺

1. 汽车罐车装卸车工艺

汽车槽车的装卸过程与铁路槽车基本相同,只是汽车槽车采用下装下卸式。汽车罐车装卸车方法及工艺流程可参照本章第三节铁路运输"装卸车工艺"部分相关内容。

2. 液化气瓶装站装卸工艺流程

液化石油气装瓶站一般采用手工灌装,以汽车罐车运输液化气为主。其工艺流程如图7－4－1所示。

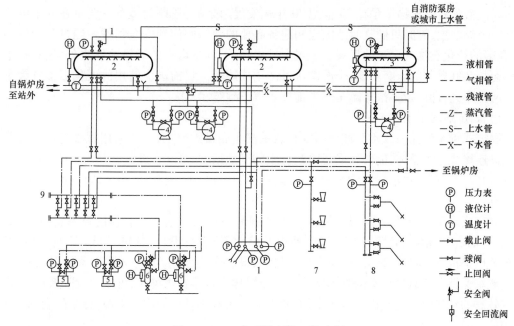

图7－4－1　小型储配站工艺流程

1—汽车装卸台;2—储罐;3—残液罐;4—泵;5—压缩机;6—分离器;7—灌瓶秤;8—残液倒空嘴;9—气相阀门组

（1）装车或卸车当需要用汽车罐车外运液化气时,将罐车上液相接管与汽车装卸台上的液化气液相管道连通,同时将罐车上气相接管与装卸台上气相管道连通,然后用泵装车。

当装瓶站需要进行卸车作业时,将罐车上的卸车软管与装卸台上的液化气管道连通,然后用压缩机抽吸储罐内气体并压入汽车罐车内,使液化石油气经管道卸入储罐。

（2）灌瓶作业采用泵或泵与压缩机串联法将储罐内的液化气经管道送至灌瓶称灌瓶。

（3）残液倒空及处理液化气钢瓶内的残液必须集中到站内统一处理。回收钢瓶中的残液是用专门的残液倒空设备(回转式残液倒空机或残液倒空架),将残液倒至残液罐中。

残液倒空法有两种:正压法和负压法。本流程为正压法,即将残液倒空嘴和钢瓶角阀连通后,压缩机自储罐抽出气体向钢瓶加压,当瓶内压力大于残液罐压力 0.1 ~ 0.2MPa 时,切换倒空管路的阀门,翻转倒空架,即将瓶内残液倒入残液罐。为加快倒空速度还用压缩机抽吸残液罐的气体,使残液罐内压力降低。

回收的残液,一部分可用泵送至站内锅炉房作燃料,多余部分用泵装车外运。

二、液化石油气公路罐车运输

1. 汽车罐车类型

液化石油气罐车是用于运输液化石油气的特种车辆,罐体的设计压力一般为 1.8 ~ 2.2MPa,设计温度 50℃,它的结构形式及特点都是由汽车底座和储液罐两大部分的特征来决定的。

我国液化石油气罐车是在 20 世纪 70 年代发展起来的,早期的罐车一般是在载重汽车上安装一个储液罐,有时只做临时性固定和配备必要的装卸阀门和安全附件。经过几十年的努力,我国的液化石油气罐车的发展有了很大进步,除了具备可靠的运输功能之外,还具备了安全储运与装卸操作的全套功能,全部淘汰了活动式罐车。目前国内使用的液化石油气罐车主要有两种形式,即固定式汽车罐车和半拖挂式汽车罐车。

1）固定式汽车罐车

固定式罐车的储液罐永久性地固定在载重汽车底盘大梁上,一般采用螺栓将储液罐与汽车底盘连接成一个整体,能够经受运输过程中的剧烈振动,再配备设置完善的装卸系统和安全附件,构成了一辆运输液化石油气的专用车辆。它具有牢固、美观、使用灵活、方便、稳定、安全等优点。

固定式罐车由于是专车专用,所以在设计制造中可以根据汽车底盘的技术特点(如载重量、前后轴负荷、轴距、轮距、重心高度、外形及尺寸等)进行设计、制造。安全附件、装卸装置的布置也是根据底盘和罐体的情况合理安排的,既要考虑使用方便,又要考虑美观大方,基本上使罐车保持了原载重汽车的技术特征。由于罐体直接落在大梁上,可以大大降低重心高度,具有较高的经济性。但是由于专车专用,相对于储量和用量小的用户来说,罐车的利用率显然就较低。

固定式汽车罐车的主要技术规格见表 7 - 4 - 1。

表 7 – 4 – 1 固定式汽车罐车的主要技术规格

项目		各型号罐车的参数值					
		HT5130GYQ	BJG5272GYQ	JCJ5131GYQ	ZBK5190GYQDT	YD5150GYQ	JY144SQ
底盘型号		EQ144（东风）	CWA53PHL	EQ1141GZ	STEYR1291260/N56/4 X 2	黄河 JN162	EQ144
整车尺寸 mm	长	8110	10110	8530	10360	8010	8125
	宽	2380	2490	2470	2470	2300	2400
	高	295	3265	3200	3070	3033	2940
总容积,m^3		11.951	21.951	14.78	16.668	13.094	11.955
最大充装量,kg		5000	9200	5200	7000	5500	5000
满载总重,kg		13260	23349	14300	18808	15993	13436
设计压力,MPa		1.765	1.77	1.77	1.77	18	1.74
使用温度,℃		–40 ~ 50	–40 ~ 50	–40 ~ 50	–40 ~ 50	–40 ~ 50	–40 ~ 50
罐体参数	直径(内),mm	1800	2000	1900	1700	1604	1800
	长度,mm	5008	7460	5568	7654	5492	5025
	壁厚[筒体（封头）],mm	12 (12)	13 (13.5)	12	11.9 (11.8)	12 < 14)	12 (14)
	材质	16MnR	16MnR	16MnR	16MnR	16MnR	16MnR
装卸管道 公称直径×数量 mm×个	气相	$DN25 \times 1$	$DN25 \times 1$	$DN25 \times 1$	$DN25 \times 1$	$DN25 \times 1$	$DN25 \times 1$
	液相	$DN50 \times 1$	$DN50 \times 1$	$DN50 \times 1$	$DN50 \times 1$	$DN50 \times 1$	$DN50 \times 1$
安全阀	形式	内装全启式	内装全启式	内装全启式	内装全启式	内装全启式	内装全启式
	公称直径×数量 mm×个	$DN50 \times 1$	$DN40 \times 1$	$DN50 \times 1$	$DN50 \times 1$	$DN40 \times 1$	$DN50 \times 1$
	开启压力,MPa	1.85	1.9	1.9	1.93	1.9	1.86
液面计形式		旋转式	浮筒式	旋转式	旋转式	浮球式	旋转式
紧急切断系统		机械式	机械式	油压式	油压式	油压式	机械式
装卸软管		带	带	带	带	带	带
生产厂家		航天工业部宏图飞机制造厂	北京金属结构厂	哈尔滨建成机械厂	淄博压力容器厂	国营五二三厂	江西制氧机厂
底盘适用数据	限速(弯路) km/h	29	28.2	30	29	20	25
	限速(平直路) km/h	60	65	50	60	50	60
	油耗,L/km						
	转弯直径,m						
	燃油箱/(总容积,L/个数)	16.27				17.6	

固定式汽车罐车的形式如图 7-4-2 和图 7-4-3 所示。

2）半拖挂式汽车罐车

近年来随着液化石油气储运量、需求量的日益增加，对汽车罐车的单车运输吨位要求越来越大，为了满足这种需要，国内相继出现了大吨位的半拖挂式汽车罐车。

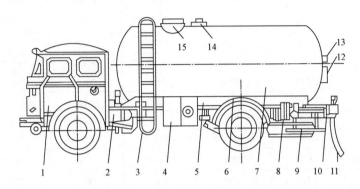

图 7-4-2　SD450Y 型液化石油气汽车罐车

1—驾驶室；2—气路系统；3—梯子；4—阀门箱；5—支架；6—挡泥板；7—罐体；

8—固定架；9—围栏；10—后保险杠尾灯；11—接地带；12—旋转式液面计；13—铭牌；14—内装式安全阀；15—人孔

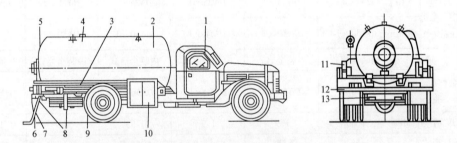

图 7-4-3　BJ431Y 型液化石油气汽车罐车

1—驾驶室；2—罐体；3—挡泥板；4—安全阀；5—人孔、液面计；6,12—后保险杠；

7—接地带；8—尾灯；9—走台；10—阀门箱；11—干粉灭火器；13—备用胎

半拖挂式汽车罐车由牵引汽车拖动装有储液罐的挂车。大多数半拖挂式罐车只有后轴一组轮胎，前部都是通过转盘与牵引车的后轴支点相连接。

由于其运输结构特点所定，它能充分利用汽车的牵引性能，不受底盘尺寸的限制，装载能力大、稳定性能好，可以用功率相对小的汽车来牵引载重较大的挂车。拖挂罐车能充分利用汽车的剩余率，根据汽车牵引理论，拖挂运输不但能提高牵引车的利用率，重要的是大大提高了运输量，降低了运送液化石油气每吨公里的料消耗，运输成本显著下降，提高了经济效益。

半拖挂车一般车身较长，整体灵活性较差，对公路的通过性要求较高。国内由于道路所限，从罐车的安全角度考虑，一般要求低速度行驶。

半拖挂式汽车罐车的主要规格及技术性能见表7-4-2。

表7-4-2 拖挂式汽车罐车的主要规格及技术性能

项目		解放牌半挂式	解放牌半挂式
整车尺寸 mm	长	8236	10260
	宽	2500	2490
	高	3367	3550
总容积,m³		23.9	35.75
最大充装量,kg		10000	15000
设计压力,MPa		2.16	2.16
使用温度范围,℃		<50	<50
罐体参数	直径 D,mm	2001	2197
	长度,mm	8000	10095
	壁厚,mm	简体16,封头16	简体16,封头16
	材质	16MnR	16MnR
	特点	无底架自承式	无底架自承式
装卸管道(公称 直径×数量) mm×个	液相	DN50×1	DN50×2
	气相	DN50×1	DN50×2
安全阀公称直径×数量 mm×个		DN50×2(全启)	DN50×1(全启)
液位计形式		浮球式	浮球式
水压试验压力,MPa		3.24	3.24
制造单位		石家庄化工机械 股份有限公司	石家庄化工机械 股份有限公司

半拖挂式液化石油气汽车罐车的形式如图7-4-4所示。

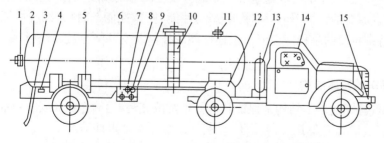

图7-4-4 解放牌改装半拖挂式液化石油气汽车罐车

1—人孔、液位计;2—罐体;3—接地带;4—排污管;5—后支架;6—液相阀;7—温度计;8—压力表;
9—气相管;10—梯子;11—安全阀;12—前支架;13—备用胎;14—驾驶室;15—消声器

3）汽车罐车的基本要求

液化石油气罐车与其他受压设备一样，对设计与制造的要求也必须是结构先进、经济合理、安全可靠、经久耐用且美观大方。罐车主要是由充装液化石油气的罐体、安全附件和车辆行驶部分组成。它既是一个移动式压力容器设备，又是一部完整的车辆，所以设计和制造一部性能良好的罐车，首先必须符合压力容器安全的基本要求，同时又要符合公路交通运输的有关规定和要求。

（1）安全可靠。罐车上盛装的介质是以 C_3 和 C_4 为主的烃类混合物（液化石油气），在常温下储存，具有一定的压力，并且易燃易爆。这就要求罐车上的储液罐能够承受液化石油气在运输储存过程中可能出现的最高压力，在最高压力下罐车罐体不得有破裂或变形，也就是说要有足够的刚度和强度。同时罐体以及各连接部位要密封可靠，不允许有泄漏出现。只有这样，才能满足液化石油气罐车的安全要求。

（2）经济合理。任何设备都要讲求经济性，罐车同样要考虑经济价值，在罐车的买卖过程中首先谈到的就是价格问题。不过它的经济性是建立在安全的基础之上的。

目前国内设计与制造的罐车，大多是在有限的载重汽车底盘的基础上进行合理选择的，由于底盘本身的经济性已经基本限定，所以对罐车的经济性的要求，主要是对罐体的设计与制造的要求。

（3）经久耐用。如果用户较多，则罐体的利用率就较高，因罐车几乎每天都要进行装卸作业，其使用方便性、性能可靠性和耐用的程度，都是罐车设计与制造的一个主要指标。

（4）外形美观。罐车是一种运输液化石油气的特种车辆，经常在市内街道或城市之间的公路行驶，其外形是否美观，与其他车辆、路、桥、建筑物是否协调，是设计和制造时必须考虑的因素。

（5）方便检修。为了保证罐车的使用安全，必须对罐体、车辆底盘、附件进行经常或定期的维护检修。交通部门规定车辆每年都要进行年检。《液化气体汽车罐车安全监察规程》（劳部发〔1994〕262 号）规定，罐车除加强日常的维护保养外，每年必须对罐体进行年度检验，对安全附件进行调试校验；每 6 年必须进行全面检验。因此方便检验与维护修理也是罐车设计制造中必须十分重视的一项基本要求。

（6）行驶稳定。罐车的行驶稳定性也是罐车安全可靠的重要指标。一般对罐车要求其做到保持汽车底盘原有的特性，如牵引性能、制动性能、操作性能、燃料的经济性能、通过性能和稳定性能等，特别重要的是稳定性能。上述性能的任何改变，都会直接影响到罐车的安全性能和经济性能。

2. 汽车罐车的基本结构

液化石油气罐车的基本结构是保证其进行正常的充装、运输作业和安全可靠的基础，它包括承载行驶部分（底盘）、储运容器（罐体）、装卸系统与安全附件等。

1）底盘

汽车底盘是液化石油气罐车的行驶与承重部分，是结构的主体。汽车底盘的各项技术性能，如载重与牵引能力、制动和转弯性能、操纵与稳定性能、通过性及行驶的平顺性等。

目前我国尚未生产专门用于液化石油气罐车的专用汽车底盘，只能从现有的载重汽车底盘中选择,选择时必须充分考虑底盘的各种技术参数对改装液化石油气罐车的适用性。

(1)汽车的牵引性能。汽车的牵引性能是反映汽车使用性能的一个重要技术指标,它直接影响到罐车的运输生产率,决定了在各种行驶条件下,汽车的最高行驶速度以及达到该速度的快慢程度。它可以用以下3个指标来表示:

① 在各种使用条件下的最高行驶速度。

② 在各个挡位上的最大爬坡能力。

③ 加速行驶时的速度、加速时间及加速距离。

(2)汽车的制动性能。汽车的制动性能是指汽车在行驶中能够强制减速,直至停车的能力,其最重要的技术指标是空载和重载行驶时制动距离的长短。它还包括汽车在下长坡时是否能节制车速,保持一定速度下滑的能力。

制动性能是汽车罐车的又一重要指标,它直接关系到汽车罐车行驶的安全性。这一点对液化石油气罐车尤为重要,由于制动失败而造成罐车发生事故,其后果是不堪设想的。

(3)罐车燃料的经济特性。燃料的经济特性是指罐车单位运输量的燃料消耗价值。一般以额定载重时每百公里的平均耗油量(L/100km)来表示。

(4)汽车罐车的操纵性能与稳定性能。操纵性能是指汽车罐车沿转向轮规定的方向行驶以及自动保持直行的能力。稳定性能是指汽车罐车抗翻车和抗侧滑的能力。由于罐车运输的是易燃易爆介质,那么罐车的操纵性能与稳定性能将直接影响到罐车的安全运行。

要提高汽车罐车的稳定性,即提高抗纵向与抗侧向翻车和抗侧滑的能力,除要求罐车有合理的轴荷分配,以保证适当的重心纵向位置,保证纵向不翻车之外,更重要的是要求汽车底盘的重心高度尽可能低,以保证罐车具有较低的重心高度和较好的稳定性。

(5)汽车罐车的通过性和行驶的平顺性。汽车罐车的通过性和行驶的平顺性是指汽车适应复杂恶劣地面的能力。它的指标主要是汽车罐车的迎入角和离去角、满载离地间隙、转弯半径和通过半径。

2)装卸系统

为了使罐车进行正常的装卸作业,在罐车上设置了一套灵敏、可靠的装卸系统。它包括阀门箱、装卸阀门、装卸管接头等。汽车罐车的装卸系统包括了液相与气相的进出口管路与阀门。汽车罐车在装卸过程中为了节省装卸动力,提高装卸速度,要尽量保持罐车罐体与地面液化石油气储罐之间的压力平衡。这样才能控制装卸工作以最低的压差进行作业。因此汽车罐车罐体和地面储罐之间既有液相装卸管路相通,还有气相平衡管路相通。

(1)阀门箱。阀门箱是一个钢制长方形箱体,它安装在罐车一侧的中部或后部。内部安装有装卸液化石油气的阀门和装卸操纵系统以及显示仪表等。阀门通过管路与罐体连通,装卸时打开阀门箱,即可操作。

(2)装卸阀门。装卸液化石油气的阀门一般选用承压 2.45MPa 以上级的钢制球阀。由于介质内含有水分和杂质,对一般碳钢元件具有腐蚀作用,所以罐车的装卸阀门最好采用不锈钢球阀,实际应用表明不锈钢球阀具有使用时间长、安全可靠的特点。液化石油气罐车用装卸阀门除满足一般阀门的各项要求外,尤其要具有良好的密封性能和抗震性能。

阀门箱内有两只球阀,其中 $DN50mm$ 球阀是装卸液化石油气的开关,与液相管相连;

DN25mm 球阀是装卸作业时的平衡装置,装卸作业开始前必须打开该阀门使罐车罐体与地面储罐的气相接通。

放散阀接装在两个球阀的出口端,其作用是在液化石油气装卸完毕后,打开放散阀将管路中剩余的液化石油气放净。

3) 罐体

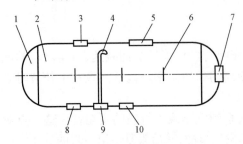

图 7 - 4 - 5　罐车罐体的结构示意

1—封头;2—筒体;3—安全阀凸缘;4—气相管;

5—人孔凸缘;6—防波板;7—液位计凸缘;

8—温度计凸缘;9—气相接管凸缘;10—液相接管凸缘

液化石油气罐车的罐体是一个承受内压的卧式圆筒形钢制焊接压力容器。为了保证在规定的设计温度和相应的工作压力下,能够安全可靠并且方便地进行充装、运输作业,罐体的基本结构应包括以下基本部件:简体、封头、人孔、气相与液相接缘、气相管、安全阀接缘、液面计接缘、温度计接缘、径向防冲板、支座和吊装环等部件。罐车罐体的结构示意如图 7 - 4 - 5 所示。

(1) 简体与封头。简体多采用圆柱形。一方面,从圆体承压角度考虑可使其应力分布均匀,避免应力集中。另一方面,从制造角度考虑可使制造工艺简单,加工方便。一般罐车筒体的厚度不超过 20mm,多采用冷卷成型。

封头多采用标准椭圆形封头,可以冲压成形,大直径的封头可以分瓣拼接。

(2) 接缘。接缘的结构形式随需要连接附件的结构与要求而异。由于罐车是属于压力低于 10MPa 的压力容器,其接缘的结构可按 GB 150.1 ～ GB 150.4《压力容器》所推荐的接缘形式,绝大多数都采用对接焊凸缘。

(3) 人孔。为方便罐体的制造、检验与修理,《液化气体汽车罐车安全监察规程》要求,罐体上至少设置一个公称直径不小于 400mm 的人孔。

人孔的位置安排常见的有 3 种情况:一是放在罐体的顶部,拆装与检修内部方便,但却增加了罐体的尺寸高度和重心;二是放在罐体的底部,这样拆装和内部检修时极不方便,因为离汽车底盘及其他零件较近,相对位置比较紧张,但可以降低罐体的重心;三是放在封头上,这样可以兼顾以上两个方面的优点。

(4) 气相管。气相管是将罐内液化石油气的气相与外部气相管路连通的接管,通过 DN25mm 球阀在装卸作业时与地面储罐之间保持气相平衡。

(5) 径向防冲板。为了减少罐车运行和紧急制动时液体对罐体的冲击力,罐内应设置防波板(防冲板)。《液化气体汽车罐车安全监察规程》要求:每个防波板的有效面积应大于罐体横断面积的 40%;防波板的安装位置,应使上部弓形面积小于罐体横断面积的 20%;防波板与罐体的连接应采用牢固的结构,防止产生裂纹和脱落;每个防波板的容积一般不大于 $3m^3$。

4) 安全附件

安全附件包括紧急切断阀、消除静电装置、安全泄放装置、液位计、压力表和温度计等。

(1) 紧急切断阀。

紧急切断装置是装设在液化石油气储罐或槽车气相与液相出口管道上的安全装置。根据

《液化气体汽车罐车安全监察规程》要求,在罐车罐体与液相管和气相管接口处必须分别装设一套内置式紧急切断装置,当管道及附件破裂、误操作或发生火灾等事故时,可紧急切断管路,防止液化石油气泄漏。紧急切断装置一般分为油压式、机械式、气动式和电动式等。

① 油压式紧急切断装置。油压式紧急切断装置由手摇油泵,紧急切断阀和油管路等组成。紧急切断阀借助手摇油泵给系统工作介质加压使阀开启,当需要关闭时,打开手摇油泵的泄压阀或油路上的泄压阀泄放掉系统压力使阀门关闭。这种紧急切断装置安全可靠,操作灵活,可以远距操纵,已广泛用于液化气站的储罐上。此外也用于槽车罐上。站用紧急切断装置的手摇油泵可设在仪表间、压缩机室或距储罐15m以外的地方。

② 机械式紧急切断阀。机械式紧急切断阀是通过传动机构使阀门打开或关闭,结构简单,操作方便,但操纵系统(如钢索)易受损伤,只能近距离操作。目前只在固定式槽车上使用。

③ 气动式紧急切断装置。气动式紧急切断装置利用压缩空气使阀门开启或关闭,其构造与油压式相似。在寒冷地区使用时,要考虑压缩空气系统的防冻。

④ 电动式紧急切断装置。电动式紧急切断阀是一种电磁阀,当接通电源后,电磁铁吸引阀芯使阀门开启,切断电源则阀门关闭。这种紧急切断装置必须具有良好的耐压和防爆性能。

(2) 安全阀。

安全阀是设置在罐体上最重要的安全附件。其作用是当罐体介质超压时,安全阀能自动起跳泄压;当降至安全压力以下,自动回座关闭。

选用安全阀的主要原则是要保证罐内压力异常升高时具有足够的排放能力,以保证罐车不致发生超压而爆炸。

根据《液化气体汽车罐车安全监察规程》要求,汽车罐车必须装设内置全启式弹簧安全阀,安全阀排气方向应为罐体上方。安全阀的开启压力应为罐体设计压力的1.05~1.1倍,安全阀的额定排放压力不得高于罐体设计压力的1.2倍,回座压力不低于开启压力的0.8倍,开启高度应不小于阀座喉径的1/4。安全阀的排放能力必须考虑发生火灾和罐内压力出现异常情况下,均能迅速排放。

(3) 压力表和温度计。

为了检测罐车内介质的压力和温度,汽车罐车上必须装设压力表和温度计。压力表和温度计一般都装设在阀门箱内。

① 压力表。根据《液化气体汽车罐车安全监察规程》相关规定,罐体上必须装设至少一套压力检测装置,气精度不应低于1.5级。表盘的极限刻度值应为罐体设计压力的2倍左右。选用的压力测量元件应与介质相适应,其结构应满足振动和腐蚀的要求。在刻度盘上对应于介质温度为50℃时的饱和蒸气压或最高工作压力处涂以红色标记。

压力表必须安装在罐体顶部气相空间引出的管子或气相管线上,以测量气相的压力。压力表接管应煨成蛇盘状,避免在压力变化时指针运动受到冲撞,压力表的下方应装设阀门。压力表应定期校验,校验周期为至少6个月一次。

② 温度计。罐车上必须设置一套温度测量装置,以检测介质的液相温度,其测量范围应为 -40~60℃,并应在40℃和50℃处涂以红色警戒标记。

罐车上使用的温度计为 WTQ(Z) – 280 型压力式温度计，温度计的感温部分应与罐内液相介质相同，以测量液相温度。感温部分应能耐介质腐蚀，温度计应定期校验。

（4）消除静电装置和消防装置。

① 消除静电装置。在装卸作业时，高速运动的液化石油气由于摩擦作用或者是汽车在运行过程中将会产生数千伏甚至上万伏的静电电压。如果不及时消除，有可能引起火灾酿成大祸。

《液化气体汽车罐车安全监察规程》规定，装运易燃、易爆介质的罐车，必须装设可靠的导静电接地装置，罐体、管路、阀门和车辆底盘之间连接处的电阻不应超过 $10m\Omega$。在停车和装卸作业时，必须接地良好，严禁使用接地铁链。装卸操作时，连接罐体和地面设置的接地导线的截面积应不小于 $5.5mm^2$。

② 消防装置。《液化气体汽车罐车安全监察规程》规定，运输易燃、易爆介质的汽车罐车，每侧应有一只 5kg 以上的干粉灭火器。此外还要求在汽车罐车发动机的排气管出口处必须带有灭火装置。

3. 公路罐车及装卸鹤管数量的确定

1）汽车罐车数量的确定

一个装车站需要设置多少辆罐车除考虑用户自备车辆因素外，还应考虑气候条件、道路等级、车辆维修保养制度等。车辆数可按式（7 – 4 – 1）确定：

$$N = GKX/TG_i \tag{7 – 4 – 1}$$

式中　G——液化气或轻烃外销量，t/a；

　　　G_i——每辆汽车昼夜运输量，t；

　　　K——汽车运输不均衡系数，取 1.1 ~ 1.3；

　　　X——运输量不均衡系数，取 1.1；

　　　T——汽车年工作时间，d。

汽车年工作时间（T）可按式（7 – 4 – 2）计算：

$$T = 365 – B – C – P \tag{7 – 4 – 2}$$

式中　B——槽车年平均检修日期，t/a；

　　　C——例行假日，一般为 7d；

　　　P——由于气候条件或其他因素停驶时间（按当地情况而定），d。

表 7 – 4 – 3 为汽车检修、保养和停车时间参考表。

表 7 – 4 – 3　汽车检修、保养、停车时间参考表

保修类别	一保	二保	小修	中修	大修
间隔里程，km	1250	5000 ~ 8000	15000 ~ 25000	33000	66000
间隔时间	10d	30 ~ 45d	3 ~ 6 个月	1 ~ 1.5a	2 ~ 3a
停车时间，d	—	0.5 ~ 1	3 ~ 6	15 ~ 17	20 ~ 25

注：汽车油槽车年平均检修日期可采用 29d/a。

每辆汽车昼夜运输量可按式(7-4-3)计算:

$$G_i = nDK_iV\rho K_2/\tau \qquad (7-4-3)$$

式中　n——昼夜工作班制,取 1~2;

　　　D——台班工作时间,每班为 8h;

　　　K_i——台班工作利用系数,取 0.9;

　　　V——油槽车容积,m^3;

　　　ρ——轻烃密度,t/m^3;

　　　K_2——罐车装满系数,一般取 0.8~0.9;

　　　τ——汽车往返一次的时间,h。

汽车往返一次时间可按式(7-4-4)计算:

$$\tau = \frac{2L}{v} + (t_1 + t_2)/60 \qquad (7-4-4)$$

式中　L——单程运输距离,km;

　　　v——车辆平均行驶速度,见表 7-4-4,km/h;

　　　t_1——装卸车作业时间,$DN50$mm 鹤管取 5min,$DN100$mm 鹤管取 3min;

　　　t_2——等车联系时间,取 5~10min。

表 7-4-4　车辆平均行驶速度　　　　　　　　　　　　　　单位:km/h

路面等级	厂外道路		厂内道路	
	山区	平原	双车道	单车道
高级、中级	20~30	25~40	15~20	10~15
低级	15~20	20~30	15~20	10~15

2) 装车鹤管设置个数

装车鹤管设置个数可按式(7-4-5)计算:

$$\eta = Ft_3/t_4 \qquad (7-4-5)$$

式中　F——每天需要装车辆数;

　　　t_3——装车所需时间,取 5min;

　　　t_4——工作班制,一般为 240min。

每天需要装车辆数按式(7-4-6)确定:

$$F = GK/T\rho VA \qquad (7-4-6)$$

式中　G——轻烃年外销量,t;

　　　K——汽车运输不均衡系数,取 1.1~1.3;

　　　T——限定汽车年运输时间,连续生产时等于装置开工时间加储存时间,间歇生产时,
　　　　　按生产时间加储存时间,d;

ρ——轻烃密度,t/m^3;

V——油槽车容积,m^3;

A——装满系数,取 0.8 ~ 0.9。

[例6] 一座轻油外销站,年外销量 $10 \times 10^4 t$,使用载 3.5t 的汽车拉运到 100km 外的化工厂,求需要设置的鹤管数量?

解:(1) 需要装车辆数,由式(7-4-6)得:

项目	G t	K	T d	ρ t/m^3	V m^3	A	F
参数	10000	1.3	307	0.75	3.5/0.75	0.85	205

(2) 鹤管设置数量由式(7-4-5)得:

$$n = Ft_3/t_4 = 205 \times 5/240 \approx 4(个)$$

三、设备选型

1. 烃泵

烃泵选型可参考本章第二节管道运输"输送设备"部分相关内容。

2. 压缩机

压缩机选型可参考本章第三节铁路运输"输送设备"部分相关内容。

3. 灌瓶设备

1) 钢瓶

钢瓶的设计、制造、试验和验收应遵照现行国家标准 GB 5842《液化石油气钢瓶》的规定。钢瓶的构造图如图 7-4-6 所示,常用钢瓶型号和参数见表 7-4-5。

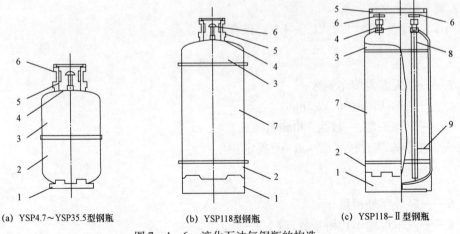

(a) YSP4.7~YSP35.5型钢瓶　　(b) YSP118型钢瓶　　(c) YSP118-Ⅱ型钢瓶

图 7-4-6　液化石油气钢瓶的构造

1—底座;2—下封头;3—上封头;4—阀座;5—护罩;6—瓶阀;7—筒体;8—液相管;9—支架

表7-4-5　常用钢瓶型号和参数

型号	参数				备注
	钢瓶内直径 mm	公称容积 L	最大充装量 kg	封头形状系数 K	
YSP4.7	200	4.7	1.9	1.0	
YSP12	244	12.0	5.0	1.0	
YSP26.2	294	26.2	11.0	1.0	
YSP35.5	314	35.5	14.9	0.8	
YSP118	400	118	49.5	1.0	
YSP118-Ⅱ	400	118	49.5	1.0	用于气化装置的液化石油气储存设备

注:钢瓶的护罩结构尺寸、瓶底结构尺寸应符合产品图样的要求。

2)液化石油气瓶阀

液化石油气瓶阀的设计、制造、试验和验收应遵循现行国家标准 GB/T 7512《液化石油气瓶阀》的规定进行。

液化石油气钢瓶角阀代号用"YSQ"表示,自闭装置在后面增加"Z",构造如图7-4-7所示。

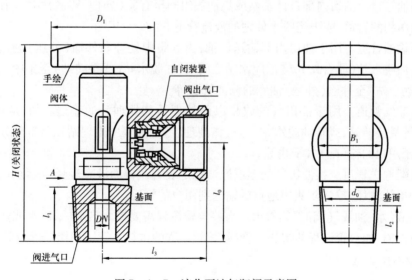

图7-4-7　液化石油气瓶阀示意图

参　考　文　献

李国清,2018. 炼油厂油品储运设计[M]. 北京:中国石化出版社.

祖希因,2010. 液化石油气操作技术与安全管理[M]. 北京:化学工业出版社.

第八章　油气集输管道

本章主要对油气集输管道进行分类介绍,并说明了各设计阶段的管线选线技术要求及工艺设计注意事项,根据管线输送介质及功能的不同,分别对原油集输管道、伴生气集输管道和掺介质管道分节介绍了水力、热力等管线和管网的工艺计算。

第一节　概　　述

一、油气集输管道的分类

1. 按照功能分类

油气集输管道按照介质和功能可以分为以下几类:

(1)出油管道。自井口装置至计量站或集油阀组间的管道。

(2)集油管道。油田内部自计量站或集油阀组间至有关(处理、转输)站之间以及有关站间输送气液两相的管道,或未经脱水处理的液流管道。

(3)转输油管道。用于油田内部输送原油,为其集中处理和外输(外运)创造条件。如:接转站至转油脱水站(联合站),转油脱水站之间、转油脱水站(或接转站)至集中处理站,集中处理站(或联合站)至外输(外运)油库的输油管道等。

(4)集输气管道。用于油田气的收集以便处理及其处理后的输送。如:从油气分离点(接转站或计量接转站、或转油脱水站)至气体处理装置(或集中处理站)、从气体处理装置(集中处理站)至用户的输(配)气干线等。

(5)液烃输送管道。将油田气处理或原油稳定装置获得的液态轻烃(液化气、稳定轻烃、混合液烃和单体液烃)输送到集中地点或输送到用户的管道。

(6)掺液(水、油或气)和伴热管道。有些集输流程需要掺入热水(采出水或热油)或用热水管线伴热保温,如双管流程的掺热水管线、三管流程的供热水管线和伴热管线等。

2. 按照介质分类

为了方便设计,以上几种管线按照输送介质,归纳为以下4类:

(1)油管线。包括转输油管线、部分集油管线和液烃输送管线。

(2)气管线。即集输气管线,包括集气管线和输(配)气干线。

(3)油气混输管线。大部分集油管线,包括井口出油管线及其他油气(或油气水)共同输送的管线。

(4)热水管线。掺热水管线、伴热管线及供热管线等。

3. 按照压力分类

1）低压管线

压力小于或等于 1.6MPa 的管线。

2）中压管线

压力大于 1.6MPa 且小于 10MPa 的管线。

3）高压管线

压力大于或等于 10MPa 且小于或等于 70MPa 的管线。

本节以下内容主要针对作为独立项目的管线设计，其中小型穿跨越工程设计本章节不做详述；另外，液烃和轻烃输送管线设计计算问题也可参见本书其他章节，本章着重介绍油、气及油气混输管线工艺计算及有关设计问题。

二、各设计阶段的技术要求

1. 设计准备

管线设计前必须收集并掌握详尽的资料，一般需要了解以下原始资料：

（1）输送介质的性质，管线所在地区的气象资料等；

（2）管线的输送量及其变化情况；

（3）管线起、止点（现状及有关要求）；

（4）管线起、止点要求的介质压力；

（5）管线沿线地形地貌概况及工程地质、水文地质资料，主要有：沿线地形描述、地表至地下 3m 内土质或岩土分布、容重、地耐力、含水情况、地下水位、地下水系分布及水质情况、地面水土流失情况、土壤腐蚀性及导热系数；

（6）沿线交通情况，各种道路现况；

（7）油田总体规划对管线的要求；

（8）管线沿线地形图；

（9）管道沿线各种建构筑物情况及地方规划情况。

上述有些资料由设计任务书明确或有关部门提供，但大部分要由设计人员到有关部门收集，或经管线勘察和现场踏勘、调研获得。

2. 转输油、集输气及液烃输送管道的选线与勘查

1）选线步骤与优选原则

（1）选线步骤：先在地形图上初步选择线路走向，然后到现场踏勘比选后调整原来图上的初步选择，达到图上定线（有时要经过几次反复，尤其是复杂或重要地段，并经主管部门批准），然后到现场定线（每隔 500～1000m 及管线折点、穿跨越点等处钉上标桩），并由工程测量人员和工程地质人员进行测量和工程与水文地质勘查。勘查的管线带状图、纵断面图和工程水文地质资料作为设计基础资料。

（2）优选原则：

① 在尽量不破坏沿线已有的各种建构筑物、尽量少占耕地的情况下宜取直；

② 宜与油田其他生产管道、道路、供电线路、通信线路组成走廊带；

③ 同类性质且埋设深度接近的管道宜同沟敷设；

④ 宜选择有利地形敷设，尽量避开低洼积水地带、局部盐碱地及其他腐蚀性大的地带和工程地质不良地段；

⑤ 管线距离油水井、各类站场及居民点等应符合有关防火规范的要求。

2）对管线勘察的要求

（1）工程测量应提供沿管线走向的带状地形图（比例：一般 1∶1000～1∶10000），站间管线、管线穿（跨）越部分及地形起伏较大的管线要测纵断面图，重要的穿跨越地段要有局部大比例的地形图。

（2）工程地质应探明沿线土石类型、物理性质、地下水深度、土壤腐蚀性等。一般是沿管线走向进行一定深度和密度的钻孔并取土样进行水土分析。土壤腐蚀性和土壤导热系数的测点间距一般为 1～2km，当土质变化大时还要适当加密。例如土壤电阻率小于 $20\Omega\cdot m$ 时测点距离应小于 1km，而大于 $50\Omega\cdot m$ 时，可增大到数公里。地质勘查报告的主要内容一般有钻孔位置、土壤剖面图、地质柱状图、土壤物理学性能、地下水位深、冻结深度、土壤腐蚀性分布、土石层分布及地质情况评价。对于油田管线和管网，当上述主要工程地质数据已有有效数据可利用时，可不进行系统工程地质勘测。

三、工艺设计应注意的问题

管线工艺设计一般应注意解决以下几方面的问题。

1. 确定输油（气）能力

根据输油（气）量及其他已知条件，合理选择管径，使管线具有经济、合理的输油（气）能力。

管线的管径直接影响管线的建造费用和经营成本。一般加大管径可使介质输送压力降低而减少动力消耗，但从总效应来看，虽使运营费用降低了，但管材消耗增多，建造费用高。因此，在一定介质输量和输送方式下，某一定范围内的管径才是最经济的，相应的介质在管线中的流速即为经济流速。根据 GB 50350《油田油气集输设计规范》的规定，油田内部原油集输管道的液体流速宜为 0.8～2m/s，油田内部稠油集输管道的液体流速宜为 0.3～1.2m/s。

油田内部管线设计，一般是按经验给出的经济流速范围选定一流速值，按要求的输量计算出相应管径，并通过机械计算、水力计算和热力计算来确定介质的输送参数，使之满足管输系统的工艺要求。对于距离较长、规模较大的管线，应在经济流速范围内初选 2～3 个管径，再通过经济比选确定最佳管径。

2. 输送工艺

选择输送方式（例如：原油加热或不加热输送或其他输送方式），确定输送压力、温度等工艺参数及加压、加热站的设置和设备选型。

确定输送参数的基本要求是在满足管输工艺要求的前提下服从经济的原则。一般在经济管径下计算出的介质输送参数是可取的。但有时输送参数本身会直接影响管输的经济效益，也需要进行技术经济比选。例如加热管输原油，如果输油平均温度过高会加大管线散热、增加燃料消耗；温度过低则过分增加动力消耗且不安全。一般认为安全输油温度范围为：最高要求低于原油初馏点以下10℃，最低要求高于原油凝固点以上3℃。对于一定的管线具体温度范围应根据热力计算、加热点的位置、管线防腐保温材料的耐温情况、管线的热损失等进行具体确定。输送压力直接决定动力消耗，对于矿场管线，一般按经济管径进行水力计算并调整管输设备和根据整个集输系统的要求比选来确定管线。

3. 管线敷设方式

管线一般采用埋地弹性敷设，以改善管线的受力状况。一般弹性敷设的曲率半径为500DN ~ 1000DN(DN 为公称直径)，困难条件下局部管段也不应小于300DN。在地形条件不允许弹性敷设的地段和管线必需的折点可用煨制或冲压的弯头，大口径的管线应采用弯管，应避免采用斜口焊接和虾米腰弯头。如果通过地区的某些地段(土壤腐蚀性严重，或者常年积水)会影响管道使用寿命时，在不违背确定管道敷设方式的原则下，在某一地段可以采用架空敷设。

在确定敷设方式时，需沿管道走向的线路进行现场踏勘，并结合通过地区的地下水位、地下水和土壤性能等参数，分析研究确定。

4. 管线敷设深度

为防止管线受外界活动的机械伤害，埋地敷设管线必须具有一定的埋设深度。一般应根据地面载荷情况、地面耕作深度、地面上层的稳定性等综合考虑确定。考虑到一般土质形成受力土拱的最小深度为 0.5 ~ 0.6m，推荐管线覆土厚度(自然地面至管顶)为：荒地覆土厚度0.5m，旱地覆土厚度0.7m，水田覆土厚度0.8m。

埋深还直接影响管线散热，这对热油输送管线来说是个不可忽视的因素。管线埋设深，总传热系数小，土壤自然温度高，散热小、能耗低，但埋深会增加管沟的土石方工程量，增加管线建造费用，需进行具体技术经济比较来确定经济埋深。从埋深对散热的影响分析，只要埋深超过管径的 3 ~ 4 倍，再增加埋深对管线散热的影响将显著减弱。对矿区常见的 DN300mm 以下的管线，埋深 1 ~ 1.2m 比埋深 2m 时散热量增加 15% ~ 20%。因此 DN300mm 以下矿区热油管线推荐经济埋深为 1 ~ 1.2m。

当地形条件不允许或不利于挖较深的管沟时可用地面堆土堤代替埋设。根据实测，地面土堤覆土厚 1.5m 时的散热情况大致相当于地下埋深 1m 时的情况。因此当不允许深埋时，地面以上堆土堤高度 H_c 可按式(8 - 1 - 1)确定：

$$H_c = 1.5(h_1 - h_1')$$ (8 - 1 - 1)

式中 h_1——管线设计埋深，m；

h_1'——管线实际埋深，m。

5. 安全间距

（1）集输管道安全间距设计应符合 GB 50183《石油天然气工程设计防火规范》，输油管道安全间距设计应符合 GB 50253《输油管道工程设计规范》。

（2）管线穿跨越铁路、公路和河流时，其设计应符合 GB 50423《油气输送管道穿越工程设计规范》、GB/T 50459《油气输送管道跨越工程设计标准》及 GB 50350《油田油气集输设计规范》等国家现行标准的有关规定。

（3）当管道沿线有重要水工建筑、重要物资仓库、军事设施、易燃易爆仓库、机场、海（河）港码头、国家重点文物保护单位时，管道设计除应遵守本规定外，还应服从相关设施的设计要求。

（4）埋地集输管道与其他地下管道、通信电缆、电力系统的各种接地装置等平行或交叉敷设时，其间距应符合国家现行标准 SY/T 0087《钢质管道及储罐腐蚀评价标准》的有关规定。

（5）集输管道与架空输电线路平行敷设时，安全距离应符合表 8–1–1 要求。

表 8–1–1　埋地集输管道与架空输电线路安全距离　　　　　　　单位：m

名　称	3kV 以下	3～10kV	35～66kV	110kV	220kV
开阔地区	最高杆（塔高）				
路径受限制地区	1.5	2.0	4.0	4.0	5.0

注：（1）表中距离为边导线至管道任何部分的水平距离。

（2）对路径受限制地区的最小水平距离的要求，应考虑架空电力线路导线的最大风偏。

（3）当管道地面敷设时，其间距不应小于本段最高杆（塔）高度。

（6）原油和天然气埋地集输管道同铁路平行敷设时，应距铁路用地范围边界 3m 以外。当必须通过铁路用地范围内时，应征得相关铁路部门的同意，并采取加强措施。对相邻电气化铁路的管道还应增加交流电干扰防护措施。管道同公路平行敷设时，宜敷设在公路用地范围外。对于油田公路，集输管道可敷设在其路肩下。

6. 初步设计与施工图设计

距离较长的输油（气）管线，应按初步设计和施工图设计两阶段进行，距离较短的输油（气）管线可先做出方案设计，审批后据以开展施工图设计。

管线工程初步设计文件应包括全面介绍工艺方案的说明书和相应图纸，一般有线路走向平面图、各穿（跨）越工程和有关附设工程（阴极保护等）的方案图等。说明书一般应叙述设计的依据（有关部门批准的设计任务书、油田矿区总体规划依据及其他基础资料）、设计指导思想、线路走向方案及沿线地形、地质概况、管线工艺方案（管径、输送工艺参数、埋深、敷设方式）、各穿（跨）越方案、管材选择、机械强度计算成果及有关措施，管线保温防腐方案等。对于主要设计方案要作出技术经济比选，并按推荐方案做出全工程的概算和主要经济指标（每公里管线投资、每公里管线钢材消耗量等）。方案设计文件比初步设计简化得多，一般只包括工艺方案简要说明、必要的方案图和投资估算。

施工图设计以批准的初步设计为依据，主要包括线路平面图、纵断面图、各穿（跨）越工程的施工图、线路阀室安装图、阴极保护及其他附设工程的施工图。

线路平面图是在工程测量提供的沿线带状地形图上绘制的。图上应表示出线路走向位置、沿线测量桩、变坡桩、转角桩的桩号,坐标、里程、转角角度,穿(跨)越点位置及详图号、线路阀室,里程桩、阴极保护检查桩的桩号及相应图号。

线路纵断面图是在工程测量提供的沿线纵断面图上绘制的。除绘出管底标高高程线外,还应标出:管沟挖深、沟底标高、管堤顶标高、各段管线规格(管径、壁厚、材质)、管线防腐保温结构等。重要的穿跨越工程要绘出平面详图、纵断面图和结构安装详图。

施工图设计要列出详尽的材料、设备明细表。

第二节 原油集输管道

一、集输油管道工艺计算

1. 一般步骤

(1)根据给定的集油量或输油量以及选定的经济流速,初选管线直径:

$$d = \sqrt{\frac{4Q}{\pi v}} \qquad (8-2-1)$$

式中 d——管线内径,m;

Q——给定的流量,如给定集(输)油任务单位为 t/a,换算为 m^3/d 及 m^3/s 时,每年按 350d 计,m^3/s;

v——经济流速,m/s。

计算出的 d 需调整为标准管径。

(2)通过热力计算确定起点和终点的油温和管线的平均油温,并按平均油温和原油的黏度—温度曲线选定计算黏度。根据计算黏度及其他性质判断原油在管线中的流动状态。

(3)选择计算公式进行水力计算,计算沿程摩阻、局部阻力损失,并考虑高程差计算管线所需的总压降。为了简化计算,管线起点出站局部阻力可按 10m、终点余压(或进站库局部阻力及进罐余压)可按 15m 考虑。

(4)根据以上计算的总压降和要求的输油(或集油)量来选择输油泵及有关设备(输油泵的选择见其他章节)。

(5)通过机械强度计算校核管线的材质、壁厚是否符合要求,并进行热应力补偿、管件补强等分析计算和结构设计。

2. 集输油管道水力计算

1)常用计算公式

（1）基本公式（即达西公式）。

管线的沿程摩阻损失：

$$h = \lambda \frac{L}{d} \frac{v^2}{2g} \tag{8-2-2}$$

式中　h ——管线的沿程摩阻损失，m（液柱）；

　　　d ——管线的内径，m；

　　　L ——管线的长度，m；

　　　v ——在流动截面上原油的平均流速，m/s；

　　　g ——重力加速度，$g = 9.80665\text{m/s}^2$；

　　　λ ——水力摩阻系数，它随流体的流态而不同，水力学理论分析和大量实验都表明 λ 是雷诺数 Re 和管壁相对粗糙度 ε 的函数。

$$\lambda = f(Re, \varepsilon) \tag{8-2-3}$$

$$Re = \frac{dv}{\nu} = \frac{4Q}{\pi d\nu} \tag{8-2-4}$$

$$\varepsilon = \frac{2e}{d} \tag{8-2-5}$$

式中　ν ——原油运动黏度，m^2/s；

　　　Q ——管内流量，按要求的设计输量取值，m^3/s；

　　　e ——管内壁的绝对粗糙度，m。

管内壁粗糙度，由于管线类型、材质、制造方法、清管措施、腐蚀和结垢等的不同而具有不同的数值，常见管线的 e 值见表8-2-1。油田集输管线可取 $e = 0.1 \sim 0.5\text{mm}$。

表8-2-1　各种管线的绝对粗糙度 e

管线种类	绝对粗糙度，mm	管线种类	绝对粗糙度，mm
新无缝钢管	0.05~0.15	橡皮软管	0.01~0.03
轻度腐蚀的钢管	0.1~0.3	玻璃钢管	0.01
旧钢管	0.5~2.0	聚氯乙烯塑料管	0.0015
新不锈钢管	0.015	高压柔性复合管	0.005~0.01
新铸铁管	0.3	连续增强塑料复合管	0.0005-0.0015
石棉水泥管	0.3~0.8		

雷诺数标志着油流在流动过程中，黏滞阻力与惯性阻力在总阻力损失中所占的比例。当 Re 小时，黏滞阻力起主要作用，而 Re 大时，惯性阻力起主要作用。

原油在管线中的流态按雷诺数来判断可划分为3种不同的流态区，$\lambda = f(Re, \varepsilon)$ 的具体关系式也不同，详见表8-2-2。

表 8 - 2 - 2 流态划分及 λ 的计算式

流态		划分范围	$\lambda = f(Re,\varepsilon)$
层流		$Re \leqslant 2000$	$\lambda = \dfrac{64}{Re}$
紊流	光滑区	$3000 \leqslant Re \leqslant Re_1 = \dfrac{59.7}{\varepsilon^{8/7}}$	$\lambda = \dfrac{0.3164}{Re^{0.25}}$
	混合摩擦区	$Re_1 < Re \leqslant Re_2 = \dfrac{665 - 765\lg\varepsilon}{\varepsilon}$	$\dfrac{1}{\sqrt{\lambda}} = -1.8\lg\left[\dfrac{6.8}{Re} + \left(\dfrac{e}{3.7d}\right)^{1.11}\right]$
	粗糙区 （阻力平方区）	$Re > Re_2$	$\lambda = \dfrac{1}{(1.74 - 2\lg\varepsilon)^2}$

注：Re_1 和 Re_2 是临界雷诺数，其中 Re_1 是光滑区与混合摩擦区的临界雷诺数，Re_2 是混合摩擦区和粗糙区的临界雷诺数。

当 $2000 < Re < 3000$ 时，为过渡区，可按紊流光滑区近似计算。对原油集输管线，当 $2000 < Re < 10^5$ 时，都可按紊流光滑区的关系式计算阻力系数。

（2）实用计算公式（即列宾宗公式）。

集输油管线常用由达西公式演变来的列宾宗公式计算其水力阻力。将各流态区的 λ 的计算公式综合为如下形式：

$$\lambda = \frac{A}{Re^m} \qquad (8-2-6)$$

式中　A——为简化公式，用 A 来表示列宾宗公式中不同流态摩阻系数与雷诺数 Re 的关系，具体 A 取值见表 8 - 2 - 3。

将该式及 $v = \dfrac{4Q}{\pi d^2}$ 和 $Re = \dfrac{4Q}{\pi d\nu}$ 代入达西公式，便得列宾宗公式：

$$h = \beta \frac{Q^{2-m}\nu^m}{d^{5-m}}L \qquad (8-2-7)$$

或

$$i = \frac{h}{L} = \beta \frac{Q^{2-m}\nu^m}{d^{5-m}} \qquad (8-2-8)$$

式中　i——单位长度管线的摩阻损失，称为管线的水力坡降，m/m；

　　　m,β——由流态决定的系数，见表 8 - 2 - 3。

其余符号含义同前文。

表 8 - 2 - 3 各种流态的列宾宗公式

流态	A	m	β, s²/m	h, m
层流	64	1	$\dfrac{128}{\pi g} = 4.15$	$h = 4.15 \dfrac{Q\nu}{d^4}L$
紊流 光滑区	0.3164	0.25	$\dfrac{8 \times 0.3164}{4^{0.25}\pi^{1.75}g} = 0.0246$	$h = 0.0246 \dfrac{Q^{1.75}\nu^{0.25}}{d^{4.75}}L$

流态	A	m	β, s²/m	h, m
混合摩擦区	$A = 10^{0.1271\lg\varepsilon - 0.627}$	0.123	$\dfrac{A}{2g}\left(\dfrac{\pi}{4}\right)^{0.246} = 0.0802A$	$h = 0.0802A\dfrac{Q^{1.877}\nu^{0.123}}{d^{4.877}}L$
粗糙区	λ	0	$\dfrac{8\lambda}{\pi^2 g} = 0.0826\lambda$	$h = 0.0826\lambda\dfrac{Q^2}{d^5}L$ （λ 见表 8 - 2 - 2）

注:混合区计算式为从 $\lambda = 0.11\left(\dfrac{68}{Re} + \varepsilon\right)^{0.25}$ 推导出的近似式,其误差约为 5%。

图 8 - 2 - 1 为式(8 - 2 - 8)的计算图,可查出常用管线的水力坡降。

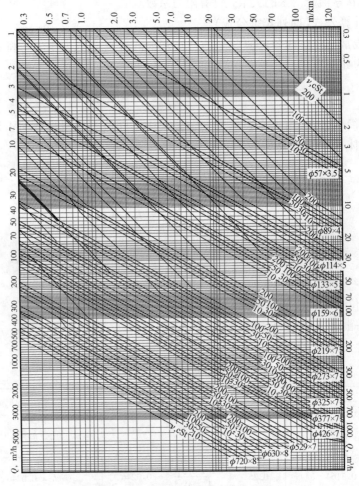

图 8 - 2 - 1　集输油管线水力计算图

2）局部阻力的计算

管线上阀门和管件等局部摩阻损失可按以下方式计算：

$$h_{j} = \zeta \frac{v^2}{2g} \qquad (8-2-9)$$

或

$$h_{j} = \lambda \frac{L_{D}}{d} \frac{v^2}{2g} \qquad (8-2-10)$$

式中　h_{j}——局部阻力损失，m；

　　　ζ——局部阻力系数；

　　　L_{D}——局部损失（阀门和管线等）的当量长度，它的含义是：把流体通过该管件产生的局部阻力损失折合成一定长度的直管段的沿程阻力，m。

由式（8-2-9）和式（8-2-10）得：

$$L_{D} = \zeta \frac{d}{\lambda} \qquad (8-2-11)$$

常见管阀配件的局部阻力系数和当量长度见表8-2-4，该表给出的是在紊流状态下测得的数值，由于层流时需按式（8-2-12）换算：

$$\zeta_{c} = \varphi \zeta_{w} \qquad (8-2-12)$$

式中　ζ_{c}，ζ_{w}——层流和紊流时局部阻力系数；

　　　φ——换算系数，由表8-2-5查得。

3）变径管和副管的水力坡降计算

（1）变径管。内直径为d_{B}的变径管的水力坡降为i_{B}为：

$$i_{B} = i \left(\frac{d}{d_{B}} \right)^{5-m} \qquad (8-2-13)$$

式中　i——直径为d的主管的水力坡降。

总阻力损失为：

$$h = i[L + (\Omega - 1)X_{B}] \qquad (8-2-14)$$

其中

$$\Omega = \left(\frac{d}{d_{B}} \right)^{5-m}$$

式中　X_{B}——变径管长，m；

　　　L——主管与变径管总长，m。

（2）副管。直径为d_{f}的副管水力坡降i_{f}为：

$$i_{f} = \frac{1}{\left[1 + \left(\frac{d_{f}}{d} \right)^{\frac{5-m}{2-m}} \right]^{2-m}} \qquad (8-2-15)$$

式中　d,d_f——主管、副管的内直径，m。

在大多数情况下，$d_\mathrm{f} = d$，则有：

层流区：$i_\mathrm{f} = 0.5i$；

光滑区：$i_\mathrm{f} = 0.296i$；

粗糙区：$i_\mathrm{f} = 0.25i$。

表 8 - 2 - 4　管线的局部阻力（适用于 $Re > 2800, \lambda = 0.022$ 的紊流）

序号	局部阻力名称	示意图	$\dfrac{L_\mathrm{D}}{d}$	ζ
1	无单向活门的油罐入口		23	0.50
2	有单向活门的油罐入口		40	0.90
3	有升降管的油罐入口		100	2.20
4	油泵入口		45	1.00
5	30°单缝焊接弯头		7.8	0.17
6	45°单缝焊接弯头		14	0.30
7	60°单缝焊接弯头		27	0.59
8	90°单缝焊接弯头		60	1.30
9	90°双缝焊接弯头		30	0.65
10	30°冲制弯头		15	0.33
11	45°冲制弯头		19	0.42
12	60°冲制弯头		23	0.50
13	90°冲制弯头		28	0.60
14	$R = 2D, 90°$弯管		22	0.48
15	$R = 3D, 90°$弯管		16.5	0.36
16	$R = 4D, 90°$弯管		14	0.30
17	$DN80 \times 100$ 异径管（由小变大）		1.5	0.03
18	$DN100 \times 150$，$DN150 \times 200$，$DN200 \times 250$ 异径管（由小变大）		4	0.08
19	$DN100 \times 200$、$DN150 \times 250$，$DN200 \times 300$ 异径管（由小变大）		9	0.19
20	$DN100 \times 250$、$DN150 \times 300$，$DN200 \times 300$ 异径管（由小变大）		12	0.27
21	各种尺寸异径管（由大变小）		9	0.19
22	通过三通		2	0.04

续表

序号	局部阻力名称	示意图	$\dfrac{L_D}{d}$	ζ
23	通过三通		4.5	0.10
24	通过三通		18	0.40
25	通过三通		23	0.50
26	通过三通		40	0.90
27	通过三通		45	1.00
28	通过三通		60	1.30
29	通过三通		136	3.00
30	$DN20 \sim DN50$ 全开闸阀		23	0.50
31	$DN80$ 全开闸阀		18	0.40
32	$DN100$ 全开闸阀		9	0.19
33	$DN150$ 全开闸阀		4.5	0.10
34	$DN200 \sim DN400$ 全开闸阀		4	0.08
35	$DN50$ 以上全开截止阀		320	7.00
36	$DN50$ 全开斜杆截止阀		125	2.70
37	$DN100$ 全开斜杆截止阀		100	2.20
38	$DN150$ 全开斜杆截止阀		85	1.86
39	$DN200$ 及以上全开斜杆截止阀		75	1.65
40	各种尺寸升降式止回阀		340	7.50
41	$DN100$ 及以上旋启式止回阀		70	1.50
42	$DN200$ 旋启式止回阀		87	1.9
43	$DN300$ 旋启式止回阀		97	2.10
44	各种尺寸轻油过滤器		77	1.70
45	各种尺寸黏油过滤器		100	2.20
46	Π形补偿器		110	2.40
47	Ω形补偿器		97	2.10
48	波纹补偿器		74	1.60

注:R—弯管的曲率半径;D—管道的直径。

表 8 – 2 – 5 φ 值

Re	200	400	600	800	1000	1200	1400	1600	1800	2000	2200	2400	2600	2800
φ	4.4	4.0	3.53	3.35	3.21	3.10	3.02	2.95	2.88	2.83	2.48	2.30	2.12	1.98

总流量与分流量的关系为：

$$Q = Q_f + Q_m \tag{8-2-16}$$

$$Q_f = \frac{Q}{1 + \left(\dfrac{d}{d_f}\right)^{\frac{5-m}{2-m}}}, Q_m = \frac{Q}{1 + \left(\dfrac{d_f}{d}\right)^{\frac{5-m}{2-m}}}$$

式中 Q——总流量，m^3/s；

Q_f——副管内流量，m^3/s；

Q_m——敷设副管的管段主管内的流量，m^3/s。

总沿程阻力损失为：

$$h = i(L - X_f) + i_f X_f = i[L + (\omega - 1)X_f] \tag{8-2-17}$$

其中

$$\omega = \frac{1}{\left[1 + \left(\dfrac{d_f}{d}\right)^{\frac{5-m}{2-m}}\right]^{2-m}}$$

式中 L——管线总长；

X_f——设副管的管段长；

i——无副管的主管段水力坡降。

4）管线的总压头损失

一般管线的总压头损失 H 为沿程阻力、局部阻力损失和沿线高程差引起的压头损失之和，即：

$$H = h + h_j + \Delta Z \tag{8-2-18}$$

或

$$H = iL + i\sum L_D + \Delta Z \tag{8-2-19}$$

式中 h, h_j——管线的沿程阻力，局部阻力损失，m（液柱）。

h_j 的计算也可采取如下方法，即计算出管线上所有管阀配件的局部阻力当量长度，加上管线的实际长度，然后计算管线水力摩阻损失，即：

$$L_c = L + \sum L_D \qquad 或 \qquad H = iL_c + \Delta Z$$

式中 L_c——管线的计算长度；

L——管线实际长度；

$\sum L_D$——管线局部阻力当量长度总和；

ΔZ——为管线终点与起点的高程差,m。

将 L_c 代入式(8-2-2)或表8-2-2中的有关公式求得总水力摩阻损失。

当管线中间某点的高程大于终点的高程时,可能出现用式(8-2-2)计算出的起点压头不能将油流输送到终点的情况。这时如使油流翻过中途"高峰",起点必须有更高的压头,这时的总压头损失 H_f 为:

$$H_f = iL_f + \Delta Z_f$$
$$iL_f + (Z_f - Z_1) \qquad (8-2-20)$$

式中 L_f, Z_f ——起点至中途"高峰"的距离和中途"高峰"的高程,m。

出现上述情况时,线路上的"高峰"就称为翻越点。判断线路上是否存在翻越点的方法是:在管线纵断面图上用同样比例作出水力坡降线,此线在到达设计终点之前如与纵断面图的任一点相切,则水力坡降线与纵断画图的第一个切点就是翻越点(图8-2-2),翻越点不一定是管线沿线的最高点,往往是接近末端的某个高点。

当出现翻越点时,翻越点以下的管线内油流在计算流量下将自流到终点,而且还有剩余能量,如不采取措施消耗其剩余能量,则将在翻越点后的管段内将发生不满流(不满流管段中的压力为输送温度下油流的饱和蒸气压)。不满流的发生不仅浪费能量,而且影响稳定操作。一般可在翻越点后采用小口径管线设计,中途设节流阀、减压站进行节流等措施消除不满流,保证管线稳定运行。

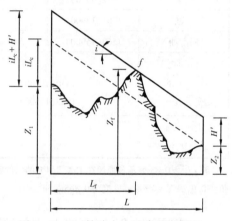

图8-2-2 管路水力坡降和纵断面

5)水击

在密闭的管线上,油流的突然停止,例如阀门的突然关闭,将在该处引起压力的急剧上升,这种动能与压能急剧转换的现象称为水击。水击引起的压力升高值 Δp 与管线中油流流速的变化值 Δv 成正比。其值可按式(8-2-21)计算:

$$\Delta p = \rho c \Delta v \qquad (8-2-21)$$

式中 Δp ——水击引起的压力升高值,Pa;

ρ ——原油的密度,kg/m³;

c ——水击波在管线油流中的传播速度,m/s。

$$c = \sqrt{\frac{1}{\rho\left(\frac{1}{K} + \frac{d}{\delta E}\right)}} \qquad (8-2-22)$$

式中 d ——管线内径,m;

δ ——管线壁厚,m;

E ——管材的弹性模数，对于钢管 $E = 2.1 \times 10^{6} \text{kgf/cm}^2 = 2.06 \times 10^{11} \text{Pa}$，Pa；

K ——管内流体的体积弹性系数，原油及其他油品的 K 值见表 8 – 2 – 6，Pa。

表 8 – 2 – 6　几种液体的体积弹性系数

液体	体积弹性模数，MPa(kgf/cm²)				
	20℃	30℃	40℃	50℃	90℃
水	2394(24400)		2217(22600)		2178(22200)
丙烷	177(1800)	137(1400)	104(1060)	72(730)	
丁烷	357(3640)	302(3080)	251(2560)	213(2170)	
汽油	917(9350)			760(7750)	
煤油	1364(13900)		1207(12300)		
润滑油	1560(15900)		1383(14100)		
原油 $d_4^{15} = 0.83$ $d_4^{15} = 0.9$	7℃ 1530(15600) 1923(19600)		21℃ 1354(13800) 1736(17700)		38℃ 1226(12500) 1560(15900)
大庆原油 $d_1 = 0.845$	44℃ 1704				

注：$d_4^{15} = 0.83$ 表示该原油在 15℃ 与 4℃ 的水的密度的比值为 0.83，$d_4^{15} = 0.9$ 表示该原油在 15℃ 与 4℃ 的水的密度的比值为 0.9，d_1 表示该原油密度为 0.845g/cm³。

　　由式(8 – 2 – 21)计算的 Δp 是流速瞬时变化产生的水击压力值，如未立即采取措施，在管线"充装"的影响下，水击压力值会随时间的延续而上升，即当管线末端阀门突然关闭发生水击、压力波沿线传播时，起点站还在以常量往末端输油，这就引起管线内附加的压力上升。

　　发生水击时不但在流速突变处造成压力急剧升高($-\Delta p$)，而且在管线末端产生的水击压力波会以速度 c 向管线上游传播，使管线沿线各点的压力都增加，因此可能造成管线超压。按有关设计规范，依据设计压力计算的管线强度只有 10% 的余量(当然低压小口径管线实际余量往往很大)，水击压力波沿管线的传递有可能造成局部超压损坏。如果压力变化引起的瞬变压力超过管线允许的工作条件，就需要对管线采取相应的调节和保护措施。

　　水击保护的目的是通过采取预防措施使水击的压力波动不超过管子与设备的设计强度，不发生管道内负压与液体断流情况。保护方法按照管线的条件选择，采用的设施根据水击分析的数据确定。水击保护方法有管道增强保护、超前保护与泄压保护。

　　当管线各处的设计强度能承受无任何保护措施条件下水击所产生的最高压力，则不必为管道采取保护措施。小口径管道的强度往往具有相当裕量，能够承受水击的最高压力，当管线强度裕量不够大时，应采取措施削弱水击压力波，保护管线。常有的措施有：

　　(1)在进站管线上设水击泄压阀。泄压阀是保护管道安全运行的重要设备，要求运行安全、可靠，便于维修，使用寿命长。目前应用较广的泄压阀有两种形式，先导式泄压阀和氮气式泄压阀。先导式泄压阀是依靠阀体内部的导阀来开启的，其结构简单，安装方便，不需要额外的辅助设施，由于引流管口径偏小，原油容易堵塞引流管，因此适用于低黏度油品。氮气式泄压阀是利用外加氮气系统设定泄压阀的泄放设定值,需要一套氮气系统,体积大,适用于不同黏度的油品,安全系数较高。当进站压力超过给定值时泄压阀自动开启向事故油罐泄压。

(2)拦截压力波。下游站由于事故突然关闭或停输时,立即由通信系统传输一信号到上游站,使其在水击压力波传到之前采取措施降低出站压力,例如关阀节流或停部分输油泵等,使其产生一负压力以拦截下游传来的正压力波,避免管线超压。该措施是建立在管线自动化程度较高的基础上的一种自动保护。

(3)高点保护。当由于输油泵站突然停输等原因产生一负压力波沿管线传播时,在管线的动水压力较低处,即管线沿途"高点"处,造成压力降至大气压以下而使油蒸气大量析出,形成气塞而使管线中液柱分离。它不但加大了输送摩阻,而且再发生油流速度变化时会使水击压力进一步增大。为保护"高点",在管线设计时一般应保证管线沿途各处,包括高点处的动水压力高于一定数值,对原油管线一般应高于 0.098MPa(或 1kgf/cm²),防止管线中液柱分离。

[**例1**]　某 $\phi 325 mm \times 7mm$ 的等温输油管,管路纵断面数据见下表。全线设有两座泵站,以"从泵到泵"方式工作。试计算该管线的输量为多少?

测点	1	2	3	4	5
里程,km	0	26	55	64	76.4
高程,m	0	83	94	122	64.2

已知:全线为水力光滑区,油品计算黏度 $\nu = 4.2 \times 10^{-6} m^2/s$,首站泵站特性方程:$H = 370.5 - 3055Q^{1.75}$,中间站泵站特性方程:$H = 516.7 - 4250Q^{1.75}$($Q: m^3/s$),首站进站压力:$H_{s1} = 20m$(油柱),站内局部阻力忽略不计。

解:方法一,根据纵断面数据,只有64km处可能为翻越点,为此,分别按64km和终点计算输量,其中最小者即为管道应达到的输量。

单位输量的水力坡降:

$$f = 0.0246 \frac{(4.2 \times 10^{-6})^{0.25}}{0.311^{4.75}} = 0.2858$$

按里程64km处计算输量:

$$Q_1 = \sqrt[1.75]{\frac{370.5 + 516.7 + 20 - (122 - 0)}{3055 + 4250 + 0.2858 \times 64 \times 1000}} = 0.1365 m^3/s = 491.6 m^3/h$$

按终点计算输量:

$$Q_2 = \sqrt[1.75]{\frac{370.5 + 516.7 + 20 - (64.2 - 0)}{3055 + 4250 + 0.2858 \times 76.4 \times 1000}} = 0.1321 m^3/s = 475.4 m^3/h$$

$Q_2 < Q_1$,故64km处不是翻越点,管道输量为475.4m³/h。

方法二,先按终点计算输量,计算该输量下的水力坡降,然后分别计算该输量下从起点到64km处和到终点的总压降,判断翻越点,然后计算管道所达到的输量。

单位输量的水力坡降：

$$f = 0.0246 \frac{(4.2 \times 10^{-6})^{0.25}}{0.311^{4.75}} = 0.2858$$

按终点计算输量：

$$Q_0 = \sqrt[1.75]{\frac{370.5 + 516.7 + 20 - (64.2 - 0)}{3055 + 4250 + 0.2858 \times 76.4 \times 1000}} = 0.1321 \mathrm{m^3/s} = 475.4 \mathrm{m^3/h}$$

水力坡降：

$$i = fQ^{1.75} = 0.2858 \times 0.1321^{1.75} = 0.00827$$

从起点到 64km 处的总压降：

$$H_1 = 0.00827 \times 64 \times 1000 + 122 - 0 = 651.3$$

从起点到终点的总压降：

$$H_2 = 0.00827 \times 76.4 \times 1000 + 64.2 - 0 = 696.0$$

$H_1 < H_2$，故 64km 处不是翻越点，线路上不存在翻越点，$Q_0 = 475.4 \mathrm{m^3/h}$，即为管道的输量。

3. 集输油管道热力计算

1）计算公式

如不考虑摩擦热，则管线沿程轴向温降按下式计算：

$$\ln \frac{t_1 - t_0}{t_2 - t_0} = \frac{K\pi DL}{q_m c} \qquad (8 - 2 - 23)$$

或

$$\frac{t_1 - t_0}{t_2 - t_0} = \mathrm{e}^{aL}, \quad a = \frac{K\pi D}{q_m c}$$

式中　t_1, t_2——管线起点、终点温度，℃；

　　　t_0——管外环境温度（埋地管线取管线中心埋深处地温），℃；

　　　D——管线外径，m；

　　　L——管线长度，m；

　　　q_m——原油质量流量，$q_m = \rho Q$，kg/s；

　　　ρ——原油密度，kg/m³；

　　　Q——体积流量，m³/s；

　　　c——原油比热容，一般取 $c = 0.45 \sim 0.5 \mathrm{kcal/(kg \cdot ℃)} = 1.884 \times 10^3 \sim 2.093 \times 10^3 \mathrm{J/(kg \cdot ℃)}$；

　　　K——管线至周围介质的总传热系数，W/(m² · ℃)。

根据 GB 50350《油田油气集输设计规范》的规定,当管线长度 $L \geqslant 50\text{km}$ 且管径 $D \geqslant$ 150mm,或者 $L \geqslant 30\text{km}$ 且 $D \geqslant 300\text{mm}$ 时,管线设计应参照执行长输管道设计规范的有关规定。因此对上述范围内的输油管线热力计算时应考虑管线水力阻力摩擦生热的影响。即按列宾宗公式计算管线轴向温降:

$$\ln \frac{t_1 - t_0 - b}{t_2 - t_0 - b} = \frac{K\pi DL}{q_{\text{m}}c} \qquad (8-2-24)$$

或者

$$\frac{t_1 - t_0 - b}{t_2 - t_0 - b} = e^{aL}, a = \frac{K\pi D}{q_{\text{m}}c}$$

其中

$$b = \frac{iG_{\text{m}}}{K\pi DE} = \frac{i}{acE}$$

式中 b——由于油流的水力阻力损失(摩擦功)转化为热量,其对温降的影响相当于环境温度(地温)升高 $b℃$;

      i——管线水力坡降值,m/m;

      E——功热当量,$E = 427(\text{kg} \cdot \text{m})/\text{kcal} = 0.102 \ (\text{kg} \cdot \text{m})/\text{J}$。

其余符号含义同式(8-2-23)。

2)总传热系数

管线总传热系数 K 是指油流经管壁、绝缘层和保温层等向周围环境的总的传热速率。其热传递过程是由油流至管壁的放热,钢管壁至保温层的热传导和管线最外层至周围环境的换热(例如对土壤的导热,对大气及地下水的放热)。这个过程可用以下方式表示:

$$K\pi D(t_{\text{y}} - t_0) = \alpha_1 \pi d(t_{\text{y}} - t_{\text{b}}) = \frac{2\pi\lambda_i}{\sum \ln D_i/d_i}(t_{\text{b}i} - t_{\text{b}i+1})$$

$$= \alpha_2 \pi D_{\text{w}}(t_{\text{b}i+1} - t_0)$$

由上式可得管线总热阻和各分热阻间的关系为:

$$\frac{1}{K\pi D} = \frac{1}{\alpha_1 \pi d} + \sum \frac{\ln D_i/d_i}{2\pi\lambda} + \frac{1}{\alpha_2 \pi D_{\text{w}}}$$

或

$$\frac{1}{KD} = \frac{1}{\alpha_1 d} + \sum \frac{\ln D_i/d_i}{2\lambda} + \frac{1}{\alpha_2 D_{\text{w}}} \qquad (8-2-25)$$

对于大直径管线,忽略内外径的差值,则可近似地有:

$$K = \frac{1}{\dfrac{1}{\alpha_1} + \sum \dfrac{\delta_i}{\lambda_i} + \dfrac{1}{\alpha_2}} \qquad (8-2-26)$$

式中　d,D ——油管内径、外径,m;

$\quad\quad d_i$,D_i,δ_i,λ_i ——钢管、绝缘层及保温层的内径、外径、厚度、导热系数,其单位分别为 m,m,m 及 W/(m·℃);

$\quad\quad t_y$ ——油温,℃;

$\quad\quad t_0$ ——管线周围环境温度,℃;

$\quad\quad t_b$ ——钢管内壁温度,℃;

$\quad\quad t_{bi}$,t_{bi+1} ——钢管、绝缘层及保温层的内壁、外壁温度,℃;

$\quad\quad D_w$ ——管线最外围的直径,m;

$\quad\quad \alpha_1$ ——油流至管内壁的放热系数,W/(m²·℃);

$\quad\quad \alpha_2$ ——管线最外围至土壤的放热系数,W/(m²·℃)。

由式(8-2-26)可见,如果 $\frac{1}{\alpha_1}$,$\sum\frac{\delta_i}{\lambda_i}$ 和 $\frac{1}{\alpha_2}$ 这三部分热阻相差较大,则总传热系数 K 主要取决于最大的热阻,计算温降时应取相对应最大热阻处的管径。

(1) K 值的计算方法。

① 计算内部放热系数 α_1。

在层流状态($Re\leqslant2000$)

当 $Gr\cdot Pr<500$ 时,有:

$$Nu_y = \frac{\alpha_1 d}{\lambda} = 3.65 \tag{8-2-27}$$

当 $Gr\cdot Pr>500$ 时,有:

$$Nu_y = \frac{\alpha_1 d}{\lambda} = 0.15\,Re_y^{0.33}Pr_y^{0.43}Gr_y^{0.1}\left(\frac{Pr_y}{Pr_b}\right)^{0.25} \tag{8-2-28}$$

当激烈的紊流状态($Re>10^4$), $Pr<2500$ 时,有:

$$\alpha_1 = 0.021\frac{\lambda}{d}Re_y^{0.8}Pr_y^{0.44}\left(\frac{Pr_y}{Pr_b}\right)^{0.25} \tag{8-2-29}$$

当 $2000<Re<10^4$ 时,油流放热强度急剧增强,尚无可靠的计算式,可参照下式估算:

$$Nu_y = K_0\,Pr_y^{0.43}\left(\frac{Pr_y}{Pr_b}\right)^{0.25} \tag{8-2-30}$$

式中　Nu——努塞尔准数, $Nu=\frac{\alpha_1 d}{\lambda}$;

$\quad\quad Pr$——普朗特或流体物理性质准数, $Pr=\frac{\nu Cr}{\lambda}=\frac{\nu c\rho g}{\lambda}$;

$\quad\quad Gr$——格拉晓夫或自然对流准数, $Gr=\frac{d^3 g\beta(t-t_b)}{\nu^2}$;

$\quad\quad \lambda$ ——油的导热系数,W/(m·℃);

ν ——油的运动黏度，$\mathrm{m^2/s}$；

ρ ——油的密度，$\mathrm{kg/m^3}$；

c ——油的比热容，$\mathrm{J/(kg \cdot ℃)}$；

β ——油的体积膨胀系数，$\mathrm{℃^{-1}}$；

t, t_b ——油流、管内壁温度，℃；

g ——重力加速度，$\mathrm{m/s^2}$；

K_0 ——系数，为 Re 的函数，可由表 8-2-7 查得。

上列式中角注"y"表示各参数取自平均油温，"b"表示取自管壁温度。

表 8-2-7　K_0 值

$Re, 10^{-3}$	2.2	2.3	2.5	3.0	3.5	4.0	5.0	6.0	7.0	8.0	9.0	10
K_0	1.9	3.2	4.0	6.8	9.5	11.0	16.0	19	24	27	30	33

在紊流状态下 α_1 要比层流时大得多，通常紊流时 α_1 都大于 $100\ \mathrm{W/(m^2 \cdot ℃)}$，因此对总传热系数的影响很小，可忽略不计，但层流时，必须计 α_1 的影响。

② 计算自管壁导热的热阻 $\sum \dfrac{\delta_i}{\lambda_i}$。

这部分热阻通常包括钢管、绝缘层和保温层的热阻，有时还需考虑结蜡和结垢等的影响。

钢管的导热系数约为 $45\mathrm{W/(m \cdot ℃)}$ $[39\mathrm{kcal/(m \cdot h \cdot ℃)}]$，其热阻可忽略不计；沥青的导热系数在较高温度下（60℃以上）为 $0.14 \sim 0.17\ \mathrm{W/(m \cdot ℃)}$ $[0.12 \sim 0.15\mathrm{kcal/(m \cdot h \cdot ℃)}]$，对于热油管线的沥青绝缘层可取为 $0.16\mathrm{W/(m \cdot ℃)}$ $[0.14\mathrm{kcal/(m \cdot h \cdot ℃)}]$。对于通常有 $4 \sim 6\mathrm{mm}$ 厚沥青绝缘层的热油管线可有：

$$\sum \frac{\delta_i}{\lambda_i} \approx 0.025 \sim 0.038 \mathrm{m^2 \cdot ℃/W}$$

对有保温层的管线，保温层的热阻起决定影响，故有：

$$\sum \frac{\delta_i}{\lambda_i} \approx \frac{\delta_\mathrm{b}}{\lambda_\mathrm{b}}$$

式中　$\delta_\mathrm{b}, \lambda_\mathrm{b}$ ——保温层的厚度和导热系数，通常 $\delta_\mathrm{b} = 30 \sim 50\mathrm{mm}$。

常用的保温材料的 λ_b 值见表 8-2-8。

表 8-2-8　绝热材料极其性能

序号	绝热材料名称	最高使用温度 ℃	推荐使用温度 ℃	使用密度 $\mathrm{kg/m^3}$	导热系数参考公式 $\mathrm{W/(m \cdot ℃)}$
1	闭孔橡塑泡沫	105	$60 \sim 80$	$40 \sim 80$	$\lambda = 0.0338 + 0.000138 T_\mathrm{m}$
2	硬质聚氨酯泡沫	—	$\leqslant 120$	$30 \sim 60$	$\lambda = 0.024 + 0.00014 T_\mathrm{m}$

续表

序号	绝热材料名称	最高使用温度 ℃	推荐使用温度 ℃	使用密度 kg/m³	导热系数参考公式 W/(m·℃)
3	离心玻璃棉制品	350	300	≥45	$\lambda = 0.031 + 0.00017T_m$
4	岩棉及矿渣棉管壳	600	350	≤200	$\lambda = 0.0314 + 0.00018T_m$
5	岩棉及矿渣棉板	600	350	100~120	$\lambda = 0.0364 + 0.00018T_m$
6	憎水膨胀珍珠岩制品	400	—	220	$\lambda = 0.057 + 0.00012T_m$
7	硅酸铝棉制品	—	—	64	$\lambda = 0.042 + 0.0002T_m$

注:(1) 表中序号 3,4,5 及 7 的数值取自 GB 50264—2013《工业设备及管道绝热工程设计规范》附录 A。

(2) T_m 为绝热层的内、外表面温度的算术平均值,外表面温度可近似取环境温度,而表中序号 7 硅酸铝制品的导热系数适用于 $T_m \leq 400℃$;

(3) 表中序号 6 憎水珍珠岩的数据取自 DL/T 5072—2019《发电厂保温油漆设计规程》。

(4) 表中序号 2 硬质聚氨酯泡沫的导热系数公式取自 GB 50264—2013《工业设备及管道绝热工程设计规范》附录 A,推荐使用温度参考行业标准 GB/T 29047—2012《高密度聚乙烯外护管聚氨酯泡沫塑料预制直埋保温管》。

(5) 表中序号 1 闭孔橡塑泡沫的数据取自厂家样本,仅供参考。

③ 计算管线外壁或最外围至周围环境的放热系数 α_2。

对地下管线:

$$\alpha_2 = \frac{2\lambda_t}{D_w \ln\left[\frac{2h_0}{D_w} + \sqrt{\left(\frac{2h_0}{D_w}\right)^2 - 1}\right]} \tag{8-2-31}$$

如 $\frac{h_0}{D_w} > 3 \sim 4$,则有:

$$\alpha_2 = \frac{2\lambda_t}{D_w \ln\frac{4h_0}{D_w}} \tag{8-2-32}$$

式中　λ_t——土壤的导热系数,W/(m·℃);

　　　h_0——管线中心的埋深,m;

　　　D_w——与土壤接触的管线外围直径,m。

计算地下管线的 α_2 的关键是正确选取土壤导热系数 λ_t 的值。λ_t 取决于土壤的固体物质组成、土壤颗粒大小、土壤的含水量。土壤的含水量对 λ_t 影响最大,含水量越高,λ_t 越大。图 8-2-3 和图 8-2-4 以及表 8-2-9 是一些土壤的导热系数与其含水量的关系,表 8-2-10 是实测的某些土壤的导热系数,可供计算 α_2 时参考。

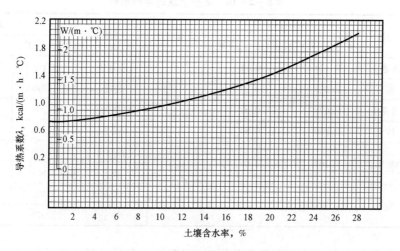

图 8 - 2 - 3 亚黏土导热系数与含水率的关系

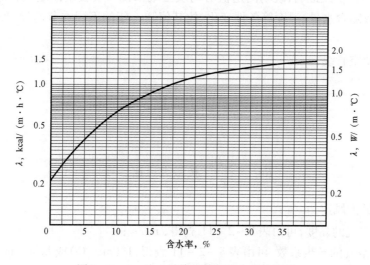

图 8 - 2 - 4 沙土导热系数与含水率的关系

表 8 - 2 - 9 亚黏土含水量与导热系数 λ_t

含水量,%(质量分数)	5	10	15	20	25	30
λ_t(土壤干密度 1500kg/m³)	0.523 (0.45)	0.907 (0.78)	1.256 (1.08)	1.43 (1.23)	1.465 (1.26)	1.617 (1.39)
λ_t(土壤干密度 1600kg/m³)	0.616 (0.53)	1.012 (0.87)	1.454 (1.25)	1.617 (1.39)	1.651 (1.42)	1.849 (1.58)

注:表中 λ_t 单位为 W/(m·℃)[括号内为 kcal/(m·h·℃)]。

表 8-2-10　某些土壤的导热系数

土壤湿度	土质	λ		土壤湿度	土质	λ	
		W/(m·℃)	kcal/(m²·h·℃)			W/(m·℃)	kcal/(m²·h·℃)
干燥	普通土	0.174	0.15	潮湿（中等饱和）	普通土	1.163	1.00
	砾石	0.233	0.20		黏土	1.396	1.20
未保温管线烘干	普通土	0.698	0.60		砂质黏土	1.396	1.20
	沙子	0.930	0.80		沙子	1.745	1.50
	砂质黏土	1.163	1.00	地下水位下（过饱和）	普通土	1.396	1.20
					黏土	1.861	1.60
	黏土	1.396	1.20		砂质黏土	2.093	1.80
					沙子	2.326	2.00

对于新管线的设计，应在线路勘测的同时，用探针法测量沿线土壤的导热系数，作为计算沿线 K 值的依据。实践证明，现场测定值对均质土壤来说与实验室测定值相差在 10% 以内。但由于导热系数随含水量、温度等条件变化，故其值随一年的不同季节而异，现场勘测时须注意这种不同。

对于室外架空管线：

$$\alpha_2 = C \frac{\lambda_a}{D_w} Re_a^n \qquad (8-2-33)$$

其中

$$Re_a = \frac{v_a D_w}{\nu_a}（按最大风速计算）$$

式中　v_a——最大风速，m/s；

　　　ν_a——空气的黏度，可由表 8-2-11 查得，m²/s；

　　　λ_a——空气的导热系数，可由表 8-2-11 查得，J/(m·℃) 或 kcal/(m·h·℃)；

　　　n,C——系数，可按 Re_a 值从表 8-2-12 查得。

表 8-2-11　大气压下干空气的物理性质

温度,℃	-50	-20	0	10	20	30	40
密度,kg/m³	1.534	1.396	1.293	1.248	1.205	1.165	1.128
λ_a 10^3 kcal/(m·h·℃)	1.75	1.94	2.04	2.11	2.17	2.22	2.28
$\nu_a \times 10^6$,m²/s	9.54	11.93	13.70	14.70	15.70	16.61	17.60

表 8 – 2 – 12　系数 C 和 n

Re	$5 \sim 80$	$80 \sim 5 \times 10^3$	$5 \times 10^3 \sim 5 \times 10^4$	$> 5 \times 10^4$
C	0.81	0.625	0.197	0.023
n	0.40	0.46	0.60	0.80

对于室内或管沟内的管线：

$$\alpha_2 = A \sqrt[4]{t_w - t_a} \qquad (8 - 2 - 34)$$

式中　t_w——管线外壁温度,℃；

　　　t_a——周围空气温度,℃；

　　　A——系数,取决于管线外围直径 D_w,可由表 8 – 2 – 13 查得。

表 8 – 2 – 13　系数 A

D_w,mm	50	100	$\geqslant 200$
A	1.94	1.80	1.73

（2）K 值的选用。管线热力计算的关键之一是正确选用 K 值,由 K 值计算式 [式（8 – 2 – 26）] 和实际生产管线的实测,可知 K 值有以下变化规律：

① 保温管线的保温材料和保温施工质量对 K 值影响很大,保温较好的管线 K 值主要取决于保温层、不保温管线 K 值一般取决于 α_2。

② 管径越大 K 值越小。

③ 管线埋深处土壤含水量越大,K 值越大,在其他条件相同时,管线敷设在地下水中 K 值要增大 30% ~ 50%；土壤的组成、密度、孔隙度等影响其导热系数的因素也影响 K 值。

④ 管线埋设越深 K 值越小,但对于公称直径大于 $DN300mm$ 的管线,埋深大于 3 ~ 4 倍直径以上时,其对 K 的影响显著减小。

⑤ 气候条件影响 K 值,因冻土导热系数要比不冻土大 10% ~ 30%,故冬季 K 值比夏季大 10%。

鉴于以上情况,一般对于新开发建设区,应测取土壤导热系数计算不同条件下的 K 值并参照已建设区域的实际经验,选用合适的 K 值；对于已建设过管线的地区,应在已有管线实测 K 值资料上,对要设计的管线沿线土壤勘测计算导热系数 K 值。以老线 K 值为依据,参照新线的计算 K 值以选取待设计新线的 K 值,是较为稳妥的取值方法。

表 8 – 2 – 14 给出了全国各油田埋地沥青绝缘集输油管线的一些 K 值实测值和设计推荐选用值。

表 8 – 2 – 15 和表 8 – 2 – 16 是在不同的土壤潮湿程度下,油田常见的埋地沥青绝缘和埋地泡沫塑料保温集输油管线的总传热系数的设计参照值（油田油气集输设计规范推荐）。实践证明,表 8 – 2 – 15 和表 8 – 2 – 16 的参照值约比实测值（表 8 – 2 – 17）大 15% ~ 20%,用于热力计算偏于保守。

表 8 – 2 – 14　各地区埋地沥青绝缘集输油管线的 K 值实测值和选用值

单位：W/（m² · ℃）[kcal/（m² · h · ℃ ）]

油田或地区		土壤类型	DN 50mm	DN 65mm	DN 80mm	DN 100mm	DN 150mm	DN 200mm	DN 250mm	DN 300mm	DN 350mm	DN 400mm	DN 500mm
大庆油田	实测	湿亚黏和亚砂土	4.1 -3.5				3.5 -3.04	2.3~2.5 (2~2.2)		3.4 (2.9)		1.7 -1.46	1.37 -1.18
		稍湿、运行较旧			3.4 -3	2.9 -2.5		1.76~2.2 (1.51~1.9)		1.09 -0.54			
	选用值		3.4 -3					2.9 -2.5				2.3 -2	
胜利油田	实测	饱和湿土或地下水中	7~6.4 (6~5.5)										
		湿土			4.5 -4		3.6 -3.1				2.3 -2	1.95 -1.68	
	推荐		4.5 -4	4.3 -3.7	4.1 -3.5	3.7 -3.2	3.4 -3	3 -2.6	2.8 -2.4	2.6 -2.2	2.3 -2	2.1 -1.8	1.7 -1.5
汉江油田	实测	泥水、稻田	5.8~4.5 (5~4)										
	选用值		5.8 (5~4)				4.5	4.1 -3.5	3.4 -3		2.9~2.3 (2.5~2)		
辽河油田	实测	湿土、饱和湿土	7 -6		5.8 -5		3.4 -3	2.9 -2.5	2.3 -2				
	选用值				7 -6		5.8 -5	4.5 -4			3.4 -3		
新疆油田	实测	干土、戈壁土	2.3~3.4 (2~3)　(1~1.5)										
		湿亚砂土	4.1~4.8　2.7 (3.5~4.1)　(2.36)										
		湿亚黏土	1.94~2.3 (1.67~1.98)										
长庆油田	实测	较干黏土	1.7~1.16 (1.5~1.0)										
东北和华北地区	实测	中湿黏土、亚黏土	1.7~2.6 (1.5~2.2)										

表8-2-15　埋地沥青绝缘集输油管线 *K* 值选用参照表

单位:W/(m²·℃)[kcal/(m²·h·℃)]

土壤潮湿程度 管线公称直径,mm	稍湿	中等湿度	潮湿	水田及地下水中
50	3.72(3.2)	4.65(4.0)	5.81(5.0)	7.56(6.5)
65	3.37(2.9)	4.30(3.7)	5.47(4.7)	6.98(6.0)
80	3.14(2.7)	4.07(3.5)	5.12(4.4)	6.40(5.5)
100	2.79(2.4)	3.72(3.2)	4.65(4.0)	5.81(5.0)
150	2.56(2.2)	3.49(3.0)	4.19(3.6)	5.23(4.5)
200	2.33(2.0)	3.02(2.6)	3.72(3.2)	4.65(4.0)
250	2.09(1.8)	2.79(2.4)	3.49(3.0)	4.19(3.6)
300	1.86(1.6)	2.56(2.2)	3.02(2.6)	3.72(3.2)
350	1.76(1.5)	2.33(2.0)	2.79(2.4)	3.49(3.0)
400	1.63(1.4)	2.09(1.8)	2.56(2.2)	3.26(2.8)
500	1.40(1.2)	1.74(1.5)	2.33(2.0)	2.91(2.5)

注:表中所列总传热系数以钢管外表面为基准传热面。

表8-2-16　埋地泡沫塑料保温集输油管线 *K* 值选用参照表

单位:W/(m²·℃)[kcal/(m²·h·℃)]

土壤潮湿程度 管线公称直径,mm	稍湿	中等湿度	潮湿	水田及地下水中
保温层厚30mm 时				
50	1.75(1.5)	1.86(1.6)	2.33(2.0)	2.79(2.4)
60	1.63(1.4)	1.75(1.5)	2.09(1.8)	2.62(2.25)
80	1.51(1.3)	1.63(1.4)	1.98(1.7)	2.44(2.1)
100	1.40(1.2)	1.51(1.3)	1.86(1.6)	2.27(1.95)
150	1.28(1.1)	1.34(1.15)	1.69(1.45)	2.04(1.75)
200	1.16(1.0)	1.28(1.1)	1.57(1.35)	1.98(1.7)
250	1.05(0.9)	1.16(1.0)	1.40(1.2)	1.75(1.5)
保温层厚40mm 时				
50	1.51(1.3)	1.57(1.35)	1.98(1.7)	2.38(2.05)
60	1.40(1.2)	1.45(1.25)	1.80(1.55)	2.21(1.9)
80	1.28(1.1)	1.34(1.15)	1.69(1.45)	2.09(1.8)
100	1.16(1.0)	1.22(1.05)	1.57(1.35)	1.92(1.65)
150	1.05(0.9)	1.10(0.95)	1.40(1.2)	1.75(1.5)
200	0.99(0.85)	1.05(0.9)	1.28(1.1)	1.57(1.35)
250	0.93(0.80)	0.99(0.85)	1.16(1.0)	1.45(1.25)

注:表中所列总传热系数以钢管外表面为基准传热面。

表 8-2-17　某些地区泡沫塑料保温集输油新管线实测 *K* 值

序号	保温类型	保温厚 mm	不同管径实测 *K* 值,kcal/(m² · h · ℃)						
			60mm	89mm	114mm	159mm	219mm	273mm	426mm
1	泡沫	30	1.1 ~ 0.9						
2	泡沫	40				0.8	0.7 ~ 0.75		
3	泡沫黄甲壳	40						0.6 ~ 0.65	0.5

（3）管线散热量和原油中途加热计算。

① 管线散热量可按下式计算：

$$q = K\pi D(t_a - t_0) \tag{8-2-35}$$

式中　q ——每米管长散热量,W/m;

　　　K ——管线总传热系数,W/(m² · ℃);

　　　t_a ——平均油温,一般 $t_a = \dfrac{1}{3}t_1 + \dfrac{2}{3}t_2$,℃;

　　　t_0 ——管线周围环境温度,℃;

　　　D ——管线外径,m。

管线内所输原油的散热能力(在允许的输油温度范围内)为：

$$Q_t = Gc(t_1 - t_2) \tag{8-2-36}$$

式中　Q_t ——管线全长在输油温度范围内的散热能力,W;

　　　G ——输油量,kg/s;

　　　c ——原油比热,J/(kg · ℃);

　　　t_1,t_2 ——管线起点、终点油温,℃。

② 影响管线散热的因素。

a. 管线保温。散热与管线 *K* 值成正比,保温是影响 *K* 值的重要因素,尤其对于小口径管线和敷设在水域、沼泽和稻田等高传热条件的土壤地段管线,保温将成倍甚至几十倍地降低散热。因此对于小口径管线(例如 *DN*100mm 以下)和通过水域的管段,应力求保温,且尽量选用保温性能好的优质保温材料。一般情况下较大口径的管线(尤其较长距离的管线)是否保温应通过技术经济比选确定,即看减少热损失节约的燃料能否抵偿保温增加的投资。

b. 油温。由式(8-2-35)可见油流平均温度越高热损失越大,因此,应合理选用输油温度。在原油性质允许的条件下,即原油流动性不会使输油压力过大的情况下,应尽量降低输油温度。由于在地温一定时,热损失与平均油温成正比,而在终点油温一定时,与起点油温成正比,合理控制起点油温是降低热损失、节约能耗的重要措施,通常允许输油温度范围 35 ~ 70℃的情况下,起点油温降低 5℃其散热损失减少约 7%。

c. 地温。地温是影响管线散热的关键客观因素之一。自然地温越低,散热越大。地温随着埋深而升高,并随大气温度的变化而有昼夜和旬、月的波动。埋深在 5m 以下昼夜气温便基本无影响,埋深 1m 以下旬、月气温波动的影响也显著减弱。从外界气温对埋地热油管线的散热影响来说,埋深 0.6～1m 即有降低散热的显著效果。当需要继续深埋时,则应进行技术经济比较,例如,埋深由 1m 加大到 2m,地温由 -3℃ 上升到 0℃,热损失减少约 7%,但管沟土方量增加 3～4 倍,一般来说是不合算的。

管线散热一般取气象资料提供的埋深处月平均最低地温来计算。当地温资料不足时,可按下列依据有水平界面的半无限大均匀介质的导热理论推导出的方程计算:

$$t - t_{os} = (t_{osm} - t_{os})\cos\left(2\pi\frac{\tau}{\tau_0} - h\sqrt{\frac{\pi}{a_t\tau_0}}\right)\exp\left(-h\sqrt{\frac{\pi}{a_t\tau_0}}\right) \qquad (8-2-37)$$

其中

$$a_t = \frac{\lambda_t}{c\gamma} = \frac{\lambda_t}{c\rho g}$$

式中　t_{os}——地表面年平均温度,℃;

t_{osm}——最高地面温度,℃;

τ——从地表温度为 t_{osm} 时开始计算的时间,h;

τ_0——地温的波动周期,即 365.25d = 8766h;

h——从地表垂直向下的深度,m;

t——埋深 h 处的地温,℃;

a_t——土壤导热系数,m^2/h;

$\lambda_t, c, \gamma, \rho$——土壤的导热系数、比热容、重度和密度。

当无地表 t_{osm} 值时,可近似按大气的最高温度计算,据大庆油田的实测,其结果可能偏高 2～5℃。

d. 土壤温度场和管线运行参数的变化。热油管线周围稳定温度场中,各点温度 $t_{(x,y)}$ 于位置(x,y 坐标值)的关系可表示为:

$$t_{(x,y)} - t_0 = \frac{q}{4\pi\lambda_t}\ln\frac{(y_0 + y)^2 + x^2}{(y_0 - y)^2 + x^2} \qquad (8-2-38)$$

式中　$t_{(x,y)}$——管线周围任一点(其坐标位置为 x,y)的温度,℃;

x,y——求算点的坐标值,地表为 x 轴,通过管中心并垂直于地表的垂线为 y 轴(自地表向下为正);

t_0——求算点处自然地温,℃;

q——管线单位长度散热量,W/m;

λ_t——土壤导热系数,W/(m·℃);

y_0——公式推导采用的源汇法中热源中心的位置。

$$y_0 = \sqrt{h^2 - \left(\frac{D_w}{2}\right)^2} \qquad (8-2-39)$$

式中　h——管线中心距地面埋深,m;

D_w——管线外径,m。

对管线周围温度场的实测表明,式(8-2-38)的计算值在管线两侧的土壤温度场部位与实测值接近,在管线上部偏低,在管线下部则偏高。

由式(8-2-38)可看出,管线散热量与土壤温度场密切相关。式(8-2-35)是对某一个稳定温度场而言,当温度场变化时,反映出 K 值变化而使散热量变化。在不稳定温度场时散热急剧升高,K 值大增,例如:管线启动投产时的 K 值比稳定运行时的 K 值高出 10~20 倍以上。这是因为管线周围土壤要形成很大的圆柱形土壤蓄热体。据实测 D529mm 管线、油温50℃恒定22天后距管壁四周1.86m的圆筒形上层蓄热量为 30.5×10^4 kJ/m(7.3×10^4 kcal/m),而管内原油蓄热量(高于自然地温计)仅为 3.3×10^3 kJ/m(2.8×10^3 kcal/m),即仅为土壤蓄热量的1/26。管线启动要逐步加热土壤,使土壤蓄热积聚到稳定温度场的条件,必须向土壤散失大量的热量。

管线运行参数变化将影响土壤温度场,影响管线散热。提高输油温度,土壤温度相应升高,散热也增加,表现为 K 值上升;当输油温度下降时,土壤将放出一部分蓄热,管路散热减少,表现为 K 值下降;而当输油量提高或降低时,其变化与油温上升或降低的情况相同。

③ 管线中途加热。在一定的输油温度范围内,热原油的输送距离(L_K)为:

$$L_K = \frac{G_m c}{K \pi D} \ln \frac{t_1 - t_0}{t_2 - t_0} \qquad (8-2-40)$$

式中　t_1, t_2——管线最高(起点)、最低(末端)输油温度,℃。

其余符号含义同前文。

若 $L_K \geq L$(管线实长),则管线在 t_1 和 t_2 范围内可将油输至终点,不需中途加热;

按管线散热计算则有 $Q_t \geq qL$;

若 $L_K < L$,则需在 $L_K = L$ 的距离以内设加热设备,按管线散热计算则有 $Q_t < qL$。

当需在管线中途加热时,加热设备按以下原则选设:

a. 其热负荷应满足加热点以下管段的散热的需要。一般有:

$$Q_h = G_m c(t_1 - t_2) \qquad (8-2-41)$$

式中　Q_h——加热设备热负荷,W/h;

t_1——加热点以下管段需要的起点输油温度,按该段管线由式8-2-23确定;

t_2——加热点以前管段终点油温,即进加热装置油温,按前段管线由式8-2-23确定。

b. 加热装置的位置除应满足管线热力要求(在 L_K 以内)外,应使全线各加热点之间有大致相等的距离,加热点所处地势应较高,其地形和地质条件等适合设置加热装置。

4. 热油管道工艺计算

热油管线由于沿途散热油温逐步降低,油流黏度处处不同,且由于管线散热途程油流在管线径向的温差,引起附加自然对流加大了水力阻力损失。目前尚无确切的计算方法来确定热油管线的水力阻力,常用以下两种方法进行近似计算。

1)平均油温法

计算热油管线的集输平均油温,并以此为依据进行水力计算。此法较简便,在紊流条件下,与分段计算法相比,有5%左右误差,其步骤如下:

(1)根据输油量和经济流速初选管径。

$$d = \sqrt{\frac{4Q}{\pi v}} \qquad (8-2-42)$$

计算出的 d 要调整为公称管径,并按预测的管线操作压力初选管线壁厚。

(2)热力计算。

① 按管径、管线保温方案、沿线土壤导热系数及沿线地形地质条件,计算并选定总传热系数 K 值。

② 判断是否需要中途加热。根据原油性质、管线绝缘层耐热程度等选定允许的输油温度范围。我国大多数油田对原油的进站温度控制在 $30\sim40\text{℃}$,出站(最高)油温控制在 $70\sim75\text{℃}$ (少数稠油,或洗井、掺油保温用的原油最高出站油温为 90℃)。从式(8-2-40)计算出一次加热最远输送距离 L_K ,进而可知是否中途再加热和加热次数。

③ 计算实际输油温度和加加热热负荷。如需中途加热,则需确定加热点位置,各加热段起点与终点油温(控制终点温度,计算起点)和各加热点热负荷;如不需中途加热,则可直接计算起点油温。

④ 计算管线平均油温 t_a 。

按式(8-2-43)计算:

$$t_a = \frac{1}{3}t_1 + \frac{2}{3}t_2 \qquad (8-2-43)$$

式中 t_1,t_2 ——起点、终点油温。

(3)水力计算。

① 按平均油温 t_a ,查原油的黏度—温度变化曲线,确定 t_a 下的黏度。

② 计算雷诺数,判断流态。分别计算平均 Re 、紊流分界 Re_1 和 Re_2 并比较,则可由表8-2-3选用适用的列宾宗公式计算水力坡降 i 。

③ 根据管线实际情况,计算局部阻力损失 h_j 。

④ 计算管线总压降 H :

$$H = iL + h_j + (Z_2 - Z_1) \qquad (8-2-44)$$

⑤ 根据 H 选择输油泵,或将 H 与输油站所能提供的泵压比较。必要时选择 $2\sim3$ 个流速(在经济流速范围内),均按上述步骤进行热力计算和水力计算,比较各相应管径的输油泵压和热能消耗,在加热输油工艺合理的前提下,选定能耗最低的流速(管径)方案。

2)分段计算法

为了提高计算的精度可将管线划分为若干管段,一般当全线 K 值基本相同时,可按每温降 $3\sim5\text{℃}$ 为一段,或按等距离 $5\sim10\text{km}$ 一段;如全线 K 值不同,还要按不同的 K 值区段分别分段。

具体步骤:

(1)按经济流速初选管径,选取 K 值及有关计算基础参数,按上述原则对全线分段。

(2)判断是否中途加热。

（3）从管线末端一段开始（也可从始端一段开始）进行热力—水力联合计算，如这一段管长为 L_1，则可算出这一段的起点油温和平均温度分别为：

$$t_{11} = t_0 + (t_{12} - t_0)\, \mathrm{e}^{\frac{K\pi D}{G_{\mathrm{m}}c}L_1} \qquad (8-2-45)$$

$$t_{1\mathrm{a}} = \frac{1}{3}\left[t_0 + (t_{12} - t_0)\, \mathrm{e}^{\frac{K\pi D}{G_{\mathrm{m}}c}L_1} \right] + \frac{2}{3}t_{12} \qquad (8-2-46)$$

式中，t_{12} 为该管段末端油温，依据 $t_{1\mathrm{a}}$ 从原油黏度—温度曲线可得原油黏度，进而算出这一段的沿程阻力为：

$$h_1 = \beta \frac{Q^{1-m}\nu^m}{d^{4-m}} L_1 \qquad (8-2-47)$$

式中 m 依流态而定。

接着用 t_{11} 为终温可算出下一管段 L_2 的起点油温 t_{21} 和平均油温 $t_{2\mathrm{a}}$，进而计算沿程阻力 h_2。依此类推可算出各管段（L_1，L_2，$\cdots$，L_n）的沿程阻力。如有中途加热，则在加热点处另定管段终温值。

（4）将各管段沿程阻力累加并考虑局部阻力和高程，得全管线水力压降值：

$$H = \sum_{i=1}^{n} h_i + h_j + (Z_2 - Z_1) \qquad (8-2-48)$$

并最后算出管线的起始点加热温度（包括中途加热温度）。

（5）对上述结果进行技术经济分析，如不合适则重新选择经济流速和管径，并重复上述计算直至得到满意的结果。

当管线流速过低或原油黏度很高时，可能出现层流段。在已知流速、初定管径的情况下，出现层流的黏度为：

$$\nu_{\mathrm{c}} = \frac{4Q}{\pi d\, Re_{\mathrm{c}}} \qquad (8-2-49)$$

式中 Re_{c} 为层流向紊流过渡的雷诺数。对于热油管线由于径向传热增加了油流的径向的扰动，与常温管线相比，转变为紊流的 Re 值大大提前，一般可取 $Re_{\mathrm{c}} = 1000$。

层流时油流径向扰动引起附加的阻力损失不能忽视。一般按表 8-2-3 中的层流公式计算的沿程阻力要乘以一大于 1 的系数 Δr：

$$\Delta r = \left(\frac{\nu_{\mathrm{b}}}{\nu_{\mathrm{a}}} \right)^{0.2} \qquad (8-2-50)$$

式中　ν_{b}——管壁平均温度 t_{b} 下的黏度；

　　　ν_{a}——油流平均温度 t_{a} 下的黏度。

管壁温度可按式（8-2-51）求得：

$$t_{\mathrm{b}} = t_{\mathrm{a}} - \frac{K}{\alpha_{\mathrm{t}}}(t_{\mathrm{a}} - t_0) \qquad (8-2-51)$$

据实测 t_b 约比 t_a 小 $3 \sim 5℃$，一般 Δr 为 $1 \sim 1.4$。

5. 非牛顿流体水力计算

1）非牛顿流体的性质

根据流体的流变特性可将流体分为牛顿流体和非牛顿流体两类。流体的流变特性是指在温度一定并且没有湍动的情况下，对流体所施加的剪切应力和垂直于剪切面的剪切速率之间的关系，也就是流体的变形和阻力之间的相互关系，这种关系可用流变曲线或流变方程来表示。剪切应力和剪切速率呈线性关系的称为牛顿流体，否则称为非牛顿流体。

牛顿流体的流变方程即牛顿黏性定律：

$$R = \mu \frac{dv}{dr} \tag{8-2-52}$$

式中　R——剪切应力，Pa；

$\dfrac{dv}{dr}$——剪切速率，s^{-1}；

μ——流体动力黏度，Pa·s。

非牛顿流体按其流变特性是否随剪切持续时间而变化，分为无时效非牛顿流体和有时效非牛顿流体。无时效非牛顿流体按其流变特性的不同分为塑性流体、假塑性流体和膨胀性流体。

（1）塑性流体。这种流体又称宾汉姆塑性体，其流变方程为：

$$R = R_B + \mu_B \frac{dv}{dr} \tag{8-2-53}$$

式中　R_B——动剪切应力，即为流变曲线的直线部分延长线在剪切应力轴上的截矩，Pa；

μ_B——塑性黏度，即为流变曲线直线段的斜率，Pa·s。

其余符号含义同前文。

（2）假塑性流体。工程上常用幂律方程描述其流变特性：

$$R = K \left(\frac{dv}{dr} \right)^n \tag{8-2-54}$$

式中　K——稠度系数；

n——流变行为指数，表示流体偏离牛顿流体的程度，对假塑性流体 $n < 1$，系数 K 和指数 n 可由实测流变曲线回归求得。

（3）膨胀性流体。其流变特性方程可用式（8-2-53）表示，但式中 $n > 1$。

（4）非牛顿流体的表观黏度。非牛顿流体剪切应力与剪切速率之比值称为表观黏度，用 μ_p 表示，则有：

塑性流体

$$\mu_p = \frac{R_B}{\dfrac{dv}{dr}} + \mu_B \tag{8-2-55}$$

假塑性流体

$$\mu_p = K \left(\frac{\mathrm{d}v}{\mathrm{d}r}\right)^{n-1} \qquad (n < 1) \tag{8-2-56}$$

膨胀性流体

$$\mu_p = K \left(\frac{\mathrm{d}v}{\mathrm{d}r}\right)^{n-1} \qquad (n > 1) \tag{8-2-57}$$

含蜡较多的易凝、高黏原油在其输送温度接近或低于凝固点时，往往具有非牛顿流体的特性，一般为塑性流体或假塑性流体；个别情况（例如：储罐供油吸入管路开始吸入时、管线停输后再启动开始时）呈现具有触变性的有时效非牛顿流体。有时效非牛顿流体目前尚无较成熟的压降计算方法，故这里仅列出无时效牛顿流体水力计算方法。

2）层流时压降计算

（1）塑性流体。压降可按下列公式计算：

$$\Delta p = \frac{4L}{D} R_{bi} \tag{8-2-58}$$

式中　　Δp——压降，Pa；

　　　　L——管线长，m；

　　　　D——管线外径，m；

　　　　R_{bi}——管线内壁处的剪应力，Pa。

R_{bi}可按式（8-2-59）确定：

$$\frac{8v}{D} = \frac{R_{bi}}{\mu_B}\left[1 - \frac{4}{3}\left(\frac{R_B}{R_{bi}}\right) + \frac{1}{3}\left(\frac{R_B}{R_{bi}}\right)^4\right] \tag{8-2-59}$$

（2）假塑性流体。压降按式（8-2-60）计算：

$$\Delta p = \frac{4L}{D} K \left(\frac{3n+1}{4n}\right)^n \left(\frac{8v}{D}\right)^n \tag{8-2-60}$$

（3）屈服假塑性流体。压降仍按式（8-2-58）计算，其中的 R_{bi} 按式（8-2-6）求解：

$$\frac{8v}{D} = \frac{4R_{bi}^{1/n}}{K^{1/n}}(1-X)^{1+\frac{1}{n}}\left[\frac{(1-X)^2}{3+\frac{1}{n}} + \frac{2X(1-X)}{2+\frac{1}{n}} + \frac{X^2}{1+\frac{1}{n}}\right] \tag{8-2-61}$$

其中

$$X = \frac{R_B}{R_{bi}}$$

3）紊流时压降计算

（1）流态划分。

目前尚无公认的成熟标准,工程上可按非牛顿流的雷诺数 $Re_{MR} > 3000$ 时为紊流来考虑。

$$Re_{MR} = \frac{D^{n'} v^{2-n'} \rho}{8^{n'-1} K'_p} \tag{8-2-62}$$

式中,n' 为流态特性系数,一般有:

$$n' = \frac{\mathrm{dln}(\Delta p D/4L)}{\mathrm{dln} \dfrac{8v}{D}} \tag{8-2-63}$$

或

$$\frac{\Delta p D}{4L} = K'_p \left(\frac{8v}{D}\right)^{n'} \tag{8-2-64}$$

系数 n' 和 K'_p 可通过管路模型试验求得。测定流体在不同流速 v 时的压降 Δp,在双对数坐标上画出管路的 $(\Delta p D/4L)$ 和 $(8v/D)$ 的关系曲线,该曲线的斜率就是系数 n',而系数 K'_p 则是在 $\Delta p D/4L$ 坐标轴上 $(8v/D = 1)$ 的截距。对于假塑性流体,$n' = n$(流变行为指数),而 $K'_p = K\left(\dfrac{3n+1}{4n}\right)^2$($K$ 为稠度系数);v, ρ 和 D 分别为流体流速、流体的密度和管线外径。

（2）压降计算。

紊流非牛顿流体压降计算方法远不如层流的成熟,较常见的计算摩阻系数 λ 的方法是采用道奇和密兹纳的经验公式 [式(8-2-65)],利用该式计算出 λ,再用达西公式 [式(8-2-2)] 计算压降。

摩阻系数计算公式:

$$\lambda = 4f = -\frac{4a}{Re_{MR}^b} \tag{8-2-65}$$

式中　f——范宁摩阻系数;

　　　a, b——决定于流态特性系数 n' 的系数,可由表 8-2-18 查得。

表 8-2-18　系数 a 和 b

n'	0.2	0.3	0.4	0.6	0.8	1.0	1.4	2.0
a	0.0646	0.0685	0.0712	0.0740	0.0761	0.0779	0.0804	0.0826
b	0.349	0.325	0.307	0.281	0.263	0.250	0.231	0.213

二、油气混输管道工艺计算

1. 油气混输管道的特点

1）流动特点

从实际生产管线和室内试验可知,油气混输管线有以下流动特点:

（1）流动不稳定，流态多变。由于油气性质、气油比、管径及其他条件的不同，油气混输管线可有气泡流、气团流、分层流、波浪流、冲击流（段塞流）、环状流、弥散流等数种流态，而且往往不是一种或几种流态长时间持续存在，而是很不稳定的流动，流态变化很大，由于气、液扰动等原因，反映出流动压力波动大。

（2）管线中有液相的积聚。当流速较低时，积聚现象更为突出。积聚的液相往往使流动成为一股一股的冲击液流。由于推动积聚液相要消耗较多的能量，使压力忽高忽低产生波动，但总的趋势是随流量的减少，压力降也减小。但实际生产管线的情况是当流速下降到一定程度时，压力降不再随流速的降低而继续明显减小，因这时的压降主要消耗在推动积聚液相的流动上、流量的减少或管径的加大只是延长了液相积聚的周期，要推动积聚液相所消耗的压降几乎不再减小。故对于一定的管径范围，都趋于一个最低的压降值，或在一定的油气流量范围内有一使压降最低的最小管径。

（3）流动规律复杂，流动阻力大。由于液相的急剧扰动，液相被气相的拖带，气液相间的相对运动，以及液相的积聚等原因，使混输流动压降比单相流动大得多，有时混输压降比同条件下的单相（气或液）流动压降高出 10 倍以上，流速小时差异更大。

2）水力计算特点

由于流动状态多变，流动阻力的规律复杂，目前尚无成熟的通用的理论计算公式来计算混输压降，一般是由室内试验或生产管线获得的经验或半经验公式，这些公式只在一定条件、一定范围内才能获得满意的结果。各油田需根据油气物性、气油比等条件，选取适用的计算公式。

这里所列我国各油田实际应用公式，也是在一定条件下才具有一定的准确度。使用中还要注意这些公式的计算条件。建议在进行简便和粗略计算时使用这些公式及相应计算图表。

2. 油气混输管道水力计算

1）各油田实际应用的公式

（1）用于一般物性的原油的油气混输计算。以气液混合物为均相流作为假设条件，油气混输管线水力计算的基本公式为：

$$p_1^2 - p_2^2 = \frac{4^{2-n} C \mu^n \eta (1 + \eta)^{1-n} Z R_a T G_1^{2-n} L}{\pi^{2-n} S d^{5-n}} \tag{8-2-66}$$

式中　　R_a——气体常数；

　　　　C, n——由流态决定的系数，对于紊流粗糙区，$C = \lambda$，$n = 0$，代入式（8-2-66）则可得我国各油田常用的计算式。

$$p_1^2 - p_2^2 = 465.27 \frac{\lambda \eta (1 + \eta) Z T G_1^2 L}{S d^5} \tag{8-2-67}$$

式中　　p_1, p_2——管线起点、终点压力，Pa（绝）；

　　　　μ——气液混合物黏度，Pa·s；

　　　　Z——气体压缩系数；

η ——气液质量比,kg/kg;

T ——管线平均温度(绝对),K;

S ——气体相对密度;

G_1 ——液体质量流量,kg/s;

L ——管线长度,m;

d ——管线内径,m;

λ ——水力摩阻系数,一般计算可取 $\lambda = 0.025 \sim 0.0371$,当气液两相滑差较大时可取较大值。

如取 $\lambda = 0.03$,$T = 323K$(即平均温度 $t_a = 50^{\circ}C$),$S = 0.7046$,$Z = 1$,并以 $\eta_0 = \eta \dfrac{\rho}{\rho_a} \approx 1000\eta$ 代入式(8-2-66),则可得大庆油田及其他油田(原油性质相类似)常用的计算式:

$$p_1^2 - p_2^2 = 8.56\eta_0(10^3 + \eta_0)\frac{G^2 L}{d^5} \times 10^{-16} \qquad (8-2-68)$$

或

$$\Delta p = 4.27\eta_0(10^3 + \eta_0)\frac{G^2 L}{\bar{p} - d^5} \times 10^{-6} \qquad (8-2-69)$$

式中 p_1, p_2 ——管线起终点压力,MPa(绝);

Δp ——管线起终点压降,MPa(绝);

$\bar{p}$ ——管线平均压力,MPa(绝);

η_0 ——工程标准状态下的气油(液)比,m³/t;

ρ ——原油密度,大庆油田原油,$\rho = 860kg/m^3$,kg/m³;

ρ_a ——20℃下空气的密度,$\rho_a = 1.205kg/m^3$;

G ——液相(原油)质量流量,t/d。

G 与 G_m 有下列关系:

$$G_m = \frac{1000}{86400}G\left(1 + \eta_0\frac{\rho_a}{\rho}\right)$$

$$= 0.0139G\left(1 + \frac{\eta_0}{\rho}\right) \qquad (8-2-70)$$

式中 G_m ——油气混合物的质量流量,kg/s;

d ——管线内径,m;

L ——管线长度,m。

$$\eta = \eta_a\frac{\rho_a}{\rho} \qquad (8-2-71)$$

式中 η ——气油质量比,kg/kg;

η_a——工程标准状态下的气油（液）比，m^3/t；

ρ ——原油密度，kg/m^3；

ρ_a ——20℃下空气的密度，kg/m^3。

对上述混输水力计算式作如假设：①气体成气泡均匀地分布在液相中；②气相与液相没有相对运动；③流动为等温过程，并在阻力平方区；以此假设为基础用达西公式推导出来的。适用于一定条件下的水平管。实践证明，当用于原油黏度在 50mPa·s 以下，气油（液）比 120m^3/t以内，原油含水不超过10%，混输流速为 1~5m/s 的管线计算时，误差不大；当混输流速在 1~l.5m/s 以下，原油含水较高时，误差较大且计算值偏低。图 8-2-5 为式（8-2-69）的计算图，其中气油比即 η_0（m^3/t）。

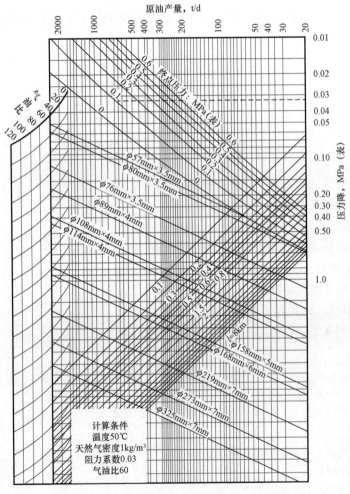

图 8-2-5　油气混输管线的压降计算图

（2）用于高黏原油的油气混输计算公式：

$$p_1^2 - p_2^2 = 23387 \frac{\mu \eta Z T G_1 L}{S d^4} \qquad (8 - 2 - 72)$$

将 $Z = 1$、式$(8 - 2 - 70)$代入式$(8 - 2 - 72)$并进行单位换算。则有：

$$p_1^2 - p_2^2 = 3.2617 \frac{\mu_o T \eta_0 G L}{\rho S d^4} \times 10^{-10} \qquad (8 - 2 - 73)$$

式中　p_1 , p_2——管线起点、终点压力，MPa（绝）；

　　　T——管线平均温度，K；

　　　μ——油气混合物的黏度，实验表明，饱和天然气的原油黏度约为纯原油黏度的三分之一，即 $\mu \approx 1/3 \mu_o$，Pa·s；

　　　μ_o——原油黏度，Pa·s；

　　　ρ——原油密度，kg/m³。

式$(8 - 2 - 72)$和式$(8 - 2 - 73)$是与式$(8 - 2 - 67)$相同的假设条件下取流态为层流（$C = 64$，$n = 1$）而由式$(8 - 2 - 66)$推导出来的。可适用于液相原油黏度大于 50mPa·s 的油气混输水平管线的水力计算。

（3）用于油、气、水三相流动的混输计算公式：

$$p_1^2 - p_2^2 = 138.6 \frac{\mu^{0.25} \eta (1 + \eta)^{0.75} Z T G_1^{1.75} L}{S d^{4.75}} \qquad (8 - 2 - 74)$$

或

$$p_1^2 - p_2^2 = 4.643 \times 10^{-12} \frac{\mu_m^{0.25} \eta_0 (1 + 0.001 \eta_0)^{0.75} G^{1.75} L_k}{d^{4.75}} \qquad (8 - 2 - 75)$$

式中　p_1 , p_2——管线起点、终点压力（绝对），对于式$(8 - 2 - 73)$单位为 Pa，对于式$(8 - 2 - 74)$单位为 MPa；

　　　G_1 , G——液相质量流量，单位分别为 kg/s 和 t/d；

　　　L , L_k——管线长度，单位分别为 m 和 km；

　　　μ——混合物黏度，Pa·s；

　　　μ_m——混合物黏度，mPa·s。

对于油、气、水三相流动管线来说，μ_m一般为饱和气的油水乳化液黏度，可采用油田实测值。式$(8 - 2 - 75)$推导中已假设 $S = 0.7$，$\rho_{(原油)} = 0.86$。式$(8 - 2 - 74)$是与式$(8 - 2 - 67)$相同的假设条件下并取流态为紊流光滑区（$C = 0.3164$，$n = 0.25$）推导出来的，可用于考虑黏度影响的双相流动或三相流动、水平管的水力计算。

2）推荐的计算公式

由于混输管线流动规律复杂，至今仍无"万能"的计算公式来求算水力阻力压降。据国内外的经验，较好的计算公式是杜克勒（Dukler）法、贝格斯（Beggs）–布里尔（Brill）法和贝克法。

（1）杜克勒 I 法。

混输水力计算式为：

$$\Delta p = \lambda_m \frac{\rho_m v_m^2 L}{10^3 \times 2d} \tag{8-2-76}$$

$$\lambda_m = 0.0056 + \frac{0.5}{Re_m^{0.32}} \tag{8-2-77}$$

$$Re_m = \frac{dv_m\rho_m}{\mu_m} \tag{8-2-78}$$

$$\mu_m = \mu_L R_L + \mu_g(1 - R_L) \tag{8-2-79}$$

$$R_L = \frac{Q_L}{Q_m} \tag{8-2-80}$$

$$v_m = \frac{4Q_m}{\pi d^2} = \frac{4(Q_L + Q_g)}{\pi d^2} \tag{8-2-81}$$

$$\rho_m = \rho_L R_L + \rho_g(1 - R_L) \tag{8-2-82}$$

式中　Δp ——油气混输压降，MPa；

λ_m ——混输阻力系数；

d ——管道内径，m；

L ——管道长度，km；

μ_m ——油气混合物的动力黏度，Pa·s；

μ_L, μ_g ——液相、气相的动力黏度，Pa·s；

R_L ——体积含液率或持液率；

Q_L ——液相的体积流量，m^3/s；

Q_m ——混合物的体积流量，m^3/s；

v_m ——气液混合物平均流速，m/s。

ρ_m ——混合物的平均密度，kg/m^3；

ρ_L, ρ_g ——液相、气相的密度，kg/m^3；

g ——重力加速度，$g = 9.80665 m/s^2$。

上述各量均在管线工作状态下取值。

（2）杜克勒 II 法。

混输压降计算公式同杜克勒 I 法，即为式（8-2-76），但式中的混输阻力系数 λ_m 需按下式计算：

$$\lambda_m = \frac{\lambda_m}{\lambda} \cdot \lambda = \phi\lambda \tag{8-2-83}$$

其中

$$\lambda = 0.0056 + \frac{0.5}{Re_{\mathrm{m}}^{0.32}} \qquad (8-2-84)$$

式中 λ——液相的阻力系数,用式(8-2-84)计算;

ϕ——混输阻力系数与液相阻力系数的比值。

有关参数按下式各式计算。

混合物密度 ρ_{m} 计算式:

$$\rho_{\mathrm{m}} = \rho_{\mathrm{L}} \frac{\rho_{\mathrm{L}}^2}{H_{\mathrm{L}}} + \rho_{\mathrm{g}} \frac{(1-R_{\mathrm{L}})^2}{1-H_{\mathrm{L}}} \qquad (8-2-85)$$

混合物黏度 μ_{m} 计算式:

$$\mu_{\mathrm{m}} = \mu_{\mathrm{L}} R_{\mathrm{L}} + \mu_{\mathrm{g}}(1-R_{\mathrm{L}}) \qquad (8-2-86)$$

$$R_{\mathrm{L}} = \frac{Q_{\mathrm{L}}}{Q_{\mathrm{m}}} = \frac{Q_{\mathrm{L}}}{Q_{\mathrm{L}} + Q_{\mathrm{g}}} \qquad (8-2-87)$$

式中 $\rho_{\mathrm{L}}, \rho_{\mathrm{g}}$——液相、气相的密度,$\mathrm{kg/m}^3$;

$\mu_{\mathrm{L}}, \mu_{\mathrm{g}}$——液相、气相的黏度,$\mathrm{Pa \cdot s}$;

R_{L}——体积含液率,即无滑脱时持液率;

H_{L}——截面含液率,即考虑气液相滑脱时的持液率,可根据 R_{L} 的值和混输雷诺数 Re_{m} [计算式同式(8-2-79),但 ρ_{m} 和 μ_{m} 分别按式(8-2-86)和式(8-2-87)计算]由图 8-2-6 查得;

Q_{m}——混合物的体积流量,m^3/s;

$Q_{\mathrm{L}}, Q_{\mathrm{g}}$——液相、气相体积流量,$\mathrm{m}^3/\mathrm{s}$。

ϕ 的值即混输阻力系数与液相阻力系数之比值,可根据 R_{L} 数值由图 8-2-7 查得。

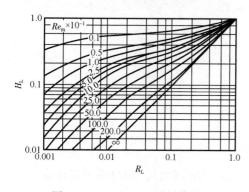

图 8-2-6 R_{L}—H_{L} 关系曲线

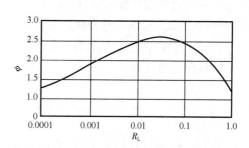

图 8-2-7 ϕ—R_{L} 关系曲线

杜克勒Ⅱ法考虑了气相与液相的滑脱,比较接近实际,是目前应用最广泛的一种方法,且适应性较强,尤其对黏性流体(黏度较大的原油)的混输,阻力计算误差较小。

杜克勒Ⅱ法的计算步骤如下：

① 已知起点压力 p_1（或已知下游末端压力 p_2），假定压降值 $\Delta p'$，计算平均压力 $\bar{p}$。

$$\bar{p} = p_1 - \frac{1}{2}\Delta p' \qquad \text{或} \qquad p_2 + \frac{1}{2}\Delta p' \qquad (8-2-88)$$

② 根据 $\bar{p}$ 分别求算平均溶解系数 R_s、体积系数 $\bar{B}_0$ 和压缩系数 Z（求算方法将在本节混输管线中有关油气物性参数的计算中介绍），如果对具体原油和伴生气实际测得 R_s 和 B_0 等值，则可直接用实际数据。

③ 计算在管线工作状况下液体和气体流量。

$$Q_L = Q_{L0}B_0 \qquad (8-2-89)$$

$$Q_g = Q_{L0}(\eta_0 - R_s)\frac{p_0 TZ}{pT_0} \qquad (8-2-90)$$

式中　Q_{L0}——已知的液相流量，$\mathrm{m^3/s}$；

η_0——已知的气液比（标准状态），$\mathrm{m^3/m^3}$；

p_0, T_0——工程标准压力[MPa（绝）]和温度（K）；

T——管线平均温度，可通过热力计算求得，K。

④ 计算 R_L。

$$R_L = \frac{Q_L}{Q_L + Q_g} \qquad (8-2-91)$$

⑤ 计算液相和气相密度。

$$\rho_L = \frac{\rho_{L0} + S\rho_a R_s}{B_0} \qquad (8-2-92)$$

$$\rho_g = S\rho_a \frac{pT_0}{p_0 TZ} \qquad (8-2-93)$$

式中　ρ_{L0}——已知的液相密度，$\mathrm{kg/m^3}$；

S——已知的气相相对密度；

ρ_a——空气密度（标准状态），$\mathrm{kg/m^3}$。

⑥ 计算混合物流速 v_m。

$$v_m = \frac{4(Q_L + Q_g)}{\pi d^2}$$

⑦ 式（8-2-86）计算混合物黏度 μ_m，其中天然气黏度（常压下）可按下式计算：

$$\mu = \frac{(12.61 + 0.7675)T^{1.5}10^{-7}}{116.2 + 305.7S + T}$$

式中　T——天然气温度，K。

⑧ 按式(8-2-85)计算混合物密度 ρ_m ,但需假设一个 H_L 值。

⑨ 按式(8-2-78)计算混输雷诺数 Re_m 。

⑩ 由图(8-2-6),根据 R_L 和上步计算的 Re_m ,查得 H_L 。

⑪ 用查得的 H_L 与第⑧步假设的 H_L 比较,如相差超过5%则用第⑩步查出的 H_L 重复第⑧至第⑪步,直到第⑩步查得的 H_L 与第⑧步计算用的 H_L 相差5%以内,则继续下步。

⑫ 根据 R_L 由图8-2-7,查出 $\phi = \dfrac{\lambda_m}{\lambda}$ 。

⑬ 按式(8-2-85)计算 λ 。

⑭ 按式(8-2-84)计算 λ_m 。

⑮ 按式(8-2-76)计算混输压降 Δp 。

⑯ 计算出的 Δp 与假设的 Δp 比较,如相差在5%以内第⑮步计算值即为所求;如相差超过5%,则用第⑮步计算出 Δp 重复上述第①至第⑯步,直至得到满意的结果。

3) 贝格斯-布里尔法

$$\Delta p = \frac{\left[H_L\rho_L + (1-H_L)\rho_g\right]g\sin\theta + \lambda_m \dfrac{2v_m G_m}{\pi d^3}}{1 - \dfrac{\left[H_L\rho_L + (1-H_L)\rho_g\right]v_m v_{sg}}{\bar{p}}}L \qquad (8-2-94)$$

式中　Δp ——油气混输压降,Pa;

　　　L ——管线长度,m;

　　　θ ——管道倾角,度或弧度(流体上坡 θ 为正,下坡为负,水平管 $\theta = 0$);

　　　ρ_L, ρ_g ——液相、气相的密度,kg/m³;

　　　v_m ——气液混合物流速,m/s;

　　　v_{sg} ——气相折算速率,m/s;

　　　G_m ——气液混合物质量流量,kg/s;

　　　d ——管线内径,m;

　　　$\bar{p}$ ——管道内介质的平均绝对压力,Pa;

　　　g ——重力加速度, $g = 9.81\text{m/s}^2$;

　　　H_L ——截面含液率即持液率,其值与流态有关。

贝格斯-布里尔法将混输流态分为4种类型,即分离流(包括分层流、波浪流和环状流)、过渡流、间歇流(包括气团流和冲击流)和分散流(包括气泡流和弥散流),并用无滑脱持液率(体积含液率) R_L 、弗劳德准数 Fr 来划分流态范围,见表8-2-19。

无滑脱持液率:

$$R_L = \frac{Q_L}{Q_L + Q_s} \qquad (8-2-95)$$

弗劳德准数:

$$Fr = \frac{v_m^2}{gd} \qquad (8-2-96)$$

表 8 - 2 - 19　两相流动流态范围划分标准

流态	差别准则	
	R_L	Fr
分离流	< 0.01	< L_1
	≥ 0.01	< L_2
过渡流	≥ 0.01	$L_2 < Fr \leqslant L_3$
间歇流	$0.01 \leqslant R_L < 0.4$	$L_3 < Fr \leqslant L_1$
	≥ 0.4	$L_3 < Fr \leqslant L_4$
分散流	< 0.4	≥ L_1
	≥ 0.4	> L_4

相关参数：$L_1 = 316R_L^{0.302}, L_2 = 9.252 \times 10^{-4}R_L^{-2.4684}, L_3 = 0.10R_L^{-1.4516}, L_4 = 0.5R_L^{-6.738}$。

分离流、间歇流和分散流的水平管持液率 $H_L(0)$ 按式(8 - 2 - 97)计算：

$$H_L(0) = \frac{aR_L^b}{Fr^c} \qquad (8 - 2 - 97)$$

式中，系数 a, b 和 c 的数值见表 8 - 2 - 20，过渡流的水平管持液率 $H_L(0)_T$ 按式(8 - 2 - 98)计算：

$$H_L(0)_T = AH_L(0)_S + BH_L(0)_I \qquad (8 - 2 - 98)$$

其中

$$A = \frac{L_3 - Fr}{L_3 - L_2}$$

$$B = 1 - A$$

式中　$H_L(0)_S, H_L(0)_I$——分离流和间歇流的水平管持液率。

倾斜管线的持液率 $H_L(\theta)$ 为：

$$H_L(\theta) = \psi H_L(0) \qquad (8 - 2 - 99)$$

式中　ψ——倾角修正系数。

$$\psi = 1 + C\left[\sin(1.8\theta) - \frac{1}{3}\sin^3(1.8\theta)\right] \qquad (8 - 2 - 100)$$

$$C = (1 - R_L)\ln(d_1R_1^e N_{Lv}^f Fr^{g_1})$$

$$N_{Lv} = v_{SL}\left(\frac{\rho_L}{g\sigma}\right)^{\frac{1}{4}}$$

$$v_{SL} = \frac{4Q_L}{\pi d^2}$$

式中　N_{Lv}——液相折算速度准数；

　　　v_{SL}——液相折算速度，m/s；

　　　σ——液相表面张力，N/m；

　　　θ——管线倾斜角度，(°)；

　　　d_1, e, f, g_1——与流态有关的系数，其值见表 8-2-21。

对于 $\theta = 90°$ 的垂直管线：

$$\psi = 1 + 0.3C \qquad (8-2-101)$$

表 8-2-20　系数 a, b 和 c 与流型的关系

流型	a	b	c
分离流	0.980	0.4868	0.0868
间歇流	0.845	0.5351	0.0173
分散流	1.065	0.5824	0.0609

表 8-2-21　系数 d_1, e, f 和 g_1 值

流态	d_1	e	f	g_1
上坡分散流	0.011	-3.768	3.539	-1.614
上坡间歇流	2.96	0.305	-0.4473	0.0978
上坡分散流	$C = 0, \psi = 1$			
下坡各流态	4.70	-0.3692	0.1244	-0.5056

混输摩阻系数 λ_m，可根据无滑脱水力摩阻系数 λ_0、持液率 H_L、无滑脱持液率 R_L 等按以下公式计算：

$$\lambda_m = \lambda_0 e^n \qquad (8-2-102)$$

$$n = \frac{-\ln m}{0.0523 - 3.182\ln m + 0.8725(\ln m)^2 - 0.01853(\ln m)^4} \qquad (8-2-103)$$

$$m = \frac{R_L}{[H_L(0)]^2} \qquad (8-2-104)$$

当 $1 < m < 1.2$ 时，$n = \ln(2.2m - 1.2)$

$$\lambda_0 = 2\lg\left(\frac{Re_0}{4.5223\lg Re_0 - 3.8215}\right) \qquad (8-2-105)$$

$$Re_0 = \frac{dv_m \rho_m}{\mu_m} = \frac{dv_m[\rho_L R_L + \rho_g(1 - R_L)]}{[\mu_L R_L + \mu_g(1 - R_L)]} \qquad (8-2-106)$$

式中　Re_0——无滑脱时雷诺数；

　　　μ_L,μ_g,μ_m——液相、气相、油气混合物的黏度，$Pa\cdot s$。

4）贝克法

$$\Delta p = \phi_g^2\left(\frac{\Delta p}{L}\right)_g L = \phi_g^2\Delta p_g \qquad (8-2-107)$$

式中　$\left(\dfrac{\Delta p}{L}\right)_g$——管线内只有气相单独流动时的压降梯度，$Pa/m$；

　　　Δp_g——管线内只有气相单独流动时的压降，Pa；

　　　ϕ_g——气相压降折算系数，与混输流态有关。

贝克法采用埃尔乌斯流态分类法，将混输流态分为气泡流、气团流、分层流、波浪流、冲击流、半环状流、环状流和弥散流8种。各种流态的气相压降折算系数按以下经验公式计算：

气泡流

$$\phi_g^2 = 53.88\left(\frac{\Delta p_L}{\Delta p_g}\right)^{0.75}\left(\frac{A}{G_L}\right)^{0.2} \qquad (8-2-108)$$

气团流

$$\phi_g^2 = 79.03\left(\frac{\Delta p_L}{\Delta p_g}\right)^{0.855}\left(\frac{A}{G_L}\right)^{0.34} \qquad (8-2-109)$$

分层流

$$\phi_g^2 = 6120\frac{\Delta p_L}{\Delta p_g}\left(\frac{A}{G_L}\right)^{1.6} \qquad (8-2-110)$$

波浪流采用汉廷顿（Huntington）关系式：

$$\Delta p = \lambda_w\frac{v_{sg}^2\rho_8}{2d}L \qquad (8-2-111)$$

$$\lambda_w = 0.0175\left(\frac{G_1\mu_c}{G_g\mu_g}\right)^{0.209}$$

冲击流

$$\phi_g^2 = 1920\left(\frac{\Delta p_L}{\Delta p_g}\right)^{0.815}\frac{A}{G_L} \qquad (8-2-112)$$

环状流

$$\phi_g^2 = (4.8-12.3d)^2\left(\frac{\Delta p_L}{\Delta p_g}\right)^{(0.343-0.826d)} \qquad (8-2-113)$$

（当 $d>0.25m$ 时取 $d=0.25m$）

式中　Δp_L——管线中只有液相单独流动时的压降，Pa；

A ——管线流通截面积，$A = \frac{\pi}{4}d^2$，m^2；

d——管线内径，m；

G_L ——液相质量流量，$\mathrm{kg/s}$；

G_g ——气相质量流量，$\mathrm{kg/s}$；

μ_L, μ_g ——管线条件下液相和气相的动力黏度，$\mathrm{mPa \cdot s}$；

v_{sg} ——气相折算速度，$\mathrm{m/s}$；

λ_w ——波浪流水力摩阻系数。

流态划分按图 8 – 2 – 8，图中的纵坐标为 $B_y = \dfrac{G_g}{A\theta}$，横坐标为 $B_x = \dfrac{G_L \theta \psi}{G_g}$，这两组变量分别

反映气相质量流速和液相质量与气相质量流速之比值。为确定流态，需计算管线条件下的 $\dfrac{G_g}{A\theta}$

和 $\dfrac{G_L \theta \psi}{G_g}$ 的值，其中参数 θ 和 ψ 分别为：

$$\theta = \sqrt{Sd_0} \qquad\qquad (8-2-114)$$

$$\psi = \frac{\sigma_w}{\sigma_L}\left[\frac{\mu_L}{\mu_w}\left(\frac{\rho_w}{\rho_L}\right)^2\right]^{\frac{1}{3}} = \frac{0.073}{\sigma_L}\left[\mu_L\left(\frac{1}{d_0}\right)^2\right]^{\frac{1}{3}} \qquad (8-2-115)$$

式中　d_0——管线条件下液体对水的相对密度；

S——管线条件下气体对空气的相对密度；

σ_w ——水的表面张力，$\sigma_w = 73 \times 10^{-3}\,\mathrm{N/m}$；

σ_L ——液相表面张力，$\mathrm{N/m}$；

μ_w ——水的黏度，取 $1\,\mathrm{mPa \cdot s}$；

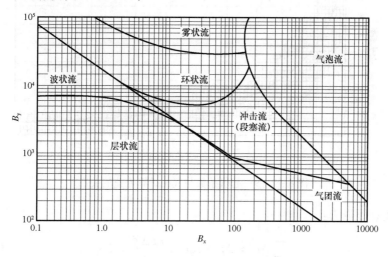

图 8 – 2 – 8　流动型态分布图

μ_L——液相黏度，$mPa \cdot s$。

5）高差对公式的影响

当管线沿途有高差起伏时，由于管线爬坡时"气举"消耗能量比下坡所省的能量多得多，起伏产生了附加压力降（Δp_h），其值为：

$$\Delta p_h = F_e \frac{\rho g \sum h}{10^6} \qquad (8-2-116)$$

式中　F_e——起伏系数，为气体当量流速（即气体单独在管线中流动时的速度）的函数；

$\sum h$——起伏总高度（所有上坡高度总和），m；

ρ——原油密度，kg/m^3。

起伏系数 F_e 可由图 8-2-9 查得，也可按下式计算：

$$F_e = \frac{1}{1 + 1.0785 v_{sg}^{1.0086}}$$

式中　v_{sg}——气相折算流速，即假设管线中只有气体单相流动时的速度，m/s。

当气相折算流速超过 15m/s 时，建议采用下式计算：

$$F_e = 3.175 \times 10^{-5} \frac{G_L^{0.5}}{v_{sg}^{0.7} A^{0.5}}$$

式中　G_L——液相质量流量，kg/s；

A——管线截面积，m^2。

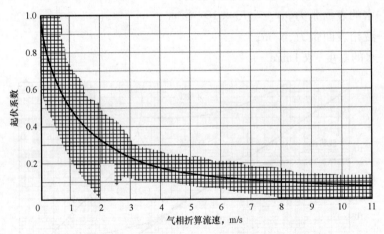

图 8-2-9　起伏系数与气相折算流速的关系

混输管线总压降为：

$$\sum \Delta p = \Delta p + \Delta p_h + \frac{\rho g \Delta Z}{10^6} + \Delta p_j \qquad (8-2-117)$$

式中　Δp——按水平管计算式计算的压降，MPa；

Δp_h——高差起伏附加压降,MPa;

ΔZ——管线终点与起点间的高差,m;

Δp_j——管线沿线的弯头、三通、阀门、加热设备等局部阻力压降,可按经验取值。

3. 混输管道中有关油气物性参数计算

1）溶解度

天然气在原油中的溶解度 R_s 是指 1m^3 脱气原油在某一压力和温度下能溶解的天然气量（折算成工程标准状态下的体积）,也称为溶解气油比,以 m^3（气）/m^3（油）为单位。

（1）查图求 R_s。

混输计算中可由图 8 – 2 – 10 查得 R_s。图中泡点压力是原油和天然气处于相平衡状态时系统的压力,对于混输管线来说即为其平均绝对压力。

（2）利用公式计算 R_s。

① 雷萨特（Lasater）关系式：

$$R_\text{s} = 0.178 \left(\frac{y_\text{g}}{1 - y_\text{g}} \right) \left(\frac{1.33 \times 10^5 d_0}{M_0} \right) \qquad (8 - 2 - 118)$$

$$y_\text{g} = 0.826 \lg \left(118.69 \frac{pS}{T} + 0.891 \right) \qquad (8 - 2 - 119)$$

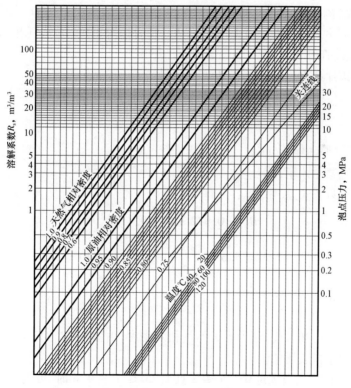

图 8 – 2 – 10　起伏系数与气相折算速度的关系

用法:泡点压力—关连线—温度—原油相对密度—天然气相对密度—R_s

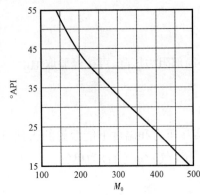

图 8 - 2 - 11　°API—M_0 与气相折算速度的关系

式中　　y_g——天然气分子分数；

　　　　M_0——脱气原油分子量，由图 8 - 2 - 11 查得；

　　　　d_0——脱气原油相对密度；

　　　　S——天然气的相对密度；

　　　　p——管线平均绝对压力，MPa；

　　　　T——管线平均温度，K。

图 8 - 2 - 11 中°API 由式（8 - 2 - 120）计算：

$$°API = \frac{141.7}{d_0} - 131.5 \qquad (8 - 2 - 120)$$

② 司坦丁（Standing）关系式：

$$R_s = 0.178S\left[8.06p\frac{10^{(1.77d_0^{-1}-1.64)}}{10^{(0.001638t+0.02912)}}\right]^{1.205} \qquad (8 - 2 - 121)$$

式中　t——温度，℃。

其余符号含义同前文。

2）体积系数

天然气溶解于原油中使原油的体积增大 1m³ 脱气原油中溶入天然气后所具有的体积即为原油的体积系数 B_0。B_0 总是大于 1。

（1）查图 8 - 2 - 12 求 B_0。根据溶解度 R_s、原油相对密度、天然气相对密度和温度，由图 8 - 2 - 12 可直接查得 B_0。

（2）利用公式计算 B_0。体积系数 B_0 可表示为：

$$B_0 = \frac{V_{osg}}{V_0} \qquad (8 - 2 - 122)$$

式中　V_{osg}——溶气原油体积，m³；

　　　　V_0——脱气原油体积，m³。

体积系数可用以下关系式计算：

$$B_0 = 0.972 + 0.000147F^{1.175} \qquad (8 - 2 - 123)$$

$$F = 5.62R_s\left(\frac{S}{d_0}\right)^{0.5} + 2.25t + 40 \qquad (8 - 2 - 124)$$

式中各符号含义同前文。

3）压缩系数

（1）查图求 Z。已知温度、压力和天然气相对密度，由图 8 - 2 - 13 可查得天然气的压缩系数 Z。图中压力系指表压值。

（2）利用公式计算。当满足 $0 \leqslant p_r \leqslant 2$ 且 $1.25 \leqslant T_r \leqslant 1.6$ 时，可用下式计算：

$$Z = 1 + (0.34T_r - 0.6)p_r \qquad (8 - 2 - 125)$$

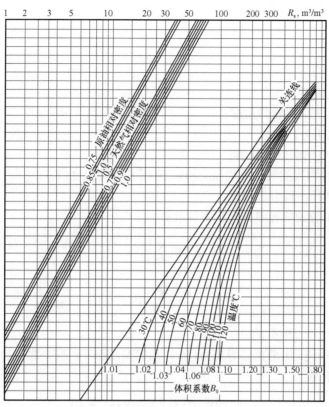

图 8 - 2 - 12 体积系数计算图

用法:R_s—关连线—天然气相对密度—温度—B_0

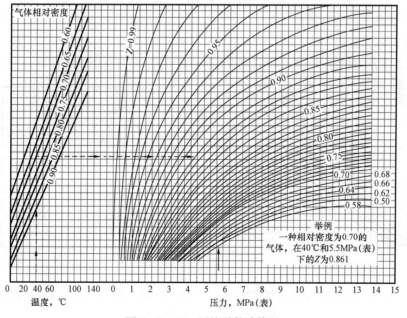

图 8 - 2 - 13 压缩系数计算图

$$T_r = \frac{T}{T_c} \qquad\qquad (8-2-126)$$

$$p_r = \frac{p}{p_c} \qquad\qquad (8-2-127)$$

式中　T_r——对比温度；

　　　T_c——天然气的假临界温度；

　　　p_r——对比压力；

　　　p_c——天然气的假临界压力；

　　　p,T——管线内天然气的平均压力[Pa(绝)]和平均温度(K)。

p_c,T_c可用下列任一种方法求算：

① 按天然气组分的临界参数加权平均求算

$$p_c = \sum_{i=1}^{n} c_i p_{ci} \qquad\qquad (8-3-128)$$

$$T_c = \sum_{i=1}^{n} c_i T_{ci} \qquad\qquad (8-2-129)$$

式中　c_i——天然气中i组分的分子分数；

　　　p_{ci},T_{ci},n——纯i组分的临界压力(Pa)、临界温度(K)和组分数。

② 经验公式求算。

$$p_c = (48.9255 - 4.0485S) \times 10^5 \qquad\qquad (8-2-130)$$

$$T_c = 94.6468 + 170.6196S \qquad\qquad (8-2-131)$$

式中　S——天然气的相对密度。

4）原油的表面张力

原油的表面张力由图8-2-14及图8-2-15查得，或由下列公式计算：

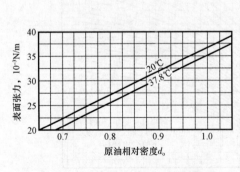

图8-2-14　常压下原油的表面张力

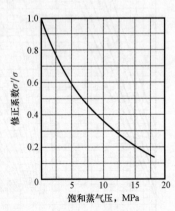

图8-2-15　常温下溶气原油表面张力修正系数

$$\sigma = (47.5d_o - 0.08427t - 9.1896) \times 10^3 \tag{8-2-132}$$

$$\sigma' = \sigma\exp(-0.10127p - 0.018563) \tag{8-2-133}$$

式中 σ——在一定温度下脱气原油表面张力,N/m;

σ'——在一定温度、压力下溶气原油表面张力,N/m;

t——原油平均温度,℃;

d_o——原油相对密度;

p——原油平均饱和蒸气压,MPa。

在常压下多数原油的表面张力为 0.025～0.035N/m。

4. 混输热力管线工艺计算

油田上油、气或油、气、水混输热力管线[即从井口至接转站(油、气分离点)]的非等温输送或加热输送集油管线的工艺计算,一般按下列步骤进行:

1)初选管径

根据原油(或油、水)流量和气量来估选。由一般油田的实际经验,可按原油(或油、水)当量流速为 0.08～0.15 m/s、用公式 $d = \sqrt{4Q_L/\pi v_L}$ 测算管径(式中:d 为管线内径,m;Q_L 为原油或油、水流量,m^3/s;v_L 为原油或油、水当量流速,m/s);也可以按液、气两相分别流动时所需管径之和估选管径。

2)按初选管径作热力计算

由管线加热位置,用舒霍夫温降计算公式,从终点流体温度求起点温度或从起点温度求终点温度,进而求出管线的平均温度。

也可以先假设管线平均温度为50℃(323K),水力计算后再作热力计算加以校核。

3)计算混输水力阻力压降

按以上计算出的管线平均温度(或假设的平均温度)和有关已知参数,选择适宜的混输压降计算公式计算管线压降。

4)比较

将以上计算出的压降与设计要求的压降进行比较,如果二者接近或误差不超过5%,即认为所选管径合适,否则应重新选择管径并重复以上计算步骤。集油管线的设计要求压降主要由井口回压决定,无论是自喷井还是机械采油井,油井的油气产物一般都是靠井口回压集输到接转站,不同的是自喷井回压是由油井产物的剩余能量形成,机械采油井的回压是由采油设备的能力决定的。

5. 油气集输管网工艺设计

1)一般问题及有关参数的选择

油气集输管网设计计算一般是根据油田开发方案和地面工程规划确定的井站布局和各段管线间距以及集输工艺流程的类型,计算管网系统各点的压力,确定各管段管径、计算温降,凡必要时所需的加热负荷和加热位置等。设计计算时,需根据油田实际情况及有关设计规范的要求,正确选择有关参数。

（1）油量或液量。

集输管网各管段的流量或设计能力，应按油田开发设计提供的单井日产油量或产液量及气油比确定。当需掺入热油或水等液体时，还应计入掺入液量。考虑到油田分期建设的特点。每期工程要求适应期一般为 5～10 年，集油管线的设计通过能力至少应适应一个建设期，选择计算油量或液量时要有开发设计预测的单井产液量或含水率（在适应期内最大产液量或含水率）。当已知油量和含水率时可用下式计算液量：液量 = 油量 + 油量 × 含水率/(1 - 含水率)。当计算混输压降时（包括计算管线的平均温度）用最大液量，当按热力计算确定加热负荷时，用油田初期生产时（即最小）液量。

（2）回压。

为有利于油和伴生气的集输，减少集输系统动力消耗，应充分利用油井流体的剩余压力能或充分发挥采油机械设备的能力，适当提高回压。合理的回压应是既不影响油井正常生产产量，又能充分利用油井流体剩余压能以增加输送距离。实践证明，自喷井回压与油压的比值不超过 0.43 而油嘴内流体流速达到音速时回压不影响产量；基本无自喷能力的抽油机井，回压不影响产量。因此，对于自喷井回压一般按工程适应期最低油压的 0.4～0.5 倍确定；对于抽油机井、电动潜油泵井、水力活塞泵采油井等机械采油井的回压，一般为 1～1.5MPa（10～15kgf/cm^2）（表压）并尽量高一些。

（3）进站压力。

油井产物［油（液）气流］进入接转站的压力取决于设计油气初级分离压力。对于较早设计的油田，这个压力一般取 0.15MPa（或 1.5kgf/cm^2），实践证明，该值偏低，使集输半径太小，增加了接转站的设置机会，不利于伴生气的收集。近几年这个压力在逐步提高，有些油田采用"中压流程"，进站的一级分离压力提高到 0.6～1.6MPa（或 6～16kgf/cm^2），相应井口回压为 1～2MPa，并且收到了投资少、能耗低的显著效果。

（4）油气物理性质参数。

原油黏度、密度、比热容以及伴生气的相对密度、黏度等物性参数均应按管线平均温度选取（当含水时还要计算油水混合液的比热容等必需参数）。在进行热力计算时有关物性参数可按已知条件选用或选 50℃时参数，待算出管线平均温度后再行校正。

有些混输压降公式需要气相对液相的溶解系数、液相的体积系数、气相的压缩系数、液相的表面张力等参数，应由对具体油、气的实测值换算为管线压力、温度条件下的参数；缺少实测值时，可参照已有图表近似取值。

2）单管流程集输管线工艺计算

单井进计量站集中计量的单管流程通常在井口加热，也有在计量站加热而在井口至计量站间采用不加热集输的，井口到计量站、计量站到接转站这两段是混输管线，流程如图 8－2－16 和图 8－2－17 所示。

通常将一座计量站与所辖数口井间的井口出油管线和该计量站至接转站间的集油管线视为一个集输管网计算单元进行工艺计算，步骤简述如下：

（1）初定各段管径并根据已知条件计算各管段内油、气流量、气油（液）比等计算所需的

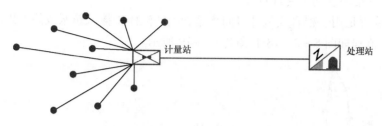

图 8 - 2 - 16　单管不加热集油工艺

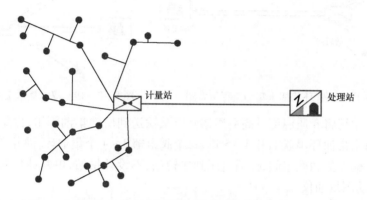

图 8 - 2 - 17　单管串接不加热集油工艺

参数。各井口出油管线内流量决定于相应井的产量。集油管线内流量为各出油管线流量之和。

（2）从接转站端开始（控制进站温度），逐段计算计量站所需油温、各井井口所需油温、进而计算各管段平均温度$\left(T_{\mathrm{av}} = \dfrac{1}{3}T_1 + \dfrac{2}{3}T_2 \right)$。

一般考虑管线防腐层的限制，井口最高加热温度不超过 80 ~ 90℃。上述热力计算结果如超过这个限度，则应调整管径或采取其他措施使其保持在这个限度以内。

各井口所需的加热设备的热负荷为：

$$Q = (T_{1\mathrm{i}} - T_{\mathrm{wi}})G_{\mathrm{i}}c \qquad (8 - 2 - 134)$$

式中　$T_{1\mathrm{i}}$——某井井口需要的加热温度，℃；

　　　T_{wi}——某井产物流出井口温度，℃；

　　　G_{i}——出油管线内计算油（液）量，kg/s；

　　　c——油（液）在管线平均温度下比热容，J/（kg·℃）。

（3）按以上计算的各段平均温度，选取所需参数，采用常用的计算公式从接转站端开始计算各段混输压降。

求出各井口保证计算压降必需的压力值与选定的要求回压值比较，如超过要求回压值则应调整管径，直到满足要求。

3）双管流程集输管网工艺计算

双管掺液流程是用一根管线从井口向集输管线的流体中掺入热水或热油以解决油气集输中的保温问题，流程如图 8 - 2 - 18 和图 8 - 2 - 19 所示。

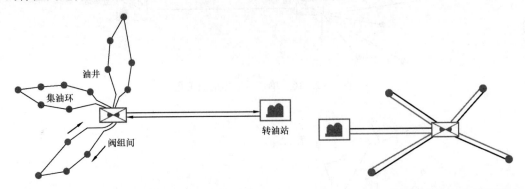

图 8 - 2 - 18　单管环状掺水集油流程示意图　　图 8 - 2 - 19　双管掺水集油流程示意图

该流程是在站场将介质温度升高后用掺介质泵输送到所辖集油阀组，由集油阀组间分配到各集油环。每个集油环串联油井 3 ~ 5 口，每个阀组辖 3 ~ 4 个集油环，油井产物与循环的热介质混合后一起输至集油阀组间，然后自压到接转站，不设计量站，单井计量采用液面恢复法和功图法计量（功图量油仪）。

该流程从井口至计量站或计量接转站至集中处理站有两条管线：一条为油管线；另一条为掺介质管线。介质一般由集中处理站或接转站供给。

其集输管网工艺计算与单管流程的不同点主要在于求算集输管线的平均温度。

确定集输管线中的液量、气液比等参数时，要考虑掺入的液量。掺液量一般由实验确定，也可根据经验取值。掺高温采出水时，可取为 $(0.5 ~ 1):1$ 或 $1 ~ 1.5t/(km \cdot h)$；掺热油时，可取为 $(1 ~ 1.5):1$ 或 $2 ~ 2.5t/(km \cdot h)$。井口掺入温度一般 90 ~ 100℃（一般热水或热油由接转站输配到各井口，起输温度一般不超过 100 ~ 110℃）。

掺液后进入出油管线的混合液温度由下式决定：

$$T_{mi}(G_i + G_L)c_m = T_{wi}G_ic + T_LG_Lc_L \qquad (8 - 2 - 135)$$

式中　T_{mi}——掺液后混合物温度；

　　　c_m——掺液后混合物比热容；

　　　G_i, c——油井产物的流量、比热容；

　　　G_L, c_L, T_L——掺液流量、比热容和温度；

　　　T_{wi}——油井产物流出井口的温度。

根据井口掺液后的混合温度，按井口至计量站和计量站至接转站两段管线逐段计算终点温度，并分别计算出两段管线的平均温度，然后再分别计算混输压降、确定井口回压。

掺热水或掺热油管线：可按上述计算出的要求的井口掺液温度（T_L），由温降公式计算出起点（接转站）供热温度（管径不同也要逐段计算）和管线的平均温度。如需确定掺液压力，则还应计算其水力压降。如果是掺热油管线，可利用列宾宗公式［式（8 - 2 - 7）、式（8 - 2 - 8）］

计算水力阻力;如果是掺热水管线,则可用以下方法计算。

(1)热水管线水力摩阻损失计算:

$$i = 6.25 \times 10^{-5} \frac{G^2}{D_e^5} \lambda \qquad (8-2-136)$$

式中　i——水力坡降,m/km;

　　　G——热水流量,t/d;

　　　D_e——管线公称直径,m;

　　　λ——阻力系数,根据公称直径由表8-2-22取值。

(2)在已知要求的流量情况下,可按式(8-2-137)计算管径:

$$D_e = 0.0188 \sqrt{\frac{Q}{v}} \qquad (8-2-137)$$

式中　Q——热水体积流量,m^3/h;

　　　v——热水在管线内流速,供热水管线可取矿 $v = 2 \sim 2.5 m/s$。

4)三管流程集输管网工艺计算

三管流程是用一根管线由接转站(供热站)供热水,至计量站,通过分配阀组分配到各井口,其回水管线与集输管线包在一起对集输油气伴随保温。

表8-2-22　热水管线阻力系数 λ

公称直径 D_e	20	25	32	40	50	65	70
λ	0.0532	0.0485	0.0442	0.0408	0.0379	0.0348	0.0339
公称直径 D_e	80	100	125	150	200	250	300
λ	0.0325	0.0304	0.0284	0.0270	0.0249	0.0234	0.0223

这种流程集输管网计算的关键也是计算集输管线的平均温度。计算步骤如下:

(1)初步确定各段供热水管线、保温回水管线中的热水量。

一般根据经验按1.5~2t/(h·km)或1.2~1.5t/h来确定。计量站至接转站间管线保温热水量为计量站所辖井口出油管线保温水量之和。

回水伴热管径也应随集输管线一起初步选定。

(2)计算供水管线各段水温。

利用舒霍夫温降公式,以接转站(供热站)为起点,逐段求末点温度至井口。热水出接转站(供热站)温度一般为90~100℃。热水管总传热系数 K 值根据管径和保温等情况选取。

(3)求伴热管(回水)温度。

先计算井口至计量站段。

①求出油管平均温度 T_{1av},近似有:

$$T_{1av} = \frac{1}{3}T_2 + \frac{2}{3}T_w \qquad (8-2-138)$$

式中：T_2 为油气进计量站温度，为便于计量，一般取值与油气进接转站时一样（大多数取为 $30 \sim 55 ℃$）；T_w 为井口出油温度。

② 计算出油管吸热量 Q_{c1}：

$$Q_{c1} = (T_{1av} - T_w) G_1 c \qquad (8 - 2 - 139)$$

式中 G_1 和 c 为井口产物的流量及比热容。

③ 计算出油管线散热量 Q_{sc1}。根据双管管组伴热输送热力计算方法近似计算公式为：

$$Q_{sc1} = K_1 \cdot (2.57 D_1 + 1.57 \delta) L_1 \cdot (T_{1av} - T_0) \qquad (8 - 2 - 140)$$

式中：D_1，L_1 和 K_1 为出油管外径、长度、总传热系数；δ 为保温层厚度；T_0 为环境地温。

④ 求出油管与伴热管间散热温差 ΔT：

$$\Delta T = \frac{Q_{c1} + Q_{sc1}}{k_{cw} F_{21}} \qquad (8 - 2 - 141)$$

式中：k_{cw} 为伴热管对油管之总传热系数，根据大庆实测数据，可取为 $11.6 W/(m^2 \cdot ℃)$ $[10 kcal/(m^2 \cdot h \cdot ℃)]$；$F_{21}$ 即为传热面，按简化计算有：

$$F_{21} \approx D_1 \left(1 - \frac{D_1 - D_{w1}}{D_1 + D_{w1}} \right) L_1 \qquad (8 - 2 - 142)$$

或

$$F_{21} \approx D_{w1} \left(1 + \frac{D_1 - D_{w1}}{D_1 + D_{w1}} \right) L_1 \qquad (8 - 2 - 143)$$

式中：D_{w1} 为伴热管外径。

⑤ 求伴热管温度。伴热管在井口的温度可由步骤②求出，按下列换热温差公式通过计算可求出伴热管在计量站处的温度 T：

$$\Delta T = \frac{(T_{w1} - T_w) - (T - T_2)}{\ln \dfrac{T_{w1} - T_w}{T - T_2}} \qquad (8 - 2 - 144)$$

式中：ΔT 为出油管与伴热管之间的散热温差，其值可由步骤④求出；T_{w1} 为伴热管在井口的温度。

按以上步骤逐一求出各井出油管线保温伴热管线的温度，进而求出各井出油管线保温伴热管在计量站汇接时的平均水温。

用与上述基本相同的方法可进一步求出计量站至接转站段回水伴热管线的温度（进接转站或供热站的回水温度），但应注意，这段集输管线可保持温度不变，即吸热量为零。

为了减少热耗和提高热效率，进接转站（供热站）的回水温度不能过高也不能过低，根据经验一般控制在 $50 \sim 60 ℃$。因此，当以上计算出的回水温度超出这个范围时，应通过调整循环热水量、改变部分管径等措施，重复上述计算，直至求出的回水温度在指出的范围。

根据以上步骤确定的集输管线各段平均温度,就可求算其混输压降了。

热水供热管线和回水管线的水力阻力压降(决定供热泵压),也利用式(8-2-136)计算。

5)不加热集输

高含蜡,易凝原油的不加热集输是近年一直推行和研究的技术。由于多数油田的油井出油温度都比较低,其原油部分多处于非牛顿流体状态,流动阻力很高,通常采取热力措施(如前述的单管加热、双管掺热液、三管伴热集输流程)以保证正常的油气集输处理。不加热集输是采取加热以外的其他技术措施,降低流动阻力,使油井的油气产物在不太高的压降(接近或略高于加热集输时的压降)下集输至联合站或转油脱水站。各油田常用的不加热集输技术有以下几种:

(1)单管投球清蜡、管线保温不加热集输。

对单管进计量站集输流程的出油管线及集油管线采用聚乙烯泡沫塑料管壳等优质保温材料进行保温,降低管线散热,减少管壁结蜡,同时采取井口定期投球,清除管壁结蜡,以保证油气流在低于原油凝点的温度下集输。清蜡球可采用皮球或清管球等。投入方式可采取井口投入,计量站取出;井口投入,计量站取出并再投入,接转站取出等方法,投球清蜡周期根据需要由试验确定,以保证井口回压不高出正常回压太多为准。

实践表明,这种不加热集输可适用于黏度不太高的高含蜡原油的集输,含水或不含水均适用。

(2)单管井口加药或选择性加药不加热集输。

主要措施是在井口投加降凝、降黏剂,或在部分井口投加降凝、降黏剂。油田集输常用降黏剂,它是一种表面活性剂,其作用是:可促使管线中油水混合物"转相"(即由油包水型乳化液转为水包油型)或部分"转相",它与水形成的"活性水"包围油滴,并附着于管壁,从而使原油分散并与管壁隔离,达到大幅度地降低摩阻的目的。

降黏剂的类型(见其他章节)及加入量,需通过试验筛选确定。

这种方法适用于中低含水油井且原油黏度比较高的含蜡原油和稠油。自喷井和抽油井或其他机械采油井均适用。油井含水越高,其不加热集输方式越简单(如加药量少,加药类型易于选择等)。

当油井含水高到一定程度时,油井产物的油水乳化液将由油包水型转变为水包油型,这时的原油含水率称为"转相点"含水率。多数油田的"转相点"含水率为55%~65%。油井含水达到"转相点"时,出油管线的流动阻力将急剧下降,因此往往不需要在井口加药即可实现不加热集输(称为"自然不加热集输"),只要油井产液量足够大。

通过对集输热力条件的分析可知,井口出油管线可以"自然不加热集输"的集输油量 G 需满足下列条件:

$$G \geqslant 1900 \frac{KDL}{c} \qquad (8-2-145)$$

式中　G——单井产液量,t/d;

　　　K——集输管线总传热系数,W/(m²·℃);

D,L——分别为集输管线外径、长度，m；

c——油井产液的比热容，J/(kg·℃)。

一般如井口出油(液)温度高于允许的最低进站温度，而产液满足式(8－2－142)，则可实现不加热集输。

(3) 双管掺"活性水"不加热集输。

双管流程中直接掺入在原油脱水过程中分离出来的常温水，并在其中加入降黏剂，或降黏—脱水联合作用的化学助剂即成"活性水"。将此活性水加入井口，使油井产物在出油管线中破乳、转相，将黏油分散，在油滴周围及管壁形成活性水膜，从而大大降低流动阻力。

掺入的水量及降黏剂的类型和剂量也需通过实验确定。

这种方法的适用性很强，对于通过前述两种方法不易达到不加热集输的不含水或低含水的高含蜡油、高黏稠油等都可通过筛选适用的降黏剂及掺水比例而收到不加热集输。这种方法多用一条掺水管线，投资比前两种都高，因此应尽可能选用前两种方法。

不加热集输是一项显著节约集输能耗的新技术。采用加热方式的集输热耗一般为100～150kJ/t(油)、而采用不加热集输的热耗小于40kJ/t(油)，但对一具体油田或油区来说，究竟应采取什么方式的不加热集输，需要通过现场实验来确定具体的工艺条件和操作要求。采用不加热集输的集输管线压降，还没有成熟的方法进行计算，目前仍采用等温水平管混输水力计算公式或热力集输管网的计算方法，但所采用的黏度值可通过模拟管线条件测试取得，使计算值更接近于实际情况。

(4) 采油油管设置隔热措施集输。

油井套管设置隔热保温措施，尽可能为地面集输提高井口温度，满足地面不加热集输的需求，但具体设置保温隔热措施的油管长度及井口温度提升的温差等需要采油工程根据经济性和油井特点来综合考虑确定。

第三节　伴生气集输管道

一、伴生气集输管道的特点和设计应注意的问题

油田常见的气管线是伴生气的集输和某些气井气的集输管线，其中从油气分离器至净化站或脱水站的伴生气集输管线和气井口至净化站或至脱水脱轻油前的管线均为湿气集输管线，净化站或脱水站以后的输送或配气管线多为干气输配管线。

油田内的集输气管线一般压力都比较低，多为1.6MPa以下的低压管线，部分为1.6～2.5MPa的中压管线。有些油田配气管线或管网压力更低，为0.002～0.005MPa。

集输气管线设计应注意下列问题：

(1) 应根据所输伴生气或天然气的性质、集输气压力等特点选择适宜的计算公式来计算管线压降、确定管径。

(2) 设计计算采用的输气量，对未经净化处理的湿气应为设计输气量的1.2～1.4倍，对

净化处理后的干气应为设计输气量的 1.1～1.2 倍。设计输气量一般由生产任务或设计任务书确定。例如：伴生气集输气量可按所辖区油井生产的油量乘以生产油气比再减去可能的湿气消耗量（集输加热耗气等）确定；外输气管线的设计能力由设计任务书规定的任务并考虑年有效输气时间不低于 8000h 确定。

（3）油田气集输多为湿气，因此防止集输过程中形成水合物冻堵管线是设计应解决的重点问题。应通过计算判断集输过程中有无烃类和水等液体析出、有无水合物形成，并采取措施防止或减少液体的积聚，防止水合物冻堵管线，保证管线具有必要的输气效率。

（4）当需要增压时应设计压气站。天然气压缩机及有关设备的选择见本套书中册第十五章 设备与容器。

二、伴生气集输管道水力计算和管径设计

1. 基本公式

水平输气管线的输气量和压降的关系，可由稳定流伯努利方程推导出以下基本方程式：

$$Q_s = 3.848 \times 10^{-2} \sqrt{\frac{(p_1^2 - p_2^2) d^5}{\lambda ZSTL}} \qquad (8-3-1)$$

式中　Q_s——工程标准状态（压力 $p_0 = 0.101325\text{MPa}$，温度 $T_0 = 293\text{K}$）下的气体体积流量，m^3/s；

p_1——输气管线起点压力，MPa（绝）；

p_2——输气管线终点压力，MPa（绝）；

d——输气管线的内径，m；

λ——水力摩阻系数，其值可按输气管内流体流态，选择不同的计算公式计算。

S——气体对空气的相对密度；

T——气体平均热力学温度，K；

L——输气管线的长度，m。

由于输气管内气体流态，几乎都属于粗糙区和混合摩擦区，对此目前使用最广泛的水力摩阻系数计算公式是威莫斯（Weymouth）和潘汉德（Panhandle）公式，即：

威莫斯公式

$$\lambda = \frac{0.009407}{\sqrt[3]{d}} \qquad (8-3-2)$$

潘汉德公式

$$\lambda = 0.00924 \left(\frac{d}{Q_s S}\right)^{0.0392} \qquad (8-3-3)$$

式中各符号含义同式（8-3-1）。

2. 常用计算公式

输气管线设计常用的计算公式是由威莫斯水力摩阻系数计算式与基本方程式（8-3-1）

得出的输气量与压降关系式。一般高压与中压集输气管线和压力不太低（>0.005MPa）的输配气管线都可按以下方式作水力计算：

$$Q_s = 12545 d^{8/3} \sqrt{\frac{p_1^2 - p_2^2}{ZSTL}} \qquad (8-3-4)$$

或

$$Q = 108387 \times 10^4 d^{8/3} \sqrt{\frac{p_1^2 - p_2^2}{ZSTL}} \qquad (8-3-5)$$

$$Q = 5031 d_c^{8/3} \sqrt{\frac{p_1^2 - p_2^2}{ZSTL}} \qquad (8-3-6)$$

$$d_c = 0.0409 Q^{0.375} \left(\frac{ZSTL}{p_1^2 - p_2^2} \right)^{0.1875} \qquad (8-3-7)$$

式中　Q_s——输气量，m^3/s；

Q——输气量，m^3/d；

d——管线内径，m；

p_1——管线起点压力，MPa（绝）；

p_2——管线终点压力，MPa（绝）；

Z——气体压缩系数；

S——气体相对密度；

T——气体平均温度；

L——输气管长度，km；

d_c——以 cm 表示的管线内径。

对于大口径长距离的输气管道，美国等西方国家常采用潘汉德公式计算水力摩阻系数，而苏联则采用新的综合公式，现一并列出，供大型输气管线设计时参照使用。

潘汉德公式

$$Q_s = 12428 E d^{2.53} \left(\frac{p_1^2 - p_2^2}{Z^{0.961} TL} \right)^{0.51} \qquad (8-3-8)$$

苏联常用公式

$$Q_s = 12428 \alpha\varphi E d^{2.6} \left(\frac{p_1^2 - p_2^2}{ZTL} \right)^{0.5} \qquad (8-3-9)$$

式中　α——流态修正系数，$\varphi = 0.96 \sim 1.0$，粗糙区取 1.0；

φ——管线接口垫环修正系数，无垫环时取 $\varphi = 1$，垫环间距 12m 时取 $\varphi = 0.975$，垫环间距 6m 时取 $\varphi = 0.95$；

E——输气管线效率系数，反映实际输气量与计算输气量之比，一般取 $E = 0.9 \sim 0.95$，对于所输气体净化程度高的大型管线可取上限值,有些文献推荐当 $d = 0.35 \sim$ 0.4m 时 $E = 0.9$;$d = 0.5 \sim 0.6\text{m}$ 时 $E = 0.92$,$d = 0.66 \sim 0.7\text{m}$ 时 $E = 0.94$,$d > 0.76\text{m}$ 时 $E = 0.95$。

式中其余符号的含义同式(8-3-4)。

3. 变径管计算

在输气管线设计中,有时因管材供应或其他原因全线不能采用统一的设计管径 d_1,而需要改铺部分直径为 d_2 的变径管。在输送同一气量的条件下,任一输气管线的管径与长度间的比例关系可由常用的计算公式(8-3-4)推导出:

$$\frac{d_1^{5.333}}{L_1} = \frac{d_2^{5.333}}{L_2} = \frac{d_3^{5.333}}{L_3} = \cdots = \frac{d_n^{5.333}}{L_n} \tag{8-3-10}$$

若用 d_2 来代替原计算管径 d_1,为满足与原计算 d_1 相同的输气量,利用式(8-3-10)可求得其所对应的当量长度。

由几种管径 d_1,d_2,d_3…组成的管线,其输气量可按其中的任一管径,如 d_1,计算出当量长度 L_e,然后将 d_1 和 L_e 代入常用计算公式(8-3-5)求得 Q。即:

$$L_e = L_1 + L_{2e} + L_{3e} + \cdots \tag{8-3-11}$$

$$L_{2e} = L_2 \frac{d_1^{5.333}}{L_2^{5.333}}, L_{3e} = L_3 \frac{d_1^{5.333}}{L_3^{5.333}}, \cdots \tag{8-3-12}$$

如已知管线 d_1 和 L,为增加输气量 $Y(\%)$,则在同样压降下需换敷管径 $d_2(d_2 > d_1)$ 的管线长 L_2 为:

$$L_2 = \frac{L - L_e}{1 - X} \tag{8-3-13}$$

其中

$$X = \frac{d_1^{5.333}}{d_2^{5.333}} \tag{8-3-14}$$

$$L_e = \frac{L}{(1 + Y)^2} \tag{8-3-15}$$

式中　X——换敷率,即每公里 d_2 的管线相当于 d_1 管线的里程数(km);

　　　L_e——在其他条件相同的情况下,为使增加输量 $Y(\%)$ 而相当于要求管线从 L 缩短为 L_e。

4. 副管计算

对于长度和起终点相同的两条平行管线 d_1 和 d_2 其当量管径为:

$$d_e^{2.665} = d_1^{2.665} + d_2^{2.665} \tag{8-3-16}$$

长为 L_2 的两条平行管线换算为 d_1（干管）的当量长度 L_e 为：

$$L_e = L_2 \frac{d_1^{5.333}}{d_e^{5.333}} \tag{8-3-17}$$

则气管线计算长度为 $L = L_1 - L_2 + L_e$，计算输气量可将 d_1 和 L 代入式(8-3-5)求得。

在已知管线 d_1 和 L_1 上增加输气量 $Y\%$，则所需敷设副管 d_2 的长度 L_2 为：

$$L_2 = \frac{L_1 - L_e}{1 - X} \tag{8-3-18}$$

其中

$$X = \frac{d_1^{5.333}}{d_2^{5.333}} \tag{8-3-19}$$

L_e 可由式(8-3-20)计算：

$$\left(\frac{1}{L_e}\right)^{0.5} = (1 + Y)\left(\frac{1}{L_1}\right)^{0.5} \tag{8-3-20}$$

5. 压力为 0.05~0.1MPa 的输气管线的简化计算

在管线压力近于或低于 0.1MPa 且压降不太大的情况下，有：

$$p_1^2 - p_2^2 \approx 2p_1(p_1 - p_2) = 0.2(p_1 - p_2)$$

代入式(8-3-5)则可得以下简化计算公式：

$$Q_s = 5610 d^{8/3} \sqrt{\frac{p_1 - p_2}{TL}} \tag{8-3-21}$$

或

$$Q = 48472 \times 10^4 d^{8/3} \sqrt{\frac{p_1 - p_2}{TL}} \tag{8-3-22}$$

$$Q = 0.2250 d_c^{8/3} \sqrt{\frac{p_1 - p_2}{TL}} \tag{8-3-23}$$

上列式中各符号含义同式(8-3-4)、式(8-3-5)及式(8-3-6)。

6. 压力低于 0.05MPa 的输气管线压降计算

有些输配气管线的压力低于 0.05MPa，这时因起点和终点压差较小，管线内气体的密度变化不大，其水力计算可类似于液体输送管线，则按达西公式导出其压降公式为：

$$\Delta p = 1.0488 \lambda \frac{Q_s^2 SL}{d^5} \tag{8-3-24}$$

式中　Δp——管线压降，Pa；

Q_s——输气量, m^3/s;

S——气体相对密度;

d——管线内径, m;

L——管线长度, m;

λ——水力摩阻系数。

或

$$\Delta p = 1.2135 \times 10^{-5} \lambda \frac{Q^2 SL}{d^5} \qquad (8-3-25)$$

式中　Q——输气量, m^3/d。

其余符号含义同(8-3-24)。

上列式中水力摩阻系数 λ 可根据流态分别按下列各式计算:

层流 $\left(Re = \dfrac{4Q}{\pi d \nu} < 2000 \right)$

$$\lambda = \frac{64}{Re} \qquad (8-3-26)$$

临界区 $(2000 < Re < 3000)$

$$\lambda = 0.0025 \sqrt[3]{Re} \qquad (8-3-27)$$

光滑区 $(Re > 3000)$

$$\lambda = 0.3164 Re^{-0.25} \qquad (8-3-28)$$

混合区 $(Re > 10^5)$

$$\lambda = 0.11 \left(\frac{e}{d} + \frac{68}{Re} \right)^{0.25} \qquad (8-3-29)$$

式中　Re——雷诺数;

e——管线的绝对粗糙度, 对于小直径钢管可取 $e = 0.0001m(0.1mm)$, m;

Q——输气量, m^3/s;

ν——气体运动黏度, m^2/s。

其余符号含义及单位同式(8-3-24)。

利用上述计算 λ 值的公式和式(8-3-24)即可导出适用于各不同流态和压降计算实用公式:

层流

$$\Delta p = 52.718 \frac{QS\nu L}{d^4} \qquad (8-3-30)$$

临界区

$$\Delta p = 2.842 \times 10^{-3} \frac{Q^{2.333} SL}{d^{5.333} \nu^{0.333}} \tag{8 - 3 - 31}$$

光滑区

$$\Delta p = 0.31239 \frac{Q^{1.75} \nu^{0.25} SL}{d^{4.75}} \tag{8 - 3 - 32}$$

混合区

$$\Delta p = 0.11537 \left(\frac{e}{d} + 53.41 \frac{d\nu}{Q} \right)^{0.25} \frac{Q^2 SL}{d^5} \tag{8 - 3 - 33}$$

式中　Δp——管线压降,Pa;

　　　v——气体流速,m/s;

　　　e——管线绝对粗糙度,m;

　　　ν——气体运动黏度,m^2/s;

　　　Q——输气量,m^3/s。

其余符号含义及单位同式(8 - 3 - 24)。

7. 输气管线的压力分布和储气能力

输气管线沿程任一点的压力可用式(8 - 3 - 34)计算:

$$p_x = \sqrt{p_1^2 - (p_1^2 - p_2^2) \frac{x}{L}} \tag{8 - 3 - 34}$$

式中　x——任一点至管线起点的距离,m;

　　　L——管线全长,m。

由式(8 - 3 - 34)可知,压力 p_x 与 x 的关系为一抛物线,靠近管线起点处单位长度上的压力降较小,而距起点越远,压力降越大。这是由于随着管线内压力下降,气体体积增大,流速增大,摩阻损失也随之增大。因此,在其他条件相同的情况下,提高输气管线的压力可节省输气的能耗。

输气管线的平均压力,也即管线停止输气时,管内高压端气体逐渐流向低压端,使起点压力逐渐下降,终点压力逐渐上升,最后全线达到的一个压力值。输气管沿线的平均压力为:

$$p_a = \frac{2}{3} \left(p_1 + \frac{p_2^2}{p_1 + p_2} \right) \tag{8 - 3 - 35}$$

管线储气能力计算:管线储气的过程一般为不稳定流动过程,计算中则按稳定流动考虑,并按平均压力计算,其计算公式如下:

$$V = \frac{V_o T_0}{p_0 T} \left(\frac{p_{a1}}{Z_1} - \frac{p_{a2}}{Z_2} \right) \tag{8 - 3 - 36}$$

式中　V——管线储气能力,m^3;

V_o——管线几何容积,m^3;

T_0——工程标准温度,$T_0 = 293K$;

p_0——工程标准压力,$p_0 = 101325Pa$;

T——管线平均温度,由热力计算确定,K;

p_{a1}——储气终了时的管线平均压力,Pa(绝);

p_{a2}——储气开始时的管线平均压力,Pa(绝);

Z_1,Z_2——相应于p_{a1}和p_{a2}的压缩系数。

将p_0和T_0数值代入,则有:

$$V = 2.8917 \times 10^{-3} \frac{V_0}{T} \left(\frac{p_{a1}}{Z_1} - \frac{p_{a2}}{Z_2} \right) \tag{8-3-37}$$

储气开始时,管线起点和终点压力都为最低值,而储气终了时,起点和终点压力都为最高值,相应的平均压力分别为:

$$p_{a2} = \frac{2}{3} \left(p_{1min} + \frac{p_{2min}^2}{p_{1min} + p_{2min}} \right) \tag{8-3-38}$$

$$p_{a1} = \frac{2}{3} \left(p_{1max} + \frac{p_{2max}^2}{p_{1max} + p_{2max}} \right) \tag{8-3-39}$$

式中 p_{1min},p_{2min}——储气开始时起点、终点压力,Pa(绝);

p_{1max},p_{2max}——储气终了时起点、终点压力,Pa(绝)。

如要考虑在储气的同时,在储气开始及终了时期又要能满足管线输气量的特点,则应按下列公式计算p_{1min}和p_{2max}。

由输气管线的输量及压降关系式可得出:

$$\frac{G}{A} = \sqrt{p_{1max}^2 - p_{2max}^2} = \sqrt{p_{1min}^2 - p_{2min}^2} \tag{8-3-40}$$

式中 G——质量输量,kg/s。

$$A = \frac{\pi}{4} \sqrt{\frac{gd^5}{\lambda Z R_a T L}} \tag{8-3-41}$$

由于

$$G = Q\rho = Q \frac{p_0 S}{T_0 R_a} \tag{8-3-42}$$

$$g = 9.80665 m/s^2$$

$$R_a = 287.1 J/(kg \cdot K)$$

$$T_a = 293K$$

$$p_0 = 101325\text{Pa}$$

代入式(8-3-40)并整理,则有:

$$\frac{Q}{A_1} = \sqrt{p_{1\max}^2 - p_{2\max}^2} = \sqrt{p_{1\min}^2 - p_{2\min}^2} \qquad (8-3-43)$$

其中

$$A_1 = 0.1205\sqrt{\frac{d^5}{\lambda ZSTL}} \qquad (8-3-44)$$

故有

$$p_{2\max} = \sqrt{p_{1\max}^2 - \left(\frac{Q}{A_1}\right)^2} \qquad (8-3-45)$$

$$p_{2\min} = \sqrt{p_{1\min}^2 - \left(\frac{Q}{A_1}\right)^2} \qquad (8-3-46)$$

式中　$p_{2\max}$——储气终了时终点压力,Pa(绝);

　　　$p_{1\min}$——储气开始时起点压力,Pa(绝);

　　　Q——输气量,m/s;

　　　d——输气管内径,m;

　　　λ——水力摩阻系数;

　　　Z——压缩系数;

　　　S——气体相对密度;

　　　T——气体平均温度,K;

　　　L——输气管线长度,m。

8. 有关参数的计算

1) 压缩系数 Z

天然气或伴生气的压缩系数 Z 可按其视对比压力 p_r 和视对比温度 T_r,从有关的手册图表查得,或从图8-3-1得。

$$p_r = \frac{p}{p_c} \qquad (8-3-47)$$

$$T_r = \frac{T}{T_c} \qquad (8-3-48)$$

式中　p_c,T_c——气体的临界压力(Pa)和临界温度(K),由天然气是多组分的混合气体,其临界温度和临界压力可由组分气体加权平均求得,并称为假临界温度和假临界压力;

　　　p,T——气体的平均压力[Pa(绝)]和气体的平均温度(K)。

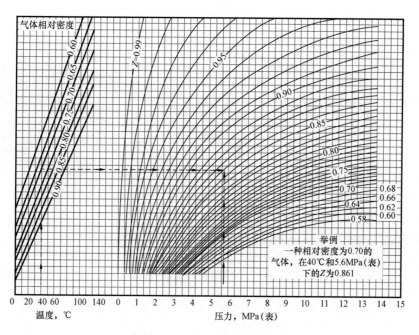

气体相对密度

举例
一种相对密度为0.70的
气体,在40℃和5.6MPa(表)
下的Z为0.861

温度,℃   压力,MPa(表)

图 8 – 3 – 1　压缩系数计算图

天然气的压缩系数也可用以下简便公式计算:

$$Z = 1 + (0.34T_r - 0.6)p_r \qquad (8 - 3 - 49)$$

该式的适用条件为 $0 \leqslant p_r \leqslant 2, 1.25 \leqslant T_r \leqslant 1.6$。

利用以下经验公式也可计算压缩系数 Z:

对于脱去轻油的伴生气

$$Z = \frac{100}{100 + 2.915p_a^{1.25}} \qquad (8 - 3 - 50)$$

对于干燥的天然气

$$Z = \frac{100}{100 + 1.73p_a^{1.15}} \qquad (8 - 3 - 51)$$

式中 p_a 为平均压力(MPa),对于输气管线可由式(8-3-35)求得。

2)天然气的黏度

气体的黏度取决于温度和压力,而天然气作为气体混合物其黏度还与气体组成有关。以实验测定气体黏度是唯一正确的方法,当缺乏实测数据时,可用以下方法:

(1)用天然气的各组分的黏度求天然气的黏度。

$$\mu = \frac{\sum\limits_{i=1}^{n}(\mu_i y_i \sqrt{M_i})}{\sum\limits_{i=1}^{n}(y_i \sqrt{M_i})} \qquad (8 - 3 - 52)$$

式中　μ_i——i 组分的黏度；

　　　y_i——i 组分的分子数；

　　　M_i——i 组分的分子量；

　　　n——天然气的组分数。

（2）用天然气的相对密度和温度求天然气黏度。

$$\mu = \frac{(12.61 + 0.767S)\, T^{1.5}\, 10^{-4}}{116.2 + 305.7S + T} \qquad (8-3-53)$$

式中　μ——天然气黏度，$mPa \cdot s$；

　　　T——气体温度，K；

　　　S——气体在标准状态下的相对密度。

（3）用天然气的密度和相对密度求天然气的黏度。

$$\mu = C\exp\left[x\left(\frac{\rho}{1000} \right)^{y} \right] \qquad (8-3-54)$$

其中

$$x = 2.57 + 0.2781S + \frac{1063.6}{T} \qquad (8-3-55)$$

$$y = 1.11 + 0.04x \qquad (8-3-56)$$

$$C = \frac{2.415(7.77 + 0.1844S)\, T^{1.5}}{122.4 + 377.58S + 1.8T} \times 10^{-4} \qquad (8-3-57)$$

式中　ρ——天然气所处压力、温度条件下的密度，kg/m^3；

　　　S——标准状态下的相对密度；

　　　T——天然气的平均温度，K。

三、集输气管网计算

1. 直线及放射式管网

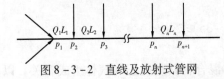

图 8-3-2　直线及放射式管网

直线及放射式管网（图 8-3-2）可看作沿线有气体流入或流出的输气管线来计算。

（1）当用相同管径时。为确定输气管直径，分段列入流量与压降关系方程式：

$$Q_1 = Bd^{8/3}\sqrt{\frac{p_1^2 - p_2^2}{L_1}} \qquad (8-3-58)$$

即

$$Q_1^2 L_1 = B^2 d^{16/3}(p^2 - p_2^2) \qquad (8-3-59)$$

其中

$$B = 5031 \sqrt{\frac{1}{STZ}} \qquad (8-3-60)$$

各符号单位为 $Q_1(\mathrm{m^3/d}), d(\mathrm{cm}), p(\mathrm{MPa}), L(\mathrm{km}), T(\mathrm{K})$。

同理

$$Q_2^2 L_2 = B^2 d^{16/3} (p_2^2 - p_3^2) \qquad (8-3-61)$$

$$\vdots$$

$$Q_n^2 L_n = B^2 d^{16/3} (p_n^2 - p_{n+1}^2) \qquad (8-3-62)$$

各式相加即有：

$$\sum_{i=1}^{n} Q_i^2 L_i = B^2 d^{16/3} (p_1^2 - p_{n+1}^2) \qquad (8-3-63)$$

则管径与压降有以下关系：

$$d^{16/3} = \frac{\sum\limits_{i=1}^{n} Q_i^2 L_i}{B^2 (p_1^2 - p_{n+1}^2)} \qquad (8-3-64)$$

已知压降可按式(8-3-65)求管径：

$$d = \left[\frac{\sum\limits_{i=1}^{n} Q_i^2 L_i}{B^2 (p_1^2 - p_{n+1}^2)} \right]^{0.188} \qquad (8-3-65)$$

式中各符号意义同式(8-3-6)和式(8-3-60)，其单位分别为 $d(\mathrm{cm}), Q(\mathrm{m^3/d}), L(\mathrm{km}), p(\mathrm{MPa})$。

（2）当用变径输气管时。选择各支管节点压力,通常按各节点压力沿管线分布为直线关系来确定,即：

$$\Delta p_i = \frac{L_i}{L}(p_1 - p_{n+1}) \qquad (8-3-66)$$

式中　$\Delta p_i, L_i$ ——该管段的压力降和长度；

　　　　L ——管线总长度。

$$L = \sum L_i$$

该管段起点压力减去 Δp_i 即为该管段终点压力。

节点压力确定后,按式(8-3-67)可求出每段管线的管径：

$$d_i = \left[\frac{Q_i^2 L_i}{B^2 (p_i^2 - p_{i+1}^2)} \right]^{0.188} \qquad (8-3-67)$$

式中 Q_i——该管段气体流量，m^3/d；

其余符号意义同式$(8-3-6)$和式$(8-3-65)$。

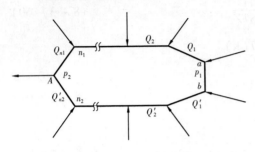

图$8-3-3$　环状管网

2. 环状管网

环状集气或配气管网（图$8-3-3$）的环管，为便于清管，一般都采用相同的管径。

环状管网计算步骤如下：

（1）假设零段，即在此管段压降为 0（图$8-3-3$中 ab 段），环路由此分为上下两半环。

（2）确定汇合点 A，使两半环来气在此汇流入干线。

为此，先假设 A 点位置，这样以零段和 A 点将环状管网分成的上下半环的压降相等，即：

$$\Delta p_{an_1A} = \Delta p_{bn_2A} \tag{$8-3-68$}$$

设零段压力为 p_1，A 点压力为 p_2，则有：

$$p_1^2 - p_2^2 = \frac{Q_{aA}^2 L_{aA}}{B^2 d^{16/3}} = \frac{Q_{bA}^2 L_{bA}}{B^2 d^{16/3}} \tag{$8-3-69$}$$

由于各管段流量并不相等，因此实际上不存在一个统一的 Q_{aA} 或 Q_{bA}，但因两半环压降相等，管径也相等，故两半环的各管段 $Q_i^2 L_i$ 之总和必然相等，即：

$$\sum_{i=1}^{n_1-1} Q_i^2 L_i + Q_{n1}^2 X = \sum_{i=1}^{n_2-1} Q_i'^2 L_i + Q_{n2}'^2 (L_n - X) \tag{$8-3-70$}$$

式中 $\displaystyle\sum_{i=1}^{n_1-1} Q_i^2 L_i$——上半环 an_1 段的 $Q^2 L$ 之总和；

　　$\displaystyle\sum_{i=1}^{n_2-1} Q_i'^2 L_i$——下半环 bn_2 段的 $Q_L'^2$ 之总和；

　　X——$n_1 A$ 段长度；

　　L_n——$n_1 A n_2$ 段长度；

　　Q_{n1}——$n_1 A$ 段流量；

　　Q_{n2}'——$n_2 A$ 段流量。

由式$(8-3-70)$可得出计算 X 值的公式，并以此确定 A 点的位置。

$$X = \frac{\displaystyle\sum_{i=1}^{n_2-1} Q_i'^2 L_i - \sum_{i=1}^{n_1-1} Q_i'^2 L_i + Q_{n_2}'^2 L_n}{Q_{n_1}^2 + Q_{n_2}^2} \tag{$8-3-71$}$$

联系式$(8-3-69)$可得出计算压力降的公式：

$$p_1^2 - p_2^2 = \frac{\sum\limits_{i=1}^{n_1-1} Q_i^2 L_i + Q_{n1}^2 X}{B_n^2 d^{16/3}}$$

$$\qquad (8-3-72)$$

$$= \frac{\sum\limits_{i=1}^{n_2-1} Q_i'^2 L_i + Q_{n2}'^2 (L_n - X)}{B_n^2 d^{16/3}}$$

如已知压降,可按下式求算环状管网的直径:

$$d = \left(\frac{\sum\limits_{i=1}^{n_1-1} Q_i^2 L_i + Q_{n1}^2 X}{B^2 (p_1^2 - p_2^2)} \right)^{0.188}$$

$$= \left[\frac{\sum\limits_{i=1}^{n_2-1} Q_i'^2 L_i + Q_{n2}'^2 (L_n - X)}{B^2 (p_1^2 - p_2^2)} \right]^{0.188} \qquad (8-3-73)$$

上列式中符号意义及单位同式$(8-3-6)$和式$(8-3-65)$。

四、伴生气集输管道热力计算

1. 管线散热与沿线温降

集输气管线散热计算方法与油管线相同,即:

$$Q_h = K\pi D (t_a - t_0) L \qquad (8-3-74)$$

沿管线任意一点的温度可按舒霍夫公式计算:

$$t_x = t_0 + \frac{t_1 - t_0}{e^{ax}} \qquad (8-3-75)$$

管段的平均温度可按式$(8-3-76)$计算:

$$t_a = t_0 + \frac{t_1 - t_0}{aL}(1 - e^{aL}) \qquad (8-3-76)$$

管段终点温度为

$$t_2 = t_0 + (t_1 - t_0) e^{-aL} \qquad (8-3-77)$$

其中

$$a = \frac{K\pi D}{1.205 SQc_p} = \frac{2.608KD}{SQc_p} \qquad (8-3-78)$$

式中　Q_h——管线散热量,W;

　　　D——管线外径,m;

t_0——管线周围环境温度，℃；

t_1——管线起点温度，℃；

t_2——管线终点温度，℃；

t_x——管线任意一点(距起点距离 x,m)处的温度，℃；

L——管线长，m；

Q——管线输气量，m³/h；

S——天然气相对密度；

c_p——天然气比定压热容，一般为 0.58 ~ 0.7J/(kg·℃)；

K——管线总传热系数，对于埋地输气管线，当主要土质为干沙时 $K = 1.165$W/(m²·℃)，湿泥沙时 $K = 1.456$W/(m²·℃)，湿沙时 $K = 3.5$W/(m²·℃)，一般取值为 $K = 1.5$W/(m²·℃)。

2. 考虑节流效应和位能变化时的热力计算

集输气管线中的气体如计入因气体压缩或膨胀的节流效应及位能变化所引起的热量变化(当气流速度在小于 15m³/s 范围时，动能变化的影响可忽略不计)，则任一点温度可按下式计算：

$$t_x = t_o + \frac{t_1 - t_o}{e^{ax}} - \frac{\alpha(p_1 - p_2)}{aL}(1 - e^{-ax}) - \frac{g\Delta h}{aLc_p}(1 - e^{-ax}) \qquad (8-3-79)$$

一般情况下 $aL \gg 1$，则管线平均温度为：

$$t_a = t_o + \frac{t_1 - t_o}{aL} - \frac{\alpha(p_1 - p_2)}{aL} - \frac{g\Delta h}{aLc_p} \qquad (8-3-80)$$

式中　Δh——管线始、末端高差，$\Delta h = h_2 - h_1$，m；

g——重力加速度，$g = 9.80665$m/s²；

p_1, p_2——管线始、末端压力，MPa；

α——焦耳 - 汤姆逊效应系数，以甲烷为主的天然气的 α 值可由表 8 - 3 - 1 查得。

其余符号含义同前文。

五、伴生气管道中水合物的形成及其防止方法

1. 水合物生成条件

未经处理的天然气中都含有一定的水蒸气，水蒸气在一定条件下会生成冷凝水、冰塞和水合物，从而堵塞管线。水合物是由烃类与水形成的复杂而又不稳定的化合物，系白色结晶，类似冰屑或密实的雪。生成水合物的条件一是气体中要有足够的水蒸气，二是要有适宜的温度和压力。也就是说油田气中水蒸气的分压要大于水合物的蒸气压。如果集输气管中气体被水蒸气饱和，即管线的温度等于湿气的露点时，水合物的生成就有足够的水分，此时气体中水蒸气分压超过水合物的蒸气压；相反如减少气体中的水分使水蒸气分压低于水合物的蒸气压、水合物就不能形成和存在。

表 8 - 3 - 1　焦耳 - 汤姆逊效应系数 α

温度 ℃	不同压力［MPa（kgf/cm²）］下对应的 α 值				
	0.098（1.0）	0.51（5.2）	2.53（25.8）	5.05（51.5）	10.1（103）
- 50	7.04（0.69）	6.73（0.66）	6.02（0.59）	5.20（0.51）	4.18（0.41）
- 25	5.71（0.56）	5.61（0.55）	5.10（0.50）	4.59（0.45）	3.67（0.36）
0	4.89（0.48）	4.79（0.47）	4.38（0.43）	3.87（0.38）	3.26（0.32）
25	4.18（0.41）	4.08（0.40）	3.67（0.36）	3.37（0.33）	2.75（0.27）
50	3.57（0.35）	3.47（0.34）	3.16（0.31）	2.86（0.28）	2.55（0.25）
75	3.06（0.30）	3.06（0.30）	2.65（0.26）	2.45（0.24）	2.14（0.21）
100	2.65（0.26）	2.65（0.26）	2.35（0.23）	2.14（0.21）	1.94（0.19）

注：表中温度与压力系指管段的平均温度与平均压力。

除上述水合物生成的主要条件外，高速、紊流、脉动、急速拐弯等造成气流旋涡的因素以及气体中所含的某些杂质（H_2S、CO_2 等）都能促进水合物的形成。

管线形成水合物的温度可按以下经验公式计算：

$$t = 20.61p^{0.285} - 17.78 \qquad (8 - 3 - 81)$$

式中　t——管线沿线任一点水合物形成温度，℃；

　　　p——沿线该点的压力，可按式（8 - 3 - 34）计算，MPa。

将式（8 - 3 - 81）计算做出的沿线温度曲线与按式（8 - 3 - 77）做出的沿线温度曲线进行比较，可大致确定管线中有无水合物的存在。

2. 防止水合物冻堵管线的措施

为了防止油田气集输管线被水合物冻堵而影响正常集输，可采用以下措施：

（1）在寒冷地区可将油田气集输管线与温度较高的原油集输、污水输送管线同沟敷设，使油田气的温度保持在其集输压力下不会形成水合物的温度以上，输气管中水合物形成区域如图 8 - 3 - 4 所示。为了避免油田气中携带的水分和由于烃类大量析出而形成的液体在管线内积聚影响集输，在同沟敷设后，最好使油田气温度保持在集输压力下的露点温度以上，当温度较低，集输管线内有液体积聚时，应考虑用清管球定期清管，将管线内积液定期推向终点加以收集。

（2）降低管线压力。集输气管线如发生水合物阻塞可用放空管短时降压，同时，形成水合物的温度亦相应降低。当形成水合物的温度刚一低于管线的温度，水合物立即开始分解并自管壁脱落而被气流带走。虽然这一方法的操作简便，但会造成气体损失。如已知放空短管管径和放空时间，可用式（8 - 3 - 82）计算气体损失量：

$$G = \frac{\pi g}{4} d^2 p_0 \sqrt{\frac{19.62}{ZR_a T_0} \cdot \frac{K}{K + 1} \left(\frac{2}{K + 1} \right)^{\frac{2}{K + 1}}} \qquad (8 - 3 - 82)$$

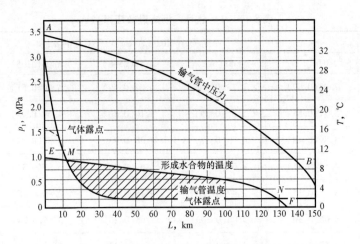

图 8 - 3 - 4 输气管线中水合物形成区域

式中 p_0, T_0——起始绝对压力(Pa)、绝对温度(K)；

$\quad\quad K$——气体绝热指数；

$\quad\quad d$——放空管内径，m；

$\quad\quad Z$——气体压缩系数；

$\quad\quad R_a$——气体常数，$R_a = 287.1\text{J}/(\text{kg} \cdot \text{K})$；

$\quad\quad g$——重力加速度，$g = 9.80665\text{m}/\text{s}^2$。

（3）向集输气管线中注入防冻剂。目前常用防冻剂有乙二醇(二甘醇)和甲醇。它们的作用原理是蒸气与水蒸气形成溶液，使水蒸气变成凝析液，由于它们能吸收大量水分，从而降低油田气露点。一般可降低10℃左右，它们又可使水合物分解，从而可预防水合物冻堵管线。

防冻剂可用专用气动加药泵注入气管线中，也可用平衡压力管利用液柱压头注入或滴入管线中。在管线终点或适当位置应设防冻剂的集中回收系统并进行再生处理以循环使用。

乙二醇耗量计算，可根据油田气集输前后温差(或起终点温差)Δt，由图 8 - 3 - 5 查出所需乙二醇水溶液浓度(质量分数，%)，该浓度实际就是排出的乙二醇废溶液浓度。然后再根据加入管线中的新鲜乙二醇水溶液的浓度(质量分数，%)(这个浓度即为商品或再生乙二醇溶液浓度)，从图 8 - 3 - 6 查出乙二醇新鲜溶液注入速度[kg(乙二醇)/kg(水)]将这个速度乘以液态水汽的小时流量则可得每小时加入的乙醇质量，新鲜乙二醇水溶液浓度的选用，应比最低浓度高20% ~30%，一般合适的浓度为75%。

水汽小时流量按管线温差由天然气含水曲线(图 8 - 3 - 7)查算，或按油田气处理章节中介绍的方法计算。

高中压天然气管道水力计算图如图 8 - 3 - 8 所示，低压天然气管路水力计算图如图 8 - 3 - 9所示。

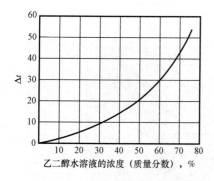

图 8-3-5　水合物形成温度的降
低值和乙二醇水溶液的浓度（质量分数）
的关系式

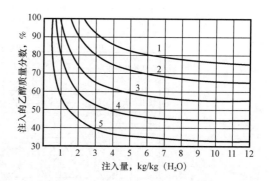

图 8-3-6　乙二醇的注入速度
1,2,3,4,5—相应为 70%,60%,50%,40% 和 30%
乙二醇在水中的最小浓度（质量分数）

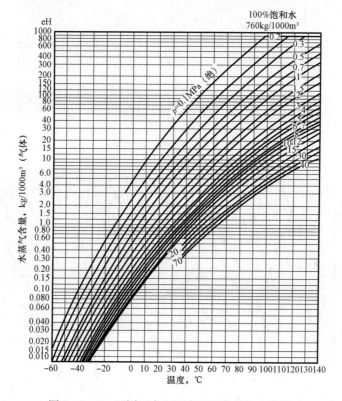

图 8-3-7　不同压力和温度下天然气含水曲线

六、伴生气集输管道壁厚计算

1. 管线壁厚设计计算

油气集输管线的管径确定后,要根据其输送压力和管线材质等来设计计算壁厚。一般先按其环向力来计算壁厚,然后按轴向力校核,并在必要时核算其径向和轴向的稳定性。

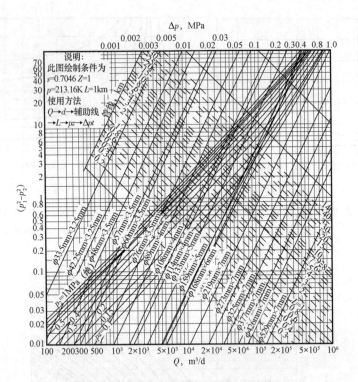

图 8 - 3 - 8　高中压天然气管路水力计算图

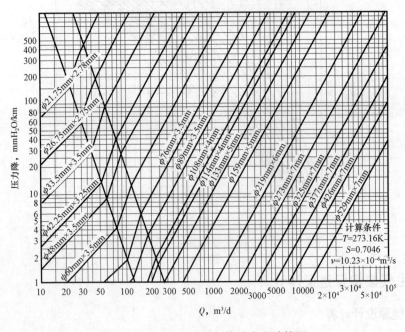

图 8 - 3 - 9　低压天然气管路水力计算图

1）管线壁厚设计计算公式

油田油气集输和外输油气管线可按式(8－3－83)计算壁厚：

$$\delta = \frac{pd}{2\sigma_s F\phi} + C \qquad\qquad (8-3-83)$$

式中　δ——管线壁厚，mm；

　　　p——管线的设计工作压力，MPa；

　　　d——管线内径，mm；

　　　ϕ——焊缝系数，无缝钢管 $\phi=1$，直缝管和螺旋焊缝钢管 $\phi=1$，螺旋埋弧焊钢管 $\phi=0.9$；

　　　σ_s——钢材屈服极限，MPa，常用钢管管材 σ_s 见表8－3－2；

　　　F——设计系数，视管线的工作条件按表8－3－3取值；

　　　C——腐蚀余量，根据所输介质腐蚀性的大小取值，当所输油气中不含腐蚀性物质时 $C=0$mm，当油气中含有腐蚀性物质时可取 $C=0.5\sim1$mm。

表8－3－2　常用钢管材质屈服极限

钢管材质	优质碳素钢		碳素钢 A3F	低合金钢 16Mn	APIS.5L			
	10	20	A3F	16Mn	X52	X60	X65	X70
σ_s,MPa	205	245	235	353	358	413	448	482

表8－3－3　设计系数 F 取值

管线 ＼ 工作环境	野外地区	居住区、油气田站场内部、穿跨越铁路、公路、小河渠（常年枯水面宽度＜20m）
输油管线	0.72	0.60
输气管线	0.6	0.50

2）管线壁厚计算应注意的问题

（1）由式(8－3－83)求算的管线壁厚应向上圆整至公称壁厚。

（2）计算壁厚时所用的管线设计工作压力一般应为管线最高稳态操作压力，当管线沿线高程差起伏较大时，还要考虑管线停输时管内最大的静压头。

（3）由于一般油气集输管线直径较小，且输送压力都不太高，计算出的管线壁厚都比较小，为便于焊接和装运，管线不宜太薄，但为节省钢材，又不能任意加大壁厚，当低压、小直径集输管线计算出的壁厚较小时，取值不小于实际生产管线的最小公称壁厚即可。

2. 管线的应力校核

管线壁厚计算公式只考虑了管线在内压作用下产生的环向应力，对于较大直径的管线或某些特殊管段的安全需求，还应核算轴向应力。

1）轴向应力

直管段按以下公式计算：

$$\sigma_a = E\alpha(t_1 - t_2) + \mu\sigma_h \qquad (8-3-84)$$

其中

$$\sigma_h = \frac{pd}{2\delta}$$

式中　σ_a——管线的轴向应力（正值为拉应力、负值为压应力），MPa；

E——钢材弹性模量，为 2.06×10^{-5} MPa；

α——钢材线膨胀系数，取 1.2×10^{-5} ℃$^{-1}$；

t_1——管线安装温度，℃；

t_2——管线工作温度，℃；

μ——泊松比，取 0.3；

σ_h——管线的环向应力，MPa；

d——管线内径，cm；

δ——管线壁厚，cm；

p——管线工作压力，MPa。

对于弹性弯曲管线（弹性铺改的弯曲段），其轴向力还要考虑冷弯引起的应力 σ_w；

$$\sigma_w = \frac{ED}{2\rho} \qquad (8-3-85)$$

式中　σ_w——冷弯引起的轴向应力，MPa；

D——管线内径，cm；

ρ——管线弯曲曲率半径，cm。

其余符号含义同前文。

2）管线应力核算

埋地管线的当量应力可按最大剪应力破坏理论来计算和校核，并应满足以下条件：

$$\sigma_h - \sigma_a < 0.9\sigma_s \qquad (8-3-86)$$

式中各符号含义同前文。

3. 管线的稳定性

为保证管线具有一定的刚度，管线的壁厚不应太薄，即管线的直径与壁厚之比不应太大，对于埋地管线来说，直径与壁厚之比不宜大于110，以保持管线在外部荷载作用下的稳定性。

当管线直径与壁厚之比较大（例如大于110）时，在管线内压很小而外部有均匀压力作用下，可能使管线发生屈曲变形。埋地管线的回填压力接近于均匀外压，则其稳定的条件为：

$$p_{cr} \geqslant 1.5p_e \qquad (8-3-87)$$

$$p_{cr} = \frac{2E\delta^3}{(1-\mu^2)D_{av}^3} \qquad (8-3-88)$$

式中　p_{cr}——临界压力,MPa;

$\qquad p_e$——外部荷载(包括静荷载和动荷载),当只有回填土压力时,$p_e \approx \rho_t h_c g \times 10^{-6}$,MPa;

$\qquad \rho_t$——管线回填土密度,kg/m^3;

$\qquad h_c$——管线中心埋深,m;

$\qquad E$——钢材弹性模量,MPa;

$\qquad \mu$——泊松比;

$\qquad \delta$——管线壁厚,cm;

$\qquad D_{av}$——管线平均直径,cm;

$\qquad g$——重力加速度,$g = 9.8065 \text{m/s}^2$。

七、管道允许跨度核算

采用地上敷设(或管沟敷设)的管线需要加设支墩或支架,则要计算管线最大允许跨度;埋地敷设的管线因管沟不平也会造成局部悬空,有时也需要核算管线最大允许悬空段;上述计算或核算可将管线看作多跨连续梁。

1. 地上管线允许跨度

当连续设支墩时,其跨度可按式(8-3-89)计算:

$$L_0 = \sqrt{\frac{[\sigma]W}{K_0 q}} \qquad (8-3-89)$$

其中

$$W = \frac{2J}{D} = 0.098 \frac{D^4 - d^4}{D} \qquad (8-3-90)$$

$$[\sigma] = \sigma_s \frac{KF}{n} \qquad (8-3-91)$$

式中　L_0——管线支墩间距即允许跨度,cm;

$\qquad W$——管线抗弯截面系数,cm^3;

$\qquad J$——管线截面惯性矩,$J = 0.049(D^4 - d^4)$ cm^4;

$\qquad D,d$——管线外径、内径,cm;

$\qquad [\sigma]$——管材许用应力,MPa;

$\qquad \sigma_s$——管材屈服极限,MPa;

$\qquad K$——管材均质系数,对于碳素钢 $K = 0.9$,对于低合金钢 $K = 0.85$;

$\qquad F$——设计系数,视工作条件按表8-3-3取值;

$\qquad n$——过载系数,取 $n = 1.1$;

$\qquad q$——单位长度管线重量,包括管线本身自重、管内液体重量、绝缘保温层重量,N/m;

$\qquad K_0$——多跨连续梁弯矩系数,见表8-3-4。

表8-3-4 弯矩系数

支墩数	3	4	5	6	7	>7
K_0	0.125	0.10	0.107	0.105	0.106	0.106

实际设计中考虑到个别管墩或管架下沉时也能保证管线安全,选用的支墩间距比式(8-3-89)的计算值要小,通常取计算值的一半。

2. 埋地管线最大悬空段

按下式核算：

$$L_m = \sqrt{\frac{[\sigma]W}{0.125q_m}} \qquad (8-3-92)$$

其中

$$q_m = q + \rho_t g h_1 D \times 10^{-8} \qquad (8-3-93)$$

式中　　L_m——管线允许最大悬空段长,cm；

　　　　q_m——管线所受的均布载荷,N/cm；

　　　　ρ_t——土壤密度,kg/m³；

　　　　h_1——管线顶部覆土厚度,cm；

　　　　D——管线外径,cm；

　　　　g——重力加速度,$g = 980.65$ cm/s²。

其余符号含义同式(8-3-92)。

第四节　掺介质(水、液、油、蒸汽)管道

一、掺介质管道特点

常用的掺液介质有活性水、脱出污水、稀油及蒸汽,掺液的作用：一是使原油降黏,满足集输过程中的水力条件,降低井口回压；二是借助掺液的热量,提高原油输送的温度,满足原油集输过程的热力条件。

根据掺入介质的不同,可以分为掺水管道、掺液(采出水)管道、掺油管道和掺蒸汽管道,掺入介质的特点一般为：温度较高、黏度较小、腐蚀性较低、来源方便。

根据油田的原油物性分析后决定采用掺介质工艺和所掺介质。

二、掺水管道工艺计算

掺水管道的介质主要为活性水,即在水中加有一定比例化学药剂的水溶液。它应用管道化学破乳的机理,在集油过程中加入一定数量的化学药剂,改变油水乳化液的结构形式来降低

原油黏度。

1. 非金属管道

（1）对于玻璃钢管道，管道水力计算按照 SY/T 6769.1《非金属管道设计、施工及验收规范 第 1 部分：高压玻璃纤维管线管》中的有关规定，采用其中式（4.2）至式（4.8）计算，公式中有关参数计算方法分别见式（8-4-1）至式（8-4-7）：

$$\Delta p = \frac{0.225 \rho f L q^2}{d^5} p \tag{8-4-1}$$

$$f = a + bRe^{-c} \tag{8-4-2}$$

$$Re = \frac{21.22 q \rho}{\mu d} \tag{8-4-3}$$

$$a = 0.094 K^{0.225} + 0.53 K \tag{8-4-4}$$

$$B = 88 K^{0.44} \tag{8-4-5}$$

$$c = 1.62 K^{-0.134} \tag{8-4-6}$$

$$K = \frac{\varepsilon}{d} \tag{8-4-7}$$

式中　p——管道内水的压力，MPa；

　　　Δp——压降，MPa；

　　　ρ——密度，kg/m³；

　　　f——摩擦系数；

　　　L——管道长度，m；

　　　q——流量，L/min；

　　　d——管道内径，mm；

　　　a,b,c——系数；

　　　Re——雷诺数，适用条件为雷诺数大于 10000 和 $1 \times 10^{-5} < \varepsilon/d < 0.04$；

　　　μ——动力黏度，mPa·s；

　　　K——相对光滑度；

　　　ε——绝对光滑度，取 0.0053mm，mm。

（2）对于钢骨架增强塑料复合管、热塑性增强塑料复合管、钢骨架增强热塑性树脂复合连续管等内壁为塑料材质的复合管及塑料合金防腐蚀复合管、柔性复合高压输送管等塑料内衬管、热塑性塑料管，管道压降应按式（8-4-8）计算：

$$i = 0.000915 \frac{Q^{1.774}}{d_j^{4.774}} \tag{8-4-8}$$

式中　i——水力坡降；

　　　Q——计算流量，m³/s；

d_j——管道计算内径,m。

（3）当输送聚合物水溶液时,管输压降按照 GB 50391《注水工程设计规范》中的有关规定,采用式(8-4-9)计算:

$$\Delta p = 4LK\left(\frac{3n+1}{4n}\right)^n \frac{32Q_v}{\pi^n d^{3n+1}} \qquad (8-4-9)$$

式中　Δp——水力坡降,Pa;

　　　　L——管线长度,m;

　　　　K——聚合物水溶液稠度系数,Pa·s;

　　　　Q_v——流量,m³/s;

　　　　n——流变行为指数;

　　　　d——管线内径,m。

K 值与 n 值因聚合物水溶液性质的变化而不同,可经仪器测出。

2. 钢制管道

掺水管道采用钢制管线时,其水力计算参照集输油管道水力计算式(8-2-2)至式(8-2-5)。

三、掺液管道工艺计算

掺液管道介质主要为脱出污水,主要利用集中处理站原油脱水后的采出水,改变液体的润湿界面,使液体的表观黏度大大降低,改善稠油的流动特性。油田在低含水期掺入活性水达到降黏保温目的,还可定期向油井内注入高压热水洗井清蜡;在高含水期可掺入常温水,或利用掺水和出油管线双管出油实现常温集油。由于稠油含水 50% 以上时处于转相点,70% 以上时输送黏度比相应纯油黏度下降约80%;在塔河油田、辽河油田曙光采油厂、胜利油田和中原油田等一直得到较为广泛的应用。

掺液管道计算参照集输油管道水力计算式(8-2-2)至式(8-2-5)。

四、掺油管道工艺计算

掺油管道一般用于稠油油田,是利用两种黏度、物性差别较大,但相互溶解的原油组分,将其按照一定比例互溶在一起,使其具有新的黏度和物性,达到稠油降黏的目的。掺稀油降黏集输工艺技术自 1982 年在辽河油田研究实验成功后,迅速推广到其他油田应用。

该流程与双管掺水流程相似,只是将掺水管改为掺稀油管,即从井口到计量站有两条管线:一条为集油管线;另一条为掺稀油管线。稀油由集中处理站或掺油片站供给,但该集输方式受油田稀油资源的影响。掺稀降黏就是将稠油稀释,降低稠油的黏度,以混合物的形式进行输送的一种方法。稀释降黏一直是稠油降黏减阻输送的主要方法,也是最简单且有效的方法。轮古油田、胜利油田、河南油田、辽河油田、塔河油田等国内油田对距离较远的接转站,一直采用掺稀油降黏流程。

掺油管道计算参照集输油管道水力计算式(8-2-2)至式(8-2-5)。

五、掺蒸汽管道工艺计算

以下公式参考 DL/T 5054《火力发电厂汽水管道设计规范》中蒸汽管道水力计算部分内容。

1. 蒸汽管道的压降计算

$$\Delta p = \xi_t \frac{w^2}{2V} \tag{8-4-10}$$

式中　ξ_t——管道总的阻力系数,包括沿程阻力系数和局部阻力系数;

　　　w——介质流速,m/s;

　　　V——介质的比容,m^3/kg。

当 Δp 小于或等于 $0.1p_1$ 时,可取已知的管道始端或终端比容,当 Δp 大于 $0.1p_1$,且小于或等于 $0.4p_1$ 时,应取管道始端和终端比容的平均值。

2. 管道内介质的动压力计算

$$p_d = \frac{1}{2}\frac{w^2}{V} \tag{8-4-11}$$

或

$$p_d = \frac{1}{2}m^2 V \tag{8-4-12}$$

式中　m——管内介质的质量流速,$kg/(m^2 \cdot s)$;

　　　p_d——管内介质的动压力,Pa。

3. 蒸汽管道终端或始端压力及压降计算

$$p_2 = p_1 \sqrt{1 - 2\frac{p_{d1}}{p_1}\xi_t\left(1 + 2.5\frac{p_{d1}}{p_1}\right)} \tag{8-4-13}$$

$$p_1 = p_2 \sqrt{1 + 2\frac{p_{d2}}{p_2}\xi_t\left(1 + \frac{p_{d2}}{p_2}\right)} \tag{8-4-14}$$

$$\Delta p = p_1 - p_2 \tag{8-4-15}$$

式中　p_{d1}——管道始端动压力,以始端介质参数按式(8-4-11)计算;

　　　p_{d2}——管道终端动压力,以始端介质参数按式(8-4-12)计算。

4. 蒸汽管道终端或始端比容计算

$$\beta = b - \frac{k-1}{k}b(b^2-1)\frac{p_{d1}}{p_1} \tag{8-4-16}$$

或

$$\beta = b - \frac{k-1}{k}\left(b - \frac{1}{b}\right)\frac{p_{d2}}{p_2} \tag{8-4-17}$$

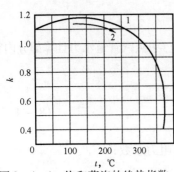

图 8 - 4 - 1 饱和蒸汽的绝热指数
1—干度 $\chi = 1$；2—干度 $\chi = 0.9$

式中　β——管道终端与始端介质比容比，$b = \dfrac{p_1}{p_2}$；

b——管道始端与终端压力比，$b = \dfrac{p_1}{p_2}$；

k——绝热指数，可查图 8 - 4 - 1 取值。

对于过热蒸汽，k 取 1.3；对于饱和温度为 225℃ 的干饱和蒸汽，k 可取 1.135；对于饱和温度 310℃ 的干饱和蒸汽，k 可取 1.08；其他温度下的饱和蒸汽的 k 值可查图 8 - 4 - 1 取值。

参　考　文　献

《石油和化工工程设计工作手册》编委会, 2010. 石油和化工工程设计工作手册（第四册）输油管道工程设计 [M]. 东营：中国石油大学出版社.

蔡春知, 2016. 油气储运工艺 [M]. 北京：石油工业出版社.